U0194870

国家出版基金项目
NATIONAL PUBLICATION FOUNDATION

动物疫病防控出版工程

世界兽医经典著作译丛

兽医病毒学

Fenner's Veterinary Virology

第4版

[美] N. James MacLachlan Edward J. Dubovi 主编

孔宪刚 刘胜旺 主译

中国农业出版社

Fenner's Veterinary Virology, 4/E

N. James MacLachlan& Edward J. Dubovi

ISBN: 978-0-12-375158-4

北京市版权局著作权合同登记号：图字01-2013-1227

图书在版编目（CIP）数据

兽医病毒学/（美）马克拉克伦（MacLachlan, N.），（美）杜波维（Dubovi, E. J.）主编；孔宪刚，刘胜旺主译. —4版.
—北京：中国农业出版社，2015.12
ISBN 978-7-109-19937-8

Ⅰ．①兽… Ⅱ．①马… ②杜… ③孔… ④刘… Ⅲ．①兽
医学－病毒学 Ⅳ．①S852.65

中国版本图书馆CIP数据核字(2014)第312507号

中国农业出版社出版
（北京市朝阳区麦子店街18号楼）
（邮政编码 100125）
策划编辑 邱利伟 黄向阳
责任编辑 神翠翠

北京通州皇家印刷厂印刷 新华书店北京发行所发行
2015年12月第4版 2015年12月北京第1次印刷

开本：889mm×1194mm 1/16 印张：33
字数：850千字
定价：298.00元
（凡本版图书出现印刷、装订错误，请向出版社发行部调换）

《世界兽医经典著作译丛》译审委员会

《兽医病毒学》译者名单

主　译　孔宪刚　刘胜旺

参译人员（按姓名笔画排序）

王　芳　王云峰　王晓钧　孔宪刚　石星明　冯　力　朱远茂　乔传玲

华荣虹　刘长军　刘平黄　刘胜旺　刘益民　刘家森　安同庆　祁小乐

孙　元　李　素　李慧昕　时洪艳　张　鑫　张艳萍　陈建飞　邵昱昊

赵　妍　秦立廷　高玉龙　崔红玉　韩宗玺　蔡雪辉

原书作者

Stephen W. Barthold, DVM, PhD, Dip ACVP

Director, Center for Comparative Medicine
Distinguished Professor, Department of Pathology,
Microbiology and Immunology
School of Veterinary Medicine
University of California,
Davis, California, USA
Virus infections of laboratory animals

Richard A. Bowen, DVM, PhD

Professor, Department of Biomedical Sciences
College of Veterinary Medicine and Biomedical
Sciences
Colorado State University
Fort Collins, Colorado, USA
*Rhabdoviridae, Filoviridae, Bornaviridae, Bunyaviridae,
Arenaviridae, Flaviviridae*

Ronald P. Hedrick, PhD

Professor, Department of Medicine and Epidemiology
School of Veterinary Medicine
University of California,
Davis, California, USA
Virus infections of fish

Donald P. Knowles, DVM, PhD, Dip ACVP

Research Leader, USDA/Agricultural Research Services,
Animal Diseases Research Unit
Professor, Department of Veterinary Microbiology and
Pathology
College of Veterinary Medicine
Washington State University
Pullman, Washington, USA
*Poxviridae, Asfarviridae and Iridoviridae, Herpesvirales,
Adenoviridae, Prion Diseases*

**Michael D. Lairmore, DVM, PhD, Dip
ACVP, Dip ACVM**

Professor of Veterinary Biosciences and Associate Dean
for Research and Graduate Studies, College of Veterinary
Medicine
Associate Director for Basic Sciences, Comprehensive
Cancer Center
The Ohio State University
Columbus, Ohio, USA
Retroviridae

Colin R. Parrish, PhD

Professor of Virology
Baker Institute for Animal Health
Department of Microbiology and Immunology
College of Veterinary Medicine
Cornell University
Ithaca, New York, USA
*Papillomaviridae and Polyomaviridae, Parvoviridae,
Circoviridae*

Linda J. Saif, PhD, Dip ACVM

Distinguished University Professor
Food Animal Health Research Program
Department of Veterinary Preventive Medicine
Ohio Agricultural Research and Development Center
The Ohio State University
Wooster, Ohio, USA
Reoviridae, Coronaviridae

David E. Swayne, DVM, PhD, Dip ACVP

Center Director
USDA/Agricultural Research Services
Southeast Poultry Research Laboratory
Athens, Georgia, USA
Virus infections of birds

《动物疫病防控出版工程》总序

近年来，我国动物疫病防控工作取得重要成效，动物源性食品安全水平得到明显提升，公共卫生安全保障水平进一步提高。这得益于国家政策的大力支持，得益于广大动物防疫人员的辛勤工作，更得益于我国兽医科技不断进步所提供的强大支撑。

当前，我国正处于加快建设现代养殖业的历史新阶段，人民生活水平的提高，不仅要求我国保持世界最大规模的养殖总量，以满足动物产品供给；还要求我们不断提高养殖业的整体质量效益，不断提高动物产品的安全水平；更要求我们最大限度地减少养殖业给人类带来的疫病风险和环境压力。要解决这些问题，最根本的出路还是要依靠科技进步。

2012 年 5 月，国务院审议通过了《国家中长期动物疫病防治规划（2012—2020年）》，这是新中国成立以来，国务院发布的第一个指导全国动物疫病防治工作的综合性规划，具有重要的标志性意义。为配合此规划的实施，及时总结、推广我国最新兽医科技创新成果，同时借鉴国外先进的研究成果和防控经验，我们通过顶层设计规划了《动物疫病防控出版工程》，以期通过系列专著出版，及时将研究成果转化和传播到疫病防控一线，全面提高从业人员素质，提高我国动物疫病防控能力和水平。

本出版工程站在我国动物疫病防控全局的高度，力求权威性、科学性、指导性和实用性相兼容，致力于将动物疫病防控成果整体规划实施，重点把国家优先防治和重点防范的动物疫病、人兽共患病和重大外来动物疫病纳入项目中。全套书共 31分册，其中原创专著 21 部，是根据我国当前动物疫病防控工作的实际需要而规划，每本书的主编都是编委会反复酝酿选定的、有一定行业公认度的、长期在单个疫病研究领域有较高造诣的专家；同时引进世界兽医名著 10 本，以借鉴世界同行的先进技术，弥补我国在某些领域的不足。

本套出版工程得到国家出版基金的大力支持。相信这些专著的出版，将会有力地促进我国动物疫病防控水平的提升，推动我国兽医卫生事业的发展，并对兽医人才培养和兽医学科建设起到积极作用。

农业部副部长

《世界兽医经典著作译丛》总序

引进翻译一套经典兽医著作是很多兽医工作者的一个长期愿望。我们倡导、发起这项工作的目的很简单，也很明确，概括起来主要有三点：一是促进兽医基础教育；二是推动兽医科学研究；三是加快兽医人才培养。对这项工作的热情和动力，我想这套译丛的很多组织者和参与者与我一样，来源于"见贤思齐"。正因为了解我们在一些兽医学科、工作领域尚存在不足，所以希望多做些基础工作，促进国内兽医工作与国际兽医发展保持同步。

回顾近年来我国的兽医工作，我们取得了很多成绩。但是，对照国际相关规则标准，与很多国家相比，我国兽医事业发展水平仍然不高，需要我们博采众长、学习借鉴，积极引进、消化吸收世界兽医发展文明成果，加强基础教育、科学技术研究，进一步提高保障养殖业健康发展、保障动物卫生和兽医公共卫生安全的能力和水平。为此，农业部兽医局着眼长远、统筹规划，委托中国农业出版社组织相关专家，本着"权威、经典、系统、适用"的原则，从世界范围遴选出兽医领域优秀教科书、工具书和参考书 50 余部，集合形成《世界兽医经典著作译丛》，以期为我国兽医学科发展、技术进步和产业升级提供技术支撑和智力支持。

我们深知，优秀的兽医科技、学术专著需要智慧积淀和时间积累，需要实践检验和读者认可，也需要具有稳定性和连续性。为了在浩如烟海、林林总总的著作中选择出真正的经典，我们在设计《世界兽医经典著作译丛》过程中，广泛征求、听取行业专家和读者意见，从促进兽医学科发展、提高兽医服务水平的需要出发，对书目进行了严格挑选。总的来看，所选书目除了涵盖基础兽医学、预防兽医学、临床兽医学等领域以外，还包括动物福利等当前国际热点问题，基本囊括了国外兽医著作的精华。

目前，《世界兽医经典著作译丛》已被列入"十二五"国家重点图书出版规划项目，成为我国文化出版领域的重点工程。为高质量完成翻译和出版工作，我们专门组织成立了高规格的译审委员会，协调组织翻译出版工作。每部专著的翻译工作都由兽医各学科的权威专家、学者担纲，翻译稿件需经翻译质量委员会审查合格后才能定稿付梓。尽管如此，由于很多书籍涉及的知识点多、面广，难免存在理解不透彻、翻译不准确的问题。对此，译者和审校人员真诚希望广大读者予以批评指正。

我们真诚地希望这套丛书能够成为兽医科技文化建设的一个重要载体，成为兽医领域和相关行业广大学生及从业人员的有益工具，为推动兽医教育发展、技术进步和兽医人才培养发挥积极、长远的作用。

国家首席兽医师

《世界兽医经典著作译丛》主任委员　张仲秋

CONTENTS 目录

兽医和人畜共患病毒学总则

THE PRINCIPLES OF VETERINARY AND ZOONOTIC

病毒的属性

Chapter **1**
第 1 章

章节内容

一　前言：动物病毒学历史简介

三种复发性的因素映射着人类社会发展的历史：① 环境的改变；② 人类之间的矛盾和冲突；③ 传染性疾病。传染性疾病不但直接影响人口数量，而且影响人类食物的供应。兽医科学的来源正是根植于保证食用动物、纤维生产动物和役用动物的健康。到19世纪后期，对引起植物和动物特异性疾病的微生物进行开拓性研究以来，才开始能够控制动物疾病的暴发。Ivanofsky和Beijernck（1892—1898）在烟草花叶病毒（tobacco mosaic virus）传染方面的研究促进了病毒学的形成。这两位科学家将感染的烟草花叶匀浆后，用能够过滤细菌的滤膜将其汁液过滤，证明该滤液是引起传染的因子。Beijernck同时发现，该可滤过性的因子稀释以后仍然能够保持其感染"强度"，而且只有当返回到烟草这种植物上时才起作用。通过敏锐的观察发现，这一滤过性因子是一具有起源且能够复制的实体，而不是化学物质或者毒素。就在Beijernck鉴定烟草花叶病毒具有传播性的同时，也开启了兽医病毒学研究的时代。Loeffler和Frosch（1898）将这种过滤准则应用于家畜疾病，也就是后来称为口蹄疫的疾病。将滤过性的因子在易感动物反复传代，复制急性病例，确定了滤过性因子具有"传染性"的本质，同时也提供了证据证明其感染过程不同于毒性物质。这些早期的研究为将病毒定义为滤过性因子提供了必要的依据，直到40年后，化学和物理学研究才揭示了病毒的结构基础。

在20世纪初期，应用过滤准则来观察复制的急性动物病例与预期定义为病毒感染之间的相关性，包括：非洲马瘟、鸡瘟（高致病性禽流感）、狂犬病、犬瘟热、马传染性贫血、牛瘟和非洲猪瘟（猪霍乱）（表1-1）。在1911年，Rous发现了第一个病毒，这一病毒具有致瘤（肿瘤）性，Rous因这一发现获得了诺贝尔奖。由于用于定义滤过性因子的研究手段有限，因此早期的病毒学研究具有怀疑性和不确定性。即使进行了过滤，但由于滤过性因子大小不同而产生滤过截留，使得滤过性因子之间存在差异。一些滤过性因子可被有机溶剂灭活，而另一些则对有机溶剂有抵抗性。以马传染性贫血为例，该病的急性型和慢性型很复杂，是一直无法解决的难题。这种明显的不一致性，很难为滤过性因子建立统一的概念。对于马病和牛病来说，饲喂工作比较繁重。细菌病毒的发现对定义滤过性因子提供了帮助。1915年，Twort检测到了能够杀死细菌的滤过性因子。与植物或动物的滤过性因子一样，细菌病毒稀释液可通过接种新的细菌培养物而重新获得感染强度。Lelix d'Herelle也提出将能够杀死细菌的滤过性因子称为"噬菌体"。他定义了蚀斑实验用于噬菌体的滴定，这一技术成为定义病毒特性的基石，同时也是病毒遗传学研究的基础。

对烟草花叶病毒的开创性研究促进了"滤过性因子"——也就是病毒的进一步研究。具体来说，感染后的烟草植物所产生的高浓度病毒赋予这种传染性物质具有化学和物理特征。在20世纪30年代早期，有证据表明感染烟草植物的因子是由蛋白组成的，用家兔制备的抗体可以中和病毒。1935年，烟草花叶病毒被晶体化，1939年，第一张电子显微镜照片记录了病毒形态。病毒具有特殊属性是一既定事实。1931年，鸡胚用于病毒培养，这是动物病毒学研究的新进展。同年，Shope鉴定了猪流感病毒。1933年，从人感染的病例中分离出流感病毒。在猪体中分离鉴定H1N1毒株被认为是第一个动物"新发"疾病，也就是说，病毒跨越种属障碍且能够维持其自身在新的物种中作为感染性因子。为了不再使用大型动物进行试验，同时为人类疾病（如流感）研究提供模型系统，小鼠和大鼠成为动物病毒研究的重要动物模型。这样就诞生了实验动物医学计划，这是生物医学研究的重要支柱。

1938—1948年，这十年见证了Ellis、Delbruck和Luria等人的主要研究进展，他们使用噬菌体

表1-1　**病毒学历史上的里程碑**

年份	研究者	事件
1892	Ivanofsky	烟草花叶病毒作为滤过性因子的鉴定
1898	Leoffler, Frosch	滤过性因子引起口蹄疫
1898	Sanarelli	黏液瘤病毒
1900	Reed	黄热病病毒
1900	Mcfadyean, Theiler	非洲马瘟病毒
1901	Centanni, Lode, Gruber	鸡瘟病毒（禽流感病毒）
1902	Nicolle, Adil-Bey	牛瘟病毒
1902	Spruell, Theiler	蓝舌病病毒
1902	Aujeszky	伪狂犬病毒
1903	Remlinger, Riffat-Bay	狂犬病病毒
1903	DeSchweinitz, Dorset	猪霍乱病毒（经典猪瘟病毒）
1904	Carré, Vallée	马传染性贫血病毒
1905	Spreull	蓝舌病病毒经昆虫传播
1905	Carré	犬瘟热病毒
1908	Ellermann, Bang	禽白血病病毒
1909	Landsteiner, Popper	脊髓灰质炎病毒
1911	Rous	劳氏肉瘤病毒——第一个肿瘤病毒
1915	Twort, d`Herelle	细菌病毒
1917	d`Herelle	噬斑实验的设计
1927	Doyle	新城疫病毒
1928	Verge, Christofornoni, Seifried, Krembs	猫细小病毒（猫泛白细胞减少症病毒）
1930	Green	狐脑炎病毒（犬腺病毒Ⅰ型）
1931	Shope	猪流感病毒
1931	Woodruff, Goodpasture	用鸡胚繁殖病毒
1933	Dimmock, Edwards	马流产的病毒性病原
1933	Andrewes, Laidlaw, Smith	分离第一株人流感病毒
1933	Shope	猪是伪狂犬病的天然宿主
1933	Bushnell, Brandly	禽支气管炎病毒
1935	Stanley	烟草花叶病毒晶体化；确证了病毒的蛋白性质
1938	Kausche, Ankuch, Ruska	第一个电子显微镜照片——烟草花叶病毒
1939	Ellis, Delbruck	一步法生长曲线——噬菌体
1946	Olafson, MacCallum, Fox	牛病毒性腹泻病毒
1948	Sanford, Earle, Likely	哺乳动物细胞的分离培养
1952	Dulbecco, Vogt	第一个动物病毒——脊髓灰质炎病毒的噬斑纯化
1956	Madin, York, Mckercher	牛疱疹病毒1型的分离
1957	Isaacs, Lindemann	干扰素的发现
1958	Horne, Brenner	负染电子显微镜的发展
1961	Becker	从野鸟储存宿主中第一次分离到禽流感病毒
1963	Plummer, Waterson	马流产病毒=疱疹病毒
1970	Temin, Baltimore	反转录酶的发现
1978	Carmichael, Appel, Scott	犬细小病毒2型
1979	World Health Orgnization	WHO宣布消灭天花病毒
1981	Pedersen	猫冠状病毒
1981	Baltimore	RNA病毒的第一个感染性克隆
1983	Montagnier, Barre-Sinoussi, Gallo	人免疫缺陷病毒的发现
1987	Pedersen	猫的免疫缺陷病毒
1991	Wensvoort, Terpstra	猪繁殖与呼吸综合征病毒的分离
1994	Murray	亨德拉病毒的分离
1999		西尼罗河病毒进入北美

（续）

年份	研究者	事件
2002		SARS暴发
2005	Palase, Garcia-Sastre, Tumpey, Taubenberger	1918年大流行流感病毒的重建
2007		牛瘟病毒免疫程序的结束
2011?		宣布消灭牛瘟病毒

来探求细菌病毒的表型性状遗传机制。在病毒特性研究进展方面，细菌病毒的研究发展更快，因为细菌病毒的研究工作可以在人工培养基上完成，不像其他动物或植物病毒那样需要费力费时的病毒繁殖工作。在病毒复制过程中，一个关键的概念就是潜伏期，其可用噬菌体一步生长曲线来定义。病毒启动感染后会有一段时间失去感染能力，这一观察结果指导着对病毒复制模式的研究，其复制模式完全不同于其他所有复制实体。随着稳定的体外动物细胞培养技术的发展，动物病毒的研究发生了重大变化（1948—1955）。由于对脊髓灰质炎病毒感染的加强控制，提出了单细胞培养程序，将细胞培养基标准化，人源细胞系得到发展，且证明了脊髓灰质炎病毒可在非神经细胞上生长。在噬菌体概念定义了35年之后，这些研究成果都为脊髓灰质炎病毒蚀斑实验的发展提供了条件，所有因必须在动物系统进行操作而受到阻碍的动物病毒基础研究工作现在都变得可行。动物病毒学研究的细胞培养时代开始了。

人类疾病控制工作推动着病毒学的发展，同时也直接适用于动物病毒学研究。1946年，牛病毒性腹泻病毒被鉴定为牛群新发疾病的致病因子，到20世纪50年代晚期，该病被视为影响美国养牛业经济的最重要疾病。20世纪60年代早期，通过细胞培养分离了该病毒并生产了疫苗。1961年，首次在野鸟中发现流感病毒，确定了水禽和家禽类是A型流感病毒的天然宿主。20世纪70年代末，猫细小病毒变异株跨种侵染引发了犬细小病毒在世界范围的流行。此外，标准化的体外细胞培养程序可鉴定新的致病因子且能够很快生产有效疫苗。全部动脉炎病毒科（*Arteriviridae*）

成员都是在病毒学的细胞培养时代鉴定出来的，如马动脉炎病毒（1953）、乳酸脱氢酶升高病毒（1960）、猴出血热病毒（1964）和猪繁殖与呼吸综合征病毒（1991）。1983年，人免疫缺陷病毒（HIV）的发现引起了全世界的关注，但是在不久的将来，猴免疫缺陷病病毒最终会与控制人艾滋病病毒感染同等重要。灵长类动物为致病机制的研究和疫苗的研制提供了动物模型，猴病毒存在于旧世界灵长类，也为HIV跨种（物种跳跃）感染的起源提供了联系。

病毒学研究的分子时代开始于20世纪70年代末80年代初。尽管1983年出现的聚合酶链反应（PCR）与病毒学没有相关性，但是迄今为止，这一技术的发展对病毒学有着其他技术无法比拟的深远影响。核酸序列的克隆技术产生了病毒的第一个感染性克隆（脊髓灰质炎病毒）。没有进行病毒分离（体外培养病毒）而是通过分子手段鉴定C型肝炎病毒，说明分子技术对病毒检测和诊断具有重要影响。一些不容易在体外培养的病毒，如乳头状瘤病毒、诺如病毒、轮状病毒和某些尼多病毒，现在可以在分子水平进行鉴定和常规检测。令人印象深刻的事件是由Jeffrey Taubenberger带领的基于1918年大流行的A型流感病毒RNA节段进行的感染性病毒的分子重建。通过分子技术再创造灭绝动物的梦想或许是遥不可及的，但是应用这一技术鉴定当前流行病毒的早期前体是有可能的。快速、经济的核苷酸测序技术重新定义了病毒学，全基因组测序很可能替代病毒分离物鉴定的少部分程序。通过对水和土壤样品的宏基因组分析已经鉴定了大量的新病毒，由此推测病毒可能携带比地球上所有其他物种加在一起还要多的遗传信息。

在病毒学研究初期，该学科主要依赖于化学和物理学科的发展。不能依靠简单的观察滤过性因子对宿主的影响而对其进行定义。然而，随着时间的推移，病毒成为探查细胞基础生物化学进程的工具，包括基因的转录和翻译。通过研究突变和表型的遗传改变，细菌病毒协助定义一些基本的遗传学原理。随着分析化学研究手段的发展，证明病毒含有核酸成分，当Watson和Crick定义了DNA结构后，病毒在定义作为生命数据库的核酸的作用上扮演着关键角色。到20世纪80年代，病毒学研究领域飞速发展，一些人认为病毒未来的价值仅仅是作为研究细胞生命过程的工具。然而，不可预知的新病毒的出现清楚地证明还有很多需要人们去研究了解这类感染性因子及其所致疾病，如人免疫缺陷病毒、C型肝炎病毒、尼帕和亨德拉病毒、高致病性禽流感病毒H5N1，以及西尼罗河病毒传入北美、蓝舌病病毒传到欧洲。

兽医病毒学开始作为一门学科专注于病毒感染动物后对农业的影响。对感染的控制依赖于对疾病过程的了解、病毒的鉴定、免疫学和诊断技术的发展以及建立规章制度控制动物生产活动。最初的经验证明，即使没有有效的疫苗，也可以通过检测和捕杀程序清除特定区域的一些传染病。例如，通过捕杀感染动物、限制动物从疫区向无疫区转移、在疫区给动物进行免疫接种，从而实现了全球消灭牛瘟。在这种控制计划中，为了畜群整体良好生产只能牺牲个体动物。随着当今社会伴侣动物重要性的提高，已经不能简单使用基于灭绝感染动物而进行防控的计划，因为个体动物是人类医学的重要单元。这样一来就不能通过捕杀感染动物和限制犬的行动来控制犬细小病毒感染，必须研制有效疫苗并制定科学的免疫程序。必须研究能够在短时间内快速检测感染性因子的诊断方法，这样就能根据检测结果指导治疗。虽然我们逐渐意识到家畜和野生动物之间存在相互接触，但我们也必须面对一个现实，有些病毒是以昆虫作为媒介传播的，这些昆虫是无国界的，且由于气候原因其传播范围也可能扩大。未来应继续加强监测程序，制定新的防控策略，研发抗病毒药物，尤其对于那些疫苗接种没有预防效果的疾病。

过去一直认为病毒作为致病因子是一个相当负面的因素，必须对其进行控制或者清除。然而，病毒也有一些有益特性可进行有效的开发利用。具体来说，已经研究应用病毒生产表达非病毒蛋白（杆状病毒）或者表达用于免疫的病毒蛋白（如痘病毒或腺病毒载体疫苗）。慢病毒经过修饰后可插入新的遗传信息使其进入细胞内，既可用于科学研究也可用于基因治疗，其他很多病毒也有类似功能，包括腺相关病毒（细小病毒）。正在考虑使用噬菌体控制特定细菌感染，而且病毒具有作为载体的潜在能力，其可选择性地靶向肿瘤细胞，用于癌症的防治。在更广阔的地球生态系统环境中，病毒被赋予了更多正面意义，病毒可能是人口控制的一个组成部分也或许是物种进化的一种力量。虽然从人类的角度来看，限制重要农用动物的数量是消极的，但是在牺牲其他物种利益的基础上，生态系统将受益于物种减少。我们很高兴看到杆状病毒可减少虫害，但是不愿意看到流感病毒所致人类减少，尽管这两个事例都是一种生态平衡。我们现在完全适应了人体生态系统存在益生菌的概念。那么，我们是否需要重新考虑参与物种进化的病毒可能也具有有益的特性呢？

二　病毒的特性

随着最初将病毒定义为滤过性因子，人们试图鉴定病毒的特性以使它们区别于其他微生物。最早时期，已经发现滤过性因子不能在人工培养基上生长，而且这一特性已经经受住了时间的检验，所有病毒都是专性细胞内寄生。但是，并不是所有专性细胞内寄生的都是病毒（表1-2）。特殊的细菌属成员也不能在宿主细胞外复制（如埃立克体属，红孢子虫属，军团菌属，立克次氏体）。

表 1-2   单细胞微生物和病毒的特性

特性	细菌	立克次氏体	支原体	衣原体	病毒
直径>300nm[a]	+	+	+	+	−
在非生物介质中生长	+	−	+	−	−
二分裂	+	+	+	+	−
DNA和RNA[b]	+	+	+	+	−
功能性核糖体	+	+	+	+	−
代谢	+	+	+	+	−

a 有些支原体和衣原体直径小于300nm，米米病毒直径大于300nm。

b 有些病毒含有两种核酸类型，虽然有时都发挥功能，却是病毒粒子的微小组成成分。

这些"退化"的细菌缺少关键的代谢途径，所需产物必须由宿主细胞提供。相反，病毒缺少所有生产所必需的代谢能力，包括产生能量和合成蛋白所必需的过程。病毒没有标准的细胞器如线粒体、叶绿体、高尔基体和核糖体相关的内质网。然而，噬藻体确实编码参与光合作用的蛋白，认为这是通过补充宿主细胞系统而提高病毒的适应性。与此相似，一些噬菌体具有编码参与核苷酸合成途径所需酶类的基因组。在活细胞外部，病毒是插入粒子，而在细胞内部，病毒利用宿主细胞来加工合成其自身蛋白和核酸，用于产生下一代病毒。后来发现，病毒编码蛋白能力范围可从几个蛋白到上千蛋白不等。这个范围的复杂性反映了病毒感染对宿主细胞新陈代谢影响的多样性，但是感染的结果都是相同的，即产生更多的子代病毒。

病毒另一个独有的特性是不通过二分裂进行复制。二分裂是无性生殖的方式，即一个已经存在的细胞分裂为两个完全相同的子代细胞；若没有限制基质，每个复制周期细胞群体数增加一倍，在复制周期各个点，都有可识别作为完整细胞的结构。对于病毒来说，其复制过程就像包装生产线，病毒各个部分都来自于宿主细胞的不同部分，组装成新的病毒粒子。病毒吸附宿主细胞后不久就进入宿主细胞，整个病毒粒子就不复存在。病毒基因组指导新的病毒大分子生成，最终产生新的完整的子代病毒粒子。从病毒粒子入侵宿主细胞到产生第一个新病毒粒子的时期称为隐蔽期，这一时期持续的时间因病毒科的不同而不同。在隐蔽期病毒破坏细胞不会释放大量感染性病毒粒子。单个感染性病毒粒子能够连续地在单个易感细胞内复制产生成千上万的子代病毒粒子。

随着更加灵敏分析技术的产生，更多的病毒被发现，一些用于定义病毒的标准也变得不那么绝对了。总体来说，病毒仅含有一种携带病毒复制信息的核酸。然而，现在是否清楚一些病毒含有除了基因组DNA或RNA之外的核酸分子？对于反转录病毒来说，细胞转运（t）RNA是反转录反应的必要成分，研究表明，每个成熟病毒粒子中有50～100个tRNA分子。在疱疹病毒中也有类似情况，数据表明，宿主细胞和病毒的转录本位于成熟病毒的皮层区域。早期研究通过病毒大小来定义病毒，然而现在发现病毒比一些支原体、立克次氏体和衣原体大。新发现的米米病毒群是现有规则中的一个例外，这一病毒直径大约750nm，基因组DNA 1.2mbp。根据病毒的大小，传统上应用标准为300nm的滤器截留病毒，用于分离病毒和细菌。病毒基因组大小与立克次氏体和衣原体相似，已经鉴定了900多个编码蛋白的基因，米米病毒中已经鉴定的基因至少有130个。最令人惊奇的是发现病毒编码参与蛋白合成的基因，如氨酰基tRNA合成酶。米米病毒的发现激起了对病毒起源的讨论，但是序列分析数据表明，这一病毒科与核胞体大DNA病毒相关，主要是痘病毒科和虹彩病毒科的病毒。

（一）病毒的化学组成

各病毒科病毒粒子的化学组成具有显著不同。最简单的病毒如痘病毒，病毒粒子由病毒的结构蛋白和DNA组成；肠道病毒由病毒蛋白和RNA组成。有囊膜的病毒其化学组成比较复杂，如疱疹病毒和肺病毒。这些类型的病毒通过在不同细胞膜表面出芽而成熟，细胞膜表面由于病毒蛋白的插入而被修饰。在大多数情况下，宿主蛋白并不是病毒的重要组成部分，但是少量细胞蛋白可在病毒的外膜上和病毒粒子的内部存在。在病毒粒子中可发现宿主细胞RNA如核糖体RNA，但是还没有证据表明其在病毒复制过程中具有功能性作用。对于囊膜病毒来说，糖蛋白是病毒膜表面的主要蛋白类型。脂质囊膜的存在或存留为将病毒区分为两类提供了有效手段——分为可被有机溶剂灭活的病毒（囊膜病毒）和对有机溶剂有抵抗能力的病毒（无囊膜病毒）。

（二）病毒粒子中的核酸成分

病毒在基因表达和基因组复制过程中展现出了各种非凡的策略。如果认为植物类病毒RNA（247～401nt）的简单是一种极端的话，那么米米病毒就是另外一个极端（1.2mbp），有人可能会得出这样的结论：在亚细胞水平，病毒有可能利用所有手段使其核酸复制成为一个实体。病毒依据核酸类型和基因组结构进行分类。由于病毒只有一种用于传递遗传信息的核酸类型，因此在病毒的世界里只能简单分为RNA病毒和DNA病毒（表1-3）。RNA病毒的主要区别在于病毒RNA是正链还是负链，正链RNA可直接进行蛋白翻译，负链RNA需要基因组先转录成mRNA才能进行翻译。在负链RNA病毒中，分为单链全基因组病毒（如副黏病毒科）和分节段基因组病毒（如正黏病毒科——6、7或8个节段；布尼亚病毒科——3个节段；砂粒病毒科——2个节段）。逆转录病毒被认为是二倍体，其病毒粒子含有2个正链RNA全基因组。另一个独特的结构是病毒含有双链RNA基因组。双核糖核酸病毒科病毒有2个节段，呼肠孤病毒科根据病毒不同的属可有10、11或12个节段。动物RNA病毒基因组大小范围从不足2kb（丁型肝炎病毒）到超过30kb的最大RNA病毒（冠状病毒）。

对于动物DNA病毒来说，基因组的整体结构不太复杂，或者为单分子单链（ss）DNA，或者为单分子双链（ds）DNA。双链DNA病毒，其复杂性范围从相对简单的多瘤病毒和环状超螺旋基因组（5～8kbp）乳头状瘤病毒到多变且序列重排的线性基因组（125～235kbp）疱疹病毒。单链DNA病毒基因组或者为线性（细小病毒科）或者为环状（环病毒科和指环病毒属），基因组大小从2.8kbp到5kbp不等。

基因组大小反映了病毒蛋白编码容量，但是在任何情况下，都没有简单的计算方法能够准确预测二者之间的相关性。病毒基因组的某些部分是蛋白翻译、基因组复制及病毒基因转录（启动子、终止信号、多腺苷酸位点、RNA剪接位点等）所必需的调节要素。对于蛋白合成，病毒使用各种策略来提高基因组蛋白编码能力。例如，仙台病毒（呼吸道病毒属）P基因通过不同的机制至少指导7个病毒蛋白的合成。在复制中的mRNA分子特定位点的G残基处插入RNA聚合酶而进行"RNA剪辑"为其机制之一。这就产生了一系列具有相同氨基末端但是有不同结束位点（不同羧基末端）的蛋白。通过使用不同的起始密码子可产生一系列不同的蛋白，最终产生一系列具有不同氨基末端但是有相同羧基末端的蛋白。如逆转录病毒，RNA剪接用于产生蛋白，若用基因组线性编码序列则不能产生蛋白。尽管这一特点与编码容量没有直接相关性，病毒也使用同一蛋白发挥多种功能。例如，黄病毒科成员NS3蛋白是一多功能蛋白，其氨基末端有丝氨酸蛋白酶活性，而羧基末端与超家族2型RNA解旋酶有显著的同源性。很明显，这两个单独蛋白的功能融合后，提高了基因组的功能或者降低了其编码容量。

表1-3　与病毒分类相关的病毒特性

科	基因组性质	有无囊膜	形态	基因组组态	基因组大小（kb或kbp）	病毒粒子大小[直径（nm）]
痘病毒科	dsDNA	+	多形	1线性	130~375	250×200×200
虹彩病毒科	dsDNA	+/-	立方体	1线性	135~303	130~300
非洲猪瘟病毒科	dsDNA	+	球形	1线性	170~190	173~215
疱疹病毒科	dsDNA	+	立方体	1线性	125~240	150
腺病毒科	dsDNA	-	立方体	1线性	26~45	80~100
多瘤病毒科	dsDNA	-	立方体	1线性	5	40~45
乳头瘤病毒科	dsDNA	-	立方体	1线性	7~8	55
肝病毒科	dsDNA-RT	+	球形	1线性	3~4	42~50
环病毒科	ssDNA	-	立方体	1-或+/-环状	2	12~27
细小病毒科	ssDNA	-	立方体	1+/-线性	4~6	18~26
逆转录病毒科	ssRNA-RT	+	球形	1+（二聚体）	7~13	80~100
呼肠孤病毒科	dsRNA	-	立方体	10-12个节段	19~32	60~80
双核糖核酸病毒科	dsRNA	-	立方体	2个节段	5~6	60
副黏病毒科	NssRNA	+	多形	1-节段	13~18	~150
弹状病毒科	NssRNA	+	弹状	1-节段	11~15	（100~430）×（45~100）
丝状病毒科	NssRNA	+	丝状	1-节段	≈19	直径（600~800）×80
波纳病毒科	NssRNA	+	球形	1-节段	9	80~100
正黏病毒科	NssRNA	+	多形	6-8-节段	10~15	80~120
布尼亚病毒科	NssRNA	+	球形	3-或+/-节段	11~19	80~120
沙状病毒科	NssRNA	+	球形	2+/-节段	11	50~300
冠状病毒科	ssRNA	+	球形	1+节段	38~31	120~160
动脉炎病毒科	ssRNA	+	球形	1+节段	13~16	45~60
小RNA病毒科	ssRNA	-	立方体	1+节段	7~9	≈30
杯状病毒科	ssRNA	-	立方体	1+节段	7~8	27~40
星状病毒科	ssRNA	-	立方体	1+节段	6~7	28~30
披膜病毒科	ssRNA	+	球形	1+节段	10~12	≈70
黄病毒科	ssRNA	+	球形	1+节段	10~12	40~60
肝炎病毒属（未分类）	ssRNA	-	立方体	1+节段	7	27~34
指环病毒属（未分类）	ssRNA	-	立方体	1-环状	3~4	30~32

dsDNA，双链DNA；dsRNA，双链RNA；kbp，千碱基对；NssRNA，负股单链RNA；RT，反转录；ssRNA，单链RNA。

（三）病毒粒子中的蛋白成分

动物病毒基因组编码蛋白少至1个，多至超过100个。病毒粒子（成熟病毒粒子）中存在的蛋白称为病毒的结构蛋白，而那些参与病毒粒子的组装、基因组复制或修饰宿主对感染的固有反应的蛋白称为非结构蛋白。对于病毒复制初始阶段所必需酶类的分类还有些模棱两可，如负链RNA病毒的RNA聚合酶（副黏病毒科，弹状病毒科等）。在复制循环的第一步，一旦核衣壳进入细胞浆，病毒基因组就开始转录，聚合酶一定是成熟病毒粒子的一部分。聚合酶除了具有转录

活性外，是否在成熟病毒粒子中有结构性功能尚不清楚。许多在复杂病毒粒子（痘病毒科，疱疹病毒科，非洲猪瘟病毒科）内部的蛋白没有明显的结构性作用。

病毒粒子蛋白总体上分为两类：修饰性蛋白和非修饰性蛋白。无囊膜病毒的衣壳由带有少许修饰的蛋白组成，它们之间的相互作用对蛋白质外壳的组装至关重要。新生衣壳中蛋白前体的蛋白水解物不是衣壳蛋白。糖蛋白主要存在于含有囊膜的病毒上。这些结构蛋白可以是Ⅰ型膜整合蛋白（氨基末端在外面）[如流感病毒的血凝素蛋白（HA）]或者是Ⅱ型膜整合

蛋白（羧基末端在外面）［如流感病毒的神经氨酸酶蛋白（NA）］。即使在同一种细胞中成熟的病毒，其糖蛋白糖基化的方式也不相同，因为病毒科中各病毒蛋白N-和O-糖基化位点不同。参与病毒组装的糖蛋白有一个胞浆尾部，可以与囊膜内表面的病毒蛋白相互联系，来启动产生感染性病毒粒子的成熟过程。感染性病毒粒子的结构蛋白有很多关键功能：① 保护基因组核酸和相关的酶免于失活；② 为启动感染提供受体结合位点；③ 启动或促进病毒基因组侵入到正确的细胞隔间进行复制。

（四）病毒膜脂质层

对于通过细胞膜出芽而成熟的病毒，其病毒粒子的主要成分是磷脂，是形成病毒膜的结构基础。病毒的成熟位点可以是胞浆膜、核膜、高尔基体或者内质网。那些从胞浆膜出芽的病毒，胆固醇是病毒膜的组成成分，然而从内部膜出芽的病毒其囊膜缺少胆固醇。出芽的过程不是随机的，特定的病毒糖蛋白序列指引病毒在膜内表面的合适位置形成病毒粒子。紧密连接且两极分化的细胞，细胞有一个轮廓清晰的顶端和基底表面——病毒将靶向于其中的一个表面出芽。例如，在Madin–Darby犬肾细胞（MDCK）中，流感病毒在细胞顶端表面出芽，而水疱性口炎病毒在细胞基底表面出芽。病毒糖蛋白的跨膜区特异性锚定细胞膜进行出芽。流感病毒的出芽与"脂质筏"相关，这是胞浆膜的微结构域，富含鞘脂类和胆固醇。

三 病毒形态

早前试图鉴定病毒，但是由于缺少合适的技术而受到阻碍。具有滤过性和对化学试剂敏感是鉴定新致病因子的两个标准，一直沿用了近40年。20世纪30年代，对烟草花叶病毒的研究成果表明病毒是由重复的蛋白亚单位组成，1935年病毒的晶体化支持了这一观点。然而，直到1939年才应用电子显微镜将病毒可视化。烟草花叶病毒是呈杆状的病毒粒子，证实了病毒呈颗粒状的性质。确定病毒形态的主要进展是1958年电子显微镜负染技术的发展。在这一过程中，电子密度染色用于包裹病毒粒子，产生具有高分辨率的病毒负影像（图1–1）。图1–2描述了动物病毒展示的形态光谱。正如早前所描述的，病毒粒子大小范围为20～750nm。在这一范围内，滤过性研究时发现病毒大小不一致也不足为奇。

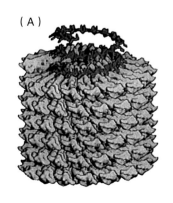
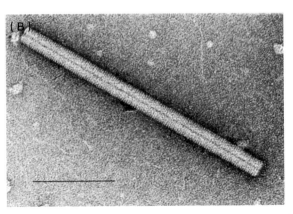

图1–1 （A）烟草花叶病毒（TMV）粒子模式图。图中显示出RNA，认为RNA参与包装过程。（B）TMV病毒粒子用铀酰乙酸染色后的负染电镜照片。标尺代表100nm。［引自病毒分类：国际病毒分类委员会第八次报告（C. M. Fauquet, M. A. Mayo, J. Maniloff, U. Desselberger, L. A. Ball, eds），P. 1009. 版权©Elsevier（2005），已授权］

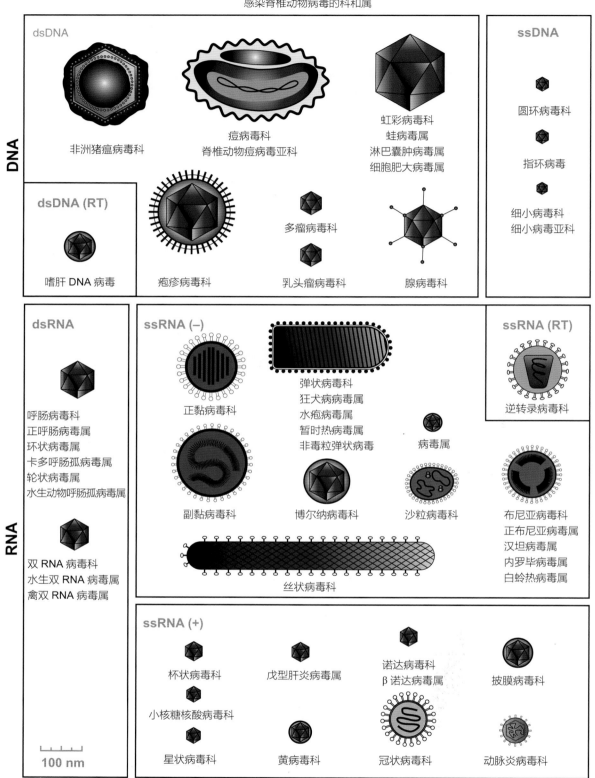

图1-2　动物病毒形态类型谱示意图

[引自病毒分类：国际病毒分类委员会第八次报告（C. M. Fauquet, M. A. Mayo, J. Maniloff, U. Desselberger, L. A. Ball, eds），P. 14. 版权©Elsevier（2005），已授权]

自最初应用X线进行晶体学研究以来，病毒形态学研究进展达到了原子水平，后来将这一技术与其他结构技术如低温电子显微镜结合起来（cryo–EM）。在这一过程中，样品被速冻，然后在液氮的温度或者液态氦中进行检测（图1-3）。低温显微镜的优势在于，分析结构时样品不会像电子显微镜负染或X线晶体化时被破坏或者混乱。然而，这种技术产生的单个影像与晶体化产生的影像不同。这些分析的关键是计算机硬件和软件的发展，能够一点一点地从成千上万的结果中捕获、分析和构建三维图像。这一"平均"过程只在病毒粒子大小和形态均一时有效。对于很多病毒，这种均一性可通过一种称为二十面体的多面体对称性来实现。对于具有二十面体对称的完整病毒粒子，可鉴定出其单个多肽的物理位置，位于病毒粒子表面的折叠肽区域也能绘制出来。这些区域可用能够被单克隆抗体识别的表位链接起来。在其他研究中，病毒粒子上的细胞受体结合位点也能绘制出来，这就为研发靶向于这些特定区域的抗病毒药物提供了可能。X线晶体学研究也能用于分析病毒亚单位，正如分析流感病毒HA蛋白那样（图1-4）。HA蛋白肽的突变可导致抗体结合位点或宿主细胞受体结合位点的改变，因此可用这些先进技术来定位。

（一）病毒粒子的结构

病毒粒子，也就是完整的病毒颗粒，简单的病毒是由形态不同的病毒蛋白亚单位（病毒编码多肽）组成的衣壳蛋白缠绕的单分子核酸（DNA或RNA）所组成的。蛋白亚单位可自我包装成多聚体单元（结构单元），其包含一个或多个多肽链。没有核酸的结构称为空衣壳。核衣壳的意义有些模糊不清，严格意义上是指带有核酸的衣壳，但是对于一些简单的病毒如脊髓灰质炎病毒来说，这一结构也是病毒粒子。在黄病毒中，核衣壳（衣壳+RNA）由脂质囊膜包裹，且核衣壳不存在于完整病毒粒子中。对于副黏病毒来说，核衣壳是指由错综复杂的病毒蛋白包裹单链RNA组成的结构，这种病毒蛋白组装成α螺旋形式。病毒蛋白插入宿主细胞膜对其进行修饰，核衣壳从修饰过的宿主细胞膜上获得脂质囊膜后组装成完整的病毒粒子。

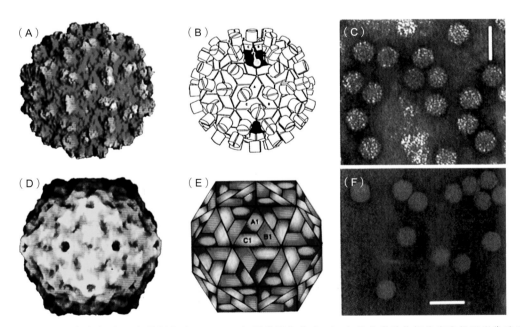

图1-3 （A）重组诺沃克病毒（NV）样颗粒（rNV VLPs）低温影像重建。（B）灵长类动物杯状病毒低温影像重建。标记出一组二十面体的5倍和3倍轴。（C）rNV VLPs中心横截面。（D）诺沃克病毒电镜透视图。（E）T=3个二十面体结构示意图。（F）牛杯状病毒粒子电镜负染照片。标尺代表100nm。［引自病毒分类：国际病毒分类委员会第八次报告（C. M. Fauquet, M. A. Mayo, J. Maniloff, U. Desselberger, L. A. Ball, eds），P. 843. 版权©Elsevier（2005），已授权］

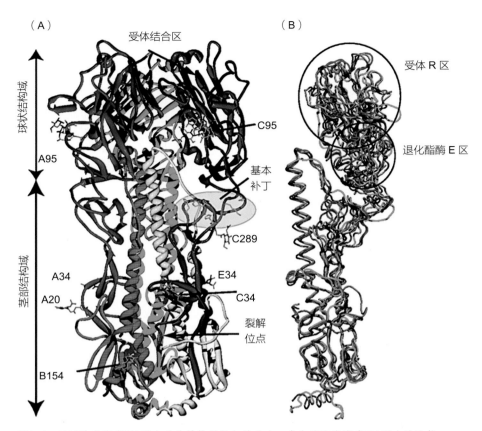

图1-4　1918流感病毒HA蛋白晶体结构以及与其他人、禽和猪流感病毒HA蛋白的比较

（A）18HA0三聚体概貌，呈带状。每个单体用不同的颜色区分。（B）18HA0单体（红色）结构与人H3（绿色）、禽H5（橙色）和猪H9（蓝色）HA0结构比较。[引自 J. Stevens, A. L. Corper, C. F. Basler, J. K. Taubenberger, P. Palese, I. A. Wilson. Structure of the uncleaved human H1 hemagglutinin from the extinct 1918 influenza virus. Science. 303, 1866-1870（2004），已授权]

（二）病毒粒子的对称性

由于进化过程和遗传节约性的原因，病毒粒子从几种蛋白亚单位的几个拷贝中进行组装。相似的蛋白–蛋白结合部重复出现，使得亚单位蛋白组装成对称的核衣壳。这种设计上的效率性也要遵循自我组装的原则，结构单元通过随机热运动被引入指定位置，且通过弱的化学键绑定在相应位置。尽管在细菌中，如大肠杆菌，能够表达病毒蛋白并且具有衣壳自我组装的能力（如猴病毒40和B型肝炎病毒），但是现在已经认识到，大多数病毒在病毒粒子的组装过程中有辅助作用。这种辅助作用来自于病毒蛋白与病毒基因组、细胞膜或细胞伴侣蛋白的相互作用。这种辅助可以是简单的富集病毒蛋白以提高相互作用的机会、提供组织矩阵或诱导增强结合能力所需的

构象改变。对于具有二十面体核衣壳的大病毒来说（如疱疹病毒科和腺病毒科），病毒非结构蛋白是指参与衣壳组装的支架蛋白，并不存在于完整病毒粒子中。

病毒有不同的形状和大小，这主要与它们蛋白亚单位的形状、大小和数量有关，也与亚单位蛋白之间相互连接的性质有关（图1-2）。然而，在病毒粒子中目前公认的只有两种对称方式：二十面体对称和螺旋对称。病毒的等轴对称是固定不变的二十面体对称；二十面体对称的病毒粒子有12个顶点（角），30个边和20个面，每一个面都是等边三角形。二十面体有2倍、3倍和5倍旋转对称，轴分别穿过边、面和顶点（图1-5）。从重复的亚单位角度来看，二十面体是病毒构造问题的最佳解决方案，是一个包含了最大容积的强大构造。细小病毒代表了最简单的衣壳设计，

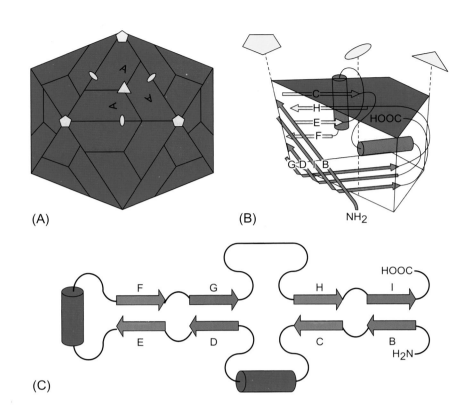

图1–5　（A）含有60个相同拷贝蛋白亚单位（蓝色）的二十面体衣壳蛋白标记为A：这些是5倍（顶点有黄色五边形）、3倍（面上有黄色三角形）和2倍（边上有黄色的椭圆形）对称单元。对已知大小的亚单位，这种点组对称可产生最大包装可能（60个亚单位），其中每个蛋白都位于相同的环境中。（B）示意图表示了在很多RNA病毒和一些DNA病毒结构中发现的亚单位构建模块。这些亚单位具有互补的交界面，当它们反复相互作用的时候，可形成二十面体对称。亚单位三级结构是一个带有面包卷拓扑结构的8股β–桶结构。亚单位大小范围通常在20～40kDa，在不同病毒中因发生于N–末端还是C–末端而有不同，也因在链和β–折叠之间插入的大小而不同。这些插入通常不发生于边缘（B–C、H–I、D–E和F–G转角）的狭窄末端。（C）病毒β–桶拓扑结构，展示了链和折叠之间的连接（黄色和红色箭头所示）以及在链之间插入的位置。绿色圆柱体代表保守的螺旋线。C–D、E–F和G–H环通常包含大的插入。［引自病毒学百科全书（B. W. J. Mahy, M. H. V. van Regenmortel, eds），vol 5，P. 394，版权©Academic Press/Elsevier（2008），已授权］

由同一个蛋白亚单位的60个拷贝组成——二十面体的每个面有3个亚单位。蛋白折叠成"面包卷β–桶"的结构，这一结构形成一个带有手臂样延伸的块状外形，这就为其他蛋白亚单位提供了接触点，稳定蛋白-蛋白交界面。最简单的排列中，蛋白亚单位的大小决定了衣壳的容积。带有60个拷贝的单个衣壳蛋白，只有一个小基因组可以纳入衣壳（犬细小病毒=5.3kb，ssDNA）。携带有较大基因组的病毒已经解决了衣壳容积有限的问题，但是衣壳的基本结构仍然是二十面体。如何解释病毒用重复结构单元维持其二十面体对

称的方式已经超出了本章的范围。

　　一些RNA病毒的核衣壳自我组装成圆柱状结构，其病毒结构单元以螺旋状排列，因此称为螺旋对称。结构单元中相同蛋白-蛋白交界面的形状和重复出现，构成螺旋的对称性组装。在螺旋对称的核衣壳中，基因组RNA在核衣壳的核心内部形成一个螺旋。RNA是把结构单元带入正确队列的组织元素。很多带有螺旋状核衣壳的植物病毒呈杆状、弯曲的或者没有囊膜的刚性结构。而动物病毒的螺旋核衣壳缠绕成二级线圈包裹在脂蛋白囊膜中（如弹状病毒科）（图1–6）。

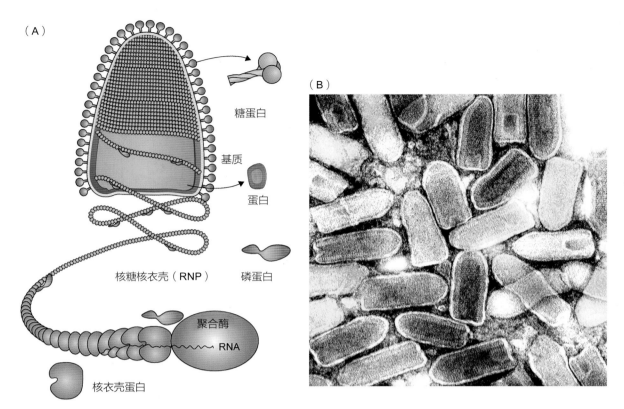

图1-6 （A）该示意图展示了弹状病毒粒子和核衣壳结构（P. Le Merder惠赠）。（B）一株印第安纳州水疱性口炎病毒分离株病毒粒子的负染电镜照片（P. Perrin惠赠）。标尺为100nm。[引自病毒分类：国际病毒分类委员会第八次报告（C. M. Fauquet, M. A. Mayo, J. Maniloff, U. Desselberger, L. A. Ball, eds），P. 623. 版权©Elsevier（2005），已授权]

四 病毒分类

最早对感染性因子的认识是发现其与特定的临床表现具有相关性，因为没有其他命名基础，很自然地会根据致病因子所致相关疾病或者其发现的地理位置进行命名。这样，引起家畜发生蹄和口部疾病的致病因子称为"口蹄疫病毒"，在非洲裂谷引起发热性疾病的因子称为"裂谷热病毒"。此时此刻，很明显，这种对感染性因子特别的命名方法可能会导致疾病混淆和管理混乱。不同的名字可能命名给同一个病毒，也就是这种致病因子既在英格兰引起牛发生一种疾病也在印度引起水牛发生疾病。霍乱病毒存在于北美，然而在世界其他地区称为经典猪瘟病毒，不能与非洲猪瘟病毒混淆。在同一动物体内，有牛传染性鼻气管炎（IBR）病毒和牛传染性脓疱性外阴阴道炎（IBPV）病毒，这两种疾病都是由牛疱疹病毒Ⅰ型引起的。即使现在，出口单据也要求检疫以确定动物IBR病毒和IBPV病毒阴性。直到有了定义病毒的物理和化学性质的工具，这种疾病相关的命名法才开始改变。当负染电子显微镜技术作为一种现成的技术，病毒的大小和形状成为定义它的特征。这一特征与定义病毒粒子核酸类型一起为新病毒的分类和命名提供了更加合理的体系。即使明确了形状和核酸类型，发展中的分类体系仍然有模糊不清的地方。昆虫媒介传播的病毒宽泛地定义为"虫媒病毒"——节肢动物传播病毒。然而，有些病毒与虫媒病毒类似且具有相同的核酸，但是不以昆虫作为传播媒介。这些称为"非节肢动物传播"披膜病毒。类似的混淆还存在于称为小核糖核酸病毒（小RNA病毒）的病毒群中。随着能够确定这些致病因子的核苷酸序列的进展，很多问题都能给出答案。这样，

"非节肢动物传播的"披膜病毒成为动脉炎病毒科、瘟病毒属、风疹病毒属成员。

尽管技术的进步能够对病毒个体进行鉴定，仍然需要建立指导方针和程序来发展普遍接受的病毒分类方法。1966年，国际病毒分类委员会（ICTV）成立，负责建立、修订和维护通用的病毒分类体系。由于病毒起源的不确定性，建立分类系统的初始框架有争议。小组委员会和研究小组定期开会，评估研究小组提交的新数据来修订分类系统，使新的病毒被归类到分类方案中最合理的地方。直到ICTV第七次报告（2000）病毒种的概念作为最小的分类单元才被接受。核苷酸序列测定的出现对所有生物学分类系统起到了巨大的影响，在许多方面证明了这是分类系统的主要元素。本书将使用2005年发表的ICTV第八次报告中提供的信息。在那次报告中，ICTV通过了3个目，73个科，9个亚科，287个属和超过5 000个1950年批准的病毒种。由于新病毒的出现以及旧有分离株序列数据的产生，使得分类和命名成为一个持续进行的过程，课本当中的内容不可能是最新的。对于分类和命名的最新信息，读者可以到ICTV网页来查找（http://www.ictvonline.org/index.asp）。

公认的病毒分类单元的层次结构是：（目）；科；（亚科）；属；种。例如，人呼吸道合胞体病毒A2在这一体系中的分类是：单股负链病毒目（目）；副黏病毒科（科）；肺病毒属（属）；人呼吸道合胞体病毒（种）。想要成为比属还要高一些的分类单元中的成员，病毒必须具有定义分类中的所有特点。相反，种作为一个多元级别，其成员有多种共有特性，但不是所有病毒都共有一个单一的特点。在每个属中都有指定类型的种，用于建立属和种之间的联系。这种指定通常是授予建立属所需的种。关于特定病毒的名称是否用斜体书写，病毒学发表文献中表现出明显的不一致：例如，牛病毒性腹泻病毒（Bovine viral diarrhea virus），正斜体的书写在发表的文献中均使用过。在处理分类问题的所有案例中，

目、科、亚科和属的名称应用斜体书写且第一个字母大写：例如，犬瘟热病毒（*Canine distemper virus*）是麻疹病毒属（*Morbillivirus*）中的种。然而，当以有形的特性如致病能力、在特定细胞系生长或物理特性来描写病毒时，既不需要斜体也不需要首字母大写，除非病毒名称中包含专有名词：例如，人们可以在猴细胞上培养犬瘟热病毒（canine distemper virus）或者西尼罗河病毒（West Nile virus）。当一个病毒的抽象的（分类）和具体的方面在语境中不清楚的时候就有这类情况。本书在适当的时候会尝试使用ICTV惯例，但是本章主要涉及病毒切实存在的方面，大多数病毒名称不会使用斜体。

需要解决的基本问题是为什么我们被分类的事情困扰着。似乎是人们需要将事情划分成有序的系统。在鉴定实体和定义术语时，应对所属学科的研究背景有基本的了解。在一个大背景下，分类系统为一个病毒与另一个病毒或者一个病毒科与另一个病毒科进行比较提供了工具。分类系统还能够给临时归类入已知病毒科的新病毒分配生物学属性。例如，如果有新病毒的电子显微镜图像能够支持将其鉴定为冠状病毒，然后发现者可以假定他们已经鉴定出一个单股正链不分节段的RNA病毒。进一步，可以推断冠状病毒主要与肠道疾病相关，但是在"物种跨越"后也能引起"非典型"宿主发生呼吸道疾病。冠状病毒群成员很难在体外培养，需要有蛋白酶的存在来提高其组织培养的生长能力。保守序列——可能存在于核衣壳中——可为建立PCR检测方法提供靶向序列。因此，确定一个未知病毒的形态学特征是很有用的，因为特定病毒科的一般特性能够解释单个临床病例。例如，从一例特殊病例中确定分离到了一株α-疱疹病毒，即使没有明确定义该病毒的特性，也给出了这一病毒的基本信息。表1-3提供了一些动物病毒科的基本特点；表1-4列出了那些在特定章节讨论的病毒。病毒科中更多细节性的特性包括兽医相关的重要病原将在本书第二部分的特定章节介绍。

表1-4　兽医和人畜共患病原通用分类命名系统

科	亚科	属	代表种（非脊椎动物宿主）
DNA 病毒			
双链 DNA 病毒			
痘病毒科	脊椎动物痘病毒亚科	正痘病毒属	痘苗病毒
		山羊痘病毒属	绵羊痘病毒
		野兔痘病毒属	黏液瘤病毒
		猪痘病毒属	猪痘病毒
		软疣痘病毒属	传染性软疣病毒
		禽痘病毒属	鸡痘病毒
		亚塔痘病毒属	雅巴猴肿瘤病毒
		副痘病毒属	口疮病毒
		鹿痘病毒属	鹿痘病毒W-848-83
	昆虫痘病毒亚科	昆虫痘病毒属	（昆虫病毒，但很可能也是鱼的病原体）
非洲猪瘟病毒科		非洲猪瘟病毒属	非洲猪瘟病毒
虹彩病毒科		蛙病毒属	青蛙病毒3型
		淋巴囊肿病毒属	淋巴囊肿病毒1型
		细胞肥大病毒属	传染性脾肾坏死病病毒
鱼类疱疹病毒科		鲴鱼疱疹病毒属	鲴鱼疱疹病毒1型
疱疹病毒科	α 疱疹病毒亚科	单纯疱疹病毒属	人疱疹病毒1型
		水痘病毒属	人疱疹病毒3型
		马立克氏病病毒属	禽疱疹病毒2型
		传染性喉气管炎病毒属	禽疱疹病毒1型
	β 疱疹病毒亚科	巨细胞病毒属	人疱疹病毒5型
		鼠巨细胞病毒属	鼠疱疹病毒1型
		长鼻动物病毒属	象疱疹病毒1型
		玫瑰疹病毒属	人疱疹病毒6型
	γ 疱疹病毒亚科	淋巴潜隐病毒属	人疱疹病毒4型
		玛卡病毒属	狷羚疱疹病毒1型
		马疱疹病毒属	马疱疹病毒2型
		猴病毒属	松鼠猴疱疹病毒2型
贝类疱疹病毒科		长线形病毒属	牡蛎疱疹病毒1型
腺病毒科		哺乳动物腺病毒属	人腺病毒C型
		禽腺病毒属	禽腺病毒A型
		富AT腺病毒属	绵羊腺病毒D型
		唾液酸酶腺病毒属	蛙腺病毒
多瘤病毒科		**多瘤病毒属**	**猴病毒 40**
乳头瘤病毒科		α 乳头瘤病毒属	人乳头瘤病毒32型
		β 乳头瘤病毒属	人乳头瘤病毒5型
		γ 乳头瘤病毒属	人乳头瘤病毒4型
		δ 乳头瘤病毒属	欧洲麋鹿乳头瘤病毒1型
		ε 乳头瘤病毒属	牛乳头瘤病毒5型
		ς 乳头瘤病毒属	马乳头瘤病毒1型
		η 乳头瘤病毒属	苍头燕雀乳头瘤病毒
		θ 乳头瘤病毒属	提姆那灰鹦鹉乳头瘤病毒
		ι 乳头瘤病毒属	多乳大鼠乳头瘤病毒
		κ 乳头瘤病毒属	棉尾兔乳头瘤病毒
		λ 乳头瘤病毒属	犬口腔乳头瘤病毒
		μ 乳头瘤病毒属	人乳头瘤病毒1型
		ν 乳头瘤病毒属	人乳头瘤病毒41型
		ξ 乳头瘤病毒属	牛乳头瘤病毒3型
		ο 乳头瘤病毒属	棘鳍鼠海豚乳头瘤病毒
		π 乳头瘤病毒属	仓鼠口腔乳头瘤病毒
单股 DNA 病毒			
细小病毒科	细小病毒亚科	细小病毒属	鼠微小病毒
		红病毒属	B19病毒
		依赖病毒属	腺联病毒2型
		阿留申水貂病毒属	阿留申水貂病病毒
		牛犬细小病毒属	牛细小病毒

（续）

科	亚科	属	代表种（非脊椎动物宿主）
圆环病毒科		圆环病毒属	猪圆环病毒1型
		环病毒属	鸡贫血病毒

DNA 和 RNA 逆转录病毒

科	亚科	属	代表种（非脊椎动物宿主）
嗜肝DNA病毒科		正肝DNA病毒属	乙型肝炎病毒
		禽嗜肝DNA病毒属	鸭乙型肝炎病毒
逆转录病毒科	正逆转录病毒亚科	α 逆转录病毒属	禽白血病病毒
		β 逆转录病毒属	小鼠乳腺瘤病毒
		γ 逆转录病毒属	鼠白血病病毒
		δ 逆转录病毒属	牛白血病病毒
		ε 逆转录病毒属	大眼鲈鱼皮肤肉瘤病毒
		慢病毒属	人免疫缺陷病毒 I 型
	泡沫病毒亚科	泡沫病毒属	猴泡沫病毒

RNA 病毒

双股 RNA 病毒

科	亚科	属	代表种（非脊椎动物宿主）
呼肠孤病毒科		正呼肠孤病毒属	哺乳动物正呼肠孤病毒
		卡多呼肠孤病毒属	中华绒螯蟹呼肠孤病毒
		环状病毒属	蓝舌病毒1型
		轮状病毒属	轮状病毒A型
		东南亚十二节段RNA病毒属	班纳病毒
		科罗拉多蜱传热病毒属	科罗拉多蜱传热病毒
		水生动物呼肠孤病毒属	水生动物呼肠孤病毒A型
双RNA病毒科		禽双RNA病毒属	传染性法氏囊病毒
		水生动物双RNA病毒属	传染性胰脏坏死病毒

单股负链 RNA 病毒

科	亚科	属	代表种（非脊椎动物宿主）
副黏病毒科	副黏病毒亚科	呼吸道病毒属	仙台病毒
		麻疹病毒属	麻疹病毒
		腮腺炎病毒属	腮腺炎病毒
		禽腮腺炎病毒属	新城疫病毒
		亨尼帕病毒属	亨德拉病毒
	肺病毒亚科	肺病毒属	人呼吸道合胞病毒
		偏肺病毒属	禽偏肺病毒
弹状病毒科		水疱病毒属	水疱性口炎印第安纳病毒
		狂犬病毒属	狂犬病病毒
		短暂热病毒属	牛短暂热病毒
		非毒粒蛋白弹状病毒属	传染性造血器官坏死病毒
丝状病毒科		马尔堡病毒属	莱克维多利亚马尔堡病毒
		埃博拉病毒属	扎伊尔埃博拉病毒
博尔纳病毒科		博尔纳病毒属	博尔纳病病毒
正黏病毒科		甲型流感病毒属	甲型流感病毒
		乙型流感病毒属	乙型流感病毒
		丙型流感病毒属	丙型流感病毒
		索戈托病毒属	索戈托病毒
		传染性鲑鱼贫血病病毒属	传染性鲑鱼贫血症病毒
布尼亚病毒科		正布尼亚病毒属	布尼亚维拉病毒
		汉坦病毒属	汉坦病毒
		内罗毕病毒属	杜贝病毒
		白蛉热病毒属	裂谷热病毒
沙粒病毒科		沙粒病毒属	淋巴细胞性脉络丛脑膜炎病毒

单股正链 RNA 病毒

科	亚科	属	代表种（非脊椎动物宿主）
冠状病毒科		冠状病毒属	传染性支气管炎病毒
		环曲病毒属	马环曲病毒
动脉炎病毒科		动脉炎病毒属	马动脉炎病毒
杆状套病毒科		头甲病毒属	鳃关联病毒

（续）

科	亚科	属	代表种（非脊椎动物宿主）
小核糖核酸病毒科		肠道病毒属 马鼻炎病毒属 肝炎病毒属 心脏病毒属 口蹄疫病毒属 双埃柯病毒属 正嵴病毒属 捷申病毒属	人类肠道病毒C型 马鼻炎B病毒 甲型肝炎病毒 脑心肌炎病毒 口蹄疫病毒 人双埃柯病毒 爱知病毒 猪捷申病毒
杯状病毒科		水疱性病毒属 兔出血症病毒属 诺瓦克病毒属 札幌病毒属	猪水疱性疹病病毒 兔出血症病毒 诺瓦克病毒 札幌病毒
星状病毒科		哺乳动物星状病毒属 禽星状病毒属	人星状病毒 火鸡星状病毒
披膜病毒科		甲病毒属 风疹病毒属	辛德毕斯病毒 风疹病毒
黄病毒科		黄病毒属 瘟病毒属 丙型肝炎病毒属	黄热病病毒 牛病毒性腹泻病毒1型 丙型肝炎病毒
未分类病毒或亚病毒因子			
未分类病毒		戊型肝炎病毒属 δ病毒属 细项圈病毒属	戊型肝炎病毒 丁型肝炎病毒 细项圈病毒
朊病毒		羊瘙痒因子	

孔宪刚　李慧昕　译

病毒复制

章节内容

在前述的章节中，认为病毒是严格细胞内寄生，在宿主细胞外不能进行任何生物合成过程，进一步认识到病毒家族中遗传复杂性相差巨大，有的病毒仅仅编码几种蛋白质，而有些则可编码900多种蛋白。鉴于这种显著差异，不同病毒个体的复制过程存在较大的差异也就不足为奇了。然而，所有病毒在复制过程中都必须经过相同的步骤：吸附易感细胞，入侵细胞，复制病毒自身的遗传物质并合成相关的蛋白，组装新的病毒粒子，最后从感染细胞中裂解释放。本章将对各个病毒复制步骤中涉及的过程进行概述，细节在本书的第二部分进行介绍。

一　病毒的增殖

在细胞体外培养技术出现之前，所有的病毒只能在自然宿主体内进行复制，对于寄生在细菌内的病毒增殖是一个相对简单的过程，因为它的实验室研究技术发展的较植物病毒和动物病毒早一些。对于动物病毒，首先从感染的动物中获取病料组织，然后再感染其他的同种动物。如果结果一致，往往还会再确定其他种类的动物是否易感。这些试验主要是为了确定病毒因子的宿主范围。尽管在确定病毒的生物学特性方面已经有很大的进步，但是这种繁殖病毒的方式有很明显的缺点，尤其对于那些感染大型动物的致病因子。一个非常重要的问题就是易感动物的状态。例如，在绵羊中的未鉴定的传染性因子接种到另一只绵羊上后，可能会改变一些临床症状，并且从这只绵羊上采集的样品可能会包含好几种传染性因子，对后续试验会产生干扰。为了避免这种污染的问题，我们将试验动物饲养在限定的环境中。随着更多的传染因子被发现，以及检测手段的完善，试验动物变得更加的清洁，由此也诞生了"无特定病原体动物"这一概念。然而，值得注意的是，"无特定病原体"动物也可能感染未定义的或未申报的病毒。例如，将流感病毒研究实验中对照组死亡的实验动物的肺提取物接种到未被感染的对照组动物中时，发现了鼠肺炎病毒。感染肝炎病毒、乳酸脱氢酶增高症病毒的啮齿类动物或者其他一些感染了未知感染因子的实验动物的使用给早期的病毒学和免疫学研究带来困难。

1931年，在研究适合病毒的培养系统过程中发现，牛痘病毒和单纯性疱疹病毒与自然感染禽类的鸡瘫病毒类似，能够在鸡胚尿囊膜上增殖。从此，用鸡胚增殖病毒成为一种常用的方法，该方法不仅适用于禽类病毒，也适用于感染哺乳动物的病毒。动物病毒家族中的大部分病毒可以在鸡胚中增殖，可能是由于在胚胎的生长过程中以及环境中出现了大量不同类型的细胞和组织。在某些情况下，鸡胚完全取代了实验动物用于病毒的增殖，而且，如果病毒感染导致了胚胎的死亡，也为测定病毒滴度提供了定量方法。由于鸡胚培养耗费人力物力，所以细胞培养已经取代了大部分的鸡胚培养，但是，除了很多禽类病毒外，鸡胚培养仍然广泛地用于流感病毒的分离与增殖。

体外动物细胞培养技术的出现使得病毒的研究与细菌病毒的研究一样，由此降低了一些危险性病毒在动物接种过程中产生的危害，并且也提高了诊断检测能力。然而，危险性病毒存在的危险并没有完全消除，例如，早期一批脊髓灰质炎病毒性疫苗被SV40病毒污染，该病毒是一种猴病毒，来源于用于疫苗生产的原代猴肾细胞培养物。同样，由于用于病毒分离的细胞培养物受到病毒的污染，使得一些关于副流感病毒的研究结果变得很复杂。在兽医领域，反刍动物细胞培养物被牛腹泻性病毒污染已经成为一个非常广泛而又严重的问题。许多污染的细胞培养物和细胞系可能是源于感染的胎牛组织，但是细胞由于接触被牛腹泻性病毒污染的胎牛血清而感染病毒的现象并不常见。在19世纪70年代，胎牛血清成为细胞培养的标准添加物。许多反刍动物细胞系因污染的胎牛血清而被感染，因此许多关于反刍动物的病毒学和免疫学研究，以及牛腹泻性病毒的诊断检测也受到阻碍。同时，由于疫苗污染，也造成了严重的经济损失。直到20世纪80年代晚期，高效诊断试剂的出现才使得这个问题得到充分的认识。正如实验动物一样，只有相关的感染性因子确定后，才能确定细胞培养物受到病毒污染。在生物生产体系中使用血清的标准是先用射线将血清内含有的所有的病毒灭活，不管是已知的还是未知的。现在研究技术迅速发展，可扩增细胞内的所有核酸，在对扩增产物进行序列分析后便可完全知道细胞培养物中污染了何种微生物。

自人工培养基用于维持细胞体外生存以来，各种体外细胞培养系统开始被广泛使用，例如，器官培养、外植体培养、原代细胞培养以及细胞系。器官培养可以获得组织的三维结构，应用于短期试验。在细胞培养的过程中，气管上皮细胞依然黏附在气管的软骨基质上，这是这种培养系统的一个典型例子。在制备原代细胞时，通过使用蛋白酶，像胰蛋白酶或者胶原蛋白酶，来处理胎儿组织如肺脏、肾脏组织以获得单个细胞。单个细胞可以黏附在细胞培养介质上，通过细胞分化进行有限分裂。由于细胞寿命有限，因此需要从新的组织制备细胞，使得不同批次的细胞存在差异。相反，理论上，细胞系可以无限分裂，因此可开发更加标准化的病毒增殖系统。在早期的细胞培养阶段，细胞无限增殖（转化）只是经验性的，成功的概率很低。最近，无限增殖各种细胞系的方法已经发展起来，因此代表不同物种的细胞系也逐渐地增多。

病毒在细胞内增殖的确认

在感染宿主中，确认病毒因子的存在依赖于其发病症状和表现在感染宿主（对照）中没有出现，动物死亡是最终却也是最容易判定的结果。同样，这种判定方法也适应于细胞培养，在相同的培养条件下，通过检测对照组未出现而接种组出现的性状来判定病毒是否增殖。与动物感染一样，病毒感染培养物后，最容易判断的就是细胞死亡或者细胞形态学的改变。这就是通常被称为

的细胞病变效应或称为"CPE"，通过显微镜观察培养系统可明显看到变化。需仔细观察细胞培养物的变化，待检样品可能含有对细胞有毒性的物质，如细菌等大分子。在病毒感染的细胞培养系统中，其他的形态学特征改变可能会更明显。例如，感染了禽呼肠孤病毒的细胞最明显的形态学改变就是出现了多核细胞或者合胞体。许多副黏病毒科的病毒也会引起这种形态学的改变，但合胞体形成的程度依细胞类型而定。在细胞培养中，细胞出现病理变化的类型是某一类病毒所具有的特征。例如，α-疱疹病毒可使细胞出现特征性的变圆，可产生或不产生小的合胞体，其可在易感细胞中迅速扩散。

在细胞培养物中寻找未知的病毒时，早期的研究者发现一些病毒能结合红细胞的特性。例如，当细胞感染了牛副流感病毒3型，会将鸡红细胞吸附于胞浆膜上。在病毒成熟的过程中（正黏病毒，副黏病毒），病毒蛋白嵌入胞浆膜中。如果这些蛋白与红细胞表面受体结合，则感染体细胞将黏附于红细胞表面（红细胞吸附）（图2-1D）。这种特性只有在病毒从质膜中出现的时候才有，有的还只针对特定动物的红细胞发生。能够诱导产生红细胞吸附现象的病毒在无细胞的培养介质中也能表现出吸附红细胞的特性。引起血细胞吸附现象的病毒蛋白同样能够引起凝集反应。然而有的病毒能凝集红细胞，却不能凝集感染的细胞，像腺病毒和甲病毒。

被特定病毒感染的细胞其形态学的特征性变化就是形成包含体（图2-2）。通过固定和细胞染色，这些变化可在光学显微镜下观察到。正如血凝现象一样，不是所有的病毒感染都能形成可以检测到的包含体。感染病毒的类型可以通过包含体的位置和形状进行确定：细胞感染疱疹病毒、腺病毒、细小病毒都会产生核内包含体；而感染痘病毒、环状病毒和副黏病毒则出现胞质包含体（图2-2B，C）。根据病毒类型的不同，包含体的组成也不同。感染了狂犬病病毒的细胞质中出现的内基质小体是核衣壳的聚集体，而腺病毒感染

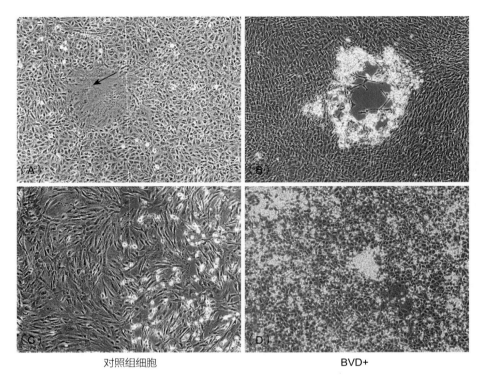

对照组细胞　　　　　　　　　　　BVD+

图2-1　相差显微镜显示正常细胞单层，不同病毒产生的细胞病变，未固定，未染色
（A）禽呼肠孤病毒感染非洲绿猴肾细胞。（B）非典型疱疹病毒感染猫肺细胞。（C）牛病毒
性腹泻病毒感染原代牛肾细胞。（D）鸡红细胞吸附现象表明感染非洲绿猴肾细胞的副流感
病毒3型。

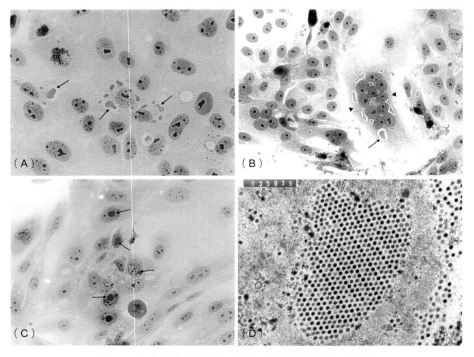

图2-2　病毒感染细胞中典型的包含体和变异的细胞形态
（A）在非洲绿猴肾细胞的呼肠孤病毒包含体（箭头）。（B）在非洲绿猴肾细胞的犬瘟热
病毒的包含体（箭头）和合胞体（短箭头）。（C）在原代牛肾细胞细胞核中的牛腺病毒5。
（D）透射电子显微镜显示在A459细胞中非典型的腺病毒核内包含体。

出现的核内包含体则是由成熟病毒粒子构成的晶体状排列（图2-2D）。细胞染色很少用于确定感染细胞所感染的病毒类型，主要是在筛选试验中用于评估病毒的存在。

在没有宏基因组筛选试验时，检测那些不产生细胞病变、不诱导产生红细胞吸附或无血凝性、不产生包含体的病毒，采用病毒特异性试验进行检测。这种情况见于筛选牛源细胞感染牛病毒腹泻性病毒而无细胞性病变。在这种情况下，常使用免疫学方法，如荧光抗体实验或免疫组化实验（图2-3）。实验的准确性依赖于试验中所用抗体的特异性。随着单克隆抗体的出现，这个问

题已经逐渐被解决。其他的病毒特异性实验主要是检测感染细胞中的病毒特异性核酸。杂交实验已经被聚合酶链式反应实验（PCR）所取代，因PCR实验具有显著提高的灵敏性及可操作性（见第5章）。

二　病毒复制

病毒区别于其他复制体的一个基本的特点就是新病毒粒子生成方式是通过合成进行的。病毒不是二分裂方式繁殖，而是由多个看似独立却同步进行的反应中所合成的各种结构成分组装起来的。这种独特的复制方式最初是从噬菌体的研究中发现的。这一概念的试验证据相对简单：① 在细菌培养物中添加氯仿抗性的噬菌体，作用几分钟；② 冲洗掉没有黏附的噬菌体；③ 孵育培养物并且在不同的时间段取出样品；④ 用氯仿处理细菌培养物以终止细菌的生长；⑤ 滴定不同时间段的噬菌体。这个实验就是我们常提到的一步生长曲线，对于任何类型的病毒都可以获得这一曲线（图2-4）。这种研究的一个非常显著的发现就是：根据病毒-宿主-细胞系统的不同，病毒从感染的培养物中消失的时间不同。这段时间称为隐蔽期，代表了病毒粒子各部分合成

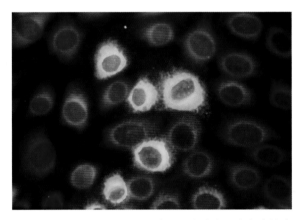

图2-3　间接荧光抗体检测不产生细胞病变的牛病毒性腹泻病毒（BVDV）感染的细胞，BVDV感染牛细胞72h后用冷丙酮固定。固定的细胞用BVDV的单克隆抗体染色20,10,6和羊抗鼠的标记有异硫氰酸荧光素的血清染色。

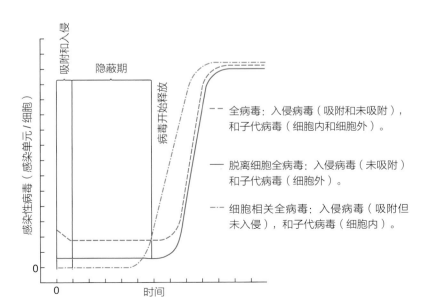

图2-4　无囊膜病毒的一步生长曲线

病毒经过2～12h的潜伏期，在这一时期病毒在细胞间的感染不能检测到，随后病毒开始吸附并侵入细胞，接下来几个小时病毒成熟，无囊膜病毒粒子在细胞崩解时释放的很晚，而且不完全，有囊膜的病毒粒子成熟时，以浆膜出芽的形式释放。

全病毒：入侵病毒（吸附和未吸附），和子代病毒（细胞内和细胞外）。

脱离细胞全病毒：入侵病毒（未吸附）和子代病毒（细胞外）。

细胞相关全病毒：入侵病毒（吸附但未入侵），和子代病毒（细胞内）。

组装所需要的时间。一旦开始组装，病毒就会呈指数形式增长，直到宿主细胞不能维持完整的新陈代谢。根据病毒类型不同，有的病毒粒子瞬间释放（宿主细胞裂解，以T–偶数噬菌体为例），有的缓慢释放（病毒粒子在细胞膜成熟，如流感病毒粒子）。特定的病毒–宿主–细胞系统有其固定的生物钟，即便想快速地获得检测结果也不会被明显地改变，这给诊断学者、研究人员以及医生带来很多无奈。

一步生长曲线可将病毒复制周期分为几个部分，以便于讨论其常规的复制模式。复制周期中基本的组成部分有黏附、隐蔽期（入侵、脱壳、组成成分复制、成熟）和病毒粒子释放。本章将阐述几种复制模式，但各病毒科中的病毒特殊复制环节将在本书第二部分叙述。

（一）黏附

在病毒复制周期中最为关键的第一步是病毒粒子结合到宿主细胞上。这一结合过程涉及一系列的相互作用，可以确定病毒的宿主范围和组织/器官特异性（嗜性）。组织和器官特异性很大程度上表明了病毒的潜在致病性以及该病毒所致疾病的性质。病毒粒子与细胞表面的分子相互作用，这些分子称为黏附因子、通道因子、受体和共受体。通常，用"病毒受体"一词来描述细胞表面分子，这是一种误称，因为细胞不具有病毒特异性受体，相反，病毒通过进化从而利用宿主细胞生命过程中重要的细胞表面分子。尽管发生在细胞表面的一系列精确的步骤可能很复杂，但是，大致过程是可以预想的。病毒粒子与细胞表面初次接触可能会与带电分子，如乙酰硫酸肝素蛋白聚糖，进行短距离的静电作用。在最初的相互作用中，电荷是一个关键的因素，它由带正电荷的复合物支持，如二乙基氨基乙醇（DEAE）葡聚糖，能增加病毒与宿主细胞的结合。这一初步接触有助于病毒聚集于细胞表面，允许病毒与其他受体样分子更加特异性的相互作用。某些部位的位点结合的亲和力可能很弱，但大量的潜在

结合位点的存在使得这种相互作用几乎不可逆。病毒粒子结合到宿主细胞是一个非温度依赖性的过程，但侵入过程依赖于质膜上脂质的流动性，而这受到温度的限制。

近年来，学者们致力于对调节病毒吸附和入侵的受体/通道因子的寻找，并且大量的受体/通道因子被鉴定出来，包括配体结合的受体（如趋化因子受体）、信号分子（如CD_4）、细胞黏附受体/信号受体［如细胞间黏附因子（ICAM–1）］、酶、整合素及有各种糖链的糖复合物，唾液酸成为一种常见的末端残基（表2–1）。随着新病毒的鉴定，一些特定分子的数量增多，这些分子在病毒与宿主细胞初次相互作用时发挥作用。不同的病毒可以使用相同的受体或者侵入因子，这也反映了相似的宿主细胞可以成为多种病毒的复制场所。鉴定受体/侵入因子的过程远比想象中复杂，因为同一个科中不同病毒可能有不同的受体。并且，相同病毒的不同毒株也可能使用不同的受体，像口蹄疫病毒，在牛作为宿主时受体是整合素，但在细胞培养时病毒可以使用硫酸乙酰肝素作为受体。受体特异性的改变使得病毒的致病性发生了改变，更加明确地表明受体的特异性是疾病过程的关键因素。对于宿主范围广泛的病毒，像一些α–疱疹病毒，推测这些病毒能够使用多个受体，这也解释了这些病毒为何能在多种宿主细胞中生长。

对于那些需要几种入侵因子才能启动感染的病毒来说，其病毒–受体相互作用非常复杂。一个突出的例子就是人免疫缺陷病毒（HIV），其与细胞最初的相互作用是通过硫酸乙酰肝素介导，然后再结合到CD_4受体和趋化因子受体，如CXCR4和CCR5。对于C型肝炎，细胞表面必须有至少四种入侵因子表达（CD81、SR–BI、CLDN1和OCLN）才能成为易感细胞。一些病毒有高度宿主范围限制，也反映出其入侵因子只能在高度分化的细胞上存在。也有间接的入侵因子系统，如登革热病毒。病毒粒子与所谓的非中和性抗体结合，凭借Fc受体结合于免疫球蛋白分子，获得进入巨噬细胞的能力。抗体–病毒复合

表2-1 作为病毒受体或侵入因子的细胞大分子

病毒	科	受体
人免疫缺陷病毒	逆转录病毒科	CCR5，CCR3，CCR4（硫酸肝素蛋白聚糖）
禽白血病病毒	逆转录病毒科	组织肿瘤坏死因子相关蛋白 TVB
鼠白血病病毒	逆转录病毒科	MCAT-1
牛白血病病毒	逆转录病毒科	BLV受体1
脊髓灰质炎病毒	小RNA病毒科	PVR（CD155）-Ig家族
柯萨奇病毒B	小RNA病毒科	CAR（柯萨奇病毒和腺病毒受体）-Ig家族
人鼻病毒14	小RNA病毒科	ICAM-1（细胞间黏着分子-1）-Ig家族
艾柯病毒1	小RNA病毒科	$\alpha 2 \beta 1$整合素VLA-2
手足口病病毒——野生病毒	小RNA病毒科	各种整合素
手足口病病毒——细胞适应性	小RNA病毒科	硫酸肝素蛋白聚糖
猫杯状病毒	杯状病毒科	FjAM-A（猫相关黏附分子-A）
腺病毒2	腺病毒科	CAR-Ig家族
腺病毒	腺病毒科	$A v \beta 3$，$\alpha v \beta 5$整合素
单纯疱疹病毒1	疱疹病毒科	HveA（疱疹病毒侵入调节子A），硫酸肝素蛋白聚糖，以及其他
人巨细胞病毒	疱疹病毒科	硫酸肝素蛋白聚糖
EB病毒	疱疹病毒科	CD21，补体受体2（CR2）
伪狂犬病毒	疱疹病毒科	CD155-Ig家族
猫细小病毒	细小病毒科	TfR-1（转铁蛋白受体-1）
腺病毒相关病毒5	细小病毒科	α（2,3）-连接的唾液酸
流感病毒A	正黏病毒科	唾液酸
流感病毒C	正黏病毒科	9-O-乙酰水杨酸
犬瘟热病毒	副黏病毒科	SLAM（信号转导淋巴细胞激活分子）
新城疫病毒	副黏病毒科	唾液酸
牛呼吸道合胞体病毒	副黏病毒科	未知
亨德拉病毒	副黏病毒科	肝配蛋白-B2
轮状病毒	呼肠孤病毒科	各种整合素
呼肠孤病毒	呼肠孤病毒科	JAMs（连接黏附分子）
鼠肝炎病毒	冠状病毒科	CEA（癌胚抗原）-Ig家族
传染性胃肠炎病毒	冠状病毒科	氨肽酶N
淋巴细胞脉络丛脑膜炎病毒	砂粒病毒科	α-肌营养不良蛋白聚糖
登革热病毒	黄病毒科	硫酸肝素蛋白聚糖
狂犬病病毒	弹状病毒科	乙酰胆碱，NCAM（神经黏附分子）

物内化后，感染性病毒释放到吞噬细胞的胞浆内。在体外，口蹄疫病毒和猫冠状病毒也是使用这种抗体依赖增强型入侵系统，但是其在自然感染过程中所起的作用也仅限于推测。

（二）入侵

受体或入侵因子的作用并不仅仅是与病毒粒子结合，它同时也帮助或指导病毒进入宿主细胞。这一辅助作用可通过几种不同形式表现出来：① 病毒与受体相互作用导致病毒粒子或对入侵至关重要的吸附蛋白构象改变；② 细胞受体的浓度和/或固定性可触发细胞反应，而导致复杂的

受体发生内化；③ 结合的受体可诱导复合物运动到合适的入侵位点或与共受体一起运动到结合位点。特定病毒利用某一受体可决定病毒入侵宿主细胞的方式。所有宿主细胞在内化大分子和受体时所使用的信号转导过程，在病毒入侵过程中都会用到，正如病毒依赖于细胞的正常生命过程，具体包括激活一系列蛋白激酶、GTP酶、结合蛋白、第二信使以及结构元素重排。具体激活途径取决于入侵过程的类型。对病毒粒子来说，内化过程可分为两种模式：通过膜结合的囊泡或直接在胞质膜进入。病毒利用膜囊泡的路线必须经过膜屏障获得进入胞液的能力，病毒通过这种方式

跨过膜屏障是相似的，与发生位点无关。

　　病毒被内化进膜结合囊泡的机制通常称为内吞作用，这是细胞内化大分子的正常过程。关于这一过程的最早的例子是质膜上网格蛋白包被的"凹陷"对病毒粒子的识别（图2-5）。细胞蛋白中的发动蛋白-2诱导早期进入胞内系统小泡的形成。在早期的胞内体中，病毒粒子经受pH下降，从而诱发病毒粒子结构的改变。在经典途径中，囊泡被转化成晚期胞内体，并伴有相应的低pH。对一些病毒来说，正是这个低pH诱导病毒结构的改变。随后晚期胞内体与溶酶体囊泡融合，从而启动内化物质的降解过程。不能成功逃离胞内体的病毒被降解掉以防止其启动感染。这一侵入过程的关键因素是pH的改变，这是诱导病毒粒子结构改变的必要条件，其可允许病毒粒子突破膜屏障。化合物（balfilomycin A1、氯喹、氯化铵）可以阻止pH降低，从而显著影响感染的过程。

　　另一个主要的内化过程涉及小窝体系统。小窝蛋白包裹的凹陷以及含有与病毒粒子相关的胆固醇的脂质筏介导的凹陷被内化后，进入小窝体系统。与胞内体系统不同，小窝体维持囊泡内pH中性，但显然小窝体进入胞内体需要一个通道，对病毒粒子进行pH活化。小窝体的另一条途径就是通过内质网，如SV40病毒能够穿过限制性的膜边界。一般来说，囊膜病毒不使用小窝体系统，这可能与病毒粒子的大小有关，由于胞内体系统形成的囊泡较大，从而能够容纳常规大小的有脂质囊膜的病毒粒子。这些系统并没有严格的界限，一些病毒可能会使用不同的系统，这依其感染的细胞类型而定。早期对于病毒粒子入侵机制的研究可能会有些改变，因为只观察了占优势的非感染性粒子，它们与感染性粒子的处理方式是完全不同的。

　　病毒遗传物质真正进入宿主细胞是从基因组进入胞质开始的。对于囊膜病毒来说，这个过程在理论上很简单，病毒囊膜仅需要与细胞膜融合，无论其在细胞表面还是在胞内体小泡内。对副黏病毒科中的许多病毒来说，在中性pH条件下，融合过程发生在细胞质膜上。这一病毒群可以引发一种称为从外部融合的现象，在高感染复数并且病毒还没有复制时，邻近细胞的质膜融合形成多核细胞，即合包体。对许多病毒，融合过程是一个pH激活的过程，需要病毒粒子通过胞

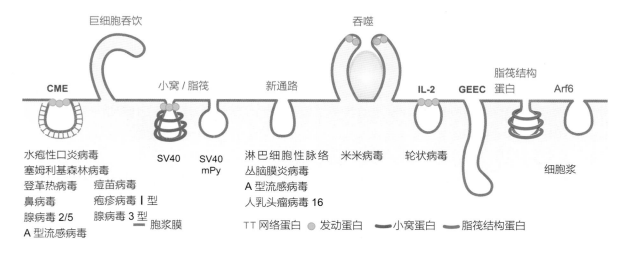

图2-5　胞吞作用的机制

动物细胞胞吞的发生可经由几种不同的机制。一些机制被定义为胞饮，也就是吸入液体的、可溶的和小颗粒物质。包括网格蛋白介导的途径、大胞饮途径、小窝/脂筏介导的途径，另外还有一些新发现的机制。其中一些途径涉及发动蛋白-2，在胞吞泡颈口围成一圈。大颗粒通过吞噬途径摄入，该过程只发生在几种细胞，另外，有几种途径比如IL-2，被叫做GEEC途径，脂筏蛋白和ADP核糖基化因子6（Arf6）依赖的途径可以转运特异性细胞货物，但病毒却不能利用这条路径。Adeno2/5：腺病毒2/5；Adeno3：腺病毒3；CME：网格蛋白介导的胞吞作用；HPV-16：人乳头瘤病毒16；HSV-1：单纯疱疹病毒1；LCMV：淋巴细胞性脉络丛脑膜炎病毒；mpy：鼠多瘤病毒；SFV：塞姆利基森林病毒；SV40：猴病毒40；VSV：水疱性口炎病毒。

内体途径。总之，不管需要怎样的pH环境，病毒粒子的表面糖蛋白必须经历三级结构或四级结构的改变，这样蛋白的疏水区可以与细胞膜接触，从而产生局部的不稳定以及诱导病毒囊膜与细胞膜的融合。对很多病毒来说（如副黏病毒、正黏病毒、黄病毒、冠状病毒和甲病毒），病毒表面的糖蛋白必须经过蛋白水解过程，以允许蛋白发生必要的构象改变。这是20世纪70年代的重要发现，也就是这一发现才使得流感病毒和副流感病毒实现了在细胞中增殖。

无囊膜病毒粒子突破细胞膜是非常困难的，其过程比膜融合更加混乱。现已发现几种不同的进入细胞的机制（图2-6）。对于小核糖核酸病毒来说，提出了小孔机制的理论，其可在中性或酸性pH条件下进行，这依病毒的种类而定。在脊髓灰质炎病毒，入侵过程中最关键的事件是由结合细胞受体所诱导的病毒粒子结构重排。在重排过程中，VP4被释放，N端十四烷基化的vp-1蛋白被嵌入到质膜中。病毒RNA通过细胞膜上的小孔进入到细胞质中。在这一模式中，复制过

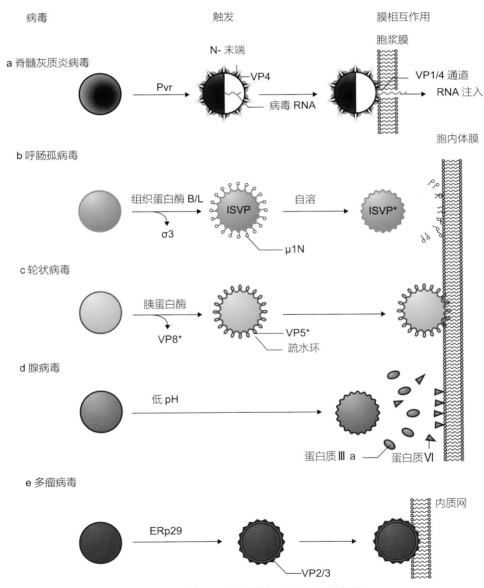

图2-6 起始膜侵入过程的不同机制

与受体相互作用（Pvr）；蛋白酶（组织蛋白酶B/L或胰酶）；分子伴侣（ERp29），或者暴露于低pH环境中引起无囊膜病毒结构重排，这种重排对膜侵入是必要的。

程中的入侵和脱壳过程同时发生，而病毒的衣壳蛋白仍留在质膜上。对于腺病毒，在低pH的胞内体中发生一系列复杂反应，其结果就是细胞膜溶解（裂解机制），这样修饰后的病毒粒子连同胞内体中的物质一同进入到细胞质内。对于多瘤病毒来说，病毒粒子通过小窝体系统转运到内质网上。通过与细胞分子伴侣蛋白结合，病毒粒子跨膜转运到细胞质中。总之，病毒通过与受体结合、pH改变、蛋白酶裂解或者与细胞转运蛋白结合而诱发重排，从而修饰病毒粒子。

在很多情况下，病毒粒子、核衣壳或者基因组核酸进入胞质中并不是病毒复制启动的最后一步。大多数情况下，病毒核酸不是以指导病毒蛋白生产的正链RNA合成的形式存在，病毒基因组也不在复制所需要的正确位置。而且，细胞加工过程中包括将病毒亚单位转运到需要的位置。由于需要远距离运输，就需要使用微管转运系统，而肌动蛋白使得更多的定位移动得以实现。一些DNA病毒和像流感病毒这样的RNA病毒是在细胞核中进行复制，核定位信号位于关键的病毒蛋白上，这些蛋白与核输入系统中的可溶性蛋白相互作用。这些蛋白将病毒单位与核孔复合物连接起来，这样可以将病毒粒子转移进细胞核（细小病毒）或者诱导将病毒核酸转运到细胞核内（腺病毒、疱疹病毒）。在胞质或者胞核中，核衣壳蛋白与复制位点结合，允许进一步蛋白水解加工或者通过使病毒蛋白–核酸相互作用不稳定来改变自身构象，病毒完成其脱衣壳过程。例如，塞姆利基森林病毒的衣壳蛋白从胞内体上释放之后就结合到60S核糖体亚基上，以允许病毒RNA释放。对于小核糖核酸病毒，病毒侵入过程产生可以直接与核糖体作用的基因组RNA，启动病毒蛋白的合成。表2-2提供了一些病毒复制循环的一般特征，其更详细的复制特点将在本

表2-2 不同科病毒的复制特点

科	侵入途径	核酸复制位点	成熟位点（出芽）
痘病毒科	多种	胞浆	胞浆
非洲猪瘟病毒科	网格蛋白介导的胞吞	胞浆	浆膜
虹彩病毒科	多种	核或胞浆	核膜
疱疹病毒科	多种	核	核
腺病毒科	网格蛋白介导的胞吞	核	核
多瘤病毒科	包膜窝胞吞	核	核
乳头瘤病毒科	网格蛋白包膜窝胞吞	核	核
细小病毒科	网格蛋白介导的胞吞	核	内质网
肝脱氧核糖核酸病毒科	网格蛋白介导的胞吞	核或胞浆	浆膜
逆转录病毒科	浆膜融合或网格蛋白介导的胞吞	核	胞浆
呼肠孤病毒科	网格蛋白介导的胞吞	胞浆	浆膜
副黏病毒科	浆膜融合	胞浆	浆膜
弹状病毒科	浆膜融合	胞浆	浆膜
丝状病毒科	浆膜融合	胞浆	浆膜
玻那病毒科	网格蛋白介导的胞吞	核	浆膜
正黏病毒科	网格蛋白介导的胞吞	核	高尔基体膜
布尼亚病毒科	网格蛋白介导的胞吞	胞浆	浆膜
砂粒病毒科	网格蛋白介导的胞吞	胞浆	内质网
冠状病毒科	网格蛋白介导的胞吞或浆膜融合	胞浆	内质网
动脉炎病毒科	网格蛋白介导的胞吞	胞浆	胞浆
小RNA病毒科	包膜窝胞吞或浆膜融合	胞浆	胞浆
杯状病毒科	包膜窝胞吞或浆膜融合？	胞浆	胞浆
星状病毒科	包膜窝胞吞或浆膜融合？	胞浆	胞浆
披膜病毒科	网格蛋白介导的胞吞	胞浆	浆膜
黄病毒科	网格蛋白介导的胞吞	胞浆	内质网

书第二部分进行阐述。

（三）病毒蛋白及核酸的合成

在病毒复制过程中，病毒处于被动状态，大多数情况下，都不是由病毒核酸来指导生物合成。病毒复制的最初步骤是将病毒基因组放到主动控制其复制周期的位置，改造细胞协助产生成熟病毒粒子。复制周期中的下一个阶段在不同病毒科中都是独特的，在本书第二部分各病毒科的章节中都有概述。接下来将以几个不同复制策略为例，重点叙述其复制周期中的特殊方面。

（四）病毒复制策略的代表性实例

1. 小核糖核酸病毒　对于小核糖核酸病毒来说，其侵入过程，无论是通过质膜还是经过胞内体小泡形式，都会在细胞质中产生脱壳后游离的单股正链RNA分子（图2-7）。在这种环境下，没有细胞聚合酶用于基因组RNA的复

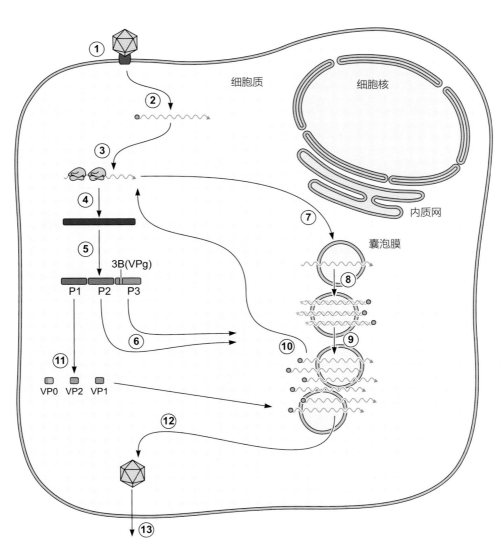

图2-7　脊髓灰质炎病毒，一种小核糖核酸病毒在单细胞中的复制周期

①病毒粒子结合细胞受体；②释放脊髓灰质炎病毒基因组发生在靠近胞浆膜（100～200nm）的早期核内体中；③VP糖蛋白，描述为病毒粒子RNA5末端的橘黄色圆圈被移除，病毒RNA与核糖体相联系；④从病毒mRNA5末端741位核苷酸内部位点开始转录，成多聚蛋白前体；⑤在合成中和合成后多聚蛋白被切割产生成熟的病毒蛋白；⑥这里只显示了最初的切割，这些蛋白参与病毒RNA的合成，并以膜囊的形式运输；⑦RNA的合成发生在这些感染细胞特异性膜囊的表面。正义RNA被运输到这些膜囊；⑧在那里复制为双链RNAs；⑨新合成的负链RNA作为合成正链RNAs基因组的模板；⑩在移去VPg后，一些新合成的正链RNA分子开始转录；⑪PI前体部分剪切后构成病毒的结构蛋白；⑫正链RNA分子与VPg结合就形成了子代病毒粒子；⑬一旦细胞崩解，病毒粒子释放。

制。因此，首要事件是病毒基因组RNA与细胞蛋白翻译系统相关联。与大多数宿主–细胞的信使RNA（mRNA）不同，小核糖核酸病毒基因组RNA缺少5'–帽子结构。但是，这些病毒可通过使用核糖体结合位点（IRES）来进行蛋白合成。这种与核糖体和翻译因子结合的替代机制给病毒提供限制宿主–细胞mRNA翻译的能力，其可指导具有帽子–依赖性翻译的翻译起始因子的裂解。对细胞翻译的抑制减少了对核糖体复合物的竞争，同时也减少了细胞产生一系列抗病毒分子的能力，这些分子的产生用于对抗病毒感染（见第4章）。小核糖核酸病毒蛋白由一个单个的长开放阅读框架（ORF）合成，通过一系列蛋白水解产生特异蛋白，其蛋白水解主要由病毒编码的蛋白酶来指导。这一水解酶是裂解细胞翻译因子eIF4G的蛋白酶之一。

输入的基因组能够继续合成有限的病毒蛋白，然而，如果感染是持续的，那么病毒必须开始指导其RNA的合成。由于细胞内的酶不能催化合成RNA，因此必须有一种关键的病毒蛋白即RNA依赖的RNA聚合酶，对小核糖核酸病毒来说是3Dpol。这种蛋白是从前体蛋白VP3上经过一系列的蛋白水解产生的，发现其与改造的平滑细胞膜有关，并且被称为RNA复制复合物。3Dpol蛋白是一种引物依赖性酶，其需要至少6种其他病毒蛋白来完成所有RNA合成，也就是以负链RNA作为模板来合成正链，然后更多的正链RNA来指导蛋白合成，用于包装成病毒粒子。成熟的小核糖核酸病毒粒子由三至四种蛋白组成，这些蛋白是通过病毒编码的蛋白酶对前体蛋白VP1水解加工产生的。衣壳蛋白组装成包裹着单拷贝基因组RNA的60–亚单位的病毒粒子。RNA嵌入到正在合成的衣壳中的确切机制还不清楚。病毒粒子的成熟限速过程似乎是由5'末端含有VPg引物蛋白的RNA分子限制的。小核糖核酸病毒并没有从感染细胞释放的特定模式，就像病毒在胞质感染细胞后，被细胞结构溶解时排列成晶体阵列一样。

小核糖核酸病毒的复制模式阐明了在其他几种病毒的复制模式中常见的几种模式。病毒粒子入侵可发生于质膜或膜结合的囊泡内。正链基因组RAN的首要任务是与核糖体结合，产生新的病毒蛋白，这些蛋白可促进病毒RNA复制并控制宿主细胞代谢过程。病毒先合成大的前体蛋白，然后由病毒特异性蛋白酶裂解前体蛋白形成病毒蛋白。病毒蛋白可诱导细胞膜结构改变从而为病毒RNA合成提供场所。病毒蛋白酶执行以下功能：产生成熟病毒蛋白；裂解直接影响病毒蛋白和RNA合成的不同宿主蛋白；抑制对抗病毒感染的新蛋白的转录。

2. 弹状病毒　弹状病毒的复制模式与小核糖核酸病毒不同，其输入的基因组RNA是负链RNA，也就是说不能作为mRNA进行蛋白合成（图2-8）。其感染过程是由病毒粒子吸附到质膜来启动的，然后入侵到胞内体小泡中。病毒糖蛋白诱导病毒囊膜与胞内体膜融合，将螺旋核衣壳释放到细胞质中。与小核糖核酸病毒不同，弹状病毒RNA全长与N蛋白形成复合物。也不像小核糖核酸病毒那样，弹状病毒首先转录病毒RNA形成mRNA分子。为此，核衣壳中必须含有RNA转录酶，因为细胞质中不存在能完成这一功能的酶。一系列的加帽、RNA单顺反子的多聚腺苷化是从基因组RNA的3'端开始生成的。这是通过基因组RNA的起始和终止信号完成的，也由此产生了分级数量的3'–5'的产物。随着病毒蛋白合成的进行，完全正链（与基因组相反）的病毒RNA必须开始加工生成更多负链病毒RNA。不连续的mRNA分子转变成完整的基因组序列的信号可能是由RNA–N蛋白复合物控制。新合成的病毒RNA可作为模板合成更多mRNA（二次转录），也可包被到核衣壳内转运到膜成熟部位。

弹状病毒的成熟是通过病毒组分的一系列协同作用完成的。病毒的糖蛋白是在粗面内质网上合成的，然后通过胞吐途径转运到细胞表面。M蛋白是成熟过程中的关键蛋白。这一蛋白可以结合到核衣壳上，同时也可以结合到质膜内表面的修饰区

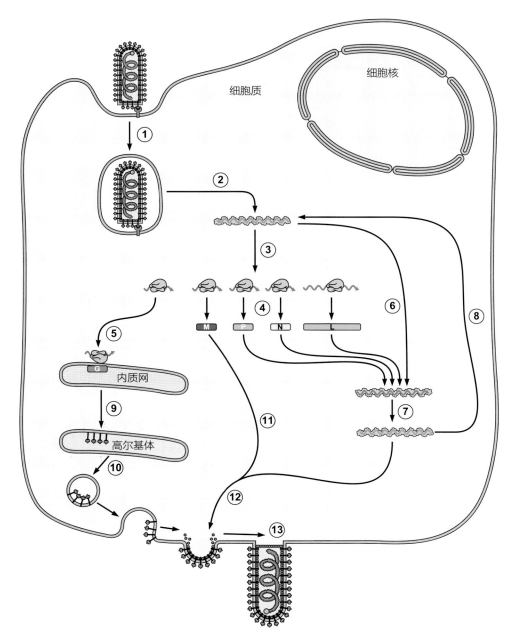

图2-8　弹状病毒的单细胞复制循环

病毒粒子结合细胞受体，通过受体介导的胞吞作用进入细胞①，毒囊膜与内体膜融合，释放螺旋状的病毒核衣壳②，这个结构包括覆盖有核衣壳蛋白的负链RNA分子和少量的L和P蛋白分子，这两个蛋白能催化病毒RNA的合成，通过L和P蛋白，负链RNA可以复制成5个亚基因组mRNAs③。N,P,M,L的mRNAs在胞浆游离核糖体上转录④，而G的mRNA在结合与内质网的核糖体上转录⑤，新合成的N,P,L蛋白参与病毒RNA的复制，这个过程开始于合成一段全长正链RNA基因组，同时也形成了包括N,L,P蛋白的核糖核蛋白⑥，这条RNA作为模板合成子代负链RNA，形成核衣壳⑦，一些新合成的负链RNA分子进入病毒mRNA合成途径⑧，一旦转录G蛋白mRNA，G蛋白就进入分泌途径⑨，过程中G蛋白糖基化并向浆膜转移⑩，子代核衣壳和M蛋白向浆膜转移⑪，⑫，在那里与部分区域内G蛋白联合完成装配并出芽释放子代病毒粒子。

域。这些修饰的区域或者"脂筏"被认为是一些囊膜病毒科病毒的成熟场所。病毒表面糖蛋白的胞浆尾部对病毒粒子的有效出芽起重要作用，但是其修饰质膜来产生成熟病毒粒子的准确信号并不清楚。不像小核糖核酸病毒，在弹状病毒感染的细胞内没

有成熟的病毒粒子。弹状病毒粒子在质膜成熟，这也为病毒从感染细胞释放提供了机制。

与小核糖核酸病毒类似，弹状病毒特异性抑制宿主细胞的天然抗病毒防御系统，将在第4章描述。然而，由于具有加帽信号系统，对翻

译过程的修饰是别无选择的。此外，病毒蛋白酶不参与复制过程，因此不用直接降解宿主蛋白。副黏病毒和弹状病毒主要是通过干扰素系统来发挥其抑制作用，既可刺激干扰素的合成还可诱发干扰素处于抗病毒状态。弹状病毒可通过与内部病原识别受体（传感元件如MDA5和RIG-I）竞争性结合来启动干扰素合成途径来发挥其抑制作用，或者通过病毒蛋白与转录因子结合，阻止干扰素应答基因（ISGs）的转录，从而通过抑制干扰素发生降解来实现其抑制作用。在动物感染的阶段，干扰素诱导的抑制是很重要的，一个细胞中产生的干扰素可对邻近细胞发挥抗病毒作用。

　　3. 逆转录病毒　逆转录病毒科提供了一些独特元素，这在小核糖核酸病毒和弹状病毒是没有的（图2-9）。逆转录病毒侵入宿主细胞的过程与副黏病毒类似，大多数病毒在质膜上侵入都是在中性pH环境下进行的。通过病毒受体复合物的横向运动，膜上的特殊区域被选中。在侵入的过程中，在质膜的SU蛋白和TM蛋白之间发生结构重排，TM蛋白和跨膜蛋白在膜融合中起主要作用。核衣壳进入细胞质中，在细胞骨架纤维上向特定的复制场所移动。对于病毒在细胞质脱壳的过程知之甚少，但是在病毒粒子中病毒基因组RNA很容易变成RNA依赖的DNA聚合酶，DNA的合成是逆转录病毒生命周期中发生的第一件新陈代谢事件。与小核糖核酸病毒首先产生病毒蛋白或者弹状病毒首先产生mRNA不同，逆转录病毒使用独特的聚合酶将正链RNA转录成双链DNA拷贝。病毒RNA（2个拷贝，病毒成为二倍体）能够进行翻译，但这不是入侵后的基因组RNA的命运。

　　从DNA整合到成熟病毒粒子中的转移RNA（tRNA）开始，通过一系列的复杂反应产生双股线性DNA分子。线性DNA分子仍然与修饰后的衣壳结构相关，其必须被转移到细胞核整合到宿主细胞基因组中。对于许多逆转录病毒来说，转运和整合过程与细胞分裂有关，只有当

核膜分离后病毒RNA才能整合到宿主DNA中。但慢病毒和泡沫病毒除外，它们可以将病毒DNA整合到非分裂细胞中。线性DNA整合到宿主基因组中是由病毒整合酶介导的。通过DNA整合可合成新的病毒RNA。这个过程是由细胞转录系统完成的，得到的病毒RNA有mRNA的所有特性，像5'端加帽子和3'末端加poly（A）尾。逆转录病毒的一个独特特征就是病毒信息可以剪接，两个不连续RNA片段可以通过剪接形成单个病毒编码信息。这种产生病毒mRNA的方式在小核糖核酸病毒和弹状病毒中并不存在。病毒RNA分子作为正常细胞mRNA被转移到细胞质中，在这里病毒RNA与核糖体结合，合成病毒蛋白或者包裹到衣壳结构中。

　　由于逆转录病毒具有囊膜，因此其成熟过程与弹状病毒相似但却不相同。囊膜前体蛋白在内质网和高尔基体上合成的过程中进行蛋白水解加工，转运到细胞表面作为TM和SU囊膜蛋白（C型病毒）。逆转录病毒的一个独有特点就是前体蛋白Gag和Gag-Pro-Pol参与成熟过程的方式。对很多病毒来说，只有成熟蛋白可组装成病毒粒子。对于逆转录病毒来说，Gag蛋白作为前体参与到基质、衣壳和核酸衣壳蛋白的过程中。一部分未被裂解的前体以与副黏病毒和弹状病毒基质蛋白相似的方式发挥作用，为囊膜蛋白胞浆尾与膜脂质提供联系并使之结合。病毒糖蛋白同源物的存在并不是病毒出芽所必需的，除了带有无关病毒表面蛋白的伪型-病毒粒子外，还产生"光秃"的病毒粒子。另一部分Gag与病毒RNA相互作用，可能用于包裹RNA形成病毒粒子。由于Gag前体与质膜的内表面相互联系，因此就建立了一个生成成熟病毒粒子的出芽场所。对大多数逆转录病毒来说，一旦病毒粒子从质膜上释放，病毒成熟过程就开始了。就在这个时候，病毒蛋白酶开始裂解前体蛋白，产生成熟的感染性粒子。蛋白酶受到抑制则产生无感染性病毒粒子。与小核糖核酸病毒一样，病毒编码的蛋白酶在复制的

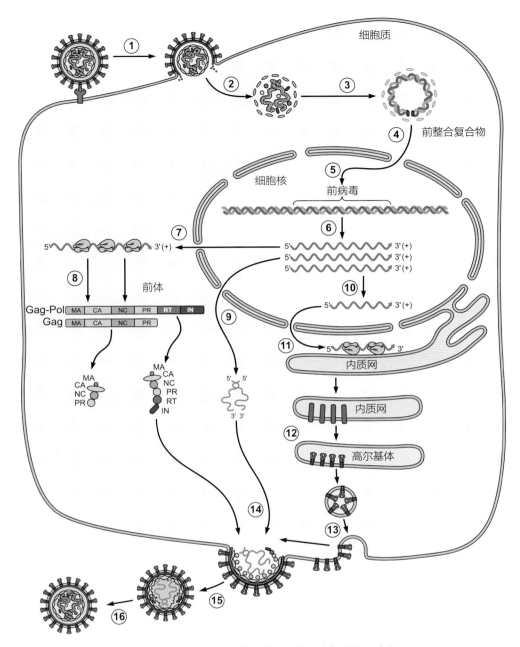

图2-9 一个简单的反转录酶病毒单细胞复制循环过程

病毒通过囊膜蛋白与细胞表面特异性受体结合①，一些反转录病毒具有相同的受体，病毒粒子定位在细胞质②，随后病毒粒子与细胞膜融合，一些β和γ反转录病毒的进入途径涉及胞吞过程，病毒基因组在反转录酶的作用下进行反转录③，在亚病毒粒子中，反转录产物是线性双链病毒DNA,末端并列为整合做准备，在胞内运输机制的帮助下，病毒DNA和整合蛋白（IN）进入核内，有些情况下，在有丝分裂时利用细胞核的分解④由IN催化的整合重组，插入在病毒DNA末端的特异性位点，该重组几乎可以发生在宿主基因组的任何位点⑤。由宿主细胞RNA聚合酶2介导整合病毒DNA的转录⑥，转录出的全长RNA转录本，有多种作用。一些全长RNA分子作为mRNA⑦，由胞浆核糖体转录形成病毒Gag和Gag-Pol多聚蛋白前体⑧。一些全长RNA分子变为子代病毒基因组的核衣壳⑨，其他全长RNA分子在细胞核内被切割形成mRNA⑩，转录成Env多聚蛋白前体蛋白，Env mRNA在粗面内质网上的核糖体转录⑪，Env蛋白通过高尔基体运输过程中发生糖基化，并被细胞中酶切为成熟的SU-TM复合物⑫，成熟的囊膜蛋白转运到感染细胞表面⑬，病毒成分（病毒RNA, Gag和Gag-Pol多聚蛋白前体，SU-TM复合物）在出芽位点装配⑭，在顺式作用信号的帮助下，利用胞内膜泡转运机制，典型的C反转录病毒（α反转录病毒和慢病毒）在浆膜内表面装配，其他的（A、B和D类）在细胞膜内装配，最初的病毒粒子从细胞表面出芽⑮。成熟（具有感染性）需要病毒合成蛋白酶（PR），它是核心前体多聚蛋白的组成成分，在出芽中和出芽后，蛋白酶在Gag和Gag-Pol多聚蛋白前体特异位点切割⑯产生成熟的病毒粒子，这一过程引起病毒核心的凝缩。

过程中起关键作用，但是在复制过程的各个阶段与逆转录病毒有很大不同。

4. 腺病毒　腺病毒是本节叙述的最后一个病毒科，其他病毒科的信息请读者参考本书的第二部分内容。腺病毒是无囊膜DNA病毒，连同从二十面体顶部伸出的纤突，其直径大约90nm。病毒与宿主细胞最初通过纤突蛋白与柯萨奇病毒B以及腺病毒受体（CAR）进行相互作用，这是大多数人腺病毒的受体（图2–10）。这种高亲和力的结合使得五邻体基质蛋白与细胞整合蛋白接触，细胞整合蛋白是细胞外基质蛋白的细胞表面受体。这种结合启动细胞内吞过程，涉及网格蛋白包裹的小窝。在胞内体低pH的影响下，病毒的衣壳结构经过修饰，一些病毒蛋白丢失，而且其他的一些蛋白可能被病毒相关蛋白酶裂解。"裂解"反应将改变的病毒粒子释放到细胞质中（图2–6）。病毒粒子从胞内体释放后，就在微管系统的转运下进入到细胞核中。在核膜上，病毒粒子与核孔复合体结合。在核孔复合体和组蛋白的影响下，病毒DNA与主要的病毒蛋白分离并被转运到细胞核内。

对于大的DNA病毒来说，如腺病毒，病毒基因的表达可以被分为两个主要部分，早期和晚期，但这种划分并不是绝对的。病毒DNA的转录利用宿主细胞的转录系统，包括产生剪接的mRNA。早期基因至少有三个作用：① 产生DNA复制所需蛋白；② 建立宿主–细胞防御系统；③ 刺激细胞进行分裂，以提高病毒的复制。表达的第一个蛋白是大的E1A蛋白，这种蛋白对其他腺病毒蛋白的转录单位有些许作用。随着DNA合成的开始，大量晚期基因表达，其中很多是来自剪接的mRNA。晚期基因的包装包括成熟病毒粒子的结构蛋白。结构蛋白在细胞质中合成，然后转运到细胞核中进行组装。不像小核糖核酸病毒具有简单的二十面体结构，腺病毒结构庞大而且复杂。简单的自我组装模式不能说明其复杂程度。因此认为病毒蛋白作为分子伴侣来

将结构蛋白转运到成熟场所，其他的蛋白作为组装病毒亚单位的支架蛋白。病毒编码的蛋白酶要求DNA作为共同因子来防止成熟过程中支架蛋白降解和前体蛋白裂解，以免发生成熟前裂解。与小核糖核酸病毒一样，腺病毒感染的细胞内也有大量的病毒粒子晶体状排列，这些称为大的核内包含体。

腺病毒复制周期的复杂性以及完成一个复制周期的长期性（10～24h）要求病毒能够有效地抑制感染细胞中发生的各种抗病毒应答。病毒以多种不同方式来阻止细胞的这些反应。腺病毒早期表达的蛋白是E1A蛋白，其可诱导非分裂细胞进入S期。这种生长刺激被细胞视为异常事件，从而会诱导细胞凋亡（程序性细胞死亡，见第4章），这对病毒来说是不利的，进而腺病毒会生成一些蛋白（包括E1B–19K）来阻止细胞凋亡。正如小核糖核酸病毒和副黏病毒一样，腺病毒也能特异性地抑制干扰素的合成以及干扰素应答途径。部分抑制作用是由小RNA抑制蛋白激酶途径（PKR）来介导的，这一途径是干扰素介导抗病毒反应的重要途径（见第4章）。病毒RNA也能够干扰RNA干扰（RNAi）作用，细胞可利用RNA干扰来阻止病毒mRNA的翻译。最终，腺病毒可以通过阻止细胞mRNA从胞核内输出以及通过修饰翻译起始因子来阻碍宿主细胞信息翻译的方式来抑制宿主细胞蛋白合成。与所有的病毒感染一样，腺病毒也进化出新的策略来逃避限制病毒复制的宿主细胞过程，产生新的病毒粒子。

（五）组装和释放

正如前面所讲解的四个例子，有两个病毒科是无囊膜病毒，另外的两个科是有囊膜病毒。所有无囊膜动物病毒都有不同复杂程度的二十面体结构。简单的二十面体结构的病毒像副黏病毒和小核糖核酸病毒，其结构蛋白可以自发地形成衣壳体，通过自我组装形成包裹着病毒核酸的衣壳。病毒组装通常涉及一种或多种衣壳蛋白的水解性裂解。而大多数无囊膜的病毒通常在细胞质

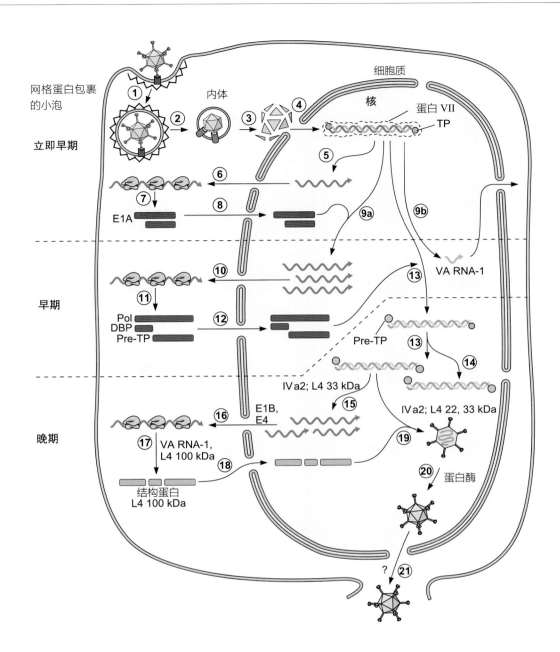

图2-10　人腺病毒2型单细胞复制循环

病毒通过纤突与细胞表面柯萨奇腺病毒（大部分血清型）的受体相互作用，病毒通过胞吞作用进入细胞（①和②），该过程依赖于病毒的二级蛋白，五邻体基质与细胞整合蛋白相互作用（红色圆柱），病毒颗粒进入细胞质前发生部分解装③，接下来进一步脱胞被，病毒基因组与核心蛋白Ⅶ进入细胞核④，宿主细胞RNA聚合酶2系统转录立即早期基因E1A⑤，随后发生可变剪接，E1A的mRNA运输到细胞质⑥，由细胞转录机制合成E1A蛋白⑦，这个蛋白输入到细胞核⑧，该蛋白调节宿主细胞和病毒基因的转录，大的E1A蛋白促进由细胞RNA聚合酶2介导的病毒早期基因的转录⑨a，由宿主RNA聚合酶3介导的VA基因的转录开始于病毒早期基因⑨b，早期mRNA前体被加工，运输到细胞质⑩，然后转录⑪，这些早期蛋白包括病毒复制蛋白，然后⑫输入到细胞核与少量宿主蛋白合作促进病毒DNA的合成⑬，复制的病毒DNA分子为进一步的复制循环作为模板⑭或转录晚期基因，一些晚期启动子仅仅由于病毒DNA复制而启动，但是主要的晚期转录单位最有效的转录需要晚期Iva和L4蛋白⑮，在E1B 55kDa和E4 Orf6蛋白的作用结果使晚期mRNA加工选择性的输出细胞核⑯，在细胞质中有效的转录⑰需要主要的VA RNA，VA RNA-1以及细胞的防御机制和晚期L4 100kDa相互作用，后来的蛋白随着它们和其他的结构蛋白转入到细胞核，作为组装为三聚体的分子伴侣⑱，在细胞核，这些蛋白组成衣壳与子代病毒基因组组成无感染性的不成熟的病毒粒子⑲，组装需要一个定位于基因组末端的包装信号，包括Iva 2和L4 22/33kDa蛋白。不成熟的病毒粒子包含一些成熟蛋白的前体形式⑳，当这些前体蛋白被病毒L3蛋白酶切割后形成成熟的感染性病毒粒子，进入病毒粒子核心，子代病毒通过某些还未阐明的破坏宿主细胞的机制释放㉑。

或细胞核中聚集，直到细胞完全裂解才会释放出来。正如在腺病毒中讲解的，在大的二十面体结构的病毒中，自我组装模式并不适用，由于病毒编码的支架蛋白需要将衣壳蛋白正确排列以形成功能性的病毒粒子。支架蛋白或者蛋白酶的突变可降解结构蛋白，产生对感染性病毒粒子致死性的突变。这些病毒编码的蛋白酶将会是抗病毒药物研究的目标。

除了一些二十面体核衣壳（如疱疹病毒、披膜病毒和逆转录病毒）外，所有的具有螺旋形核衣壳的哺乳动物病毒都是在细胞膜处出芽并获得囊膜而成熟。有囊膜病毒从质膜、胞内膜或者核膜处出芽。病毒在细胞内获得囊膜，然后在胞吐囊泡中转运到细胞表面。病毒糖蛋白嵌入到细胞膜脂质双层膜，细胞蛋白从膜上横向位移。病毒糖蛋白的单体分子与聚合物［流感病毒分类血凝蛋白（HA）］一起形成典型的杆状纤突（胞膜粒子）或者棒状包膜粒子，带有一个从膜内表面突出的亲水区、一个疏水跨膜锚定区和一个短的伸出胞浆的胞浆亲水区。而在二十面体病毒（如披膜病毒），核衣壳的每一个蛋白分子都直接结合到膜糖蛋白寡聚体的胞浆区域，由此在核衣壳周围形成了囊膜。对于有螺旋衣壳的病毒，大多数情况下是基质蛋白结合到糖蛋白纤突（包膜粒子）的胞浆区，反过来，核衣壳蛋白识别基质蛋白，启动感染性病毒粒子的出芽。每个囊膜病毒粒子的释放并不会损坏质膜的完整性，因此可以在几个小时或者几天内有成千上万的病毒粒子释放而细胞没有明显的损害。

上皮细胞具有极性，也就是说上皮细胞有一个朝向外面的顶面和一个朝向内部的基底面，这两个面由横向细胞–细胞紧密连接分隔开。这些表面在化学和生理学上是完全不同的。排到细胞外部的病毒（如流感病毒）倾向于从质膜顶部出芽，而其他病毒（如C–型逆转录病毒）则从膜的基底部出芽，并且可以自由地进入机体的其他位置，有的时候会进入血液从而引发全身感染（图2–11）。

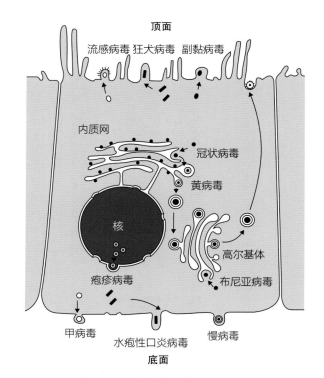

图2–11　各种囊膜病毒的出芽位点

病毒从表面顶尖出芽，比如从呼吸道或生殖外泄物或肠内容物释放，病毒从基底面出芽，比如通过血液和淋巴系统传播。一些病毒如虫媒病毒、布尼亚病毒和冠状病毒用更加循环的路径一直存在细胞中，病毒不出芽一般通过细胞崩解释放。

黄病毒、冠状病毒、动脉炎病毒和布尼亚病毒都是从高尔基复合体膜或粗面内质网膜出芽，含有病毒的囊泡迁移到质膜然后与之融合，因此通过胞吐作用释放病毒（图2–12）。特殊情况下，疱疹病毒的囊膜是通过从核膜内层出芽而获得，有囊膜的病毒直接通过核膜的两个内层膜中间，经由内质网囊泡到达细胞外部。

对于一些病毒来说，出芽过程并不是释放感染性病毒粒子的最后一步。同逆转录病毒一样，病毒内部的Gag蛋白复合物必须经过蛋白水解加工才能形成感染性的病毒粒子。对于流感病毒而言，病毒必须从宿主细胞的表面结构逃逸出来。因为这种病毒必须要有活化的神经氨酸酶来裂解细胞表面的大分子唾液酸残基。没有神经氨酸酶活性，那么出现的病毒粒子就被捕获到细胞表面。

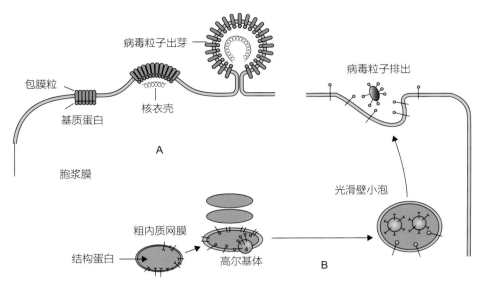

图2-12　囊膜病毒的成熟

（A）病毒通过基质蛋白（有些病毒没有基质蛋白）利用胞浆膜的路径出芽，胞浆膜上糖蛋白纤突（基粒）聚集在基质蛋白周围。（B）大部分囊膜病毒没有基质蛋白出芽到胞浆（从内质网到高尔基体）然后进入光面囊，通过胞外分泌释放。

病毒的定量分析

在实际处理病毒及病毒性疾病的各种问题上，都必须确定给定的样品中病毒的数量。无论是体内还是体外实验，实验的重复性依赖于用恒定数量的病毒进行感染。在评估临床病例时，对不同组织或体液中病毒的含量进行定量是确定其致病性和正确选择样本进行诊断中非常重要的一部分。由于在治疗病毒性感染中大量使用抗病毒药物，因此通过确定临床样本中病毒载量来评估其有效性已经较为常见。很难回答一个单独样品或样本中存在多少病毒，这需要依靠实验来确定。主要有两种病毒定量试验：生物学和物理学方法。同一样品用不同方法检测，其结果可能会差异很大，要了解这些差异产生的原因是很有必要的。物理实验不依靠病毒粒子任何生物学活性，包括电子显微镜下计数、血凝实验、免疫学实验如抗原捕获酶联免疫吸附实验（ELISA），以及最近出现的定量PCR实验。生物学实验依靠病毒粒子有复制周期，包括像蚀斑实验和各种终点滴定实验。

用物理学的方法（像电子显微镜计数方法）和生物学的方法（如病毒蚀斑试验）确定的病毒含量的差异通常被称为是病毒粒子与蚀斑形成单位（pfu）比例。在所有情况下，物理计数超过生物学试验确定的病毒数量。对一些病毒来说这个比例可能高达10 000∶1，常见比例是100∶1（表2-3）。物理计数要比感染性病毒粒子数量高主要有以下几种原因：① 完整病毒粒子的组装过程效率较低，形态学完整病毒粒子没有正确的核酸组分；② 复制过程极易出错（RNA病毒），并且储存的病毒粒子中其包裹的核酸带有致死性突变；③ 病毒批在不理想条件下产生和储存，以致感染性病毒粒子失去活性；④ 测定病毒感染性的动物和细胞不是检测感染性粒子的最佳宿主；⑤ 宿主-细胞的防御系统阻止一些感染性病毒粒子完成复制过程。用于生物学实验的宿主或者宿主细胞的选择是确定样品中感染性病毒粒子数量的关键因素。很正常地，自然感染宿主动物能提供评估感染性单元的最佳条件，可用的细胞培养物可能不是替代靶动物细胞的最佳选择（表2-3）。

表2-3　定量分析效率比较

方法	数量
直接电子显微镜计数	10^{10}个粒子
胚量感染实验	$10^9 EID_{50}$
斑形成量感染实验	$10^8 pfu$
血凝实验	10^3血凝单位

ID_{50}，半数感染量；pfu；噬斑形成单位；HA，血凝。

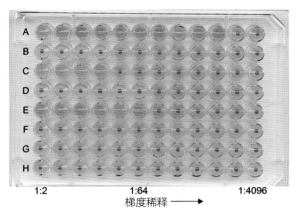

图2-13　血凝实验检测尿囊液中流感病毒滴度
用96孔板检测收集的鸡胚尿囊液中流感病毒的滴度，开始在第一行用盐缓冲液将待检样品做一系列稀释（2倍稀释），接下来进行稀释的操作，在所有孔中加等体积0.5%的鸡或火鸡的红细胞，当所有对照孔都显示完全的红细胞凝集（形成钮扣状）即可判定终点值。显示完全血凝最终稀释度的倒数就是终点滴度。A行滴度=1024，B行≤2，C行=16，D行≤2，E行=64，F行≤2，G行≤2,H行为红细胞对照。

（一）物理学分析

1. 电子显微镜直接计数　确定样品中病毒粒子浓度的最直接的方法就是通过电子显微镜进行可视性计数。因为需要昂贵的仪器设备和高水平的技术人员，所以这种方法并不常用。为了达到准确性，通过电子显微镜计数病毒粒子数量必须与已知浓度的标准粒子相比较，像加在样品中的乳胶珠。当实验过程中在固体基质上准备样品时，这种方法能很好地控制样品体积。已知病毒样品的稀释倍数与样品体积，就可以计算出病毒的浓度。这种计数方法对于有特定几何学形状的病毒来说很准确，如小核糖核酸病毒、呼肠孤病毒和腺病毒。这种方法不能评估样品的生物学活性，但可用于判定病毒粒子中是否含有核酸——与完整病毒粒子相对而言的空衣壳。

2. 血凝反应　正如前面所提到的，一些病毒可以结合到红细胞上，产生凝集反应：病毒结合到红细胞上可以使红细胞产生网格状的交联。为了让这种物理反应肉眼可见，流感病毒粒子的浓度控制在10^6个/mL凝集0.5%鸡红细胞悬液。病毒的相对浓度可以通过连续的稀释样品来确定，再将稀释的样品与红细胞混合。能够完全凝集红细胞的最大样品稀释倍数的倒数被称为病毒悬液的HA效价（图2-13）。对于A型流感病毒而言，这是评价病毒生长最快速的方法，但是要保证在能检测出的最低限度内。这一方法并不需要有完整的或有感染性病毒粒子存在。有HA蛋白嵌入的脂质胶同样具有凝集红细胞的活性。

3. 定量聚合酶链反应实验　随着real-time PCR实验（见第五章）的发展，通过适当地控制和特定的样品制备，能够确定待检样品中的靶向核酸的浓度。几乎在任何的环境下，不仅仅是在病毒粒子中，PCR都能检测出核酸序列。很多情况下，在检测组织样品中非病毒粒子的核酸时，PCR检测灵敏性超过病毒分离。使用PCR方法准确地定量病毒，首先使用核酸酶降解非病毒核酸是必要的，而病毒核酸会被完整的病毒粒子保护。通过控制实验系统中的核酸拷贝数，就可确定待检样品中的核酸浓度。这种试验并不能检测出空衣壳（那些不含病毒核酸的衣壳），并且与样品的感染性没有关系。

（二）生物学分析

1. 蚀斑试验　在病毒学试验中或许没有比蚀斑试验在这一领域贡献更大的了。这个试验最初是由d'Herelle于1915—1917年在关于噬菌体的研究中建立的。这个试验非常简单，而且是生物学定量中最准确的实验。在噬菌体试验中，用细菌培养基将病毒样品进行连续的10倍倍比稀释。将这些稀释的样品加入宿主菌半固体培养基（融化的琼脂）悬液中。将混合物快速倒入细菌培养板的营养琼脂上，以将细菌均匀分散。琼脂凝固后，可防止接种的细菌移动。通过培养，宿主细菌分裂，产生在琼脂板表面可见的"菌苔"。在对照平板上菌苔则没有可见空白区域（蚀斑）。如果较高比例的细菌被感染，那么整个平板表现清亮，因为所有细菌都被噬菌体杀死。倍比稀释噬菌体有助于计数不连续的蚀斑，这样当知道了稀释倍数、测试样品的体积以及蚀斑数，就可以知道最初样品中病毒的浓度（滴度）。1953年，由于组织培养技术的发展以及动物病毒的出现，噬菌体试验被修改。那些在感染细胞中能产生细胞病变的病毒会在单层细胞中产生不连续的孔，通过活体染料染色很容易肉眼观察到（如图2-14）。最近，免疫组化染色方法开始用于检测不产生细胞病变的病毒。

除了被用来定量检测样品中病毒含量，蚀斑试验的建立适用于大多数动物病毒，也就是说，单个病毒粒子也足够建立有效感染。在将蚀斑数对稀释倍数作图时，通过计数蚀斑数呈线性增长来证明，即蚀斑数遵循一对多的动力学曲线。这适合于植物病毒，因为在植物病毒中，分段的基因组被包裹到不同的病毒粒子中。在早期的病毒遗传学研究中，蚀斑试验是其研究工具，蚀斑改变可自然发生或由化学诱导发生，就可通过挑选（生物学克隆）和研究来确定影响病毒生长特性突变的因素。

2. **终点滴定试验** 在蚀斑试验出现以前，对动物病毒以及对于不产生蚀斑的病毒来说，通过将病毒接种到受试动物或鸡胚上来对病毒进行定量。和蚀斑试验一样，连续稀释样品或样本，感染受试动物或接种鸡胚。通过动物或鸡胚的死亡就可以直接判定感染是否成功，或者感染宿主表现出对病毒的免疫反应而间接判定是否成功感染。在低稀释倍数的时候，所有的动物都会被感染，在高稀释倍数的时候，没有动物表现出感染。在中间稀释倍数的时候，仅有一部分的动物或鸡胚感染。有两种方法可用来计算出能使50%的动物感染的病毒稀释倍数，病毒滴度用半数感染量（ID_{50}）来表述（表2-4）。如果动物死亡，则称为半数致死量（LD_{50}）；对于鸡胚则为鸡胚半数感染量（EID_{50}）；细胞培养测定，则为半数组织感染量（$TCID_{50}$）。尽管$TCID_{50}$终点滴定不如蚀斑试验准确，也不一定经得起统计学分析检验，但该试验比起蚀斑试验容易建立和操作。

四 缺陷性干扰突变株特例

如前所述，不是所有的病毒粒子都能引发有效的感染。已经在多个病毒科中证明存在一类特殊的缺陷性粒子——缺陷性干扰粒子。这些突变体自身不能复制，需要有亲本野生型病毒存在才可复制，同时他们能够干扰而且通常降低亲本病毒的产量。已经证明，所有RNA病毒的缺陷性干扰粒子都是缺失型突变株。在流感病毒和呼肠孤病毒中，都有分节段的基因组，缺陷性病毒粒子缺少一个或更多的大节段，相反，其包含不能编码完整基因的小的节段。对于具有不分节段基因组的病毒，缺陷性干扰粒子包含较短RNA：在水疱性口炎病毒的缺陷性干扰粒子中大约有2/3的基因组被删除。形态学上，缺陷性干扰粒

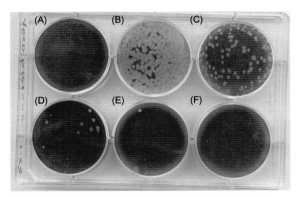

图2-14 用蚀斑试验决定感染病毒的浓度

单层培养的非洲绿猴肾细胞感染一系列10倍稀释的水疱性口炎水疱病毒新泽西株，病毒吸附1h后，用0.75%的琼脂糖含5%的胎牛血清的培养基覆盖培养物，在37℃ 5%二氧化碳潮湿环境中培养3d。覆盖的胶被移去，培养物用10%的福尔马林固定，用0.75%的结晶紫染色。（A）对照；（B）～（F）一系列10倍稀释的病毒。

表2-4 计算TCID$_{50}$的数据

病毒稀释	死亡率	阳性	阴性	阳性累积	阴性累积	死亡率	死亡比例
10^{-3}	8:8	8	0	23	0	23:23	100
10^{-4}	8:8	8	0	15	0	15:15	100
10^{-5}	6:8	6	2	7	2	7:9	78
10^{-6}	1:8	1	7	1	9	1:10	10
10^{-7}	0:8	0	8	0	17	0:17	0

用微阵列96孔板进行TCID$_{50}$分析，用细胞培养基10倍稀释病毒样品，每个稀释度样品体积是每孔50ul，每个稀释度样品加到96孔板的8个孔里，然后把悬浮的细胞加到每个孔里，将板子培养一段时间直到可以看到清晰的病变或直到可以用免疫细胞化学技术检测病毒的增长，每个孔打分，阳性（细胞死亡），阴性（细胞存活），用Reed-Muench法计算，累计死亡率已列入表中，并计算了死亡百分比，用下面公式计算50%终点：

$$高于50\%病变率的百分数-50\% : 高于50\%病变率的百分数-低于50\%病变率的百分数$$

这个公式计算了50%终点稀释跨度的比例距离，就表2-4的数据而言：

$$\frac{78-50}{78-10} = \frac{28}{68} = 0.41$$

病变率50%的稀释度（10^{-5}）加上这一比例就得到了一个TCID$_{50}$/50uL的稀释度$10^{-5.4}$，利用这个值的倒数及样品的体积，计算得病毒液的滴度：5×10^6 TCID$_{50}$/mL。

子通常与亲本病毒粒子很相似，然而在水疱性口炎病毒，缺陷性病毒粒子通常呈子弹型，比野生型的粒子要短。有专业术语用来描述这些病毒粒子，正常的水疱性口炎病毒被称为B粒子，缺陷性干扰粒子被称为截短粒子或T粒子。

细胞培养中，以高的感染复数——也就是以高病毒粒子数感染一个细胞，进行连续传代，缺陷性干扰粒子的数量快速增长。缺陷性病毒粒子增长可能有以下几种机制：① 短基因组只需更短的时间就可以完成复制；② 它们很少被用来作为mRNA转录的模板；③ 提高了与病毒复制酶的亲和力，从而比全长复合物更有优势。这些特点也解释了为何缺陷性干扰粒子会干扰有全长RNA基因组的感染性病毒粒子的复制，以及干扰连续传代中效率的逐渐提高。缺陷性干扰粒子的产生可能是细胞系依赖性的，因为在相同病毒生长条件下，一些类型的细胞比同种环境下其他类型的细胞更容易产生一些特殊的粒子。产生这些粒子可能是细胞的自我防御系统的表现，因为这样能够更少地产生感染性粒子。

其他缺陷性DNA病毒可在DNA重排模式发生大的改变时产生，因此缺陷性干扰粒子可能含有基因组复制起始的重复拷贝，有的时候会被宿主细胞DNA间隔开。

我们对缺陷性干扰粒子的认识大多来自病毒感染的培养细胞，它们的致病机制及体内感染知之甚少。在试验动物研究中，同时接种缺陷性干扰粒子和感染性病毒会导致毒力的减弱，但是还不清楚这种情况是否能够自然发生。一个关于缺陷性粒子的例子就是牛腹泻性病毒引起的牛持续感染，缺陷性的粒子表达NS3蛋白，而这种蛋白与黏膜病的发展有关。在动物持续感染野生型病毒情况下，许多细胞会同时存在缺陷性的基因组和完整性的病毒基因组。非缺陷性的病毒有助于缺陷性基因组表达NS3蛋白。NS3蛋白的表达可在体外诱导细胞死亡（细胞病理学），并且NS3蛋白的表达是所有能引起牛黏膜病综合征病毒的特征。缺陷性的突变株可能包括多种慢性动物疾病，但由于它们的缺陷性以及多变的特点使得其很难在动物体中被检测到，缺陷性病毒在疾病中的作用仍然不是很清楚。

刘胜旺　李慧昕　译

病毒感染和疾病
的发病机制

病毒感染不是疾病的同义词，许多病毒感染呈亚临床性（即无症状，或症状不明显），而另一些感染会导致严重程度各异的疾病，常伴有感染宿主特征性的临床症状（图3-1）。在许多其他潜在的影响因素中，病毒与宿主相互作用的结果，一方面受感染性的病毒毒力影响，另一方面由宿主的易感性决定。毒力这个术语被用于定量或衡量感染病毒的相对致病性，就是说，病毒是致病或非致病性，但其毒性用相对术语描述（"病毒A比病毒B毒力强"或"病毒A在物种Y比物种Z中毒力更强"）。致病性和毒力这些术语指的是病毒感染其宿主引起疾病的能力，与该病毒的感染性或遗传性（接触传染性）无关。

病毒要引起疾病，必须先感染它们的宿主，感染（在其内部）和损伤靶组织。为确保其持续存在，病毒必须传染到其他易感宿主，也就是说，他们必须通过分泌物或排泄物排出到环境中，感染另一个宿主或载体，或天生地从母体感染后代。病毒已形成了多种途径来确保自己的生存。同样地，不同病毒通过各种不同的致病机制引起相关疾病。

一　病毒毒力和宿主抵抗力之间的相互影响，或表述病毒性疾病的易感因素

病毒的毒力各异，但即使是同一个种群感染一种特定的病毒，不同动物个体感染的结果通常存在着显著的差异。同样地，同种病毒中存在大量突变体，并且病毒毒力的大小受多个基因的影响，这意味着几个病毒基因决定着单个病毒的毒力。同样地，宿主抵抗力/易感性的决定因素是多方面的，不仅包括许多宿主因素，而且还包括环境因素。

分子技术的出现和应用不仅促进了在许多病毒的基因组中描绘毒力因子（例如，病毒株的全基因组测序和分子克隆的操作），而且也有助于在实验动物的基因组中定位抵抗力/易感性的决定因

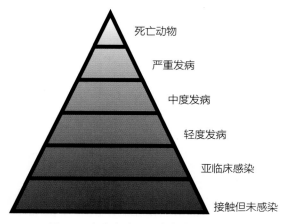

图3-1　病毒感染及所致疾病的冰山现象

素。病毒株的差异可能是定量的，涉及病毒复制的速度和产量、致死剂量、感染剂量、在一个特定器官感染细胞的数量，或者差异是定性的，涉及器官或组织的嗜性、宿主细胞的损伤程度、在体内的传播方式和效率，以及引起疾病的特征。

（一）病毒毒力的评估

病毒的毒力有很大的差异，有些只会导致隐性感染，另一些则会导致疾病，而更有一些会导致死亡。对病毒的毒力有意义的比较，需要考虑的因素，包括病毒感染剂量和被感染宿主动物的年龄、性别和条件以及它们的免疫状态；事实上，以上罗列的这些因素并不全面，其中异源远系繁殖的动物种群起支配作用，动态的接触和病毒感染难以预料。因此，主观和不明确的术语可以用来描述在家畜和野生动物中特定病毒的毒力。通常关于毒力的精确检测方法只源于同系交配的动物如小鼠的检测。当然，这种检测手段只对那些对小鼠易感的病毒可行，且需要细心地从小鼠到易感宿主进行数据推断。

某些病毒的毒力是可以通过测定其发病率、死亡率、特定的临床症状或病灶来进行评价，通过给药剂量、接种方式、接种年龄等不同途径进行评估。能引起50%的动物死亡所需剂量的病毒［半数致死量（LD_{50}）］是衡量病毒毒力的一个常用指标，但由于伦理原因，不支持这种方法用于研究。例如，在易感的BALB/c株的小

鼠，一株鼠痘病毒的LD_{50}是5个病毒颗粒，与之相比，中度弱毒疫苗株是5 000个病毒粒子，而高度弱毒株大约是100万个病毒粒子。病毒毒力在实验动物中可以通过测定一个特定的病毒株引起50%感染的剂量［半数感染量（ID_{50}）］与50%致死剂量的比值（ID_{50}：LD_{50}）来测量。因此，在BALB／c小鼠鼠痘病毒毒力株的ID_{50}是2个病毒颗粒，LD_{50}约是5个病毒颗粒，而抗C57BL品系小鼠的ID_{50}是一样的，但LD_{50}为100万个病毒颗粒。因此，感染的严重性取决于病毒的毒力和宿主的抵抗力之间的相互影响。病毒毒力也可以通过评估感染动物的感染严重程度、感染位置、总病变和组织学分布以及超微病变来确定。

（二）病毒毒力的决定因素

分子生物学的出现促进了对病毒毒力的遗传因素和与复制相关的其他重要因素的研究。具体而言，通过比较一定毒力病毒的基因序列，可以发现潜在的病毒毒力的决定因子，而通过分子克隆技术我们可以明确地知道这些基因是否与病毒的毒力有关。这种"反向遗传学"操作技术主要是利用分子克隆技术，这项技术最先使用一些简单的正链RNA病毒，如甲病毒及小核糖核酸病毒，这些病毒cDNA在转染细胞后产生的RNA转录本本身就是有感染性的。负链RNA病毒，如弹状病毒，其RNA本身是没有感染性的。但如果转染了全长RNA转录本的细胞中同时可以产生一些必要的蛋白，那么也可以由转录本cDNA拯救出感染性的病毒。而且，操作一些基因组很大且为分节段的RNA病毒（例如，流感病毒，布尼亚病毒，沙粒病毒，呼肠孤病毒）的困难也被克服，并且这些病毒的分子克隆技术也被用于反向遗传操作。现在我们也可以通过此项技术来操作基因组很大的DNA病毒，像人工染色体。尽管很多具有致病性的动物病毒的分子克隆在各自的天然动物宿主中已经进行评估，但不可避免的，许多实验还是在同系交配的实验动物上进行的。从这些反向遗传学的研究中可以明显地看出，病毒

的毒力是由几个基因共同决定的，在这本书的第二部分的每一种病毒家族的章节中会进行详细的解释。

临床上，病毒表现出宿主和组织特异性（嗜性）较为常见。病毒的器官或组织嗜性，是病毒成功感染所经历的必要步骤，从病毒的附着分子与细胞受体的相互作用，到病毒的装配与释放（见第2章）。器官和组织嗜性也体现在整个宿主动物被感染过程中的各个阶段，从病毒感染的部位到出现临床症状的主要的靶器官，到病毒释放、排毒部位。

我们应谨慎地将病毒性传染病或流行病的特征归因于致病病毒的毒力，因为不同物种或相同物种的不同个体间对感染存在相当大的差别。例如，1999年西尼罗河病毒开始在北美流行感染，约10%感染的马匹产生神经系统疾病（脑脊髓炎），其中30%～35%死亡。神经系统障碍疾病在感染西尼罗河病毒的人类不太常见，然而感染鸦科（乌鸦及其近缘类群）禽类，则可致快速扩散的致死性感染。

（三）宿主抵抗性/易感性的决定因素

就像刚刚对西尼罗河病毒描述那样，当不同的病毒进行比较时，宿主对病毒感染的抵抗力和易感性的遗传差异最明显。病毒感染往往在自然宿主物种中比外来的或引进物种致病性更低。例如，在自然宿主美洲野兔（林兔属品种）中，黏液瘤病毒产生一个很小的良性纤维瘤，而在欧洲兔或家兔中，感染黏液瘤病毒几乎是致命的。同样，由沙状病毒、丝状病毒和许多虫媒病毒引起的人畜共患病（从动物传播到人类）在人类中很严重，但是在它们宿主动物中则是轻度或者无症状经过。

某种特定病毒感染引发的先天免疫和适应性免疫反应，不同种有很大的不同（见第4章）。对鼠近亲品系的研究证实了特定病毒的易感性可能与特定的主要组织相容性抗原有关，这可能归根于它在指导由病毒感染引起的适应性免疫反应

中起着至关重要的作用 。同样地，转基因小鼠的研究明确地证明了先天免疫反应在赋予病毒抗性和保护方面的重要作用，特别是那些与干扰素系统相关的应答。

对靶细胞的关键受体的表达是决定宿主特定的病毒耐受/易感性的根本因素。越保守的或普遍存在的受体，病毒可利用的宿主范围越广泛，如狂犬病病毒，除了乙酰胆碱受体还使用唾液酸化的神经节苷脂，具有很宽的宿主范围，但感染仅限定于一些宿主细胞类型，包括心肌细胞、神经细胞和涎腺上皮。病毒黏附蛋白的变化可能导致不同的嗜性和致病能力的病毒突变株出现。如，猪呼吸道冠状病毒来自传染性胃肠炎病毒，后者是严格意义上的肠道病原体，通过大量缺失编码介导病毒吸附的纤突蛋白基因而形成突变株。这种变化影响病毒嗜性及病毒的传播。

影响宿主抵抗性/敏感性的生理因素　除了先天免疫和适应性免疫反应，有相当多的生理因素影响宿主病毒性传染病的抵抗力/易感性，其中包括年龄、营养状况、某些激素水平以及细胞分化。

在生命的初期和末期可引发最严重的病毒感染。在产后立即发生快速的生理变化，新生儿体内迅速建立对许多肠道和呼吸道感染引发的严重临床症状的抵抗。免疫系统的成熟可以增强这种与年龄相关的抵抗力，对此生理变化也对其有帮助。营养不良也可能会损伤成人体内的免疫反应，但通常很难区分营养不良的影响和动物生活环境的不利影响。

某些感染，特别是疱疹病毒感染，怀孕期间可以被重新激活，导致流产或分娩时感染后代。胎儿本身对许多不同的病毒较为敏感。

细胞分化和细胞周期的阶段，可能会影响特定病毒感染的敏感性。例如，细小病毒仅在细胞周期S期的后期复制，所以快速分裂的骨髓细胞、肠上皮细胞和发育中的胎儿是易感的。快速分裂通常发生在迁徙的细胞群，在胚胎发育过程中的胎儿极容易被许多病毒感染和损伤，特别是一些感染发育中的中枢神经系统的高度致畸性病毒。

几乎所有的病毒感染伴有发热。在兔黏液瘤病毒感染的经典研究结果表明，体温升高增加抵抗疾病的能力，而体温降低增加感染的严重程度。用药物（如水杨酸盐类）阻断发热，增加死亡率。类似的结果已被具有鼠痘病毒和柯萨奇病毒感染的小鼠证实。相反，某些变温动物（如鱼）被病毒感染后不伴有发热，这种应答可能没有或有较小的选择优势。

无论是内源性或外源性，免疫抑制作用使皮质激素浓度增加，可以重新激活潜伏的病毒感染或使轻度感染和亚临床感染加重，如由疱疹病毒引起的感染。这种机制可能有助于增加严重病毒感染的发生率，在动物运输或进入拥挤的环境如动物收养所和饲养场中常会发生这种情况。宿主的炎症和先天免疫反应的产生也可能有助于短暂的免疫抑制和其他伴随病毒感染的症状。

三　病毒感染和病毒传播的机制

在细胞水平，病毒感染（见第1章和第2章）与细菌和其他微生物引起的感染有很大不同，而在整个动物和动物种群水平，它们的相似之处多于差异之处。像微生物一样，病毒在发挥致病作用之前必须进入宿主体内；病毒可以通过很多潜在途径进入宿主，这取决于每种病毒的特性（图3-2，表3-1）。

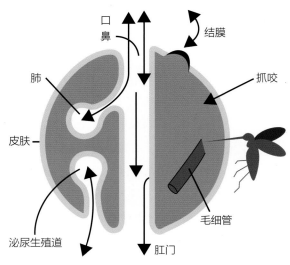

图3-2　病毒入侵和释放相关的机体表面
（引自C.A.Mins,已授权）

表3-1　**病毒感染的必需步骤**

病毒感染过程	病毒生存的需求和感染过程
进入宿主和基础复制	逃避感染宿主的自然保护和清除机制
在宿主体内定位或传播，细胞和组织特异性和二级病毒复制	逃避宿主防御和传播的自然屏障，在细胞水平上利用宿主细胞功能进行自我复制
逃避宿主炎症反应和免疫防御	逃避宿主炎症反应、噬菌作用和免疫保护，完成并不传播周期
宿主排毒	离开宿主，为进入下一宿主做好准备
宿主损伤	非必需过程，但是是我们感兴趣的致病过程的研究

（一）病毒侵入的路径

病毒是专性细胞内寄生，作为惰性粒子被传送。为了感染宿主，病毒必须首先黏附感染位于宿主表面的细胞，除非通过伤口、注射用接种针或节肢动物和脊椎动物的叮咬进行感染。塞德里克米姆斯描述动物体表被一层与宿主组织和外界隔离的上皮细胞覆盖，覆盖在动物体表的皮肤有一层相对不透水的角质外层（图3–2）。外部覆盖动物体的皮肤角蛋白具有相对不透水的外层，而呼吸道和大部分胃肠道以及泌尿生殖道的黏膜上皮缺乏这种保护层。同样，眼睛和眼睛周围，保护皮肤角质层被非角化的结膜和角膜所代替。这些地方都是某些病毒入侵的目标。对于明显无角化上皮细胞的动物（例如，鱼），皮肤和鳃作为广泛的黏膜表面，成为许多病毒感染的最初部位。

1. **通过呼吸道入侵**　呼吸道的黏膜表面，两旁分布上皮细胞，有可能支持病毒的复制，所以防御是必要的，以减少感染的风险。从鼻腔到肺部远端的呼吸道受"黏膜纤毛毯"的保护，这层保护膜由杯状细胞分泌的黏液组成，通过鼻腔上皮细胞表面纤毛的协调摆动，杯状细胞持续流动。肺泡则受到巨噬细胞的保护。可吸入颗粒进入呼吸道的距离与它们的大小呈负相关，因此，较大的颗粒（直径大于10μm）被困在鼻腔通道的黏膜纤毛中，较小的颗粒（直径小于5μm）可以被肺泡直接吸入，最后由肺泡巨噬细胞摄入。大多数吸入的病毒粒子被困在黏液中，然后通过纤毛运动从鼻腔气道运送到咽部，然后被吞咽或咳嗽出去。

呼吸系统也受黏膜表面先天免疫和适应性免疫机制的保护（见第4章），包括特殊的淋巴细胞聚集［例如鼻相关淋巴组织（NALT）和扁桃体和支气管相关淋巴组织（BALT）］在整个呼吸系统发生。尽管呼吸道有它的保护机制，但是它也是病毒进入机体的最常用的入口。病毒首先吸附到呼吸道黏膜上皮细胞特定的受体上感染宿主，从而避免了黏膜纤毛或吞噬细胞的免疫清除。入侵后，某些病毒仍然位于呼吸系统内，有些则沿着细胞侵入其他组织，更有些通过淋巴管和/或血液广泛地传播。

2. **通过胃肠道入侵**　相当多的病毒（肠病毒）通过病毒污染的食物或饮料传播给易感宿主。口腔和食道的黏膜内层（以及反刍动物的前胃）的病毒感染是比较难治的，但扁桃体的感染是个例外，因此典型的肠道病毒感染是从胃和/或肠黏膜上皮细胞内开始的。胃肠道由几个不同的防御屏障保护，包括胃酸、胃和肠道黏膜持续包裹的黏液层、胆汁和胰腺消化酶的抗菌活性、先天免疫和适应性免疫机制，特别是防御素的活性和胃肠黏膜和淋巴组织黏膜由B淋巴细胞产生的分泌抗体如免疫球蛋白A（IgA）。尽管具有这些保护机制，某些以肠道感染为特征的病毒首先感染肠道黏膜上皮细胞或者聚集在肠道淋巴上的细胞（Peyer淋巴结）。

总体来说，病毒引起的肠道感染，如轮状病毒和肠道病毒，都具有抗酸性和胆汁抗性。但是，也有易受酸和胆汁影响的病毒引起的肠道感染，例如，冠状病毒中的传染性胃肠炎病毒，年幼动物胃内母乳的缓冲作用使得病毒在通过胃时得到保护。一些肠道病毒不但对胃和小肠内的蛋白水解酶有抵抗作用，而且增加其传染性。因此，肠道蛋白酶对病毒衣壳蛋白的裂解提高了一些轮状病毒和冠状病毒的感染能力。轮状病毒、冠状病毒、突隆病毒和星状病毒都是动物病毒性腹泻的主要病因，而大部分由肠道病毒和腺病毒引起的肠道感染是无症状的。细小病毒、麻疹病毒和许多其他病毒也可以引起胃肠道感染和腹泻，但只有在病毒血症引起全身（系统）感染过程中，病毒才到达胃肠道细胞。

3. **通过皮肤入侵**　皮肤是机体最大的器官，其外层致密的角蛋白提供了一种阻止病毒侵入的机械性屏障。低pH和脂肪酸的存在对皮肤提供了进一步的保护，像许多其他天然免疫和适应性免疫成分一样，表皮存在迁徙树突状细胞（朗格汉斯细胞）。若昆虫或动物叮咬、割伤、刺伤或擦伤等破坏皮肤的完整性，则其更容易被如乳头状瘤病毒等感染，感染可以局限于皮肤，也可以广泛地传播。较深的创伤可以将病毒引入到真皮层和皮下组织，这些地方有丰富的血管、淋巴管和神经，可各自成为病毒的传播途径。广义的皮肤感染，如牛的结节性疹、羊痘和其他疾病，不仅是局部皮肤感染，而是通过病毒血症传播引起全身感染。

病毒通过皮肤侵入最有效的方法之一是通过节肢动物的叮咬，如蚊子、扁虱、库蠓（吸血蠓）类或白岭。昆虫，尤其是苍蝇，可作为简单的机械载体（"飞行针"），例如，马传染性贫血病毒在马匹之间传播，兔出血性疾病的病毒和兔黏液瘤病毒在兔之间传播，鸡痘病毒在鸡之间以这种方式传播。然而，由节肢动物传播的大多数病毒在他们的载体中复制。由节肢动物媒介传播并在其内复制的病毒被称为虫媒病毒。

通过动物咬伤可以引发感染，如狂犬病，而通过皮肤渗透引入的病毒可能是医源性的，这是由兽医或饲养员的操作造成的。例如马传染性贫血病毒通过污染的针头、绳索和安全带传染，羊痘病毒和乳头状瘤病毒的传播可以通过耳标、纹

身或病毒污染无生命的物体（污染物）。

4. **通过其他途径入侵**　几个重要的病原体（如疱疹病毒和乳头状瘤病毒）通过生殖道传播。泪液或阴茎黏膜及阴道上皮内的擦伤在性活动期间可能促进性病病毒传播。虽然结膜抵抗病毒入侵的能力比皮肤差，但是分泌物（眼泪）不断地流淌以及机械擦拭眼睑可清除病毒。腺病毒和肠道病毒在这个位点侵入，且有相当多的病毒以这个方式入侵。

（二）宿主特异性和组织嗜性

病毒在特定器官选择性感染细胞的能力被称为嗜性（细胞或器官嗜性），这依赖于病毒和宿主因素。在细胞水平上，病毒吸附蛋白和相应的细胞受体之间一定有相互作用。这种相互作用通常是在人工培养的细胞中研究，在胚体内进行研究则情况更加复杂。一些病毒需要几个细胞受体/协同受体（见第2章），而一些病毒在不同细胞利用不同的受体，例如，细胞吸附的人类免疫缺陷病毒糖蛋白可以绑定多个受体（包括CD4、CXCR4和CCR5），这使得它能够感染T淋巴细胞和巨噬细胞。受体的表达是动态的，例如，已被实验证明，用神经氨酸苷酶处理的动物可抵抗鼻内感染流感病毒，其保护性可持续到神经氨酸酶敏感受体的再生。特定病毒的受体通常限于在某些器官的某些类型的细胞，只有这些细胞才能被感染。这在很大程度上解释了特定病毒的组织和器官的嗜性，以及由病毒所致疾病的发病机制。

关键受体不是决定细胞能否在细胞内被感染的唯一因素，其他有助于吸附病毒的因素，如病毒增强剂，也有助于感染发生。病毒增强剂是基因激活剂，提高病毒或细胞基因的转录效率，换言之，它们都是短的、往往串联重复的核苷酸序列，其中可能包含表达各种细胞或病毒特异位点的DNA结合蛋白（转录因子）的基序。病毒增强剂增强DNA依赖的RNA聚合酶与启动子的结合，从而加速转录。在特定的细胞、组织或宿主

中，由于许多转录因子影响病毒个别增强子序列，它们决定病毒的嗜性可成为特异的毒力因素。乳头状瘤病毒的基因组DNA包含这样的增强剂，其仅在发生乳头状瘤病毒复制的角质细胞中是活跃的。增强子序列也在逆转录病毒和一些疱疹病毒被界定，它们通过在特定的细胞中调节病毒基因的表达从而影响病毒的嗜性。

（三）病毒在靶器官中传播和感染的机制

病毒的复制限于病毒进入的机体表面，例如皮肤、呼吸道、胃肠道、生殖道或结膜。此外，入侵的病毒可能会破坏上皮屏障，并通过血液（血源传播）、淋巴管或神经传播，引起全身性感染，或感染特定的位点，如中枢神经系统（脑和脊髓）。

在1949年的开创性实验，Frank Fenner使用鼠痘病毒（鼠痘病原）作为一个模型系统，首次透露了一系列导致全身性感染和疾病的现象。接种组小鼠接种后肢足垫，每日采集脏器，并滴定脏器中病毒载量。Fenner证明，在潜伏期中，感染在小鼠体内逐渐传播（图3-3）。病毒首先在足垫组织复制，然后在引流淋巴结节点复制。然后在这些部位产生的病毒进入血液，引起主要的病毒血症，从而将病毒运送到初始靶器官（器官嗜性），尤其是脾、淋巴结以及肝。这个阶段的感染通常伴随着灶性坏死，首先发生在皮肤、引流淋巴结和接种的后肢，然后发生于脾脏和肝脏。几天之内，在脾脏和肝脏产生广泛性坏死，而迅速致死。然而，这并不是完整的发病顺序，为了完成病毒的生命周期，脱落排毒并感染下一个宿主继续进行着。Fenner发现，该病毒在靶器官脾脏和肝脏中产生，造成二度病毒血症在皮肤和黏膜表面传播病毒。皮肤感染引起斑点和乳突状皮疹，从而大量病毒排出，导致其他小鼠接触感染。Fenner关于鼠痘病毒的研究促进了类似的研究的发展，现已明确了许多其他病毒感染的

发病机制。

1. **上皮细胞表面的局部扩散**　病毒首先进入上皮细胞复制并产生一个局部感染，通常伴有病毒从这些位点排出到环境中。依赖单个病毒的感染沿上皮表面扩散，按顺序感染邻近细胞，感染可能会扩散到相邻的皮下组织，甚至更远。

在皮肤中，乳头状瘤病毒和痘病毒如羊口疮病毒，感染仍然局限于表皮，并在此诱导局部增生性病变，然而其他痘病毒如结节性皮肤病病毒，病毒感染皮肤后，广泛传播。通过呼吸道或肠道进入体内的病毒可迅速地致广泛性黏膜上皮细胞感染，从而与这些感染相关的疾病在经过很短的潜伏期后迅速发展。在哺乳动物中，大多数流感病毒和副流感病毒感染后，几乎没有呼吸道上皮细胞下组织的感染，大多

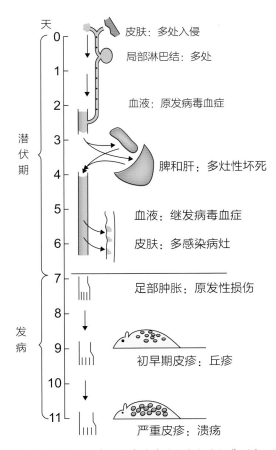

图3-3　Frank Fenner关于感染致畸（鼠痘）的经典研究。这是利用器官和组织的一系列的病毒滴度来进行的第一个研究，也是很多利用先进知识系统研究病毒感染的模型。［引自 F. Fenner. Mousepox (infectious ectromelia of mice): a review. J. Immunol. 63，341－373 (1949)，已授权］

数轮状病毒和冠状病毒感染后，在肠道中几乎没有上皮细胞下组织的感染。虽然这些病毒进入淋巴管，有传播能力，但它们通常不传染，因为合适的病毒受体或其他自由的细胞因子，如裂解激活蛋白酶或转录增强子，被限制于上皮细胞，或受其他生理因素的限制。

病毒仅感染上皮细胞与病毒丧失毒力或致病性不同。由轮状病毒和冠状病毒引起的局部肠道黏膜损伤可能会导致严重的甚至是致命的腹泻，对新生儿症状尤其明显。同样，流感病毒感染可造成对肺部广泛的伤害，导致急性呼吸窘迫综合征，甚至是死亡。

2. 皮下浸润和淋巴管扩散　各种各样的因素可能有助于某些病毒打破上皮屏障并侵入上皮下的组织，包括：① 吞噬白细胞内的病毒靶向迁移，特别是在树突状细胞和巨噬细胞中，和② 从被感染的上皮细胞病毒的定向脱落（见第2章）。树突状细胞在皮肤和所有黏膜表面上是丰富的，它们构成了免疫的第一道重要的防御，先天免疫和适应性免疫（见第4章）。移动的树突状细胞（如在皮肤上朗格汉斯细胞）从上皮细胞表面到相邻细胞（引流）、局部淋巴结，可能是由于疱疹病毒、蓝舌病毒以及其他环状病毒、猫和类人的人类免疫缺陷病毒的初始传播，或其他许多病毒的感染导致这些细胞的感染。病毒定向释放到呼吸道或肠道的内腔有利于由局部感染转到连续的上皮细

胞的表面，并立即排出到环境中，而从基底面上皮细胞的细胞表面脱落可能便于上皮下的组织和后来的病毒通过淋巴管、血管或神经传播。

在体内的上皮细胞表面感染后，许多在机体内广泛传播的病毒，先通过淋巴引流到邻近的淋巴结（局部）（图3–4）。在引流淋巴结内，病毒颗粒可被灭活并被巨噬细胞和树突状细胞处理，以便抗原成分被呈递到邻近的淋巴细胞刺激适应性免疫应答（见第4章）。然而，有些病毒高效地在巨噬细胞，和/或在树突状细胞和淋巴细胞复制（例如，许多逆转录病毒、环状病毒、犬瘟热病毒及其他麻疹病毒、动脉炎病毒如猪生殖与呼吸综合征病毒和某些疱疹病毒）。无论是在细胞内或无细胞的病毒颗粒，病毒可以从局部淋巴结通过传出淋巴管的血液传播，然后迅速传播到全身各处。过滤血液的器官，包括肺、肝、脾，往往是病毒引起的弥散性感染的靶器官（嗜性）。

通常情况下，在病毒侵入的部位产生局部炎症反应，其严重程度反映组织的损伤程度。炎症导致局部血管流量与渗透性以及白细胞运输和活性的特征性改变，一些病毒利用这些事件感染细胞参与这种炎症反应，反过来又有助于疾病在局部或全身的传播。因为由节肢动物载体感染引起的病毒接种位点的反应明显，所以局部炎症对节肢动物传播病毒的发病机制极为重要。

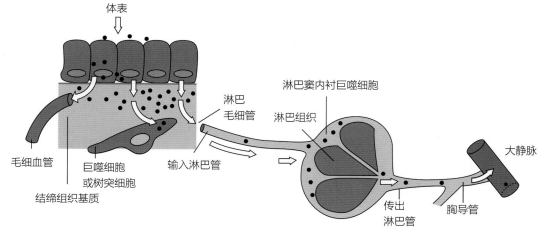

图3–4　牙龈入侵和淋巴传播感染途径（改编自 C. A. Mims）

3. **病毒血症通过血液的传播** 血液是通过机体迅速传播病毒的最有效的工具。感染初期病毒进入血液中，认定为初期的病毒血症，虽然临床上常常不明显，但可导致较远器官的感染，例如Fenner关于鼠痘病毒感染的开创性研究。病毒复制的主要靶器官持续产生更高浓度的病毒，导致二次病毒血症（图3-5），在身体其他部位的感染最终导致相关疾病的临床症状产生。

在血液中，病毒粒子可能在血液中传播，或可以被包含在或吸附到白细胞、血小板或红细胞。细小病毒、肠道病毒、囊膜病毒和黄病毒典型地在血液中传播。一般在淋巴细胞或单核细胞中的白细胞携带的病毒，经常不容易清除，也不像血液中的病毒那样在血液中传播。具体而言，细胞介导的病毒可能会不受抗体和其他血浆成分的影响，并且当白细胞携带病毒进入组织时它们可以充当"乘客"。不同病毒对不同白细胞的种群表现出嗜性；因此单核细胞相关的病毒血症是犬瘟热的特征，而淋巴细胞相关的病毒血症是马立克氏病和牛白血病的特征。红细胞相关的病毒血症是由非洲猪瘟病毒和蓝舌病病毒引起的感染的特点。蓝舌病病毒与红细胞的结合有利于延迟

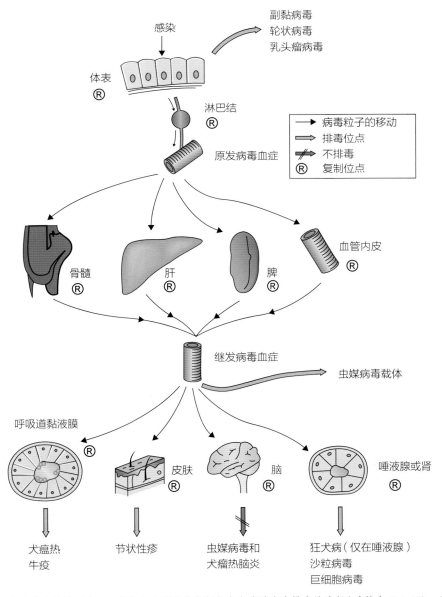

图3-5 病毒通过病毒血症传播到全身，借此来表明病毒复制位点和多种病毒排毒的途径（改编自 C. A. Mims 和 D. O. White）

病毒血症的免疫清除和由库蠓蚊虫作为生物学媒介而造成的吸血感染。许多病毒，包括马传染性贫血病毒、牛病毒性腹泻病毒、蓝舌病病毒与血小板结合，在病毒血症期间的相互作用可能有助于内皮细胞的感染。中性粒细胞，像血小板一样寿命短暂，中性粒细胞也具有强大的抗菌机制，它们很少被感染，尽管它们可能含有有吞噬功能的病毒颗粒。

在血液中传播的病毒粒子由巨噬细胞连续不断的清除，从而只有当有持续的病毒从受感染的组织进入血液或是组织巨噬细胞的清除功能受损，病毒血症才可以维持。虽然循环中的白细胞本身也可以构成一个病毒复制的位点，通常是在感染的靶器官如肝、脾、淋巴结、骨髓的薄壁细胞，它们使得病毒血症得以维持。一些感染，如非洲马病病毒和马动脉炎病毒感染的马，病毒血症因内皮细胞和/或巨噬细胞和树突状细胞的感染在很大程度上得以维持。横纹肌和平滑肌也可能是某些病毒复制的重要场所。

血液传染病毒产生病毒血症的严重程度和它们感染靶组织之间存在广义相关性，因此某些弱毒活疫苗病毒不能产生有效的病毒血症可能是由于其缺少组织侵染力。某些嗜神经病毒接种脑后成为强毒，但在外周接种时则是无毒的，因为他们没有达到足以侵入神经系统的病毒血症的滴度。产生病毒血症和从血液中感染组织的能力是病毒两种不同的特征。例如，某些塞姆利基森林病毒株（和某些其他疱疹病毒）已经失去了侵入中枢神经系统的能力，同时保留产生病毒血症的能力，其与神经系统障碍株所产生的持续时间和程度一致。

血液传播的病毒，特别是那些在血浆中流动的病毒，与巨噬细胞和血管内皮细胞相遇，在确定它们随后感染的发病机制中发挥特别重要的作用。

（1）病毒与巨噬细胞的相互作用　巨噬细胞是来源于骨髓的单核吞噬细胞，在身体的所有部位都存在，包括那些在血浆中"自由"产生的（单核细胞）、肺内（肺泡巨噬细胞）、以及存在于所有组织中的细胞，包括在黏膜表面下方的上皮下的连接组织，如破骨细胞（骨）、小胶质细胞（中枢神经系统）固有的组织巨噬细胞上皮下的结缔组织，以及那些线性排列的淋巴结血窦、肝、脾、骨髓等。巨噬细胞和树突状细胞在抗原加工与提呈给其他免疫细胞以及启动适应性免疫反应方面起至关重要的作用（见第4章）。它们还启动天然免疫反应，因为它们能够通过受体特异性地识别是否存在病原体相关的分子模式（PAMPS）——例如Toll样受体。巨噬细胞的功能活性是多样化的，可根据它们的位置和激活状态而发生很大改变，即使是在一个特定组织内的巨噬细胞亚群，它们的吞噬活性和对病毒的易感性不同。巨噬细胞和病毒粒子之间的多种相互作用，可能与枯否氏细胞——肝脏血窦内的巨噬细胞相关，如图3-6所示。这种模式并没有显示单核细胞/巨噬细胞携带穿过小血管壁的病毒组织入侵，这种入侵方式有时也被称为"特洛伊木马"的入侵机制，这对慢病毒感染的发病机制是特别重要的。

病毒-巨噬细胞间的相互作用的差异可以解释为同样的病毒在不同抗性的宿主中的毒力差异。虽然巨噬细胞本质上是高效的吞噬细胞，甚至由某些微生物产物和细胞因子如γ干扰素的激活可以进一步增强这种能力。巨噬细胞也有Fc受体和C3的受体，可以进一步加强巨噬细胞的能力，摄取促进调理作用的病毒粒子，特别是那些包覆抗体或补体分子的病毒粒子。一些病毒科中的病毒能够在巨噬细胞中复制，从而通过抗体对病毒粒子调理作用可以促进抗体介导的感染增强，这可能是人类登革热和几个逆转录病毒感染的主要致病原因。

病毒感染可导致巨噬细胞和树突状细胞转录的激活，炎症和血管活性介质如组织坏死因子的产生，有助于病毒性疾病的发生，特别是病毒性

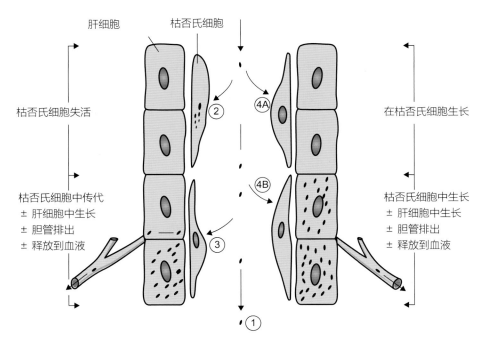

图3-6 病毒和吞噬细胞相互作用类型，如：枯否氏细胞（肝血窦中的一种巨噬细胞）。① 巨噬细胞无法吞噬病毒，如在委内瑞拉马脑炎病毒感染，这是一个长时间高病毒血症的重要因素；② 颗粒可能被吞噬和破坏:由于巨噬细胞系统的高效性，可以保证病毒血症中病毒粒子一进入血液就被清除掉；③ 病毒颗粒可能被吞噬后被动地转移到相邻的细胞（如肝细胞），如裂谷热病毒，病毒在肝细胞中复制，导致严重肝炎并在肝脏中维持高病毒血症；④ 病毒可能被吞噬后直接在巨噬细胞中复制；（4A）一些病毒，如乳酸脱氢酶可以增强小鼠体内病毒的清除，只有巨噬细胞感染，感染的结果是极高的病毒血症；（4B）更常见的是，如传染性犬肝炎病毒在巨噬细胞和肝细胞复制，导致严重的肝炎。（改编自 C. A. Mims 和 D. O. White）

出血热，如埃博拉病毒和蓝舌病病毒。

（2）病毒与血管内皮细胞的相互作用 基底膜血管内皮细胞与紧密的细胞连接构成血液组织界面和颗粒性物质屏障。往往在血流最慢、血管壁最薄的毛细血管和小静脉中，病毒颗粒入侵薄壁组织受这一屏障的影响。病毒粒子可被动地在内皮细胞和小血管基底膜之间或内部移动，或被感染的白细胞携带（特洛伊木马机制），或以感染内皮细胞和"生长"的方式通过这道屏障，感染细胞腔面的细胞从基底面释放。关于这一问题最深入的研究是关于中枢神经系统的病毒入侵，但它也适用于普通感染期间二次感染许多组织 。

内皮细胞的感染在研究病毒性疾病的发病机制方面也很重要，其特征是由血管损伤导致的广泛出血和/或水肿即所谓的病毒性出血热。

病毒介导的内皮损伤导致凝血和血管血栓形成，如果广泛传播将导致广泛弥散性血管内凝血（DIC）。然而，很有可能炎症和由病毒感染的巨噬细胞和树突状细胞产生的血管活性介质，如组织坏死因子，也有助于病毒性出血热引起的血管损伤。

4. 通过神经传播 虽然经血源传播后可引发中枢神经系统感染，通过外周神经的入侵也是一个重要的感染途径，例如狂犬病、博尔纳病和一些疱疹病毒科病毒的感染（例如乙型脑炎病毒、伪狂犬病和牛脑炎疱疹病毒5型）。疱疹病毒衣壳在轴突细胞质移动到中枢神经系统，并同时依次感染神经鞘的雪旺氏细胞。狂犬病病毒和博尔纳病病毒也从轴突细胞质到中枢神经系统，但通常不会感染神经鞘。感觉、运动和交感神经可能参与这些病毒的神经传播。由于这些病毒传

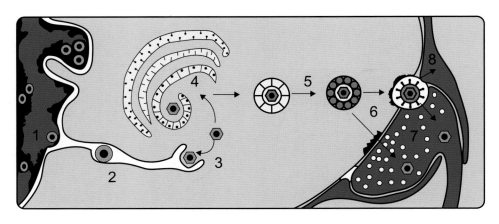

图3-7　导致伪狂犬病毒从邻近神经细胞的向心轴突转移到脑的过程：① 病毒在外周神经细胞核中复制，从内薄膜上获得囊膜。② 病毒穿过内质网。③ 病毒释放到细胞质，病毒囊膜与内质网膜的融合。④ 病毒粒子需要高尔基体进行囊膜加工。⑤ 病毒粒子从细胞质转移到囊泡。⑥ 病毒粒子通过病毒囊膜和血浆膜在突触间隙融合而进入到另一个细胞。⑦ 没有囊膜的病毒粒子由倒流的轴质流携带而到达神经细胞体和细胞核，进而进行复制。⑧ 病毒入侵细胞核周围髓鞘施万细胞并在其中复制，进而扩大入侵的病毒数量。[引自 J. P. Card, L. Rinaman, R. B. Lynn, B. H. Lee, R. P. Meade, R. R. Miselis, and L. W. Enquit. Pseudorabies virus infection of the rat central nervous system: ultrastructural characterization of virus replication, transport and pathogenesis. J. Neurosci. 13 , 2515 – 2539 (1993), 已授权]

入运动，它们必须穿越细胞与细胞间的连接。狂犬病病毒和伪狂犬病毒也需要穿过突触连接（图3-7）。

除了从身体表面向内传送到感觉性神经节，再到大脑，疱疹病毒可以通过轴触从神经节向外传送到皮肤或黏膜。这与潜伏的疱疹病毒感染重新激活之后发生相同的现象，并复发上皮的病变。

狂犬病病毒、博尔纳病病毒、呼吸道小鼠肝炎病毒、一些囊膜病毒和其他某些病毒能够利用鼻孔嗅觉神经末梢作为入侵位点。它们在嗅觉神经上皮细胞的特定感觉神经末梢入侵，引起局部感染并产生子代病毒（或含病毒的基因组的亚病毒体），然后在嗅觉神经的轴浆直接进入大脑嗅球。

（四）病毒排出的机制

排出感染性病毒颗粒对于维持群体的感染非常重要（见第6章）。对于仅在上皮细胞表面复制的病毒，感染性病毒排出常发生于与病毒入侵相同的器官（如呼吸系统或消化系统，图3-2）。通常来说，病毒感染后可在多个不同位点排毒（图3-5），有些病毒从几个位点排毒。

排泄物或分泌物中的排毒量与疾病的传播有重要相关性。低浓度排毒可能对疾病传播影响不大，但是如果污染了大面积的材料则可引起疾病传播；但是，如果病毒排出量浓度很高，则含有病毒的分泌物或排泄物则可快速引起疾病传播到其他宿主动物。肠道病毒一般比呼吸道病毒更能抵抗环境因素对病毒的失活作用；尤其是当病毒悬浮于水中时，这样病毒可存活一段时间。

流感病毒和肺炎病毒通常会引起局部感染和呼吸道损伤并随黏液排毒，在咳嗽或打喷嚏时从呼吸道排出。一些全身感染性病毒也可从呼吸道排毒。肠道病毒如轮状病毒，其从粪便排毒，排出液体量越大其对环境造成的污染也更大。少数病毒是从口腔唾液腺（如狂犬病毒和巨细胞病毒）排毒，呼吸系统感染主要从肺脏或鼻黏膜排毒。唾液传播取决于动物的活动，如舔舐、擦蹭鼻子、爱抚或撕咬。在恢复期或循环之后，可持续从唾液排毒，尤其见于疱疹病毒。

皮肤是病毒性疾病中重要的传播途径，可通过直接接触或通过小的皮肤损伤来传播，乳头状瘤病毒、一些痘病毒以及疱疹病毒就是采用这种方式传播。虽然很多疾病都可引起皮肤病灶，但是只有少数病毒是真正从皮肤排毒。在水疱性疾病，如口蹄疫、水疱性口炎和猪水疱病，病毒在感染动物皮肤和黏膜的囊泡中大量生成；在囊泡破裂后，病毒从病灶内排出。马立克氏病病毒定殖于羽毛囊，所以在感染鸡只中羽毛囊是重要的排毒途径。

与粪便一样，尿液也可污染食物和环境。许多病毒（如，犬传染性肝炎病毒，口蹄疫病毒和沙粒病毒）在肾脏肾小管上皮细胞复制，并通过尿液排毒。在马鼻病毒感染时，病毒尿症较为常见且持续期长，以啮齿动物作为储存宿主的沙粒病毒可终身存在病毒尿症，这是这些病毒对环境造成污染的主要模式。

几种引起重要疾病的病毒是通过精液排毒并通过交配传播，如马动脉炎病毒，表面健康但携带病毒的种马，在组织清除病毒后，其精液可持续排毒达数月或数年之久。同样，在乳腺中复制的病毒可通过乳汁排泄病毒，这也是病毒传播的一种途径，例如山羊关节炎-脑炎病毒、小鼠乳腺肿瘤病毒和一些蜱传黄病毒。在鲑鱼产卵时，卵周围的液体可含有高浓度病毒如传染性造血组织坏死病毒，这是在孵化和野生鱼群中重要的一种病毒传播方式。

尽管不是常规意义上的"排毒"，屠宰动物的血液和组织也是病毒污染的重要来源。携带病毒的血液，在污染了针头及其他兽医上用于治疗或处理病死动物的设备时，也成为病毒传播的基础。同样，使用病毒污染的牛胎血清可致类似的生物制品污染。

不发生排毒的病毒感染　从自然传播的角度看，很多病毒复制部位被认为是"死角"，然而，这些部位可间接促进病毒传播，例如，食肉动物和杂食动物可能通过摄入病毒感染的肉类或组织而发生感染。同样，经典猪瘟（猪霍乱）、非洲猪瘟和猪传染性水疱病病毒可通过喂食含有污染猪油的垃圾传播到不同的国家和地区。牛传染性海绵状脑病（疯牛病）在英国牛群中广泛流行，通过饲喂含有牛内脏和神经组织的污染肉类和骨粉而传播。

许多逆转录病毒并不排毒，但是可通过生殖细胞或感染的禽蛋或哺乳动物胚胎而直接传播。尽管没有水平传播，但是垂直传播的病毒同样可向环境中排毒，也就是传播到新的宿主，并在自然界中永存。

三　病毒损伤和疾病的发病机制

病毒除了能避免被宿主天然免疫和获得性免疫反应（见第4章）清除外，其感染、定殖以及引起宿主组织或器官特异性损伤的能力决定了病毒感染的结果。成功感染后，病毒可通过直接损伤靶细胞引起宿主发病，或者通过免疫或炎性反应来介导组织损伤并致病。

（一）病毒与细胞间的相互作用

了解病毒感染对多组织器官甚至对宿主动物影响的关键在于单个细胞感染后发生的潜在不良后果。正如前一节所述，病毒对细胞的嗜性是由细胞受体决定的，通常也包括细胞型特异性转录因子（增强子）。为了自身利益，病毒通常编码调节宿主细胞功能的基因，当然，宿主具有精细的先天防御系统，用以限制病毒发挥功能。因此，病毒和细胞两方面因素影响着感染的结果，这是一种微妙的平衡，很容易偏向一边或者另一边。

病毒感染可致宿主动物各种细胞发生多种潜在的恶性变化。细胞功能受损、诱导细胞死亡或者转化、不当免疫反应是感染宿主的潜在发病表现（图3-8）。虽然病毒在细胞、亚细胞和分子水平诱导的改变都是在培养细胞上研究的，但是其更深入的研究是通过使用植物和器官培养、感染细胞和组织移植到实验动物以及近来广泛使用的转基因动物以及病毒分子克隆来进行的。

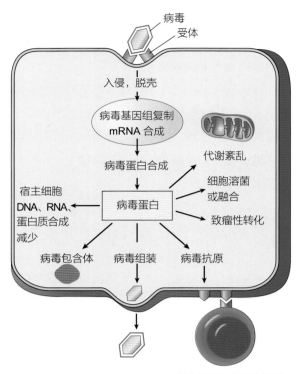

图3-8 病毒造成细胞损伤的潜在机制

［引自 Robbins & Cotran Pathologic Basis of Disease, V. Kumar, A. K. Abbas, N. Fausto, J. Aster, 8th ed., p. 343. Copyright © Saunders/Elsevier (2010)，已授权］

从病毒吸附到最后病毒粒子组装和释放的任何一个阶段点上，这一结果是由多因素决定的：细胞因素，如存在特异性蛋白水解酶或细胞转录增强子；病毒因素，如缺陷性干扰病毒粒子缺失病毒复制所需的关键基因。

一些重要的非增殖性的病毒与细胞相互作用与持续性感染或潜伏感染相关，这些将在随后的章节中叙述。"持续性感染"一词，简单地解释为感染持续期长，大大超出常规感染所预期的时间。"潜伏感染"一词是指特定类型的持续性感染"存在但不表现出来"，也就是说感染过程中没有形成感染性病毒粒子。在这两种情况下，病毒或其基因组无限期地存在于细胞内部，或者是病毒核酸整合到宿主细胞DNA中，或者是病毒核酸以游离体形式运输，感染细胞幸存且无限分裂。有些情况下，持续感染的细胞不释放病毒粒子，然而在其他情况下，当受到合适刺激源诱导，持续感染也会进行病毒增殖，如与疱疹病毒潜伏感染相关的周期性激活和排毒。致瘤病毒的持续感染或潜伏感染可导致细胞转化，这将在以后章节介绍。病毒和细胞间不同的相互作用类型见表3-2和图3-8。

（1）病毒感染的细胞杀伤性的变化 细胞杀伤性病毒可杀死其赖以复制的细胞，其方式有阻止宿主细胞大分子的合成（如下所述）、产生降解酶或毒性产物、诱导凋亡（见第4章）。细胞杀伤性病毒接种到细胞单层后，病毒的第一轮复制就可产生子代病毒并通过培养基扩散而感染邻近细胞和远距离的细胞，最终培养细胞全部感染。导致的细胞损伤称为细胞病变（CPE）。

1. 病毒与细胞相互作用的类型 病毒感染可能是细胞杀伤性的（细胞毒性，细胞病变）或者非细胞杀伤性的、增殖性或非增殖性（失败的），也就是说，并非所有的感染都可导致细胞死亡或产生和释放新的病毒粒子。然而，无论感染是增殖性的还是非增殖性的，其关键变化都可发生于病毒感染的细胞内。某些细胞是允许细胞，也就是其可支持特定病毒完成复制，而另一些细胞是非允许细胞，即病毒的复制可能停止于

表3-2 病毒类型-细胞相互作用

感染类型	对细胞的影响	是否产生感染性病毒粒子	例子
杀细胞作用	细胞形态学改变（细胞病变效应），抑制蛋白/RNA/DNA合成，细胞死亡	是	甲型肝炎病毒、肠道病毒、呼肠孤病毒
持久、生产性感染	非细胞病变作用，小的代谢干扰，细胞持续分裂，一些分化的细胞可能丧失了特异性的功能	是	瘟病毒、沙粒病毒、狂犬病毒和大部分的逆转录病毒
持久、非生产性感染	通常没有	不，但是病毒可能被诱导	脑内的犬瘟热病毒
转化	细胞形态学改变，细胞能够无限传代，当转移到实验动物的时候可能会产生肿瘤	不，致瘤性的DNA病毒	多瘤病毒、腺病毒
		是，致瘤性的反转录病毒	禽白血病病毒和鼠肉瘤病毒

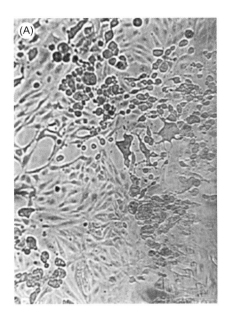

图3–9 不同病毒产生的细胞病变（实验室观察的细胞单层，未经固定和染色）
（A）肠道病毒典型细胞病理学特征：细胞快速变圆至完全降解。（B）疱疹病毒的典型细胞病理学特征：圆形肿胀细胞。放大倍数：×60。（由I. Jack供图）

细胞病变通常在低倍镜下观察未染色细胞（图3–9）。细胞病变的性质是特定病毒感染的特征，也是临床分离鉴定及实验室诊断的初步提示（见第2章和第5章）。

杀伤性病毒感染的细胞会产生很多病理生理学上的改变，细胞死亡通常不能归咎于任何单一事件，而是许多损伤累积作用的最终结果。尽管如此，已经明确了一些特定的损伤机制，将来在靶向干预性治疗中会起一定作用。病毒诱导细胞损伤和死亡（图3–8）的常规机制包括：

① 抑制宿主细胞核酸合成是病毒抑制宿主细胞蛋白合成的必然结果，其对细胞内DNA复制工厂发生作用。一些病毒，尤其是大的DNA病毒，通过产生病毒编码的调节蛋白来利用特异性机制提高其自身合成加工能力。

② 抑制宿主细胞RNA转录发生于病毒复制过程中，主要在几个不同病毒科中，包括痘病毒、弹状病毒、呼肠孤病毒、副黏病毒和小核糖核酸病毒。在某些情况下，这可能是病毒抑制宿主细胞蛋白合成的间接结果，其可降低RNA聚合酶活性所需转录因子的作用。特定病毒编码特异性转录因子来调节其自身基因的表达，这些因子有时也调节细胞基因的表达。例如，疱疹病毒编码直接与病毒DNA结合的蛋白，进而调节病毒基因的转录。

③ 抑制宿主细胞信使RNA的加工，这主要发生于病毒复制过程中，如水疱性口炎病毒、流感病毒和疱疹病毒，主要干扰初始mRNA转录本的剪接。在某些情况下可以形成剪接体，但随后催化步骤受到抑制。例如，疱疹病毒感染的细胞中合成的蛋白抑制RNA剪接，导致细胞mRNA数量减少且初始mRNA转录本发生积聚。

④ 抑制宿主细胞蛋白合成，而病毒蛋白合成继续，这是很多病毒感染的特点。在小核糖核酸病毒，这种合成关闭非常迅速且深入，这种作用在披膜病毒、流感病毒、弹状病毒、痘病毒以及疱疹病毒感染中也较为明显。在一些其他病毒中，合成关闭发生于感染晚期且呈渐进性，对于非杀伤性病毒如瘟病毒、沙粒病毒和逆转录病毒来说，宿主细胞蛋白合成不能被显著抑制，也没有细胞死亡。宿主细胞蛋白合成关闭的机制是不同的，包括前述提到的病毒产生降解细胞mRNA的酶，除此之外，还有生成核糖体结合因子来抑制细胞mRNA的翻译以及改变细胞内离子环境，使其利于病毒mRNA的翻译而抑制细胞mRNA翻译。最重要的是，一些病毒mRNA只是通过大量活化而与细胞mRNA过度竞争细胞翻译机器，即大量病毒mRNA与细胞mRNA过度竞争宿主核糖体。病毒蛋白也抑制细胞蛋白从内质网膜加工转运过程，这种抑制可导致细胞蛋白降解。这一作

用见于慢病毒和腺病毒感染。

⑤"毒性"病毒蛋白的细胞病变效应，其反映了感染晚期大量的各种病毒成分积聚。以前认为，细胞病变只是这些蛋白固有毒性的结果，但是绝大多数细胞损伤表现为病毒复制对细胞产生的副作用。因此，"毒性蛋白"列表中成员已减少，但仍有一些毒性蛋白存在。例如，腺病毒五邻体和纤维蛋白本身具有毒性，不依赖于腺病毒的复制。

⑥干扰细胞膜功能，这种作用可影响细胞膜在病毒复制各阶段的参与，从病毒吸附和入侵到复制复合体的形成，甚至到病毒粒子的组装。病毒可以改变质膜通透性、影响离子交换和膜电位、诱导新的细胞内膜合成或者原有细胞内膜重排。广义上细胞膜电位增加发生于病毒感染的早期，如小核糖核酸病毒、甲病毒，呼肠孤病毒、弹状病毒及腺病毒。

囊膜病毒特异性指导其表面糖蛋白（包括融合蛋白）插入宿主细胞膜，作为其出芽过程的一部分，导致膜融合并形成合胞体。合胞体是慢病毒、冠状病毒、副黏病毒、呼吸道病毒、麻疹病毒、肺炎病毒、亨尼帕病毒以及一些疱疹病毒感染细胞单层后出现的显著特征，病毒感染后可致感染细胞与相邻感染或未感染细胞发生融合（图3-10）。这种多核合胞体（又称多核巨细胞）也可能发生于感染了这些病毒的动物组织，例如马感染亨德拉病毒，牛感染呼吸道合胞病毒。合胞

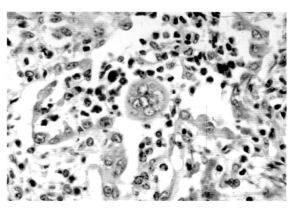

图3-10　牛呼吸道合胞体病毒感染犊牛后在肺内包含体细胞中的细胞质内内含物

（由加利福尼亚大学戴维斯分校M. Anderson供图）

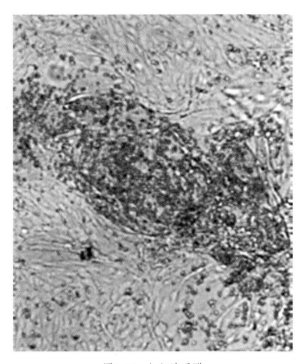

图3-11　红细胞吸附

红细胞吸附到感染的细胞上，与血浆膜发生血凝作用。正常细胞是没有固定、没有染色的单层细胞。放大倍数：×60。（由I.Jack供图）

体可代表病毒在组织中传播的重要机制：细胞融合桥梁可允许像病毒核衣壳和核酸这样的亚病毒粒子传播，以避免宿主防御体系。细胞膜融合是由病毒融合蛋白或病毒其他表面蛋白的融合结构域来介导的。例如，流感病毒的融合活性是在血凝素蛋白纤突上完成的，然而副黏病毒如副流感病毒-3型其融合活性是在独立的融合蛋白（F）纤突上完成的。在高感染复数感染情况下，副黏液病毒不需要复制便可快速引起细胞融合，这一现象是由进入的病毒粒子与质膜相互作用时其融合蛋白发挥作用的结果。

流感病毒、副黏病毒以及披膜病毒感染细胞单层后，从质膜出芽，获得吸附红细胞的能力。这种现象称为红细胞吸附（图3-11），是病毒纤突糖蛋白插入到感染细胞质膜上的结果，然后作为受体结合于红细胞表面配体上。同种糖蛋白纤突可在体外发生血凝反应，也就是红细胞凝集。尽管血细胞吸附和血凝反应是病毒性疾病致病机制中重要的一部分，这两种现象也用于实验室诊

断（见第5章）。

插入宿主细胞质膜的病毒蛋白（抗原），也可能是特异性体液免疫应答和细胞免疫应答的靶向成分，最终导致细胞裂解。这可能发生于子代病毒复制之前，这样可以减缓或阻止感染进程并加速恢复（见第4章）。另外，在某些情况下，免疫反应可致免疫介导的组织损伤和疾病。病毒抗原也可通过病毒转化而整合到细胞膜上，在免疫介导的分辨和衰退中起重要作用，如乳头瘤病毒。

细胞形状改变是许多病毒感染细胞的一个特征。这种变化是由细胞骨架损伤所致，细胞骨架由几种纤丝系统构成，包括微丝（如肌动蛋白）、中间丝（如波形蛋白）以及微管（如微管蛋白）。细胞骨架是细胞保持结构完整所必需的，用于细胞器在细胞内转运以及某些细胞的活动。特定病毒可特异性损害纤丝系统，如犬瘟热病毒、水疱型口炎病毒、牛痘病毒和疱疹病毒，这些病毒可致含有微丝的机动蛋白解聚，肠道病毒诱导微管蛋白广泛损害。在很多感染中，这种损伤可致严重细胞病变从而加剧细胞裂解。细胞骨架元素也会被一些病毒在复制时利用：包括病毒入侵、复合物形成和聚集以及病毒释放过程。

2. **病毒感染细胞的非杀伤性变化**　非细胞杀伤性病毒通常不能杀死其赖以复制的细胞。相反，这些病毒通常可致持续性感染，在此期间产生感染细胞和释放病毒，但是细胞代谢几乎不受影响。在许多情况下，感染细胞继续生长和分裂。这种类型的相互作用可见于多种RNA病毒感染的细胞，主要包括瘟病毒、沙粒病毒、逆转录病毒及一些副黏病毒。然而除少数例外（如逆转录病毒），有些呈缓慢进行性变化，最终导致细胞死亡。在宿主动物中，大多数器官和组织中的细胞快速更新，细胞持续性感染造成的缓慢后果并不影响其整体功能，而末端分化细胞如神经细胞，一旦损伤则无法替换，持续性感染的分化细胞可丧失其执行特定功能的能力。

那些不关闭宿主-细胞蛋白、RNA或DNA合成以及不能快速杀死宿主细胞的病毒如瘟病毒、沙粒病毒、博纳病毒和逆转录病毒，通过影响宿主细胞关键功能致宿主发生重要的病理生理学改变，这些功能与细胞完整性和细胞基本持家功能无关。分化细胞特殊功能损伤可能还会影响到包括那些中枢神经系统、内分泌系统和免疫系统在内的复杂的调控、稳态以及代谢功能。

3. **病毒感染细胞的超微结构变化**　电子显微镜是评价病毒感染细胞所产生变化的有效手段。细胞结构早期变化通常以各种细胞膜增生为主：例如疱疹病毒引起核膜合成增加甚至重复复制；黄病毒可引起内质网增生；小核糖核酸病毒和杯状病毒引起胞质囊泡独特的增殖；许多逆转录病毒可引起特殊的细胞质膜融合。很多病毒在感染时，其他超微结构的改变也较为突出，包括细胞骨架元素破坏、线粒体损伤以及胞液密度改变。在感染晚期，很多细胞杀伤性病毒可致细胞核、细胞器和细胞浆稀薄和/或浓缩，最终细胞膜完整性丢失。在很多情况下，细胞死亡是必然的，但在其他情况下，宿主细胞功能的丧失是很微妙的，不能归因于特定的超微结构变化。对于非溶细胞性感染，绝大多数功能丧失不能归咎于形态学明显的损害。能够反映病毒感染的宿主细胞变化类别的具体实例在本书第二部分很多章节中都有介绍。

除了那些直接影响病毒复制的变化外，大多数病毒感染的细胞都显示出非特异性变化，就像那些物理或化学因素诱导的损伤一样。最常见的早期可逆性变化是浑浊肿胀，这与细胞膜通透性增加有关，导致核肿胀、内质网和线粒体扩张以及胞浆液稀薄。在很多病毒感染的晚期，细胞核浓缩和缩小，胞质密度增加。细胞进一步丧失通透完整性以及溶酶体酶释放到胞质，最终导致细胞损坏。这一过程与所谓的细胞死亡末端途径是一致的。

（二）病毒介导的组织和器官损伤

病毒性疾病的严重程度与病毒所致细胞病变没有相关性。许多细胞杀伤性病毒在体内不产生临床病变（如很多肠道病毒），而一些非细胞杀伤性病毒可引起动物发生致死性疾病（如逆转录病毒和狂犬病毒）。此外，根据病毒感染的器官、细胞和组织损伤，可引发不产生临床症状的疾病，例如，羊感染裂谷热后，很多肝细胞受到破坏，但却没有明显的临床症状。当受损细胞阻碍了器官或组织的功能，这可能在某些组织中不重要，如骨骼肌中，但是可能在心脏或脑中有潜在的破坏性。同样地，病毒诱导的炎性反应和水肿在肺脏和中枢神经系统中是非常严重的。

1. **病毒感染及靶器官和组织损伤机制**　有些病毒致靶器官损伤的机制在本书第二部分病毒科中有详细介绍，因此，本部分章节的目的是对部分病毒引起靶组织损伤的致病机制做一简要综述。

（1）呼吸道的病毒性感染　呼吸道病毒感染是极其常见的，尤其是在饲养拥挤的畜舍里。个别病毒表现出不同水平的呼吸道嗜性，从鼻腔到肺间隙（终端气道和肺泡），但相当一部分病毒具有同样嗜性。呼吸道病毒的嗜性反映了相应受体以及细胞内转录增强子的分布，以及物理屏障、生理因素和免疫参数。例如，牛鼻病毒在鼻腔内复制，这是因为鼻腔温度低，适于病毒复制，然而牛呼吸核胞体病毒主要感染呼吸系统末端内表面的上皮细胞；这样，鼻病毒引起轻度鼻炎，而呼吸道核胞体病毒可引起毛细支气管炎和支气管间质性肺炎。一些病毒直接或间接引起Ⅰ型肺泡上皮细胞或Ⅱ型肺泡上皮细胞损伤；更广泛地，Ⅰ型肺泡上皮细胞损伤可致急性呼吸窘迫综合征，而Ⅱ型肺泡上皮细胞损伤可致受损肺脏修复和愈合延迟。

流感病毒可在感染动物鼻腔和气道复制，但是，流感病毒感染通常限于肺脏，因为血凝素蛋白需要组织特异性蛋白酶来裂解。然而，高致病性禽流感病毒，如目前流行的欧亚-非H5N1病毒，可在肺脏以外的器官引起严重的广泛性（系统性）的感染和疾病。该病毒逃离肺脏可能与其

对Ⅰ型肺泡上皮细胞的嗜性有关，其引起全身性疾病也反映了血凝素蛋白可被很多组织中存在的泛素蛋白酶裂解。与禽类感染类似，高致病性禽流感病毒血凝素蛋白裂解位点有一些基本氨基酸，其可扩大病毒感染的细胞范围，因为该位点的裂解受细胞内位于转运高尔基网的泛素内肽酶的影响。相反，低致病力禽流感病毒血凝素蛋白是由细胞外组织限制性蛋白酶裂解，这一蛋白酶仅限于呼吸道和胃肠道（见第21章）。

无论呼吸道最初感染的程度如何，病毒感染后可导致呼吸道局部纤毛停止活动，黏膜内层完整性灶性损坏，少数上皮细胞多灶性坏死（图3-12）。伴随最初损伤之后的是黏膜上皮细胞渐进性感染，逐渐严重的炎性反应，伴有炎性细胞积液及渗液。富含纤维蛋白的炎性渗出物及坏死的细胞碎片（退化的中性粒细胞和脱落的上皮细胞）积聚在管腔内，影响气道和鼻腔通道使呼吸受阻，在严重病例中，逐渐发生缺氧和呼吸衰竭。黏膜迅速再生，动物康复，通过获得性免疫

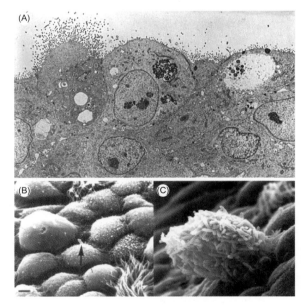

图3-12　（A）鸡的呼吸道禽流感病毒感染。正常的柱状细胞被没有纤毛的立方上皮细胞取代，大量病毒芽孢在细胞顶层出现。放大10 000倍。（B）和（C）扫描电镜展现的是流感病毒感染鼠气管和绿脓假单胞菌黏附后的角质脱落细胞。（B）血浆细胞表面正常小鼠气管的单个菌（箭头指的地方）。（C）绿脓假单胞菌黏附到表层脱落的上皮细胞。（B和C由P. A. Small供图）

清除感染性病毒，防止在不同时间段再次感染（取决于特定病毒）。

除了直接的不良后果外，呼吸道病毒性感染往往容易导致动物继发感染细菌，甚至那些在鼻子和喉咙的正常菌群的细菌也可感染宿主。这种易感的倾向可能干扰正常黏膜纤毛，结果导致黏膜发生病毒性损伤或者天然免疫反应受到抑制。例如，肺脏感染流感病毒后，细胞表达Toll样受体受到抑制，这样恢复期动物不能快速识别和中和入侵细菌。呼吸道病毒和细菌之间的潜在协同效应是由于在运输和养殖场及畜舍发生过度拥挤造成的。

（2）胃肠道病毒感染　胃肠道感染可通过摄入肠道病毒（如轮状病毒、冠状病毒、星状病毒、突隆病毒），其感染仅限于胃肠道或全身感染后病毒经血液扩散，如某些细小病毒（如猫泛白细胞减少症病毒、犬细小病毒）、瘟病毒（如牛病毒腹泻病毒）和麻疹病毒（如犬瘟热、牛瘟）。肠道病毒感染通常会在短暂潜伏期后快速发生胃肠道疾病，然而全身感染有较长潜伏期并伴有并不局限于胃肠道功能障碍的临床表现。

病毒诱导的腹泻是胃肠道黏膜内层上皮细胞（肠上皮细胞）感染的结果。轮状病毒、星状病毒、冠状病毒和突隆病毒特征性感染更成熟的肠道上皮细胞，而细小病毒瘟病毒感染和破坏存在于肠道隐窝内未成熟及分化的肠道上皮细胞。无论其好发部位在哪，这些感染都可破坏肠道黏膜上皮细胞以减少其吸附表面，导致吸收不良性腹泻，伴随体液和电解质流失。肠道病毒感染的致病机制比简单的病毒介导的肠道上皮损伤更为复杂，例如，轮状病毒产生一种蛋白质（nsp4），即便在没有发生实质性病毒介导的损伤时，其自身可分泌液体进入肠道（肠分泌过多）。在哺乳的新生幼崽，摄入母乳中未消化的乳糖经过小肠进入大肠，发挥渗透作用，加剧体液流失。严重腹泻的动物可很快出现脱水、血液浓酸中毒，抑制关键的酶和代谢途径，低血糖及全身电解质紊乱（典型的是钠减少和钾增多），幼畜或缺乏免疫力的动物发生腹泻后很快发生死亡。

肠道病毒感染通常开始于胃或邻近的小肠，然后以波形向末端扩散，进而影响空肠、回肠以及大肠。由于是通过肠道感染，破坏的吸附细胞很快被肠道隐窝中未成熟肠道上皮细胞替代。这些未成熟肠道上皮细胞数量增加有助于吸收不良和肠道分泌过多（体液和电解质损失）。同样，获得性免疫反应导致康复动物产生黏膜IgA和IgG，获得抵抗再次感染的能力。新生动物肠道病毒感染通常与其他肠道病原相关，包括细菌（如外毒素性或内毒素性大肠杆菌）和原生动物（如隐孢子虫属），可能是因为常见因素（拥挤，卫生条件差）使得感染更易发生。

（3）皮肤的病毒性感染　皮肤除了是初始感染的部位外，还可能通过血流二次侵染。伴随病毒感染的皮肤病变可能是局部的（如乳头瘤），也可能是散在的。动物皮肤发生红斑（变红）是由于全身性病毒感染造成的，尤其在无毛或无色素部位最为明显，如口鼻部、耳部、爪、阴囊和乳房。除了乳头状瘤（疣）外，病毒引起的皮肤病变通常描述为斑疹、丘疹、水疱和脓疱。某些病毒科的病毒往往容易引起特征性的皮肤病变，经常发生在口和鼻黏膜、乳头和生殖器部位以及有蹄类动物的蹄和皮肤的交界处。水疱是特别重要的皮肤病变，因为这是口蹄疫的特征性病变，但是其他病毒感染也可出现这一病变，在一些非病毒性感染时也能出现水疱。由于受感染的表皮水肿积液，致使囊泡呈离散性"水疱"存在，或者使表皮与真皮分离（或黏膜上皮与黏膜下层分离）。水疱很快破裂，留下局灶性溃疡。

丘疹呈局灶性（如口疮）或呈弥散性（如块状的皮肤疾病）上皮增生，这是痘病毒感染的特征。这些增生性和扩大性病变通常由炎性渗出物包裹。

病毒感染可以导致广泛的血管内皮损伤，包括皮下组织、皮肤和其他部位产生皮下水肿、皮肤红斑或出血（包括口腔和内脏器官）。

（4）中枢神经系统病毒性感染　中枢神经系

统（脑和脊髓）在受到某些病毒感染时，极易发生严重或致死性损伤。病毒可以通过神经或经由血液传播从末梢部位传播到大脑（如前所述）。经血液扩散，病毒必须克服血－脑屏障的障碍，这一屏障由脑和脊髓内血管内皮的内层和血管间质壁构成。病毒是如何通过这一屏障进入中枢神经系统实质区仍然是个谜，或者是通过病毒感染白细胞或是通过血管壁的被动运输造成的（图3-13）。

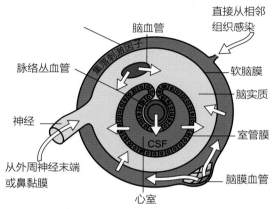

图3-13　病毒入侵中枢神经系统的途径

[引自 Medical Microbiology, C. A. Mims, J. H. Playfair, I. M. Roitt, D. Wakelin, R. Williams. Mosby, St. Louis, MO (1993), 已授权]

一旦病毒在中枢神经系统存在，很快就会蔓延，引起神经元或神经胶质细胞（星形胶质细胞、小胶质细胞和少突胶质细胞）发生进行性感染。神经元裂解性感染，无论是披膜病毒、黄病毒、疱疹病毒或其他病毒引起的，都可导致脑炎或脑脊髓炎，以神经元坏死、神经元吞噬（嗜神经细胞现象）以及炎性细胞在外周血管浸润（外周血管套）。相反，感染神经元的狂犬病毒强毒株是非杀伤性病毒，很少引起炎性反应，但是毫无例外地最终导致哺乳动物死亡。

各种病毒和朊病毒可引起其他特征性病理变化，中枢神经系统呈缓慢进行性发病。牛海绵状脑病和绵羊痒病就是缓慢进行性的神经元退化和空泡化。相反，感染犬瘟热的犬，其神经胶质细胞发生进行性脱髓鞘。

大多数情况下，中枢神经系统感染似乎是病毒自然感染中的最终目的地，大多数神经嗜性的病毒其排毒和传播不依赖于神经系统的致病情况。然而，一个重要的例外是狂犬病病毒感染导致宿主行为改变，这有助于病毒向其他宿主传播。α-疱疹病毒的传播依赖于从颅骨和脊髓的感觉神经节到上皮部位传递。上皮脱落后，随之而来的是病毒在高峰期从神经节中涌现，因为其为长期存在于初始病灶中的病毒提供传播的机会。牛海绵状脑病的朊病毒因子为医源性传播，通过给牛饲喂含有反刍动物中枢神经系统组织的肉和骨粉而传播。总体来说，比较异常的神经嗜性应该是大多数动物病原以及人畜共患病病原的显著特征，其致病特点使得病毒在自然界永远存在，对宿主来说后果严重，而对病毒来说则无关紧要，重要的是产生无法挽回的损失。

（5）病毒感染造血系统及其免疫效应　造血系统包括：① 髓组织，特别是骨髓及其来源的细胞——红细胞、血小板、单核细胞和粒细胞；② 淋巴组织，其中包括胸腺、淋巴结、脾、黏膜相关淋巴组织，在鸟类中还有法氏囊。填充骨髓和淋巴系统的细胞包括淋巴细胞、树突状细胞以及单核巨噬细胞系统的细胞（单核细胞和巨噬细胞），这些细胞都来自骨髓（或同等造血组织）前体，在造血系统中可以很方便地将它们分为一类，以摒弃过时的术语，如"淋巴网状内皮"或"网状内皮"系统。重要的是，淋巴细胞和单核巨噬细胞（外周血单核细胞、组织巨噬细胞、树突状细胞）负责获得性免疫（见第4章），这些细胞在病毒感染后对免疫效应产生深远的影响。

单核巨噬细胞的感染和损伤可保护入侵病毒免受吞噬细胞的清除，禁止或抑制先天免疫和获得性免疫反应。一些最具破坏性和致命性的病毒表现出这种嗜性：如丝状病毒、沙粒病毒、汉坦病毒、环状病毒如非洲马瘟和蓝舌病病毒；某些布尼亚病毒如裂谷热病毒，甲病毒如委内瑞拉马脑炎病毒，以及黄病毒如黄热病病毒。这些病毒入侵后，其感染是通过淋巴组织（淋巴结、胸腺、骨髓、派伊尔氏淋巴集结以及脾脏白髓）中树突状细胞和/或巨噬细胞摄取病毒开始的。然后，病毒感染可扩散到这些组织中，常常导致相邻淋巴细胞溶解及免疫功能障碍。

病毒感染可导致特异性获得性免疫缺陷或全身性的免疫抑制。这一现象相关的例子是鸡（禽类B细胞分化部位）法氏囊感染传染性法氏囊病毒，从而导致法氏囊萎缩和严重的B淋巴细胞缺乏，相当于法氏囊切除。其结果是严重影响鸡对其他感染性因子的抗体介导的免疫反应，反过来使鸡易受沙门氏菌和大肠杆菌等细菌的感染以及其他病毒感染。自人类发现获得性免疫缺陷综合征（艾滋病）和其病原体——人类免疫缺陷病毒（HIV）以来，相似病毒相继在猴（猴免疫缺陷病毒）、牛（牛免疫缺陷病毒）和猫（猫免疫缺陷病毒）发现。在易感动物中，这些病毒可以感染和破坏特异的但不同的免疫系统细胞，从而导致不同类型和严重程度不同的免疫抑制。

许多其他病毒（如经典猪瘟病毒、牛病毒性腹泻病毒、犬瘟热病毒、猫和犬细小病毒）引起

的全身性感染，特别是那些感染单核吞噬细胞和/或淋巴细胞的病毒，可短时但全身性抑制获得性免疫反应，包括体液免疫和细胞介导的免疫。病毒感染的动物在病毒诱导的免疫抑制期间，易受其他感染性因子感染，这一现象也发生于一些弱毒活疫苗免疫后。动物经受感染后，其免疫反应可减少或清除无关抗原。

病毒诱导免疫抑制，反过来可增强病毒的复制，如激活潜伏感染的疱疹病毒、腺病毒或多瘤病毒感染。同样，与免疫抑制相关的如吸入细胞毒性药物、化疗或器官移植，可使动物易复发疱疹病毒等其他潜在病毒的感染。

（6）胎儿感染病毒　大多数母畜感染病毒后对胎儿没有不良影响，尽管在胎儿没有发生感染的情况下，严重感染的母畜有时会出现胎儿死亡和胎儿排出（流产）。然而，一些病毒可以通过胎盘感染胎儿（表3-3）。这种感染常发生于年轻的母畜（如初胎小母牛），在怀孕期间感染致病性病毒，且没有免疫力，这是缺乏合适的疫苗或未经受过自然感染的结果。胎儿病毒感染的后

表3-3　病毒感染和发病机制

动物种类	科/属	病毒	症状
牛	疱疹病毒科/水痘病毒属	传染性牛鼻气管炎病毒	死胎、流产
	逆转录病毒科/逆转录病毒属	牛白血病病毒	隐性感染，白血病
	呼肠孤病毒科/环状病毒属	蓝舌病毒	死胎、流产、畸形胎
	布尼亚病毒科/布尼亚病毒属	赤羽病毒	死胎、流产、产死胎、畸形胎
	黄病毒科/瘟病毒属	牛腹泻病病毒	死胎、流产、畸形胎、隐性感染、终身带毒和排毒
马	疱疹病毒科/水痘病毒属	马疱疹病毒1型	死胎、流产、初生带病
	动脉炎病毒科/动脉炎病毒属	马动脉炎病毒	死胎、流产
猪	疱疹病毒科/水痘病毒属	伪狂犬病毒	死胎、流产
	细小病毒科/细小病毒属	猪细小病毒	死胎、流产、木乃伊胎、产死胎和繁殖障碍
	黄病毒科/黄病毒属	乙型脑炎病毒	死胎、流产
	黄病毒科/瘟病毒属	典型猪瘟病毒	死胎、流产、畸形胎、隐性感染、终身带毒和排毒
羊	呼肠孤病毒科/环状病毒属	蓝舌病毒	死胎、流产、产畸形胎
	布尼亚病毒科/白蛉热病毒属	裂谷热病毒	死胎、流产
	布尼亚病毒科/内罗病毒属	绵羊病病毒	死胎、流产
	黄病毒科/瘟病毒属	边界病病毒	产畸形胎
犬	疱疹病毒/水痘病毒属	狂犬病毒	产期死亡
猫	细小病毒科/细小病毒属	猫白细胞减少症病毒	小脑发育不全
	逆转录病毒科/逆转录病毒属	猫白血病病毒	隐性感染、白血病、死胎
鼠	细小病毒科/细小病毒属	鼠病毒	死胎
	沙粒病毒科/沙粒病毒属小	淋巴细胞性脉络丛脑膜炎病毒	隐性感染、终身带毒和排毒
鸡	核糖核酸病毒科/肠病毒属	禽脊髓炎病毒	畸形胎、死胎
	逆转录病毒科/逆转录病毒属	禽白血病/肉瘤病毒	隐性感染、白血病和其他疾病

果依赖于感染病毒的特性（毒力和嗜性），也与感染时的孕期有关。胎儿发生严重的溶细胞感染，尤其是在妊娠早期，有可能造成胎儿死亡和吸收或者流产，这也与感染动物种类有关，流产尤其常见于那些由胎儿产生孕酮来维持妊娠的动物（如羊），而对于妊娠很少提前终止的多胎动物而言，其妊娠是由母畜产生孕酮来维持的（如猪）。

致畸病毒是那些使子宫内感染后，胎儿发育缺陷的病毒。孕畜感染致畸病毒，其结果很大程度上受孕期的影响。在怀孕关键期胎儿器官形成阶段感染病毒，可造成非常严重的后果，病毒介导感染，祖细胞在发育成器官时受到破坏，如大脑。例如，赤羽病病毒，卡奇谷病毒，牛病毒性腹泻病毒和蓝舌病病毒都可使先天感染的反刍动物致畸，发生大脑缺陷。

虽然免疫能力通常在妊娠中期发育，但是在此之前感染，可能会导致较弱和无效的免疫反应，致使新生仔畜出生后持续感染，如牛持续性感染牛病毒性腹泻病毒和小鼠先天性淋巴细胞性脉络丛脑膜炎病毒感染。

（7）其他器官病毒性感染 几乎任何器官都可经血流被感染一种或多种病毒，但大多数病毒具有限定的器官和组织嗜性，这也反映了前述的感染因素（存在受体、细胞内和其他生理性或物理性共作用因子等）。在某种程度上，不同器官和组织感染的临床意义在于其对动物生理健康的作用。除了已阐述过的器官和组织（呼吸道，消化道，皮肤，脑和脊髓，造血组织）外，病毒感染心脏和肝脏也可产生严重的结果。肝脏是较少病毒感染的靶器官，一些肝炎病毒（尤其是A型、B型和C型肝炎病毒）与其他病毒（如黄热病病毒）形成鲜明对比，它们是引起人类肝脏疾病的重要病原。在动物中，裂谷热病毒、鼠肝炎病毒和犬传染性肝炎病毒特征性影响肝脏，就像胎儿感染一些致流产疱疹病毒一样（如牛传染性鼻气管炎病毒，马疱疹病毒–1型，伪狂犬病毒）。病毒介导的心肌损伤是比较罕见的，但这是蓝舌病和其他一些内皮嗜性病毒感染的特点，甲病毒感染的大西洋鲑鱼和虹鳟鱼也会出现这一特征。

（8）病毒性疾病非特异性病理生理学变化 一些病毒感染的不良后果不能归因于病毒对细胞直接的破坏、免疫病理学或内源性肾上腺糖皮质激素浓度增加对感染的应激。病毒性疾病通常都伴随着一些常见的临床症状，如发热、萎靡不振、食欲减退和乏力。感染诱导的先天免疫反应产生的细胞因子（尤其是白介素–1）可激发动物出现上述表现，显著降低动物的性能，并阻碍恢复。特征较少的是神经束受持续性病毒感染出现潜在的神经症状，如博纳病毒感染。在神经元中，博纳病毒感染是非溶细胞性的，但可致小鼠、猫和马发生奇怪的行为变化。

引起广泛血管损伤病毒可导致弥散性出血和/或水肿，这是血管通透性增加的结果。在这些所谓的出血性、发热性病毒感染中，其中包括出血性登革热、黄热病、埃博拉出血热和人感染汉坦病毒，血管损伤是由病毒感染内皮细胞或其他血管活性介质和炎性调节因子的释放引起的，如组织坏死因子。广泛的血管内皮损伤可致凝血和血栓形成，其可能会导致弥漫性血管内凝血，这是人和动物感染病毒直接或间接血管损伤，最终导致死亡的共同途径。

2. 病毒诱导的免疫病理学 病毒通过破坏宿主细胞代谢工厂来引发感染，通常可直接对宿主细胞造成损害。如前所述，伴随着病毒感染的炎性反应说明了病毒致病机制。然而，在某些情况下，病毒感染所引起的宿主免疫反应可介导组织损伤和疾病，尤其是在那些引起持续性感染、非细胞杀伤性感染的病毒。这样免疫反应在病毒致病机制中发挥双刃作用。病毒感染组织受淋巴细胞和巨噬细胞浸润，释放细胞因子和其他介质，由此产生典型病毒感染的炎性反应。这些反应是控制最初感染的关键，也是最终清除病毒及诱导免疫保护的重要部分（见第4章）。然而，宿主抗病毒免疫反应在保护和破坏之间存在微妙的平衡,同时面对宿主保护性免疫反应,在病毒复制和传播能力之间也存在平衡。事实上,病毒性感染所表现出的免疫反应是疾病发生和发展的重要因素。

由病毒感染引起的免疫介导的组织损伤涉及四种类型(Ⅰ型至Ⅳ型)中的一个或多个的免疫病理反应(超敏反应)。这些机制之间的区别很难界定,但是其分类系统对于理解还是非常有用的。大多数的病毒引起的疾病都有特定的免疫介导组成成分,包括Ⅳ型超敏反应以及少量Ⅲ型反应。Ⅰ型反应是过敏性反应,由抗原特异性IgE和肥大细胞衍生的介质介导,如组胺和肝素,以及5-羟色胺和血浆激肽;除了其在炎性反应中的潜在作用外,这一机制在大多数病毒致病机制中并不重要。同样地,Ⅱ型超敏反应包括抗体介导的细胞裂解,或者是直接通过补体激活或通过细胞结合的抗体的Fc部分,这些在动物病毒性疾病致病机制中的意义并不确定。

Ⅲ型超敏反应是由抗原–抗体复合物(免疫复合物)引起的,其可启动炎性反应和组织损伤。大多数病毒感染的过程中,免疫复合物在血液中循环。免疫复合物的命运取决于抗体对抗原的比例。在感染中,如果有大量过量的抗体对抗血液循环中的病毒,或即使有等量的抗体和病毒,病毒也通常可被组织巨噬细胞清除。然而,在一些持续性感染中,病毒蛋白(抗原)和/或病毒粒子持续释放到血液中,但是抗体应答微弱,抗体呈现低亲和力。在这种情况下,免疫复合物沉积在小血管中,其具有过滤器的功能,尤其是在肾小球中这种作用更为明显。免疫复合物在肾小球持续沉积,可能超过数周、数月甚至数年,导致免疫复合物蓄积最终致免疫复合物介导的肾小球肾炎。

在宫内感染或新生感染淋巴细胞性脉络丛脑膜炎病毒的小鼠,为免疫复合物疾病与持续性感染的相关性研究提供了模型。病毒抗原不断地在血液中出现,尽管有特异性免疫功能障碍("耐受"),随着小鼠年龄增长,仍有少量的非中和抗体在小鼠体内形成,形成的免疫复合物逐渐沉

积在肾小球毛细血管壁上。根据小鼠品系的不同,最终结果可能是肾小球性肾炎,最终肾衰而导致死亡。不断循环的免疫复合物可沉积在小血管壁上,包括皮肤、关节和脉络丛,也可引起组织损伤。类似的致病机制在其他发生持续性感染的动物中出现,如水貂阿留申病(细小病毒感染)、猫白血病和马传染性贫血。

与其他超敏性反应不同,Ⅳ型反应,也称为迟发型超敏反应,是由T淋巴细胞和巨噬细胞介导的。细胞毒性T淋巴细胞是获得性免疫反应的重要组成部分,可清除感染病毒的细胞。具体来说,细胞毒性T淋巴细胞识别病毒抗原,病毒抗原与I类组织相容性复合物(MHC)分子一起表达于感染细胞表面,并发生结合和裂解(见第4章)。然而,这种机制在病毒感染期间可持续损伤宿主细胞,包括那些由非细胞杀伤性病毒引起的持续性感染。一些病例包括博纳病毒引起的神经系统疾病。呼吸道是最容易受到这类免疫介导性疾病侵染的,包括流感和副流感病毒引起的感染。例如,仙台病毒是感染啮齿动物的非溶细胞性病原。T–细胞缺陷动物感染仙台病毒很少致病,只有在严重免疫缺陷动物才致病。T细胞诱导严重的坏死性细支气管炎和间质性肺炎,Ⅱ型肺细胞受到破坏,使肺泡无法修复。

实验室感染淋巴细胞性脉络丛脑膜炎病毒的成年小鼠已被广泛研究,作为Ⅳ型的免疫介导的疾病感染,其伴随着非溶细胞病毒感染(图3-14)。脑内接种后,病毒在脑膜、室管膜和脉络丛上皮进行无害性复制,大约第七天,当CD8$^+$ I类MHC限制性细胞毒T细胞侵入中枢神经组织,裂解被感染的细胞,反过来又导致广泛的炎症,产生脑膜炎、脑水肿、神经系统症状,如抽搐和死亡。同样,腹腔接种病毒可导致免疫介导的肝炎和严重的脾脏淋巴细胞枯竭。感染小鼠可通过化学免疫抑制、X线照射或用抗淋巴细胞血清提前治疗,这样可使小鼠免于死亡。

病毒与自身免疫性疾病 尽管没有确切的证

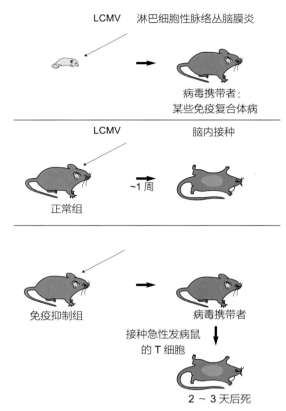

LCMV　淋巴细胞性脉络丛脑膜炎

病毒携带者:
某些免疫复合体病

LCMV　脑内接种

~1周

正常组

免疫抑制组　　　病毒携带者

接种急性发病鼠
的 T 细胞

2 ~ 3 天后死

图3-14　淋巴细胞性脉络丛脑膜炎病病毒（LCMV）注射
到新出生小鼠后造成轻微的病理症状（顶图）。大脑注射
到成年鼠体内造成快速死亡（第二幅图）。然而，T细胞
缺陷性小鼠能够耐受脑内注射的LCMV。但这种T细胞缺
陷性小鼠注射T细胞（非血液注射）后便会对LCMV发病
（第三幅图）。（改编自 Introduction to Immunology. J. W.
Kimball, p. 462. Copyright 1983 MacMillan Publishing,已
授权）

据，学者们曾多次提出轻微（亚临床或无症状）病毒感染是动物和人类自身免疫性疾病的原因。这一假说现象的机制主要是由病毒感染与存在等量抗原和宿主细胞（分子模拟）产生沉淀而引起的无规律或错误性免疫反应。分子模拟显然是由微生物感染引起的免疫介导性疾病，如已经清楚的经典的人风湿性心脏病是由A群链球菌感染引起的。已经确定了一些病毒的单个表位，其也存在于动物组织中，如肌肉或神经组织（如髓鞘碱性蛋白）。针对这些表位的抗体有助于促进病毒感染过程中免疫介导组织，但是它们在启动和促进自身免疫性疾病方面的致病作用仍不清楚。

　　3. 组织和器官的持续感染和慢性损伤　持

续性感染的种类是由多种病毒产生的，在兽医学中很常见。除了肠道和呼吸道病毒引起定殖于特异靶器官的瞬时感染之外，还有其他病毒感染，包括慢性感染。例如，口蹄疫，通常呈急性、自我限制性感染，但是其带毒状态与流行病学相关性尚不清楚，病毒以低拷贝数量存在于康复动物的口咽部。在其他情况下，如那些与免疫缺陷病毒感染相关疾病，持续性病毒感染导致慢性疾病，甚至有急性表现但已经轻微或呈亚临床型。最终，持续性感染可导致持续的组织损伤，往往具有免疫介导的因素。

　　持续性病毒感染是非常重要的一个原因。例如，它们可以被重新激活，并导致宿主复发疾病，或可导致免疫病理性疾病或肿瘤。持续感染可允许动物个体或群体中特定病毒存活，尽管已经进行过疫苗免疫。同样，持续性感染具有流行病学意义——长途运输造成污染源，在清除病毒的畜群、种群、地区或国家重新引入病毒。为方便起见，持续性病毒感染可以分为以下几类：

　　持续性感染本身，其病毒感染显而易见是连续的，不论疾病是否进行性发展。疾病可能发生的较晚，常伴有免疫病理性或肿瘤性情况发生。在其他情况下，持续性感染的动物并不是总表现症状；例如，鹿鼠，是辛农布雷病毒啮齿动物储存宿主，该病毒与人肺综合征病原体汉坦病毒都是通过尿液、唾液和粪便排毒，即使体内存在中和抗体。

　　持续性感染重要的部分是其累及中枢神经系统。通过血脑屏障，大脑可与全身免疫反应隔离，而且神经元表面表达少量MHC抗原，从而赋予一定的保护免遭细胞毒性T细胞破坏。

　　潜伏性感染，其中感染性的病毒只有当被激活时才有明显表现。例如，在传染性脓疱外阴阴道炎，是由牛疱疹病毒-1型引起的性传播疾病，病毒通常不能在潜伏感染携带牛中分离，除非在有复发感染病灶时才能分离病毒。病毒潜伏期可由基因限制性表达来维持，这些基因有杀死细胞的能力。在潜伏感染期间，疱

疹病毒只表达部分基因，用以维持病毒的潜伏感染，也就是所谓的潜伏相关转录本。在活化过程中，病毒激活往往是由免疫抑制和/或细胞因子或激素的刺激作用产生的，全病毒基因组再次转录。这种策略可保护病毒在其潜伏期免受宿主的免疫系统的清除。

慢性感染，在长的临床前阶段，感染性病毒的数量逐渐增加，最终导致缓慢渐进性疾病（如绵羊进行性肺炎）。

伴有晚期临床表现的急性感染，致病病毒的持续复制不参与病情发展。例如，在胎儿期感染猫泛白细胞减少症病毒的幼猫会发生小脑萎缩综合征，病毒不能在神经发生损伤时分离到。事实上，正因为如此，多年来认为小脑综合征是遗传性畸形。

可以指出，持续性感染的分类是在长期持续性感染阶段依据病毒复制连续性和程度来定义的。发病时是否存在排毒是需要考虑的次要问题，重点是要考虑分类的问题。另外，一些持续性感染具有多个类型的特征。例如，所有逆转录病毒感染都是持续性的，大多数表现出潜伏感染特征，但它们所造成的疾病会出现感染后延迟，或仅表现为进展缓慢性疾病。各种模式的持续性病毒感染如图3-15中所示。

某些病毒采用了不同复制方式成功逃避宿主免疫和炎性反应。这些机制包括非细胞毒性感染，没有免疫原性蛋白的表达，在免疫细胞中复制或者抑制宿主先天免疫和获得性免疫（见第4章），感染非允许细胞、静止或未分化细胞。有些病毒已经演变出免疫逃逸策略，靠其激发的抗体逃避中和作用。例如，埃博拉病毒，使用一个"免疫诱饵"逃避中和抗体，具体来说是一种

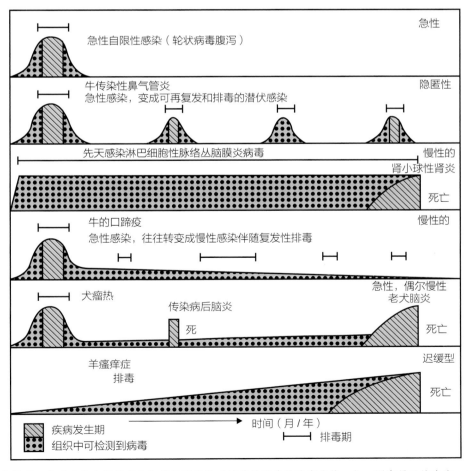

图3-15 动物排毒、出现急性自限性感染和多种病毒造成持续性感染的临床症状，如：图中展示的疾病。时间范围是抽象的，近似于各种病毒的耐受期。

分泌性病毒蛋白，其可结合循环抗体。丝状病毒、沙粒病毒、布尼亚病毒（如裂谷热病毒）和其他动脉炎病毒（如猪繁殖与呼吸道综合征病毒和乳酸脱氢酶升高症病毒）等的表面糖蛋白呈高度糖基化，有助于掩盖这些蛋白质的中和表位。RNA病毒持续性感染，其特征为抗原漂移，尤其是与慢病毒相关的RNA病毒持续性感染（例如马传染性贫血病毒）。在持续性感染中，可产生连续的抗原变异，每个连续的变种都不同，以逃避针对前面变体的免疫反应。马传染性贫血病，临床症状出现周期性的循环，每个周期的开始都是由新的病毒变种引起的。除了提供逃避免疫清除机制外，每一个新的变种都比其前体毒力更强，直接影响疾病的严重程度进展。

逆转录病毒的前病毒DNA整合到宿主生殖系统细胞基因组中，确保病毒无限期地从一代传到下一代；这种前病毒DNA也可诱发肿瘤（肿瘤发生）。

四　病毒引起的瘤变

分子细胞生物学的发展为了解调节细胞的生长和分化机制提供了深刻的见解，这些见解反而提高了对监测过程中致瘤机制的理解。最终导致肿瘤的遗传改变可通过化学或物理因素或病毒引起，但都涉及某种共同的细胞通路。有趣的是，尽管有相当数量的RNA和DNA致癌性动物病毒，然而只有相对较少的病毒已被确定与人类癌症相关。

在1908年和1911年，Ellerman 和 Bang分别发现了禽白血病以及Rous肉瘤的病原，长期以来人们认为这只是好奇心，不具有任何意义。然而，这些禽病和逆转录病毒的研究增加了我们对肿瘤的整体理解，自20世纪50年代以来已经有一个比较规律的发现，在许多种哺乳动物、鸟类、爬行动物、两栖动物和鱼的各种良性和恶性肿瘤归因于其他病毒。许多禽反转录病毒是禽的主要病原体，其他逆转录病毒在家养动物中产生肿瘤。同样地，几个不同的DNA病毒已确定导致人类和动物的肿瘤。

任何讨论病毒诱导的肿瘤需要定义常用的一些术语：肿瘤是一种新的增长（syn.肿瘤）；病变是导致肿瘤形成过程（syn.癌变）；肿瘤学是关于肿瘤形成和肿瘤的研究；良性肿瘤是一种生长的细胞异常增殖产生，限于局部定位且不侵入邻近组织；相反，恶性肿瘤（syn.癌变）是局部侵袭的，也可以扩展到身体的其他部分（转移）。癌是来源于上皮细胞的癌症，而肉瘤是间质细胞产生的肿瘤。淋巴细胞的实体肿瘤是指淋巴肉瘤或恶性淋巴瘤（syn.淋巴瘤），而白血病是源于造血的癌细胞循环导致的癌症。

肿瘤的发生是源于一个单一的、遗传改变的祖细胞的异常调节导致的。因此，虽然肿瘤往往是由多种细胞类型组成的，它们被认为是起源于一个单细胞的单克隆。最近已经提出肿瘤来源于特性和功能与正常组织中的干细胞相似的细胞。许多正常组织中有一部分长期存在于组织祖细胞的干细胞，这些细胞可以靠分裂产生或是最后分化、复制能力有限、寿命相对较短的细胞，或是其他长寿命的干细胞。癌细胞是长久的且有无限的复制能力，据推测它们也必须含有从正常组织来源的干细胞，或是从具有干细胞特性的分化细胞来源的干细胞。

（一）肿瘤形成的细胞基础

非致命性遗传损伤比如化学、物理诱变或是病毒感染都会导致肿瘤的形成。然而，有些肿瘤是通过随机产生的自发遗传突变的积累而形成的。由具有遗传损伤的单细胞克隆而产生的肿瘤，通常是在以下四种正常基因调节的情况下发生的：① 原癌基因，它具有调节细胞生长和分化的作用；② 抑癌基因，通常能够通过调节细胞周期来抑制细胞生长；③ 调节细胞凋亡的基因（程序性细胞死亡，请参阅第4章）；④ 介导DNA修复的基因。癌变是一个由多突变累积而来的多步骤的发展过程。

一旦发展成肿瘤之后就会出现：① 独立存在，因为他们能在无需外界刺激的条件下增殖，例如在致癌基因被激活后；② 对正常调控信号不敏感的基因如转化生长因子-β和细胞周期蛋白依赖性激酶（通过正常调控细胞周期的各阶段来调节细胞的生长）都会限制肿瘤的成长；③ 通过激活抗凋亡分子或激活抑制细胞凋亡的介质如p53而抑制细胞凋亡；④ 具有无限复制的潜力。肿瘤也可能入侵和扩散（转移）到非邻近组织，它通常会使那些促进肿瘤生长的新血管增殖。

不管什么样的肿瘤都是细胞非正常调控增殖的结果。在正常细胞增殖过程中，一种生长因子结合其特定的细胞受体，引起信号转导，最终导致转录，这反过来又引起细胞周期的进展，直到其分裂。原癌基因就是编码正常细胞蛋白质的基因在正常细胞的生长和分化中的功能，包括：① 生长因子；② 生长因子受体；③ 生长因子受体细胞内的信号转导；④ 转录因子；⑤ 细胞周期调控蛋白。致癌基因是由正常细胞的原癌基因突变而来，致癌基因表达产生致癌蛋白从而调节肿瘤细胞的自发生长。

癌症的发展（恶性肿瘤的形成）是一个长期而复杂的过程，是多个突变积累的结果。潜在的肿瘤复制必须规避细胞凋亡（程序性死亡）和来自其他细胞的生长信号，逃避免疫监视，并进行自我的血液供应，而且有可能转移。因此，除了像劳氏肉瘤病毒之类的由逆转录病毒诱导产生的肿瘤以外，肿瘤一般不独立产生，而是通过一系列的过程，最终导致细胞逐渐分裂并产生更大损伤。

致癌的DNA和RNA病毒在动物和人类已经被鉴定，包括逆转录病毒、乳头状瘤病毒、疱疹病毒和一些其他DNA病毒。无缺陷的逆转录病毒转化的细胞也表达全系列的病毒蛋白，病毒颗粒的纤突蛋白从囊膜出芽。相比之下，由DNA病毒的转化通常发生在经历非生产性感染的细胞中病毒DNA整合入细胞DNA，或者就乳头瘤病毒和疱疹病毒而言，该病毒DNA保持游离型。一些肿瘤相关的抗原在质膜上表达，它们在体内组建免疫潜在的攻击目标。

（二）致癌RNA病毒

1. 逆转录病毒发病机制　在许多种动物，包括牛、猫、非人类的灵长类、老鼠和鸡等，逆转录病毒是致瘤的一个重要原因。其发病机制可能与病毒在宿主细胞的基因组内随机整合的倾向性有关，由此成为传染性诱变剂。很大程度上，这种融合的后果是无毒且无临床症状的，只有很少导致癌变。如在第14章中叙述的，逆转录病毒在生物学可划分为外源性（水平地传播）介质或内源性介质，在这种情况下，它们都整合在宿主基因组中。逆转录病毒可能是复制型或复制缺陷型。

在极少数情况下，复制型逆转录病毒整合到宿主生殖细胞的基因组中。一个完整的病毒基因组DNA（被称为原病毒）此后可在胚系DNA内从亲本遗传给子代（即通过卵子或精子），在进化过程中，可能会在每一个物种中长存。这种逆转录病毒被认为是内源性的，只要内源性转录病毒保持复制能力，它们可能会像其外源性类群一样呈水平传播。随着时间的推移，多种内源性逆转录病毒整合在整个基因组中，或许通过新的暴露，或者更常见的是前病毒基因在细胞分裂过程中复制，它们就可以整合到基因组的其他地方成为逆转录转座子。经过几千年后，许多这些"逆转录因子"成为复制缺陷型，但它们的DNA有可能重新整合成为逆转录转座子，它们的部分基因可能会继续编码蛋白。当涉及功能性宿主基因时，这些再整合可能会导致在该物种的生殖细胞系内发生自发性突变。这个过程被称为插入突变。宿主基因组携带潜在的有毒的病毒诱变剂并不是必要的，宿主缺乏内源性病毒的体细胞受体或者宿主可能会发生变异、截短、甲基化，或者随着时间的推移甚至去除前病毒序列。本质上，内源性逆转录病毒和他们的宿主在一个恒定状态协同进化。一些早期获得的内源性逆转录病毒实际上对其宿主的生理功能非常重要。在哺乳动物（单孔类目动物除外）怀孕期间，内源性逆转录因子在胚胎着床和胎盘发育期间表达水平很高，诱导免疫抑制和细胞融合（合胞体）效应对哺乳动物的胎盘和胎儿的发育是至关重要的。合胞体蛋白是一个基因产物，是一种来源于囊膜蛋白的促融合糖蛋白的内源性逆转录因子，对合胞体滋养层的形成有关键作用。在胎盘动物中这是一个高度保守的必需基因。

内源性原病毒，与其他宿主基因一样，在不同的组织中、不同的年龄和各种刺激的控制下（包括激素和免疫状态），存在差异表达。当一个分裂细胞共同表达两个或两个以上的原病毒，前病毒基因组重组，逆转录病毒形成新突变体，通过交替出现的受体感染体细胞。这已经在有淋巴瘤倾向性的近交品系小鼠中得到证明，每个小鼠品种具有不同的位点的原病毒的整合，这种重组成为有复制能力的病毒，可以通过新的受体-配体间的相互作用锚定易受感染的组织。虽然这已被广泛研究，但原病毒的重组和由病毒重组诱导的肿瘤形成是人造结果，是在近交品系小鼠中独有的。

2. 逆转录病毒诱导的肿瘤形成　致癌的逆转录病毒被归类为慢性转化或急性转化的逆转录病毒。这两大类型的转化逆转录病毒以明显不同的方式诱导肿瘤的形成。

3. 慢性转化逆转录病毒　慢性转化逆转录病毒通过随机整合到体细胞的基因组中诱导肿瘤产生。它们发挥它们的作用成为"顺式激活"逆转录病毒，通过整合到靠近细胞生长调节基因的宿主-细胞DNA转化细胞，从而改变该基因的正常细胞调节。这些细胞的生长调节宿主基因被称为"致癌基因"或"细胞致癌基因（c-onc）"。尽管这些术语意味着他们是致癌的，c-onc基因的宿主基因编码重要的细胞信号产生调节正常细胞的增殖和沉默。在一个集成的原病毒的存在下，用强启动子和增强子元件，从上游的c-onc

基因可以极大地上调c-onc基因的表达。这极可能是弱毒内源性致癌禽白血病病毒产生肿瘤的机制。当禽白血病病毒引起恶性瘤形成，病毒基因组在一个特定的位点已被集成，直接从宿主c-onc基因上起始。集成禽白血原病毒增加正常的c-myc癌基因的产生，可增加30~100倍。在实验上，只需要病毒长末端重复序列（LTR）的整合达到这种目的，此外通过这个机制c-myc基因在细胞中通常不正常表达或低水平表达。

并非所有的慢性转化逆转录病毒在c-onc基因的插入突变都是致癌的。外源性和内源性小鼠乳腺肿瘤病毒携带一个额外编码刺激淋巴细胞增殖的超抗原（Sag）。Sag的表达刺激B细胞增殖的大量产生，小鼠乳腺肿瘤病毒在B细胞分裂时复制，与随后的表达病毒的淋巴细胞返回乳腺组织。淋巴瘤和乳腺肿瘤可能会随之而来，但肿瘤形成不需要宿主致癌基因的改变。外源性绵羊逆转录病毒导致鼻腔癌和肺腺癌（绵羊慢性进行性肺炎）感染上皮靶细胞，并且转化和病毒env基因的表达有关。牛白血病病毒是外源性逆转录病毒，导致慢性白血病和B细胞淋巴瘤。该病毒编码病毒基因组3'末端的tax基因、rex基因、R3基因和G4基因。Tax基因起宿主基因反式激活因子的功能。牛白血病病毒与人类T淋巴性病毒（HTLV-1）密切相关，它们有一个类似的病毒基因。与顺式激活逆转录病毒相比，这些病毒是"反式激活"逆转录病毒的代表。

4. 急性转化逆转录病毒　急性转化逆转录病毒通过携带额外的病毒致癌基因v-onc而直接致癌，被归类为"转导"逆转录病毒。逆转录病毒的v-onc基因从宿主的c-onc基因起源，通过突变v-onc转化增加活性。鉴于反转录的高错误率，c-onc基因的同源致癌基因v-onc基因一直携带突变体并极强地促进了病毒肿瘤蛋白的产生，使其容易地超越正常细胞内的肿瘤蛋白。该结果可能是细胞的增殖失控。由于c-onc基因是v-onc基因的前体，c-onc基因也被称为"原癌基因"。无论急性转化逆转录病毒整合在宿主基因组中何处，v-*onc*基因直接导致病毒感染的细胞发生快速恶性变化。超过60种不同的v-*onc*基因已被确定，逆转录病毒成为鉴定它们的细胞同源物的指标。

v-*onc*基因通常纳入病毒RNA代替一个或多个正常病毒基因中的一部分。由于这种病毒已经缺失了一些病毒基因序列，它们通常是不能复制的，因此被称为"有缺陷"的逆转录病毒。复制缺陷型逆转录病毒掩盖其复制缺陷能力，利用非缺陷的"帮手"形成感染性病毒粒子。一个例外是劳斯氏肉瘤病毒，除了其功能性的全病毒基因（*gag*、*pol*和*env*）外，在其基因组中包含一个病毒致癌基因（v-*src*）；从而劳斯氏肉瘤病毒既是复制型病毒又是急性转化病毒。劳斯氏肉瘤病毒是已知的最迅速发挥致癌物作用的，转化培养的细胞一天左右引起病变，鸡感染2周后引发死亡。

虽然逆转录病毒致癌基因v-*onc*通常阻止病毒的复制，随着时间的推移v-*onc*基因已经从逆转录病毒中获得，这可能是因为它们会导致细胞增殖。由于大多数逆转录病毒在细胞分裂过程中复制，这有利于病毒生长和在自然中存在。复制缺陷型逆转录酶病毒携带v-*onc*基因常与稳定的囊膜复制型病毒助手共同出现，其提供缺陷病毒缺少的功能。据推测，这两种病毒的优势是，当他们在一起的时候可以感染更多的细胞并产生这两种病毒更多的后代。

各种各样的v-*onc*基因和它们编码的蛋白质被分为几种类别：生长因子（如v-*sis*）、生长因子受体、激素受体（如v-*erbB*）；细胞内的信号转导（如v-*ras*）；核转录因子（如v-*jun*）。各种逆转录病毒v-*onc*基因的肿瘤蛋白产物以许多不同的方式影响细胞生长、分裂、分化和稳态：

- v-*onc* 基因病毒癌基因的基因通常只包含部分相应转录成mRNA的c-*onc*基因，在大多数情况下，它们缺乏真核基因特征的内含子。

- v-*onc*基因是从通常控制基因表达的细胞中分离，包括正常的启动子和其他调控c-*onc*基因表达的序列。

- v-*onc*基因在病毒的LTR控制下，LTR不仅是强启动子也受到细胞调节因子的影响。对于一些逆转录病毒的v-*onc*基因，如*myc*和*mos*，病毒LTR的存在是肿瘤诱导所必需的。

- v-*onc*基因可能发生突变（缺失和重排），从而改变其蛋白产物的结构；这种变化会干扰正常的蛋白质–蛋白质相互作用，逃避正常的调节作用。

- v-*onc*基因可能是在这样一种方式插入其他病毒基因，其功能是修饰。例如，在阿伯尔森鼠白血病病毒v-*abl*基因作为一个带有Gag蛋白的融合蛋白表达；这种排列将融合蛋白直接带到Abl蛋白发挥功能的质膜。在猫白血病病毒中v-*onc*基因*fms*也表达为带有一个Gag蛋白的融合蛋白，从而使Fms肿瘤蛋白插入质膜。

许多急性转化逆转录病毒除了诱导造血肿瘤还诱导实体肿瘤。这些病毒被称为"肉瘤"病毒。除了各种v-*onc*基因来源于禽白血病病毒的肉瘤病毒，还有一些急性转化缺陷型肉瘤病毒已经从自然感染外源猫白血病病毒的猫肉瘤中分离，毛猴感染的猴逆转录病毒和几个肉瘤病毒已经从实验室啮齿动物感染外源性和内源性逆转录病毒中得到分离。急性转化缺陷逆转录病毒是动物个体重要的致癌基因，但不是天然传染性病原体。

（三）致癌DNA病毒

在动物中虽然逆转录病毒是最重要的致癌病毒，某些DNA病毒也很重要，包括乳头状瘤病毒、多瘤病毒、疱疹病毒和潜在的其他病毒（表3–4）。DNA肿瘤病毒与细胞相互作用采用以下两种方法之一：① 增殖性感染，病毒完成其复制周期后导致细胞溶解，或② 非增殖性感染，病毒转化的细胞没有完成它的复制周期。这种非增殖性感染期间，病毒的基因组或其截短的序列被整合到细胞DNA中，或者完整的基因组仍然存在作为能自主复制质粒（附加体）。基因组继续表达早期基因功能。DNA病毒癌变的分子基础

表3-4 在家养或实验室的动物或人类体内可以导致肿瘤的病毒

科/属	病毒	肿瘤类型
DNA病毒		
痘病毒科[a]/兔痘病毒属	兔纤维瘤病毒和鼠纤维瘤病毒	兔子和松鼠的纤维瘤、黏液瘤（增生而不是瘤）
痘病毒科[a]/塔痘病毒属	亚巴猴肿瘤病毒	猴子组织细胞瘤
疱疹病毒科/α疱疹病毒亚科/马立克病毒属	马立克病毒	鸡T细胞淋巴瘤
疱疹病毒科/γ疱疹病毒亚科/蛛猴疱疹病毒属	蛛猴疱疹病毒2和松鼠猴疱疹病毒2	在自然宿主没有，某些其他的猴子淋巴瘤和白血病
疱疹病毒科/γ疱疹病毒亚科/淋巴滤泡病毒属	EB病毒	人类和猴子伯基特淋巴瘤、鼻咽癌和B细胞淋巴瘤
	狒狒疱疹病毒	狒狒淋巴瘤
疱疹病毒科/γ疱疹病毒亚科/蛛猴疱疹病毒属	棉尾兔疱疹病毒	兔淋巴瘤
鱼类疱疹病毒/蛙疱疹病毒属	蛙科动物疱疹病毒Ⅰ型	青蛙和蝌蚪肾腺癌
腺病毒科/哺乳动物腺病毒属	许多腺病毒	新生啮齿类动物肿瘤，天然宿主无肿瘤
乳头瘤病毒科/多个属	棉尾兔乳头瘤病毒 4型牛乳头瘤病毒 7型牛乳头瘤病毒 5型、8型人乳头瘤病毒 16型、18型人乳头瘤病毒	兔乳头状瘤、皮肤癌 乳头状瘤，肠癌、膀胱癌 乳头状瘤，眼癌 鳞状细胞癌 外阴癌
多瘤病毒科/多瘤病毒属	小鼠多瘤病毒和猿猴病毒40	新生啮齿类动物肿瘤
逆转录病毒		
嗜肝DNA病毒科/正嗜肝DNA病毒属	人，土拨鼠肝炎病毒	人类和土拨鼠肝细胞癌
嗜肝DNA病毒科/禽嗜肝DNA病毒属	鸭肝炎病毒	鸭肝细胞癌
逆转录病毒科/α逆转录病毒属	禽白血病病毒 劳斯肉瘤病毒 禽成髓细胞瘤病毒	家禽白血病（淋巴瘤，白血病），骨硬化病，肾胚细胞瘤 家禽肉瘤 禽成髓细胞血症
逆转录病毒科/β逆转录病毒属	小鼠乳腺肿瘤病毒 梅森–菲舍猴病毒 绵羊肺腺癌病毒（肺腺瘤病毒）	小鼠乳腺癌 猴子肉瘤和免疫缺陷病 绵羊肺腺癌
逆转录病毒科/γ逆转录病毒属	猫白血病病毒 猫肉瘤病毒 小鼠白血病和肉瘤病毒 禽网状内皮增生病病毒	猫白血病 猫肉瘤 小鼠白血病，淋巴瘤和肉瘤 禽网状内皮增生病
逆转录病毒科/δ逆转录病毒属	牛白血病病毒 HTLV 1和2的病毒和猴HTLV病毒	牛白血病（B细胞淋巴瘤） 成人T细胞白血病和人类毛细胞白血病，猴白血病
RNA病毒		
黄病毒科/丙型肝炎病毒属	丙型肝炎病毒	人类肝细胞癌

a 不是真正致癌的病毒。它们不同于表中所有其他的病毒，痘病毒在细胞质中复制且不影响细胞的基因组。

有助于最好地理解多瘤病毒、乳头状瘤病毒、腺病毒，所有这些都含有致癌基因，其中包括肿瘤抑制基因。这些致癌基因出现的机制与逆转录病毒致癌基因描述的相似；这些致癌基因主要是在细胞核中作用，改变基因的表达和调控细胞的生长。在任何情况下，编码早期蛋白的有关基因在病毒复制和细胞转化方面有双重作用。只有为数不多的几个例外，DNA病毒的致癌基因没有同源物或宿主细胞基因之间的直系祖先（c–onc）。

DNA病毒致癌基因的蛋白产物是多功能的，具有模仿折叠的功能性蛋白质分子的特定区域相关蛋白的独特功能。它们在质膜或细胞质内或细胞核内与宿主细胞蛋白相互作用。

1. 致癌多瘤病毒和腺病毒 在20世纪60年代和70年代，多瘤病毒科家族的两名成员小鼠多瘤病毒和猿猴病毒40（SV40），以及某些人腺病毒（12型、18型和31型）接种到小仓鼠和其他啮齿类动物后诱发恶性肿瘤。除了小鼠多瘤病毒，自然条件下在其天然宿主中这些病毒都没有诱发癌症，它们转化某些其他物种的培养细胞，并为分析细胞转化时的分子事件提供实验模型。

多瘤病毒或腺病毒转化的细胞不产生病毒。病毒DNA被整合在细胞染色体上的几个位点。大多数多瘤病毒的整合病毒基因组是完整的，但腺病毒的是有缺陷的。只有某些早期病毒基因以不同寻常高的速度转录。通过类比与逆转录病毒的基因，将他们称为致癌基因。其产物经免疫荧光证明，被称为肿瘤抗原（T）。许多关于这些蛋白在转化中发挥的作用都是已知的。可以从多瘤病毒转化细胞中拯救出病毒，也就是说病毒可诱导复制，经辐射、特定诱变化学试剂处理或与某些类型的允许共同培养。腺病毒转化的细胞不能完成这些，因为整合的腺病毒DNA有大量缺失。

应当强调的是病毒DNA的整合并不一定导致转化。许多或大多数发作的多瘤病毒或腺病毒DNA整合生物学后果没有被公认。这些病毒在实验条件下转化是罕见的，需要该病毒转化基因聚集在其表达所需的位置。即使这样，仍有许多转化细胞返祖（顿挫型转化）。此外，细胞显示出转化的特点，但不一定产生肿瘤。

2. 致癌乳头状瘤病毒　乳头状瘤病毒在大多数动物物种（见第11章）的皮肤和黏膜上产生乳头瘤（疣）。这些良性肿瘤增生的上皮瘤，一般可自行消退。然而，有时候它们可能发展为恶性，在某种程度上这是特定的病毒株的属性。病毒产生的乳状瘤在许多物种中发生，乳头状瘤病毒也可以在马中产生肉状瘤，一些人的口咽癌和妇女的宫颈癌以及猫和犬的一些鳞状细胞癌。

良性疣，乳头状瘤病毒DNA是游离的，这意味着它是没有整合到宿主细胞的DNA上，它以持续自主复制的游离体形式存在，而乳头状瘤病毒引起的癌症是由于病毒DNA整合到宿主DNA上。因此，整合可能是恶性转化所必需

的，由于癌症整合模式是克隆式的；每个肿瘤细胞携带至少一个、且往往多为不完整的病毒基因组的拷贝。病毒整合位点是随机的，并且与细胞原癌基因没有关联。对于某些乳头瘤病毒，整合破坏一个早期基因——*E2*，*E2*是病毒阻遇物。其他病毒的基因也可能被删除，但病毒致癌基因（如*E6*和*E7*）保持不变并高效表达，导致恶性转化。病毒致癌基因所表达的蛋白质与原癌基因和肿瘤抑制基因（如*p53*阻断细胞凋亡和促进细胞增殖）产生的细胞生长调节蛋白相互作用。另外一个相关的例子是1型牛乳头瘤病毒E5肿瘤蛋白，它改变了参与调节细胞增殖的细胞膜蛋白的活性，如血小板衍化生长因子受体。

3. 致癌嗜肝DNA病毒　哺乳动物，不是鸟类，嗜肝DNA病毒与在自然宿主中自然发生的肝细胞癌的联系紧密。即使没有其他致癌因素，土拨鼠长期感染土拨鼠肝炎病毒几乎不可避免地发展为肝细胞的癌症。哺乳动物嗜肝DNA病毒诱导的肿瘤是一种多因素的过程，与不同病毒相关的致癌作用的细胞机制是存在差异的。而地松鼠和土拨鼠肝炎病毒激活细胞致癌基因，人类B型肝炎病毒的作用模式是不确定的，因为它没有固定的整合位点或相关的致癌基因。伴随肝硬化的肝细胞的再生，也促进了病毒感染的人类肝炎肿瘤的发展，但在动物模型中目前还没有发现肝硬化。在动物（和人类）中，出生时感染嗜肝DNA病毒发生相关肿瘤的可能性极大。

4. 致癌疱疹病毒

（1）**致癌α疱疹病毒**　鸡的马立克氏病病毒转化T淋巴细胞，使其增殖以产生一个广义的多克隆T淋巴细胞肿瘤。本病可以通过接种缺乏逆转录病毒v-*onc*基因的马立克氏病病毒减毒活病毒疫苗来预防。

（2）**致癌γ疱疹病毒**　γ-疱疹病毒亚科的病毒是嗜淋巴细胞白血病和淋巴瘤的病原体，产生癌变的宿主范围从两栖类动物到灵长类动物包括人类。EB病毒（人类疱疹病毒4型）对健康的年

轻成年人引起传染性单核细胞增多症（腺热），其中有B淋巴细胞增殖消退。该病毒对某些宿主产生恶性肿瘤的机制已经在伯基特氏淋巴瘤中研究，一个恶性B细胞淋巴瘤，主要感染东非的儿童，在世界其他地方感染儿童的频率较低。EB病毒的基因组DNA游离存在。大多数非洲伯基特氏淋巴瘤的每个细胞中的DNA中以多个拷贝形式存在。淋巴瘤细胞表达病毒细胞核抗原，但不产生病毒。这些细胞也包含一个特征性8：14染色体易位。这种易位可能导致c-myc失去调节作用，从而发展成伯基特氏淋巴瘤，随后，导致捕获正常细胞成熟和分化。有些伯基特氏淋巴瘤在细胞肿瘤抑制基因p53处也有突变。

γ-疱疹病毒亚科包括一些在异种灵长类动物宿主中引起淋巴瘤的其他病毒（如siamiri样疱疹病毒），与人类艾滋病关系密切的人类疱疹病毒8型和卡波西肉瘤，牛恶性卡他热病毒以及牛和某些野生反刍动物的一种急性致死性淋巴组织增生性疾病（见第9章）。这些病毒具有淋巴细胞嗜性并含有大量的不稳定基因，经过长时间的进化，这些病毒可能在复制过程中就已经被宿主所捕获。这些捕获的基因通常编码以下蛋白：① 调节细胞生长的蛋白；② 免疫抑制蛋白；③ 参与核酸代谢的酶——包括编码细胞因子或细胞因子受体同系物的基因，调控细胞周期的调节蛋白，阻止细胞凋亡的bcl2蛋白。这些由病毒编码的蛋白质在功能上迎合了病毒的淋巴细胞嗜性和转化特性。因此这些疱疹病毒似乎已进化/获得了逃避细胞周期捕获，凋亡及细胞免疫激活的不同方法，这些都有利于病毒的复制和生存，同样会导致淋巴细胞增殖和转化。

异疱疹病毒科的某些成员与它们各自宿主体内肿瘤的形成有关，包括青蛙的肾脏肿瘤以及鲑鱼的上皮性肿瘤。

5. **致癌痘病毒**　虽然一些痘病毒与良性肿瘤病变的发展有关（见第7章），但没有证据表明良性肿瘤会发展为恶性肿瘤，也没有证据表明痘病毒的DNA会整合到细胞DNA中。痘病毒感染的细胞可形成早期病毒蛋白，其与表皮生长因子具有同源性，这可能与许多痘病毒感染发生上皮增生有关。对于一些痘病毒（如鸡痘病毒、水疱病毒和兔纤维瘤病毒），上皮增生是一种主要的临床症状，这可能是痘病毒表皮生长因子同系物所形成的一种更为明显的形式。

刘胜旺　李慧昕　译

抗病毒免疫与预防

章节内容

作为完全依赖细胞生存的寄生物，病毒和宿主共同进化，真核宿主生物为了保护自己免受病毒感染及其所引发的疾病，已经逐渐形成复杂的各种不同的防御机制。相应地，病毒也已逐渐形成非常多的策略去逃避或破坏宿主的防御。高等动物的抗病毒免疫是复杂的，结合天然免疫和获得性（适应性）免疫两种免疫应答机制，而且这两大类免疫之间密切相互作用和影响。细胞因子，树突状细胞，自然抗体和某些特定的T淋巴细胞（γδT细胞）为自然免疫应答和适应性免疫应答提供了一个特别重要的桥梁作用。在动物中抗病毒免疫由细胞和体液免疫共同组成。不同个体被同种病毒感染引起免疫应答可能不同，这主要取决于个体的基因组成，环境的影响，以及其他决定感染发病的因素。

固有免疫（也称天生或天然性免疫）防御是一直存在并保护多细胞机体免受病毒感染，不需要以前感染过的病毒来激活。相比之下，适应性免疫是在病毒感染后形成的，是针对特定的病毒，有时和它相近的病毒。适应性免疫包括由细胞和抗体（体液）组成，依次由T淋巴细胞和B淋巴细胞介导发挥作用。而且相对于天然免疫，适应性免疫应答具有记忆性，以致相同病毒再次感染后，免疫应答能迅速被激活。对于很多全身损害性感染，自然感染后诱导的免疫记忆对同一疾病可以提供长期的，甚至是终生的保护。

高效疫苗的应用大大减少了病毒病对人类和动物的损害。疫苗的作用是为了激活适应性免疫应答以保护动物被特定病毒再次感染。如今越来越多种类的动物疫苗可以从市场上获得，尤其是伴侣动物和经济动物，包括家畜、家禽和鱼；这些疫苗包括灭活疫苗（又称"杀死的"），减毒活疫苗（又称"致弱"），各种重组和基因工程疫苗。在畜牧生产中，经常结合特定的管理措施，疫苗被广泛地应用于控制家畜个体的病毒感染。其他抗病毒治疗和预防病毒的方法包括药物干扰病毒感染和/或复制，以及刺激或模拟保护性宿主应答的分子。

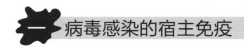

病毒感染的宿主免疫

（一）自然免疫

自然免疫防御表现出既无抗原特异性，也无记忆性，但是它们能提供防御病毒感染的第一道重要防线，因为它们一直存在并且病毒感染后可以立即起作用。自然免疫应答通常认为不同于获得性免疫应答，但它们是紧密相连的，自然免疫应答通过许多方式调节随后发生的获得性免疫应答。几种不同的自然免疫作用方式包括：① 上皮细胞的屏障；② 抗微生物的血清蛋白，如补体；③ B1淋巴细胞产生的自然抗体；④ 吞噬细胞的吞噬作用，如中性粒细胞，巨噬细胞和树突状细胞；⑤ 自然杀伤（NK）细胞可以溶解被病毒感染的细胞；⑥ 在病毒侵入位点的具有病毒识别受体的各种细胞，广泛识别入侵的病毒并迅速产生应答，通过转录激活，导致产生各种各样的保护性分子，干扰素（IFN）系统是抵御病毒的一个特别重要和起主要作用的成分；⑦ 细胞凋亡，程序性的细胞死亡过程，它可以消除被病毒感染的细胞；⑧ 干扰病毒复制的小RNA分子（RNAi）。

个体之间水平传播的病毒，在它们能引起各自宿主感染之前，首先必须破坏在入口处阻碍其进入的屏障。例如，皮肤及呼吸道的上皮细胞，胃肠消化道和泌尿生殖道等这些病毒最常进入的地方为病毒进入提供的机械屏障。在黏膜表面的分泌物及其他的活性物更进一步地提供了抵御病毒感染非特异的保护。在黏膜表面的分泌物及其他的活性物更进一步地提供了抵御病毒感染非特异的保护。例如，表面活性剂和黏膜纤毛为呼吸道提供非特异性抗微生物保护。同样的，胃肠道中抗微生物的保护作用，在这些当中，分泌的黏液屏障，局部的极端pH，分泌物的杀菌作用［如肝脏（胆汁）和胰腺的分泌物］，特定的抗微生物肽，如存在黏膜和它分泌物中的抵御素。

各种血浆蛋白具有抗微生物活性，包括各种补体蛋白，C-反应蛋白，甘露糖结合蛋白和广谱的自然抗体。这些蛋白可以直接发挥抗微生物作用，或者它们通过吸附在病毒表面，从而通过受体结合促进噬菌细胞对病原体的吞噬（调理作用）。

噬菌细胞——巨噬细胞和中性粒细胞，提供了一个重要的抗微生物功能，由于它们被吸引到发生炎症的部位，可以有效地摄取和消化外来物质，包括微生物。这些细胞拥有胞内机制摧毁这些被摄取的微生物，尤其是细菌，通过在噬菌细胞内的吞噬泡内水解溶酶体酶和活性氧及氮的代谢物。各种溶解的媒介物不但可以吸引这些吞噬细胞到炎症部位，而且激活这些细胞增加抗微生物活性。

树突状细胞在病毒感染后获得性免疫与自然免疫起着重要作用（在下面的获得性免疫部分将会详细讨论）。除了作为高效的抗原递呈细胞，树突状细胞是抑制病毒感染和复制的 I 型IFN（干扰素）和其他细胞因子的重要来源。在病毒的入侵处存在大量叉合的树突状细胞（例如呼吸道，泌尿生殖道，和胃肠消化道及皮肤等），它们天生具有的模式识别受体使它们对于侵入的病毒可以迅速产生保护性的自然免疫应答。

1. 自然杀伤细胞 自然杀伤细胞是特殊的淋巴细胞，能够快速杀死病毒感染的细胞，因此对于病毒感染它们提供早期非特异性的防御。具体说，自然杀伤细胞可以识别出主要组织相容性复合物（MHC）I 类分子和/或热休克（或相似）蛋白表达水平发生变化的宿主细胞。自然杀伤细胞的功能通过平衡存在于靶细胞表面的激活或抑制信号表达来严格调控。病毒感染的细胞一般降低抑制性MHC I 类分子的表达水平，增加自然杀伤细胞上特异性激活受体的表达水平。总之，自然杀伤细胞不具有抗原特异性；更确切地说，它们的激活需要不同细胞表面受体的结合和炎症细胞因子的联合刺激。

自然杀伤细胞通过细胞凋亡杀死病毒感染的死亡细胞，这种细胞杀伤对控制病毒感染起主要作用，因为它可以在释放病毒粒子之前消除被感染的细胞。自然杀伤细胞表面也表达免疫球蛋白Fc片段受体，从而通过抗体依赖性细胞介导的细胞毒性作用使它们结合和溶解抗体覆盖的靶细胞。最后，自然杀伤细胞合成并释放各种细胞因子，包括 II 型干扰素和许多白细胞介素，促进它们自身增殖和细胞溶解的能力。

2. 细胞模式识别受体 在病毒进入处的细胞拥有表面受体［模式识别受体，pattern recognition receptors（PRR）］识别特定病原相关分子（PAMPs），这些分子存在微生物上而不在宿主细胞上。这些模式识别受体表达在许多不同种细胞，包括巨噬细胞，树突状细胞，自然杀伤细胞，内皮细胞和黏膜上皮细胞。微生物的大分子（PAMPs）结合这些受体立即引发自然免疫应答来保护宿主免受微生物的入侵。激活这些应答并不需要之前宿主感染某一特定的病毒。

Toll样受体（toll-like receptors，TLRs；其名反映了这些蛋白同果蝇Toll蛋白具有相似性）是模式识别受体的重要例子。它们存在细胞的表面和胞内体小泡中。TLRs不但可以检测到通过吞噬或受体介导的内吞作用进入细胞的特定病原相关分子，这些受体还可以探测到胞外环境中微生物的"触发体"（PAMPs）。在哺乳纲动物中至少有10种TLRs，不同的TLRs识别不同的PAMPs。在抗病毒免疫中TLR3是非常重要的，由于它的配体是双链RNA（dsRNA），它产生于病毒感染的细胞中。所有的TLRs都有一个胞外部分包括富含亮氨酸－半胱氨酸的区域和一个保守的与细胞信号蛋白相结合的细胞质部分。其他的病原体识别/探测系统在细胞质中起作用，激活TLRs和/或其他的传感器导致通用信号通路的激活，其涉及细胞转录因子，尤其核因子κB（NF-κB），该信号通路激活导致的变化依赖于细胞类型：① 表达IFNs和细胞因子如组织坏死因子和白细胞介素-1和-12（IL-1，IL-12）；② 激活噬菌细胞和内皮细胞增加产生

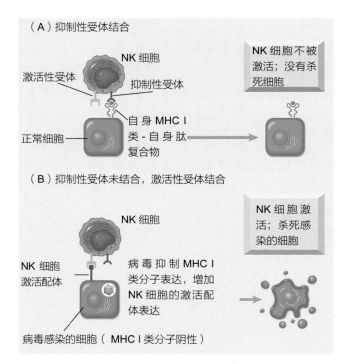

图4-1　自然杀伤细胞（NK）的激活和抑制受体。（A）正常细胞表达自身的MHCⅠ类分子，它可以被抑制受体所识别，结果确保NK细胞不会攻击正常的细胞。值得注意，正常的细胞可以表达激活受体的配体（图没表现）或不表达这些配体（如图），但是它们并不激活NK细胞，因为它们与抑制受体相结合。（B）在病毒感染的细胞中，MHCⅠ类分子表达减少以致于抑制受体没有结合，而表达激活受体的配体。结果NK细胞被激活同时杀灭被感染的细胞。[引自Robbins &Cotran Pathologic Basis of Disease,V. Kumar,A.K. Abbas, N.Fausto, J.Aster, 8th ed.,p.188. Copyright© Saunders/Elsevier（2010），已授权]

炎症的媒介物和表达细胞表面黏附分子；③ 噬菌细胞产生杀菌剂的产物如含一氧化氮。总之，这些通过模式识别受体激活细胞应答是强有效的炎症刺激物和抑制病毒的感染和复制。

3. 细胞因子　细胞因子是免疫系统的信使，负责诱导和调控自然免疫应答和获得性免疫应答。确切地说，细胞因子是溶解的媒介，有助于重要细胞群间的联系，包括各种不同亚群的淋巴细胞，巨噬细胞，树突状细胞，内皮细胞和中性细胞。一般来说，细胞因子是典型的可诱导糖蛋白类，在对细胞适当的刺激之后短暂合成产生的。单个细胞因子通常是由不止一种类型细胞产生，经常发挥几种不同的活性。不同的细胞因子活性交叉重叠，因此它们的相互作用和活性非常复杂。细胞因子结合在靶细胞表面的受体，随后导致细胞激活转录。这些作用表显如下：

- 自分泌效应作用于分泌这些细胞因子同一类型细胞。
- 旁分泌效应作用于不同类型的相邻细胞。
- 内分泌效应系统性作用于许多类型细胞。

涉及自然免疫应答的重要细胞因子包括Ⅰ型IFN、组织坏死因子（TNF）、IL-6和趋化因子。趋化因子是一个小蛋白家族，对白细胞有趋化作用，其中包括IL-8等。其他细胞因子如IL-12和Ⅱ型IFN对自然免疫应答和获得性免疫应答都非常重要。IFN对抗病毒免疫特别重要，并在下面部分将会详细讨论。

（1）干扰素　在1957年，Isaacs和Lindenmann报道了鸡胚的尿囊绒膜感染流感病毒，细胞膜在培养基中释放出一种非病毒蛋白——"干扰功能（IFN）"——它保护了未被感染的细胞免受相同或不相关病毒的感染。至今已证实存在几种类型以及亚型的干扰素（IFN），这些蛋白成了重要的抗病毒防御元素，在自然免疫应答和获得性免疫应答中对病毒感染起关键作用。

有三种不同种类的干扰素，分别称为Ⅰ型干扰素、Ⅱ型干扰素、Ⅲ型干扰素，每种类型结合不同的细胞受体（图4-2）。

● Ⅰ型干扰素（Ⅰ型IFN）Ⅰ型干扰素包括IFN-α和一个单一类型IFN-β。取决于动物种类，IFN-α有几种不同类型；许多类型细胞都可以产生Ⅰ型IFN。另外具有特定功能的Ⅰ型IFN包括IFNⅠ-δ、IFNⅠ-ε、IFNⅠ-κ、IFNⅠ-o和IFNⅠ-τ。Ⅰ型IFN结合IFN-α受体（IFNAR），一个IFNAR1和IFNAR2的异二聚体，激活信号通路包括酪氨酸（TYK）和酪氨酸激酶（JAK）信号传导和转录激活因子（STATs），IFN调节因子9（IRF9）。在细胞中激活这个信号通路最终诱导IFN的基因表达［IFN刺激应答元件ISRE（图4-2）］。Ⅰ型IFN在天然抵抗力中的重要性通过缺失IFN受体（IFNAR）的小鼠对致命性病毒感染非常敏感的试验结果予以证实，但不是细胞内的致病菌比如单核细胞增多性李斯特氏菌。同样，人类缺失IFN诱导的信号通路（STAT、TYK、IFNAR）经常死于病毒性疾病。

● Ⅱ型干扰素（IFNⅡ）Ⅱ型干扰素只有一个单一形式被称为IFN-γ，IFN-γ主要产生于T细胞和NK细胞。激活的T细胞是产生IFN-γ的比较重要的来源，是在获得性免疫中细胞性免疫应答重要组成部分。Ⅱ型IFN结合IFN-γ受体（IFNGR），它是由两个IFNGRs1和2异源二聚体组成的四聚物，激活细胞信号通路（涉及JAK和STAT）诱导IFN-γ-激活位点（GAS）。在处理细胞中IFN-γ激活转录诱导产生广泛的抗菌免疫，尤其是巨噬细胞。IFN-γ对于除了病毒以外细胞内微生物免疫是特别重要的。

● Ⅲ型干扰素（ⅢIFN）以IFN-λ为代表的Ⅲ型干扰素最近才被报道，与代表Ⅰ型IFN的古老家族相似，具有调控功能。

除了它们重要的抗病毒活性，特别是Ⅰ型IFN，这些干扰素也刺激了获得性免疫应答；包括通过增加病毒感染细胞表达MHCⅠ类分子来增强T淋巴细胞介导的细胞毒性溶解。同样，IFN-γ促进巨噬细胞表达MHCⅡ类分子，激活巨噬细胞和NK细胞，调节B淋巴细胞合成免疫球蛋白。Ⅱ型IFN也发挥着系统性的作用，包括发烧和肌痛。

① 诱导IFN产生。诱导Ⅰ型IFN需要激活细胞的模式识别受体，这些受体是病毒感染非特异的感受器，可以探测到病毒独特的识别标志（PAMPs），导致转录许多基因编码蛋白，这些蛋白涉及自然免疫应答和获得性免疫应答，包括Ⅰ型IFN。重要的是，这些应答可以通过许多途径被诱导，既有细胞质又有胞外质（图4-3）。TLRs主要负责对细胞外病原体的探测，然后诱导Ⅰ型IFN的产生。TLRs识别PAMPs，然后信号通过细胞质Toll/IL-1受体（TIR）区域去转录激活重要基因，包括那些编码密码的Ⅰ型IFN。不同的TLRs识别不同的PAMPs；因此TLR7和TLR8识别单链RNA（ssRNA），在流行性感冒和人类免疫缺陷病毒感染中Ⅰ型IFN的产生起重要作用，TLR9识别病毒的DNA，比如在疱疹病毒感染中，TLR3识别dsRNA，dsRNA是特异性的，在病毒感染期间产生但不出现在正常细胞中。这些受体绝大多数位于内含体上，它们可以迅速地检测到通过内吞作用吞入的病毒，包括病毒或从邻近的凋亡或裂解细胞中释放出的病毒核酸。胞外质通路激活导致Ⅰ型IFN转录依赖于激活特定的TLR。因此TLR3利用特定的适配器TRIF（TIR-domain-containing adapter-inducing INF-β）介导发挥作用：NFκB、IRF3和激活蛋白1（AP1），导致上调INF-β基因转录。相反，激活TLRs-7，8，9是通过和TIR髓样分化反应蛋白88（MyD88），导致激活IRF7、NFκB和AP1。这些转录因子的激活表达INF-α和INF-β（图4-3）。特别高表达INF-α和INF-β主要发生在树突状细胞，主要因为它们在非特异性和特异性免疫起着中心作用。

胞质中识别病原和诱导Ⅰ型IFN的途径可通过TLR独立的信号通路，涉及胞质中RNA

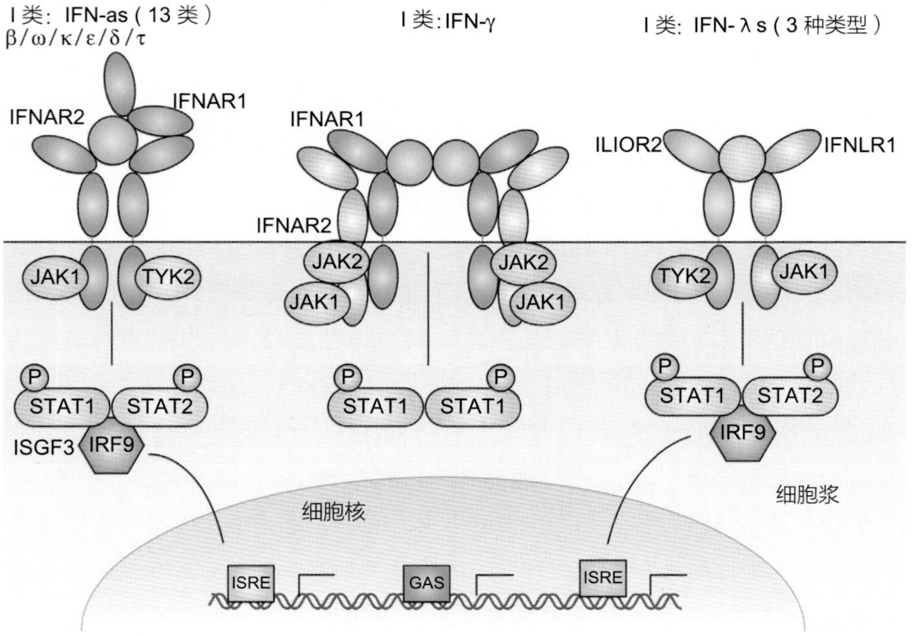

图4-2　Ⅰ型、Ⅱ型和Ⅲ型干扰素（IFN）的受体激活或配体–受体复杂组装。Ⅰ型IFN（α、β、δ、ε、κ和ω在猪中存在；τ存在于反刍动物中）与IFN（–α、–β和ω）受体Ⅰ（IFNAR1）以及IFNAR2结合；Ⅱ型IFN–γ与IFN–γ受体1（IFNGR1）以及IFNGR2结合；Ⅲ型IFN–λs与IFN–λ受体1（IFNRL1，也被称为IL28RA）和IL-10受体2（IL10R2，也被称为IL10RB）结合。Ⅱ型IFN–γ是一个反平行的同型二聚体，具有二重轴对称性，它结合两个IFNGR1受体链，通过IFNGR2两条链组装成一个稳定的复杂体。这些受体都和来自于JAK家族中的两种激酶相结合：对于Ⅰ型IFN和Ⅲ型IFN来说是酪氨酸激酶（JAK1）和酪氨酸（TYK2）；对于Ⅱ型来说是IFN JAK1和JAK2。所有的IFN受体链同属于二类螺旋状细胞因子受体家族，通过家族成员在胞外范围的结构被定义：大约200个氨基酸构成两个100个氨基酸亚结构域（Ⅲ型纤连蛋白单元），它们自身结构由7个β–链排列成一个β–三明治。这200个氨基域通常包含配体结合位点。IFNAR2、IFNLR1、IL10R2、IFNGR1和IFNGR2是这个家族的典型代表，但是IFNAR1是非典型的，因为它具有两个一样的细胞外域。GAS，IFN–γ激活位点；IRF9，IFN调控因子9ISGF3，IFN激活基因因子3（指的是STAT1–STAT2–IRF9复合体）；ISRE、IFN–刺激应答元件；P,磷酸盐，STAT1/2，信号转导和转录激活因子1/2。[引自C.Sen, G. Uze, R.H. Silverman, R. M. Ransohoff, G.R. Foster, G.R. Stark. Interferons at age 50: past, current and future impact on biomedicine. Nat. Rev. Drug Discov. 6, 975–990（2007），已授权]

解旋酶蛋白如维甲酸诱导基因1（retinoic acid inducible gene，RIG–1）和黑色素瘤分化相关基因5（melanoma differentiation–associated gene 5，MDA5）（图4–3）。该胞质通路包括线粒体抗病毒信号蛋白（mitochondrial antiviral signaling protein，MAVS，也称为IPS–1）和导致NFκB，AP1和IRF3激活，从而激活固有反应基因包括Ⅰ型IFN。还存在独立于TLR–和RIG–1的信号通路来识别微生物特定病原相关分子（PAMPs），这些对于迅速抗病毒应答和宿主生存很重要。

②　Ⅰ型IFN作用。病毒感染的细胞产生并释放的Ⅰ型IFN（之前章节已述），Ⅰ型IFN发挥其对毗邻细胞的作用，通过受体（IFNAR）结合及信号转导诱导IFN反应元件，转录激活300多种IFN–激活的基因（ISGs）。其中大部分的ISGs编码细胞模式识别受体或蛋白，调节信号通路或转录因子放大IFN产生；而其他的通过细胞骨架重构促进抗病毒状态，细胞凋亡，转录后过程（mRNA编辑，剪接，降解），或翻译后修饰（图4–4）。这些蛋白被证明对IFN诱导的抗病毒状态的起关键作用，它们包括：

● ISG15是一种泛素同源物，其在细胞中非

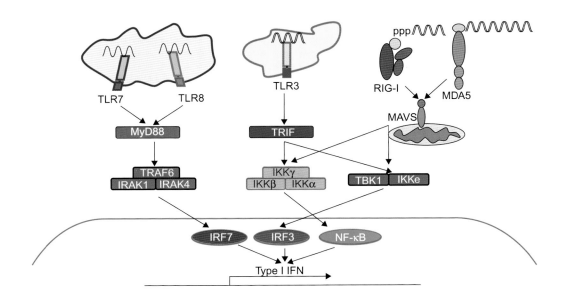

图4-3 内含体和细胞质中病毒识别和IFN产生的途径。在树突状细胞中，位于内含体小室的TLR7和TLR8识别直接病毒感染的ssRNA，或通过内吞作用从细胞质中摄取病毒原料，或者噬菌细胞从被感染的细胞或其他病毒粒子中摄取ssRNA。TLR7和TLR8信号都通过MyD88适配器，它可以通过和IRAK4–IRAK1–TRAF6复合体的相互作用导致磷酸化在IFN转录后去激活IRF7。TLR3位于树突状细胞、巨噬细胞、上皮细胞和纤维组织母细胞的内含体表面上，通过结合dsRNA被激活。激活后，TLR3信号通过它的适配器，TRIF，导致非典型的IKK激酶（TBK1/IKKε）的活化以及随后发生的磷酸化，并能使IRF3核转位。核因子κB（NFκB）通过TRIF调控信号和典型的IKK激酶（IKKα、β和γ）也被激活。位于细胞质中的RIG–1和MDA5在大多数细胞中被表达和识别5'三磷酸化的dsRNA或长的dsRNA。所有这些细胞质中探测器一旦激活后通过位于线粒体的适配器（MAVS）相互作用和传递信号。这个信号途径类似于TLR3，引起典型的和非典型的IKK激酶活化以及NFκB和IRF3的核转位。IRF3和NFκB同时被激活导致IFN基因的转录，合成和输出。DC，树突状细胞；IKK，IκB激酶；IRAK,白细胞介素受体联合的激酶；IRF，IFN调控因子；MDA5，黑色素瘤分化相关基因5；MVAS,线粒体抗病毒信号蛋白；IRG，视黄酸可诱导基因；TBK，TRAF家族NFκB催化剂结合激酶相关的成员；TLR，Toll样受体；TRAF肿瘤坏死因子受体相关因子；TRIF，TIR区域包含的转接器诱导IFN–β。[引自A. Baum, A. Garcia–Sastre. Amino Acids 38, 1283–1299（2010），已授权]

组成性表达。把泛素添加到细胞蛋白是调节固有免疫应答的关键，而ISG15显然能在IFN刺激的细胞中对超过150个靶蛋白发挥相似功能。ISG15的功能能调节IFN通路的所有方面，包括诱导、信号转导和作用机制。

● MxGTPase是一种水解酶，像ISG15，为非组成性表达。这种酶位于光面内质网，影响小泡形成，尤其针对在病毒感染细胞中的病毒核衣壳以阻止病毒成熟。

● 蛋白激酶（PKR）通路仅组成性表达在非常低的水平，但是迅速被IFNAR信号上调。在双链RNA存在时蛋白激酶使延长（翻译）起始因子eIF–2α磷酸化并且阻止环核苷酸（GDP）再循环，这样阻止了蛋白合成。在众多病毒中，这种IFN诱导的通路对抑制呼肠孤病毒，腺病毒，牛痘病毒和流感病毒尤为重要。

● 2'–5' 寡腺苷酸合成酶（OAS）通路，与PKR通路相似，仅以低水平组成性表达。在IFNAR刺激后并且存在双链RNA时，这种酶产生了比普通的3'–5' 特别的2'–5' 连接的寡腺苷酸。这些2'–5' 寡腺苷酸依次活化核糖核酸酶降解RNA，裂解病毒信使RNA和基因组RNA。小

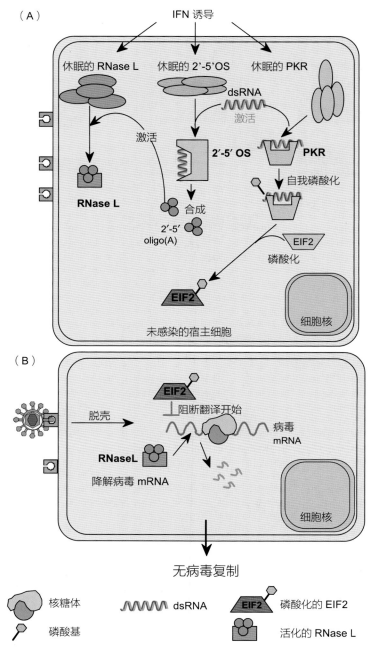

（A）IFN 诱导

休眠的 RNase L　休眠的 2'-5'OS　休眠的 PKR

dsRNA

激活

激活

2'-5' OS　PKR

RNase L

自我磷酸化

合成

2'-5'
oligo（A）

EIF2

磷酸化

EIF2

细胞核

未感染的宿主细胞

（B）

EIF2

脱壳　阻断翻译开始

病毒
mRNA

RNaseL

降解病毒 mRNA

细胞核

无病毒复制

核糖体　　dsRNA　　磷酸化的 EIF2

磷酸基　　活化的 RNase L

图4-4　抗病毒状态。（A）抗病毒状态开始于干扰素作用于未被感染的细胞。图4-2中演示了这个信号级联转导结果诱导达到300个基因的表达，这里展示三个：核糖核酸酶（RNase）L，2'-5'寡核苷酸（A）合成酶（2'-5'OS），以及双链DNA（dsRNA）-依赖的蛋白激酶（PKR）。这些蛋白在被病毒感染激活前处于潜伏状态。PKR和2'-5'OS由病毒感染时产生的dsRNA激活。一旦被激活，PKR自动磷酸化，之后使真核起始因子2（EIF2）磷酸化。激活了的合成酶合成三聚寡核苷酸，而后依次激活RNase L。（B）磷酸化的EIF2和激活了的RNase L为"抗病毒状态"的特征，在此状态下真核细胞耐大部分病毒感染。磷酸化的EIF2不能使核糖体启动翻译mRNA，激活了的RNase L降解mRNAs,无论是病毒的还是细胞的，因此蛋白合成停止。没有蛋白合成，病毒无法复制，但是蛋白合成的抑制是短暂的，因此细胞可以恢复。[引自Viruses and Human Disease, J. H. Strauss, E. G. Strauss, 2nd ed., p. 401. Copyright Academic Press/Elsevier（2007），已授权]

RNA病毒尤其易受这个通路的抑制，例如西尼罗河病毒。

● 许多其他的通路在IFN处理的细胞培养中被发现，但是它们各自的重要作用仍需在基因敲除的小鼠上予以证实。

总的来说，Ⅰ型IFN由各种不同类型细胞在病毒感染后产生，并且IFN从这些病毒释放而后诱导毗邻细胞（自分泌或旁分泌作用）进入抗病毒状态。多个的细胞通路在IFN处理的细胞中活化，这些通路需要存在双链RNA等辅助因子来严格调节，意味着这些通路只有在IFN处理的细胞随后被病毒感染才能活化。这种严格的调节是必需的，因为其中一些抗病毒防御机制也能危害正常的细胞功能。

（2）细胞凋亡　长期以来人们认为病毒是通过直接方式杀死细胞，例如，夺取细胞器或是破坏细胞膜完整性，最后使得病毒感染的细胞坏死。然而，现在很明确细胞凋亡在许多病毒感染过程中是一种重要而常见的活动。细胞凋亡是程序化的细胞死亡，本质上为一种由于宿主受到刺激的细胞自杀机制，作为子代病毒完成前最后消除病毒工厂的手段。有两个明显的细胞途径引发细胞凋亡（图4-5），两者均以宿主细胞调节细胞死亡的半胱天冬蛋白酶的活化作用结束（被称为执行阶段）。一旦活化，半胱天冬蛋白酶使细胞自身的DNA和蛋白质退化。濒死细胞中的细胞膜发生改变以促进其被识别从而被吞噬细胞移除。两个发起途径为：

① 内源（线粒体）途径。病毒感染等引起的细胞损伤导致线粒体膜渗透性增加，从而活化线粒体途径。严重损伤会改变线粒体膜和细胞质中抗凋亡（如，Bcl-2）与促凋亡（如，Bax）分子间的微妙平衡，导致线粒体蛋白（例如细胞色素C）进一步渗漏到细胞质中，然后这些蛋白在细胞中将活化细胞中的半胱天冬蛋白酶。

② 外源（死亡受体）途径。外源途径由TNF受体家族成员中的（TNF，Fas及其他）某些细胞膜受体参与活化。因此，细胞因子TNF与

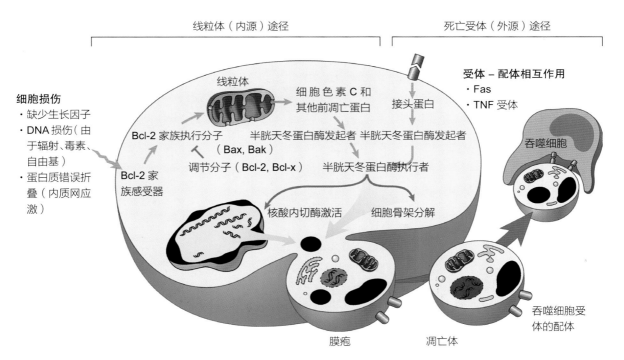

图4-5　细胞凋亡机制。细胞凋亡的两条途径在诱导和调节方面有所不同，都以"执行"半胱天冬蛋白酶活化为结束。［引自Robbins & Cotran Pathologic Basis of Disease, V. Kumar, A. K. Abbas, N. Fausto, J. Aster, 8th ed., p. 28. Copyright Saunders/Elsevier（2010），已授权］

其细胞受体结合能引发细胞凋亡。相似地，细胞毒性T淋巴细胞通过抗原特异的方式识别病毒感染细胞并结合Fas受体，激活死亡结构域，引发执行半胱氨酸蛋白酶通路从而在细胞变成功能性的病毒工厂前将其消除。

除死亡受体介导的细胞溶解之外，细胞毒性T淋巴细胞和自然杀伤细胞通过穿孔素和颗粒酶等预成型的介质直接活化靶细胞内的半胱天冬蛋白酶，也能导致病毒感染的靶细胞凋亡。

（3）基因沉默（RNA干扰）　细胞利用小的干扰性RNA分子（RNAi）使基因沉默，其作为一种调节正常发育和生理过程的手段，并且可能干扰病毒复制。RNAi由一种核糖核酸内切酶［DICER（切丁酶）］通过裂解双链或单链RNA长片段而生成。RNAi产生启动RNA沉默复合体的形成，包括一种核酸内切酶（argonaute），其能通过与RNAi互补的序列降解mRNAs（图4-6）。细胞能利用通过与特定的病毒基因互补的RNAi产生这种机制中断病毒复制；然而，RNAi也可能在病毒感染时产生特异性抑制细胞保护性抗病毒通路。

（二）适应性免疫

适应性免疫包括体液免疫和细胞免疫。体液免疫主要由B淋巴细胞分泌的抗体介导，细胞免疫由T淋巴细胞介导（图4-7）。另外，树突状细胞，巨噬细胞，NK细胞以及细胞因子均对适应性免疫应答非常重要。适应性免疫是抗原特异，

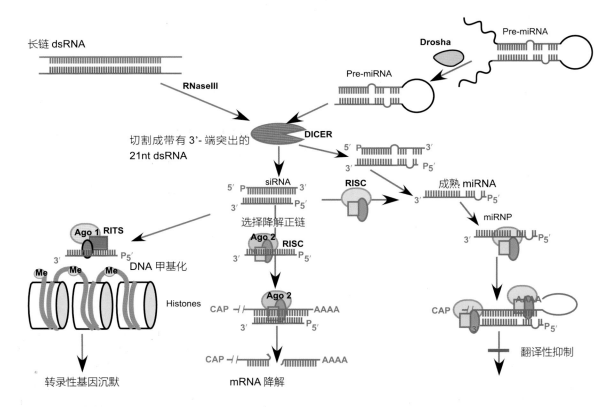

图4-6　干扰RNA作用机制。长链双链RNA（dsRNAs）由RNaseIII剪切，随后由DICER加工成短的干扰RNAs（siRNAs），大小21～22nt，在3'端挂2nt。这些siRNA之后进入RNA诱导沉默复合体（RISC），在那里正链选择性的分解。miRNA由病毒和细胞的基因组编码为不完全的自身互补发夹结构。它们在核内由Drosha裂解，前体microRNA（pre–miRNA）被输出蛋白5输出至细胞质。在那里它们被DICER加工。siRNA沉默基因在RISC存在时结合到恰好互补的mRNA，引起mRNA降解。miRNA通常包含一些错配并且通常通过抑制翻译发挥它们的影响。siRNA还能进入RNA诱导的转录沉默复合体（RITS），其招募酶甲基化染色质内DNA，使其成为不活跃的异染色质。RITS和RISC都包含argonaute蛋白（Agos）。miRNP，微核糖蛋白。［引自Viruses and Human Disease,J. H. Strauss, E. G. Strauss, 2nd ed., p. 403. Copyright ©Academic Press/Elsevier（2007），已授权］

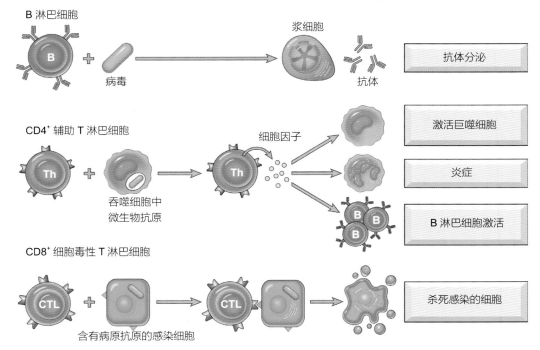

图4-7　主要淋巴细胞的类型及它们在适应性免疫中功能

[引自 Robbins & Cotran Pathologic Basis of Disease, V. Kumar, A. K. Abbas, N. Fausto, J. Aster, 8th ed., p. 185. Copyright Saunders/Elsevier（2010），已授权]

因此这些应答需耗费时间（至少几天），并且这种免疫由拥有针对每一病原体的特异性表面受体的淋巴细胞介导。感染后适应性免疫能刺激产生长期记忆，意味着当机体再次感染于同种病原体时保护性免疫应答能迅速地重新激活。

细胞因子在前面固有免疫的章节已描述，但它们在适应性免疫应答中也是起着决定性的作用，强调固有免疫和获得性免疫的内在联系。那些在适应性免疫中特别重要的细胞因子大部分由CD4+T细胞在抗原刺激后产生，它们促进淋巴细胞的增殖、分化和活化。适应性免疫中重要的细胞因子有白介素IL-2，IL-4，IL-5和IL-17以及IFN-γ（Ⅱ型IFN）。

B淋巴细胞产生的抗体在其他活动中负责中和及清除游离病毒。抗体还介导抵抗许多病毒再次感染的长期保护。B淋巴细胞表达针对特定抗原的特异性表面受体：如病毒感染所暴露的抗原，在接触抗原之后，B细胞发育成为浆细胞分泌抗体，这些抗体与B细胞表面受体的抗原特异性相同。受体多样性由独立的免疫球蛋白分子

基因编码部分重组产生。针对感染的获得性B细胞应答包括免疫球蛋白类别转换和渐进性的特异性，称为亲和力成熟。

B淋巴细胞的一个亚类，特指B1细胞，未经特异性的抗原刺激即分泌广谱活性的免疫球蛋白，称为天然抗体。因此天然抗体连接了固有和获得性体液反应并构建了体液防御的第一道防线。

T淋巴细胞也有抗原特异性表面受体。和B细胞抗原识别一样，多样性及受体特异性由编码T细胞受体基因的体细胞重排产生。主要有两类T细胞：一类的受体由α和β链二聚体构成（因此称为α/βT细胞），另一类的受体由γ和δ链二聚体组成（γ/δT细胞）。α/βT细胞识别和MHC抗原相连的表达细胞表面的小肽，这保证由这些细胞介导的细胞免疫机制精密的特异性。相比之下，尽管γ/δT细胞也识别表达在细胞表面的小肽，但是他们并不需要MHC限制。缺乏MHC限制，加上γ/δT细胞在作为病毒进入入口的黏膜表面（例如胃肠道黏膜内层）大量存在，显示出这种细胞是

作为移除病毒感染的细胞哨兵。因此γ/δT细胞可能构成了固有及适应性抗病毒免疫间一关键的"桥梁"。

细胞免疫（细胞介导的免疫）由特异性消除病毒感染细胞的效应淋巴细胞和巨噬细胞介导。介导细胞溶解的淋巴细胞为细胞毒性T淋巴细胞（CTLs），在细胞表面（CD8⁺CTLs）典型地表达（CD8），其能溶解那些表达和适当的Ⅰ型MHC分子结合的病毒抗原的细胞。病毒感染细胞的胞质内产生的具有免疫原性的病毒蛋白组分，转运至内质网，在那里与Ⅰ型MHC分子结合。这个复合体转运到细胞表面，在那里病毒肽能被抗原特异细胞毒性T淋巴细胞识别之后诱导细胞凋亡，溶解病毒感染的细胞。

树突状细胞也是固有和适应性免疫的关键组成；其名字源于丰富的胞质突（"树突"）。主要有两种类型的树突状细胞：

● 趾突状树突细胞是重要的抗原呈递细胞，其位于病毒进入的入口，例如在皮肤以及在胃肠道，呼吸道和泌尿道内黏膜上皮表面之中或之下。它们实际上还存在于所有组织的小间隙中。这些树突细胞表达表面模式识别受体，当IFN等抗病毒细胞因子产生及释放时其能快速地对一般的病毒触发器（PAMPs）做出应答。另外，这些细胞迁移至淋巴组织的T细胞区域，在那里将抗原递呈给T细胞，因为表达高水平的MHC抗原等刺激分子，所以它们是T细胞活化的强力诱导物。

● 滤泡树突状细胞出现在淋巴组织的发生中心，如淋巴结和脾脏。这些细胞有效地捕获（吞噬）循环的抗原，之后将其递呈给表达相应特异性表面受体的B细胞，致使B细胞活化以及产生体液（抗体介导）免疫。

巨噬细胞是重要的骨髓起源细胞，其负责吞噬和杀伤微生物。其由细胞因子激活为效应细胞，通过增强了的抗菌能力而介导细胞免疫。抗原特异性T细胞和NK细胞释放的IFN-γ激活巨噬细胞。

主要组织相容性复合体（MHC）在相关细胞表面表达，其对于适应性免疫极为重要。主要组织相容性抗原为多态蛋白，其主要功能为将免疫原性蛋白部分递呈给抗原特异性T淋巴细胞（图4-8）。Ⅰ类MHC抗原在所有有核细胞表面表达，病毒感染细胞表面的Ⅰ类MHC分子一般把感染性病毒的免疫原性蛋白递呈和被抗原特异性细胞毒性T淋巴细胞识别。具体而言，在被感染细胞细胞质内产生的病毒蛋白在蛋白酶体内分解，之后这些蛋白的碎片被转运至内质网，在那里它们结合到新合成的Ⅰ类MHC分子上。Ⅰ类MHC分子和其相关的β2微球蛋白以及病毒肽复合物形成一个稳定的异三聚体，转运至细胞表面，在那里病毒抗原能被病毒特异性细

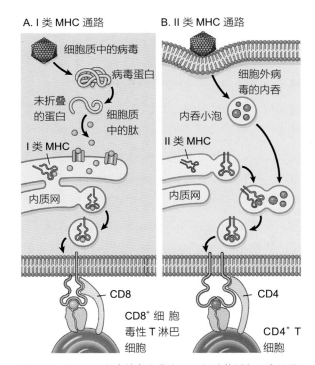

图4-8　主要组织相容性复合体（MHC）的抗原加工和呈现（A）在Ⅰ类MHC通路中，多肽由胞质中蛋白产生并转运至内质网（ER），在那里它们结合至Ⅰ类MHC分子。多肽MHC复合体被运到细胞表面展示以被CD8⁺T细胞识别。（B）在Ⅱ类MHC通路中，蛋白被摄入进小泡中降解为多肽，与同样转运至小泡中的Ⅱ类MHC分子相结合。Ⅱ型多肽复合体表达在细胞表面并由CD4⁺T细胞识别。[引自Robbins & Cotran Pathologic Basis of Disease, V. Kumar, A. K. Abbas, N. Fausto, J. Aster, 8th ed., p. 192. Copyright Saunders/Elsevier（2010），已授权]

胞毒性T淋巴细胞识别。这种T细胞介导的杀伤仅限于表达相同I类MHC单体型的靶细胞。相比之下，Ⅱ类MHC抗原主要在抗原递呈细胞上表达，即B淋巴细胞、巨噬细胞和树突细胞。在细胞表面Ⅱ类MHC分子呈现病毒蛋白被抗原特异性CD4$^+$T淋巴细胞识别，就是说那些细胞表面具有表面受体专门识别并且与展示肽相结合。在这个情况下，病毒蛋白在细胞内小泡内被分解为多肽，之后这些多肽与同在这些小泡内合成的II类MHC分子相联合。Ⅱ类MHC分子和病毒肽复合物之后被转运至细胞表面展示，并被抗原特异性CD4$^+$T淋巴细胞识别。

（三）被动免疫

特异性抗体本身能高效地预防许多病毒感染。例如，人为被动免疫接种（注射抗体）能暂时保护动物免受引起犬瘟热，猫泛白细胞减少症，猪繁殖与呼吸综合征及其他许多病症的病毒感染。此外，天然被动免疫即母源抗体从母畜传给胎儿或新生幼畜，在新生的几个月内保护幼畜免受大部分母畜经历过的病毒感染。

天然被动免疫之所以重要有以下两个主要原因：① 在最初的几周或几个月，保护幼畜生活在无数微生物和病毒的出生环境中所必需的；② 母传抗体干扰新生幼畜的主动免疫，因此在计划免疫接种日程时必须将其考虑进去。

母源抗体在鸟类中可以传递进卵黄，穿过灵长类和啮齿类的胎盘，而在有蹄类及其他动物中通过初乳和/或乳汁传递。母源抗体的主要传递通路在不同种类的哺乳动物中差异显著，取决于物种的胚胎结构。在灵长类等动物中，母体和胎儿的血液循环相当紧密相连，免疫球蛋白（Ig）G类抗体（而不是IgM）能穿过胎盘，母源性免疫主要由该通道传递。一些物种的胎盘形成过程更为复杂，例如小鼠，其通过卵黄囊免疫球蛋白受体获得母源抗体。相比之下，大部分家畜的复杂的胎盘能阻碍母源免疫球蛋白进入，在这些物种中，母源免疫是主要通过初乳传递给新生幼畜，其次是通过乳汁。不同物种经初乳优先传递不同类或亚类的免疫球蛋白进入新生幼畜，但是在大多数家畜中为IgG。对于牛和羊，在怀孕的最后几周中，选择性地从血清中跨越乳腺泡上皮传递IgG1。只要哺乳持续，IgG1类抗体对于防止肠道感染就非常重要。

大量存在于初乳中的IgG由小肠上部特殊的细胞吸收并转送至大细胞质囊泡中从而进入新生幼畜的循环系统。在一些物种中，初乳或乳汁中的小量其他抗体（IgM，IgA）也可以通过肠，但是很快从幼畜的循环中消失。在大多数家畜中，出生后经初乳吸取转运抗体的时间段能明显的界定，并且非常的短暂（大约48h），但在啮齿动物中会更长，小鼠获得母源IgG持续达三周。

在鸟类中，选择性转移来自母体循环的IgG，所以IgG集中于卵黄。IgG进入卵黄循环，从而在孵化12d进入小鸡。一些IgG还转移至羊水由小鸡吞食。接近孵化时，卵黄囊中剩余的母源免疫球蛋白完全进入腹腔并由小鸡吸收。

新生哺乳动物或新孵化的雏鸡血液中的母源抗体迅速地被清除，符合一级动力学。其半衰期比成年动物长一点，范围较广，奶牛和马中约为21d，犬和猫中为8～9d，老鼠仅为2d。当然，只要母源IgG中含有针对某病毒的特异性抗体，新生动物会被保护免受该病毒的感染，如果最初针对该病毒的效价高，这种保护能持续的时间比IgG半衰期要长得多。

相对于IgG而言，经初乳传至新生动物肠道的IgA浓度要低得多，但是IgA抗体是保护新生幼畜抵御肠道病毒的重要抗体。此外，有证据证明，甚至在肠转移停止后，存在于普通乳汁中的免疫球蛋白（主要是IgA，但也有IgG和IgM）仍能提供抵抗肠道感染的免疫保护。通常，新生幼畜遇到病毒时仍被部分保护。在这些情况下病毒仅在有限的范围内复制，刺激免疫应答而不引起重大的疾病，因此在被部分母源免疫保护时，被感染的新生幼畜便获得自动免疫。

母源抗体转移失败

母源抗体转移失败或部分失败是牲畜最常见的免疫缺陷病，容易诱发动物感染疾病，尤其是肠道及呼吸道疾病。确保被动免疫保护新生动物的母源性免疫接种已成为兽医实践的一项重要策略，结合正确的管理来保证新生动物迅速接受到充足大量的初乳。

二　病毒躲避与逃逸的机制

在病毒与宿主持续战斗与妥协的过程中，病毒已经形成了非常复杂的机制以躲避各种各样的宿主保护性反应。除病毒利用许多不同的策略帮助持续感染〔包括在免疫细胞和/或免疫隔离部位中生长，潜伏，整联，抗原漂移（见第3章）〕之外，独立的病毒已有成熟多样且复杂的免疫逃避机制以躲避宿主的固有及适应性免疫应答保护。这些机制的举例如下：

- 关闭宿主大分子合成
- 避免CTL介导的病毒感染细胞杀伤
- 预防NK细胞介导的病毒感染细胞的溶解
- 干涉细胞凋亡
- 对抗细胞因子
- 躲避抗病毒状态
- 病毒特异性基因沉默通路

（一）关闭宿主大分子合成

许多病毒，在感染后不久，抑制细胞蛋白质正常转录和/或翻译，并且迅速破坏被感染细胞的正常大分子生产机制以生产病毒后代。这种宿主细胞的迅速关闭快速地损坏针对感染病毒的固有免疫应答，包括关键蛋白质的产生，如 I 型MHC抗原以及 I 型IFN等抗病毒细胞因子。结果是，没有有效的固有免疫应答，感染的病毒能在宿主产生适应性免疫应答前迅速地复制并传播。这种方式被RNA病毒广泛的应用，许多病毒的复制循环非常快速。

（二）避免CTL介导的病毒感染细胞杀伤

细胞毒性T淋巴细胞（CTL）介导的病毒感染细胞杀伤需要在适当的 I 型MHC分子存在下将被感染细胞的病毒表面抗原递呈；因此病毒形成了不同的策略来抑制 I 型MHC分子蛋白的正常表达以致抑制CTL介导的细胞溶解。这些策略包括：① 通过关闭宿主蛋白合成抑制细胞生产 I 型MHC分子；② 生产病毒编码的蛋白，这种蛋白能破坏 I 型MHC蛋白的正常生产或是由内质网到高尔基体或细胞表面的运输；③ 病毒编码产生能破坏 I 型MHC分子功能或活力的蛋白；④ 病毒编码产生 I 型MHC分子同源物，其能与β2微球蛋白和病毒肽结合，但是会造成CTL介导活性的功能失调。

（三）预防NK细胞介导的病毒感染细胞的溶解

与CTL介导的细胞溶解相比，NK细胞介导的细胞溶解需要病毒感染的细胞表面存在表达适当的 I 型MHC抗原，降低细胞表面 I 型MHC抗原水平来激活促进NK细胞介导的细胞溶解。细胞表面抑制分子（如 I 型MHC抗原）和刺激分子（例如热休克蛋白）的平衡对NK细胞活性也很重要；因此一些病毒选择性地抑制细胞生产和表达为NK细胞活性提供刺激信号的分子。其他病毒对宿主细胞的刺激和抑制分子都抑制，以至于使被感染的细胞多少都免受CTL和NK介导的细胞溶解。

（四）干扰细胞凋亡

除NK细胞或CTL介导细胞溶解诱导的细胞凋亡之外（前面章节已述），病毒感染自身能经由外源性（死亡受体）或内源性（线粒体）途径启动细胞凋亡。细胞凋亡对生长相对缓慢的DNA病毒尤为有害，包括痘病毒、疱疹病毒以及腺病毒，因为细胞凋亡能导致被这些病毒感染的细胞在病毒复制达到最高水平前死亡。因此，这些DNA病毒通过抑制引起细胞凋亡的各种通路以优化病毒复制。这些病毒需要防止细胞凋亡以促进自身的生存，反映在单个病毒可能采用一种混合的策略这一事实，包括：① 抑制介导细胞损伤的执行者（半胱天冬蛋白酶）活性——主要通过丝氨酸蛋白酶抑制蛋白，由痘病毒生产的蛋白酶抑制剂能结合并阻止半胱天冬蛋白酶的蛋白水解活性；② 抑制死亡受体的表达，激活和信号转导，例如生产结合TNF的病毒受体同源物因此其不能启动外源性途径，或是专门阻断死亡受体活化启动的信号通路放大的分子；③ 生产病毒编码的抗细胞凋亡蛋白同源物例如Bcl-2；④ 生产隔离p53的蛋白，p53是一种促细胞凋亡分子，其在某些病毒感染的细胞中积累；⑤ 其他目前还不甚明确的被各式各样的病毒蛋白明显地用来抑制细胞凋亡的机制。

（五）对抗细胞因子

细胞因子对于动物抗病毒感染的固有及适应性免疫应答都是极为重要的，因此病毒也开发出有效的策略以对抗这些重要的抗病毒免疫介质的活性。某些病毒获得和修饰细胞基因从而产生病毒基因，其编码生成细胞因子或是它们受体的同源物。病毒编码的细胞因子同源物能在功能上（称为病毒因子）和形态上模拟真正分子的生物效应，或者它们可以非功能地结合和阻断特定的细胞因子受体以中和其活性。详细地说，病毒编码的受体同源物蛋白一般结合并中和相关的细胞因子。其他病毒编码的蛋白质干扰双链RNA模式识别受体信号通路的激活（例如TLR3或RIG-1），这些通路刺激产生 I 型IFN以及其他抗病毒细胞因子，或病毒编码的蛋白干扰通过IFN和其受体（IFNAR）结合激活的信号转导通路。这些病毒编码的蛋白能调节例如IL-1、IL-6、IL-8、 I 型和 II 型 IFN，以及TNF等各种各样的重要细胞因子的活性以使其有利于病毒复制，通过抑制或者促进特定细胞因子介导的功能来实现。

（六）躲避抗病毒状态

可以推测到，病毒还进化出精细的策略以逃避IFN诱导的重要抗病毒作用机制如蛋白激酶（PKR）和2'-5'寡腺苷酸合成酶（OAS）通路。这些包括病毒编码产生的蛋白质或RNA分子，产生非功能性的酶同源物，抑制刺激这些抗病毒保护通路活性及功能。病毒编码产生的蛋白质或RNA分子结合但不刺激这些通路中关键酶（或编码它们的基因）。其他病毒编码的蛋白质隐藏双链RNA，因为双链RNA为PKR和OAS的关键辅助因子。许多DNA和RNA病毒科中的病毒都有逃避宿主抗病毒通路的一套策略，毫无疑问在将来会发现更多的例子。

（七）病毒特异性基因沉默通路

病毒还发展出针对细胞抗病毒RNA干扰通路的反击防御，其通过生产病毒编码蛋白或是抑制图4-4中描述细胞通路中关键步骤的小干扰mRNA（siRNA）分子实现。其他病毒自身生产RNAi分子使抗病毒免疫中关键细胞基因沉默。

三　疫苗及抗病毒疾病疫苗接种

疫苗接种是预防病毒疾病最有效的方法。尽管长期暴露在像天花病毒等强毒下被视为是一种虽然危险但有效的预防方法，但是直到1978年爱德华詹纳使人们能预防天花后疫苗接种才被广泛采用。约一个世纪之后，这个概念由路易斯·巴斯德给予更广泛的应用，最为显著的是应用于预防狂犬病。随着细胞培养技术在20世纪50年代的出现，接种疫苗进入了第二个时代，开发出了许多减毒活疫苗和灭活疫苗。最近，疫苗业见证了许多新型"新一代"疫苗，这些疫苗通过由重组DNA及相关技术生产出来。现在第二时代的减毒活疫苗和灭活疫苗仍是兽医实际应用的"主力军"，而新一代的疫苗正在辅助并在逐渐地取代它们。

给动物和人接种疫苗存在一些重要的差别。通常经济成本的限制在人类医学上并不像兽医学那么大，并且相对于动物疫苗，应用于人类医学的疫苗对安全性和功效的要求一致性更高，并且存在更好的机制以报告特定产品应用后所产生的潜在副作用。在国际上，世界卫生组织（WHO）在人用疫苗使用上是最有权威的，并通过联合国粮食及农业组织（FAO）和世界动物卫生组织（OIE）来维持一些没有对应的动物疫苗应用项目。此外，在国家内部，相对于由国家注册机构认证的人用疫苗，兽用疫苗的生产和使用更广泛。

在最近出现的基于DNA重组技术的新一代疫苗之前，仅有两种主要的方案生产病毒疫苗：一种使用减毒活病毒株而另一种应用化学灭活的病毒制备。减毒活疫苗在疫苗接种者体内复制，通过这样扩大给予宿主免疫系统抗原的数量。这种方法具有重要的优点，因为疫苗病毒复制模拟了感染，就这方面来说与灭活疫苗或一些亚单位疫苗相比，减毒活疫苗的宿主免疫应答与自然感染后的反应更为相似。当灭活病毒疫苗生产出来，用来消除其感染性的化学及物理处理的破坏性可能足以减少疫苗病毒的免疫源性，尤其是诱导病毒特异性细胞介导的免疫应答。结果，灭活疫苗经常诱导产生持续时间较短，抗原谱较窄，细胞介导及黏膜免疫反应较弱的免疫应答，并且可能在诱导完全性免疫方面不那么有效。尽管如此，耐用及安全的灭活疫苗是可用的并被广泛的应用。

绝大部分大规模生产的动物疫苗依然是减毒或灭活病毒；然而，新一代通过DNA重组技术发展的疫苗就安全性和效果来说具有很大的提升空间和潜在的优势。最近越来越多的这种疫苗开发出来，并进行商业化生产。

（一）减毒活疫苗

当被证明是安全时，减毒活疫苗成为历史上最好的疫苗。其中一些疫苗曾在减少动物及人类重要疫病的发生上获得重大成功。大部分弱毒疫苗为皮内、皮下或肌内注射，但有一些为口服，并且有一些通过雾化吸入或是经饮水给予家禽。为了让这些疫苗成功，疫苗病毒必须在接受者体中复制，从而引起持续的免疫应答同时引起很小的或不引起疾病。实际上，减毒活疫苗模拟了亚临床的感染。减毒活疫苗中的病毒株可能来自于几个来源中的任意一个。

1. **天然弱化病毒的疫苗**　最初的疫苗（vacca=cow）是詹纳在1798年利用牛痘病毒，一种奶牛的天然病原体，引入用于控制人类天花。这种病毒在人身上只产生温和的感染和损伤，但是由于其与天花病毒的抗原相关，能给予人抵御天花病的保护。同样的原理适用于其他疾病——例如，利用来源相关的火鸡疱疹病毒疫苗保护小鸡抵御马立克氏病，以及利用牛轮状病毒疫苗保护仔猪免受猪轮状病毒感染。同样地，兔子能通过天然无毒力的肖普兔纤维瘤病毒来有效地保护抵御痘病毒病、黏液瘤病。

2. **来自细胞连续传代培养弱毒的疫苗**　现今常用的大部分弱毒活疫苗是对"田间"强毒（野生型病毒）连续细胞培养传代获得。用于培养的细胞通常与宿主不同源，也可能同源。典型地，病毒适应培养细胞以更旺盛生长的同时伴随着对自然宿主毒力的逐渐丢失。在进行物种的临床实验之前，毒力丢失最开始可以在方便的实验模型中验证，例如老鼠。由于实际的需求，疫苗必须不能弱到无法在其自然宿主中令人满意地复制，一些时候需要妥协地采用能充分复制但可能会在一些接受体动物中诱导温和临床症状的病毒株。

在培养细胞的反复传代中，病毒通常在它们的基因组中积累核酸替换，这反过来会导致致弱。最近随着高通量全基因组测序的出现，许多病毒的毒力与致弱的遗传学基础已建立，这能更好地预测疫苗的有效性及安全性。此外，人们越来越清楚一些基因能通过不同的途径影响病毒的毒力和嗜细胞性。例如，与严重的系统感染相联系的一些野生型或"田间"病毒相比，这些病毒的减毒活疫苗株如由呼吸道给药，则仅在上呼吸道复制，而在口服后则在肠上皮进行有限的复制。

尽管经验得到的减毒病毒疫苗的成就杰出，仍要替代固有的认知，一些兽医及兽医科学家认为应理性设计"基因轮盘"，尤其是工程疫苗。在这些工程疫苗中，和导致母病毒致弱相关的突变可以被确定和预测，就好像毒力回归的可能性也可以明确和预测。

3. 产自不异种宿主培养传代病毒致弱的疫苗　在异种宿主上连续传代是历史上经验性弱化病毒来生产疫苗的一个重要手段。例如，牛瘟和猪瘟（猪霍乱）病毒经过连续传代后各自适应于在兔子中生长，变得足够弱从而可以被用为疫苗。尽管一些病毒这样传代会获得新的特性，其他病毒在鸡胚以类似的方式传代。例如，在鸡胚中繁殖的减毒蓝舌病毒疫苗，在接种的反刍动物怀孕期能穿过胎盘，使感染胎儿并且造成发育缺陷或流产。类似地，通过空气感染这种弱毒疫苗后，鸡胚繁殖的非洲马瘟病毒感染人类会引起毁灭性的后果。

4. 来自冷适应突变体和重排列筛选出的弱化病毒疫苗　通常温度敏感突变体（在明显高于正常体温时病毒难以正常复制）表现出毒性减弱，这一观察值显示他们可能可以制作出合适的减毒疫苗，尽管一些病毒温度敏感突变体在被免疫动物体中复制时表现出令人不安的毒力返强趋势。人们的注意力因此转移到冷适应突变体上，来源于非最适的温度下生长得到的病毒。其原理是这种突变的病毒能在鼻腔较低的温度（在大部分哺乳动物中约为33℃）而不是在更易受损的下呼吸道及肺腔的温度下很好地复制，因此这些突变体可以成为安全地应用于鼻内给药的疫苗。冷适流感疫苗在大部分病毒基因中存在突变，并且其毒力不会返强，基于这种突变体的流感疫苗现

在已允许应用于人；应用同样的原理针对马流感的疫苗已进行开发。

（二）非复制型病毒疫苗

1. 灭活的完整病毒体疫苗　灭活的（同义词，杀死）病毒疫苗通常由强毒制备，应用化学或物理因素破坏病毒传染性并保留其免疫原性。当制备适当时，这种疫苗是非常安全的，但其需要包含大量的抗原以诱导较少的减毒活疫苗即能诱导的抗体反应。通常地，主要的免疫接种过程包括三次注射，每隔一段时间可能需要再注射一次（"booster"）以维持免疫。灭活疫苗通常必须混合化学佐剂以加强免疫反应，但是这也可能使疫苗接种产生更多的不良反应。

最常用的灭活剂有甲醛，β–丙内酯和乙烯亚胺。应用于制备狂犬病毒疫苗的β–丙内酯和应用于制备口蹄疫疫苗的乙烯亚胺的优点之一是，在几小时内它们完全水解为无毒性的产物。由于处于聚合物中心的病毒体可能被隔离失活，在失活前分解聚合物非常重要。在过去，在这一环节的偶尔失败导致疫苗相关疾病的暴发——例如，一些口蹄疫疫情暴发追溯源于此问题。

2. 纯化的天然病毒蛋白疫苗　脱氧胆酸钠等脂溶剂应用于有包膜的病毒，溶解病毒体并释放包括病毒包膜的糖蛋白刺突等成分。以差速离心纯化这些糖蛋白，之后制备成能应用的裂解疫苗。实例有抵抗疱疹病毒、流感病毒及冠状病毒的疫苗。

（三）来自重组DNA及相关技术的疫苗

最近出现的分子生物学及其相关技术促进了新型疫苗战略的发展，每一种都存在潜在的优势，而在某些情况下，与传统疫苗相比又存在劣势。这种新型的技术已用于开发新型的疫苗，而这些疫苗也已开始被应用，这给予其重要的内在优势，可以预见到这种产品的实用性及类型在将来肯定增加。

1. 通过基因删除或点特异性突变产生的弱毒疫苗　为避免减毒活疫苗的毒力复苏问题（例如点突变使得病毒重新获得强毒），可以通过在病毒关键基因上插入几个致弱突变或者完全删除与病毒毒力相关的非必需基因来解决。基因删除对基因组较大的DNA病毒非常适用，因为其携带大量与复制相关的非必需基因，至少是在培养细胞中复制相关的基因。"遗传手术"用于构建在多次传代中能稳定存在的缺失突变。有几株疱疹病毒已经用此方法构建成功，包括猪伪狂犬病毒胸苷激酶缺失疫苗，它同时缺失一个gE基因。删除的糖蛋白可能是酶联免疫吸附试验中的一个捕获抗原，所以这个疫苗在未感染猪中呈阴性反应，可以与自然感染的猪相区别，也使得伪狂犬扑灭措施可以同疫苗免疫同时进行。牛传染性鼻气管炎病毒（牛疱疹病毒–1）也有gE缺失标记疫苗。定点突变技术使得向病毒基因中引入任意突变成为可能。不同病毒中越来越多的对毒力和免疫原性相关的基因已被确定，因此可以预期，那些靠经验得到的点突变减毒活疫苗将不断被确定的对特定基因的特异性突变得到的疫苗所取代。分子克隆方法获得的弱毒活疫苗不仅可以将确定的点突变引入疫苗毒，还使得子代病毒与基因改造的疫苗毒基因型保持一致。这个方法也可能使得不同血清学方法区别疫苗毒和野毒感染（DIVA）成为可能。

2. 真核细胞（酵母，哺乳动物和昆虫细胞）、原核细胞和植物细胞表达病毒蛋白产生的亚单位疫苗　真核表达载体使得大规模特异性毒蛋白的获得成为可能，而且这些病毒蛋白很容易纯化并制作疫苗。一旦某个可以提供保护作用的病毒蛋白被鉴定出，它的基因就可以克隆到一个表达质粒并在某个细胞表达系统中获得表达。哺乳动物细胞比低等的原核细胞更有优势，因为它很可能拥有适合于病毒蛋白的翻译后修饰系统和正确的病毒蛋白的成熟机制。

良好的真核表达系统包括酵母细胞、昆虫细胞和各种哺乳动物细胞。酵母的优势在于拥有很多大规模工业生产经验，第一个基因克隆疫苗——人乙肝疫苗就是用酵母生产的。昆虫细胞优势来源于其简单的工艺，携带插入基因的重组杆状病毒感染飞蛾细胞后可以表达大量病毒蛋白。编码杆状病毒多角体蛋白基因的启动子非常强大，目的基因插入杆状病毒多角体基因后，昆虫细胞可表达多达总量蛋白一半的目的蛋白。例如，用重组杆状病毒表达猪圆环病毒2的衣壳蛋白免疫接种猪，可使免疫猪抵抗猪圆环病毒相关疾病如多系统衰竭综合征。同样，杆状病毒单独表达E2蛋白作为重组亚单位苗可提供抗猪瘟病毒的保护力。

可自我装配成病毒粒子的病毒蛋白表达构成的疫苗　二十面体无囊膜病毒中某些家族病毒的衣壳蛋白表达后可自我装配成病毒样粒子VPL，可作为疫苗使用。这种方法以应用于多种病毒如小RNA病毒，杯状病毒，轮状病毒和环状病毒等，而且有一个效果不错的VPL–疫苗已用于抗人生殖器乳头瘤病毒。相对于传统灭活疫苗而言，重组病毒样粒子疫苗优势在于它没有病毒核酸，因此是绝对安全的。重组病毒样粒子疫苗也相当于灭活的全病毒疫苗，但不存在由于化学失活引起的免疫原性缺失。当然，其缺陷就是生产成本高、产量低，而且与某些现有的疫苗相比免疫保护效果较差等。

3. 用病毒载体表达异源抗原的疫苗　重组DNA技术使得将外源基因插入RNA或DNA病毒的特定区域成为可能，这样外源基因就被转入靶细胞并进行翻译。另外，把某一致病的病毒编码病毒保护性抗原的基因（宿主保护性反应所针对的抗原）插入无致病力的病毒（重组病毒）。这些经修饰的无致病力的重组病毒就被当作减毒活病毒载体或无复制能力的表达载体。免疫后宿主感染的细胞表达外源抗原，使得机体产生适应性免疫反应（细胞免疫或体液免疫）。这种方法非常安全，因为只有一两个病毒基因插入表达载体，而且作为表达载体的病毒（如已有的减毒活疫苗）特性都是非常清楚的。此外，通过血清学方法检测重组病毒中没有的病毒蛋白的抗体，重组病毒免疫动物可以很容易与感染动物（减毒活疫苗免疫）相区别。

（1）DNA病毒作为载体 已经有多种病毒中编码病毒蛋白的单个基因克隆入DNA病毒中，特别是牛痘病毒和其他几种痘病毒、腺病毒、疱疹病毒和腺病毒相关病毒等。

动物接种多种不同痘病毒载体重组疫苗后可以有效地产生抗体和细胞介导的免疫应答，从而使动物获得强大的抵抗力，足以抵抗带有这些基因的异源病毒的攻击。例如，牛痘病毒载体、狂犬病重组疫苗通过口服可使狐狸和浣熊免受狂犬病感染，这个重组疫苗只包含狂犬病毒的表面膜糖蛋白基因。同样，在重组病毒载体构建中，禽痘病毒也是表达异源基因的常用载体。在禽疫苗中鸡痘病毒是一个非常好的载体，但是，意外的是，在哺乳动物中鸡痘病毒也是一个非常有用的载体。虽然鸡痘病毒和金丝雀痘病毒在哺乳动物细胞中不能完成复制循环，其携带的基因却可以进行表达并引起强烈的细胞和体液免疫。由于痘病毒基因组很大，它可以插入大量外源基因，而且病毒粒子还能进行很好的包装，理论上来讲，作为一个载体，构建一个重组病毒可以提供好几种病毒疾病的保护力。

重组痘病毒载体疫苗已经用于多种哺乳动物免疫，如重组痘病毒-狂犬疫苗在欧洲接种狐狸、美国的浣熊和土狼；金丝雀痘病毒载体疫苗用于防控马流感病毒和西尼罗河病毒，犬、雪貂和一些特种动物如野生动物等的犬瘟热，猫的白血病和狂犬病等。许多实验中的金丝雀痘重组疫苗也能很好地预防非洲马瘟、日本乙脑、蓝舌病毒和尼帕病毒等，重组HIV-痘病毒疫苗也在人身上进行了大量的实验。浣熊痘病毒、羊痘和其他痘病毒也成功构建成重组病毒载体用于其他潜在哺乳动物疾病的载体。兔子免疫重组黏液瘤病毒弱毒苗之后能很好地抵抗兔出血热和兔黏液瘤病毒，这个重组疫苗表达兔出血热病病毒的VP60蛋白。重组病毒免疫有非常大的优势，因为兔出血病病毒不能在细胞中培养，现在的免疫都是从感染兔子的肝脏中获取病毒后灭活进行免疫。

许多DNA病毒载体疫苗也用于禽的免疫，如重组火鸡疱疹病毒用于预防新城疫病毒、传染性喉气管炎和传染性法氏囊炎等，这些疫苗只包含不同源病毒的保护性抗原的基因，但在鸡体内能产生抗马立克和其他各自病毒的免疫力（新城疫、传染性喉气管炎、传染性腔上囊病）。抗新城疫和H5型流感病毒的禽痘病毒载体疫苗已在应用，特别是抗H5型流感病毒的重组苗在墨西哥和美国中部应用非常广泛。

嵌合DNA病毒现在也开发成为疫苗，把有致病性病毒的基因插入无致病性病毒的核酸中。如在猪中应用的嵌合DNA圆环病毒苗，就是将有致病性的猪2型圆环病毒的衣壳蛋白基因插入无致病性的1型猪圆环病毒骨架中构建的。2型圆环病毒的衣壳蛋白可以使免疫猪获得免疫力。1型猪圆环病毒可以在细胞培养中达到很高的滴度，这样疫苗的生产就容易得多，也更廉价。

由于DNA病毒载体疫苗在安全性和免疫效果上的优势，而且很容易区别免疫和野毒感染，可以预期，市场上利用DNA病毒作为表达载体的兽用疫苗将不断增加。

（2）RNA病毒载体 同DNA病毒载体疫苗一样，RNA病毒，尤其是经证实安全的RNA病毒，也可以作为其他病毒免疫原基因插入的载体。嵌合RNA病毒利用其自身复制机制表达异缘病毒的保护性抗原。例如，编码黄病毒传统弱毒活苗膜蛋白的基因可以被其他黄病毒科成员如日本乙脑病毒、西尼罗河病毒和登革热病毒等的类似基因代替，替代基因甚至还可以是遗传差异很远病毒编码的重要免疫原性基因，如流感病毒。以黄热病病毒为载体构建的包含西尼罗河病毒的preM和E蛋白基因的嵌合病毒疫苗已用于马的保护性免疫。

正链RNA病毒由于其自身具有感染性，非常方便作为分子克隆用于插入外源基因。不过，转染时包含复制酶蛋白的负链RNA病毒也同样可以用作感染性克隆。在禽中，表达流感病毒H5基因的重组新城疫病毒在中国已广泛用于抵抗新城疫和H5型流感病毒。此外，同冠状病毒、动脉炎病毒等正链RNA病毒一样，负链RNA病毒也被认为是一种潜在的基因载体。

某些病毒如虫媒病毒，甲病毒如委内瑞拉马脑炎病毒，塞姆利亚森林脑炎病毒和辛德毕斯病毒等，其重组病毒复制子的复制方式同原病毒相似，但也有差异。重组甲病毒复制子的结构蛋白都来源于甲病毒，但是其包含的RNA是嵌合的，控制复制的基因被异缘病毒替换了。打个比方，共表达马动脉病毒GP5和M膜蛋白的委内瑞拉脑脊髓炎疫苗毒，其复制子来源于委内瑞拉脑脊髓炎病毒，但是却可以使免疫马产生中和抗体获得保护性免疫反应，但是其复制子基因组只包含委内瑞拉脑脊髓炎病毒的非结构蛋白基因和马动脉炎病毒的结构基因。

对于流感病毒和其他基因组分节段的病毒来说，嵌合病毒原理在DNA重组技术出现之前就已确定了。重组病毒是通过将已有的疫苗株病毒与新分离的病毒一起共同培养，进行片段交换后形成的。病毒重组后具有疫苗毒良好的生长特性，而且具有新出现病毒的免疫保护能力。例如重组H5N3流感病毒灭活苗在禽上应用就非常广泛。

4. DNA疫苗 20世纪90年代早期人们发现，病毒自身的DNA也可以引起保护性免疫反应，这对疫苗产生了重大影响。特别是含有β-牛乳糖苷酶基因的重组质粒，在接种至鼠骨骼肌后60天内都可以表达此酶。这个现象引起人们对DNA疫苗的极大兴趣，而且这个方法也在实验水平上进行了广泛应用。第一个上市的DNA疫苗是鲑鱼造血坏死病毒疫苗，马的西尼罗河病毒疫苗现在也可以买到了。但是，DNA疫苗的商品化在兽用疫苗上却发展缓慢。

后来人们发现，DNA引起保护性免疫反应并没有想象中的那么好。1960年实验证实，给

兔子皮肤接种刷状乳头瘤病毒后可以在接种部位形成乳头瘤。后来发现，很多病毒的DNA、RNA、cDNA或病毒的RNA转入细胞后都可以完成复制循环。DNA疫苗的方法就是构建包括病毒关键抗原编码基因的重组质粒。DNA插入质粒，注射或转染进入细胞后表达蛋白，引起与病毒感染相类似的免疫反应。DNA疫苗由大肠杆菌质粒组成，这个质粒通常带有一个对细胞具有广泛特异性的强启动子，如CMV启动子。质粒通常在大肠杆菌中扩增，然后纯化注入宿主。肌肉注射是最有效的免疫方式。在质粒表面包裹上一层直径1~3μm的微粒，采用基因枪注射的方法注入往往能明显提高免疫效果。DNA疫苗有很多优势，易于纯化，性质稳定，生产成本低，方便运输，可以在一个质粒里放多个抗原，而且以它原初的形式进行表达（从而促进抗原加工和向免疫系统递呈）。多次注射相互之间不会干扰，而且即使有母源抗体存在，DNA免疫也能产生免疫反应。目前，DNA疫苗还没有广泛应用，其主要原因在于相对于实验动物来讲，在人和动物上的应用还有很多挑战。外源经过基因改良的DNA其副作用和去向争议不断上升，而且作为人类的动物性食品其安全性还需验证。

5. 其他可能的疫苗

（1）微生物作载体表达病毒抗原疫苗 病毒蛋白（或产生免疫原性区域）可以直接在感染宿主的基因工程菌表面表达。一般方法是把编码保护性病毒抗原的DNA插入细菌的基因组，或者是编码特异性表面抗原的质粒上。已证明外加的病毒蛋白并不会影响细菌蛋白的转运、稳定性和功能，而且细菌会大量表达病毒蛋白并递呈给宿主免疫系统。肠道细菌可以在肠内大量生长，可以作为向肠道淋巴组织递呈肠道致病性病毒抗原表位的理想载体，致弱的大肠埃希氏菌（*E. coli*），沙门氏菌（*Salmonella* spp.）和分支杆菌（*Mycobacterium* spp.）等菌株可用于抗病毒在内的肠道病原的免疫，还可用于刺激产生黏膜免疫。

（2）合成肽疫苗　由于病毒蛋白的表位鉴定越来越容易，化学合成这些抗原决定簇也成为可能。良好的合成肽可以刺激机体产生许多病毒的中和抗体，如口蹄疫病毒和狂犬病毒，但是大多时候让人失望，可能是因为合成的蛋白很难形成其原有的构象。特别是，构象表位往往不是连续氨基酸的线性排列，而是由单独的多肽链经过折叠靠近形成。只有抗原表位以其自然蛋白分子三级结构形式存在或者以疫苗中病毒颗粒形式存在时才能刺激产生良好的免疫反应。由于合成的短肽没有三级或四级结构，其大部分针对它的抗体不能结合病毒粒子，因此其中和抗体滴度会比灭活的整病毒疫苗或纯化的完整病毒蛋白免疫所引起的免疫反应低很多。相反，T淋巴细胞识别的抗原表位却是短的线性表位（结合MHC蛋白）。有些T细胞识别的表位在某些病毒毒株间很保守，因此可能引起交叉T细胞免疫。

（3）抗独特型抗体疫苗　B细胞产生的抗体，其抗原结合位点是一个独特的氨基酸序列，称为独特型或独特型决定区。由于抗独特型抗体可以结合最初抗原结合表位相同的独特型，因此，独特型抗体可以模仿此抗原表位的构象。因此，由抗独特型抗体产生的某一病毒的中和性抗体可以作为疫苗使用。这种疫苗的实用性虽然还不确定，但如果效果很好，那么在人医而不是兽医上它将比其他传统疫苗更有优势，因为它更安全。

（四）加强病毒疫苗免疫原性的方法

灭活疫苗，尤其是纯化的蛋白疫苗和合成肽疫苗的免疫原性都需进行加强；可以在疫苗中加入佐剂，加入脂质体或者形成免疫刺激复合物。类似方法也常用来增强重组疫苗的免疫原性，如果将免疫增强剂同表达载体结合，则免疫效果更佳。最近已相当多研究如何提高疫苗抗原接种效率达到更好的免疫反应效果。

疫苗混入佐剂后可以提高体液/细胞免疫效果，这样就可以用少量的抗原获得较好的免疫效果。佐剂的化学构成和作用模式差异很大，但都

能延缓抗原释放或在抗原沉积位置招募活化关键免疫细胞（巨噬细胞、淋巴细胞和树突状细胞等）促进免疫反应。动物疫苗中明矾和矿物油应用非常广泛，其他佐剂正在研究中，有一些已经申请专利。有些物质如生物降解高分子可以充当有效的佐剂，特别是抗原的微针皮内接种。与促进疫苗的免疫原性类似，免疫调节仍需继续研究，特别是先天性免疫和适应性免疫的促进和抑制因子。

脂质体由可以包裹病毒蛋白的类脂膜构成。当用于纯化的病毒膜蛋白，形成的病毒颗粒（或"免疫颗粒"）与原来的病毒粒子膜蛋白类似。不仅可以重构不含核酸和病毒其他蛋白的病毒包膜蛋白样结构，也可以含具有佐剂活性的非热源性脂质。把病毒包膜糖蛋白或合成的多肽与胆固醇配糖体Quil A混合后，形成直径40nm的球笼样结构。一些兽用疫苗还使用免疫刺激复合体（ISCOM）技术。

模式识别受体，即天然免疫系统对抗原的识别，可刺激细胞因子的转录，并调控先天性免疫和适应性免疫之间的调节蛋白。有几种方法可以利用天然免疫系统刺激获得性免疫反应。TLR-9通过识别在真核细胞中并不常见的甲基化模式DNA分子。CpG用在不同抗原和DNA疫苗中通过TLR-9信号途径起活化作用。尽管在小鼠模型中可见免疫促进反应，但是CpG OD促进作用可能与物种种类和CpG ODN的序列和大小有关。CpG ODN对口蹄疫病毒疫苗没有促进作用，但禽流感灭活苗和CpG ODN一起免疫对禽免疫应答有促进作用。通过与插入病毒抗原序列的表达载体一起表达细胞因子，可以促进细胞因子的产物表达。或者表达病毒抗原的DNA疫苗可以与表达特定细胞因子的载体一起表达。大量研究表明，使用细胞因子可以促进免疫反应，加快免疫进程。

以上我们列出了各种新型疫苗和佐剂的发展状况和商业化产品，不管是自然形式的还是人工合成的，疫苗的剂型和递送方式在今后都将迅速发展。

（五）影响疫苗效果和安全性的因素

在世界大部分地区，疫苗生产都按一套标准，称为GMP标准。理论上讲，经过严格的生产和检测，所有疫苗对具有正常免疫原性的动物来说都是安全的。作为最低标准，疫苗生产许可证颁发部门必须对灭活苗中残余的感染性病毒进行严格的安全性检测。但是，减毒活疫苗和新型重组苗有其固有的安全性问题。

疫苗的目的是保护人或动物免遭疾病，更理想些就是保护易感群体免受感染和病毒的传播。如果在免疫后随着免疫力衰退，野毒感染出现，这种感染就会呈亚临床存在，但最终会使免疫力提升。地方流行性病毒，在当地农场中的猫和犬以及鸟类中长期存在。

经口鼻途径接种的减毒活疫苗，其免疫效果与病毒在肠道或呼吸道内的复制严格相关。在免疫过程中，疫苗毒也可能受接种时呼吸道和肠道内的病毒的干扰。过去，不同剂型弱毒之间的干扰也出现过，例如，有人曾推测由于犬细小病毒的免疫抑制作用，其会对犬瘟热疫苗的免疫接种产生干扰。

IgA是黏膜表面（肠道、呼吸道、泌尿生殖道和眼结膜等）感染早期起免疫功能最重要的免疫球蛋白。口服弱毒疫苗的一个优势就是可以使黏膜上的IgA分泌期延长，这样就可以使肠道和呼吸道病毒等这些只在侵入位点感染的病毒产生短暂的免疫保护。与此相反，IgG对大多数病毒的再次感染并通过靶器官向全身扩散介导长期的且经常是终生的免疫，IgG主要作用于这种感染。因此，疫苗接种的目标就是模仿自然感染，产生特定种类的IgG和/或IgA抗体，直接与病毒粒子上的表位结合，防止感染继续。

疫苗接种某些病毒也存在一些特殊的困难，如某些持续性感染病毒、疱疹病毒、逆转录病毒等，疫苗要想得到较好的免疫效果，不仅仅要能预防原发病，还要防止病原建立长期潜在感染。诱导细胞免疫，弱毒活苗比灭活苗

效果好，但是，对宿主来说，弱毒苗也存在持续感染的风险。

1. 减毒活疫苗的不良反应

（1）致弱　一些减毒活疫苗在免疫动物上会出现临床症状，造成温和疾病。例如，早期的犬细小病毒疫苗由于传代次数较少，往往会引起较高的发病率。然而，如果想通过多次传代降低病毒的毒力，就会造成疫苗毒在免疫动物体内复制能力下降，也会造成免疫原性的丧失。

现有动物疫苗的副作用已经很少了，而且对免疫接种没有明显的抑制。疫苗只能在生产疫苗的物种上使用，这个很重要，如犬瘟热疫苗会引起鼬科动物如黑足鼬死亡，这样，就只能使用重组疫苗或灭活苗。

（2）遗传不稳定性　某些疫苗毒株在接种动物或感染疫苗的动物体内会发生毒力返强。最理想的是减毒活疫苗不能传播，但是由于一些复原突变的积累使得其毒力增强。这种现象最典型的例子是人三型口服脊髓灰质炎病毒疫苗非常罕见的毒力复苏，这样，就导致用更安全但不一定是更有效、没复制能力的疫苗将其代替。牛病毒性腹泻病毒温度敏感型毒株已证实存在遗传不稳定性。

（3）热稳定性　减毒活疫苗很容易由于高温环境而失活，这在热带地区是一个突出问题，因为从疫苗生产到运输至偏远高温的农村地区，整个过程的冷链是个挑战。通过添加稳定剂，选择热稳定毒株，冷冻干燥包装并在使用前复原这些措施，可以在某种程度上解决这个问题。运输车辆上装上小型冰箱和临时实验室也很有意义。

（4）杂毒污染　由于疫苗是在动物或细胞中生产的，这样疫苗就很容易被动物身上的其他病毒或细胞培养液中的病毒污染。很早时候的一个例子，1908年由于怀孕母牛生产的天花病毒疫苗污染了口蹄疫病毒，把口蹄疫这个病传入美国，至今仍限制着疫苗和血清的国际贸易。同样，疫苗生产过程中鸡胚的使用亦可能在禽体内造成同

样的疾病（如马立克疫苗污染网状内皮增生病毒）。疫苗污染的另一个来源是在细胞培养中广泛应用胎牛血清，每个批次血清都必须检测是否污染牛腹泻病毒。同样，在猪胰脏内分离细胞培养用胰酶过程中，猪细小病毒也是常见的污染病毒。病毒污染在减毒活疫苗中风险最大，但是也可能存在于全病毒灭活苗中，因为有些病毒很不容易被灭活，如朊病毒，几乎能抵抗所有常规消毒措施。

（5）对怀孕动物的副作用 减毒活疫苗一般不推荐给怀孕动物使用，因为可能引起流产和畸形胎。如弱毒牛鼻气管炎病毒疫苗就可以引起流产，猫瘟弱毒苗、传统猪瘟、牛病毒性腹泻、里夫特裂谷热和蓝舌病疫苗如果在怀孕特定阶段通过胎盘感染胎儿，都会引起畸形胎。这些副作用通常是初次免疫接种未怀孕但处在易怀孕阶段动物的结果，所以，优先用灭活疫苗免疫好些，或者在交配前接种弱毒苗。疫苗中病毒污染往往很难察觉，只有在怀孕动物使用后才能发现，如犬用疫苗污染蓝舌病病毒意外引起怀孕动物流产和死胎。

2. 非复制疫苗的副作用 有时灭活全病毒疫苗会引起疾病增强。这个现象最开始是在人麻疹和呼吸道合胞体病毒疫苗的使用中发现的，疫苗接种的患者比感染前没接种的疾病症状更加明显。兽医上也有此现象出现，接种表达猫冠状病毒E2蛋白的重组病毒疫苗后的猫出现更严重的传染性腹膜炎。尽管免疫后小猫产生中和性抗体，但攻毒后却不能产生保护作用，最终还是死于猫传染性腹膜炎。像这种由于不完全灭活的无复制能力疫苗和由于灭活过程中污染其他病毒而造成死亡的例子还很多。

3. 接种频率和接种部位反应 初次免疫之后多久进行再次免疫的时间还没有定论。对大多数疫苗来说，免疫效果到底能持续多久，没有确切的数据。例如，一般认为犬瘟热疫苗免疫后免疫效果能持续很长时间，甚至终生都存在。但是，对其他病毒或混合疫苗里的成分的免疫力可

能就不能持续这么长时间了。在动物医院中，顾客去宠物医院时发现疫苗免疫的费用相对于其他费用很低，假如再次免疫没有什么副作用，那么每年在给宠物进行体检的时候就进行再次免疫，这听起来也很合理。在许多国家，每年加强免疫已经成为宠物健康保护程序的基础，尽管这个基础的理论支持是推论得出的。

19世纪90年代，由于在猫身上接种部位发生的恶性皮下纤维肉瘤的报道，使得年度免疫这个观念受到冲击。引起这种疫苗相关癌症的所有因素目前还没有证实，但是，其他病毒污染对此却并没有影响，目前普遍怀疑是由疫苗中其他成分造成的。不管怎样，这个现象引起了人们对宠物免疫频率和间隔、优先宠物免疫位点、时间间隔（1～3年）和副作用报道机制新规范的再次讨论。

（六）疫苗政策和日程

目前的疫苗，通常是多价苗构成，而且每个生产商对于免疫规程的要求多少有些不同，这就要求兽医们必须不断学习掌握不同疫苗的选择和使用。多价苗的优势就是动物所有者不必经常去找兽医。同时，多价苗使得对次一级病源也更广泛使用疫苗。儿童所有常见病毒疫苗的剂型和免疫时间表都有明确规定，与人用疫苗不同，在兽药上没有统一规定。此外，人用疫苗只有很少几家生产商，但是兽用疫苗却也有很多家，而且每家都在推销它们自己的产品。本章最后附有一些具体动物具体疫苗的免疫规程和使用方法，这里只讨论一般情况。

1. **最佳免疫年龄** 大多数病毒性疾病对幼龄动物危害最大。所以，大多数疫苗是在出生后六个月内接种。母源抗体，无论是灵长类动物通过胎盘传递给胎儿，还是通过初乳传递给牲畜，或通过卵黄囊传递给鸟类，都能抑制新生胎儿或新孵化的鸟对疫苗的免疫应答。最理想是当幼龄动物体内母源抗体水平降到接近于零的时候，此时免疫效果才是最好的。但是，免疫的推迟将使得动物在易感期处于毫无防备的境况。对于处在

拥挤污染而且还有大量节肢动物存在的环境中的动物来说，可能会有生命危险。对不同物种有不同的方法来解决这个问题，但是每种方法都无法达到让人非常满意的效果。由于幼龄动物不见得就会像成熟动物那样会对疫苗产生免疫反应，又使得这个问题更加复杂。例如，马对流感疫苗的免疫应答就非常弱，直到一岁后才能正常应答。

由于新生动物循环系统中从初乳中被动获得其母源抗体的水平与其母体血液中抗体的水平是成正比的，而且不同动物其体内抗体的消减速率是已知的，这样就可以推测动物体内母源抗体消失的时间。可以通过绘制抗体降解曲线，这样就能知道不同疾病的最佳免疫时间。这种方法很少使用，但是对某些有特殊价值的物种在"高危"环境中也可以考虑使用。

实际上，如果按照疫苗厂家的使用说明来操作，很少有免疫失败发生，因为生产商是用母源抗体和IgG消减速率的平均值来推测免疫的最佳时间的。即使使用弱毒活苗，一般我们也推荐接种次数隔一月免疫一次，以此来覆盖含有高滴度母源抗体的动物的易感期。这种保守措施与多价苗更相关，因为每种病毒的母源抗体的水平是不一样的。

2. 母体免疫 免疫的目的就是让被免疫动物产生免疫保护作用。通常是这样，但是某些特殊疫苗（像马疱疹病毒-1、牛轮状病毒、猪细小病毒和禽传染性法氏囊病毒）是为了保护接种动物的后代，在子宫（如马流产）或者新生胎儿/小鸟。这都是通过免疫母体产生作用的。对于新生胎儿或人工孵化的动物，初乳或卵内的母源抗体水平在早些关键时期能提供有保护能力的抗体。由于弱毒活苗可能引起流产和畸形胎，母源免疫一般推荐使用灭活苗。

3. 推荐的可用疫苗 不同病毒性疾病可用的疫苗类型（或缺乏任何满意的疫苗）在本书第二部分的各个章节已讨论过。对不同个体疫苗的需求之间存在巨大的地理差异，特别是像口蹄疫这种高度控制的疾病。不同畜牧业对不同类型的疫苗需求也是不一样的（如奶牛、肉牛、不同阶段的小牛、蛋鸡、商品肉鸡等）。同样，犬、猫、马、宠物鸟和其他如兔子等物种的免疫接种除了个体风险外，都应按照科学的标准进行。专业机构有不同动物免疫的专业指导，如马——美国马业协会（http://www.aaep.org/vaccination_guidelines.htm），猫——美国猫业协会（http://www.catvets.com/professionals/guide-lines/publications/?Id=176），犬——美国动物医院协会（http://secure.aahanet.org/eweb/dynamicpage.aspx?site=resource&webcode=CanineVaccineGuidelines）。宠物鸟可用的疫苗相对较少，但也有一些如多瘤病毒疫苗、帕切科病毒疫苗、金丝雀痘疫苗和地方性的西尼罗河病毒疫苗等。

对于某些物种，包括畜产品动物，可以采用净化的方法来控制一些病毒疾病和感染。实验室用啮齿类动物饲养在不同类型的微生物隔离环境下。极少数的，在具有特殊价值的鼠群中有些对畸形病毒高度易感的小鼠，可以单独免疫IHD-T株疫苗。

同宠物兔一样，商品兔现在也经常免疫黏液瘤病毒疫苗和兔出血热疫苗，欧洲地区这些疫苗的代理非常多。这些兔病也说明了政策和兽用疫苗接种相关；在某些国家如美国可能没有疫苗可用，因为疫苗的使用可能掩盖对疾病自然暴发的监测。

（七）家禽和鱼类疫苗接种

单在美国地区，每年家禽产量总值就超过220亿美元。尽管不同国家疫苗的类型不同，基本所有家禽都免疫过几种不同的病毒疫苗。家禽的抗病毒免疫策略与哺乳动物没有区别，但是每头份疫苗的花费较少，大部分经济成本是与疫苗的免疫方式之间相关的（气溶胶免疫或饮水免疫）。通过引入卵内接种18日龄鸡胚进一步节约成本，使用一种仪器Inovoject每小时可免40 000个鸡蛋。最常用的疫苗是针对马立克病；以前接种1日龄鸡，现在是接种18日龄鸡胚。2009年，美国有超过95%的肉鸡是用这个方法进行免疫的。

鱼类可通过接种预防传染性组织造血坏死症和传染性胰坏死症。疫苗种类有DNA疫苗和亚单位蛋白疫苗，可通过注射和口服进行免疫。鱼类免疫的目的同哺乳动物一样，实际上，脊椎动物免疫系统发育可以追溯到第一个颌类脊椎动物，也包括硬骨鱼。尽管鱼类的抗病毒免疫同哺乳动物和鸟类相比研究的少些，但是鱼类也含有先天性免疫和获得性免疫机制。具体来说，细胞和体液先天性免疫涉及哺乳动物体内相对应的细胞类型、信号传导分子和可溶性的分子。这些包括带有模式识别受体如TLRs的吞噬细胞，TLRs可引起炎症反应，诱导干扰素产生；诱导产生1型干扰素对鱼类先天性抗病毒免疫是必需的，可受dsDNA的诱导产生，其信号通路与哺乳动物相似。越来越多的证据表明，除激发适应性免疫外，先天性免疫反应也可以抵抗病毒感染。类似地，鱼类获得性免疫反应的T、B淋巴细胞和特异性免疫球蛋白对其抗病毒免疫也是非常关键的。T细胞受体复合体的结构（$\alpha\beta\gamma\delta$）在颌类脊椎动物，包括硬骨鱼中在进化过程中几乎没什么变化，但是鱼类B细胞受体的构成和作用与其他脊椎动物还有不同，鱼类有两个独立的B细胞家族（$sIgM^+$、$sIgT/S^+$），二者对抗病毒免疫和免疫球蛋白亲和力的成熟都有非常重要的作用，同哺乳动物和鸟类相比，鱼类免疫系统的记忆效应相对差些，这个是鱼类免疫系统的一个典型特征。鱼类是变温动物，大多数鱼类免疫反应的程度都会受到水温的影响，这可能也是捕获的鱼同野生鱼的季节性病毒疾病有差异的原因。

四　抗病毒预防和治疗的其他措施

（一）被动免疫

皮下注射特定抗体如免疫血清、免疫球蛋白或单克隆抗体，短期内可以使动物抵抗特定的病毒性疾病。同源抗体效果好，因为异源抗体可能会引起过敏反应，注射的抗体迅速被接收者机体清除掉。每个物种个体的总的免疫球蛋白中都有大量高浓度的针对常见病毒的抗体，可以抵抗它们引起系统性疾病。动物感染恢复后或多次免疫后其血清中会出现高滴度的抗体，这种超免球蛋白如果能商业化获得是不错的产品。

另一个常用的方法是给分娩或产蛋3周前的怀孕动物或母禽免疫（最好用灭活苗）。这样就可以通过卵（禽）或初乳和奶（野生和家养的哺乳动物）中的抗体给子代提供被动免疫。这对主要影响动物刚出生最初几周的重大疾病具有非常重要的意义，因为新生动物的主动免疫还未完善。此外，这种方法也避免了减毒活疫苗对新生动物的致病性。

（二）病毒性疾病的化学治疗

如果这是一本关于畜禽细菌性疾病的书的话，应该会有很大篇幅是关于抗菌的化学治疗。抗生素治疗细菌性疾病是非常有效的，但是，我们却没有相应的药物来治疗病毒性疾病。这是因为病毒紧紧地依赖于宿主细胞的新陈代谢来实现自身的复制，因此许多干扰病毒复制的药物也会对宿主细胞造成影响。但是，近年来，随着对引起人重大疾病如HIV、流感、乙肝等病毒的大量研究，获得了大量关于病毒复制生化信息的研究成果，这使得在寻找对抗病毒化学药物有了更多合理的方法，使得许多这些化药成为治疗人类某些病毒性疾病的标准治疗药物中的一部分。由于成本太高，抗病毒药物在兽医上不常使用，但是也有一些人用抗病毒药物用在兽医上。因此有必要对这个领域的发展作一个简短的概述。

病毒复制循环的几个步骤为抗病毒药物的选择提供了一些潜在的靶标。理论上讲，病毒编码的所有酶都可以利用，还有所有相对宿主细胞存活对病毒复制是必需（有酶作用或无酶作用）的过程。表4-1列出了大多数可以利用的地方，而且给出了抗病毒药物的一些例子，而且有一些已经在人身上批准开始应用。

开发抗病毒药物的合理方法是分离或合成能抑制病毒编码酶活性的药物，如转录酶、复制酶或蛋白酶。然后通过药物原型再合成具有促进或选择活性的类似药物。一种核苷酸类似物——阿昔洛韦，疱疹病毒的DNA复制酶的抑制剂，很好地诠释了这种方法的优势。阿昔洛韦实际上是一种药物前体，需要疱疹病毒编码的胸苷激酶使其磷酸化产生活性。由于这种酶只在感染的细胞中产生，所以这个药物对正常细胞没有毒性，只对疱疹病毒感染细胞具有活性。阿昔洛韦和它的类似物（如伐昔洛韦、更昔洛韦等）现已用于治疗人的疱疹病毒感染，在兽医上也有小范围的应用，如用于治疗猫Ⅰ型疱疹病毒感染引起的角膜溃疡，马Ⅰ型疱疹病毒感染引起的脑脊髓炎等。也有感染人畜共患猕猴疱疹病毒的人，猕猴疱疹病毒属于疱疹病毒亚目（B病毒），感染可对人造成灾难性后果。

目前已研究出用于治疗人流感病毒感染的药物，动物上也可能会应用。如磷酸奥塞米韦（达菲），是一种药物前体，经肝脏代谢后释放出可抑制神经氨酸酶的活性代谢产物，神经氨酸酶是病毒编码的，用于病毒粒子出芽时释放病毒，结合细胞表面病毒受体避免释放的病毒再结合感染细胞。神经氨酸酶被抑制后，减慢病毒传播，这就使得免疫系统有机会产生免疫力并清除病毒。

病毒唑也是一种药物前体，代谢后生成嘌呤RNA代谢物，从而干扰病毒复制过程中必需的RNA代谢。这种药物已用于人呼吸道合胞体病毒感染和丙型肝炎病毒感染。

X线晶体学为抗病毒药物的研究提供了一种新方法。由于许多病毒的三维结构都清楚了，就可以在原子水平确定病毒衣壳蛋白上受体结合位点的特征。结合了细胞受体的病毒蛋白复合物可以结晶并直接进行检测。如一些鼻病毒，受体结合位点在病毒粒子峰的内侧，在衣壳表面是裂口的。设计药物结合这些裂口，就可以阻止病毒吸附到受体细胞。这些裂口的氨基酸残基位点图提供了更深入的信息，这样就可以设计能更好结合并干扰病毒感染的药物。这种方法也可用于设计药物用于阻止病毒渗入细胞或者限制病毒进入细胞后的脱壳过程。如果这些方法在人医上成功，可以借用于兽医。

五 病毒用作基因治疗载体

病毒除了是作为病原之外，在细胞和分子生物学领域也有不小的贡献。单个的病毒或病毒的组成部分可用作分子工具，而且，病毒还是非常有效的外源基因表达系统。特别是，随着克隆和基因操作技术的产生，外源基因很容易插入到许多病毒基因组中，因此病毒可用作

表4-1 兽医中可能的抗病毒化疗靶点

靶点	典型代表
病毒吸附的细胞受体	受体类似物
脱壳	金刚烷乙胺[a]
病毒基因初级转录物	转录酶抑制剂
反转录	齐多夫定-AZT[a]
转录调节	慢病毒tat抑制剂
RNA转录物的处理	三（氮）唑核苷[a]
病毒RNA翻译成蛋白	干扰素[a]
蛋白翻译后的剪切	蛋白酶抑制剂
病毒DNA基因的复制	无环鸟苷（Acyclovir[a]）
病毒RNA基因的复制	复制酶抑制剂

a 已获批人用。

表达载体。这些病毒基因载体包括在传递目的基因到宿主细胞内但不复制的（自杀载体）和那些可以在宿主细胞内复制，整合或不整合到宿主基因组中的载体。

本章前面部分写到DNA或RNA病毒可用作重组疫苗载体，但是这个方法也可以用于治疗。病毒载体基因治疗法提供了一个全新的方法用于纠正一些遗传缺陷疾病，特别是那些由于基因缺失或功能失调的疾病。这种基因失调的纠正需要长期表达缺失或没功能的那个蛋白；由于具有安全稳定地把插入靶基因到宿主基因组内的病毒是一个不错的载体选择。为了这个目的，人们评估了大量病毒是否适合作为基因载体，包括逆转录病毒（因为它能自然整合到宿主基因组）、痘病毒、腺病毒、腺相关病毒（细小病毒）、疱疹病毒和多种正链及负链RNA病毒。

最近，腺相关病毒作为基因治疗用的载体受到很多关注。腺病毒是小DNA病毒（细小病毒科，依赖病毒属），可以在分裂细胞和不分裂细胞中复制，而且与逆转录病毒不同，腺病毒可以将其基因组插入宿主细胞的基因组。此外，腺病毒相关病毒基因组整合到宿主细胞基因组的位点是特异性的，逆转录病毒插入宿主基因组的位置是随机的，而且可以引起突变。一般认为腺病毒相关病毒是没有毒性的，而且其整合能力可以通过基因突变缺失掉。表达特殊蛋白的重组腺病毒可用于纠正多种人的基因缺陷，如血友病和肌萎缩。

靶向基因传递方法也适用于治疗性干预，即将作用分子投递到相应位置来调节疾病进程，特别是对局部性免疫调节分子敏感的免疫介导发病的慢性疾病。

冯　力　刘平黄　译

Chapter 5
第 5 章

病毒感染的
实验室诊断

章节内容

目前用于病毒感染诊断的试验通常可分为5类：① 鉴定感染病毒存在的试验；② 检测病毒抗原的试验；③ 检测病毒核酸的试验；④ 鉴定针对某一病原存在特异性抗体反应的试验；⑤ 针对病毒的可视化（"看"）检测方法。大多数常规试验是针对病原的—即某一检测方法只能检测某一特定病毒，即使样品中存在其他病毒也不能检出。因此，针对病原的试验如病毒分离和电镜观察一直用于临床样品中非目的或未知病原的检测。传统的检测方法如病毒分离还被广泛应用，但由于这些检测周期过长，因此检测结果不能对临床发病动物的处理产生直接影响。诊断科学的发展主要集中在快速诊断上，这些试验应在24 h内就得给出明确结果，甚至在对动物最初的检查中就能获得准确结果。另一个领域是集中发展多重复合检测方法，就是在一个样品中可以检查多种病原。在这些方法中最好的方法应该满足5个先决条件：快速、简便、特异、敏感和廉价。对于可造成较大经济损失的病毒的检测：① 有高品质的、商业化的和标准化的诊断试验和试剂；② 检测所用试剂降到最少，使检测费用明显降低；③ 用于自动化检测的仪器的开发进一步降低检测费用；④ 借助计算机分析使检测结果的解释更加客观准确，另外也使出具检测报告、保存记录和费用结算更加便捷。尽管与人类医学相比动物医学的诊断技术研究进展乏善可陈（有投资的经济回报和动物的检测要面对不同的种属动物等方面的原因），但最近有数量众多的商品化的快速诊断试剂盒推出。这些试剂盒可以从取自动物急性发病期的1个样品中检测到病毒抗原或病毒的特异性抗体。固相酶联免疫试验（EIAs）和酶联免疫吸附试验（ELISAs），特别对于病毒抗原和抗体的检测，在诊断病毒学上具有开创性的作用，也是目前多数情况下首选的检测方法。对于实验室诊断，聚合酶链式反应（PCR）技术在检测临床样品中的病毒核酸中应用最为广泛，提供了比其他方法更为快速的检测病毒的方法。定量PCR试验，非常便于对多种已知致病性病毒的快速、敏感和特异性的鉴定，并且这些检测自动化程度较高，可以在短时间对大量样品进行检测（高通量样品检测）。定量PCR试验另一个主要优点是客观评估临床样品中的病毒载量。人们正在寻求将PCR从实验室应用到实际，特别是对那些重要的病原的快速诊断至关重要。由单一的实验室为国内动物提供病毒感染诊断的全面服务是一项艰巨的任务。在兽医领域有超过130种以上的病毒能引起感染，归属于35个病毒科。这些数量众多的病毒可以在野生动物和鱼类中迅速地蔓延开来，因此，没有一个实验室具备必要的特异性的试剂或技能和经验来检测和鉴定所有动物感染的所用病毒，这并不奇怪。正因为如此，兽医诊断实验室趋于专项化［即疾病根据动物种类分为食用动物疾病、伴侣动物疾病、禽类疾病、鱼类疾病，以及实验动物疾病，或者有外来病毒引起的疾病（外来动物疾病）］。在提供样品检测之前，首先联系实验室确定其特有的职能。表5-1提供了通常用于动物医学的诊断试验的目录。随后在本章将对这些检测的细节进一步阐明。

表5-1 诊断方法的原理及目的

原理	方法	样本/调查结果	特征
视诊	了解病史、临床检测、化学、血液检测等	动物及其体液/异常值。	本质差别和排除诊断；推测性诊断决定本样本类型以及进一步检测方法。
	病原、病原史、超微病理学	动物、器官、组织、细胞/特征性损伤，包括动物躯体。	耗时长和价格昂贵，但是在兽医诊断上仍占重要地位。
	电镜检测病毒	组织、细胞、分泌物、排泄物、媒介物质/单一具特征性的微粒。	在众多疾病例如腹泻检测中，其优点是快速、敏感性强，但价格昂贵；一定的实验技术，在大多数操作中需要专业人员。
	酶免疫检测（抗原捕获酶联免疫）	组织、分泌物、排泄物/使用已知的特异性抗体与病毒抗原反应检测。	快速、敏感性强、特异性好，目前很多常见的检测方法。
	免疫层析，免疫金标记检测	血液、细胞、分泌物/病毒检测。	快速、敏感性强，特异性好，适用于临床环境中诊断单个样本。
病毒抗原检测	免疫荧光	血液、细胞、分泌物/使用已知的特异性抗体与病毒抗原反应检测。	快速、敏感性强、特异性好，在进一步验证，定位在细胞环境中诊断病毒抗原，需要一定的技术。
	免疫组化，免疫过氧化酶反应	组织和细胞/通过已知的特异性抗体抗原定位交鉴定病毒抗原。	时间长，但敏感性强、特异性好，在细胞上检测病毒抗原，用于进一步验证病毒、其技术专业性很高，技术涉及更多的是组织病理学研究的延伸。
	免疫电镜显微术	组织、细胞、分泌物、排泄物病毒特征和通过已知的特异性抗体与病毒凝集反应。	电子显微镜诊断技术具有快速、诊断快速、敏感性强，在大多数操作中需要专业技术人员的协助。
直接检测和鉴定病毒核酸	杂交反应包括原位杂交，southern blot杂交，以及斑点杂交检测方法	在组织、细胞、分泌物、排泄物提取病毒核酸使用特异DNA探针与病毒核酸交叉鉴定。	斑点检测法具有快速、操作简单、敏感性强的优点。反应物需有一定的特异性，目前大多数操作已由PCR实验流程代替。
	PCR，反转录PCR，实时PCR，恒温扩增技术	提取组织、细胞、分泌物、排泄物中的病毒核酸，然后采用多种方法鉴定，扩增出病毒核酸，如片段大小分析，使用标记的DNA探针，探针的水解作用，以及部分序列分析。	实验过程中可能会出现污染，造成假阳性。由于其敏感性强以及特异性好等优点，目前一些设备先进的机构场所广泛使用该方法进行病毒核酸的检测、智能化以及新的鉴定扩增产物的实验方法将更为快速、准确度更高，价格较低廉。
	病毒全基因序列和部分序列	提取组织、细胞、分泌物、排泄物中的病毒核酸，通常在特定的区域内选择100~300个碱基，然后进行自动测序。	随着自动化基因扩增技术与基于电脑分析结果的结合，成为新的鉴定病毒的一项"金标准"。

（续）

原理	方法	样本/调查结果	特征
	寡核苷酸指纹图谱图和限制性核酸内切酶作图	组织、细胞、分泌物、排泄物的提取物/PCR或细胞培养得到大量病毒核酸，利用限制酶消化或者凝胶电泳确定特异性带型（"病毒条形码"）。	速度慢，价钱昂贵，操作难，结果分析比较复杂。此方法大多被PCR和测序所取代。
病毒的分离和鉴定	培养细胞中的病毒分离	组织、细胞、分泌物、排泄物/将样品接种于细胞培养物，检测病毒，多用免疫学方法。	虽然速度相对较慢，价钱昂贵，具有严格的技术要求，但是，这是进一步检测病毒分离的唯一方法（例如病毒株的分型），因此被广泛应用于实验室中。
	动物体内的病毒分离	组织、细胞、分泌物、排泄物用样品对动物进行接种（刚出生的或三周龄的小鼠通过脑内或腹膜内注射），以病死率作为病毒增殖的检测指标。对病毒的鉴定多用免疫学方法。	与以前的方法相比，速度更慢，费用更高，技术要求更为严格。但是，因为病毒并不能很好地在细胞培养物中增殖，所以这也是进行病毒分离检测的唯一方法（例如病毒株的分型），因此在特殊情况下这种分离方法仍被采用。
抗病毒抗体的检测和定量（血清学诊断）	酶免疫分析——酶联免疫吸附试验	血清/特异性抗体的样品检测。	快速，灵敏度高，特异性好；该方法是许多临床和流行病学早期诊断的核心检测技术。在多数情况下，确认感染需要双份血清检测。
	针对IgM的酶免疫分析——酶联免疫吸附试验	血清/特异性抗体IgM的样品检测。	快速，灵敏度高，特异性好；该方法是目前人类感染血清学检测的核心检测技术，但是在兽医学中发展有限。在多数情况下，确认感染或疫苗接种只需单份血清即可。
	血清（病毒）中和试验	血清/特异性抗体的样品检测。	细胞培养方法；速度慢，价钱昂贵，具有严格的技术要求，所以这种方法是血清学检测的"黄金标准法"。
	免疫印迹法（蛋白质印迹法）	血清/特异性抗体的样品检测。	速度慢，价钱昂贵，具有严格的技术要求，大多被应用于确认试验。
	间接免疫荧光	血清/特异性抗体的样品检测。	快速，灵敏度高，但是相对不易控制，无特异性反应。
	红细胞凝集抑制试验	血清/特异性抗体的样品检测。	快速，灵敏度高，特异性好，被广泛应用于流行病学和监管为目的的早期诊断，并且它是鸟类哺乳病毒疾病检测的核心技术。
	免疫扩散	血清/特异性抗体的样品检测。	快速，但是缺乏敏感性，而且受特异性问题的影响。与此同时，还有很多方法对于疾病的诊断十分有效。

一 特异性诊断的基本概念

为什么不辞辛苦地针对病毒感染要建立一个确切的实验室诊断方法？在很早以前，当实验室诊断试验处在建立初期，对于病毒感染相关的疾病的诊断主要基于病史、临床症状和（或）大体病理解剖和组织病理学观察。实验室检测结果作为临床诊断的验证数据。这种情况存在的时间并不长，原因如下：① 最近研究成功了快速、敏感和特异的鉴定单一病毒感染的检测方法；② 许多临床病例如疾病综合征等仅凭临床症状和病理学诊断很难确诊，例如犬和牛的呼吸道疾病综合征；③ 尤其是与伴侣动物有关诊断医学需求的增长，需要可靠的特异的诊断工具。法律法规要求畜牧生产中的疫病和动物传染病能被特异的检测试剂对其鉴定，禽流感就是一个明显的例子。有关其他领域的实验室检测数据的重要性将随后提及。

（一）在个体和单个畜群水平上的诊断

诊断影响着患病动物的管理措施和疾病预后。呼吸道疾病（即常发生在闷热的设施中，如寄宿犬舍中发生急性呼吸道疾病，育肥牛发生的航运热等），包括病毒在内多种不同的病原均可引起新生幼畜的腹泻和一些皮肤黏膜疾病。迅速与准确的鉴定病因是采取防治措施（生物安全措施、免疫预防和抗生素治疗等）的基础，可以防止疾病在马厩、犬舍、羊栏和牛群中继续泛滥。

无特定疫病感染的认证。对于有些动物疾病的感染可能伴随其一生，如猫和牛的白血病感染、持续牛病毒性腹泻、马传染性贫血和某些疱疹病毒感染的阴性检测的认证或曾经进行过相应免疫对于贸易的先提条件，这是交易对等性的展示和体现，也是竞赛和（或）国际体育运动的要求。

人工授精、胚胎移植和输血。用于采集精液的公畜和用于胚胎移植项目的母畜，特别是牛，以及所有种类动物的血液提供者都要进行一定范围的病毒检测，把病毒传给受体动物的风险降到最低。

动物传染病。病毒方面的有狂犬病病毒、裂谷热病毒、亨德拉病毒、流感病毒、东方/西方和委内瑞拉马脑炎病毒都是动物传染病，并且具有重要的公共卫生意义，因此需要相关兽医诊断实验室具有准确检测这些病原的能力。通过单一的集群和感染的猪只的诊断可以对潜在的流感病毒的流行进行早期预警，有助于清除感染和限制感染动物的流动等控制项目的实施。例如，对于咬过小孩的犬、臭鼬或蝙蝠是否带有狂犬病病毒的鉴定是对小孩采取何种治疗方案的基础。

（二）在州、国家和国际水平上的诊断

具有流行病学和经济学的意识。在任何一个州或国家提供全面的兽医服务主要取决对流行疾病背景的了解，所以常常通过流行病学的研究确定特定病毒病的流行与分布。这样的项目也用于预防特定动物传染病，如食源性病毒、水源性病毒、啮齿类动物传播病毒和节肢动物传播病毒。国际上，在一个地区或国家出现的特定动物疫病需要通知国际兽疫局（OIE，即为世界动物卫生组织），该组织记录着175个成员国特定疾病的发生情况。

检测与清除程序。对于有些病毒引起的疾病如马传染性贫血病毒、马立克氏病病毒、牛疱疹病毒Ⅰ型、伪狂犬病毒和牛的病毒性腹泻病毒等，使牛群和羊群这些疾病的发病率大大降低或者清除病毒，通过检测和清除程序是完全可能的。伪狂犬病毒在美国商品化猪场的净化就是个例子，在美国鉴别实验室试验［所谓鉴别或区分自然感染与疫苗免疫动物的试验（DIVA），该试验可以对自然感染动物和疫苗免疫动物进行区分］对于净化效果十分重要。

监测项目有利于地方传染病的研究和控制。基于实验室诊断的病毒感染监测是流行病学研究的重点，是否确定某种病毒在新的地点流行；在特定宿主群中的病毒是否影响周围的自然历史和

生态群落；是否建立了控制疾病的方法和优势，以及监测与评估的程序。

监测计划有利于外来传染病的研究和控制。许多毁灭性的疾病在欧洲各国、北美、澳大利亚、新西兰和日本等国的家畜中不存在，如口蹄疫病、猪瘟、非洲猪瘟及鸡瘟等，这些疫病在世界的其他国家呈地方流行性。这些可怕的外来病的周期性入侵，无疫区具有惊人的规律性和重大的经济影响。因此，疑似重要病毒病的快速准确的临床诊断是极为重要的。许多国家拥有或共享专业的生物控制实验室，用于迅速和准确诊断和研究重要病毒，这些病毒是引发重大经济损失的"外来动物疾病"的病原。

新出现和再出现动物病毒性疾病的预防。如果要迅速处理和综合防控新的疫病威胁，对动物种群的新病毒、新疾病和新流行病的连续监测是必不可少的。新的病毒和新病毒相关的疾病不断被发现，几乎每年都有。机警和精明的兽医可以通过必要临床诊断和流行病学对这种情况的发生作出早期识别。

样品的收集、包装和运输

检测到病毒的机会完全取决于主治兽医采集的样本。显然，这样的标本必须在恰当的位置、最合适的动物和正确的时间采取。检测病毒的最佳时间是在动物出现临床症状第一时间尽快进行病毒检测。因为通常在有发病迹象的时候病毒的数量（效价）是最高的，通常在随后的几天就迅速下降。在几天或几周的经验性治疗后，样品的病毒检测作为最后的手段是徒劳的，并造成实验室资源的浪费。同样，采集和存储不正确的样品，以及提供不正确的样品，将降低实验室成功作出准确诊断的可能性。

病料的采集位置取决于病畜的临床症状和疑似病原的致病机制（表5–2）。例如，患呼吸道感染的病牛，最重要的诊断样品是患病活畜的鼻拭子、喉拭子和气管冲洗液；死畜的肺组织和淋

巴结。此类情况下，采集全血样品是没有意义的，因为这些病毒（呼吸道合胞体病毒、牛疱疹病毒Ⅰ型和牛的冠状病毒）在血液中（毒血症）不能产生可以检测到的病毒滴度。同样地对于常见肠道疾病（如腹泻），在犊牛轮状病毒、冠状病毒和环曲病毒感染时，粪便为首选样品，只有怀疑牛腹泻病毒感染时，采取全血样品才是有价值的。样品的采集时间也十分重要，特别是肠道疾病，如轮状病毒感染在出现症状48 h后就没有可能检出该病毒。PCR检测可延长采样时间的限制，因为PCR具有较高的敏感性，并且能够检测与中和抗体形成复合物的病毒的核酸，但PCR检测延长的检测时间并不意味着没有时间限制。此外，延迟PCR检测病毒核酸的时间会增加假阳性结果的可能性，通过PCR检测到的病毒也可能不是导致动物发病的原因。

表5–2　发生各种临床综合征的活畜实验室诊断的最佳样品

综合征	样品
呼吸道	鼻喉棉拭子、鼻咽分泌物、气管冲洗液
肠道	粪便
生殖道	生殖道棉拭子
眼病	结膜的棉拭子
皮肤病	水疱的棉拭子或刮取物、活检的实质性病变
神经系统	脑脊液
普通病	鼻腔棉拭子[a]、粪便[a]、血液白细胞[a]、血清、尿
活检	相关器官
任何疾病	血清学检测的血样[b]

a 根据预判的发病机制。
b 允许血液凝固，血清保存用于抗体检测。

组织样品应该采自身体发生眼观损伤的部位，无论活体组织检测还是尸体剖检，这对实验室确诊导致感染动物发生明显损伤的病因十分重要。因此，将被固定（福尔马林或其他固定剂）的样品和用于检测病毒不需要固定的样品要分开保存，如免疫组织化学染色、PCR检测和病毒分离等。

由于许多病毒稳定性较差，样品必须保存低温湿润的条件下，这需要提前做好准备。在采集样品时，如棉拭子，建议将其立即放入病毒运输

介质中。各种各样的病毒运输介质由缓冲盐溶液组成，并添加有蛋白（明胶、白蛋白和胎牛血清）保护病毒免受灭活剂和抗生素的影响，阻止细菌和真菌的繁殖。专用于细菌的运输介质一般不能用于病毒样品的保存，除非已经证实这种介质不会对要进行的检测产生影响。用于细菌检测的样品应单独采集。通常，按照病毒分离的要求正确地采集和保存的样品也适合于抗原与核酸的检测试验。如图5-1所示，这是一个含有适合于样品采集和运输的各种器具的采样包。

样品应尽快送到检测实验室。随着快递公司在世界各地的不断发展，快递业务大大缩短了检测样品的运输时间，也显著增加了诊断成功率（病原检出率）。如果几天内能送到实验室，样品不需要冷冻，但应保存在低温条件下（冷藏温度）。对于PCR和直接的病原检测不要求病原存活，病毒分离要求样品保存在理想的状态下，也会增加其检测技术的检出率。如果样品没有动物或畜群的详细病历资料，请不要向实验室送检。病历单有助于检测人对送件样品选择最可能检测试验，如果需要也可以与临床兽医沟通加送样品。如果样品是用于病理组织学检查，对于感染动物的特性和损伤分布的详细和准确的描述是非常重要的，无论是采自尸体剖检还是活体剖检的样品。

样品的包装、标记和确认是一项例行工作，但重视这些细节能最大限度保证邮寄的样品安全送抵实验室和防止因不正确邮寄危险物品而受到法律制裁。样品提交者应了解当地的运输法规，在很大程度上反映国际航空运输法规的要求，据

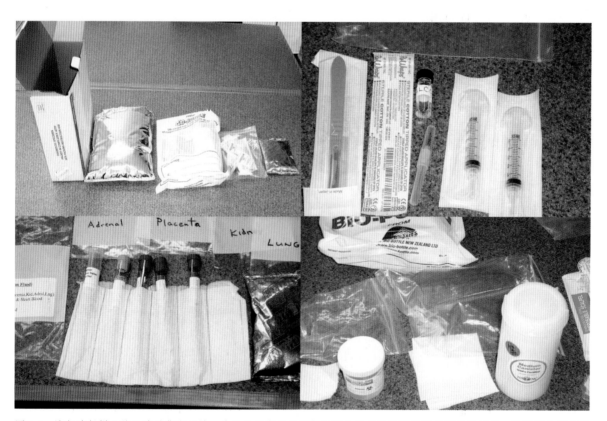

图5-1　该包确保样品的正确采集和运输，为最大限度的对临床病例作出有效的实验室检测提供可能。诊断实验室能够提供这样的采样包，它所含物品主要用于样品的采集和运输，符合运输的相关标准。所含物品主要有：运输用箱；绝缘袋，冷冻袋，耐95kPa压值样品采集袋，耐95kPa压值福尔马林罐（1大罐，1小罐）；可封口塑料袋（小号和中号）；足够的能吸收所有运输液体的物质；血清全血采集管；乙二胺四乙酸（EDTA）抗凝血采集管；采血针；注射器；手术刀；缓冲盐；酒精棉球；病历表；邮寄单；福尔马林运输标签；海运报关单所界定的原产地。（此图由康奈尔大学兽医学院动物保健诊断中心B.Thompson提供）

此包装诊断样品。由于样品承运商缺乏样品运输的相关知识，尽管样品已经通过陆路运输，也会有在运输过程中通过短距离或中等距离的航空运输。应保证样品在运输过程中不破碎，并保持冷藏状态（但不要冷冻），要使用冷藏包装。只要可能，采集样品应适合几种检测试验用，在任何情况下单一的试验检测会提供确定无误的诊断。

三 大体解剖和病理组织学诊断病毒感染

对于疑似病毒感染动物的大体解剖和病理组织学观察一直是有效和重要的诊断手段。如果剖检或尸检采集的样品可能用于理组织学检测诊断病毒感染，特定样品要进行特别固定，常规福尔马林固定是必要的。如果要求特别的检查，如电镜观察或用于免疫组化染色的冰冻切片等，样品接收实验室应参照相关程序和材料要求。样品提供公司对发病动物的损伤进行详细、准确的病程和外观描述对诊断十分重要。

病理学检测的最大的优点是可以针对特定的病毒疾病能作出准确无误的诊断，尤其是与相关实验室病毒学检测试验相结合时更是如此。相反，仅仅对某一病毒的确定，或动物针对某一病毒的血清学阳转，并不是疾病病因的必要证据。因此实验室特异病毒的确认协同感染动物的临床症状和病理损伤一起将大大增强特异性诊断的可信度。同样，对于一个动物仅有识别特征性病变诊断，而没有相关病毒的检测，就要进行额外的实验室检测证明或否定这一诊断。

四 病毒检测的方法

（一）电子显微镜观察检测病毒

看到病毒本身也许是检测或鉴定病毒的最明显和直观的方法（图5–2），根据大多数病毒的

形态学的特征可确认图像中的病毒，并将未知病毒进行种属分类。在特殊情况下（即对奶牛乳头水疱样损伤处的刮取物进行副痘病毒检测），该方法可以迅速提供明确的诊断。用电子显微镜就可以检测不能培养的病毒。始于19世纪60年代后期，借助电子显微镜发现了几个先前不能培养的新的种属的病毒，值得一提的有轮状病毒、诺瓦克病毒、星状病毒和环曲病毒，未分类的腺病毒和冠状病毒，即使是今天，不能培养的病毒如细环病毒科的病毒（转矩特诺病毒）也是通过电子显微镜对来自人和各种动物的样品鉴定的。通过电镜检测病毒有两种方式：负染电镜观察和薄层电镜观察。负染电镜观察的程序是含有病毒的液体基质直接加到特制的固体网架上。

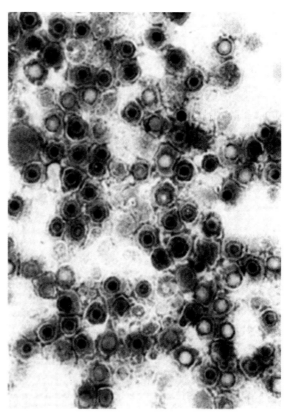

图5–2 电子显微镜诊断

大多数病毒的形态学具有足够的特征将未知的病毒划分到相应的种属中。此图是直接复染的水疱液中含有大量的疱疹病毒粒子，可以初步诊断为牛的鼻气管炎感染。放大倍数：×10 000倍。

通过电子显微镜，应用染色使病毒粒子直接

可视化。超薄切片电镜可以用于固定组织样品的观察，通常要检测的病毒是来自感染动物或生长于细胞上未鉴定病毒。电子显微镜作为诊断工具的最大局限是敏感性差，然后是昂贵的设备和高水平显微镜的专门人才。对于复染电子显微镜检测病毒粒子，要求液体基质病毒粒子含量不低于 10^6 个/mL。在粪便、水疱液和病毒感染的细胞中的病毒粒子均超出此浓度，但呼吸道黏液却达不到此浓度。

通过特异的抗血清可以富集病毒粒子（免疫电子显微镜）以增强电镜检测的敏感性并对病原作出初步诊断。就超薄切片电镜而言，如果想通过电镜看到病毒粒子，所观测组织中的大多数细胞必须含有病毒。常规电镜检测程序很大程度上被更敏感更廉价的抗原捕获试验或免疫染色技术所取代。但是由于电子显微镜是一种独立的检测手段，一直在一些特殊的领域中应用，同时它要求具备必要的设备和经验。

（二）通过病原分离检测病毒

尽管通过检测样品中的病原及其核酸等"当日诊断"的新技术层出不穷，但通过细胞培养分离病毒仍然是重要的检测手段。至少理论上在样品中可以观测到的病毒粒子就可以通过细胞培养使其增殖，这也能为进一步的病原特性鉴定提供足够的病原物质。病毒分离始终是新的检测方法必须比对的"金标准"，但核酸检测试验，特别是定量PCR检测试验正在挑战这一模式。

有几个原因可以解释为什么病毒分离仍然是许多非商业化实验室的标准技术。截至目前病毒分离仍然是检测非预期病原的唯一方法，也就是鉴定一个完全意料之外的病毒，或者发现一个全新的病毒。因此，即使这些实验室具备了快速检测的能力也可能接种细胞分离病毒。宏基因组和"深度测序"技术可以检测未知病原（也称病原发掘），但很少有实验室额外资助经常应用这些技术的项目。病毒培养可以比较便捷地提供活病

毒样品，用于进一步的分子手段的鉴定（基因组测序和抗原性变异等），研究与参考实验室，特别是一直在新发生疾病中寻找新病原；这样的病毒需要全面的特性鉴定，最近的研究表明流感病毒出现了迅速的变异毒株。甚至，通过细胞培养增殖大量的病毒用于生产诊断试剂和单克隆抗体等试剂。直到目前，疫苗研制还取决于病毒能否进行培养增殖，当然随着重组DNA技术的不断发展，在将来这种状况很快发生改变。

对于临床样品中未知病毒的初次分离，选择怎样的细胞培养策略主要凭经验。最初细胞来自病毒感染动物的同种属的胎儿细胞，对于病毒分离最敏感。来自同种属传代细胞系在大多数情况下可以替代原代细胞。随着对野生动物疾病的关注的增加，大多数实验室不得不进行与感染动物相关的细胞培养。对于感染动物的诊断策略能够反映诊断病毒学家和个别实验室的创造性和特长，尽管根据感染动物的临床表现可以判断可能的病毒感染。大多数实验室也选择能够适合多种病毒增殖的细胞系进行病毒分离，以防漏掉意想不到的病毒。节肢动物细胞常常作为虫媒病毒分离的平行系统。即使有最好细胞培养体系，一些病毒如乳头状瘤病毒也不能在传统的细胞培养条件下增殖。特殊的培养系统如器官培养或体外组织培养可能是有价值的，在采用这样特殊而复杂的诊断技术前应签订合同以确认检测实验室的能力。

在过去，当一种传染病出现，用标准的方法难以诊断时，接种假定的自然宿主动物以确定疾病的感染特性，有助于最终分离到病原。这种方法已经很少使用，主要出于对其花费和动物福利的关注。一些实验室具有接种乳鼠的能力，这一系统对于分离虫媒病毒非常有效可以与细胞培养相媲美。即使细胞培养（Madin-Darby canine kidney, MDCK）通常用于流感病毒的分离，但鸡胚一直用于禽流感病毒的分离。许多禽的病毒在鸡胚上复制要比在来自鸡胚的细胞上增殖好，并且对于常规的病毒分离，可获得的禽类细胞系

是有限的。根据病毒的特性，诊断样品被接种到羊膜腔或尿囊腔，以及卵黄囊中，或绒毛尿囊膜上，在罕见的情况下，静脉注射到蛋壳膜和胚胎的血管中。病毒增殖现象可以在绒毛尿囊膜上观察到（如痘病毒引起的特征性的痘斑），但其他方法也可以检测病毒的增殖（如鸡胚致死、凝集试验、免疫荧光试验、免疫组织化学染色和抗原捕获ELISA）。

如果临床兽医试图分离病毒，要特别注意样品在收集与运输中的细节，因为病毒分离的成功与否取决于实验室收到的样品中是否有存活的病毒。在采集样品之前一定要与送检实验室取得联系以便确立取样的策略、运输的要求和通知实验室将要运输的样品的数量和类别。在样品接收的当天有准备好的病毒分离细胞可以增强病毒分离的成功率。没有比病毒分离更紧急的事了；任何病毒都有自己的生物钟，不因为你的关注而加快它的复制周期。对病毒中的α疱疹病毒，在接种细胞后2～3 d出现CPE就能视为一次成功的病毒分离，而其他病毒分离就比较慢需要反复连续传代。一般的病毒的检测时间取决于实验室使用的鉴定病毒的培养系统，非细胞病变的牛病毒性腹泻病毒在病毒分离鉴定时，最早可在接种后3 d检测到，最迟可达3周，这取决于实验室的检测程序，对于常规检测和细胞分离培养病毒的鉴定方法包括对感染病毒的细胞单层的免疫荧光检测和免疫组化染色，抗原捕获ELISA，核酸检测试验如PCR，红细胞吸附试验，甚至用负染电镜检测未知病毒。

（三）病毒抗原的检测

对于病毒抗原的直接检测，对一些免疫学检测方法可以15 min内完成，如果包括大量样品制备和染色，检测步骤可以持续几天，样品中是否有存活病毒对于阳性抗原的检测结果影响不大。样品的收集时间对于一些检验比较重要，如用于病毒分离的样品。分析敏感性的检测方法各种各样，从单个感染细胞的检测到需要有$10^{5.0}$抗原

单位的检测不等。这类试验革命性进步是单克隆抗体的制备。这些制剂对其作用的抗原具有高度的特异性，并且一旦制备成功，为持续的检测提供一个几乎取之不尽相同材料。许多抗原在组织固定时发生改变或被隐蔽了，这对抗原检测十分不利。甚至这些检测具有抗原特殊性，一个用于检测犬细小病毒的样品不能用于检测犬的冠状病毒，样品需要单独分开，进行特异的抗原检测。

1. 免疫荧光染色　免疫荧光或荧光抗体染色主要用于冰冻组织切片的抗原检测试验，细胞"涂片"或培养的细胞；用福尔马林固定的组织样品通常不用于此项检测。抗原检测是通过特别改良的样品基质，形成抗原抗体复合物。这种改良的标签是抗体携带的荧光染料，它可以吸收特定波长的紫外光，但它发射光为高频波长，通过带有针对荧光染料发射波长的滤光片的特殊显微设备可以直观检测其发射的光波。荧光染料可以直接标记到特异的抗体上（也称直接免疫荧光检测）或者标记到识别特异抗体的抗抗体上（也称间接免疫荧光检测）（图5-3A）。间接方法可以增加试验的敏感性，但也可能增加其试验背景。免疫荧光染色需要特殊的设备，包括用于组织切片冷冻切片机和用于检测的荧光显微镜。免疫荧光试验在对来自动物或细胞培养物的病毒感染细胞的鉴定上具有重要价值。对明确的病毒性疾病，含有感染细胞的样品很容易从上呼吸道、生殖道、眼睛和皮肤的黏膜收集，通过简单的在坚实度合适的感染部位用拭子擦拭或刮取就可获得样品。感染病毒细胞也可能存在于鼻腔中的黏液中或者其他部位的液体中，包括气管和支气管的灌洗液，胸腹腔积液和脑脊液。对于呼吸道感染副流感病毒、正黏病毒、腺病毒和疱疹病毒特别易于通过免疫荧光染色进行快速诊断（检测时间不超过3h）。这种方法可以用于组织检测，如对于疱疹病毒感染的活体检测，也可用于因感染犬瘟热病毒或狂犬病毒而表现为神经症状的浣熊进行尸检时的脑组织检测（图5-4）。

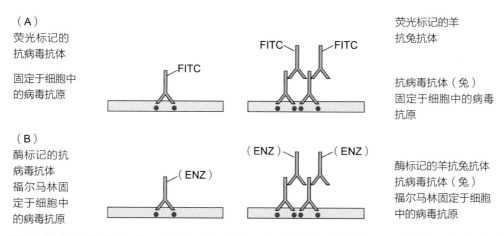

图5-3 （A）免疫荧光法。左：直接法。右：间接法。（B）免疫组织化学法。左：直接法。右：间接法。

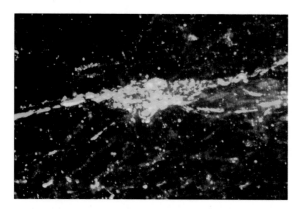

图5-4 脑组织中狂犬病的直接荧光染色

临床上表现为神经症状的牛的脑组织的冰冻切片，经冷乙醇固定后用含有3种针对狂犬病病毒核蛋白单抗的商品化试剂进行染色，抗体用荧光素标记。在perkinje细胞上观察到阳性染色。（由纽约州健康署的 J. Galligan供图）

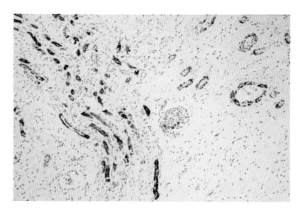

图5-5 牛的病毒性腹泻病毒（BVDV）感染组织的免疫组化染色

来自急性发病牛用福尔马林固定的肾脏样品与单克隆抗体15.c.5.作用后，与辣根过氧化酶标记羊抗鼠的抗血清反应。酶的底物是3-氨基-9-乙基咔唑，深色着染的细胞是BVDV感染的阳性细胞。

2. 免疫组织化学染色（免疫过氧化物酶） 在原理上，免疫组织化学染色与病毒抗原的免疫荧光染色极为相似，但它们有着几处关键的差异（图5-3B）。用于免疫组织化学染色的标签是酶，通常是辣根过氧化酶。酶与底物反应产生一种有颜色的物质，可以用常规光学显微镜在感染病毒的细胞上观察到。组织样品通常用福尔马林固定，固定后的样品在采样后几天或几周进行检测不会对检测结果有影响，不需要低温保存。另外一个主要的优点是免疫组织化学染色技术随着反应时间增加其反应产物也随之增加，而免疫荧光染色产生的适时信号，它不会随着反应时间的延长而增加。甚至，免疫组织化学染色的

片子可以保持较长的时间，用于多次观察，而免疫荧光染的片子很快就不能使用了。免疫荧光染色具有速度的优势。免疫组织化学染色要在福尔马林固定24 h后才能给出检测结果。也许免疫组织化学染色方法最大的优点是它易于比较组织切片中病毒的分布和细胞定位，用以确定病毒抗原的分布是否与出现的病理损伤有相关性。

3. 免疫酶检测——酶联免疫吸附试验 免疫酶检测通常是指酶联免疫吸附试验，一种具有革命性的诊断方法。它可以检测抗原也可以检测抗体。尽管免疫酶检测试验具有很高的特异性，对于检测阳性的样品也需要含病毒粒子不少于10^5个/mL。这个水平的敏感度使这些试验具有较

高的价值，特别对于畜群的检测，任何阳性动物的确诊就可以对畜群状态作出定性判定。利用中心实验室的自动系统，这种检测既可以用于临床兽医的单一的样品检测也可以用于上百个样品的同时检测。一些常用的抗原检测试剂盒包括猫的白血病病毒检测试剂盒、犬的细小病毒检测试剂盒、牛的病毒性腹泻病毒检测试剂盒、轮状病毒检测试剂盒和流感病毒检测试剂盒。有许多不同类型的免疫酶检测试验，它们主要在几何性质、检测系统、扩增系统和敏感性上有差异。这里不可能涉及所有的检测试验，作为基本的试验原理可以应用于所用的检测试验。

大多数的免疫酶试验都是固相免疫酶试验；用于"捕获"的抗体被吸附到固相物质上，比较典型的吸附孔是由聚苯或聚乙烯板制成的。这种检测最简单的形式是直接免疫酶试验（图5-6）。来自样品的病毒和可溶的病毒抗原可以吸附到捕获抗体上，而未吸附的成分被洗掉，一种抗病毒抗体（"检测"抗体）加入孔中，各种各样的酶可以标记到抗体上，但辣根过氧化物酶和碱性磷酸酶是最常用的。再次漂洗后，对于特定酶的相应的有机底物加入孔中，然后根据颜色变化读取数值。酶与底物作用产生的有色产物可以通过眼观检测和分光光度计测量，以便确定与捕获病毒反应的酶标抗体的量。没反应的底物可以改进成

产生荧光和化学发光信号，以增强其敏感性。对于所有的这类试验，必须进行大量的验证性试验以确定其临界值，这是确定其敏感性和特异性的试验。

因为间接免疫酶检测的更强的分析灵敏度而被广泛应用，但随着敏感性的增强其特异性会有所下降，在这种检测中，检测抗体未被标记，而作为指示抗体的抗抗体（具有种特异性）是标记的抗体（图5-6）。作为抗抗体的替代物是标记的葡萄球A蛋白，它可以与许多哺乳动物的IgG的Fc端结合，在间接免疫酶试验中作为指示剂。单克隆抗体对于免疫酶试验的发展提供了特别的便利，因为它为商品化的检测提供了源源不断的高度特异、敏感的试剂。尽管对于特异的单抗所识别的抗原位点的任何变异（目的病毒的抗原性变异）能够导致结合位点的丢失或试验敏感性的下降，从而出现假阴性的结果。免疫酶试验已经正式由于兽医临床中单个动物样品的检测（图5-7）。

4. 免疫层析法　免疫层析法简单地说就是将抗原或抗原抗体复合物通过滤过矩阵或侧向流方式进行迁移。如硝酸纤维素膜，在多数情况下，一种标记的抗体与目的抗原结合，然后抗原抗体复合物在硝酸纤维素膜迁移的过程中被固定在硝酸纤维素膜上的未标记抗体捕获而停止移动。所有的对照也在硝酸纤维素膜同时迁移。结

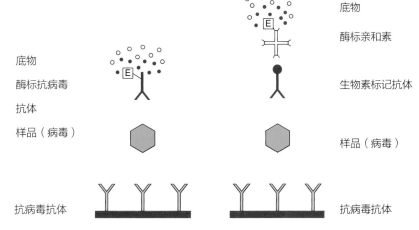

图5-6　免疫酶试验［EIA，也称酶联免疫吸附试验（ELISA）用于检测病毒和/或病毒抗原］
左：直接的方法。右：间接的方法使用生物标记抗体、酶（即过氧化物酶）标记的亲和素，和酶反应底物及参与发色的色原。

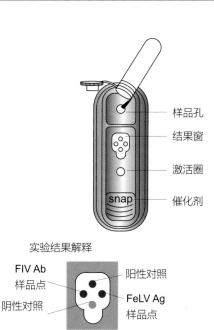

实验结果解释

FIV Ab
样品点　　　　　　阳性对照

阴性对照　　　　　　FeLV Ag
　　　　　　　　　　样品点

阴性结果

　只有阳性对照点显色

阳性结果

FeLV 抗原　　　　FeLV 抗原和 FIV 抗体　　　FIV 抗体

1)　　2)　　3)

阳性对照孔和　　　　阳性对照孔和　　　　　阳性对照孔和
FeLV Ag 样品点显色　2 个样品点显色　　　　FIV Ab 样品点显色

带有阴性对照的结果
阴性对照孔可以防止假阳性出现

1)　　阳性结果　　　　　2)　无效结果
　　　　　　　如果 FIV Ab 或 FeLV　　　　　　　如果阴性对照的颜色与
　　　　　　　Ag 样品孔的颜色比　　　　　　　FIV Ab 或 FeLV Ag 样
　　　　　　　阴性对照的深，则　　　　　　　品孔的颜色相同或更
　　　　　　　结果为阳性。　　　　　　　　　深，则结果为无效。

无效结果
1. 本底　　　　　　　　　　　　　　　　2. 无颜色产生
如果样品允许流经激活孔，本底颜色会　　如果阳性对照无颜色产生，应重
显现。一些本底颜色是正常的，如果本　　做试验。
底颜色本底出现混乱结果，应重做试验。

图5-7　商业化免疫酶检测试剂盒用于临床上的个体动物。这种试剂盒能同时检测猫的血清、血浆和全血中的猫白血病病毒（FeLV）抗原和猫的免疫缺陷病毒（FIDV）的抗体。通过检测FeLV群特异性抗原确诊FeLV的感染，通过检测FIV异性抗体确诊FIV感染。该试验利用了针对FeLV p27的单克隆抗体、灭活的FIV抗原，以及阴性与阳性对照。交联物包括酶联抗p27抗体和酶联抗原，如果交联物与样品混合，酶联抗p27单克隆抗体将与p27抗原结合（如果存在p27），样品交联的混合物加到捕获孔，再流过检测区。检测区吸附着p27抗体（FeLV斑点）将捕获p27与抗体结合的复合物，而吸附着FIV抗原（FIV 斑点）的检测区将捕获FIV抗体与抗原的复合物。检测条随后被激活（启动Snapped），进行（releasing）漂洗，底物液储存在检测条中。在FeLV抗原样品孔中有颜色反应表明有FeLV抗原存在，而FIV抗体样品孔中有颜色反应表明有FIV抗体存在。（由IDEXX实验室/公司供图）

果会看到带有颜色的斑点或条带，因为其中一种试剂交联了胶体金或显色底物。这种试验对于护理测试点特别便利，因为该试验步骤简单，并且每次试验都包含阳性和阴性对照以便判定试验的有效性。

（四）病毒核酸的检测

在过去的几年里，核酸技术领域的发展可以使一些（早期）技术彪炳史册，主要反映在这些技术在疫病诊断上的应用。例如，经典的杂交技术并不是典型的易于使用的常规试验，特别是该试验还需要严格的质控标准。在核酸检测技术上最惊人的进展是聚合酶链式反应（PCR）试验的诞生，与之同等重要的是核酸提取程序的标准化。另外核酸测序技术、寡核苷酸的合成的迅速发展，以及基因数据库的建立，允许廉价的测序分析，取代了不太严格的序列比较病毒株间的遗传变异。目前的技术可以直接用临床样品扩增的序列进行病毒的 PCR，而不需要先进行细胞选择性培养。最新的技术可以对未知病原进行检测和定性（病毒宏基因组学）。随着纳米技术的发展，可以预见能够准确检测感染病原同时并不昂贵的核酸检测技术在将来会应用于临床检测，使用这种技术不需要高水平的技术人员。

在如下情况下，核酸检测技术的价值是无法估量的：① 病毒不能进行培养；② 样品中含有因储存过期、固定组织或运输不当导致失活病毒；③ 在潜伏感染期，病毒的基因组处在休眠状态，并没有形成具有感染性的病毒；④ 在病毒急性感染的晚期或在持续病毒感染过程中有病毒与抗体形成的复合物。但是病毒核酸扩增技术具有的敏感性也产生了新问题。与细菌性病原体检测的情况不同，通常情况是，仅仅是在病变部位或一个临床疾病的动物检测到致病病毒，以此作为其致病原的证据（因果关系）。病毒核酸扩增技术作为检测手段变得越来越敏感，检测的对象也越来越多，病毒的携带者也显得更加重要。

实际上，有的病毒如蓝舌病病毒，在先前感染过蓝舌病病毒的反刍动物，病毒在体内清除后几个月后仍能在其血液中检到病毒核酸。更有甚者，以牛疱疹病毒为例，检到病毒核酸不能确定是否是急性感染、潜伏感染的再次发作或免疫疫苗的结果。

1. 聚合酶链式反应　PCR作为一种体外检测方法主要是利用一对寡核苷酸引物，大约20个碱基（20聚体），通过酶促反应合成特异的DNA序列，引物结合到相对应的位于目的DNA的相应区域上，一对引物通常是正反向引物（图5-8）。在有DNA聚合酶和根据模板添加新核苷酸的前提下，提供相应的引物是必要的，并且直接针对DNA的特定区域进行扩增。对于特定目的产物的检测可以设计带有标签的引物。利用计算机程序可以优化引物设计并能预测反应参数（时间/温度）。可以知道哪里有错配碱基或预测引物与目的序列的错配情况，引物是可改变的——一对引物在特定位置上可以具有不同的碱基，这可以增加检测试验的敏感性，因此可以检测到更多的基因变异。对于PCR反应是在热循环仪上进行的，要精确控制离子强度、引物浓度和核苷酸浓度。重复的循环包括模板的加热变性，引物的退火，退火后的引物在DNA聚合酶作用下的延伸，呈指数级扩增由5'端引物定义其末端的特定的DNA片段。有引物在一个循环延伸合成的产物可作为下一个循环的模板，因此目的DNA拷贝数在每一个循环都会倍增；20个循环的扩增数可达百万级。

自从1983年PCR这个概念诞生以来，这一方法的每一方面都发生了巨大的变化。由于耐热DNA聚合酶出现，使高温变性和合成目的产物DNA链的分离成为可能，避免了在每个循环后重新添加聚合酶。耐热DNA聚合酶的应用也增加了反应的敏感性，因为每个循环都在极为严格的退火条件下进行；尤其是高的退火温度可以降低碱基的错配，这可导致假阳性结果的出现。为了增加检测的敏感性，套式PCR应运而生。套式

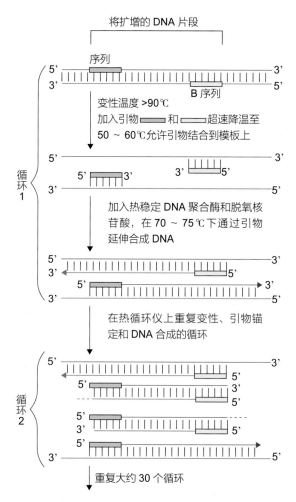

图5-8 通过聚合酶链式反应扩增部分DNA序列
根据要扩增的部分的DNA序列的一端首先合成寡聚核苷酸引物。在DNA热变性后，引物与在反义链上互补序列杂交。在耐热DNA聚合酶和脱氧胞苷三磷酸存在的情况下，针对目的区域的2个拷贝被合成出来。融化、变性和延伸这样循环被迅速重复；每个循环使目的DNA片段数量倍增。经过最初的几个循环后，几乎所有的短链模板被选择用于扩增。在30个循环后，大约3 h后，由特定引物扩增的目的片段会增加几百万倍。（由I.H. Holmes 和 R. Strugnell供图）

PCR是一对引物用于扩增最初目的片段，第一次扩增的产物作为第二次PCR反应的模板，根据此模板设计新的引物用于第二次扩增，在扩增的产物基础上进行的扩增反应大大增加检测的敏感性，但也大大增加假阳性结果的出现概率，主要原因是最初的扩增产物对试验材料的污染。由于定量PCR的出现使套式PCR技术的应用明显降低。

用于检测RNA序列的反转录PCR（RT-PCR）技术的出现是在细胞生物学和病毒诊断上的重要进步。对于RT-PCR，使用能够以RNA作为模板DNA聚合酶，将RNA首先转录成cDNA，如同逆转录酶病毒的反转录一样。已经研制出新的反转录酶，可以在较高的温度下合成cDNA链，这增加反应的特异性和敏感性，在单管RT-PCR试验时，在试验开始，两个反应的所有组分加到反应管中。cDNA合成的步骤在PCR反应之后立即进行。在这种试验模式下，一反应的产物没有机会交叉污染另一个反应，因为反应管直到反应结束才能打开。正如单管试验的优点大大增加PCR试验结果的可靠性，几乎解决实验室污染的难题。

（1）扩增产物的检测方法 在PCR试验的早期，扩增产物的检测是通过胶分离来分析反应产物的。扩增产物的大小的确定是通过观察固着在经琼脂糖分离的寡核苷酸上的荧光染料来进行的。作为有病原存在的样品，就会得到一个合适大小的条带作为阳性试验结果。方法的改进提高检测胶上条带的敏感性，即使增加了敏感性，这种检测方法也存在一个主要的缺陷——反应管必须要打开以便检查样品的状态。许多实验室因此被扩增的反应产物污染，随后在这样的设备上检测样品常常获得假阳性结果。为了解决假阳性的难题人们付出了艰苦的努力，但对阳性试验结果的怀疑变得更普遍并且问题依然存在。最终，技术的进步给出了解决问题的答案，还是归结到的可控的PCR试验上：实时PCR试验（图5-9）。这种技术主要优点是便捷，由于带有荧光检测仪的热循环仪的发明，它能精确地测量（定量）在反应管中已经产生的PCR产物（扩增产物）的数量，这就是"实时"。产物的测定是通过检测几种不同的荧光报告分子的荧光强度的增加来实现的，包括非特异DNA染料（SYBR Green I），TaqMan®探针（图5-9A），分子标签作为例子之一。一旦反应物加到反应管中，反应管就不能再打开，因此阻止任何实验室的污染机会，因此实时检测系统也就比标准的胶系统更加敏感，通过使用反应检测探针使反应的特异性得到了加强，因为只有探针序列与目的序列结合才会产生信号。

实时检测系统的另一个优点是检测过程的量化。在选择条件的情况下，扩增产物的数量是以每3.3个循环10倍的量增加（图5–9B）。用实时检测系统，每个循环扩增产物的量都能被检测到。

在一个反应中，产物产生的数量能与对照拷贝数进行比较，在系统中要用适当的精确的对照，通过直接检测能够确定起始序列的数量。例如对于人，这种特性在监测对丙肝和免疫缺陷病毒感染的药物治疗超时具有特别价值。

PCR试验的最新的变化是多重PCR的应用变得更加普遍。这种方法中，在同一个扩增反应中

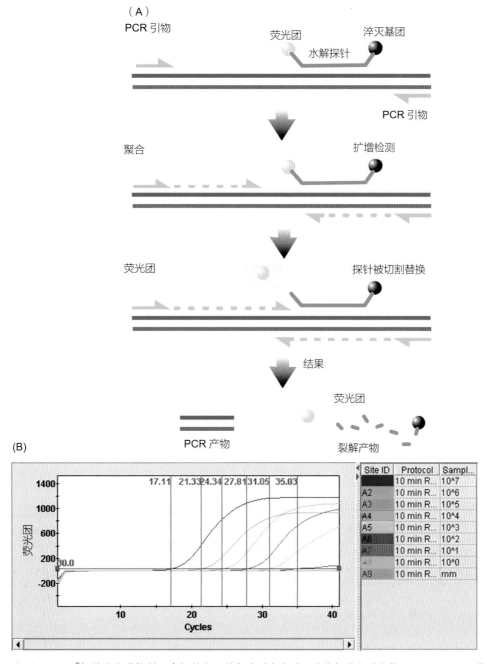

图5–9 （A）TaqMan®探针的化学机制。在探针与互补靶序列杂交时，这些探针主要依赖5'—3' Taq DNA聚合酶的核酶活性来切割双标记的探针。（B）用稀释犬的肺炎病毒的克隆片段的RNA转录物（拷贝数对照）建立的反应曲线评价试验的检测条件。竖线代表Ct值，它与阈值线相交处是能检测到荧光信号PCR循环数。TaqMan®探针在5'端标记了FAM（6–羟基荧光素；报告染料），在3'端标记了BHQ（黑洞淬灭剂；淬灭剂）。

含有针对不同靶序列的2对或2对以上的引物，按着这种方式，在同一检测管中可以同时检测几种病原，因此可以节约时间和金钱。对于适时PCR、多重PCR检测，带着不同的荧光素分子的几种引物能被同时检测。这类方法对于来自混感多种疾病动物的样品的评价是有意义的，如犬的急性呼吸道疾病。在此类检测方法中，必须要解决的问题是试验的敏感性，因为在一个试验中，用相同的试剂同时完成几个反应，因此高拷贝数的病原可能掩盖低拷贝数的病原的检测结果。

（2）聚合酶链反应技术的优点和局限性　随着PCR（聚合酶链反应技术）检测法在病毒学检测中广泛使用以及其有效性，我们应该考虑这些检测方法存在潜在的优势和局限性。PCR法在检测某些培养困难的病毒尤其有用，例如，肠道腺病毒、乳头瘤病毒、星状病毒、冠状病毒、诺瓦克病毒和轮状病毒。在任何适用于分离病毒的样品中均可以使用PCR法。基于速度、成本和实验室的能力来选择使用PCR法进行病毒检测而排除使用其他检测方法。人畜共患病毒的初步鉴定为如狂犬病病毒、某些的痘病毒或流感病毒的鉴定可能首选PCR法进行检测。这样可以避免通过增殖检测这些病毒，减少实验室工作人员接触这些病毒的风险。

PCR以及一些核酸扩增技术的局限性可能是含有目标样品的介质，样品介质能抑制检验相关键酶活性，这一点我们应该在处理粪便，以及某些情况下处理牛奶样品时考虑到。提取时设置对照物以检查出在这些检测样品中提取中设置对照以检测出在自身扩增过程中的问题（而不是缺少特异性标准）。其次，PCR和样品核酸扩增检测法具有抗原特异性，即引物不与样品中的病毒目的序列配对时则不出现信号，早些直接PCR检测法，尤其是巢式PCR，实验操作中扩增产物污染会作为假阳性的一个判断标准。尽管该PCR检测法仍存在技术上的困难，但随着单管实时PCR以及实时定量PCR的使用，已经很大程度上解决了该问题。实时PCR的运用一直在不断地提高标准参考反应试剂盒，健全的设备，标准的提取说明书，以及定义实验操作程序，其次是这种核酸检测法已经成为实验室检测的主流。然而，对实验结果的解释依据部分或全部结果（阳性或阴性）的检测结果存在生物相关性，与该实验结果相关包括病史、临床症状，以及样品采集时动物的损伤的全面评估。

2. 微阵列芯片技术（微芯片）　实验建立在随机扩增寡核苷酸序列能捕获临床样品中的核苷酸序列。绑定的标记的序列通过芯片激光扫描进行检测和软件项目进行测定绑定的强度。根据寡核苷酸发生反应的图谱位置，软件则能鉴定出临床样品里的病毒类别。该检测方法曾用于检测出导致严重急性呼吸综合征的病毒是圆环病毒。发现寡核苷酸序列能绑定未知物质，因此引物可以设计成能够完全判定一种新病毒的整个核苷酸序列。随着寡核苷酸合成的成本降低，激光扫描装置的进一步发展，核苷酸扩增技术的进步，以及软件的发展使得该技术能够在专业实验室得到应用。该技术的变体是通过含重复序列的微阵列，该微阵列在单核碱基上与其他存在不同。结合在种属里个别探针上的力将会在扩增产物的常见序列上提供信息。这些检测方法由重叠探针组成，他们之间可能就存在一个碱基的不同，在扩增产物的基因序列上提供相应信息，在家族中其特异探针绑定的强度。目前，凭借着目前的技术，但不会在追踪诊断中运用。在标准的模式中，该技术可能并不会检测出目前没有递交数据的新病毒，这是因为在微阵列芯片中无针对新病原的寡核苷酸数据。

3. 恒温扩增技术用于基因扩增　在核苷酸复制中，其不断置换新合成的产物完成新序列的复制是必要的。在PCR技术中，通过温度变化获得核酸链的置换：95℃使离DNA双链分离，新引物绑定单链，恒温扩增技术则不需要循环温度变化和依赖PCR使用设备，通过恒温扩增技术发展这两种技术使用不同聚合酶获得序列的扩增：

基于核苷酸序列扩增技术（NASBA）和环介导恒温扩增技术（LAMP）。这些技术比PCR更有优势，这预示着将会拓展该检测法的可用性。

五　核酸（病毒基因）测序

核酸测序技术推动分子生物学的快速发展，分子生物学领域里，以核酸测序的发展最为迅速。随着速度快和容量大成本低等优点，使得直接对整个病毒基因测序成为常事，旧技术例如限制性酶切图谱和寡核苷酸指纹识别，用于检测病毒分离株的基因差异通过测序技术的置换。在诊断的领域里，通过随机核苷酸扩增技术和低成本测序技术发现新的病毒。有几个经多次修订的基本技术，对其过多细节不作单独讨论。通常情况下，对富含核酸的样品或纯核酸样品进行随机扩增，然后对所有扩增产物进行测序。如果能通过核酸酶处理或通过与固定在载体上正常细胞序列进行杂交以排除样品中宿主细胞序列，该实验将获得最佳效果。不需要了解病毒的相关信息，也不需要任何病毒的特殊试剂。计算机分析序列可以分析出病毒序列与之亲缘性近或远的特定的病毒种属。这种方法用于整个基因组的构建，如果需要，依赖于鉴定序列的数目和大小，这种方法可以从单一病毒序列完成整个基因组序列测定。用这些核苷酸检测方法，可以检测出未知病毒和不用细胞培养就能定义它们的特征。

六　病毒特异性抗体检测和定量检测（血清学诊断）

针对一种感染性病原产生免疫应答的检测很大程度上取决于宿主针对目的抗原产生的抗体应答。该检测方法是获得性免疫的一个分支。目前采用可靠技术检测细胞免疫的路线和成本效益还未做到。在很多情况，对抗体应答的检测来定义动物感染阶段目前是一项宝贵技术。血清学检测用于以下检测：① 定义动物是否以前感染了特异的病毒；② 鉴定某一病毒（其他病原）与临床症状是否存在联系；③ 鉴定动物是否针对疫苗产生了免疫应答。单个动物急性病毒感染的血清学检测，配对检测配对血清是一种经典方法——即取同一动物急性期和康复后的血清，病毒特异性抗体在病毒滴度存在变化（四倍甚至更多）。急性期血清样品应在患病期间尽早采集，而恢复期的血清样品则在两周以后采集。鉴于以上时间路线，基于这种检测方法的诊断我们称作"可追溯的诊断"。近几年，这种方法得到了运用血清学检测病毒特异性IgM抗体的补充，在很多病毒性疾病中，基于检测单个急性血清样品IgM抗体诊断是一种假定诊断方法。例如，马感染了西尼罗河病毒。评价动物是否感染了某种病毒，进行血清学检测比检测病毒本身更为可靠。例如，运用血清学监测马传染性贫血病毒，牛白血病病毒，以及山羊患关节炎-脑炎病毒。在这些例子中，长期感染病毒的动物机体内，由于感染病毒的细胞很少，甚至PCR监测不到该病毒，但是，感染后通常会刺激机体产生抗体应答，这种抗体应答可以通过各种血清学实验方法进行检测。血清学检测是广泛用于病毒消灭程序和动物转运以及贸易期间的认证监测。

在防御传染病中运用血清学检测评价疫苗的有效性是其中重要的一方面。很多国家，动物饲养者自己购买疫苗。兽医师可以通过对选择动物的抗体检测判定生产者是否正确地执行了免疫程序，在动物群中净化某种疾病的项目中，通常情况下使用有标记的疫苗和使用DIVA血清学检测法进行鉴别机体产生的抗体是疫苗刺激引起的还是自然感染病毒产生的。例如，疱疹病毒感染例中的牛疱疹病毒1型，诊断该机体是否感染病毒而产生的相关抗体显得尤为必要，这是因为通常情况下感染该病毒存在潜伏期。若处于潜伏期感染病毒的动物在未感染群体中活动可以引起该疾病的暴发，从而建立基因敲除"标准"疫苗的检测方法则可以促进区别牛机体产生抗体是由于免疫疫苗还是由于自然感染病毒产生。

（一）用于血清学检测的血清样品

对于大多数血清学检测方法而言，血清可以作为检测样本。然而，使用血浆以及血清能够在一些检测中获得良好的成效，收集非血清的其他液体需与相关检测实验室联系，这样能避免某些检测方法中的样品指定为血清而并非其他，导致需重新采集样本。在适宜环境条件下，血清中抗体保持较稳定。标准使用方法中血清需冷藏，但若采集与检测样品相隔几周则没有必要进行冷冻。血液也可以通过滤纸进行过滤，然后储存几个月，这样也可以检测出抗体。同其他相关诊断性检测方法一样，为了能检测出针对病毒的特异性抗体，我们在不断更新技术，并且一些较新的技术已经运用到了有潜在商业价值的检测技术方法中。在兽药行业里，很多针对检测抗体的检测方法在某些条件下有用但可能其重要性却很小。这些适用于检测抗原的方法可能是针对较老的技术的进一步发展而来。随着公共关注野生动物病毒以来，因此有必要建立一些新的血清学检测方法来进行检测病毒，这是因为针对适用于家畜物种特异性的检测方法并不适用于野生动物物种。机体所有的血清学检测方法类型不做详细讨论。但是读者也应该意识到一些其他的血清学检测方法可能可以通用，读者了解该检测方法在物种以及相关病毒之间是否通用的最有效方法就是与检测实验室联系。

（二）酶联免疫吸附法

酶联免疫吸附法（EIAs，ELISA）是一种快速、高效检测病毒抗体种类和数量的血清学检测方法，而且如果制备了相应的重组抗原，还可以省去用病毒生产抗原的步骤。当用酶联免疫吸附法检测抗体种类时，病毒抗原通常吸附在固相载体表面。加入血清后，只要样本中有相应抗原的

抗体，抗原则吸附抗体。在直接酶联免疫吸附法中，固定的抗体可以被抗特定种属的带有一个酶标签的抗体检测。当加入相应酶的底物后，就会产生能被肉眼看到的或者光学仪器检测到的颜色反应。对照组被用来定义试验是否成功和阳性组。动态酶联免疫吸附法有定量分析优势，主要通过单倍稀释血清法实现。酶反应产物在短时间内能够检测好几次。最后通过软件系统将酶的产生率与结合到抗原上的抗体量的关系联系起来。

直接酶联免疫吸附法的一个缺点是种属特异性。例如，为犬研发的犬瘟热病毒检测法则不能检测狮子体内是否含有相同病毒的抗体。为了消除这个问题，竞争性或者阻断EIA被开发出来。在这种情况下，抗体上标记酶（通常是单抗）能与相应的抗原结合，而没有标记的抗体与标记抗体竞争性结合抗原的相同位置，因此抗原与标记抗体的结合的减少表明样品中含有抗体。这时，这个物种的没有标记的抗体就不是影响因素。单抗和重组抗原的发展极大地提高了EIA检测的灵敏性和特异性，不管是直接法还是间接法。

有专门的实验室可以进行大量的EIA检测，被检血清通过一个有滤膜，这个滤膜有三个连接了抗原的区域，而其中两个在检测之前就用阴性血清和阳性血清分别处理过。检测血清流过这个膜，然后洗涤，这些步骤完成后，就加入具有种属特异性的链接酶的二抗，然后再次清洗，最后再加入相应的底物反应。最终读出来的结果以颜色改变为依据，然后与有颜色变化的阳性对照和没有颜色变化的阴性对照比较。这样的话，与成百上千的样本在高度自动化的实验室检测相比，单个病料的检测就比较贵。因此，如果将样本送到这样的实验室将大大节约时间，另外，这种条件下，病例和临床医生都还在咨询室时的这段时间就能得出检测结果，使单个样本检测更深入人心并且能让病情危重的动物得到及时的临床治疗和处理。

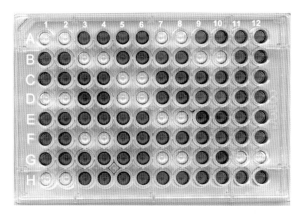

图5-10　检测山羊病毒性关节炎脑病毒（CAEV）抗体的竞争

为了检测CAEV抗体，一式两份未经稀释的血清样品滴加到商业化的包被有CAEV抗原的酶标板上，随后去掉被检血清，加入标记有HRP的CAEV特异性抗体。孵育后移出检测抗体，加入底物检测与抗原结合的检测抗体。如果检测血清中有 CAEV 的特异性抗体，这些抗体将阻止检测抗体与抗原的结合，阳性样品将比阴性对照显示较低的酶产物（颜色）。尽管通过肉眼对阳性样品可以作出判断，临界值是通过读取分光光度法测定反应强度决定的。A1-2和G11-12孔：阳性对照；B1-2 和 H11-12孔：阴性对照；D1-2，H1-2，B3-4，F3-4，C5-6，D5-6，A7-8，E7-8，G7-8 和 B9-10孔：CAEV抗体阳性样品。

（三）血清中和反应试验

病毒分离是检测病毒的金标准，其他方法都是与它相比较，而在这个标准以前，血清中和试验是金标准，而且可以用来检测抗体的存在和病毒特异性抗体的数量。人们一直对中和抗体非常感兴趣，这是因为中和抗体被认为与体内保护性抗体直接相关。对于中和抗体试验，主要有两个方法可选：固定血清测病毒法和固定病毒测血清法。由于固定血清测病毒法需要大量的血清，而血清通常不容易获得，因此这个方法虽然可能特异性更强，但是很少使用。中和试验的原理是抗体结合感染性病毒后，阻止病毒进入易感细胞。病毒的生长通过病毒杀死细胞的能力或者感染细胞产生相应抗原的能力。后者可以通过免疫荧光或者免疫组化来检测。样本中的抗体量通过将样本的连续稀释然后攻上相同量的标准毒（固定病毒检测抗体法）。最后一个能中和病毒稀释度就

是终点，血清的滴度对应的就是终点的稀释度。例如，终点是1∶160，那么滴度就是160倍。血清中和试验的一大缺点是不能很快得到结果，而且为了检测，需要生产大量的的感染性病毒。这两种方法都不依赖于物种，因此非常适用于野生动物调查研究。通过应用新的试剂来分离病毒，中和试验只需要几个星期就可以运行，而不像EIA试验那样，需要几个月甚至几年来开发稳定试验。

（四）免疫印迹法（Western blotting）

免疫印迹试验可以同时检测同一个样本中的几个蛋白的抗体。免疫印迹主要有四个关键步骤。第一，浓缩的病毒是可溶的，而且它们的蛋白组成可以通过它们的分子量大小被SDS-PAGE区分成不同的条带。第二，分开的蛋白被电转移（"印记"）到硝酸纤维膜上并固定。第三，加入被检血清使其能与膜上的病毒蛋白结合。第四，抗体的存在与否依靠放射性链接的或者更常用的酶连接的抗种属的抗体来检测。因此，免疫印迹法可以检测特定病毒的所有蛋白的抗体，并且可以用来监测不同抗原在感染的不同阶段的抗体。尽管这个方法不常用于病毒判定，免疫印迹在检测不同病毒的免疫原性蛋白中有重要作用。相似的，这种方法可以用来检测反刍动物组织中朊病毒蛋白。免疫印迹更多的是定性方法而不是定量方法，并且在不同实验室之间，很难统一。因此，ELISA和磁珠结合法是推荐的检测形式。

（五）间接免疫荧光

间接免疫荧光能定性和定量地检测抗体。特别是，有很多试验将病毒感染细胞（通常放在玻璃载玻片上）作为基质，来捕获病毒特异性的相应抗体。被检血清连续稀释后被放在不同孔的基质，然后加入一个种属特异性的荧光标签来检测抗体的结合。通过荧光显微镜来检测载玻片上荧光，如果被感染细胞显示的荧光类型与病毒相应

的抗原分布的荧光类型一致，那么结果就是阳性。这种检测方法非常快速（2 h以内），而且如果加入了抗亚型特异性的血清比如说抗犬IgM，这种实验还可以用来检测抗体亚型。但是，非特异性荧光也存在一个问题，特别是一些动物在之前就频繁免疫，它们就可能含有抗细胞的抗体，这些抗体能结合到非特异性细胞上，从而掩盖特异性抗病毒的荧光。一些检测载玻片试剂现在可以直接购买，因此，一些提供这些检测的实验室就不必要有感染性病毒或者细胞培养设施。

（六）血凝抑制试验

一些病毒可以凝结本物种或者其他物种的红细胞，比如许多节肢动物传播的病毒，像流感病毒，副流感病毒。血凝抑制试验一直被广泛使用。对于检测和确定动物血清中抗体数量，这种方法具有简便，特异，灵敏，可靠和省钱的特

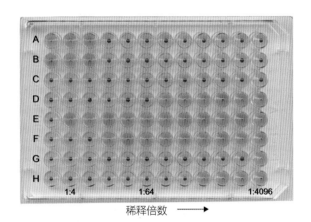

图5-11 血凝抑制（HI）试验检测犬流感病毒（H3N8）的特异性抗体

在96孔微量滴定板中用生理盐水倍比稀释（双倍）血清，以除去非特异性凝集素和非特异性凝集抑制剂；稀释之后在每孔中加入等体积的犬流感病毒（4个血凝单位），孵育30min；再每孔加入等体积的0.5%火鸡红细胞悬液。当对照细胞孔显示红细胞完全沉于孔底时判定HI反应。A，B排：试验应用的病毒悬液滴定，显示正确的大量的血凝素加到检测孔中。C排：红细胞对照。D-H排：检测犬血清。D-H1孔：对照血清检测，显示在最低稀释度红细胞孔没有非特异性凝集反应。HI滴度由显示检测病毒凝集抑制反应的最后稀释度的倒数来表示。D排：HI滴度=64，E排：HI滴度<4，F排：HI滴度=8，G排：HI滴度=2048，H排：HI滴度=256。

点。尽管科技进步很快，但是血凝抑制试验至今仍然是各种检测A型流感病毒方法中的主要方法。血凝抑制试验的原理非常简单：通过病毒与红细胞表面的受体连接，病毒与红细胞连接在一起。抗病毒的抗体与这些受体结合后，就能抑制红细胞的凝结反应。在微量滴定板的各个孔中，连续稀释血清，通常是二倍稀释，然后在各个孔中各加入定量的病毒，通常4~8个血凝效价。抑制红细胞血凝的最高稀释度的倒数代表该血清的血凝抑制滴度。根据血凝抑制试验结果，解释许多年前的血清学调查时要注意，特别是副黏病毒，因为在许多研究中都出现了非特异性凝结抑制所导致出现假阳性结果。

（七）免疫扩散

历史上，琼脂凝胶免疫扩散法被用来特异性诊断多种病毒和疾病，包括蓝舌病，猪瘟，流感，马传贫（Coggins test）和牛白血病。这些方法操作非常简单，它们不需要贵重的材料，并且不需要检测实验室提供具有感染性材料或试剂。通常从感染的动物体中粗糙的细胞提取甚至是组织提取能被用作待检抗原，AGID实验相对较快，易于控制，但是和后来发展的EIA实验相比缺乏敏感性。而且，它们都严格的定性（提供一个简单的是或否的答案），不能自动化（图5-12）。因此，大多数这样的实验都被EIA实验替代。

通常从感染的动物体中粗糙的细胞提取甚至是组织提取能被用作待检抗原，AGID实验相对较快，易于控制，但是和后来发展的EIA实验相比缺乏敏感性。而且，它们都严格的定性（提供一个简单的是或否的答案），不能自动化（图5-12）。因此，大多数这样的实验都被EIA实验替代。

（八）IgM类特异性抗体实验

一个病毒感染或疾病的快速抗体诊断方法基于通过显示一个单一的急性期血清的IgM类病

图5-12 琼脂免疫扩散试验检测病毒抗体，诸如BTV、EIV、EHD和流感A病毒

空间定义的孔（梅花孔）由半固体的基质如琼脂或琼脂糖产生。待检抗原（AG）位于中间的孔，能和抗原反应的含抗体的血清（AS）位于中心抗原孔周围相间的孔中，待检血清1、2、3位于剩余的孔中。平板孵育24~48 h，以在抗原和待检血清之间产生可见的沉淀线。孔1：弱阳性；孔2：阴性；孔3：强阳性。

毒特异性抗体来完成。由于IgM抗体出现在感染的早期，并在1~2个月下降到低水平，而且在3个月之内逐渐消失，因此它们经常用来指示近期（或慢性）的疾病。

最常用的方法就是IgM抗体捕获实验，其中病毒抗原结合在一个固态的底物上如微量滴定孔。待检血清和这个底物反应，IgM抗体由抗原捕获，然后由带标记的抗IgM抗体检测，这个抗体能和获得样本的物种相匹配。

七 新一代技术

伴随着核酸技术，分析检测技术正在快速崛起，对于血清学实验的大量的潜在新平台已经形成，但是对常规诊断使用还没有被完全验证。为提供这些技术一个全面的目录超过了这个课本的范围，其中的很多技术从来没有进入到常规诊断使用中。但是，一个在临床和研究领域被显示非常有前景的技术就是xMAP，由Luminex发展而来。这个检测平台能成功可能反映了现有的技术的成熟，这些技术能结合起来提供一个通用的分析检测系统。xMAP结合了流式细胞术平台、唯一标记的微球、数字信号处理、标准的化学耦合

反应来形成了一个系统，这个系统能够检测蛋白或者核苷酸（图5-13）。微球具有特有的染色（多达100种不同的荧光色），能够发出荧光信号来鉴定和特异性配体结合的单个的珠子。对于抗体检测，相应的抗原结合到特异的珠子上。珠子和待检血清反应，结合的抗体由具有报告染色标记的抗物种抗体检测。微球由流式细胞仪进行分析，其中激光同时激发珠子的染色和报告染色。每种抗原的多种珠子在每个实验中分析，以提供反应独立的读数。

这个系统的一个独特优势就是多复杂组合能力。理论上讲，100种或更多的不同的抗原能够在一个试验中评价抗体反应。为了最强的敏感性和特异性，重组抗原需要清除无关蛋白，这些蛋白能够降低珠子上特异性抗原密度和增加非特异性反应背景值来干扰试验结果。

这种以微球为基础的系统的优点是：① 它所需的样品量较少；② 它可以重复使用；③ 有报道这种方法要比常规的ELISA试验更敏感；④ 这种方法比许多血清学试验更廉价；⑤ 这种方法比ELISA更快速，尤其是同时检测几种抗原的抗体时。例如，在保证啮齿类动物正常繁衍的情况下，监测其对几种病原的抗体时，样品量往往非常有限，这个检测平台对这类抗体筛选试验非常必要。这个平台可以DIVA试验，用于重要疫病的控制上，如口蹄疫。例如，存在于口蹄疫灭活疫苗中的口蹄疫病毒的核衣壳重组蛋白可以和病毒的非结构蛋白耦联到不同的微球上分析疑似患病动物的抗体谱。在一次检测中，如果仅检测到核衣壳抗体，证明是疫苗免疫动物；如果检测到两种蛋白的抗体，证明是自然感染动物。你可以预见这种以微球为基础的检测将成为一种定量的免疫印迹。由于使役用动物病毒疾病根除项目的实施，对于这类DIVA检测的需求必将增加。对于这种抗体检测的缺点是需要重组抗原要达到可接受的敏感度的要求，并且多重反应始终伴随着高验证成本。

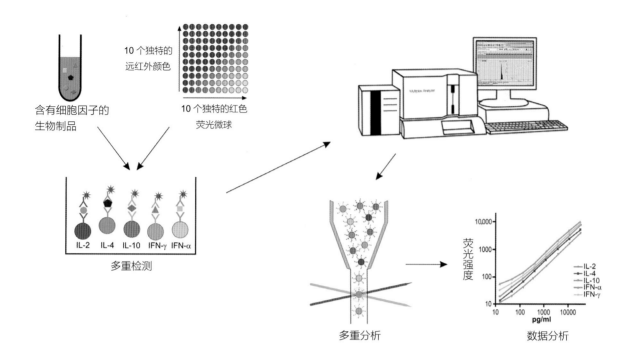

图5-13　检测细胞因子的多重检测方法

这种多重检测的可行性主要依赖于具有唯一荧光信号的微球表面存在与各种配体作用的活性基团。对于细胞因子检测，在检测板上放入一套分别标记有针对细胞因子特异性抗体的微球，这些微球与被检样品混合，交联反应可以通过带有荧光标记的抗细胞因子抗体进行检测。使用激光激活染料的细胞分选装置读取单一微球的荧光信号和交联于微球上抗体的荧光信号。微球的独特标记允许1个样品中多达100种不同反应物的定量分析。

八　实验结果的解释

要想了解实验室检测结果的真实意义必须参照样品采集动物的临床表现。在某种程度上，任何检测结果的意义也取决于被检测病毒的类型。在没有临床数据的情况下，如果在儿童卧室发现的蝙蝠血清中检测到狂犬病的荧光抗体阳性结果将会引发公共卫生反应。

如果动物来自疫区，那么对可导致流产的牛白血病病毒进行血清学检测得到的阳性结果则不可信。利用多重PCR技术会检测到患有呼吸疾病的犬体内同时存在的几种不同的病毒、细菌和支原体，那么我们不得不问这样做的意义到底是什么？到底是近期的疫苗接种还是疱疹病毒的再生或者是病原学药剂的"脚印"效应导致的病毒的

出现呢？显然，诊断人员必须要对这几种数据来源进行整合才能提出一整套的治疗策略。然而，因为诊断人员选择的检测结果不同，显而易见，病毒检测的速度、数量和可信度都会随之改变，而这些都将会在很大程度上影响动物的治疗和管理。因此在阐述临床样品中的特定病毒的检测的重要性时，以下几点必须说明：

病毒分离的位置。例如，如果Ⅰ型马疱疹病毒是从9月龄流产胎儿的有典型眼观与微观病理学损伤的组织中被分离到的，那么就可以肯定其病原学意义。但是，如果是从小猪的粪便中分离得到肠道病毒，那么就不能肯定，因为这样的病毒有时也可由间接感染带入体内。

病毒被分离当下所处的流行病学环境。如果一种病毒是在相同的时间和地点从同种病的几个样品中分离得到的，那么病毒的分离一定要相互

隔离得到的结果才有说服力。

病毒的病原学特征。病毒的检测几乎都与寻找某种显著疾病的病因有关，所以此时动物的发病并不被认为是一件"倒霉的事"，它反而让检测结果更有意义。

特定病毒的鉴别。如果在一个无口蹄疫疫病的国家内的任何一个反刍动物体内检测到口蹄疫病毒，那将会为整个国家敲响警钟。同理，如果在一个无鼠肝炎病毒或鱼肝炎病毒的国家检测到此病毒，也将会引起巨大的反响。

（一）血清学实验结果的说明

急性发病或处于康复期的动物的血清样品里抗体滴度的显著增高（按照惯例是四倍或者更高）是将一种特定的病与一种特定病毒联系起来的必要基础，即使在回溯时也具有重要意义。然而，我们必须清楚动物疫苗的情况，例如，动物将会对其产生的血清学反应。尤其是活疫苗，它与发生在自然情况下的感染有时是难以区分的。因为一些病毒会在宿主体内终生感染，所以诊断未接种疫苗动物体内的抗体可以通过调查近期的病毒感染来进行（例如反转录病毒和疱疹病毒）。然而，在这种情况下，我们不能肯定是持续感染的病毒引起的这种疾病。针对IgM抗体设计的实验可以检测到迄今为止产生的病毒感染。

表5-1总结出的是几种常用的血清诊断方法的主要优缺点。

未哺乳的新生儿脐带血或者静脉血内抗病毒抗体的检测是诊断子宫内感染的基础手段。例如，这种方法曾经用来检测赤羽病毒从而确定它是引起小牛关节萎缩变形的主要病因。因为免疫球蛋白的胎盘传播在驯养的动物体内不经常发生，所以未哺乳胎儿血内IgG或IgM的检测对胎儿的病毒感染具有重要的指示作用。

（二）灵敏度和特异性

评价一个特定的血清学检测的好坏主要取决于两个参数：诊断灵敏度和诊断特异性。诊断的灵敏度是指在疑似患病（感染）的动物中由此种方法检测为阳性的动物占总疑似患病（感染）动物数的百分比（表5-3）。例如，牛白血病病毒抗体的酶免疫测定实验的灵敏度为98%，也就是说，在送检的100份已感染的血清样品中，98份会得出正确的阳性诊断结果而其余两份将得到错误的阴性结果（假阴性率为2%）。相反，诊断的特异性是指在未患病（感染）的动物中检测得到阴性结果的百分比。例如，同样的，牛白血病病毒抗体的酶免疫测定实验的特异性为97%，也就是说，在送检的100份未感染的血清样品中，97份会得出正确的阴性诊断结果而其余三份将得到

表5-3　血清学检测法精确度总结

检测表	检测结果参考值	
新的检测结果	+	−
+	TP	FP
−	FN	TN
敏感性	检测方法的敏感性是指在感染群体中检测出的正确阳性结果的可能性（即比作参考值或者是"金标准"），将检测结果插入上述表格中，通过公式进行计算该检测方法的敏感性（公式= TP/TN+FP）	
特异性	检测方法的特异性是指该检测方法在用于检测未感染个体样本时的检测真实的阴性结果的可能性（即由参考值或"黄金标准"决定）。将检测结果插入上述表格中，通过公式进行计算该检测方法的敏感性（公式= TN/TN+FP）	
阳性预测值	检测后结果为阳性值是指检测结果为阳性时判定个体感染的可能性。在实践中，通常使用预测值进行估算群体或者是合理用于反映某一时间内群体中感染疾病的数目。原因是检测值与疾病流行性存在密切相关。检测结果值输入到上述的表中，运用公式进行计算出该检测的阳性预测值（公式= TP/TP+FP）	
阴性预测值	检测后结果为阴性值是指判定结果为阴性时检测个体感染的可能性。该检测的精确性仅用于判定该数据在疾病流行期间的情况。（鉴于阳性预测值定义的注释）。将检测结果值输入到上述的表中，运用公式进行计算出该检测的阳性预测值（公式= TN/TN+FN）	

FP，假阳性样本的数目；FN，假阴性样本的数目；TP，真实阳性样本的数目；TN，真实阴性样本数目。

错误的阳性结果（假阳性率为3%）。其实，诊断灵敏度和诊断特异性对于特定的诊断方法和待检动物来说是内在统一的，因为一个实验的预示价值很大程度上取决于疾病（感染）在易感动物群中的流行程度。因此，如果一个相同的酶免疫测定实验用于检测流行程度达到50%的牛白血病病毒病，那么实验的预示价值将会很高，但是如果用于检测流行程度只有0.1%的病，那么即使检测结果只有3.1%，那也是假阳性的，仍然需要特异性更好的检测方法做后续的确认。

这个图表提示应依据特定的目的来选择相应诊断方法的重要性。敏感性高的检测运用在监测某严重感染性疾病或者是用于检测某疾病的清除项目，运用该检测方法的目的在必须避免丢失阳性样本。一种特异性高检测方法（通常依赖某些技术）则用于验证诊断的正确性。

免疫检测法的敏感性分析是针对该检测方法对于某少量抗体（或者抗原）的检测能力进行测试。例如，EIA和血液中和检测通常比AGID检测法的敏感性高。提高检测的敏感性可以通过纯化反应物和使用敏感性高的设备。然而，免疫检测法的特异性分析是鉴别被检抗体是此病毒抗体非彼病抗体的方法。敏感性的高低主要受目的反应物的纯度的影响，尤其是在检测抗体时的抗原纯度以及检测抗原时的抗体纯度。

蔡雪辉　译

病毒病的流行病学和控制

章节内容

一、病毒感染的流行病学

为了充分理解病毒病发生的基础，我们需要弄清楚以下几个问题：病毒怎样传播，如何引起疾病（见第3章），怎么生存，如何进化，进化是怎么改变病毒属性（例如毒力）的，疾病是怎么反复发生的，新的病毒病是如何出现的。流行病学主要是研究群体中疾病的决定因素、动力学以及分布情况。病毒的特征（进化上的基因变异），宿主情况（例如是否存在被动的、先天性的以及获得性的抵抗力）以及影响病毒在宿主间传播的行为因素、环境因素以及生态因素，这些共同决定了一个动物或者一个动物群体感染某种疾病的风险。流行病学是种群生物学的一部分，目的在于将这些因素结合到对群体的研究中来。

流行病学（epidemiology）最初是来源于人类 "demos" 这个词根，但现在流行病学这个词普遍应用于各种宿主。地方病（endemic）、传染病（epidemic）以及流行病（pandemic）这些词都用来描述人类中发生的疾病，而在动物群体中分别用地方性动物病（enzootic）、动物传染病（epizootic）、动物流行病（panzootic）来代替。流行病学能对疾病流行趋势做出定量化的评估，因此有助于人们尽快地理解疾病的本质，及时地发出警报并且准确地采取控制疾病的措施。除此之外，流行病学研究在以下方面也是非常重要的：阐明病毒在病因中的作用，了解病毒和环境因素的相互作用，确定影响宿主敏感性的因素，揭示疾病的传播方式，进行大量的疫苗和药物的研究。

（一）流行病学有关的术语和概念

地方性动物病（enzootic）是指在一段时间内某个群体中由于传播链的持续存在而发生的疾病。

动物流行病（epizootic）是指该疾病的发生率的峰值超过了地方性动物病的底线或者超越了预期的疾病发生率。将某种疾病定义为流行病的标准不是固定的，要综合感染率、发病率以及它所引起的临床症状或者潜在的经济损失来分析和决定。例如在某家禽群体中，可能会把一些强毒的新城疫作为流行病，而不把传染性支气管炎作为流行病。

大规模流行性传染病（pandemic）是指在世界范围内广泛发生的典型流行病，例如由最近H1N1流感病毒和之前犬细小病毒引起的流行病。

潜伏期是指从感染到出现临床症状这段时间，在许多病中，动物在发病之前都有一段时间处于感染状态。

接触传染期是指被感染的动物向外界排放病毒的这段时间，它的长短因病毒的不同而异。例如，动物感染了慢病毒中的猫免疫缺陷病毒后，在表现出临床症状前的相当长时间内向外界排放病毒，虽然每次病毒的排放量可能很少，但是由于感染期很长，病毒仍会在这个群体中维持很高的水平。

血清流行病学是指用血清学数据和血清诊断技术（第5章）进行流行病学研究，在兽医研究上用途尤其广泛。因为搜集和储存血清的花费比较大，经常选择各种有代表性血清样品的来源，可以是屠宰场捕杀的（对研究野生动物非常重要）或接种疫苗的群体。这些血清用途广泛，可以用来确定某种传染病的流行情况，评价所采取的控制和免疫措施，评估新出现的以及反复出现的病毒的影响力、动力学和地理分布状况。对群体进行某病毒抗体水平的检测可以确定病毒传播的情况以及与上次感染该病毒的间隔时间。将血清学数据和临床上的症状联系起来就可以得到处于感染状态与亚感染状态的比值。

分子流行病学就是指用分子生物学的方法研究流行病学（见第5章）。聚合酶链式反应（PCR）能快速检测出病毒，核苷酸序列的分析能对不同毒株进行遗传上的比较，因此这两种方法广泛用于分子流行病学研究中。如可检测到动物群体中不同病毒基因型的流行情况。

（二）计算和数据库

比率和比例的计算

我们经常用比率和比例的形式比较不同群体中疾病的发生情况，最常用比例常数（如每10^n的比率）管理全部数据，最常用的比例常数是100 000，也就是说在某群体中单位时间内每100 000个体中的比例。描述疾病最常用的4个比例是：感染率、发病率、死亡率和流行率，流行率代表了某个时间点上群体中疾病发生的状况。

在这4个计算方法中，分母（所有易感动物）可以是一个畜群、国家或者乡村的总群体数，也可以具体到群体中易受感染或威胁的动物数（如在特定的群体中对流行病毒没有相应抗体的动物数）。清楚分母的本质是很重要的，实际上有人也称流行病学为"分母的科学"。不同个体在年龄、性别、遗传组成、免疫状况、营养水平、受孕情况和行为参数上都有区别，这些差异都会影响每个计算方法。经常选择同一年龄的群体，除了生理上的差异外，还要受到动物免疫状况的影响。

诊断标准（分子）也是比例的关键组成成分，比较不同群体间疾病发生情况的比例应该标准化。对于确定的病例，应选择能够确诊病毒感染的标准，并且实验室的结果要适应实际情况。诊断标准应该根据个体以及总体水平具体化。

确定在已知群体中是否发生某种疾病比以下要讲的比例计算更加困难。因为该群体中易感动物的数量很难准确估计，而且根据所选择的诊断标准确定易感染动物的数量也不精确。这些信息是非常重要的，尤其是针对那些政府规定必须要申报的疾病，兽医工作者要如实地向政府报告所有病例，例如，口蹄疫病几乎在所有发达国家都要求申报。

（1）感染率

$$在一段时间内，感染率 = \frac{感染数 \times 10^n}{易感数}$$

感染率是对一段时间内群体中感染情况发生

的估算，这段时间可以是一个月或者一年，它尤其适用于描述短期内某急性病的感染。急性感染中，以下几个参数可以决定群体中的感染率：① 易感染动物的百分率，② 已被感染的易感染动物的百分率，③ 已发病的感染动物的百分率，④ 通过接触传播的疾病的接触率，这要考虑动物的畜舍密度、群居时间和相关因素。易感染某个病毒动物的百分数反映出它们以前接触过这个病毒和免疫力的持续期。由于动物的数量和密度的不同，季节的变化和载体数量的增减（对于虫媒传播的疾病），在一年或一个季节内感染率会变化很大。但是在感染的动物中，只有一部分会出现明显的症状，临床感染和隐性感染的比例在不同病毒间差异很大。

在相对封闭的群体如畜群中，第二发病率可以有效地评估通过气溶胶或飞沫传播病毒的传染性。第二感染率是指在最大潜伏期内接触原发病例或感染致病的指示性病例的动物数量与接触病毒的易感染动物总数的比例。

（2）流行率

$$在某个特定时间，流行率 = \frac{感染数 \times 10^n}{易感数}$$

慢性病的发生率很难计算，尤其是在感染初期症状不明显时，这种情况通常用流行率来描述，它是在某个时期内，群体中发生的病例数除以群体中的动物总数，因此是一个比例不是比率，描述特定时间内疾病的发生情况。流行率既可以说明发生率，又反映了疾病的持续期。

血清阳性率是指群体中出现了对某个病毒的抗体，它通常代表了这个群体以前是否经历过这个病毒。这是因为中和抗体一般会持续存在很多年，有的甚至会终身存在。

（3）发病率　发病率是在一定时间内（通常是在疾病暴发的持续期内），群体中出现某个病毒的临床症状的动物所占的百分数。

（4）死亡率　疾病的死亡率可以分成两种：病因特异性死亡率（通常在每100 000个样本中，

一年内死于疾病的动物数量除以半年的群体总数），病死率（死于某个特定疾病的动物百分数）。

（三）流行病学调查的类型

1. 基本概念　我们通常用病例对照研究、定群研究、横断面研究和长期的畜群研究这几个基本概念来解决以下几个问题：分析因果关系、疾病发生率和流行率的关系，评估能诱导感染的因素、疫苗的安全性和有效性，以及疫苗和药物的治疗价值。

（1）病例对照研究　病例对照研究是回顾性的，也就是病发后开始进行研究，这种方法是人类流行病学中最常用的类型，经常用来确定疾病暴发的原因。回顾性研究的好处是可以充分利用现有的数据，并且花费不是很大，许多情况下，它是调查稀有病发生情况的唯一实际的方法。病例对照研究不需要产生新的数据和记录，但需要严格地筛选对照组，尽量地与病例组状况相匹配，以避免偏差。研究的对象可以是单个动物，也可以是群居的动物。但是因为在大多数疾病暴发中，我们不能有效地搜集到所有必要的信息，这就造成了兽医学中不能解决的难题。

（2）定群研究　定群研究具有前瞻性，当疑似某个病毒病暴发时，就对可能接触这个病毒的群体进行研究，要检测群体是否感染。它需要建立新的数据库，认真地选择对照组，实际上要求对照组除了不接触疑似病毒外，其他条件尽可能地与实验组相似。定群研究的花费比较大，因为它不能快速地分析出结果，需要在一段很长时间内对群体观察检测，直到疾病暴发。成功的定群研究能说明疾病发生的因果关系，而一旦原因确定了，并且建立了血清学和其他的诊断方法，就可以采取横断面研究和长期的畜群研究。

（3）横断面研究　当某个病的原因确定后，我们就可以快速地用血清学和病毒鉴定技术进行横断面研究，它可以分析在具体地域内群体中某个疾病的流行情况。

（4）长期的畜群研究　另外一种流行病学研究的方法是长期畜群研究，它分析在一个区域内某病毒是否出现过以及是否继续存在（或者缺乏活性），也可将它视为一系列的横断面研究。畜群研究包括整个饲养系统中的所有变量，这个优点可以使它有效地评价疫苗或是治疗药物。虽然现在许多诊断方法都自动化，数据计算计算机化，但是这些研究仍需要大量的财力和人力资源。当用于评价疫苗或治疗药物，长期畜群的研究优势在于包括整个畜牧业生产系统的所有变量。

定群研究用来分析某地区群体中是否出现特定病毒时，又可以形象地称之为"哨兵研究"。例如，哨兵研究广泛用来确定高危地区是否出现虫媒病毒，经常把鸡作为检测动物，实验者有规律地采鸡血清进行血清学实验，观察是否出现病毒，若是出现了虫媒病毒，就可以采取控制传播载体的措施。对于动物病毒，其他的动物也可作为哨兵动物，如用牛来检测是否有蓝舌病毒感染。

2. 各种流行病学研究在病毒性疾病预防和控制中应用的实例

（1）疾病病因的调查　最初研究的由赤羽病病毒引起的牛先天性缺陷病的这个例子可以说明病例对照和定群研究。在20世纪50年代和60年代的澳大利亚，牛先天性缺陷的病例是从对照组中选取四肢畸形、脑发育不正常的小牛进行研究，但是当时对病的原因还没有弄清楚。从1972—1975年的夏季和初冬的月份里，日本中部和西部有4万多新生的小牛有同样的先天性缺陷，日本科学家推测这个病具有感染性，但是分离不出病毒。然而当对吃初乳前小牛的血清进行检测时，发现几乎所有的血清中存在着赤羽病病毒的抗体，赤羽病病毒属于布尼亚病毒，1959年在日本的赤羽区从蚊子上首次分离到。前瞻性的血清学调查表明，该病毒抗体的存在与该病的地理分布有紧密的联系，这就说明牛的先天性关节弯曲积水性无脑综合征主要病因是赤羽病病毒。然后进行了定群研究。在日本和澳大利亚设立了研究畜群，研究者很快发现通过剖腹或者屠宰得到的胎儿只在感染后很短的时间内分离到病毒，这就可以解释了早期的研究者从出生后的小牛上分离不到病毒的原因。在怀孕母牛的前两个三个月内给它们接种赤羽病毒，也会生产出先天性畸形的小牛，畸形小牛的症状与自然感染的病例相似，但是母牛没有出现临床症状。在这些研究结果基础上，研究者估计了该病带来的经济损失，研究出了疫苗，也开始了进一步的控制措施。

（2）病毒的地理分布和遗传变异 蓝舌病毒感染的全球流行病学分析采用的是横截面和长期的畜群研究，同时也应用了血清流行病学和分子流行病学。蓝舌病毒在世界的热带和温和区域是地方性动物病，但是在1998年以前，该病毒只在欧洲短时出现过。从1998年以后，蓝舌病毒的几个血清型和毒株传播到欧洲的广泛地区，成为大规模暴发的动物病，并且主要发生于羊。在几个欧洲国家，尤其是意大利，大量的长期哨兵畜群研究以及昆虫学监测已经清楚地确定了病毒的分布和它传播周期中的几个重要环节。此外，对欧洲病毒血清型和毒株进行分子学分析，并通过与世界其他地方分离到的病毒比较，可以准确地确定病毒地理上的起源。我们也常用分子技术监测每个地方的病毒进化，研究弱毒疫苗对野毒株进化的影响。除了欧洲对蓝舌病的这些研究外，其他地方如北美、澳大利亚、东南亚等这些地方反刍动物的蓝舌病也很严重，他们的研究结果也不断地修改着国际贸易条例。

（3）疫苗试验 疫苗的免疫原性、效价、安全性和有效性首先在实验动物上研究，然后在靶动物物种上进行小规模的封闭性试验，最后开始大规模的开放性实地试验，在大规模试验中也可以采用定群研究中所用的流行病学方法。目前还没有出现另外一种评价疫苗的方法，由于现在已经设计出了条件随机控制的实地试验，所以研究者可以以最小的风险和代价获得最多的信息。然而即使这样，疫苗获得许可经过商业化使用后也可能出现严重的问题。举个例子，20世纪50年代在美国应用了传染性牛鼻气管炎（牛疱疹病毒1型引起）的弱毒疫苗，5年之后，人们才发现流产是疫苗造成的一个常见后果。通过病例对照和定群研究确定了这个因果关系。

3. 数学建模 19世纪40年代，William Farr开始研究药学和兽医学的问题，从那时起，数学家们就开始对流行曲线和传染病发生的长期趋势感兴趣。随着可以用计算机建立数学模型，研究者又对群体中传染病的动力学充满兴趣。因为建模需要对未来疾病的发生情况进行预测，模型都有一定的不确定性，怀疑论者说过"每个模型都存在着一个与它相对立的模型"，尽管如此，建模在指导控制疾病的活动中起着越来越重要的作用。

数学模型可预测各种流行病学参数，例如：① 建立群体的大小，它应该适应潜伏期长的或是短的病毒的持续传播；② 持续感染的地方性病毒的动力学；③ 决定病毒的致病性与宿主年龄相关的重要参数。计算机建模也可以分析疾病控制措施的有效性。在这方面，主要是关注国内及国际间潜在的外来病的传播。从模型上可以发现很多问题，有些甚至是出乎意料的，这就需要我们搜集更多的数据，采取不同的措施控制疾病。接下来的讨论，我们还要对病毒传播和自然界存在的机制进行详细的阐述。

（四）病毒的传播

病毒只有从一个宿主传播到另一个宿主，可以是种内也可以是种间（表6–1），它才能在自然界生存。传播过程包括病毒进入机体，复制，从宿主上脱落传播到另一个宿主上（见第3章）。下面是讲解病毒在群体中是如何传播的。

病毒可以水平传播也可以垂直传播。垂直传播是指病毒从亲代传到子代，最常见的传播方式还是水平传播，主要发生在同群的易感动物之间，可以通过直接或间接接触传播、普通的媒介物传播、空气传播、病媒虫传染或者医源性传播。有些病毒可通过多种方式传播，但有些病毒

表6-1 常见的动物病毒传播方式

病毒种类	传播方式
痘病毒科	接触传播（如羊痘，牛痘病毒） 虫媒传播（如黏液瘤病毒，禽痘病毒） 呼吸系统，接触传播（羊痘病毒）
非洲猪瘟病毒科	呼吸系统，节肢动物（蜱），摄取污染物（感染病毒的肉类）
疱疹病毒科	性接触（马疹病毒） 呼吸系统（传染性牛气管炎病毒） 经胎盘传播（伪狂犬病毒）
腺病毒科	呼吸系统，粪口传播
乳头瘤病毒科	直接接触，皮肤擦伤传播
细小病毒科	粪口途径，呼吸系统，接触，经胎盘传播（如猫肠炎病毒）
圆环病毒科	粪口途径，呼吸系统，接触传播
逆转录病毒科	接触传播，经卵传播（生殖细胞），摄食，虫媒传播
呼肠孤病毒科	粪口途径（小牛的轮状病毒）；虫媒传播（蓝舌病）
双核糖核酸病毒科	粪口途径，经水传播
副黏液病毒	呼吸系统，接触，杂物传播
弹状病毒科	动物叮咬（狂犬病病毒） 虫媒和接触传播（水疱性口炎病毒）
线状病毒科	自然界中传播方式不明确，人类之间是直接接触传播
波纳病毒科	自然界中传播方式不明确，动物之间是直接接触传播
布尼亚病毒科	传媒传播（裂谷热病毒）
沙粒病毒科	接触污染的尿液，呼吸系统传播
冠状病毒科	粪口途径，呼吸系统，接触
动脉炎病毒科	直接接触，污染物传播，精液中的垂直传播
小核糖核酸病毒科	粪口途径（猪肠道病毒） 呼吸系统（马鼻病毒） 摄食污染物（口蹄疫病毒）
杯状病毒科	呼吸系统，粪口途径，接触
被膜病毒科	虫媒传播（委内瑞拉的马脑炎病毒）
黄病毒科	虫媒传播（日本脑炎病毒） 呼吸系统，粪口途径，经胎盘传播（牛病毒性腹泻病毒）
朊病毒	污染的牧草（羊瘙痒病） 污染的饲料（牛海绵状脑组织病毒） 不明确的方式（鹿的慢性老年性消耗病）

只有一种方式。

1. 水平传播

（1）直接接触传播 感染动物与易感动物之间直接身体上的接触（如舔、咬、擦）都可造成病毒的直接接触传播。另外性接触也是一种方式，它是一些疱疹病毒的主要传播方式。

（2）间接接触传播 间接接触传播主要是因污染物造成的，如公用的食槽、草垫、皮屑、保定设备、车辆、衣服、未消毒的外科设备或者未消毒的注射器（后者也属于医源性传播）。

（3）普通媒介物传播 普通媒介物传播主要有：排泄物污染了盛水和食物的容器（也称排泄物–口传播），动物食用了病毒污染的肉或骨头（猪疱疹病毒、猪瘟和牛海绵状脑病都可通过此方式传播）。

（4）空气传播 通过空气传播的病毒经常会引起动物的呼吸道感染，可通过感染的动物咳嗽或打喷嚏产生的飞沫或气溶胶传播（如流感），也可通过环境因素如草垫上的皮屑或灰尘传播（如马立克病毒）。大的飞沫很快就沉落了，但是小的飞沫会蒸发形成直径小于5μm的气溶胶，然后在空气中悬浮很长时间。除了存在时间差异外，传播距离也不同，飞沫会传播1m左右，但是气溶胶在有风和天气状况好的时候会传播到几千米以上的很远的距离。

（5）虫媒传播　虫媒传播主要是通过虫媒载体咬伤动物造成的（如蚊子传播马脑炎病毒，蜱传播非洲猪瘟病毒，库蠓传播非洲马瘟病毒和蓝舌病毒）（见本章之后对节肢动物传播病毒方式的部分）。

下面一些术语用于描述包含一个以上传播方式的传播机制。

（6）医源性传播　医源性传播主要是由于主治兽医、兽医技师和其他的饲养人员的一些错误操作造成的，如通过使用没有灭菌的器械、反复利用的注射器或者没有洗手等这些不正确行为。许多疾病都主要通过医源性传播，如马传染性贫血的一个重要传播方式就是通过反复利用注射器

和针头，同样地，鸡的网状内皮组织增生症是由污染的马立克疫苗造成的。

（7）医院传播　动物在兽医院或诊所时也容易发生病毒的感染，这就成为医院传播。在20世纪80年代犬细小病毒盛行时，许多犬在兽医院和诊所感染。大多数医院中常规的消毒剂抵抗不了病毒。猫呼吸道感染是医院获得性的。从1976—1995年，扎伊尔发生的埃博拉病也是人类医源性流行病的经典例子。

（8）动物源性传播　大多数的病毒有宿主限制性，因此自然界中病毒一般在种内或相近的物种间传播。但是许多病毒可以在几个不同物种间传播，例如，狂犬病病毒和虫媒性的脑炎。人畜共患传染病是用来描述可以在动物和人类上传播的疾病。无论是家养还是野生动物来源的人畜共患病，都只有当人与动物紧密接触时才能感染，或者有时可通过节肢动物传播（表6-2和表6-3）。

2. 垂直传播　垂直传播通常是指在分娩

表6-2　主要虫媒传播的人畜共患病病毒

科	属	病毒	储存宿主	虫媒载体
披膜病毒科	甲病毒属[a]	东方马脑炎病毒[a]	鸟	蚊子
		西方马脑炎病毒	鸟	蚊子
		委内瑞拉马脑炎病毒[a]	哺乳类，马	蚊子
		罗斯河病毒[a]	哺乳类	蚊子
黄病毒科	黄病毒	日本脑炎病毒	鸟，猪	蚊子
		路易斯脑炎病毒	鸟	蚊子
		西尼罗河病毒	鸟	蚊子
		澳洲墨莱西谷脑炎病毒	鸟	蚊子
		黄河热病毒[b]	猴，人	蚊子
		登革热病毒[b]	人，猴	蚊子
		基萨诺尔森林病病毒	哺乳类	蜱
		蜱传脑炎病毒	哺乳类，鸟	蜱
布尼亚病毒	白蛉病毒属	裂谷热	哺乳类	蚊子
		白蛉热病毒[a]	哺乳类	白蛉
	内罗病毒属	刚果出血热病毒	哺乳类	蜱
	布尼亚病毒	加利福尼亚脑炎病毒	哺乳类	蚊子
		拉克罗斯脑炎病毒	哺乳类	蚊子
		塔西那病毒	哺乳类	蚊子
		奥罗普切病毒	？哺乳类	蚊子，蠓
呼肠孤病毒科	科罗拉多蜱传热病毒属	克罗拉多蜱传热病毒	哺乳类	蜱

　　a 在某些情况，病毒是通过昆虫在人类之间传播。
　　b 通常通过蚊子在人类之间传播。

表6-3　主要的非虫媒传播的人畜共患病病毒

病毒科	病毒	储存宿主	传播给人类的方式
痘病毒科	牛痘病毒	啮齿类，猫，牛	接触，擦伤
	猴痘病毒	松鼠，猴子	接触，擦伤
	伪牛痘病毒	牛	接触，擦伤
	羊痘疮病毒	山羊，绵羊	接触，擦伤
疱疹病毒科	B型病毒	猴子	动物叮咬
副黏病毒科	尼帕亨德拉病毒	吃果实的蝙蝠	不确定
弹状病毒科	狂犬病病毒和球状病毒属	各种哺乳动物	动物叮咬，擦伤，呼吸系统接触分泌物[a]
	水疱性口炎病毒	牛	
线状病毒科	埃博拉病毒，马尔堡病毒	蝙蝠，猴子	接触，医源性传播[b]
正黏病毒科	A型流感病毒[c]	鸟，猪	呼吸系统
布尼亚病毒科	汉坦病毒	啮齿类	接触啮齿类的尿液
沙粒病毒科	淋巴细胞脉络丛脑炎病毒，胡宁，马秋波病毒，拉沙热，瓜纳瑞托病毒	啮齿类	接触啮齿类的尿液
冠状病毒科	严重急性呼吸综合征病毒	蝙蝠和其他野生动物（狸猫）	呼吸系统

a 可能是节肢动物。

b 也在人与人之间的传播。

c 通常由人与人之间传播的人畜共患传染病；只有很少发生，但在人类和禽流感病毒间基因重排（与猪同时感染时可能出现次数增多）由于抗原漂移可能导致人类传染病。

前、分娩期间或生产后不久，病毒从感染的亲代传播到胚胎、胎儿或婴儿，但是有的专家将感染的时间限制在出生前。某些逆转录酶病毒将合成的DNA直接整合到受精卵中生殖细胞的DNA中，进而垂直传播。巨细胞病毒通过胎盘传到胎儿，有些疱疹病毒通过产道传播，有的病毒也通过初乳和乳汁传染（如山羊的关节炎–脑炎病毒和羊的梅迪病病毒）。病毒的垂直传播会引起早期的胚胎死亡或流产（如慢病毒）或者患有先天性病（如牛腹泻病毒、先天性髓质形成不全症病毒、猪肠道病毒），也可引起先天性缺陷（如赤羽病病毒、蓝舌病病毒、猫细小病毒）。

（五）自然界中病毒生存的机制

自然界中病毒的永存是依靠连续感染，也就是传播链，不需要疾病的发生（表6–4）。虽然从出现临床症状的病例上能散播出很多病毒，但仍有许多是隐性感染的，并且因为它们不影响感染动物的活动，因此更有利于病毒的散布。随着我们不断地掌握不同病毒的致病机制、各物种的敏感性和病毒的传播路径，以及病毒的环境稳定性的不断增加，流行病学家发现病毒在宿主上连续传播的4种方式：① 疾病自限性感染模式，传播经常受到宿主多少的影响；② 持续感染模式；③ 垂直传播模式；④ 虫媒传播病毒的传播模式。

病毒的物理稳定性影响它在环境中的生存能力；一般来说，通过呼吸道传播的病毒一般环境稳定性低，而那些通过排泄物–口途径传播的有较高的稳定性。病毒在水中、污染物或节肢动物载体口器上的稳定性有利于它的传播，尤其是在小的或散在的动物群体中，如引起羊痘疮的副痘病毒可以在牧草上存活数月。冬天能引起兔子黏液瘤病的黏液瘤病毒能在蚊子的口器上存活好几周。

大多数的病毒有一个主要的存活机制，但是当这个机制受到干扰，如宿主数量急剧减少，这时它们会有第二甚至第三个的后备机制。例如，牛的病毒性腹泻主要是靠动物和动物之间的直接传播；然而，畜群中的长期感染是由很少持续排出的先天性感染牛的病毒维持的。充分认识病毒的生存机制有利于我们设计和实施控制措施。

1. 急性自限感染模式　我们意识到群体大

表6-4 自然界中病毒存活的模式

病毒科	例子	存活模式
痘病毒科	羊痘疮病毒	病毒在环境中稳定存在
非洲猪瘟病毒科	非洲猪瘟病毒	急性自限型感染，在软蜱和慢性感染猪上的持续感染
疱疹病毒科	牛Ⅰ型疱疹病毒	持续感染，间歇性排毒
腺病毒科	犬Ⅰ型腺病毒	持续感染，病毒在环境中稳定存在
乳多空病毒科	乳头状病毒	病变处持续存在，在环境中稳定存在
细小病毒科	犬细小病毒科	病毒在环境中稳定存在
圆环病毒科	鹦鹉喙羽病	病毒在环境中稳定存在
逆转录病毒科	禽白血病病毒	持续感染，垂直传播
呼肠孤病毒科	牛的轮状病毒 蓝舌病	急性自限型感染，在感染动物上高病毒量 虫媒传播
双核糖核酸病毒科	传染性法氏囊病毒	急性自限型感染
副黏病毒科	新城疫病毒	急性自限型感染，强毒株垂直传播
弹状病毒科	狂犬病病毒 水疱性口炎病毒	很长的潜伏期 病毒稳定，虫媒传播
丝状病毒科	埃博拉病毒	蝙蝠中存在
玻那病毒科	博尔纳病毒	持续感染
正黏病毒科	流感病毒	急性自限型感染
布尼亚病毒科	裂谷热病毒	虫媒传播，洪水中蚊子的垂直传播
沙粒病毒科	拉沙热病毒	持续感染
冠状病毒科	猫传染性腹膜炎病毒	持续感染
动脉炎病毒科	马动脉炎病毒	在种马中持续感染
小RNA病毒	口蹄疫病度	急性自限型感染，有时持续感染
杯状病毒科	猫杯状病毒	持续感染持续排毒
披膜病毒科	马脑炎病毒	虫媒传播
黄病毒科	日本脑炎病毒 牛病毒性腹泻病毒	虫媒传播 急性自限型感染，先天感染
朊病毒科	羊痒病病毒	在环境中稳定存在

小在自限感染模式中的重要性主要是源于对麻疹（是一个世界性的人类疾病）的研究。研究者常用麻疹建立流行病学模型，因为它很少有亚临床感染，这在人类疾病中并不多见，并且临床上很容易作出诊断，感染后能获得终身免疫。麻疹病毒与牛瘟病毒和犬瘟热病毒有很近的亲缘关系，因此这个模型的许多方面也同样适用于这两个病毒。麻疹病毒在群体中的存在需有连续的大量易感染宿主的存在。通过分析大城市和岛屿地区中麻疹的发生率，研究者发现需要50万的人口才能保证每年通过出生或者移民产生足够多的新的易感宿主，以维持病毒在群体中的持续存在。麻疹病毒是通过呼吸道感染的，因此麻疹的流行期与人口密度是相反关系，如果人口分散在较大的区域，传播率就减少了，但流行期延长了，所以不需要那么多的易感染宿主来维持病毒的传播。然而这种情况很可能会破坏传播链。当人群中大部分都易感时，麻疹就很快流行起来，发病率几乎达到100%（初次流行）。虽然相似传播模式的病毒例子有很多，但它们都没有麻疹病毒的资料完全。病毒中最有可能引起初次流行的是外来病毒，它是在某个国家或地区特定存在的病毒，这可以用最近欧洲蓝舌病的流行来说明。

20世纪初期非洲牛瘟的流行与麻疹在隔离人群中的暴发有许多相似之处。牛瘟刚发生时，它的最初影响是毁灭性的。各种年龄的牛和野生反刍动物都易感，在坦桑尼亚该病的死亡率很高，地上到处都是牛的尸体，以至于马塞族人形象地说："秃鹰都忘记如何飞翔了"。20世纪20年代疫苗的问世改变了牛瘟的流行情况，人们期望到20世纪60年代全球消灭它。不幸的是在20世纪70年代非洲西部没有很好地执行免疫计划，到了20世纪80年代牛瘟又再一次蔓延开来，在非洲许多地方造成严重损失。因此在非洲和印度半岛又重新开始了对它的疫苗接种和控制，到目前为止彻底消除了牛瘟。

这类疾病发生的周期性由几个因素决定，包括易感染动物出现的速度、病毒的传入和有利病毒散布的环境因素。

2. 持续感染模式　无论疾病是初次发生还是反复出现的，它们的持续感染都在许多病毒的保持上起着很重要的作用。例如，从持续感染的动物身上分离到的病毒能再次感染易感动物群体，这些动物都是在上次感染中临床症状明显时出生的。这种传播模式对许多病毒的生存都很重要，如牛病毒性腹泻病毒、猪瘟病毒和一些疱疹病毒，这些病毒的持续传播不需要很大的群体，比那些自限感染模式的病毒所需要的群体小得多，实际上，有的疱疹病毒只需要一个牧场、犬舍、猫舍或者一个饲养单元。

持续感染，疾病的发生和病毒的传播，这三者之间没有必然的联系。如囊膜病毒和沙粒病毒对它们的储存宿主（节肢动物、鸟和啮齿类）几乎没有副作用，但却从宿主上不断地向外界传播。然而病毒（如犬瘟热病毒）对中枢神经系统的持续感染在流行病学上并不重要，因为没有病毒从中枢神经上散布，也就是说，这种感染对犬可能有严重副作用，但是对病毒的传播没有意义。

3. 垂直传播模式　病毒从亲代传到胚胎、胎儿或者幼儿上，这对病毒在自然界的存活有很大的作用。所有的沙粒病毒、几种疱疹病毒、细小病毒、瘟病毒、反转录病毒、部分囊膜病毒，一些布尼亚病毒和冠状病毒垂直传播。如果垂直传播造成像沙粒病毒和反转录病毒那样的终身持续感染，这就保证了病毒的长期存活。在出生前后，通过接触或初乳和乳汁的进行病毒传播在垂直传播中也是很常见的。

4. 虫媒引起的病毒传播模式　几种虫媒传播病将在本书第二部分的相应章节介绍，这里主要讲解一些特征，有利于大家理解它们的流行病学和控制。目前知道的有500多种由节肢动物传播的病毒，其中约有40种引起家养动物疾病，有些引起动物传染病（表6-2）。有时节肢动物的传播是很机械的，如在黏液瘤病毒和禽痘病毒中，传播过程中蚊子起到"飞行的针头"的作用。通常情况下，病毒会在节肢动物载体（可以是蚊子、蜱、库蠓）上复制。

节肢动物载体吸取患病动物的血液获得病毒，病毒最初在虫子的消化道内复制，几天后到达唾液腺，这个间隔时间因病毒而异，常受到环境温度的影响。节肢动物在摄取别的动物血液时，唾液分泌物中的病毒就会感染新的宿主。虫媒传播是一种跨种间障碍的传播方式，因为同一个节肢动物可能叮咬鸟类、爬行动物类和哺乳动物，这几类物种在自然条件下是很少甚至永远不会亲密接触的。

大多数虫媒病毒的自然栖息地是特定的节肢动物，而在生存期其宿主是脊椎动物。病毒在脊椎动物中的原宿主通常是野生哺乳动物或鸟类，在最初传播中很少涉及家养动物和人类，但是也有例外（如委内瑞拉的马脑炎病毒是在马上，黄热病病毒和登革热病毒是在人类上）。在多数情况下，家养动物都是偶然感染的，例如通过原脊椎动物或者节肢动物宿主的地理分布而致感染。

从生态学上的观点看，大多数引起周期流行的虫媒病毒有着复杂的流行周期，并且所涉及到的脊椎动物和节肢动物宿主与家畜流行病的宿主不同。病毒在流行周期中扩增，因此流行周期在评价流行病严重性中很关键，但是人们经常对其不是很理解，因而不能采取有效的控制措施。

节肢动物处于活动时期时，虫媒病毒在脊椎动物或非脊椎动物宿主上复制。许多研究者一直关心的问题是在温带气候的冬季月份里，虫媒载体处于休眠期时，病毒是如何生存的。它们过冬的重要机制是经卵巢和发育期的传播。蜱传播的虫媒病毒，某些蚊媒的布尼亚病毒和虫媒病毒都是通过卵巢传播的。在北方的高纬度地区，蚊子繁殖的季节很短，所以病毒不能仅通过水平传播周期来生存，每年夏天第一批蚊子中有许多都携带着经卵巢和发育期传播的病毒，然后病毒库就通过蚊子–脊椎动物–蚊子循环快速进行扩增。

节肢动物垂直传播并不能解释虫媒病毒越冬情况，但是还没有证明其他方式的可能性。推测的其他方式有多种，例如，在寒冷气候里，冬眠的脊椎动物包括蝙蝠、小的啮齿类、蛇以及青蛙，它们对病毒的过冬起着重要的作用。冬眠动物的较低体温有利于病毒的持续感染，当气温回升时，病毒就再次发作，这种机制在实验室能够证明，但还没有证实在自然界也能发生。同样地，另一个可能机制是：温带气候里，个别昆虫也能在冬天存活一段时间，它们启动脊椎动物和非脊椎动物间的病毒传播，虽然是低水平的传播，但是也能维持在跨季节期间的病毒。

人类的许多活动破坏了生态平衡，扰乱了虫媒病毒的生活周期，增加了这些病毒病的地理传播或是增加了病毒病的流行率：

（1）人类的活动以及人们和家养动物入侵到节肢动物的栖息地导致了大流行。某些流行产生了历史性的影响：因为拿破仑的队伍在加勒比海经历了黄热病，才发生了路易斯安那购买案，几十年后，黄热病又对巴拿马运河的构建产生不利影响。独特的环境和地理因素导致许多新疾病的暴发。偏僻的生态区域，例如岛屿，虽然缺乏特定种类的储备宿主和载体，也常易受到入侵病毒的攻击。

（2）滥伐森林使农民和家养动物接触到新的节肢动物，可能造成新疾病的流行，有许多同时期的例子可以说明这种生态破坏带来的严重后果。

（3）长途旅行有利于外来虫媒载体在世界上的传播。这种方式造成了许多解决不了的问题，如旧轮胎上携带的亚洲蚊子白纹伊蚊的卵，就将该虫媒载体传到美国。长途家畜的运输促进了病毒和节肢动物（特别是蜱）在世界上的传播。

（4）和水的使用有关的生态因素，包括增加了农业灌溉和扩大了水的再利用，在病毒病的出现上也是一个非常重要的因素。东南亚区域新出现的日本脑炎就是因为人们在发展水和灌溉系统的同时没有注意到节肢动物的预防而造成的。

（5）人类新建的水利工程改变了鸟类长途迁徙的路线，这也是把虫媒病毒带到新区域的一个重要但未经证实的潜在风险。日本脑炎病毒在地理分布上扩大到亚洲的新地方，这就可能是由鸟类携带的病毒造成的。

（6）生态因素如环境污染和过度的城市化也导致了许多新疾病的流行。在积水处（铁罐和旧轮胎等）和污水中繁殖的虫媒载体是个世界性的问题，环境里的化学毒物（除草剂、杀虫剂、残留物）都直接或间接地影响载体和病毒的关系，其中就包括蚊子对现存杀虫剂的耐药性。

（7）气候的改变影响了海平面、江口湿地、淡水沼泽和人类的居住模式，也可能影响着热带地区的病毒和载体的关系；但是没有确定的数据来证明，许多研究全球变暖对传染病影响的项目还没有很好地解决环境和人为因素在这个过程中的重要性。

欧洲殖民非洲时，将易感的欧洲牲畜引进到这个大陆，导致了许多新的虫媒病毒病的发生，如非洲猪瘟、非洲马瘟、里夫特裂谷热、内罗毕羊病和蓝舌病。现在工业化的城市都恐惧这些病的病毒，因为这些外来病会摧毁他们的畜牧养殖业，欧洲蓝舌病的流行就是一个惨痛的例子。体现生态因素重要性的例子有很多，如北美东部马的牧草与自然湿地重叠时，也经历着蚊子–鸟–蚊子的病毒传播循环，感染了马脑炎病毒。同样地，日本和东南亚国家的猪被繁殖在水稻地里的蚊子叮咬后，感染日本脑炎病毒，并且成为病毒的重要宿主。

蜱传性的虫媒病毒说明了流行病重要性的两个特征。第一，蜱中经卵巢感染能充分地保证病毒在传播循环中能独立于脊椎动物而生存，脊椎动物的感染扩大了感染蜱的数量。第二，有些病毒从一个脊椎宿主传播到另外一个，是由感染蜱的叮咬引起的，也可以不通过节肢动物而传播。因此在欧洲中部和俄罗斯东部，各种小的啮齿类动物也可能感染蜱传播的脑炎病毒，山羊、牛和绵羊是偶然宿主，处于隐性感染状态，但是它们能通过乳汁排毒。成年和青年的有蹄类动物在蜱感染的牧草上放牧时，可能感染病毒，新生动物可以通过含有病毒的乳汁而感染。人类可能被蜱叮咬或者喝了受感染山羊的奶制品而感染。

5. 疾病的发生率与季节以及动物管理实践有关 许多病毒病的发生率与季节的变更有显著的关系。在温带气候中，虫媒病的发生主要在夏末早秋，因为它们的载体蚊子或白蛉在这段时间数量最多，并且很活跃。蜱传播通常发生在春季和初夏。其他季节疾病的生物原因包括病毒和宿主因素。流感病毒和痘病毒在干燥的空气中更容易生存，所有的病毒在低温下以气溶胶的形式生存的更久。也有研究表明宿主的敏感性存在着季节性的变化，这可能与鼻骨和口咽膜的生理学状态有关。

在兽医学中比季节影响更重要的是在不同季节里畜舍环境和管理措施的变化。棚饲动物如牛羊，在冬季中患呼吸道和肠道疾病的发生率会增加。这些疾病有复杂的发病机理，主要的致病原不确定，通常是病毒引起的，随后由细菌引起继发性感染。这些病的诊断，预防和治疗应整合成一个完整的体系，有利于管理和饲养实践。动物需要迁徙时，如更换饲养场或随季节性地选择牧场，这些过程中有两个主要的问题：动物在运输过程中遭受应激，并且与携带有不同传染源的动物接触。

在牲畜每年需要长途迁徙的地方，例如非洲的撒哈拉区域，病毒病如小反刍兽疫的发生与不同饲养群体间的接触有关。在南非的干旱季节，公用的水潭促进了病毒的传播，例如口蹄疫病毒

在野生动物中的不同物种间，可能还在野生动物和家养动物之间传播。

流行病学的免疫方面 从之前感染或者疫苗免疫获得的免疫力在病毒病的流行病学中起到了重要的作用；实际上疫苗（见第4章）是控制大多数病唯一有效的方法。例如在许多国家，疫苗对于控制犬瘟热和犬肝炎产生了很好的效果，发生率急剧下降。而对某些病毒来说，免疫是不起作用的，因为在感染部位（如呼吸道和消化道）缺乏免疫中和抗体。下面就是一个很好的解释例子：冬天，牛羊饲养在狭窄的环境里，呼吸道合胞体病毒就可能引起温和型或严重的呼吸道疾病，病毒通过气雾胶快速地传播，并且常发生再次感染。之前从母体上被动获得或者从以前感染主动获得的抗体都不能阻止病毒的复制和分泌，尽管抗体滴度较高时临床症状比较温和。通过这个例子，可以说明疫苗不总是非常有效的。

二 新出现的病毒病

新发病毒病是指新被鉴定的或者是新演化出来的，或者以前也有发生但是近来发生率增高，或者地理分布、宿主及媒介范围扩大的这些疾病。按照这个定义，本书中的许多病毒病都被划分为新发病。表6-5和表6-6列出了一些新发疾病及其致病病毒。人口统计、生态以及人为因素的不断变化使得还会出现新发以及复发疾病，但是病毒学以及宿主的因素也会促进一些病毒病的出现，特别是新的疾病的出现。

（一）病毒病出现的病毒学决定因素

病毒不是作为单个基因型的个体存在，而是一组遗传学上不同但具有相关性的毒株群体。病毒的数量在持续增加（目前是3 600多种），尤其是随着野生动物和非传统物种的进化，像爬行动物和鱼类。随着分子技术如PCR以及基因测序的到来，病毒种类中不同毒株数急剧地增加。遗传多样性的重要性在于同一病毒种中不同毒株有不

表6-5 一些重要的新出现以及反复出现的动物病毒

非洲马瘟病毒（由蚊子传播，曾经出现在非洲南部，最近活跃在非洲的撒哈拉，对全世界的马造成威胁）

非洲猪瘟病毒（蜱传播性疾病也通过接触传播，是一种烈性的病毒，最近出现在俄罗斯、格鲁吉亚以及周边的国家，对于猪的养殖业是一种威胁）

禽流感病毒（亚洲、欧洲以及非洲出现高致病性H5N1，对世界范围内的养禽业是一种威胁）

蓝舌病（由库蠓属传播，在欧洲流行，迫使欧盟修订协议）

牛海绵状脑病病毒（引起英国牛群中流行的主要流行病，导致巨大的经济损失和贸易封闭）

犬流感病毒（马流感病毒H3N8在2004年弗罗里达州黑犬中流行，引起严重的出血性肺炎，通常引起无症状感染）

犬细小病毒（一种新的病毒，在全世界范围内快速传播，引起犬的严重疾病）

鹿慢性消耗性疾病和麋鹿朊病毒（北美圈养鹿和野生鹿一种海绵状脑病）

亨德拉病毒（于1994年在澳大利亚昆士兰发现，引起了马和人类致死性、急性呼吸窘迫综合征，蝙蝠是其贮存宿主）

猫杯状病毒（猫杯状病毒的变种，与猫高致病性全身感染相关）

猫免疫缺陷病毒（1987年被发现，引起猫全球性发病和死亡）

口蹄疫病毒（仍然被认为是最危险的外来病毒之一，因为它传播迅速，能引起经济损失，主要存在于在非洲、中东和亚洲，可暴发与任何商业化的牛产业中；最近在韩国和日本暴发）

恶性卡他热病毒（非洲型是外来病毒，是牛的一种致死性疱疹病毒，也是一种重要的贸易屏障）

水生哺乳动物麻疹病毒（1988年在欧洲海豹中首次发现该病，也是一种重要的新出现的病毒，对一些水生哺乳动物危害严重）

猪圆环病毒-2型（在世界范围内引起猪发生多种综合征）

猪繁殖与呼吸综合征病毒（也称莱利斯塔德病毒，近来认为在欧洲、亚洲以及美国引起猪发生严重的疾病）

猿猴免疫缺陷病毒（越来越认识到这一病毒在作为人获得性免疫缺陷综合征研究模型的重要意义）

西尼罗河病毒（引起马的神经性疾病，对北美和部分欧洲鸟类有较高的致死性）

表6-6 一些新出现的或重复出现的重要的人畜共患病病毒

牛海绵体脑病朊病毒（1986年发现，在英国引起主要的传染病，导致了重大经济损失和贸易障碍。经鉴定能引起人类中枢神经系统疾病：新变异体的脊髓变性疾病）

克里米亚刚果出血热病毒[a]（蜱传播性疾病，宿主为绵羊，在人类中能够引起10%死亡率，是一种严重的人类疾病，在非洲，中东以及亚洲广泛流行）

东方马脑炎病毒（在美国东部人患病呈增加趋势，尤其是在以前没有出现的地方）

埃博拉[a]和马尔堡病毒[a]（蝙蝠和灵长类动物最有可能作为贮存宿主，这种病毒是引起大多数致死性流行性出血热病毒）

亨德拉病毒（1994年于澳大利亚昆士兰被发现，能够引起马的严重能够呼吸窘迫症，感染人的同时引起相似的症状，蝙蝠作为贮存宿主）

委内瑞拉出血热病毒[a]（感染啮齿类动物，一种新发现的引起委内瑞拉出血热）

汉坦病毒[a]（啮齿类传播，在亚洲和欧洲啮齿类传播的一种重要出血热，新加坡病毒以及相关的病毒共同引起美国的汉坦病毒肺部综合征）

流感病毒（贮存在禽类特别是水禽，猪起中间媒介作用，使其进化成能够感染人类的新病毒，曾经记录的引起人类最严重的死亡发生在1918年大约25百万~40百万人死亡，1997年在香港亚洲流感病毒H5N1首次出现引起严重的疾病以及一些死亡，每年冬天引起数以千计的中老年人死亡）

日本脑炎病毒（寄生于蚊子，猪作为中间就宿主，更为严重的是引起人类致死性脑炎，流行于亚洲东南部，有巨大的流行潜伏性）

胡宁病毒[a]（啮齿类传播，引起阿根廷出血热）

拉沙热[a]（啮齿类传播，发生与非洲西部非常严重的病毒）

马秋波病毒[a]（啮齿类传播，引起玻利维亚出血热）

狂犬病毒（由患狂犬病动物的叮咬进行传播，该流行病发生于美国的东北部，每年在印度、斯里兰卡、菲律宾以及其他地方引起数以千计的死亡）

裂谷热病毒（蚊子传播，牛羊以及野生动物作为放大宿主，曾记录引起的最大流行发生于1977年埃及，最近流行于非洲东部和南部以及阿拉伯半岛）

罗斯河病毒（由蚊子传播，引起流行性关节炎，横穿太平洋区域）

巴西出血热病毒[a]（啮齿类传播，在巴西引起严重甚至致死性出血热）

SARS病毒（贮存在蝙蝠体内通过狸猫感染人，发生于亚洲，一种感染人类的严重呼吸疾病）

黄热病[a]（蚊子传播，猴子作为贮存宿主，历史上严重的致死病之一，具有潜在的威胁）

　　a 病毒引起人类出血热。

同的生物学特性，包括宿主范围、组织嗜性以及病毒毒力。新疾病的出现是由于流行性病毒进化而产生的，因此对病毒遗传学和进化的理解是了解新发病毒病的关键。

自然条件下病毒在宿主之间传播，经历着连续的复制周期。在这期间，不断产生遗传变异体，其中一些具有不同于亲代病毒的生物学特性（如毒力、组织嗜性或者宿主范围）。许多病毒，尤其是RNA病毒，具有较短的增殖时间以及相对高的突变率，但其他的病毒也会涉及巨大的遗传学变化，包括整个基因片段的交换（又称为重配），基因的删除或获得，重组和易位。动物宿主或昆虫载体产生选择压力有利于这些生物变异体的选择。病毒在自然界中生存和进化过程中的重要属性包括：① 具有快速复制的能力。在多数情况下，强毒株比温和毒株复制的更快，然而，如果复制太快，可能导致病毒的自我摧毁。因为它的增长速度过快会使宿主死亡或症状严重，以致于没有足够的时间传播。② 具有复制到高滴度的能力。脊椎动物宿主中高病毒滴度是虫媒病毒存活的一个机制，有利于下一个节肢动物的感染。相同病毒在虫媒宿主的唾液腺中产生高滴度病毒，有利于感染下一个脊椎动物宿主。这种高病毒滴度与脊椎宿主（如原鸟类储存宿主）中的隐性感染有关，但这种能力的进化通常和严重甚至致死性的疾病有关。③ 具有在某些主要组织中复制的能力。这种能力的进化对病毒传播循环的完成是很重要的。例如根据病毒组织嗜性和特异的宿主细胞受体的选择，可以定义许多疾病模式。而且，在免疫缺陷部位或免疫细胞中病毒生长能力的进化给病毒提供很大的生存优势（见第3章）。④ 具有长期排毒的能力。这种慢性排毒能力的进化给病毒提供了生存和防卫的机会。另外复发性和间歇性的排毒也给病毒提供了额外的生存优势（如在动物中的疱疹病毒感染）。⑤ 具有逃避宿主防御的能力。动物经过进化形成一套精密的防御系统来抵御病毒的侵犯，但是反过来，病毒也形成了

复杂的系统来躲避宿主的防御系统（见第4章）。尤其是具有大基因组的病毒，其基因编码的蛋白能阻碍宿主的抗病毒活动。能引起胎儿感染以及产后持续感染在进化上是一种进步，这使病毒具有极大的生存优势（如犊牛感染牛病毒性腹泻病毒，小鼠感染淋巴细胞脉络丛脑膜炎病毒）。⑥ 具有排毒到外界环境后生存的能力。所有事情都是公平的，有核衣壳的病毒在环境中能较稳定存在，这是一种进化优势。例如，正是因为这种稳定性，犬细小病毒在出现的两年内在世界范围内传播到世界各地，其传播主要通过污染物（人的鞋子、衣物、笼子等）的携带。⑦ 具有垂直传播的能力。能垂直传播的病毒可以不用面对外界环境而生存，这在进化上也是一种进步。

1. 病毒的进化和遗传变异株的出现　我们可以提出一个简单的问题，基因多样性对病毒的生存有着怎样的重要性？然而这个问题的答案并不简单。引起突然流行或动物流行病的病毒，如口蹄疫、流感以及严重急性呼吸道综合征（SARS），这些都能引起公众的关注和关心。然而，需要强调的是这些病毒都是从地方性动物疫病区域出现的，并且，与新出现病毒相比，不断在地方流行的这些病毒需要投入较大的持续研究。因此对病毒进化的理解是弄清楚新出现的病毒病和地方持续流行性疾病的先决条件。

病毒的进化依赖遗传多样性的产生。病毒，如牛瘟病毒（以及较近的种属，如麻疹和犬瘟热病毒）具有有限的基因和抗原多样性，感染或者疫苗免疫可使动物产生长期免疫力。因此为了维持疫病的周期性流行，这类病毒不断接触易感动物。通过合理的管理措施以及对易感动物接种疫苗，牛瘟已经得到全球性的控制和消灭。相比之下，轮状病毒不断地在动物群中流行，主要是依赖于基因多样性以及宿主短暂的免疫力。这些病毒不断的流行并且只在某些典型个体中引起疾病，这些机体必须处于缺乏免疫保护或者生理和环境因素造成的易感状态。

病毒通过多种机制进化，但是需要强调的是，每个毒株的关键生物学特性很少是由单个核苷酸突变造成的。毒株表型属性的重要区别（如毒力、组织嗜性、宿主范围）通常是由多基因决定的。

（1）突变　在一些多产型病毒感染过程中，一些病毒通过许多循环进行复制以产生数以百万或者数以十亿计的子代病毒。在这样高效的复制周期中，会不可避免地发生核苷酸的突变，引起突变的积累。大多数的突变仅涉及单个核苷酸的突变，但是连续几个核苷酸的删除或者插入也有发生。突变是典型的致死性变异，因为突变的病毒丢失了一些重要信息，不能复制或者同野生型病毒进行竞争。某些非致死性的突变能否存活取决于表型的改变，是不利的、中性的、还是给病毒提供了选择性优势。

真核生物细胞DNA的复制通过核酸外切酶的活性具有校正机制。因为DNA病毒的复制也在细胞核里进行，所以也同样受到校正，它们的突变率与宿主细胞DNA的相似。RNA病毒的复制错误率远远高于DNA病毒，部分是因为缺乏校正机制。例如，一个11kb的水疱性口炎病毒在每个复制循环中每个核苷酸的突变率是0.001～0.0001，因此在感染的细胞中，几乎每个后代之间，以及后代与父代之间都至少有一个核苷酸的差异。这种核苷酸突变率比真核生物DNA的突变率大100万倍。当然大多数核苷酸的突变是有害的，并且使某些基因组消失，但是在RNA病毒中非致死性突变的积累非常迅速。

（2）病毒进化的准种概念　根据传统表型属性划分的病毒物种在遗传学上都是动态存在的，每个表型中的不同病毒都是短暂存在的。大多数个体病毒的基因组与这个群体中的平均序列都至少有一个核苷酸的不同，在相当短的时间内，某个优势突变体就会在群体中发生基因型漂移。长时间的基因漂移会导致大量不同病毒的进化。Manfred Eigen、John Holland以及其他人引入了"准种"一词，来描述这种多样性、迅速进化和竞争的病毒群体。

人们认为准种的进化在大RNA基因组病毒中最为显著，它们非致死性突变可以迅速积累，实际上，冠状病毒（已知的最大RNA病毒）的基因组充满了基因缺陷。根据早期记载的突变率，冠状病毒的基因组在每个复制周期中每3 000个核苷酸就有一个发生突变，由于冠状病毒含有30 000个核苷酸，因此每个基因组中至少有一个核苷酸与子代基因组不同。并且，冠状病毒的基因组经历着其他更多的突变，包括大片段的缺失，这会影响它们的致病性。有人会问冠状病毒和其他RNA病毒如何在长期演变过程中维持它们作为病原体的相同性？为什么这些病毒没有因为突变而被淘汰？答案都在准种的概念中，并且适用于许多病毒。

如果病毒核苷酸的复制没有错误，所有子代病毒都是相同的，那也就没有表型进化了。如果错误率过高，会出现各种突变体，病毒群体将会失去它们的完整性。以一个中等的突变率为例，如在RNA病毒中发生的突变，那么这个病毒群体会是一个连贯的、自我维持的整体，就像是一群突变云围绕着一个一致性序列，在不同方向的连续膨胀和收缩就意味着新突变体的出现和其他突变体的消失。达尔文进化论限制了大多数极端变异体的存活，有利于接近突变云的突变体存活，这样能与环境相符合。如果突变云的中心是不清楚的，准种核心的一致性序列也是不明确的。任一发表的病毒基因组序列都反映了起始物质的随机选择：一个生物学克隆都或多或少地代表了这个群体基因组的一致性序列。用Eigen的比喻，云就是一个准种，用一个图表描述可以使准种这个概念更容易理解（图6-1）。

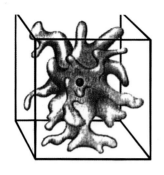

图6-1　Manfred Eigen对准种概念的描述。图上的盒子代表序列空间，即包含了在病毒复制过程中可能发生的所有突变体。中间的点代表没有发生变异的病毒，这需要病毒的复制过程是精确的，环境的选择压力也是不变的。云代表了病毒群体的多样性，多样性是由病毒复制过程中的各种误差形成的。病毒群体是一个一致的、自我维持的整体，用一个比喻形象地说明：最初的一致性序列就像中间的云，是神秘的，而它周围各种变异体在环境中探索着越来越适合环境的个体。病毒的进化是在准种的整体水平上进行，而不是单个的基因型，结果就是不断产生新的病毒表型，有些会引起新的或是更严重的疾病。（由C.A.Mims供图）

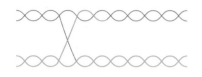

图6-2　基因重组：分子内重组，如双链DNA病毒

2. 病毒之间的基因重组　当两个不同的病毒同时感染同一细胞时，在核酸合成期间或者之后会发生基因重组，重组形式可以是分子内重组、重配或者再活化（如果病毒处于非活性状态时）。

（1）分子内重组　分子内重组是指在不同的、但通常是关系很近的病毒在复制过程中发生的核苷酸序列的交换（图6-2）。它发生在所有的双链DNA中，很可能是由于通过聚合酶发生的模板交换造成的，分子内部重组也发生在RNA病毒中（如小核糖核酸病毒、冠状病毒、披膜病毒）。西方马脑炎病毒可能是由古代的Sindbis样病毒和东方马脑炎病毒之间的分子内重组进化而来的。这种现象可能在RNA病毒中更为广泛。在实验室条件下，分子内重组甚至可以在不同科的病毒间发生，如SV40（乳头多瘤空泡病毒）和腺病毒的重组。

目前已经发现了病毒和细胞内遗传物质的重组，这对病毒的进化是很重要的。病毒能接触到宿主细胞的基因库，它们当然能结合以及利用利于它们生存的基因。逆转录病毒的基因组中已经发现了细胞基因或假基因，其他RNA病毒中也

发现了。例如在流感病毒感染的过程中，宿主的蛋白酶对病毒血凝素的水解能产生具有感染性的后代。在无毒力的流感病毒适应鸡细胞（不能切割血凝素）的过程中，能分离到致病性的突变体，它的基因组嵌入54个核苷酸，这个序列刚好与宿主细胞28S核糖体RNA互补。这表明在病毒RNA复制的过程中，通过聚合酶发生模板的交换，这个嵌入可能改变了血凝素的构象，细胞蛋白酶能够识别它，因此在非允许细胞中也产生感染性的病毒粒子。

细胞内的信息通过分子内重组插入到病毒内会产生致病性。马立克氏病病毒，一种鸡的肿瘤性疱疹病毒，因为携带有外源基因，曾经被错误分类。由于所有的致瘤性疱疹病毒都是γ-疱疹病毒亚科的成员，故它曾被认为是γ-疱疹病毒。随着马立克氏病病毒的基因组部测序后，大家才意识到它属于α-疱疹病毒，它的致瘤性基因是来自鸟类的逆转录病毒或者是逆转录病毒基因的细胞内同源物。

牛病毒性腹泻发展成黏膜病的分子基础的发现也是令人惊讶的。当对细胞不致病的腹泻病毒的非结构基因NS2-3内插入泛素基因时，它们会

对细胞产生致病性。这个突变体病毒在持续感染的动物上就会发展成黏膜病，这些持续感染的动物是在母体怀孕的前80～125天内感染非细胞致病性毒株后产生的感染胎儿。这种突变和感染的复杂模式解释了小牛以及某些情况下较大动物上零星发生的黏膜病。

不像其他的RNA病毒，逆转录病毒没有病毒RNA的复制库。虽然逆转录病毒的基因组也是单股正链RNA，但是只有RNA通过病毒相应的逆转录酶转录成DNA时，才能复制，病毒合成的双链DNA整合到宿主细胞的DNA中。然而在二倍体逆转录病毒基因组中会发生正链和负链的重组，病毒的DNA和细胞的DNA也可能发生重组。逆转录病毒可能获得细胞的致癌基因，然后整合到病毒的基因组中成为病毒的致癌基因，这就使逆转录病毒有致癌的属性。

（2）重配　基因重配是遗传重组的一种形式，发生于分节段基因组的RNA病毒中，RNA病毒可以是单链的也可以是双链的，并且可以发生在几个或许多节段之间。经证明，重配可以发生在有2个（沙粒病毒科，双核糖核酸病毒科），3个（布尼亚病毒科），6、7或者8个（正黏病毒科），10、11或者12个（呼肠病毒科）基因组节段的病毒科中。这些病毒科中，两个相近病毒同时感染一个细胞时，会发生节段的交换，产生可变的或稳定的重配体。自然界中也有重配的发生，并且是遗传多样性的一个重要来源，蓝舌病毒株经常发生重配，有时包含与弱毒疫苗相似或相同的基因节段。

（二）病毒病出现的宿主和环境因素

致病的病毒必须能够感染且成功入侵宿主，逃避宿主复杂以及精密的防御机制（见第4章）才能致使新的疾病发生。必须强调的是，宿主、病毒学以及环境因素必须均有利于疾病的发生。

1. 跨越种间障碍——"种属跳跃"　病毒的遗传变异能产生新的病毒，改变了宿主嗜性，病毒可以选择新的动物种类甚至是人类。例如，

猪繁殖与呼吸综合征病毒是由乳酸脱氢酶增高症病毒进化来的，可能经过种属跳跃，病毒从小鼠到猪的种属改变。同样的，感染海豹的犬瘟热病毒很可能是起源于感染犬瘟热病毒的海豹。A型流感病毒能通过基因片段的重配进行种间传播，A型流感病毒除了能在鸟类和人类之间传播，也可在其他的动物物种间发生，如马的流感病毒传播给犬。

动物传染病的媒介物能从动物传播到人类，在过去半个多世纪里发现的人类传染病中绝大多数是人畜共患病。如猿猴免疫缺陷病毒的基因变异株在人类广泛传播，成为人类的免疫缺陷病毒（HIV），我们认为HIV1和HIV2在过去的一百年里就已经出现在人类中。HIV1来源于黑猩猩，HIV2来源于黑长尾猴，虽然这些病毒在实验条件下能感染非人类的灵长类动物，但是不引起发病。还有其他的病毒，包括尼帕病毒、汉坦病毒、沙粒病毒以及虫媒病毒如西尼罗河病毒、日本B型脑炎病毒、马脑炎病毒和布尼亚病毒如裂谷热病毒。很多情况下，人类都是终末宿主，在病毒自然传播的过程中不起作用。然而在其他的病中如登革热、甲型流感和HIV中，当病毒进入到人群内以后，人与人之间的传播继续发生。

越来越肯定的是蝙蝠储存有大量的动物传染病病毒，可能在人类中引起毁灭性的疾病。蝙蝠在世界上无处不在，它们与人类共存或者是相邻。并且蝙蝠居住于人口稠密的地区，有利于动物之间病毒的传播。从蝙蝠传向人类的病毒有许多，如狂犬病及相关的人畜共患的蝙蝠狂犬病病毒、尼帕亨德拉病毒、SARS病毒、冠状病毒、埃博拉病毒和马尔堡病毒。很可能蝙蝠还储存有其他一些潜在的动物传染病。

啮齿类动物像蝙蝠一样，存在于地球的每一个角落，同人类共同生存。啮齿类动物是汉坦病毒重要的贮存宿主，汉坦病毒在远东和东欧引起肾脏综合征以及出血热，在美国引起肺综合征。同样地，啮齿类动物也是几种沙粒病毒的无症状型储存宿主，沙粒病毒在南美洲部分人群中引起

病毒性出血热，如拉沙热、玻利维亚出血热以及阿根廷出血热。啮齿类动物也是一些虫媒病毒的储存宿主（如，羊跳跃病病毒、委内瑞拉的马脑炎病毒），通过感染载体（蚊子，蜱）叮咬人或者其他的动物而传播。

鸟类也是一些传染病重要的储存宿主，尤其是甲型流感病毒。并且鸟类还是各种虫媒病毒的储存宿主，包括东方和西方的马脑炎病毒，西尼罗河病毒。病毒通过蚊子昆虫的叮咬将感染鸟的病毒传播到人类或者动物身上，某些病毒能够在它们的鸟类储存宿主中引起发病，而有些却不能。

2. 环境因素　生态环境的变化不可避免地改变着病毒病的发生和分布，尤其那些虫媒病毒。人类的活动继续影响着病毒病的分布，可以直接影响病毒以及它们载体的迁移，以及间接通过人类活动而改变，如与气候改变相适应的人口统计学变化，城乡交界的越来越模糊，以及长期建立的生态系统的破坏，如南美洲热带雨林。

3. 生物恐怖主义　新世界改变了对生物学战争的态度。同核武器相比，以及在较小程度上与造成大量破坏的化学物品相比，生物化学武器很容易就能造成大的破坏。动物群体中发生的经济学或者生态学的大灾难很可能是因故意使用本书中所讲的几种病毒造成的。

病毒病的监测、预防、控制及扑灭

（一）疾病预防、控制和扑灭的法则

在当今经济全球化，政治制度（如欧盟、北美自由贸易体系、东南亚组织）错综复杂的条件下，兽医动物疾病的预防、控制以及消灭变得更加复杂。同样地，食品的生产加工以及分配体系也变得越发错综复杂，如肉类和家禽类，乳制品以及海洋制品的国际贸易。这些变化增加了人们对疾病风险的认识，也增加了人们对兽医职业的期望，希望兽医工作者负责管理动物健康、相关

区域的环境质量、食品安全、动物福利以及动物疾病的控制。所有这些责任的完成都需要预防医学的应用，也就是需要监督，对动物进行长时间的研究调查。

好的疾病预防开始于当地的养殖业工作者，在农场、大牧场、饲育场或者家禽舍以及兽医诊所就开始进行预防。在这一方面，可以改变的很少，因为工作者对良好饲喂、对某些疾病的流行病学知识，以及对疾病是如何传播的掌握，是控制疾病的基本原则，最好的预防方法、疫苗免疫和传播媒介的控制仍然有效。然而科学的基础预防医学的知识进展得很快，在许多情况下，病毒病的预防和控制为兽医学的风险评估和管理活动开辟了道路。

兽医领域无处不在的格言是预防胜于治疗，在预防病毒病中更为合理。在发生病毒病时除了提供一些辅助治疗方法，如对发生病毒性腹泻的动物输液以维持动物的水合作用，或者用抗生素来防止细菌的二次感染，除此之外，对动物的病毒病没有其他的有效治疗方法，尤其是对家畜（见第4章），然而已经证明一些方法可以用来预防、控制甚至消灭重要的动物病毒病。

目前有不同的策略预防和控制病毒病，可以根据病毒的特征来选择合适的方法，可参考的病毒特征包括传播模式，环境的稳定性，发病机理，对动物的健康、生产力、经济效益的威胁，传染的风险等。目前人们对生产性动物的许多致病病毒的控制越来越有经验，疫苗的综合使用也很普遍，不仅是对动物个体有保护力，也建立起了群体的免疫力，足以打破病毒的传播链。在犬舍、猫舍、农场，以及商业性的水产养殖设施中，卫生措施在肠道感染的控制上尤其重要。节肢动物载体的控制是局部预防一些虫媒病毒的关键。检测和消灭措施仍旧用来消灭重要的病毒病，监督和检疫是防止外来疾病入侵的重要措施。前辈们在人医中全球性地消灭了天花，接着兽医学中消灭了牛瘟，我们应该乐观地相信也能清除其他的疾病。

（二）疾病的监测

疾病的控制和管理措施的实施，关键依赖于对发生、流行、传播、地方流行性及流行病的蔓延等情况的准确掌握。我们通过疾病的监测获得了疾病发生情况的数据，对这些数据进行系统的搜集、校正和分析，主要目的是检测疾病分布的趋势。

由于需要传染性疾病发生的数据，因此产生了"需申报"疾病的概念：兽医从业者需要向主管政府部门（如国家或者州的兽医局）进行汇报。反过来，根据国际协议如世界动物卫生组织［原国际兽疫局（OIE）］，如果国内可能发生某种需申报的疾病或者已经确认发生时，国家当权者有义务立刻通知其他国家。这就要求我们熟悉需申报疾病的名单，否则，可能忽视了某种疾病。由这个申报系统提供的数据会影响各国疾病控制的资源分布以及后续行动的强度。

许多国家收集不需申报疾病的数据，为发展预防战略提供有用的信息，尤其是允许花费数据中包括这两个计算：收益比率和疫苗功效指数。根据疾病的特征，有效疫苗的可利用性，诊断方法的敏感性和特异性，我们可以计划和实施扑灭策略，如许多国家最近消灭的伪狂犬病和典型猪瘟。

监测数据的来源　动物疾病中常用的监测方法有：① 需申报疾病的报告；② 基于实验室的监测；③ 群体监测。监测过程的关键在于兽医从业者，虽然每个兽医从业者可能只能看到某种疾病的几个特点，但是通过多个人数据的积累和分析，能揭示出疾病在时间上和空间上的趋势。高效监测的关键就是提高从业者的意识，尤其是对外来病或者不常见动物病的监测，"当听到马蹄声，首先想到的是马，而不是斑马"，这是通常对临床医生的诊断建议，但是这里的提高意识是指不能完全忽视了这个马蹄声是斑马的可能性。

每个国家都有自己收集和整理数据的系统，OIE 负责协调国家之间的信息交换。以下是在大多数国家中都用到的关于疾病发生情况的信息来源，在某个疾病中，这些不一定都存在：

（1）通过递交给国家和当地诊断实验室的数据来评估发病率和死亡率，这些数据可以通过国家的、地方的以及国际的不同代理使用权而获得，并且有些数据可以发表在科学期刊和年度总结等。

（2）对病例和暴发情况研究的信息，经常是来自于诊断实验室和国家的兽医研究单位。

（3）对发病动物合法地在病理实验室进行临床学、病理学、血清学以及病毒学检查，以监测病毒活性。也可以用实验动物检测病毒活性。

（4）监测节肢动物和病毒感染率、监测以及使用哨兵动物来检测虫媒病毒的活性。

（5）特异性的血清学和病毒学调查。

（6）疫苗生产和应用分析。

（7）回顾当地媒体对疾病的报道。

（8）列出服务部门，研究群体的通信方式和其他的网络资源。

收集数据之后，应该尽快地分析以便采取下一步措施，从国家数据库中获得的数据是可靠的，并且有注释，但是它们通常是几周甚至几月之前搜集到的。相反，从当地媒体的评论，以及网上对未确定疾病的报道等这两处搜集到的信息，代表了对即将发生的动物传染病的最早警告。但是这些来源提供的信息很可能是假的。当确定搜集到的信息准确时，当地兽医工作者的快速行动是有效监测系统重要的组成部分，但是必须警惕的是避免引起公众不必要的恐慌。

（三）疾病暴发时的调查和行动

当疾病暴发的时候，必须首先在初级兽医水平意识到，这并不容易做到，尤其是当新疾病发生或者疾病在新的环境中发生时。我们可以用"发现到控制的连续体"来描述调查研究和控制行动。连续体包括三个阶段，每个阶段都由几个部分组成。

1. **早期阶段**　对不常见疾病的早期调查要集中在这几个实用的特征上：死亡率、疾病的严重性、可传播性和分布情况，这些都是传染病和对动物威胁情况的重要预报器。临床和病理学上的观察给早期阶段提供了重要的线索。

疾病的发现。在宿主群体中，发现一个新疾病的出现是一个起始点。对于那些鉴定为地方流行性或者在动物群体中散在发生的疾病，通常直接由兽医工作者和动物主人联合负责控制。对于那些鉴别为外来的或者有潜在流行趋势的疾病来说，由专业的工作人员和部门采取进一步的研究和行动。

流行病学的实地调查。许多早期的调查研究必须在现场进行，而不是在实验室，这就是一个"皮鞋流行病学"的世界。

病原学调查。鉴定病毒病原是很关键的，这里不仅仅指发现了这个病毒，还需要弄清它在疾病暴发中起到的作用。

诊断方法的研究。确定致病病原后，在流行病学的调查研究中，开发和采取合适的诊断方法（检测病毒或病毒特异性的抗体，见第5章）是比较困难的。所要求的方法必须是准确的（敏感性和特异性），可复制的，可靠的并且经济的，而且可以作为检测方法。

2. **中期阶段**　疾病发展到了风险管理阶段，这阶段不能用"这里发生着什么"来描述，而应该是"我们该怎样解决它"，这个阶段包含很多因素。

集中调查。调查研究的目的是对病毒了解更多，如感染的发病机理和病理学，相关的免疫学，生态学（包括载体的生物学，宿主的生物学）和流行病学，这些研究结果在疾病的控制中起着很重要的作用。

培训、继续教育和公众教育。这其中的每一项都需要专业知识，并且适应疾病的特殊环境。

交流。风险交流必须是在合适的范围和规模内，可以充分利用现代科技，如报纸、收音机、电视机和网络。

技术转移。诊断学发展，疫苗的研究，环境卫生和载体的控制以及许多兽医护理活动都需要专业知识，这就要求国家中心将相应的知识转移给地方的疾病控制单位。

商品化或政府的产品。在适当情况下，可以将诊断、疫苗等的研究投入到生产中，这根据不同的国家以及不同的疾病而异。

3. **后期阶段**　随着专业知识和各种资源投入到这一阶段中，对疾病的控制活动变得越来越复杂。

动物医疗体系的发展。这包括迅速的报道病例体系，持续的监督系统以及疾病记录和登记措施。也包括人力支持和后勤保障，如设备，器材以及运输工具。还需要法律和管理条例的建立。举个例子，在某个国家或地区初次暴发口蹄疫病时，都需要这些体系来控制疾病的发展。

专门的临床体系。在通常情况下，我们通过检疫（需要法律的授权）发现病例后，需要专门的临床护理和畜群管理办法。

公共基础设施系统。在大多数情况下，公共基础设施需要卫生和排污系统，干净的供水来源，环境保障，以及控制储存宿主和病毒载体的措施，这些方面会不可避免地涉及政府或者管理部门。控制最大规模的家畜流行病时，需要大量的资源，如限制动物在国家或地区内的活动，建立检疫和屠杀体系，这些活动都需要专门的基金，甚至涉及国际组织。

当然，以上的这些因素并不都存在于每个疾病的流行中，烈性疾病、外来疾病以及人畜共患传染病会引起公众最大的反应。

（四）控制病毒病的策略

1. **通过环境卫生控制疾病**　密集的动物饲养环境常会在环境中积累粪便、尿液、皮毛等，这些东西很可能含有病毒，尤其是对干燥环境有抵抗力的病毒。为避免这种情况的发生，集约化的养殖单位采取"全进全出"的管理方法，这样就能在间隔的时间内打扫、清除和消毒畜舍。打扫卫生和消毒在控制粪–口途径的感染方面是最有效的，而对呼吸道感染的作用较小。在畜舍中很难达到空气的干净卫生，尤其是在高密度的动物群体中。

（1）医院的感染　医院感染在大动物的兽医诊所中没有在宠物诊所中那么常见，因为大动物经常是在农场中接受治疗。合适的管理方法能减少医院感染的可能性，并且兽医诊所要保证所有的住院患者具有暂时的免疫力。诊所在设计时就应考虑到要易于消毒，选择冲落式的墙壁和地板以及尽可能少的固定设施。诊所还应包括有效的通风设备，这不仅是为了减少气味，也是为了减少病毒的气溶胶传播。医务人员经常洗手，清洗污染的设备也是必要的措施。

（2）消毒和消毒剂　消毒剂是用于无生命物体表面的化学杀菌剂，而抗菌剂是用在皮肤或黏膜表面的化学杀菌剂。对污染房屋和设备的消毒在控制家畜的疾病上起着十分重要的作用。

不同病毒对消毒剂的抵抗力区别很大，有囊膜的病毒通常比没有囊膜的病毒更敏感。现在大多数的消毒剂都能使病毒失去活性，但是它们的效果与接触病毒的途径和时间有很大关系，如在厚厚的黏液层或粪便中的病毒不容易失活。物体表面清扫不干净，旧的木材建筑或者牛羊牧场的栅栏上有裂缝时，都会导致消毒不彻底。消毒剂效力的改变或者一种新的消毒剂都需要说明正确使用方法，在这方面一个很好的资源是爱荷华州立大学的食品安全和公共卫生中心（www.cfsph.iastate.edu）。

2. 通过消灭节肢动物载体控制疾病　虫媒病毒感染的控制依赖于疫苗的使用，因为在较大的地方或者载体长时间活跃的时间里，载体的控制比较困难。监测载体数量（如，蚊子幼虫计数）和掌握有利于载体在较大范围内传播的气候条件（如通过卫星遥感影像监测东非裂谷热），

这两个都可以作为控制载体的预防策略和控制战略。例如，在北美的一些地方，用低浓度的空气喷雾杀虫剂来预防携带有脑炎病毒的蚊子，但是同样存在的问题是增加了蚊子对杀虫剂的抗性以及环境的污染。一些国家在实施紧急控制虫媒病毒战略时采用空气喷雾杀虫剂，目的在于短时间内减少某区域成年母蚊子数量。

马拉硫磷或者杀螟硫磷这种有机磷杀虫剂可以通过喷雾器产生低浓度的气溶胶，喷雾器可以安装在背包、卡车或低飞行的飞行器上。用杀虫剂喷洒飞机的行李舱和客舱，可以减少外来病毒在洲际间的传播。

在非洲猪瘟流行的区域，通过清除蜱成功地控制了该病，然而，在自由放养的动物中就比较难控制。

3. 通过检疫控制疾病　具有适当的兽医服务和管理设施的国家，会规范动物的进出口活动（国家间的或者洲际间的）。检疫在许多疾病的防控中仍然是一个基础措施。当从别的国家进口动物时，需要长时间的检疫，可以通过特异的血清学或病原学实验检疫，当在某个国家或地区控制或消灭特定传染病时，也可以采取这些检疫方法。

随着越来越多的动物被带到其他的国家进行繁衍或展览，引进疾病的风险也在增加。在空运发明之前，船运的持续时间通常超过了大多数疾病的潜伏期，但现在就不会再出现这种情况。在牲畜价值日益增加的条件下，国家的兽医当局采用更为严格的检疫措施来保护国家的畜牧业，许多国家提出了对某些动物进口的禁令。检疫的概念（在中世纪时期，意大利的检疫是指当怀疑存在某种传染病时，在船到达港口的40日内禁止卸载货物或乘客登陆），以前是指动物被简单的隔离，然后在一定时间内观察疾病的临床症状，现在概念扩展到通过广泛的实验室诊断来检测特定的病毒或是病毒载体。实验室检测要求已在协议中作出详细规定，并且受国家法律的支持。

从历史上来看，检疫对于预防许多疾病的引入是非常成功的，但是有些疾病可能通过动物产品传播（如肉产品的口蹄疫病毒）或者感染病毒的节肢动物进行传播（如蓝舌病）。我们必须认识到大多数国家都有相邻的国家，控制人口和野生动物的流动不是容易的事，因此每个国家应该向世界动物卫生组织汇报他们的疾病状况。世界动物卫生组织的主要任务是报道全球的动物疾病情况，它还负责协调动物诊断试验以及为了动物和动物产品的安全，建立国际上都同意的检疫标准，然而存在的问题经常是关于社会的、经济的、政治的，而不是科学的。例如外来鸟的走私在引进新城疫和鸡瘟（高致病性禽流感）的过程中起着十分重要的作用。

4. 通过疫苗控制疾病　前面提到的每一种控制病毒病的方法重点都在减少感染的概率，疫苗的使用是为了使动物对特定疾病的感染具有抵抗力，并且，免疫之后的动物不参加到该种病毒的传播过程中，且避免群体受到病毒威胁时病毒永久存在。因此疫苗能够减少病毒在易感群体内的传播，在一些国家中广泛使用犬瘟热和传染性犬肝炎疫苗。但是，疫苗使用的懈怠就会导致毁灭性的后果，如20世纪90年代在芬兰减少使用犬瘟热疫苗后这种疾病重新出现。

动物的许多病毒病都有安全有效的疫苗。疫苗尤其对具有病毒血症的病毒有效，如犬瘟热和猫瘟病毒，而对于只定居在呼吸道或消化道的病毒感染，免疫就不是很有效。

疫苗被广泛地运用在某些疾病的控制和消灭计划中，取得各种成效。如疫苗在消灭牛瘟方面起了关键作用，但是目前在以前牛瘟流行的地方并不免疫小牛，这样就可以通过血清学试验检测到该病毒是否又出现了。在亚洲和南美的部分地方，广泛地使用疫苗来控制口蹄疫病毒，在使用疫苗的同时也采取其他的控制措施。随着生物技术的发展，基因工程疫苗以及能区分疫苗毒和自然感染毒的相应血清学试验也在控制疾病中非常有用。

5. 动物生产模式的改变对疾病控制的影响　食用动物生产和管理系统的改变对疾病控制有着深远的影响。食用动物以及动物皮毛的生产系统广泛存在于世界的大部分地区，具有代表性的是在美洲和澳大利亚的大草原上放牧着成群的牛羊，即使在非洲的荒漠上也有游牧部落牧养的小群的牛或山羊。鸡和猪数世纪之前就被圈养，但是对于鸡和猪的集约化生产系统，以及扩展到对牛羊的集约化养殖都是近些年建立起来的。在许多国家中，考虑到集约化养殖对动物福利的影响，又再次引入了较多的传统饲养方式。

传染性疾病特别是病毒病，常常是限制集约化系统的生长率和利益的关键因素。集约化动物生产包括以下几个重要方面：

（1）将来自不同背景的大批动物一起饲养在有限的空间里，密度很大。

（2）不定期的引进新动物或销售部分动物。

（3）由没有经过训练或不适当训练的人员照顾大量的动物。

（4）具有机械化的通风设备、饲喂设施、废物处理和清扫系统的畜舍。

（5）限制于某一物种的饲养系统。

（6）营造自然生物节律的环境（人工光照，同期发情）。

（7）运用混合型的容易消化的饲料。

（8）提高卫生状况。

（9）动物种群的隔离。

集约化动物生产单位如牛舍、猪舍、栏圈饲养的奶牛、肉鸡舍等，它们集中在很近时，通常会导致以下三种结果：

（1）这种环境有利于动物传染病的出现和传播，也有利于机会性感染。

（2）非地方性病毒的引进给这个群体带来很大的风险，虽然有些养殖场对外来病的引进设置有可靠的屏障，但是有些没有。

（3）这种状况有利于集中病毒的协同感染，进而导致疾病的诊断、预防和治疗变得更加复杂。

在集约化养殖中，疾病是对动物福利威胁的一个重要组成部分，尽管如此，由于集约化养殖带来的巨大经济效益，所以目前还是不太可能改变这种养殖方式，我们可以尽可能地降低疾病损失来改进生产系统。首先改进的是管理系统，我们需要引进现代的流行病学方法，用这些先进技术培训兽医人员以及其他的动物研究者。

有机农业方法和传统粗放型养殖方式增加了家畜和其他物种接触的可能性，尤其是和野生动植物的接触，如自由散养的家禽和野生水禽的接触。家养牲畜、野生物种和人类的频繁活动加剧了传染病的传播，尤其是当野生动物携带有对人和家畜有传染性的病毒时。这些都是国际上关心的问题，这不仅是从人道主义的观点出发，还是因为这会带来外来病在国际间传播的风险。

伴侣动物的饲养情况有所不同，因为家养单个的成熟年龄的犬、猫或者小型马，它们感染传染病的风险和在饲养场（如繁殖场，几百个各种年龄的动物在一起饲喂和养殖）中饲养的较大物种不同。同样地，马在竞技比赛中的移动、饲养或者商业化活动也增加了病毒病传播的风险，如最近在澳大利亚和南美暴发的马流感。

（五）病毒病的消灭

不管是通过单独使用疫苗还是再加上其他之前所描述的方法，疾病的控制都是一个持续的过程，只要这个疾病仍引起经济损失，控制活动就一直持续下去。消灭一个地方性动物疾病常需要持续的和大量的经济支持。如果一个疾病能在一个国家内消灭，那么这种病毒除了保存在安全的实验室中，将不存在于这个国家的任何地方，也就不再需要控制措施，也就永久性地减少了控制该病的费用，但仍然需要预防这种疾病的再次引入。疾病的消灭需要兽医服务业和农业之间的紧密合作，从政治上调整消灭计划以及进行成本效益和风险利益分析。当政策实施时，他们必须确保通过媒体将反馈信息直接呈现给公众和相关人员。

口蹄疫已经在许多国家中消灭了，但它在以前没有流行过的国家或地区中继续有规律地暴发，带来严重的经济损失。1997年在中国台湾暴发的口蹄疫正是说明了这种病对小国家或地区农业出口的影响，充分地显示了该病的重要性。台湾作为一个岛屿有着明显的地理优势，在1929年还没有出现口蹄疫，然而大多数邻国流行此病。在口蹄疫暴发之前，台湾有一个繁荣的出口市场，每年向日本出口600万头猪，这占台湾出口猪数量的70%，约占猪生产量的60%。这个岛上刚出现此疾病时未受到重视，当疾病开始蔓延之后，所有猪肉出口都被停止并失去了国际市场。口蹄疫病毒之所以快速蔓延是由于猪的饲养密度大以及在该病引起重视之前缺少有效的控制措施。另外，由于目前还没有法律禁止饲喂泔水，有些口蹄疫的暴发很可能是起源于感染猪的产品。处理病猪的过程是混乱的，很容易导致病毒的散布。在流行的前一百天内，每天大约有60多起疾病的报道，这对于兽医行业是一个相当大的挑战。

2001年，在英国暴发的口蹄疫情况与台湾的相似，但可能引起更大的经济损失，此病自上次的暴发已经有34年。2001年口蹄疫的暴发产生极大的危机，导致了一千多万只牛羊被屠杀，这对英国的旅游业、农业和经济带来了毁灭性的打击。这次暴发约花费了英国160亿美元。最近口蹄疫也在韩国和日本暴发。

到目前为止，全球性消灭的疾病只有一种，是人类的疾病，即天花。非洲最后一次发生是在1977年10月的索马里。天花的全球性扑灭是由于世界卫生组织不断的努力，包括国际之间的高度合作，并充分利用了有效的、经济实用的、稳定性好的疫苗。然而仅靠疫苗的大量使用并不能在人口稠密的热带地区消灭该病，在20世纪70年代，这些地区仍然流行此病，因为在许多偏远的地区不能形成很大的疫苗覆盖率。在消灭天花战役的最后几年中实行了修订后的政策，包括监督和遏制：有天花传播的地区主动地进行疫苗接种

（在这个地方的每个人都接种疫苗）。全球性消灭天花投资很大，特别是疫苗的花费，机场检疫费用（这都是必要的），再加上死亡数，人们所受的痛苦，以及疫苗并发症的治疗费用。

第一个有望全球性消灭的动物疾病是牛瘟，1949年之前它在欧洲是一种毁灭性的牛传染病。20世纪80年代后期，自从牲畜养殖业引进到撒哈拉沙漠以南的非洲起，牛瘟就是一个大灾难，通过牛的免疫计划，在20世纪80年代非洲几乎消灭了牛瘟，但是由于地方战争的爆发，免疫计划被迫停止，疾病在许多地区迅速地复苏。我们可以从这些疫苗计划中吸取教训，总结消灭天花和小儿麻痹症的成功经验，充分利用有效的疫苗以及保证疫苗有效性的科学技术，全球性的消灭牛瘟还是非常有希望的。

某些地区成功根除了新城疫、鸡瘟、典型猪瘟、口蹄疫、牛传染性鼻气管炎、伪狂犬病、马流感、牛白血病甚至牛病毒性腹泻，这就给我们提出了一个问题，是否还有其他的动物疾病将来有一天能在全球消灭。那些最适合全球根除的病毒应该具有易于控制的储存宿主，只有一个或几个稳定的血清型，并且有可以利用的安全有效的疫苗。

刘胜旺　李慧昕　译

兽医和人畜共患病毒
VETERINARY AND ZOONOTIC VIRUSES

痘病毒科

Chapter 7
第7章

章节内容

痘病毒科包括许多医学、兽医学领域的重要病毒成员。痘病毒（Poxvirus）是体积较大的DNA病毒，能够感染包括脊椎和无脊椎动物在内的大多数动物，在许多国家或地区都曾造成严重经济损失。以绵羊痘为例，虽然在许多国家已经被根除，但在非洲、中东和亚洲等地区仍有流行。痘病毒的一个典型特征是都能引起感染宿主皮肤出现特征性的痘样病灶。

痘病毒的历史中占主导地位的是天花病毒。天花曾经引起全世界范围人们的恐慌，现在已经通过免疫途径根除。发明牛痘疫苗的鼻祖是英格兰格洛斯特郡的Edward Jenner。在此之前，人们要获得针对天花的免疫力需要冒很大风险，必须接触有传染性的天花病毒。Jenner最初的免疫材料可能来源于牛，但是现代痘苗病毒的来源还不清楚。1798年，Jenner公开报道了人、牛感染牛痘的临床症状，以及如何免疫才能够抵抗天花。Jenner的发现推动了世界范围免疫程序的建立，大约100年后巴斯德在研究中再次应用了这些原理。巴斯德在Jenner研究基础上提出了免疫和疫苗的概念（vaccine和vaccination都源于vacca，后者在拉丁语中是牛的意思）。其他痘病毒的重要发现来自早期对黏液瘤病毒（Myxoma virus）的研究。1896年Sanarelli首次报道了黏液瘤病毒，该病毒是引起家兔发病和较高的死亡率的重要原因。黏液瘤病毒也是引起欧洲穴兔（Oryctolagus cuniculus）多发性黏液瘤的病原，同时也是首个被描述的可引起实验动物发病的病毒性病原体。1932年，Shope首次报道了兔纤维瘤病毒（Fibroma virus），北美棉尾兔感染后在脸、腿和脚等部位皮肤会出现较大的疣样肿瘤，这是最早发现引起组织增生的病原。

在20世纪后期，通过疫苗免疫天花在全世界范围内被根除。目前，痘病毒作为递呈抗原载体已经被广泛应用于重组DNA疫苗。例如，为控制野生动物狂犬病，以痘苗病毒为载体的狂犬病疫苗已经被广泛应用于流行地区。相似的研究有

金丝雀痘病毒载体已经被用于研制犬瘟热、西尼罗河病毒和马流感病毒疫苗，另外，浣熊痘病毒载体疫苗已经被用于预防犬和猫的泛白细胞减少症。痘病毒其他潜在的应用还包括基因治疗和组织靶向性肿瘤治疗。

痘病毒特性

（一）分类

痘病毒科包括2个亚科：脊椎动物痘病毒亚科和昆虫痘病毒亚科。脊椎动物痘病毒亚科包括8个属（表7-1）每个属都包括有对家畜或实验动物致病的病毒种。在许多兽医和病毒学实验室通过对病变样本进行电镜观察，根据痘病毒粒子大小和结构特征进行诊断。此方法可以快速看到病变样本中的痘病毒粒子，但是不能够确定病毒的具体种属和一些变种。所以，经常对样品的诊断仅仅以"痘病毒""正痘病毒"或"副痘病毒"为结论，进一步鉴定一般只适用于物种起源的研究。用分子生物学方法鉴定病毒能够确定更多的致病性痘病毒，例如，最近在鲑鱼养殖业发现与增生性烂鳃病有关的痘病毒，初步鉴定表明它是昆虫痘病毒属的成员。

（二）病毒粒子特性

大部分痘病毒粒子具有多形性，呈典型的砖形［（220～450nm）×（140～260nm）］，表面有不规则球状或管状突起。副痘病毒呈卵圆形，长250～300nm，宽160～190nm，病毒粒子表面覆盖有规则、交错排布的长螺旋丝样管状结构，像毛线球（图7-1，表7-2）。一些未分类的爬行动物痘病毒呈砖形，表面结构与副痘病毒相似（图7-1）。病毒粒子外层包括1个哑铃形的核心和2个侧体。核芯包括病毒DNA和一些蛋白质。大多数病毒核衣壳具有二十面体和螺旋对称的构象转换，而痘病毒没有，因此推测痘病毒具有复杂的结构。痘病毒通过出芽方式从细胞中释放，不

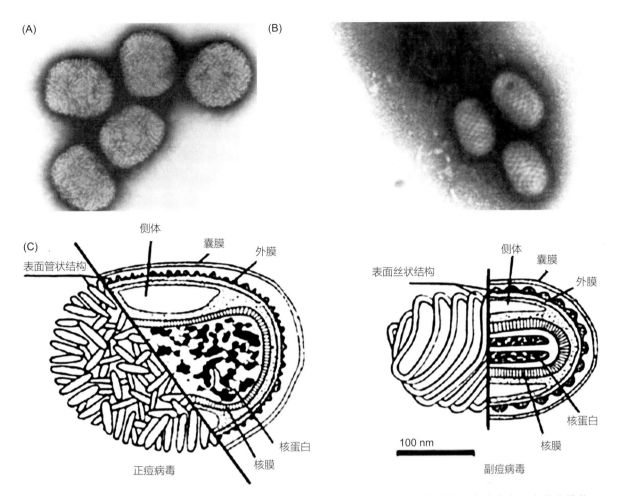

图7-1　痘病毒粒子电镜照片及模式图。（A）痘苗病毒粒子负染，除了副痘病毒外其他痘病毒表面有管状结构。
（B）羊口疮病毒负染，副痘病毒属成员的病毒粒子表面覆盖有规则排列的管状结构。（C左）正痘病毒粒子模式图（以
及副痘病毒以外其他动物痘病毒）。（C右）副痘病毒粒子模式图，无囊膜的病毒粒子表面以及内部横切面。

破坏细胞，因此病毒表面囊膜包含细胞的脂膜和一些病毒编码的蛋白。

痘病毒基因组由线性双股DNA组成，大小为130（副痘病毒）～280kb（禽痘病毒），最大可达375kb（昆虫痘病毒）。痘病毒基因组的2条DNA链末端交联，每个DNA链末端有反向重复序列，形成单链环。痘病毒基因组编码200多个基因，其中约100个基因编码的蛋白组装成病毒粒子。许多病毒蛋白具有酶功能，参与核酸合成和病毒结构组成，前者包括DNA聚合酶、DNA连接酶、RNA聚合酶、参与mRNA加帽和poly（A）形成的酶、胸苷激酶（thymidine kinase）。痘病毒基因组还编码许多参与宿主先天免疫和获

得性免疫的蛋白。这些免疫调节蛋白的功能各不相同，包括补体和丝氨酸蛋白酶抑制剂、调节趋化因子和细胞因子活性的蛋白质，以及能够专门用于如Toll样受体复合物信号介导的和干扰素介导的先天免疫途径的蛋白，例如，痘病毒编码调节趋化因子活性的蛋白质，作用方式有：① 通过趋化因子受体类似物结合趋化因子，② 灭活趋化因子类似物，阻断与细胞受体结合，③ 与趋化因子结合，中和趋化因子活性。通过干扰正常的趋化因子反应和活性，这些痘病毒编码的免疫调节蛋白抑制白细胞迁移到感染或损伤的地方。这些蛋白质与已知的哺乳动物蛋白没有同源性。

表7-1 痘病毒宿主范围和地域分布

病毒属	病毒	主要宿主	宿主范围	地域分布
正痘病毒属	天花（猴痘）病毒	人	窄	已被全球性根除
	痘苗病毒	人、牛[a]、水牛[a]、猪[a]、兔[a]等许多动物	广泛	全球范围
	牛痘病毒	啮齿动物，家猫和大型猫科动物，牛，人类，大象，犀牛，霍加皮（鹿），猫鼬等许多动物	广泛	欧洲和亚洲
	骆驼痘病毒	骆驼	窄	亚洲和非洲
	小鼠脱脚病病毒	小鼠和田鼠	窄	欧洲
	猴痘病毒	众多的松鼠，猴子，食蚁兽，类人猿，人类	广泛	中非和西非
	Uasin Gishu病毒	马	广泛	东非
	长爪沙鼠痘病毒	沙鼠	？	西非
	浣熊痘病毒	浣熊	广泛	北美
	田鼠痘病毒	田鼠（灰尾田鼠）	？	加利福尼亚州
	臭鼬痘病毒	臭鼬（条纹臭鼬）	？	北美
羊痘病毒	绵羊痘病毒	绵羊和山羊	窄	非洲和亚洲
	山羊痘病毒	山羊和绵羊	窄	非洲和亚洲
	牛疙瘩皮肤病病毒	牛和南非水牛	窄	非洲
猪痘病毒	猪痘病毒	猪	窄	世界范围
兔痘病毒	黏液瘤病毒、兔纤维瘤病毒	兔（家兔和野兔）	窄	美洲、欧洲和澳大利亚
	野兔纤维瘤病毒	欧洲野兔	窄	欧洲
	松鼠纤维瘤病毒	东部和西部的灰松鼠、红松鼠和狐狸松鼠	窄	北美
软疣病毒	接触传染性软疣病毒	人类、非人类的灵长类动物、鸟类、袋鼠、犬和马属动物	广泛	世界范围
牙塔病毒	牙巴病毒和塔纳病毒	猴和人	窄	西非
禽痘病毒	鸡痘、金丝雀痘、乌鸦痘、火鸡痘、灯草雀痘病毒、八哥痘、鸽痘、鹦鹉痘、鹌鹑痘、麻雀痘病毒等	鸡、火鸡、许多其他的鸟类等	窄	世界范围
副痘病毒	羊口疮病毒	绵羊、山羊和人（骆驼和羚羊相关的病毒）	窄	世界范围
	伪牛痘病毒	牛和人	窄	世界范围
	牛丘疹性口炎病毒	牛和人	窄	世界范围
	Ausdyk病毒	骆驼	窄	非洲和亚洲
	海豹痘病毒	海豹和人	窄	世界范围
	马鹿副痘病毒	马鹿	窄	新西兰
未分类病毒	鱼痘病毒—鲤鱼水肿和增生性烂鳃病病毒	锦鲤和大西洋鲑鱼	窄	日本和挪威
	松鼠痘病毒	红色和灰色松鼠	窄	欧洲和北美

a 源于人类感染，所有国家均已经停止生产天花疫苗，已经没有感染病例。

表7-2 痘病毒特性

大多数病毒属病毒粒子呈砖形[（220～450nm）×（140～260nm）]，表面有不规则排列的管状结构。副痘病毒属成员病毒粒子呈卵圆形[（250～300nm）×（160～190nm）]，表面有规则排布的螺旋管状结构。

病毒粒子结构复杂，包含1个核心、侧体和外层膜，有时有囊膜。

基因组为线性双链DNA，大小为170～250kb（正痘病毒属）、300kb（禽痘病毒属）或130～150kb（副痘病毒）。

基因组编码200多种蛋白，其中约100种蛋白被包装在病毒粒子中。与其他DNA病毒不同，痘病毒编码转录和复制所需的所有酶，并且包装在病毒粒子中。

痘病毒在细胞质复制，通过胞吐释放出有囊膜病毒，或通过裂解细胞释放出无囊膜病毒。

痘病毒在动物之间通过以下途径传播：经皮肤擦伤感染病毒，或直接或间接地从污染环境感染。有一些痘病毒，如绵羊痘、猪痘、禽痘和黏液瘤病毒通过节肢动物叮咬机械传播。痘病毒通常具有一定的宿主范围，但是，在许多情况下，它们又没有种属特异性。痘病毒在室温下具有较强抵抗力，在干燥结痂或其他病毒材料中可以存活多年。

（三）病毒复制

绝大多数痘病毒在细胞质复制。与其他DNA病毒不同的是，痘病毒的复制不依赖细胞核，其基因组编码转录和复制所需的酶已经包含在病毒粒子中。病毒的感染开始于病毒粒子外层囊膜与质膜融合，或经内吞作用进入细胞后，病毒核心释放到细胞质，完成脱衣壳（图7–2）。

痘病毒的转录特点是由一系列不同时相的基因（早期、中期和晚期）连续转录的过程，需要特定的转录因子，早期基因编码中期转录因子，中期基因编码晚期转录因子。感染后几分钟内病毒核心携带的转录酶和其他因子启动转录，产生mRNA。在核糖体翻译前这些早期转录来自从病毒核心释放出来的双链DNA。在病毒DNA合成开始前，mRNA翻译出的蛋白完成核心的脱衣壳以及大约100个早期基因的转录。早期蛋白包括DNA聚合酶、胸苷激酶（TK）和一些基因组复制所需的酶类。一些病毒蛋白需要翻译后修饰，如蛋白水解、磷酸化、糖基化等。病毒蛋白的表达抑制了宿主的大分子合成。

在痘病毒的DNA复制过程中，首先合成一个很长的中间体，该中间体之后被切割成一段一段的基因组片段，然后片段通过共价键相连。随着DNA复制的开始，基因表达发生了重大变化。通过特定病毒蛋白与病毒基因组中的启动子序列结合来启动中期和晚期基因转录。一些早期基因转录因子在感染晚期合成，被包装到病毒粒

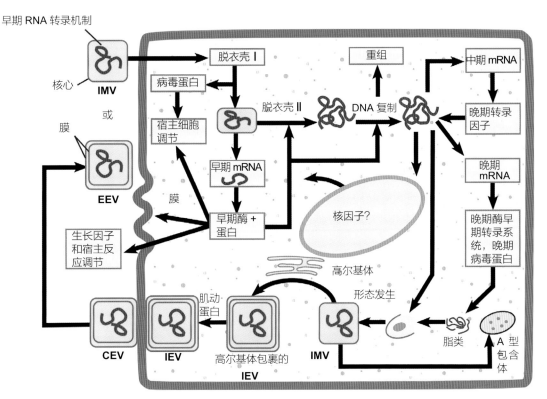

图7–2　痘苗病毒感染周期

IEV：细胞内有囊膜病毒；EEV，细胞外有囊膜病毒；CEV，细胞相关囊膜病毒；IMV，细胞内成熟病毒。[引自（国际病毒分类委员会第八次报告C. M. Fauquet, M. A. Mayo, J. Maniloff, U. Desselberger, L. A. Ball, eds.), p. 120. 已授权]

子内，进行下一轮感染。

由于痘病毒基因组大，编码许多蛋白质，因此病毒粒子的组装也是比较复杂的过程，需要几个小时才能完成。病毒粒子的组装，首先将DNA包装到月牙形不成熟的核心内，然后包装外层衣壳，形成成熟的病毒粒子。复制和组装在细胞质的不同位置（又称病毒质或病毒工厂），病毒粒子通过出芽方式（有囊膜病毒）或胞吐作用释放，或通过细胞裂解释放（无囊膜病毒）。有囊膜和无囊膜病毒粒子均具有感染性，但感染细胞的方式不同，有囊膜病毒感染细胞更容易，在动物之间的传播起重要作用。

二 正痘病毒属

（一）痘苗病毒和水牛痘病毒

由于痘苗病毒（vaccinia virus）应用广泛、宿主范围广，有时会在家畜（牛）和实验兔（兔痘）中传播。如在巴西报道了人和奶牛暴发"痘苗样"病毒感染（阿拉萨图巴和坎塔加洛病毒）病例，研究发现，这些病毒与痘苗病毒亲缘关系最近。在过去人类免疫天花期间，也经常出现痘苗病毒感染牛的情况。

水牛痘病毒（buffalopox virus）属于正痘病毒科成员，与痘苗病毒亲缘关系最近，属于同一个基因群。有报道，在印度次大陆和埃及发现水牛痘病毒感染水牛、奶牛和人。本病的特点是水牛的乳头和乳房出现脓疱样病变，也可发生在耳朵和腹股沟区域。在极少数情况下，尤其是牛，可引起全身性疾病。在印度仍有（尽管已经不再进行痘苗免疫）痘病毒感染暴发，挤奶工（已经不再受到天花疫苗的免疫保护）的脸和手有时出现病灶。

（二）牛痘病毒

牛痘病毒（cowpox virus）的命名并不准确，该病毒的储存宿主是啮齿动物，偶尔会传播到猫、牛、人类和动物园里的野生动物，包括大型猫科动物（尤其是猎豹、豹猫、美洲豹、猞猁、狮子、美洲狮和美洲虎）、食蚁兽、鼬、犀牛、霍加皮（鹿）和大象。牛痘病毒感染是在欧洲和俄罗斯邻近地区的地方性动物病。疾病暴发期间，在莫斯科动物园从饲喂大型猫科动物的鼠中分离到病毒，随后在俄罗斯的调查表明，该病毒还可感染野生欧黄鼠（达乌尔黄鼠和伏尔加黄鼠）的长爪沙鼠（大沙鼠）。在德国，牛痘病毒从鼠传播到大象最后传播给人。大象的皮肤和黏膜出现溃疡性病变。在英国，储存宿主是仓鼠（欧洲棕背鼠）、田鼠（黑田鼠）和木鼠（森林姬鼠）。在欧洲几个国家越来越多的报道宠物鼠传播牛痘。除了免疫抑制患者，一般情况下，人感染后仅在手或脸部出现在单斑丘疹，同时伴有较小的全身反应。

在临床上牛痘极为少见，仅在流行地区散发。牛痘病毒引起奶牛乳房的奶头和相邻皮肤出现病变，并通过挤奶途径传播整个牛群。牛痘病毒感染家猫往往比感染牛或人更严重。通常在头部或四肢，由单一病灶逐渐扩大成坏死性皮炎，但是引起人们关注的是猫感染后经常发展成弥散的皮肤病灶。有的猫出现肺部感染，甚至全身性感染，经常是致死性的。像天花、猴痘和其他致病性正痘病毒，牛痘病毒编码独特的ankyrin蛋白家族，能够抑制核因子（NF-κB）信号通路，进而抑制病毒感染部位的炎症反应。

（三）骆驼痘病毒

骆驼痘病毒（camelpox virus）主要感染骆驼和引起广泛性皮肤病变的严重全身性疾病。在以骆驼作为运输工具和产奶家畜的非洲、中东和西南亚，骆驼痘是重要的传染病。幼畜更易感，在流行地区，致死率高达25%。骆驼痘病毒是一种独特的正痘病毒，比较基因组学分析表明它与其他正痘病毒亲缘关系较近，如天花（猴痘）。骆驼痘病毒基因组与其他正痘病毒不同的基因可能是宿主范围或毒力相关基因。骆驼痘病毒宿主范围窄，尚未见未免疫人群感染的报道。一种副痘病毒（如Ausdyk virus）也能感染骆驼，需与骆驼痘鉴别诊断（表7-1）。

（四）小鼠传染性脱脚病病毒（鼠痘病毒）

小鼠传染性脱脚病病毒（ectromelia virus），即引起鼠痘的病原，由于实验鼠和鼠相关产品在美国、欧洲和亚洲的贸易运输，该病已经传播到世界各地。由于其他国家感染鼠或者鼠产品的输入导致美国暴发鼠痘。例如，来自中国的鼠肿瘤和商品化鼠血清。鼠痘病毒的起源尚不清楚，最早是在英国发现实验鼠断肢而发现此病的。这个名字来源于希腊名ectro，意即流产、痛苦，melia意思为断肢（图7-3）。该病虽然已经在世界各地传播，但主要是以散发的形式出现，比较少见。

鼠痘病毒不同毒株毒力不同，如NIH-79、Wash-U、Moscow、Hampstead、St.Louis-69、Bejing-70和Ishibashi Ⅰ~Ⅲ。不同毒株致病力不同，鼠的基因型和年龄也是重要因素。易感鼠的品系包括C3H、A、DBA、SWR、CBA和BALB/c。不易感鼠包括AKR和C57BL/6。该病主要通过皮肤擦伤和直接接触传播。感染鼠经皮肤、呼吸道分泌物、粪便和尿液排毒。高度易感的小鼠发展成全身性感染，在几个小时内迅速死亡，很少排毒。不易感的小鼠感染症状较轻，在排毒前即可恢复。因此中等易感的鼠是疾病暴发的关键。它们的散播性感染和足够长的生存时间可传播病毒给其他动物。在这种情况下，小鼠所有器官发生坏死性病变，特别是肝、淋巴组织和脾，弥散性皮疹和四肢出现坏疽。在肠道的淋巴结坏死，可

能会导致肠出血性坏死。具有多种基因型和免疫力不稳定的小鼠品系容易出现高死亡率，因为包含半易感鼠和高易感性鼠，前者能够持续感染，后者产生高死亡率。在这种情况下，群体中会出现从亚临床感染到高死亡率的一系列典型临床症状。

鼠痘病毒对鼠来说是严重的传染病，需要快速有效的诊断方法。可以通过对疑似病例进行病理组织学检查，根据典型的临床症状和大体病变进行诊断。组织学诊断可见多灶性坏死，在皮肤损伤边缘和黏膜上皮细胞有明显的嗜酸性胞浆包含体。电镜观察也是有效的诊断方法，在感染组织可见特异性病毒粒子。还可以用鼠胚胎细胞进行病毒分离，然后用组织学方法进行鉴定。

鼠对鼠痘病毒易感，所以病毒污染的血清、杂交瘤细胞、移植性肿瘤或组织对实验室不同品系的小鼠构成威胁。预防和控制鼠痘应严格对鼠痘病毒、鼠和可能携带病毒的材料的进口和分销进行检疫和监督。尽管如此，对饲养的珍贵动物进行常规血清学检测（酶联免疫法）以预防可能的感染仍然是必要的。在免疫激活小鼠，小鼠表现为急性感染，恢复后不会携带病毒。将血清阳性小鼠隔离数周，然后再重新繁育。用痘苗病毒（IHD-T株）免疫可以保护重要品系小鼠抵抗几种临床疾病，但是免疫不能预防传染性脱脚病病毒的感染或传播。并且免疫会干扰血清学监测，因为痘苗病毒能在小鼠中传播并且流行。

（五）猴痘病毒

猴痘病毒（monkeypox virus）的宿主范围很广，可以感染人，是重要的人畜共患病原。在西非和中非的热带雨林，特别是刚果民主共和国均暴发过人感染猴痘病毒。猴痘病毒是在1958年被发现的，从丹麦进口食蟹猴的痘病变中分离到该病毒，20世纪70年代发现该病毒能感染人，症状非常像天花，表现为普遍性脓疱型皮疹、发热、淋巴结肿大。人通过接触食源性野生动物，特别

图7-3 小鼠自然感染传染性脱脚病病毒后四肢病变痊愈

是松鼠和猴子，感染猴痘病毒。该病毒可在啮齿类动物和非人类灵长类动物体内存活。

据报道，在1996—1997年刚果有500多人感染，但人感染的情况并不多见。2003年，美国多处暴发猴痘病毒感染。这次暴发是由于从非洲进口啮齿动物［非洲松鼠属（绳松鼠）、非洲巨鼠属（巨大袋形鼠）和睡鼠属（非洲睡鼠）］与草原犬（草原犬鼠）混饲，然后感染的犬鼠传播给人，共82名成年人和儿童感染，导致美国禁止从非洲进口啮齿动物。

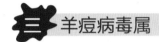

羊痘病毒属

绵羊痘、山羊痘和牛疙瘩皮肤病病毒

绵羊痘（sheeppox）、山羊痘（goatpox）

和牛疙瘩皮肤病（lumpy skin disease，LSD）是绵羊痘病毒（sheeppox virus，SPV）、山羊痘病毒（Goatpox virus，GPV）和牛疙瘩皮肤病病毒（lumpy skin disease virus，LSDV）引起的，三者流行地区不同，但进化关系很近，因此，常规血清学方法无法区分三者。非洲绵羊痘和牛疙瘩皮肤病病毒亲缘关系比绵羊痘和山羊痘更近。尽管绵羊痘和山羊痘具有宿主特异性，但是，在非洲部分地区绵羊和山羊是混合饲养的，疾病暴发时，二者均表现临床症状，表明一些毒株可以感染绵羊和山羊。

绵羊痘、山羊痘和牛疙瘩皮肤病被认为是所有痘病毒中对家畜危害最大的传染病，对幼畜、免疫力低下的动物具有较高致死率，给养殖业带来巨大经济损失。目前，这三种病毒的流行范围不断扩大，最近报道在维也纳、蒙古和希腊暴发

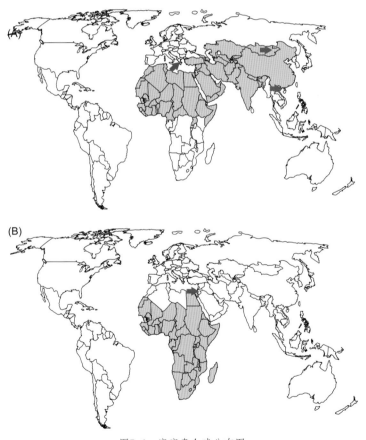

图7-4   痘病毒全球分布图

（A）绵羊痘和山羊痘病毒。（B）牛疙瘩皮肤病病毒（LSDV）箭头所示为最新暴发地点。［引自S. L. Babiuk, T. R. Bowden, S. B. Boyle, D. B. Wallace, R. P. Kitchen. Capripoxviruses: an emerging worldwide threat to sheep, goats and cattle. Transbound. Emerg Dis. 55, 263–272 (2008), 已授权］

绵羊痘和山羊痘，在埃塞俄比亚、埃及和以色列暴发牛疙瘩皮肤病（图7-4）。

牛疙瘩皮肤病主要感染家牛和瘤牛，1929年在赞比亚首次发现该病。自此该病引起人们的关注，1943—1944年包括南非在内的多个国家均有流行，到1956年，该病从非洲南部蔓延到非洲中部和东部。20世纪50年代，该病逐渐蔓延整个非洲，首先向北到苏丹，之后向西蔓延，到20世纪70年代中期非洲西部大部分国家均有流行。1988年在埃及发现LSD，1989年在以色列暴发LSD，这是首次报道非洲大陆以外暴发LSD。

1. 临床症状和流行病学　一般情况下，绵羊痘或山羊痘通过皮肤接触传播，感染的绵羊的皮肤结痂脱落，但数月内仍有感染性。在许多国家，饲养绵羊和山羊的普遍做法是晚上圈养，这使得绵羊和山羊充分暴露，有利于疾病传播。在疾病暴发时，病毒可以通过呼吸道飞沫在绵羊中传播；也有证据表明，可通过节肢动物叮咬机械传播，例如苍蝇。研究表明，LSD蔓延到非洲大陆以外。病毒可通过叮咬昆虫在牛之间传播，在野生动物储存宿主中长期存在，如非洲岬水牛。该病主要通过虫媒传播，如果有合适的传播媒介，进口的野生动物可能成为新的感染宿主。

不同地区不同宿主临床症状不同，但是牛感染绵羊痘、山羊痘和牛疙瘩皮肤病的症状很相似。各种年龄的绵羊和山羊均易感，但是幼畜和免疫力低下者更易感。在易感羊群发病率超过75%，死亡率高达50%。幼畜和免疫力低下的绵羊死亡率达100%，潜伏期4～8d，之后体温升高，呼吸急促，眼睑水肿和鼻子有黏液流出。感染的绵羊食欲不振，拱背站立，1～2d后，身体表面出现直径约1cm的皮肤结节（图7-5）。这些病变在被毛较短的皮肤区域最明显，如头部、颈部、耳朵、腋下、尾根下。通常3～4周这些病变结痂，愈合后留下永久的疤痕。病变在口腔内会引起舌和牙龈溃烂。这些病灶成为其他动物的传

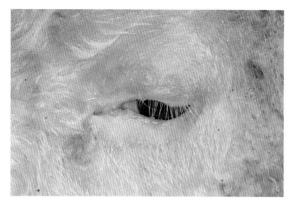

图7-5　绵羊痘典型皮肤病变
（伊利诺伊大学D.Rock提供）

染源。在一些绵羊，肺间质多处纤维化、变硬。山羊痘的症状与绵羊痘的症状相似。

牛疙瘩皮肤病的特点是发热，皮肤上出现结节，随后发展成坏死性病变（图7-6）。一般淋巴结炎和四肢水肿比较常见。在疾病早期，感染牛表现为流泪，流涕，食欲不振。皮肤的

(A)

(B)

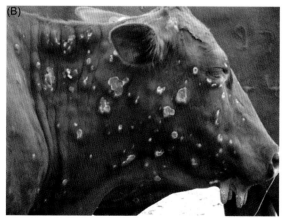

图7-6　（A）疙瘩皮肤病急性感染牛。（B）感染牛疙瘩皮肤病两个月后。（纳米比亚M.Scacchia提供）

真皮和表皮出现结节，逐渐溃烂，并可能引起继发感染。在嘴和鼻可能出现溃疡。恢复过程比较缓慢，感染牛需要几个月才能恢复（图7-6）。易感牛群发病率可高达100%，但死亡率很少超过1%～2%。牛疙瘩皮肤病恢复期较长，对养殖业造成巨大经济损失，这方面与口蹄疫相似。

2. **发病机制和病理变化**　绵羊痘、山羊痘和牛疙瘩皮肤病病毒都具有上皮细胞趋向性。绵羊痘和山羊痘感染免疫系统不完善的动物引起发热和皮肤丘疹、过敏性鼻炎、结膜炎、流涎。虽然痘病灶广泛，较常见的结节是在尾部下方。严重者在肺部和胃肠道病也有痘病灶。皮肤内的高病毒载量和病毒血症可能与细胞相关。剖检可见肺部气管充血和片状变色。脾和淋巴结肿大，伴有多灶性至融合性的坏死区。重要的组织学病变是坏死，在脾和淋巴结生发中心的副皮质区淋巴细胞减少。

牛疙瘩皮肤病是最常见的引起皮肤大面积损伤的疾病。该病的特点是发热，淋巴结肿大，持续多月的皮肤结节。某些品种的牛，如泽西岛和根西岛的牛有较高的易感性。

3. **诊断**　在免疫群偶尔暴发，一般比较温和。临床诊断时，绵羊痘和山羊痘很难区分，需与羊口疮病毒鉴别诊断。实验室诊断时，可以用负染方法电镜观察病变样品中的病毒粒子，但是不能与其他痘病毒鉴别。可以用绵羊、牛和山羊来源的细胞进行病毒分离，观察细胞病变和胞内包含体。由于早期皮肤病灶易与牛疱疹病毒2型引起的伪牛痘相混淆，因此牛疙瘩皮肤病的临床诊断也存在一些问题。

4. **免疫与防控**　在无绵羊痘、山羊痘和牛疙瘩皮肤病的国家主要通过淘汰方式控制该病，在世界许多国家这些是法定传染病，任何疑似病例均需上报相关部门。在流行国家通过免疫来防控，主要是弱毒和灭活疫苗。目前在使用的两个疫苗：南非弱毒疫苗（Neethling）和肯尼亚的绵羊/山羊痘病毒传代致弱疫苗。

四　猪痘病毒属

猪痘病毒

猪痘病毒（swinepox virus）是脊椎动物痘病毒家族、猪痘病毒属的唯一成员。猪痘病毒引起的疾病在全球范围均有发生，与卫生条件差有关。遗传演化分析表明猪痘病毒与牛疙瘩皮肤病病毒亲缘关系最近，其次是牙塔痘病毒和兔痘病毒。过去许多猪感染痘病毒都是由于痘苗病毒，但是现在主要是猪痘病毒。猪痘病毒对于4月龄内的猪最为严重，发病率达100%，而成年猪感染较温和，仅在皮肤出现病灶。皮肤各部分都可能出现典型痘样病灶，但是腹部最为明显。在1～2d之内出现一过性低烧，皮肤先形成丘疹，逐渐变成小泡，最后发展成直径1～2cm的脐形脓疱。通常到第7d脓疱结痂，3周左右完全愈合。由于临床症状很典型，所以很少需要进行实验室诊断。

猪痘病毒在猪之间的传播主要是通过猪虱的叮咬，猪虱在猪群中很常见。病毒在猪虱中不能复制，但是有报道偶尔出现垂直传播。目前尚无有效的疫苗，最容易的防控方法是消灭猪虱、改善卫生条件。像其他家畜痘病毒一样，正在开发表达猪痘病毒异源抗原的重组疫苗载体。

五　兔痘病毒属

黏液瘤病毒、兔纤维瘤病毒和松鼠纤维瘤病毒

黏液瘤病毒（myxoma virus）可引起自然宿主美洲野兔（棉尾兔属）出现局部良性纤维瘤，而在欧洲兔（穴兔）会导致严重的全身性疾病，死亡率较高。黏液瘤病毒起源于美洲，但是目前在北美洲、南美洲、欧洲和大洋洲均有流行。欧洲兔感染黏液瘤病毒的早期症状是睑结膜炎、口

图7-7　实验兔（家兔）多发性黏液瘤，表现面部病变
（加利福尼亚大学S.Barthold和D.Brooks提供）

鼻和肛门生殖器区域肿胀，动物看起来像狮子（图7-7）。感染的家兔发热、萎靡，常在出现临床症状的48h内死亡。特别是黏液瘤病毒加利福尼亚州株具有传播迅速和致死性特点。黏液瘤病毒基因组编码许多与宿主细胞因子、宿主–细胞信号通路和凋亡相关的免疫调节蛋白，这与不同病毒株的毒力相关。存活时间较长的兔子，在2~3d内身体各部位出现皮下胶质性肿胀（故命名为"多发性黏液瘤"）。绝大部分感染野生型黏液瘤病毒的兔子（99%以上）在感染后12d内死亡。病毒可通过呼吸道飞沫传播，但更常见的是通过节肢动物（蚊、跳蚤、黑蝇、蜱、虱和螨虫）机械传播。

在欧洲，兔黏液瘤病的诊断可通过临床观察和病毒分离进行诊断。病毒分离可使用鸡胚绒毛尿囊膜、兔或鸡细胞系进行。用电子显微镜观察病变分泌物或涂片，从病毒粒子形态上很难与其他痘病毒区分。

实验兔或笼养兔可以通过接种兔纤维瘤病毒或免疫黏液瘤病毒减毒疫苗（美国加利福尼亚州和法国研制）来预防该病发生。为了消灭欧洲野兔。1950年澳大利亚首次引入黏液瘤病毒2年后欧洲也采用了这种方法。历史证明这一方法是失败的。历史证实了这一战略的失败。

虽然黏液瘤病毒引起了人们极大的关注，在欧洲和美国，野生穴兔属、林兔属和野兔痘病毒与黏液瘤痘病毒抗原性不同，包括兔纤维瘤病毒（或肖普纤维瘤病毒）、野兔纤维瘤病毒和黏液瘤病毒。事实上，黏液瘤病毒被认为是兔纤维瘤病毒的一个变种，加利福尼亚州黏液瘤病毒也称为"加州兔纤维瘤病毒"。兔黏液瘤和纤维瘤病毒起源于美国，而野兔纤维瘤来源于欧洲本土。所有品种兔对各种兔痘病毒均易感。毒力较弱的毒株和感染自然宿主的毒株，往往会产生局部纤维瘤病变，而强毒株感染穴兔常会产生黏液瘤病变。

美国灰松鼠（松鼠属）和红松鼠（美洲花鼠属）自然感染松鼠纤维瘤，该病毒与兔痘病毒中的兔黏液瘤和兔纤维瘤密切相关。动物表现多灶性，呈结节状的、棕褐色的皮肤病灶。经常在头部、各组织器官出现病变，局灶性间充质细胞增殖，并有核内包含体。在美国的一些地区周期性地暴发松鼠纤维瘤，导致松鼠种群减少。

六　软疣病毒属

传染性软疣病毒

传染性软疣病毒（molluscum contagiosum）是一种感染人类的病原，但是据报道可以自然感染其他物种中的鸟类（鸡，麻雀，鸽子）、黑猩猩、袋鼠、犬、马，引起类似的病变。感染的特点是在除脚底和手掌外的身体的任何部位表皮形成多个直径2~5mm的结节。结节呈珍珠白色或粉红色，无痛感。这种疾病可能持续数月才能恢复。结节处细胞肥大，包含特异性较大、透明的嗜酸性胞浆物质，称为软疣小体。这些海绵状基质形成空腔，像痘苗病毒一样，具有相同结构的病毒粒子聚集在那里。本病在全球范围发生，常见于儿童，在一些国家更普遍，例如，刚果民主共和国和巴布亚新几内亚的部分地区。该病毒通过直接接触，或通过轻微擦伤或成人性交传播。在发达国家，公共游泳池和健身房成为传染源。在动物体内的感染是罕见的，通常是与人体接触有关。

七　牙塔痘病毒属

牙巴痘病毒和塔那痘病毒

自然条件下，牙巴痘（yabapox）和塔那痘（tanapox）只在非洲热带地区发生。牙巴痘病毒最早发现于尼日利亚实验室饲养的亚洲猴（非洲绿猴），因为它在脸、手掌和趾间区、鼻黏膜、鼻窦、嘴唇和腭黏膜表面产生了大量的良性肿瘤。随后在加利福尼亚州、俄勒冈州和得克萨斯州灵长类动物出现类似的情况。牙巴痘被认为是感染非洲和亚洲猴子的主要病原。该病是人畜共患病，人类接触患病的猴子后感染，引起的病变与猴子类似。在非洲从肯尼亚东部到刚果民主共和国部分地区，塔那痘病毒感染是一种比较常见的皮肤病。传播途径可能是从未知的野生动物储存宿主或者是某种猴子通过昆虫叮咬机械传播。在人感染后皮肤病变开始为丘疹，逐渐发展到囊泡。通常发热持续3～4d，有时有严重的头痛、背痛和虚脱。

八　禽痘病毒属

鸡痘病毒和其他禽类痘病毒

目前，已经在鸟类23个目232个物种中发现有痘病毒感染，在所有禽类和许多野生鸟类的病变组织已经获得特异性感染鸟类的、血清型相关的痘病毒。从不同鸟类物种中分离的病毒根据各个宿主而命名，例如鸡痘病毒（鸡）、金丝雀痘、火鸡痘、鸽痘、喜鹊痘等。不同病毒的生物学特性和基因组序列的差异表明，禽痘病毒有多个不同物种，不同种鸟类之间的病毒传播机制主要为通过节肢动物，特别是通过蚊子传播。

几个世纪以来，鸡痘是全世界范围的一种严重的禽类疾病。鸡和火鸡对鸡痘病毒（fowlpox virus）高度易感，鸽子感染很少见，鸭子和金丝雀不易感。而火鸡痘病毒对鸭子有致病性。鸡痘病毒有两种类型，可能与感染途径不同有关。最常见的类型是皮肤型，可能是通过节肢动物叮咬感染或者外伤或皮肤擦伤传播，以在鸡冠、肉垂和嘴周围形成小丘疹为特征，病变偶尔会发展到腿、脚及泄殖腔周围。结节逐渐变黄，进一步发展成厚厚的黑痂，常常合并成多发性病变。家禽鼻孔周围的皮肤病变可能导致鼻腔分泌物增多，眼皮的病变可能导致流泪，容易继发性细菌感染。在没有并发症的情况下，3周内恢复。鸡痘病毒的第二种形式可能是通过飞沫传播，主要感染黏膜，如口、咽、喉和气管黏膜（图7-8A）。这种鸡痘引起的病变通常被称为白喉型或潮湿型。随着病灶的合并，导致形成坏死的假膜，这可能导致窒息死亡。这种形式的鸡痘预后不良。在禽群中的广泛感染可能会导致产蛋缓慢下降。皮肤感染引起的死亡率低，这些禽群恢复后能正常生产。康复后禽终身免疫。

在自然条件下，不同物种对痘病毒的易感性不同，大鸡冠的鸡比小鸡冠的鸡更易感。健康的鸡群死亡率低，但产蛋鸡群、饲养条件差或在疾病压力下的鸡群死亡率可达50%，甚至会更高，但这样的死亡率很少见。

皮肤型鸡痘很容易诊断，而白喉型的鸡痘由于没有皮肤病灶很难诊断，容易与泛酸、维生素A、生物素缺乏症，T-2霉菌毒素中毒引起的接触性坏死，以及其他几种引起鸡呼吸系统疾病的疱疹病毒，如鸡传染性喉气管炎病毒相混淆。组织学和电镜观察可以被用来确认临床诊断。典型的病变包括广泛的表皮及底层的羽毛毛囊上皮细胞增生，并伴有溃疡及结痂。组织学上，增生的上皮细胞包含较大的胞浆内嗜酸性包含体（图7-8B）。该病毒可以通过接种禽细胞培养或鸡胚绒毛尿囊膜进行病毒分离。

鸡痘病毒具有极强的抗干燥能力，在恶劣的环境条件下，如在脱落痂皮中仍可长期存活。在群体中该病毒可通过伤口和擦伤或通过蚊子、虱子和蜱机械传播，也可能通过气溶胶传播。

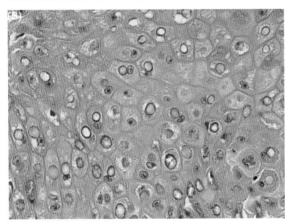

图7-8 禽痘病毒感染

（A）禽痘病毒感染后的口腔和胃。（B）禽痘病的组织学变化：表皮增生，具有特征性嗜酸性粒细胞（红色）细胞内包含体。（加利福尼亚大学L.Woods提供）

目前已经应用的疫苗有：鸡胚制备的鸡痘病毒和鸽痘病毒灭活疫苗和用禽细胞系制备的弱毒疫苗。大腿皮肤划痕接种疫苗，也可通过饮水途径免疫。在该病流行期间，禽类出生后几周即可免疫，8～12周后加强免疫。用禽痘或金丝雀痘病毒为载体的重组家禽疫苗已经研制成功。在家

禽，以鸡痘病毒为载体插入新城疫病毒（副黏病毒）、H5和H7亚型禽流感病毒（正黏病毒）、传染性喉气管炎病毒（疱疹病毒）、鸡传染性法氏囊病病毒（双RNA病毒）和支原体基因的重组疫苗已经获得许可，这些病毒已经用于哺乳动物疫苗载体。

除了鸡痘病毒，关于痘病毒经济上影响较大的报道是关于金丝雀痘病毒、火鸡痘病毒、鹌鹑痘病毒和亚马孙鹦鹉痘病毒。这些痘病毒感染通常表现为皮肤型，但在金丝雀是罕见的皮肤型和全身型共有的，导致80%～90%的死亡率，全身性症状表现为肝细胞坏死和肺结节，可以对金丝雀进行疫苗免疫。

九 副痘病毒属

副痘病毒（parapox virus）宿主广泛，一般只造成局部皮肤损伤，感染绵羊、牛、山羊和骆驼等皮毛动物造成巨大的经济损失。副痘病毒还能感染几种陆地和海洋野生动物（例如，羚羊、红尾和黑尾鹿、海豹和驯鹿），但是其临床意义还不清楚。这些病毒是人畜共患，饲养员、剪羊毛人员、兽医、屠夫和接触过患病家畜或已污染的畜产品的其他人员存在感染风险，通常在手部出现局部病变。无论病毒来源和宿主是否不同，其病变是相同的，开始为炎性丘疹，然后逐渐扩大最后恢复。整个病程约持续数周。如果人由于挤奶而感染，则被称为"挤奶员的结节病灶"，如果来自绵羊，则被称为"羊口疮"。

（一）羊口疮病毒（传染性脓疱/传染性脓疱性皮炎病毒）

羊口疮（orf virus）（传染性脓疱/传染性脓疱/口疮）是绵羊和山羊的重要传染病，在世界各地养羊地区很常见。羊传染性脓疱，在古英语中是"粗暴"的意思，通常只涉及口鼻和嘴唇，虽然在口腔内的病变可以影响牙龈和舌头，尤其是在羔羊和小羊。病变也可影响眼睑、蹄和乳

图7-9　羊口疮引起羊口唇部病变

（梅西大学K.Thompson提供）

头。人类的感染多发生于接触病原的人群。

羊口疮的病变进程开始是脓疱，然后变成丘疹，最后形成厚厚的痂皮（图7-9）。结痂很易碎，轻微的创伤即可引起病灶出血。感染羊口疮的羔羊不能哺乳。感染严重的动物体重减轻，甚至会造成继发感染。在羔羊发病率较高，但死亡率通常较低。羊口疮与其他传染病的临床鉴别比较容易，结合电镜观察可以确诊。

绵羊很容易再次感染，容易慢性感染。病毒对干燥具有强的抵抗力，一旦引入羊群就很难清除。病毒可以通过直接接触或通过接触污染的料槽、麦茬和多刺的植物等污染物传播。

母羊在产羔前数周进行免疫，所用的商品化非弱毒疫苗来源于感染羊的痂皮或细胞培养的病毒，类似于接种天花疫苗。划痕接种于腋下，形成局部病灶。这样形成短期免疫保护，因此母羊在产羔期间不易感染羊口疮，从而最大限度地减

少羔羊感染此病。

羊传染性脓疱病毒是人畜共患病，当人接触患病的羊或野生动物（如剪毛，入圈，洗澡，屠宰）时容易感染本病。人感染的潜伏期为2～4d，可以观察到以下几个阶段：① 黄斑病变；② 丘疹性病变；③ 大的结节，在某些情况下可能形成乳突状。尽管已经报道了羊口疮多发性病灶的病例，但是一般情况下病变是单发的。病灶持续4～9周，如果无疤痕很快会痊愈，但继发性感染会延缓痊愈。严重的并发症，如发热、局部淋巴结炎、淋巴管炎或感染眼睛时引起失明，但很少见。

（二）伪牛痘病毒

伪牛痘（pseudocowpox）是常见的地方性动物传染病，在世界大多数国家均有发生。它在许多奶牛群是一种慢性感染，偶尔感染肉牛群。伪牛痘的病灶呈环形或马蹄形结痂，后者是该病的特征性病变。动物口鼻部和哺乳期小牛的口部容易出现类似的病变。该病的传播可能通过犊牛交叉哺乳、挤奶机消毒不当或者是昆虫机械传播。注意挤奶棚的卫生和使用乳头滴剂降低传播的危险性。

（三）牛丘疹性口炎病毒

牛丘疹性口炎（bovine papular stomatitis）通常没有临床意义，但在全球范围发生，所有年龄的牛均能感染，2岁以内发病率较高。口鼻部、嘴唇边缘和口腔黏膜形成类似伪牛痘的病灶

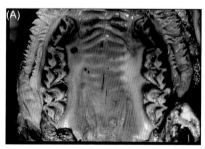

图7-10　牛丘疹性口炎

（A）硬腭外观。（B）正常颊黏膜上皮。（C）感染后颊黏膜上皮。（加利福尼亚大学M.Anderson提供）

（图7-10）。免疫期短，容易再次感染。电镜观察病变组织可见典型的副痘病毒粒子形态特征，可以用于该病的诊断。

✚ 鱼痘病毒

据报道对养鱼业具有重要影响的两种痘病毒有：第一种感染锦鲤（鲤），其特点是水肿，第二种引起大西洋鲑增殖性烂鳃病。尽管这两种传染病的病原仅具有部分痘病毒特征，但他们的病毒粒子形态很相似，基因组成上比正痘病毒成员更与昆虫痘病毒相似。鱼痘病毒与昆虫痘病毒的这种关联可能是鱼与水生昆虫漫长的进化的结果。

鲤水肿病综合征，被称为"瞌睡病"，感染的鱼在死亡前位于池底两侧。本病于1974年首次发现于日本养殖锦鲤群体。感染的鱼出现水肿和鳃上皮细胞增殖，后者从最前端逐渐蔓延到鳃底部。用电子显微镜观察感染的鳃上皮发现桑椹状的多形性病毒颗粒（335nm×265nm），有囊膜和核心表面的膜结构。在严重暴发时，幼年锦鲤在15～25℃的水温条件下死亡率为80%～100%。目前还没有通过细胞培养进行病毒分离，但这种疾病可以通过注射感染鳃的滤液传染给幼龄锦鲤。目前的诊断方法包括根据幼年锦鲤的特征进行临床诊断，用电子显微镜观察被感染的鱼组织。聚合酶链反应（PCR）已用于检测病毒DNA。目前控制措施主要是通过添加0.5%的NaCl处理受感染的池塘水，防止病毒引起的死亡，但对于已经感染的鱼没有作用。

一个新出现的增生性烂鳃病于1998年被首次发现，该病发病率不断增加。在2003年，据报道在挪威的大西洋鲑养殖场发病率达35%。本病最常见于被转移到海水中不久的幼鱼，多发生在8.5～16℃的水温，死亡率10%～50%。原生动物（变形虫）和细菌（衣原体感染）可能会促进疾病发展，但最近描述的痘病毒可能是真正的病原体。大西洋鲑的鳃上皮细胞的增生和肥大与锦鲤水肿病症状类似。已鉴定感染的大西洋鲑鳃上皮病毒粒子与感染锦鲤的病毒形态类似，但略小。虽然已研制出检测这种病毒的PCR方法，但并没有将其广泛应用，并且迄今为止还没有有效的控制措施。

✚ 其他痘病毒

痘病毒感染也已在浣熊、臭鼬、田鼠、不同品种的鹿、海豹、马、驴和其他动物物种中被报道。毫无疑问，随着新的病毒的发现，痘病毒感染物种的数量将不断增加。

松鼠痘病毒

在英国，松鼠痘病毒是一种感染红松鼠的致死性传染病，该病死亡率几乎为100%，与当地红松鼠种群的灭绝有关，因此是一种重要的野生动物传染病。该病毒通过从北美引入的携带病原的灰松鼠传入本地，灰松鼠感染病毒后仅表现温和症状。松鼠痘病毒的历史来源尚不清楚。虽然该病毒被认为是通过灰松鼠引入的，但直到最近才发现北美灰松鼠感染的血清学证据，而且引入到欧洲其他地区的灰松鼠的病毒还没有确定。虽然松鼠痘病毒最初被分类为副痘病毒属，后期的遗传学研究表明，松鼠痘病毒不同于其他痘病毒，属于独立的基因群。值得注意的是该病毒编码2种宿主细胞酶类的同源物：蛋白激酶（PKR）和2'-5'寡腺苷酸合成酶，二者介导干扰素诱导的抗病毒活性。这些病毒同源物破坏宿主的天然抗病毒免疫（见第4章），例如，病毒同源物中寡腺苷酸合成酶的3个活性位点的失活。

王　芳　译

Chapter **8**
第 8 章

非洲猪瘟病毒科与
虹彩病毒科

章节内容

在分类学和生物学上，非洲猪瘟病毒科病毒与虹彩病毒科病毒存在差异。但是非洲猪瘟病毒科病毒和虹彩病毒科病毒都是含有高度复杂双链DNA基因组的大病毒，这些病毒彼此都有一定的亲缘关系。与其他大DNA病毒（如痘病毒科和疱疹病毒目）相比，也有一定的亲缘关系（图8-1）。在非洲猪瘟病毒科中，非洲猪瘟病毒（African swine fever virus）是引起非洲猪瘟的病原。非洲猪瘟是一个重要疾病，目前该病对全世界的养猪业仍然是一个重要威胁。虹彩病毒科包含众多病毒，可以将其分为几个不同的属。大多数虹彩病毒分离自冷血动物，包括鱼类、节肢动物、软体动物、两栖动物和爬行动物。多数虹彩病毒感染显示亚临床症状或者无症状，但是个别

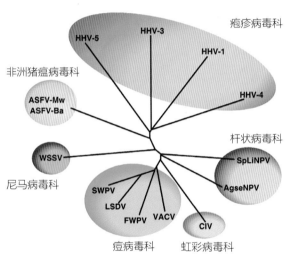

图8-1　非洲猪瘟病毒编码的dUTP酶蛋白与其他病毒相应蛋白绘制的系统进化树。应用ClustalW对序列进行比对，系统进化树用Treeview进行显示。显示序列来自如下：ASFV_Mw和ASFV-Ba，非洲猪瘟病毒Malawi和Ba71V分离株；WSSV，白斑综合征病毒；SWPV，猪痘病毒；LSDV，牛结节性皮肤病病毒；FWPV，鸡痘病毒；VACV，牛痘病毒；CIV，唇虹彩病毒；AgseNPV，黄颗粒体病毒；SpLiNPV，斜纹夜蛾核型多角体病毒；HHV-1，人疱疹病毒1；HHV-3，人疱疹病毒3；HHV-4，人疱疹病毒4；HHV-5，人类疱疹病毒5。（由D. Chapman，IAH，Pirbright博士提供）〔引自病毒分类：国际病毒委员会分类第八次报告（C.M. Fauquet, M.A.Mayo, J.maniloff, U.Desselberger, L.A. Ball, eds）p. 142. Copyright Elsevier（2005），已授权〕

的虹彩病毒是引起鱼类和两栖动物暴发重要和新发疾病的病原。

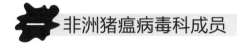

非洲猪瘟病毒科成员

（一）非洲猪瘟病毒特性

1. **病毒分类**　非洲猪瘟病毒是一个大的有囊膜的DNA病毒，它是非洲猪瘟病毒科（Asfarviridae）非洲猪瘟病毒属成员（Asfivirus）（Asfar=African swine fever and related viruses）。非洲猪瘟病毒是唯一已知的DNA虫媒病毒，非洲猪瘟通过纯绿蜱属（Genus Ornithodoros）的软蜱传播。根据对猪的致病性，非洲猪瘟病毒株可以分为高致病性毒株和亚临床疾病毒株。非洲猪瘟病毒株也可以通过基因序列进行鉴别，病毒编码的p72（也可参考p73）基因可以用于病毒基因分型；但是，由于病毒基因组的多样性仍然需要对病毒进行彻底鉴定。非洲猪瘟病毒基因组含有多基因家族的独特互补序列。

2. **病毒粒子特性**　非洲猪瘟病毒粒子有包膜，直径约200 nm，具有核衣壳蛋白核心。核衣壳蛋白由内部脂质层和复杂的二十面体衣壳包裹（图8-2；表8-1）。衣壳含有六角形排列的结构单元，其中每一个都是带有中心孔的六边形棱镜。基因组是一个单一的线性双链DNA分子，大小为170～190 kbp，其大小根据病毒株不同而不同。DNA具有末端反向重复序列共价闭合端和发夹环，并且DNA包含大约150个开放阅读框（open read frames）。开放阅读框紧密排列，两条DNA链都编码病毒蛋白。超过50个蛋白在病毒粒子内，包含一些酶和一些早期信使RNA（mRNA）转录和加工需要的因子。

非洲猪瘟病毒耐热，对脂溶剂敏感。然而该病毒对酸碱的耐受性很高（在pH4和pH13环境下可存活数小时），可以在冷冻肉中存活数月甚至数年。

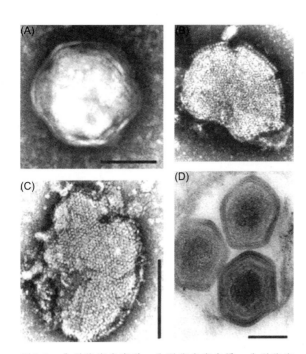

图8-2 非洲猪瘟病毒科，非洲猪瘟病毒属，非洲猪瘟病毒。（A）负染病毒粒子，显示了衣壳的六边形轮廓，被包裹在包膜内部。（B）和（C）负染受损核衣壳，显示出大量的壳体有序的排列（在1892～2172结构单元之间）。（D）3个病毒粒子薄截面，显示围绕其核心多层。标尺：100 nm。（由J. L. Carrascosa惠赠）

表8-1　非洲猪瘟病毒科和虹彩病毒科特性

非洲猪瘟病毒有包膜，直径约200 nm，包含一个复杂二十面体衣壳，直径约180 nm。

非洲猪瘟病毒是线性双链DNA单分子，大小为170～190 kbp，具有末端反向重复的共价闭合端和发夹环，编码约150个蛋白，50多个蛋白在病毒粒子内部。

脊椎动物虹彩病毒在形态学上与非洲猪瘟病毒相似：具有一条双链DNA，大小为140～200 kbp，编码200个蛋白。DNA循环排列，具有末端冗余端及甲基化碱基。

细胞核参与DNA复制，病毒粒子后期功能和病毒粒子装配在细胞质内完成。

3. 病毒复制　初次分离的非洲猪瘟病毒株可在猪单核细胞和巨噬细胞复制。经过吸附后，一些毒株可以在某种哺乳动物细胞中复制。病毒主要在细胞质中复制。但是病毒DNA合成需要细胞核，在感染后不久，病毒DNA就可出现在细胞核中。病毒通过受体介导的内吞作用进入易感细胞，通过细胞结合和细胞中和试验研究表明病毒p72和p54蛋白参与病毒的吸附，p30参与病毒内化。与痘病毒相似，病毒粒子基因组DNA包含所有转运和复制所需的装置：在进入细胞质后，病

毒粒子失去包膜并且DNA通过病毒粒子相关的DNA依赖的RNA聚合酶（转录酶）开始转录。DNA复制与痘病毒类似：亲代DNA作为第一轮复制的模板，然后产物作为模板进行大量复制，产物剪切成为成熟的子代病毒DNA。在感染后期，非洲猪瘟病毒在细胞质中产生病毒粒子类结晶排列。被病毒感染的细胞形成许多微绒毛状突起，在这些突起中，病毒颗粒成熟出芽。然而，获得包膜不是病毒具有感染性必需的条件。

（二）非洲猪瘟病毒

当伊比利亚半岛暴发非洲猪瘟时，该病被认为1975年以来仅仅是非洲亚撒哈拉的一种疾病。随后在20世纪70年代该病在加勒比群岛零星暴发，包括古巴，多米尼加共和国，并且在20世纪80年代，该病毒出现在法国，比利时，和其他欧洲国家。自2007年以来，非洲猪瘟病毒已经传播到整个格鲁吉亚、美国、阿塞拜疆和俄罗斯。该病毒在亚非拉和撒丁岛存在地方性流行。在撒丁岛，野猪的存在和养猪场的扩展，使得非洲猪瘟呈现地方性流行。

非洲猪瘟可以感染家养猪和其他猪家族成员，包括疣猪（*Potamochoenus aethiopicus*）、非洲灌丛猪（*P. porcus*）和野猪（*Sus scrofa ferus*）。但是非洲猪瘟不能感染其他种类动物。非洲猪瘟病毒可能来源于一种蜱虫病毒：在非洲，大多数病毒分离自钝缘蜱属软体蜱，这种蜱收集自疣猪的洞穴中。当非洲猪瘟病毒被认为只在亚非拉地区流行时，人们推断这是由于蜱和野猪的自然循环决定的；然而，该病毒打破这种传统界限，侵入部分欧洲地区，可能是由非洲钝缘蜱软体蜱作为传播媒介。

1. 临床症状和流行特征　急性或超急性非洲猪瘟在易感猪中以急性出血性疾病伴随高死亡率为特征。感染病毒后，潜伏期为5～15d，此后猪可发热到40.5～42 ℃，持续大约4d。暴发非洲猪瘟后，开始的1～2d，病猪出现食欲不振，腹泻，共济失调和虚脱症状。在这阶段，猪可能在没有出现任何临床症状的情况下死亡。一些猪出

现呼吸困难，呕吐，鼻和眼结膜有分泌物，耳朵和鼻子苍白，肛门和鼻子出血。怀孕母猪经常流产。死亡率达100%，家养猪在暴发后1～3d就会死亡。在以前非洲猪瘟病毒感染的流行地区，病毒感染初期是严重和致命的。但是当感染猪出现亚临床症状和持续感染时，该病就会快速消失。被感染成年疣猪不会出现临床症状。

非洲猪瘟具有两个截然不同的传染模式：在非洲的疣猪和蜱中传播的森林传染循环（图8-3）以及在家猪群中的地方性流行循环。

（1）森林传染循环 在南非和东非的原始生态区，非洲猪瘟病毒的森林传染循环仍然存在，通常发生在这些动物生存的洞穴里，包括在野猪（疣猪和一部分非洲灌丛野猪）和隐喙蜱（软蜱，钝缘蜱属）中的无症状感染。蜱是病毒的生物媒介。南非和东非中大多数的蜱都感染这种病毒，感染率高达25%。在叮咬了患有病毒血症的猪后，病毒会在蜱的内脏中复制，而后感染生殖系统，可以经卵传播或性传播（最初是雄蜱传染给雌蜱）。病毒也能够在蜱的不同生长发育阶段传播（跨虫期传播），病毒存在于蜱的唾液，基节液和粪便中。被病毒感染的蜱可以存活几年，能够通过叮咬将这种病毒传播给猪。

血清学研究表明，在南非和东非很多疣猪感染这种病毒，感染初期年幼疣猪发展成病毒血症，能够感染寄生在他们身上的蜱。成年疣猪可以持续抵抗病毒感染，很少出现病毒血症；因此很可能是病毒存在于年幼疣猪和蜱的生态循环中。在东非和南非，最初家畜中的非洲猪瘟病毒来源于感染病毒的蜱，通过疣猪和它们的尸体进行传播。

（2）地方性流行循环 在非洲，家猪最初暴发非洲猪瘟的原因可能是由于感染病毒的蜱虫叮咬引起的，尽管急性感染的疣猪组织，如果被家猪吃到，也会引起感染。如果将病毒引入一个从未感染过病毒的国家，可能会导致猪之间的传播以及本地蜱虫的感染。在西半球，发现几个软蜱物种与家猪和野生猪有联系。实验研究已经证明，病毒有能力进行生物传播，虽然没有证据表明病毒在加勒比群岛和南美洲流行期间变得具有感染性。

一旦病毒感染家猪猪群，无论是通过被感染蜱叮咬或者通过被感染的肉类，被感染的动物是对易感猪最重要的威胁。出现临床症状期间，病猪鼻咽分泌物可以检测到高滴度的病毒，同时病毒也存在于其他分泌物中，包括急性期间感染猪的粪便中具有高含量的病毒。通过接触和通过建筑物内气溶胶，疾病得以快速传播。由于病毒在猪血液、排泄物、组织中可以稳定存在，该疾病

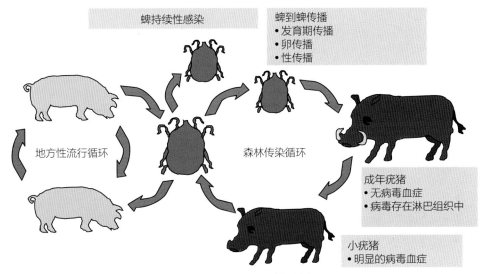

图8-3 非洲猪瘟的传播模式

［引自 E.R. Tulman, G.A. Del-hon, B.K. Ku, D.L. Rock. African swine fever virus. Curr. Top. Microbiol. Immunol. 328, 43-87（2009），已授权］

可以通过人、交通工具、污染物等传播。

非洲猪瘟在全球范围内传播与饲喂未经煮熟的污染猪肉有关。1957年葡萄牙出现非洲猪瘟，1978年在巴西出现该病，这是第一次在国际机场周边发现喂食食物碎片的猪被该病毒感染。1978年，病毒传播到加勒比和地中海，卸载大量感染的食物残渣引起了病毒的传播。2007年，引起美国佐治亚州暴发非洲猪瘟的病原不确定，但是人们怀疑黑海码头卸载的食物残渣可能是一个原因。

2. 发病机制和病理学　非洲猪瘟病毒感染家猪后引起白细胞减少症、淋巴细胞减少症、血小板减少症以及淋巴细胞和单核吞噬细胞的凋亡。病毒能否有效引起巨噬细胞的病理学变化是病毒毒力的一个重要因素。在被感染的巨噬细胞中，病毒可以有效地抑制炎症细胞因子如组织坏死因子（tumor necrosis factor）、Ⅰ型干扰素（interferon）、白介素-8表达，但是能够促进转化生长因子β表达。相反，有报道表明体内和体外感染非洲猪瘟后TNF表达增多。更为重要的是，不同毒力的非洲猪瘟病毒，在感染巨噬细胞

早期，诱导或抑制炎症细胞因子或干扰素相关基因表达能力有所不同（图8-4）。炎症抑制至少部分由病毒基因A238L调节，其编码一个与细胞转录因子的抑制剂——核因子κB（NFκB）相似的蛋白质。这个病毒蛋白已被证实抑制NFkB活性，因此下调所有由NFκB控制的抗病毒细胞因子的表达。在机制上，A238L蛋白作为免疫抑制药物环孢菌素A的类似物，其代表一种新的病毒免疫逃逸策略。此外，A238L蛋白可能在家猪表现致命的出血性疾病方面至关重要，但在自然宿主非洲疣猪上表现温和持续的感染。非洲猪瘟病毒编码的其他蛋白也调节宿主免疫应答，包括8DR（pEP402R），其为细胞的CD2同系物，与T淋巴细胞活性有关，并且调节感染非洲猪瘟病毒的红细胞吸附现象。

如果经由呼吸道途径发生感染，病毒首先在咽扁桃体以及鼻黏膜淋巴结进行复制，之后病毒主要通过红细胞和白细胞的病毒血症迅速散布到全身。继而全身性感染，伴随高滴度病毒血症（每毫升血或每克组织达到10^9感染剂量），所有的分泌物和排泄物中含有大量感染性病毒。

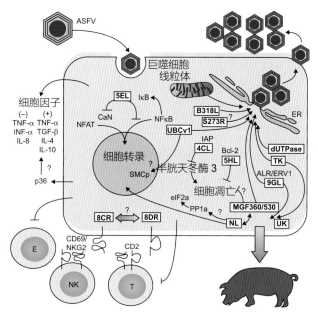

图8-4　在宿主内非洲猪瘟与巨噬细胞相互作用。非洲猪瘟病毒的几个基因（白框内）在其感染的主要靶细胞-巨噬细胞中，与细胞调控途径存在相互作用，或者是潜在的相互作用。病毒IκB的同系物（5EL），抑制NFκB和钙调磷酸酶（CaN）/NFAT翻译通路。SMCp DNA连接蛋白是一种病毒泛素连接酶的作用底物（UBCv1），并且，病毒的Bcl-2和IAP的同源物（5HL、4CL）具有抗凋亡的特性。ASFV感染后通过诱导未被感染淋巴细胞的凋亡来影响宿主的免疫反应，通过调控细胞因子的表达，以及通过8CR和8DR表达。8CR和8DR是病毒编码的免疫细胞蛋白的同源物，如CD2和CD69/NKG2。有效的病毒组装和病毒在巨噬细胞中的产生需要或可能利用病毒基因，这些病毒基因类似于细胞ALR/ERV1（9GL），核酸代谢酶（dUTP酶和TK），SUMO-1特异性蛋白酶（S273R）以及二磷酸合成酶（B318L）。在感染的家猪中，ASFV能影响病毒毒力的基因包括NL、UK以及MGF360、MGF530多基因家族的成员。[引自E. R. Tulman, D. L. Rock. Novel virulence and host range genes of African swine fever virus. Curr. Opin. Microbiol. 4, 456–461（2001），已授权]

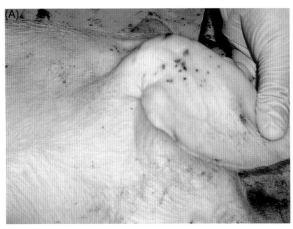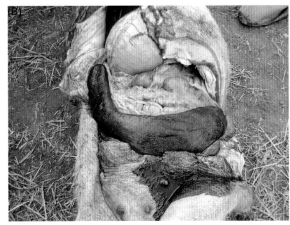

图8–5　急性非洲猪瘟病变

（A）耳部皮下出血。（B）脾肿大。（由亚美尼亚埃里温国家兽医流行病学诊断中心R. Harutynan和伊利诺伊大学 W. Laegried惠赠）

在急性感染中幸存下来的猪可能会表现健康或转为慢性疾病，但这种猪仍然存在持续性感染的能力。甚至从未表现出临床症状的猪也可能转为持续性感染。目前不确定持续性感染维持的时间，但是在暴发一年后的组织中仍能检测出低水平的病毒含量。

在家猪急性致命的病例中，淋巴组织和血液系统的大体病变最为明显（图8–5）。广泛发生出血，内脏淋巴结可能呈现血凝块状。在所有的浆液性表面、淋巴结、心外膜和心内膜、肾皮质、膀胱、结肠和肺部均有明显的瘀点。脾通常大而易碎，在肾皮质部有点状出血。慢性疾病以皮肤溃疡，肺炎，心包炎，胸膜炎，关节炎为特征。

3. 诊断　非洲猪瘟的临床症状与其他一些疾病相似，例如猪丹毒和急性沙门氏菌等引起的细菌性败血症。但是主要诊断问题在于如何区分非洲猪瘟与传统猪瘟（猪霍乱）。猪的一些发热疾病，常伴随着散发性出血（出血因素），高死亡率都增加了判断疾病为非洲猪瘟的可能。慢性感染非洲猪瘟的诊断很困难，因为感染猪的临床症状以及病变存在高度可变因素。

实验室诊断对非洲猪瘟的确诊至关重要，尤其是采集血液、脾、肾、内脏淋巴结以及扁桃体样本用于分离病毒，检测病原或是用聚合酶链式反应（PCR）检测p72基因。病毒分离在猪脊髓或者外周血白细胞中培养，在接种后几天内出现红细胞吸附并且出现细胞病变。初步分离后，病毒能在多种细胞系中生长，例如Vero细胞。通过对组织切片或冰冻切片的免疫荧光染色，以组织悬浮液为抗原进行免疫扩散试验，以及通过酶联免疫反应进行抗原检测。

通过运用酶免疫分析法和组织悬浮免疫扩散法，免疫印迹或冰冻切片的免疫荧光检测能够检测抗原。

4. 免疫、预防和控制　体液免疫和细胞免疫（包括病毒特异性CD8$^+$淋巴细胞）都有助于猪产生对抗非洲猪瘟的保护性免疫反应。抗非洲猪瘟病毒的抗体可以保护猪体，避免死亡；但是，病毒粒子蛋白p30、p54和p72的中和抗体不能提供有效的抗体介导保护。

预防和控制非洲猪瘟病毒非常复杂，其原因包括以下几个方面：缺乏有效的疫苗，病毒在新鲜肉和熟肉之间的传播，病毒在部分猪体中的持续性感染，传统猪瘟等引起相似症状导致诊断的复杂性，（部分地区）软蜱等在病毒传播中的参与等等因素。在撒哈拉沙漠以南的许多国家，非洲猪瘟病毒存在于蜱和疣猪体内，如果不能打破病毒的森林传染循环，其控制将会非常复杂。如果能避免饲喂猪未熟的食物残渣，并且使用地上地下双重钢丝网栅栏防止猪和蜱、疣猪等接触，圈养猪就可以在非洲饲养。

在世界其他地区，无非洲猪瘟的国家应禁止从有非洲猪瘟的国家和地区进口活猪和猪肉制品，并且对商店和国际航班的所有食物残渣进行严密监控，以此来保证其无非洲猪瘟国家的地位。

如果非洲猪瘟在一个之前没有感染的国家发生，其控制首先要基于早期的鉴别诊断和快速的实验室诊断。非洲猪瘟强毒往往会引起非常高的死亡率，这也会引起兽医部门高度迅速的重视。但是由低致病株引起的非洲猪瘟，在非洲以外地方容易与其他疾病混合感染，因此，在非洲猪瘟在猪群中定植下来以前，该病不能被很快诊断。

如果一个之前从未发生过非洲猪瘟的国家被证实存在非洲猪瘟病毒感染，则必须立刻采取手段控制和清除感染。非洲之外所有被感染的国家都在尝试根除这个病毒。根除的手段可采取扑杀感染非洲猪瘟的病猪和与之接触的疑似猪，处理尸体残骸，最好是焚烧。不同猪场之间的猪只流动要严格控制以及绝对禁止饲喂食物残渣等。对于已知有软蜱出现的地方，要用杀虫剂喷雾杀虫。对于再次饲养，只有在标记猪没有被感染的情况下才允许重新饲养。除撒丁岛之外，其他地方用此方法进行淘汰非常成功。

二 虹彩病毒科成员

虹彩病毒科（*Iridoviridae*）包含多种病毒而且非常复杂：本科病毒感染节肢动物，鱼类和爬行动物。虹彩病毒的蛙虹彩病毒属（*Ranavirus*）、巨大细胞病毒属（*Megalocytivirus*）和淋巴囊病毒属（*Lymphocystivirus*）是引起鱼类各种失调的原因，包括系统性致命疾病（蛙虹彩病毒属，巨大细胞病毒属等），肿瘤样皮肤损伤（淋巴囊病毒属）。蛙虹彩病毒属被认为是导致全球两栖动物数量减少的潜在因素。这三个属的病毒都能够在它们的宿主鱼和两栖动物等体内长期存在，随后从急性感染或者隐形感染中复原。

（一）虹彩病毒的特征

虹彩病毒科成员直径在120～200 nm之间，也有更大的DNA病毒，有的虹彩病毒病毒粒子在形态上与非洲猪瘟病毒科病毒相似。病毒粒子呈20面体对称，具有一个病毒核心和由内部脂质膜分开的外膜蛋白。病毒粒子中有36个蛋白。病毒粒子外面有个囊膜（图8-6），以出芽的形式从感染细胞释放，但它不是感染所必需的。虹彩病毒科基因组包含一个线性双链DNA分子，大小在140～200 kb，单个病毒编码100～200个蛋白。末端与非洲猪瘟病毒有很大不同，呈现环状排列，并且末端存在冗余序列。根据基因组甲基化程度本家族病毒可以分为两组：一组是存在于鱼类虹彩病毒科的甲基化转移酶可以促进基因组DNA中高达20%的胞嘧啶残基甲基化；另一组与细菌染色体相似。

虹彩病毒科包括5个属：虹彩病毒属，绿虹彩病毒属，蛙虹彩病毒属，巨大细胞病毒属和淋巴囊病毒属（表8-2）。这个病毒家族的出现具有重要意义，其中几个是商业鱼类产品的重要病原，其他病毒引起人工养殖和野生的两栖动物死亡。虹彩病毒也可以引起爬行动物疾病，包括龟（海龟和乌龟）、蛇和蜥蜴等。有趣的是，尽管虹彩病毒属和绿虹彩病毒属被认为是感染节肢动物的病毒，最近这些病毒也从蜥蜴和蝎子体内被分离出来。从昆虫和爬行动物分离的这些病毒的遗传相似性暗示这可能是因为蜥蜴捕食昆虫而被传染的。

大多数虹彩病毒复制周期的信息是从对蛙病毒3型研究获得的，它属于蛙虹彩病毒属（图8-7）。脊椎动物的虹彩病毒对大多种类细胞易感，如鱼类、两栖动物、鸟类及哺乳类。生长温度范围在12～32 ℃。这些病毒的复制过程与非洲猪瘟病毒相似；但是，病毒不编码RNA聚合酶，而是利用细胞的RNA聚合酶Ⅱ，进行结构蛋白修饰完成病毒的mRNA合成。像非洲猪瘟病毒一样，该科病毒在细胞核的初始复制是有限的，随后在细胞质大量复制。感染后期，脊椎动

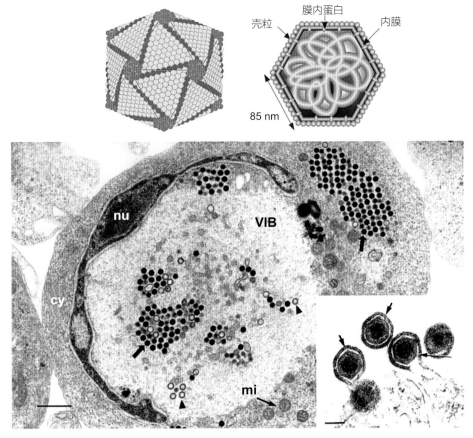

图8-6 （顶部左侧）无脊椎动物虹彩病毒2型的外衣壳［引自Wrigley, et al（1969）. J. Gen. Virol., 5, 123.得到许可］。（顶部右侧）图所示的是虹彩病毒粒子的横断面，可以看到衣壳体，横跨脂质双层的穿膜蛋白和内部丝状的核蛋白核心［引自Darcy–Triper, F. et al（1984）. Virology, 138, 287. 得到许可］。（底部左侧）是胖头鲅细胞感染欧洲鲶病毒的透射电镜图片。细胞核（Nu）；病毒包含体（VIB）；无囊膜病毒粒子呈亚晶状排列（箭号）；不完全的核衣壳蛋白（箭头）；细胞质（cy），线粒体（mi），标尺1μm.［引自Hyatt et al（2000）. Arch. Virol. 145, 301, 得到许可］。插入的图片是蛙科病毒3型病毒粒子的透射电镜图片，出芽于质膜。箭号和箭头指示了病毒的囊膜［引自Devauchelle et al（1985）. Curr. Topics Microbiol. Immunol., 116. 1, 已授权］标尺200nm.［引自Virus Taxonomy: Eighth Report of the International Committee on Taxonomy of Viruses（C. M. Fauquet, M. A. Mayo, J. Maniloff, U. Desselberger, L. A. Ball, eds）, p. 145. Copyright © Elsevier（2005）, 已授权］

表8-2 虹彩病毒科的分类

属	病毒种类
虹彩病毒属	无脊椎动物虹彩病毒6型（ⅣV-6）和ⅣVs-1，ⅣVs-2，ⅣVs-9，ⅣVs-16，ⅣVs-21，ⅣVs-22，ⅣVs-23，ⅣVs-24，ⅣVs-29，ⅣVs-30和ⅣVs-31型
绿虹彩病毒属	无脊椎动物虹彩病毒3型
	蛙病毒3型（蝌蚪瘤病毒，虎纹蛙病毒）
	虎蝾病毒（里贾纳蛙病毒）
	家畜流行病造血坏疽病毒
蛙虹彩病毒属	欧洲鲶病毒（欧鮎病毒）
	桑提人库珀蛙病毒（大口鲈病毒，古比鱼病毒6型）
	石斑鱼虹彩病毒
巨大细胞病毒属	传染性脾肾坏死病毒（鲷虹彩病毒，非洲眼灯虹彩病毒，褐点石斑鱼虹彩病毒，条石鲷虹彩病毒）
淋巴囊病毒属	淋巴囊肿病毒1型（LCDV-1）和LCDV-2
其他	白鲟虹彩病毒

物虹彩病毒在细胞质里产生亚晶状排列的子代病毒。感染的细胞通过病毒粒子出芽形成许多微绒毛样的突起；然而，囊膜的形成并不是病毒具有感染性和传染性所必需的，裸露的病毒粒子在感染的细胞裂解后被释放出来。

（二）蛙虹彩病毒属

自从20世纪60年代蛙病毒3型被发现，在两栖动物和鱼类的淡水环境里很多疾病都与这种病毒相关。蛙病毒3型最早在美国东部蛙中被分离出来，在早期研究中发现该病毒导致肾源性肿

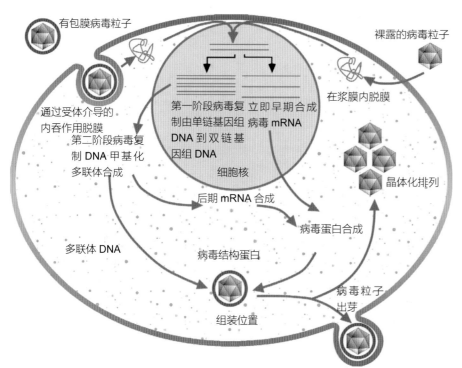

图8-7 蛙病毒3型复制周期［引自Chinchar et al（2002）. Arch. Virol., 147, 447, 已授权］［引自 Virus Taxonomy: Eighth Report of the International Committee on Taxonomy of Viruses（C. M. Fauquet, M. A. Mayo, J. Maniloff, U. Desselberger, L. A. Ball, eds），p. 148. Copyright © Elsevier（2005），已授权］

瘤，后来追溯到致癌的疱疹病毒，蛙科疱疹病毒1型。尽管蛙病毒3型表现相对比较温和，但是到20世纪80年代中期，在北美，欧洲和亚洲，此病毒的传播越来越快，在野生两栖动物中广泛流行。易感的蛙科动物感染后，局部皮肤出血、溃疡，全身浮肿、出血，大多数器官坏死。发生亚临床感染的野生和家养的蛙临床症状不明显，而林蛙的肾组织，包括巨噬细胞能够检测到病毒。

在美国西北部，从晚夏至早秋，虎蝾病毒是导致幼年和成年火蜥蜴死亡的蛙类病毒。健康动物在水中接触病毒或者直接接触患病的火蜥蜴后7~14d，死亡率超过90%。患病动物表现主要为脾、肝、肾和胃肠的坏死和出血，皮肤松散，皮肤表面出现息肉，肛门排出炎性渗出物。环境温度对发病机制有至关重要的作用，大多数被感染的火蜥蜴在26℃能幸存，而在18℃死亡。垂直感染尚未被证实，并且病毒没有在其他宿主体内被发现。

1986年，在澳大利亚第一次报道了与林蛙病毒相关的鱼类疾病，起初在栖息的小银鱼中流行。该病是一种全身性疾病，主要特征为肝、胰腺、肾及脾造血细胞的大量坏死。这一疾病称为"造血坏死性动物流行病"，之后在饲养小银鱼的同一水系中饲养的虹鳟中被发现。在澳大利亚，实验室证实该病毒能够传染给其他七种鱼类。鱼苗和幼年鱼通常均能感染，然而，当造血坏死性动物流行病病毒首次传染时，成年鱼也易感染。通常来说，鱼的林蛙病毒很容易从内脏器官（肾、脾、肝）中分离，通常用鱼源细胞，在20~25 ℃孵育。也可以通过建立DNA诊断方法将该病毒与其他林蛙病毒区别。

最近，在一些病例中发现了其他的蛙病毒，这些病例出现在淡水养殖的鲇群中，包括欧洲和大西洋鳕苗，以及来自丹麦的鲇苗。大嘴鲈病毒是一种蛙病毒，与美国一些湖泊中野生成年大嘴鲈季节性的数量大幅下降有关。该病毒会感染包括鱼鳔在内的多种内部组织，病变为变红、肿大、并伴有黄色渗出液。感染鱼漂导致鱼死亡，浮在水面上，这往往是野生鱼发病的一个迹象。实验研究中，病毒导致的大口黑鲈死亡率较低，这暗示疾病暴发期间高死亡率可能是由于其他因素引起的。就像两栖类动物一样，蛙病毒经常在无症状的鱼中被分离到。由于国际贸易的影响，病毒在两栖动物和鱼类之间无意识的传播。在自然和实验条件下，已经证明蛙病毒在两栖动物和鱼类之间传播。

蛙病毒日益被认为是野生和圈养爬行动物的致病病因。在几个大洲的龟类、蜥蜴、蛇中已经鉴定存在蛙病毒传播，有时出现与蛙病毒感染的两栖动物症状相似。

（三）巨大细胞病毒属

自从1990年，在日本红鲷的养殖群体中初次检测到巨大细胞病毒，该病毒对食用鱼以及观赏鱼的商业生产产生越来越明显的重要影响。超过30种海水鱼和淡水鱼成为巨大细胞病毒的潜在宿主，这些鱼主要来自于日本，中国南海和一些东南亚国家。这些病毒都有着显著的同源性，衣壳蛋白的氨基酸水平上具有97%或者高于97%的一致性。至少有三种巨大细胞病毒，即传染性脾肾坏死病毒，岩鳎虹彩病毒，和橙色斑石斑鱼虹彩病毒的全基因组序列已被确定。实验室感染后，巨大细胞病毒在鱼类种群流行造成的死亡率高达100%。病鱼的症状有嗜眠，贫血和鳃出血。尸检时，可见脾肿大。显微镜下观察可见内皮下存在许多变大的嗜碱性"巨细胞"，这种现象通常在脾、肾、肠、眼、胰腺、肝、心、鳃、脑和肠等内脏器官中；这些典型细胞变化反映在这些病毒的命名上。扩张的细胞中含有许多正在形成的以及成熟的病毒粒子。与蛙病毒相比较，细胞培养中很难分离巨大细胞病毒，因此，对其诊断主要依赖于组织病理评价，其次是电子显微镜确

认。基于DNA的检测方法，例如PCR，现在经常用于检测和区分人工和野生鱼群中的巨大细胞病毒。

对该病的控制方法包括使用无病原体渔场养殖，改善卫生设施，养殖场和饲养方法，最大限度地减少外部压力（鱼密度低，出水水质好等）。通过注射福尔马林灭活病毒疫苗已经被证明能有效控制在日本流行的红鲷虹彩病毒。巨大细胞病毒在鱼群中水平传播。目前，没有证据表明该病毒能够垂直传播给子代。

（四）淋巴囊病毒属

淋巴囊肿在淡水和海水鱼类广泛存在，是一种良性和自身限制性疾病。这种病由于感染虹病毒引起，感染后转化到皮肤、鳃、内部结缔组织，导致感染细胞明显肥大（图8-8）。被称为淋巴囊的细胞，出现突出的珍珠样损伤，很容易用肉眼观察到。该病毒能够感染超过125种，34个家族的鱼类，包括温暖、适度、寒冷环境，以及海洋和淡水环境的各种鱼类。感染鱼的淋巴囊肿大，其大小可以达到正常细胞的100 000倍。这是由病毒引起的，病毒破坏细胞分裂，而不是破坏细胞生长，从而导致形成巨大细胞。淋巴囊肿大具有明显的透明状胶囊，核扩大，形成奇特的弓形细胞浆内含物，内含物中含有成熟中的病毒粒子。尽管经常用电子显微镜确认典型的虹彩病毒的病毒粒子存在，但是淋巴囊肿典型的组织

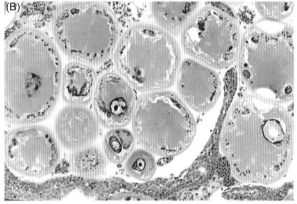

图8-8 （A）白眼鱼的淋巴囊肿。（B）组织学上显示淋巴囊肿的细胞肿大现象。（由康奈尔大学 P. Bowser和加利福尼亚大学R. Hedrick惠赠）

学外观有助于淋巴囊肿疾病的诊断。

淋巴囊肿病毒1型感染两种海洋鱼类，比目鱼和蝶鱼，而淋巴囊肿病毒2型感染第三种海水鱼，小比目鱼。对于在海洋和淡水环境中的其他鱼类，有许多病毒能够引起淋巴囊肿，但是这些病毒没有被充分的鉴定出来。淋巴囊肿病毒的感染很少致命，常见病鱼通过褪去外部淋巴囊肿而康复。该病毒最重要的影响是造成商业损失，主要是化妆品的人工培育行业，以及用于食品销售的野生捕捞行业。除了影响观赏鱼的观赏价值，口腔感染严重可能抑制进食，病毒感染的影响也可能造成二次病原体的进入。鱼到鱼之间的传播可能是由于病毒从破裂的淋巴肿囊被释放，病毒在拥挤的鱼群中传播。分离和检疫感染淋巴囊肿的鱼，直到淋巴囊肿得到解决，是降低鱼群感染的方法。对患有淋巴囊肿的日本比目鱼进行基因分析，其结果可能有助于选择育种，从而降低疾病的流行。

（五）鱼类的其他虹彩病毒

红细胞坏死病毒是一群不确定的虹彩病毒，他们与虹彩病毒科的其他成员具有相同的形态学特征。病毒粒子存在于不成熟的红细胞细胞质中。也有的病毒粒子存在于海洋鱼（如鲱和鳕）的成熟红细胞中。在北太平洋和北大西洋的蛙科鱼类的成熟红细胞中也存在病毒粒子。重度感染导致易感动物严重贫血以及给野生和养殖的鱼类造成损失。在染色的血涂片中可见受感染的红细胞含有一个明显的圆形细胞质包含体。电子显微镜下观察，能够证实在红细胞中的病毒很像虹彩病毒颗粒。这个病毒在爬行动物和两栖动物的红细胞中能够观察到。该病毒在鱼类中还没有被分离到，大概是由于缺少合适的造血起源的细胞系。实验证明鱼的红细胞坏死病毒可以通过腹腔注射进行传播和感染红细胞。许多疾病的特征仍然没有被鉴定出。

白鲟虹彩病毒，属于虹彩病毒科一个未分类毒株，在20世纪80年代，加利福尼亚首次鉴定该病毒是导致饲养白鲟死亡的原因。感染这种病毒后，可以导致皮肤和鱼鳃上皮细胞的破坏，并破坏呼吸系统和渗透压的平衡。对于饲养白鲟来制作肉制品或鱼子酱的企业来说，由白鲟病毒所引起的疾病是一种很严重的病毒病。在北美，无论是在家养的还是野生白鲟中，都发现了这种病毒。并且由于白鲟的出口，病毒的感染范围逐渐扩大。通过组织化学检查发现在感染期间上皮细胞由双嗜性逐渐变为单嗜性，并且其周围细胞全部坏死。通过电子显微镜可以在变大的细胞中发现病毒粒子的存在。近年来，通过特异的PCR方法可以辅助白鲟虹彩病毒的确诊。病毒通过污染的水源传播，这种病毒还可以垂直传播。通过隔离被感染的鲟及白鲟的阶段饲养可以有效防止该病。据报道，在美国，以及欧洲的意大利和俄罗斯，由于这种病毒的感染，白鲟养殖业损失惨重。

（六）软体动物虹彩病毒

在欧洲和北美早已有了虹彩病毒或类虹彩病毒导致幼年及成年牡蛎死亡的报道，由于虹彩病毒感染而导致鳃上皮细胞的坏死从而导致20世纪70年代早期法国大西洋沿岸饲养的牡蛎损失惨重。随后在1977年，法国大西洋沿岸的牡蛎暴发黄疸，这可能暗示引进的牡蛎品种中携带的病毒感染了当地的牡蛎。牡蛎幼虫病毒于20世纪70年代末期在华盛顿首次被报道，可导致处于孵化期的幼年牡蛎死亡，死亡率可达100%。这种病毒主要感染牡蛎的软腭，它是一种具有纤毛的结构，具有运动和哺育幼虫的作用。感染这种病毒后，可形成水疱，并导致纤毛上皮细胞的脱落及死亡。虽然这种病毒粒子稍小（直径228 nm），但是与那些在法国感染的成年牡蛎相比较，病毒在被感染的细胞中具有相同的形态特征。对于软体动物感染虹彩病毒最好的控制方法就是早期诊断以及消灭传染源，特别是在孵育场地进行早期诊断以及消灭传染源。

张 鑫 译

章节内容

Chapter 9
第 9 章

疱疹病毒目

疱疹病毒已经在昆虫、鱼、爬行类动物、两栖动物和软体动物中被发现，同样各种鸟类和哺乳动物也进行了相关研究。可能一种脊椎动物会感染几种疱疹病毒。每种家畜（除了绵羊）至少有一种主要的疾病是由疱疹病毒引起的，包括重要的疾病，如牛传染性鼻气管炎，伪狂犬病和鸡马立克病。疱疹病毒适应它们各自的宿主，可能与宿主长期共同进化。因此，除了一些特例，尤其是α疱疹病毒亚科的一些成员外，疱疹病毒感染仅在新生儿，胎儿，免疫缺陷个体或不同宿主间（即所谓的跨种间）产生典型的严重疾病。

疱疹病毒粒子很容易被灭活，在体外不能存活。总的来说，传播需要亲密接触，尤其是黏膜接触（如性交、舔及在母畜和幼仔之间或新生儿之间的鼻触）。大体上，高密度群体，比如牛的饲育场，现代化生产小猪装置，畜舍，猫舍或鸡舍，喷嚏和近距离飞沫传播是主要的传播方式。然而，像牛的绵羊相关恶性发热的病原——牛疱疹病毒2型一样，湿冷的环境条件给病毒提供了传播更远的机会。类似地，在鱼群暴发疱疹病毒时，病毒脱落到水中，可以在高密度养殖的池塘中迅速的在不同个体间传播。另外，垂直传播可能是疱疹病毒在野生和养殖的鱼群中持续存在的主要传播方式。

疱疹病毒致病机制的一个重要方面是潜伏期。潜伏期被定义为宿主被持续的受限制的终生感染，但是病毒可以再次复制。病毒的再次复制可以导致排毒，传播和持续检测到抗病毒的免疫反应。因此，临床上，正常宿主的潜伏感染为病毒的传播提供一个潜在的无法诊断的病毒储库。

疱疹病毒的特性

（一）分类

疱疹病毒的分类非常复杂。所有的疱疹病毒都具有共同的多态性，线性、双股DNA（dsDNA）的基因组。借助最近越来越多可利用的基因组序列数据，可以将疱疹病毒分为3个独特的遗传群，他们之间只存在微弱联系。最近，疱疹病毒被命名为疱疹病毒目，具有3个独特的科，即疱疹病毒科，包括哺乳动物，鸟类和爬行动物的疱疹病毒；鱼类疱疹病毒科，包括鱼和蛙的疱疹病毒；贝类疱疹病毒科，包括牡蛎（双壳贝）的疱疹病毒。疱疹病毒科进一步分为3个亚科，即α、β和γ疱疹病毒亚科。各科和亚科被再分为属。有许多病毒还没有被归至特定的属，毫无疑问，个别病毒的分类学上的进一步细分和重新分类将详述这些病毒的特点。尤其是那些从进化关系较远的宿主物种中分离的病毒。

疱疹病毒间的抗原关系非常复杂；在疱疹病毒目中有一些共有抗原，但是不同属具有独特的囊膜糖蛋白。

1. **疱疹病毒科** 最近指明疱疹病毒科包括鸟类，哺乳动物和爬行动物的疱疹病毒。该科包括3个亚科，具有共同的遗传和生物学特性的病毒在一个亚科中。

（1）α疱疹病毒亚科 α疱疹病毒亚科分为4个属：单纯病毒属、水痘病毒属、马立克病毒属和传染性喉气管炎病毒属。该亚科各属的代表病毒分别是人的疱疹病毒1型（单纯疱疹病毒1型：单纯疱疹病毒属），人的疱疹病毒3型（水痘带状疱疹病毒：水痘病毒属），原鸡疱疹病毒2型（鸡马立克病毒：马立克病毒属），原鸡疱疹病毒1型（传染性喉气管炎病毒：传染性喉气管炎病毒属）。多数α疱疹病毒生长迅速，表现为溶细胞感染，主要在感觉神经节建立潜伏感染。一些α疱疹病毒如伪狂犬病毒（猪疱疹病毒1型）有广泛的宿主范围，而多数都是在自然宿主范围内高度受限制的，表明个别的α疱疹病毒的进化与其宿主单一相关。

（2）β疱疹病毒亚科 该亚科由4个属组成：巨细胞病毒属、鼠巨细胞病毒属、长鼻动物病毒属和玫瑰疹病毒属。每个属的代表病毒分别是人疱疹病毒5型（巨细胞病毒属），鼠疱疹病毒1型，大象疱疹病毒（大象促内皮功能疱疹病毒）和人疱疹病毒6型。个别β疱疹病毒有高度限制的宿主范围，它们的复制周期慢，细胞溶解延迟。病毒有可能在分泌腺体，肾和淋巴网状内皮细胞及确定的其他组织中持续潜伏感染。

（3）γ疱疹病毒亚科　该亚科由4个属组成：淋巴潜隐病毒属、玛卡病毒属、鲈鱼病毒属和猴病毒属。该亚科的病毒具有狭窄的宿主范围，具有淋巴嗜性，在淋巴细胞中潜伏；有些病毒与致癌的淋巴细胞的转化相关。常见的病毒是人疱疹病毒4型（EB病毒），能引起人的Burkitt's淋巴瘤和鼻咽癌，有些也引起上皮和成纤维细胞自杀性感染。非人类的灵长类和有蹄动物的γ疱疹病毒通常不能引起自然宿主重要的疾病，除非宿主有免疫缺陷。它们能引起相关但是异种的宿主严重的淋巴组织增生性疾病。

2. 鱼类疱疹病毒科　该科包括鱼和青蛙的疱疹病毒，尽管提议该科至少应有5个属，但该科仅仅只有一个属：鱼疱疹病毒属。鱼疱疹病毒属含有水道猫鱼病毒，该病毒是近30个鱼类疱疹病毒的代表毒株，它代表了一种遗传上独特和多样的病毒。其他唯一归为这一属的病毒是鲤科疱疹病毒3型，包括锦鲤和鲤的疱疹病毒。另外的鱼疱疹病毒已经从青蛙和几种类型的鱼体内被分离或鉴定。这些鱼包括：金鱼、鲤、鲟、梭子鱼、比目鱼、鳕、香鱼、鲨、神仙鱼、沙丁鱼、白斑鱼、大比目鱼和大马哈鱼。

3. 贝类疱疹病毒科　现在该科仅包括从无脊椎动物宿主分离的一种疱疹病毒：牡蛎疱疹病毒1型，是从牡蛎分离的。

（二）病毒粒子特性

疱疹病毒粒子是有囊膜的，由核心、衣壳和囊膜组成。核心由病毒基因组包装成双股线性DNA分子，位于蛋白质衣壳内。人疱疹病毒外径接近125nm，由162个中空的病毒壳微体，150个六邻体和12个五邻体组成。DNA基因组绕着纤维线轴样的核心缠绕。核心具有花纹样的形状，由原纤维悬挂着，锚订在外周的核衣壳里面并穿过核心。核衣壳的外周是一层球形的物质，称为内膜。内膜被脂蛋白包膜吸附在无数的小的糖蛋白纤突上。由于被膜尺寸的变化，病毒粒子的直径范围为120～250nm。

表9-1　疱疹病毒的特性

病毒粒子有囊膜，大小可变（直径大概在120～250nm之间），内含由162个病毒壳微体组成的二十面体核衣壳。

基因组是线性、双股DNA，大小为125～290kbp。

在细胞核复制，连续转录，立即早期，早期和晚期基因分别翻译成α，β，γ蛋白；早期基因及其产物调节晚期基因的转录。

DNA复制和壳体化在细胞核内发生；被膜的形成需要通过核膜的内层出芽来完成。

感染导致特征性的嗜酸性核内包含体的出现。

感染变成潜伏期，伴随复发和间歇或持续排毒。

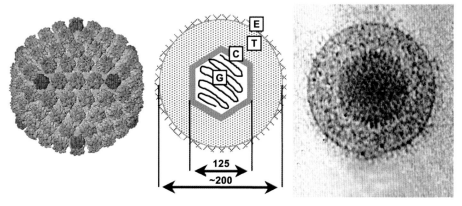

图9-1　疱疹病毒多态性。（左侧）电子显微镜下人疱疹病毒1型（HHV-1）衣壳的结构图，以2倍轴线观察。六邻体为蓝色，五邻体为红色，三倍体为绿色。（W. Chiu 和H.Zhou，已授权）。（中间）病毒粒子的示意图，直径单位为nm。（G）基因组，（C）核衣壳，（T）被膜，（E）囊膜。（右侧）HHV-1病毒粒子的电子显微图像。［引自 Virus Taxomomy: Eighth Report of the Enternational Committee on Taxonomy of Virus (C. M. Fauqnet, M. A. Mayo, J. Maniloff, U. Desselberger, L. A. Ball, eds), P. 193. copyright © Elsevier (2015)，已授权 ］

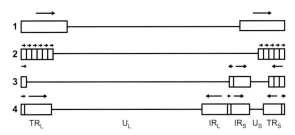

图9-2 以个别疱疹病毒为例子的4个不同策略。α疱疹病毒基因组由2个区组成，命名为长和短区。末端重复区（TR）和内部重复区（IR）序列与长独特区和短独特区或仅由短独特区构成。方框表示重复区序列，箭头方向表示编码方向。[引自于病毒分类学：第八次国际病毒分类学会议（C.M. Fanquet, M.A.Mayo, J.Maniloff, U.Desselberger, L.A. Ball, eds）195页，Elsevier（2005年），已授权]

病毒基因组是由双链DNA的一条线性分子组成的，在适当的实验条件下，病毒基因组是有感染性的。疱疹病毒基因组的组成，大小和结构有很大程度的变化：① 鸟嘌呤和胞嘧啶的含量（G+C百分率）比真核生物DNA的还高；② 疱疹病毒基因组的大小为125～290kb；③ 不同疱疹病毒之间基因组结构以复杂的样式变化，包括顺序和方向，反映了这些病毒的复杂的分类。重复的DNA序列通常只在两端有（有些病毒在内部也存在），把基因组分成两个独特区，命名为长（U_L）和短（U_S）独特区。当这些重复序列方向相反时，U_L和U_S区的基因在复制过程中相对另一个是反向的，导致基因组存在2或4个不同的等摩尔的异构体。进而，基因组内和基因组间重组可以改变重复区序列多态性的数量。

疱疹病毒的基因分成3大类：① 编码与调控功能和病毒复制相关的蛋白（立即早期和早期蛋白）的基因；② 编码结构蛋白（晚期基因）的基因；③ 一组异源的非必须基因，在某种意义上，这些基因不是在所有疱疹病毒中都有，对在培养细胞中复制不起关键作用。疱疹病毒粒子有30多种结构蛋白。其中6种在核衣壳中，2种与DNA结合。大概有12个糖蛋白，位于被膜，呈纤突样（包膜突起）。一些α疱疹病毒中的一种纤突糖蛋白（gE）拥有Fc受体活性，能与免疫球蛋白G（IgG）结合。一些生长调节蛋白和免疫调制蛋白对病毒在培养细胞中复制和成熟不是必需的。而是编码细胞源性关键的生长调节蛋白和免疫调制蛋白基因的同源物。病毒编码的细胞因子受体同源物或细胞因子结合蛋白通过模拟来改变免疫反应。病毒编码的细胞因子在药理学特性上有很大不同——从竞争到拮抗。例如：鸡马立克病毒编码的白细胞介素-8的同源物（vIL-8）与哺乳动物和禽的CXC趋化因子原型IL-8同源。相似地，IL-10同源物在大多数灵长类巨细胞病毒，马疱疹病毒2型和至少1种鱼疱疹病毒中被鉴定。这些病毒编码的蛋白在疱疹病毒感染致病机制上起到非常重要的作用。此外，这些基因在病毒DNA复制起始位点成簇存在，病毒作为细胞基因捕获的天然克隆载体这些基因编码的蛋白能够被宿主细胞捕获。潜伏期疱疹病毒基因组主要通过染色整合在宿主细胞循环周期以染色体外的形式存在。

（三）病毒复制

疱疹病毒的复制已经研究的非常广泛，包括人疱疹病毒（单纯疱疹病毒1型）在内，鉴于疱疹病毒的遗传多态性，不同属的疱疹病毒复制策略可能存在巨大的差异。疱疹病毒是通过病毒糖蛋白纤突与宿主细胞受体结合来实现细胞结合的，结合后病毒的被膜与细胞质膜融合，病毒粒子进入细胞质，DNA-蛋白复合物从病毒粒子中游离，进入细胞核，迅速的切断宿主细胞大分子的合成。

3类mRNA——α、β和γ，由细胞RNA聚合酶II转录（图9-3）。因此α（立即早期）RNAs，经适当的处置变成mRNA，翻译形成的蛋白启动β（早期）mRNA的转录，翻译形成β（早期）蛋白，进而抑制α mRNA进一步转录。病毒DNA的复制开始，除了利用宿主细胞的蛋白外，还利用一些病毒的α和β蛋白。转录程序再一次被启动，γ（晚期）mRNA转录，翻译成γ蛋白。70多种病毒编码的蛋白是在循环中产生的，其中许多α和β蛋白是酶和DNA结合蛋白，而多数γ蛋白是结构蛋白。复杂的操纵子在转录和翻译水平上调控

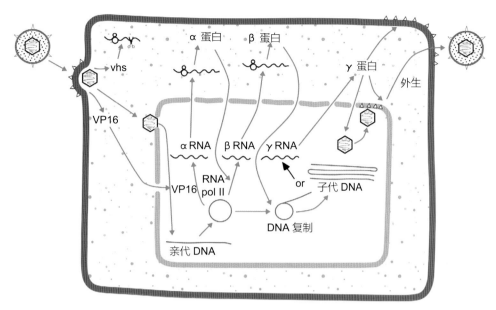

图9-3 典型疱疹病毒的转录，翻译和DNA复制示意图。病毒在细胞核进行转录和转录后的加工处理，在细胞质中进行翻译；一些α和β蛋白与进一步转录有关。一些β蛋白涉及DNA的复制。Vhs是UL41基于编码的衣壳蛋白，抑制宿主细胞蛋白的合成；UL48基因编码的VP16是另外一种衣壳蛋白，是一种转录因子，进入细胞核并激活立即早期病毒基因。〔引自病毒分类学：第八次国际病毒分类学会议（C.M. Fanquet, M.A.Mayo, J.Maniloff, U.Desselberger, L.A. Ball, eds）197页，Elsevier（2005年），已授权〕

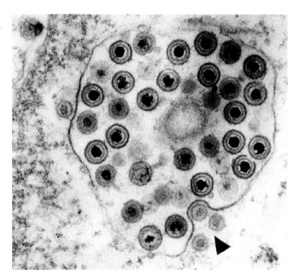

图9-4 疱疹病毒感染的细胞薄切片，电子显微镜观察表明核衣壳的形成和通过核膜出芽形成的囊膜（箭头）。放大65 000倍。

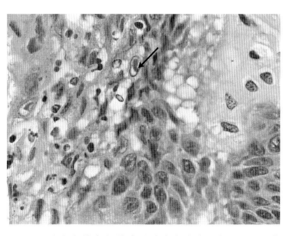

图9-5 猫病毒性鼻气管炎（猫疱疹病毒1型）的组织学表象。感染猫的舌损伤表现为上皮损伤和感染细胞出现核内包含体（箭头）。（加利福尼亚大学P.Pesavento供图，已授权）

表达。病毒DNA在核心复制，新合成的DNA缠绕形成不成熟的衣壳。

病毒成熟涉及病毒DNA进入核衣壳以完成壳体化以及核衣壳与改变的核被膜的内层的联合。核膜出芽，包装完成（图9-4）。成熟的病毒粒子聚集在细胞质空泡内，通过胞吐作用和细胞溶解释放出来。在细胞质膜上也发现病毒特异性蛋白，胞质膜参与细胞融合，可能作为Fc受体和假定为免疫细胞溶解的靶位。

细胞核内融合体在动物和细胞培养物上具有疱疹病毒感染的特点（图9-5）。

（四）多种疱疹病毒感染的共性特点

疱疹病毒表现许多特别的感染特点。通常

传播与黏膜接触相关，但是通过飞沫感染也很常见。潮湿、寒冷的环境条件促使疱疹病毒长期存活，大风条件也促使气溶胶传播的更远。许多α疱疹病毒产生局部损伤，尤其在皮肤或呼吸道和生殖器黏膜。然而，非常幼小或免疫缺陷的动物表现为全身感染，在几乎所有的脏器或组织发生损伤。对于孕畜而言，单核细胞相关的病毒血症可能通过胎盘导致病毒转移，造成流产，以胎儿几个器官的多位点损伤为特点。β和γ疱疹病毒感染经常发生，但不是总发生，临床症状不明显。

所有疱疹病毒感染都为持续感染，伴随周期性或持续性排毒。以α疱疹病毒感染为例，多拷贝的病毒DNA是明确的，大部分作为游离基因，少量整合进入潜伏感染神经元的染色体DNA。潜伏基因组实质上是不活动的，除非潜伏相关基因产物。RNA转录不编码任何蛋白，然而一个小的开放阅读框架（ORF–E）位于潜伏相关基因内部，表现为被表达和抑制细胞凋亡负责潜伏感染的建立，维持和再激活的确切机制还没有确定。通常再激活与间接感染，运输，寒冷，拥挤或糖皮质激素药物的使用引起的应激有关。病毒在鼻，口腔或生殖器通过分泌物排毒，为其他动物的感染提供了源泉，包括从母畜传染幼崽。家畜的再激活作用通常不被注意，部分原因是鼻或生殖道黏膜的损伤不容易被看见。一些β和γ疱疹病毒持续地从上皮的表面排毒。

二 疱疹病毒科，α疱疹病毒亚科

（一）牛疱疹病毒1型（传染性牛鼻气管炎和传染性脓疱外阴阴道炎病毒）

20世纪50年代，美国养牛场迅速扩大，快速导致几种新的疾病综合征，包括引起的鼻气管炎综合征的疱疹病毒被分离。当时，比较从美国东部牛场的鼻气管炎病例和外阴阴道炎病例分离到的疱疹病毒，表明这两种病毒不能相区分。现在人们才搞清楚，牛疱疹病毒1型是牛许多种疾病的病原体，这些疾病包括鼻气管炎，外阴阴道炎，龟头包皮炎，结膜炎，流产，肠炎和新生牛犊的全身性疾病。脑炎，尤其是与牛疱疹病毒1型感染相关的脑炎，现在被认为是由牛疱疹病毒5型引起的。

1. **临床特性和流行病学** 牛疱疹病毒1型引起传染性牛鼻气管炎和传染性脓疱的外阴阴道炎。传染性牛鼻气管炎引起亚临床，温和或严重的疾病。发病率接近100%，死亡率很高，尤其是在有并发症存在的情况下。开始的症状包括发热，精神沉郁，食欲不振和大量流鼻涕，开始是浆液性的而后期是黏液脓性的。鼻孔的鼻黏膜充血、损伤，很难被发现。疾病进程从与脓性炎有关的局部坏死，到大面积浅表出血，溃疡的黏膜被一层有色膏状白喉膜覆盖。患畜呼出的气体常有恶臭味，表现为呼吸困难，张口呼吸，流涎和深度的支气管性咳嗽。急性无并发症的牛的症状可以持续5～10d。

单侧或双侧结膜炎，经常伴随大量流泪是牛传染性鼻气管炎常见的临床症状，但是可作为牛群中特有的临床症状。成年牛可能患肠胃炎，肠胃炎也是新生牛犊主要的全身性疾病，可致死。怀孕4～7个月的母畜可以出现流产，该病毒也可以引起乳腺炎。

许多奶牛场认为传染性脓疱的外阴阴道炎最常见。发病奶牛表现为发热，沉郁，食欲减退和离群，伴随着尾巴高举、离开与其接触的外阴，排尿频繁并且疼痛。外阴唇肿胀，稍微分开，前庭黏膜变红，有许多小的脓疱（可与图9–6山羊的损伤进行比较）。临近的脓疱通常融合形成纤维素假膜覆盖在溃疡的黏膜上。疾病的急性阶段持续4～5d，不复杂的损伤通常10～14d痊愈。许多病例呈亚临床表现或不引人注意。

公牛传染性龟头包皮炎的损伤和疾病的临床进程都与奶牛的外阴阴道炎相似。康复牛的精液可能含有病毒，并持续排毒。然而母牛可以通过交配或人工授精被感染，从而导致奶牛患传染性脓疱的外阴阴道炎，怀孕的奶牛很少会流产。偶尔从死产的小猪和马胎儿的阴道炎和龟头炎病例中也可以分离到牛疱疹病毒。

在一个群体里很少同时诊断出生殖器和呼吸道疾病。自由散养牛很少发生传染性牛鼻气管炎，但是传染性牛鼻气管炎是饲养场最主要的疾病。最初感染通常只是在运输时引进的，青年牛对各种来源的病毒都非常敏感。从散养到饲养场条件和饮食改变的适应，包括高蛋白饮食，环境压力可以促使疾病的发生。病毒诱导呼吸道黏膜损伤造成细菌感染。尤其是处于应激状态的牛，这种复杂的症状称为运输热（牛呼吸道疾病综合征），最终由溶血曼海姆菌引起严重的肺炎。病毒可以机械地在人工授精中心的公牛之间传播，也可以通过人工授精传播。

牛疱疹病毒1型感染后终生潜伏感染并伴有周期性的排毒；坐骨神经和三叉神经分别是生殖和呼吸疾病的潜伏位点。使用糖皮质激素导致病毒的再激活，该方法已经作为检测和消除人工授精中心病毒携带公牛的方法。

牛疱疹病毒1型及其引起的疾病在世界范围内都有发生。尽管最近欧洲有几个国家已经根除了该病毒（包括丹麦、芬兰、瑞典、瑞士和澳大利亚），而且在其他几个国家也用同样的方法根除了该病。在根除该病区域的种牛场的控制方式是排除病毒阳性动物的买卖，弱毒疫苗或全病毒疫苗的使用及用阳性公牛精液给奶牛人工授精。成功地根除该病要严格地限制引入牛，精液和胚胎。因为病毒再引入这些免疫上幼稚群体可能会引起严重的后果，并导致重大的经济损失。牛是主要宿主，感染在最初的临床疾病过程中传播，或者从潜伏感染中再激活，然后排毒。

2. 致病机制和病理学　有些生殖道疾病不是因为交配而造成感染，而可能由于交配或使用受感染的精子人工授精而感染尤其是奶牛。呼吸道疾病和结膜炎由飞沫传播。在动物之间，病毒从最初的感染部位可能经由细胞结合的病毒血症来传播。

生殖道和呼吸道疾病造成局部上皮细胞坏死，有的上皮细胞呈气球样。典型的疱疹病毒包含体可能在坏死灶的外周细胞核中出现。坏死的黏膜里有激烈的炎症反应。纤维素和细胞碎片积聚在坏死的黏膜上形成假膜。通常不容易看见流产胎儿的大体损伤，但是显微镜下可见多数组织的坏死灶，肝和肾上腺受影响最严重。

3. 诊断　传染性牛鼻气管炎和传染性脓疱外阴阴道炎的临床症状明显，而许多牛疱疹病毒1型感染是亚临床症状，尤其是自由散养的牛。牛疱疹病毒1型的快速诊断方法包括病毒特异性的PCR，水疱的液体或刮片、免疫荧光染色涂片或组织切片的电子显微观察。病毒分离和鉴定可以确诊。疱疹病毒容易在自然宿主源的细胞培养物上生长。α疱疹病毒可以快速形成细胞病变，出现合胞体和嗜酸性的核内包含体。现在许多国家参考实验室常规性的使用牛疱疹病毒1型特异性PCR检测病毒，用特异性酶联免疫吸附试验检测抗体（血清）。

对于流产胎儿，组织病理学评价与免疫组织化学染色配合诊断，诊断为牛疱疹病毒1型阳性的，通过PCR或病毒分离来进一步证实。

4. 免疫、预防和控制　牛疱疹病毒1型感染在种牛场尤其重要，管理和免疫是直接的控制策略。牛疱疹病毒1型疫苗使用广泛，单独或多种病毒形式结合。可用灭活苗和弱毒苗，已经构建重组DNA疫苗，其中胸苷激酶和其他糖蛋白标记基因被删除。尽管疫苗不能阻止感染，但却可以明显减少疾病发病率和减情严重程度。重要的是，地方性动物病的国家的育种动物，除了出口到其他没有牛疱疹病毒1型的国家的牛，交配前都应该免疫，防止病毒诱导流产。在地方性动物病的区域，疫苗最好在洗澡或运输等应激条件以前免疫。通过重组的方法构建的试验性的疫苗已经被检验：它们基于单个的糖蛋白基因，尤其是gD，在许多表达系统里已经被表达或者已经被放在质粒载体里作为DNA疫苗传递。

在欧盟的一些国家中成功根除牛疱疹病毒1型的程序里没有使用全病毒疫苗。因为全病毒免疫不能与潜伏感染的动物相区分。欧盟根除病毒的程序里,仅兽医局能授权疫苗,而且必须是最近证明农场里有病毒传播才允许使用。活的标志疫苗仅免疫青年牛。血清学阴性和阳性牛可以在同一栏里饲养,但是阳性动物在转出前必须免疫灭活的标志疫苗。转出前的免疫被认为是增加抗体滴度和降低病毒再激活引起的传播风险。

(二)牛疱疹病毒2型(乳头炎/伪多瘤皮肤病病毒)

牛疱疹病毒2型感染的2种临床症状分别是:① 损伤主要集中在乳头,偶尔散布到乳腺(牛乳头炎);② 全身性皮肤病(伪多瘤性皮肤病)。牛疱疹病毒2型首先在1957年从南非的全身多瘤皮肤病的牛体被分离。该病的表现温和,但需要与痘病毒引起的更严重的多瘤皮肤病相区分(见第7章)。伪多瘤性皮肤病的特点是皮肤有小瘤,真皮的表层坏死,疾病进程时间短,有助于与真的多瘤性皮肤病相区分。在非洲的其他地方,一种相似的疱疹病毒从牛的乳头大面积损伤处被分离;后来其他国家也从相似症状的牛分离到这种病毒。牛疱疹病毒2型的抗原性和遗传性都与人单纯疱疹病毒相近。

1. 临床特点和流行病学　作为α疱疹病毒亚科的成员,血清学调查表明该病的感染率比发病率高。伪多瘤性皮肤病有5~9d的孵育期,主要特点是低热,伴随皮肤小瘤的出现:在面部,颈部和会阴的表面有几个或多个小瘤。小瘤表面扁平,中心稍微凹陷,7~8d内损伤仅涉及真皮的表层,几周内局部肿瘤消退并痊愈,不留伤疤。

在许多国家,牛疱疹病毒2型被认为是乳头炎的病因,但是试验性地从乳头炎病例分离的病毒,可引起全身皮肤病。损伤通常仅发生在乳头,严重的情况下许多皮肤受影响。偶尔小母牛

也发热,出现的损伤与母牛一样。奶牛间发性乳房炎造成牛奶产量减少10%左右。

在南非,伪多瘤性皮肤病非常普遍。在潮湿的低洼地区,尤其是沿着河边,在夏季和早秋发病率最高。敏感牛不受以昆虫为媒介的感染,因此假定病毒的传播机制是以节肢动物为媒介的,但是特异性载体仍然不确定。水牛,长颈鹿和其他非洲野生动物可能天生感染牛疱疹病毒2型。

尽管最初认为挤奶器是传播奶牛场奶牛乳房炎的主要途径,但是很少有证据证明。感染可以迅速在牛群中传播,疾病的暴发被限制在新生的小母牛或妊娠晚期的怀孕母牛。

2. 致病机制和病理学　乳头炎引起限制性的损伤,表明该病为局部传播,而伪多瘤皮肤病引起全身性的损伤,表明该病为病毒血症传播。然而病毒血症很难被证明。

3. 诊断　刮除术和水疱的液体纤维观察证明病毒的存在,再结合病毒分离来确诊。

4. 免疫,防治和控制　因为临床上存在通过潜伏病毒再激活传播的可能性,感染的牛不能被引入健康的牛群中。临床上区分各种条件引起的牛乳头损伤是很难的。其他的病毒感染可能也引起相似的乳头损伤。如疣,牛痘,假牛痘,水疱性口炎和口蹄疫病毒。鉴于这样的原因,检测整群是明智的,与早期阶段相比较有助于诊断,后期的损伤通常很相似。

(三)牛疱疹病毒5型(牛脑炎病毒)

牛疱疹病毒1型与脑炎有关,尤其是阿根廷,巴西和澳大利亚的牛。牛疱疹病毒1、3亚型已经被重新命名为牛疱疹病毒5型。许多国家都已经认识到由牛疱疹病毒5型引起的脑炎,这是一种可致死犊牛的脑膜脑炎。疾病被认为是从鼻孔,喉咽部,扁桃体通过颚骨和三叉神经的下颌支的直接神经传播造成的。最初的损伤在中脑和后脑,由于牛疱疹病毒1型和5型的抗原关系密切,牛疱疹病毒1型的疫苗也可以预防

5型的感染。

（四）犬疱疹病毒1型

犬疱疹病毒1型很少见但是高度致死，可引起4周龄以内的幼犬全身出血性疾病。基于抗体的调查，患病率很低（<20%）。可能在世界范围内普遍存在。尽管临床上很少诊断出来，犬疱疹病毒1型引起性成熟犬生殖道疾病。

潜伏期3~8d不等，致死的疾病过程短暂，仅1~2d。感染的幼犬症状包括痛苦的嚎叫，腹痛，共济失调和呼吸困难。仔细检查可发现，较老的犬可能有阴道或包皮分泌物，阴道、阴茎和包皮上皮局部结节性损伤。病毒也可引起呼吸性疾病，可能是犬呼吸性疾病综合征的一部分（因此也称为"狗窝咳"综合征）。

血清抗体阴性的母犬分娩的幼犬可以通过口鼻通过母犬的阴道或其他感染的犬而感染。4周龄以内的幼犬感染后表现体温低，并发展为全身性、致死性疾病。病毒在小血管的血管内皮组织中复制，形成细胞结合性病毒血症。病毒复制的最佳温度是33℃，也就是外生殖器和上呼吸到的温度。直到4周龄，幼犬的下丘脑温度调节中心都还不健全，因此，犬疱疹病毒1型感染后，幼犬主要依赖环境的温度和与母体接触来维持正常的体温。体温越低，疾病进程越快也越严重，因此在感染早期提高体温具有治疗价值。

大体剖检结果以肾和胃肠道出血斑为特点。肝细胞出现包含体，犬细胞培养物很容易分离原病毒。在欧洲有一种灭活疫苗可用。

（五）羊疱疹病毒1型

很多国家从山羊分离到疱疹病毒，临床症状多样：包括结膜炎，呼吸、消化和生殖道疾病；包括流产和牛传染性脓疱外阴阴道炎（图9-6）。羊疱疹病毒1型在遗传性和抗原性上与牛疱疹病毒1型非常相近；尽管山羊病毒可以感染牛，但是羊疱疹病毒1型只引起山羊发病。

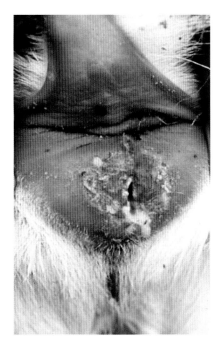

图9-6 羊疱疹病毒诱导的外阴阴道炎
（梅西大学K.Thompson供图，已授权）

（六）猕猴疱疹病毒1型（猕猴的B病毒病）

猕猴经常感染猕猴疱疹病毒1型（也叫B病毒）。感染的本质与单纯性疱疹病毒1型感染人相似，如同单纯疱疹病毒一样，能引起猕猴广泛而温和的疾病。B病毒是一种重要的动物传染病。尽管动物传染病传播给人相对少见，后果却非常有意义。许多人由于发生上行性麻痹和脑炎而死亡，可以通过猴子咬伤直接传播，或通过猴子的唾液间接传播。许多动物饲养者和生物医学研究者由于职业性暴露于猕猴而感染。尽管实验室工作人员已经证明猕猴中枢神经系统和肾组织能传播疾病。由于野生动物园里的猕猴自由活动，人们已经认识到现在养宠物猕猴和参观非本地的野生动物公园的旅游者也有危险。

猕猴疱疹病毒1型在所有猕猴（猕猴属）中造成感染是常见的。恒河猴，日本短尾猴，猪尾和残尾猕猴是生物学研究的常用对象。75%~100%成年猕猴体内有中和抗体。病毒在自由散养、家养的猴子之间传播，主要通过交配和撕咬来传播。根据它们的生物学特性，可以通过隔离年轻未感染的圈养猕猴和比较老的感染的猴子，来根除地方性动物病的感染。通过这一程序，越来越多的人工繁殖的研究使猕猴免受B病毒感染。如同许多人感染单纯疱疹病毒一样，B病毒感染的猴子症状轻微，但是在三叉神经和腰骶的神经节终生潜伏感染，唾液或生殖器分泌物中的病毒周期性的再激活和排毒，特别是在应激或免疫抑制期间。感染的动物可能形成口腔囊泡或溃疡，尤其是急性感染的未成熟动物。

人的B病毒病通常源于被猕猴咬伤或抓挠，潜伏期短的为2d，但更常见的是2~5周。有些病例，最初的临床症状是被咬的部位形成囊泡，表现瘙痒和过敏。然后迅速发展为上行性麻痹，脑炎和死亡。有些病例在出现脑炎之前不表现特征性的临床症状。在24个系列报道的人的病例中，19例（79%）死亡，幸存的患者出现轻度到严重的神经损伤，有时需要终生受管制，然而抗病毒药物的使用（阿昔洛韦或相关制剂），快速诊断和早治疗对防止死亡和终生残疾尤其重要。

在许多发达国家，关于引进，育种和处理非人类的灵长动物的管理是非常严格的，许多情况下禁止将其作为宠物饲养。然而，猕猴和其他灵长类持续被作为宠物。就像咬伤引起的严重外伤一样，所有猕猴都有传播B病毒的危险。由于职业与猕猴接触的人被咬伤，抓挠或针刺损伤而感染，猕猴被认为是B病毒的排毒源：① 检查猴子口和生殖道黏膜溃疡或神经反常等症状；② 在特异性参考实验室（在这些实验室已经用酶联免疫测定和免疫印迹方法取代了病毒分离和血清中和试验），搜集口腔拭子样品检测病毒抗原和/或检测核苷酸和搜集血/血清进行血清学检测。③ 专业医师与病人接触存在着职业危险。

（七）动物单纯疱疹病毒1型

单纯疱疹病毒1型是一种重要的人和动物的病源。引起新大陆灵长类动物高致死性的严重的全身性疾病。尤其是狨猴和枭猴，将其作为宠物饲养很危险。各种新大陆品种都对单纯疱

疹病毒1型敏感，旧大陆灵长类动物不敏感。已经证明兔子具有高死亡率的多系统的流行性疾病，归因于一种与单纯疱疹病毒在遗传上非常相近的病毒感染，但又不是单传疱疹病毒。单纯疱疹病毒在宠物兔及其饲养者之间的传播，偶尔导致脑炎。

（八）猕猴疱疹病毒9型（猿猴带状疱疹病毒）

猿猴带状疱疹是旧大陆猴（猴总科超科）自然感染的疾病。伴有带状疱疹样的临床症状特点，包括发热，昏睡，脸、腹部和四肢末端出现水疱疹。播散的感染经常导致危及生命的肺炎和肝炎。圈养的非洲绿猴（长尾猴），赤猴（红卷尾赤猴）和几种猕猴（猕猴属）发生动物流行病。如人带状疱疹病毒一样，猿猴病毒在感觉神经节建立潜伏感染，通过再激活而引起疾病的复发和排毒。再激活导致高传染性的病毒传播给易感的猴子，是动物流行性疾病的基础。

（九）马疱疹病毒1型（马流产病毒）

马疱疹病毒1型被认为是引起马流产的最主要病毒，该病在世界范围内流行。病毒也引起呼吸道疾病和脑脊髓炎。

历史上马疱疹病毒1型被命名为马鼻肺炎病毒，当马疱疹病毒4型作为主要的呼吸道疾病的病毒后，一直应用马鼻肺炎病毒这个词。然而，科学文献简单地认为马鼻肺炎病毒和马疱疹病毒4型是同一个病毒，这在许多情况下是不正确的。

1. 临床症状和流行病学　马疱疹病毒1型感染的主要途径是呼吸道。一小部分马驹在生命早期感染，然后病毒在母马和马驹之间传播，经常不明显，后来在比较大的断奶后的马驹和成年马之间传播。呼吸道感染后引起病毒血症，有时导致全身感染和严重的症状。马疱疹病毒1型是引起敏感马流产的重要原因。通常流产病例散发并且仅影响单个母马，但是当大量的易感母马与流产的胎儿接触后，会广泛暴发流产（流产风

暴）。通常母马无任何征兆就流产，并且胎儿一出生就死亡。尽管母马在怀孕早期也可能流产，但绝大多数在怀孕的最后三个月流产。很难确切地鉴定引起流产风暴的病毒，这样的暴发可能发生在比较近的，多年没有引进新马的马群。其他情况下，引入新动物到一个马群可能引起本病的暴发。新生马驹在分娩前立即感染可引起全身性的疾病。

马疱疹病毒1型感染引起的临床上一种不常见的全身症状——脑脊髓炎，已经被认识多年。然而近几年，疱疹病毒诱导脑脊髓炎的暴发频率增高，尤其在美国。由于疾病的暴发，大量的赛马场，兽医院和其他管辖地的马被隔离和检疫。临床症状的严重程度和表象依赖于中枢神经系统损伤的位点和程度，从轻微的共济失调和尿失禁到肢体瘫痪和死亡。马预后不能侧卧，这通常是有益处的，因为侧卧与高致死率相关。

2. 致病机制和病理学 许多马疱疹病毒1型引起的流产都是在怀孕晚期，胎儿在没有自溶的情况下就流产。相反，在怀孕的前6个月流产的胎儿表现明显的自溶。流产的胎儿可能表现为黄疸，皮肤胎便染色，体腔中有大量的液体（水肿），肺扩张（图9-7）。脾肿大且淋巴滤泡明显，肝脏的被膜及切面有许多灰白色的坏死灶，纤维损伤的特点包括细支气管炎和间质性肺炎，脾脏的白髓严重坏死，肝脏和肾上腺局部坏死，这些损伤中通常出现大量的典型的疱疹病毒核内

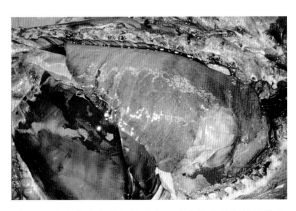

图9-7 马疱疹病毒引起的流产：流产胎儿的间质性肺炎
（加利福尼亚大学H.DeCock供图，已授权）

包含体。怀孕晚期感染的新生马驹也表现出相似的损伤。

马疱疹病毒1型脑脊髓炎不引起神经元或神经胶质细胞感染，但病毒在脑和脊髓的小动脉内皮细胞中的复制导致损伤。损伤的特点是血栓形成和邻近神经组织缺血性坏死引起的脉管炎。损伤是局灶性的，需要对感染马整个脑和脊髓进行彻底的检查，感染马的脑和/或脊髓出血的区域被鉴定。最近的研究发现单核苷酸多态性与聚合酶（由ORF30编码）的单个氨基酸改变一致，可能与马疱疹病毒1型的神经毒性增加相关；然而这种改变不是在脑脊髓炎病例中分离的所有病毒中都出现，从没有神经症状的马分离到的疱疹病毒1型的一些毒株也存在这种现象。

3. 诊断 马疱疹病毒1型感染的典型特点是流产，流产胎儿的大体和组织学损伤，尤其是感染组织的核内包含体，可以提示马疱疹病毒1型感染。通过马疱疹病毒1型特异性血清进行免疫组织化学染色可以快速确诊。马疱疹病毒1型引起的流产可以依赖病毒的鉴定，病毒特异性PCR，或病毒分离来最后确诊。病毒检测的更好的样品是胎儿的肺，胸腺和脾。病原体的鉴定是非常重要的，因为尽管流产通常与马疱疹病毒1型相关，但是马疱疹病毒4型也可引起散发。很难或者说不可能从脑脊髓炎马的神经组织分离到马疱疹病毒1型，但是损伤部位病毒的存在可以通过免疫组织化学染色或病毒特异性PCR试验来证实。而马疱疹病毒1型和4型共享很多抗原，基于糖蛋白G的C末端可变区的重组抗原可以检测每种病毒的特异性抗体。当胎儿组织不可用时，酶联免疫吸附试验检测到感染母马的抗体水平增高可以证实马疱疹病毒1型引起流产。

4. 免疫、预防和控制 马疱疹病毒1型在马群中为地方性动物病的传染病，呈无症状流行。因此相关疾病的控制结合管理和疫苗来完成。母马常规免疫以减少流产，各种灭活苗和弱毒苗都可用并且广泛应用。灭活疫苗通常在流产暴发时使用，以减少损失。但是管理和管理法规也很关

键；根据怀孕母马分娩日期分别饲养，不引进新的母马到已经建立好的马群中，以减少病毒复发的可能性。隔离有症状的病例（第一匹母马流产和所有接触的母马流产或分娩），也很关键。

（十）马疱疹病毒3型（马水疱性媾疹病毒）

人们已经知道马水疱性媾疹病很长时间了，但是直到1968年，才知道其病原是一种疱疹病毒（马疱疹病毒3型）。马疱疹病毒3型中和试验与其他的马疱疹病毒无血清交叉反应，但是与马疱疹病毒1型共享抗原。马疱疹病毒3型仅在马源的细胞上生长。病毒引起的马水疱性媾疹病与单纯疱疹病毒引起的人水疱性媾疹相似。

马性交疹是一种急性，温和的疾病，发病母马伴随有阴道和前庭黏膜及邻近的会阴皮肤出现脓疱和溃疡损伤。发病种马的阴茎和包皮上也有脓疱和溃疡。偶尔在乳头，口唇和呼吸道黏膜上也出现损伤。交配活跃马的发病率（大约50%）比上报的疾病发病率高。该病潜伏期短，仅2d，不复杂的病例通常14d可以完全治愈。而阴户，阴茎和包皮的皮肤变黑，早期损伤位点的白色素减退斑终生存在，凭借此特征可鉴别出潜在病毒携带者。

尽管生殖器损伤可能是广泛的，但没有临床症状，除非仔细检查，否则容易错过。流产或不孕一般与马疱疹病毒3无关；实际上母马通常感染此病后受孕。试验性子宫内接种该病毒引起流产。感染的种马表现为性欲减退和疾病的出现严重打破育种计划。当种马重复使用时，可能再次发病。疾病的管理包括将种马移出，直至痊愈，同时对症治疗。

马疱疹病毒3型能引起1岁的马表现亚临床的呼吸道感染，马驹与感染的母马接触，从其鼻的水疱中分离到病毒。

（十一）马疱疹病毒4型（马鼻肺炎病毒）

马疱疹病毒4型是引起马急性呼吸性疾病的

几种疱疹病毒中最重要的一种。马驹通常在出生后几周内感染，然后病毒在母马和马驹间传播，经常呈无症状或亚临床表现。马疱疹病毒4型常常引起2个月龄以上马驹的急性呼吸性疾病，这是因为从母亲获得的被动免疫减弱。因为断奶后马驹混进新的群体，到了一岁的马驹准备售卖，断奶和满周岁的马驹表现出由马疱疹病毒4型引起的呼吸性疾病的临床症状，包括发热，共济失调和大量浆液性鼻分泌物，后来变成黏液脓性的分泌物。潜伏的病毒在生命晚期可能复发。弱毒苗和灭活的马疱疹病毒1型苗可用，这种疫苗为1型和4型的结合。

（十二）马疱疹病毒6型、8型和9型

马疱疹病毒6和8型也被分别命名为驴疱疹病毒1和3型，最初它们都从驴分离到。驴疱疹病毒1型与马疱疹病毒3型相似，引起生殖器的损伤。然而驴疱疹病毒3型与马疱疹病毒1型相近。这些病毒也感染野马，包括驴和斑马。马疱疹病毒9型与马疱疹病毒1型的亲神经的毒株最相近。最初马疱疹病毒9型在汤姆孙瞪羚（瞪羚疱疹病毒）被发现。后来长颈鹿的脑炎也被鉴定，最近成年的极地熊表现渐进性神经症状。家马感染马疱疹病毒9型仅引起短暂的发热。

（十三）猫疱疹病毒1型（猫病毒性鼻气管炎病毒）

猫疱疹病毒1型引起急性上呼吸道疾病，1岁以内的猫最常见。一个饲养场，有多个猫窝；畜舍和避难所，感染及引发疾病是常见的。该病的潜伏期为24~48h，患猫突然打喷嚏，咳嗽，大量浆性鼻和眼分泌物，有泡沫样流涎，呼吸困难，共济失调，体重减轻和发热。偶尔也可以出现舌溃疡。角膜炎伴随有小斑点的角膜溃疡很常见（图9-8）。4周龄以内的小猫完全易感，广泛的鼻气管炎和相关的支气管肺炎可能致命。临床上，猫疱疹病毒1型与猫流感病毒引起的急性疾病非常相似，通常需要病毒检测试验确定特异的

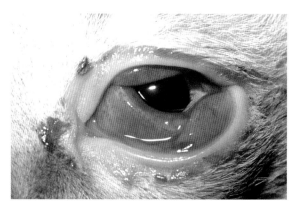

图9-8 猫疱疹病毒病：猫疱疹病毒1型感染的症状是结膜炎和角膜混浊（加利福尼亚大学D.Maggs供图，已授权）

致病病毒。猫疱疹病毒1型感染6月龄以上的猫可能导致温和或亚临床感染。怀孕母猫可能流产，但没有证据表明病毒可以通过胎盘致命性地感染胎儿，且没有从流产的胎盘或胎儿分离到病毒。

猫鼻气管炎特征性的组织学损伤包括鼻腔，咽，会厌，扁桃体，喉和气管的上皮损伤，极端的个例是幼猫支气管肺炎。感染后7~9d，猫的感染组织内出现典型的核内包含体（图9-5）

灭活的病毒和弱毒疫苗用于控制猫疱疹病毒1型引起的感染，可以减少疾病，但是不能阻止感染。另外，猫疱疹病毒1型已经被研制成大量的遗传基因工程疫苗。

（十四）原鸡疱疹病毒1型（鸡传染性喉气管炎病毒）

1925年，在美国，一种鸡的特异性疾病被鉴定为由禽疱疹病毒1型引起，该病在世界范围流行。该病毒也致野鸡发病。各年龄的鸡都很敏感，但是通常4~18月龄的鸡发病。潜伏期为6~12d，病鸡表现轻度咳嗽和打喷嚏，伴随鼻涕和眼泪，呼吸困难，大声喘息，咳嗽和精神沉郁。严重的病例，呼吸时脖子抬高，头伸展——"唧筒柄式呼吸。"特点是咳嗽时头摇动，咳出的痰中带血，在喙，脸和羽毛上有血迹。发病率接近100%；强毒株致死率可能在50%~70%，低毒力的毒株致死率大约为20%，低毒力毒株与结膜炎，眼分泌物，眼眶肿胀，鼻窦和产蛋量下降有

关。在现代化养殖场，温和的地方性动物病类型是最常见的，而严重的地方性动物病类型是不常见的。

感染鸡表现严重的喉气管炎，特点是坏死，出血，溃疡和形成白喉膜。大面积的白喉膜的形成堵塞气管分叉的气道，使病鸡窒息而死亡，因此本病又名"禽白喉"。病毒可能持续潜伏感染，感染后3个多月通过气管移植培养可以恢复。

传染性喉气管炎的诊断通常依据临床症状和1个或多个试验证实，例如，呼吸系统组织的典型核内包含体的检测，通过荧光抗体试验，或涂片或组织的免疫组织化学染色检测病毒的特异性抗原，通过PCR试验检测病毒的特异性DNA，或通过接种鸡胚外绒毛膜尿囊腔或细胞培养物分离病毒。作为辅助的诊断工具，可以通过痘疱或噬斑减数试验来检测中和抗体；还可使用酶联免疫吸附试验检测方法。

通常传染性喉气管炎病毒通过病毒携带鸡引入鸡群；通过飞沫和吸入呼吸道而传播。飞沫通过接触结膜或少见的摄食来传播。尽管毒病迅速在整个鸡群中传播，新的临床病例可能需要2~8周的时间才能出现；传播速度比急性呼吸性疾病如新城疫，流感和传染性支气管炎稍慢。在管理系统允许，策略逐渐被采纳的情况下，很容易建立和维持无传染性喉气管炎的鸡群，尤其肉鸡5~9周龄出栏，应该全进全出。然而，种鸡和蛋鸡仍然广泛使用弱毒疫苗。疫苗能防止疾病的发生，但是不能阻止强毒株的感染，或形成携带强毒或疫苗毒的潜伏状态。由于疫苗毒株毒力返祖导致肉鸡暴发急性疾病。

（十五）原鸡疱疹病毒2型（鸡马立克病毒）

1907年匈牙利的Jozef Marek首先报道该病，现在还沿用他的名字。直到1967年病原才被鉴定为一种疱疹病毒。鸡马立克病是最常见的鸡淋巴组织增生性疾病。在1970年使用疫苗之前，该病在世界范围内引起巨大的经济损失。疫苗大大地

减少了该病的发生，但是不能阻止感染。由于鸡马立克病持续地引起经济损失和产生疫苗费用，鸡马立克病仍然是鸡的一种非常重要的疾病。

1. 临床特点和流行病学　鸡马立克病是一种恶性传染性疾病，有可变的症状和几种重叠的病理学综合征。在临床上，尽管鸡马立克病与禽白血病有主要的区别，但这两种病的症状非常相似。鸡马立克病最常见的是淋巴组织增生症。涉及几种内脏器官的淋巴瘤和单侧或双侧腿或翅膀的不对称瘫痪。共济失调是常见的早期症状：劈叉和翅膀下垂。嗉囊扩大和喘息与迷走神经有关。鸡马立克病内脏淋巴瘤可能有时没有神经症状，仅表现出沉郁和昏迷状态。

青年鸡暴发急性鸡马立克病或禽麻痹症，很大比例的鸡表现精神沉郁，几天后一些鸡出现共济失调和麻痹。高死亡率的鸡没有局部神经症状。没有典型的内脏淋巴瘤的感染鸡表现为神经损伤明显。

眼型淋巴瘤是罕见的症状。可见单眼或双眼发病，转化的淋巴细胞渗出使虹膜呈弥散性灰白色；瞳孔边缘不整齐，偏离中心。视力减退或消失。死亡率很低。

皮肤型鸡马立克病很容易被识别，当圆的结节直径达到1cm，尤其是在青年鸡羽毛囊，可以判断为皮肤型鸡马立克病。腿无羽毛区可能明显红染，因此鸡马立克病有时被称为红腿综合征。

其他综合征包括淋巴恶化综合征，暂时脑水肿引起的暂时瘫痪，及动脉粥样硬化，这些症状很少发生，并且不致死。

很多鸡直到它们成熟都有鸡马立克病毒抗体；病鸡呈持续感染，从羽毛囊释放病毒到垫草中。没有先天性感染，由于疫苗产生免疫保护的复杂过程使几周内的雏鸡很难受到保护，而导致肿瘤。鸡主要是通过吸入尘埃中的病毒而感染的。鸡马立克病的流行通常在未成熟的2～5月龄的鸡；不久死亡率达高峰（80%左右），然后迅速下降。实际上，在美国和其他集约化饲养商品鸡的国家现在都通过在鸡出壳时免疫来预防马立克病，使鸡马立克病的发病率非常低。

2. 发病机制和病理学　鸡马立克病毒能引起细胞病变，并保持与细胞高度结合，因此游离的感染性病毒很少，除非来自羽毛囊的垫草中有游离的具有感染性的病毒。鸡马立克病毒感染的鸡受病毒的毒株，剂量，感染途径的影响，也受鸡的年龄，性别，免疫状态和遗传敏感性的影响。亚临床感染伴随排毒是常见的。感染需要吸入污染的垫草。呼吸道上皮细胞是生产性感染，有助于涉及巨噬细胞的细胞结合性病毒血症的形成。在各器官包括胸腺，腔上囊（法氏囊），骨髓和脾的淋巴细胞的生产性感染导致免疫抑制。感染后第二周，出现持续的细胞结合性病毒血症之后T细胞增殖。一周后病鸡开始死亡，尽管也可能恢复。鸡马立克病毒与禽反转录病毒相似，基因组整合癌基因可以合理地解释发病机制。T淋巴细胞转化引起T细胞淋巴瘤，目前，在转化细胞中，有包括质粒和整合形式的90个与鸡马立克病毒基因组相当的DNA被证明。

遗传抗性的基础还没有确定，但是与鸡的血红细胞B族的B21同种抗原相关。新生鸡的母源抗体可在孵化后持续3周，有母源抗体的鸡感染鸡马立克病毒强毒可能不发病，但可能激活免疫反应。切除法氏囊的鸡，只要激活免疫反应，就能免受强毒攻击。

许多表面健康的鸡终生带毒和排毒，但是病毒在其体内不增殖。当敏感的1日龄鸡感染强毒后，最短1～2周可以检测到微观损伤，3～4周出现大体损伤，感染后5～6周排毒最多。

在绝大多数情况下，一条或多条外周神经干扩大是最常见的损伤。如果腹腔的、颅的、肋间的、肠系膜的、肱的、坐骨的和内脏的神经损伤被检测到就可加以诊断为鸡马立克病。发病鸡神经的直径达到正常鸡的3倍，外观上表现为横纹消失，水肿，呈灰色或浅黄，半透明。由于通常只是单侧神经肿胀，比较双侧神经尤其有助于诊断。鸡马立克病引起的损伤与禽白血病很难区分。

鸡马立克病的损伤来自于T淋巴细胞的浸润和原位增生，从而导致白血病。另外该病于引起明显的非淋巴细胞的炎性反应。羽毛囊的损伤总是淋巴母细胞和其他炎性细胞的混合。羽毛囊的上皮细胞非常重要，因为这些细胞生产性感染，并且与游离的感染性病毒的释放有关。

3. 诊断　如果检测足够数量的鸡，发病史，年龄，临床症状和大体的尸体剖检足以诊断，组织病理学可以证实这一点。通过免疫荧光检测病毒抗原是最简单可靠的实验室诊断程序。凝胶扩散，间接免疫荧光或病毒中和试验可用于检测病毒抗体。各种培养方法可用于病毒分离：细胞培养物的培养，最好是用鸡肾细胞或鸭胚成纤维细胞，淋巴细胞或脾细胞的混悬物接种4日龄鸡胚的绒毛尿囊膜或卵黄囊。使用抗鸡马立克病毒单抗血清，通过免疫荧光或免疫组化证明组织或培养物中病毒的存在。琼脂糖免疫扩散试验证明特异性抗原，PCR试验证明鸡马立克病毒基因组，或者用电子显微镜证明疱疹病毒粒子的存在。

组织学上，鸡马立克病和禽白血病很容易被混淆，但是现在可以通过临床和病理学特点区分这两种病毒，通过每一种病毒的特异性检验或它们各自的抗体也可以区分这两种病毒。

4. 免疫、预防和控制　疫苗是最主要的控制方法。标准的方法是1日龄鸡接种疫苗免疫。然而，在美国每年80亿只鸡中80%多由自动化机器在18胚龄时接种免疫。鸡马立克病疫苗有低温冻干的细胞游离苗和细胞结合的活疫苗。冻干苗受母源抗体影响而细胞结合苗不受母源抗体干扰。大约2周可形成保护性免疫。疫苗可以降低疾病发生率，尤其是内脏器官的坏死性损伤，而且可以控制鸡马立克病淋巴组织增生综合征。免疫鸡群中持续存在外周神经性疾病，但是发病率降低。

鸡马立克病毒株毒力变化非常大，引起损伤的类型多样。尽管致弱的病毒株的抗原性与火鸡疱疹病毒（turkey herpesvirus）的抗原性相近，但已经被认可更有效的疫苗株，主要是生产性感染细胞。然而，过去的30年，鸡马立克病毒的野毒株出现了突破HVT诱导的免疫。低致病性的新疫苗病毒株的使用越来越多。

控制鸡马立克病的另一个手段是建立带有B21同种抗原的鸡群。建立没有鸡马立克病的鸡群是可能的。但是商品化养鸡场维持一直没有该病是非常困难的。采取全近全出的原则，从孵化、出壳、饲养到处理，全部一致，能够提高疫苗的保护效果。某些国家鸡马立克病毒在环境中的载量减少，主要是通过生产周期过后清理垃圾和清洗或消毒鸡舍，从而减少疫苗的需要。

（十六）猪疱疹病毒1型（伪狂犬病病毒或奥叶兹基病毒）

伪狂犬病（奥叶兹基病）是猪的一种重要的疾病，尽管二级宿主范围广泛，包括马，牛，绵羊，山羊，犬，猫和许多野生动物，都能感染并且发病。人是抗感染的。宿主范围广泛也反映在体外培养，几乎来源于任何动物品系的细胞培养物都支持伪狂犬病病毒的复制。

1. 临床症状和流行病学　尽管在许多国家已经从家猪体内分离到猪疱疹病毒1型，但这一病毒在世界上许多地方的野生和家猪仍然为地方性动物病，能够引起严重的经济损失。猪是主要的宿主，也是病毒储存库，当病毒传播给广泛的二级宿主时，能引起致命的疾病。病毒通过猪的唾液和鼻涕排毒，因此可以通过舔舐，摄食和飞沫传播。病毒不通过尿或粪便排泄。家畜食物的污染、摄入感染的动物尸体以及摄入病毒污染的材料（包括猪肉）可能是传染给二级宿主的最主要途径。老鼠从一个农场到另一个农场转移，病死的老鼠或其他野生动物可能是传染给犬和猫的主要途径。

一些已经从伪狂犬病恢复的猪可能通过鼻分泌物持续排毒。另一些猪通过常规方法不能分离到病毒，可以从扁桃体移植培养到野生病毒。通过DNA杂交和PCR试验表明伪狂犬病毒

DNA在猪三叉神经节可以分离到，关于淋巴网状内皮细胞和神经细胞作为潜伏位点的相对重要性存在争论。

（1）猪的临床症状　伪狂犬病在猪群呈现地方流行，病毒的再激活不能引起明显的临床症状，但是在易感（非免疫）猪群传播迅速，主要感染的后果明显受猪的年龄和怀孕母猪的影响。猪一般不呈现瘙痒症状，而二级宿主如牛感染此病的主要特征就是瘙痒。重要的是，在没有伪狂犬病毒的国家里，没有疫苗，从家猪中根除伪狂犬病毒，提供完全易感的家猪群和加强生物安全是需要的。

怀孕母猪。在完全易感的猪群，由于感染迅速从发病猪或病毒携带者传播。怀孕母猪在妊娠初期流产率达到50%左右，在妊娠前30d内感染导致胚胎死亡和再吸收，而过了这一时期后感染引起流产。处于妊娠后期的母猪感染后可能以分娩下的仔猪由干尸的，被浸渍的，死产的，虚弱的和正常的，从而终止妊娠，也有一些妊娠被延长。流产母猪中达到20%在接下来的首次育种时不孕，但最终还是会受孕的。

仔猪。新出生的仔猪死亡率可因日龄不同而异，但接近100%。母源抗体具有保护作用，有母源抗体的新生仔猪感染后可以自行恢复，免疫的母猪所产仔猪的疾病在严重程度上也大大地减轻了，通常最终可康复。

断奶，育成和成年猪。这组猪的潜伏期大概为30h。青年猪的症状在8d最典型，但是也可能缩短到4d。开始的症状包括喷嚏，咳嗽和发烧（40℃），48h后会升高到42℃。发热的过程中可出现便秘，粪便干硬，有时也会出现呕吐。病猪没有精神，沉郁和喜欢躺卧。到第5d，出现共济失调，肌肉痉挛，转圈和间歇性抽搐并且伴随着流涎。到第6d病猪进入濒死期，并在12h内死亡。成年猪死亡率很低，通常低于2%，但是恢复后有明显的体重减轻，和低的增长率。

（2）二级宿主的临床症状　主要的二级宿主包括牛（疯痒病）、犬（伪狂犬病）和猫。二级宿主感染该病是散发的，并且是在直接或间接与猪接触后发生。感染通常是通过摄食，较少通过吸入或伤口感染。牛的主要临床症状是剧烈的瘙痒，尤其是两侧和后肢，不间断地舔舐；一直咬和摩擦患处，直到将那块皮肤擦伤。牛可能变得骚动不安。病毒进一步侵害中枢神经系统，在最初症状之后，患畜短的几小时内就死亡，病程最长不超过6d。

犬表现为狂躁与剧烈瘙痒，下颌和咽麻痹，伴随流涎，发出悲惨的叫声，与狂犬病类似；但不攻击其他动物。猫发病快，以至于在出现瘙痒症状前就死去。

2. 发病机制和病理学　最初伪狂犬病病毒感染猪的口腔或鼻内，在口咽内增殖。患猪在最开始的24h内不发生病毒血症，在任何时间都很难检中病毒。然而在24h内可以从各种颅神经节和骨髓及链接部分分离到病毒。病毒粒子通过颅神经的轴浆转运。病毒持续在中枢神经系统传播；在许多位点有神经节神经炎，包括那些控制必要功能的神经。

值得注意的是青年猪没有明显的大体损伤。偶见扁桃体炎、咽炎、气管炎、鼻炎和食道炎，在黏膜表面形成白喉假膜。相似，在肝和脾的坏死灶有时分泌少量白色或黄色液体。显微镜下，猪和二级宿主的主要症状表现在中枢神经系统。弥散的非化脓性（主要为淋巴细胞）脑膜脑炎和神经节神经炎，显著的血管周围白细胞聚集和神经胶质增生灶都与神经胶质细胞大面积坏死有关。在损伤部位和临床症状的严重程度及组织病理学观察结果之间存在关联。猪的损伤很少见典型的疱疹病毒核内包含体。

3. 诊断　通过发病史和临床症状可以初步诊断，可见组织病理学和病毒检测方法证实。最后的确诊要靠免疫组化和冰冻组织切片荧光抗体染色，PCR试验，病毒分离或血清中和试验。在几个国家里，酶联免疫吸附试验已经成为检测标准，并且与免疫和扑灭程序相关。

4. 免疫、防治和控制　饲养管理影响猪传染病的流行模式。易感的怀孕母猪，小于3个月的仔猪，非免疫的孕母猪所产仔猪感染此病，造成巨大经济损失。当一个畜群或一个农场的某个单元新引入一种病毒，有可能产生这种情况。当种母猪免疫，产生足够的抗体水平时，它们的后代不发病或大大地减少发病。当几种来源的断奶仔猪放在同一个成长或育成的饲养室时，猪伪狂犬病可能引起巨大损失，但是这些比较大的猪感染此病不像小猪那么严重。如果采取整窝移入移出（全进全出）的措施可以阻止伪狂犬病病毒进入，建立无伪狂犬病畜群，可以避免疾病损失，这些问题与疫苗相关。

对病毒呈地方性流行区域的猪进行免疫后可减少损失。重组DNA，缺失突变，致弱和灭活疫苗都有效，但是疫苗不能阻止感染或野毒建立的潜伏感染。于胸苷激酶和糖蛋白基因缺失，并插入猪瘟病毒的EI基因的伪狂犬病疫苗，能够对呈地方性流行的伪狂犬病和猪瘟起到保护作用。对于二级宿主，因为疾病零星发生，很少进行免疫。

（十七）其他动物α疱疹病毒病

其他动物的一些α疱疹病毒需要简要提及，这些病毒与刺猬、袋鼠、小袋鼠、袋熊和麻斑海豹的致死性疾病密切相关。海豹疱疹病毒1型可致新生海豹幼仔出现较高的死亡率，表现为以多数组织（包括肺和肝）出现多灶性坏死为特征的广泛性感染。现已从马鹿、驯鹿和水牛等多种反刍动物分离出与牛疱疹病毒1型抗原性相关的α疱疹病毒。马疱疹病毒1型或与其密切相关的病毒通常是引起包括牛、美洲驼、羊驼、瞪羚和骆驼在内的反刍动物发生流产或者脑炎的元凶。

≡ 疱疹病毒科、β疱疹病毒亚科成员

β疱疹病毒比α疱疹病毒复制缓慢，且通常产生巨大的细胞，因此称为"巨细胞病毒"。β疱疹病毒的宿主范围窄，在潜伏感染状态下，病毒DNA被隔离在分泌腺、淋巴器官及肾的细胞内部。β疱疹病毒通常会伴随持续排毒，而不是呈周期性激活方式。β疱疹病毒亚科分为4个属，分别是巨细胞病毒属、鼠巨细胞病毒属、长鼻动物病毒属和玫瑰疹病毒属。这些病毒中很多能够感染人和非人灵长类动物。此外，β疱疹病毒也能感染大象、小鼠（鼠疱疹病毒1型）、大鼠（鼠疱疹病毒2型）、豚鼠（豚鼠疱疹病毒2型）和猪。

（一）鼠疱疹病毒1型和2型以及实验动物β疱疹病毒

具有宿主特异性的巨细胞病毒常常在实验室小鼠（小家鼠）和实验室大鼠（褐家鼠）的野生祖细胞内寄生。感染小鼠的病毒现在称为鼠疱疹病毒1型，其作为巨细胞病毒的动物模型已经被广泛研究，但是这一病毒与目前自然感染小鼠群的病毒不一样，它一直是老年小鼠瘤细胞系的污染源。尽管在野生大鼠中巨细胞病毒感染较为流行（鼠疱疹病毒2型），但是其在实验室小鼠中不存在或者很少流行。在这两种情况下，自然感染呈亚临床性，其与唾液腺中出现包含体和细胞体积增大相关。实验室小鼠和野生小鼠更容易感染另一种未分类疱疹病毒，这一未分类病毒被称为鼠疱疹病毒3型。鼠疱疹病毒3型也称为鼠胸腺病毒，其在野生小鼠中流行，同时也是鼠巨细胞病毒群的共同污染物，该病毒的分类仍未确定。豚鼠疱疹病毒2型广泛感染豚鼠（豚鼠），通常表现为唾液腺包含体和细胞膨大。这一病毒已经作为实验室模型，它比诱导剂更容易通过胎盘。不同的旧世界和新世界非人灵长类动物在进化着它们自己的巨细胞病毒。恒河猴巨细胞病毒已经被广泛用作动物模型，其与人类疾病类似，可诱发胎儿神经细胞疾病。

（二）内皮嗜性象疱疹病毒

一些相关的内皮嗜性疱疹病毒可引起大象、尤其是养殖场的亚洲大象（亚洲象）发生良性的

局部感染或者严重的全身性疾病。

（三）猪疱疹病毒2型（猪巨细胞病毒）

猪疱疹病毒2型最早发现于1955年，呈世界范围流行。在猪群中，高达90%的猪携带该病毒。通常在猪群中看不到该病，该病常呈地方性流行，这可能与该病毒的新近引入或者与营养不良和并发疾病等环境因素有关。现在已经建立病毒净化猪群。

感染猪在10周龄左右发生鼻炎，之后感染呈亚临床状态，2周龄以内的猪感染最为严重。表现为喷嚏、咳嗽、浆液性鼻液、眼部分泌物和精神沉郁。鼻腔分泌物变为脓性鼻液，阻塞鼻腔，干扰哺乳，仔猪迅速消瘦，几天内死亡，耐过仔猪发育不良。青年猪发病常伴随病毒血症。猪疱疹病毒2型可跨过胎盘屏障，引起出生后2周的仔猪死亡或者发生普通疾病，或者引起发育不全和增重困难。大量嗜酸性核内包含体聚积在鼻甲黏膜黏液腺膨大的细胞内（因此又称为"包含体鼻炎"）。

病毒首次传入易感猪群，可呈垂直传播和水平传播。地方性流行的猪群，主要以水平传播为主，但是，由于青年猪还存在母源抗体，其感染常呈亚临床性。该病常发生于病毒入侵的易感猪群或者混有携带病原猪只的猪群。可通过剖腹产来建立病毒净化猪群，然而由于病毒可通过胎盘屏障，以这种方式产出的仔猪在出生70d内必须严密监控抗体。

四 疱疹病毒科、γ疱疹病毒亚科成员

γ疱疹病毒分为4个属（淋巴潜隐病毒属、玛卡病毒属、鲈病毒属和猴病毒属）。γ疱疹病毒的特点是在淋巴母细胞中复制，亚科中的不同成员或者是B淋巴细胞特异性或者是T淋巴细胞特异性。在淋巴细胞中，感染通常在细胞分裂期被阻滞，病毒基因组持续且少量表达。猴疱疹病毒型2型（猴病毒型属）和人疱疹病毒8型（人卡波

西肉瘤相关疱疹病毒）都有编码细胞周期蛋白的基因，主要通过磷酸化视网膜母细胞瘤蛋白来调节细胞周期中G1和S阶段之间的限制点。通过覆盖正常的细胞周期阻滞，这些病毒编码的蛋白可诱导病毒感染特征性的淋巴细胞增殖反应。γ疱疹病毒也可以进入溶解阶段，导致细胞死亡却不产生病毒粒子。潜伏感染主要发生于淋巴组织。

狷羚疱疹病毒1型和绵羊疱疹病毒2型可引起特定野生和家养反刍动物发生恶性卡他热。最初，这两种病毒被划分为猴病毒属成员，现在与猪嗜淋巴细胞病毒（猪疱疹病毒3型、4型和5型）一起重新被划分为玛卡病毒属。马疱疹病毒2型和5型最初被划分为猴病毒属，但是现在被划分为鲈病毒属。兔疱疹病毒1型（棉尾兔属疱疹病毒）自然感染野生棉尾兔，但是人工感染棉尾兔可致淋巴瘤，因此，这一病毒也作为致癌疱疹病毒模型。鼠疱疹病毒4型是从野生小林姬鼠中分离的，是猴病毒属成员，主要用于感染实验室小鼠，出现单核细胞增多症样综合征。这一亚科中的未分类病毒有马疱疹病毒7型（驴疱疹病毒2型）和海豹疱疹病毒2型。目前，可能为γ疱疹病毒成员的未分类疱疹病毒主要从细胞培养和豚鼠淋巴细胞中分离而来。

（一）狷羚疱疹病毒1型和绵羊疱疹病毒2型引起的恶性卡他热

恶性卡他热是牛和一些野生反刍动物（鹿、美洲野牛和羚羊）的致死性淋巴组织增生性疾病，主要侵袭淋巴组织及呼吸道和消化道的黏膜。现在发现有2种不同的流行方式引起感染，且已从其中的一种感染方式中分离到了疱疹病毒。在非洲（以及在圈养非洲有蹄类动物的动物园内部和周围），该病的流行主要发生于牛（和圈养的易感野生反刍动物）并伴随病原在角马（牛羚属和黑斑牛羚属）中传播，尤其易发生于产犊期。从这种所谓的非洲型恶性卡他热中已经分离到1株疱疹病毒（狷羚疱疹病毒），其能够在实验室中复制病例。

在非洲和动物园之外，当牛、非洲野牛和鹿与

图9-9 恶性卡他热感染牛角膜混浊
（华盛顿州立大学D. Knowles提供）

携带绵羊疱疹病毒2型病原的绵羊接触后，可发生一种称为绵羊相关恶性卡他热的疾病。这种绵羊相关型恶性卡他热可通过临床感染动物的血液接种牛或非洲野牛进行传播，也可通过处于排毒期绵羊的鼻分泌物由气溶胶形式传播。气候因素能够影响该病由携带绵羊疱疹病毒2型病原的绵羊传染给易感动物（如非洲野牛）的传播效率。目前，尚未分离到绵羊疱疹病毒2型。绵羊疱疹病毒2型的基因组与狷羚疱疹病毒1型的基因组类似，其全基因组测序已经完成，结果表明这两种疱疹病毒密切相关。

1. 临床特点和流行病学 绵羊疱疹病毒2型和狷羚疱疹病毒1型都能引起临床易感动物出现相似的疾病综合征和病变。通常，在感染3～4周后，出现恶性卡他热典型特征，表现为发热、精神沉郁、白细胞减少、流大量鼻液、眼分泌物增多、双侧角膜混浊，严重者可失明（图9-9）、全身性淋巴结肿大、广泛的黏膜糜烂和中枢神经系统症状。消化道黏膜糜烂可导致出血、排黑便以及包括舌在内的整个口腔发生广泛溃疡。

在自然宿主和适应性宿主中，狷羚疱疹病毒1型引起的恶性卡他热和绵羊疱疹病毒2型引起的恶性卡他热的流行病学截然不同。角马的排毒主要发生在出生后90d内，而羔羊排毒要持续到5月龄。牛的角马相关恶性卡他热最常发生于角马产犊季节的非洲，然而绵羊相关恶性卡他热则在牛群中全年发生，只是在产羔季节有少许增多。对于非洲野牛，恶性卡他热是典型的冬季疾病，在产羔季节没有明显的发病高峰。绵羊相关病毒在牛或者非洲野牛中不传播，它们可能是该病毒的"终结"宿主。绵羊相关恶性卡他热也在鹿场发生过，尤其是马鹿（马鹿属）。

2. 发病机制和病理学 患有恶性卡他热的动物通常是牛或者野生有蹄类动物如非洲野牛，其剖检症状根据其疾病耐受性不同而不同，而与感染病毒种类（狷羚疱疹病毒1型或绵羊疱疹病毒2型）无关。感染动物经常出现角膜混浊、广泛的黏膜糜烂、水肿以及包括口腔在内的消化道出血。患畜呈全身淋巴结病变：所有淋巴结肿大、水肿、有时还伴有出血。肾出现多处间质性炎症，表现为皮质散在白色条纹，尿道膀胱黏膜呈弥漫性出血（出血性膀胱炎），鼻甲骨、喉和气管黏膜糜烂和出血。口鼻上皮内层脱落。组织病理学表现为广泛淋巴细胞增生（淋巴母细胞）和小血管多灶性坏死，一些小动脉壁出现特征性的纤维蛋白样坏死。这些组织病理学变化在包括脑和眼在内的所有感染组织中都存在。

患畜通常于临床症状出现后的2～7d死亡，这与动物种类相关。少数感染的牛和鹿出现临床症状后耐过，但是在短时间内还有眼部疾病、动脉硬化和PCR检测阳性的持续带毒。患病动物出现明显的淋巴细胞增生和血管病变，说明恶性卡他热具有免疫调节作用。事实上，在缺少IL-2的动物出现了相似的病变，比如遗传改变（IL-2敲除）鼠或者动物，它们缺少足够产生IL-2的CD4$^+$细胞。恶性卡他热的特征性血管病变可能是引起多种组织出现糜烂和溃疡的原因。

3. 诊断 发病史和临床症状是诊断该病的依据，尤其是当出现双侧角膜混浊并伴随其他症状出现，即可诊断为恶性卡他热。从小牛甲状腺细胞中洗出的外周血淋巴细胞内可以分离到狷羚疱疹病毒1型（角马相关恶性卡他热）。绵羊疱疹病毒2型还需要通过细胞培养来繁殖，但是可通过病毒特异性PCR检测证明病毒存在。这一实验方法可检测患有恶性卡他热动物组织中的病毒DNA。

4. 免疫、预防和控制 恶性卡他热可通过防止病毒携带动物和易感动物接触进行控制。目前，尚未有可以应用的有效疫苗。

（二）牛疱疹病毒4型

牛疱疹病毒基因组结构与爱泼斯坦–巴尔病毒（Epstein–Barr，EB）相似，该病毒在全世界患不同疾病的牛中都可分离到，包括结膜炎、呼吸道疾病、阴道炎、子宫炎、皮肤结节和淋巴肉瘤。然而，发病与病料中分离到病毒的偶然性之间没有确切的病因学相关性。将病毒人工接种易感牛，牛并不发病。牛疱疹病毒4型毒株可从明显正常牛的组织细胞培养中分离到，也可从正常公牛的精液中分离到。

（三）马疱疹病毒2型、5型和7型（驴疱疹病毒2型）

马疱疹病毒2型可以从鼻拭子过滤物中分离到，也可从成年马血沉棕黄层细胞中分离到，随着马年龄增长，病毒分离率增高。马一般在出生后1周内感染，此时新生马驹还有母源抗体。该病毒有很多抗原型，从相同的马中可在同一时间或者不同时间分离到不同抗原型毒株。马疱疹病毒2型可以从患有角膜结膜炎、食道溃疡、以咳嗽为主的呼吸道疾病、下颚和腮腺淋巴结肿胀以及咽部溃疡等病的马匹中分离。尽管认为马疱疹病毒2型是新生马驹发生疾病综合征的元凶，这与人疱疹病毒4型（EB病毒）引起青少年发生传染性单核细胞增多症类似，但是病毒在这些疾病或其他疾病中的作用尚不清楚。

另一个生长缓慢的γ疱疹病毒（马疱疹病毒5型）在世界马群中也是普遍存在的。近年来认为这一病毒是引起马匹发生严重的、进行性肺纤维化疾病的元凶。患病马表现为进行性呼吸困难和突然爆发严重的间质性肺炎和肺纤维化。特征性的疱疹病毒包含体存在于感染肺内，但是马疱疹病毒5型在导致显著综合征中的确切作用还需进一步确定。

驴疱疹病毒2型（马疱疹病毒7型）和其他尚未明确的γ疱疹病毒可从健康马（包括驴和骡子）中分离获得，也可从患有脑炎和严重的间质性肺炎的驴体内分离到。

（四）灵长类动物γ疱疹病毒

人疱疹病毒4型（EB病毒）可引起人类发生腺热/传染性单核细胞增多症，它是淋巴潜隐病毒属的代表毒株。一些灵长类病毒包括松鼠猴属疱疹病毒以及密切相关的蛛猴属疱疹病毒都是猴病毒属成员。松鼠猴疱疹病毒（松鼠猴疱疹病毒2型）是嗜T淋巴细胞病毒，可引起松鼠猴（松鼠猴属）发生亚临床潜伏感染，但是异常的新世界猴子（绒猴、绢毛猴和猫头鹰猴）在受到这种病毒感染后可迅速产生致死性淋巴细胞增生性疾病。恒河猴（猕猴属）体内通常藏匿两种密切相关的猴病毒——腹膜后纤维瘤疱疹病毒和恒河猴病毒，这两种病毒都与一种叫做腹膜后纤维瘤的综合征相关，也与B淋巴细胞瘤有关，感染动物由于免疫抑制，常会感染逆转录病毒。这些病原与致免疫抑制人群发生卡波西氏肉瘤的猴病毒（人疱疹病毒8型）亲缘关系较近。

五 疱疹病毒科未分类病毒

疱疹病毒科中有大量的疱疹病毒，包括爬行类动物、哺乳动物及鸟类的疱疹病毒尚未划分为特定的亚科或者属。

鸭疱疹病毒1型（鸭病毒性肠炎病毒或者鸭瘟病毒）

鸭病毒性肠炎也称鸭瘟，在家鸭和野鸭、鹅、天鹅和其他水禽中呈世界范围流行。迁徙的水禽是该病在大陆内和大陆间传播的主要媒介，尽管该病在美国鸭场呈地方性流行，但尚未有证据表明这一病毒在美洲野生水禽中流行。饮用污染水源是该病传播的主要模式，但是病毒也可通过接触传播。该病的潜伏期为3~7d，患鸭出现厌食、无精打采、流鼻涕、羽毛蓬乱无光泽、眼睑有附着物、畏光、极度口渴、共济失调，最终导致伸翅趴卧、头向前伸、颤抖、排水样稀便、肛门脏污。多数鸭在出现临床症状后死亡，患病野鸭通常隐藏并死在水源岸边的植被中。

出现临床症状可初步诊断该病，但是确诊还需进一步检测患鸟组织中是否有疱疹病毒包含体存在，同时还需要免疫组织化学染色检测抗原阳性才可确诊。病毒可在1日龄番鸭或白色北京鸭体内分离，也可经9~14日龄鸭胚尿囊膜接种。鸭病毒性肠炎要与小RNA病毒引起的鸭病毒性肝炎或者星状病毒感染相区分，同时也要与新城疫和流感进行鉴别诊断。

六 鱼类疱疹病毒科和贝类疱疹病毒科成员

尽管鱼、青蛙和牡蛎疱疹病毒与其他疱疹病毒在形态学和生物学上相似，但是它们基因组序列与哺乳动物和禽疱疹病毒不同甚至没有相似性。这一明显的相悖性导致了在疱疹病毒目中出现了2个新的病毒科。鱼类疱疹病毒科包括一些来自鱼和青蛙的不同病毒，较为重要的鮰疱疹病毒1型（斑点叉尾鮰病毒）和鲤科鱼类的3种病毒：包括鲤痘疱疹病毒（鲤疱疹病毒1型）、金鱼造血坏死疱疹病毒（鲤疱疹病毒2型）和锦鲤疱疹病毒（鲤疱疹病毒3型）。目前列出的和不断新增的疱疹病毒水生低等脊椎动物宿主包括青蛙、金鱼、鲤、鲟、梭子鱼、比目鱼、鳕、鲶、胡瓜鱼、鲨、神仙鱼、沙丁鱼、大眼鱼师鲈、大菱鲆和大马哈鱼。牡蛎（软体动物）病毒（牡蛎疱疹病毒1型）是贝类疱疹病毒科牡蛎病毒属的唯一成员。由于病毒基因组序列与禽类和哺乳动物疱疹病毒没有相似性，因此也突显出每个疱疹病毒与其相应宿主有较早起源和较长的进化史。

（一）鮰疱疹病毒1型（斑点叉尾鮰病毒）

鮰疱疹病毒1型（斑点叉尾鮰病毒）是第一个分离到的鱼疱疹病毒。该病毒对于北美的鱼类养殖业具有巨大的经济影响，因此，该病原较其他鱼类疱疹病毒研究得更为广泛。病毒对饲养的斑点叉尾鮰中的年轻幼鱼群高度致病。该病潜伏期短至3d，感染后症状表现为抽搐的游泳，包括头向上的姿势、昏睡、突眼、腹胀、鳍基部出血。该病暴发时，死亡率100%。患病鱼病理变化表现为腹膜内有淡黄色和淡红色液体，内脏苍白以及脾肿大，肾、肝和内脏脂肪可见点状皮下出血。显微镜下病理变化以水肿、肾和脾造血组织出现严重且广泛的坏死。肝和消化道也可见坏死和出血。

目前，尚无野生斑点叉尾鮰中分离到该病毒的报道，这点充分说明饲养密度高和环境恶劣是促使饲养鱼群发病的因素。最主要的因素是温度，大多数疾病暴发于温度较高的（如30℃）夏季。本病急性发作仅发生于年轻斑点叉尾鮰中，通常在6月龄左右发生，主要通过尿液排毒，病毒可能通过鱼鳃入侵。

通过疫苗免疫来控制斑点叉尾鮰病毒传播将有较好的前景。通过病毒在鱼体内传代或者缺失胸苷激酶基因可培育致弱疫苗毒株，接种后能够保护受试鱼抵抗强毒的致死性攻击。

（二）鲤疱疹病毒1型、2型和3型（鲤痘疱疹病毒、金鱼造血坏死疱疹病毒和锦鲤疱疹病毒）

这3种疱疹病毒是从鲤中分离出来的，每种病毒都可通过活产品（水产养殖）和观赏鱼的全球贸易而广泛分布。这3种病毒都可以在鲤源细胞系中增殖，尽管病毒初次分离和培养较为困难，组织病理学、电镜和病毒特异性PCR试验可作为实验室常规诊断方法。该病的控制依赖于病毒的清除。哺乳动物用的抗疱疹病毒药物对鲤疱疹病毒毫无用处。

鲤疱疹病毒1型可引起反复的皮肤紊乱，称为"鲤痘"，这种疾病常见于冷水季节（<25℃）。表面乳头状瘤样增生可发生于皮肤局部或大部分区域，但最常见于鳍部。尽管该病不引起死亡，但是皮肤增生在美观方面令人很难接

受，这对于观赏鱼尤为重要。由于尚未分群，所以生活在池塘中的青年鱼常发生全身感染并伴随高死亡率。临床感染和亚临床感染后耐过的鱼可能终身带毒，其中一些鱼在发病后期还会出现典型的鲤痘症状。组织病理学上的皮肤增生包括广泛的表皮增生病灶，这是很多感染疱疹病毒的鱼表现出的共同特征，但大多数表现为更为明显的鲤痘。可通过电镜、荧光抗体染色或者近年来发展的PCR试验来确定皮肤中存在病毒。该病的防控主要通过避免与患鱼接触，以及隔离健康鱼使其远离反复出现病变的鱼。尽管皮肤表面增生可通过摩擦去除，但是这种方式并不可取，因为表皮损伤会伴发其他并发症。

鲤疱疹病毒2型与金鱼（金鱼属）的一种急性、全身性疾病相关，称为金鱼造血坏死病。该病最早在1992年发现于日本，现在大多数内陆1岁以内青年金鱼都有感染该病的报道，当水温在15~25℃时，死亡率高达90%。死亡之前，患鱼表现出嗜睡和腮部苍白的病灶。内部病变表现为肾和脾苍白。组织病理学变化包括肾和脾间质造血组织严重坏死。感染细胞存在核内包含体，则提示金鱼群可能患有该病，可通过电镜、免疫荧光染色或PCR试验检测病毒的存在进一步确诊。可通过人工增加水温（达到32℃）对该病进行防控，这种方法可以阻止疾病发生，但是不能清除感染。

鲤疱疹病毒3型，也称为锦鲤疱疹病毒，在1996—1997年首次发现于欧洲和以色列的锦鲤和普通鲤。该病毒在大多数内陆也有发现，可引起各年龄的和各发育阶段锦鲤发生死亡，包括生产、零售和个人观赏养殖的锦鲤都有发生。已经报道，该病毒对以鲤为主要食物的以色列、欧洲和亚洲的鲤生产产生重要影响。该病常呈季节性发生，常发生于水温范围在18~28℃的春季或者秋季。锦鲤的死亡率接近100%，且发病较快，通常在与携带病毒且持续感染的鱼接触后7~10d发病。黏液分泌过多致使水池混浊，这也是感染的最初表现，患鱼出现嗜睡，呈片状、不透明的皮肤病变。死亡

前，患鱼苍白、肿胀，严重者还表现出鱼鳃腐烂。内脏病变通常较为轻微，包括肾和脾的肿胀。显微镜下病变常出现在鱼鳃部，常以增生为特征，随后出现坏死。与其他鲤疱疹病毒（1型和2型）相比，核内包含体较为少见。通常认为疾病暴发后耐过的鱼是病毒携带者，尽管这还需要进一步试验证明。锦鲤和普通鲤出现临床特征是主要诊断依据，可通过PCR试验检测鱼鳍部、肾和脾混合组织。锦鲤疱疹病毒病的控制主要依赖于清除血清学阳性的鱼（指那些血清内含有病毒特异性抗体的鱼）。在以色列，已经证明应用弱毒活疫苗免疫可预防该病。其他控制疾病的方法包括改变水温，使其温度与鲤疱疹病毒2型相似，尽管这不能彻底清除该病的携带状态，但是能够降低该病的发生率。

（三）鲑疱疹病毒

3个遗传不同的鲑疱疹病毒与饲养的鲑群死亡相关。鲑疱疹病毒1型，以前称为鲑疱疹病毒，最初是在20世纪70年代美国华盛顿州孵化场内死亡的成年彩虹鳟（虹鳟）体内被分离到的。曾经在返回到加利福尼亚州孵化场的无症状的成年钢头鳟（虹鳟）体内分离鉴定了这株病毒。病毒不呈高致病力，自然感染或实验室感染的青年虹鳟表现出低死亡率，几乎没有临床症状和内脏病变。鲑疱疹病毒2型，或者称为樱鳟病毒，其致病力较强，最初是在1970—1980年，从日本成年鲑和彩虹鳟体内分离到的。该病毒对于青年鱼的致病力要强于鲑疱疹病毒1型，尤其对红大马哈鲑（红大马哈鱼）和樱桃鲑（樱鳟）。奇怪的是，鲑疱疹病毒2型特定毒株具有独特的可诱发实验感染后耐过鱼出现上皮肿瘤的特点，其致癌机制尚不清楚。死亡前，患病鲑表现出嗜睡，颜色暗淡和眼球突出。组织病理学病变较为少见，但是可见肾小管上皮细胞坏死，造血组织中有合胞体，肝有多处坏死灶。实验室感染的幼年大马哈鱼病变较为明显。第3个鲑疱疹病毒，称为鲑疱疹病毒3型或者流行性嗜上皮病毒，被认为是严重的病原，可引

起北美大湖地区孵化养殖的湖鳟（湖红点鲑）发生死亡。鱼体的表皮和鳍是最容易感染的部位，由于对皮肤这种渗透屏障的严重侵害，广泛的皮肤感染可导致高死亡率。病鱼从嗜睡到死亡，其唯一的外部表现是皮肤表面出现苍白斑块，从发病到死亡的进程依赖于水的温度（6~9℃约30d，12℃则只有9~10d）。显微镜下病变仅限于皮肤，包括表皮细胞增生和脱落。鲑疱疹病毒1型和2型都可应用鲑细胞系进行分离，通过病毒中和试验和病毒特异性PCR试验可鉴定病毒。鲑疱疹病毒3型不能用细胞系分离，PCR试验已经取代了之前完全依赖于电子显微镜的鉴定方法。规避是控制鲑疱疹病毒的主要方法，分选成年育种群，用碘溶液消毒受精卵以及在无病毒存在的水中饲养鱼，这将有助于减少或者清除孵化群的感染。

（四）鱼和青蛙的其他鱼类疱疹病毒

有2种鱼类疱疹病毒，最初是从日本（日本鳗）和欧洲（欧洲鳗）鳗分离到的，现在认为是同一病毒的不同分离株，称为鳗疱疹病毒1型。这一病毒与一种皮肤出血综合征相关，引起日本、中国台湾和荷兰饲养的鳗死亡。该病毒可能通过国际贸易以及欧洲和日本幼鳗之间的迁移进行传播。1991年，加利福尼亚首次报道幼年白鲟中存在疱疹病毒。随后，在患有皮肤疾病的白鲟和其他种类鲟中发现了其他鱼类疱疹病毒。这些鱼类疱疹病毒可引起鳗和鲟发生潜伏感染，可能是由于病毒所致皮肤损伤导致机会致病菌感染。因此，清除继发寄生感染是控制这些疱疹病毒感染饲养鲟的关键。初次暴发该病后耐过的鱼能够抵抗再次感染。一些淡水和海洋鱼类发生的类似皮肤疾病与其他鱼类疱疹病毒相关。仔鱼感染更为严重，可导致高死亡率，以养殖的日本比目鱼为例（牙鲆），这些病毒使得海洋鱼类养殖变得极为复杂。在一些患有皮肤病的鲨中也分离到疱疹病毒，而且怀疑疱疹病毒是引起澳大利亚野生沙丁鱼大量死亡的病原。

已经从豹蛙（美洲豹蛙）中分离并鉴定了2株不同的鱼类疱疹病毒——蛙疱疹病毒1型和2型。1932年，在美国佛蒙特州野生豹蛙群中首次报道蛙疱疹病毒1型可引发肾腺癌。肿瘤细胞内有核内包含体，病毒在寒冷季节（4~9℃）可大量存活，但是在温暖季节（20~25℃）则死亡。在温暖环境中，肿瘤转移活动性增强，其流行性在野生青蛙中达到12%，而在实验室成年青蛙可高达50%。蛙疱疹病毒2型是从荷瘤豹蛙的尿道中分离到的，但是尚未证明其有致癌性。这2株病毒都能通过特异性扩增病毒基因组DNA及序列测定进行鉴定。

（五）软体动物疱疹病毒（牡蛎疱疹病毒1型）

1972年首次报道牡蛎感染疱疹病毒，生活在美国大西洋海岸的成年东部牡蛎（牡蛎属）在其生活水域水温提高后出现死亡。在20世纪90年代，报道了由于疱疹病毒感染致使生活在新西兰的幼年和少年太平洋牡蛎（长牡蛎属）以及欧洲平牡蛎（牡蛎贻贝属）出现高死亡率的情况，随后，日本、韩国和中国也有长牡蛎死亡的报道。其他2个种类的牡蛎也有感染疱疹病毒的报道，分别为澳大利亚成年安加西牡蛎和新西兰幼年智利鹑螺；在幼年的2个蛤类物种——法国的横纹蛤和菲律宾蛤仔，也有感染疱疹病毒的报道。与这些疾病暴发相关的疱疹病毒在软体动物疱疹病毒科中分为新的属和种，命名为牡蛎病毒属，牡蛎疱疹病毒1型。在幼年牡蛎中，感染后首先表现为停食，在此之后的6~10d，随之而来的是高死亡率。患病牡蛎结缔组织出现明显病变，结缔组织内成纤维样细胞出现核扩大及染色体边缘化，胞浆嗜碱性异常。电镜下可见细胞中存在大量疱疹病毒。还有一个明显的特征，就是血细胞渗透到病毒感染牡蛎的感染区域外套膜、唇瓣和消化腺。目前该病的检测方法为PCR检测，该病的控制主要依靠清除疱疹病毒病原，这可能需要通过筛选用于牡蛎幼仔培育的原种。

张艳萍　李慧昕　译

Chapter 10
第10章 **10** 腺病毒科

章节内容

早在1953年Wallace Rowe和他的同事就已经发现体外组织培养的人腺样体会自发退化，并从中分离到了一种新的病毒，命名为腺病毒。第2年，Cabasso和他的同事证明犬传染性肝炎的病原是一种腺病毒。随后，又从人和其他的哺乳动物和鸟类的上呼吸道分离到许多腺病毒，但有时可从排泄物中分离到病毒，这些腺病毒大部分似乎具有高度的宿主特异性。事实上，从鱼到哺乳动物所有脊椎动物体内似乎都含有一种或多种自身特有的腺病毒，并且两者之间保持着共同进化的关系。大多数腺病毒在其宿主体内引起亚临床感染，并偶尔伴有上呼吸道疾病，但是犬和禽腺病毒与临床上重要的疾病综合征关系密切。

鉴于以上发现，腺病毒已经处在重大基础性发现的核心位置，这些重大发现包括病毒结构、真核基因的结构与表达、RNA剪接、细胞凋亡。腺病毒常作为基因治疗和癌症治疗实验载体，并已经用作重组疫苗的载体。由于腺病毒可以使人工感染的试验用啮齿类动物发生肿瘤，这立刻引起了研究者们的极大兴趣。特别是将人、牛、鸡腺病毒接种新生的实验动物时，能引发肿瘤，这些病毒已经成为肿瘤实验性研究的试验材料。然而，目前还无法证明腺病毒在其相应的天然宿主体内的致瘤作用。

腺病毒的特点

（一）分类

目前腺病毒科包含4个不同血清型病毒属：① 只感染哺乳动物的哺乳动物腺病毒属（*Mastadenovirus*）；② 只感染鸟类的禽腺病毒属（*Aviadenovirus*）；③ 能感染蛇、蜥蜴、鸭、鹅、鸡、负鼠和反刍动物的腺胸腺病毒属（*Atadenovirus*）；④ 唾液酸酶腺病毒属（*Siadenovirus*），包括青蛙腺病毒1型和火鸡腺病毒3型以及最新发现的猛禽类腺病毒、虎皮鹦鹉

腺病毒和乌龟腺病毒。第5个病毒属包括鱼腺病毒，如白鲟腺病毒。尽管所有腺病毒具有相似的形态学（图10-1），但不同病毒属病毒的基因组结构却并不相同（图10-2）。哺乳动物腺病毒包含特有的蛋白 V 和蛋白 IX，蛋白 V 参与将病毒DNA转运到细胞核中，蛋白 IX 是一种转录激活剂。禽腺病毒基因组缺乏编码蛋白 V 和蛋白 IX 的基因，并且它们的基因组比哺乳动物腺病毒基因组大20%～45%。腺胸腺病毒基因组编码一个独特的结构蛋白p32K，缺乏免疫调节剂蛋白，而哺乳动物腺病毒E3区可以编码这种蛋白。唾液酸酶腺病毒基因组结构特点是缺乏编码蛋白 V 和蛋白 IX 的基因，以及缺乏哺乳动物腺病毒基因组编码早期蛋白的E1、E3、E4基因编码区。

腺病毒可根据宿主种类和序号进行一系列编号（如犬腺病毒1型），见表10-1。基因组组成及相关性、细胞培养特性以及宿主范围可用来进行腺病毒分离株的精确分类，这种分类结果通常与先前的基于血清学交叉反应的分类方法结果一致。基于病毒分子特性对腺病毒科的结构进行重构之后，病毒之间的免疫学关系的基础就变得十分清晰了。特别是，抗原决定簇与六联体（是装配衣壳的主要结构单位）内部结构有关，这些抗原决定簇中的抗原表位就是当初采用血清学方法进行病毒分类，确定两个属之间关系的依据。六联体参与中和作用，而纤维蛋白参与中和作用和血凝反应（图10-1）。属特异抗原位于六联体基底区，而血清型特异抗原主要位于六联体塔区。基于中和试验进行血清型分型，其结果的判定标准是：两种腺病毒之间无交叉反应或者同源性与异源性效价比大于16。五联体纤维包含其他型特异性表位，这些表位在中和反应中也非常重要。尽管纤维头节区包含病毒连接到特异细胞受体上的细胞粘连配体，但抗纤维头节区或五联体纤维蛋白的抗体只有微弱的中和作用。因此，先前利用血清学检测对腺病毒科进行结构构建主要是基于特定表位的相对优势，而不是特定表位在病毒粒子中的位置。

表10-1　与腺病毒有关的家畜（禽）疾病

物种	血清型数目	疾病
犬	2	犬传染性肝炎（犬腺病毒1型）、犬传染性气管支气管炎（犬腺病毒2型）。
马	2	通常是无症状或症状较轻的上呼吸道疾病。原发性严重联合免疫缺陷病的阿拉伯马驹支气管肺炎和全身性疾病。
牛	10	通常是无症状或症状较轻的上呼吸道疾病，母牛偶尔出现严重呼吸道或肠道疾病。
猪	4	通常是无症状或症状较轻的上呼吸道疾病。
绵羊	7	通常是无症状或症状较轻的上呼吸道疾病，羔羊偶尔出现严重呼吸道或肠道疾病。
山羊	2	通常是无症状或症状较轻的上呼吸道疾病。
鹿	1	肺水肿、出血、血管炎。
兔子	1	腹泻。
鸡	14	禽腺病毒的12个血清型：禽腺病毒1～11型，以及8a型、8b型（心包积液综合征和包含体肝炎）。
火鸡	3	唾液酸酶腺病毒：火鸡出血性肠炎、野鸡大理石脾病、减蛋综合征（火鸡、野鸡）。
鹌鹑	1	禽腺病毒：支气管炎。
鸭	2	腺胸腺病毒：鸭腺病毒1型（无症状或产蛋量下降），禽腺病毒：鸭腺病毒2型（肝炎，很少发生）。
鹅	3	禽腺病毒：可以从肝和肠道中分离到。

（二）病毒粒子特点

腺病毒病毒粒子无囊膜，具有标准的六边形轮廓，呈二十面体立体对称，直径70～90nm（图10-1；表10-2）。病毒粒子由252个壳粒组成：240个六联体位于衣壳二十面体20个等边三角形面的表面和边缘，12个五联体（顶端衣壳体）位于顶端。六联体由两个不同部分组成：一部分是一个中空的六边形底部，另一部分是一个带有三

个不同"塔"的三角形顶部。每个五联体有一根纤突，长度为9～77.5nm，纤突顶端形成头节区。禽腺病毒衣壳每个顶端有两个纤突。

腺病毒基因组为一个线性双股DNA分子，大小为26～45kb，两端各有一个末端重复序列。病毒基因组转录得到的复合RNA经过剪接，最终能编码约40种蛋白。其中有1/3的蛋白属于结构蛋白，包括一种病毒编码的半胱氨酸蛋白酶，该酶是加工一些蛋白前体所必需的。结构蛋白包

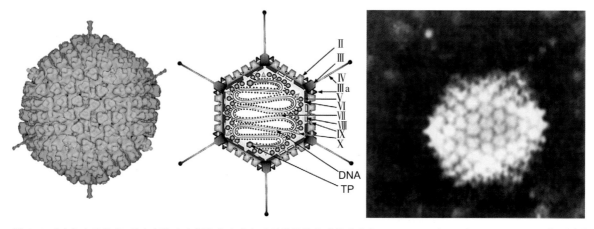

图10-1　（左）人腺病毒2型分离株病毒颗粒的冷冻电子显微镜技术重构［引自Stewart et al.（1991）.Cell.67:145-154］。（中）哺乳动物腺病毒衣壳（Ⅱ、Ⅲ、Ⅲa、Ⅳ、Ⅵ、Ⅷ、Ⅸ）和核心蛋白［Ⅴ、Ⅶ、Ⅹ以及TP（末端蛋白）］模式图。由于核蛋白核心的结构还没有确定，所以只能在假设的位置上表示与DNA相关的多肽。［引自Stewart,P.L.and Burneti,R.M.（1993），Jpn.J.Appl.Phys.32,1342-1347］。（右）一株人腺病毒2型病毒颗粒的负对比电子显微照片［引自Valentine,R.C.and Pereira,H.G.（1965），J.Moi.Biol.,13,13-20］。［引自病毒分类学：国际病毒分类委员会的第八次报告（C. M. Fauquet, M. A. Mayo, J. Manlloff, U.Desselberger,L.A. Ball, eds.），p.213.Copyright Elsevier（2005），已授权］

表10-2 腺病毒特性

4个属：哺乳动物腺病毒属、禽腺病毒属、腺胸腺病毒属、唾液酸酶腺病毒属。

病毒粒子无囊膜，具有标准的六边形轮廓，呈二十面体立体对称，直径70～90nm，衣壳顶部突出有1根（哺乳动物腺病毒属）或到2根（禽腺病毒属）纤毛（糖蛋白）。

基因组为一个线性双股DNA分子，大小为26～45kb，两端各有一个末端重复序列。

通过复杂的早期和晚期转录（DNA复制前和复制后）在细胞核中进行复制；细胞破裂释放病毒粒子。

形成核内包含体，内含大量病毒粒子，常常以晶体状排列。

病毒能凝集红细胞。

某些病毒对实验动物有致肿瘤作用。

括构成六联体、五联体、五联体纤突蛋白，还包括其他的与病毒粒子核心有关的蛋白。

许多腺病毒能凝集红细胞，当纤突末梢结合到细胞受体上与细胞间形成细胞间桥时，就会发生红细胞凝集。现在，已经确定各种腺病毒发生凝集现象的最佳条件和红细胞的供体，而且多年来血凝抑制试验（见第5章）已经成为一种主要的血清学诊断方法。

腺病毒在环境中相对稳定，但在普通消毒剂存在条件下容易失去活性。大部分腺病毒宿主范围较窄，但引起犬传染性肝炎的犬腺病毒1型也能在狐狸、熊、狼、丛林狼、臭鼬中造成流行病。许多腺病毒能造成急性呼吸系统疾病以及不同程度的胃肠道疾病。

（三）病毒复制

腺病毒在细胞核中复制，并且宿主对病毒免疫反应的调节能促进病毒的复制。病毒通过五联体纤维头节区与宿主细胞受体结合，通过五联体底部与细胞整合素之间的相互作用来调节病毒的内化。然后病毒脱衣壳，由病毒基因组以及与其相关联的组蛋白组成的核心进入细胞核，在细胞核内转录合成mRNA，进行病毒DNA的复制，最后装配出病毒粒子（图2-10）。

在细胞核内，病毒DNA双链通过一个复杂的过程，在细胞RNA聚合酶Ⅱ的作用下进行转录（图10-2）。腺病毒基因组中含有5个早期（E）转录单位（E1A、E1B、E2、E3、E4）、2个中期转录单位（IX和IVa2）和1个晚期（L）转录单位，其中晚期转录单位转录产生5组晚期mRNA（L1到L5）。每一个早期转录区由1个单独的启动子调控，而晚期转录区则由主要1个晚期启动子调控。基因组E1A区编码的蛋白是腺病毒早期转录所必需的，其作用包括三个方面：① 诱导细胞周期进程（DNA合成），为病毒复制提供最佳的环境；② 保护已感染的细胞免受宿主免疫防御系统的攻击，这包括细胞因子诱导的细胞凋亡；③ 合成病毒DNA复制所需要的蛋白。

E1A和E1B基因产物与细胞转化有关，能引起某些腺病毒的实验性致肿瘤作用。这两种蛋白能使细胞肿瘤抑制基因p53失活，细胞周期过程失去调控。这种失活作用是通过病毒装配的E3连接酶使得p53和其他蛋白泛素化实现的，E3连接酶具有蛋白酶介导的蛋白降解功能。E3区不是细胞培养中腺病毒的复制所必需的，并且体外删除或替换E3区不会破坏病毒的复制。因此，在构建腺病毒载体时该区可作为一个外源基因的插入位点。E3蛋白与宿主免疫防御机制相互作用，调节宿主对病毒感染的反应。通过E3/19K蛋白抑制I类主要组织相容性抗原的运输，可以抑制细胞毒性T淋巴细胞和自然杀伤细胞对感染细胞的识别。腺病毒E3/14.7K蛋白通过封闭肿瘤坏死因子受体1的内化，抑制肿瘤坏死因子诱导的细胞凋亡，肿瘤坏死因子受体1的内化可以防止诱导死亡信号复合物的形成。E3/14.7K蛋白还可通过抑制核因子κB（NFκB）的转录活性来调节抗病毒炎症反应。

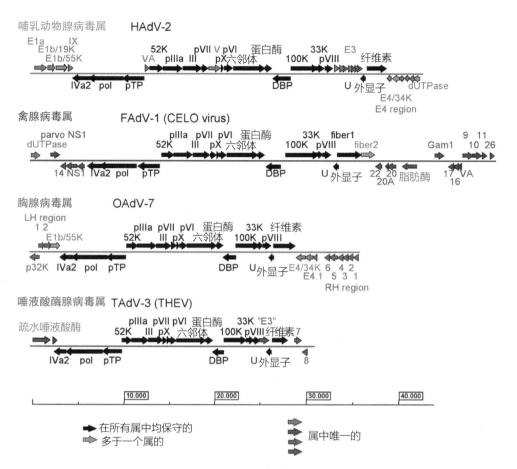

图10-2 腺病毒4个病毒属成员不同基因组组成的图解说明。黑箭头表示基因在不同属之间是保守的。灰色箭头表示不止一个属含有该基因。彩色箭头表示属特异基因。HAdV-2：人腺病毒2型；FAdV-1：禽腺病毒1型；OAdV-7：绵羊腺病毒7型；TAdV-3：火鸡腺病毒3型。[引自病毒分类学：国际病毒分类委员会的第八次报告（C. M. Fauquet, M. A. Mayo, J. Manlloff, U.Desselberger,L.A. Ball, eds.），p.214.Copyright Elsevier（2005），已授权]

以5′端相连的55K蛋白为引物，从链的两端按照链置换机制进行病毒DNA复制。单链DNA两端重复序列形成锅柄状结构，它是复制的起点。DNA复制后，转录形成晚期mRNA；这些晚期mRNA翻译合成过量的结构蛋白。所有腺病毒晚期编码区的转录由主要晚期启动子控制。早期转录物大小为29kb，晚期初始转录物经过随机剪接可至少产生18种不同的mRNA。组织细胞生物大分子的合成在复制周期的下半时段发生程序性关闭。病毒粒子在细胞核中装配，并呈晶格状排列（第2章图2-2）。许多腺病毒造成宿主细胞核染色质严重收缩和边集，使细胞核出现异常，细胞核出现异常是能看到感染细胞中典型包含体的基础（图10-3）。细胞裂解释放病毒粒子。

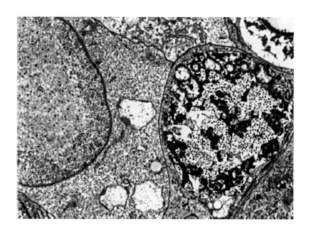

图10-3 禽腺病毒1型感染的鸡的脾。左侧细胞核含有分散的病毒粒子和染色质边集。而右侧细胞核有许多病毒粒子和高度浓缩的染色质。电子显微镜切片；放大倍数×16 000。（引自N.Cheville，已授权）

三、哺乳动物腺病毒属成员

（一）犬腺病毒1型（犬传染性肝炎病毒）

犬传染性肝炎是一种由犬腺病毒1型引起的全身性疾病，也是狐狸、狼、丛林狼、臭鼬和熊的重要病原。事实上，犬腺病毒1型最初被认为是造成狐狸脑炎的病原。该病毒可造成犬的急性肝炎、呼吸疾病和眼病。相比而言，犬腺病毒2型的感染仅局限于呼吸道（将在随后的章节中介绍）。

1. 临床特征和流行病学　在许多国家通过疫苗可以有效地控制由犬腺病毒1型引起的疾病，因此目前大多数感染呈隐性或表现为不明显的呼吸道疾病。某些病例特别是免疫缺陷的宿主，感染过程可由初始的呼吸道感染发展到全身性疾病。全身性疾病可能分为三种相互交叉的综合征，它们在幼龄动物中常见：① 最急性型，表现为幼犬没有明显发病过程或发病后3～4h发生死亡；② 急性型，为致死性疾病，表现为发热、沉郁、厌食、呕吐、血性腹泻、牙龈点状出血、黏膜苍白、黄疸；③ 温和型，实质上是由弱毒疫苗免疫之后引起的疾病，是由于部分免疫造成的。

急性型潜伏期是4～9d，临床症状包括发热、精神不振、厌食、口渴、结膜炎、眼睛和鼻子有浆液性分泌物，偶尔伴有腹部疼痛和口腔黏膜有出血点。患急性型全身性疾病的幼犬还会出现心跳过快、白细胞减少症、血凝时间延长、弥漫性血管内凝血等病理变化。有些感染幼犬发生出血（如乳牙周围出血和自发性血肿）。尽管很少影响到犬的中枢神经系统，但感染严重的犬可能会出现痉挛。急性症状消失后7～10d，大约25%的感染犬出现两侧角膜混浊这一典型的有利于诊断的特征，该特征通常会自发消失。

犬腺病毒1型感染狐狸后，主要造成狐狸中枢神经系统疾病。被感染的狐狸在发病过程中可能出现间歇性痉挛，发病后期可能会出现一肢或多肢麻痹。

肾感染可造成病毒尿症，病毒尿症连同排泄物和唾液是病毒主要的传播方式。康复的犬可能通过尿液排毒达6个月。

2. 发病机制和病理学　病毒通过鼻咽、口和结膜等途径进入机体。最初感染发生在扁桃体隐窝，然后传播到局部淋巴结和经过胸导管进入血液。病毒血症导致病毒传播至唾液、尿液、排泄物，还导致一些组织，特别是肝、肾、脾和肺组织中的内皮细胞和实质细胞感染造成出血和坏死。在呼吸道疾病方面，犬腺病毒1型可能没有犬腺病毒2型重要，但它仍然与急性呼吸道疾病有关。综合征，即犬传染性肝炎，引起肝细胞广泛性破坏，导致犬的超急性死亡。通过组织学检测以上病例，显示肝细胞中均发现典型的包含体。

处在恢复期的自然感染犬和经犬腺病毒1型弱毒疫苗免疫后8～12d的犬偶尔会出现角膜水肿（"蓝眼睛"）症状。尽管该病临床症状明显而且令人恐慌（特别是在免疫后），但数天以后水肿会消失，而不产生任何影响。水肿由储存在睫状体小血管中的病毒–抗体复合物引起（Ⅲ型过敏反应），该复合物妨碍角膜内正常的液体交换。

病理观察结果依赖于临床感染过程。较快的感染过程会导致浅表淋巴结水肿和出血，浆膜表面伴有多灶性的弥漫性斑点和瘀血。肝和脾出现肿大，伴有腹部脏器浆膜表面纤维蛋白积聚和脾实质出现斑点。胆囊壁出现典型性的增厚和水肿。其他器官肉眼可见的损害可能包括肾皮质出血和肺多处实变。眼部损害可能包括弥漫性的角膜水肿和浑浊。组织病理学发现，急性感染的幼犬肝脏多处肝细胞坏死，有时会出现类似弥漫性血管内出血引起的肝中心小叶坏死。枯否细胞（Kupffer）和肝细胞中可能会出现核内包含体。病毒包含体也会出现在感染犬肾内皮细胞中。在发生弥散性血管内凝血的感染犬，可见到与血管内血栓形成相关的典型的弥漫性出血和坏死。

3. 诊断　对犬腺病毒的感染可通过病毒分离或血清学试验进行诊断，如酶免疫试验、血凝抑制试验、中和试验。病毒DNA可利用PCR进行检测。病毒分离在一些犬源的细胞系上进行（如马-达氏犬肾细胞）。大多数情况下，犬腺病毒接种细胞后24～48h出现细胞病变，而且除了形成典型的核内包含体之外，犬腺病毒1型还可通过免疫组化和免疫荧光进行鉴定。因为犬腺病毒可以在肾小管上皮细胞中持续存在，所以可以从出现临床症状的犬的尿液中分离到病毒。

4. 免疫、预防及控制　犬腺病毒1型灭活疫苗和弱毒疫苗已广泛应用多年。犬腺病毒1型和2型的抗原关系非常近，这使得犬腺病毒2型疫苗能产生交叉保护，而且犬腺病毒2型疫苗具有的优点是不会造成角膜水肿。许多生产商推荐每年给犬接种1次犬腺病毒疫苗。幼犬在9～12周龄以前母源抗体会干扰主动免疫。产生的中和抗体直接与免疫保护有关，犬体内具有较高的中和抗体滴度可以保护其抵抗临床疾病。

兽医实践中一个最明显的现象就是，一个地区经过多年实施免疫措施之后，犬传染性肝炎才能彻底消失。这一部分原因可能是由于免疫犬体内的疫苗毒扩散的结果，因此向环境中散播弱毒，然后免疫其他犬，最后建立一个较高水平的免疫群。

（二）犬腺病毒2型

犬腺病毒2型可造成犬局部的呼吸道疾病，并且是犬咳嗽综合征的潜在病原（犬急性呼吸道病）。患呼吸道疾病的犬主要特点是支气管炎和细支气管炎。犬腺病毒1型和2型之间最主要的差别在于犬腺病毒1型可引起全身性疾病，而犬腺病毒2型感染仅引起呼吸道疾病。造成这种差别的分子机制还不清楚，但可利用犬腺病毒2型的这种特点用于犬的疫苗免疫，尤其是犬腺病毒1型弱毒疫苗有时会因疫苗病毒的全身性的感染造成蓝眼病，但犬腺病毒2型疫苗毒不会进行全身性的复制，而且犬腺病毒2型还能对犬腺病毒1型引起的疾病的提供完全的交叉保护。

（三）马腺病毒1型和2型

目前，已经鉴定出马腺病毒1型和2型两种腺病毒。马腺病毒1型遍布全球，可从马驹以及患病和未患病马的上呼吸道分泌物中分离到。从患呼吸道疾病和腹泻的马驹的排泄物和淋巴结中可分离到马腺病毒2型。大部分马腺病毒感染呈隐性，或表现温和的上呼吸道或下呼吸道疾病。下呼吸道疾病表现为发热、流鼻涕和咳嗽，但很少出现以流黏脓性鼻涕和咳嗽恶化为特征的细菌性继发感染。

患有原发性严重联合免疫缺陷病［V（D）J缺陷性重组］的阿拉伯驹不能产生对马腺病毒的适应性免疫反应，该病是由T、B淋巴细胞常染色体遗传缺陷而造成功能缺陷引起的。由于缺少母源抗体，患原发性严重联合免疫缺陷病的马驹容易感染马腺病毒。马腺病毒感染是逐步加重的，并且3月龄以内患病马驹均死亡。目前对马驹原发性严重联合免疫缺陷病已经进行了许多研究。在引起原发性严重联合免疫缺陷病潜在的重要条件性病原体（利用马驹的免疫缺陷）中，马腺病毒1型在病理发生中的主导作用引人注目。马腺病毒1型除了造成马驹细支气管炎和肺炎之外，还能破坏多种组织细胞，这些组织主要是胰腺和唾液腺，还有肾、膀胱和胃肠上皮。

大多数病例可通过病毒分离、血清学试验、PCR检测以及病毒核酸分析等方法得到确诊。利用酶免疫试验和病毒特异性单克隆抗体进行腺病毒抗原检测。病毒分离（来自疑似病例的鼻拭子或患原发性严重联合免疫缺陷病马驹的组织）可以在任何一个马源细胞系上进行。通常在腺病毒感染后24～48h，多数情况下会出现腺病毒感染典型的细胞病理学变化，感染细胞变圆呈葡萄串状聚集。血清学诊断方法包括血凝抑制试验和中和试验。核酸多样性检测方法有DNA限制性核酸内切酶图谱（指纹图谱）、印迹杂交、斑点杂交、原位杂交以及目前应用最广泛的PCR方法。

与其他腺病毒类似，马腺病毒通过口和鼻咽

途径传播。但该病毒感染具有自限性感染的特征，所以以对该病无法进行预防和控制。

（四）啮齿实验动物和兔的腺病毒

试验鼠和野生鼠对两种血清型不同的腺病毒（小鼠腺病毒1型和2型，先前分别称为FL病毒和K87病毒）均易感。小鼠腺病毒1型从感染弗里德小鼠白血病病毒的老鼠脾中分离获得（因此称为FL病毒），并且将该病毒接种初生鼠或免疫缺陷鼠时，会诱导多系统感染。在鼠的活动区内，尽管该病毒没有灭绝，但也非常少见，而且几乎不存在自然发生疾病的可能。小鼠腺病毒2型通常可能与幼鼠发育缓慢和低死亡率有关，该病毒与小鼠腺病毒1型血清学相关但又有差异。小鼠腺病毒2型能在小肠绒毛内层上皮细胞中产生腺病毒包含体，这些包含体经常出现在幼龄鼠体内，但在少数成年鼠中也会存在。小鼠腺病毒1型和小鼠腺病毒2型之间存在血清学相关性，这产生一种单向小交叉反应，即抗这两种病毒的抗体能与小鼠腺病毒2型反应，而抗小鼠腺病毒2型的抗体不能与小鼠腺病毒1型反应。试验用大鼠的小肠中也含有腺病毒包含体，并且产生抗小鼠腺病毒2型的抗体，但是大鼠体内的腺病毒与小鼠的不同，它只感染大鼠。叙利亚仓鼠对非典型的小肠腺病毒易感，这种腺病毒可能起源于大鼠。

豚鼠对呼吸道腺病毒易感，这种腺病毒能造成肺部疾病以及幼龄豚鼠呼吸道上皮细胞产生腺病毒包含体。感染的豚鼠表现严重的呼吸困难，死亡率高，但在一些豚鼠群中发病率却较低。通过实验接种豚鼠不能复制疾病，所以怀疑在自然病例中可能还涉及其他的易感性因素。有证据表明北美兔体内存在抗腺病毒抗体，但是目前没有相关疾病的报道。

（五）灵长类动物腺病毒

从人体内已分离到许多腺病毒，它们现在主要分为6大类（人腺病毒A～F）。非人的灵长类腺病毒稍不具典型性，至少有27个血清型，这些血清型病毒是从各种猴子和猩猩中分离到的，包括猕猴、草原猴、狒狒、大猩猩、松鼠猴、金丝猴、黑猩猩。灵长类腺病毒感染大部分是呈亚临床症状，但会引起伴有典型腺病毒包含体的呼吸系统疾病、结膜炎、节段性回肠炎、胰腺炎、肝炎，并且在多种灵长类中已得到广泛报道。从遗传学角度看，非人灵长类腺病毒与人腺病毒不同，但血清学上存在相关性。

（六）牛、绵羊、山羊、骆驼、猪的哺乳动物腺病毒

哺乳动物腺病毒对家畜的重要性还难以确定。已经从患有肺炎、肠炎、结膜炎、角结膜炎、弱小腿综合征的小牛体内分离到一些血清型的牛腺病毒。在绵羊，主要从羔羊体内分离到腺病毒，并且这些病毒与呼吸系统疾病、肠道感染或肠道疾病有关。早已证明猪腺病毒与呼吸系统疾病、肠道感染或肠道疾病、脑炎有关，然而目前认为该病毒很少造成严重疾病。有报道表明，给猪人工注射腺病毒包括造成呼吸疾病的病毒，感染猪可通过排泄物持续排毒。

由于缺少属特异性抗原，牛腺病毒的分类非常复杂。因此，有些牛腺病毒（亚群Ⅰ：牛腺病毒1～3、9、10型）属于哺乳动物腺病毒属，而其他牛腺病毒（亚群Ⅱ：牛腺病毒4～8型）目前被划分到腺胸腺病毒属中，腺胸腺病毒属还包含绵羊腺病毒7型和山羊腺病毒1型。绵羊腺病毒1～5型被划分到哺乳动物腺病毒属中，绵羊腺病毒6型也暂时被划分到哺乳动物腺病毒属中。猪腺病毒1～3型被划分到哺乳动物腺病毒属中，同时山羊腺病毒2型也暂时被划分到哺乳动物腺病毒属中。从患有肠道疾病、肺炎和肝炎的骆驼体内分离的腺病毒，将它们划分到哺乳动物腺病毒属中，它们的基因序列与牛和绵羊腺病毒株不同。这些病毒代表了或是骆驼腺病毒，或者是从一些不明确的接触过的物种中溢出的病毒。很明显，需要进一步的流行病学和试验研究来更好地明确感染家畜的腺病毒毒力和致病机制。

三 禽腺病毒属成员

禽腺病毒只感染鸟类，并且在血清学上与其他腺病毒属不同。禽腺病毒与鸟类多种重要疾病综合征有关。大多数禽腺病毒作为病原在疾病中所起到的作用还不是非常明确，但有一个明显的例外，那就是鹌鹑支气管炎病毒和心包积水综合征病毒。禽腺病毒先前被划分为Ⅰ亚群禽类腺病毒，包括家禽腺病毒1～11型、鸭腺病毒2型、鸽腺病毒以及火鸡腺病毒1型和2型。

（一）鹌鹑支气管炎病毒

鹌鹑支气管炎是世界范围内野生和人工养殖的美洲鹌的一种重要疾病，在幼龄时表现为呼吸困难、张口呼吸、流鼻涕、咳嗽、打喷嚏、啰音、流泪、结膜炎，成年后还表现为腹泻。幼龄鹌鹑的死亡率是100%，但当生长到4周以上时死亡率低于25%。鹌鹑支气管炎的显著特征是支气管炎、气囊炎、气状黏液状肠炎。禽腺病毒1型是鹌鹑支气管炎的病原，可以从急性型感染的鹌鹑呼吸道和温和型感染的鹌鹑肠道中分离到该病毒。该病毒具有高度接触感染性，可以在群体中快速传播。控制该病的措施有：新引进的鹌鹑严格隔离、检疫；对饲养禽舍和工具定期进行严格的消毒。由于康复的鹌鹑带毒时间短，而且免疫力持续时间长，所以可以作为种用。

（二）心包积水综合征（安加拉病）病毒

1987年，在巴基斯坦的肉禽中首次发现传染性心包积水综合征，随后传播至中东地区和亚洲的中东部部分地区，在美国中部和南部发现了温和型疾病。该病通常与禽腺病毒4型感染有关，但是大部分严重的传染性心包积水综合征是由其他免疫抑制性病原共感染或具有免疫抑制作用的黄曲霉毒素的影响而造成的。该病造成的死亡率是20%～80%，通常在3周龄开始出现，肉鸡在4～5周龄时达到顶峰。成年的种鸡和蛋鸡可发生温和型传染性心包积水综合征。感染禽表现为心包积水、肺水肿、肝肿大，肾增大。某些国家提供该病免疫的疫苗。

（三）其他禽腺病毒

一些疾病综合征与禽腺病毒感染有关，但是在试验研究中，人工感染禽在没有继发感染的情况下不能产生相关疾病。这些综合征包括包含体肝炎、肌胃糜烂、产蛋或生长率下降、腱鞘炎、呼吸疾病。在火鸡、鹅、鸭、鸽子及鸵鸟中发生禽腺病毒类似的感染。珍珠鸡感染禽腺病毒可发生胰腺炎。

四 腺胸腺病毒属成员

腺胸腺病毒属成员有广泛的宿主，如爬行动物、鸟类和哺乳动物。

（一）爬行动物腺病毒

腺胸腺病毒属中的腺病毒已在许多爬行动物中有所描述，如蛇、蜥蜴（翡翠巨蜥、念珠蜥蜴、松狮蜥和希拉毒蜥）、变色龙和鳄鱼。造成的损害包括肝炎、食道炎、肠道炎、脾炎以及脑病，感染组织常伴有典型的腺病毒包含体。

（二）鹿腺病毒（空齿鹿腺病毒1型）

1993年，在美国加利福尼亚发现了一种能造成北美黑尾鹿急性流行性全身性疾病的新型腺病毒。该病的病原是鹿腺病毒1型，暂时将它划分到腺胸腺病毒属。该病还发生在俄勒冈州和北美的其他地区。黑尾鹿腺病毒1型已经从患有急性出血性综合征的自然感染的野生或人工养殖的白尾鹿、北美黑尾鹿、黑尾鹿、驼鹿中被分离出。该病的明显症状是肺水肿和侵蚀，肠道溃疡、出血和脓肿（图10-4A）。组织学检查可见广泛的以血管内皮核内包含体为特征的血管炎（图10-4B）。实验室诊断可以利用免疫荧光试验

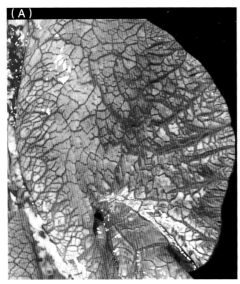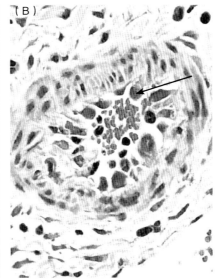

图10-4　鹿腺病毒感染。（A）试验感染的黑尾鹿（北美黑尾鹿）表现严重的肺水肿。（B）感染的小动脉内层内皮细胞（箭头所示）内的核内包含体。（引自加拿大动物健康和食品安全实验室 L.Woods，已授权）

检测组织中的病毒抗原，还可以通过电子显微镜或PCR方法进行检测。

（三）减蛋综合征病毒

减蛋综合征首次被报道于1976年，主要表现为表面健康的鸡产软壳蛋和无壳蛋。尽管美国没有出现该病，但在世界各地的禽类、野生和家养鸭和鹅群中均存在该病。减蛋综合征病毒起源于鸭，然后通过污染的疫苗传播至鸡，鸡是该病主要的感染对象。在鸭胚或鹅胚以及源自鸭、鹅、鸡的细胞培养物（特别是鸭肾细胞、鸭胚胎肝细胞、鸭胚胎成纤维细胞）中可以获得高滴度的病毒。

先前未感染的鸡群，感染减蛋综合征病毒后，第一临床症状是产无色素蛋、软壳蛋、薄壳蛋和无壳蛋。薄壳蛋可能有一个粗糙甚至是似砂纸样的表面。由于鸡喜欢吃无壳蛋，这导致鸡蛋产量下降，最多可下降40%。如果鸡群中存在抗体，则可抵抗该病的侵袭。该病还有另一种流行形式，与上述流行形式类似，但很难被检测到，这种形式的感染主要造成囊壳腺和输卵管的上皮细胞坏死并含有核内包含体，同时还有相关的炎性细胞浸润。根据上述临床表现一般即可对该病作出诊断，但最终确诊还需要病毒分离或血清学试验。血凝抑制试验或中和试验对该病毒具特异性，并且与禽腺病毒感染产生的抗体不产生交叉反应。

减蛋综合征主要通过污染的蛋进行传播的，鸡的排泄物中也含有病毒，在污染鸡笼或运输车辆后进行病毒传播，病毒还可以通过注射疫苗的注射器传播。同时，鸭胚胎成纤维细胞制成的马立克病疫苗被污染后，也可以传播病毒。产蛋鸡被病毒感染后，可通过产蛋广泛传播病毒。由于鸡性成熟以前病毒感染通常呈隐性，加上通过产蛋进行垂直传播，因此对该病的诊断非常困难。该病零星暴发与鸡和家鸭或家鹅接触，以及野生禽类的排泄物污染水源有关。

在大多数国家，该病在种禽中已被消灭。防止该病传入蛋鸡群的措施有：① 防止与其他鸟类接触，特别是水禽；② 不要污染养殖设施；③ 对水进行严格消毒。蛋鸡产蛋前用灭活疫苗免疫有效，但只能减少病毒传播，不能彻底消灭。

（四）其他腺胸腺病毒

和先前描述的一样，反刍动物腺病毒的分类也令人困惑，有些成员（牛腺病毒4～8型、绵羊腺病毒7型、山羊腺病毒1型）被划分到腺胸腺病毒属中，但大部分成员还属于哺乳动物腺病毒属，其中许多病毒的致病性有待进一步确定。

五　唾液酸酶腺病毒属成员

唾液酸酶腺病毒属包含的病毒可以感染两栖类、鸟类和爬行类动物。

（一）火鸡腺病毒3型（火鸡出血性肠炎、野鸡大理石脾病、禽腺病毒脾肿大病毒）

不同鸟类的一些重要疾病综合征是由唾液酸酶腺病毒（禽腺病毒II类）感染造成的。4周龄以上的火鸡急性感染通常会引起出血性肠炎。临床上，病禽表现为发病急、沉郁、血痢以及死亡。病毒感染造成细胞免疫和体液免疫抑制，所以还会出现机会性细菌感染。尽管该病死亡率一般是1%~3%，但也会达到60%。血清学方法不能区分造成野鸡大理石脾病和肉鸡禽腺病毒脾肿大的病毒。

该病典型特征是：脾有明显的网状内皮组织增生和核内包含体，肠道扩张出血，十二指肠假膜性炎（纤维素性坏死）。诊断可以通过血清学方法，如免疫试验、琼脂免疫扩散试验以及病毒分离，并结合免疫组化、免疫荧光或PCR进行鉴定。

病毒通过直接接触和病毒污染物进行传播，并且稳定存在于排泄物、垫草中。火鸡和野鸡中的该病可以通过疫苗接种的方法进行控制，这种疫苗是由火鸡脾细胞或B淋巴样肝细胞制成的弱毒疫苗，通过饮水进行免疫。由于母源抗体干扰免疫，最佳免疫时间（通常是4~5周）可以根据鸡群的抗体水平而定。

（二）其他唾液酸酶腺病毒

青蛙腺病毒1型是唾液酸酶腺病毒属的标准毒，死亡猛禽组织（猛禽腺病毒1型）和引起虎皮鹦鹉急性全身性的疾病相关病毒已确定。目前，从表现为厌食、嗜睡、口腔糜烂、腹泻、流鼻涕、眼流分泌物的苏拉威西乌龟（印度陆龟）体内也能分离到唾液酸酶腺病毒。PCR可以用于检测病毒，从血浆和组织中可以分离到病毒。

六　其他腺病毒

尽管从鳕、比目鱼、日本鳗、鳊等一些鱼类组织中可以检测到腺病毒的存在，但至今仅从白鲟（高首鲟）中分离到病毒，基因分析表明，从白鲟中分离到的腺病毒与腺病毒科其他4个病毒属中的腺病毒不同，因此该病毒被建议作为一个新的第5个腺病毒属（*Ichtoadenovirus*）的标准毒。

王云峰　译

乳头瘤病毒科和多瘤病毒科

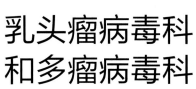

章节内容

乳头瘤病毒家族和多瘤病毒家族在分类学和生物学上是不同的，但它们在基因组结构、病毒粒子结构、复制机制、细胞周期调节和肿瘤诱导作用等方面具有非常显著的相似性。

乳头瘤病毒引起乳头瘤（疣），动物中的乳头瘤被人们认知已经有几个世纪，早在公元9世纪，巴格达哈里发（Caliph of Baghdad）的马房主人就描绘过马发生的这种"疣"。在1907年人们认识到这种乳头瘤是由病毒引起的。20世纪70年代确定了在牛和其他物种发生的乳头瘤是由几种不同的病毒引起的。1935年，Peyton Rous观察到良性的兔乳头状瘤偶尔会癌化，这是病毒与癌症相关的最早案例之一。皮肤乳头状瘤在牛中常见，而在其他家畜中少见。乳头状瘤在鹿（鹿和麋鹿等）中也有一定的发生率。幼龄动物更容易感染，犬和山羊易发生皮肤乳头状瘤。

乳头瘤病毒还无法在常规的细胞培养物中生长，但通过分子生物学方法，病毒的基因组序列较容易测定，不需要培养增殖病毒。在20世纪80年代发现，特异性的乳头瘤病毒是人类颈部癌症和某些其他癌症的原发性因素，这提示我们应该对乳头瘤病毒介导的肿瘤形成机制进行更多的研究，并进一步了解乳头瘤病毒在动物中的感染情况。

多瘤病毒是普遍存在的，但特定的病毒具有高度的宿主特异性。某些批次的人类脊髓灰质炎疫苗是用污染猿猴多瘤病毒［simian virus 40（SV40）］的细胞系增殖的，这非常令人担忧，因为已经在实验动物上证实SV40病毒存在致癌潜能。现在已经明确多瘤病毒在人和动物中是普遍存在的，但在一般情况下，尽管在宿主中多瘤病毒终生存活，保持亚临床感染状态并不能引起典型的疾病。在人类和灵长类中，多瘤病毒很少能引起免疫抑制宿主发生神经疾病（进行性多病灶脑白质病）和肾病（多瘤病毒肾病），这可能与瘤形成的多种类型有关。在鹦鹉目鸟类中，致病性的多瘤病毒感染存在一定的发生率。

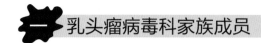

一 乳头瘤病毒科家族成员

（一）乳头瘤病毒属性

1. 分类　像多瘤病毒科一样，乳头瘤病毒科家族病毒基因组为环状双链DNA结构。当前乳头瘤病毒科被划分为16个属（α-乳头瘤病毒、β-乳头瘤病毒、γ-乳头瘤病毒、δ-乳头瘤病毒、ε-乳头瘤病毒、ζ-乳头瘤病毒、η-乳头瘤病毒、θ-乳头瘤病毒、ι-乳头瘤病毒、κ-乳头瘤病毒、λ-乳头瘤病毒、μ-乳头瘤病毒、ν-乳头瘤病毒、ξ-乳头瘤病毒、o-乳头瘤病毒、π-乳头瘤病毒），病毒成员依据宿主差异、DNA序列亲缘关系和基因组结构、生物学特性以及病毒引起的疾病来划分。特定病毒型（种）的区分是困难的，并且容易混淆，经常会发生错误的分类。例如，用增加型的办法，当前的分类学标准在至少3种不同的种属中确定了100种人乳头瘤病毒型和10种牛乳头瘤病毒型。还有一些乳头瘤病毒，如犬乳头瘤病毒（犬口腔乳头瘤病毒和一些少见的皮肤型犬乳头瘤病毒）、猫乳头瘤病毒、马乳头瘤病毒、兔乳头瘤病毒（白尾野兔和兔乳头瘤病毒）、鸟乳头瘤病毒（苍头燕雀和鹦鹉乳头瘤病毒）。在鲸（鼠海豚多针乳头瘤病毒）、鹿（鹿纤维瘤病毒）、驼鹿、驯鹿、非人类灵长类、象、负鼠和啮齿类（多乳房小鼠乳头瘤病毒）中也有一些乳头瘤病毒的描述，这些病毒中有很多只是被部分地定性（表11-1）。不同种属间，乳头瘤病毒基因组的序列同源性较低。

人乳头瘤病毒存在显著的遗传多样性。动物乳头瘤病毒中，牛乳头瘤病毒处于一个特别的遗传分支，像人乳头瘤病毒一样，牛乳头瘤病毒的特定毒株的特性存在差异性，与其他病毒明显不同的是其具有更强的诱生赘生物的能力。除引起皮肤乳头瘤和纤维状乳头瘤外，牛乳头瘤病毒也能诱发上胃肠道黏膜内层的乳头瘤，像化学物质和存在于羊齿植物内的橡黄素一样，这些病毒在

表11-1　乳头瘤病毒引起的疾病

病毒	主要感染物种	疾病
牛乳头瘤病毒1～10型	牛	皮肤纤维状乳头瘤和乳头状瘤，乳头绒毛状瘤，和肠乳头瘤（4型）
	马	结节病（牛乳头瘤病毒1型，2型）
猫乳头瘤病毒	猫	皮肤纤维状乳头状瘤（猫结节病），斑块和乳头瘤，鳞状细胞癌
绵羊乳头瘤病毒	绵羊	皮肤纤维状乳头状瘤
马乳头瘤病毒 1型、2型	马	皮肤乳头状瘤，耳斑块
猪生殖器乳头瘤病毒	猪	皮肤乳头状瘤
犬乳头瘤病毒 1～4型	犬	口腔乳头状瘤（1型），内生植物乳头瘤（2型），色素皮肤斑块（3型和4型）
鹿乳头瘤病毒	鹿	纤维乳头状瘤，乳头瘤，纤维瘤
白尾野兔乳头瘤病毒[a]和兔乳头瘤病毒	兔	皮肤乳头状瘤（可变为恶性的）
雀鸟（雀）乳头瘤病毒	雀	乳头瘤
禽乳头瘤病毒	鹦鹉	乳头瘤

a 也叫做肖普乳头瘤病毒

胃肠道和泌尿道诱发癌。乳头瘤病毒也能引起幼龄牛外生殖器的传染性纤维乳头状瘤，这同人生殖器疣的性传播是相似的。在犬中，乳头瘤病毒引起上皮斑块及口腔、皮肤、结膜和外生殖器的黏膜内层乳头瘤。在马中，引起乳头瘤、耳斑块和结节病。乳头瘤病毒在其他的动物种类中引起相似的损伤谱，尽管损伤存在一定程度的差异，但在每个种类中大多是一致的。

乳头瘤病毒也依据它们的组织嗜性和损伤的组织学特性进行分类。例如，一些牛乳头瘤病毒（3、4、6、9和10型）和白尾野兔乳头瘤病毒单独感染角质化细胞，诱发鳞状乳头瘤，而其他牛乳头瘤病毒（1、2和5型）感染角质化细胞下层皮肤成纤维细胞，产生由上皮和维管（间质）组织增生团块组成的纤维乳头状瘤。牛乳头瘤病毒4型能感染上胃肠道黏膜内层的上皮细胞，产生单独的上皮细胞乳头瘤。相反，其他乳头瘤病毒，例如鹿乳头瘤病毒感染间质细胞，用小量感染或表皮下层增殖的方法，主要诱发纤维瘤。然而，在纤维状乳头瘤和纤维瘤的上皮细胞组分中，病毒的生产性复制是被限制的。

2. 病毒粒子的属性　乳头瘤病毒粒子没有被膜，呈球形，直径为55nm，二十面体对称结构。病毒粒子由72个六价（六角形）病毒壳微体组成。病毒壳微体以五聚体（五角形）排列（图11-1）。通过电子显微镜可见到"空"病毒粒子

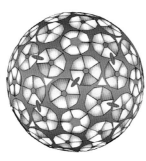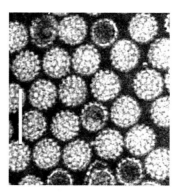

图11-1　（左）乳头瘤病毒衣壳的颗粒描述图，该描述图是由9 A分辨率的牛乳头瘤病毒（BPV）冷冻电子显微镜图像与人乳头瘤病毒16（HPV-16）的L1蛋白的小病毒样颗粒的晶体结构进行图像重建获得的（Modis等，2002）。（中）表示乳头瘤病毒衣壳以T=7排列的72个病毒壳微体的示意图（二十面体结构包括按12个五聚体和60个六边形病毒壳微体排列的360个VP1亚单位）。（右）人乳头瘤病毒1（HPV-1）病毒粒子的阴性对照电子显微照片。竖条表示100nm。
［引自 Virus Taxonomy: Eighth Report of the International Committee on Taxonomy of Viruses（C. M. Fauquet, M. A. Mayo, J. Maniloff, U. Desselberger, L. A. Ball, eds.），p. 239. Copyright © Elsevier（2005），已授权］

和"完整"病毒粒子。基因组由1条单一的环状双链DNA分子组成，大小为6.8～8.4kb。DNA环是共价闭合、超螺旋的，和组蛋白联系在一起，具有感染性。基因组编码8～10种蛋白，其中2种蛋白（L1和L2）形成衣壳（图11-2）。其余的是非结构蛋白（根据不同的病毒命名为E1～E8），这些蛋白起到调节和复制功能。不同乳头瘤病毒种属间的基因组结构存在差异，详细描述超出本文的范畴（图11-3）。

乳头瘤病毒对不同的环境条件变化有抗性，在脂溶剂、去污剂、低pH和高温条件下仍存在感染性。

3. **病毒复制** 乳头瘤病毒的复制与皮肤和一些黏膜复层鳞状上皮细胞的生长和分化紧密相关，包括从基底层发生到表面脱落的整个过程。位于表皮生发层激活的分化基底细胞最早被感染，在整个细胞分化过程中维持病毒在前病毒和可能的潜伏状态。病毒诱导的增生由早期病毒基因产物诱导，发生在复制期间，导致基底细胞分裂增加及在生发层和颗粒层的细胞成熟延缓。这些细胞积聚成新生的乳头瘤。编码衣壳的晚期病

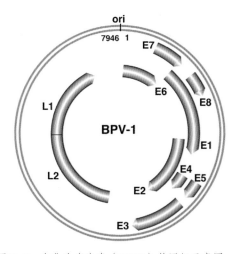

图11-2 牛乳头瘤病毒（BPV1）基因组示意图。病毒的dsDNA（大小为7 946bp；ori为复制原点）。内部的箭头代表的是每一个开放阅读框架编码的病毒蛋白和转录方向（L1，L2为衣壳蛋白；E1～E8为非结构蛋白）。[引自Virus Taxonomy: Eighth Report of the International Committee on Taxonomy of Viruses（C. M. Fauquet, M. A. Mayo, J. Maniloff, U. Desselberger, L. A. Ball, eds.），p. 240. Copyright © Elsevier（2005），已授权]

毒基因首先在表皮生发层细胞中表达，病毒粒子出现在细胞分化阶段。大量的病毒粒子的积累和相关的细胞病理学变化更多地发生在颗粒层。病毒粒子随着皮肤脱落的角质层（角质化层）细胞或黏膜表面的非角质化细胞被排出（图11-4）。

病毒粒子连接到细胞受体，通过受体介导的内吞作用进入，然后转移到不同位置，包括内质网。病毒粒子在内质网被完全或部分拆解。基因组和一些病毒蛋白进入细胞核，在那里复制。硫酸乙酰肝素蛋白多糖，蛋白多糖-3，可作为人类乳头状瘤病毒在树突状细胞上的受体起作用，但其他乳头瘤病毒的受体还有待进一步确定。在生产性感染过程中，病毒基因组的转录分为早期和晚期转录。早期和晚期编码区的转录分别被不同的启动子调控，均发生在相同的DNA链上。首先，包含早期基因的半个基因组被转录，形成信使RNA（mRNAs），mRNAs指导参与病毒复制和细胞调节的酶类的合成。DNA合成开始后，指导参与衣壳装配的结构蛋白（L1，L2）合成的晚期mRNA，以病毒基因组的另外一半为模板开始转录。乳头瘤病毒晚期（L1，L2）蛋白的调节性表达只发生在已分化的上皮细胞或正在分化的角质化细胞中。后代DNA分子作为另外的模板，大量扩增结构蛋白产物。存在几种不同的翻译策略被用来提高病毒基因组的有限的编码容量。

DNA的复制从一个单一的复制原点（ori）开始，双向进行，在环状DNA上大约延伸180°后终止（图11-2）。一个起始复合物连接到复制原点，解旋一个区域（复制泡和叉）；形成新生的DNA链，在解旋方向上一条新链被连续合成，在反方向上其他的合成是不连续的。复制进行时，一种特定的病毒解螺旋酶释放亲本DNA链解旋产生的扭转链。双向复制在整个基因组的DNA环中进行，伴随着后代DNA环分离。

病毒粒子在细胞核中装配，在细胞死亡时被释放出来，常常是简单地通过淘汰作用在上皮中进行细胞替换的结果。一些细胞产生一种细胞病变，其特征是细胞质空泡化。一个感染的细胞可

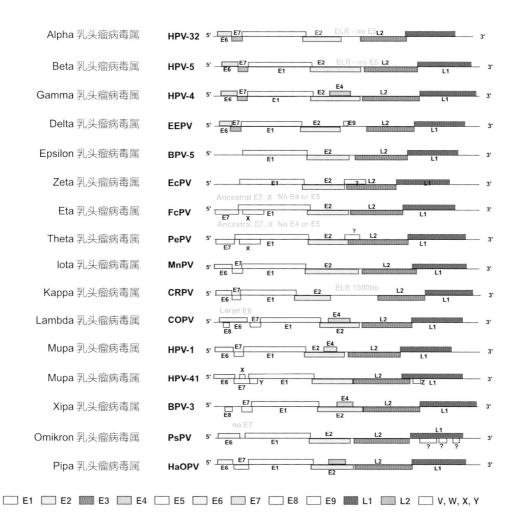

图11-3　乳头瘤病毒科家族中每一个属代表毒株的病毒基因组结构对比。为便利起见，环状的病毒双链DNA被拉平，从复制原点（ori）的位置打开。相似的开放阅读框用相似的颜色标明，其中包括编码的结构蛋白（L1，L2）和非结构蛋白（E1～E9），以及在特定病毒中特性了解较少的蛋白（V，W，X，Y）。HPV，人乳头瘤病毒；EEPV，欧洲驼鹿乳头瘤病毒；BPV，牛乳头瘤病毒；EcPV，马（野马）乳头瘤病毒；FcPV，藏头燕雀乳头瘤病毒；PePV，非洲灰鹦鹉乳头瘤病毒；MnPV，多乳房小鼠乳头瘤病毒；CRPV，白尾棕色兔乳头瘤病毒；COPC，犬口腔乳头瘤病毒；PsPV，鼠海豚乳头瘤病毒；HaOPV，仓鼠口腔乳头瘤病毒。［引自 Virus Taxonomy: Eighth Report of the International Committee on Taxonomy of Viruses（C. M. Fauquet, M. A. Mayo, J. Maniloff, U. Desselberger, L. A. Ball, eds.），p. 241. Copyright © Elsevier（2005），已授权］

以产生10 000到100 000个病毒粒子。

一些乳头瘤病毒可以通过活化一个或多个恶化细胞调控信号的非结构蛋白，转化细胞。特定的乳头瘤病毒毒株表达同细胞蛋白有特别亲和力的蛋白，例如Rb和p53，它们参与细胞分裂周期或凋亡的调节。另外一个例子，E6蛋白是一些牛乳头瘤病毒转化能力的关键组分，而在其他的牛乳头瘤病毒中，E6蛋白缺失，但它的致癌功能通过其他非结构蛋白的表达起作用。E6蛋白是一个转录活化子，干扰、抑制或降解一系列细胞蛋白，包括转录共活化物、CBP/p300和p53肿瘤抑制基因。它也在转高尔基体进程中，同活化蛋白1相互作用，起到封闭细胞分子-桩蛋白的作用，桩蛋白的作用是促进细胞间的局部粘连。乳头瘤病毒通过一系列进程减少主要组织相容性复合物I类蛋白的表达，干扰对病毒抗原的识别和免疫系统对感染病毒细胞的清除作用。

乳头瘤病毒感染引起的宿主免疫反应直接针对病毒，能够对再次感染提供保护性免疫作用，并且能够防止病毒诱导的肿瘤发生，使乳头瘤或

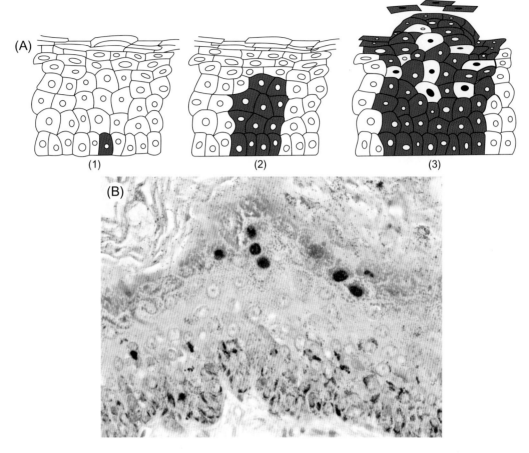

图11-4 （A）乳头瘤病毒感染角质化细胞图示。（1）最初的感染发生在生发层细胞，病毒通过擦破等方式进入。（2）这导致产生一个感染性细胞的增殖性克隆，随后的传播同成熟的感染细胞中的病毒诱导延迟相关。（3）最终发生细胞分化，大量的病毒粒子产生同乳头瘤形成相关。这种情况在颗粒层最显著。病毒粒子随着脱落的角质层细胞被排出。（B）来自犬的鳞状斑的乳头瘤病毒抗原的免疫过氧化物酶染色。应特别注意，表皮生发层个别区域细胞局部放大的核染色（褐色）（在其他细胞层的颗粒细胞质颜色是黑色素）。（A由H. zurHausen供图；B由加州大学戴维斯分校J. Luff供图）

纤维状乳头瘤复原。这种二歧反应涉及不同的抗原靶位。这种现象首次在Richard Shope对兔乳头瘤病毒诱导肿瘤作用的早期研究中被报道，研究中第一次描述了"T"（肿瘤）抗原和肿瘤特异性移植抗原。抗病毒免疫可以通过接种灭活病毒疫苗获得，但接种感染性DNA（缺少病毒抗原）的兔能逃避这种免疫。然而，兔一旦建立针对肿瘤的免疫，无论病毒或DNA都不能诱导产生乳头瘤。肿瘤定向的免疫反应是细胞介导的，可使肿瘤复原。由于这种二歧反应，宿主可以诱导产生针对新乳头瘤的免疫，但已存在的乳头瘤可能持续活跃，或者复原，不依赖于免疫。这些机理适用于一些物种的乳头瘤和纤维状乳头瘤，在它

们中，复原肿瘤明显含有了T细胞的浸润。一旦动物对病毒产生免疫或者经历了肿瘤复原过程，对再次感染具有强烈的抵抗力，但是，免疫是具有病毒株特异性的。在乳头瘤临床治疗过程中，为了达到肿瘤复原的目的，常常错误地进行持续的抗病毒免疫。

（二）牛乳头瘤病毒

与其他家畜相比，乳头瘤或疣在牛中更常见。所有年龄的牛都能被感染，但小牛和一岁内牛的发生频率更高。牛乳头瘤病毒当前至少有10个可以鉴别的型，另外还有一些型已经被建议加入到其中。牛乳头瘤病毒1型和2型属于δ-乳头瘤

病毒属，比其他的型具有较宽的宿主范围和组织嗜性；在牛中引起纤维乳头状瘤，在马中引起结节病。牛乳头瘤病毒3、4、6、9和10型属于ξ–乳头瘤病毒属；它们仅限于感染牛，并且只感染上皮细胞，诱导产生确实的乳头瘤。牛乳头瘤病毒5型和8型是ε–乳头瘤病毒属的成员，引起纤维乳头状瘤和确实的乳头瘤。牛乳头瘤病毒现在没有分类。许多牛乳头瘤病毒的生物学性质，以及许多其他的型的建议，均有待进一步充分确定。

　　1. 临床特征和流行病学　牛乳头瘤病毒在动物间可能通过污染物进行传播，包括被污染的挤奶设备、缰绳、牛鼻牵引绳、理毛和耳标记设备、摩擦贴、铁丝网和其他的被感染牛污染的东西。牛的尖锐湿疣可能通过交配传播，这样损伤在人工受精的动物中是少见的。该病在家养牛中比在牧场牛中更常见。马自然感染牛乳头瘤病毒，可能是由于暴露在牛或被感染牛污染的污染物下造成的。

　　在正常牛皮肤和皮组织中的乳头瘤病毒DNA调查表明，病毒是广泛存在的，但常常没有任何可见的损伤。这种在体表潜伏的DNA可能在受伤害的位置被重新激活，导致乳头瘤的形成。不论疾病发生在哪个位置，不同的乳头瘤病毒造成牛的不同损伤，有时损伤发生在不同的解剖位置。许多病毒与乳头和乳房的损伤有关，可能与挤奶过程中的传播相关。牛乳头瘤病毒1型、2型和5型感染间质细胞和上皮细胞，引起"乳头复叶"疣、普通的皮肤疣和"米粒状"纤维乳头状瘤。乳头瘤有个纤维性的核心，覆盖着不同深度的复层鳞状上皮，外层是过度角质化的。可造成从小的坚硬小瘤到巨大的菜花样生长物的不同程度损伤；颜色上从淡灰色到黑色，粗糙且有刺样感觉（图11–5）。大肿物易受到擦伤，可出现流血。纤维乳头状瘤常见于乳房和乳头，以及头、颈和肩部；也会发生在瓣胃、阴道、阴户、阴茎和肛门。

　　相反，牛乳头瘤病毒3、4、6、9和10型引起上皮和皮肤损伤，而不引起成纤维细胞增

生。牛乳头瘤病毒3型引起的损伤有一个长期持续的趋势，损伤常常是宽底平坦的，不像常见的突出的纤维乳头状瘤，一般是具柄状的。在苏格兰和北英格兰的高地地区，和世界的其他一些部分，欧洲蕨（*Pteridium aquilinum*）或相近的蕨类是常见的，在这些地区牛乳头瘤病毒4型引起的渐进性乳头瘤发生在消化道，进而引起鳞状上皮细胞癌。虽然牛乳头瘤病毒4型能在消化道中引起短暂的乳头瘤，但欧洲蕨的摄食是主要的因素，因为欧洲蕨中包含转换成消化道浸润性癌所必需的致癌物质、诱变剂和免疫抑制化学物。在进食欧洲蕨的牛中，乳头瘤病毒1型和2型也是造成"地方性血尿"症的原因，这种综合征的特征是血尿和/或膀胱癌；超过半数的膀胱肿瘤包含间质细胞、上皮细胞组分，或两种细胞的混合组分，剩余的只是非此即彼的组织类型。像纤维瘤一样，这些肿瘤存在细胞转化，但没有显示出病毒复制。

　　2. 发病机制和病理学　病毒通过皮肤擦伤进入，或者体内存在的病毒被激活，则乳头瘤开始发育。上皮细胞的感染导致增生，随后变性和过度角质化。这些变化常从暴露到病原下4～6周后开始。一般情况下，在自发性（免疫介导的）退化前，乳头瘤持续1～6个月；多发的疣一般同时退化。乳头瘤有一个连续的发生模式：1期乳头瘤表现为轻微隆起的斑块，大约在接触病毒4周后开始出现，伴随着与新生纤维瘤相关的下层真皮的纤维组织形成和早期上皮组织增生。2期

图11–5　患乳头瘤的牛

纤维乳头状瘤发生在大约感染8周后，其特征是病毒诱导产生的病理学变化、病毒复制和在损伤的角质化上皮组织中病毒粒子的晶状堆积。在这个阶段，增生的上皮延伸到下面的纤维瘤中。3期的纤维乳头状瘤大约从感染后12周开始，其特征是纤维变性、具柄状基底且粗糙、呈叶状或蘑菇状的表面。

3. 诊断　乳头瘤的临床表现是特征性的，很少需要实验室诊断。通过电子显微镜可观察到病毒粒子，但仅限于角质化上皮组织。聚合酶链式反应（PCR）试验可以容易地用来检测乳头瘤病毒DNA，并对感染病毒进行分型。但是，在许多临床上没有被感染的动物样品中，乳头瘤病毒DNA普遍存在，应仔细判定任何阳性结果，诊断应结合临床发病情况。用合适的抗血清进行的免疫组化染色法，对于证实皮肤和黏膜表面增生性（疣样）损伤中乳头瘤病毒抗原的存在情况是非常有用的。

4. 免疫、预防和控制　对乳头瘤的预防和治疗难以评价，因为该病是自限性的，并且持续期存在差异。牛α-干扰素和光照疗法已经被用于治疗感染牛，但应用并不广泛。用福尔马林处理过的自体疣组织浆液接种动物的方法已经应用了很多年，但效果只是被描述性的加以评估。应用重组DNA技术生产的病毒衣壳蛋白进行接种，从而获得抗病毒感染保护，这是令人鼓舞的，但疫苗必须包含几种病毒型，因为型之间没有交叉保护。"切除"感染动物身上的所有肿块可以刺激全身性纤维乳头状瘤的退化，对于其他物种的乳头瘤，这种方法同样是正确的。

（三）马乳头瘤病毒

马乳头瘤病毒引起耳部斑块和皮肤乳头状瘤。乳头瘤一般是小的、鼓起的、角质化的损伤，常发生在年轻马的唇部和鼻部，但也能发生在耳部、眼睑、生殖器和四肢。一般9个月后退化。被嚼子、缰绳或别的附属物磕碰的疣能像外科手术一样被清除掉。先天性的马乳头瘤已有描述。

耳部斑块是单个独立的、隆起的、光滑的，或是过度角质化无色的斑块，或是在耳廓内表面的小瘤。它们既不痒，也不痛，不像乳头瘤，它们是不能自动退化的。可以通过免疫组化染色法、PCR检测或电子显微镜检测等方法证实这些损伤处乳头瘤病毒的存在。

（四）马结节病

结节病是马、骡子和驴中最常见的皮肤肿瘤。结节病常发生于4岁以下的马，可单匹或成群发生，偏嗜头、腹部和四肢（图11-6A）。虽然结节病是种严重的疾病，而且在外科手术切除后频繁复发，但它不是恶性的，并且尽管它同局部侵入性纤维肉瘤有组织学相似性，但它不会转移。特别的是，肿瘤的大部分由不规则的增生团块组成，随机排列着成纤维细胞，并伴有伸入到真皮团块中的、覆盖着表皮的特征性增生（图11-6B）。表浅性溃疡形成和二次创伤是常见的。基于这种现象，结节病分为几种型，包括有疣（疣样）型、纤维形成型、混合型和扁平型。

已经反复证实，在马结节病中存在牛乳头瘤病毒1型和2型的不同变异体，以及它们包含的E5转化蛋白，该蛋白能够调整细胞内调节信号。有趣的是，牛乳头瘤病毒DNA也能在患结节病马的未感染的皮肤中检测出来，有时甚至是在完全没感染的马中也能检测出来。然而，用结节病材料进行的传播试验往往是不成功的，没有充分的证据表明在马中存在能够产生感染性病毒粒子的牛乳头瘤病毒生产性复制。病毒DNA是游离的（不是整合到细胞基因组中的），保持在感染的成纤维细胞的细胞核内，在上皮细胞内不存在病毒DNA。

马对牛乳头瘤病毒1型和2型的实验性感染是敏感的，产生的肿瘤在形态学上与结节病相似。在实验和自然造成的损伤中，通过杂交或定量PCR已经对牛乳头瘤病毒DNA序列进行了高拷贝数的测定。牛乳头瘤病毒也能在体外转

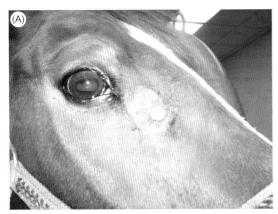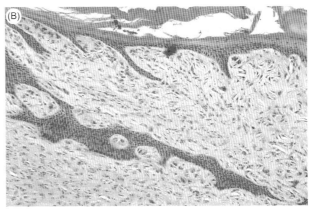

图11-6　马结节病

（A）一匹马的脸部结节病。（B）组织学外观，伴有真皮成纤维细胞的增殖和上层上皮细胞的增生。（A由加州大学戴维斯分校 H. Hilton供图；B由加州大学戴维斯分校V. Affolter供图）

化马成纤维细胞。这些数据资料，连同结节病能以流行病的形式发生的观测结果，表明确实是牛乳头瘤病毒引起的马结节病。然而，和自然感染发病的情况不一样，诱发的肿瘤可以自然退化，实验感染的马产生抗牛乳头瘤病毒抗体，自然发生结节病的马不产生这种抗体。乳头瘤病毒的特异性毒株自然诱发马结节病的精细机制还有待进一步的确定。

尝试性治疗（外科、激光外科、放射线和局部用药）过程中不同程度的成功和风险的实践使得人们对免疫疗法产生兴趣。通过注射免疫增强剂刺激细胞介导反应的方法取得有限的成功。注射各种卡介苗（bacille Calmette-Guérin，BCG）分支杆菌后，眼部的结节病已能退化。包含牛乳头瘤病毒1型病毒样颗粒和E7蛋白混合物的实验疫苗同结节病退化能力的增强具有相关性，在将来可能被建议用作治疗性或保护性疫苗。

（五）犬乳头瘤病毒

一些在遗传学上截然不同的犬乳头瘤病毒已经被鉴定和测序，特别的是，其中每种病毒都有特异的临床表现，如形成口腔乳头状瘤的犬口腔乳头瘤病毒、形成内生乳头瘤的犬乳头瘤病毒2型和同色素皮肤斑块相关的犬乳头瘤病毒3型和4型。

最常见的感染是犬口腔乳头瘤病毒（λ-乳头瘤病毒属），同年轻犬口腔黏膜的外部损伤有关，常是多发的。疣常在唇部开始发生，扩散到颊黏膜、舌、颚和咽喉（图11-7）。组织学的特性是上皮细胞增生和细胞质空泡化（中空细胞病，是不论什么物种的所有乳头瘤的一个特征），偶尔伴有核内病毒包含体。存在一个4～8周的潜伏期，典型损伤的自然复原发生在更远的4～8周后。损伤偶尔会变得更广泛，可能不会自然退化，较少的情况下会发展为鳞状上皮细胞癌。

犬皮肤外生和内生性乳头瘤常以单个团块的形式发生在年老、常是免疫抑制的犬中。外

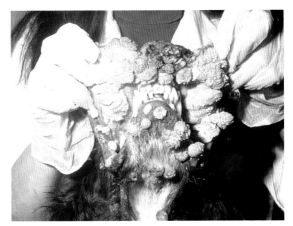

图11-7　一只犬的口腔乳头状瘤

（由美国科罗拉多州大学R. A. Rosychuk和加州大学戴维斯分校S. White供图）

生性乳头状瘤是棘皮症、中空细胞病和偶尔的核内病毒包含体表现出来的增生团块，而内生性乳头瘤是杯状的，发生在正常皮肤下。在一个犬X–连锁的重度联合免疫缺陷症犬群的研究中，描述了这些损伤发展为侵袭性和转移性的鳞状上皮细胞癌。

色素斑块是严重的色素皮肤损伤，常发生在八哥犬中。损伤的特性是局部扩展的上皮细胞增生，常缺少特定的病毒包含体，较少发展为鳞状上皮细胞癌。

（六）猫乳头瘤病毒

乳头瘤病毒序列能够从外表正常、健康猫的皮肤中扩增（PCR法）出来。在家猫和各种野生猫科动物（包括美洲豹、美洲野猫和豹）的特定的增生性皮肤损伤中，病毒的序列已经被确定。一些病毒序列被命名为家猫乳头瘤病毒1型（λ–乳头瘤病毒属），这些病毒同皮肤斑块和鳞状上皮细胞癌有关。来自其他猫科动物物种的病毒序列在另外的分枝里，这些病毒可能是随着各自的宿主随着时间共同进化的，很少或不引起典型的发病。

在猫中，特定的乳头瘤病毒同各种猫皮肤纤维状乳头瘤（猫结节病）、免疫抑制动物中的病毒性斑块以及最近报道的原位（早期）鳞状上皮细胞癌相关。猫皮肤纤维乳头状瘤的特性是皮肤成纤维细胞的增殖，最常见于年轻猫中，发生在头、颈和趾部。存在于这些损伤部位的乳头瘤病毒的部分序列分析提示这种病毒是一种潜在的新病毒，更接近牛乳头瘤病毒1型。同猫乳头瘤病毒1型感染相关的猫过度角质化的病毒性斑块常在年老的免疫抑制猫中发生。猫原位癌，也被称为多中心鳞状细胞原位癌，表现为多重皮肤的、常是色素沉积的斑块，很少侵入下面的真皮；在这些损伤部位，遗传学上显著不同的乳头瘤病毒毒株已经被确定。最近从猫皮肤乳头瘤中扩增出人乳头瘤病毒9型的一部分。

（七）其他动物种类的乳头瘤病毒

20世纪30年代后期利用肖普氏（Shope）兔乳头瘤病毒进行了病毒致癌作用的经典研究。这种病毒引起的乳头瘤常常在它们的自然宿主——白尾野兔（*Sylvilagus* spp.）和实验感染兔中发展为癌。然而，病毒复制仅发生于自然宿主中。

家兔（*Oryctolagu scuniculus*）可自然发生口腔乳头瘤；肿瘤小、呈灰白色、线性或具柄状（直径5mm），大多位于舌下。造成该病的乳头瘤病毒不同于肖普氏兔乳头瘤病毒（白尾野兔乳头瘤病毒）。实验中，口腔乳头瘤病已经在不同的兔种中进行了成功的病例复制，在自然状态下，该病在家兔中广泛传播，尤其是在年轻动物中。在动物舍中似乎不发生病毒的传播，但哺乳期母兔向幼崽的传递是常见的。兔口腔乳头瘤不存在发展为恶性肿瘤的趋势，可持续许多个月。

尽管人们努力寻找可作为实验室模型的鼠的变种，但在啮齿类中明显不存在乳头瘤病毒。例外是在"多乳头鼠"或非洲软毛鼠（*Mastomys natalensis*）和欧洲收获鼠（*Micromys minutus*）中的乳头瘤病毒。由于乳头瘤病毒较强的种属特异性，这些病毒不能传递给实验室的小鼠和大鼠。

（八）鸟乳头瘤病毒

雀鸟乳头瘤病毒在野外常见的苍头燕雀（*Fringilla coelebs*）、燕雀（*Fringilla montifrigilla*）和欧洲灰雀（*Pyrrhula pyrrhula*）中引起乳头瘤。已有在非洲灰鹦鹉（*Psittacus erithacus*）中用二次乳头瘤病毒样病毒感染的描述。由乳头瘤造成的各宿主种属损伤中，已经有两种病毒被证实。在雀中，乳头瘤仅发生在脚趾和腿的末端，从脚趾的轻微结节发展到足部和邻近区域的严重变化，个别脚趾变暗，爪子肥大、变形。在重症情况下，肿瘤可以达到鸟总体重的5%，但感染鸟似乎仍然状态良好。皮肤乳头瘤在多种鹦鹉目的鸟中都有描述，但是这些损伤许多都是和疱疹病毒感染相关的，与乳头瘤病毒无关。

多瘤病毒科家族成员

多瘤病毒具有强宿主限制性，病毒在各自的宿主中引起典型的长期的、不明显的感染。多瘤病毒的致癌潜能仅在实验接种到异体宿主或培养的细胞中时明显存在。多瘤病毒科包含一个属——多瘤病毒属，已经确定存在该病毒的物种有：人类；非人类灵长类（非洲绿猴、狒狒、断尾和短尾猕猴）；啮齿类，包括小鼠（多瘤病毒和K病毒）、仓鼠（仓鼠多瘤病毒）和大鼠（大鼠多瘤病毒）；兔（兔肾空泡形成致病因子）；鸟（禽多瘤病毒，包括澳洲长尾小鹦鹉离巢雏病多瘤病毒）；牛（牛多瘤病毒）；马（马多瘤病毒）。基于基因组序列分析的结果，鸟多瘤病毒独立地分隔于哺乳动物多瘤病毒之外，表明在未来，长期的进化性趋异可导致在不同种属内部单独进化。在兽医学上具有意义的多瘤病毒发生在实验动物和鸟类中。

多瘤病毒的基因组结构、病毒粒子结构和复制策略大体与乳头瘤病毒相似（表11–2）。同乳头瘤病毒相比，多瘤病毒的病毒粒子（40~50nm）和基因组（大约5kb）是非常小的，复制类似于乳头瘤病毒，除了一点，多瘤病毒的编码区的转录发生在反向的DNA链上，而乳头瘤病毒的转录是在正向的DNA链上。像乳头瘤病毒一样，多瘤病毒通过一个或多个非结构蛋白（所谓的T蛋白）调节细胞周期，转化感染细胞。在一些情况下，通过特异性灭活细胞内p53肿瘤抑制基因，使感染细胞发生转化。p53肿瘤抑制基因一般是通过诱导感染病毒的细胞凋亡来限制感染的。

免疫抑制的结果使多瘤病毒持续的潜伏感染重新被激活，无论什么原因，这是病毒基因组转录调控区域突变的潜在结果。在肾中病毒的重新激活导致病毒从感染者的尿中被排出。

（一）禽多瘤病毒，包括澳洲长尾小鹦鹉离巢雏病多瘤病毒

多瘤病毒在众多种类的鸟中被确定，虽然大多数感染同临床病症无关。鸟多瘤病毒都具有相关性，但它们之间存在明显的遗传差异。在鸟中同多瘤病毒感染相关的症状包括在一系列捕获的年幼鹦鹉目鸟［相思鸟（*Agapornis* spp.）、金刚鹦鹉（*Ara* spp.）、鹦哥和红腹灰雀（*Aratinga and Pyrrhula* spp.）、颈环鹦鹉（*Psittacula krameri*）、凯克鹦鹉（*Pionites* spp.）、衷鹦鹉（*Eclectus roratus*）、偶然发生的亚马逊鹦鹉雏鸟（*Amazona* spp.）和美冠鹦鹉（*Cacatua* spp.）］中发生的死亡率增加和在离巢澳洲长尾小鹦鹉（*Melopsittacus undulatus*）出现的急性全身性疾病。所谓的澳洲长尾小鹦鹉离巢雏病多瘤病毒也可以用"换羽症"代表，这是一种澳洲长尾小鹦鹉的轻微疾病，导致长期的羽毛形成障碍。多瘤病毒在欧洲猛禽、斑马雀（*Poephila guttata*）、罗斯蕉鹃（*Musophaga rossae*）和笑翠鸟（*Dacelo novaeguineae*）中的亚临床感染也已被描述。已被阐明的唯一可在自然状态被感染的物种是澳洲的硫冠美冠鹦鹉（*Cacatua gallerita*）。在3~16周龄的家养鹅中，出现血样腹泻、皮下出血、震

表11–2　**乳头瘤病毒科和多瘤病毒科的属性**

病毒粒子没有囊膜，外形呈球状，二十面体对称，病毒粒子直径为55nm（乳头瘤病毒科）或45nm（多瘤病毒科）。

基因组由环状双链单分子DNA组成，大小为6.8~8.4 kbp（乳头瘤病毒）或5 kbp（多瘤病毒）。DNA具有共价闭合末端，是环化的和超螺旋的，有感染性。

两个病毒科家族成员在细胞核内复制；多瘤病毒科成员在培养的细胞中生长；乳头瘤病毒科大多数成员不能在常规的培养细胞中生长，但可以转化培养细胞；感染性病毒粒子仅在末期分化的上皮细胞中产生。

转录期间，多瘤病毒科的DNA从两条链转录，而乳头瘤病毒科的DNA从一条链转录。

整合的（多瘤病毒科）或游离的（乳头瘤病毒科）DNA可以致癌。

颤、共济失调和不同程度的死亡率，一种多瘤病毒感染可能为主要病因。从野生秃鹰（*Buteo buteo*）和欧亚红隼（*Falco tinnunculus*）中分离到一株意义不明的禽多瘤病毒。

来自捕获种群的多瘤病毒相关疾病被反复报道过。澳洲长尾小鹦鹉和相思鸟的感染和发病非常普遍，感染的雏鸟死亡率为30%~80%。通过粪便排毒可达6个月。典型的情况是感染鸟在很少有临床警示便突然死亡，但它们短暂地表现出衰弱、苍白、皮下出血、食欲减退、脱水、缺乏食欲和食物淤滞。还有另外的两种情况，但较少在报道中提及。第一是病的急性形式，导致鸟表现为全身性水肿和腹水、全身性皮疹、皮肤变红、羽毛营养障碍和急性死亡。感染鸟肉眼可见的病变包括心包积水、心扩大症（增大的心）、肝肿大（增大的肝）和弥散性表皮出血。组织学病变包括一些器官（包括肝）的局灶性坏死和邻近坏死点细胞内的特征性的、清楚至光亮的嗜碱性核内包含体。在上皮细胞胞核中，例如肾小管，多瘤病毒可以通过电子显微镜被观察到。第二个非典型的形式多发生在美冠鹦鹉，可导致增重减少，并发展为间质性肺炎和肺水肿。

（二）灵长类和实验动物的多瘤病毒

由猿猴多瘤病毒（SV40）引起的进行性多灶性脑白质病发生在免疫缺陷的非人类灵长类中，代表性的是感染猴免疫缺陷病毒的猕猴（*Macaca mulatta*）。同样的病也发生在一些获得性免疫缺陷综合征的病人中，但一般是和一种不同的人多瘤病毒——JC病毒相关。

多瘤病毒感染涉及很多常规的实验动物种类，包括小鼠、大鼠、仓鼠和兔。小鼠的多瘤病毒是该病毒家族的同名病毒，但它作为该病毒家族的原型病毒的地位已经被SV40病毒所取代。多瘤病毒T抗原基因组件常用于转基因构建，达到诱导转化的目的。多瘤病毒的生物学特征在小鼠中很容易被了解。年幼小鼠在出生时是完全免疫缺陷的，用多瘤病毒接种实验的新生小鼠时，小鼠发生多系统感染，伴随着在多种器官中的病毒溶解性复制。如果小鼠存活，病灶点转化细胞增生，导致发展为许多（多）型肿瘤（oma）的发生、发展，包括同同质细胞肿瘤和上皮细胞肿瘤。皮肤肿瘤与乳头瘤相似，病毒在角质化上皮细胞中复制，但不同的是，肿瘤中不包含复制的病毒。在自然条件下，发病的感染种群中的新生小鼠受母源抗体的保护，可以避免受到感染，母源抗体减少时可受到感染。在这些状况下，感染是亚临床的，没有肿瘤产生，可能是持续性的，在病毒可通过尿长期排放。这种亚临床的、持续的在尿中排放病毒的特性在许多物种中是普遍的。

小鼠是另一种多瘤病毒的宿主，这种病毒是已知的K病毒，或叫做克氏（Kilham's）病毒，最近更多的被错误地命名为"鼠亲肺性病毒"。K病毒实际上不是亲肺性的，而是因为它对维管上皮细胞有趋向性，并在其中发生溶解性复制，诱发肺水肿和出血。这种情况仅发生在免疫缺陷新生鼠的扩散性感染的时候。像小鼠多瘤病毒一样，K病毒在尿中被长期排放，但和小鼠多瘤病毒不一样的是，它没有致癌活性。在同一时期的小鼠群落中，多瘤病毒和K病毒实质上是不存在自然感染的。然而，由于多瘤病毒一直被用于实验研究，偶尔会由实验室中小鼠的医源性污染引起该病毒的感染。这种情况大多发生在无胸腺（T细胞缺陷）的裸鼠中，已发现在自然暴露的条件下可以有瘤的形成。

已发现用于实验室的和作为宠物的叙利亚仓鼠（*Mesocricetus auratus*）和欧洲仓鼠（*Cricetus cricetus*）被一种不明来源的仓鼠多瘤病毒感染，可能来源于东欧，当时野生的欧洲仓鼠同实验室的叙利亚仓鼠被混合在一起。仓鼠多瘤病毒在生物学上同大多数其他多瘤病毒相似，开始是多系统的溶细胞感染，随后在免疫缺陷动物中诱导肿瘤，长期慢性的感染伴随着尿中的病毒排放。在仓鼠中这种病毒在体内的周期性变化加快，因为叙利亚仓鼠高度近亲交配，有一种不明确的细胞免疫缺陷，对病毒敏感，在所有年龄都能诱发肿瘤。最初接触到无该病毒感染过的仓鼠群时，仓鼠多瘤病毒在年轻仓鼠中引起大量的传染性淋巴瘤流行病，通常病毒在肠系膜淋巴结中首先增殖，其他的一些器官也参与了增殖。这些流行病具有破坏性，给一些有价值的实验室仓鼠近交系造成损失。当感染转变为种群内的流行病时，淋巴瘤的发病率下降，动物常表现为多发性的皮肤上皮癌。同小鼠多瘤病毒一样，转化细胞形成的淋巴瘤中没有病毒的复制，病毒复制发生在上皮瘤的角质化上皮细胞中。由于这种特性，最初错误地把仓鼠的致病因子归类为一种乳头瘤病毒。

其他常见的实验动物也可招致多瘤病毒的感染。最早发现的多瘤病毒中的一个是兔肾空泡致病因子，它可以在白尾野兔的肾培养物中形成细胞病变。这种病毒是棉尾兔（*Sylvilagus* spp.）固有的，但在家兔（*Oryctolagus* spp.）的肾小管中也发现了多瘤病毒样核内包含体，提示在这种物种中有相似的病毒存在。在兔中，多瘤病毒在临床上并不重要。

最后，实验鼠的感染至今仍被用于研究多瘤病毒，多瘤病毒在患呼吸道疾病的无胸腺裸鼠中，多次在临床研究中被使用。这些动物在呼吸系统上皮、肺和唾液腺中有粗大的核内包含体，但在肾中没有。该现象是最近在研究患呼吸道疾病（KI和WU病毒）儿童和患默克尔（Merkel）细胞癌成人中人类多瘤病毒过程中发现的。

（三）牛多瘤病毒感染

牛多瘤病毒在牛血清中常见，尤其在胎牛和新生牛血清中。此外在一些地区的兽医体内检测出高比例的交叉反应抗体。尽管这种病毒在牛中广泛存在，牛多瘤病毒感染不引起发病，它的意义是不确定的。

刘长军　译

Chapter 12
第12章

细小病毒科

章节内容

细小病毒能够感染许多动物，它是一些重要的动物疾病病原（表12-1）。许多细小病毒可能只引起温和的或亚临床感染，现在逐渐使用分子检测方法诊断这些病毒感染。人们认识到像猫泛白细胞减少症病毒这样的细小病毒所引起的疾病已经有100多年了，然而像犬细小病毒病这样的疾病近些年来才发生。

尽管细小病毒的分类很复杂，但是这些细小病毒都具有相关性，而且有可能来源于共同的祖先。它们具有共同的生物学特性，包括对干燥环境的抵抗性以及需要通过细胞有丝分裂的S期完成它们自身DNA的复制。在特定的组织早期分化期，有丝分裂活性细胞的相关有效性使得一些细小病毒引起的疾病具有一种年龄依赖易感性。因此某些细小病毒感染在胎儿（经胎盘感染）和新生儿中非常严重。这种对于有丝分裂活性细胞的需要也反映在一些细小病毒对于快速分化造血前体细胞和淋巴细胞以及肠道黏膜祖细胞的嗜性上。

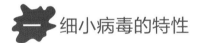 细小病毒的特性

（一）分类

细小病毒科由两个亚科组成：细小病毒亚科（包含脊椎动物病毒）和浓核病毒亚科（包含昆虫病毒，后文将不再做进一步的讨论）。细小病毒亚科有5个属。由于一种动物可能会是多种细小病毒的宿主，使得细小病毒分类者们比较困惑。但是，分类学上将细小病毒分成不同的属，主要根据它们的分子特征而不是物种来源进行分类。细小病毒属包括：猫泛白细胞减少症病毒和与其密切相关的犬细小病毒、水貂肠炎病毒及浣熊细小病毒；啮齿动物和兔的细小病毒；猪和鸡的细小病毒。红细小病毒属包括：人细小病毒B19和与其相关的非人类灵长动物细小病毒，暂时包括牛细小病毒3型和金花鼠细小病毒。依赖病毒属包括所谓的腺相关病毒，这些病毒有自身复制缺陷且不致病，通常需要在辅助病毒——腺病毒存在的情况下进行复制。这个属的成员包括鹅和鸭细小病毒，暂时还包括牛细小病毒2型。水貂阿留申病病毒是阿留申病毒属的唯一成员。牛细小病毒和犬微小病毒属于博卡病毒属成员。来自于犬、鸟、啮齿动物、牛和貂等动物的细小病毒分成了几个属。

（二）病毒粒子特性

细小病毒的病毒粒子无囊膜，直径为25nm，呈二十面体对称（图12-1）。衣壳呈现出许多与病毒功能相关的表面特征，包括在每个对称五重轴处有一个中空圆柱体，它被一个圆形的凹陷包围着，对称的三重轴周围有明显的突触，大多数病毒的每个对称的二重轴处有一个凹陷。猫和犬细小病毒的受体结合位点位于纤突的表面，其决定病毒的宿主和组织嗜性，同时这个部位也是许多抗体拮抗病毒衣壳的结合位点。

表12-1 动物细小病毒病的临床表现[a]

病毒	疾病
猫泛白细胞减少症病毒	小猫全身性疾病，猫白细胞减少、肠炎；小脑发育不全
犬细小病毒1型（犬微小病毒）	症状轻微
犬细小病毒2型（亚型2a,2b,2c）	幼犬广泛性发病；肠炎、心肌炎（少见）、淋巴细胞减少
猪细小病毒	死产、流产、胎儿死亡，木乃伊胎、不孕
水貂肠炎病毒	白细胞减少、肠炎
水貂阿留申病病毒	慢性免疫综合征、脑炎、新生儿间质性肺炎
鼠细小病毒，鼠微小病毒，大鼠细小病毒，大鼠H-1病毒	亚临床感染或持续感染；先天性胎儿畸形；大鼠出血性综合征
鹅细小病毒	肝炎、心肌炎、肌炎
鸭细小病毒	肝炎、心肌炎、肌炎

a 很多种类动物体内都能够检测到细小病毒，通常没有明显临床症状。

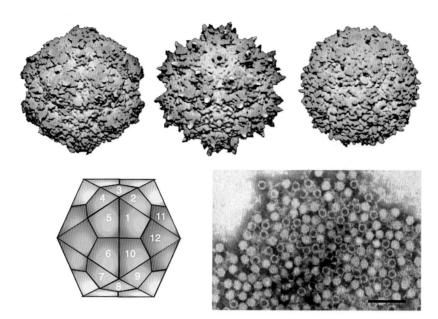

图12-1　（顶部）犬细小病毒（CPV）衣壳结构的空间填充模型（左）；腺相关病毒-2型（AAV-2）（中）和大蜡螟浓核病毒（GmDNV）（右）。每个模型都是相同比例，并根据到病毒中心的距离着色。每个模型中，病毒的中心是一个双重轴，中心左侧和右侧分别为三重轴，中心的上和下分别为五重轴（由M. Chapman提供）。（左下角）图例代表一个T=1衣壳结构。（右下角）CPV病毒粒子复染电镜照片。标尺为100nm。[引自Virus Taxonomy: Eight Report of the International of committee on Taxonomy of Viruses(C. M. Fauquet, M. A. Mayo, J. Maniloff, U. Desselberger, L. A. Ball, eds.), p. 353. Copyright © Elsevier (2005), 已授权]

　　细小病毒的衣壳由60个蛋白分子组成，大约90%的蛋白是VP2蛋白，约10%是重叠的较大的VP1蛋白。相同的mRNA经过可变剪接形成VP1和VP2，VP2的全部序列都包含在VP1基因内部。一些病毒还有第三个结构蛋白——VP3，VP3蛋白是由VP2多肽的氨基端裂解而形成的（仅在含有DNA的衣壳内）。细小病毒的衣壳蛋白都含有一个中心八股、反向平行的β桶基序，β桶的链由四个延展环连接；这些环构成了病毒颗粒的大部分外部结构，并且决定了病毒的受体结合、抗原特性以及对环境的稳定性。事实上，细小病毒对环境因素极其稳定，包括极端的温度和pH，而且使用商品化的消毒剂对污染的场所进行消毒是需要面对的主要困难。

　　病毒基因组由线状单链DNA的单分子组成，长度大约为4.5~5.5kb（图12-2）。一些细小病毒衣壳只包裹负链DNA（例如，犬细小病毒，鼠微小病毒等）。其他的细小病毒衣壳包裹了不同比例的正链和负链DNA，因此这些病毒

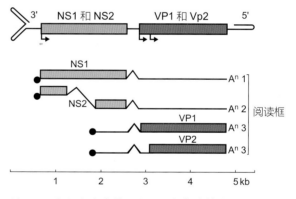

图12-2　犬细小病毒基因组DNA和转录策略。基因组有末端回文序列，使每个末端形成发卡结构；这些结构负责DNA复制的起始，也有利于衣壳化（包装）病毒DNA形成新的病毒粒子。RNA转录的5'末端加帽（黑色圈），3'末端被多聚腺苷化（A^n）。VP1和VP2由相同的mRNA编码，并产生大量的VP1和VP2蛋白。它们是由可变起始密码子形成的（箭头），VP2的全部编码序列都包含在VP1基因内部。非结构蛋白NS1大量生成，它有许多功能：① 结合于DNA上，是病毒DNA复制所必需的；② 有解旋酶活性；③ 有核酸内切酶活性；④ 干扰细胞DNA的复制，致使细胞停留于分裂周期的S期。NS2是由两个开放阅读框编码且通过剪接形成的，NS2调节病毒基因的表达。不同的细小病毒，转录呈现显著的多样性（移码、剪接等），而且形成的产物不能用任何一种模型来说明。（由C. R. Parrish提供）

的单个病毒粒子可能含有任何一种极性的单链DNA。病毒基因组包含两个主要的开放阅读框：一个是在距基因组3'端一半的位置上有一个开放阅读框，它编码DNA转录与复制所需要的非结构蛋白；另外一个开放阅读框在基因组5'端的部分，编码衣壳的结构蛋白（被称为CAP、VP或者S）。这两个阅读框存在于细小病毒成员基因组的同一DNA链上。基因组有末端回文序列，使每一个末端形成病毒复制所需要的发卡结构或者其他复杂的碱基对结构。

（三）病毒复制

受体结合于细胞膜上，启动病毒感染易感细胞，病毒粒子通过细胞的内吞作用进入细胞内。转铁蛋白受体是犬细小病毒和猫泛白细胞减少症病毒的受体，同时它也指导病毒进入网格蛋白介导的途径。由于转铁蛋白受体能够显著的上调增殖细胞的数量，所以它可能也有利于这些病毒的复制；因为细小病毒复制只发生在通过了有丝分裂S期的细胞中，所以病毒的复制与细胞复制密切相关。许多细小病毒还能够结合唾液酸残基，这与它们能够凝集多种动物红细胞的能力一致；唾液酸是一些啮齿动物细小病毒在受体结合过程中所需要的必需成分。决定细小病毒嗜性的其他因素还不是很清楚。尽管特定的病毒粒子对于受体结合的亲和力有可能影响这些病毒的致病机制，但是大多数动物的细小病毒已知受体并没有表现出足以说明病毒嗜性的组织特异性。

病毒粒子一旦进入细胞，它通过胞内体途径在细胞质中通行，也包括早期和晚期的核内体，有时候还有内体再循环。病毒颗粒是如何从核内体系统释放出来的目前还不清楚。然而，病毒VP1蛋白在它的N-末端独特区域有磷脂酶A2活性，它可能参与修饰内膜并且促进衣壳的释放。VP1蛋白的这个独特区包埋于新形成的病毒颗粒内部，所以核内体的暴露需要病毒衣壳的一个结构转换蛋白以释放其活性。进入细胞质中的病毒颗粒拥挤到核孔，或多或少完整的病毒颗粒进入

细胞核，在这里开始病毒复制。

病毒DNA的复制以及衣壳的组装发生在细胞核内，而且需要宿主细胞处于细胞分裂周期的S期。由于病毒本身不编码或者包装复制所需的酶，所以病毒复制需要细胞处于分裂周期，这是由于病毒需要宿主DNA复制的工厂来进行病毒DNA的复制。相反，细胞DNA聚合酶复制病毒DNA形成双链DNA中间体，它又将作为病毒mRNA转录的模板。可变剪接产生了多种mRNA，其可被翻译成四个主要蛋白和一些小的尚不明确的蛋白。丰度最高的mRNA主要由基因组5'端的基因编码，由其指导结构蛋白的合成。非结构蛋白（NS1）由基因组的3'部分编码，其功能如下：① 在病毒DNA复制过程中，它会附着在病毒DNA的5'末端；② 在病毒复制和DNA包装过程中，它发挥解旋酶活性；③ 它可作为位点特异性切割酶；④ 它介导细胞周期的G1期细胞阻滞。

病毒基因组的复制机制是滚动发夹复制，复制机制很复杂，而且复制的一些细节目前仍然没有被完全研究清楚。负链基因组DNA的3'末端发夹可作为自身引物，起始双链DNA复制中间体的合成。复制中可见复制中间体的二聚体，也就是由两个共价连接的双链形成的头对头串联体，这就形成了一种复制模式，在这种模式中，不断增长的DNA链以自身为模板反向复制，形成四聚体结构，通过一系列复杂的闭合环状体再打开产生两个完全正链和两个完全负链DNA，在瞬时形成的发夹结构处重新开始复制，然后单链内切酶进行裂解（表12-2）。

细小病毒发病机制的一个主要决定因素是病毒复制时需要周期细胞。胎儿（猪或猫）或新生儿（犬或猫）在器官形成的关键阶段感染细小病毒，此阶段有大量的细胞分化会导致全身感染和组织破坏，从而导致发育缺陷。因此，猫泛白细胞减少症病毒感染选择性破坏猫胎儿期或者围产期幼猫的小脑，然而，感染细小病毒幼犬和幼鹅可能会影响心脏（心肌）发育。通常情况下，这

表12-2　细小病毒的特性

五个属：细小病毒属、红细小病毒属、依赖病毒属、阿留申病病毒属、博卡病毒属。

病毒粒子呈20面体对称，直径为25nm，由60个蛋白亚单位组成。

基因组为单链DNA的单分子，大小为4～6kb；一些病毒衣壳只包裹负链DNA，而其他病毒衣壳包裹着正链和负链DNA。

在分裂细胞的核内复制；病毒感染可产生大量核内包含体。

病毒非常稳定，在60℃可耐受60min，可耐受pH3～9。

大多数病毒能够凝集红细胞。

些病毒的复制在老龄动物已分化的器官中是受限制的；然而，对于不断分化的细胞，像造血前体细胞、淋巴细胞以及肠道黏膜祖细胞等，在任何年龄动物中都是易感的。细小病毒选择性感染和破坏这些快速分裂的细胞，可导致类似于辐射所致的组织损伤，因此，细小病毒感染又被称为"辐射模拟"。水貂阿留申病病毒的嗜性随着动物年龄的变化而变化。新生儿缺乏母源抗体，可发生肺泡Ⅱ型上皮细胞的感染和破坏，导致急性间质性肺炎，而年龄较大的动物（或存在抗体的新生儿）由于较少的肺泡Ⅱ型上皮细胞感染，会发展为慢性感染。

许多细小病毒引起的急性感染只持续几天，有些细小病毒感染则会持续较长时间，以应对强大的宿主免疫应答。细小病毒持续感染的确切机制还不十分清楚，大多数病毒能够被抗体介导的中和作用清除。水貂阿留申病病毒在许多水貂体内可持续复制达到高水平，可能是由于衣壳相关的磷脂降低了抗体的结合或中和作用。水貂持续感染可致使大量循环抗原-抗体复合物在组织中储存，进而启动3型超敏反应，导致组织损伤和破坏。

二 细小病毒属成员

细小病毒属一些成员的病毒粒子仅含有负链DNA，而该属的其他成员病毒病毒粒子也包含不同比例的正链DNA。

（一）猫泛白细胞减少症病毒

猫科动物所有成员都对猫泛白细胞减少症病毒易感，该病在全球范围内存在。一些灵猫科、浣熊科和鼬科的成员，包括貉、水貂和长鼻浣熊也容易感染。猫泛白细胞减少症引起的疾病非常严重，造成易感动物大量死亡。

1. **临床特征和流行病学**　猫泛白细胞减少症病毒具有高度传染性。动物可通过与患猫直接接触或通过污染物（床上用品，食物用具）而感染；跳蚤和人是机械传播媒介。病毒通过粪便、呕吐物、尿液、唾液排毒，且病毒在环境中非常稳定。

猫泛白细胞减少症是幼猫在断奶后且母源抗体减少时最常见的疾病，但是任何年龄的猫均易感。该病的潜伏期大约为5d（2～10d的范围）。临床症状刚出现时，表现为大量的白细胞减少，发病严重，死亡率随白细胞减少程度增强而升高。如果每毫升血液的白血胞数低于1 000个，则该病预后不良。临床症状包括发热（超过40℃），可以持续24h或更长时间。最急性型常在这一阶段发生死亡。存活的猫体温会恢复正常，在疾病的第3d或是第4d体温会再次增加，同时会伴有怠倦乏力，食欲不振，被毛粗糙，并经常反复呕吐的症状。发病的第3d或第4d，可能会发展为持续地并经常伴有出血性腹泻。严重的吸收不良性腹泻导致脱水，这是致死的一个主要因素。

围产期或是子宫内感染的幼猫会导致小脑发育异常（小脑发育不良/萎缩症）。感染的幼猫大约在3周龄时，出现明显的共济失调（所谓的痉挛性或摇摆不定的猫综合征）；它们站立和移动的时候的步子很夸张，倾向于过度用力并在预期目标处停下来晃荡。

2. 发病机制和病理学 病毒进入口咽部之后，病毒最初的复制发生于咽后壁淋巴组织。从这里开始，病毒通过血流以游离的和细胞相关的病毒血症方式分布到其他组织和器官。只要有合适的受体且处于细胞周期S期，细胞就能被感染并杀死，或者被阻止进入有丝分裂期。未感染的细胞可通过受体结合受到间接影响，或受到来自病毒诱导的细胞因子如肿瘤坏死因子等的调节和细胞毒性作用。特征性的白细胞减少涉及所有的白细胞，包括淋巴细胞、中性粒细胞、单核细胞和血小板。血液循环内的淋巴细胞，以及包括胸腺、骨髓、淋巴结、脾和派伊尔氏淋巴集结等淋巴器官里的淋巴细胞都受到破坏。休眠的外周血白细胞受到刺激开始增殖，从而允许病毒的复制。结合在细胞表面的病毒可促使这些细胞成为细胞毒性裂解的靶细胞。

快速分裂的肠腺内层上皮细胞（隐窝）高度易感。这些细胞是整个肠黏膜的祖细胞，所以它们的破坏导致黏膜塌陷伴有小肠绒毛的收缩和融合，上皮细胞衰竭。功能方面的影响是消化不良，吸收不良，最终导致腹泻。尽管眼观变化轻微，甚至在严重感染的猫体也不明显，但是尸检可见节段性黏膜堵塞和/或肠浆膜有瘀斑、出血。组织学上，除了标志性的肠绒毛收缩和内层上皮细胞变薄外，隐窝扩张和肿胀，伴有黏液和细胞碎片。在急性感染病例，肠黏膜上皮细胞层变薄，使得单个细胞展开以防止基底膜暴露于肠内容物中，但是经常发生溃疡并突破这一重要屏障。隐窝肠上皮细胞内很少有核内包含体的存在。肠上皮细胞增殖和隐窝扩张主要表现在感染恢复期，这些细胞试图重新填充受损的黏膜。由于肠黏膜内皮细胞发育不成熟，所以修复期可能会出现消化不良和吸收不良症状。淋巴结可能出现增大和水肿；组织学上，可见淋巴细胞广泛破坏的现象。

在怀孕的最后2周和胎儿出生的最初2周时若胎儿发生感染，小脑外颗粒层出现严重病变，该时期会出现典型的小脑发育不完全或萎缩症状

（图12-3）。在此期间，小脑外周颗粒层细胞进行正常的快速分裂和迁移形成内部颗粒和浦肯野细胞层；这种增殖和迁移的细胞被阻滞，病毒感染的幼猫会永久保持共济失调。

3. 诊断 临床症状、血液学数据和尸检结果可以充分地对猫泛白细胞减少症做出初步试验。常规的确诊试验，包括抗原捕获酶联免疫试验，或者免疫荧光试验检测组织中的抗原，或聚合酶链式反应（PCR）试验检测粪便或组织中的病毒DNA。也可使用病毒分离或血凝试验进行鉴定。血清学诊断包括血凝抑制试验、酶联免疫试验或间接免疫荧光试验。

4. 免疫、预防和控制 健康猫自然感染后会产生快速免疫应答。感染后3～5d内可以检测到中和抗体，且中和抗体会增至较高水平。体内存在的高滴度抗体可以防止动物再次感染病毒，自然感染或接种弱毒活疫苗后获得终身免疫。幼猫被动免疫后，获得性抗体滴度与母源抗体滴度相关，并以恒定的速率下降。因此，抗体对幼猫的保护期随着初始滴度的不同而变化，时间变化范围从几周到长达16周。疫苗免疫在全球范围广泛应用，目前有灭活疫苗和减毒活疫苗。虽然每种疫苗都有其自身的优点和缺点，弱毒疫苗安全可靠且在疾病控制方面比灭活疫苗效果要好。

病毒的稳定性以及大量的病毒排泄物导致严重的环境污染，因此给消毒污染的场所带

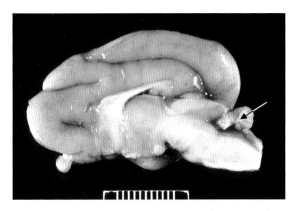

图12-3　幼猫感染猫泛白细胞减少症病毒引起小脑发育不全/萎缩（箭头）

（由加利福尼亚大学戴维斯学院J. Peauroi提供）

来困难。从猫舍清除先前感染的猫数周甚至是数月后，重新引进易感的猫还有可能会从该舍内感染病毒。污染物可能携带病毒至很远的地方。在大型猫舍内，如果要清除病毒，那么必须对新引进的猫进行严格的卫生处理和检疫。猫在进入猫舍前，必须隔离2周，病猫必须清除和隔离，并对猫进行严格的疫苗免疫。使用1%的次氯酸钠对猫舍表面进行消毒，可摧毁残留的病毒污染，但是，如果存在有机物，这种方法就不那么有效了。在这些情况下，可以将有机酚醛或碘/戊二醛等消毒剂和去污清洁剂一起使用，进行彻底消毒。

（二）水貂肠炎病毒

水貂肠炎是由细小病毒引起的，该病原和猫泛白细胞减少症密切相关。水貂感染后，可出现类似于猫泛白细胞减少症的综合征，但是没有出现小脑发育不良/萎缩现象。可能是由于在20世纪40年代，猫泛白细胞综合征病毒被带入加拿大的安大略省的商品化水貂农场，致使水貂感染这种疾病。

（三）犬细小病毒2型

犬细小病毒病是由犬细小病毒2型引起的疾病，在1978年，该病最初被认为是一种新发疾病。该病被确诊后，便快速地在全世界范围蔓延，导致了以高发病率和高死亡率为特征的"处女地"式大流行。序列分析和回顾性血清学调查表明，该病毒的直接祖先是20世纪70年代初期或中期欧洲一只被感染的犬；这一结论基于1974年、1976年和1977年，分别从希腊、荷兰、比利时等国犬血清中发现的病毒特异性抗体。1978年，首次在日本、澳大利亚、新西兰和美国犬体内发现抗体，确认该病毒在不到6个月内传播到世界各地。该病毒的稳定性、高效的粪-口传播途径，以及全世界的犬几乎普遍易感，这些可能解释了这一著名的动物疫病大流行的发生原因。

犬科所有成员（犬、狼、狐狸、土狼）都容易自然感染犬细小病毒2型。已有鼬科和猫科动物成员被一些病毒感染的报道，尤其是猫、貂和雪貂。该病毒一直是引起野生和家养犬科动物发生传染性腹泻的一个非常重要的病原。

犬细小病毒2型与先前报道的犬的细小病毒——犬微小病毒（现在被称为犬细小病毒1型）在遗传学上不同。自该病在20世纪70年代出现以来，由于不断的遗传变异出现了犬细小病毒2型的新毒株，已经确定的有3个主要变异株（2a、2b和2c）。有趣的是，一些近年来出现的2a和2b变异株比20世纪70年代最初报道的原始犬细小病毒2型毒株更加容易感染猫。

1. 临床特征和流行病学　犬细小病毒2型感染的流行病学特点和猫泛白细胞减少症相似。该病毒具有高度传染性并且在环境中非常稳定，所以大多数的感染都是由于易感犬接触病毒污染的粪便所致。6周龄到6月龄快速生长的幼犬发生严重疾病，这一现象非常普遍。然而，许多自然感染犬细小病毒2型的犬仅表现出温和的或亚临床症状。

犬细小病毒2型可引起类似于猫泛白细胞减少症的肠炎综合征，尽管白细胞减少在病犬并不严重。此外，相较猫泛白细胞减少症而言，肠道出血伴随着严重的血样腹泻症状是犬细小病毒病特征性的症状。自该病毒首次被发现后，由于广泛的疫苗接种，使得肠炎综合征的发病率下降，但是犬细小病毒2型仍然是引发幼犬发生传染性腹泻的重要病原。忠犬发病初期通常表现为严重和持久的呕吐，伴随着厌食、嗜睡和很快导致严重脱水的腹泻症状。粪便里条纹性出血，或者持续出血直到患病动物恢复健康或死亡。除了幼犬外，其他年龄的动物患病一般不易死亡。一些犬细小病毒遗传毒株可能比其他的毒株致病力更强，而且一些品种犬比其他的犬容易患严重的疾病。

一周龄犬感染后可引发心肌炎综合征，通常表现为幼犬急性心脏衰竭而突然死亡，且没有任何临床症状。急性心肌损伤后幸存的幼犬可能在其4~8周龄时继发心肌病。当病毒首次出现的时候，这种综合征相对比较常见，但是由于对母犬进行广泛的免疫接种，可避免大多数幼犬在易感期发生感染，所以现在这种综合征已经不常见了。

2. 发病机制和病理学　犬细小病毒感染的发病机制和猫泛白细胞减少症病毒感染相似，但是幼犬无小脑发育不完全/萎缩症状，但表现心肌炎症状，这些症状可以将其与猫泛白细胞减少症相区别。由于幼犬出生后的1周内，心肌细胞快速增殖，因此细小病毒可感染心肌。病毒感染导致幼犬出现心肌坏死和炎症反应，急性心脏衰竭又会造成肺水肿/肝淤血。那些耐过了一段时间的幼犬会出现远心性肥大（扩张型心肌症），并伴随相关的淋巴细胞性心肌炎和心肌纤维化。

细小病毒感染犬后会造成全身感染，随后病毒可以从口咽部进入机体（与猫泛白细胞减少症病毒感染类似）。病毒感染犬的肠隐窝上皮细胞受到感染和破坏，从而导致肠道发生病变，随后出现肠黏膜溃烂、消化不良和吸收不良性腹泻（图12-4）。

黏膜和浆膜出血严重，说明患犬出现了终端弥散性血管内凝血。其他器官也可能出现出血症状，中枢神经系统出血会引起一些神经症状。淋巴组织也会受到影响，出现广泛的淋巴细胞破坏，导致机体免疫力下降，使动物易发生继发感染。

3. 诊断　幼犬突然出现恶臭的血样腹泻可提示犬细小病毒感染，但是还不能确诊。尽管病毒排毒时间短暂（感染后3~7d），但是应用排泄物进行酶联免疫试验有助于病毒的快速检测。利用猪、猫或者猴的红细胞（pH6.5，4℃）与粪便提取物中的病毒进行血凝试验，可对犬细小病毒感染做出实验室诊断，且血凝特异性可通过平行滴定正常和免疫犬血清样本进行确定。急性肠炎犬的粪便样品可能含有成千上万个病毒血凝单位，说明病毒滴度非常高。电子显微镜观察，病毒分离以及应用PCR方法从粪便样本中扩增病毒DNA是临床诊断中常用的实验室确诊手段。通常我们对双份血清用免疫球蛋白IgM和/或IgG捕获酶联免疫吸附试验来做血清学回顾性诊断。

4. 免疫、预防和控制　动物自然感染后，

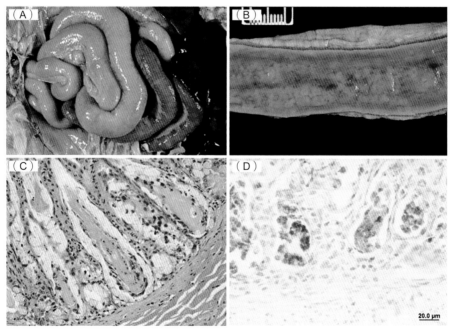

图12-4　犬细小病毒2型引起的肠道病变

（A）浆膜出血。（B）黏膜出血。（C）隐窝坏死。（D）上皮组织中细小病毒抗原的免疫组织化学染色。（由加利福尼亚大学戴维斯学院P. Pesavento提供）

会出现快速的免疫应答。感染后的3~5d可以检测到中和抗体，且抗体滴度迅速上升。自然感染后可出现终身免疫。大多数母源抗体通过初乳转移给幼崽，幼崽的抗体滴度与母源抗体滴度相一致，因此幼崽的抗体滴度是不断变化的，只提供几周或至多16周的保护。病毒感染和疫苗接种后会产生细胞毒性T细胞。

目前有可用的弱毒疫苗，且已经广泛使用。然而在免疫过程中，由于母源抗体的干扰可导致断奶幼犬疫苗免疫失败，这也是免疫失败最常见的原因。约10%母源抗体通过胎盘传递给幼崽，约90%的母源抗体通过初乳获得（犬IgG抗体的半衰期为7~8d）。目前已经确定，抗体滴度为80或更高的时候具有保护力（通过血凝抑制试验测得），因此抗体滴度较低的母犬所产的幼崽在出生后的4~6周里更容易感染野生型病毒，有较高抗体的母犬所生的幼崽可获得长达12~18周的抗感染能力。当然，血清学阴性母犬所生的幼崽在新出生时对病毒易感。能够保护幼犬抵抗野生型病毒感染的母源抗体水平与能够干扰弱毒疫苗免疫产生的母源抗体水平是不同的。除了它们内在特性的差异外，野生型病毒是通过口鼻而不是非肠道途径进入机体。实际上，由于母源抗体减弱，在大约1周的时间里，抗体滴度下降到幼崽容易感染野生型病毒的水平，但是仍然还有一点免疫力。在这一时间段，可以对每只幼犬做血清学试验，但是费用很昂贵，并且多数情况下，这种做法也不可行。常规的做法是，每隔2~3周对幼犬进行一系列的疫苗接种，从6~8周龄开始免疫，一直持续到16~20周龄。另一种方法是使用非常高滴度的疫苗进行免疫，从而克服免疫干扰。另一种方法是使用低代次、有稍许毒力的病毒进行免疫，这有助于受试免疫动物机体内有更多病毒复制，使其能够更好地克服免疫干扰。

通常在繁殖地或配有设备的饲养场所，比如饲舍、养殖设备，或者犬窝和兽医诊所会有高病毒载量，因此会存在细小病毒病预防和控制的问题。在受到病毒污染的环境里，任何疫苗接种策略都有助于减少幼犬在脆弱的时期受感染的机会。在犬舍内将幼犬和其他犬隔离尤为重要，大约从6周龄左右开始，一直持续到疫苗免疫接种结束。家养环境里，如果做不到真正的隔离，至少也应该做到免疫的幼犬远离犬群或病毒感染犬的聚集区。

（四）猪细小病毒

猪细小病毒病是导致全球范围内猪繁殖障碍的一种疾病。当病毒进入一个完全易感的猪群，会产生毁灭性的影响。该病的一些临床表现可用缩略词SMEDI描述（死胎、木乃伊胎、胚胎死亡、不孕不育）。年龄较大的感染猪只出现温和的或亚临床症状，但是该病毒很少与呼吸系统疾病、水疱病，以及新生幼崽全身性疾病相关。尽管一些猪细小病毒毒株之间存在遗传差异，但是人们认为该病毒只有一种血清型。

1. **临床特征和流行病学** 尽管通过疫苗免疫已经大大降低猪细小病毒病的发生率，但猪细小病毒在世界范围内都有发生，且在猪群中呈地方性流行。由于病毒非常稳定，所以即使那些卫生条件令人满意的场所，也可能受到病毒的感染长达数月之久。如果病毒感染血清学阴性的猪群，且许多母猪都已经怀孕，将对该猪群造成极其严重的损失。子宫内感染的猪有可能会存活，呈长期免疫耐受且携带病毒，但是这种情况还未得到证实。在许多猪群，很大一部分的母猪在受孕之前就已经自然感染，因此这些母猪对该病有免疫力。被动获得性母源抗体可以持续长达6个月或6个月以上，母源抗体对自然感染或疫苗免疫等主动免疫产生干扰。因此，当一些怀孕母猪体内母源抗体下降到没有保护力的水平时，其怀孕的风险非常高。公猪在病毒传播过程中发挥着重要的作用，它们长期通过精液排毒。

怀孕母猪或公猪感染猪细小病毒以及母猪妊娠阶段发生病毒感染决定了其特定的临床表

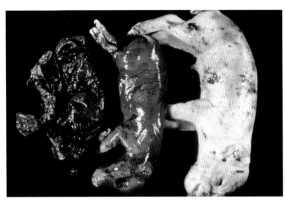

图12-5　猪细小病毒感染
感染胎儿在不同时期的木乃伊化，符合死胎、木乃伊胎、胚胎死亡和不孕不育（SMEDI）综合征特征。

现，引起全部的SMEDI综合征。猪群感染后首先表现为，在配种后3~8周，越来越多的后备母猪或母猪再次发情。一些母猪可能保持"内分泌怀孕"状态，直到预产期后才出现发情。这些临床表现是由于胎儿感染和吸收所致的。因为仅有一些胎儿受到感染，而且那些被感染的胎儿出现的病症有一个变化的过程（图12-5），所以母猪在妊娠后期发生感染，所产的仔猪明显比正常猪小而且还是木乃伊胎。另外，一些新生仔猪可能比正常仔猪小，或者因为身体太弱而无法存活。幼猪感染该病毒后，还会引起蹄和口部水疱病。

2. **发病机制和病理学**　实验已经表明，母猪感染后，胎儿大约在15d感染病毒。若母猪受孕后不到30d就发生病毒感染，那么胎儿就会死亡并且被吸收；当母猪于受孕30~70d发生感染，胎儿往往不能产生免疫应答反应，受到严重的感染最终死亡。怀孕70d或70d以上母猪，其胎儿感染病毒，尽管会出现病变，但是影响不严重，且胎儿已经有免疫应答反应（猪的胎儿在55~70d开始有了免疫能力）。病毒能够在淋巴结、扁桃体、胸腺、脾、肺、唾液腺和其他器官复制。它在血液淋巴细胞中能够得到很好的复制，而且病毒感染和免疫反应都能够刺激细胞增殖，从而使病毒载量增加。单核细胞、巨噬细胞也能出现裂解性感染。相比其他细小病毒，猪细

小病毒通常引起持续感染和慢性排毒。

3. **诊断**　病毒感染的胎儿体内含有大量病毒。使用标准试剂、应用冰冻切片免疫荧光方法检测胎儿组织是快速、可靠和首选的诊断方法。也可应用血凝实验检测含有病毒的胚胎组织提取物是否凝集豚鼠红细胞而做出诊断。PCR检测非常敏感，但是对结果的分析很重要，因为当该病毒不是引发疾病的主要病原时，该方法也会检测到病毒DNA。血清学检测的应用价值不大，因为该病毒在猪群中普遍存在，而且疫苗接种可能会干扰检测结果。如果在妊娠的前几周发生感染，那么诊断就很困难；一般情况下，胎儿被母体完全吸收，就不会被怀疑有病毒存在，因此也不会收集样本进行试验室诊断。

4. **免疫、预防和控制**　疫苗免疫是确保所有母猪得到保护的唯一有效手段。现在灭活疫苗和弱毒疫苗都在使用。通常对饲养不到7月龄的年幼母猪进行免疫接种的机会很少。免疫持续期尚无法确定，但是免疫过的猪只似乎有良好的免疫记忆，免疫过的猪只感染病毒后很少会造成胎儿发病。

（五）啮齿动物细小病毒

从啮齿类实验动物中已经分离出30多种细小病毒，至少有13个血清型，因此，这些病毒表现出较宽的遗传谱。一些病毒通常会导致啮齿动物群发生地方流行性传染病：小鼠细小病毒（包括小鼠微小病毒）、小鼠细小病毒1型、2型和3型；大鼠细小病毒，包括Kilham's大鼠病毒、Toolan's H-1病毒、大鼠微小病毒1型和大鼠细小病毒1型；仓鼠细小病毒，其与小鼠细小病毒3型基因型相同，这表明该病毒跨物种进行传播。小鼠细小病毒和大鼠细小病毒分别在野生小鼠和大鼠中有很高的流行性。这些病毒的意义在于其在科学研究中的混淆作用，特别是在免疫学和癌症研究方面。它们可能会污染细胞系和肿瘤病毒毒种，有时会引起轻微

的细胞病变,这使得病毒能够被引入到清洁级群体。

啮齿动物细小病毒通常会引起亚临床感染,但它们很少会导致胎儿和新生儿出现像猫泛白细胞减少症那样的颗粒性小脑发育不全。啮齿动物细小病毒破坏分裂细胞,但是与其他细小病毒相比,其感染普较窄。最重要的是,没有任何一株啮齿动物细小病毒感染肠道上皮细胞,而是主要对造血细胞和淋巴组织有嗜性。绝大多数感染细小病毒后的啮齿动物不表现任何临床症状,但通常会对免疫应答产生重要的影响。大鼠的临床疾病通常和Kilham's大鼠病毒有关,导致幼鼠小脑损伤、出血性脑病和肝炎症状,年长的大鼠则出现精巢周围和腹腔内出血。出血性病变可能是由于病毒对血管内皮细胞的嗜性所引起的,就像病毒对可见巨核细胞的嗜性一样,最终导致血小板减少症。仓鼠自然感染仓鼠细小病毒(鼠细小病毒3型)后可见仓鼠的牙周和颅面畸形,已经在实验室用其他啮齿动物细小病毒成功复制病例。

啮齿动物细小病毒,特别是鼠细小病毒感染造成的后果之一是动物持续带毒,即使动物体内存在高滴度的中和抗体。这一点很重要,因为一些实验操作,尤其是那些免疫抑制性的实验可能会导致病毒再活化和复发排毒。反过来,病毒感染也会造成免疫抑制(例如,抑制细胞毒性T淋巴细胞应答和辅助性T细胞依赖的B细胞应答),如果在不知不觉中使用了那些感染的动物,也会影响实验结果。

该病的诊断主要依据血清学试验(血凝抑制、间接免疫荧光、中和试验或酶联免疫试验)和应用啮齿动物细胞进行病毒分离。利用参考试剂鉴别特定的病毒株,或者用PCR方法鉴定病毒DNA,而且还可以通过DNA测序确定特定病毒的类型。血清学检测和核酸检测方法对一些品系的小鼠来说(如C57BL/6小鼠,其感染后体内的抗体水平或病毒DNA载量达不到可检测的浓度)有一定难度。因此,需要更易感基因型的哨兵动物,通过其与患病动物直接接触的来检测畜群中病毒感染情况。

对于实验室动物群体,病毒通过动物接触以及污染物进行水平传播。病毒感染母畜所产的幼崽,在出生后的前几周有母源抗体的保护,但随后可通过口鼻途径感染病毒。与其他细小病毒一样,啮齿动物细小病毒极其稳定,耐干燥,且病毒污染物可携带病毒在啮齿动物畜群之间传播;检疫隔离设施必须很严密。一旦检测到病毒,应通过捕杀感染动物进行疾病的清除,并对场所进行谨慎的消毒处理,重新引入病毒和/或抗体筛选阴性的种群。与清除一些啮齿动物细小病毒后重建一个种群的情况不同,细小病毒感染的畜群不能总是通过剖腹产和人工喂养来重新建立畜群,在这种情况下,胚胎移植可能会有效。

(六)兔细小病毒

血清学试验表明,兔细小病毒在家兔中比较常见,但是不表现临床症状。已经证明实验室感染的幼崽可导致散在感染、轻度肠炎,临床表现为沉郁及厌食。

红病毒属成员

红病毒属的病毒其成熟的病毒粒子含有等比例的正链DNA和负链DNA。该病毒属成员包括人细小病毒、非人灵长类动物细小病毒和牛细小病毒3型。

非人灵长类动物细小病毒

从猕猴中已经鉴定出几个细小病毒,包括在食蟹猴中发现的猴细小病毒(食蟹猴)、恒河猴中发现的恒河猴细小病毒(猕猴),以及在食蟹猴中发现的食蟹猴细小病毒。因为猕猴的种和亚种数量庞大,所以在非人灵长类动物中可能还存在许多其他细小病毒。目前已经鉴定的3个细小病毒,它们既具有遗传相关性但又彼此不同,它们也与人类B19病毒相关。这些病毒可能与临床上的贫血症和胎儿畸形有关。

四 阿留申病病毒属成员

这个属的病毒粒子基因组仅包含负链DNA。

水貂阿留申病病毒

自然感染水貂阿留申病病毒的貂、臭鼬和雪貂，一般出现轻度或亚临床疾病。临床上水貂感染后，表现为特征性的慢性抗原刺激，导致多组织内浆细胞扩张（即所谓的浆细胞增多）、高丙种球蛋白血症、脾肿大、淋巴结病、动脉炎、肾小球肾炎、肝炎、贫血以及死亡。慢性感染可持续产生大量病毒和病毒-抗体（免疫）复合物清除失败，最终导致病变。尽管有极高水平的病毒特异性抗体，但是却不能中和病毒，而且病毒可通过免疫复合物的循环重新获得感染性。随后，就会出现免疫刺激和免疫复合物介导的疾病。该病主要发生于水貂，这些水貂具有纯合的隐性基因，其被毛呈灰白色（阿留申），主要用于满足商业需求。这种控制毛色的基因与Chediak-Higashi型溶酶体异常相关基因相连，该溶酶体异常相关基因能够抑制体内免疫复合物的破坏。高丙种球蛋白血症呈现周期性，动物通常在感染后的2~5个月的免疫反应高峰期出现死亡。对携带有阿留申基因的水貂使用灭活疫苗进行免疫接种，会增加发病的严重程度。相反，免疫抑制可以降低发病的严重程度。因为该病毒的传播能力较弱，而且貂是季节性饲养动物，所以在水貂养殖区，可以通过血清学检测和淘汰血清学阳性动物来控制阿留申病的发生。

五 依赖病毒属成员

成熟病毒粒子包含等摩尔量的正链DNA和负链DNA。该属包括来源于几种动物的腺-相关病毒，以及某些禽细小病毒和牛细小病毒2型。

（一）鹅细小病毒

鹅细小病毒可引起8~30日龄雏鹅出现致死性疾病，其典型特征是局灶性或弥散性肝炎和广泛的横纹肌、平滑肌和心肌的急性坏死与变性。肝、脾、心肌、胸腺、甲状腺和肠道出现包含体。用弱毒疫苗免疫产蛋鹅，可实现对该病的控制。雏鹅体内的母源抗体至少持续4周，这也是鹅最易感染的时期。

（二）鸭细小病毒

1989年，在法国发现了番鸭的一种新发疾病。尽管该病毒表现出明显的独特性，但是它与腺-相关病毒密切相关，因此被归类到依赖病毒属。该病死亡率高，临床表现和尸检结果与鹅细小病毒感染相似。耐过鸭发育不良，羽毛生长缓慢。现有可用的有效疫苗，包括在杆状病毒系统表达的含有病毒VP2和VP3重组蛋白的疫苗。

六 博卡病毒属成员

和其他细小病毒相比，博卡病毒含有一个额外的开放阅读框，其编码功能未知的非结构蛋白（NP1）。近年来，已经从人体内鉴定了博卡病毒，特别是患有下呼吸道疾病的儿童。

（一）牛细小病毒

已经从奶牛体内分离到了细小病毒，该病毒分布广泛，却很少致病。博卡病毒可致新生牛犊出现轻度水样、黏液样腹泻。整个肠道，尤其是小肠的肠细胞发生病毒感染。病程持续4~6d，感染动物排毒可持续到感染后的11d。

（二）犬微小病毒（犬细小病毒1型）

1967年，从临床表现正常的犬体内分离出一株细小病毒，该病毒最初命名为犬微小病毒（也称为犬细小病毒1型）。血清学检测结果表明，病毒在犬群中广泛传播，但绝大多数感染很轻微或呈亚临床症状。犬微小病毒感染最常见腹泻和新生幼犬猝死。某些情况显然是与原发感染犬微小病毒有关，但在其他情况下，受感染的犬也感染了其他病原。虽然胎儿感染的情况很少，但是已经有胎儿感染的相关报道。

七　其他细小病毒

最近在鸡和火鸡发现肠道细小病毒感染。目前，在牛和猪中分离到了一种与人细小病毒4型相关的新型细小病毒。人细小病毒4型可以在人的血浆和肝组织中被检测到，而且这些病毒都有独特的基因组结构，所以它们可能构成细小病毒科、细小病毒亚科中的一个新的细小病毒属。

李慧昕　译

圆环病毒科

章节内容

圆环病毒科（*Circoviridae*）包括单链环状DNA基因组以及有共同理化性质和基因组特征的病毒。圆环病毒科与细小病毒科病毒是所知脊椎动物最小的DNA病毒，它们与植物单链DNA病毒有相似的特性。圆环病毒科中的有些病毒是鸟类和猪的重要病原。细环病毒（Torque teno viruses）是一类形态类似圆环病毒但遗传上呈现多样性的单链DNA病毒，由于其他一些不同的特征而被划分为指环病毒属（*Anellovirus*）（见第32章）。

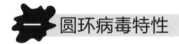

圆环病毒特性

（一）分类

圆环病毒科病毒虽具有相似的病毒粒子和基因组特征，但在生态学、生物学和抗原性上有显著差异。目前该病毒科有2个属（圆环病毒属和环病毒属）。猪圆环病毒Ⅰ型是圆环病毒属的代表毒株，其成员采用不同方向的双义基因组策略。圆环病毒属包括喙羽病病毒、金丝雀圆环病毒、鹅圆环病毒、鸽圆环病毒和猪圆环病毒Ⅰ型、Ⅱ型。鸡传染性贫血病毒是环病毒属唯一的病毒，其病毒基因均为单向基因组。

（二）病毒粒子特性

圆环病毒病的粒子的特征见表13–1，它是直径为20～25nm、无囊膜、呈球状、T=1的二十面体对称结构。病毒粒子由包裹着单链环状DNA的60个衣壳亚单位组成。圆环病毒科各成员病毒粒子的表面结构不同，鸡传染性贫血病毒拥有12个喇叭样结构，而其他圆环病毒不明显（图13–1）。成熟的病毒粒子常出现于感染细胞，从诊断样本中释放，并且在脱落的细胞样本中呈线性串珠状排列。圆环病毒科病毒基因组包括一条单链、环状（共价闭合末端）、双义（圆环病毒属）或负链（环病毒属）DNA分子，长度为1.7～2.3kb。

表13–1　圆环病毒特性

病毒粒子为直径为20～25nm、无囊膜、呈球状、T=1的二十面体对称结构。

成熟病毒粒子存在于感染细胞或者无细胞的检测样本中。

基因组包括一条单链、环状（共价闭合末端）、双义（圆环病毒属）或负链（环病毒属）DNA分子，长度为1.7～2.3kb。

鸡传染性贫血病毒编码的VP3蛋白被称为凋亡素，能够诱导细胞凋亡。

病毒在细胞核中复制，产生大量核内包含体。

病毒粒子稳定，60℃加热3min钟不灭活，能够在pH>3和pH<9的环境中存活。

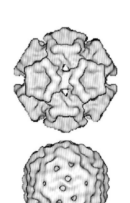

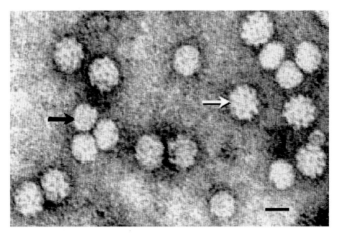

图13–1　（左上）鸡传染性贫血病毒粒子冷冻电子显微镜图像。由12个喇叭状（5个边）的五聚体组成的60个亚单位结构体（T=1）。（左下）猪2型圆环病毒粒子的冷冻电子显微镜图像。由12个平的五聚体组成的60个亚单位结构体（T=1）。（右）醋酸双氧铀负染电镜图片，黑色箭头指示鸡传染性贫血病毒粒子，白色箭头指示喙羽病病毒病毒粒子。标尺为20nm。［引自 Virus Taxonomy: Eighth Report of the International Committee on Taxonomy of Viruses (C. M. Fauquet, M. A. Mayo, J. Maniloff, U. Desselberger, L. A. Ball, eds.), p. 327. Copyright © Elsevier (2005),已授权 ］

啄羽病毒、猪圆环病毒 I 型、猪圆环病毒 II 型和其他圆环状病毒属病毒均采用双义转录方式——一些基因由正链DNA编码,而另一些基因由互补链编码(图13-2)。啄羽病毒有3个开放阅读框,猪圆环病毒有4个开放阅读框;在不同情况下,均有1个主要的衣壳蛋白。与此相反,鸡传染性贫血病毒蛋白(环状病毒属)全部由互补的正义链DNA编码,进行单一多顺反子转录(图13-3),然而,也存在少量的剪切转录方式。鸡传染性贫血病毒有3个开放阅读框,其中1个编码病毒粒子的主要结构蛋白——衣壳蛋白(VP1),另一个编码VP3蛋白(即凋亡蛋白),诱导T淋巴细胞的凋亡,并且可能对病毒在鸡群中感染的致病机制发挥重要作用。

这些病毒在环境中均非常稳定,60℃加热30min不能被灭活,对多种消毒剂不敏感,并且需要长时间暴露于有效消毒剂中才能被灭活。

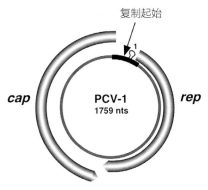

图13-2 猪圆环病毒 I 型(PCV-I)基因组结构示意图。复制起始位点位于2个主要的开放阅读框(*cap* 和*rep*)之间(粗箭头)。编码衣壳蛋白(CP)的*cap*基因以剪切转录方式进行表达,而*rep*基因以差异剪切转录方式合成2个不同的蛋白Rep和Rep'。[引自 Virus Taxonomy: Eighth Report of the International Committee on Taxonomy of Viruses (C. M. Fauquet, M. A. Mayo, J. Maniloff, U. Desselberger, L. A. Ball, eds.), p. 329. Copyright © Elsevier (2005), 已授权]

(三)病毒复制

圆环病毒的细胞黏附受体还不清楚,但是一些圆环病毒可凝集红细胞,所以可能与细胞表面的唾液酸结合。虽然具体的机制还不清楚,但病毒粒子被细胞内吞。病毒DNA复制发生在细胞核,需要细胞周期S期产生的相关蛋白和其他成分协助。基因组的复制从茎环结构开始以滚环方式进行。鸡传染性贫血病毒的3个不同的蛋白在其复制过程中产生。

决定圆环病毒致病性的一个主要特征是其DNA复制需要在细胞分裂期进行,所以在幼龄动物处于分裂期的组织细胞中DNA复制最为典型。与此类似,在免疫增殖阶段的T细胞中,猪 II 型圆环病毒复制活动增强。圆环病毒在宿主细胞中持续存在和感染,并能够逃避宿主细胞强烈的天然抗病毒免疫应答反应,但这方面的机制至今还不清楚。对于鸡传染性贫血病毒,病毒在鸡输卵管中的复制受雌激素影响,特别是在产蛋期,对病毒的垂直传播更有利。鸡传染性贫血病毒细胞凋亡蛋白本身会造成感染的淋巴细胞损伤,并由此引起机体的免疫抑制,从而更有利于病毒的持续感染。

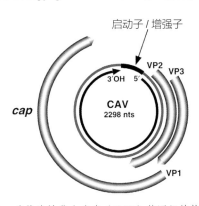

图13-3 鸡传染性贫血病毒(CAV)基因组结构示意图。未剪切的CAV转录本(5'—3')包含3个部分重叠的开放阅读框。非转录区存在启动子、增强子活性。第1个开放阅读框*cap*基因编码衣壳蛋白VP1;第2个开放阅读框编码磷酸脂酶蛋白VP2;第3个开放阅读框编码凋亡素VP3蛋白。[引自 Virus Taxonomy: Eighth Report of the International Committee on Taxonomy of Viruses (C. M. Fauquet, M. A. Mayo, J. Maniloff, U. Desselberger, L. A. Ball, eds.), p. 332. Copyright © Elsevier (2005), 已授权]

二 啄羽病毒

很早之前,人们就知道许多种笼养的澳大利亚鹦鹉会发生脱羽和啄爪损伤。1984年,对这些鹦鹉的损伤组织进行电子显微镜检查发现大量类似之前报道的猪圆环病毒Ⅰ型的病毒粒子。最近，对其他鸟类中（包括金丝雀、鸵鸟、鸽、鸭、鹅、雀类、鸥、乌鸦和八哥）该种病毒及其DNA进行了检测，在许多鹦鹉和鹦鹉类品种中发现了相似的病毒。

（一）临床症状和流行病学

圆环病毒呈温和性感染，临床症状不明显。虽然喙羽病毒病是美冠鹦鹉的一种主要疾病，它还可以感染鹦鹉和虎皮鹦鹉，并引起发病。喙羽病毒病主要发生于不足5岁的鸟类，大部分为在羽毛第一次形成期的幼鸟（图13-4）。典型症状包括脱羽、针羽和成熟羽不正常，以及各种畸形喙。感染鸟类的喙有的是光滑的、过度生长，或受损、分层，或上腭坏死。鸟类会发生羽毛或/和喙损伤。有报道称一些鹦鹉会发生严重淋巴细胞减少症和非再生性贫血，但通常没有羽毛损伤。

图13-4 感染喙羽病毒的美冠鹦鹉
（由加州大学戴维斯分校L. Lowenstine供图）

（二）发病机制和病理学

将感染鸟类的羽毛囊匀浆接种鹦鹉类鸟可在实验室条件下复制出该病的症状。病毒可在羽毛囊、喙和爪的上皮基底细胞复制。电子显微镜观察发现在卵泡上皮中的嗜碱性细胞内包含体中存在大量病毒粒子。包含体也出现在巨噬细胞和法氏囊上皮细胞中，但它们是细胞吞噬作用而不是病毒复制的结果。淋巴细胞减少

可能是病毒感染的间接作用引起的。该病是渐进性的，在第一次出现畸形羽毛和喙时，有些鸟就会发生死亡，但是如果精心照料的话，一些鸟会存活数月或数年。病毒感染会引起持续的免疫抑制，所以病禽更容易发生其他病毒、真菌或细菌感染。

（三）诊断

对喙羽病的诊断是基于该病的临床症状和病理特征来判断的，通过对感染的羽囊做活组织切片进行病理组织学检查可检测到典型的嗜碱性细胞内包含体。利用病毒特异性血清通过电子显微镜和免疫组化技术对病毒进行检测，或者通过PCR技术对圆环病毒的基因组进行鉴定，这种方法可以从羽尖、血液、活组织切片和拭子中均可检测到病毒DNA。

（四）免疫、预防与控制

喙羽病接触性传播的特性以及其持久的、渐进性的感染过程使得感染鸟类被处以"安乐死"。喙羽病病毒的高度流行是由于在许多鸟群中的亚临床感染，因此一旦该病毒在种群中存在，就很难根除。在凤头鹦鹉和其他种群中通过建立严格的卫生条件、监测体系和长时间的隔离来避免该病毒的引进。该病毒在成年鸟体内持续存在，通过水平和垂直途径传播。尽管抗体能起到保护作用，但是由于该病毒还不能在体外进行细胞传代培养，因此还未使用疫苗进行防治。然而已经开发出试验用疫苗，该疫苗直接由感染的鸟类组织制备而成，或者由重组杆状病毒表达的囊膜蛋白制备而成。

其他禽圆环病毒

现已报道在野生和家养禽类均有感染圆环病毒，其中包括鸽子、金丝雀、鹅、鸭和鸵鸟，其典型症状是引起免疫抑制和发育异常，且在雏鸟多发。感染的鸽子呈现状态不佳、腹泻等，但是

感染的赛鸽很少出现羽毛病变。相反，感染的白鸽会出现羽毛脱落。其常见症状为法氏囊萎缩并导致免疫抑制。感染骡鸭表现营养失调，生长迟缓、死亡率升高。感染金丝雀表现腹部肿胀，发育阻滞。虽还未被证实，但圆环病毒感染鸵鸟后可能会引起以精神萎靡、厌食、腹泻为特征的雏鸟衰减综合征。

四　猪圆环病毒

1974年，猪圆环病毒 I 型首次从德国的一个持续感染该病毒的猪肾细胞系（PK15）分离得到。最初的血清学研究表明该种病毒在被检猪群中广泛存在。然而至少一些猪圆环病毒 I 型感染血清学阳性者对复制酶可产生交叉反应抗体，其中猪圆环病毒 I 型和 II 型的复制酶具有高度保守性。利用特异性血清试验，最近越来越多的研究表明：猪圆环病毒 I 型的流行程度并不像我们起初想象的那么高。通过对不同的动物进行检测，只有家猪、小型猪和野猪体内能检测到阳性抗体。猪圆环病毒 I 型被认为对猪是无致病性的，但是它可从流产死胎中被分离到。猪圆环病毒 II 型是一种于1997年首次分离自法国的另一种抗原性截然不同的病毒。后来的研究已清晰地显示，通过对猪圆环病毒 II 型特异性抗体和含该病毒的组织断定该种病毒很久以前已在猪群中存在。该病毒从世界绝大多数养猪地区均可被分离到，其中包括北美、亚洲、欧洲和大洋洲。全球所有的分离株非常相似，同源性达96%，但与猪圆环病毒 I 型的同源性不到80%，主要是囊膜蛋白之间存在差异。

随着猪圆环病毒 II 型的发现，人们迅速意识到其存在的潜在的危害，其可引发多种疾病症状，统称为猪圆环病毒相关疾病，该类疾病主要发生在7~15周龄的断奶仔猪上，但有时也使成年猪发病。猪圆环病毒 II 型可分为遗传特性明显不同的两个亚群，以其DNA序列进行区分，其中每个亚群又可被进一步分区多个亚群，这些不同的亚群可能与疾病发生相关也可能与疾病发生无关，暂无相关报道。尽管回顾性调查已清晰地显示，在猪群中猪圆环病毒 II 型的感染已存在多年，但是自从1997年以来该病的发生率和临床症状的严重程度显著升高的原因至今还未确定。

（一）临床症状和流行病学

猪圆环病毒 II 型在大多数猪群中普遍存在，猪被该病毒感染后主要表现出亚临床症状或轻微临床症状。该疾病通过直接接触和带有病毒的排泄物、呼吸道分泌物和尿液等污染物进行传播。尽管母源抗体能够保护仔猪避免感染，但猪群中也可发生垂直传播。

猪圆环病毒感染后使猪群出现大批死亡，致死率可高达50%。猪圆环病毒 II 型能引发多种显著的症状，如断奶后多系统衰竭综合征、猪皮炎和肾病综合征、猪呼吸道疾病综合征、繁殖障碍、肉芽肿性肠炎、渗出性皮炎及坏死性淋巴结炎。猪圆环病毒 II 型在其相关的疾病中所起的确切作用仍需进一步确定。例如，猪肺炎支原体和其他病毒混合感染后引起的支气管性间质性肺炎病变组织中可检测到大量的猪圆环病毒 II 型。

（二）发病机制和病理学

感染猪圆环病毒的猪群存在的继发性感染直接或间接影响疾病的症状。猪流感病毒、猪繁殖障碍与呼吸道综合征病毒、猪肺炎支原体的继发性感染能够增强猪圆环病毒 II 型的复制和致病性，其他病原体也能够产生这种效应。例如，最近研究显示，细环病毒也能够增强猪圆环病毒的致病性。这些感染的共同症状是免疫激活，它能够在一定程度上增强猪圆环病毒 II 型在不同靶细胞内的复制能力。事实上，如果没有任何其他感染，单纯的免疫激活就能够促进猪圆环病毒 II 型的复制，而由皮质激素引起的免疫抑制也能够导致疾病症状加剧，可见猪圆环病毒引起的疾病的致病机制是相当复杂的。

猪圆环病毒引发的断奶后多系统衰竭综合征

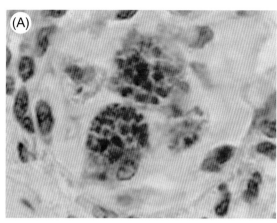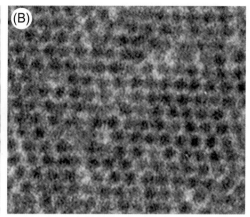

图13-5 猪圆环病毒感染

（A）产生葡萄状包含体的巨噬细胞。(B)包含体中呈亚晶状排列的病毒粒子。

表现为淋巴组织、肺、肝、肾、心脏和肠道内产生聚集的肉芽肿性炎症。有时，在病毒感染的巨噬细胞内产生明显的葡萄状的包含体（图13-5）。猪皮炎肾病综合征也与猪圆环病毒Ⅱ型的感染有关，表现为梗死性皮肤病变（缺血性坏死），尤其是在感染猪的后腿、肾产生脉管炎和肾小球性肾炎。然而在这些病变组织中却很少存在猪圆环病毒Ⅱ型的病原或核酸。与各种猪圆环病毒相关疾病的致病机制至今未被阐释清楚，其中还包括混合感染的病原和损伤组织的免疫介导的作用机制。

（三）诊断

由于猪圆环病毒Ⅱ型在猪群中普遍存在并经常引起亚临床症状，因此该病的诊断需要仔细的解释来阐明病毒在不同疾病中所起的作用。通过免疫组化确定病毒感染细胞的数量和分布情况以及通过荧光定量PCR确定感染猪体内病毒载量的方法对病毒感染情况进行评估，这对于更好地解释病毒在疾病发生中的作用是至关重要的。

（四）免疫、预防与控制

对猪圆环病毒引起的疾病的防控应该包括几方面措施，通过综合管理措施来控制2种类型的圆环病毒感染以及那些能够作为刺激因子促进猪圆环病毒Ⅱ型复制的"二级"微生物感染引起的混合感染。良好的营养状况和卫生条件是至关重要的，因为消毒能够防止病毒在畜群之间的传播。灭活病毒和利用杆状病毒表达病毒囊膜蛋白的病毒颗粒可以作为疫苗使用。另外，目前新一代利用非致病性的猪圆环病毒Ⅰ型作为骨架表达猪圆环病毒Ⅱ型囊膜蛋白嵌合体疫苗已研发成功。疫苗的使用降低体内病毒载量和排毒情况以及猪圆环病毒Ⅱ型引发的疾病和死亡率。

五 鸡传染性贫血病毒

尽管鸡传染性贫血病毒已在鸡群中流行多年，并不是一种新病毒，但是直到1979年才由日本首次报道该病。该病在全世界范围内均有流行，并且在所有养禽国家已成为一个共同性的难题。我们不知道该病毒除了感染鸡外，是否能够感染其他鸟类。尽管不同国家和地区之间的鸡传染性贫血病毒存在一定水平的变异，但是它只有一个血清型。

（一）临床症状和流行病学

鸡传染性贫血病毒通过直接接触被病毒污染的污染物进行水平传播，同时也可通过卵进行垂直传播。水平传播通过呼吸和消化道进行，病毒存在于排泄物和羽毛皮屑中。种鸡群在产蛋之前感染该病毒，只要病毒血症存在就会通过卵进行垂直传播。如果种母鸡血清学反应阳性，母源抗体一般能够保护小鸡使之不发病，但不能保证其不受感染。除SPF鸡群外，其他种鸡群大多存在鸡传染性贫血病毒感染，并且该种病毒一旦存在就很难被根除。

鸡传染性贫血病毒能引起雏鸡发生急性免疫抑制性疾病，其典型症状是食欲下降、嗜睡、精神沉郁、贫血、淋巴器官萎缩或发育不全、皮肤表面、皮下、肌肉出血以及死亡率升高。种鸡在产蛋前感染鸡传染性贫血后，虽然不产生临床症状，但可以传染给雏鸡。2~3周龄的小鸡变得厌食、嗜睡、精神沉郁，它们一般表现贫血、骨髓发育不全、胸腺、法氏囊、脾萎缩。与其他病毒如禽呼肠孤病毒、禽腺病毒、禽网状内皮增生病毒、马立克病毒、鸡传染性法氏囊病毒共同感染雏鸡后，其危害性显著升高。成年鸡感染后通常不发病或仅表现产蛋降低，但是感染鸡会产生慢性而持久的感染，并通过垂直和水平方式进行传播。

（二）发病机制和病理学

鸡传染性贫血病毒感染1日龄易感雏鸡，24h内产生病毒血症，直到感染后35d在大多数器官和直肠内容物中才能分离到病毒。病毒能够感染造血细胞，引起以各类血细胞减少为特征的贫血症。血液容积比降低，血液涂片显示贫血和白细胞减少。由于血小板减少使血液变稀并且凝结缓慢。死亡率通常较低（10%或更少），但也可以高达50%。组织学检查显示，感染鸡淋巴器官中淋巴B细胞减少，骨髓萎缩。继发细菌感染也很常见。该病毒的感染与日龄相关，1周龄后的鸡开始出现对该病毒感染的抵抗力，到2周龄完全具有抵抗力。然而，当与其他免疫抑制性病原共

同感染时，母源抗体的保护性作用和年龄抵抗力能够被抵消。感染鸡传染性贫血病毒后能够对鸡的免疫系统产生损伤，从而导致免疫抑制作用，与其他病毒等病原体混合感染引起的危害更为严重。

（三）诊断

对鸡群中传染性贫血病毒的诊断主要依据发病史、临床症状、大体病变和组织病理变化。通过PCR方法能较容易的检测到病毒的DNA，可以利用MDCC-MSB1细胞（一种从马立克病肿瘤中获取的细胞）、1日龄雏鸡或鸡胚（病毒和抗体均为阴性）进行病毒分离。因为首次分离的病毒不致细胞病变，因此必须用免疫学方法进行鉴定。鉴定鸡贫血病毒感染的血清学方法包括酶联免疫吸附试验、间接免疫荧光和病毒中和试验。

（四）免疫、预防与控制

鸡传染性贫血病毒的免疫过程很复杂，中和抗体能帮助动物抵抗疾病，但是并不能完全地保护鸡群使之不受感染或者清除体内的病毒。种鸡体内的中和抗体能够很大程度上减少病毒的水平传播和垂直传播。现在有几种可用的商业化的疫苗，它们主要用于种鸡场。有效的母源抗体及减少病毒接触是控制雏鸡感染该病毒的主要方法。

通过接种感染鸡的组织研磨液，或者使青年种母鸡感染野生型病毒，能够确保在产蛋前产生高水平的阳性血清抗体。这种方法往往导致鸡群中保持高病毒水平，一般不建议采用。协同其他免疫抑制性疾病（如马立克病毒等）感染，可加重该病，加强对这些病原的控制也很重要。

秦立廷 译

Chapter 14
第 14 章

逆转录病毒科

逆转录病毒感染包括人类在内的很多种动物，其与兽医领域中的很多重要疾病有关。取决于特定的反转录病毒和各自的宿主，反转录病毒能够引起某些类型的癌症、免疫抑制或免疫介导的一些疾病，还可以作为一种稳定的组分存在于它们的宿主基因组中。逆转录病毒是在20世纪70年代中期Drs Howard Temin和David Baltimore发现了逆转录酶之后才得以命名的，但有关这个病毒引起的疾病早有记载。马传染性贫血、牛白血病和绵羊Jaagsiekte（绵羊肺腺瘤病）早在19世纪中期就被人们所认识。1904年，Vallée和Carré描述了一种马的"感染性"贫血即使在过滤后也能传播，这种病原后来被确认是首次被记载的逆转录病毒。1908年，丹麦兽医师Ellerman和Bang研究了患有白血病鸡的组织过滤液中的逆转录病毒，随后，在1911年，病理学家Rous通过将上述组织滤液注射入鸡体内，诱导鸡产生了肉瘤。这两个相关的病毒——禽白血病病毒和禽肉瘤病毒是类似恶性传染性肿瘤病原的原型，这些恶性肿瘤现在在很多物种上都存在，包括牛、猫、鼠和灵长类。

逆转录病毒科现在分为2个亚科（正逆转录病毒亚科和泡沫逆转录病毒亚科）和7个属（表14-1）。家族中包括很多在兽医和人类生物医学科学很重要的病毒。术语retro（逆转，倒退）反映了逆转录病毒能够利用逆转录酶（reverse transcriptase, RT）将其自身基因组RNA逆转录成DNA的特性，逆转录酶是一种RNA依赖的DNA聚合酶，其存在于所有逆转录病毒家族的病毒粒子中。对逆转录病毒编码的蛋白和酶的研究已经作为研究细胞转化和其他重要细胞生物学研究的范例。自从20世纪80年代，很多研究证实逆转录病毒可以引起人类多种重要的疾病，包括淋巴瘤、白血病和获得性免疫缺陷综合征（acquired immune deficiency syndrome），这促进了人类和动物逆转录病毒的深入研究。

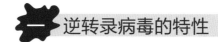

逆转录病毒的特性

逆转录病毒是一组不同的RNA病毒，其利用病毒自身编码的逆转录酶进行复制，这种逆转录酶可以从病毒基因组RNA合成一个拷贝的DNA。所有逆转录病毒均含有逆转录酶和一个包含两个拷贝的单股、正链RNA的二聚体基因组。病毒粒子有囊膜，以出芽方式从细胞膜上形成病毒粒子。逆转录病毒可以利用另外一个自身编码的整合酶整合进入宿主基因组。这个属性使它们能够获得同时改变宿主的遗传信息序列。整合进入宿主基因组的能力使逆转录病毒可以激活或失活整合位点附近的宿主基因。整合已经被用于构建能够将基因递送进入DNA中的逆转录病毒表达载体。

（一）分类

逆转录病毒科分为2个亚科（正逆转录病毒亚科和泡沫逆转录病毒亚科）和7个属（α逆转录病毒属、β逆转录病毒属、γ逆转录病毒属、δ逆转录病毒属、ε逆转录病毒属、慢病毒属和泡沫病毒属），如表14-1所示。这些属中的每种病毒几乎都可以感染兽医中所有重要的物种，并且其中很多病毒还与一些以免疫损伤或癌症为特征的慢性疾病相关。泡沫病毒是一种例外，到目前为止，还没有报道其可以引起疾病。

最初对逆转录病毒的分类，是基于它们的宿主范围、病毒形态和电镜观察下的病毒形态产生过程，以及它们的生物学特性，这包括病毒传播方式（外源性或内源性）、宿主细胞对其的限制和病毒抵抗中和抗体的能力。在形态学上，分为4种不同类型的病毒粒子，即A，B，C和D（表14-1）。这个分类术语，现在仍然在科学界使用。例如C型逆转录病毒涉及病毒粒子在细胞膜出芽时会形成特异的月牙形，所以被称为C型逆转录病毒。致瘤性的逆转录病毒包括B

表14-1 逆转录病毒分类

属	病毒和疾病例子
正逆转录病毒亚科	
α逆转录病毒属	禽白血病病毒，禽成髓细胞增生病毒和肉瘤病毒。禽内源性和外源性病毒，简单C型逆转录病毒。一些病毒包括致癌基因。禽白血病/肉瘤病毒根据其宿主范围和细胞受体至少被分为10个亚群（A~J）。
β逆转录病毒属	鼠乳腺肿瘤病毒，绵羊Jaagsiekte逆转录病毒（绵羊肺腺瘤病毒）和各种猴D型逆转录病毒。
γ逆转录病毒属	啮齿类、食肉动物、禽和灵长类动物的内源性和外源性病毒。根据宿主范围和受体的物种分布进行进一步的分类。包括猫白血病病毒、猫肉瘤病毒、猪C型病毒、鼠白血病/肉瘤病毒、豚鼠C型病毒、蛇C型病毒和禽网状内皮病毒。
δ逆转录病毒属	与成年牛的B淋巴瘤和淋巴细胞增多症相关的复杂的外源性病毒（牛白血病病毒），人1型T淋巴白血病病毒造成T淋巴细胞白血病和其他炎症错乱反应，人2型T淋巴白血病病毒持续感染会造成有神经症状和淋巴细胞增生症的散发病例，持续性感染人3型T淋巴白血病病毒，没有临床症状，猴T淋巴白血病病毒1,2,3型造成灵长类动物T细胞淋巴瘤和持续性的无症状感染。
ε逆转录病毒属	白斑皮肤肉瘤病毒，1型和2型白斑表皮增生病毒。这些病毒引起感染鱼类的皮肤出现季节性的增生病变。
慢病毒属	与免疫和神经疾病有关的复合外源性病毒（一些病毒直接与癌症有关）。这个属的病毒涉及很多物种，包括，绵羊（羊慢病毒，梅迪-维斯纳病毒），山羊（山羊关节炎脑炎病毒），马（马传染性贫血病毒），人（人1型和2型免疫缺陷病毒）和非人类灵长类，例如非洲绿猴、乌黑白眉猴、短尾猴、豚尾猴、恒河猴、黑猩猩、山魈（猴免疫缺陷病毒）和感染本地和家养和野猫（猫免疫缺陷病毒）。
泡沫病毒亚科	
泡沫病毒	（根据其在细胞中产生细胞病变而命名）。是一类复制方式不同于其他属逆转录病毒的复杂的逆转录病毒，其能感染很多物种，包括牛，猫，猴和人，但是还没有相关致病的报道。

型（鼠乳腺肿瘤病毒）和C型（猫白血病）逆转录病毒粒子。A型逆转录病毒粒子被认为是B型病毒粒子的中间形态或是在特有的"脑池内"（"intracisternal"）细胞系中发现的A型粒子。

外源性逆转录病毒通过水平传播，很少通过子宫内或生殖细胞传播。相反，内源性逆转录病毒或逆转录病毒元件却几乎存在于所有动物的基因组中。这些内源性病毒或元件（统称为逆转录元件）可以作为宿主基因组的一部分进行垂直传播，以整合的基因序列代代相传。逆转录元件在哺乳动物基因组DNA中占很大一部分，但是，和外源性逆转录病毒相似的序列只占许多物种中逆转录元件的一小部分。据估计，10%的动物基因组包含逆转录元件（或相关序列），这可能是在进化过程中，逆转录病毒DNA整合过程中的遗留物。实验老鼠是这个事件的典型代表，其高达37%的基因组都存在逆转录元件。

不论哪个物种来源的逆转录病毒，核苷酸测序是比较逆转录病毒基因组的基础。不同逆转录病毒之间的抗原关系是非常复杂的，因为一些逆转录病毒的囊膜糖蛋白是型特异性的，而其他一些蛋白是病毒株特异性的。宿主产生的中和抗体，能够在细胞系上通过直接与病毒囊膜蛋白结合而中和病毒感染，但是却不能总是保护宿主的自然感染。gag基因编码的核蛋白表位对特定宿主的逆转录病毒一般是保守的，也就是说，它们是群特异性的，因此该蛋白被称为Gag。不同逆转录病毒之间（种间抗原）存在一些保守的表位（如逆转录酶的表位）。

（二）病毒粒子属性

逆转录病毒有囊膜，直径为80~100nm，具有独特的三层结构（图14-1）。在病毒粒子最里面是基因组-核蛋白复合物，该复合物包括30个逆转录酶分子，呈螺旋对称，外面被直径约60nm的二十面体衣壳包裹，衣壳外面由来自宿主细胞膜的囊膜所包裹，在囊膜表面是囊膜糖蛋白的凸起结构（表14-2）。

逆转录病毒的基因组是二倍体，也就是说有2个RNA拷贝被包装进入病毒粒子中，该二倍体是由2个线性单股正链RNA形成的反向二聚体，单体RNA长7~11kb，具有3′多聚A和5′帽子。具体的基因组结构在不同的病毒中差异很大（图14-2）。病毒粒子有囊膜，因此脂溶剂、清洁剂

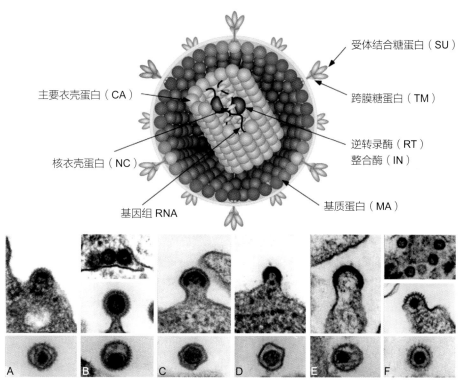

图14-1　（上面）逆转录病毒粒子各种结构和蛋白的位置。（下面）（A）α逆转录病毒属：禽白血病病毒；C型逆转录病毒；（B）β逆转录病毒属：鼠乳腺肿瘤病毒；B型逆转录病毒；（C）γ逆转录病毒属：鼠白血病病毒；（D）δ逆转录病毒属：牛白血病病毒；（E）慢病毒：人类免疫缺陷病毒；（F）泡沫病毒：猴泡沫病毒。［引自 Virus Taxonomy: Eighth Report of the International Committee on Taxonomy of Viruses (C. M. Fauquet, M. A. Mayo, J. Maniloff, U. Desselberger, L. A. Ball, eds.), p. 421. Copyright © Elsevier (2005), 已授权］

表14-2　逆转录病毒特性

多样性的RNA病毒，通过逆转录酶进行复制（在复制过程中合成基因组RNA 的一个DNA拷贝）。

感染多种物种，包括人类，与特定类型的癌症相关。

一些逆转录病毒能够引起免疫抑制或免疫相关疾病或作为稳定组分存在于宿主基因组中（内源性）。

病毒粒子有囊膜，直径80～100nm，有3层结构：在最里面的是基因组-核蛋白复合物，这个结构被衣壳包裹，衣壳又被来自宿主细胞膜的囊膜所包裹，在囊膜表面存在跨膜糖蛋白的凸起结构。

基因组是二倍体，二倍体是由2个单股正链线性RNA形成的反向二聚体，单体RNA长7～11kb，具有3′多聚A和5′帽子。

非复制缺陷性病毒有gag、pol和env基因，一些有致瘤基因的病毒一般都是复制缺陷性的。复杂逆转录病毒，例如慢病毒，具有很多编码非结构蛋白的基因，这些基因编码蛋白对病毒的复制和传播十分重要。

病毒逆转录酶将病毒RNA逆转录成DNA，紧接着形成长末端重复序列，形成线性的和环形的DNA，线性的DNA利用病毒编码的整合酶和宿主细胞的DNA修复机制，以前病毒的形式整合进入细胞染色体DNA中。

在复制性感染过程中，病毒粒子组装并从细胞膜出芽。

逆转录病毒的主要生物学特性：能够获得并改变宿主的基因组序列；能够整合进入宿主基因组；能够激活或失活整合位点附近的宿主基因；能偶耐受突变和重组；可以作为递送外源基因的表达载体。

和加热很容易使它们失活。然而，它们比其他病毒更能抵抗紫外线和X线的照射，部分是由于它们的二聚体（二倍体）基因组在逆转录过程中能够补偿射线诱导的突变。

逆转录病毒在复制过程中需要逆转录酶。在逆转录酶众多功能中，其可作为RNA依赖性的DNA聚合酶，DNA依赖性的DNA聚合酶和RNA酶，它的每一种功能是由逆转录酶蛋白分子的不同部分所完成的。由于逆转录酶有着非常明显的特点，该酶已经被克隆，并作为试剂应用于实验室研究，例如，逆转录酶介导的聚合酶链式反应［reverse transcription–mediated polymerase chain reaction (RT–PCR)］。逆转录病毒的复制也依赖宿主细胞的RNA聚合酶来转录病毒基因组整合的DNA。复制完全性（外源性/非缺陷型）逆转录病毒基因组包括3个主要的基因，每一个编码2个或多个蛋白。gag基因编码病毒粒子核心蛋白（衣壳蛋白CA、核蛋白NC和基质蛋白MA）。pol

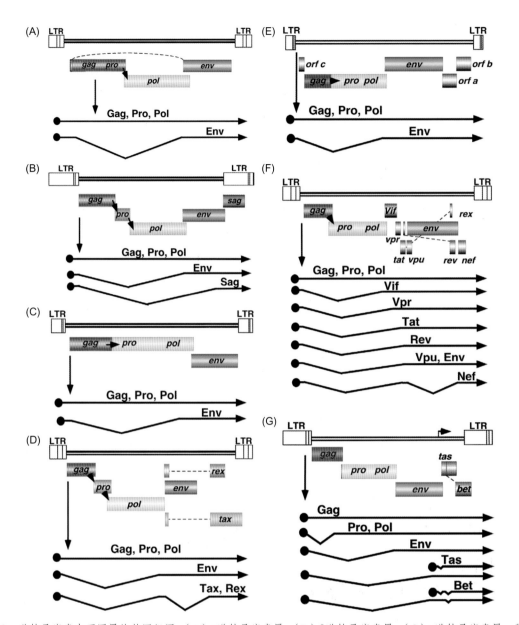

图14-2 逆转录病毒中不同属的基因组图。（A）α逆转录病毒属；（B）β逆转录病毒属；（C）γ逆转录病毒属，鼠白血病病毒；（D）δ逆转录病毒属；（E）ε逆转录病毒属；（F）慢病毒属，人类免疫缺陷病毒；（G）泡沫病毒属，猴泡沫病毒。有颜色填充的框代表开放阅读框；箭头表示阅读转移或核糖体阅读方向；带圆点的直接表示RNA剪切；实线箭头表示初级基因产物；LTR，长末端重复序列；Gag（gag），病毒衣壳蛋白；Pro，蛋白酶；Pol（pol），复制酶；Env（env），囊膜蛋白。其他基因定义请参考表14-3。[引自病毒分类：国际病毒分类委员会第八次报告。(C. M. Fauquet, M. A. Mayo, J. Maniloff, U. Desselberger, L. A. Ball, eds), pp. 425, 427, 429, 431, 432, 434, 437, 已授权]

基因编码逆转录酶（RT）和整合酶（IN），env基因编码病毒囊膜蛋白（表面蛋白SU和跨膜蛋白TM）。基因组的末端包含几个不同的组分，它们的功能十分重要。例如，R区（重复序列）和U区（5′和3′独特序列）对逆转录、整合和整合后转录都十分重要（表14-2）。

逆转录病毒常根据其病毒基因组中是否存在

关键转化基因而被划分为急性转化型病毒和慢性转化型病毒。由于急性转化型病毒编码致瘤基因（v-onc），而且该基因是在病毒编码启动子的控制下，增加了其表达的可能性，因此该类病毒具有更快、更强的细胞转化能力。病毒从宿主基因组获得致瘤基因（v-onc）的过程通常伴随病毒基因组的缺失，这是病毒基因与宿主基因

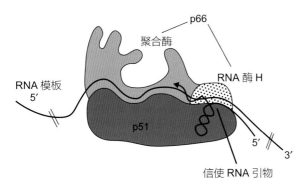

图14-3 逆转录酶多功能域模型示意图。病毒的逆转录酶被编码以Gag-Pol的前体组分存在，经过病毒编码的蛋白酶处理后产生p66分子同源二聚体，C末端的一部分从一个亚基裂解变成二聚体，包括一个分子的p66和p51。由于逆转录酶的三维结构看起来像紧握的右手，所以它的结构域被分别命名为手掌、拇指和手指。一个段的连接将反转录酶结构域与RNA酶H结构域连接在一起。病毒RNA模板和核糖体RNA在手掌之内。[引自 J. M. Coffin. Retroviridae: the viruses and their replication. In: Field's Virology (B. N. Fields, D. M. Knipe, P. M. Howley, R. M. Chanock, J. L. Melnick, T. P. Monath, B. Roizman, S. E. Straus, eds.), 3rd ed., pp. 1767–1848.]

表14-3　复杂的逆转录病毒基因和蛋白功能

病毒和基因	蛋白功能
人嗜 T 淋巴细胞病毒（HTLV）和牛白血病病毒（BLV）	
tax=病毒反式激活基因	Tax：病毒和细胞启动子的反式激活
rex=转录基因的调控	Rex：全长和囊膜RNAs的表达
pX附属基因，如pX ORF1	如：HTLV-1 p12, BLV, G4：病毒的感染
hbz：负义基因	HBZ：病毒的感染性/调控病毒基因的表达
慢病毒（如 SIV）	
tat=病毒反式激活基因	Tat：病毒和细胞启动子的反式激活
rev=转录基因的调控	Rev：全长和囊膜RNAs的表达
nef=消极因素	Nef：CD4受体的降解/细胞信号/感染
vif=病毒感染因子	Vif：对抗限制因子：如ABOBEC
vpu=病毒感染因子	Vpu：CD4受体的降解/细胞信号/感染
vpx=病毒感染因子	Vpx：感染因子
vpr=病毒感染因子	Vpr：前病毒的转运/感染因子
泡沫逆转录病毒科	
bel1=在env和LTR之间	病毒转录的反式激活
sag=超抗原基因	促进细胞的增殖和传播的超级抗原

（"onc"）在重组过程中发生"交换"的结果。病毒基因和宿主细胞基因之间的这种交换，反映了病毒复制过程中的包装限制，在病毒的复制过程中，病毒env基因通常会发生交换。因此，大部分含有致瘤基因的病毒自身无法合成完整的囊膜，而是一种复制缺陷性病毒，它们的复制需要在复制完全性辅助病毒的帮助下完成，并传播给其他的宿主。罗斯肉瘤病毒是一个例外，它的基因组中含有致瘤基因，但它也包含完整的gag、pol和env基因，因此它能够独立完成复制。慢转化型反转录病毒是通过随机整合进入宿主基因区域，影响细胞分化和激活宿主致瘤基因的插入突变的方式来引起肿瘤病的。

逆转录病毒除了编码共有的gag、pol和env基因，复杂的逆转录病毒（如慢病毒）还编码其他调控和附属基因（表14-3）。人1型免疫缺陷病毒（human immunodeficiency virus）编码一种重要的调控基因tat，该基因能够编码潜在的反式激活蛋白，该蛋白能阻止早起转录终止来提高细胞RNA聚合酶的转录效率。还编码的

另外一种重要的调控基因rev，该基因编码的蛋白有助于将非剪切的单股剪切的RNA从细胞核输出到细胞浆。HIV和猴免疫缺陷病毒[simian immunodeficiency virus（SIV）]的附属基因nef，当病毒在体外培养复制时是非必需的，但却是病毒体内复制和疾病发生所必需的。Nef蛋白能够下调细胞受体如CD4的表达，并改变体内靶细胞的激活状态。HIV和SIV的Vif蛋白（由vif基因编码）聚积在感染细胞的胞浆，能够成为病毒粒子的一部分，并增强病毒在淋巴细胞中的复制能力。胞苷脱氨酶（APOBEC 3G）能够通过促进脱氧尿苷整合到逆转录过程中产生的第一条负链互补DNA来抑制逆转录病毒的复制，Vif能够使结合并促进APOBEC 3G的降解，进而阻止APOBEC抑制病毒复制的作用。

其他灵长类慢病毒的附属蛋白包括Vpr和Vpx病毒粒子相关蛋白，这些蛋白通常与起始复合物的核定位有关，影响细胞周期调控和感染细胞中的细胞信号。Vpu是灵长类慢病毒中的一种两

性膜蛋白，它能够促进病毒出芽时的高效释放。这些附属蛋白在慢病毒自然感染过程中的精确作用需要进一步的研究，然而，它们在逆转录病毒感染和各自宿主中复制所起的作用是非常重要的。

（三）病毒的复制

1. 胞吸附和穿入 当病毒的囊膜糖蛋白结合到细胞受体时，逆转录病毒复制开始（图14-4和图2-9）。对于每一个逆转录病毒属，针对病毒的吸附有特定的细胞受体，因此许多逆转录病毒具有种属特异性，例如莫罗尼氏小鼠白血病病毒只结合有特异性受体的小鼠细胞。吸附后，病毒囊膜和细胞膜融合，病毒核心进入细胞质，在少数情况下，通过由受体介导的内吞作用进入细胞。逆转录病毒感染细胞后能够抵制相近的逆转录病毒的双重感染。即使在某一种属内，同系或直系动物对逆转录病毒的易感性也是基于其表达的受体。例如，不同禽白血病病毒株具有不同的干扰模式，这反映出它们对受体表达的独特影响。

2. 逆转录和整合 一旦病毒出现在细胞质中，逆转录病毒基因组单链RNA在病毒衣壳中通过逆转录酶合成合成双链DNA (dsDNA)。逆转录酶包含聚合酶活性和RNA酶H结构域，RNA酶H活性可将RNA-DNA杂合体中的RNA链降解。逆转录过程依赖逆转录酶的独有特点，如在模板链之间"跳跃"。

在病毒复制的逆转录过程中，大约有300～1 300 bp的序列被添加到基因组RNA分子的末端。这个末端叫做长末端重复序列（long terminal repeat），其含有一个复杂的二级结构，对所有逆转录病毒的复制非常重要。逆转录病毒属特异的宿主细胞来源的转移核糖核酸（tRNAs）能结合到病毒的5′LTR序列，作为逆转录酶的引物。在RNA基因组产生DNA拷贝的过程中，RNA酶H选择性的降解RNA链，合成短的单链DNA，并与R区域相同（分子内）或不同（分子间）基因组RNA杂交形成第一链DNA。最终所有的病毒RNA降解，除了一小部分作为第二链DNA合成的引物。第二链DNA合成是通过延伸合成dsDNA中间体，并最终形成病毒RNA基因组的线性的dsDNA，随后其被转运到细胞核并通过病毒编码的整合酶整合到宿主染色体的DNA中。

除慢病毒外，大多数逆转录病毒必须依靠细胞分裂才能进入细胞核进而发生整合。一旦这些DNA形式整合到宿主染色体中，逆转录病毒的基因组就被命名为"前病毒"。前病毒是全长基

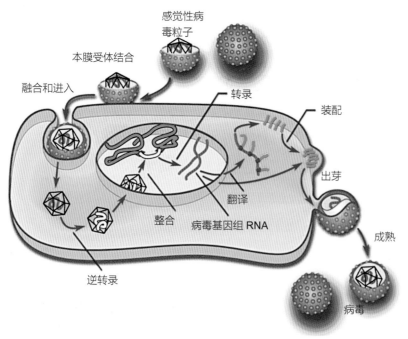

图14-4 逆转录病毒复制周期。通过宿主细胞的融合或者受体介导的内吞作用病毒进入宿主细胞（上面，左面），以出芽的方式在细胞质膜达到成熟（右面）。[After J. M. Coffin. Retroviridae: the viruses and their replication. In: Field's Virology (B. N. Fields, D. M. Knipe, P. M. Howley, R. M. Chanock, J. L. Melnick, T. P. Monath, B. Roizman, S. E. Straus, eds.), 3rd ed, p. 1767–1848.]

因组RNA和不同剪接形式的信使RNA(mRNAs)转录的模板。转录是在细胞RNA聚合酶的作用下，从5′LTR起始，在3′LTR终止，最终产生了新的病毒RNA。复制完全型逆转录病毒复制周期的基本特点见图14-4。

逆转录病毒基因组的整合由整合酶介导，这一过程无宿主细胞序列特异性。局部染色质结构例如DNA弯曲部位或所谓的转录激活的染色体开放结构是整合的优势部位。这些细胞内整合的倾向在部分程度上解释了致癌机制，因为一些逆转录病毒趋向于整合在细胞内致癌基因的周围并激活这些致癌基因。

尽管逆转录病毒的定义来源于病毒的逆转录过程，但是嗜肝病毒（如乙肝病毒）、内源性逆转录元件（如逆转录转座子）以及植物的花椰菜花叶病毒在它们的复制过程中同样存在逆转录过程。

3. 前病毒的转录　前病毒整合后，可以保持转录沉默或转录激活，这取决于细胞环境。病毒的LTR可以促进和启动不同RNA的转录，这一过程与宿主细胞RNA的转录过程相似。转运到细胞质后，这些mRNA分成两类：一类是全长的基因组RNA被包装进入病毒粒子后作为病毒基因组RNA，另一类mRNA用于编码Gag、Pro、Env和Pol。

LTR的主要作用是为RNA合成提供信号、控制转录的速度使病毒与细胞内因子相一致。因此LTR可以通过控制逆转录病毒在特定类型细胞中的复制调控发病过程。因为LTR在逆转录病毒的前病毒形式中是重复的，所以这种重复必然会抑制3′LTR的转录起始过程。3′LTR的转录起始由邻近5′LTR的gag来完成，gag会发出信号，允许5′LTR来启动3′LTR的转录。所有的亚基因组RNA都在5′端有一个拼接起始点。大多数简单的逆转录病毒都是"被动"的依赖宿主细胞的剪切机制来获取剪切信号的。复杂的逆转录病毒（如牛白血病病毒）可以编码一种调控蛋白（如Rex），调控蛋白促进基因组RNA或单剪接RNA选择性的从细胞核转运到细胞质。

4. 逆转录病毒的突变　逆转录病毒复制过程伴随着高突变率，这是因为逆转录酶缺乏3′到5′核酸外切酶的自我校正（如编辑）机制。许多病毒基因位点可以承受突变的发生，然而一些酶或结构蛋白却不允许出现高突变率，因为这类突变有可能阻碍病毒复制和组装。因此gag和pol基因相对更保守，env基因的某些特定关键区域基因也是相对保守的，而env基因的其他区域，特别是编码抗体结合域的基因区域是高度变异的。env耐受不影响病毒复制活力的变异的这种能力促进了新毒株的出现与进化，包括那些可以逃避免疫监视的毒株。

在多个病毒感染的细胞中，逆转录病毒间的重组和基因重排发生频率很高。基因的删除、重复和倒位经常发生（发生的概率为1/25），但是大多数突变是致死性的。假设这些情况发生在逆转录过程中，这将使逆转录酶有许多机会发生跳跃模板、产生重复体，或导致错配。逆转录病毒也有较高的重组率（每个复制循环重组率范围为1%～20%）。

5. 翻译　在感染的细胞中，逆转录病毒蛋白在细胞质中合成，受类似于宿主细胞机制的调控。剪切的mRNA用于囊膜蛋白和许多不同的逆转录病毒附属蛋白的翻译。全长未剪切的RNA作为基因组RNA（包装在病毒粒子中）或者是编码Gag-Pro-Pol蛋白的mRNA。通过mRNA的核糖体扫描移码来启动翻译，然后翻译全长蛋白。35s mRNA转录的前体蛋白包括结构蛋白和酶，并与游离多聚核糖体有关，而22～24S mRNA编码囊膜蛋白，与膜附着的核糖体有关。

Env蛋白是一种糖蛋白，在其转运到质膜进行目的性修饰如豆蔻酰化之前，在内质网网状组织和高尔基体中发生糖基化过程。与病毒RNA一起，Gag和Gag-Pol前体蛋白在细胞质膜内侧组装形成核衣壳。当核衣壳与已固定在细胞膜上呈突起状的Env蛋白结合后，病毒开始出芽。病毒粒子的组装起始于Gag前体蛋白的NC部分与基因组RNA包装信号的相互作用。在病毒出芽之

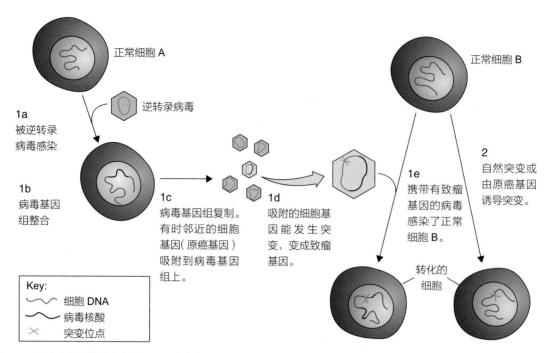

图14-5 逆转录病毒捕获致瘤基因。细胞致瘤基因经常整合到病毒基因组发生突变，失去控制而导致感染细胞发生转化。

前，在感染细胞表面形成高电子密度核心。在病毒粒子出芽过程中，结构蛋白前体的蛋白酶水解过程启动，并在新释放的病毒粒子中继续加工以形成具有完全感染性的病毒粒子。最近的研究表明Gag蛋白的主要逆转录病毒晚期出芽结构域是新生病毒粒子有效释放所必需的，这和参与蛋白转运和分类的细胞共因素相适应。

除了慢病毒这样明显的例外，许多逆转录病毒优先在分裂的细胞中复制，通常不会引起明显的细胞病变和细胞代谢的改变。其他逆转录病毒，例如慢病毒，可以通过多种方式诱导细胞死亡，包括合胞体的形成（固有的不稳定事件）和细胞凋亡。在某些情况下，感染的细胞持续分裂，直到产生大量的病毒粒子。

6. 致瘤性　在研究逆转录病毒相关的动物癌症时，发现了致癌基因。细胞致癌基因（c-onc或原癌基因）负责正常细胞的生长和分化。在逆转录病毒的复制过程中，病毒致癌基因（v-onc）可通过c-onc加工而来，例如转录全长的过程中形成（图14-5）。病毒致癌基因的典型特点是丧失了细胞对v-onc活性的控制。病毒致癌基因通常通过影响或作为生长因子、受体、胞内信号传

导分子或核内因子（如转录因子）来影响细胞的生长调控（失调）。

致癌基因的捕获是逆转录病毒复制的独有特点，其被认为是一种"不合理的"重组事件。当前的模型支持一种逆转录过程中的非同源重组过程。它通过两个潜在机制来实现，每种机制都是在逆转录病毒整合到原癌基因内部或其附近时发生的。特别是删除的和野生型基因组的包装可以发生在重组之后，这将导致病毒能"捕获"额外的序列。另外，在RNA聚合酶转录前病毒的同时，全长转录的包装启动，然后重组导致额外的序列整合到新的病毒基因组中。这些重组事件的大部分能抑制病毒的复制，但那些引起转化的重组可能会最终诱导感染宿主产生癌症。

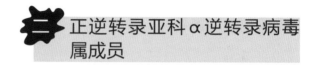

正逆转录亚科α逆转录病毒属成员

禽白血病和劳氏肉瘤病病毒

逆转录病毒在家禽上可引起一系列明显不同的综合征。现在对致瘤逆转录病毒生物学特性的

了解多是基于对感染鸟类的逆转录病毒的研究。鸡逆转录病毒感染可分为截然不同的两类：① α-逆转录病毒属：禽白血病、成髓细胞血症和肉瘤病毒；② γ-逆转录病毒属：禽网状内皮增生症病毒（表14–1）。每一类病毒都包含有许多不同的成员（病毒种类）。

像其他逆转录病毒一样，禽类的逆转录病毒有不同的形式，包括：① 内源性的；② 外源性的复制完全型；③ 外源性复制缺陷型。内源性的禽白血病病毒以前病毒DNA的形式存在于每只鸡的基因组中。这些内源性病毒一般不会被表达或致病，除非发生重组，产生病毒粒子，而引起罕见的肿瘤，如神经胶质瘤。外源性的禽白血病病毒是复制完全型，包含有完整的*gag*、*pol*和*env*基因。这些外源性传播的禽逆转录病毒通常没有致病性，但是在感染过程中，一小部分鸟类会出现白血病和淋巴瘤。此外，一些外源性病毒从细胞致癌基因（c–*onc*）中获得致癌基因(v–

onc)后，能够迅速的诱导恶性肿瘤。多数这些快速转化的具有致瘤性的病毒在获得致癌基因的同时会失去一部分基因组，因此它们变成一个复制缺陷型的病毒，其复制依赖于复制完整型病毒的辅助。然而，少数病毒，如劳氏肉瘤病毒，有完整的病毒基因组和一个v–*onc*基因，它能够快速致瘤，同时也可以在不需要辅助病毒而自我复制。致瘤的逆转录病毒可以通过水平或垂直方式进行传播，垂直传播可以通过具有感染性的病毒（完整的病毒粒子）或者前病毒DNA整合到宿主生殖细胞而进行（图14–6）。逆转录病毒有各种各样的传播途径，包括生殖细胞（精子或卵子）传播，这使得该病的预防变得非常复杂。

对大多数的禽逆转录病毒而言，通过水平传播的方式感染5～6日龄之后的鸡，一般不会导致白血病，相反这些感染鸡会产生一个短暂的病毒血症，然后产生中和抗体。如果病毒是通过鸡蛋先天传播或者在出生的最初几天感染，那么鸡就

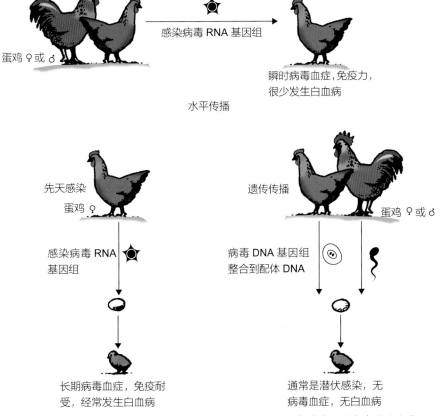

图14–6　禽白血病病毒水平和重叠传播瞬时病毒血症，免疫力，很少发生白血病

表14-4 禽逆转录病毒引起的鸡的综合征

病毒[a]	综合征	肿瘤生长速度	病毒致癌基因	易感细胞	损伤类型
复制完整型病毒（禽白血病病毒）	淋巴白血病	慢	—	淋巴母细胞（B细胞）	多种组织内淋巴细胞浸润
	骨硬化病	慢	—	破骨细胞或成骨细胞	长骨增厚
	肾肿瘤	慢	—	肾细胞	肾胚细胞瘤，癌
复制缺陷型病毒（骨髓成红血细胞增多症病毒，禽成髓细胞血症病毒，禽骨髓细胞瘤病毒）	骨髓成红血细胞增多症	快	v-erbB	成红血球细胞	贫血症
	成髓细胞血症	快	v-myb	成髓细胞	贫血症，白血病
	骨髓细胞瘤病	快	v-myc	髓细胞	肉瘤
	血管瘤	快	?	毛细血管内皮	血管瘤
	肉瘤	快	v-fps,v-yes	多种间叶细胞	肉瘤
复制完整急性转化型（劳斯肉瘤病毒）	肉瘤	非常快	v-src	多种间叶细胞	肉瘤

a 除了外源性病毒，所有鸡携带内源性逆转录病毒DNA，作为其基因组的一部分。

会因为免疫耐受而出现持续的病毒血症。这些鸡表面上可能会正常生长，但它们随后会发生白血病及相关疾病，并成为外源性病毒接触传播的主要传染源。

禽肉瘤和白血病病毒根据它们独特的感染宿主细胞的受体被分成至少10个不同的亚群（命名为A~J）。其中6个亚群感染鸡(A，B，C，D，E和J)。不同的亚群引起不同的疾病。一般而言，禽白血病病毒在商品化蛋鸡中广泛存在，鸡群中的大部分鸡将在孵化后的几个月感染病毒。过去认为，如果没有快速转化型的病毒存在，仅会在14周龄后有零星病例出现，而且发病率在1%~2%，但有时发病率可能达到20%，像20世纪90年代在肉种鸡中发生的J亚群白血病病毒。然而，当前商品蛋鸡和肉种鸡养殖企业几乎从原种场就净化了禽白血病，禽白血病的发生一般来源于商品代蛋鸡群的水平传播。禽白血病/肉瘤病毒的各种症状见表14-4。

在感染外源性非缺陷型病毒的鸡中，只有先天感染的鸡才会出现肿瘤并出现持续的病毒血症。在鸡的生长周期中，前病毒DNA会整合在许多不同类的细胞中，有时候，偶尔整合于癌基因c-onc的激活区域，这将会诱导肿瘤的产生（顺式作用转化）。

各种各样的肿瘤是通过复制缺陷型的白血病病毒和一个非缺陷的辅助病毒共感染而产生的，这个辅助病毒往往是外源性的禽白血病病毒。这些缺陷型病毒很少能出现在禽类个体中，因为它们是复制缺陷型的，这对它们来说是迅速致命的，所以很少有，如果有的话，病毒就会水平传播或代代相传。各种病毒的潜在致病力的不同是由它们携带的不同的致癌基因引起的，这反映在它们诱导不同的肿瘤上（表14-4）。

1. 复制完全型禽逆转录病毒引起的疾病

（1）淋巴白血病 淋巴白血病（内脏淋巴瘤）是出现在14~30周龄的最常见的禽白血病。临床症状不典型，包括鸡冠变暗、干枯、偶尔出现发绀，感染的鸡可能表现出食欲不振、消瘦、精神萎靡、腹部肿胀。肿瘤有时候可能会在临床症状出现前出现。通常，肿瘤只会在感染鸡被屠宰之后才发现，这将导致屠宰鸡被淘汰。

感染禽类的血液变化是多种多样的，明显的白血病是很少见的。肿瘤通常会以离散的结节病变形式首先出现在法氏囊。随后转移到肝、脾和其他内脏器官。这些多发性肿瘤由表达B淋巴细胞标记的淋巴母细胞聚集而成。这些细胞可以分泌大量的IgM，但是它们不能分化为分泌IgG、IgA或IgE的细胞。黏液囊切除术（切除法氏囊）

可以消除所有日龄鸡（包括5月龄以上的鸡）淋巴白血病的发生。肿瘤形成通常是由于病毒激活和过表达c-myc原癌基因以及Blym-1和c-bis的作用造成的。

（2）骨硬化病 骨硬化病（又叫"粗腿"综合征）是由α逆转录病毒引起的一种影响鸡骨骼的疾病，该病导致均匀的或不规则的骨干变粗，从而可能会引起感染鸡骨干骺端变厚。最明显的损伤通常出现在腿的长骨部位，但是也可能出现在骨盆、肩带和肋骨部位，并呈典型的双侧匀称。患有硬骨病的禽类也经常伴有贫血和淋巴细胞损伤症状。

（3）肾脏肿瘤 α逆转录病毒引起的肾肿瘤通常在屠宰感染鸡时才会被发现，但是在感染鸡死亡之前会表现消瘦和虚弱的症状。该病有2种形式：由肾母细胞的上皮细胞和间叶细胞元件（胚胎肾单位和肾中胚胎的其他部分）形成的肾母细胞瘤和仅由胚胎的上皮细胞形成的癌症。

2. 复制缺陷型禽逆转录病毒引起的疾病 这类疾病的特征是致瘤病毒引起的细胞转化，这些致瘤病毒在获得致癌基因的过程中丧失了一个关键的病毒基因，因此它们只有依靠辅助病毒的协助才能完成自身的复制。

（1）骨髓成红细胞增多症 1日龄雏感染病毒后，鸡成红细胞增多症的潜伏期为21～100d，但是大多数的带有病理损伤的临床症状出现在3～6月龄鸡。该病有2种形式：增生型，以血液中出现很多成红细胞为特征；贫血型，以成红血球细胞贫血为特征。最主要的靶细胞是成红细胞祖细胞，病毒感染激活其原癌基因。病毒感染的成红细胞祖细胞形态正常，除非逆转录病毒正出现在细胞质液泡中或正从细胞膜出芽。在感染的禽类中，其肝和肾大范围肿胀，颜色由鲜红变成暗红、质软和变脆。

（2）成髓细胞血症 成髓细胞血症是一种罕见的，一般在成年鸡中发生的疾病。这种病的临床症状与骨髓成红细胞增多症很相似，潜伏期可缩短到10d，靶细胞是骨髓中的成髓细胞。急性

转化型的缺陷型逆转录病毒的v-myb致癌基因引起成髓细胞的肿瘤转化。白血病是成髓细胞血症的一种重要特征，每毫升血液中有高达10^9个成髓细胞；事实上，白细胞的数量已经超过了红细胞。骨髓移植（脊髓痨）可以导致二次贫血和血小板数量减少。由于瘤细胞的浸润导致肝脏大，变硬，颜色变灰。

家禽神经胶质瘤（一种中枢神经系统肿瘤）与重组病毒有关，其囊膜区域与内源性成髓细胞血症相关的禽逆转录病毒密切相关，这表明该区域在这一罕见的致死性肿瘤中起着重要作用。

（3）髓细胞增生症 发生髓细胞增生症的禽类出现类似于骨髓成红细胞增多症和成髓细胞血症的临床症状。感染后的潜伏期为3～11周。其靶细胞是非颗粒状的髓细胞（形态学上与成髓细胞不同），它们在病毒感染之后就可以增殖，从而消除大量骨髓细胞。瘤细胞可能扩散到感染骨骼的皮质和骨膜。这种肿瘤比较独特，以发生在骨骼表面为特征，尽管任何组织和器官都有可能被感染，但通常与骨膜和附近的软骨有关。J亚型禽白血病病毒会侵入到骨骼，肿瘤细胞也会浸润并引起脾、肝和其他器官肿大。在组织学上，肿瘤是由紧密均一的分化成熟的髓细胞混合在嗜酸性粒细胞中组成的，类似于正常的骨髓髓细胞。

骨髓细胞瘤病是由复制缺陷型和非缺陷型禽白血病病毒引起的。急性转化型病毒株携带有v-myc致癌基因，然而慢性转化型病毒能激活c-myc致癌基因。

（4）血管瘤 在血管内皮细胞感染病毒后的3周内，感染禽在皮肤或者脏器表面出现特征性的单个或多个血管瘤。损伤会导致血管破裂，引起急性出血而死亡。皮肤上的损伤也会明显促进嗜食同类现象。

（5）结缔组织肿瘤 在幼龄和成年禽类中有很多散发的间叶细胞样肿瘤，包括纤维肉瘤、纤维瘤、黏液肉瘤、黏液瘤、组织细胞恶性毒瘤、骨瘤、成骨细胞肉瘤、软骨肉瘤，这些肿瘤都是

由于感染了带有v-onc基因的禽逆转录病毒而引起的，无论是与辅助病毒共同作用的复制缺陷型病毒还是携带有致癌基因的复制完全型病毒，如肉瘤病毒。

3. 诊断　通常通过发病史、临床症状及大体的和组织病理学特征就足以对禽白血病做出诊断。与禽逆转录病毒引起的禽白血病最重要的鉴别诊断是马立克病（见第9章），鉴别诊断这2种疾病是非常重要的，因为马立克病可以通过疫苗免疫进行控制。

劳氏肉瘤病毒和其他复制完全型、急性转化型禽逆转录病毒可以通过在鸡胚成纤维细胞培养物中进行增生灶形成试验直接定量。带有v-onc基因的复制缺陷型、急性转化型病毒同样可以用增生灶形成试验来定量，但是其病毒粒子只有在含有复制完整型的白血病病毒的细胞中才能形成；因此获得的经常是混合的病毒。复制完全型病毒不能在体外转化细胞；因为它们的转化过程受到带有v-onc基因的病毒的干扰。白血病病毒也可以通过酶联免疫吸附试验或者放射免疫试验这样的血清学方法来检测。序列分析可以用来鉴定具有罕见症状的新病毒亚群。这些信息，结合受体使用试验，为禽逆转录病毒致病机制的研究提供新的思路。

4. 免疫、预防和控制　禽逆转录病毒通过水平和垂直传播2种方式进行传播。垂直传播比较少见，但是这种传播方式却可以使病毒在鸡群中代代持续存在。子代鸡的先天性感染主要是由于患有病毒血症的母鸡的输卵管中存在病毒；这种母鸡所产鸡胚的蛋清中含有高滴度的病毒，使胚胎感染自8细胞胚胎期开始。感染鸡胚的胰腺中含有大量病毒，这些感染鸡胚孵化的雏鸡可以通过胎粪和排泄物排毒。大多数鸡通过近距离接触先天性感染的雏鸡而水平感染，尤其在孵化箱和孵化后的前几周内，但是成年鸡粪便和唾液中的病毒也会导致病毒的水平传播和环境污染。病毒的水平传播也为其经蛋垂直传播提供了病毒来源。经卵感染很显然并不是那么重要。个别感染

的母鸡会连续不断地（那些带有病毒血症，血清反应为阴性的鸡）或者间歇性的（那些带有病毒血症，血清反应为阳性的鸡）排毒。18个月龄以上的母鸡不能有效传播病毒。先天性感染的鸡会形成免疫耐受，它们的血液中能包含高达10^9/mL的具有感染性的病毒粒子。这些感染禽类可以通过唾液和粪便排毒，但它们本身可以健康存活，尽管部分最终发生白血病。该病先天性的传播是家养和兴趣饲养鸡群当宠物鸡最重要的传播方式。

大多数1日龄的雏鸡会带有母源抗体，母源抗体滴度是母鸡的1%～10%。因此可以看出母源抗体的传递效率是很低的，而且抗体滴度也在逐渐降低，子代鸡在4～7周龄血清学反应就已呈阴性。此后，如果鸡群没有先天性感染，它们就会通过水平传播被感染，出现一过性的病毒血症，进而在体内产生高水平的抗体，随后体内病毒通常会被清除，而抗体会在体内终身存在。然而，也有一些鸡会产生持续性感染，成为水平传播和垂直传播的传染源。公鸡可能与内源性（不致病的）逆转录病毒的生殖道传播有关，但是公鸡在病毒的先天性感染过程中没有任何作用，因为鸡的精子细胞是细胞质性的。

保持干净的卫生环境对减少病毒的污染极其重要，尤其是在鸡刚孵化后的一段时期，这段时期鸡的日龄、鸡群密度以及病毒水平都有利于病毒的水平传播。全进全出的管理模式，对培养箱、孵化器、孵化间和设备彻底清洁和消毒等，都要严格执行。从同一来源引进鸡群也可有效降低感染新毒株的风险。

20世纪40年代引进的肉鸡和蛋鸡的集约化饲养方式，自动对遗传上易感的鸡的品系进行了筛选。现在多数商品化的鸡群是由具有遗传抗性的鸡的品系构成的，因此禽白血病的发生率出现了大幅度降低。病毒抵抗力与病毒亚型和病毒囊膜糖蛋白受体的缺失有关，编码病毒受体的基因位于常染色体上，所以可以通过感染从带有适当劳氏肉瘤病毒但没有白血病的鸡中分离出的鸡胚绒

毛尿囊膜或者鸡胚成纤维细胞培养物来筛选遗传抗性鸡。不能产生细胞转化病灶与遗传抗性有关。具有遗传抗性等位基因纯合子的品系的鸡可以进一步扩大培养。病毒突变经常可以突破遗传抗性，因此，在实践中，遗传抗性作为疾病控制的基础手段，是一个持续性选择的过程。

水平传播的病毒已经在种鸡和蛋鸡群中得到了净化，尤其是那些用于疫苗生产的蛋鸡群，无论这些鸡蛋是用于人、家畜或者是禽病毒疫苗的生产。建立和维持无白血病的鸡群（仍然带有内源性禽逆转录病毒）是非常昂贵的，但是能作为一种控制手段。除了消除肿瘤的发生，鸡群净化还有很多其他的益处，包括降低其他疾病的死亡率、加快生长速度、提高产蛋率、鸡蛋质量、受精和孵化率。目前该病的灭活疫苗和弱毒疫苗免疫无论是在试验中还是生产中都未获得成功。

正逆转录病毒亚科 β 逆转录病毒属成员

（一）Jaagsiekte绵羊逆转录病毒（绵羊肺腺瘤病毒）

绵羊肺腺瘤病或绵羊肺腺癌是由逆转录病毒引起的，成地域性的一种绵羊的重要的疾病。成年绵羊感染本病后，导致慢性消耗性和严重的呼吸道疾病。该病病原属于β逆转录病毒属的D型逆转录病毒。通过对病毒基因组的克隆、测序，以及在细胞和动物模型中研究的基础，对该病原的了解取得了重大进展。该病最初被发现于南非，并被称为Jaagsiekte病，随后该病蔓延到世界各地，只有澳大利亚和新西兰还未见记录，而冰岛在1952年将该病根除。绵羊肺腺瘤病零星地发生于美国和欧洲的一些国家。而在秘鲁，该病毒可能引起成年绵羊近25%的年死亡率。

1. 临床特点和流行病学 在19世纪早期，南非的牧羊人发现该病，并称之为南非羊肺炎（Jaagsiekte）。"Jaagsiekte" 是南非术语，用于描述感染绵羊的临床症状——"追逐"(Jaag)和"发病"(sieckte)，这两个词准确描述了该病的呼吸道症状。然而，在感染绵羊肺细胞中观察到病毒粒子后，才证明该病是由逆转录病毒引起的。应用感染羊肺部无细胞滤出液"复制"出了该病，并利用Jaagsiekte病毒的分子克隆在羔羊上也复制出了该病。病毒可通过密切接触同群绵羊呼出的肺液雾化而自然传播。疫情暴发后，临床疾病病程可能会延长，通常会引起2岁及以上成年绵羊的严重损失。

患病羊表现为渐进性的呼吸困难，厌食和消瘦。严重的羊会死于由弥散性分布于肺的呈瘤状聚集的肺泡Ⅱ型细胞分泌的大量液体引起的呼吸衰竭。本病的潜伏期从1~3年不等，而羔羊感染潜伏期可能会变短。这种疾病开始时不易被察觉，患畜伴随着进行性的呼吸困难、间歇性咳嗽并由肿瘤细胞产生大量的黏液，从而导致小气道阻塞，死于缺氧、继发细菌性肺炎或者并发绵羊慢病毒［绵羊脱髓鞘性脑白质炎（绵羊维斯纳-梅迪）］感染。感染绵羊肺部中可以见到大小不等呈弥散性分布的肿瘤结节。该病主要发生于肺，很少发生转移。

2. 发病机制与病理学 绵羊肺腺瘤病的病原最初被称为JSRV（意指Jaagsiekte绵羊逆转录病毒）。绵羊逆转录病毒特异性诱导分化的肺上皮细胞的转化，比如，肺泡中的肺泡Ⅱ型细胞和细支气管（终末支气管）中的克拉拉细胞。整合的病毒DNA能在淋巴组织、肺泡巨噬细胞和外周血单核细胞中被检测到，这将利于病毒在感染绵羊体内的扩散以及通过被污染的肺液在绵羊之间传播。最近的研究表明绵羊逆转录病毒的囊膜和LTR区决定病毒的细胞嗜性和JSRV的表达。病毒表面的糖蛋白通过与透明质酸家族的透明质酸酶-2相互作用使病毒进入细胞。然而，病毒的高效复制只发生在支气管肺泡上皮细胞，部分原因是受限于细胞转录因子与病毒LTR区的结合和促进病毒表达。同时，病毒囊膜蛋白通过改变信号通路促进细胞增殖，这被认为是转化细胞的主要决定因素之一。

绵羊肺腺瘤病病变通常在屠宰绵羊时被发现。通过对感染羊肺肿瘤结节的组织学检测，发现该病的支气管肺泡上皮细胞的增殖模式与人的支气管肺泡瘤相似。组织学上，这些病变被分为腺瘤或腺癌，它们代表Ⅱ型上皮分泌细胞和无纤毛细支气管上皮细胞的瘤性转化，很少见到局部肺淋巴结的转移性肿瘤。

3. 诊断　绵羊逆转录病毒感染不能诱导产生用常规方法可检测到的针对病毒的特异性的循环抗体；这可能是由与绵羊逆转录病毒亲缘关系较近的内源性逆转录病毒的所导致的免疫耐受而引起的。然而，在临床感染和接触感染的动物中，可以通过PCR方法从血液白细胞中检测到绵羊逆转录病毒的前病毒DNA。一些改进的方法已经成功地应用于绵羊逆转录病毒在易感动物群中的筛查，为一些存在地方流行性绵羊肺腺瘤病的国家提供了防控策略。

4. 免疫、预防和控制　还没有JSRV诱导机体产生免疫反应的报道，也没有预防该病毒的有效疫苗。当感染的绵羊被引入健康羊群时会引起疾病暴发，尤其是羊群被圈养的时候。感染动物通过唾液、奶、初乳和呼吸道的分泌物排毒；推测自然感染主要是经由呼吸道发生的。

为了根除该病，冰岛几乎消灭了全国所有的羊。由于缺乏敏感的检测方法来检测处于潜伏期的病畜，其他国家还难以根除本病。不过，通过羊群的严格隔离以及通过临床早期症状清除患病羊只（母羊和羔羊）等措施可大大降低本病的发病率。

（二）地方流行性鼻腔瘤病毒

地方流行性鼻腔瘤病毒（Enzootic nasal tumor virus）与JSRV逆转录病毒、鼻腺癌（又称为地方流行性鼻腺癌、地方流行性鼻瘤或传染性鼻腺乳头状瘤）的病原十分相似，是一个相对少见的绵羊和山羊的传染性肿瘤（图14-7）。尽管绵羊可以同时被2种病毒（JSRV和ENTV）感染，但是相关的疾病很少发生。感染ENTV的绵

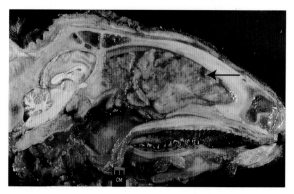

图14-7　绵羊地方流行性鼻腔瘤。在鼻腔矢状部分呈膨胀性肿瘤（箭头）。（由加州大学戴维斯分校B. Murphy供图）

羊容易发生鼻部肿瘤，患有这种肿瘤的绵羊表现为鼻涕增多、呼吸困难、眼球突出以及颅骨畸形。ENTV和JSRV都利用透明质酸-2作为受体来吸附；然而，ENTV主要感染上呼吸道的上皮细胞，而JSRV感染肺上皮细胞。体外研究表明，相对ENTV而言，JSRV在进行细胞融合时需要更低的pH。有趣的是，ENTV的囊膜蛋白可以转化上皮细胞，这显然说明ENTV具有与其他致瘤逆转录病毒不同的独特机制。

绵羊鼻瘤中鼻腔瘤病毒的病原鉴定需要通过PCR方法来扩增部分病毒基因组。还没有其他常规的诊断方法来检测该病。在感染羊中没有检测到病毒特异性的免疫反应。

（三）绵羊的内源性逆转录病毒

绵羊的基因组至少包含27个内源性逆转录病毒的拷贝。一个广泛的内源性逆转录病毒家族被称为enJSRV（内源性的JSRV），因为它们与发生在家养的、野生的绵羊和山羊的JSRV很相似。这些内源性逆转录病毒作为绵羊基因组的一部分而稳定遗传，但其生物学意义还不清楚。有趣的是，这些内源性逆转录病毒在包括绵羊和人类的许多哺乳动物的胎盘和生殖道中表达。这种表达是否有利于胎盘的形成和功能的发挥目前尚不清楚，但最近的研究表明enJSRVs是绵羊发挥正常生殖功能所必需的，进一步的研究表明，enJSRVs有利于绵羊抵抗外源性逆转录病毒的感

染。因此，目前有大量的研究来证实enJSRV对绵羊正常的生理和多种疾病的贡献。

最近，内源性逆转录病毒被用做研究绵羊驯化方面的遗传标记，这与研究人类的迁移谱相似。"原始"羊群的内源性逆转录病毒序列与现代羊群的不同，这反映了欧洲和亚洲的人口流向，这些人将绵羊作为食物和纤维的来源。

（四）D型猴逆转录病毒

有记载的第一个D型逆转录病毒是Mason-Pfizer猴病毒，它于1983年被分离于一只恒河猴，与其他猴逆转录病毒（simian retroviruses）一样，这种病毒被公认为引起严重的、致死性的、免疫抑制性的疾病。此外，该病还与由恒河猴疱疹病毒（一种与人卡波西肉瘤相关疱疹病毒密切相关的疱疹病毒）引起的独特的腹膜纤维化综合征有关。恒河猴免疫抑制综合征最初被称为猴获得性免疫缺陷综合征（SAIDS），但是这个术语太模糊而不便使用，因为猴免疫缺陷病毒（慢病毒）也能引起相似的综合征。

外源性D型猴逆转录病毒是大多数猕猴属（猕猴亚科）固有的。这种病毒被分为5种（可能是7种）主要的中和血清亚型——已知的SRV-1，SRV-2，SRV-3等——每1个血清型内又有明显的差异。Mason-Pfizer病毒为SRV-3。此外，几乎在所有古老的非人类灵长类（除类人猿外），以及松鼠猴（*Saimiri sciureus*）和叶猴（白头暗纹叶猴）的基因组中含有内源性反转录病毒，但并没有发病。在具有该病毒的*Macaca*猴中，恒河猴外源性病毒，尤其是SRV-1和SRV-2，与免疫缺陷综合征密切相关。

1. 临床特征和流行病学　在灵长类动物聚集地和研究地的恒河猴，D型猴逆转录病毒的感染是一个很严重的问题，它们经常引起发病，但又很难被检测到。一些感染的恒河猴出现病毒血症，能够传播病毒，但是检测不到抗体产生。因此，大量精力放到了培育猴逆转录病毒和其他常见病毒抗体和特异性PCR反应均为阴性的SPF动物上面。感染猴逆转录病毒的动物可能会终生持续带毒，在严重的情况下造成免疫缺陷，引起机会性感染，发生肿瘤和炎症疾病，从而使它们不能用于试验研究。

2. 发病机制与病理学　许多品种的恒河猴感染逆转录病毒后会产生许多潜在的致病结果，食蟹猴（*Macaca fascicularis*）对该病有一定的抵抗力。当发病严重时，恒河猴会产生严重的免疫缺陷，对许多机会致病微生物易感，此外，还有炎症、增殖症以及肿瘤（例如淋巴瘤）的发生。病毒阳性动物的典型表现是体重减轻、腹泻、淋巴细胞减少以及贫血。在剖检时，可见多个器官发生炎性病变，包括淋巴结、唾液腺、脾、胸腺和大脑。逆转录病毒先天存在于野生恒河猴中，但在所感染的动物中，婴幼儿期的恒河猴最易感，因为它们没有针对该病毒的有效免疫反应。当青年恒河猴（*Macaca mulatta*）感染该病毒后，可能会在1年内死亡。

3. 诊断　猴逆转录病毒感染的诊断需要应用ELISA和免疫印迹方法反复的进行血清学检测病毒特异性抗体，因为有的动物感染病毒后没有产生可检测的抗体量。特别对一些珍贵动物，需要用PCR方法结合序列测定来检测是否感染病毒或者区分感染病毒亚型。应用精心的管理方法和净化方法，可以建立无该病原的灵长类动物群体，这种方法可以大大地降低D型猴逆转录病毒相关疾病的发生率。

4. 免疫、预防和控制　外周血液中高滴度病毒血症和RNA水平的动物更有可能传播病毒。病毒通过动物唾液、血液，在它们撕咬、整理毛发和打斗时的密切接触而传播。已研制出了针对其中3种病毒的高效灭活疫苗，但仅用于严格隔离的灵长类群体和诊断筛查未感染的动物。由于逆转录病毒存在于感染动物的许多组织和体液中，使得该病的防控更加复杂。此外，尽管许多动物呈抗体阳性和病毒血症，但是一些动物血清检测呈阴性而且被认为没有感染病毒，除非经过反复检测或者用其他方法比如PCR可以检测到病毒。感染动物排毒没有规律，因此传播也可能是间歇性的。病毒诱导的强烈的抗体反应，尤其是针对病毒囊膜糖蛋白gp70的抗体能有效抑制病毒载量，降低病毒的传播。然而，即使感染动物其具有较高的抗体滴度，其仍然可能会间歇性排毒，雌性动物也可能将病毒传给后代。在感染病毒6～8周后，幼年动物（以前没有感染过猴逆转录病毒）会出现典型的抗体反应和细胞介导的免疫应答。然而，这些动物仍然可以排毒并成为传染源，尤其是当它们产生了免疫抑制时。

针对猴逆转录病毒株的交叉反应抗体已有报道，这些抗体通常主要针对保守的衣壳蛋白p27，或跨膜蛋白gp20。感染动物的病毒信息可以被用于设计更多的特异性抗体结合试验。控制猴逆转录病毒感染的主要难题是感染动物仅产生较低的不可检测的抗体反应，并伴有病毒血症，可传播病毒。这些动物保持病毒阳性、抗体阴性的机制可能与免疫耐受有关，因为这些动物通常是青年猴或者是由抗体阳性的猴所产的幼仔。

猴逆转录病毒防控的另一复杂性在于多毒株共同感染，这需要用毒株特异性引物的PCR方法来检测病毒。这些检测方法也必须能够区分猴的内源性和外源性逆转录病毒，因为内源性逆转录病毒序列也可能导致假阳性的产生。因此，阳性PCR产物需要进行核酸测序来进一步确定外源性逆转录病毒的存在。

（五）鼠乳腺瘤病毒

鼠乳腺瘤病毒在结构上类似于鼠白血病病毒，但是它们编码一种已知的超级抗原（Sag），这种蛋白在病毒鼠类宿主的病理学中有重要意义。所有纯系鼠的基因组中包含一个或多个（某些品系中超过50种）内源性乳腺瘤病毒的基因位点。这些基因位点在基因中的分布对于每种近交系小鼠来说是独特的。相对而言，一些野生小鼠种群不包含这些基因位点。在近交系小鼠中，大多数乳腺瘤病毒基因位点不编码具有感染性的病

毒粒子，或者无转录活性，但是另外一些小鼠品系（如DBA，C3H，GRS）因含有Mtv1和Mtv2基因位点，可以编码感染性的病毒。除了内源性乳腺瘤病毒外，小鼠也对外源性乳腺瘤病毒易感，尽管这些外源性病毒已经从现在的小鼠群中被净化了（除了用于实验目的被保留外）。内源性病毒和外源性病毒都可以通过病毒阳性母畜的奶水传染给幼崽，这些病毒最初在肠道相关淋巴组织中复制。虽然鼠乳腺瘤病毒是根据它的组织嗜性和发生在乳腺中的特症来命名的，但是这种病毒对B淋巴细胞有很强的亲嗜性。鼠乳腺瘤病毒LTR区编码的Sag蛋白存在于树突状细胞和B细胞的Ⅱ型主要组织相容性复合体分子中，因此可以被T细胞识别并使其活化。活化的T细胞刺激B细胞大量增殖，这反过来促进病毒的整合和复制。血源性B淋巴细胞是病毒的复制场所，然后病毒感染乳腺，并在乳腺组织复制到很高的滴度，并可以通过插入诱变引发乳腺癌。许多小鼠近交品系可以破坏这种复制周期，从而造成了不同品系小鼠对乳腺癌的易感性是不同的。乳腺瘤病毒在一些小鼠品系也可以引起淋巴瘤。鼠乳腺瘤病毒的LTR区除了表达Sag蛋白外，对病毒的组织嗜性起着重要的决定作用，该区域已经被用于具有特异性乳腺组织嗜性的转基因设计。

包括人类在内的其他种属动物，在基因组中均包含与鼠乳腺瘤病毒相关的序列，但是，鼠似乎是唯一已知的可以编码复制完全型病毒的物种。

正逆转录病毒亚科γ逆转录病毒属成员

γ逆转录病毒属包括多种禽类和哺乳动物的逆转录病毒，这些病毒在各自的宿主有较长的临床潜伏期，也有可能不会引起发病。莫洛尼鼠白血病和猫白血病病毒是这组逆转录病毒的原型毒株。不像它们的命名，白血病病毒通常是不致瘤的，或者可能引发系统性、非白血病形式的疾

病。根据宿主的种类，可以把它们分为外源或内源性病毒。

（一）猫白血病及肉瘤病毒

1. 临床特征和流行病学　猫白血病病毒和肉瘤病毒能引起各种疾病综合征、肿瘤和影响造血细胞和免疫系统相关的其他疾病。这些病毒引起3种主要类型的肿瘤：淋巴肉瘤（恶性淋巴瘤或淋巴瘤）、骨髓组织增生性疾病和纤维肉瘤。另外，感染也可造成非肿瘤类型的疾病，如贫血、免疫介导的炎性疾病和免疫缺陷导致的继发感染。由猫白血病病毒引起的肿瘤和非肿瘤疾病呈世界性分布，也常引起猫的非偶然原因的死亡。但是，猫白血病病毒的流行在诸如美国这样的国家，随着近年来监测和控制措施的实施而明显降低。

猫白血病病毒是一种呈地方流行的家猫自然感染的外源性γ逆转录病毒，但猫的基因组内也含有内源性的逆转录病毒。家猫来源的猫白血病病毒，据记载感染过野生北美美洲狮、圈养的南美和非洲猫科动物（包括美洲豹和猎豹）。病毒一旦感染，终身带毒，引起一系列临床症状，但感染动物的临床表现会因个体的不同有所不同。猫白血病病毒的自然感染于1964年被发现，它引起免疫缺陷疾病（伴随继发感染增加和贫血的出现）和恶性或增生性疾病（如淋巴肉瘤和淋巴、骨髓或红细胞源的白血病）。对这些病毒自然感染和相关疾病的了解，为研究者们研究人逆转录病毒以及相关的免疫缺陷和肿瘤性疾病奠定了基础。

像猫免疫缺陷病毒（一种慢病毒）感染一样，猫白血病病毒在健康猫群中的流行率通常低于2%，然而对于患病猫或高密度饲养的猫，感染率将会大大增加，其流行率可高达30%。常见增加感染风险的因素有自由的户外活动、年龄（年龄大的猫可能感染的风险更高）和雄性个体（由于打斗）。感染了猫白血病病毒的猫体内，由于在发病前存在较长的潜伏期，这大大增加了该病的防控难度。鉴定和预防对健康猫群的感染仍然是控制该病最有效地途径。

猫白血病病毒通常通过撕咬的伤口和毛发梳理传播，母猫通过胎盘或哺育而传染给幼猫。幼猫比年龄大的猫更易感。血清和血液中病毒抗原的存在通常与病毒血症相关，并且可用于诊断。一些被感染的猫在它们的血液中检测不到抗原。感染的猫通过各种体液排毒，包括唾液和奶水。

2. 致病机制和病理学　猫白血病病毒感染通常起始于口腔或咽淋巴相关组织，然后通过单核细胞和淋巴细胞传播到外周组织。大部分感染猫白血病病毒的猫会终生带毒，但部分被感染猫的血液中病毒抗原和病毒培养在某一段时期内为阴性。敏感的PCR方法可以检测到存在于血液白细胞中前病毒的存在，可证实它们确实是持续感染。这些隐性感染猫必然会产生免疫反应从而暂时地控制病毒复制，也限制了病毒的扩散和传播感染能力。患病猫也通常不会死于猫白血病病毒相关的疾病。相反，那些显性感染的猫（例如，那些病毒抗原阳性的猫），在淋巴组织、骨髓、黏膜和腺上皮细胞有明显的病毒复制。在黏膜部位病毒通过体液诸如唾液被排出。这些猫似乎没有足够的免疫力来限制病毒复制，通常会发病。很少有猫接触病毒而不被感染的情况。

猫白血病病毒感染常出现由遗传上不同但相关的病毒株混合感染的情况。病毒变异与猫体内感染不同病毒株之间的变化以及与内源性猫逆转录病毒的重组有关。猫白血病病毒的LTR（前病毒的启动子区域）和表面糖蛋白（surface glycoprotein）决定病毒的致病力。因此，每一种病毒可能会引起特定的疾病（例如，多发性淋巴肉瘤或者贫血）。致病株遗传特性的改变，也许会导致一些毒株复制能力加强，这将会使其感染猫后获得更强的毒力。

SU蛋白是猫白血病病毒主要的致病力决定因素。因而SU蛋白的轻微改变能引起明显的病毒受体谱系和疾病愈后的改变。SU蛋白有受体结合区域，它能够控制病毒进入细胞。基于env基因（编码SU蛋白）的受体谱系和序列变化，猫白血病病毒被分为4个亚群，分别是FeLV-A、FeLV-B、FeLV-C和FeLV-T。另外，FeLV-B和FeLV-C可来源于FeLV-A env基因与猫基因组中内源性FeLV元件的重组，这将改变其受体谱系及疾病愈后。如果env基因序列没有发生重组和突变，FeLV-A几乎不致病。然而，env发生突变的FeLV-A分子克隆能够引起严重的免疫缺陷。FeLV-C导致严重的再生障碍性贫血；而FeLV-B与许多疾病相关，最常见的FeLV-B引起的疾病为胸腺中的淋巴肉瘤，但非再生障碍性贫血和其他淋巴肿瘤、淋巴性白血病也会发生。

猫白血病病毒引起淋巴肉瘤至少与6个保守的细胞整合位点有关。这些位点与控制细胞增殖的瘤基因失调有关，或是由含有致瘤基因的病毒直接转化产生。c-myc是第一个也是最为广泛研究的致癌基因，另一个致癌基因是某些情况下在转化的淋巴细胞中存在的v-myc（病毒相关的）。猫白血病前病毒插入到编码bmi-1和pim-1相关基因的flvi-2位点也与c-myc失调有关。其他整合位点，包括在非T细胞淋巴瘤中的flvi-1、胸腺淋巴瘤中的flit-1和T细胞淋巴瘤中的fit-1（与c-myb的控制有关）。由转化生长因子β超家族介导的细胞表面受体过量表达也与前病毒插入在flit-1位点有关。

（1）猫淋巴肉瘤（淋巴瘤）　猫淋巴肉瘤是在哺乳动物中最常见的淋巴恶性肿瘤，调查发现其能占到猫所有肿瘤的30%。有逆转录病毒相关的和非病毒性的猫淋巴肉瘤。美国采取了监测和控制手段，由猫白血病病毒引发肿瘤的发生率已明显下降，而在20世纪80年代以前，70%的猫淋巴肉瘤都是由猫白血病病毒感染引起的。基于肿瘤的原发位置，猫有4种主要的淋巴肉瘤：① 多发性淋巴肉瘤，这些肿瘤发生在各种淋巴组织和非淋巴组织。② 胸腺淋巴肉瘤，多发于幼猫。③ 消化道淋巴肉瘤，通常发生在老年猫，其胃肠道和肠系膜的淋巴组织受到影响。④ 非典型性淋巴肉瘤，是不常发生的肿瘤，肿瘤出现于非淋巴组织，如皮肤、眼睛和中枢神经系统。在这些不同类型的淋巴肉瘤中，猫白血病病毒引起的肿瘤是典型的T细胞系肿瘤，无论是多发性的、胸腺的还是影响眼睛和中枢神经系统性肿瘤。除了位置以外，这些淋巴肉瘤的病变还包括大小不等的、由淋巴肿瘤细胞组成的均一的、呈灰白色、坚硬的结节（图14-8）。

（2）猫骨髓增生症和贫血　这组疾病是由猫白血病病毒引起的单一或多个骨髓细胞的转化。包括4种类型的疾病：① 巨红细胞性骨髓增殖，靶细胞主要是红系祖细胞。② 粒细胞性白血病，靶细胞主要是粒性骨髓瘤细胞，通常是嗜中性粒细胞。③ 红白血病，由网织红细胞和前体粒细胞造成的肿瘤。④ 骨髓纤维变性，是由纤维细胞和骨松质细胞造成的骨硬化和骨纤维化。这些疾病类似于禽急性逆转录病毒引起的疾病，其特征都是在骨髓中出现大量肿瘤细胞、非再生性贫血和免疫抑制。红细胞转化可以造成骨髓成红血细胞增多症、幼红细胞减少症和其他血球和白细胞减少症，所有这些疾病都与贫血有关。

（3）猫白血病病毒感染相关的免疫病理疾病　这组疾病包含免疫复合物介导的和免疫抑制性疾病。在病毒感染宿主后，有时会发生持续性高水平的猫白血病病毒抗原，当与免疫复合物结合时，这些复合物沉淀在血小球时就会引起肾小球性肾炎。在其他情况下，抗体依赖的细胞毒性作

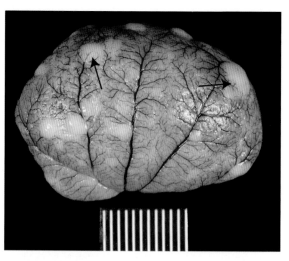

图14-8　猫的淋巴肉瘤。大小不等的肿瘤结节突出于肾的皮质。（由俄亥俄州大学M.lairmore供图）

用于猫致瘤膜病毒相关抗原，从而导致淋巴细胞的消耗。这使猫很容易发生继发感染，导致猫不能正常成长，患其他严重炎性疾病，包括慢性口腔炎、齿龈炎、不能治愈的皮肤损伤、皮下脓肿、慢性呼吸疾病和猫传染性腹膜炎。另外，感染猫白血病病毒的猫比其他猫更容易感染支原体和弓形虫。感染猫白血病病毒的猫还会表现繁殖障碍，包括不育、死胎和流产。

（4）猫纤维肉瘤　纤维肉瘤通常在老年猫中的表现为单个的肿瘤。已感染猫白血病病毒的幼猫，猫肉瘤病毒偶尔能感染引起多病灶性皮下纤维肉瘤，这种肉瘤以高度未分化的形式存在，其生长代谢非常快而且频繁转移。没有证据能够表明猫肉瘤病毒可以水平传播，因为它是复制缺陷型的。在猫白血病病毒感染发生重组和获得病毒致瘤基因v-onc之后，会出现肿瘤和病毒（猫肉瘤病毒）。

猫通过皮下、肌肉注射疫苗或药物后，很少发生猫肉瘤，这些疫苗和药物能够持续在注射位置存在一段时间。非常少见的情况下，更多担心的是猫的饲养者，但也没有证据表明这些肿瘤存在传染性病原。

3. 诊断　商品化的诊断试剂盒为常用的检测猫白血病病毒的p27抗原的方法。p27抗原在病毒感染1个月之内的猫的血液中普遍存在。在不同的猫中，尤其是幼猫，需要重复检测，因为首次检测到抗原血症的时间是可变的。对于低风险或没有临床症状的病例，或是当检测结果不一致时，需要用病毒特异性的PCR检测方法来证实阳性抗原的存在。偶尔会应用免疫荧光试验来证实猫白血病病毒抗原的存在，但是该方法存在一定的假阳性，同时需要有经验的试验操作人员。在参考实验室可进行病毒培养，但该方法在临床上很少用。当不一致的检测结果（如抗原阳性，免疫荧光试验阴性）出现时，通常是因为猫感染病毒后的反应不同、感染时间不同或是实验室操作错误造成的。在这种情况下，需要进行重复检测。如果不是在疫苗免疫后立即进行采血检测，

疫苗一般不会干扰猫白血病病毒的检测结果。

4. 免疫、预防和控制　通过检测和预防病毒传播给易感猫来控制猫白血病病毒的感染。该病主要通过直接接触传播，比如抓咬或理毛行为，因此，从易感群中鉴定并淘汰感染猫是控制该病最有效的办法。其他潜在的接触机会，包括感染母猫的哺育、共同进食、饮水和共用容器等，这些都应该在防控计划中有所考虑。已经有许多商品化的猫白血病病毒疫苗可以使用，对易感动物和群体的疫苗免疫也应包含到防控计划中。由于疫苗的免疫效果有所不同，所以在疫苗免疫前或免疫后的防控计划中还需要进行诊断监测。另外，疫苗的免疫持续期也不同，对已感染的猫使用疫苗几乎没有作用，所以不推荐免疫。尽管疫苗能够保护宿主抵抗病毒的进行性感染和发病，但宿主已接触病毒后疫苗可能不能阻止感染。

猫白血病病毒粒子不能稳定存在于环境中，因为它们的囊膜是脂溶性的，能够被很多商业化的消毒剂和去污剂灭活。因此，消毒程序对有效控制病毒感染十分重要的，例如，干燥的血液可以保护病毒粒子，延长病毒的生存能力。已经感染的动物必须隔离饲养，远离易感动物，从而防止病毒的传播，已经产生免疫抑制的猫必须做好防护，以防止其他病原的感染。其他的防控措施包括有效的控制好处理污染动物和设备时造成的病毒传播。圈养动物感染病毒的可能性将大大地降低，不会给防控增加难度。当许多猫混合在一起的时候，比如说养猫场或是野猫，这种情况推荐采用监测、淘汰和疫苗免疫相结合的综合防控措施。推荐对新引进的或用于育种的猫进行提前监测。对猫舍进行良好的管理，需要做好检测和采取适当的防控措施来降低病毒感染的风险。病毒感染但却没有症状或是经过治疗的有症状的猫可能会生存几个月到几年，应根据具体情况和传播给易感猫的风险来决定是否使用安乐死来处理感染猫。病毒阳性猫应避免接触健康猫，以防

止病毒的扩散，要由专业兽医人员经常对病毒阳性猫进行检测，并进行阉割。因为感染猫也许会产生免疫抑制或有产生免疫抑制的倾向，所以应谨慎使用糖皮质激素以及其他类型的免疫抑制药物。

（二）鼠白血病和肉瘤病毒

鼠白血病最初是在20世纪20～30年代被发现的；几个病毒在鼠中被分离并进行了传代，每个病毒的特性有细微差别，并以鉴定人的名字命名该病毒，如Gross、Friend、Moloney、Rauscher和许多其他白血病病毒。Gross白血病病毒最初是内源性非致瘤的白血病病毒（经过重组后，成了致瘤性的Gross鼠白血病病毒），Friend、Moloney和Rauscher病毒与外源性病毒很接近，并不在实验室小鼠中流行，却仍然在试验中使用。这些不同命名的病毒诱导产生不同的肿瘤，Gross和Moloney病毒诱导产生T细胞淋巴瘤，而Friend和Rauscher病毒诱导产生红白血病。一些病毒具有免疫抑制作用，引起的疾病被称为"鼠获得性免疫缺陷综合征（murine acquired immunodeficiency syndrome）"。

所有鼠的基因组都携带内源性的鼠白血病病毒。一般认为鼠的内源性逆转录病毒是C型鼠白血病病毒和B型鼠乳腺瘤病毒。这2种内源性病毒有与其关系密切的外源性病对应毒体，它们主要通过哺乳传播而不是作为遗传决定因素。复制完全型的内源性逆转录病毒因此被认为是通过遗传进化新近引入到基因组，而更多复制缺陷型的病毒和与逆转录病毒同源性更远的序列，包括IAPs、VL30、Etns和其他，统称为逆转录元件。这些元件被截短、突变和甲基化，变得没有传染性。然而，这些非传染性的元件没有更大意义，因为它们持续的整合在分化细胞的基因组中，在整个基因组中产生许多随机的拷贝。这些整合对基因漂变、随机突变和鼠的表型产生重要影响，例如，裸鼠的等位基因、无毛鼠的等位基因和无视网膜等等。

选择不同近交系的鼠来杂交可以产生不同形态的淋巴瘤和乳腺瘤等。这种育种方式能产生纯合的基因组，这种纯合基因组包括独特的内源性逆转录病毒的组合，存在或是缺失这些病毒受体和对病毒复制敏感的因子。这些育种特性是试验用小鼠育种所特有的。对淋巴瘤的进化进行了深入的研究，这些研究揭示了非致瘤性内源性逆转录病毒在不同日龄和不同组织中，通过内源性逆转录病毒连续的重组导致感染性致瘤病毒的进化。在任何已知的近交系中，内源性病毒可能有能力感染其他鼠的细胞（嗜亲性病毒），也可能不能感染鼠的细胞却可以感染其他物种的细胞（嗜异性病毒），或是有能力同时感染鼠的细胞和其他物种的细胞（广嗜性病毒）。随着鼠的年龄增加，内源性逆转录病毒的父母代病毒是嗜异性的，不能感染其他的鼠细胞，但可以通过与多种内源性的病毒进行重组而获得广嗜性的特性，从而能够感染和转化宿主鼠的细胞。揭示淋巴瘤易感近交系鼠，例如AKR鼠这一复杂的事情，花费了几十年的时间。

鼠的白血病病毒被认为是慢性转化型病毒，它诱导肿瘤的时间从2～18个月不等，时间上的差别取决于病毒的种类和鼠的品种。急性转化型病毒获得了宿主细胞的致瘤基因，例如v–onc基因，这主要在实验中能看到，已经被广泛应用于科学研究。Abelson鼠白血病病毒就是这样一个例子，因为它携带有v–onc基因，是复制缺陷型的，需要复制完全型病毒作为辅助病毒（莫洛尼病毒常作为辅助病毒）才能复制。鼠白血病病毒广泛地分布于实验鼠和野生鼠体内。野生鼠的病毒是非常最重要的，由于这些病毒有新的受体特异性和不同的致病模式。这些病毒感染实验鼠，多年来已经是影响试验结果的原因，尤其是一些长期的试验和一些需要鼠过量表达内源性病毒（例如，AKR、C58、PL、HRS和CWD）的试验。一些鼠白血病/肉瘤相关病毒引起的免疫抑制对试验产生的影响也有受到重视。不像其他重要的鼠病毒，还没有好的方法从鼠群中清除鼠白血病/

肉瘤病毒。不过在某些情况下，还是可通过病毒载量来进行检测。

Friend病毒分离物至少包含2种病毒组分，有复制完全型的Friend病毒(F–MuLV)和复制缺陷型的脾斑点形成病毒（spleen focus forming virus）。Friend病毒的2种组分是用于研究逆转录病毒引发白血病的理想模型。鼠白血病病毒成分可以补偿脾斑点形成病毒的复制，而脾斑点形成病毒促进细胞转化，引起急性红白血病。脾斑点形成病毒感染的分子机制是通过脾斑点形成病毒囊膜蛋白（gp55）与促红细胞生成素受体相互作用而实现的。这个细胞受体在骨髓前体细胞中被广泛表达，然后与gp55蛋白结合，导致原红细胞增殖和分化。这个模型揭示了白血病的发展取决于2个致瘤性事件的协同，1个是干扰分化，另1个是赋予病毒增殖优势，这类似于已提到的人的急性髓细胞样白血病。

（三）其他实验室啮齿动物的逆转录病毒

已记载，实验室大鼠、仓鼠（欧洲的和利比亚的）和豚鼠都有内源性逆转录病毒。病毒存在于这些物种的肿瘤和细胞系中，但通过实验性的感染这些动物证明病毒没有致瘤性。大鼠内源性逆转录病毒的序列有助于小鼠肉瘤病毒的生长，例如鼠Harvey肉瘤病毒和Kirsten肉瘤病毒，它们分别从注射有鼠Moloney白血病病毒和鼠Kirsten红白血病病毒的大鼠进化而来。这些肉瘤病毒都是缺陷型、急性转化型的病毒，它们引起纤维细胞源的实体肿瘤或在体外转化成纤维细胞。

（四）猪内源性逆转录病毒

所有家猪和野猪拥有多个内源性γ逆转录病毒的副本，称为猪内源性逆转录病毒(PERV)。对于这些病毒在异种器官移植（猪到人）过程中存在的潜在传播风险的担忧，促使对其进行了深入的研究。与猫科白血病病毒毒株的分类方法相似，以囊膜序列变异、受体干扰模式以及细胞嗜性为依据，将这些病毒被分为A群(PERV–A)、B群(PERV–B)和C群(PERV–C)。PERV–A和PERV–B均能够感染猪和人体外培养的细胞，然而PERV–C仅感染猪源细胞。到目前为止，虽还未有报道猪内源性逆转录病毒可以通过异种器官移植传播给人，但是细胞体外培养试验证实可以发生重组产生嗜人性病毒，所以猪内源性逆转录病毒仍然引起了人们的持续关注。另外，有报道称通过胰岛移植，猪内源性逆转录病毒能够传播给小鼠。同时，与鼠白血病病毒相似，猪内源性逆转录病毒可以在宿主细胞转录起始位点附近与宿主细胞发生整合作用，这引起人们的关注，这些病毒可以作为基因治疗的载体。

（五）禽网状内皮组织增生症病毒

网状内皮组织增生症病毒是一类在抗原性和遗传性上与禽白血病/肉瘤病毒无关的致病性禽逆转录病毒，但其具有广泛的禽类宿主范围。复制完全型禽网状内皮组织增生症病毒被认为是一类比较简单的逆转录病毒。网状内皮组织增生症病毒主要引起以下3种综合征：① 矮小综合征；② 淋巴组织及其他组织形成的慢性肿瘤；③ 急性网状细胞肿瘤形成，在田间它不是一种常发的疾病。矮小综合征主要与鸡群中使用了被污染的疫苗有关，该种情况已经通过提高禽类疫苗的安全性得到保证。由禽网状内皮组织增生症病毒所致的淋巴瘤在商业鸡群中很少见，但会在很长的潜伏期后发生，类似于由禽白血病病毒引起的淋巴白血病。在转化了携带IgM的B细胞后，网状内皮组织增生症病毒在泄殖腔诱导产生B细胞淋巴瘤，因此称之为"网状内皮组织增生症"是不恰当的。这些肿瘤与细胞内致癌基因的顺式激活的致癌基因c–myc作用有关。目前已证实的有5种病毒。网状内皮组织增生症病毒T型为该群病毒的原型株，其分离自具有内脏网状内皮组织增生和神经损伤的成年火鸡。网状内皮组织增生症病毒T型是复制缺陷型的，并携带有v–onc基因和v–rel基因。其他的禽网状内皮组织增生症病毒包括非缺陷性T型（A型网状内皮增生症病毒）、鸭传染性贫血病毒、鸭脾坏死病毒和雏鸡合胞病毒，这些病毒都是复制完全型的。

将网状内皮组织增生病毒T型接种到一日龄雏鸡后，会产生严重的肝、脾肿大，并带有明显的坏死灶或淋巴组织增生病变。该病暴发后引起大批鸡死亡，其主要原因是火鸡马立克病毒疫苗中污染有网状内皮增生症病毒T型而引起。有资料显示该病毒还能通过蚊子传播。

利用抗体筛选方法进行的流行病学调查显示网状内皮组织增生症病毒感染在美国的商品蛋鸡、肉鸡和火鸡群中比较普遍，但是这些感染引起的病变和经济影响都很小。该病主要通过直接接触感染的鸟类传播或由感染的鸟类垂直传播给后代。但是由于该病在养禽业的发生率较低，因此特定的防控措施还没有得到普遍的实施。

五　正逆转录病毒亚科δ逆转录病毒属成员

牛白血病病毒

1871年首次报道了牛白血病（地方性牛白血病）的发生，但是直到20世纪早期，在一些欧洲国家，尤其是丹麦和德国的牛群中暴发了病毒引起的类似疾病，该病才引起了人们的广泛关注。然而，直到1969年才描述了该病的病原。牛白血病病毒属于δ逆转录病毒属，该病毒属还包括人Ⅰ型T淋巴细胞白血病病毒（human T lymphotropic viruses type l）和猴嗜TT淋巴细胞白血病病毒（simian T lymphotropic viruses-1，2，3）。牛白血病呈世界范围流行，但是其流行程度依不同国家和牛的种类而有所不同，奶牛通常发病率较高。最近在一些国家，尤其是一些欧盟国家，已经成功实施了根除措施。

由牛白血病病毒引起的疾病有2种形式。除了引起偶发性和致死性的疾病，牛白血病病毒还可引发循环B淋巴细胞数量的持续增长，从而导致持续的淋巴细胞增多症。尽管大多数感染牛群终身不表现临床症状，但是一定比例（1%～5%）感染该病毒的成年牛会产生多发性淋巴肉瘤。

1. **临床特征和流行病学**　牛白血病病毒通过直接接触、牛奶和蚊虫叮咬发生水平传播。对兽医和养殖者来说重要的是，如果不执行严格的消毒程序，该病毒还能通过感染动物的血液进行传播。尽管由牛白血病病毒引起的疾病发生率较低，但是其却对一些国家，如美国造成了严重的经济损失，主要是由于淘汰高产量的染病奶牛和奶牛的出口受到限制。通过防控措施，该病和病毒已经在欧洲和斯堪的纳维亚的许多国家得到净化。欧盟委员会最近宣布奥地利、比利时、塞浦路斯、捷克共和国、丹麦、芬兰、法国、德国、冰岛、爱尔兰、卢森堡、荷兰、挪威、斯洛文尼亚、瑞士、斯洛伐克共和国和英国已经净化此病，此外意大利和波兰国内的较大范围内也已无该病。

牛白血病病毒的天然宿主是家养牛，也有研究表明水牛也是其自然宿主。通过体外感染试验证实，该病毒能够感染其他物种，其中包括兔、大鼠、鸡、猪、山羊及绵羊，还可使试验感染绵羊迅速产生白血病和淋巴瘤症状，因此绵羊可以作为牛白血病病毒的感染模型。尚无资料显示牛白血病病毒能够感染人类。大量的流行病学研究表明，牛奶的消耗量与饮用感染牛产的奶的人的白血病没有联系。

2. **致病机制和病原学**　大多数牛白血病毒感染后一般不表现临床症状，只能通过血清学检测才能确诊。感染的牛群中，有约30%的牛表现持续的淋巴组织增生，但却不表现任何临床症状。只有少数4～8岁的发病成年牛才可见到典型的临床症状，在淋巴结、皱胃、心脏、脾、肾、子宫、脊髓膜、眼球后和大脑呈现多发性的淋巴瘤（图14-9），但是并没有像该病名暗示的发病动物的血液中持续出现大量的恶性肿瘤细胞。

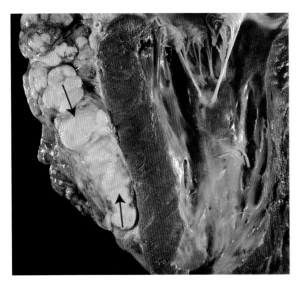

图14-9　患病牛心脏出现淋巴肉瘤。心外膜表面出现大量瘤状物（箭头）（M. Lairmore和俄亥俄州立大学友情提供）

牛白血病病毒的靶细胞是表达IgM的B淋巴细胞，同时还能感染单核细胞和巨噬细胞。感染后，该病毒促使淋巴细胞发生多克隆性扩增从而使该病毒得以传播，产生充足的整合前病毒以维持感染性。牛感染该病毒后，会终生带毒。通过感染细胞的扩增，淋巴细胞进行分裂并维持病毒的正常增殖。感染早期的病毒复制依赖于病毒自身蛋白，这些蛋白主要用于病毒启动子的反式激活或者参与细胞的活化和生存。增强病毒启动子转录活性的反式激活蛋白——Tax起主要作用，但是细胞内某些主要促进淋巴细胞增殖的基因也有很重要的作用。

经过较长时间的潜伏期后，伴随着体细胞突变和免疫逃逸，一定比例的优势细胞幸存下来。在这些细胞中，一些细胞克隆发展为具有生长优势的细胞，继续增殖为转化的淋巴细胞。淋巴细胞的转化并不是由于前病毒插入到特定细胞序列（c-onc）或插入了病毒的致癌基因引起的。相反，牛白血病病毒能表达致癌蛋白——Tax，该蛋白能促进细胞的存活和增殖，最后导致转化细胞的形成。另外，牛白血病病毒通过自身致弱程序使病毒维持在一个较低的转录水平上，同时通过抑制细胞凋亡促进细胞生存，从而严格控制病毒基因在体内的表达而逃避机体的免疫清除作

用。事实上，一些肿瘤，尤其是疾病晚期诱导的肿瘤，其不包含完整的病毒基因组，因此不能表达病毒抗原，除非在体外培养并诱导的条件下才能表达。

3. 诊断　多发性淋巴瘤在成年动物中的异常高发表明牛群感染了牛白血病病毒。常利用酶联免疫试验、琼脂扩散试验、合胞体抑制试验进行牛白血病病毒的血清学诊断。目前许多欧洲国家已经采取了对牛白血病病毒的监测和净化措施。这些国家要求进口牛必须用标准检测方法经血清学检测为阴性。在其他国家，如美国和加拿大，农场主已经自愿进行检测和净化工作，但是国家层面的净化措施尚未执行。目前已经建立了病毒特异性的PCR检测方法。

4. 免疫、预防与控制　病毒感染后几周内，通过大多数试验都能够检测到病毒特异性抗体，并且抗体会在感染牛体内终生存在。抗体主要针对病毒大多数结构蛋白，但主要针对病毒的囊膜蛋白（gp51）和衣壳蛋白（p24）；然而，也有一些抗体是针对调节蛋白的，如Tax。已经阐明这些抗体介导抗体依赖性的细胞裂解。同时，机体还产生针对病毒囊膜或Tax蛋白的细胞毒性T淋巴细胞（CTLs）。在牛体内，λ/δ T淋巴细胞在CTLs反应过程中起着重要作用。尽管感染牛白血病病毒的牛能产生强劲的免疫反应，但是却不能清除病毒的感染。在感染动物体内，免疫反应可终生存在，但是细胞毒性T淋巴细胞和辅助性T淋巴细胞反应会逐渐减弱，从而使这些动物更易发生继发感染。

牛白血病病毒的传播对细胞具有高度依赖性，因此自然和人为的传播均是由感染细胞的转移引起的。该病毒主要通过创伤，用于直肠检查的设备、手套、针头和手术器械的反复使用来传播的，但很少通过昆虫传播。感染牛体内的淋巴细胞中含有高拷贝的病毒粒子，而其他细胞内的病毒含量则较低，这使得一些动物更具有传播病毒的危险。如果母牛感染，有超过10%的新生小牛一出生即感染病毒。尽管还没有权威的数据资

料，但已经有人提出小牛可以从母牛初乳或牛奶中通过接触到带毒的淋巴细胞而感染。

如果所有的牛每隔2~3个月进行一次血清学检测，并及时淘汰阳性牛，则该病毒可以从牛群中被清除。获得一个无病毒的种群所需要的时间各不相同，这取决于该传染病开始的感染情况。如果感染率太高而不能够将所有血清学检测阳性牛及时淘汰，那么可以尝试将血清学阳性牛和血清学阴性牛隔离饲养。感染母畜生下的小牛应该进行隔离、检测，直至小牛6个月大时仍为血清学阴性，才可将其放到阴性群中。尽管试验性的灭活疫苗能够用于预防该病的发生，但是疫苗接种不能控制病毒感染。

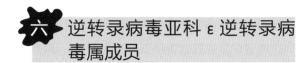

六 逆转录病毒亚科 ε 逆转录病毒属成员

鱼类中的逆转录病毒（大眼梭鲈皮肤肉瘤病毒）

许多鱼类的增殖性病变是由于逆转录病毒感染引起的，其中包括与大眼梭鲈皮肤肉瘤病毒，Ⅰ型和Ⅱ型离散表皮增生病毒（discrete epidermal hyperplasia virus）及大西洋鲑鱼鳔肉瘤病毒（Atlantic salmon swim bladder sarcoma virus）。这些疾病的发生有些具有季节性，也就是说它们每年都会发生和消退。这一类病毒中了解最为清楚的是大眼梭鲈皮肤肉瘤病毒，其能够导致北美重要的观赏鱼——大眼梭鲈皮肤表面产生多发性的肿瘤（Sander vitreus），在种群密度大的湖泊如纽约奥奈达湖，成年大眼梭鲈的肿瘤发生率为27%，而密度较小的水域中发生率则只有1%。对来自北美不同地区的病毒株进行遗传进化分析表明，其具有不同的基因型，表明不同的病毒基因型与不同湖内的鱼有很大的关系。目前有分离自大眼梭鲈的其他两类逆转录病毒——1型和2型白斑表皮增生病毒（walleye epidermal hyperplasia viruses）和分离自

黑鱼（snakeheads）、黑鲈（sea bass）和大马哈鱼的其他逆转录病毒。其中黑鲈病毒与红细胞疾病有关，大马哈鱼源病毒与白血病有关。

大眼梭鲈表皮增生病毒的季节性流行和消退的分子和细胞机制目前还不清楚，但是其可能包含病毒与宿主细胞之间复杂的相互作用，例如在病毒基因表达过程中激素调节的改变以及在不同水温时鱼类免疫反应的改变。鱼逆转录病毒的基因组包括编码用以调节细胞生存的特异性蛋白的基因，这些基因能够导致病变的产生和消退。例如，有2个彼此互不重叠的开放阅读框，orf-A和orf-B，两者位于大眼梭鲈表皮增生病毒env基因的末端。更重要的是orf-A基因能够编码逆转录病毒周期蛋白(rv-cyclin)，该蛋白与控制细胞周期的细胞周期蛋白相差甚远。

在以后的几年里，ε逆转录病毒不能重复感染野生的大眼梭鲈或诱导形成肿瘤或引起增殖性病变。另外，试验表明，感染了大眼梭鲈表皮增生病毒并产生病变的大眼梭鲈幼鱼对新型肿瘤的产生比初次感染病毒的大眼梭鲈幼鱼有更强的抵抗力。然而，免疫系统在已造成损伤的消退过程中并没有起到很重要的作用。

七 正逆转录病毒亚科慢病毒属成员

兽医学领域很早就认识和描述了慢病毒属相关疾病；然而，1983年发现人类艾滋病同样是由一种慢病毒（HIV）引起的，这一发现极大地加速了此类病毒的研究。病毒基本特性及其所引发的疾病的发病机理的界定方面在过去取得了显著的进展。如今人类艾滋病作为一个范例使人们更好地了解了兽医学中重要的慢病毒疾病，同时，动物慢病毒疾病也用作了人类疾病研究的模型。这种"相互促进"的模式还体现在可利用类似艾滋病的灵长类动物、马属动物以及猫科动物疾病模型来进行药物和疫苗替代性试验，从而开发应用于动物和人类的预防和治疗的方法。因此，所

有动物慢病毒及其引起的疾病都具有意义，它们都提供了特别的经验和试验进展。

（一）维斯纳-梅迪（绵羊进行性肺炎）病毒

1933年，冰岛从德国引进了20只卡拉库尔大尾绵羊，随后2年间出现了两种疾病，分别被称为梅迪（意为呼吸困难）和维斯纳（意为耗损），在接下来的几年这些疾病导致了105 000只绵羊的死亡。上述卡拉库尔大尾羊也成了冰岛绵羊感染绵羊肺腺瘤病的传染源。至1965年宣布疾病被彻底消灭的时候，至少有600 000只绵羊被扑杀。这些疾病有一个长达2年以上潜伏期，一段隐性感染时期和一个持续6个月到数年临床发病期，有时这个过程也会被并发的疾病所终止。医师Björn Sigurdsson 率先证明了冰岛的疾病是通过无细胞滤液传播的，他将这类疾病描述为"慢病毒传染病"，并且将这一概念引入了病毒学领域。

现已确认梅迪和维斯纳是由同种或亲缘关系很近的慢病毒属病毒引起，近来这些病毒被命名为小反刍兽慢病毒，包括绵羊逆转录病毒（梅迪-维斯纳病毒）和关系密切的山羊关节炎-脑炎病毒。除澳大利亚和新西兰之外的所有产羊国家都有绵羊慢病毒感染发生，并且伴发的呼吸道疾病（梅迪）在欧洲的许多国家（荷兰称之为"Zwoegerziekte"，法国称之为"la bouhite"）、南非（称之为"Graaf Reinet 疾病"）和北美（称之为"绵羊进行性肺炎"）都有报道。

通过对*gag-pol*基因或*pol*基因部分的比较研究，可将小反刍兽慢病毒分为A～D 4个相关型。A型病毒进一步被分为至少7个亚型，A1～A7。A1亚型与其他亚型相比在基因及地理位置上具有异源性。B型指山羊关节炎-脑炎病毒，仅包括两种独立亚型，B1和B2。C型和D型仅有很少的病毒分离株或者仅由pol基因序列特异性来识别。已有报道，存在特殊亚型从绵羊到山羊和山羊到绵羊的自然传播的直接证据。

1. 临床特点与流行病学 梅迪（绵羊进行性肺炎）最初的临床表现不明显，且在3岁以下羊非常少见。据记载该病潜伏期可长达8年。临床表现为进行性消瘦；呼吸困难最初只可在运动后被检测，而后日渐明显。当驱赶羊群时，受感染羊掉群。头可能会随着呼吸有节律的抽搐，鼻孔大张，可能有轻微的鼻音及并发的咳嗽。严重呼吸困难的羊多数时间卧地。临床病程可能持续3～8个月；如果精心护理病程可能会延长，也可出现由于怀孕、外界因素如恶劣的天气，或营养不良或并发的疾病而使病程缩短，尤其是细菌性肺炎。怀孕母羊有可能流产或产下弱胎。

维斯纳潜伏期从数月到9年不等。维斯纳病羊最初临床表现不明显，通常以后腿轻瘫开始。受感染的羊可能会掉群并且步态异常，不明原因的摔倒。进行性消瘦，唇面部肌肉震颤。轻瘫最终转化为截瘫。无发热症状，食欲正常，易惊。临床病程可持续数年，病症周期性的减轻。脑脊液中单核细胞数量增多。

在疫区绵羊慢病毒感染的流行情况可能不同，这取决于饲养环境和管理。病毒可通过感染母羊初乳或奶水传给哺乳中的羔羊，也可由同群动物经鼻液及交配直接传播。据记载在北美的羊中有10%～40%的羊呈血清学阳性。

2. 发病机制和病理学特征 1933年以前，冰岛的羊在遗传上独立进化了近1 000年，并且据推断，对于慢病毒疾病尤其是维斯纳具有遗传上的易感性。病毒通常最可能的是通过呼吸道飞沫感染，继发单核细胞相关的病毒血症。不同病毒株的细胞和组织噬性不同，或许是由于基因组中长末端重复区域的差异造成。

除了神经性肌肉萎缩，维斯纳并没有特征性的大体病变，虽然损伤也可能出现在肺部，但组织学的损伤通常局限于中枢神经系统。中枢神经系统特征性损伤表现为脱髓鞘性脑脊髓白质炎。脑膜和脑室膜下有单核细胞浸润，主要为淋巴细胞，其次为浆细胞和巨噬细胞。中枢神经系统出现血管套现象，神经元坏死、软化，以及弥漫性脱髓鞘现象。

梅迪（绵羊进行性肺炎）剖检变化主要局限于肺及其周围淋巴结。肺广泛增厚，肿大，在打开胸腔时，可见肺表面有肋骨压痕。肺实质苍白，并伴有少量灰白色小点，呈均匀橡皮样质感。支气管和纵隔周围淋巴结极度肿大。组织学检查可见纤维组织和肺泡隔肌增生并伴有单核细胞炎性浸润。间质性肺炎伴有血管和气管周围淋巴结聚集。

在感染维斯纳前免疫抑制的羊发生的损伤较轻，由此推断这种损伤可能是免疫介导的。同样地，针对呼吸系统持续感染细胞的细胞免疫应答是造成梅迪损伤的原因。

除了慢性肺炎和体重减轻，绵羊慢病毒感染与顽固性乳腺炎、无乳、极少部分的关节炎相关。患乳腺炎的病羊，乳房比正常羊硬，组织学上，间质有散在的淋巴细胞浸润并且在扩展和突出的管腔周围经常形成淋巴小结。

3. 诊断　尽管只有一小部分动物会有典型症状，可根据基本临床特征初步诊断绵羊慢病毒感染。典型的组织学病变可用来与血清学结果相关联；但这些改变仍不能确诊。诊断绵羊慢病毒感染最普通的方法就是检测抗体的存在。许多使用的血清学测试包括：琼脂免疫扩散（agar gel immunodiffusion, AGID），酶联免疫试验（enzyme-linked immunosorbent assay, ELISA），放射免疫沉淀（radioimmunoprecipitation, RIPA），以及蛋白质印迹(western blotting)。可根据可用的资源及被检验的样本数量来选择特异性的方法。酶免疫测定法是病毒特异性抗体检测最常用的诊断方法，通常用病毒核心蛋白和表面抗原作为检测抗原。蛋白印迹法非常敏感并且经常用于确诊。虽然血液中病毒载量经常很低，但仍然可被检测到。通过病毒特异性PCR试验或通过原位杂交可以在组织中检测到病毒DNA。病毒的分离可通过在有白细胞介素2存在的情况下，将病羊白细胞与健康敏感细胞共同培养。

4. 免疫、预防和控制　包括细胞免疫和产

生的中和抗体在内的机体免疫应答难以清除慢病毒及被其感染的细胞。事实上，免疫功能抑制可以延缓由绵羊慢病毒引起损伤的相关退行性病变进程，提示免疫病理学因素与病变发展有关。被感染羊体内，病毒囊膜抗原的抗原性一直在变化，这可能是病毒无法被清除的重要机制之一，也是该疾病发病机制的关键因素。

在疫区，控制绵羊慢病毒的传播非常困难，因为这些病毒藏匿于各种体液中，包括血液、精液、支气管分泌物、泪液、唾液及乳液。圈养和密切接触可促进飞沫传播。在冰岛，羊每年被圈养6个月，这种传播途径更加突出。感染母羊可通过初乳和乳汁将病毒自然传播给羔羊，因此将羔羊在摄取母羊初乳前隔离是一种建立健康群的有效方法。病毒经胎盘传播的证据并不明确，但是公羊精液中可存在很高的病毒载量。如果没有正确的消毒措施，受污染的外科手术器械或针头很容易机械性地传播病毒。

冰岛采取了一次全面扑杀政策从而根除了梅迪-维斯纳，当时没有任何有效的诊断试验。在其他地区对此病使用检疫和剔除方案。

（二）山羊关节炎-脑炎病毒

山羊关节炎-脑炎于1974年在美国由Linda Cork博士及其同事首次发现，现今在世界范围内均有发生。在美国，这一疾病是影响山羊经济的重要疾病，在某些羊群的感染率高达80%。引起该病的病毒与北美分离的梅迪-维斯纳病毒关系密切。目前已知有两种综合征：2～4月龄羔羊的脑脊髓炎和更为普遍的12月龄以上成年山羊关节炎。尽管将病毒人工感染绵羊可引起关节炎，但并不知道该病毒是否可以自然种间传播。在澳大利亚和新西兰达山羊感染山羊关节炎-脑炎的比率较高，但在这些国家并无绵羊感染的报道。

1. 临床特征和流行病学　病毒感染后很罕见地引起中枢神经系统疾病，表现为脑脊髓炎并伴随着瘫痪症状。感染山羊同样表现进行性消瘦、战栗、皮毛干枯，但它们不发热、警觉，并

且通常食欲较好，视力正常。后期可见一肢或数肢麻痹，头颈歪斜，做游泳状。起初关节炎症状不明显并且进展较慢，从数月到数年，但在某些情况下病症可能突然出现并持续存在。关节肿胀、疼痛（图14-10），尤其腕关节，也包括肘关节，后膝关节，肩关节，球关节和椎骨连接处。寒冷天气使症状加剧，黏液囊和腱鞘增厚、积液并肿大，尤其是寰枕关节。受影响的关节囊进行性增厚导致运动受限和屈曲挛缩。被感染山羊也出现淋巴细胞性乳腺炎以及与感染梅迪-维斯纳病毒的绵羊相似的间质性淋巴肺炎。

2. 发病机制及病理学特征　尸体剖检，中枢神经系统损伤主要表现为脑白质局灶性软化，而显微镜检查所见的局灶性单核细胞炎症和脱髓鞘对于鉴定更加可靠。受影响关节的特征性损伤是增生性滑膜炎；腱鞘和黏液囊以绒毛肥大为特点。滑液细胞增生，淋巴细胞、浆细胞及巨噬细胞浸润。病程进展伴有继发病变，包括纤维化、坏死、滑液膜矿化以及骨质疏松。淋巴细胞性乳腺炎在感染动物表现为淋巴结增生，伴随肺淋巴组织增生的慢性间质性肺炎。而急性和严重的间质性肺炎很少发生。

3. 诊断　山羊关节炎-脑炎病毒特异性抗体可以通过免疫琼脂扩散、间接免疫荧光或ELISA进行检测，检测和清除患病动物可以作为该病控制计划的基础。对于感染梅迪-维斯纳的绵羊，血清反应阳性动物体内存在的前病毒DNA可通

过特异性PCR实验得以确认。

4. 免疫、预防和控制　山羊在初生阶段通过初乳或乳汁感染山羊关节炎-脑炎病毒。通过将刚出生的羔羊从被感染地移开，给它们提供经56℃加热1h的初乳，饲喂巴氏消毒的山羊奶或牛奶，并且将其与感染山羊隔离饲养等措施，新生山羊的感染率可以被减少90%。血清学测试（如AGID）可以用来监测群体状况。

（三）马传染性贫血病毒

1834年，马传染性贫血病（equine infectious anemia，EIA）首次发现于法国，1904年EIA被认为是由滤过性病原感染引起的，成了最早的认定为由病毒引起的动物疾病之一。EIA是马的一种重要疾病，遍及全世界。EIA可能表现为急性综合征，患畜可能在发病1个月内死亡或进入慢性复发期，也可以终身表现为潜伏感染。

1. 临床特征与流行病学　大部分马在初次感染后经过7～12d的潜伏期发展为高热。EIA可分为4个能相互转换并重叠的病程：急性型EIA表现为发热，虚弱，急性贫血，黄疸，呼吸急促，黏膜点状出血。急性发病常常是致死性的，存活下来的马会进入亚急性期，即在体温恢复后又表现为持续低热。马从急性型或亚急性型恢复后便是终身持续感染，其中一些马会进入反复发作期，另一些马则发展为慢性病，其表现症状从温和症状、不复发到持续发热，恶病质，贫血，腹部水肿等。

牛虻和刺蝇是马传染性贫血病毒传播的媒介。在夏天的低洼、潮湿地、沼泽地极易传播。地方性流行多年的农场极易发生EIA流行。因使用未灭菌的器械所带来的医源性传播已成为一些地区暴发EIA的主要原因。已确定EIA能经胎盘传播。初乳、牛奶、唾液、尿液、精液都是尚未证实但可能的传播方式。

2. 发病机制和病理学　马传染性贫血病毒(equine infectious anemiavirus，EIAV)最先感染巨噬细胞，然后在感染马体内发展为终身的

图14-10　山羊关节炎脑炎，病羊关节肿胀
（俄亥俄州立大学M. Lairmore提供）

伴细胞型病毒血症。虽然补体与红细胞溶解有关，但有一些感染马发生贫血、血小板减少症的准确机制还不能确定。病毒抗原与特异性抗体相结合形成的免疫复合物在一些马体内沉积而导致血管炎、肾小球性肾炎。出血可能是由血小板减少引起的。

在病毒复制过程中的突变产生的囊膜基因变化导致了病毒在持续性感染过程中出现了变异株；新的病毒在gp90区有新的中和表位，而EIA的反复发作伴随着gp90囊膜蛋白的变异。中和试验证明在早期发热期采集的血清能中和与感染相关的毒株，但不能中和发热之后分离的病毒。

3. 诊断　在临床上可用酶联免疫反应和免疫扩散试验（Coggins试验，是以它的发明者Leroy Cooggins的名字命名的）进行诊断。感染母马哺育的马驹可暂时性地检测为阳性，而新近感染的马可能检测为阴性。和其他逆转录病毒感染一样，血清学反应为阳性的样品可以通过免疫印迹法来确认，病毒特异性的PCR方法可确认外周血白细胞中是否存在前病毒DNA。

4. 免疫、抑制和控制　马初次感染EIAV，在三周内可形成高滴度的具有传染性病毒血症。病毒特异性的细胞毒性T细胞和非中和抗体介导的体液免疫对于终止初期病毒血症都是必需的。感染马能与病毒的表面蛋白（gp90）和穿膜蛋白（gp45）发生强烈反应。然而，在无症状表现的带毒马的组织巨噬细胞内存在着低水平的病毒感染和复制，这与病毒能在血浆里一直存在有一定关系。一些实验证明感染初期之后的免疫抑制与病毒再活化和临床症状出现有关，这表明免疫控制起关键性作用。

在感染马体内形成细胞毒性T淋巴细胞（cytotoxic T lymphocytes，CTLs）能识别并裂解表达Gag或Env表位的细胞。在亚临床感染的马体内发现CTLs能识别Rev表位，这表明与这种关键性的调节蛋白的机体反应也许控制着疾病进程。针对病毒的特异性中和抗体能够抑制感染性毒株，常在感染2～3个月后出现，这表明它们不

是终止急性感染的主要因素。中和抗体的水平与发病进程没有关系，因为中和抗体的滴度在感染进程中有明显的上下波动，其在控制病毒复制中的作用还不清楚。

在吸血昆虫最活跃的时间里，即在夏天和黄昏，在马厩里装上昆虫防护设备也许能减少病毒在地方性流行区域的传播。可通过注意保持卫生来切断医源性传播。许多国家采用高度敏感且特异性的检测方法比如Coggins试验检测感染马，从而控制住了EIAV的流行。对血清反应阳性的马应采取安乐死或者永久性隔离。

（四）猫免疫缺陷病毒

Niels Pedersen等人于1987年首次分离到猫免疫缺陷病毒（feline immunodeficiency virus，FIV）后，该病毒随即被认为是造成家猫免疫抑制的重要原因，同时感染FIV的猫成了研究人获得性免疫缺陷综合征（AIDS）的动物模型。FIV逐步地引起病猫免疫抑制，从而增加机体对机会感染的易感性。

1. 临床症状和流行病学　全世界的家猫以及多种野生猫科动物都可以感染FIV。对随机抽取的家猫进行血清流行病学调查，结果显示无明显临床症状的猫FIV阳性率很低，仅为1%，而病猫的血清阳性率高达30%。在某些区域感染率更高。猫感染FIV后疾病的进程分为三个时期：以淋巴结病变和发热为标志的急性期，长期隐性感染期和晚期。晚期以免疫功能逐步丧失和机会性感染为标志，有时也会有肿瘤的出现。猫感染FIV后和感染猫白血病病毒（FLeV）一样，都具有相似的临床症状，例如不明原因的慢性回归热、淋巴结病变、白细胞减少、贫血、体重减轻以及非特异性行为异常等。

在疾病晚期，病猫的口腔、牙周组织、舌头和面颊发生机会性的细菌或真菌感染的现象特别常见。大约25%的猫具有慢性呼吸道疾病的症状，少数猫会出现慢性肠炎、尿道感染、皮炎以及精神异常等症状。猫感染FIV后在疾病晚期出

现的临床症状同人获得性免疫缺陷综合征的症状相似。

2. 发病机制和病理学　FIV感染后可在猫体内潜伏数年，疾病进展与$CD4^+$型T淋巴细胞的减少相一致。感染FIV的猫却发生了猫白血病病毒阴性的B细胞淋巴瘤，骨髓增生性疾病（肿瘤或发育不良）。感染某些FIV毒株的猫可在脑组织出现炎性病变，能够影响到大脑皮层和基底神经节的功能。病猫终生带毒，血清抗体的存在与从血细胞和唾液中分离到病毒直接相关。

FIV主要通过咬伤的方式进行传播，也可从感染母猫传染给幼崽，但是并不常见。虽然感染的雄性猫精液中也能检测到病毒，但是极少通过性接触的方式进行传播。猫感染初期并不容易被主人发现，因为初期仅表现为短暂的发热、淋巴结病变和白细胞减少等症状。之后可以通过病毒分离或者病毒特异性PCR在血液中检测到FIV。在FIV感染的最初几周，患猫首先表现为淋巴细胞减少，然后形成以病毒特异性抗体出现为特征的急性免疫反应，使得血液中的病毒滴度减少，随之$CD8^+$型T淋巴细胞反弹并持续增多，导致$CD4^+$与$CD8^+$型T淋巴细胞的比例降低。最终，机体淋巴细胞减少同时出现免疫抑制，导致猫对机会性感染的易感性增加。

在感染初期即使$CD4^+$型T淋巴细胞减少，但是也许在很长时间里猫都不表现出临床症状。最终，感染猫都受到慢性炎症反应的折磨，有些猫甚至会形成肿瘤。在感染的2周内即可检测到病毒结构蛋白的特异性抗体，随后抗体持续存在直到最终免疫系统崩溃。

3. 诊断　猫感染FIV后血清抗体持续存在，对抗体的检测有利于疾病的诊断，但是并不能区分自然感染猫和免疫接种猫。商业化的检测试剂盒能够检测包括病毒衣壳蛋白p24在内的多种抗原的特异性抗体。有些猫感染FIV后抗体出现（血清阳转）的时间很长，同时一些已经检测过的猫与病猫在近期的接触史也应引起重视，应该再次进行检测。猫在患病风险低的区域，或者

猫没有表现出明显症状但是与感染猫有过接触史后，需要进行确诊。免疫印迹和免疫荧光试验能检测到病毒多种抗原的相应抗体，但是敏感性和特异性不高。免疫猫产生的抗体持续存在的时间超过4年，并且当前商业化的检测方法不能区分该抗体与自然感染FIV诱导的抗体。

六月龄以下的猫检测到FIV阳性抗体应该谨慎对待，因为该时期猫体内可能存在母源抗体。由于幼猫感染FIV的现象并不常见，大部分抗体检测结果呈阳性的幼猫后续再次检测结果为阴性，这种现象的出现极有可能是由于母源抗体的干扰。虽然幼猫患病的概率不大，但是当大于六个月以后还能检测到FIV特异性抗体即可认为猫已经感染。

病毒培养被认为是FIV确诊的金标准，但是实际上很难做到。有些报道指出PCR试验能证实病毒的感染，而各自试验的敏感性和特异性存在一定差异。

4. 免疫学、预防和疾病控制　FIV感染猫体内病毒特异性中和抗体的出现与病毒的清除和疾病的进展并不相关。但是$CD8^+$T细胞的增多与病毒滴度的降低相关，$CD8^+$T细胞的细胞毒性或者非细胞毒性作用机制可能都参与了这个过程。$CD8^+$T细胞的细胞毒性具有抗原特异性和MHC I类分子限制性。同时，在很多患病猫的体内，一部分$CD8^+$T细胞不具备抗原特异性和细胞毒性，但是这类细胞也能抑制病毒的复制。

虽然机体感染FIV后能产生很强的免疫反应，但是病猫仍然具有病毒血症，并且随着疾病的进展，甚至在$CD4^+$细胞下降之前，机体免疫功能发生紊乱最终出现机会性感染。包括细胞因子的异常调节、免疫反应性降低和免疫调节细胞的异常激活在内的机制共同参与了免疫功能紊乱这个过程。由于免疫刺激引起的FIV感染猫血液中白细胞内细胞因子表达水平发生了变化，包括白介素2的减少以及白介素6和肿瘤坏死因子的增多。最近研究表明FIV感染猫后还能导致先天性免疫反应的损伤。总之，猫感染FIV后引起1型

辅助性T细胞的减少，而2型辅助性T细胞增多，细胞因子的调节异常，固有免疫和细胞免疫反应受到抑制，这些因素综合起来，导致初级淋巴组织中淋巴细胞作用的失效甚至淋巴细胞凋亡。

FIV实验感染健康猫与健康猫对比后发现表达B7-1和B7-2分子的CD4$^+$和CD8$^+$型T细胞的比例都显著增加，并且随着疾病的进展B7阳性和CTLA4阳性的CD4$^+$型和CD8$^+$型T细胞也呈增加的趋势。这种异常调节也许可以解释为什么在持续感染的过程中T细胞免疫机能逐步减弱以及淋巴结中T细胞凋亡数增多。一些研究表明感染猫体内激活的调节性T细胞（Treg细胞）群的水平也许致使T细胞免疫反应受到抑制。有人推测病毒抗原递呈能激活T细胞和B细胞，T细胞和B细胞的激活反过来又激活Treg细胞，从而导致免疫机能的损伤。免疫机能损伤后病毒又进一步复制，新产生的病毒继续激活T细胞。慢性的T细胞激活又作用于Treg细胞，这种活动反复进行最终导致整个机体的免疫机能受到抑制，进而引起继发感染。

FIV主要由唾液排出，猫与猫的撕咬是此病传播最重要的方式。因此，室外自由活动的猫（包括野猫和宠物猫），特别是成年雄性猫，其感染风险最大。而在封闭环境饲养的纯种猫间FIV的感染并不常见。虽然精液中也可能存在病毒，性传播并不是主要的传播方式。母婴传播也不多见，但是如果母猫处于急性感染期，病毒也可以通过乳汁传播给幼猫。

FIV的疫苗可以购买到但是可能不同地区使用的效果不一样。这种差异主要是由于不同猫群中流行的毒株存在差异，而疫苗不能诱导出很好的交叉保护。因此，即使是猫处于感染的高风险区，例如流浪猫或者和感染猫有接触的猫，疫苗接种与否也并无显著意义。

我们可以通过常规的检测，淘汰FIV阳性猫的方法，以及购买猫时确定是否已感染FIV来预防此病。目前还没有发现感染猫对人群具有公共卫生方面的威胁。

（五）猴免疫缺陷病毒

至少有40种非洲非人类灵长类动物自然感染猴免疫缺陷病毒（simian immunodeficiency virus，SIV)的特有毒株，表明这些病毒在各自宿主中已经适应并进化。例如，相当高比例的非洲绿猴（长尾猴属，绿猴）在非洲的野外环境（以及在其他区域的栖息地）被感染。多数情况下，在自然宿主中这些病毒不会引起明显的疾病。但是当这些病毒进入其他种类的猴子，它们就能引起严重的疾病，甚至死亡。比如，当非洲绿猴病毒（SIVagm）传染到恒河猴（猕猴；恒河猴）时，它们能使恒河猴患上一种类似于人AIDS的疾病。在暴露于被病毒感染的非人类灵长类的工作人员体内可以检查到针对SIV的抗体。推测HIV可能是从感染黑猩猩的毒株（黑猩猩属黑猩猩，HIV-1）或白颈白眉猴（白顶白眉猴，HIV-2）进化而来。

在亚洲的野生恒河猴体内，SIV恒河猴毒株（SIVmac）尚未被鉴定证实，但该毒株在其他地方猴群部落间传播并引起一种艾滋病类似病。在感染病毒几个月后，首先出现的症状是腹股沟皮疹和淋巴结病。该病可进展为衰竭综合征、慢性肠炎和由一些微生物（如腺病毒、多瘤病毒、巨细胞病毒、刚地弓形虫、卡氏肺孢子虫、隐孢子虫属、沙门氏菌等）引起的机会感染。和人AIDS患者会发生痴呆这一现象类似，动物通常发生具有神经系统病变的脑病。恒河猴模型作为研究HIV和AIDS的重要模型，用来研究病毒与宿主相互作用机制、潜在疫苗或疗法的效果以及引起疾病的病毒方面的决定因素。当用SIV人工感染恒河猴后，恒河猴的几种淋巴细胞亚群会发生细胞程序性凋亡上升趋势，并最终导致其一级和二级淋巴器官出现渐进性衰竭。同时，随CD8$^+$T细胞百分比的提高，改变了CD4$^+$和CD8$^+$T细胞的比值。但大多数非洲国家的灵长类动物对SIV相对有抵抗力，一般不发展成真正的AIDS综合征。然而，至少有3种非洲灵长类动物，包括白颈白眉猴，黑猩猩（黑猩猩属）和狒狒（狒狒属）人工感染异源的SIV时会引起类似艾滋病病程。

非洲灵长类自然感染SIV与亚洲恒河猴类似的感染相比似乎缺少了具有严重的免疫缺陷这一特征；然而，人们对非洲野生猴类感染的临床病程知之甚少。对白颈白眉猴和非洲绿猴进行的感染都表现出以下特征：高病毒载量、低免疫激活量、感染细胞寿命降低和对感染产生适应性免疫应答。这些动物同时还发生CD4$^+$T细胞趋化因子受体的表达降低。有趣的是，在白颈白眉猴体内黏膜CD4$^+$T细胞的水平能保持稳定，而在经SIV感染的恒河猴和未经治疗的人AIDS患者体内，黏膜CD4$^+$T细胞却呈现下降趋势。因此推测，SIV自然感染中，固有的黏膜淋巴系统在抵御微生物或微生物毒素影响方面起到了关键作用。这些动物似乎是避免了强烈的全身免疫激活的阶段，以及血液和淋巴结内CD4$^+$T细胞的进行性损失。这些现象加上CD4$^+$T细胞趋化因子受体的低水平表达可能有助于保护非洲物种。这一关键病毒受体的低水平表达，可能使细胞毒性病毒无法在其中复制，或者减少活化的CD4$^+$T细胞归巢到发炎组织。自然感染的非洲灵长类动物也能特殊地受到保护而免受垂直感染。总之，灵长类慢病毒和它们的天然宿主已经共同进化，从而使病毒虽然能在宿主细胞内复制却不杀死宿主。

恒河猴模型已经被广泛地应用在开发抗HIV和AIDS的疫苗中。尽管有包括致弱活病毒疫苗在内的多种疫苗已经被生产出来，但迄今为止在对抗HIV-1感染方面仍然没有有效的疫苗。

（六）牛免疫缺陷病毒

牛免疫缺陷病毒（bovine immunodeficiency virus, BIV）是在1972年第一次从一头患有多种疾病（进行性乏力、持久淋巴球增多、淋巴样增生和中枢神经系统病变）的奶牛中分离得到

的。血清学研究表明，该病毒在全世界范围内存在，并且在一些地区，奶牛产奶量下降和该病毒直接相关。然而，没有明确的表观遗传学证据（unequivocal epidemiologic evidence）证明BIV感染和临床免疫缺陷以及已感染牛对机会性感染的敏感性上升三者有关联。BIV在基因组结构和复制机制方面和其他慢病毒相似。除具有逆转录病毒共有的结构基因*gag*、*pol*和*env*外，BIV还编码了6个已知的非结构/辅助基因。其基因组在非灵长类慢病毒中是最复杂的，辅助基因除了*tat*、*rev*和*vif*，还有3个：*vpy*、*vpw*和*tmx*。基因变异在不同病毒株中很常见，尤其是在病毒囊膜基因中。

FIV能在各种牛胚胎组织的单层细胞培养物上生长，并使细胞形成合胞体而产生细胞病变效应。当以该病毒静脉注射小牛后，15~20d内，小牛会产生白细胞减少症状并伴随淋巴细胞持续性增多。BIV感染细胞谱广。除B淋巴细胞，无功能性细胞（null cells，裸细胞）和单核细胞外，该病毒的前病毒DNA还能在CD3$^+$、CD4$^+$和CD8$^+$细胞中被检测到。BIV能在自然感染的奶牛体内持续保留12个月以上。

尽管有报道称BIV感染可能会对奶牛带来极大风险，比如生殖问题、脓肿、腹膜炎和关节炎，但病毒感染对于经济的真正影响仍需估测。据报道在人工感染了牛免疫缺陷病毒的小牛会出现淋巴结病、运动失调、脑膜脑炎和截瘫综合征。然而，在自然条件下感染动物的临床诊断中，还没有直接证据能证明感染动物的临床疾病是由BIV所致。

（七）珍布拉娜病病毒

和欧洲相对良性的牛免疫缺陷病毒感染不同，印尼巴厘岛牛（*Bos javanicus*）暴发的烈性疾病被证实是由一种BIV相近病毒所引起。这个以疾病发生区域命名的病叫作珍布拉娜病，该病在1964被发现。12个月之内，这个地区的30万头

牛有2.6万头死亡。这种病持续在巴厘岛肆虐并且蔓延到苏门答腊、爪哇和加里曼丹。该病起因尚未被证实。珍布拉娜病具有高发病率和高致死率特征。在5~12d的短潜伏期后会出现发热、嗜睡、厌食、淋巴结肿胀和泛白细胞减少等症状。珍布拉娜病病毒在感染后超过一周的发热过程中，每毫升血浆中病毒的高水平复制可高达10^{12}RNA基因组。在动物病愈过程中，病毒载量会有所减少但仍可持续长达两年。大约有17%病牛死亡。尸检结果包括大面积出血，淋巴结病和脾肿大。组织学上，淋巴结被大量淋巴样干细胞所包裹。

珍布拉娜病病毒的基因组已经被完全测序，其序列相似但又有别于其他BIV分离株的基因序列。珍布拉娜病病毒的基因组与BIV的基因组相似，都包括附属基因（*tat*、*rev*）和调控基因（*vif*、*tmx*）。

八 泡沫病毒亚科成员

泡沫病毒亚科成员只有一个泡沫病毒属（表14-1）。泡沫病毒因能在细胞培养中引起泡沫样细胞病变而得名。泡沫病毒的宿主种类很多，包括非人类灵长类、猫、牛、马和人。人感染与来源与非人类灵长类病毒跨种间感染有关。虽然现在未发现泡沫病毒能引起疾病，但是它与其他逆转录病毒感染一样是终身的。

泡沫病毒可在培养的细胞中复制，是非人类灵长类原代细胞培养基中普遍存在的一种污染物，能引起典型的细胞病变。1954年首次将这种病毒定义为泡沫病毒，因为它们能引起体外培养的非人类灵长类细胞多核化和高度空泡化。在电子显微镜下可观察到特殊的病毒不成熟粒子形态。前病毒基因组包含了典型的逆转录病毒组成成分，包括LTR、*gag*、*pol*和*env*基因。另外，泡沫病毒编码两个非结构蛋白，Tas蛋白（泡沫病毒的转录激活因子）和Bet蛋白（胞浆蛋白，可能是一个调节蛋白）。与正逆转录病毒一样，泡沫病毒将RNA基因组逆转录成DNA，然后以前病毒DNA的形式整合至宿主的基因组中。但是逆转录过程只发生在出芽和组装期间，所以事实上基因组是DNA，如同嗜肝病毒。泡沫病毒还有一点不同，就是编码Gag蛋白和Pol蛋白的mRNA是分开的。

目前为止，尚未报道在自然宿主感染、人类感染或人工感染过程中泡沫病毒与疾病直接相关。虽然这些病毒能引起细胞培养明显的细胞病变，但是它们不具有引起疾病的能力，这种矛盾现象是研究的热点，至今仍未研究清楚。泡沫病毒在捕获的非人类灵长类中普遍流行。大部分动物的血清阳转发生在幼龄动物，表明存在着一种非性传播的途径，推测叮咬或舔是主要传播途径。有文献记载兽医、动物看守员、丛林狩猎者和动物园管理员接触非人类灵长类后可交叉感染泡沫病毒。泡沫病毒感染与严重叮咬有关，说明至少唾液是一种传播途径。尚未报道人与人之间的传播，推测人是终末宿主。现在没有鉴定出泡沫病毒受体，但是大量灵长类组织培养的研究表明这些感染在体外并不受特定种类或细胞类型的限制。

九 其他逆转录相关疾病

多种疾病都与逆转录病毒感染有关，但缺乏明确证据证明其因果关系。在某些特殊肿瘤或增殖异常的病例经电子显微镜直接检查或用逆转录酶测定等间接方法检测发现反转录病毒存在。例如，研究发现在两栖动物、爬行动物、鸟类和哺乳动物存在鼠白血病病毒相关的内源性逆转录病毒核苷酸序列，在爬行动物和两栖动物体内发现了内源性逆转录病毒的完整基因组序列。与哺乳动物和鸟类逆转录病毒相比，一些逆转录病毒基因组有新的组织结构。例如，两栖动物内源性逆转录病毒Xen1与ε逆转录病毒中的角膜白斑真皮肉瘤病毒和白斑表皮增生的病毒（1型和2型）在分类上是相近的。

蛇的包含体病

在蛇中已经发现有逆转录病毒，且常与肿瘤相关。逆转录病毒也认为是蛇包含体病的病原，主要侵害蟒蛇和蟒科的其他成员。这种疾病的特点是在多种器官内广泛存在嗜酸性粒细胞胞浆内包含体。这种疾病具有传染性和致死性。患病蛇表现为间歇性食道反流和厌食症。病情发展危害中央神经系统后，病蛇呈现头震颤，角弓反张，共济失调和行为异常。这些神经系统症状可能进一步进展为完全麻痹，并导致蛇无法捕捉猎物。其他临床症状还包括溃疡性口炎，肺炎和多发的皮肤肿瘤（如肉瘤）。有人认为病蛇存在免疫抑制，但并未有详细研究。活检或尸检的病理学诊断可确认受影响的器官组织中存在典型的包含体。包含体的大小和电子致密不均一，并包含C型病毒样颗粒。蛇螨（*Ophionyssus natricis*）被认为是该病毒的传播媒介，但尚未被证实。

高玉龙　王晓钧　译

Chapter 15
第 15 章

呼肠孤病毒科

呼肠病毒科是病毒学中最为复杂的成员之一，目前共有12个属和3个未定属组成，这些成员基因组为分节段线性双股RNA（dsRNA），有10～12个节段（图15-1）。科内的每种病毒均能感染一些显著不同的宿主，包括哺乳动物、鸟类、爬行动物、两栖动物、鱼类、软体动物、甲壳类动物、昆虫、植物和真菌。不同的病毒属成员之间具有不同的特征，可以通过衣壳结构，基因组数量及其大小、宿主范围及相关疾病、血清学以及现在越来越多的病毒基因组核苷酸序列来鉴别。因为最初分离到的呼肠孤病毒是在呼吸道及肠道分离到的并且不与任何疾病相关，所以命名为呼吸道肠道孤儿病毒（respiratory enteric orphan virus，Reo virus），简称呼肠孤病毒。这些早期发现的病毒现为正呼肠病毒属成员。环状病毒属、科罗拉多蜱传热病毒属、轮状病毒属、

东南亚十二节段RNA病毒属和水生呼肠孤病毒属被划入呼肠病毒科后使呼肠孤病毒科内增加了人和动物（包括水生动物）的重要病原体。

正呼肠孤病毒可在许多脊椎动物中分离到，包括人、牛、绵羊、猪、非人类灵长类动物、蝙蝠、鸟类。这些病毒中的绝大部分并不引起明显的临床疾病。仅有禽类和灵长类呼肠孤病毒感染具有病原学意义。同正呼肠孤病毒很相似，水生呼肠孤病毒分离自鱼类、软体动物以及新鲜海水，它们的病原学意义还在研究中。

环状病毒主要经由节肢动物传播。蠓、蚊、蚋、白蛉、壁虱是环状病毒的传播媒介。因此，每种环状病毒特有的媒介生物和当地的气候因素与它们在全球的分布情况和流行的季节息息相关。无论是从全球范围还是从区域范围来看，环状病毒属中虽然还有一些病毒具有潜在的意义，

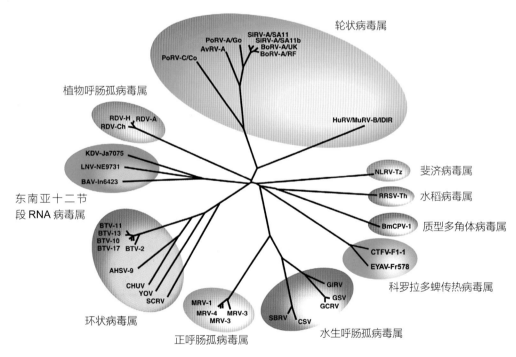

图15-1 根据RNA依赖的RNA聚合酶(RDRP)基因氨基酸序列绘制的呼肠孤病毒科系统发生进化树（邻接树）。AHSV，非洲马瘟病毒9型；AvRV，禽轮状病毒A型；BAV-In6 423，Banna病毒印尼分离株6 423；BmCPV，家蚕质型多角体病毒；BoRv，牛轮状病毒；BTV，蓝舌病病毒；CHUV，中山病毒；CSV，大马哈鱼呼肠孤病毒；CTFV-F1，科罗拉多蜱传热病毒血清F1型；EYAV-Fr578，Eyach病毒France-578株；GCRV，草鱼呼肠孤病毒；GIRV，金色石斑鱼呼肠孤病毒；GSV，美鳊水生呼肠孤病毒；HuRV/MuRV-IDIR，人/鼠轮状病毒-IDIR；KDV-Ja7 075，Kadipiro病毒爪哇分离株7 075；LNV-NE9 731，辽宁病毒分离株NE9 731；MRV，哺乳动物正呼肠孤病毒；NLRV-Tz，褐飞虱呼肠孤病毒坦桑尼亚分离株；PoRV，猪轮状病毒；RDV，水稻矮小病毒；RRSV-Th，水稻齿叶矮缩病毒泰国株；SBRV，条纹鲈呼肠孤病毒；SCRV，圣克罗伊河病毒；SIRV，猴轮状病毒；YOV，云南环状病毒。[引自国际病毒分类学委员会第八次报告 (C. M. Fauquet, M. A. Mayo, J. Maniloff, U. Desselberger, L. A. Ball, eds.), p. 453. Copyright © Elsevier (2005)，已授权]

表15-1 呼肠孤病毒感染特性

病毒/宿主/血清型	疾病/症状	传播/诊断样本	防制/控制
正呼肠孤病毒属			
哺乳动物的呼肠孤病毒 血清1~4型	无症状感染 试验病	粪口传播; 全身感染	对于小鼠来说,良好的环境卫生,定期检测和预防检疫防制
家禽的呼肠孤病毒 多种鸟类的呼肠孤病毒,多血清型	腱鞘炎/关节炎 呼吸系统疾病,肠炎,体重减少,发育不良,呈亚临床症状	粪口传播,全身感染 粪便,血清,多种靶器官	良好的环境卫生,定期检测和预防检疫防制 减毒疫苗和灭活疫苗
环状病毒属			
蓝舌病病毒 绵羊、牛、山羊、鹿 血清1~25型	蓝舌病 发热、充血、青紫色水肿、口腔溃疡、流涕、跛行	媒介传播:库蠓属 血液:病毒检测; 血清:抗体检测; 脾、肺、淋巴结	减毒疫苗和灭活疫苗 防止与库蠓属昆虫接触
非洲马瘟病毒 马、驴、骡、斑马(亚临床) 血清1~9型	呼吸或心血管衰竭 发热、水肿	媒介传播:库蠓属 血液:病毒检测; 血清:抗体检测; 脾、肺、淋巴结	减毒疫苗和灭活疫苗 防止与库蠓属昆虫接触
马器质性脑病病毒 马、驴、骡、斑马(亚临床) 血清1~7型	常呈亚临床感染 发热、非洲马瘟样疾病	媒介传播:库蠓属 血液:病毒检测; 血清:抗体检测; 脾、肺、淋巴结	无疫苗 防止与库蠓属昆虫接触
鹿流行性出血热病毒 鹿、牛、绵羊 血清1~10型 茨城病毒(EHDV血清2型)	出血性疾病 发热、充血、发绀、水肿	媒介传播:库蠓属 血液:病毒检测; 血清:抗体检测; 脾、肺、淋巴结	无疫苗 防止与库蠓属昆虫接触
Palyam病毒 牛,血清1~13型	生殖系统、中枢神经系统疾病; 流产、先天畸形;水脑畸形	媒介传播:库蠓属	无疫苗
秘鲁马瘟 南美和澳大利亚地区的马	神经系统疾病	媒介传播:可能是蚊	无疫苗
轮状病毒属			
轮状病毒 几乎全部的种	胃肠炎/腹泻	粪口传播 粪便	母畜接种减毒活疫苗和灭活疫苗;新生家畜口腔接种减毒活疫苗
科罗拉多蜱传热病毒属			
科罗拉多蜱传热 小动物,人——人畜共患病	蜱热/鞍回热 后眼窝痛、肌痛 白细胞减少症	经期载体传播 硬蜱 血液和血清	无疫苗和治疗方法 防止与蜱接触
Eyach病毒 小动物,人——人畜共患病	在脑膜炎和多发性神经炎病人体内发现抗体	欧洲硬蜱 血和血清	无疫苗和治疗方法 防止与蜱接触
水生动物呼肠孤病毒属			
鱼、有壳水生动物	不确定	不确定	无疫苗和治疗方法

但从经济学角度来说蓝舌病病毒和非洲马瘟病毒是本属最重要的成员。从蓝舌病的传播史来看,虽然蓝舌病病毒一直以来严格遵守该属病毒的传播规律,仅在热带和温带区域流行。但是近年来欧洲出现了不同血清型蓝舌病毒株。这些毒株在寒冷地区流行的原因可能是欧洲一些区域的气候发生变化的结果,这一现象引起了人们对非洲马瘟以及该属其他病原是否也同蓝舌病一样广泛传播的忧虑。

轮状病毒也呈全球流行态势,特别是现已发现的每种家畜和鸟类都存在至少1种固有的轮状病毒,并且轮状病毒可导致新生畜禽的痢疾(腹泻)。在大部分发展中国家,每年大约有600 000只幼畜死于轮状病毒,对世界养殖业造成巨大的经济损失。

科罗拉多蜱传热病毒属和东南亚十二节段RNA病毒属的病毒分别是由蜱传播的人类病原和由蚊传播的动物病原。这2个属的病毒均能导致严重疾病,但是通常是散发的。基因分析和进化树分析表明,科罗拉多蜱传热病毒属和水生动物呼肠孤病毒属之间,东南亚十二节段RNA病毒属和轮状病毒之间分别存在一个进化链接。

呼肠孤病毒特性

（一）分类

除了双RNA病毒和小双RNA病毒外，所有基因组为多节段的线性双股RNA病毒均为呼肠孤病毒科成员。因此，呼肠孤病毒科结构复杂，各个不同的病毒属之间存在许多不同的特性（表15-2，图15-2）。因为呼肠孤病毒基因组为分节段的RNA，所以同一种病毒不同毒株之间的重配现象非常普遍，从单个基因来看，这是一种高效率的基因突变。这种基因的漂移和转变导致了病毒的多样性，同一属病毒具有非常多的血清型并且同一种病毒具有大量的不同分离株。

表15-2　呼肠孤病毒属性

病毒粒子为无囊膜球形粒子，直径为55～80 nm。

病毒粒子由3层衣壳组成，呈二十面体对称，不同属的病毒外衣壳结构也不相同。

病毒基因组由分节段双链RNA组成，共有10～12个节段，总分子量大小为18～27kbp。正呼肠孤病毒属基因组有10个节段，大小为23kbp；环状病毒属基因组有10个节段，大小为18kbp；轮状病毒属基因组有11个节段，大小为16～21kbp；科罗拉多蜱传热病毒属基因组有12个节段，大小为27kbp；水生动物呼肠孤病毒属基因组有11个节段，大小为15kbp。

胞内复制。

在同一血清群或属内的病毒可发生重配现象。

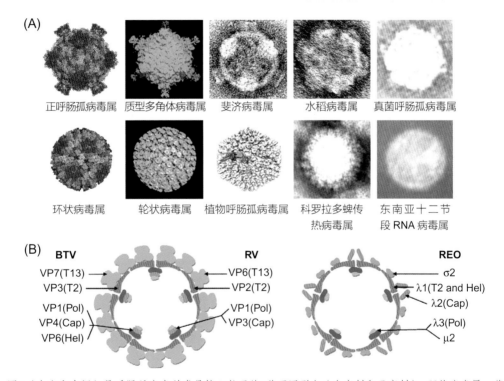

图15-2　图A（上方和中间）是呼肠孤病毒科成员核心粒子的2种不同形态（有突刺和无突刺）。环状病毒属：蓝舌病病毒血清1型（BTV1）分离株用X线晶体学建立的一个核心粒子的3D模型。正呼肠孤病毒属：正呼肠孤病毒3型分离株用X线晶体学建立的一个核心粒子的3D模型。质型多角体病毒属：质型多角体病毒5型病毒粒子通过低温电镜技术重建的3D模型，分辨率为25Å。轮状病毒属：轮状病毒A型分离株(SiRVA/ SA11)应用低温电镜技术重建的一个双层衣壳的核心粒子的3D模型，分辨率为25Å。斐济病毒属：玉米粗缩病毒分离株的一个核心粒子的电子显微照片。植物呼肠孤病毒属：水稻矮小病毒分离株应用低温电镜技术重建的一个双层衣壳的核心粒子的3D模型，分辨率为25Å。（用彩色突出显示的是每1个不对称单元中的1个连续的由5个三聚体形成的复合体）。科罗拉多蜱传热病毒属：科罗拉多蜱传热病毒分离株的核心粒子的双衣壳粒子的在负染下的电子显微片。水稻病毒属：水稻齿叶矮缩病毒分离株核心粒子的在负染下的电子显微照片。真菌呼肠孤病毒属：真菌呼肠孤病毒1型的核心粒子在负染下的电子显微照片。水生呼肠孤病毒属：Banna病毒分离株的病毒核心粒子在负染下的电子显微照片。重建图和电子显微照片的比例并不一致。呼肠孤病毒科的各个属成员的外衣壳的形态是可变的，有的光滑，有的表面突起，甚至一些粒子外衣壳缺失。图B（下方）左侧是环状病毒(BTV)或轮状病毒(RV)的核心粒子结构示意图，病毒为二十面体结构，表面衣壳完整，与正呼肠孤病毒（Reo）的核心粒子不同的是在5倍体轴的表面突起角塔状（峰状）结构缺失了。（由 J. Diprose提供）［引自国际病毒分类学委员会第八次报告(C. M. Fauquet，M. A. Mayo，J. Maniloff，U. Desselberger，L. A. Ball, eds.），p. 447. Copyright © Elsevier (2005)，已授权］

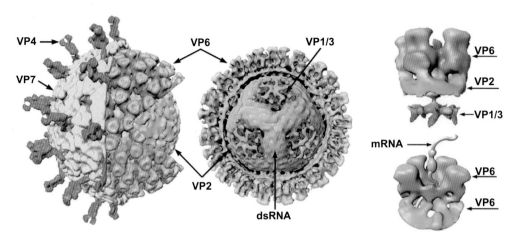

图15-3 （左侧）根据冷冻电子显微镜技术和24Å分辨率下影像重建技术构建的猴轮状病毒A/SA11株(SiRV–A/SA11)剖面图，用以说明病毒粒子的3层衣壳结构。（中间）19Å分辨率下具有转录能力的双层衣壳粒子的剖面图。（右上）由VP1和VP3构成的转录酶复合体锚接在二十面体顶点的VP2蛋白内表面。该图是根据病毒样粒子（VP1/3/2/6–VLP）22Å分辨率下影像重建后计算分离出来的。（右下）推测的基因组转录时mRNA迁移穿过双层衣壳的通道。在25Å分辨率下构建的活化转录粒子的mRNA复合体的末端可见正在合成的mRNA（由B.V.V. Prasad提供）。[引自国际病毒分类学委员会第八次报告(C. M. Fauquet, M. A. Mayo, J. Maniloff, U. Desselberger, L. A. Ball, eds), p. 485. Copyright © Elsevier (2005), 已授权]

正呼肠孤病毒属由至少5种不同的亚群组成。其中第Ⅰ亚群是哺乳动物呼肠孤病毒，包含了4个血清型，命名为血清1~4型；第Ⅱ亚群为禽呼肠孤病毒，从鸡、鸭、火鸡和鹅体内分离到了多种血清型；第Ⅲ亚群病毒为果蝠体内分离到的相关病毒；第Ⅳ亚群是狒狒正呼肠孤病毒；第Ⅴ亚群为爬虫正呼肠孤病毒。

水生正呼肠孤病毒属至少有7个亚群，命名为A~G。这一属中包括了大量病毒，主要分离自溯河产卵的海洋鱼类（包括大西洋和太平洋的大马哈鱼、香鱼和大比目鱼等多种鱼类）、淡水鱼类（包括鲈、鲶、鲤）、牡蛎、蛤蜊。这些病毒中许多病毒的致病性及经济学意义还不十分清楚。但是一些甲壳纲的动物（如虾、蛤蜊）的疾病已确认是由呼肠孤病毒感染引起的，这些病毒的基因组与其他水生呼肠孤病毒不同，基因组是由12个dsRNA节段构成的，而一般水生呼肠孤病毒基因组为11个dsRNA节段。因此，这些病毒可能是一个新的水生动物呼肠孤病毒属成员。

为了区别不同种类的环状病毒，环状病毒属被分为至少21个亚群。其中几个亚群与家畜的疾病相关。蓝舌病病毒存在24（可能是25）个血清型；非洲马瘟病毒有9个血清型；鹿流行性出血热病毒有10个血清型，其中茨城病病毒是鹿流行性出血热病毒血清2型的一个变种；马器质性脑病病毒有7个血清型；秘鲁马瘟病毒有1个血清型；巴尼亚姆(Palyam)病毒有13个血清型，包括中山病毒（Chuzan）。其他不同的动物由不同的病毒感染。这些环状病毒根据血清型和基因型共同定义亚群，其中每个亚群经血清学试验具有相同的抗原性。不同病毒之间的区别以及相关性可以通过序列分析被清楚的鉴别出来。

轮状病毒分类主要依据基因型和血清学分类。位于VP6上的群特异性衣壳抗原的差异可以区分A群轮状病毒的主要群以及亚群。轮状病毒A群主要包括人类、牛、猪、马、家禽、实验小鼠和其他动物的重要病原体；轮状病毒B群主要包括人类、牛、绵羊、雪貂、猪和大鼠的病原体；轮状病毒C群只包括人、猪和牛的病原体；轮状病毒E群只包括猪的病原体；轮状病毒D群和F群只包括鸟类的病原；不同血清型的鉴别主要依靠中和试验来进行，主要因为外衣壳蛋白VP4和VP7上的型特异表位均可被中和抗体识别，已建立一个二元体系的血清型鉴定系统并且类似的体系已在流感病毒研究中被应用。例如：A群轮状病毒中，根据VP7基因序列的不同来区分15［G］基因型（14 G 血清型），根据VP4基因序列的不同来区分27［P］基因型（14 P 血清型）。单克隆抗体技术、病毒RNA节段凝胶电泳技术、RNA原位杂交技术和部分或全部基因组序列测定这一系列技术发展起来，用于进一步区分轮状病毒以及应用分子生物学研究病毒重组和可能的种间传播机制。

科罗拉多蜱传热病毒属仅有很少几个成员。科罗拉多蜱传热病毒是其代表病毒，依埃契病毒是其在欧洲的副本。美国西部的一些地区也分离到了该属的另外一些成员。东南亚十二节段RNA病毒属是亚洲存在的能感染人和动物的蚊媒病毒，有Banna病毒、Kadipiro病毒和Liao ning病毒，这些病毒原来被划分在科罗拉多蜱传热病毒属。

（二）病毒粒子特性

正呼肠孤病毒和轮状病毒对脂溶剂有抵抗力并在大部分pH下稳定。环状病毒和科州蜱传热病毒属成员的耐受范围较窄（pH6～8），此外，这2个属的大部分成员均在脂溶剂的作用下损失一定的感染力。蛋白酶可以提高正呼肠孤病毒属成员和轮状病毒属成员的感染力，例如，小肠中的胰凝乳蛋白酶可以裂解轮状病毒的外衣壳蛋白VP4，进而增强其感染力。同样，蛋白酶可以裂解蓝舌病病毒（环状病毒属成员）的外衣壳蛋白VP2，可以提高病毒对昆虫细胞（库蠓属物种）的感染性，但不增强对哺乳动物细胞的感染性。轮状病毒和环状病毒非常的稳定。蓝舌病病毒在蛋白存在的情况下相对稳定，可以从在室温存储数年的血液中重新被分离出来，同样A群轮状病毒可以在室温存放数月并在冷冻存储条件下保存数年。病毒粒子可以被酚类、福尔马林、95%酒精和β–丙内酯灭活。

呼肠孤病毒粒子的直径大约为85nm，无囊膜，呈球形。病毒粒子由多层衣壳组成，每层均为正二十面体对称。不同属的病毒粒子的形态学

特征见表15-2。病毒核酸为线性双股RNA，正呼肠孤病毒和环状病毒属成员有10个节段、轮状病毒和水生动物呼肠孤病毒属成员有11个节段、科罗拉多蜱传热病毒属和东南亚十二节段RNA病毒属和一些目前被划入水生动物呼肠孤病毒属的一些成员拥有12个节段。全基因组大小分别约为23kbp（正呼肠孤病毒属）、19kbp（环状病毒属）、16～21kbp（轮状病毒）、29kbp（科罗拉多蜱传热病毒属）、21kbp（东南亚十二节段RNA病毒属）和24kbp（水生动物呼肠孤病毒属）。双链正链的5′端有帽子结构（1型结构）。双链的3′端都缺失3′-poly(A)尾。同一病毒粒子中的每一个RNA片段都存在相同的序列结构。具体的特征将按各个属分别说明。

1. **正呼肠孤病毒属** 正呼肠孤病毒外衣壳是一个近似圆形的二十面体，主要成分是δ3蛋白和μ1C蛋白构成的复合物（图15-2）。除完整的病毒粒子外，还有2种稳定的粒子结构。1种是仅缺失了病毒外衣壳部分（例如，病毒粒子缺失了δ3蛋白和μ1蛋白被裂解的部分。），这种粒子被称为感染型亚病毒颗粒（infectious subviral particle，ISVP）。别外一种就是缺失外衣壳和中间衣壳的病毒粒子，称为核心颗粒。δ1蛋白穿透外衣壳，在病毒粒子的12个顶点形成突刺，通过它病毒粒子可以吸附到宿主细胞上。更重要的是，当外衣壳缺失后，δ1蛋白分子吸附在感染性亚病毒粒子上并延伸出纤毛将粒子牵引至细胞的吸附区。核心颗粒内有病毒的RNA聚合酶（转录酶），3个主要蛋白λ1、λ2和δ2，2个次要蛋白λ3和μ2。病毒基因组共有10个RNA节段，根据大小分为大、中、小三组。除一个节段编码2种蛋白外，其他每个节段编码1种蛋白。因此，每个节段都可以通过凝胶电泳分离并观察到并且可以通过电泳图谱来区分哺乳动物呼肠孤病毒和禽呼肠孤病毒。

2. **水生动物呼肠孤病毒** 病毒基因组为11个节段，在某些病毒内则有12个节段，其他属性与正呼肠孤病毒属基本相同。

3. 环状病毒属　病毒外衣壳由VP2和VP5组成，形成一个弥散的表层，可以很容易地从核心颗粒上被分离。核心颗粒表面由260个VP7三聚体排列形成的环状结构组成，因此称为环状病毒。VP2和VP5附着在VP7上，VP7同时与内核心壳相连接。内核心壳是由120拷贝的VP3蛋白包裹着的由VP1、VP4和VP6组成的转录酶复合体以及基因组RNA节段构成的。病毒粒子结构仅能在病毒粒子稳定的状态下被观察到，例如，冷冻电子显微镜技术。否则，只能观察到病毒粒子表面呈光滑的松散结构。病毒基因组中，除了最小的节段10以外，其他节段都是单顺反子结构。节段10只有一个开放阅读框架，但是在正链的5′端存在2个功能启动子。同正呼肠孤病毒一样，根据基因节段大小的不同，应用电泳技术可观察到独特的图案，因此可以通过电泳技术鉴别不同的环状病毒。这种方法还可以用以分析亲缘关系较近的不同病毒之间的变异，还可以区分同一血清型的不同毒株。病毒10节段基因组编码7个结构蛋白（VP1～VP7）和4个非结构蛋白（NS1～NS3，NS3A）。

4. 轮状病毒属　轮状病毒外衣壳是一个近似圆形的二十面体，由糖蛋白VP7组成，并有VP7二聚体伸出衣壳。中层衣壳由结构与环状病毒VP7蛋白一样的VP6蛋白构成，同外衣壳一样，很容易与核心分离开来。病毒核心由VP1、VP2和VP3蛋白构成，有11个节段的双链RNA片段。除了基因11编码2个蛋白外，其他基因都是单顺反子结构。基因组共编码6个结构蛋白（VP1～4，VP7，VP6），6个非结构蛋白（NS1～6）。基因组节段可以通过凝胶电泳被分离并可用于分型。

5. 东南亚十二节段RNA病毒属和科罗拉多蜱传热病毒属　病毒粒子是同轴多层衣壳组成的近似圆形的颗粒。科罗拉多蜱传热病毒粒子表面相对光滑，而东南亚十二节段RNA病毒具有发育完好的衣壳体结构。它们核心粒子都有双层结构，内部共有12个节段的双链RNA片段。

（三）病毒复制

哺乳动物正呼肠孤病毒δ1蛋白介导病毒粒子或感染性亚病毒粒子吸附于目的细胞，通过受体介导的内吞作用进入易感细胞。连接黏附分子A是哺乳动物正呼肠孤病毒的血清型独立受体，对一些毒株而言，涎化的糖蛋白也可以起到共受体的作用。δ1蛋白也发生了变化，形成了一个丝状的三聚体从病毒粒子伸出形成突刺状结构，这一变化决定了每个病毒的细胞和组织趋向性。内化进入细胞质的病毒粒子降解成为核心颗粒，病毒相关的RNA聚合酶（转录酶）和帽化酶重复转录5′端帽化的信使RNA，通过核心颗粒顶端的通道进入细胞质中。RNA聚合酶（转录酶）以每个dsRNA的负链为模板，转录特定基因。4种mRNA出现较早，另外6种出现较晚，而且感染细胞中不同mRNA的比例也不同，同样每个节段的转录效率也不同（相差100倍），目前，这种调控机制还是未知的。

在早期的mRNA合成完成后，在感染细胞的细胞质中形成亚病毒颗粒，基因组RNA在其中开始复制，复制的机制非常复杂，目前尚未完全研究清楚。接下来病毒dsRNA作为模版开始大量转录mRNA，此时的mRNA并未帽化。这些mRNA优先转录产生一大群的病毒结构蛋白并组装成为病毒粒子。每一个双股RNA节段的一个拷贝组装进一个病毒粒子中，这种一一对应的机制尚未弄清楚。

在病毒进入宿主细胞之后很短的时间里，宿主细胞的蛋白质合成速率迅速下降。可能造成这种现象的机制是因为帽化的宿主细胞mRNA转录蛋白的效率比未帽化的病毒mRNA转录蛋白的效率低很多。在结构上来说，在宿主细胞质内形成了特定的区域，这些胞浆内的包含体聚集了大量的病毒相关颗粒（图15-4，图2-2A），这一般称为病毒粒质或病毒工厂。包含体呈现颗粒状并用薄切片电子显微镜法观察可见中度电子致密颗粒。虽然子代病毒粒子趋向于维持与细胞的联

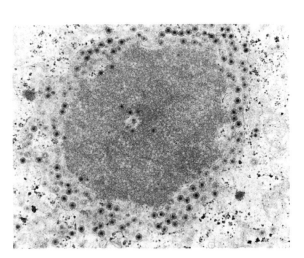

图15-4 单个细胞感染猴轮状病毒SA11株后的细胞质。图中可见在胞浆内存在一个颗粒状包含体，又称病毒粒质或病毒工厂。在包含体周围存在大量的自我组装的病毒粒子。在大多数情况下，这些包含体会根据病毒粒子的多少而改变大小和数量。病毒粒子与细胞相互作用并通过细胞裂解释放到细胞外。薄切片电子显微镜，放大25 000倍。

系，但是最终会因细胞裂解而被释放。

一般来说，轮状病毒和环状病毒的复制与正呼肠孤病毒相一致。具有包括VP4和VP7外衣壳蛋白构成的三层结构的病毒粒子才能使轮状病毒吸附宿主细胞，从而具有感染力。VP4蛋白被蛋白酶裂解（如小肠内的凝乳蛋白酶）对病毒侵入细胞和提高感染性非常重要。一些轮状病毒毒株与细胞表面的唾液酸残基结合，但是，这些细胞表面的受体并未通过其他方式被鉴定出来。因此，一些学者认为轮状病毒侵入细胞有2种方式，一种是受体介导的细胞内吞作用，另一种是病毒直接侵入细胞。无论怎样，进入细胞这一过程使病毒粒子脱去外衣壳形成双层衣壳颗粒，同时开始转录。此时轮状病毒的原代颗粒获得了一个临时性的脂质包膜，并以出芽的方式进入感染细胞的内脂网泡后脱去主要的外衣壳蛋白VP7。

蓝舌病病毒（其他的环状病毒也大致相同）通过受体介导的包涵素被覆小凹途径进入细胞（图15-5）。外衣壳蛋白VP2和VP5，核蛋白VP7均全程参与病毒的吸附和入侵过程。事实上蓝舌

病病毒在失去其外衣壳（即VP5和VP2)后仍然对昆虫细胞（库蠓属）具有完整病毒所具有的感染力，但是失去了对哺乳动物细胞的感染能力。膜表面的糖蛋白也具有受体的功能，但是这种相互作实在是难以区分。病毒侵入细胞后脱去外衣壳，并激活病毒核心颗粒相关转录酶和帽化酶。转录发生在核心颗粒形成的包含体内。病毒的NS1蛋白在感染细胞的细胞质内形成独特的微结构，他们的功能目前尚不清楚。在细胞裂解之前，新形成的病毒粒子可以通过NS3蛋白途径通过膜表面出芽的方式被释放出去。

正呼肠孤病毒属成员

感染哺乳动物和鸟类的正呼肠孤病毒

呼肠孤病毒的宿主范围包括牛、绵羊、猪、人、非人类灵长类、犬、啮齿类、兔、蝙蝠、鸡、火鸡、番鸭和其他的家鸭和野鸭品系、鸽、丘鹬、鹦鹉、美洲鹑、乌鸦和鹅。其中，虽然仅灵长类、鸡和火鸡的病原重要，但是在其他动物特别是实验动物的呼吸道和肠道感染中具有诊断学意义。

1. 临床特征和流行病学 哺乳动物呼肠孤病毒，特别是呼肠孤病毒3型，实验室接种实验乳鼠，可造成以黄疸、腹泻、发育迟缓、油性被毛和神经症状（如共济失调）为特性的综合征。自然感染实验小鼠可见亚临床症状。同许多哺乳动物一样，实验用小鼠、大鼠、仓鼠、豚鼠和兔，这些实验动物和均可感染所有血清型的呼肠孤病毒，但是，实验动物感染呼肠孤病毒的最重要意义在于其存在监控和防治价值。呼肠孤病毒还与马、牛、绵羊、猪和犬的呼吸道和肠道疾病相关。然而，关于呼肠孤病毒对小鼠的真正病原学意义仍是只是推测。此外，灵长类的肝炎与脑膜炎和呼肠孤病毒感染有关。

禽呼肠孤病毒感染禽类后可最终导致死亡或

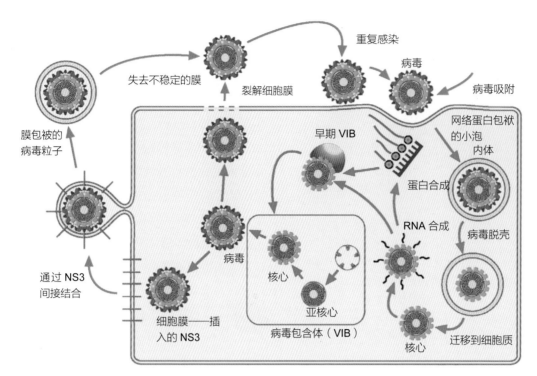

图15-5　呼肠孤病毒（环状病毒）复制过程图解。NS3。非结构蛋白3。［引自国际病毒分类学委员会第八次报告(C. M. Fauquet, M. A. Mayo, J. Maniloff, U. Desselberger, L. A. Ball, eds.), p. 450. Copyright © Elsevier (2005)，已授权］

根本不引起任何临床症状，对一些鸡、火鸡和鹅能引起亚临床症状。通常来说，禽呼肠孤病毒与鸡的以关节炎和腱鞘炎为特征综合征相关。但是，根据有关报道，通过实验室实验和田间试验证明，禽呼肠孤病毒还与呼吸道疾病、胃肠炎、吸收障碍综合征、肝坏死、肝炎、心肌炎、心包积水、体重减轻、发育不全或发育迟缓和死亡率提高等疾病有关。关节炎和腱鞘炎症状通常发生于5周龄大小的肉用禽中，发病率经常可以达到100%，但死亡率不足2%。在许多火鸡群中，禽呼肠孤病毒感染通常表现为肠炎症状。

2. **发病机制和病理学**　哺乳动物呼肠孤病毒感染小鼠是人们为研究新生儿感染呼肠孤病毒后诱导产生的疾病而建立的动物模型，其致病机制已被人们广泛地研究。病毒通过粪-口途径传播，并可造成全身感染，但是对机体的损害缺乏特征性，一般表现为几个器官的局部坏死或实质部分出现炎症。

禽呼肠孤病毒感染一般导致坏死、出血和在关节周围的肌腱炎或腱鞘炎症状。坏死一般出现

在肝、肾和脾。脾坏死现象一般出现在感染鸡，但也有报道感染番鸭出现脾坏死的现象。在历史上曾经被认为是呼肠孤病毒导致的组织或器官坏死（例如，法氏囊和其他淋巴网状内皮组织、包含体肝炎、胰坏死等）均已被证明是由其他病原引起的，呼肠孤病毒感染只是偶然或只起轻微的协同作用。美国西尼罗河病毒监测体系在死亡的乌鸦体内检出呼肠孤病毒，病原学研究显示这些病例与严重的肠炎有关。

3. **诊断**　实验用啮齿类和兔呼肠孤病毒感染可以通过血清学方法诊断，通常用呼肠孤病毒3型抗原进行酶联免疫反应，该试验可以检测到呼肠孤病毒所有主要的血清型。这一试验也是疫病监测项目中的常规试验之一，用以确保实验用动物在实验期间不会造成合并感染。同样，禽呼肠孤病毒感染一般应用免疫荧光技术进行诊断。此外，当血清学诊断不适用时，可以采用禽源细胞培养技术通过病毒分离来进行鉴定。也可以根据呼肠孤病毒感染后细胞产生空泡和合胞体现象，通过中和试验来进

行分型。

4. 免疫、预防和控制　实验用啮齿类的动物种群的净化是目前对正呼肠孤病毒防控的主要应用。无特定病原体状态的维持措施主要有以下几点：保持好的环境卫生；常规的血清学监测；引种时实施质量与检测；防止野生鼠的接触。对于鸡和火鸡来讲，防制腱鞘炎和关节炎的主要措施是免疫，此外还要有良好的生物安全管理措施。种鸡免疫弱毒疫苗或灭活疫苗后，可以通过卵黄将抗体传给子代使其被动免疫。如果鸡场处于高发地区或临床疾病重复出现，可以采用活疫苗对1日龄雏鸡进行气雾免疫或皮下注射免疫。该疫苗免疫时如果同火鸡疱疹病毒疫苗一起使用会影响马立克病抗体的产生。此外疫苗免疫对肠炎和发育迟缓等疾病无效。

环状病毒属成员

（一）蓝舌病病毒

蓝舌病首次出现在欧洲绵羊刚刚被引进的南非的开普殖民地。随后于20世纪中叶蓝舌病开始暴发和流行，地中海盆地、美国、中东、亚洲均有报道。直到20世纪70年代，才于澳大利亚确定蓝舌病是由蓝舌病病毒感染引起的。目前，该病存在于除南极洲以外的几乎所有热带和亚热带的国家和地区。自1998年以来，至少5个不同的血清型（1、2、4、9和16）传入了地中海盆地，这之前该地区没有蓝舌病的发生，感染的地区包括北非、伊比利亚半岛、地中海岛屿（巴利阿里群岛、撒丁岛、科西嘉岛和塞浦路斯）、意大利、巴尔干半岛和希腊。这5个血清型中只有1型病毒通过地中海盆地传入北欧。此外，2006年北欧出现了另一血清型（血清8型）并迅速传播到了许多国家，包括了位于北欧北部的日耳曼语系的一些国家，这些国家在历史中从未有过蓝舌病的记载。传入整个欧洲的血清8型蓝舌病病毒对许多

动物都具有很高的致病力，该血清型病毒的暴发造成了有史以来因蓝舌病病毒引起的最严重的经济损失。2008年，2个新的血清型（6和11）出现在北欧。同年，从瑞士的山羊分离到的土根堡病毒，推测为蓝舌病病毒第25个血清型。

虽然因毒株、饲养条件和环境压力的不同，蓝舌病的危害并不完全一样，但是蓝舌病是世界上危害绵羊产业的最重要的传染病。实际上，在美国的大部分区域和世界其他的一些地方，蓝舌病的存在主要以亚临床感染为特点，因此目前主要的防制措施就是在蓝舌病的疫区和非疫区之间建立非关税屏障用以限制反刍动物以及遗传物质的流通。

1. 临床症状和流行病学　蓝舌病是一种普遍的感染特定品种的绵羊和一些特定品种野生反刍动物的传染病。发病初期为持续几天的发热症状，之后口腔黏膜充血，大量流涎并在口腔形成大量白沫，经常伴随流涕现象，初始为浆液状液体，后期为脓性黏液。在一些较严重的病例中，偶尔可以观察到一种由于供血障碍引起的舌头呈青紫色的现象，这就是"蓝舌病"的由来。感染绵羊的健康情况明显下降并出现由于肺水肿引起的呼吸窘迫或是并发细菌感染导致死亡。蹄冠和蹄叶发炎引起病畜疼痛，表现跛行、膝行、卧地不动等症状。同样口腔的病变使病畜出现厌食。头部和颈部的水肿如图15-6。急性感染数周后存活的动物偶尔会出现因皮肤充血导致的被毛脱落的现象。一些绵羊出现严重的肌肉退化现象，表现为歪头。病畜康复期经常被延后。根据绵羊的易感性、环境压力和感染毒株的不同，发病率和死亡率也不尽相同。蓝舌病病毒感染白尾鹿（*Odocoileus virginianus*）和叉角羚（*Antilocapra americana*）能导致急性出血性疾病，最终可导致死亡。食肉动物也能感染蓝舌病病毒，特别是用含有蓝舌病病毒血清8型病毒动物的肉喂养欧亚猞猁，造成感染和死亡。非洲的狮子、美洲豹和一些大型食肉动物都可

以检出蓝舌病病毒特异性抗体。据报道，怀孕母犬接种蓝舌病病毒污染的犬用疫苗后造成非常高的死亡率。

牛、山羊和其他主要野生反刍动物感染蓝舌病毒出现典型的亚临床症状或呈无症状经过。但是，牛类、南美骆驼和一些不属非洲的偶蹄类动物有时也会出现与绵羊一样的症状。蓝舌病病毒新血清型的出现应是牛发病的原因，尤其是近来侵入北欧的血清8型毒株对牛和其他偶蹄类动物具有很高的致病性。

关于蓝舌病病毒对生殖的影响这一说法还有很多疑问。在蓝舌病暴发期间，怀孕母牛流产的胎盘内并未检出病毒。事实上，主要的蓝舌病病毒野毒株很少能穿过胎盘，而经过实验室适应的毒株（例如蓝舌病弱毒疫苗株，特别是经过鸡胚传代致弱的疫苗株）可以穿过胎盘进而导致胎儿感染，使胎儿死亡或胎儿发育异常（先天性脑积水或脑穿孔）。同样地，之前少数几个病例中牛感染病毒后出现的致死现象和脑部疾病现象都发生在人工致弱活疫苗免疫区，这可能是由于疫苗株在自然界中循环或自然野毒株与疫苗株重组携带了疫苗的某些因子造成这种特例。但是，肆虐北欧的蓝舌病血清8型野毒株确实具有穿过偶蹄动物胎盘的能力，这导致了大量的流产和胎儿致死性畸形（水脑畸形）的发生。

蓝舌病病毒主要经蚊虫叮咬传播，不同血清型的蓝舌病病毒经不同地区的不同种的库蠓属（蠓、蚊）成员传播。蓝舌病病毒感染的自然史和流行病学情况根据宿主、气候和病毒三者的相互作用情况而变化。该病是一种在反刍动物中普遍存在的疾病，在全球范围内形成一个有上下限的区域。本病具有季节性，多发生在夏末秋初。库蠓属昆虫是主要的传播媒介，但是在该属1 000多个种当中被证实是蓝舌病病毒传播媒介的寥寥无几。甚至在已被证实的几个种在生态学和行为学上具有明显的不同。雌性库蠓蚊在叮咬感染蓝舌病毒的病畜后的7~10d内具有传播病毒的能力，后续的每次吸食血液时使感染能力降低。

蓝舌病病毒在温带地区不同季节的存留机制尚需进一步研究。没有明显证据能够证明节肢动物产卵中存在病毒粒子或是反刍动物作为病毒宿主。新生幼畜通过吮吸受病毒污染的初乳可以感染本病，但是该机制的流行病学意义尚未明确。在热带地区，该病毒在昆虫及脊椎动物宿主之间形成以年为单位的连续性周期性循环，同样，现有证据证明温带也存在这一循环，但是在寒冷的月份只以超低水平传播。现已有明显证据表明感染病毒的库蠓属昆虫可以风为媒介远距离传播，这可能是一些地区新发或重新发生疫情的原因。

2. 发病机制和病理学　经皮下接种，蓝舌病病毒首先在局部淋巴结复制，然后传播到其他器官，包括肺、淋巴结和脾，病毒的主要复制发生在这些器官的巨噬细胞、树突状细胞和血管上皮细胞之中。病毒释放进入血液，存在于血液的任何组成成分中，并与这些组分相结合。反刍动物红细胞数量非常多且寿命较长，一般为90~150d，因此在病毒血症的后期，许多与红细胞结合在一起的病毒依然存在。这种病毒与红细胞相结合的特性使病毒血症存在的时间延长，增强了以吸血为生的昆虫媒介的感染能力。反刍动物病毒血症持续时间一般不超过60d，一般可能更短一些。

蓝舌病病毒强毒株感染易感动物可导致血管损伤，导致血栓形成和组织梗塞。白尾鹿感染强毒株后，病毒导致的血管损伤进一步形成弥散性血管内凝血和普遍性出血，进而导致普遍性水肿，特别是肺水肿的形成，这些特征都是蓝舌病在绵羊中暴发的典型特征（图15-6）。这种由蓝舌病病毒引起绵羊的以血管渗漏为特征的致病机制还没有完全清楚，可能是由于病毒直接作用于血管上皮细胞导致的，也可能是由于病毒裂解血管上皮细胞释放的血管活性介质导致的，或是以上2种因素共同作用造成的。

绵羊感染蓝舌病的典型症状是口腔、食道和

图15–6　（A）绵羊感染蓝舌病后，舌头呈青紫色，表面存在溃疡和大面积的黏膜坏死。（B）绵羊感染蓝舌病后，口腔中的急性出血、坏死和溃疡。〔引自 N. J. MacLachlan，J. E. Crafford，W. Vernau，I. A. Gardner，A. Goddard，A. J. Guthrie，E. H. Venter. Experimental reproduction of severe bluetongue in sheep. Veterinary Pathology 45, 310–315 (2008)，已授权〕

前胃黏膜出现溃疡和出血，肠道黏膜偶见出血，肺部湿重，呼吸道内充满泡沫状液体，并且在心包和胸腔可能有大量的积液存在。在头部和颈部的皮下组织、颈部和腹部的周围的肌肉组织通常能见到水肿现象。肺动脉的血管内膜和外膜出血引起肺部病变，左心室心肌多病灶性坏死以及颈部、四肢和腹壁的骨骼肌系统症状也是由血管内膜和外膜出血引起的。

3. 诊断　蓝舌病具有典型的临床症状和病理变化，在温带地区表现为季节性发病。实验室分离蓝舌病病毒比较困难，病料优先选择洗涤过的血细胞、肺和脾。采用鸡胚或采用细胞培养的方式进行病毒分离，细胞培养常用BHK21，Vero或昆虫细胞等细胞系采用盲传的方式进行病毒分离。但是，这2种体系对蓝舌病病毒均不敏感。现在逆转录聚合酶链式反应（RT-PCR）技术，特别是定量PCR技术已经成为蓝舌病病毒检测的标准。但是，在病毒感染数月后，虽然病毒已从血液中被清除，但PCR结果仍为阳性。

血清学技术，尤其是竞争酶联免疫试验，通过检测VP7抗原群的抗体检测蓝舌病，现被广泛用于包括国际牲畜贸易等需监管的项目中。

4. 免疫、预防和控制　动物感染蓝舌病病毒后可获得对同一血清型蓝舌病病毒长期的免疫力，但是这种免疫能力是血清型特异的并且依赖于中和抗体的存在。细胞免疫反应可能在机体消除原发感染时起到重要作用，但是，在机体抵抗蓝舌病病毒过程中，只有部分细胞免疫反应作用已被证实。

因为消除病媒昆虫通常是不可能实现的，所以蓝舌病病毒感染的控制措施几乎完全为疫苗免疫。在美国和南非地区以及世界各地，很早以前就研制出几乎全部血清型的减毒疫苗和灭活疫苗对蓝舌病进行防控。这些疫苗可以提供坚强的血清型特异的免疫力，可以有效地防止临床疾病的发生，但是作为弱毒疫苗仍存在以下先天的不足：① 一些减毒活疫苗特别是通过鸡胚传代繁育的活疫苗，与绵羊死胎和胎儿脑异常有关；② 一些致弱不足的活疫苗接种动物可能产生临床疾病；③ 疫苗毒可以通过昆虫媒介传播，因此活疫苗的应用可能会导致病毒重组的发生。灭活疫苗虽然安全但只对几个血清型有效并且需要重复免疫。蓝舌病重组疫苗现已研制出来，但是尚未商业化。

显然，蓝舌病病毒可以通过库蠓类或病毒血症动物进行长距离传播，因此，应该建立防疫机制阻止感染动物从感染区向非感染区转移。

（二）非洲马瘟病毒

非洲马瘟是一种马的烈性传染病。马匹感染

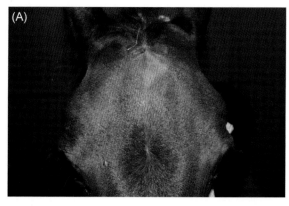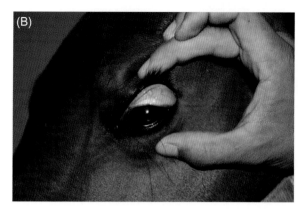

图15-7　马匹感染急性非洲马瘟后眼窝水肿（A）和结膜充血和结膜出血（B）

（由比勒陀利大学A.Guthrie 提供）

某些毒株后死亡率可达95%。骡子和驴也是易感动物，但是发病相对温和。非洲马瘟首次被报道于14世纪的中东地区，并且流行病学研究表明300多年前南非地区存在该病并且定期流行至今。例如：1855年暴发于好望角区域的大流行造成了约70 000多只马死亡，这个数量占当时世界马总量的40%以上。近年来，中东、印度次大陆、北非、西班牙和葡萄牙有该病的暴发。非洲马瘟病毒主要流行在撒哈拉以南的非洲地区，并定期侵入邻近地区。在西半球，东部亚洲和大洋洲从未发生过非洲马瘟。据报道，非洲马瘟病毒现共存在9个血清型。

1. 临床特征和流行病学　根据病毒不同毒株毒力的不同，对马、驴和骡子等易感动物的致病力也不相同，可导致不同程度的临床疾病。根据人们对该病的了解，人为地将该病分为几种类型。

肺型（"Dunkop"或中枢型）主要特征是剧烈的进行性的呼吸窘迫并最终导致死亡。潜伏期为3～5d，之后1～2d出现发热，呼吸频率快速上升，病畜站立时前腿分开，头部伸展，鼻孔扩张。晚期出现间歇性咳嗽同时鼻孔伴有大量渗出和泡沫样液体。肺型毒株是最普遍也是对马致病力最强的毒株。

心型（"Dikkop"或外周型）为亚急性经过，相对较弱。发热持续3～6d后体温下降，出现特征性水肿。眼窝处发生水肿，有时出现伴随性结膜出血和充血（图15-7）。其后水肿扩散到唇、舌、下颌间隙和喉部区域。皮下水肿可以从头部沿着颈部到达胸部。死亡率可达50%，一般死亡出现在发烧过程中的第4～8d。

一些动物患病可以表现出2种类型交叉的症状，又称混合型，死亡率可达70%。

当动物部分免疫或对该病有抵抗力时，感染病毒可能造成马瘟热症状。例如，驴和斑马感染非洲马瘟病毒后表现为发热症状。部分免疫的马感染后也能表现这种症状。特点是一过性发热，食欲不振、呼吸频率增加和非常低的死亡率。

非洲马瘟与蓝舌病的流行病学情况类似，传播媒介是库蠓属的拟蚊库蠓和bolitinos库蠓。然而，通过试验证明，非洲马瘟病毒可以感染世界上其他区域的库蠓类成员。感染与发病和季节高度相关，通常发生在夏末的沼泽样低洼农场。

2. 发病机制和病理学　非洲马瘟与蓝舌病的发病机制基本一样。感染的媒介昆虫叮咬易感动物后，病毒首先在局部淋巴结内复制，之后传播到其他的组织和器官中去，同蓝舌病一样非洲马瘟病毒导致血管破坏性损伤的机制尚不清楚，但是越来越多的证据表明这种损伤与病毒感染后的树突状细胞、内皮细胞和巨噬细胞释放的促炎症因子和作用于血管的其他因子相关。

大部分强毒株感染死亡马在剖检时可以看到肺水肿，肺肿大，气管和支气管充满泡沫状液体。鼻孔内渗出泡沫状渗出物。有时心包和胸膜出现积液，伴随心包内出血。胸部淋巴结水肿，胃底部充血。马感染较弱的毒株后会有一个较长临床过程，病马皮下组织特别是颈静脉和颈部韧带周围的组织会出现黄色胶状液体。偶尔可见犬感染肺型非洲马瘟病毒，通常是食用了病毒污染的肉造成的。

3. 诊断　除了非洲的撒哈拉以南地区外，对其他地区来说非洲马瘟是一种外来病。根据特征性的眼窝水肿和其特殊临床症状，可以比较容易地诊断出肺型和心型非洲马瘟。同样地，在剖检过程中可发现严重的肿部水肿，心包和胸腔积液，这为进一步诊断提供了依据。尤其是该病呈地方性和季节性流行，也为该病的诊断提供了依据。可以通过细胞培养或2～6日龄小鼠脑内接种感染动物的血液或脾悬液进行非洲马瘟病毒的分离（采用洗涤细胞来去除早期的中和抗体）。可以采用中和试验对非洲马瘟病毒血清型进行分型。也可以通过RT-PCR技术对该病进行快速诊断。

4. 免疫、预防和控制　同蓝舌病相似，自然感染马可对同一血清型的非洲马瘟病毒毒株产生终身抵抗力，同时一些实例证实这一免疫力对不同血清型的病毒具有部分的抵抗力。马驹可以通过被动免疫获3～6个月的保护期。弱毒活疫苗已在南非被应用多年，新的多价苗（包括3价和4价）的准备工作正有序地进行中。通过多个免疫程序可以实现完全免疫，并且建议按年度推进。偶尔在免疫过的马群内以极小的比率出现严重发病的情况。虽然一些血清型的灭活疫苗已经被研发出来，但是需要有一种摆脱其历史性分布范围的更安全有效的新型疫苗来预防非洲马瘟。事实上，蓝舌病席卷整个欧洲造成巨大的经济损失，这为我们对这些库蠓属传播疾病对经济的影响有了一个清醒的认识，同时监管当局的无能也是造成蓝舌病蔓延的原因之一。

5. 人类疾病　非洲马瘟可能是人畜共患病，但是这种情况非常罕见。第一例证据是一位实验室工作人员，在非洲马瘟病毒疫苗生产期间，未注意防护造成暴露感染，出现脑炎，脉络膜、视网膜炎，弥漫性血管内凝血病。

（三）马器质性脑病病毒

Arnold Theiler于20世纪初首次报道马的一种疾病，他命名为"暂时热"。他认为该病虽然与非洲马瘟有许多相似的地方，但是该病是由另外一种病原导致的。60多年后，该病被"重新发现"出来，在当时缺少感染马总体严重程度研究或病理组织学特性研究的情况下，仅根据当时模糊的表象就将该病命名为马器质性脑病。马器质性脑病病毒经库蠓属昆虫传播，流行病学情况与非洲马瘟相同。大部分感染呈亚临床症状，偶见以感染的马匹兴奋和沉郁交替出现为特征的严重感染。马器质性脑病病毒可以通过在病马分离获得，或是通过RT-PCR技术证实其存在。至少有7个血清型的马器质性脑病病毒。现已证实病毒主要分布在南非和以色列，但是不能排除该病毒具有更广阔的地区分布。马器质性脑病的危害除了散发造成马死亡之外，还在于其临床特征易与非洲马瘟相混淆。

（四）流行性出血热病毒与茨城病病毒

1955年在美国首次发现了鹿流行性出血热病毒，1964年在加拿大再次发现该病毒。该病是由库蠓属昆虫传播的，现已在北美、亚洲、非洲和澳大利亚发现该病。该病毒从野生和养殖的反刍动物以及节肢动物体内被分离到，通常不能观察到相关的临床疾病。但是茨城病病毒例外，茨城病病毒是一种具有高致病力的流行性出血热血清2型病毒。大部分反刍动物在流行性出血热病毒感染后呈亚临床经过，但是一些易感动物会表现出临床疾病，特别是白尾鹿最为易感。白尾鹿感染后会表现出弥散的血管内凝血和普通出血性症状，这种症状与蓝舌病感染后出现的症状非常相似，难以区分。同样，牛感染某些流行性出血热毒株后表现出口腔病变与蓝舌病的症状非常相似。最近的流行病学调查显示在北美和中东地区的牛群中出现典型的流行性出血性疾病。1959

年，茨城病作为第一例牛的急性热性传染病在日本被报道。该病毒已被确认在东南亚许多地区存在，虽然感染经常呈现为亚临床经过。牛感染茨城病的主要特征是溃疡性口腔炎和吞咽困难。一些暴发中常见流产和死产。

（五）Palyam病毒

南非和日本均有报道Palyam病毒在牛群中流行导致流产和先天畸形。中山病毒是Palyam病毒日本分离株。妊娠早期的母牛感染该病毒后可导致胎儿先天畸形，特征是水脑畸形和小脑发育不全。同样的病毒还包括从澳大利亚分离到的D'Aguilar病毒和CSIRO village病毒，

（六）其他环状病毒

环状病毒属中其他几个具有潜在意义的成员已被分离鉴定并初步了解了部分生物学特性。据推测秘鲁马病病毒为南美洲大面积暴发的马致死性脑膜炎的病原。澳大利亚北部地区分离到Elsey病毒，发病马的症状与秘鲁马病病毒感染的症状基本一样。在亚洲和南美洲分离到的云南病毒和相关的Rioja病毒均与脑膜脑炎相关，从蚊子、牛、绵羊、马属动物和犬均分离到了上述病毒。

四　轮状病毒属成员

感染哺乳动物和鸟类的轮状病毒

轮状病毒可以从多种动物的排泄物中被分离到，包括牛、绵羊、山羊、马、犬、猫、兔、大鼠、小鼠、非人类灵长类以及鸟类。全世界所有集约化养殖场饲养动物的腹泻类疾病大部分是由轮状病毒导致的。所有感染轮状病毒的动物所表现的临床症状、诊断以及流行病学情况均非常相似。疾病危害程度也不同，从亚临床感染到肠炎导致的一些严重疾病，甚至导致死亡。幼畜发病较为常见，一般在1~8周龄以内，但是出生后第一周很少发病。通过序列测定及进化树分析发

现，从人体内分离的轮状病毒毒株与动物轮状病毒密切相关。近来，几个人类轮状病毒全部基因组的11个节段测序结果显示这些毒株与从猪、牛和猫体内分离到的毒株亲缘关系非常近，这意味着这些人畜共患病具有种间传播机制。

1. 临床症状和流行病学　犊牛、仔猪、马驹和羊羔感染轮状病毒一般表现为白痢和脂肪痢。潜伏期非常短，一般在1~24h。一些幼畜感染后仅表现为中度沉郁，通常能够继续进食母乳。排泄物数量增加，呈水样便，通常含有大量黏液。因为轮状病毒感染后会使动物肠道渗透调节异常导致乳糖酵素分泌量下降，所以感染幼仔进食大量奶会使肠炎症状恶化。其他一些因素例如卫生条件差、寒冷、过度拥挤，特别是初乳摄取量不足和大肠杆菌等肠道病原的协同感染也会导致疾病的进一步恶化。幼畜感染后常因脱水或细菌性二次感染而死亡，其他病畜会在3~4d内恢复。集约化养殖场暴发本病尤其严重。

乳鼠流行性腹泻（epizootic diarrhea of infant mice，EDIM），是轮状病毒感染纯系小鼠引发的流行性腹泻综合征。特点是幼鼠腹部胀大，吸收障碍，肛门周围有稀便并可导致梗阻。乳鼠患病期间不影响哺乳，但发育不良。该病死亡率通常较低。当一个小鼠繁殖种群均感染之后，由于子代小鼠在易感周期内体内有母源抗体的存在，临床症状和发病就不再出现。大鼠的乳鼠流行性腹泻（infectious diarrhea of infant rats，IDIR)，是大鼠的一种由B群轮状病毒引起的与EDIM症状相似的综合征。引起大鼠发病的病原最初来源于人类。

轮状病毒对兔也有致病性，可引起兔的多因子性肠炎，该病的发病率和死亡率很高，并且比较常见，因此对养兔业具有重大危害。幼兔感染后死亡率很高，但当幼兔体内有母源抗体存在时，死亡率降低，但发病率升高。通过血清阳性率研究发现，新世界灵长类和旧世界灵长类普遍存在轮状病毒感染，但是否导致疾病尚不清楚。为了进一步弄清轮状病毒的发病机制，人们用小

鼠、兔和猿建立了动物模型。

禽轮状病毒感染也可导致临床疾病，在火鸡幼雏中最为常见，在鸡、野鸡、珍珠鸡，鹧鸪，鹌鹑和平胸鸟类也比较常见，在鸽和鸭常呈散发感染。最初的表现为腹泻和垫料潮湿，一般会伴随着异嗜行为、脱水、增重少、躁动、蜷缩、发育不良和死亡。

轮状病毒随感染动物粪便一起被排出体外并且在粪便中滴度很高。粪便中的病毒含量在感染后的第3～4d达到最高，每克粪便内最高可有10^{11}个病毒粒子。轮状病毒可以在粪便中存活数月之久，这就是为什么轮状病毒在集约化饲养的动物群内长期存在。一些轮状病毒对氯具有很强的抵抗力，因此可以在水中存在相当长的时间，因此轮状病毒通过水为媒介传播具有很高的危害性。

2. 发病机制和病理学　轮状病毒感染可引起小肠黏膜近端绒毛上皮细胞结构破坏，造成肠道吸收不良和消化障碍（图15-8）。因为新生动物肠道上皮细胞更新慢并且终末分化上皮细胞所占比例很高，对轮状病毒更易感并导致疾病的发生。这就是为什么新生免疫缺陷小鼠感染后发病而成年小鼠则呈亚临床经过。小肠黏膜近端上皮细胞受损后绒毛缩短变平，被正常细胞被隐窝部迁移过来的分化程度较低的不成熟上皮细胞所替代。这些更新过的上皮细胞二糖酶（乳糖酶）分泌水平较低，并且葡萄糖结合钠的能力低下造成钠离子流失。此外未消化的奶中的乳糖可促进细菌生长并造成渗透压失调。这2种机制都可导致腹泻。

为了进一步研究轮状病毒腹泻的机制，应用小鼠动物模型发现了2个因素可以激活分泌途径，第1个是病毒肠毒素NSP4，另1个是轮状病毒刺激神经递质。NSP4可以触发信号转导途径，引起细胞内钙浓度增高，并刺激肠道腺体大量分泌氯离子，进而造成乳鼠分泌性腹泻，造成水和电解质快速流失（图15-8C）。

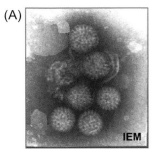

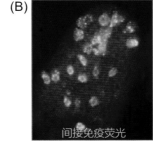

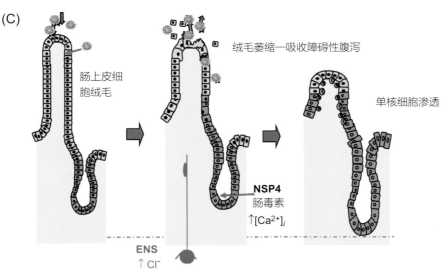

图15-8　轮状病肠炎的致病机制，包括肠道神经系统（ENS）和轮状病毒非结构蛋白NSP4的作用。（A）免疫电镜（IEM）下的轮状病毒粒子。（B）免疫荧光技术检测轮状病毒感染。注意小肠绒毛上的被轮状病毒感染的内层细胞。（C）轮状病毒介导的腹泻机制。包括小肠绒毛上的内层细胞被破坏导致的消化不良/吸收不良和NSP4介导的分泌性腹泻。（由俄亥俄大学 L.saif 提供）

3. 诊断 幼仔患白痢、乳鼠流行性腹泻和其他肠炎综合征时应考虑轮状病毒感染。因轮状病毒在粪便内大量存在，并且在电子显微镜下可见明显的轮状结构，所以电子显微镜技术仍是快速有效的诊断方法。电镜技术的主要缺点是当每克排泄物至少含有10^5个病毒颗粒时才能检测出来。免疫电镜（图15-8A）弥补了这一不足，通过轮状病毒群特异性血清抗体不但能够区分A群和其他群轮状病毒，并且能在同一粪便标本检测出多株病毒感染，这一现象通常在断奶仔猪和牛犊发生。然而，就大多数实验室来说，酶联免疫试验是一种更实用、更敏感的检测方法。酶联免疫试验的特异性可以保证在同一抗原检测试验当中进行群特异性检测、血清型检测、交叉免疫反应等多个试验。

近来，随着实验技术的发展，从粪便中直接提取病毒基因组RNA使人们将检测技术的焦点转移到提高诊断试验的灵敏度上。例如，聚丙烯酰胺凝胶电泳可以根据RNA电泳图谱的不同区分轮状病毒A，B，C群。最后，RT-PCR技术可用于扩增粪便中提取的病毒RNA。RNA经纯化后，作为模板进行逆转录并进行PCR扩增。逆转录和PCR扩增的特异性引物对是根据轮状病毒群特异性VP6基因或根据VP4和VP7基因的G和P基因亚群分别设计的。任何一种诊断试验的成功率都受到样品采集时间的影响，于肠炎症状出现后48h采集的样品基本不存在检测的价值。

轮状病毒很难通过细胞培养被分离出来，成功的关键在于在无血清培养基中添加胰蛋白酶或糜蛋白酶使病毒外衣壳蛋白裂解，这样促进了病毒的侵入和脱壳。通常应用免疫荧光和免疫组化试验来检测感染细胞中的轮状病毒抗原（图15-8B）。大部分牛、猪和禽的轮状病毒可以在含有胰蛋白酶或糜蛋白酶培养基的肠道上皮细胞或肾源细胞（应用最多的是MA104猴肾细胞）上生长并连续传代，但是最初不会产生细胞病变。应用单克隆抗体和适当的多克隆抗体进行中

和试验可以检测出分离株的血清型。血清抗体可以通过酶联免疫试验和中和试验测定。

4. 免疫、预防和控制 虽然加强管理能够减少动物发病率，但是卫生条件的改善并不能避免轮状病毒感染。小肠肠道的局部免疫比全身免疫能更有效地抵抗轮状病毒感染，因此，对于保护新生幼畜来说，初乳和母乳中的轮状病毒抗体尤其重要。幼畜可以从初乳中获得抗体并将其吸收进入循环系统，然而血清中的抗体基本不能为机体提供保护。但并不是所有动物都是这样，牛犊接受被动免疫后，血清中的抗体可以渗出到小肠为其提供保护。因此对于许多动物来说保持肠腔内抗体的存在就显得非常重要。这些动物摄取大最初乳仅能为机体提供不超过48h的短期保护，然而如果能够通过连续的进食小量的初乳会使机体长期处于保护当中。应用灭活疫苗或活疫苗接种母畜使其分泌乳汁中的抗体一直处于较高的水平，可以很大程度上减少幼畜患病的概率。疫苗无法在禽当中应用。

严重感染的牛犊和马驹可以在腹泻初期通过口服含有葡萄糖的电解缓解症状。实验用小鼠EDIM综合征可以考虑应用血清学监测方法进行防制，也可以通过物理屏障（如过滤器或通风架系统）防止实验用小鼠感染EDIM。

五 科罗拉多蜱传热病毒属成员

科罗拉多蜱传热

科罗拉多蜱传热是发生在北美落基山脉地区海拔1 000~3 000m的森林聚居地的一种人畜共患病，传播媒介是硬蜱（安氏革蜱，*Dermacentor andersoni*），病毒可以在冬眠的幼虫和成虫之间传播并过冬。病毒在一些啮齿动物血液中以病毒血症的方式可以存在5个月以上，这使病毒更易在自然界存留。一些以硬蜱幼虫为食的小动物如松鼠和一些其他啮齿类动物已成为病毒的自然宿主。成年蜱虫在春季和夏初以叮咬

较大的哺乳动物（包括人类）为生。欧洲同样存在科罗拉多蜱传热病毒副本——Eyach病毒，该病毒引起的临床症状与科罗拉多蜱传热的临床症状相似，在蜱间传播，从患脑膜炎和神经炎的病人体内检测到了该病毒的抗体。

人类感染科罗拉多蜱传热有3～6d的潜伏期，之后突然发病，表现为"鞍背"式发热、头痛、后眼窝痛、后背和腿部肌肉剧疼，白细胞减少。该病康复期长，成年人更为明显。大约有5%的病人（大部分是儿童）出现脑膜脑炎和出血热等更为严重的临床症状。病人临床症状消失数周后仍可以从红细胞分离到病毒，并可以通过免疫荧光技术在红细胞内检测到病毒。值得注意的是，因为红细胞没有核糖体，所以病毒无法在胞内复制，但是病毒可在骨髓中的红细胞前体内复制并在红细胞的整个生命周期内持续存在，这使病毒在长达100d的病毒血症期间不会被抗体中和。欧洲出现的Eyach病毒由硬蜱传播，表现为散发，可导致人类神经系统疾病。

六　水生呼肠孤病毒属成员

通常水生动物呼肠孤病毒的分离常采用几种鱼类细胞系，一些健康鱼类和软体动物体内均能分离到这些病毒。目前尚未有明确的试验结果证实某一水生动物呼肠孤病毒毒株具致病性，但是一些人认为一些鱼类和软体动物（牡蛎和蛤）的严重疾病是由水生动物呼肠孤病毒造成的。草鱼呼肠孤病毒被认为是导致亚洲广泛传播并且具有高死亡率的一种受到高度重视的草鱼和青鱼的烈性传染病病原。感染鱼体表、鳍片根部和眼睛出血，死亡率达80%。但是，每次暴发时都伴有细菌感染发生，从流行病学来看这使得草鱼呼肠孤病毒在其中起到的作用难以被分清。此外，感染试验证实应用草鱼呼肠孤病毒和美鳊呼肠孤病毒感染几个种的草鱼和美鳊不能导致明显的发病和死亡。

在海洋软体动物（如美国牡蛎和文蛤）也分离到了水生动物呼肠孤病毒，但是致病性尚不清楚。从甲壳类动物（虾和蟹）体内也分离到了呼肠孤病毒，并被划入水生动物呼肠孤病毒属，但是它们不同的基因组结构（12个节段）显示它们与昆虫呼肠孤病毒关系更近，或者可以归入一个新的完全不同的属。这些甲壳纲动物病毒经常与神经系统疾病相关，特征性表现为颤抖和死前瘫痪，但是，这些综合征的病因仍需要进行进一步鉴定。

七　其他呼肠孤病毒

东南亚十二节段RNA病毒属成员在亚洲和东南亚地区持续传播，由蚊传播给人和动物。人类感染后出现流感样疾病和神经系统相关疾病。在中国自然感染的猪和牛体内能够分离到这些病毒。有报道实验室感染成年小鼠可出现致死性疾病。

邵昱昊　译

Chapter
第16章 **16**

双 RNA 病毒科

双RNA病毒科（*Birnaviridae*）病毒是一群具有双节段双链RNA基因组的病毒。其中，传染性法氏囊病病毒和传染性胰坏死病病毒分别是鸡和鱼类重要的传染病病原，造成了极大的经济损失。

传染性法氏囊病（infectious bursal disease，IBD）于1962年首次发生于美国特拉华州甘保罗地区，随后被称为"甘保罗病"。该病最突出的病变发生在法氏囊（腔上囊），所以现在被称为传染性法氏囊病。在该病的早期研究中，通过电镜在感染鸡的法氏囊组织中发现了大量的病毒粒子，然而最初曾被误认为小RNA病毒（picornaviruses）、腺病毒（adenoviruses），或者呼肠孤病毒（reoviruses）。传染性胰坏死病（infectious pancreatic necrosis virus，IPN）最早于1941年在北美洲的虹鳟鱼中被发现，然而其病因直到20世纪50年代才被阐明。IPNV及其相关病毒目前在全球流行，给水产养殖业造成了重大经济损失。

双RNA病毒科病毒也曾被发现于人和动物的排泄物中，无论有无腹泻。这些动物包括鼠、豚鼠、牛、猪，以及动物园里的多种动物。从病毒粒子的大小、基因节段的数量和长度来看，其中有些病原有别于真正的双RNA病毒，所以有人建议将这类病毒称为"微双RNA病毒"（picobirnaviruses）。这类病毒有可能引起人和动物的痢疾，当然大多数病例尚未被证实。

一　双RNA病毒的特征

（一）分类

双RNA病毒科（*Birnaviridae*）分为3个属：禽双RNA病毒属（*Avibirnavirus*）、水生双RNA病毒属（*Aquabirnavirus*）、昆虫双RNA病毒属（*Entomobirnavirus*）。传染性法氏囊病病毒是禽双RNA病毒属的唯一成员。水生双RNA病毒属成员包括感染鲑科鱼类的传染性胰坏死病病毒，以及感染软体动物和甲壳类动物的相关病毒。昆虫双RNA病毒属成员只感染昆虫。"微双RNA病毒"的分类地位尚未被确定，该病毒群成员与双RNA病毒科成员相似但略小，直径只有30～40nm、基因组为双节段或三节段。

（二）病毒粒子

双RNA病毒科病毒粒子无囊膜，直径约60nm，单层衣壳，六方晶体，呈二十面体立体对称（图16-1）。基因组长度约6 kbp，包括两个线型双链RNA分子，即A节段和B节段（图16-2）。A节段长2.9～3.4kbp，包括两个开放阅读框（ORF），大ORF编码一个多聚蛋白，随后被进一步剪切为两个结构蛋白（VP2和VP3），以及一个能够自我剪切多聚蛋白的病毒蛋白酶（VP4或NS，因病毒不同而名称不同）。VP2是主要的衣壳蛋白，具有能诱导中和抗体的主要抗原表位，而且能够决定病毒与宿主细胞的结合以及细胞嗜性。VP3是内衣壳蛋白，具有群特异性抗原决定簇和一个次要中和表位。B节段长2.7～2.9kbp，编码具有RNA聚合酶活性的VP1蛋白。VP1也充当基因组连接蛋白(VPg)的作用，通过与基因组末端的紧密连接而将基因组A节段和B节段连为环状。与其他分节段的RNA病毒（如呼肠孤病毒和流感病毒）一样，双RNA病毒科病毒基因组末端在不同节段间具有较高同源性。基因组各节段的两末端具有正向重复和反向重复序列，它们形成的颈环结构，有可能含有与病毒复制、转录和包装相关的重要信号。

双RNA病毒科病毒对热有一定的耐受力，在pH3的条件下仍有感染能力，对乙醚、氯仿不敏感。

（三）病毒复制

IBDV在鸡和哺乳动物细胞中均能够复制。然而，高致病力毒株体外培养较困难。IPNV在

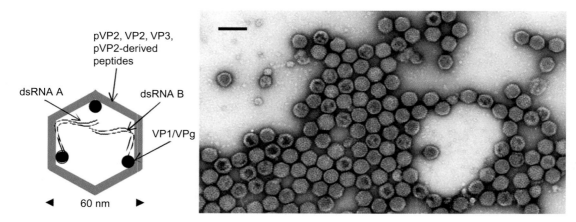

图16–1 （左）IBDV病毒粒子简图；（右）IBDV病毒粒子的负染电镜照片。标尺为100nm（J. Lepault供图）。dsRNA，双链RNA；VP2、VP3，衣壳蛋白；pVP2，VP2前体蛋白；VP1，RNA聚合酶；VPg，与基因组连接的VP1。[引自病毒分类学：国际病毒分类委员会第八次报告(C. M. Fauquet, M. A. Mayo, J. Maniloff, U. Desselberger, L. A. Ball, eds.), p. 561. Copyright © Elsevier (2005),已授权]

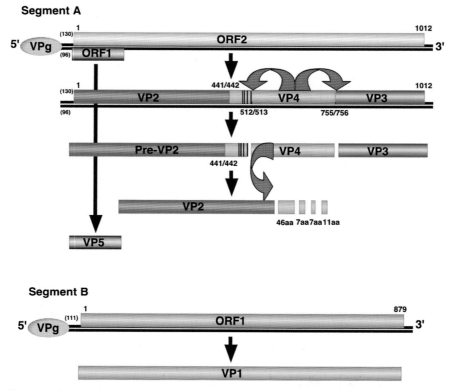

图16–2 IBDV基因组及编码蛋白加工示意图。ORF，开放阅读框；VP2和VP3，衣壳蛋白；pre–VP2，VP2前体蛋白；VP1：RNA聚合酶；VPg，与基因组连接的VP1；VP4，蛋白酶；VP5，非结构蛋白。弯曲的箭头表示蛋白酶裂解位点；数字代表氨基酸位点。[引自病毒分类学：国际病毒分类委员会第八次报告(C. M. Fauquet, M. A. Mayo, J. Maniloff, U. Desselberger, L. A. Ball, eds.), p. 564. Copyright © Elsevier (2005),已授权]

低于24℃的低温条件下可以在鱼类细胞系中增殖。禽双RNA病毒属和水生双RNA病毒属病毒均能通过内吞途径进入易感细胞。热休克蛋白90（HSP90）被认为可能是IBDV细胞受体复合

物的组成成分。然而，病毒感染周期中的许多早期事件尚不明确。

双RNA病毒科病毒在细胞质中复制，不会显著抑制细胞RNA或蛋白的合成。病毒mRNA的

转录由病毒相关RNA依赖的RNA聚合酶（转录酶VP1）介导。RNA复制起始于基因组各节段的末端，是由各节段末端的反向重复序列通过链置换作用介导的（表16-1）。

表16-1 双RNA病毒科病毒特征

无囊膜，六方晶体状，直径约60nm，单层衣壳，呈二十面体立体对称；微双RNA病毒群成员具有相似特征，但略小（直径30～40nm）。

基因组包括两个线型双链RNA分子，即A、B节段，总长度约6kbp。

四个结构蛋白，一个或多个非结构蛋白[RNA聚合酶（转录酶）]。

细胞质中复制。

在60℃经60min仍有活力；在pH3到pH9的环境中稳定。

双RNA病毒科成员感染鸡（IBDV）和鱼（IPNV）；微双RNA病毒群成员在人和几种动物的排泄物中被检测到，有时与痢疾有关。

二 传染性法氏囊病病毒（IBDV）

传染性法氏囊病（IBD）是鸡的一种全球性传染病，鲜有商品鸡群不感染该病。感染过该病的康复鸡通常引起严重而持续的免疫抑制，这是IBD造成巨大经济损失的主要原因。IBDV主要感染鸡法氏囊器官的处于分裂期的前B淋巴细胞，进而造成法氏囊的损伤，这是个相当有意思的科学特征。

IBDV有两个血清型，即1型和2型，只有血清1型病毒致病，而且仅对鸡致病。主要依据致病性的不同，血清1型IBDV又分为三个抗原亚群：① 经典毒株；② 变异毒株；③ 超强毒株（vvIBDV）。经典毒株和vvIBDV对无抗体雏鸡的致死率分别为10%～50%和50%～100%，而变异毒株不致死鸡。血清1型和2型毒株间交叉保护性弱，血清1型的不同毒株间交叉保护性也有差异。vvIBDV在欧洲、非洲、亚洲和南美洲都有流行，经典毒株和变异毒株的流行呈全球性分布。无症状的血清2型毒株感染现象，曾不断在鸡和火鸡中报道。在其他禽类的无症状感染病例中，曾偶尔有检出IBDV抗体的报道，但这种感染对病毒生态学和流行病学意义不大。迄今，IBDV尚无公共卫生学意义。

（一）临床特征和流行病学

鸡在感染IBDV后的2～24d通过泄殖腔排毒，它具有高度感染性，直接接触或者经口摄取均可造成IBDV的传播。未免疫鸡群接触到IBDV，将会引起严重发病。如果该病呈地方性流行或者鸡群进行了免疫，该病将会表现得比较温和，传播得也较慢。

IBD在鸡3～6周龄时发病最严重，此时靶器官法氏囊发育得最大。由于前B淋巴细胞数量有限或者母源抗体的存在，3周龄以下的鸡一般表现为亚临床感染。由于抗体的产生，大于6周龄的鸡感染后很少表现临床症状。该病的潜伏期一般为2～3d，感染鸡表现为萎靡、抑郁、羽毛紊乱、厌食、腹泻、颤抖和脱水，致死率较高。临床症状持续3～4d后，耐过鸡快速恢复，但免疫抑制可能持续存在，增加了对其他病毒和细菌的易感性。

（二）发病机制及病理学

IBDV在鸡法氏囊器官中选择性地增殖，在感染早期（感染后3～4d），法氏囊发生肿大，比正常体积大高达五倍，同时伴有水肿、充血和纵行突出条纹，这是IBD最显著的病理学特征

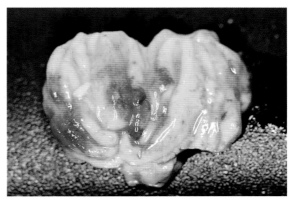

图16-3 传染性法氏囊病
感染鸡的法氏囊水肿、出血。（引自佐治亚大学D. E. Swayne，已授权）

（图16-3）。淋巴细胞的坏死和凋亡会导致法氏囊淋巴小结的崩解。即使是耐过鸡，其法氏囊的淋巴细胞也可能几乎是缺损的。vvIBDV也会导致胸腺、脾脏和骨髓的细胞缺损。法氏囊的浆膜下会发生出血，也会有贯穿皮质的感染性坏死灶。鸡只死亡时，法氏囊可能是萎缩的，肾脏也会由于脱水后的尿酸盐沉积而肿大。

经口感染后，病毒首先在盲肠和小肠的内脏相关巨噬细胞和淋巴细胞中增殖。4～5h后，病毒进入门脉循环，导致首轮病毒血症。感染后11h内，病毒进入法氏囊淋巴细胞，增殖并释放大量病毒，造成第二轮病毒血症。同时，病毒进入包括淋巴组织在内的其他组织中。即使给予致死性剂量的攻毒，法氏囊退化的禽类通常不表现临床症状或不发病，所以法氏囊器官在IBD的致病机制中起核心作用。法氏囊中B淋巴细胞的分化阶段对于病毒最大程度的增殖至关重要，IBDV只在表达IgM的B细胞或不表达免疫球蛋白的B细胞上增殖，而不能在干细胞和外周B淋巴细胞中增殖。运用冷冻切片免疫荧光或电镜技术直接观察法氏囊组织，发现几乎每一个细胞都被大量病毒感染。有意思的是，在体外培养的法氏囊B淋巴细胞中，仅有一部分细胞能被IBDV感染。这个现象说明，法氏囊所处的微环境对于保持病毒繁殖所需要的最佳B淋巴细胞分化状态非常重要。IBD只感染特定分化阶段的淋巴细胞，正是病毒这一精准的细胞嗜性特点决定了该病的年龄依赖特征。

在感染后的耐过鸡群中，IBDV对法氏囊淋巴细胞的偏嗜性造成了一种重要的免疫病理现象，耐过鸡对抗体的反应性降低，对包括沙门氏菌和大肠杆菌在内的大量病原易感性增强，这种现象曾被称为"病毒性法氏囊切除"。另外，免疫抑制造成免疫以后机体抗体生成能力下降，进而可能导致其他病毒病的发生。在刚从IBDV感染中临床康复的几周内，这种现象最明显。机会性感染的种类和严重程度与鸡的日龄存在着一定的相关性：日龄越小发病越严重。反常地，由

于成熟的B淋巴细胞仍然处于工作状态，耐过鸡通常仍有高水平的抗IBDV抗体。

（三）诊断

法氏囊组织的抹片或切片的免疫荧光染色、以感染的法氏囊组织样品作为检测抗原的琼脂扩散试验、法氏囊样品的电镜检测，用鸡胚或特殊的鸡源细胞（譬如淋巴细胞）进行病毒分离，都是确定临床诊断的有效方法。感染后3～4d，用免疫荧光技术可以检测法氏囊组织中病毒或病毒抗原的存在；感染后5～6d，可以用免疫扩散的技术检测；感染后14d以前，均可用病毒分离技术进行诊断。运用RT-PCR技术检测IBDV基因组的技术日趋常规。病毒中和试验、琼脂凝胶沉淀试验、酶联免疫检测技术均是血清学诊断的可靠技术。

（四）免疫和防控

IBDV非常稳定，在鸡场的环境中有时能够存活超过120d，在饲料、粪便和水中有时能存活超过50d。IBDV对热、清洁剂、消毒剂均有一定的抵抗力，除非采用最适的浓度、温度，并且有足够的接触时间。酚类化合物、碘复合物、福尔马林和氯胺化合物是推荐的消毒药物。不正确的清洁和消毒措施会导致病毒留存于鸡舍，进而通过污染的饲料、水、尘埃、垃圾、衣物或者昆虫进行持续的间接传播。IBDV不会经蛋垂直传播，禽类不会持续感染。

免疫是疫病防控的首要手段，当然有些品种的鸡对疫病存在一定的天然抗性。IBD的免疫保护主要是由体液免疫介导的，细胞免疫也起着一定作用。由于家禽饲养的复杂性，适合于所有养殖体系和所有品种鸡的通用免疫程序是不存在的。当然，基本的原则是，免疫种鸡并使子代通过卵黄被动获得母源抗体进而得到被动免疫保护。新孵出的仔鸡通常能获得被动保护1～3周，如果种鸡的血清抗体很高，这种对仔鸡的保护能延长到4～5周。不同的养殖公司免疫程序不一

样，但通常对18周龄的鸡用口服活疫苗进行首免，产蛋前再用油乳剂灭活苗注射免疫一次。一年后，可以用灭活疫苗再免疫一次，以确保种鸡在产蛋期内始终都有高水平的中和抗体。在仔鸡母源抗体低或不整齐的情况下，1～2周龄时应该用弱毒苗免疫一次。对于肉鸡，在孵化的第18d用弱毒活疫苗或抗原抗体复合物疫苗进行胚胎免疫，可以诱发鸡的早期免疫反应。

试验表明，单一的VP2蛋白即可诱导保护性免疫反应。作为免疫原，VP2蛋白已经在酵母、杆状病毒，以及在重组痘病毒或火鸡疱疹病毒等多种病毒载体上得到了表达。这些候选疫苗产品能够诱导产生高滴度的中和抗体，但是还未能够取代传统的弱毒疫苗或灭活疫苗，仅有火鸡疱疹病毒产品在商业应用。为了有效防控出现新的抗原变异毒株，继续研制新的疫苗是个重要挑战。

三 传染性胰坏死病病毒

传染性胰坏死病是多种鲑科鱼类的一种高度传染性、致死性疾病，淡水孵化场的虹鳟鱼和溪红点鲑最易感。初孵仔鱼感染该病易于表现出临床症状，大于4月龄的鱼通常是亚临床感染。淡水饲养的大西洋幼鲑鱼也感染此病，6～8周龄的幼鲑在刚被转入海水网箱时也可能发生该病。亚临床感染IPNV的淡水和海水鱼类的数量正在增加，这一定程度上与接触感染该病的人工饲养的鲑科鱼类有关。IPNV由北美鲑鱼传播到许多其他国家的原因，可能与历史上无限制的鲑鱼卵和鲑鱼流通有关。IPNV有两个不同的血清群，每种血清群又分为若干种血清型，有些成员具有致病性。

（一）临床特征和流行病学

传染性胰坏死病通常在幼鲑鱼刚刚开始在淡水中饲养时发生，大西洋幼鲑在刚被转入海水网箱时也可能发生该病。随着鲑鱼的长大，

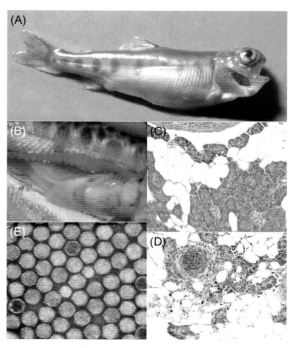

图16-4 传染性胰坏死病
（A）感染的幼鲑鱼呈现腹部肿胀和腮苍白。（B）小肠和盲肠附近肠系膜出血。（C）正常的胰腺腺泡细胞。（D）胰岛附近的腺泡细胞坏死。（E）梯度纯化的病毒粒子。（A和B由康奈尔大学 K. Wolf提供；C和D由加利福尼亚大学R. Hedrick提供）

该病呈现亚临床感染。传染性胰坏死病的亚临床感染很常见，持续终生，通过尿、粪便、产卵时的生殖液周期性地排毒。感染传染性胰坏死病的鱼色泽发暗、腹部肿胀，轻微或中等程度的双侧突眼，而且腮苍白。腹部、鳍根部、泄殖腔口通常可见皮肤出血。死亡前，通常可见间歇性狂躁地旋转泳动。传染性胰坏死病的致死率为10%～90%。

（二）发病机制及病理学

幼鱼发病后，心脏、肝脏、肾脏和脾脏等内脏器官苍白，胃和小肠有丝状黏液（图16-4）。盲肠间脂肪有很多出血点，稍大的鱼尤其明显。胰腺的腺泡细胞可见大小不等的坏死灶，肾脏、肝脏和肠黏膜的循环组织也可能有这样的病变。

（三）诊断

鱼传染性胰坏死病首先通过临床或显微病变

进行诊断，然后在标准的鱼源细胞上进行病毒分离鉴定。无论是临床感染还是亚临床感染，鱼的肾脏含毒量较高，所以用肾脏作为检测样品。病毒的滴度在鱼源细胞上通过蚀斑法滴定。IPNV特异性单抗或多抗介导的免疫荧光法（冰冻切片或抹片）可用于内脏器官病毒抗原的直接检测，也可用于培养细胞中病毒的鉴定。IPNV的鉴定方法还有中和试验、ELISA和RT-PCR。亚临床感染的鱼体内也存在抗病毒抗体，但是血清学方法通常不作为常规检测手段。

（四）免疫和防控

持续感染的鱼的排毒易造成病毒在同一片水域中的传播。即使鱼卵已经经标准的消毒方法处理，病毒依然能够在鱼卵中存在并垂直传播给子代。IPNV在多种自然环境中稳定存在，在淡水或海水中能存活数月，甚至在食鱼鸟类的肠道中经过传代仍具有感染性。该病的防控主要依赖于环境卫生，使用没有鱼的水源，用碘仿消毒器具，淘汰感染的种鱼，降低饲养密度和其他卫生措施。

大西洋鲑鱼在被转入海水前，用多价疫苗（包含细菌抗原和重组的IPNV的VP2蛋白）进行免疫，这是个普遍做法。最近的攻毒保护研究证实，免疫是经济划算的防控该病的措施。

在活鱼和鱼卵国际贸易中，世界动物卫生组织（OIE）将传染性胰坏死病列为必须控制的若干重要疫病之一。鱼类无传染性胰坏死病的检测认证程序详见《OIE水生动物诊断检测手册》。

祁小乐　译

副黏病毒科

Chapter **17**
第 17 章

章节内容

副黏病毒科属于单股负链病毒目，同一病毒目中还有弹状病毒科、丝状病毒科和波纳病毒科。这种从属关系是根据病毒系统发育与进化距离而建立的（图17-1）。这种关系同样反映在病毒的基因排列以及基因的表达和复制策略上。单股负链病毒目的所有病毒均有囊膜，除波纳病毒外，且均具有糖蛋白纤突。该目病毒均具有单分子单股负链RNA。鉴别单股负链病毒目中的四个病毒科的特征包括：基因组大小、核衣壳结构、基因复制和转录位点、mRNA加工方式和程

度、病毒粒子大小和形态学、组织特性、宿主范围以及在各自宿主范围内的致病性等见表17-1。

对动物和人类最具灾难性的几种疾病都是由副黏病毒科的成员引起的，尤其是牛瘟、犬瘟热、新城疫、麻疹、腮腺炎病毒造成了比历史上其他单个种属病毒更高的感染率和死亡率。由于对人和动物进行疫苗免疫，以及限制动物的数量和迁移，已经显著降低了牛瘟和新城疫等疾病的影响。同科的其他病毒也会引起很多哺乳动物、禽类和爬行动物的疾病，包括很多例子：牛、绵

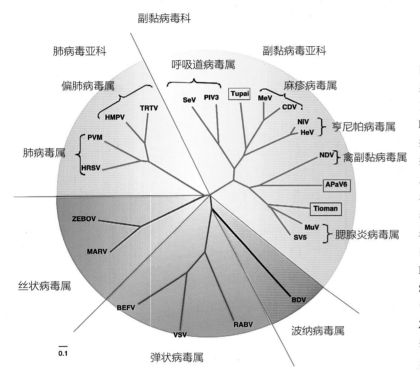

图17-1 负链病毒目各成员进化树基于病毒RNA聚合酶的保守结构域Ⅲ生成。APaV6，禽副黏病毒6型；BDV，波纳病毒；BEFV，牛流行热病毒；CDV，犬瘟热；HeV，亨德拉病毒；HMPV，人偏肺病毒；HRSV，人呼吸道合胞体病毒；MARV，维多利亚湖马尔堡病毒；MeV，麻疹病毒；MuV，腮腺炎病毒；NDV，新城疫病毒；NiV，尼帕病毒；PIV3，副流感病毒3型；PVM，鼠肺炎病毒；RABV，狂犬病毒；SeV，仙台病毒；SV5，猴病毒5型；TRTV，火鸡鼻气管炎病毒；VSV，水疱性口炎病毒；ZEBOV，扎伊尔埃博拉病毒。［引自病毒分类学：第八届国际病毒学分类大会报告，已授权］

表17-1 负链病毒目四属成员之间的不同特性

特征	副黏病毒科	弹状病毒科 [a]	丝状病毒科	波纳病毒科
基因组大小（kb）	15～19	11～15	19	9
病毒形态学	多晶体	子弹状	丝状	球形
复制位点	细胞质	细胞质	细胞质	细胞核
转录模型	具有无重叠框信号（肺炎病毒除外）的极化作用和逐步减弱	具有无重叠框信号的极化作用和逐步减弱	具有无重叠框信号的极化作用和逐步减弱	mRNA剪接和重叠框的起始/终止的复合型
宿主范围	脊椎动物	脊椎动物	人类、非人灵长类和蝙蝠	马、绵羊、猫、禽（人类?）、鼩鼱、可能其他小型哺乳动物
致病潜能	主要为呼吸道病	从温和发热到致命性神经性病变	出血热	免疫介导的神经系统疾病；禽类前胃扩张综合征

a 脊椎动物病毒成员。

羊、山羊和野生动物的呼吸道合胞体病毒；鼠的仙台病毒；火鸡和鸡的鼻气管炎病毒；海豹的腮腺炎病毒；蛇类的副黏病毒，如矛头蛇病毒。最近引起关注和兴趣的亨尼帕病毒属能够自然感染不同种属的蝙蝠，也能对感染的人和动物造成高死亡率。由于栖息地变迁，野生动物与人和家养动物的接触更加频繁，这就增加了这些病毒以及未鉴定的副黏病毒跨物种感染的概率。

副黏病毒的研究历程中充斥着错误的报告，导致分类学的复杂化，并且混淆了评估跨物种传播感染的真实能力。由于试验抗原的不易察觉的污染和一种病毒感染刺激产生异种抗体，从而引起明显的交叉反应，使以前的血清学调查结果更加复杂，难以解释。没有认识到交叉反应的局限，从而导致错误的结论，例如推测母牛流产与副流感3型感染有关，以及马呼吸道疾病与副流感3型感染有关。

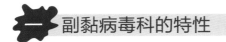

副黏病毒科的特性

（一）分类

副黏病毒科分为副黏病毒亚科和肺病毒亚科，前者包括呼吸道病毒属、禽副黏病毒属、亨尼帕病毒属、腮腺炎病毒属和麻疹病毒属；后者包括肺病毒属和偏肺病毒属（表17-2和图17-2）。随着在野生动物中新病毒的不断发现，以及在野生啮齿动物（副黏病毒J、Nariva病毒、Mossman病毒）、树鼩（Tupaia病毒）和蝙蝠（Menangle和Mapuera病毒）中相关未确定特性的病毒的增长，本科病毒数量将继续迅速扩增。目前有本科其他几种病毒还没有归类到现有属中：矛头蛇和相关的蛇类副黏病毒、马塞伦病毒、几种迥异于禽副黏病毒的企鹅病毒、大西洋鲑鱼副黏病毒。随着对更多野生物种中病毒的分析，副黏病毒科的成员肯定将继续增多。实际上，副黏病毒科的继续扩张，不仅仅是病毒数量的扩张，而且是种属的扩张。

副黏病毒科的系统命名法有着混乱和不一致性：如某些病毒根据其物种来源命名（如猪腮腺炎病毒、禽副黏病毒2～9型）；发现的地理位置命名（如仙台病毒、亨德拉病毒、新城疫病毒）；抗原关系命名（如人副黏病毒1～4型）；或根据感染动物或人类产生的症状命名（如犬瘟热、牛瘟、麻疹、腮腺炎）。事实上，该科的许多成员代表着与之相关的病毒世系，这种病毒世系是一种共患病，存在于最初的宿主物种之中，但是会周期性地跨种间传播，表明这些病毒具有成为跨种突发病原的潜能。

（二）病毒粒子特性

副黏病毒粒子是多晶体（球状或者多丝状），直径150～350nm（图17-3）。有囊膜包裹，表面有大的糖蛋白纤突（长8～14nm），包含有螺旋状对称的核衣壳蛋白，长约1μm，直径18nm（副黏病毒亚科）或者13～14nm（肺病毒亚科）。基因组为单分子负链RNA，长13～19kb。基因组RNA没有5'端帽子结构和3'端PolyA尾结构，但是具有5'端和3'端非编码区。肺病毒亚科之外的病毒基因组大小均遵循"六倍体法则"，即其碱基数目是6的倍数，这是由于N蛋白具有结合基因组RNA的功能。病毒基因组一般被保守的非编码区分为6～10个基因，包含有mRNA起始、加尾和终止信号。呼吸道病毒属、禽腮腺炎病毒属、亨尼帕病毒属和麻疹病毒属具有6个基因；腮腺炎病毒属具有7个基因；肺间病毒属具有8个基因；肺病毒属具有10个基因（图17-4）。副黏病毒亚科的病毒基因组能够通过P蛋白位点的重叠阅读框编码9～12个蛋白，相应的肺病毒亚科只编码8～10个蛋白。绝大部分基因产物出现在病毒粒子中，参与形成病毒囊膜表面或者与病毒基因组结合。病毒粒子主要包括三种核衣壳蛋白（RNA结合蛋白、P蛋白和L聚合酶蛋白）和三种膜蛋白〔一种非糖基化的基质蛋白（M），两种糖基化膜蛋白—融合蛋白（F）和黏附蛋白，后者为血凝素蛋白（H）、

表17-2　副黏病毒及其导致的疾病

亚科/病毒属	感染动物种类	疾病
副黏病毒亚科/呼吸道病毒属		
牛副流感病毒3型	牛、绵羊、其他哺乳动物	牛和羊的呼吸道疾病
鼠副流感病毒1型（仙台病毒）	小鼠、大鼠、兔	引起小鼠（有时也引起其他实验动物）严重的呼吸道疾病
人副流感病毒1型和3型	人类	呼吸道疾病
副黏病毒亚科/腮腺炎病毒属		
禽副黏病毒1型（新城疫病毒致病分离株）	家养和野生禽类	伴随中枢神经系统损伤的严重泛嗜性疾病
禽副黏病毒2-9型	禽类	呼吸道疾病
犬副黏病毒5型（SV5）	犬类	呼吸道疾病
猪腮腺炎病毒	猪	脑炎、生殖障碍、角膜混浊
腮腺炎病毒	人类	寄生病
人副流感病毒2、4a和4b	人类	呼吸道疾病
副黏病毒亚科/麻疹病毒属		
牛瘟病毒	牛、野生反刍动物	严重泛嗜性疾病
小反刍兽疫	绵羊、山羊	类似于牛瘟的严重泛嗜性疾病
犬瘟热病毒	犬及犬科动物、浣熊科、鼬科、猫科	伴随中枢神经系统损伤的严重泛嗜性疾病
海豹瘟热病毒	海豹和海狮	伴随呼吸系统损伤的严重泛嗜性疾病
海豚瘟热病毒	海豚	伴随呼吸系统损伤的严重泛嗜性疾病
鼠海豚瘟热病毒	鼠海豚	伴随呼吸系统损伤的严重泛嗜性疾病
牛麻疹病毒（MV-K1）	牛	特征少、重要性未知
麻疹病毒	人类	麻疹，伴随中枢和呼吸系统的系统疾病
副黏病毒亚科/亨尼帕病毒属		
亨德拉病毒	马和人类	引起马和人类的急性呼吸窘迫综合征
尼帕病毒	猪和人类	引起猪和人类的急性呼吸窘迫综合征
肺病毒亚科/肺病毒属		
牛呼吸道合胞体病毒	牛、绵羊、山羊	呼吸道疾病
鼠肺炎病毒	小鼠和犬	呼吸道疾病
人呼吸道合胞体病毒	人类	呼吸道疾病
肺病毒亚科/偏肺病毒属		
火鸡鼻气管炎病毒	火鸡、雏鸡	引起火鸡严重的呼吸道疾病；引起雏鸡肿头综合征

血凝素-神经氨酸酶蛋白（HN）或者既没有血凝素又没有神经氨酸酶活性的糖蛋白（G）]。几种保守的蛋白包括非结构蛋白（C、NS1、NS2），一种富含半胱氨酸结合锌的蛋白，一种小的整合蛋白（SH），以及转录因子M2-1和M2-2。

副黏病毒的囊膜纤突蛋白由两种糖蛋白组成：融合蛋白（F）和HN蛋白（呼吸道病毒属、禽腮腺炎病毒属、腮腺炎病毒属）、H蛋白（麻疹病毒）或者G蛋白（亨尼帕病毒属、肺炎病毒属和肺间病毒属）（表17-3）。两种糖蛋白在副黏病毒感染的致病性中发挥着重要作用。一种蛋白（HN，H，G）负责黏附，F蛋白介导病

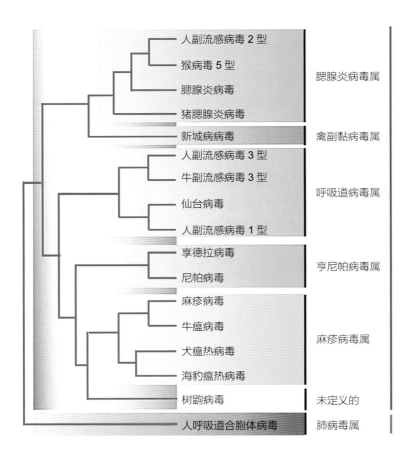

图17-2　副黏病毒科囊膜病毒基于L蛋白的进化关系（引自病毒分类学：第八届国际病毒学分类大会报告，已授权）

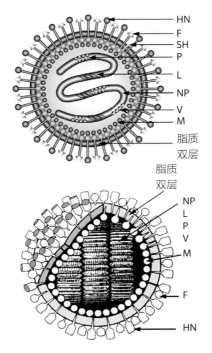

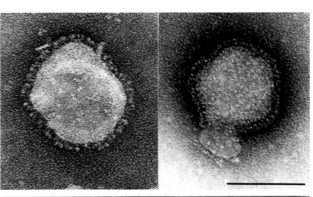

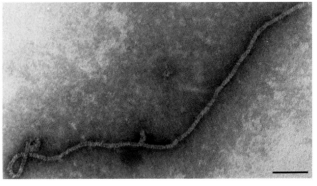

图17-3　右上图为负染的完整的SV-5病毒粒子；右下图为病毒粒子降解后的核衣壳。标尺表示为100nm。左上和左下为SV-5粒子的简图截面。（引自病毒分类学：第八届国际病毒学分类大会报告，已授权）

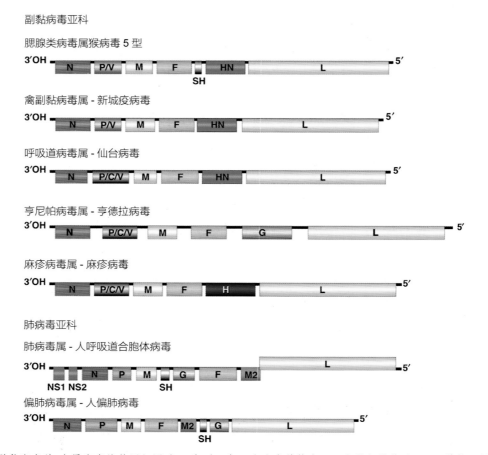

图17-4　副黏病毒科7个属病毒的基因组图（3' 到5'），每一个盒式结构表示一个独立的编码mRNA结构；斜线划分了一个mRNA结构里的多重阅读框；数字表示核酸基因组的长度。（引自病毒分类学：第八届国际病毒学分类大会报告，已授权）

表17-3　副黏病毒科中病毒粒子的功能和术语

功能	病毒粒子蛋白		
	呼吸道病毒属和腮腺炎病毒属	麻疹病毒属	肺炎病毒属
黏附蛋白：血凝素，诱导免疫反应	HN	H	G[a]
神经氨酸酶：病毒释放，破坏黏液素的抑制	HN	None	None
融合蛋白：细胞融合，病毒内化，细胞间扩散	F	F	F
核衣壳蛋白：保护基因组RNA	N	N	N
转录：RNA基因组的转录	L和P/C/V	L和P/C/V	L和P/C/V
基质蛋白：粒子稳定性	M	M	M
其他蛋白	（SH）	–	SH，M2

a 无血凝活性。

毒与宿主细胞质膜的融合。与病毒核小体内化途径不同，副黏病毒膜融合不需要低pH环境。针对病毒黏附蛋白的特异性抗体能够阻断病毒与细胞受体的结合，而且融合蛋白抗体也能阻止病毒的侵袭。

融合蛋白以无活性的前体（F0）合成，必须通过细胞蛋白酶的裂解作用而激活。裂解后的氨基酸片段仍由二硫键连接在附近。不同种属的病毒前体蛋白的水解过程和特性不同。因此副黏病毒可以粗略地分为两类：水解位点为一个氨基酸的和水解位点为多个氨基酸的。前体蛋白的水解对于病毒的侵染是必需的，也是致病性的关键决定因素，例如，新城疫高致病性毒株水解位点具有多个残基，表明F蛋白能够在细胞内被转运至高尔基体内的弗林蛋白酶水解（表17-4）。这种酶在细胞内广泛存在，使得新城疫病毒具有在所有细胞中侵袭复制的能力。无毒力的毒株的水解位点只有一个残基，并且在成熟的病毒粒子中以F0的形式存在；这些病毒只有在特定的细胞环境中，如呼吸道和肠道细胞，才能被细胞外的水解酶或者胰酶激活。这种有限的水解作用限制了病毒侵染能力，只能侵染更少种类的禽类，并且减弱了病毒的致病潜能。水解之后的F1氨基

表17-4　禽副黏病毒1型F0水解位点的氨基酸残基

毒株	对禽的毒力	111～117 为氨基酸裂解位点
Herts 33	高	-G-R-R-Q-R-R*F-
Essex'70	高	-G-R-R-Q-K-R*F-
135/93	高	-V-R-R-K-K-R*F-
617/83	高	-G-G-R-Q-K-R*F-
34/90	高	-G-K-R-Q-K-R*F-
Beaudette C	高	-G-R-R-Q-K-R*F-
La Sota	低	-G-G-R-Q-G-R*L-
D26	低	-G-K-Q-Q-R*L-
MC110	低	-G-E-R-Q-E-R*L-
1154/98	低	-G-R-R-Q-G-R*L-
Australian isolates		
Peats Ridge	低	-G-R-R-Q-G-R*L-
NSW 12/86	低	-G-K-R-Q-G-R*L-
Dean Park	高	-G-R-R-Q-R-R*F-
Somersby 98	低	-G-R-R-Q-R*L-
PR-32	？	-G-R-R-Q-G-R*F-
MP-2000	低	-G-R-R-Q-K-R*L-

* 裂解位点，黑体为基本氨基酸，注意所有的高致病毒株在F1蛋白氨基端的117位是苯丙氨酸（F）[引自 Diseases of Poultry (Y.M.Saif, H.J.Banes, J.R.Glisson, A.M.Fadly, L.R.McDougald, D.E.Swayne, eds.), 11th ed., P.69, 已授权]

端具有一个疏水的结构域，这种结构域被认为与黏附蛋白一起直接参与病毒的融合。

基质蛋白M在病毒粒子中含量最为丰富。与含有类似蛋白的其他病毒一样，M蛋白与脂质膜，F和HN样蛋白的胞质尾以及核衣壳蛋白相互作用，这种相互作用在成熟病毒粒子装配中发挥着中心作用。M蛋白同时具有控制RNA合成水平的功能。

（三）病毒的复制

副黏病毒在细胞培养物中会引起细胞溶解，但是适应后的病毒（通过筛选能够在体外系统中更加有效复制的突变体）通常能够达到很高的病毒滴度。在非极性培养物中能够形成合胞体是副黏病毒的一个典型特征；这种特征在极性细胞培养物中会减弱。类似的，在副黏病毒感染动物中，形成合胞体只是部分特征（图2-2B）。由核衣壳蛋白组成的胞内嗜酸性包含体是副黏病毒感染的另一个特征。虽然麻疹病毒的复制完全在胞质内进行，但是麻疹病毒感染也能形成细胞核内嗜酸性包含体，这种包含体主要是由核酸和核衣壳组成。血细胞吸附性是副黏病毒编码HN蛋白的一个典型特征（图2-1D），有些麻疹病毒属成员也具有血细胞吸附性，但是肺病毒属没有该功能。

副黏病毒在感染细胞的胞浆中复制；在加入放射菌素D的细胞培养物中或者是去除细胞核的细胞中，病毒仍然能够复制，表明病毒的复制并不需要细胞核发挥功能。病毒的黏附蛋白（HN，H，G）能够识别细胞表面的配体。在腮腺炎病毒属、呼吸道病毒属和禽腮腺炎病毒属中，HN蛋白与细胞表面含有唾液酸残基的糖脂或者糖蛋白结合。这种神经氨酸酶的活性通过与流感病毒的类比得以确定：通过去掉感染细胞表面的唾液酸残基从而使病毒粒子得以释放。在麻疹病毒属中，细胞受体存在于淋巴细胞、巨噬细胞以及树突状细胞中，对应的即是人CD150糖蛋白［淋巴细胞激活信号分子（SLAM）］，这就解

释了麻疹病毒对这些细胞的嗜性。亨尼帕病毒（亨得拉病毒和尼帕病毒）受体为配体B2和B3细胞表面蛋白，G蛋白中单个碱基的不同可能就能决定哪一种受体分子的利用效率更高。这种受体在机体中的分布也解释了亨德拉病毒系统性感染的致病性，因为这种受体蛋白通常在内皮细胞和神经干细胞表面表达。合胞体病毒（肺病毒属）的黏附分子还在确认中，可能包含有硫酸乙酰肝素。

在黏附之后，融合蛋白F在生理pH下将病毒的囊膜与细胞质膜相融合，被释放的核衣壳必须保持完整性，三个相关联的蛋白（N、P、L）是起始RNA依赖的RNA聚合酶（转录酶L）转录所必需的，mRNA合成在没有蛋白合成时就开始了。聚合酶复合体激发RNA从基因组3'端一个位点开始合成，在一系列的断开–合成机制下，基因组被程序性地转录成6~10个不连续的mRNA。这种终止–重新起始的过程控制着编码不同蛋白mRNA的丰度，mRNA随着与3'端距离的增大，含量逐渐减少。mRNA要经过加帽和加尾处理。

当N蛋白的浓度达到一个水平之后，存在于基因组3'端的一个启动子被转录，N蛋白与新生RNA相结合。这种结合造成聚合酶读通了mRNA终止位点，从而合成全长的反义基因组链。结合有N蛋白的反义基因组链作为模板合成负链基因组RNA。在新合成的基因组RNA上起始第二期的mRNA合成，从而使病毒蛋白的合成得以急剧扩增。

尽管绝大多数基因只编码一个蛋白，但副黏病毒亚科成员的P基因编码3~7个蛋白P/V/C（图17–4；表17–3）。该亚科不同属中的该基因复合体为了最大化编码潜能采取了不同策略。例如，麻疹病毒属，亨尼帕病毒属以及呼吸道病毒属该基因复合体编码4~7种蛋白，编码产物采取了两

种不同的策略：① 通过不同的起始子起始翻译；② 通过向mRNA中插入非模板来源的G碱基从而产生了原来不可能产生的阅读框。P蛋白是该基因mRNA全长的翻译产物，更小的C蛋白是通过内部起始子翻译的产物。与之不同的是，V基因的转录是通过位点特异性的剪辑作用插入了一个G碱基，从而引起翻译的产物氨基端与P蛋白相同，但是在插入的G碱基下游的氨基酸残基不同。由于转录的V基因的阅读框的不同，所有3种阅读框在P/C/V都得到了翻译。就副流感病毒3型而言，还有第4种蛋白D，通过插入2个非模板的G碱基。在腮腺炎病毒属中，P/C/V的翻译还有不同，形成不同产物。但是在肺病毒属中10个基因都只编码一种蛋白产物。在别的属中没有病毒利用编码策略和编码经济的基因组来获得更多的翻译产物。

P基因为病毒复制所必需，但是由其改变阅读框编码的其他蛋白的功能还没有明确。P蛋白的羧基端与N蛋白和L蛋白相结合组成转录复合体，为转录mRNA所必需。P蛋白的氨基端与新合成的N蛋白相结合，允许合成正链模板RNA。几种病毒的P蛋白，包括亨尼帕病毒和麻疹病毒都突破了宿主范围的限制（图17–5）；尤其是突变影响了辅助蛋白但是并没有影响病毒在培养物中的增长。然而在机体内，突变被削弱了。现有资料表明P基因的产物影响干扰素反应网络，可能是通过阻止信号通路的传导和STAT蛋白、IRF3以及其他因子的激活实现的。此外，P蛋白还有调控病毒RNA合成的功能。

病毒粒子的成熟包括：① 病毒囊膜嵌合进入宿主细胞膜；② M蛋白和其他非糖基化蛋白与改变的宿主细胞膜结合；③ N蛋白在M蛋白下面的排列；④ 成熟病毒粒子的形成和出芽释放（表17–5）。

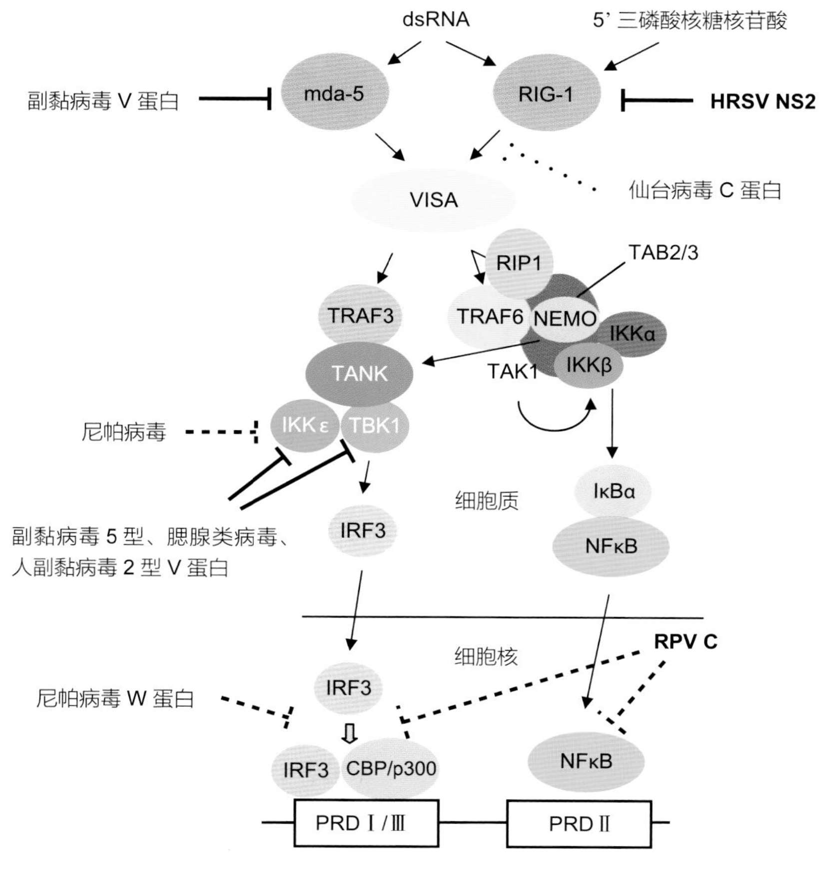

图17-5　副黏病毒辅助蛋白以细胞内病毒模式识别受体（pattern rewgnitia receptors，PRR）为靶标。图示为由RNA螺旋酶mda-5和RIG-1所诱导的IFN-β信号通路。副黏病毒V蛋白与mda-5相互作用阻止激活。尽管其机制还没有确定，但是仙台病毒C蛋白的靶位点是RIG-1。人副黏病毒2型、副黏病毒5型和腮腺炎病毒的V蛋白，都能够抑制TBK1和IKK。尼帕病毒的V蛋白能够抑制IKK。牛瘟病毒的C蛋白和尼帕病毒的W蛋白具有未确定的调控转录因子的下游细胞核内的靶标。

表17-5　副黏病毒科成员的特性

两个亚科：副黏病毒亚科，包含呼吸道病毒属，腮腺炎病毒属，禽腮腺炎病毒属，亨尼帕病毒属和麻疹病毒属；肺病毒亚科，包括肺病毒属和偏肺病毒属。

病毒粒子具有囊膜，多晶体（球状或者多丝状）结构，直径150～350nm。表面有大的糖蛋白纤突（长8～14nm）。

病毒粒子包含有螺旋状对称的核衣壳蛋白，长600～800nm，直径18nm（呼吸道病毒属、腮腺炎病毒属、麻疹病毒属）或者13～14nm（肺病毒属和偏肺病毒属）。

病毒粒子囊膜包括2个糖基化蛋白和1～2个非糖基化蛋白。

基因组为单分子负链RNA，长13～19 kb，7～8个开放阅读框，编码10～12种蛋白，包括NP（N），P，M，F，L和HN（或H，或G），这些蛋白在所有的属中广泛存在。

胞浆内复制，质膜上出芽。

合胞体形成，细胞质和细胞核包含体（麻疹病毒属）。

二　副黏病毒亚科呼吸道病毒属

呼吸道病毒属包括人副流感病毒1型和3型，牛副流感病毒3型和仙台病毒。不同的是，人副流感病毒2型和4型尽管与其他人副流感病毒抗原之间有交叉反应性，但却属于腮腺炎病毒属。病毒属群的划分基于特定基因（如N蛋白）的序列分析和每个种群之间的生物学特征。尽管物种通常被用来鉴定各种副流感病毒，但是副流感病毒并不一定拘束于物种的限制。

（一）牛副流感病毒3型

牛副流感病毒3型尽管与人副流感病毒3型在抗原性与基因型上有相关性，但是仍然是副流感病毒3型独立的一个分支。一直以来，牛副流感3型感染是否能造成牛和其他哺乳动物发病存在着争论，但在呼吸道继发细菌感染时发挥着重要作用。其可能是引发运输热或者呼吸道综合征的首要因素，这方面已经引起广泛的关注和争论。运输热通常在牛群转运或有其他应急因素时发生；综合征通常是由多种病原混合感染或者继发感染时发生，常导致严重的细菌性支气管肺炎（多见于溶血性巴氏杆菌）。呼吸道综合征仍然造成养牛业严重的经济损失。

1. 临床特征和流行病学　牛副流感病毒3型呈世界性分布，能够感染多种动物，包括牛、绵羊、山羊和野生反刍动物，也包括人类和非人灵长类。与人副流感病毒3型不同，牛副流感病毒3型对人基本没有致病性，也不在人与人之间传播。牛副流感病毒3型最重要的传播途径是通过气溶胶和鼻腔排出的污染物传播，因为这种病毒具有呼吸道专嗜性，几乎不会出现全身性感染。感染的犊牛、羊羔和小山羊通常表现为亚临床性，但是有时会有明显症状，表现为发热、流泪、流涕、消沉、呼吸困难、咳嗽。一些动物会发展成专嗜前侧肺部的支气管肺炎。无混合感染的牛副流感病毒3型感染的临床期通常为3～4d，

之后就会完全恢复。但是在有压力的环境下，犊牛和绵羊会继发严重的细菌性支气管肺炎，即为运输热。在单独或者混合感染（牛腺病毒、牛冠状病毒、牛病毒性腹泻病毒、牛传染性鼻气管炎病毒、牛呼吸道合胞体病毒）的情况下，通常会导致继发细菌感染，尤其是多杀性巴氏杆菌感染。呼吸道综合征的特征是排除脓性鼻液，咳嗽，呼吸频率加快、厌食、发烧、精神萎靡，引起急性纤维蛋白性支气管肺炎而导致大量死亡。卫生条件差、拥挤、转运、剧烈的气候变化以及其他应激因素都会引起呼吸道综合征。

2. 发病机制和病理学　在饲养条件下，牛副流感病毒3型感染的牛群由于其他病原的协同感染使得临床特征非常明显。通过单独鼻内接种和气管接种牛副流感病毒3型，犊牛仅表现出温和发热和大量鼻液流出。感染会导致毛细支气管炎和支气管炎，随着细胞渗出的积聚而造成呼吸困难。呼吸道内皮细胞是牛副流感病毒3型的最初靶细胞，但是2型肺细胞和肺泡巨噬细胞也能被感染，有时候可见胞质内嗜酸性包含体和/或核内包含体。感染肺泡巨噬细胞会扰乱肺部正常防卫和清除机制，从而使机体更易受细菌感染，导致肺炎。

3. 诊断　牛副流感病毒3型的诊断常包括病毒分离或者由血清抗体滴度升高而确诊。血清学试验包括血凝抑制试验和病毒中和试验。牛副流感病毒3型易在多种细胞中分离，病毒分离也为区别其他牛呼吸道疾病相关的病毒提供了可能。鼻拭子或者气管冲洗物都可以用来作为病毒检测，接种细胞7～9d后可以收获病毒。分离的病毒可以通过呼吸道组织进行免疫荧光、免疫组化和RT-PCR检测进行鉴定。但是由于存在多种与牛呼吸道疾病相关的病原，而牛副流感病毒3型多呈现亚临床表现，所以仅仅依靠病毒检测不足以确定其就是疾病的病原，要结合发病个体和整个牛群的全部临床状况的评估来解释诊断结果。

4. 免疫、预防及控制　自然感染恢复期动物表现出强烈的免疫反应，出现病毒特异性的血

凝抑制抗体、神经氨酸酶抑制抗体和病毒中合抗体。这些抗体主要是抗HN蛋白的抗体。在保护性免疫中细胞应答的作用还没有明确。灭活疫苗免疫持续期较短，由于呼吸道存在多种病原，几个月后动物容易复发感染。初乳中的抗体可阻止临床感染。灭活疫苗和减毒活疫苗的联合鼻内接种能够诱导产生保护性抗体。经典情况下，使用联合疫苗进行免疫，包括牛疱疹病毒1型（牛传染性鼻气管炎病毒）、牛呼吸道合胞体病毒、牛病毒性腹泻病毒、多杀性巴氏杆菌。这些疫苗的使用能够用来控制牛场与牛副流感病毒3型有关的疾病。但是在集约化养殖中，控制呼吸道疾病综合征仍然存在着不同的管理意见。牛副流感病毒3型疫苗也用于绵羊的保护性免疫接种。

（二）仙台病毒（鼠副流感病毒1型）

1952年，在接种婴儿肺部组织研磨液的实验小鼠体内，试图分离人类呼吸道病毒时，发现了仙台病毒。最初研究是在日本仙台，因此被命名为仙台病毒。仙台病毒能够感染实验啮齿类和野生啮齿类、兔子、猪，非人灵长类也可能感染仙台病毒，与人副流感病毒1型关系密切。这种关系使得仙台病毒是源于人类还是小鼠的争议一直都很强烈。尽管仙台病毒在很多物种体内都能复制，包括非人灵长类，但是人副流感病毒1型在动物体内的复制效率却要低很多。

1. 临床特征和流行病学 世界范围内仙台病毒都能够感染野生和试验啮齿类动物。尽管在早期实验动物体内广泛存在，但在最近代系的实验动物体内已经明显减少。从20世纪50年代到80年代仙台病毒对实验啮齿动物是一个巨大的灾难，因为其在大范围内具有季节性暴发的神秘模式，表明人类接触到该病毒。仙台病毒是少有的自然界中能导致成年鼠严重的呼吸道疾病以及很高的死亡率，但对大鼠和其他实验动物影响程度较小的病毒。

仙台病毒在啮齿动物之间有高度的传染性。感染小鼠被毛粗糙、眼部结痂、沉郁，成年鼠和断奶小鼠死亡，体重下降，怀孕母鼠流产。对仙台病毒易感且引起肺炎症状的小鼠存在明显的遗传基础，但在近交品系中，有些小鼠感染呈现高死亡率，有些则呈亚临床表现。无胸腺小鼠和免疫缺陷小鼠感染仙台病毒会表现出慢性消耗病，体重下降和呼吸困难。免疫功能完整小鼠感染恢复后对病毒并没有抵抗力。其他啮齿动物和兔子感染临床表现温和。

2. 发病机制和病理学 仙台病毒严格的呼吸道嗜性与融合蛋白的加工过程有关。F蛋白水解位点的一个氨基酸阻止了细胞内加工；然而存在于小鼠和大鼠支气管内皮细胞中的水解酶样Xa因子为水解F蛋白所必需，从而允许病毒在呼吸道内复制增殖。仙台病毒的致病性已经得到了广泛研究，这也为其他副黏病毒感染的研究提供了深入的思考。仙台病毒选择性感染鼻、气管、支气管的上皮细胞和Ⅱ型肺细胞。疾病特征：在感染的免疫反应期表现为坏死性鼻炎、气管炎、支气管炎、肺炎，细胞毒性T细胞杀死受感染细胞。因此临床表现在免疫功能完整的小鼠中，随着小鼠品系、免疫状态和年龄不同呈现出不同的感染率和死亡率。感染的Ⅱ型肺细胞免疫介导的损伤是小鼠能否存活的关键因素，因为其对祖干细胞的广泛损伤会阻止修复。老年鼠和从基因上抵抗强的品系病变程度较轻，由于病毒不能在机体建立免疫应答之前到达呼吸道的末端，相似地，当感染局限于地方性群体内，有母源抗体的幼鼠具有抵抗力。剥夺了细胞免疫的小鼠，如无胸腺小鼠，不会发展出病理性免疫介导的坏死性支气管炎，但是会发展为慢性进行性间质性肺炎。实验大鼠和其他啮齿类动物通常只表现出温和或亚临床感染。

3. 诊断 酶联免疫试验和免疫荧光试验在实验室的仙台病毒血清学诊断中最为普遍。感染之后约7d可检测到抗体，有特征性的出现免疫介导的坏死性细支气管炎和肺炎的临床症状。易感动物的使用是实验室中监测鼠群感染的标准方法。仙台病毒能够在多种细胞系中分离（猴肾细胞、Vero和培养基中有胰酶的BHK-21），也能在鸡胚中分离，通过免疫荧光试验或者免疫组化试验对感染细胞进行鉴定。RT-PCR是快速检测和分离株确定的标准方法。

4. **免疫、预防及控制** 仙台病毒不能持续存在于感染康复的免疫功能正常的小鼠，抗体可持续终生。一旦确定仙台病毒感染，对感染动物进行扑杀、消毒和对引入动物进行筛查是控制该病的必要手段。感染的小鼠群可以通过剖腹产和人工哺乳重新建群。通过胚胎移植或者是隔离血清学阳性（重新获得的）具有免疫活性的繁殖的小鼠，这样会逐渐生产未感染的仔鼠（血清学短暂阳性）。剖腹产或胚胎移植适用于免疫缺陷小鼠，因为病毒局限于呼吸道复制。然而，在繁殖或重新引入非感染动物之前，所有子代都必须严格隔离饲养以确保成功建群。

（三）实验室啮齿类动物中副流感病毒3型

豚鼠通常能够感染一种与人副流感病毒3型关系密切的副流感病毒3型。副流感病毒3型同样也能自然感染实验室大鼠并造成肺部损伤。仙台病毒感染血清学调查发现实验啮齿类动物，存在副流感病毒3型感染因为仙台病毒和人副流感病毒3型的抗体存在交叉反应。

三　副黏病毒亚科腮腺炎病毒属

腮腺炎病毒属包括腮腺炎病毒、人副流感病毒2型和4型、猴病毒5型（等同于犬副流感病毒5型）和41号病毒（与人副流感病毒2型亲缘关系密切），但是特异基因的序列不同（如N蛋白）以及宿主范围不同。

（一）犬副流感病毒5型（猴病毒5型）

犬副流感病毒5型和猴病毒5型本质上是同一种病毒。猴病毒5型是从猴细胞培养物中分离的第一种病毒，但是普遍认为犬是该病毒的自然主

要宿主。有报告认为犬副流感病毒5型是人畜共患病，但是由于人副流感病毒2型与犬副流感病毒5型存在抗原交叉反应，使这种观点变得很复杂。尽管两种病毒基因组迥异，它们的亲缘关系主要反映在这样一个事实，犬副流感病毒5型历史上被称为副流感病毒2型，现在确定被归类为副流感病毒5型，特别归类为犬副流感病毒5型。同样有报告称该病毒能够自然感染其他物种，但是这种言论还是存疑，因为它们可能反映的是污染或者与亲缘关系密切的病毒混淆，正如人副流感病毒3型对豚鼠的感染。

犬副流感病毒5型能够引起犬的不明显感染或温和的呼吸道疾病，并且这种病还被认为与犬的先天性脑积水有关。血清学研究表明犬副流感病毒5型感染在世界范围内广泛存在。犬副流感病毒5型在犬的急性呼吸道疾病中有着重要作用（犬舍咳嗽综合征），更严重的是，如果继发病毒和细菌感染、卫生条差或应激复杂感染，会导致慢性感染。病毒感染后潜伏期一般为3~10d，接着是以突然的急性鼻液排出、阵发性的咳嗽以及发热，持续3~14d。病毒在感染后可传播6~8d，主要是污染物或短距离的气溶胶。疾病在犬舍、动物庇护所以及日护理机构多见，以幼犬多发。病毒会损伤呼吸道的纤毛内皮细胞，导致感染犬易继发细菌感染。病毒清除后咳嗽仍然可以持续很长时间。某些严重病例（多见于营养不良犬或幼犬）可见关节炎、扁桃体炎、厌食、昏睡。由于其他病原（犬瘟热、犬肺病毒、犬流感病毒、犬腺病毒2型、犬疱疹病毒）也能引起相似病变特征，确诊需要对咽喉拭子进行病毒分离或者是RT-PCR的核酸检测。血清学检测也可以用于犬副流感病毒5型的鉴定。犬副流感病毒5型疫苗通常联合其他犬病毒和微生物病原抗原一起应用。免疫可能会使诊断结果的解释复杂化，特别是RT-PCR和血清学检测。

（二）猪腮腺炎病毒和马普埃病毒

在20世纪80年代初期的墨西哥中部的商业化

养殖场暴发了一种疾病，疾病的特征是神经系统疾病、关节炎、角膜混浊，伴随着中度到高度的死亡率。角膜混浊是老龄未怀孕猪的唯一明显特征。因此该病的通俗名为"蓝眼"。怀孕猪流产率上升、死产、木乃伊胎。脑部组织病理表现为非化脓性脑炎，伴随着血管周围白细胞聚集，神经坏死，以及脑膜炎。一株副黏病毒从感染猪体内分离，接种猪体后该病的特征得到了复制。序列测定表明该病毒为猪腮腺炎病毒，因为其与人类腮腺炎病毒相似。有推测认为该病是由野生的宿主库传播进入猪群引起的，因为猪腮腺炎病毒与马普埃病毒在基因上相似度很高，马普埃病毒在1979年从一只食果蝠中分离。在墨西哥感染区域检测到一只血清学阳性的蝙蝠，更加佐证了之前关于猪腮腺炎病毒来源的推测。

（三）曼那角和刁曼岛病毒

1997年澳大利亚的研究者从一只木乃伊畸形的死胎仔猪中分离出一种新的副黏病毒。死胎异常包括关节弯曲、脊椎和颅面畸形、中枢神经系统畸形。疾病未见于断奶后猪群。在感染猪场及相邻猪场，猪血清学阳性率很高。两个农场主遭遇了未确诊的发热性疾病，碰巧猪场具有阳性抗体，从而巧合地认识了这个新的疾病，并命名为曼那角病毒。这次疾病的暴发仅仅发生在亨德拉病毒初次鉴定的3年后，很快就确定了食果蝠为该病的来源。与之相关的副黏病毒（刁曼岛病毒）在2001年从马来西亚的刁曼岛的蝙蝠中首次分离。这种病毒也能感染猪，但是只引起温和症状。这两种病毒与其他副黏病毒迥异，因此被尝试性地归类到腮腺炎病毒属。

四　副黏病毒亚科禽腮腺炎属

该属所有病毒都具有血凝活性和神经氨酸酶活性，且与腮腺炎病毒属亲缘关系较近，但是在各自基因组的编码上两者有本质区别。该属病毒包括禽类重要病原，特别是新城疫病毒。

（一）新城疫病毒和其他禽副黏病毒1型

新城疫已成为世界范围内养禽业中最为重要的病原之一，影响着发展中国家和发达国家家禽的产量和贸易。1926年，在印度尼西亚爪哇首次观察到该病，同年该病传播到英格兰，首次在新城被认识，因此有了此名。该病是所有病毒性疾病中传染性最强的病毒之一，在易感禽类之间迅速传播。新城疫病毒是一种致病性禽副黏病毒1型病毒，属于禽腮腺炎病毒禽副黏病毒1型病毒群，但是该群的部分病毒并不是新城疫病毒，因为它们或者毒力很低或者没有毒力。禽腮腺炎病毒属也包括其他禽副黏病毒：禽副黏病毒2～9型。自然或者试验感染禽副黏病毒1型病毒的描述包括了鸟禽类50个目的27个共240多种，这种病毒即使不能感染所有鸟禽，至少能感染绝大多数。感染的临床表现取决于禽的品种和毒株。

由于在商业化养禽业中致病性新城疫病毒会造成巨大的经济损失，所以该病必须向世界卫生组织（OIE）报告。然而考虑到禽副黏病毒1型引起的疾病的多样性，制定了非常特定的标准用于新城疫暴发的确定。确定是由禽副黏病毒1型感染必须满足下列毒力标准中的一条：① 病毒脑内接种1日龄鸡胚的致病指数必须大于或者等于0.7；② 必须证明F2蛋白羧基端含有多个氨基酸残基（直接或者推导出），在F1蛋白的氨基端117位为苯丙氨酸（表17–4）。"多个氨基酸残基"指在113位到116位至少有3个精氨酸或者赖氨酸。如果没有能够证明上述的氨基酸残基特征则需要证明分离株的脑内接种指数。推论：只有致病性禽副黏病毒1型才能引起新城疫。

1. 临床特征和流行病学　鸡、火鸡（*Meleagridis gallapavo*）、雉鸡（*Phasianus colchicus*）、珍珠鸡（*Numida meleagris*）、麝香鸭（*Cairina moschata*）、家鸭（*Anas platyrhynchos*），鹅（雁属），鸽子（鸽属）以及多种俘获的半家养和野生鸟类，包括迁徙水禽，

都对禽副黏病毒1型包括高致病性新城疫病毒易感。大多数低致病力的或无毒力的禽副黏病毒1型在迁徙水禽和其他野生鸟类体内携带，同时其他的家禽也会携带。新城疫病毒最初是在家禽中携带并传播的，但鸬鹚（鸬鹚）（*Phalacrocorax auritus*）在北美被证实为储存宿主，参与病毒传播到家养火鸡的过程。新城疫病毒进入一个国家是通过外来鸟的迁入及家禽和家禽制品的非法经营实现的。最近在澳大利亚和英国新城疫的大暴发就是一种F基因变异的结果，使地方性的无毒力的禽类副黏病毒1型变成了具有高致病力的新城疫病毒。

禽副黏病毒1型感染鸡的临床特点具有高度的多样性，并且根据病毒品系不同而异，病毒株分为五种致病型：① 嗜内脏速发型；② 嗜神经速发型；③ 中发型；④ 缓发型；⑤ 无症状小肠型。1、2、3类可以产生中到高的致死率，并且官方证实与新城疫相关。然而速发型实际上可以杀死100%的感染家禽，自然地无致病性的禽副黏病毒1型（缓发型和肠型）被用来制备对抗新城疫的疫苗，因为它们可以产生交叉保护抗体。

病毒感染后存活的禽类其分泌物和排泄物排毒时间最多可达4周。传播途径包括禽类之间的直接接触，吸入气溶胶或灰尘颗粒，或者摄入污染的食物和水源，因为呼吸道分泌物和粪便中包含高浓度的病毒。由于病毒的相对稳定性以及宿主范围的广泛性使得种群间的传播更加便利。在缓发型病毒类型中也偶见垂直传播，感染病毒的小鸡正是由含病毒的鸡蛋孵化而来的。更多种类的致病型病毒是否可以垂直传播仍不清楚，虽然在一次试验研究中，低剂量的致病性新城疫病毒接种到鸡蛋中，导致从部分孵化出的小鸡中可以分离出病毒，但是否垂直传播还不清楚，最有可能是偶发事件。

合法经营笼养和家养禽类及其制品在控制新城疫病毒从感染国家传播到非感染国家中起到重要作用，随着严格的检疫、检验流程的贯彻落实，这样的引入已经不常见了。然而，走私鸟类及其制品仍然是新城疫病毒传播的高危险因素，特别是2002—2003年南加利福尼亚出现的斗鸡，1991年美国部分地区出现的鹦鹉。一些品种的鹦鹉可以成为高致病性新城疫病毒的稳定感染体，并且可以间歇性排出病毒超过一年而没有临床症状。病毒也可以经过冰冻鸡肉、未烹饪的厨房垃圾、食物、垫料、肥料、运输容器传播。最危险的传播方式就是通过人类活动，机械性转移感染的设备材料，备品，衣物，鞋及其他传染媒介。通过空气传播以及野生型鸟类的活动传播是较少见的类型。

呼吸、循环、胃肠、神经系统症状是禽副黏病毒1型感染鸡的全部症状；具体的临床表现根据宿主的年龄、免疫状态、感染病毒的毒力及嗜性而异。潜伏期从2~15d不等，平均5~6d。速发型可能引起接近100%的致死率，而不出现临床症状。其他的速发型类型可能引起更多的呼吸系统病变，食欲减退，精神萎靡，偶见眼周及头部水肿，典型的结局是数小时后发生衰竭和死亡。呼吸系统症状根据病毒类型而异，可能没有、也可能很严重。一些禽类会出现神经症状，包括肌肉颤抖，斜颈，腿及翅膀瘫痪，角弓反张。嗜神经型产生严重的呼吸系统疾病，1~2d后出现神经症状，停止产蛋。这种感染发病率100%，而死亡率成年鸡只有5%，雏鸡高一些。中发型产生呼吸系统疾病，死亡率低。缓发型通常不致病，除非继发细菌感染，可以产生呼吸系统症状。

火鸡中的疾病也是类似的，通常较鸡轻微，可以出现呼吸与神经系统的症状。最常见的疾病是肺炎而不是气管炎。虽然在家鸭中也报道过严重的感染病例，但是在鸭和鹅中，多见隐性感染。大多数种类的猎禽也经历了新城疫大流行。禽副黏病毒1型感染鸽子会表现出腹泻和神经症状，类似于嗜神经速发型毒株感染雏鸡的症状。

2. 发病机制和病理学 禽副黏病毒1型的毒力有很大的差异，主要依赖病毒的可裂解性和融合（F）糖蛋白的活性，OIE利用病毒的这个特点制定了确定强毒的标准。低致病力株或无毒株产生F蛋白前体，它只被有限组织中存在的胰酶样的蛋白酶裂解，该蛋白酶是细胞外蛋白酶，只存在于呼吸和消化系统上皮细胞。相反，强毒株的F蛋白前体被弗林样蛋白酶细胞内裂解，该蛋白酶存在于细胞黏膜中，相对容易的细胞内裂解允许强毒株在更多类型的细胞内复制，从而造成广泛的组织损伤，病毒血症和系统性疾病。

禽副黏病毒1型首先在上呼吸道和肠道黏膜上皮复制，这意味着低致病力毒株和肠道毒株所引起的疾病只局限于呼吸道和肠道，肺泡炎是最显著的症状。强毒株感染后病毒能经血液迅速传播到脾和骨髓，产生病毒血症，从而导致肺、肠和中枢神经系统等靶器官的感染。由于肺充血和呼吸中枢的损害导致呼吸窘迫和呼吸困难，还可引起喉、气管、食管和整个肠道瘀斑性出血的病理变化。最显著的组织学病变是在肠黏膜形成坏死灶，特别是在淋巴结、盲肠扁桃体、黏膜下淋巴组织、初级的和次级淋巴组织等形成病灶，还引起多器官包括大脑血管堵塞。

高致病毒株引起明显出血，特别是在食道和前胃、前胃和胃的结合处以及小肠的后半段。在严重的病例中，出血还发生在皮下组织、肌肉、喉、气管、食管、肺、肺泡、心包和心肌。成年母鸡出血还可见于卵泡。可引起中枢神经系统的脑脊髓炎与神经元坏死。

3. 诊断　由于新城疫的巨大危害，且临床症状相对来说不具有特征性，所以本病依靠病毒分离、RT-PCR和血清学进行确诊。通过尿囊接种9～10日龄的鸡胚，可从病死禽的脾、脑或肺脏，以及病死或活禽的气管和泄殖腔拭子中分离到病毒。禽副黏病毒1型特异性血凝抑制试验、RT-PCR及序列分析均能鉴定病毒。对分离到的病毒有必要进行毒力确定。气管切片或涂片进行免疫荧光染色试验是快速诊断方法，但敏感性稍低。抗体检测只适合用于未免疫鸡群。血凝抑制试验、商业化ELISA试剂盒是快速方便的诊断方法，但多数ELISA诊断仅应用于鸡和火鸡的诊

断。血清学检测也可用于一些国家地方株的禽副黏病毒1型感染的监测，或用于疫苗免疫监测。了解鸡群的疫苗接种历史对解释病毒学和血清学诊断结果非常重要，因为减毒活疫苗免疫的鸡群可干扰诊断结果。

4. 免疫、预防和控制　感染后能迅速产生抗体，血凝抑制和病毒中和抗体在感染后6～10d能够检测到，3～4周后达到高峰，抗体可持续一年。血凝抑制抗体水平是间接测量免疫的指标，中和抗体是直接抗HN和F蛋白的抗体。母源抗体能够保护孵化后的小鸡3～4周，其抗体半衰期大约为4.5d。免疫球蛋白G（IgG）仅限于循环并不预防呼吸道感染，但能阻止病毒血症。尽管呼吸道分泌一些IgG并提供一些保护，但局部产生的IgA抗体在保护呼吸道和肠道中具有重要作用。

新城疫在很多发达国家是应呈报的疫病，立法措施构成了控制该病的基础。在该病的流行地区，可通过改善卫生条件并结合免疫来控制本病，疫苗包括自然致弱的弱毒株和灭活疫苗，这些疫苗即使对小鸡都是安全有效的。弱毒活疫苗可以通过饮水、雾化、滴眼、滴鼻或嘴蘸等途径免疫，灭活疫苗必须注射。肉用仔鸡至少接种疫苗两次，而长时间饲养的鸡如产蛋鸡需用灭活疫苗免疫多次。免疫后大约一周能够提供保护。用活疫苗接种后的禽类能够排出疫苗毒至免疫后15d，因此有些国家在免疫接种后21d内禁止进行运输。鸽子常用灭活疫苗进行皮下接种。现已经开发出新城疫载体疫苗，这将排除弱毒株返祖的可能性，同时可以通过RT-PCR进行鉴别诊断疫苗免疫禽类。

（二）人类疾病

新城疫病毒可以产生人类短暂的结膜炎，主要是由于实验室工作人员和疫苗接种小组成员接触到大量的病毒所致。在新城疫疫苗使用之前，有很多从事取出家禽内脏的工作人员感染新城疫强毒的报道。在发达国家感染新城疫病毒的家禽是不会进行加工生产的，但在发展中国家，散养

家禽和活禽市场，新城疫非常普遍，而且不排除屠宰感染的禽。但没有养禽个体或消费家禽产品人员感染新城疫的报道。

（三）其他禽副黏病毒属（禽副黏病毒2-9型）

从表现呼吸道疾病的很多禽类主要是火鸡或无症状的野生水禽中分离获得不同血清型的禽腮腺炎病毒（禽副黏病毒2~9型），但很多病毒的致病意义还不明确。这些病毒通常是在进口检疫中从雀形目鸟类和鹦鹉或从进行禽流感病毒监测的无症状的野生水禽中分离获得的。同时也分离到一些不属于禽副黏病毒1~9型的额外的无法归类的病毒。

五 副黏病毒亚科麻疹病毒属

麻疹病毒属的成员都采用同样的复制策略且都缺乏神经氨酸酶活性，它们能引起各自宿主严重的但症状非常不同的疾病。

（一）牛瘟病毒

牛瘟病毒是最早记录的家畜病原，据记载很可能早在4世纪起源于亚洲。在18~19世纪，欧洲流行毁灭性的牛瘟。在19世纪末期（1887—1897），撒哈拉沙漠以南的非洲发生了牛瘟大流行，造成大量牛群和特定野生动物的死亡。1920年牛瘟在欧洲暴发导致OIE（Office International des Epizootied）的成立。现在OIE是动物传染性疾病的机构，负责全球动物疾病的监管，促进以科学为基础的国际贸易。1992年Drs Gordon Scott和Alain Provost这样描述牛瘟，"最可怕的牛瘟，是一个臭名昭著的传染病，它改变了历史的进程。从他的家乡里海盆地，一个世纪接一个世纪，牛瘟席卷了整个欧洲和亚洲，由此造成的灾难、死亡和毁灭比罗马帝国衰落，查理曼大帝征服欧洲，法国大革命，俄罗斯的贫困，非洲殖民地等更严重。"这很好地总结了牛瘟的历史影响。

1902年，牛瘟病毒是第一个发现的滤过性病毒。进化分析表明牛瘟病毒是原型麻疹病毒，推测麻疹病毒是早在5 000~10 000年前引起犬瘟热和人类麻疹的病毒。截至2008年，才乐观地认为在世界范围内从家畜中消灭了牛瘟。这是全球努力协调合作的结果，涉及积极监测、动物扑杀、限制运输和强制疫苗接种计划。如果消灭牛瘟是真的，那么牛瘟将和天花一样成为唯一被成功根除的病毒性疾病。

1. **临床特征和流行病学**　牛瘟是牛和其他偶蹄动物高度传染性疾病，宿主范围包括家牛、水牛、牦牛、绵羊和山羊。在亚洲，家养猪也能表现临床症状，而且被认为是牛瘟病毒的重要储存宿主。在野生动物中，牛羚、非洲大羚羊、疣猪、大羚羊、条纹羚、长颈鹿、鹿、不同种类的羚羊、河马和非洲水牛都易感。尽管在临床症状上感染谱很广，但表现最严重的是非洲水牛、牛羚和长颈鹿，一些物种如羚羊和河马总是表现温和或亚临床症状。很可能所有偶蹄动物易感，但不是所有易感动物都表现明显的临床症状。其他物种，包括啮齿动物，兔子和雪貂均为易感动物，但可能不会影响自然感染的流行病学。

散在暴发的临床症状与感染病毒的毒力和宿主动物的易感性有关。在牛和其他易感野生或家养反刍动物，牛瘟的典型临床表现为急性发热性疾病，易感宿主的发病率达100%，死亡率可能达到50%（一般25%~90%）。一些非洲固有品种牛对牛瘟高度易感，而其他品种的牛死亡率较低（低于30%）。在3~5d的潜伏感染期后是疾病的前驱期，伴随体温急剧升高、产奶量下降、呼吸困难和停止采食。然后是结膜、口腔和鼻黏膜充血，并有大量的浆液和黏液性眼鼻分泌物。急性期典型表现为口腔黏膜上皮形成假膜、腐烂和溃疡，炎症部位坏死的上皮细胞出现干酪样坏死灶，由于吞咽困难，动物通常会出现流涎。其次是严重的出血性腹泻及其引起的虚脱。最后是体温下降的过程，在此期间，感染动物可能死于脱水和休克。幼年动物易于出现严重临床症状。易感动物感染特定的毒株，某些宿主如黑斑羚、河马的隐性感染不出现明显的临床症状。绵羊和山羊感染后的症状也不是很明显。温和型感染的临床症状较少，一般为黏膜损伤，很少或不出现腹泻，并且死亡率很低。

牛瘟病毒一旦在种群中定植后，引起的症状更加温和。牛瘟病毒地方性致弱可能与弱毒株的传播能力更强和易感动物的免疫力有关。由于幼畜母源抗体的减弱，牛瘟在疫区会持续存在。牛瘟病毒也可通过亚临床感染的野生动物作为病毒宿主感染牛而持续存在。病毒在地方性动物疾病疫源地感染易感动物后毒力会迅速增强。

牛瘟病毒可通过感染动物的分泌物传播，在急性发热期会大量排毒。病毒在环境中易失活，因此牛瘟在疫源地主要通过易感动物与感染动物的直接接触传播。病毒也可通过空气和污染物传播。病毒可在病死尸体中存活数天。由于感染牛在临床症状出现前的潜伏感染期内大量排毒，因此急性感染但未出现临床症状的动物可将病毒引入无病原地区。通过进口亚临床感染的绵羊、山羊和其他反刍动物和野生动物也可将病毒引入未感染地区。亚临床感染的各品种的猪可作为牛的传染源，但只有亚洲品种的猪和疣猪感染牛瘟病毒后会出现临床症状。

2. **发病机制和病理变化**　当带毒的气溶胶进入易感动物的鼻腔后，牛瘟病毒开始在扁桃体、下颌和咽部淋巴结的单核淋巴细胞内复制。2～3d内，病毒就能通过淋巴细胞病毒血症进入全身的淋巴组织及消化道和呼吸道上皮细胞。牛瘟病毒以人CD150（淋巴细胞激活信号分子）的同系物为受体，CD150与牛瘟病毒的细胞和组织趋向性一致，这种分子存在于不成熟的胸腺细胞、活化的淋巴细胞、巨噬细胞和树突状细胞中。牛瘟病毒也能感染上皮细胞，并在其中复制，一些上皮细胞可通过CD150非依赖途径引起多种黏膜的多灶性坏死和炎症。

感染牛瘟病毒可迅速引起机体的固有免疫和获得性免疫，包括有力的干扰素反应。然而一种或多种病毒蛋白，尤其是P蛋白，可通过阻遏STAT蛋白的磷酸化和核转位来阻断干扰素应答（图17-5）。病毒引起的包括肠淋巴组织（派伊尔集合淋巴结）在内的所有淋巴组织的淋巴细胞损伤，进而造成严重的淋巴细胞减少症。允许牛瘟病毒复制的免疫细胞在适当地刺激后也会产生有效的免疫调节细胞因子。细胞因子的产生和释放加上病毒引起的淋巴细胞减少症，是牛瘟病毒感染动物后出现免疫抑制的原因。

严重感染动物出现的各种腹泻可迅速导致动物脱水和致命的血容量减少性休克。感染动物的死亡可反应出感染的病毒株的毒力，严重的急性感染期的症状包括典型的脱水（如眼窝凹陷），口腔、食管和前胃黏膜的腐烂和溃疡，皱胃黏膜的广泛出血和坏死，消化道黏膜的充血和出血，以及派尔氏集合淋巴结的出血性坏死。部分大肠黏膜血管充血，可产生独特的"斑马条纹"。充血、出血的症状也会出现在膀胱、上呼吸道和喉头。由于感染动物会出现严重但短暂的免疫抑制，因此动物经常继发细菌性肺炎。在感染的组织内广泛地出现包括淋巴细胞坏死和上皮细胞坏死在内的组织损伤，以及上皮细胞合胞体，胞浆内和核内典型的包含体。

3. **诊断**　在牛瘟的疫源地国家，临床诊断对牛瘟诊断已足够。牛瘟经常与牛病毒性腹泻、牛恶性卡他热以及早期的牛传染性鼻气管炎、口蹄疫等引起的黏膜充血、腐烂或溃疡相混淆。特异性PCR检测可以解决这些相似疾病的诊断问题。RT-PCR可迅速将牛瘟病毒与其他反刍兽病毒区别开。多种不同的细胞系都可用于分离牛瘟病毒，一般是用原代肾细胞培养。病毒中和试验、ELISA试验可用于评价某一特定地区牛瘟病毒的流行情况，只有未免疫的动物对于评价牛瘟根除计划是否成功才具有意义。

4. **免疫与防控**　感染牛瘟病毒后存活的牛对牛瘟病毒具有终生免疫力。临床症状出现后6～7d产生中和抗体，感染后3～4周抗体滴度达到最高。随着分子分型的出现，已确定3种不同基因型的牛瘟病毒，两种来源于非洲，一种来源于亚洲。所有毒株血清型都相同，因此，可以使用单一毒株的疫苗。目前，3型局限于亚洲，2型在东非和西非，1型仅出现在埃塞俄比亚和苏丹。自2007年4月起，包括亚洲和非洲等国家在内的所有国家都没有向OIE报告过牛瘟感染疫情。肯尼亚是非洲最后一个宣布成为非疫源地的非洲国家。这份报告的依据是该地区在过去的两年没有出现临床疾病，并且活疫苗已经停止使用。为确保野生储主不感染家养动物，疫病检测必须继续进行。

没有牛瘟的国家，为防止引入此病毒制定了兽医公共卫生法则。禁止从疫源国家进口生肉和肉制品，动物园在引入这些国家的动物之前要进行检疫。在牛瘟流行国家与很可能引入此病毒的国家可以使用弱毒活疫苗。早期的疫苗是在兔（兔化疫苗）、鸡胚（鸡胚化疫苗）或山羊（山羊化疫苗）内传代产生的。20世纪60年代培养出了细胞培养弱毒疫苗（TCRV），从此在非洲广泛使用并成功根除非洲的牛瘟。由于这种疫苗具有终生免疫保护力，并且生产成本低廉，因此该疫苗的应用十分有效。事实上，细胞苗仍是防控牛瘟的最好疫苗，但它易失活，并且需要维持冷链运输，而冷链运输在一些发生过牛瘟的国家也是一个棘手的问题。由于感染的动物数量减少，为了便于血清学监测，疫苗已停止使用。由于疫苗感染所引起的免疫反应不能与野毒感染相区分，因此标记疫苗的研制是十分必要的，但由于现有技术的存在，牛瘟似乎已被根除，因此并没有广泛应用。

（二）小反刍兽疫病毒

小反刍兽疫是由小反刍兽疫病毒引起的山羊和绵羊的一种高度接触性的全身性疾病，类似于牛瘟，小反刍兽疫病毒与麻疹病毒具有较近的亲缘关系。该病最早发生于西非，现在非洲撒哈拉，中东和亚洲的尼泊尔、孟加拉国和中国西藏均有该病发生。有迹象表明，小反刍兽疫已从清除

牛瘟的地区移出。根据F蛋白的序列，将小反刍兽疫病毒分为4个不同的基因型。除了基因型，所有的毒株都有相同的血清型。1型和2型发生在西非，3型发生于东非、中东和印度南部，4型从中东至中国西藏均有分布。病毒毒力与基因型相关，比如西非的1型病毒比同地区的2型病毒的毒力强。

小反刍兽疫病毒的传播方式与牛瘟相似，通过与感染动物的亲密接触传播。动物在出现明显症状的前几天已经开始排毒，因此，动物混养会增加病毒传播的概率。野生动物对病毒传播没有重要作用。

自然发病仅见于山羊和绵羊。山羊发病严重，不同品种的山羊表现不同的发病率，而且幼畜发病较为严重。对山羊的致死率可高达85%，而对绵羊的致死率很少能达到10%。小反刍兽疫病毒与牛瘟病毒非常相似，牛可以同时感染这两种病毒，一些牛瘟病毒感染的病例可能实际上是小反刍兽疫病毒感染所致。对于山羊，感染后2～8d开始出现发热反应。临床表现为发热、食欲减退、鼻腔和眼睛分泌物增多，口腔黏膜和牙龈坏死和腹泻，常伴随有支气管肺炎。本病的病程可分为特急性，急性和慢性，这与病毒株，动物年龄和宿主品种有关。病毒感染的病原学可能与牛瘟病毒相似或相同，能够感染单核细胞，导致病毒血症，白细胞减少症和系统性感染，主要侵害位于消化道的淋巴细胞，巨噬细胞和上皮细胞。尸体剖检可见在口腔黏膜，食道，腹部和小肠有大面积的浸润和坏死。局部淋巴结肿大表现为典型的肺炎。

该病的诊断，除了观察临床症状之外，还可以进行病毒分离和荧光定量RT-PCR检测。这种检测可将小反刍兽疫和牛瘟区别开来，这点在消灭牛瘟计划中起到了关键作用。从原代羔羊肾细胞中分离病毒仍被用来获得分离株，进而进行分子生物学特点分析和序列比对。病毒中和试验用于区分小反刍兽疫和牛瘟病毒感染动物产生的抗体。基于2系病毒分离株的弱毒疫苗为目前的疫苗候选株。由于消灭牛瘟计划，牛瘟疫苗不再推

荐用于控制小反刍兽疫。

（三）犬瘟热病毒

犬瘟热是一种急性，高度接触性的犬的发热病，至少于1760年就已被人们熟知。Edward Jenner于1809年首次描述了该病的进程和临床特点；1906年，Carré阐述了病毒流行病学。发达国家用疫苗很好地控制了该病，因此在家犬中少见。发生在发达国家的临床病例全部是未免疫或没有完全免疫的犬，尤其是那些进入营救避难所或收养中心的犬。在很多国家犬瘟热病毒持续存在于加强免疫过的犬群中可能表明该病毒有储存宿主，或许是野生动物。犬瘟热病毒最近作为一种重大病原出现在猫科动物的种属中。从1994年开始，成千上万的非洲狮子死于连续的大流行，这次流行认为传染源可能是土狼。

1. 临床特点和流行病学 犬瘟热病毒的宿主范围包含犬科的所有种属（如犬，澳洲野犬、狐、山狗、豺、狼），浣熊科（浣熊、长鼻浣熊、熊猫），鼬科（黄鼠狼、雪貂、水貂、臭鼬、獾、貂鼠、水獭），猫科成员（狮子、豹、猎豹、老虎）和环颈野猪。众所周知的犬瘟热在色瑞格蒂国家公园狮子中的暴发以及在中国豹和动物园中其他大猫中的暴发，已经被证实是由于病毒侵入了新的宿主。除了犬猫，犬瘟热还导致黑脚猫、狐、熊猫、土狼、非洲野生狗、浣熊、果子狸以及里海和贝加尔湖海豹的高死亡率。该病毒对野生动物物种的威胁可能会随着人类对未开发地域的无情侵犯而有所上升。

根据H基因的序列比对结果，认为犬瘟热至少存在7个不同的谱系：亚洲1型、亚洲2型，美洲1型，美洲2型，类北极型，欧洲野生动物型和欧洲型。将来可能还会鉴定出别的谱系。犬瘟热传统的疫苗株——Snyder Hill、Onderstepoort和Lederle均为美洲1型谱系。虽然最近在美国的浣熊中鉴定出一株美洲1型毒株，然而该谱系的野生毒株并没有在北美的犬群中流行。在北美也分离到了欧洲野生动物型毒株，可能是由于没有限

制从东欧运输犬导致的。尽管野生型犬瘟热的基因型有差异，但是交叉中和试验结果表明在抗原性上仅有很小的差异，因此没有足够的证据证明现有的疫苗发生了改变。

犬瘟热感染引起的临床症状取决于毒株，宿主年龄，免疫状态和环境压力。大约50%的感染动物表现为亚临床症状或者温和症状而不需要兽医治疗。呈现温和症状的犬表现为发热，上呼吸道感染，精神沉郁，食欲不振，眼睛有化脓性分泌物并伴随咳嗽和呼吸困难，症状与"犬窝咳"（犬的急性呼吸道病）非常相似。对于严重的犬瘟热，感染犬在潜伏3～6d后表现发热，第二次发热表明感染进入更为严重的阶段，并伴随有病毒的系统性传播和肺炎。这个阶段表现为厌食，上呼吸道炎性浸润伴随鼻浆液性或化脓性分泌物，结膜炎，精神沉郁。一些犬主要表现呼吸道症状，而有些发展为消化道症状；呼吸道症状反映了上呼吸道和气管的炎性浸润和损伤，导致发展为咳嗽；紧接着表现为支气管炎和间质性肺炎，以及呕吐和水样腹泻等消化道症状。本病的持续期因是否有继发性细菌感染而有所不同（图17-6）。

还有一些感染动物表现中枢神经症状。神经症状出现在急性症状期后1～3周或者明显的亚临床感染之后。无法预测哪些犬会出现神经症状。神经症状表现为癫痫发作（也称作咬口香糖症），小脑和前庭症状，下肢轻瘫或四肢轻瘫，感知共济失调和肌阵挛。不管是急性的还是慢性的神经症状，都常常是进行性的，导致预后不良，永久性神经系统后遗症。所谓的老犬脑炎是指犬瘟热病毒感染成年犬引起的慢性和进行性神经系统疾病，对该病的特性了解还不是很多。由于病毒对脑的损害，一些表现神经症状的犬会出现脚垫和鼻的过度角质化。

犬瘟热病毒可在感染后5d通过分泌物向外排出病毒，早于开始出现临床症状的时间，有时能够持续数周。由于病毒在环境中不稳定，本病的传播主要通过直接接触，飞沫和气溶胶传播。幼

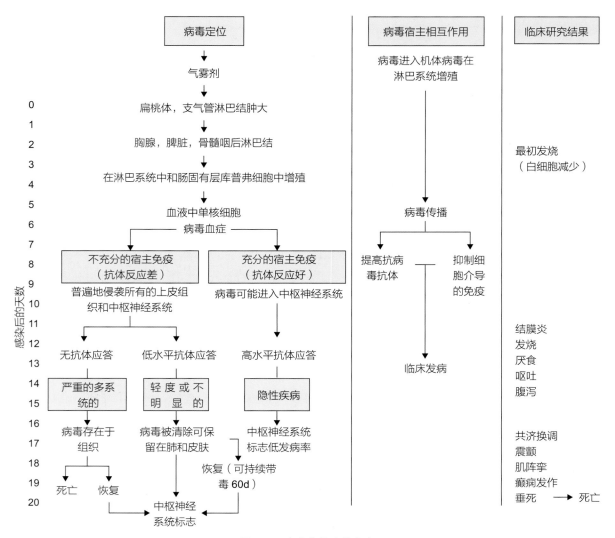

图17-6 犬瘟热的连续发病

[引自 Infectious Diseases of the Dog and Cat, C. E. Greene, 3rd ed., p.29. Copyright©Elsevier (2006)，已授权]

犬比成年犬更易感，以4～6个月缺乏母源抗体保护的犬最易感。

2. 发病机制和病理学　通过气溶胶进行呼吸道感染，犬瘟热病毒最初在上呼吸道的巨噬细胞内复制，然后迅速扩散至扁桃体和淋巴结。犬瘟热如同其他麻疹病毒属的成员，感染表达人CD150的细胞，CD150出现在胸腺细胞，激活的淋巴细胞，巨噬细胞和树突状细胞。犬瘟热病毒对这些细胞的嗜性解释了该病毒的免疫抑制效应，可能反映了病毒介导的免疫细胞的损伤并且引起各种免疫调节细胞因子的产生。病毒在局部淋巴结增殖后，进入血液，并在感染的B细胞和T细胞内循环。最初的病毒血症与第一次发热同

步，然后通过全身扩散至淋巴组织，包括肠相关淋巴组织，并且定位到例如肝脏的枯否氏细胞等巨噬细胞内。这些部位形成的病毒颗粒在第二次病毒血症伴随第二次发热高峰时由血液的单核细胞携带。病毒感染肺上皮细胞，膀胱和皮肤相对较晚，通过CD150非依赖的机制接触或许可以与感染的淋巴细胞相互作用。上皮细胞不含CD150，病毒进入上皮细胞的受体还没有鉴定。感染中枢神经系统也相对较晚，并且只在不能产生足够的免疫保护以清除病毒的犬中发现。感染神经元和神经胶质的细胞也是通过CD150非依赖机制发生。

感染犬瘟热的幼犬表现为肺炎，肠炎，结膜

炎，鼻炎和气管炎。肺出现典型的水肿，显微镜下观察，支气管间质性肺炎伴随上皮坏死，肺泡壁增厚。由于病毒介导的免疫抑制和抑制正常的肺清除机制常发生继发性细菌支气管肺炎。感染犬中枢神经系统的损伤依感染持续期和感染病毒株的特性而有所不同。中枢神经系统的损伤包括脱髓鞘，神经元坏死，神经胶质增生，非化脓性脑脊膜脑脊髓炎。感染的星形胶质细胞，肺，胃，肾，膀胱上皮细胞的细胞核和细胞质可能出现嗜酸性包含体（图17-7）。初生犬感染犬瘟热导致成年后不能生成牙釉质，并且长骨干骺端的骨硬化。

3. 诊断 改良的活疫苗的使用使犬瘟热的临床诊断变得更加复杂。犬瘟热可发生在新免疫的幼犬，这就提出一个问题：出现的症状是由疫苗毒株还是野毒株引起的。这个问题还没有通过标准的血清学、病毒分离和抗原检测方法得到令人满意的解释。RT-PCR现在成了检测的标准方法，但是，区分野毒和疫苗毒是不能够通过常规的途径获得的，需要特定的RT-PCR方法。

实验室诊断对于排除具有相似临床表现的其他疾病是必要的。病毒分离可通过可疑动物的淋巴细胞与表达CD150分子的细胞系共培养来实现，不需要用活化的单核细胞来分离野生的犬瘟热病毒。最初分离后，病毒能够适应原代犬肺细胞和一些其他的细胞系，包括犬肾和Vero细胞。

免疫组化和荧光抗体染色法已经证明病毒抗原存在于皮肤切片，肺，肠，胃，肾，脑和膀胱的组织切片中（图17-7）。结膜拭子，血液单核细胞和其他组织样品，包括上皮细胞和尿均可用于RT-PCR检测。

4. 免疫和防控 细胞免疫在抗麻疹病毒感染的保护性免疫反应中是十分重要的。患有γ-球蛋白血缺乏的人能不感染人的麻疹病毒，那些细胞免疫系统遗传和获得性缺陷的人是极度易感的。而那些能检测到中和抗体的都是对再次感染的应答，而麻疹病毒感染免疫是终生的。

控制犬瘟热病毒感染是以适当的诊断、检疫和疫苗免疫为基础的。该病毒十分脆弱，对消毒剂敏感。彻底的消毒是很具挑战的。用致弱的犬瘟热疫苗是否能成功地免疫幼犬，取决于是否存在母源抗体的干扰。幼犬的接种日龄可由已知的母体血清抗体滴度进行推测；很多作诊断的实验室可以做到这一点。或者，幼犬可以在6周龄时免疫改良的活毒疫苗，2~4周免疫一次，直至16周，这就是目前的操作标准。对于治疗来说，高免血清和免疫球蛋白可用于感染病毒后的预防。抗体治疗的好处是可以减少细菌的继发感染。

标准的改良的活疫苗不应在犬以外的其他物种中使用。负面反应在其他物种中发生过，包括红熊猫和狐狸。灭活疫苗曾用于动物园中动物的

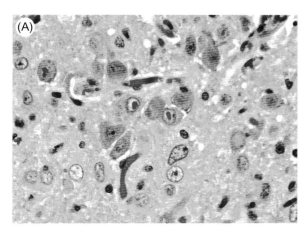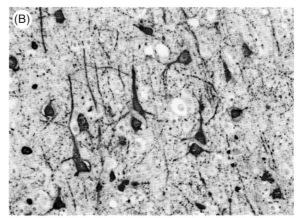

图17-7 犬瘟热

（A）感染獾的大脑的核内和胞浆内存在包含体。（B）犬瘟热病毒在狗脑中的免疫组化染色。（由加利福尼亚大学戴维斯分校R.J. Higgins供图，已授权）

免疫；然而这些疫苗几乎无效。携带犬瘟热病毒H和F蛋白的金丝雀痘病毒载体疫苗可解决这一问题，因为这一产品可提供安全有效的免疫，还可使动物免于接触活的犬瘟热病毒。这个产品目前用于濒危物种的免疫，如美国动物园中的大熊猫和黑足鼬。

（四）海洋生物麻疹病毒属

1988年，一种海豹的灭绝发生在波罗的海，有17 000～23 000只动物的死亡。动物最初表现为发热和严重的精神沉郁。受感染的海豹出现与犬的犬瘟热类似的临床症状，如浆液性鼻分泌物，结膜炎，胃肠炎和神经症状。感染海豹的损伤包括肺炎，脑炎和眼炎。

感染海豹的脑部损伤主要是病毒性脑炎伴有胞浆内和核内嗜酸性包含体。肺部的病变主要是间质性肺炎，还有脾，支气管淋巴结和派伊尔淋巴细胞坏死。恢复后的海豹具有犬瘟热病毒的中和抗体。从感染的海豹中分离到的麻疹病毒的基因分型显示，这一病毒在麻疹病毒属中是独立于犬瘟热病毒的单独分支。第二次大流行发生于2002年，引起30 000多只动物死亡。造成这次大流行的病毒来源尚不清楚，但证据表明其他活海豹感染的病毒是其他地方性携带的，通过迁徙带到感染区的。整个北大西洋的海豹都出现了麻疹病毒，或许也包括太平洋的一些区域。

从1990年开始，这一地方流行病导致了地中海域数千只海豹死亡。分离到的麻疹病毒的分型结果显示，它是麻疹病毒家族中有别于以前分离到的病毒的一个新物种。1990年在爱尔兰海域的海豹中分离到的一种病毒，其症状与感染了麻疹病毒的海豹症状相似。该病毒也被认定为一种鲸类麻疹病毒。对1987—1988年北美东海岸死亡的槌鲸、海豹的研究表明均是麻疹病毒所致。他们的研究也证明，导致海洋哺乳动物疾病流行的这些病毒是零星发生的。只有2007年在地中海发生过其他海豹的灭绝。近期血清学调查表明世界各地多种海洋哺乳动物都发生过麻疹病毒的感染。关于病毒的传播因素尚不清楚，物种负责维持地方性感染。

（五）麻疹病毒

麻疹是人的一种疾病，是由与动物麻疹病毒密切相关的一种麻疹病毒引起的。麻疹病毒能自然感染许多非人灵长类包括大猩猩，猕猴，狒狒，非洲绿猴，疣猴和松鼠猴。野生种群很少发生感染，但在实验室与人接触的动物常发生感染。大多数实验动物设施经仔细检查排除了与那些通过人工接种麻疹病毒的非灵长类的接触。大多数猴子的临床感染相对温和。但是狨猴和疣猴除外，它们的死亡率较高。病变包括出疹、结膜炎、巨细胞肺炎和脑炎。与人类感染麻疹病毒一样，猕猴可能在急性感染恢复后的数月至数年发展成为亚急性的胃炎、肠炎和其他器官的坏死。通过识别持续性的病变（核内与胞浆内包含体）来进行诊断是很方便的。

六 副黏病毒亚科亨尼帕病毒属

人畜共患的亨尼帕病毒引起了澳大利亚，马来西亚，新加坡，印度和孟加拉国人类的死亡。果蝠属的果蝠分布在从马达加斯加到南太平洋的整个大西洋海域，并且它是已知的亨尼帕病毒的储存宿主（图17-8）。

（一）亨德拉病毒

1994年，在布里斯班、昆士兰和澳大利亚的纯血马中暴发了一种高死亡率的严重的呼吸道疾病。有两个人发展成了稳定的严重的流感样疾病，一人死亡。有一种新的病毒从感染的马和人中分离到，并且实验马也能复制出该病毒的综合征。虽然它是散发的，但是这种破坏性的疾病在马和人群中引发了一系列的事件。包括为感染的马进行尸检的兽医。血清学检测证实一种相似的病毒感染了澳大利亚东海岸的四个物种的果蝠，

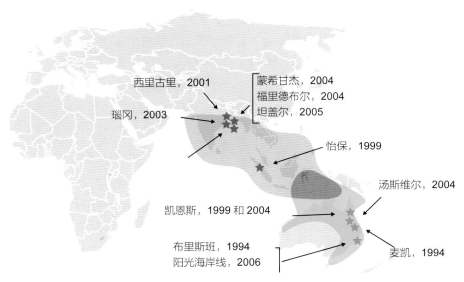

西里古里，2001

蒙希甘杰，2004
福里德布尔，2004
坦盖尔，2005

瑙冈，2003

怡保，1999

汤斯维尔，2004

凯恩斯，1999 和 2004

布里斯班，1994
阳光海岸线，2006

麦凯，1994

图17-8　从印度洋到太平洋地区人畜共患亨尼帕病毒人类死亡的地点

亨德拉病毒仅从两种果蝠分离到。从马、人和蝙蝠中分离的病毒的分子生物学分析表明，其与麻疹病毒属关系甚近，因此，最初将该病毒定义为"马麻疹病毒"。为避免与特殊的分离株混淆，没有把该病毒和非自然宿主联系起来，并且病毒的命名也改成了亨德拉病毒来反映最初的分离地，而且亨德拉病毒也被置于一个新的属，即副黏病毒亚科的亨德拉病毒属。

1. 临床症状与流行病学　亨德拉病毒通过地方性、无症状感染某些品种的狐蝠而持续存在。病毒从蝙蝠向非自然宿主（如马、人）传播的确切机制目前尚不清楚，但很可能是通过含有蝙蝠分泌物和排泄物（唾液、粪便、尿、胎水）的环境污染物传播的。食物储备改变引起的蝙蝠摄食习惯的改变或栖息地入侵引发的马与蝙蝠的亲密接触都可能导致亨德拉病毒的自然散发。

马感染亨德拉病毒后的临床症状最初表现为神经性厌食症，精神沉郁，发热，呼吸频率加快，心跳加速，然后是呼吸和神经症状。感染的马出现临床症状后很快死亡，因此病程很短。人工感染马的潜伏期为6～10d。猫和豚鼠人工感染易感，兔和鼠则不然，猫会出现致命的肺炎，这一点与马相似。

2. 发病机制与病理变化　感染的马通常表现为严重的肺水肿，呼吸道内有大量黏稠、泡沫样、出血性液体。心包积液也是其特征性病变。组织病理学表现为严重的间质性肺炎，肺泡出现富蛋白液体和出血，淋巴管扩张，血管内形成血栓以及小血管壁的坏死。血管炎仅出现在小动脉和毛细血管，感染血管的内皮细胞和膜带有病毒抗原。肺毛细血管和小动脉内皮细胞出现合胞体。电镜观察合胞体胞质内包含体可发现大量病毒粒子。

跨膜蛋白酪氨酸蛋白激酶–B2在内皮细胞大量表达，并且是亨尼帕病毒的功能性受体。这一发现潜在地解释了病毒在感染宿主内的传播。和麻疹病毒一样，亨德拉病毒的P基因编码一种干扰干扰素感应和信号传导的蛋白。这种选择性干扰宿主固有免疫的机制很可能导致感染加剧。

3. 诊断　亨德拉病毒感染马的流行病学、临床症状和多种病变都是其特有的，肉眼可见病变需与非洲马瘟进行鉴别诊断。RT-PCR可快速诊断，通过免疫荧光或免疫组化也可快速从组织里将病毒鉴别出来。多种细胞都可用于病毒分离，但一般更倾向于用Vero细胞。由于人类接触活毒后可能造成灾难性的后果，因此病毒分离只能在高密闭度的设备中操作，凡与活毒相关的工作必须在生物安全4级实验室（Bio Safety level-4）

进行。血清学诊断可用病毒中和试验，但首选是ELISA方法，因为病毒中和试验要求使用活毒而存在安全隐患。

4. **免疫与防控**　感染后存活的马可产生高滴度的中和抗体，疫苗正在研制过程中，还没进行商品化生产。亨德拉病毒是十分危险的地方疫源性疾病，当怀疑其发生时应引起足够警惕，诊断须在相应级别的生物安全设备内进行。

（二）尼帕病毒

1998—1999年，马来西亚养猪工人暴发高死亡率的急性脑炎。猪的发病率和死亡率并没有反常增高，曾被认为是日本脑炎的暴发。最先确诊的265人的死亡率为40%。猪的并发症为发热性呼吸道疾病，仔猪表现为鼻出血，呼吸困难，成年猪出现共济失调、轻度瘫痪、癫痫、肌肉震颤等神经症状。从感染的人和猪体内分离出了麻疹病毒。病毒的抗原性与亨德拉病毒相关，序列分析表明该病毒是亨尼帕病毒属的新成员，现已将其命名为尼帕病毒。

流行病学研究表明病毒来源于携带亨德拉病毒的狐蝠。病毒出现在东南亚几个品种的狐蝠中，印度西部也有感染的报道。实验室感染的狐蝠，病毒分离和感染蝙蝠尿样的RT-PCR都可以检测到病毒。与亨德拉病毒相似，尼帕病毒可通过亲密接触从蝙蝠向动物传播。病毒通过呼吸道在猪之间传播。养猪和猪尸体处理人员也可感染，有证据表明，病毒在人与人之间也可传播。在马来西亚，由于感染猪出现咳嗽症状而被称为猪综合征。实验室感染的猪在感染后4d可在其喉试子中分离出病毒，并且病毒可水平传播至对照组。猫也可感染尼帕病毒，并可将病毒传播至其接触过的物品。

尼帕病毒感染猪和人后引起的病理学变化与亨德拉病毒相似。人感染后的主要特征是血管炎、内皮细胞损伤、坏死，感染血管出现巨型合胞体，免疫组化试验可在小血管的内皮细胞和平滑肌细胞中检测到大量病毒抗原。人感染尼帕脑炎病毒后会出现严重的脑干神经功能损伤，可能是由这些细胞可大量表达与尼帕病毒G蛋白具有高亲和力的酪氨酸蛋白激酶-B3受体引起的。自然感染的猪可出现气管炎和支气管间质性肺炎，呼吸道上皮组织增生。血清学调查表明很多猪都存在亚临床感染。

由于猪可作为尼帕病毒的扩大宿主，所以尼帕病毒比亨德拉病毒更容易对农业和人类造成威胁，已研制的试验用疫苗是有效的，而且已有快速且灵敏的检测方法，包括RT-PCR，免疫荧光和免疫组化染色分析可检测病毒性抗原。就亨德拉病毒来说，由于处理活的尼帕病毒存在生物安全问题，故而免疫试验成为血清学诊断的常规手段。

（三）其他的亨尼帕病毒

西非果蝠感染亨尼帕病毒的血清学证据的存在显示出与尼帕病毒和亨德拉病毒完全相同或相近的病毒在世界其他区域也存在，但是却寄居于不同的蝙蝠宿主。另外，除了马达加斯加岛的狐蝠外的其他蝙蝠中也发现了亨尼帕病毒的抗体。

七　肺病毒亚科肺病毒属的成员

肺病毒亚科的病毒在遗传学和抗原性方面与副黏病毒亚科的病毒截然不同，它们的复制过程也略有不同。大多数肺炎病毒缺乏血凝素和神经氨酸酶，而且利用G蛋白与细胞结合。肺病毒属的病毒又因其在序列上的关联性和基因组成上的差异而与偏肺病毒属区别开来。

（一）牛呼吸合胞体病毒

1967年，牛呼吸合胞体病毒在日本，比利时和瑞士首次检出，并于不久后在英格兰和美国分离得到。目前已在所有品种的牛，绵羊，山羊和其他有蹄类动物中发现。该病毒与人呼吸合胞体病毒密切相关，因而一些用于检测人源病毒的单克隆抗体也可用于检测牛源病毒。绵羊和山羊源

一家蛇类展览馆。从枪头蛇中分离得到了类似副黏病毒的抗原。随后，相似的病毒从蛇，蜥蜴和乌龟中分离到，因此枪头蛇病毒是发现于爬行动物副黏病毒或蛇类副黏病毒的整个新属中首先分离到的属。该类病毒属于一个新属，与枪头蛇病毒成为模式病毒。

感染了这些病毒的蛇呈现异常的情况，反刍，厌食，黏液状排泄物，头颤，尾部抽搐并且死亡率高。感染的蛇的肺部被堵塞，并且出现伴有单核细胞不同程度的浸润的增生性间质肺炎的组织学病变。气管的上皮细胞中出现胞质内容物。有的蛇的胰腺中存在坏死性区域。免疫组化分析显示肺部上皮的内腔表面以及胰腺的多核细胞存在病毒抗原。

蛇心脏细胞或者猴肾细胞可用于分离病毒，但是需要在降低的孵育温度（25～30℃）下进行。蛇副黏病毒凝集鸡红细胞的特性可用于血清学检测以监测感染动物。对感染的蛇的组织进行免疫组化分析或RT–PCR可检测病毒。

（三）塞伦病毒

1992年，美国东北部三赛道的马中暴发了一种伴有肢体水肿的高热病。从感染的马的外周血单核细胞中分离到合胞体形式的病毒，随后对病毒进行序列分析，确定其属于副黏病毒亚科并符合六位原则。该病毒与亚科中已有属的病毒没有隔离。该病毒可在多种细胞培养物中生长，但缺乏神经氨酸酶和血凝活性。血清学调查显示该区域50%的马均为血清反应阳性，并且与犬类和猪的血清有反应，但与反刍动物的血清不反应。犬易感，感染后1个月可从中分离到病毒。塞伦病毒对犬和马的致病性意义目前还不确定。

（四）大西洋鲑鱼副黏病毒

大西洋鲑鱼副黏病毒被认为与斯堪的纳维亚养殖的大西洋鲑鱼的增生性腮病有关，该病有多因素致病源。全基因组序列分析显示该病毒与呼吸道病毒属最接近；然而，大西洋鲑鱼病毒还没进行分类学上的分类，可能是副黏病毒亚科的新属。相似的病毒已被频繁地从北美西海岸的大马哈鱼中分离得到，但并未呈现出任何相关的临床疾病。

朱远茂　赵　妍　译

第18章
Chapter 18

弹状病毒科

章节内容

弹状病毒科分为6个病毒属，感染宿主范围很广，包括哺乳动物、鸟类、鱼类、昆虫及植物，部分病毒由节肢动物媒介传播。弹状病毒科包括重要的动物和人类病原体，其中包括狂犬病病毒、水疱性口炎病毒、牛流行性热病毒和几种重要的鱼类弹状病毒。目前仍然有部分感染牛、猪、袋鼠、小袋鼠、鸟类及爬行类的弹状病毒还没有明确种属，这些弹状病毒的致病机制目前仍不清楚。

狂犬病历史久远，是引起人类和动物最恐惧的疾病之一。在公元2300年前，埃及就已经确认了狂犬病；古希腊的亚里士多德也详细地描述过狂犬病。作为最致命的传染病之一，狂犬病也激发了生物医学科学的许多伟大发现，到1885年，虽然狂犬病病毒的本质仍不清楚，巴斯德仍然研制、测试并应用了第一个狂犬病疫苗。

19世纪早期，马、牛、猪的水疱性口炎病首次得以与口蹄疫区分开来；在西半球，水疱性口炎被认为是家畜的定期流行病。在美国内战时期，部队炮兵和骑兵的马匹就患了该病。据疫情情况描述显示：1916年第一次世界大战时期，水疱性口炎从科罗拉多地区迅速蔓延至美国西海岸，感染了大量的马匹和骡子，还有一定数量的牛。1867年，由弹状病毒引起的重要疾病牛流行性热，首次在非洲得到了确认。目前牛流行热广泛存在于非洲、东南亚、日本及澳大利亚。

最近，至少有两种不同种属的弹状病毒被认为是造成北美、欧洲和亚洲水产养殖业重大损失的主要病原体。

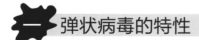

弹状病毒的特性

（一）分类

弹状病毒科分为4个动物病毒属：狂犬病病毒属、水疱性病毒属、暂时热病毒属及弹状病毒属（表18-1）。另外有两个植物病毒属：胞浆弹状病毒属和核弹状病毒属。

表18-1　感染动物的弹状病毒

种属／病毒	地理分布
狂犬病病毒属	
狂犬病病毒	广泛分布于除澳大利亚，南极洲和个别的岛屿外的其他地区；最近在欧洲部分地区和斯堪的纳维亚被消灭。
Mokola病毒	非洲
Lagos蝙蝠病毒	非洲
Duvenhage 病毒	非洲
欧洲蝙蝠病毒Ⅰ型和Ⅱ型	欧洲
澳大利亚蝙蝠病毒	澳大利亚
水疱性口炎病毒属	
水疱性口炎病毒印第安纳型	美国，南部，中部和北部
水疱性口炎病毒新泽西型	美国，南部，中部和北部
水疱性口炎病毒阿拉斯加型	美国，南部
Cocal病毒	美国，南部
Piry 病毒	美国，南部
钱迪普拉水疱病毒	印度，非洲
伊斯法罕水疱病毒	伊朗
狗鱼幼鱼弹状病毒	欧洲
鲤鱼春季病毒血症病毒	世界各地广泛分布
暂时热病毒属	
牛暂时热病毒属	亚洲，非洲，中东，澳大利亚
粒外弹状病毒属	
病毒性造血障碍性病毒	美国北部，欧洲，亚洲
病毒性出血性坏血症病毒	美国北部，欧洲，亚洲
黑鱼弹状病毒	亚洲南部
比目鱼弹状病毒	日本，韩国

由图18-1可以看出，由遗传学和血清学可以区分不同物种的弹状病毒。

狂犬病病毒属包括狂犬病病毒及其他紧密相关的病毒，如Mokola病毒，Lagos蝙蝠病毒，Duvenhage病毒，欧洲蝙蝠病毒1型和2型，及澳大利亚蝙蝠病毒，都能引起动物和人类的狂犬病样疾病。某些陆生哺乳动物是狂犬病病毒的储存宿主，蝙蝠是狂犬病病毒和狂犬病样病毒的潜在宿主。水疱性口炎病毒属包括水疱性口炎病毒印第安纳型和水疱性口炎病毒新泽西型，可引起马、牛、猪和人类的水疱性疾病；一些从鳗鱼、鲤鱼（鲤鱼春季病毒血症病毒）、鲈鱼、梭子鱼、大马哈鱼、比目鱼分离出来的弹状病毒暂时划归为水疱性口炎病毒属。暂时热病毒属包括牛流行性热病毒和其他感染却不致病的不同血清型的流行热病毒。弹状病毒属也包含许多重要的鱼类病毒，包括鱼传染性造血组织坏死病毒和鱼病毒性出血性败血症病毒。

（二）弹状病毒毒粒特性

弹状病毒长100～430nm，直径45～100nm，含有一个螺旋盘绕而成的圆柱形核衣壳，外有糖蛋白包被。圆柱形核衣壳构成了弹状病毒独特的子弹或圆锥状外形（图18-2）。弹状病毒的基因组为单一分子的单股负链RNA，大小11～15kb，例如狂犬病病毒（Pasteur株）由11 932个核苷酸组成，由3'端至5'端依次编码病毒的3'-N-P-M-G-L-5' 5个结构基因：N是核蛋白基因，其编码的蛋白质是病毒核衣壳的主要组成部分；P是病毒多聚酶的辅助因子；M编码病毒内部蛋白，通过与核衣壳或胞质区蛋白质的紧密结合而协助病毒出芽；糖蛋白G是构成病毒囊膜纤突的主要成分；L是RNA依赖性的RNA聚合酶，在病毒转录和RNA复制中起作用。此外，某些弹状病的毒基因组也插有其他基因或假基因。糖蛋白G在病毒表面形成突起，并含有中和表位，是疫苗诱导型免疫反应的靶蛋白。此外，病毒颗粒含有的脂质成分不仅反映了宿主细胞膜的组成，也反映了糖蛋白侧链碳水化合物的组成。

弹状病毒能够在外界环境下稳定存在，尤其是pH呈碱性时——水疱性口炎病毒污染水槽后，可存活数天——但弹状病毒具有热不稳定性，而且对日光中的紫外线也相当敏感。通常使用去污剂型消毒剂可以将狂犬病病毒和水疱性口炎病毒灭活，含碘的清洁剂可以减少或消除鱼卵表面的弹状病毒。

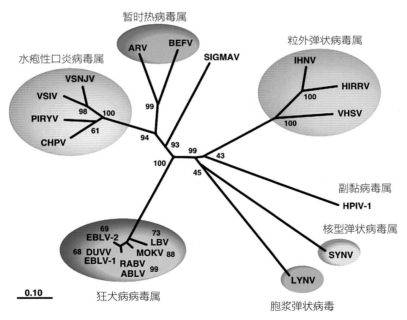

图18-1　弹状病毒科：基于相对保守的N蛋白建立的系统生物进化树。进化树分支的长度与遗传距离成比例。ABLV，澳大利亚蝙蝠病毒；ARV, Adelaide River 病毒；BEFV，牛流行性热病毒；CHPV, Chandipura病毒；DUVV, Duvenhage病毒；EBLV, 欧洲蝙蝠病毒；HIRRV, 比目鱼杆状病毒；HPIV, 人副流感病毒；IHNV, 传染性造血器官坏死病毒；LBV, Lagos蝙蝠病毒；LYNV, 莴苣坏死黄化病毒；MOKV, Mokola病毒；PIRYV, Piry 病毒；RABV, 狂犬病病毒；SIGMAV, Sigma病毒；SYNV, 苦苣菜黄网病毒；VHSV, 病毒性出血性坏血症病毒；VSIV, 水疱性口炎印第安纳病毒；VSNJV, 水疱性口炎新泽西病毒。［引自病毒学分类：国际病毒分类委员会第八次报告（C. M. Fauquet, M. A. Mayo, J. Maniloff, U. Desselberger, L. A. Ball, eds.），p623. Copyright © Elsevier（2005），已授权］

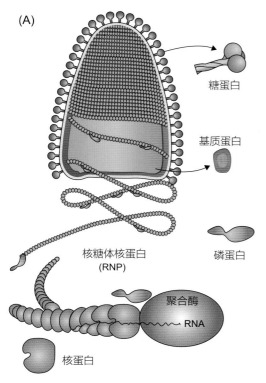

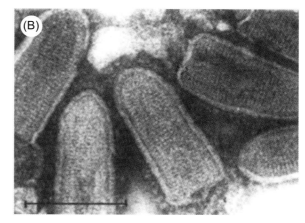

图18-2 弹状病毒属

（A）图为弹状病毒颗粒及核衣壳结构（引自P. Le Merder，已授权）（B）水疱性口炎病毒印第安纳株病毒的子弹形病毒颗粒［引自病毒分类学：国际病毒分类委员会第八次报告（C. M. Fauquet, M. A. Mayo, J. Maniloff, U. Desselberger, L. A. Ball, eds.），p623. Copyright © Elsevier（2005），已授权］

（三）病毒复制

病毒通过受体介导的内吞作用进入宿主细胞，随后病毒囊膜与细胞内膜产生pH依赖性融合，最终病毒核衣壳进入细胞质进行复制（图18-2）。糖蛋白G是唯一一种参与受体识别和病毒进入宿主细胞的病毒蛋白。目前还没有发现某一弹状病毒的特定细胞受体，只确定了狂犬病病毒的某些非必需（或者多余的）受体，包括：神经受体p75[NTR]，肿瘤坏死因子家族的成员；肌肉型烟碱乙酰胆碱受体；神经细胞黏附分子，免疫球蛋白家族的一员；以及细胞膜的其他组成部分，如神经节苷脂类等。目前一般认为磷脂酰胆碱是水疱性口炎病毒的受体，也是病毒性出血性败血症病毒的纤连蛋白。

弹状病毒复制的第一步是基因组RNA通过病毒聚合酶转录合成信使RNA（mRNA）（图18-3），直至足够数量的核衣壳（N）和磷蛋白质（P）得到表达后，转录就会发生转变，mRNA转录转变为全长基因组正链，转录产生的正链基因组是病毒的负链基因组RNA合成的模板。病毒的转录酶以病毒粒子的RNA作为模板，可转录产生5个单顺反子。在弹状病毒基因组的3'末端，有该病毒唯一的启动子，聚合酶与基因组RNA模板的启动子位点结合，向病毒RNA的5'方向移动，于基因组5'末端的终止信号位点终止。弹状病毒基因组内部的各个基因之间存在连接点，只有一小部分聚合酶能够通过这些连接点继续转录过程，这种转录机制被称为衰减转录（或称为终止-起始转录，或打滑转录）。衰减转录导致病毒3'端的基因充分转录为大量的mRNA，而下游基因转录合成的mRNA逐渐减少：N>P>M>G>L。因此结构蛋白，诸如核衣壳蛋白的合成量远大于L蛋白（RNA聚合酶）。

核衣壳蛋白在胞浆中与新合成的基因组

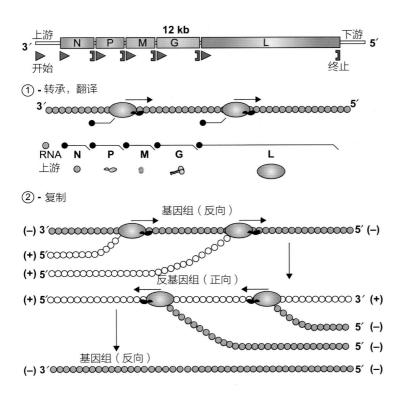

图18-3 水疱性口炎病毒的基因组结构及其转录模式。①转录及翻译。②复制：G，糖蛋白；N，核衣壳；P，磷蛋白；M，基质蛋白；L，RNA聚合酶。

[引自病毒学分类：国际病毒分类委员会第八次报告（C. M. Fauquet, M. A. Mayo, J. Maniloff, U. Desselberger, L. A. Ball, eds.），p623. Copyright © Elsevier（2005），已授权]

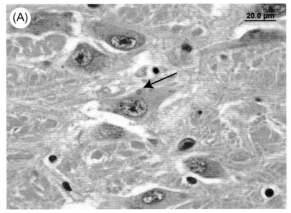

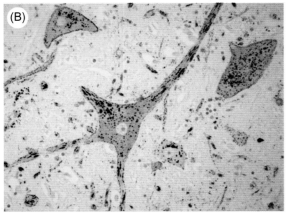

图18-4 野猫体内的狂犬病病毒切片（A）感染猫神经的胞质内含物。（B）病毒抗原的免疫组化染色。（引自佐治亚大学K. Keel，已授权）

RNA分子结合，盘旋自我组装为核衣壳，然后通过基质蛋白M的作用，核衣壳依次结合到有囊膜刺突插入的细胞膜，最后穿过细胞膜，出芽形成病毒粒子。狂犬病病毒的出芽过程主要发生在受感染的神经元胞浆内膜及唾液腺上皮细胞质膜。通常水疱性口炎病毒能够快速导致细胞病变，而狂犬病病毒和牛流行性热病毒的复制较慢，不能阻断宿主细胞蛋白质和核酸的合成，所以它们通常不能导致细胞病变。狂犬病病毒在感染细胞的细胞质内可形成明显的包含体（Negri体）（图18-4）。

在病毒复制过程中通常形成缺陷病毒颗粒（见第二章）。表18-2是携带大量截短基因组RNA的复杂突变体，这些突变体会干扰正常病毒的复制过程。缺陷病毒颗粒比正常的感染性病毒要短小。

表18-2　弹状病毒的特性

病毒粒子外层有囊膜包被，呈子弹状外观，病毒粒子大小为70×170nm（长短不一致），膜上有大的突起，膜内含螺旋状核蛋白壳体。

病毒基因组为单一分子的单股负链RNA，11～15kb。

细胞质复制。

病毒RNA通过依赖RNA的RNA聚合酶转录成5种mRNA亚基因，分别翻译成五种蛋白：① L，依赖RNA的RNA聚合酶大蛋白（逆转录酶）；② G，构成囊膜突起的糖蛋白；③ N，核蛋白；④ P，磷酸蛋白；⑤ M，基质蛋白。
病毒粒子通过在胞膜上出芽成熟，像水疱性口炎病毒这样的病毒，会引起细胞内的病变，可通过细胞的病理学进行诊断，而其他一些病毒，如狂犬病病毒并不会引起细胞病变。

二　狂犬病病毒属

（一）狂犬病病毒

狂犬病病毒可以感染所有的哺乳动物并且几乎无一例外地都会死亡。除了一些从未上报本国内有此病发生的国家（如日本、新西兰）及其他进行了野生动物狂犬病的根除措施后被认为是无狂犬病的国家（如瑞士、法国）外，狂犬病在全世界其他所有地区均有发生（图18-5）。在经由蝙蝠传播的狂犬病病毒（如英国的欧洲蝙蝠狂犬病病毒属2和澳大利亚的澳大利亚蝙蝠狂犬病病毒）导致地方性动物和人类发生死亡的情况下，无狂犬病病毒国家的概念变得模糊复杂化。据估计，每年世界上因狂犬病病毒而死的人口35 000～60 000人，每年大约有1 000万人在接触了狂犬病可疑患畜后要接受接触后预防治疗。绝大部分人类的狂犬病病例都是被疯狗咬伤之后感染的，尤其是在非洲和亚洲。相反，北美的主要威胁则是野生动物的狂犬病病毒，其中臭鼬、浣熊和狐狸都可以带毒；而狐狸狂犬病病毒在欧洲大部分地区也是一个重要的威胁，如加勒比岛灰色猫鼬（*Herpestes auropunctatus*）就是一个最典型的传染源。

在世界上很多地方，蝙蝠携带狂犬病病毒一直是一个难题，它可以在那些没有其他病毒传播媒介的地方发生。在美国，蝙蝠是绝大多数人类狂犬病的传染源，而且最近大部分的病例都是由一种银色蝙蝠（*Lasionycteris noctivagans*）携带

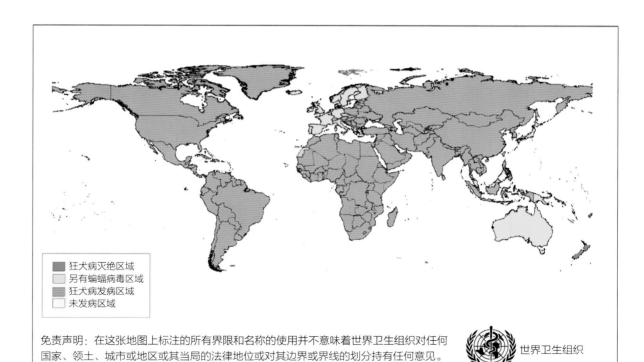

免责声明：在这张地图上标注的所有界限和名称的使用并不意味着世界卫生组织对任何国家、领土、城市或地区或其当局的法律地位或对其边界或界线的划分持有任何意见。

图18-5　2007年世界发生/未发生狂犬病的地区（世界卫生组织）

的基因型病毒所致，那是一种罕见的狂犬病病毒基因型。有人认为这种病毒的基因型可能会增强病毒的侵袭力，即使最轻微的，未确认是否咬伤都有可能会引起感染，同样，蝙蝠狂犬病也发生在欧洲的部分地区。另外蝙蝠还携带一些狂犬病类似病毒，这些病毒可导致人类发生罕见的脑炎。在美国中部和南部，牛的狂犬病病毒是由吸血蝙蝠传播的。

1. **临床特征和流行病学** 各种类型的哺乳动物，包括犬、狐狸、狼、浣熊、臭鼬、豺、猫鼬以及很多种类的蝙蝠等，它们可作为狂犬病病毒的中间宿主，再将病毒传染给其他的哺乳动物。通常情况下，狂犬病是由患有狂犬病的动物咬伤而进行传播和感染的。而在北美大量死于狂犬病的人并不是由患病动物咬伤引起的，在多数病例中分离到的狂犬病病毒是一种变异的蝙蝠狂犬病病毒。这种现象最合理的解释似乎是患者由于被患病蝙蝠咬伤所致，但是人们并没有意识到自己曾被咬到或曾经有过创伤，尤其是那些正在玩耍的儿童或正在沉思中的人更不会意识到。除了咬伤传播外，更为不幸的事是曾经接受过器官移植，而移植的器官或组织是来自于一个未确诊的患者，带有狂犬病病毒的器官或组织从一个个体移植到另一个个体，结果给器官移植的受者造成致命的病毒感染。曾有报道称狂犬病病毒以气溶胶的形式在一些蝙蝠洞穴里作业的工作人员中可以传播，无论哪种解释（如蝙蝠撕咬）都不能排除来自蝙蝠这个传染源的事实。

不同的狂犬病病毒可以根据其基因组序列或单克隆抗体的反应性分成不同的基因型或突变株，这些基因型反映了宿主选择进化的结果。例如，在经过几次未知的传播阶段后，一种基因型的病毒变成了另外一种不同基因型的病毒，它仍然可以感染或杀死一些动物，但是它的传播却只是在储存宿主之间进行。因此，当储存宿主向外进行病毒的散播时，病毒鲜有能力维持其基因的稳定传播，尽管这种传播非常之偶然。在北美，

陆生动物（与蝙蝠无关）的几个变种被目前被认为是来自于波多黎各的臭鼬、狐狸、浣熊或猫鼬。另外，很多不同种类的蝙蝠会携带多种不同基因型的病毒。在流行病学调查中对狂犬病病毒进行系统进化分析是非常有用的，因为系统进化分析可以揭示病毒基因外溢事件（病毒跨种间传播），并最终揭示人类狂犬病病毒到底来源于哪种特定的动物。

狂犬病的临床特征在大多数物种间很相似，但在不同个体之间存在很大的差异，当被感染动物如蝙蝠或狗咬伤后，通常潜伏期为14～90d，但也可能远长于此。在人的病例的报道中，有的潜伏期长达2～7年，这些人类病例所感染的病毒最后均被确定属于犬狂犬病病毒的变种（基因型）。而在其他动物上的这种情况还没有足够的数据支持，但也有报道称，在猫上潜伏期可达2年。

狂犬病发病时，在有明显的临床症状发生之前，有一个很容易被人忽略的先兆期。通常有两种临床表现形式：狂暴性狂犬病和麻痹性狂犬病。在狂暴性狂犬病中，动物开始变得不安、焦虑且有攻击性行为，变得极度危险，患病动物不畏人类并且会啃咬所有能引起它注意的东西。患病动物不敢喝水，吞咽麻痹，所以这种病还有一个很古老的名字"恐水症"。狂暴性狂犬病的其他特征性症状包括过度流涎，畏光及声音，过度感觉反应（动物通常还会抓咬自己）。随着脑炎症状的不断发展，动物逐渐由兴奋转为抑制，开始呈现出与麻痹性狂犬病相似的临床症状。病程的末期常常发生惊厥、昏迷、呼吸骤停等症状，一般在出现临床症2～14d后死亡。在这种病程中，猫、犬和马出现狂躁症状的概率要高于牛和其他反刍动物及实验动物等。

2. **发病机制及病理变化** 被咬伤后患狂犬病的概率与感染病毒的剂量、病毒基因型、被咬的部位、严重程度与动物种类有关（例如，报道称每毫升唾液中要含10^6个病毒单位才会使被咬的狐狸患病）。患病动物的咬伤通常会使病毒深

入到肌肉和结缔组织，在这种皮肤破损的情况下，通常还是会发生感染。病毒从入口部位可以直接进入外周神经复制，也可以在肌细胞（心肌细胞）中完成第一轮的复制扩增再进入外周神经。病毒侵入外周神经系统，在感觉或运动神经末梢，病毒与受体特异性结合，使神经肌肉接头释放神经递质乙酰胆碱。神经元的感染和轴突内病毒的被动运输最终会导致中枢神经的感染。随后便依次发生神经元感染和神经功能障碍的一系列症状。病毒扩散到大脑边缘系统后大量复制，此时伴随的临床症状即为狂躁，随着病毒在中枢神经系统中的不断扩散，病程逐渐发展到麻痹性狂犬病的临床症状：抑郁，昏迷，呼吸骤停，最终死亡。

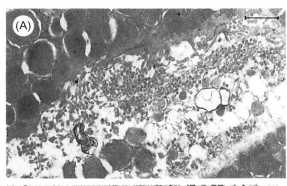

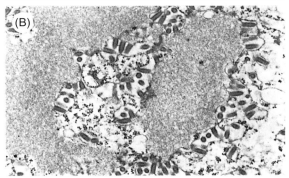

图18-6　感染狂犬病狐狸的颌下腺和脑组织中的狂犬病病毒

（A）下行的病毒颗粒大量积聚在唾液腺管道。（B）脑部感染。弹状病毒在脑内细胞膜上出芽；颗粒状物质是过剩的病毒核衣壳形成的包含体，在光学显微镜下可看做奈格里体。无论在唾液腺还是在大脑中，狂犬病病毒感染都没有细胞病变，但在脑内几乎所有的病毒都是以在神经元内膜上出芽的方式生成，然后被包被在里面；而在唾液腺中，病毒是在可以自由进出的质膜顶端出芽的。一些储毒宿主物种在传播高峰期时，浓度可达每毫升唾液 10^6 个 ID_{50} 病毒（薄层电子显微镜法）。

在狂犬病感染后期，病毒从中枢神经经过外周神经系统扩散到各种器官，包括肾上腺皮质、胰腺以及唾液腺。在神经系统中，大多数病毒都是在胞浆内膜上出芽生成；而在唾液腺病毒粒子是在质膜表面黏液细胞的顶端生成，以释放高浓度的病毒粒子到唾液中（图18-6）。因此当病毒在中枢神经系统内复制而导致患病动物狂躁并肆意撕咬时，患病动物的唾液具有高度传染性。

虽然患狂犬病的动物常有自残行为，但是死于狂犬病的动物并没有宏观可见的病变。尽管狂犬病患畜脑部呈现出不同的炎症反应，但是却只有少量神经元损伤的组织学变化。神经元的病变特征及诊断要点是发现嗜酸性胞浆内的内含物（奈格里体），这种现象在小脑内神经元的海马回和浦肯野细胞中很常见（图18-4A）。有些动物会发生神经节神经炎，包括半月神经节。患病动物大脑中神经元的广泛感染可通过超微结构观察（电子显微镜）或用狂犬病病毒特异性抗血清进行免疫组化染色加以证实（图18-4B）。神经结构破坏轻微与致命的神经功能障碍这一突出的矛盾表明，患病动物的神经病变是功能性的而非结构性的。

3. 诊断　狂犬病的临床症状是高度可变的，所以要确诊还需要进一步化验，患病动物神经元内的奈格里体是感染狂犬病最显著的特点，但却经常难以确认。在大多数国家，狂犬病的实验室诊断只能在经过批准的实验室由合格的有经验的人员操作。最常见的要求是要确定患病动物是否咬伤过人，如果怀疑是狂犬病，那么必须杀死疑似患病动物，并收集脑组织检测。最常见的尸体剖检诊断包括直接免疫荧光和脑组织（延髓、小脑、海马回）冰冻切片进行免疫组化染色证明是否有狂犬病病毒。有时在尸体剖检后，还可以进行RT-PCR检测以确定动物体内是否有病毒RNA，这是通过可以扩增病毒基因组和mRNA序列的引物完成的。死前诊断只需将狂犬病可疑患者的唾液样本进行RT-PCR检测、皮肤穿刺活检的免疫荧光染色和角膜的压印。在这种情况下，只有阳性结果是有诊断价值的，因为这些样本采集并不一定在最佳条件下，也可能遗漏了最佳的感染部位。

4. 免疫、预防与控制 狂犬病病毒蛋白具有高度的免疫原性，人类已经开发出各种不同类型的有效预防狂犬病的疫苗，以保护人类和动物免受感染。但是病毒从咬伤部位到中枢神经系统的移行过程中病毒特异性的反应往往是检测不到的，这可能是因为只有很少的病毒抗原被传递到免疫系统，而大多数都被隔离在肌细胞或轴突内。然而，由于抗体介导的中和反应十分敏感有效，在感染发生的前期，如果结合超免疫球蛋白进行治疗就更加有效。由于抗体的免疫阻断作用，对于那些潜伏期很长的感染者，将阻断初始病毒在肌细胞中复制后进入神经系统之间的传播，这期间免疫干预是非常有效的。

目前，已经开发出胃肠免疫的灭活疫苗、减毒活疫苗和重组疫苗用于预防动物和人的狂犬病。最原始的疫苗因为含有灭活病毒的神经组织，常会在某些个体上引起免疫介导的神经性疾病；另一些在鸭胚上传代后的原始减毒疫苗也会引起一些个体产生免疫过敏反应。相当多的细胞培养物衍生减毒疫苗或灭活疫苗也是非常有效的疫苗，最近又开发出了高效表达狂犬病病毒糖蛋白的重组疫苗。成功的口服疫苗无论是减毒疫苗还是重组疫苗都达到了保护野生动物的目标。目前已证实表达狂犬病病毒糖蛋白的重组牛痘病毒疫苗可有效保护狐狸和浣熊免受感染，并且也开发出来了其他种类的病毒载体疫苗。在欧洲大部分地区疫苗诱饵已被用于控制甚至消除狐狸狂犬病；而在北美地区也已开始用来控制和消除郊狼、浣熊和狐狸狂犬病。免疫预防的最大优点是保持了动物种群不再减少，又保持了生态平衡。

在不同地区狂犬病的控制仍然存在各种问题，它取决于储存宿主和在宿主中的感染水平。

5. 无狂犬病毒的国家和地区 在那些无狂犬病的国家和刚刚消灭了狂犬病的国家，猫和犬在入境前的严格检疫可以有效地防止狂犬病引入。无狂犬病国家的数量一直在迅速增长，它们有的是岛国，有的是半岛国家。但是地方性动物感染和携带狂犬病病毒的现象使得无狂犬病国家的概念变得复杂化。例如，在英国的野生动物中狂犬病从没有呈现过地方流行性，继其在1902年消灭了犬的狂犬病，1918年重建了无狂犬病犬群制度后1922年又进行了一次消除。从那时起，英国再没有发生公认的经典的狂犬病病例，但是欧洲曾多次从蝙蝠中分离得到蝙蝠狂犬病病毒2，并且造成了一名蝙蝠生物学家的致命性感染。澳大利亚也是一个无狂犬病的国家，可是在一些地方澳大利亚蝙蝠狂犬病却是一种可以引起偶发性人类感染死亡的地方性动物疾病。

狂犬病病毒在一些地方呈地方动物性流行，并且很少引起人类致命性感染。即使不顾那些蝙蝠相关的狂犬病病毒引起的散发病例，也仍需加强对进口的猫和犬进行严格的检疫，防止其成为陆地野生动物和家畜的地方性传染病。

6. 狂犬病流行的国家和地区 地方流行性犬狂犬病仍旧是亚洲、非洲和拉美一些国家的严重问题，地方流行性犬狂犬病以常导致驯养动物和人类高病死率为特征。在这些国家，尽管研制和维护的费用很大，但是还是投入了大量狂犬病疫苗来应用，并且综合性的防控措施取得了一定成效。例如，最近在大城市的狂犬病疫苗集中接种计划已经显著降低了拉美的狂犬病病例数，特别是在墨西哥。由于存在大量的野生动物带毒者，例如加勒比群岛的灰猫鼬、非洲的各种猫科和犬科动物均是野生动物带毒者，使得狂犬病在地方流行区域的防控变得很复杂。同样，在拉美地区吸血蝙蝠狂犬病对拉美部分地区的畜牧行业和人类健康构成了严重威胁，那里主要存在三种吸血蝙蝠，其中最重要的是圆头叶蝠，防治措施主要是免疫家畜和使用敌鼠和杀鼠灵等抗凝血药物，这些抗凝血药物被制成缓释药丸喂给家畜（牛对抗凝效果不敏感），或者与油脂混合涂在牛背上。当吸血蝙蝠吸食用油脂处理过的血液，或者它们自己或彼此之间刮蹭油脂，咽下抗凝药

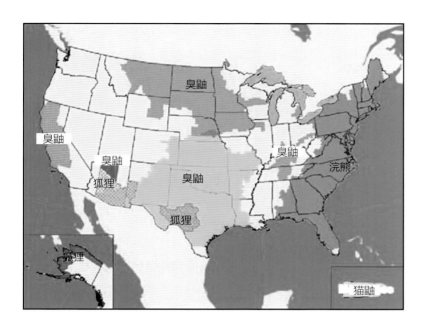

图18-7 美国野生陆地动物宿主中主要狂犬病病毒变种分布图

物，它们随后就可能遭受致命性的翅膀血管出血而死亡。

在欧洲和美国，公立的狂犬病防控机构采取以下措施：① 清除流浪狗和流浪猫，控制宠物的流动（在传染病流行时进行检疫，但是很少）；② 用合适的疫苗免疫猫和犬，以阻断病毒的传播途径；③ 计划性防控野生动物狂犬病，特别是重点区域的带毒动物；④ 实验室诊断以确证临床观察并获得准确的发病率；⑤ 评价所有控制措施的效果以便监督；⑥ 教育普及计划以确保协作。

（1）欧洲国家　在整个欧洲，犬狂犬病已经得到控制或清除，因此人感染病例已经直线下降。最近，控制野生动物狂犬病病毒感染计划已经被实施。通过捕获和下毒减少野生动物数量使狂犬病在野生动物中得到根本性的控制。如今已经通过散布含有狂犬病疫苗的饵剂的方式免疫潜在野生动物宿主取代了捕杀和下毒的方式，例如对狐狸就采用这种方式。在西欧地区，采用这种方式已经将地方流行性狂犬病消灭或几乎消灭，在东欧越来越多国家也在效仿这种方法去控制狂犬病。

（2）北美国家　美国自从20世纪40年代和50年代引入狂犬病控制计划，家养动物的狂犬病病例数已经稳步下降。这些计划包括广泛的给家养动物注射狂犬病疫苗，这种方法消灭了主要的狂犬病犬变体。最近，通过免疫和限制特定野生物种的运输，根除了一种丛林狼变体狂犬病病毒。在20世纪90年代达到高峰后，美国野生动物中被报道的狂犬病动物病例数已经呈现出一个波动而逐步下降的趋势。在美国狂犬病病毒的宿主是狐狸、黄鼠狼、浣熊，以及波多黎各的猫鼬（图18-7）。狂犬病病毒也存在于阿拉斯加和加拿大的红狐和北极狐。尽管加拿大在引入口服免疫计划后狂犬病狐狸的报告已经有所下降，但从得克萨斯到萨斯喀彻温省的北美中部的臭鼬狂犬病仍然是引起家畜狂犬病的主要原因。在美国的东南地区，浣熊被认为是狂犬病的主要宿主已经超过50年了，浣熊相关的狂犬病已经扩散到整个北美东部沿海，并且穿越阿巴拉契亚山脉进入俄亥俄河地区。

7. 人类疾病　公共卫生兽医被要求定期提供狂犬病预防措施及咬伤后预防措施，以及其他有关人类感染狂犬病风险的注意事项。此外，执业兽医提出一个针对世界各地区的狂犬病病毒危害等级评估。地方公共卫生组织、美国疾病控制中心或世界卫生组织有传染狂犬病后的预防和接种免疫的指导可供利用，这些指导随时间不断更新，如何处理狂犬病的议题被不断的查阅。

处理人类疑似感染狂犬病的第一步是完全清洗伤口，立即猛烈清洗和用肥皂水清洗非常关键。第二步是评定伤口的性质，在狂犬病地方动物性流行地域，如果个人仅仅接触过疑似染病动物，不建议做处理；然而如果被抓伤或咬伤，或者皮肤出现破损时，强烈建议立即进行处理。因为这是一个公共卫生问题，当怀疑感染狂犬病时，应当立即联系本地卫生官员，以便进行适当的处理，并对疑似感染动物进行试验诊断，因为对疑似动物进行捕获、隔离和检疫的结果，对感染后的处理过程非常关键。如果疑似感染动物是一只犬或猫，且该动物被确定接种过恰当的疫苗，在10d的观察期内保持健康，或者被安乐死后的实验室诊断结果也是阴性，那么治疗和处理可以停止。当疑似感染动物涉及一些其他驯养动物或野生动物，该动物应当立即进行安乐死，并利用合适的实验室诊断技术对其大脑进行检验。在美国，当被咬伤后大多数人采用保守的建议进行处理，即在这种情况下，咬伤被按狂犬病处理，直到实验室诊断为阴性。有时甚至在咬伤不明显的情况下，额外考虑可能发生感染，也按狂犬病处理。在没有或少有狂犬病的地区，处理与否根据情况而定，考虑咬伤感染的潜在可能，并且考虑在没有陆地动物狂犬病时蝙蝠狂犬病是否可能发生的现实，以及蝙蝠狂犬病通常不被检测的事实。啮齿类动物，兔子、野兔的传染很少发生，如果有的话，需要进行狂犬病的检测。

（二）狂犬病样病毒和蝙蝠狂犬病

蝙蝠是狂犬病病毒的储存宿主，但是它们也传播大量其他动物传染性弹状病毒，可引起罕见的狂犬病样病例。这些病毒包括几种非洲病毒（杜文海格，拉各斯蝙蝠，莫克拉病毒）和欧洲蝙蝠狂犬病。1966年在一种黑狐蝠中发现澳大利亚蝙蝠狂犬病毒，这种病毒沿着澳大利亚的整个东海岸出现，并且在所有四种主要的黑狐蝠和一种食虫蝙蝠中被发现。

三 水疱性病毒属成员

水疱性口炎病毒

水疱性口炎病毒是引起美国牛、猪和马的一种重要疾病病毒，在历史上具有重要地位，不仅因为它与口蹄疫在鉴别诊断上的重要性，还可引起马的跛行。但是最近该病毒被认为是引起奶牛产量减少的病因，特别是越来越多的制酪业在越来越热的气候条件下生产。该病由一群抗原相关但是不同种的病毒引起，包括水疱性口炎病毒、新泽西州水疱性口炎病毒、阿拉戈斯水疱性口炎病毒和可卡尔病毒。可卡尔病毒在特立尼达和巴西分离到；水疱性口炎病毒在巴西发现；北美没有分离到病毒。

1. 临床特征和流行病学　在一群动物中发生水疱性口炎时，个体间临床特征差别很大。潜伏期通常1~5d，随后病情发展迅速。流涎和高热通常是牛和马感染本病的第一信号，跛行通常是猪感染的第一信号。感染牛的舌、口腔黏膜、乳头上皮、趾间及蹄冠迅速破裂形成广泛的溃疡，很快转变成二级感染，这些病变可能引起唾液大量分泌、厌食、跛行和拒绝哺乳小牛。马的主要病变部位在舌背部，有时进一步发展到整个舌的溃疡（图18-8）。猪的水疱性病变多发生在鼻端和蹄冠部，病变多在7~10d自行愈合，愈后良好。

在美国北部、中部、南部和加勒比海地区，典型流行性水疱性口炎每年发生一次，在热带和亚热带地区的国家间隔2~3年发生一次，在温带间隔5~10年发生一次。最常见的是新泽西州水疱性口炎病毒，其分布最广，最北达到加拿大最南波及秘鲁。印第安纳口炎病毒也有相似的地理分布，但是发生概率小。对大量新泽西州口炎病毒和印第安纳口炎病毒的分析数据表明，每次温带的流行性水疱性口炎均由单一的病毒基因型引起，说明由一个共同的疫源传播。例如，美国和墨西哥的印第安纳口炎病毒来自一个共同的祖先。分离来自不同地理区域的口炎病毒，例如美国北方和南方，病毒表型不同，包含多个血清型。几种血清型的印第安纳口炎病毒共同存在于哥斯达黎加、巴拿马及其相邻的南美国家。甚至在更小的疫源地，这些变种可维持一段时间。

发生在墨西哥东南、委内瑞拉、哥伦比亚和哥斯达黎加的印第安纳水疱性口炎和新泽西州的口炎病毒的流行疫源地主要是低洼潮湿地区。在美国新泽西州水疱性口炎病毒感染以前存在于整个南卡罗莱纳州的沿海平原，佐治亚和佛罗里达；直到最近，仅有的一个重点区域是佐治亚州的Ossabaw岛，但是现在病毒似乎已经从这一区域消失。

一些证据表明，水疱性口炎病毒由蚊虫叮咬自然传播，包括季节性流行及流行期笼养动物的血清学转变。白蛉引起的病毒传播发生在一些热带和亚热带地区，伴随着病毒经白蛉的卵巢传播，这可能导致病毒在疫源地的留存。经卵巢传播被认为是病毒与宿主长期进化发展的结果。已经认识到白蛉与直到最近依然存在于新泽西州水疱性口炎病毒的佐治亚州Ossabaw岛的疫源地的维持有关。已经在黑蝇、糠蚊、库蚊、眼蠓虫、家蝇和螨虫上分离到该病毒。1982年在新泽西州流行性口炎病毒广泛流行期间，从苍蝇身上分离许多病毒，大部分来自家蝇。这些苍蝇在流行病传播期间的确切作用仍然不清楚。虽然经过多年研究，水疱性口炎病毒的长距离传播仍然是个谜。水疱性口炎病毒可以在环境中存活几天，例如，在挤奶器的零件上的病毒可导致乳头和乳腺炎症，在水槽、土壤和植被上的病毒可导致口炎。

2. 发病机制及病理学 水疱性口炎病毒可能由于轻度的擦伤通过黏膜和皮肤进入机体，例如由粗糙饲料和蚊虫叮咬引起的破损。除了猪和

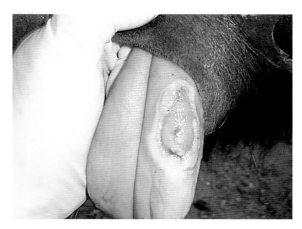

图18-8 患水疱性口炎马的舌头上的广泛溃疡

试验小动物，几乎没有实质性的全身病毒血症感染阶段。病毒感染的口腔上皮黏膜和皮肤导致上皮内水肿和形成充满液体的小泡，并迅速破溃。这些病变经常合并形成广泛的溃疡，但整个舌头和乳头的上皮脱落不常见（图18-8）。高传染性的病毒通常在水疱液体和病变组织边缘存在时间较短。因此病毒可能通过污染物传播，例如污染的食物，挤奶机和限制设备。病毒也可能由节肢动物机械地传播。不管上皮的损伤程度如何，愈合通常快速良好。

3. 诊断 水疱性口炎在临床上应与牛和猪的其他水疱性疾病区分，包括口蹄疫。马的水疱性口炎病变的特征是仅有水疱性口炎。利用细胞培养技术可以在水疱液和刮削下的组织碎屑分离到病毒，或者利用RT-PCR进行鉴定。鉴定过程需要在授权的参考实验室实施，因为迫切需要迅速准确地区分水疱性口炎和口蹄疫。血清学检测，特别是牛和马的，经常需要运送来自疫区或者水疱性口炎流行地区的动物或精液。

4. 免疫、预防与防控 水疱性口炎病毒的感染可引起强烈的免疫应答。但是具有高水平中和抗体的牛可以再次感染，说明这种抗体的保护力有限。这也许可以解释病毒在上皮内的限制性和本地化复制。新泽西州水疱性口炎病毒和印第安纳水疱性口炎病毒之间几乎没有交叉保护。

水疱性口炎可呈爆炸性暴发，然而有效的控制手段却很有限，在感染时流行情况并不确定的

情况下对动物疫情只能采取很少的应对措施。由于潜在的虫媒传播扩散，通常主张灭蝇，加强动物检疫和运输控制等措施。在温带地区，水疱性口炎病以不断的频繁间隔发生，因此几乎不用考虑该病的流行周期。目前虽然已经开发出灭活苗和弱毒苗，但是它们还没有得到广泛应用。

5. **人类疾病**　水疱性口炎病是人兽共患病，该病病毒可由感染动物的水疱液和组织传染给人类（通常是农民和兽医）。人类感染该病就像感染流感，表现为急性的发烧、发冷和肌肉疼痛。7~10d康复后没有并发症。人类病例在牛和马疫病流行期间并不罕见，但是缺乏认识，病例报告很少。人类病例可以通过血清学试验进行诊断。

四　暂时热病毒属成员

牛流行热病毒

牛流行热病也叫三日热，是牛和水牛的一种由节肢动物传播的疾病。分布区域跨越非洲的热带和亚热带、澳大利亚、中东和亚洲。来自这些地域的疫病间歇性地扩展到温带地区，引起严重的家畜流行病。在美国的南部、北部和欧洲却没有该病的报告。几种与牛流行热病毒相近的病毒也可以感染牛，但不引发疾病。

1. **临床症状和流行病学**　牛流行热的临床特征在牛体内非常典型，但是并不是在单个患病动物身上看到所有症状。该病流行迅猛，以双相或多相热为特征，伴随着产奶量的急剧下降。其他临床特征与继发或随后的发热相关，包括情绪低迷、僵直、跛行，有时可见流泪，有水样眼眵，食欲废绝，反刍停止，便秘和流产。较少发生腹泻和暂时或永久性麻痹。该病大部分为良性经过，3d后恢复迅速（持续2~5d）。患病率通常达到100%，疫情暴发时病死率通常非常低（病死率一般在1%以下），但有时在成年牛、状态良好的肉牛和高生产奶牛中可达到10%~20%。有

亚临床症状病例出现，但是亚临床症状与该病的相关性不清楚，因为抗体检测方法常被相同地区的相近但不相关的非致病性弹状病毒所干扰。

尽管各种其他反刍动物似乎容易受到亚临床感染，但临床疾病仅限于驯养的牛和水牛。在疫源地，流行热是一种季节性疾病，多发生在夏季和初秋，特别是在雨季。尽管现在还没有明确的依据，由节肢动物携带传播牛流行热病毒的可能性仍然是最大的，潜在的媒介宿主包括库蚊和按蚊，也可能包括糠蚊，这些病毒媒介限制或决定着地方性动物传染病和家畜疫病的传播。

2. **发病机制和病理学**　本病的发病机制复杂，这可能是由于各种炎症介质的释放和激活而产生了复杂的病理和免疫效应。毛细血管内皮损伤是牛流行热表现的主要病理变化，但没有证据表明病毒可引起广泛的组织损伤。

牛流行热在所有发病情况下，伴随着循环血液中性粒细胞出现异常（左移），以及早期中性粒细胞增多的现象；同时血浆纤维蛋白原增多，血浆钙离子显著降低。宏观（眼观）病变包括浆液性纤维性的浆膜炎和滑膜炎，肺和淋巴结水肿，部分肌肉的局灶性坏死。临床治疗时，对抗炎药物常具有剧烈反应，常进行输钙治疗。

3. **诊断**　虽然牛流行热病的临床和流行病学特征非常明显，但是实验室诊断很困难。传统的"金标准"是利用蚊子（白纹伊蚊）细胞或乳鼠脑盲传分离病毒，但是最近发展了RT-PCR分析技术。虽然可以通过酶联免疫法检测抗体滴度的增加，包括酶联免疫阻断实验（ELISA），或者通过病毒特异性的中和试验，或者通过免疫荧光、琼脂凝胶沉淀等试验进行诊断，但是必须注意牛流行热与其他弹状病毒间存在交叉反应。

4. **免疫、预防和防控**　感染后可造成稳固的长期的坚强免疫。因为疫病暴发往往涉及牧场的大多数动物，疫情暴发以前，重复临床发作通常涉及新出生的动物。在这种疾病流行的地区，控制传播宿主往往是不切实际的。日本、南非和

澳大利亚有灭活和减毒弱疫苗的使用。传统疫苗的缺点在于缺乏效力，而灭活疫苗需要更高的抗原量，因此价格比较昂贵，这可能超出经济承受能力。弱毒疫苗虽然价格低廉，但是弱毒苗往往在其致弱过程中其免疫原性会受到损失。目前已经研发出一种表达G蛋白的杆状病毒新疫苗。

五 鱼弹状病毒：水疱性病毒属和弹状病毒属

至少有两个属的9种不同的弹状病毒与经济鱼类的重要疾病相关；特别是弹状病毒属的出血性败血症病毒和暂且归到水疱性病毒属的传染性造血器官坏死病病毒。坏死病病毒是饲养鱼和野生鱼的重要病原体。通过中和试验和序列分析可以区别这些病毒以及其他的鱼类弹状病毒。尽管不同病毒的最佳增殖条件差异很大，病毒大多可以在各种鱼的细胞系上增殖，某些情况下也可在哺乳动物、禽类、爬虫类和昆虫细胞上传代。

（一）鱼出血性败血症病毒

出血性败血症是几种鲑鱼的一种综合征，越来越多的海洋和淡水鱼类由出血性败血症病毒引发该病。任何年龄的鱼均可发病，病死率高，幸存下来的鱼成为病毒携带者。感染的形式分为急性、慢性和亚临床感染。急性感染的虹鳟鱼（硬头鱼）在感染后的30d内发病，症状表现为嗜睡、螺旋或闪光式游泳、体色变黑、鳃苍白、眼球突出、鳍基部出血。幼鱼的病死率最高，可达100%。虽然亚临床感染和慢性感染的鱼也许不表现临床症状，进入大脑的病毒也可能引起游泳行为异常的精神紧张性疾病。

出血性败血症病毒可引起超过60种的海洋或淡水鱼的感染，其危害已经被欧洲大陆、北美、日本所认识，最近伊朗也深受其害。该病毒尤其对欧洲的大马哈鱼养殖曾带来了不小的麻烦，在美国五大湖区至少有28种野生鱼对该病易感。似乎该病毒的一种血清型的四种亚型在地理上形成

特定的区域，四个亚型中有三个亚型存在于海鱼，它们可能是感染适应淡水环境中的虹鳟鱼的病毒来源。该病毒能感染所有年龄的鱼，存活的感染鱼成为病毒携带者，可通过其尿液、精液和卵表面来传播病毒。在水产养殖设施上，病毒通过接触和污染物传播。在孵化场废水的下游可以分离到该病毒，有时孵化场疫情的暴发可以追溯到供水上游野生大麻哈感染。在水温4～14°C时常常暴发疫情造成重大损失。病死率和成为病毒携带者的比率随水温接近或超过15°C 时而下降。

感染鱼的出血性败血症病变表现在眼、皮肤、鳍及鳍基部等部位出血。剖检可见脾、肾等器官坏死或出血。肝脏充血，形成不规则的斑点。观察典型病变进行初步诊断，并通过病毒分离或血清学检测进行确诊。常用几种来源于鱼的细胞系进行病毒分离。也可以通过免疫学方法，包括免疫荧光、ELISA或以核酸为基础的RT-PCR技术等进行分析确诊。

孵化场感染后存活下来的虹鳟鱼建立免疫。在血清中和抗体出现以前，病毒感染早期诱发干扰素产生。弱毒苗和DNA疫苗已经在局部试验中取得极佳的保护效果，但是都还没有进行商业化生产，因此在疫病区采取淘汰和清除是主要的控制方法。种鱼培养时使用包括无病毒的容器、表面无菌的受精卵、供应不含病毒的水等措施。

（二）鱼传染性造血器官坏死病病毒

鱼传染性造血器官坏死病是鲑鱼的一种疾病。已经鉴定了三种主要的传染性造血器官坏死病毒的基因型，他们往往被按照病源地和分离病毒的鲑鱼品种进行分类。由特定病毒株引起的个体病例，例如俄勒冈州红鲑病毒，萨克拉门托河奇努克鱼病毒。养殖的虹鳟鱼流行的一种病毒与传染性造血坏死病病毒的不同的基因型相关。

传染性造血器官坏死病是加州北部到阿拉斯加的北美西海岸的某些野生和孵化场种鱼的一种地区性常见流行病。在北美西北太平洋地区以及

欧洲大陆和远东地区（如日本、韩国、中国和中国台湾）的鲑鱼和鳟鱼孵化场都零星发生过造成重大损失的传染性造血器官坏死病。病毒通常感染青年幼鱼，一般水温在8～15℃时发病，死亡率可达50%～90%。该病毒也可对海水或淡水中成年的大马哈鱼造成重大损失。幸存者可建立起坚强免疫，可抵抗再次感染，这可能是血清中的中和抗体在起作用。逆流产卵的带毒鲑鱼在进入淡水时可能通过尿液、粪便及卵巢和精液排出大量病毒，本身并不出现临床症状。然而幼鱼会发生急性感染，鱼体外表颜色变暗、精神呆滞、贫血、眼球突出、腹部膨胀、鳍的基部出血。

该病的诊断主要基于典型症状的观察以及用鱼细胞系分离病毒。确诊需要通过免疫学方法进行鉴定，包括免疫荧光、ELISA，或以核酸为基础的RT-PCR技术进行分析。养殖鱼群的防控措施与出血性败血症的防控措施相似，通过采用全进全出的养殖模式和网箱的物理分离养殖模式，这种疾病在北美西海岸沿岸养殖在网箱中的大西洋鲑鱼种群中得到成功控制。在加拿大，目前一种针对大西洋鲑鱼的DNA疫苗已经获得认证。

（三）鲤春病毒血症病毒

顾名思义，鲤春病毒血症是鲤鱼科的一种急性出血性传染病，通常在春季水温上升到10～17℃时发生。该病由一群血清学和遗传学上截然不同的病毒引起，该病毒进一步划分为四个基因亚型，每个基因型展现出不同的地理分布，但并不唯一。曾经被认为是一种主要发生在欧亚鲤种群的疾病，最近在中国和北美的鲤鱼和野生锦鲤种群中出现暴发。尽管鲤是主要的易感物种，但是该病也可以发生在鲤科的其他物种，包括欧洲鲫、鲢、鳙和草鱼，以及金鱼、圆腹雅罗鱼和丁鲷。在六须鲶中也曾暴发过。一般1岁以下的鲤损失最大。降低水的温度可以延长感染和死亡，而提高温度高于20℃（也有例外）可能会限制疾病和促进病毒快速清除。带毒的野生或养殖鲤可能作为病毒的储存宿主，在应激情况

下定期排毒。

急性感染的鱼有时不表现出症状，或者表现出一系列非特异性临床症状，包括腹部膨胀和出血性腹水、鳃和皮肤斑状出血，发炎和肛门外凸。在急性感染期间，病毒可通过鳃和皮肤的病变以及尿液和粪便排出。诊断主要依靠病毒的分离及鉴定。确诊可单独通过血清中和试验，也可通过RT-PCR进一步验证。

避免接触是预防本病的主要的控制措施，用类似于控制病毒性败血症和传染性造血器官坏死的方法也非常有效。这些控制措施可以由完善的卫生制度来保证，包括在池塘要定期使用消毒设备进行消毒，迅速清理并适当处置死鱼。尽管灭活疫苗、减毒疫苗和DNA疫苗在实验上都展示出一定的前景，但是目前并没有免疫效果良好的鲤春病毒血症疫苗。

（四）其他鱼弹状病毒

平目弹状病毒、黑鱼病毒属传染性造血组织坏死病毒和病毒性出血性败血症病毒都属于诺拉弹状病毒属，在远东地区（日本和韩国）和东南亚一带是一种很重要的病原体。平目弹状病毒是一种能引起类似病毒性出血性败血症的疾病，主要引起比目鱼（比目鱼–类似鲽鱼）和香鱼（鳟鱼类）的全身性出血和鲑鱼传染性造血组织坏死。从野生和人工饲养的两种黑鱼（鳢科）中分离出与溃疡性疾病有关的乌鳢病毒，在黑鱼溃疡病中，这种病毒的作用仅次于真菌媒介丝囊霉。平目和黑鱼病毒都可以从鱼源的几个细胞系中分离得到，并通过中和试验或基因鉴定的方法确定（RT-PCR）。

在欧洲孵化场饲养的梭子鱼鱼苗所带的弹状病毒引起的一种疾病与鲤春季病毒血症病很相似，在这些地方主要是通过隔离和碘伏除去卵表面的病毒污染来预防本病。目前，已从数种鲤科鱼类包括草鱼和丁鲷中发现与弹状病毒血清学相似的梭子鱼鱼苗弹状病毒，鲤春病毒血症病毒和梭子鱼鱼苗弹状病毒之间存在血清学交叉反应，

表明它们之间具有相关性。目前已从鳗中分离出真菌媒介丝囊霉、水疱性口炎病毒和几种其他弹状病毒。它们与其他已知的鱼类弹状病毒的血清学特点不同，所以可能代表了新种。目前还没有出现鳗病毒在淡水鳗阶段导致疾病的病例，但某些病毒毒株对虹鳟鱼鱼苗可能会有致病性。目前也已从鲈鱼、梭子鱼、河鳟、欧洲湖鳟、瑞典海鳟和星斑川鲽中分离出水疱病毒类似物，从里奥格兰德慈鲷（得州豹鱼）、中国鲈（对鳜）、和大菱鲆中分离出具有疑似特征的鱼弹状病毒。

崔红玉　译

Chapter 19 第19章 丝状病毒科

章节内容

1967年德国和南斯拉夫实验室正在从事加工从乌干达进口的非洲绿猴（*Cercopithecus aethiops*）肾脏的工人中发生了31起出血热病例，其中7人死亡。从这些病人和猴子的组织中分离出来的一种新病毒被命名为马尔堡病毒，现为丝状病毒科的典型成员。9年后，两次高死亡率的出血热病发生，一次发生在位于扎伊尔（现今的刚果民主共和国）热带雨林的村庄，另一次发生在南苏丹。分离出一种与马尔堡病毒形态相同，但抗原性不同的病毒，命名为埃博拉病毒。后来发现从扎伊尔和苏丹分离的病毒的基因不同，现在特指埃博拉病毒扎伊尔亚型和苏丹亚型。1976年以来，埃博拉出血热的定期流行是由3种基因不同的病毒［扎伊尔、苏丹以及科特迪瓦（象牙海岸）种］引起的。1989年和1990年，在弗吉尼亚州雷斯顿一检疫设施内从菲律宾进口的猴子感染了一种新的丝状病毒，现在称为雷斯顿埃博拉病毒。在检疫设施内感染的猴子发病，并且许多死亡。4名动物管理员被感染，但没有明显的临床症状。随后，在从菲律宾进口到意大利（1992）和得克萨斯（1996）的猴子中检测到这种病毒。2008年在菲律宾有猪和饲养员感染雷斯顿埃博拉病毒的报道。

丝状病毒科成员引人兴趣的原因有以下几点：① 尽管与单股负链病毒目（包括副黏病毒科、弹状病毒科、丝状病毒科和博尔纳病毒科）其他成员在基因组结构和复制模式上相似，但是在形态学上最为奇特；② 病毒能引起大规模的暴发，因此被公认为具有大规模流行的趋势；③ 病毒能在人类和非人类灵长类动物，包括黑猩猩、大猩猩和猕猴中引起一种最具毁灭性的临床疾病，极其快速地造成组织损伤，而且死亡率非常高；④ 虽然这些感染是明显的人畜共患，但是关于其流行病学还有许多问题有待确定，而且最近的证据表明果蝠可能是埃博拉病毒和马尔堡病毒的储存宿主。引起这些疾病的病毒为生物安全水平4级病原体，它们必须在具有最高防护条件的实验室里处理以避免人类感染。

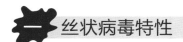

丝状病毒特性

（一）分类

所有不分节段的负链RNA病毒共有一些特性：① 相似的基因组结构以及大致相同的基因顺序；② 病毒粒子相关的RNA聚合酶（转录酶）；③ 螺旋形的核衣壳；④ 从单一启动子按顺序间断合成的信使核糖核酸（mRNAs）的转录；⑤ 病毒粒子成熟是通过预装配的核衣壳从细胞质膜上包含病毒糖蛋白刺突（膜粒）的位点出芽形成。这些特征和在基因组核酸序列中发现的保守古老基序说明它们拥有共同的祖先，这反映在单股负链病毒目的建立。核蛋白基因和聚合酶基因上的保守域表明丝状病毒科与副黏病毒科肺炎病毒属最为相近，而不是与和它们具有相似螺旋状核壳体结构的弹状病毒科相近。

丝状病毒科包括两个属：马尔堡病毒属和埃博拉病毒属。马尔堡病毒属只包含一种病毒，即马尔堡病毒；埃博拉病毒属包含四个公认的种（苏丹埃博拉病毒、扎伊尔埃博拉病毒、雷斯顿埃博拉病毒、科特迪瓦埃博拉病毒），还有一个是最近发现的种类，暂时命名为本迪布焦病毒。

（二）病毒粒子特性

丝状病毒病毒粒子具有典型的多形性，表现为长形、细丝状，有时候呈分支状或U形、六边形，或呈圆形。病毒粒子的直径为80 nm，在长度上变化很大（粒子长度可达14 000 nm，但是完整的核衣壳长度在马尔堡病毒属约是800 nm，在埃博拉病毒属是1 000 nm）。病毒粒子由一个表面带有三聚体糖蛋白且围绕在螺旋状核衣壳（直径是50 nm）外的脂质包膜组成。病毒粒子至少包括7种蛋白，分别是RNA依赖的RNA转录酶和聚合酶（L）、表面糖蛋白（GP）、核衣壳蛋白（NP）、基质蛋白（VP40）、磷酸化蛋白等价物（VP35）、聚合酶辅因子（VP30）和膜相关蛋白（VP24）（图19-1；表19-1）。

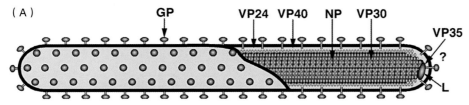

（A）

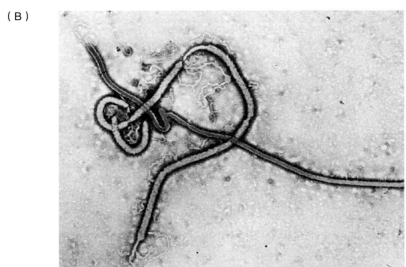

（B）

图19-1 （A）丝状病毒病毒粒子横断面图解。GP，表面糖蛋白；VP40，基质蛋白；VP30，聚合酶辅因子；NP，核衣壳蛋白；VP35，磷酸化蛋白等价物；VP24，膜相关蛋白；L，RNA依赖的RNA转录酶和聚合酶。（B）丝状病毒科，埃博拉病毒属。病毒粒子来自Vero细胞培养2d的诊断样品，电镜负染。

病毒基因组由一个分子的单股负链RNA组成，大小为19.1kb，基因组是所有单股负链RNA病毒中最长的。基因排列顺序是3'－NP–VP35–VP40–GP–VP30–VP24–L–5'（图19–2）。基因被基因间序列或基因重叠序列分开，重叠序列是一段短的区域（17~20 bp），是下游基因的转录起始信号和上游基因的转录终止信号的重叠区域。埃博拉病毒含有3个重叠区域，和基因间序列交替出现；而马尔堡病毒只有一个重叠区（图19–2）。

要作用。埃博拉病毒也编码第二个糖蛋白，它的表达量高且分泌到细胞外（sGP）。分泌型糖蛋白和糖蛋白（GP）的表达涉及病毒聚合酶作用下糖蛋白mRNA的转录RNA编辑。全长跨膜锚定

维多利亚湖马尔堡病毒基因组

扎伊尔埃博拉病毒基因组

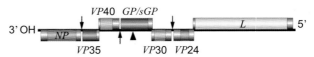

图19–2 马尔堡病病毒和埃博拉病毒的基因组结构 毗邻的基因由基因间区域（箭头）或重叠区分开。埃博拉病毒GP基因剪辑位点用黑色三角形表示。GP，表面糖蛋白；L，RNA依赖的RNA聚合酶和转录酶；NP，核衣壳蛋白质；sGP，分泌糖蛋白；VP35，磷酸化蛋白等价物质；VP40，基质蛋白；VP30，聚合酶辅因子；VP24，膜相关蛋白。[引自病毒分类学：国际病毒分类委员会第八次报告(C. M. Fauquet, M. A. Mayo, J. Maniloff, U. Desselberger, L. A. Ball, eds.), p. 647. Copyright ©Elsevier (2005)，已授权]

表19-1 丝状病毒特性

病毒粒子呈多形性，表现为长丝状和其他形状；具有相同的直径，为80nm，在长度上有很大变化（马尔堡病毒的核衣壳长度约为800nm；而埃博拉病毒的约为1 000nm）。
病毒粒子由表面带有纤突、环绕在螺旋状核衣壳外的脂质体包膜组成。
病毒基因组由一个单股负链RNA分子组成，大小为19.1kb。
病毒感染可以引起培养细胞和宿主靶器官病变。
病毒在细胞质内复制，形成大的胞浆内包含体，以出芽方式从细胞膜释放。

糖蛋白在病毒粒子表面形成同源三聚体纤突，而且在结合宿主细胞引发感染过程中发挥重

糖蛋白的表达需要在RNA转录过程中通过聚合酶在病毒基因组模板上的滑动加入一个单一的非模板化的腺苷酸残基。这个附加的腺苷酸残基可以改变氨基酸密码子阅读框，同时可以促进全长糖蛋白的表达，包括疏水的跨膜锚定区域。如果没有附加这个非模板腺苷酸残基，开放阅读框就会缩短，并表达一个较小的分泌蛋白，它被细胞分泌通路加工并大量排出。这个可溶性糖蛋白在埃博拉病毒发病机制中的作用是未知的，但是有可能是作为某种免疫诱饵，减小对病毒的免疫应答。这个分泌蛋白也有免疫抑制作用，影响宿主对感染的应答。其他病毒蛋白，特别是VP24和VP35，通过对抗Ⅰ型干扰素应答表现出明显的免疫抑制效应。病毒粒子还含有脂类，它们的成分反映了宿主细胞膜的组成成分，还有大量的碳水化合物作为糖蛋白的侧链。

室温条件下，病毒感染是相对稳定的，但是对紫外线、伽马射线、清洁剂、普通消毒剂敏感。

（三）病毒复制

丝状病毒能在细胞培养物上良好复制，如Vero（非洲绿猴肾）细胞。感染以迅速产生细胞病变和大的胞浆包含体（由大量的病毒核衣壳组成）为特征。病毒粒子通过受体介导的经网格蛋白小窝的胞吞进入细胞。虽然丝状病毒的细胞受体还没有被证实，但是促进吸附的病毒分子包括树突细胞黏附分子3和酪氨酸激酶家族受体。肌动蛋白纤丝和细胞微管在侵入过程中发挥重要作用，如病毒糖蛋白经胞内蛋白酶的水解消化。病毒在感染细胞的细胞质中复制。

转录从一个位于基因组3'端的单一启动子开始。转录产生单顺反子mRNA，也就是，每个蛋白质对应一个单独的mRNA。这一过程由位于每个病毒基因边界的保守的转录终止和起始信号完成。由于病毒聚合酶沿着基因组RNA移动，这些信号能够导致其停止，有时会脱离模板，使转录终止（所谓的打滑或停止/起始转录）。结果是距离启动子较近的基因产生了更多的mRNA，而下游基因则产生少量的mRNA。这样可以调节基因表达，产生大量的结构蛋白，例如核蛋白和少量的诸如RNA聚合酶之类的蛋白。基因组复制是由全长互补正链RNA的合成介导的，然后全长互补正链RNA作为病毒粒子正链RNA合成的模板。这就要求转录所需的停止/起始信号被病毒聚合酶覆盖——好像是被核蛋白直接包装的新形成的病毒正链RNA介导此过程。病毒粒子在预装配好的核衣壳的细胞质膜上的出芽位点成熟，该出芽位点包含病毒糖蛋白斑块（表19-1）。

二 马尔堡和埃博拉出血热病毒

马尔堡和埃博拉病毒性出血热是高致死性的、令人恐怖的人畜共患病。自20世纪90年代中期以来西非地区埃博拉出血热的发病率逐年增加，尽管这种明显增加的依据还不很清楚，但是反映了突发事件报告的增加或一个真实的有关人类和非人灵长动物与病毒宿主接触次数的增加。

（一）临床症状和流行病学

马尔堡病毒和埃博拉病毒亚型扎伊尔病毒和苏丹病毒可引起人的严重出血热，据说"这种疾病的演变往往是不可动摇的和不变的"。通常在4~10d潜伏期（埃博拉扎伊尔亚型最长为2~21d）后，疾病突然发作，发病初期没有发热、严重的头痛、心神不安和肌痛等非特异性症状，但是有明显的白血球减少症、心跳减慢、结膜炎，还可能并发大的丘状皮疹等。2~3d后逐渐恶化，其特征为咽炎、恶心呕吐、虚脱和出血。出血表现为瘀点、瘀斑、无法控制的静脉点出血和黑便。流产是感染的一种常见结果，感染的濒死母亲所生的胎儿也总是死亡。通常在临床症状出现后6~9d出现死亡（范围1~21d）。死亡率一直居高不下：马尔堡病毒高达80%，苏丹埃博拉病毒高达60%，扎伊尔埃博拉病毒高达90%。康复非常缓慢，其特征为虚脱，体重减轻，并在急性发病期间经常伴随着记忆力减退。

死亡通常是由低血容性休克造成的，有时伴随着弥漫性出血。到目前为止，人感染雷斯顿埃博拉病毒没有明显的临床症状。

非人灵长类动物通常对丝状病毒很易感。曾报道在大猩猩（*Gorilla gorilla*）和黑猩猩（*genus Pan*）的野生种群中有致死性埃博拉病毒的大规模暴发。在恒河猴（*Macaca mulatta*）、猕猴（*Macaca fascicularis*）、非洲绿猴（*Cercopithecus aethiops*）和狒狒（*Papio* spp.）中接种马尔堡病毒或扎伊尔埃博拉病毒，4~6d后可出现出血点、瘀斑、出血性咽炎、咳血、黑粪便和虚脱等明显的临床症状。感染通常以死亡结束。丝状病毒感染的发病机制在这些非人灵长类动物和人类之间很相似。

鼠和豚鼠对丝状病毒的野生型分离株一般不易感，但是适应啮齿动物的病毒株可以引起致死性的疾病。鼠和豚鼠已被用作验证疫苗和治疗剂的动物模型。

除在菲律宾发生的雷斯顿埃博拉病毒外，丝状病毒感染主要发生在非洲的热带地区。引起人类疾病发作的埃博拉病毒亚型彼此不同的事实清楚表明不是一个共同来源的传播链在撒哈拉以南的非洲地区延伸，而是由来自人类疾病发作点的不同病毒亚型造成的（图19-3）。然而，从病人分离的扎伊尔埃博拉病毒的遗传分析表明从1976年以来这种病毒已经从刚果民主共和国北部/南苏丹传播到相邻的地区。目前，特别关注集中在作为这些病毒储存宿主的蝙蝠，因为一些研究表明在窑洞果蝠中发现了抗体和病毒核酸，说明蝙蝠可能携带这些病原。

虽然经常处理或屠宰患病动物，包括猩猩，但是对于感染埃博拉和马尔堡病毒的个别病例的传染源却了解很少。直接接触患者或者他们的污染物，会引起人群暴发该病。医务工作者处于被感染的高风险中。在一些特殊的环境中，特别是在感染的猴群中，丝状病毒也可能经空气传播。由于血液中病毒含量很高，感染病人和动物的意外刺伤是非常危险的，而且已经造成了几例实验室感染。

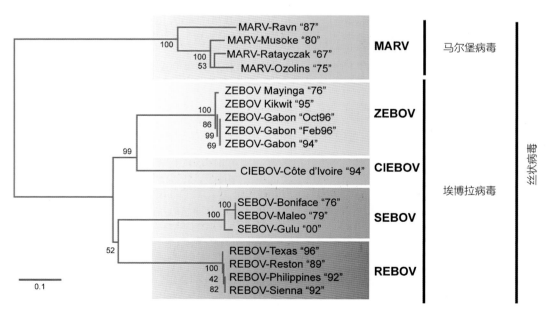

图19-3　丝状病毒糖蛋白基因系统发育关系树。CIEBOV, 科特迪瓦埃博拉病毒; MARV, 维多利亚湖马尔堡病毒; REBOV, 雷斯顿埃博拉病毒; SEBOV, 苏丹埃博拉病毒; ZEBOV, 扎伊尔埃博拉病毒。[引自病毒分类委员会：国际病毒分类委员会第八次报告 (C. M. Fauquet, M. A. Mayo, J. Maniloff, U. Desselberger, L. A. Ball, eds.), p. 652. Copyright © Elsevier (2005), 已授权]

（二）发病机制和病理学

丝状病毒在实验感染的恒河猴、猕猴和非洲绿猴的巨噬细胞、树突状细胞和内皮细胞内可以复制到很高的滴度。靶器官常出现广泛性坏死，尤其是肝脏，出血广泛而且严重。感染的灵长类动物从体表和天然孔排毒，包括皮肤和黏膜以及出血点。在所有出血发热的病原中，丝状病毒引起最严重的出血临床症状和最显著的肝脏坏死（后者与里夫特裂谷热病毒感染靶物种所引起的病变相当）。先是早期的大量的白细胞减少症，随后是中性粒细胞戏剧性左移和少量肝脏实质坏死部位的炎性浸润（图19-4）。

致死性的丝状病毒感染与固有免疫应答和获得性免疫应答的失败密切相关。巨噬细胞是病毒复制的主要部位，并产生大量的使全身性疾病恶化的促炎性细胞因子。病毒蛋白VP35和VP27是Ⅰ型干扰素的拮抗剂，可以废除限制病毒复制的宿主的正常应答。淋巴细胞不是病毒复制的部位，但是淋巴细胞的大量凋亡也与病毒感染密切相关，表现为主要淋巴枯竭和广泛的外周淋巴细胞减少症。获得性免疫应答的额外亏损可能会导致感染的树突状细胞抗原提呈的失败。

巨噬细胞、单核细胞和树突状细胞的丝状病毒感染不仅导致病毒在全身的扩散，而且还分泌许多炎症介质，如组织坏死因子和对血管通透性和血凝活性有潜在影响的白介素1。正是这些影响导致感染个体的低血容量性休克和多器官功能衰竭（图19-5）。浸润性血管内凝血是一个共同特点，它可能是部分肝细胞坏死和凝血因子合成减少的结果。

（三）诊断

丝状病毒感染的诊断是以从血液或组织如Vero细胞培养物（非洲绿猴肾细胞）中分离病毒

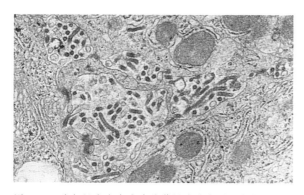

图19-4 马尔堡病毒感染的草原猴（非洲绿猴）肝脏，出现临床症状7d后该草原猴死亡。这张图展示出一个具有完整的肝细胞的区域，在此区域，由于从质膜出芽，病毒粒子充满细胞。超薄切片电子显微镜分析（放大倍数39 000）。

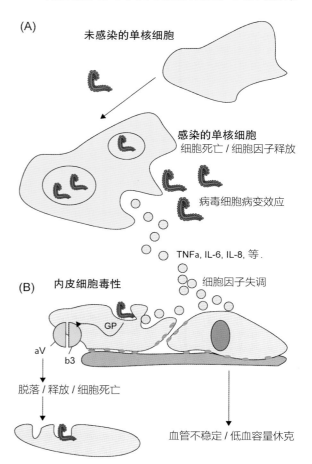

图19-5 宿主对埃博拉病毒的免疫反应和单核细胞、巨噬细胞感染病毒后释放导致炎症和发热的细胞因子引起的细胞损伤（TNF-a、IL-6、IL-8）。内皮细胞感染也会导致内皮细胞病变和内皮细胞屏障损伤，和细胞因子作用一样，会引起血管完整性丧失。埃博拉病毒糖蛋白（GP）在人脐静脉内皮细胞和293T细胞中的瞬时表达引起特异性整合素（αV、β3；细胞与胞外基质黏附的主要分子）和细胞表面免疫分子的减少。细胞因子异常调节和病毒感染可能在内皮细胞表面促进出血和血管收缩紊乱。[引自 N. Sullivan, Z. Y. Yang, G. J. Nabel. Ebola virus pathogenesis: implications for vaccines and therapies. J. Virol. 77, 9 733-9 737 (2003)，已授权]

为依据，然后用荧光免疫或者电镜检测存在的病毒。诊断也可以通过免疫荧光或抗原捕捉酶联免疫吸附试验（ELISA）方法直接检测组织中的病毒抗原；但是现在常用反转录–聚合酶链反应（RT–PCR）方法快速检验丝状病毒感染。血清学诊断有很多问题，如间接免疫荧光会出现许多假阳性，尤其是用于圈养猴子丝状病毒感染率的血清学调查。免疫球蛋白M捕捉ELISA已被证明比其他血清学方法更可靠，并已成为人类和灵长类动物的血清学诊断的标准。

（四）免疫、预防和控制

丝状病毒疫苗的研发已投入相当大的精力。早期的研究工作表明丝状病毒灭活疫苗是无效的。最近开发了多种重组载体疫苗。例如，单次注射表达埃博拉病毒糖蛋白的水疱性口炎病毒载体可以保护猴子免受致命性攻毒。研发有效疫苗

的其他障碍包括马尔堡病毒和埃博拉病毒之间，埃博拉病毒不同种之间均缺乏交叉保护。

丝状病毒疾病的预防和控制策略在非洲没有被广泛采用。相比之下，美国和意大利涉及雷斯顿埃博拉病毒发作的关注焦点重新转向从西非和中非以及菲律宾的地方流行性地区进口携带丝状病毒动物的风险。尽管以保护为目的的资源国家建立了出口禁令，但大量捕捉的野生猴子仍然被出口到许多国家，被用于疫苗生产和医学研究。如今，大多数进口国家使用进口检疫设施并且遵守国际灵长类动物的运输和进口标准。这些标准包括检测丝状病毒是否存在，防止在灵长类动物设施工作人员感染的规范。同样，在非疫区的医院里采取相应措施，使照顾丝状病毒出血热病人的风险最小化。

陈建飞　译

博尔纳病毒科

第 20 章

Chapter 20

博尔纳病是以德国萨克森的博尔纳镇命名的，约自1895年以来，在当地自然发生多起毁灭性的动物流行疫病，而且具有传染性，通常是致命的，引起马匹神经系统疾病，偶尔羊也出现类似的疫病。早在1925年就确认这是一种病毒引起的疾病，马的博尔纳病在欧洲几个国家呈零星暴发，特别是德国、瑞士、奥地利。在北非和近东（现中东）地区的马发病的病例出现明显类似的脑膜脑炎综合征，但在欧洲之外是否有博尔纳病仍然存在很大的争议。血清学研究表明，类似博尔纳病病毒或与其相关的其他病毒分布非常广泛，也许在世界范围内分布。已有报道认为除了马和绵羊之外，牛、山羊、骡、驴、兔、猫和美洲驼也能够感染，并有未经证实的说法认为人类感染博尔纳病病毒可能与特定的神经性精神疾病有关。近来的报道认为在遗传学上截然不同的博尔纳病病毒是引起腺胃肿胀综合征的病因，尤其可对鹦鹉引起渐进性甚至是致命的机体紊乱。

一 博尔纳病病毒特性

（一）分类

所有的不分节段的负链RNA病毒都有如下共性：① 相似的基因组结构和大致相同的基因组排列顺序；② 病毒粒子相关的RNA聚合酶（转录酶）；③ 螺旋状的核衣壳；④ 单一的启动子启动信使RNA（mRNA）的不连续转录；⑤病毒粒子的成熟是通过预装配的核衣壳从细胞浆膜出芽而获得大量的糖蛋白纤突（病毒粒子包膜体）。这些共同特征以及基因组核苷酸序列中发现保守的原始序列区域表明这些病毒可能有共同的祖先，正如与单股负链RNA病毒的形成规律类似。丝状病毒科的核蛋白与聚合酶基因具有保守的区域说明该科病毒与副黏病毒科肺炎病毒属关系密切，而与该属病毒具有相似的卷曲状核蛋白结构的弹状病毒属遗传关系相对较远。

（二）病毒粒子特性

博尔纳病病毒粒子呈球形，有囊膜，直径约90nm，病毒核心直径约50～60nm（图20-1），病毒基因组为单股负链RNA，大小约8.9kb，编码至少6种不同的蛋白（图20-2），构成病毒粒子的主要蛋白包括基质蛋白（M）、糖蛋白（G）和核蛋白（N），其中G蛋白上展示具有病毒中和活性的抗原决定簇，其他蛋白为非结构蛋白，包括聚合酶辅助蛋白因子（P）、RNA依赖性RNA聚合酶（L）和病毒感染后细胞内大量表达但并不整合入病毒粒子中相对较小的多聚肽。病毒粒子对热、酸、脂溶剂以及常用的消毒剂敏感（表20-1）。

（三）病毒复制

博尔纳病病毒可感染多种细胞，包括神经细胞、多种神经胶质细胞。病毒G蛋白介导病毒粒子的黏附，病毒通过黏附受体后内吞进入细胞而感染易感细胞，该病毒复制并不引起细胞裂解，因而病毒可在感染细胞和动物体内持续存在。博尔纳病病毒不同于其他单股负链病毒目成员，该目病毒成员转录和复制均在宿主细胞核内进行。

博尔纳病病毒的转录模式比较特别（图20-2）。已有的研究发现病毒基因组有3个转录

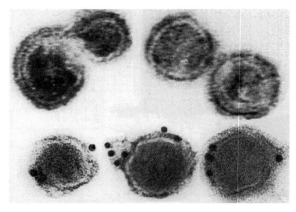

图20-1 博尔纳病毒科，博尔纳病毒属，博尔纳病病毒粒子。负染色，免疫金标记；由于病毒粒子无明显特征，因而特异性金标记抗体用于识别它们。（引自H. Ludwig，已授权）

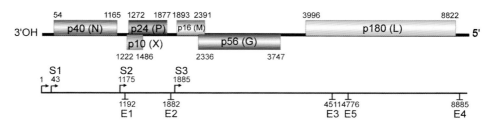

图20-2　博尔纳病病毒基因组的结构和转录图谱。上图方框代表开放阅读框（ORF）。转录起始和终止位点分别由S和E标示，数字代表在病毒基因组中核苷酸的位置，G（p56），糖蛋白；L，RNA聚合酶；M（p16），基质蛋白；N（p40），核蛋白；P（p24），磷蛋白；X（p10），非结构蛋白。[引自第八次国际病毒学分类委员会报告（C. M. Fauquet, M. A. Mayo, J. Maniloff, U. Desselberger, L. A. Ball, eds.），p. 617. Copyright © Elsevier（2005），已授权]

表20-1　博尔纳病病毒特性

1　病毒粒子直径约90nm，内核直径50～60nm。

2　基因组为单股负链RNA，大小约8.9kb。

3　基因组包含6个主要开放阅读框，至少编码包括一种糖蛋白和一种RNA依赖的RNA聚合酶在内的6种蛋白。

4　病毒在细胞核进行转录和复制。

5　细胞感染病毒后出现特征性的核内包含体，动物感染后持续侵害神经元是该病毒的特征。

起始信号和4个甚至5个转录终止信号，这与其他负链病毒在基因转录起始和终止信号、基因间隔区以及基因重叠区域等基因组成方面并不一致。基因组经过转录产生6个原始转录单元，其中2个转录单元转录后由细胞RNA剪切机制进行修饰从而产生其他种类的mRNA。感染了博尔纳病病毒的细胞内除了编码N蛋白的mRNA之外其他所有mRNA均为多顺反子。一些博尔纳病病毒蛋白存在几种形式，这是在病毒复制过程中所产生的，其中包括2种亚型的N蛋白以及3种亚型的G蛋白，其中G蛋白有全长糖蛋白（GP-84/94）和代表N端（GP-N）和C端（GP-C）的2种小糖蛋白亚单位，这2种小糖蛋白普遍存在于感染性颗粒中。

N、P和L蛋白构成病毒聚合酶复合物，它们均在感染细胞的胞质和细胞核内表达。相对于N、P蛋白而言，只有为数很少的感染细胞表达G蛋白，而且G蛋白的表达仅仅局限于内质网和核衣壳中。M蛋白介导的病毒粒子在感染细胞质内进行组装。

二　博尔纳病病毒

（一）临床特征和流行病学

博尔纳病病毒自然感染病例主要见于中欧地区，常见于马和羊感染的相关报道，也有其他动物感染的报道。实验室研究发现该病毒宿主范围较广，从鸡到灵长动物均可携带病毒。多年来，人们一直认为博尔纳病在中欧特定的一些地区呈零星地方性散发，然而血清流行病学调查表明，感染的马匹分布地区更广泛。在德国大约12%的健康马匹抗体呈阳性，而特定的流行地区马匹的感染情况更加严重。尽管除了中欧地区以外并没有明确鉴定博尔纳病，但是血清学调查结果显示在亚洲、澳大利亚、中东以及美国的马匹也存在抗体阳性。大多数感染呈亚临床状态，即使在特定的中欧流行性地区，典型的发病率也通常很低。

虽然试验证实实验室动物通过口鼻接种能够传播该病毒，但是博尔纳病病毒自然感染马匹的途经仍然是不确定的。该病潜伏期从几周到几个月不等，博尔纳病的临床病程可能是急性也可能是长期的，患病后呈现神经症状的马匹死亡率高，而轻度感染的动物尽管持续感染神经组织，但仍然能够恢复。感染马匹可能最初出现发烧和行为变化，变得越来越糟，包括精神抑郁，饮食行为改变，头部紧绷等，进一步恶化的病例以持久的神经紊乱为特点，包括本体感官缺失，站立不稳，病毒侵入个别脑神经元核而导致神经机能失调。早期的神经症状可能由大脑边缘系统功能失调所致，而病程后期以中枢神经系统紊乱而全身麻痹的症状为主。眼科疾病包括眼球震颤、瞳孔反射功能障碍以及发病晚期出现失明。病程持续3～20d，通常以死亡而终；通常幸存的马匹存在永久性的感觉缺失和/或运动失调。

博尔纳病病毒是否为一种人畜共患病原还不得而知。血清学和分子病毒学调查表明人类能够感染博尔纳病病毒，在一些国家部分行为或神经异常的患者中检测到特异性抗体或病毒RNA。然而，在明显正常的人类个体中也发现同样的感染现象。

现有确凿证据表明，小型哺乳动物是博尔纳病病毒的自然宿主，在瑞士博尔纳病流行地区的白齿鼩（Crocidura leucodon）组织中检测到了相应病毒就是典型例子。

（二）致病机制和病理学

最好的试验感染模型是大鼠感染模型，研究表明鼻内感染途径是自然感染最有可能的感染途径，病毒通过大脑嗅觉神经末梢轴突传播到大脑嗅球，从而病毒扩散到整个中枢神经系统。大鼠或其他动物由于感染时间不同其发病机制可能也不尽相同。病毒感染新生大鼠后，持续感染中枢神经系统以及外周器官，但很少产生组织损伤或神经系统变化。与此相反，感染成年大鼠后某些毒株导致严重的中枢神经系统病变，并产生显著的行为变化。病毒能够在神经元和神经胶质细胞中复制，持续性感染神经元是博尔纳病病毒感染的特点之一。

博尔纳病病毒感染不会激发保护性免疫反应，与此相反，能感染刺激细胞反应，进一步推进疾病进程。试验感染免疫系统完全的成年动物无一例外产生发病结果，相反，新生或免疫缺陷动物感染后虽然病毒持续存在，但既不引起脑炎也不导致发病，抗体显然在致病机制中没有作用，缺乏中和活性，从感染动物将免疫球蛋白过继转移到免疫缺陷动物并不引起受体动物发病和相应的病理变化。

博尔纳病病毒感染马和羊能诱发严重的脑脊髓炎，主要影响脑脊髓灰质产生脑脊髓灰质炎；组织学通常表现广泛的血管周围弥散性淋巴细胞、巨噬细胞和浆细胞浸润。神经元坏死并不是该病的典型特征，而神经元独特的嗜酸性粒细胞核内包含体是其鉴别特点，称为"Joest-Degen"体，尽管并不能在所有博尔纳病病例中发现，但基本可以认为该核内包含体是博尔纳病的特殊病症。该病感染后在嗅球、脑基底皮层、尾状核和海马的灰质产生的病变尤为明显，试验感染动物的视网膜也通常是典型的病变区域。

（三）诊断

死亡前诊断博尔纳病是非常困难的，因为多种疾病可以引起马匹出现类似的临床症状，其中包括诱发脑脊髓炎的狂犬病、破伤风、马疱疹病毒1型以及原发性脑脊髓炎、西尼罗河病和马脑炎病毒等。通常通过测定血清或脑脊液中的抗体得以诊断。抗体测定中采用常规的间接免疫荧光方法，该方法中将持续感染的Madin-Darby犬肾细胞作为底物进行检测。其他血清学检测还包括免疫印迹和酶联免疫吸附试验。

其他诊断方法也用于参考实验室，用敏感的细胞进行病毒分离能够确证感染。通常应用直接免疫荧光方法来确定病毒的存在。如果纯化抗原和单克隆抗体用于抗原捕获，那么酶免疫法也是敏感和可靠的检测方法。反转录聚合酶链式反应（RT-PCR）已成为一个有价值的诊断手段，此方法可检测眼结膜、鼻腔分泌物或唾液中的病毒RNA，该检测方法监测的结果与检测感染马匹脑脊液的检测结果更加一致，而相对而言，检测外周血单核细胞缺乏一致性。尸检诊断主要依靠免疫组织化学方法，验证具有典型组织学病变的脑组织是否存在病毒抗原来判定，诊断时可进行病毒分离来确证。

（四）免疫防控

尽管在试验研究中证实抗病毒治疗措施能够发挥一些作用，但是目前仍然没有针对动物博尔纳病的特定治疗手段。同样地，尽管研制了一些灭活、减毒或重组疫苗来预防该病，但目前仍没有商品化的产品。

目前，对博尔纳病主要的防控措施为鉴定携带动物并进行隔离检疫，博尔纳病病毒感染的流行病学研究还很薄弱，病毒从小的哺乳动物储存宿主传播至马匹和其他动物的传播机制目前依然未知。

禽博尔纳病病毒

禽博尔纳病病毒在遗传学上与传统的博尔纳病病毒不同，暂时命名为禽博尔纳病病毒，近来发现其可能是禽腺胃扩张综合征的病原，该病对全世界包括高度濒危物种斯比克斯金刚鹦鹉（*Cyanopsitta spixii*）在内的许多品种的鹦鹉具有破坏性的影响，该病毒在非鹦鹉类的金丝雀（*Serinus canaria*）中也被发现。该病于20世纪70年代从玻利维亚出口的金刚鹦鹉上首次发现，此后陆续发现该病造成圈养和野生鸟的零星散发或暴发，在这些疫情中均利用芯片检测技术在感染组织样品中检测到博尔纳病病毒RNA，并且测定了病毒的全长基因组序列，从而鉴定了该病病原为博尔纳病病毒。最近的实验室研究将禽博尔纳病病毒接种澳洲鹦鹉后复制出了腺胃扩张的病例。

该病毒导致感染禽出现渐进性的神经紊乱或胃肠道机能紊乱，包括体重下降、吞咽困难、呕吐、共济失调以及本体感受缺失等症状，该病病理变化以中枢神经和外周神经系统中淋巴细胞及浆细胞的单核细胞浸润为主要特征，胃肠自主

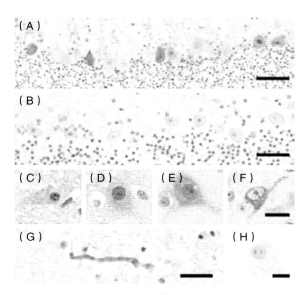

图20-3 用免疫组化试验在腺胃扩张病的禽中枢神经系统中检测到禽博尔纳病病毒蛋白

（A）小脑中几种普肯野氏细胞的细胞核、细胞浆和树突中均检测到病毒蛋白；（B）阴性对照：腺胃扩张病阴性禽的普肯野氏细胞无免疫反应性；（C）~（F）病毒阳性神经元的不同表型：（C）神经元内病毒蛋白表达后形成核内包含体；（D）广泛分布于细胞核内，细胞浆也有模糊的染色；（E）细胞核与细胞浆，细胞核内包含体染色更为致密；（F）仅在细胞浆染色，核内则无染色；（G）脑延髓白质区的轴突有染色；（H）阴性对照：腺胃扩张病阴性禽的中枢神经元无免疫反应性。[引自H. Weissenböck, T. Bakonyi, K. Sekulin, F. Ehrensperger, R. J. T. Doneley, R. Dürrwald, R. Hoop, K. Erdélyi, J. Gál, J. Kolodziejek, N. Nowotny. Avian bornaviruses in psittacine birds from Europe and Australia with proventricular dilatation disease. Emerg. Infect. Dis. 15: 15, 1 543–1 549（2009），已授权]

神经系统的病变是导致胃肠功能紊乱的主要原因，从而出现食管和腺胃的瘫痪性扩张。博尔纳病病毒抗原能够用免疫组化染色方法在感染禽的中枢神经和外周神经的神经元核内检测到（图20-3），用病毒特异性RT-PCR方法能够检测到病毒核酸。

韩宗玺 译

第21章 正黏病毒科

Chapter 21

章节内容

正黏病毒科包含基因组由6～8个片段构成的单股RNA病毒。流感病毒是正黏病毒科最重要的成员，它又被划分为A，B，C型流感病毒三个属。A型流感病毒属的病毒对家畜具有致病性，而B型和C型两个属的流感病毒在人群中也持续流行。A型流感病毒很少从感染动物传播到人，但是在最初的由动物传入到人群之外，A型流感病毒引起的人流感的流行与大流行一般并不涉及动物的参与。对于那些能感染人的A型流感病毒变异株，由于它们造成的感染还受限于动物宿主或仅存在有限接触的人群，因此持续的监测工作显得尤为重要。

近期的一些研究结果加深了人们对流感病毒的生物学特性的了解。首先，快速的测序技术已证实了不同的流感病毒间所发生的广泛基因组重排。其次，在1997年，由于对人表现为致病性的高致病力欧亚-非H5N1病毒株在东南亚的出现，导致对该类病毒的全球性的监测计划的开展，并由此也在多种动物体内检测到其他亚型的一些流感病毒。最后，在无需进行分离病毒并有利于监测的情况下，应用一种特异、敏感的反转录-聚合酶链式反应（reverse-transcriptase-polymerase chain reaction）技术即可以完成对所有亚型流感病毒的检测。一旦样品经RT-PCR方法检测为阳性，再通过基因特异的RT-PCR就可确定病毒血凝素和神经氨酸酶的亚型从而进行快速鉴定。

尽管在1930年人们才首次从猪体内分离到流感病毒，而在此之前，人们发现过人和动物的相关流感病例。实际上，大约2 400年前，希波克拉底就对人流感进行了描述。人类的流感大流行贯穿于整个历史，其中以1918年的"西班牙流感"大流行尤为严重。在19世纪末，人们认为鸡瘟的病原体是一种可滤过病原，但直到1955年才确定是由禽流感病毒引起的。在1961年，首次从野鸟（确切的说是南非的普通燕鸥）体内分离出鸡瘟病毒（高致病力禽流感病毒），自此以后，在野鸟体内很难再发现这种高致病力病毒。在1972年，人类首次从野鸟体内分离出低致病力禽流感病毒，并且发现这类病毒在一些野鸟类体内很常见。水禽（雁形目和鸻形目），尤其是鸭子、沙禽、鸥，它们为A型低致病力流感病毒的主要储存宿主（表21-1）。流感病毒在这些禽类的肠上皮细胞内复制但不产生明显的疾病，在排泄物中病毒浓度非常高。这些病毒通过粪-口途径进行有效的传播，并且迁徙水禽可以携带病毒在可能跨洲际间的冬夏栖息地之间穿梭。在迁移期间，喂养停止为病毒向其接触群体提供进一步传播的机会，并且促使了这类病毒的持续进化过程。

在鸟类和哺乳动物（包括猪、马、貂、海洋哺乳动物和人类）之间偶尔会出现跨物种之间的传播与感染（图21-1）。A型流感病毒从野鸟到家禽的侵入更为频繁，鉴于这类传播的结果所限，而至今这些事件大部分还未被检测到。像最近流行的欧亚H5N1病毒感染，虽然A型流感病毒的暴发次数很有限，但因其能在全球范围内的家禽中引起高死亡率，因此需要采取严格措施去控制其感染。尽管猪是大流行流感病毒株发展的一个必要的中间宿主这一前提在禽欧亚-非H5N1病毒上还未得到证实，但是在世界上那些禽和猪频繁接触的地区，人们仍然认为圈养猪是一个重要的中间宿主（"桥梁"）。同样地，对用分子生物学手段重新获得的1918年"西班牙流感"大流行病毒株进行研究也未发现此病毒和猪流感病毒之间存在联系。

目前，我们可以通过对流感病毒的8个片段进行测序与遗传演化分析，这些结果将根据我们所选取参考序列的不同而有所变化。比如，由于基因重配现象，血凝素（HA）和神经氨酸酶（NA）基因比较结果没有表现出宿主特异性的谱系。相反，人们通过对A型流感病毒野毒株基质蛋白（M）的基因序列分析，结果呈现出两个重要的禽系（北美和欧亚）、两个马系、两个鸥系（北美和欧洲）、两个猪系（北美和欧亚）和一个人系。基于对PB1基因的分析，发现人流感的分支从北美猪群和欧亚禽群分支中独立出

表21-1　不同血凝素亚型在不同鸟类（鸟纲）和哺乳动物（哺乳纲）中的分布

HA亚型	宿主源					
	哺乳动物			鸟类		
	人	猪	马	雁形目（如，涉水鸭）	鸻形目与鹱形目（如，岸基鸟、海鸥、海鸟）	鸡形目（家禽）
H1	+	++		+	+	++ c
H2	(++)a			+	+	+
H3	++	++	++	++	++	++ c
H4		±		++		+
H5	±	±		+	+	++ b
H6				++	+	+
H7	±	±	(++)a	+	+	++ b
H8				±		
H9	±	±		+	++	++
H10				+	+	+
H11				+	++	+
H12				+	+	±
H13				+	++	
H14 c				±		
H15 c				±	±	
H16 c					+	

±, 零星的; +, 一些报告; ++, 最常见的。
a 以前常见的但现在没有报道。
b 低致病力和高致病力病毒。
c 主要是猪流感病毒对家养火鸡的感染。
[引自Avian Influenza (D. E. Swayne), p.63. Copyright© John Wiley & Sons (2008), 已授权]

来。这其中也有预测之外的，比如1989年在中国暴发的马流感疫情，造成疫情的马流感病毒来源于欧亚禽源的H3N8病毒，然而经典H3N8马流感病毒系起源于北美禽源谱系的病毒。来自于野鸟的A型流感病毒呈现多样的，代表基因库的整个跨度并且曾被认为处于进化停滞期。然而，随着从野鸟体内分离到的流感病毒越来越多，这一说法一直存在争议，因为在对病毒株的所有基因片段进行序列测定之后发现氨基酸存在持续性的变化，这种现象不仅存在于哺乳动物（例如马）和家禽体内的病毒，在野鸟体内的病毒以及欧亚-非H5N1病毒都存在类似的情况，这或许是因为在各种野鸟和家禽及包括像雀形目鸟类那些不经常感染禽流感的宿主中存在多种流感病毒共流行的结果。

随着对作为"种属跨越者"的流感病毒的重新认识，对流感防制工作的重点将依然是对那些存在与鸟类、哺乳类动物密切接触的群体以及经常发生变化的动物群体的情况下，比如将种类繁多的各种禽类如鸡、鸭、火鸡、野鸡、珍珠鸡和石鸡等聚集在一起的活禽市场，这些禽类没有适当运动控制且饲养环境卫生条件差。尽管将猪与家禽的饲养与水禽的饲养相对分离开的养殖模式可以切断一些新近出现的流感病毒变异株的进化过程，但是这种方法常常很难实施，并且来自于禽或哺乳动物宿主的人流感流行毒株的潜在威胁将会持续存在。因此，必须开展严密的监测才能够对新出现的重配病毒进行快速鉴定。

2009年4月，一种新型流感病毒大流行毒株在墨西哥出现，这使得对新型流感病毒出现的监

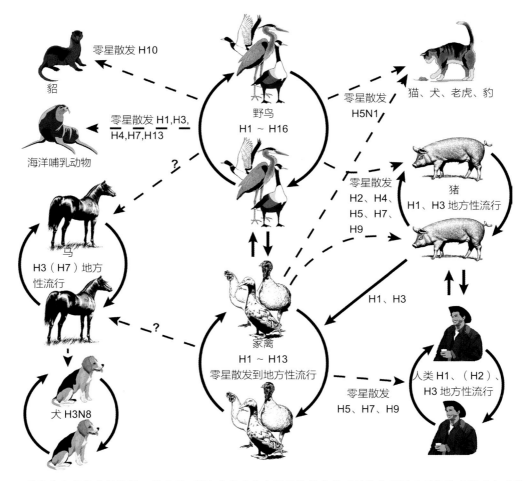

图21-1　A型流感病毒的种间传播。展示了A型流感病毒的来源及传播或者可以说是不同亚型的流感病毒在哺乳动物和禽类之间的生态分布和流行状况。H，血凝素亚型；在（ ）中的病毒亚型在过去是常见的，但目前已不再流行。[引自 Avian Influenza (D. E. Swayne)，p.62. Copyright© John Wiley & Sons（2008），已授权]

测工作得到了前所未有的重视与加强。这些最新出现的病毒起源于20世纪90年代末在北美猪群中流行的三重配猪流感病毒（H1N1、H3N2、H1N2），而不是广泛预测的以高致病力欧亚-非H5N1流感病毒为基础出现的新的大流行病毒。北美猪流感病毒的NA和M两个基因片段与欧亚猪流感病毒的相应片段发生基因互换，这一额外的基因重配为新型病毒的新特征。由于病毒首次出现来自于人的感染，因此这一新型H1N1病毒进化的起源和时间还没有最终确定。最初的疫病调查在与感染工作人员无接触史的猪群中没有监测到新型H1N1病毒的感染。最近的研究结果也进一步强调了作为哺乳动物病原体的流感病毒进化过程及出现时间的不可预知性。

一　正黏病毒的特征

（一）分类

正黏病毒科包含A型流感病毒属、B型流感病毒属、C型流感病毒属、托高土病毒属和鲑传贫病毒属。正黏病毒科的名字来源于希腊语myxa（意味着黏液）和orthos（意味着正确的或对的）。这个名字旨在区分正黏病毒和副黏病毒。Influenza来自"influentia"一词，是拉丁语的意大利形式，由于当时人们认为流行病是由占星术或其他神秘的影响引起的，因此使用"influence"。A型流感病毒是世界上许多地方的马、猪、人和家禽的共同病原体，但它们在貂、海豹、鲸鱼和犬也可引起零星的或局部地域的感染和发病。B型流感病毒是人类的病原体，但是也曾出现过两例海豹感染B型流感病毒的事件。C型流感病毒可感染人和猪，并且出现了人源和猪源病毒间的基因重配，但是C型流感病毒在人或猪群都很少引起严重的疾病。在非洲、欧洲和亚洲，托高土病毒是能感染牲畜和人的蜱媒传播的病毒，但关于该类病毒的致病性仍然还未确定。鲑传贫病毒属的唯一的成员是鲑鱼传染性贫血病毒，该病毒可引起海洋养殖大西洋鲑鱼的一种高度致死性疾病。

以新突变毒株出现为代表的风险评价以及依据畜群或人群对已流行毒株的免疫情况用于评估疫苗更新的实际需要，由此建立了流感病毒的分类系统。变异病毒的出现不仅取决于基因漂移——即点突变（核苷酸替换、插入、删除），而且取决于基因转变——即基因组片段的重配。以前，我们只能密切监测病毒血凝素和神经氨酸酶基因发生的基因漂移和基因转变，但随着测序技术的迅速发展，病毒其他基因片段在风险评估上也可能承担着更为重要的作用。在目前流感病毒的分类系统中，A型流感病毒分为16种血凝素（H）型和9种神经氨酸酶（N）型。在对病毒株进行命名时，流感病毒的种属或型（A、B、C）、宿主（猪、马、鸡、火鸡、野鸭等）、地理来源、病毒株号、分离的年份和HA、NA亚型都包含在内。分离自人群的病在命名时是不需要标明的。因此一株流感病毒的名字看上去像是一个带有准确信息的密码。一些病毒株的名字列举如下：早期的马流感病毒2 A/equine/Miami/1/1963（H3N8）；猪流感病毒的经典病毒株A/swine/Iowa/15/1930（H1N1）；引起1968年的人流感大流行的病毒株A/HongKong/1/1968（H3N2）；第一株H5亚型的高致病力禽流感病毒A/chiken/Scotland/1959（H5N1）。

由于分离株与特定的地理位置的联系越来越令人困惑和缺乏信息量，因此，最近针对欧亚-

非H5N1流感病毒和其他A型流感病毒的命名法发生了一些变化。随着时间的推移，采用数字进化分支系统可以更好地诠释有关这些H5N1分离株的进化关系；以A/Goose/Guangdong/1/1996（H5N1）分离株为欧亚-非H5N1的参考毒株，一个分支代表一个包含单一的共同祖先及其所有子代病毒的分类群。基于血凝素基因序列，1997年香港最初暴发的流感病毒与该病毒一起属于同一个进化分支。然而从2003年开始，病毒逐步传播到中国以外的更多地区，并且逐渐进化成了若干独立而相互关联的进化分支。到2008年，已经发现H5N1病毒存在10个不同的基因分支（0~9），在同一分支又出现遗传多样性进而出现了若干亚分支（例如2.1.3，2.1.1等）（图21-2）。这种进化分支命名系统不用考虑病毒的地理位置、毒株来源和分离年份就可以很容易识别出病毒的遗传进化关系。这种毒株命名系统将继续在病毒库中保持，并且可被用于存入像GenBank这类数据库中的基因序列。

尽管基因的重配可以导致HA和NA基因的任意组合，但仅仅是有限数量的组合才能够在自然条件下导致动物的感染：① 引起马的呼吸道疾病的地方性流行病毒H7N7和H3N8（先前特指的马流感病毒1和2）；② 引起地方性流行的H1N1、H1N2和H3N2猪流感病毒；③ 散在引起海豹呼吸道和全身性疾病的H7N7和H4N5病毒；④ 散在引起貂呼吸道疾病的H10N4病毒；⑤ 历史上引起地方性人呼吸道疾病的H1N1、H2N2、H3N2，和近期散在或受限感染人的H5N1、H7N3、H7N7和H9N2病毒；⑥ 局部地区引起犬呼吸道疾病的H3N8和H3N2病毒；⑦ 对于野生水禽，几乎所有的基因组合的病毒均可感染，但由于H5和H7亚型的病毒对家禽具有高致病性的特征，因而应被列为重点监测的对象。

（二）病毒粒子特性

正黏病毒科的病毒粒子具有多形性，常见的是球形，有些是丝状的，最小的直径为80~120nm（图21-3）。它们由带有纤突的脂质囊

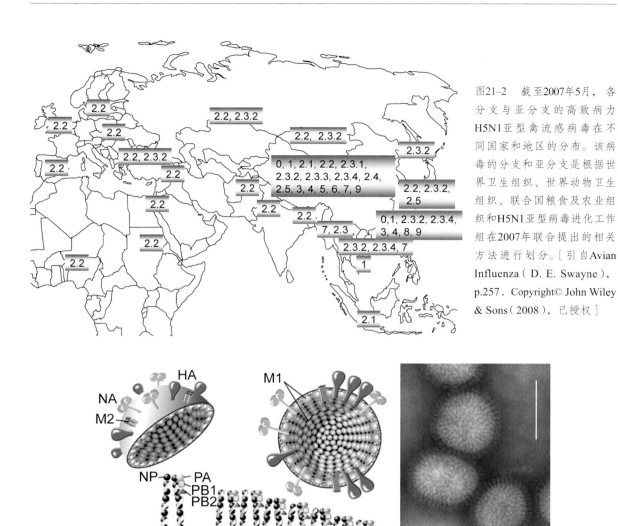

图21-2　截至2007年5月，各分支与亚分支的高致病力H5N1亚型禽流感病毒在不同国家和地区的分布。该病毒的分支和亚分支是根据世界卫生组织、世界动物卫生组织、联合国粮食及农业组织和H5N1亚型病毒进化工作组在2007年联合提出的相关方法进行划分。[引自Avian Influenza（D. E. Swayne），p.257．Copyright© John Wiley & Sons（2008），已授权]

图21-3　（左侧）A型流感病毒粒子的切面示意图。嵌入在脂质膜的糖蛋白主体要是三聚体的血凝素（HA）及四聚体的神经氨酸酶（NA）。外膜还包含有少量的M2膜离子通道蛋白。内部结构为M1膜蛋白及由病毒的RNA片段结合病毒的核蛋白（NP）、聚合酶蛋白PA、PB1和PB2而构成的核糖核蛋白（RNP）。（右侧）A型流感病毒粒子的电子显微照片（Courtesy of N. Takeshi），标尺为100nm。[引自Virus Taxonomy: Eighth Report of the International Committee on Taxonomy of Viruses（C. M. Fauquet, M. A. Mayo, J. Maniloff, U. Desselberger, L. A. Ball），p.681．Copyright© Elsevier（2005），已授权]

膜构成，纤突围绕在8个（A型流感病毒属、B型流感病毒属、鲑传贫病毒属）、7个（C型流感病毒属型）或6个（托高土病毒属）不同大小的呈对称的螺旋形核衣壳片段周围（表21-2）。A和B型流感病毒有两种糖蛋白纤突：血凝素蛋白的三聚体和神经氨酸酶蛋白的四聚体。C型流感病毒没有神经氨酸酶，只有一种由多功能的血凝素酯酶分子构成的糖蛋白突起。传染性鲑鱼贫血病毒（鲑传贫病毒属）也有一个血凝素酯酶和一个F蛋白。无论是哪种结构，病毒与表面蛋白有关系的功能至少有三种：受体结合、受体裂解和膜融合。基质蛋白M1线性排列在病毒囊膜的类脂双层内侧，第二种基质蛋白M2的四聚体构成少量的离子通道。基因组片段由衣壳包被的病毒RNA分子组成，衣壳是由螺旋形排列的核蛋白组成。组成病毒RNA聚合酶复合体的有3种蛋白：PB2、PB1和PA，这3种蛋白与RNA基因组及核蛋白有关。病毒基因组总大小为10～14.6kb，由6～8个片段构成的线性反义单股RNA组成。在基因组片段的5'端和3'端均有非编码调控序列。在每个片段5'端的13个核苷酸和3'端的12个核苷酸，它们都高度保守并且部分反向互补。这一特征是RNA合成过程中所必需的。

表21-2　流感病毒的特性

5个病毒属：A型流感病毒、B型流感病毒、C型流感病毒、托高土病毒属及蛙传贫病毒属。

病毒粒子具有多形性，球形或丝状，直径在80~120nm，由大的纤突构成了病毒的外膜，在纤突的周围有6~8个大小不等的螺旋对称核衣壳。

基因组由单股负链RNA组成，可以分为6~8个片段组成，总体片段长度在10~14.6kb。

两种不同类型的纤突（A型流感病毒和B型流感病毒）；棒状的纤突由血凝素糖蛋白三聚体构成，蘑菇状纤突由神经氨酸酶蛋白四聚体构成。

RNA的复制与转录发生在核内，加帽后的细胞RNA 5'端被细吞并作为mRNA转录的引物。

出芽发生在质膜上。

缺陷干扰颗粒和基因的重排频繁发生。

流感病毒带有脂质囊膜，因此病毒对热（56℃，30min）、酸（pH3）和脂溶剂敏感，从而导致病毒在普通环境条件下很不稳定。但是，研究发现A型流感病毒在寒冷湖水中存在30d后依然具有感染性。

（三）病毒复制

A型流感病毒的病毒粒子通过其激活的血凝素与细胞膜上的唾液酸受体结合而吸附细胞（图21-4）。不同的细胞具有不同的N-乙酰神经氨酸（唾液酸）连接到半乳糖残基上，而且血凝素能够识别不同的连接，这反过来决定了病毒的宿主范围。鸭子的肠上皮细胞具有α2, 3连接（SAα2, 3Gal受体），而在人的上呼吸道内流感病毒的受体主要是α2, 6连接（SAα2, 6Gal受体）。有证据表明，随着寡糖长度不同，SAα2, 6Gal多糖结合的亲和力也会有变化。适应人的H1和H3病毒优先结合上呼吸道上皮细胞的长寡糖上，一旦病毒发生的变异影响到病毒与受体的结合能力，将会导

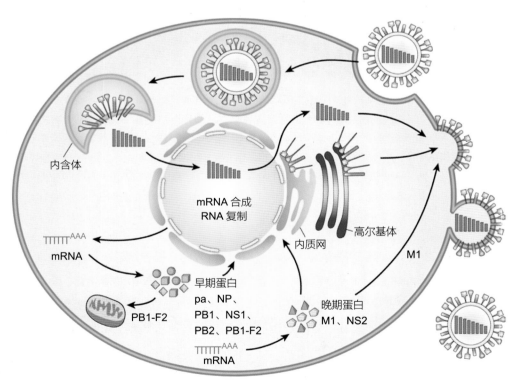

图21-4　流感病毒的生命周期示意图。ER（endoplasmic reticulum）：内质网；M1、M2，基质蛋白；mRNA（messenger RNA），信使核糖核酸；NP（nucleoprotein），核蛋白；NS1、NS2，非结构蛋白1、非结构蛋白2；Pa、PB1、PB2，病毒RNA聚合酶蛋白复合体；PB1-F2，非必需毒株依赖性的致病力相关蛋白。[引自G. Neumann, T. Noda, Y. Kawaoka. Emergence and pandemic potential of swine-origin H1N1 influenza virus. Nature 459, 931-939（2009），已授权]

致病毒对感染动物的传播能力发生相应的改变。1918年的西班牙H1流感病毒在血凝素蛋白的190位点（E190D）的一个氨基酸的改变就使病毒从优先结合SAα2,3Gal改变为SAα2,6Gal。

流感病毒通过受体介导的内吞作用进入细胞。内涵体的低pH环境可引起血凝素蛋白构象的改变，使HA2三聚体的疏水域能够介导病毒囊膜与细胞核膜的融合，将RNA+核蛋白+聚合酶蛋白（RNA nucleoprotein polymerase protein）复合体释放到细胞质中。同时在内涵体内离子通道M2四聚体将质子转运到病毒颗粒，使其能够分离结合到RNP复合物上的M1蛋白，进而使其离开病毒囊膜（图21-4）。金刚烷胺和金刚烷乙胺通过阻碍M2离子通道的活性来抑制病毒的复制。流感病毒的一个独特特性是所有RNA的合成都在细胞核内完成。由于RNP的大小的原因，只有通过核蛋白上的核定位信号与运输RNP到细胞核的核转运机制的相互作用，才能将RNP主动转运到细胞核内。

正如所有具有反义RNA基因组的病毒一样，正黏病毒的基因组有两种功能：作为信使RNA（mRNA）合成的模板，和作为正义复制中间体RNA合成的模板，也就是子代RNA基因组合成的模板。初级转录涉及一个不常见的帽子抢夺现象：PB2的病毒核酸内切酶活性切除5'-甲基鸟苷帽子后再加上由PB2从异质细胞mRNA捕获的10～13个核苷酸。这些帽子随后被用来作为病毒RNA聚合酶（聚合酶PB1）转录的引物。病毒mRNA因此被加上帽子，并通过病毒粒子RNA上的5～7个"U"残基的转录而聚腺苷酸化。所有的正黏病毒通过用一种剪接机制从一个基因生产出两种蛋白质来延伸其基因组编码能力。A型流感病毒使用基因片段7（M1+M2）和8（NS1+NEP/NS2）的拼接；B型流感病毒使用基因片段8（NS1+NEP/NS2）的拼接；C型流感病毒使用基因片段6（CM1+CM2）和片段7（NS1+NEP/NS2）的拼接；托高土病毒使用基因片段6（M+ML）；鲑传贫病毒使用片段7和8

[NS1和NS2（HEP）是非结构蛋白，而Ms, CMs和ML是膜相关蛋白]。B型流感病毒的基因片段7采用重叠区终止和启动密码子翻译的策略转录出两种蛋白产物。在某些A型流感病毒中，具有一个+1阅读移码框编码87～90个氨基酸，从而翻译出病毒的PB2-F2蛋白。

病毒蛋白质的合成是利用细胞的翻译功能在细胞质内完成的。现有的研究结果已清楚阐明了基因表达的时序调节，但是其具体机制尚不明确。在病毒感染早期，核蛋白NP和NS1蛋白的合成显著增强，而血凝素、神经氨酸酶和基质蛋白M1的合成是延迟的。NP蛋白是病毒RNA的复制所必需的蛋白，且该蛋白必须被转运到细胞核与RNA相互作用而启动复制。研究已表明NS1蛋白对病毒感染引起的抗病毒反应具有抑制作用。

基因组RNA片段的复制需要全长的正义RNA中间体，与相应的mRNA转录不同，它必须缺少5'帽子和3'-poly（A）尾巴。新合成的核蛋白结合到这些RNA上有利于其作为基因组RNA合成的模板。在病毒感染晚期，基质蛋白M1进入到细胞核中，并结合到初期的基因组RNA-核蛋白上，从而下调转录物和允许其从细胞核中运出。NEP/NS2结合到M1-RNP复合物上，因此提供了核输出信号并与将RNP转移到细胞质的核输出器相互作用。

随着存在于质膜斑块下线性排列的M1蛋白和核衣壳蛋白的结合，血凝素、神经氨酸酶和基质蛋白M2进入到质膜中，出芽即形成新的病毒粒子。在极性细胞中，流感病毒从细胞的顶面出芽。每个神经氨酸酶和血凝素蛋白都包含跨膜结构域，此结构域与指定为脂筏的鞘脂和胆固醇的膜富集区相关。这些脂筏有可改变的流动性，此流动性对出芽过程和成熟病毒粒子的感染性具有关键作用。当前的研究结果还显示在每个RNA片段的起始蛋白编码区都包含一些片段特异性组装信号，通过这一机制才使得每个RNA片段的一个拷贝被整合到相应的病毒粒子中，从而保证了病毒组装过程的特异性。随着病毒粒子的出

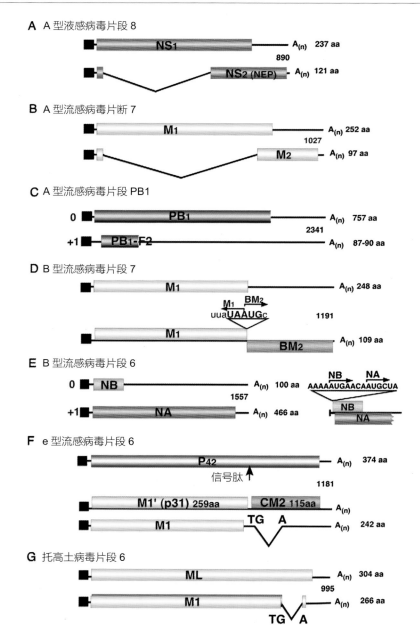

图21-5 正黏病毒的基因组排列结构。本图显示了病毒的基因组结构和编码多个蛋白的基因的开放阅读框（ORF），而对单一编码聚合酶、血凝素和核蛋白的基因片段没有显示。（A）A型流感病毒片段8编码NS1和NS2（非结构蛋白）的信使核糖核酸（mRNA）和编码区。包括起始的甲硫氨酸，NS1和NS2（非结构蛋白）共用10个氨基末端残基，非结构蛋白NS2的 mRNA（nt 529—861）与NS1蛋白。（B）A型流感病毒片段7编码M1和M2的mRNA及其编码区。包括起始的甲硫氨酸，M1和M2基因共用9个氨基末端残基；但是，M2的mRNA ORF（nt 740—1 004）与M1相应位置的ORFs组成不同。一种可以从mRNA[3]翻译出来的肽，尚未在体内发现。（C）A型流感病毒PB1片段的ORF。通常人们认为PB1蛋白的翻译是基于科扎克（Kozak）规则，通过核糖体扫描而允许PB1-F2翻译的起始，这种翻译起始效率是很低的。（D）B型流感病毒RNA片段7的ORF及翻译M1和BM2蛋白的ORF排列。显示了这两个ORF之间的双重翻译所涉及的终止-启动五核苷酸。（E）B型流感病毒的RNA片段6的ORF，显示了NA和NB重叠区的阅读框，以及在mRNA的意义上，位于2个起始密码子AUG周围的核苷酸序列，如mRNA的5'和3'末端的黑线所代表的是非翻译区。（F）C型流感病毒mRNA来源其RNA片段6，未剪接的和剪接的mRNA分别编码P42和M1，由一个信号肽酶对P42的裂解产生M1（p31）和CM2。（G）托高土病毒的片段6显示的是M和ML，M是由一种剪接的mRNA翻译而得到的，其具有一个在剪切过程中产生的终止密码子，如C型流感病毒的M1 mRNA。ML是由未剪接转录翻译而成，其代表一种38个氨基酸的C-末端延伸的M的一种延伸形式。不同的盒子代表了不同的编码区。mRNA的内含子采用V形的线表示。在mRNA的5'的已填充的矩形代表了来源于细胞RNA的异构核苷酸，这些异构核苷酸通常与病毒序列共价连接。（改编自Cox and Kawaoka, 1998 与 Lamb and Horvath, 1991）。[引 自Virus Taxonomy: Eighth Report of the International Committee on Taxonomy of Viruses（C. M. Fauquet, M. A. Mayo, J. Maniloff, U. Desselberger, L. A. Ball），p.683 . Copyright© Elsevier（2005），已授权]

芽，神经氨酸酶刺突（膜粒）促使染色体的挤压断离和病毒粒子释放，释放过程是通过毁坏质膜上的受体而实现的，否则质膜上的受体会重新捕获病毒粒子并将它们固定在细胞表面。

对于野生水禽来说，病毒是经排泄物排出并通过粪-口途径传播的，也有文献报道病毒可以在呼吸道内复制，进而表明病毒可经吸入途径传播的潜力。病毒在家禽体内主要是在呼吸道内复制，但在肠道内也可以进行复制，这就表明病毒在家禽体内是可以通过消化性或吸入性传播的。病毒在哺乳动物间可以通过气溶胶、飞沫和污染物传播。托高土病毒通过蜱传播，并且病毒在蜱和哺乳动物体内均能够复制。鲑传贫病毒可能通过水传播，易感鱼的鱼鳃是摄入和感染病毒的主要位置。

（四）致病性的分子决定因素

A型流感病毒的血凝素蛋白是作为一个单一的多肽被合成的，被命名为HA0。在流感病毒的生物学历史上一个重要事件是发现了血凝素蛋白在翻译后必须经裂解才能使病毒具有感染性，从而使血凝素的可裂解性和病毒毒力之间建立了明确的联系。被确定为高致病力禽流感（high-pathogenicity avian influenza, LPAI）的病毒在血凝素裂解位点处有多个碱性氨基酸的插入，而被确定为低致病力禽流感（low-pathogenicity avian influenza, LPAI）的病毒在短的裂解位点处只包含一个单一的精氨酸。能切开单一精氨酸的蛋白酶是具有组织限制性的，因此而决定了病毒所具有的组织嗜性。在鸟类和哺乳动物中，呼吸道和胃肠道内的上皮细胞含有能够裂解LPAI病毒血凝素的胰蛋白酶样的酶。病毒以非传染的形式产生，并在细胞外被激活。另外，某些呼吸道细菌（包括正常的菌群）也能够分泌裂解A型流感病毒血凝素的蛋白酶。与低致病力禽流感病毒相比，高致病力禽流感病毒由于在裂解位点有多个碱性氨基酸的插入，在细胞内血凝素即可被广泛存在于反面高尔基复合体的肽链内切酶家族所切割，感染性的病毒粒子从感染的细胞上释放出来而不需要任何细胞外激活（此点是LPAI病毒激活所必需的），这就大大扩大了细胞产生感染性病毒的范围。在野生鸟类的宿主体内HPAI病毒不能够持续的存在，但它们携带的LPAI病毒有可能随时通过血凝素裂解位点氨基酸的变化突变为HPAI病毒。因此，通过测定LPAI病毒流行株的裂解位点序列随时跟踪了解病毒血凝素裂解位点序列的突变，可以对可能出现的HPAI毒株进行预测。

正如大多数病毒一样，流感病毒形成了一种抵抗宿主先天性抗病毒防御的机制。NS1蛋白是流感病毒负责阻止抗病毒反应的主要蛋白。二聚体的NS1结合到双链的RNA上，是一种强有力的干扰素诱导物。虽然NS1蛋白如何阻碍干扰素反应产生的确切机制尚不明确，但NS1突变的病毒株的这种阻碍作用有所减弱，与那些感染野生型病毒的细胞相比，感染NS1突变病毒株的细胞内干扰素反应基因转录物水平升高。对于那些干扰素反应基因缺失的小鼠来说，NS1的突变株感染的结果是致命的，而在正常小鼠体内感染是受限制的。在NS1的42位点（P42S）处一个单一氨基酸的突变因减弱NS1抗干扰素能力而能大大地增强流感病毒毒力。假定鲑传贫病毒的7i蛋白起到干扰素拮抗物的作用，而托高土病毒的则是ML蛋白；这些病毒蛋白质的作用位点在抗感染途径中或许是不同的。

PB2蛋白是流感病毒RNA转录和复制的一个重要组件，它可能在决定病毒的毒力和宿主范围上起到重要作用。A型流感病毒的627位特异性氨基酸决定其能否在哺乳动物细胞上很好地增殖，以及病毒对小鼠是否表现为高致病力。在一些人的H3和H5N1病毒中，627位的赖氨酸能增强病毒在哺乳动物细胞上的生长能力，并且发现当禽流感病毒在该位点的氨基酸由谷氨酸突变为赖氨酸，就可以使得病毒成功突破种间屏障而感染哺乳动物。

对1957年和1968年人流感大流行毒株的研究

发现，除病毒的糖蛋白发生突变之外，在PB1蛋白上也存在氨基酸的变换。此外，研究还发现将具有致病性病毒的PB1基因引入到猪流感病毒之后，可以增强重配病毒的毒力。由+1移码框编码的一种新型蛋白已经被绘制到PB1基因上，并将该蛋白命名为PB1-F2，位于受感染细胞的线粒体，并且在单核/巨噬细胞能诱导细胞凋亡。尽管PB1-F2是病毒在细胞和鸡胚上复制所非必需的，在小鼠体内发现该蛋白能够影响病毒的毒力，很可能在其他哺乳动物体内也是如此。

综上所述，流感病毒致病力的决定因素是多方面的。流感病毒的宿主范围是由受体特异性、血凝素蛋白的裂解性以及PB2蛋白的活性共同决定的。PB1-F2蛋白对某些病毒的致病特性也具有明显作用，NS1蛋白也许还有其他蛋白能够干扰先天的宿主防御体系。有研究发现当实验动物感染流感病毒后其模式识别受体介导先天免疫反应发生延续性改变，这些改变可能会使得动物易于继发对其他病原的呼吸道感染。

二、A型流感病毒属的成员

（一）马流感病毒

尽管在马中暴发的呼吸道疾病可能就是历史上所描述的流感，包括1872年发生在北美马群中的重大家畜流行病，但是直到1956年首次从中欧发生的动物流行病中分离出流感病毒A/equine/Prague/1/56（H7N7，马流感病毒1）时，才最终确定地将马流感与马的其他呼吸道疾病区分开来。随后在美国，于1963年分离到第二株病毒A/equine/Miami/1/63（H3N8，马流感病毒2）。从此，几乎世界上所有的地方都有马、驴和骡子感染马流感的报道。但是在冰岛和新西兰等一些岛屿国家却未从出现该病毒感染的事件。

流感被认为是引起马的病毒性呼吸道疾病最主要的原因。在近年来发生的所有马流感暴发中都分离鉴定出了H3N8病毒；最后一次暴发是

在1979年由H7N7亚型病毒引起的，并且现在认为H7N7原型病毒在马群中不再流行。H3N8病毒自首次分离到之后经历了一定程度的基因漂移，并且在遗传进化树中表现出了不同的分支：欧亚分支和美洲分支。美洲分支进一步又细分为阿根廷、佛罗里达、肯塔基3个亚支系，在欧洲和亚洲的马群中美洲亚系的马流感病毒都曾有过流行，但是欧亚系的马流感病毒只在北美马群中检测到一次。随着时间的推移，尽管H3N8病毒仅出现适度的抗原性变化，但由于针对目前流行毒株疫苗更新的失败却导致了马的呼吸道疾病的严重暴发。开展对新型变异毒株的分离和持续监测对疫苗效力优化是十分必要的。

1. **临床特征和流行病学**　流感病毒的典型特征是在易感马群中传播非常快，在感染后的24～48h后引起很高的发病率。临床症状是呼吸道感染的结果：出现鼻黏膜潮红、结膜炎和浆液鼻液；随后有黏脓性的鼻涕排出。浆液性鼻涕同时发展成严厉的、阵发性的干咳，这可能要持续三周。感染马匹出现高热（39.9～41℃）可持续4～5d、并表现为食欲下降和精神沉郁。虽然死亡率很小，但是持续的高热可能导致怀孕母马流产。急性期临床诊断是比较容易的，由于必须将马流感和其他一些由马疱疹病毒、马腺病毒、马鼻炎病毒和许多细菌等引起的呼吸道感染区分开，使得对具有部分免疫力马匹的诊断则更为困难。在机体免疫力减弱或是使用了与流行毒株抗原性匹配不好的疫苗免疫的马群中常可见到有临床排毒的亚临床感染。以化脓性的鼻分泌液和支气管肺炎为特征的继发性细菌感染也可能发生，如果不出现这些并发症，这一疾病则表现为是自限性的，往往在感染发生的2～3周内即能够彻底恢复。

马流感病毒具有高度传染性，并且在马厩中通过有感染性的分泌物传播非常快，这种分泌物是通过频繁咳嗽雾化形成病毒在潜伏期被排出并且在临床症状出现至少5d后仍保持有传染性。马匹间的近距离接触将促使病毒的快速传播；但是被污染的饲养人员的衣物、设备和运输工具也都

可能有助于病毒的散播。频繁移动的马群，例如，比赛用马、种畜、超越障碍马和待售马对于流感病毒的传播都存在一定的风险。在欧洲、北美、日本、中国香港、南非、大洋洲和其他一些地方都在每年一次地举行一些有关以比赛和育种为目的的活动，马群之间的流动将导致马流感病毒在不同国家的快速传播。尽管马流感的临床表现从寒冷季节开始出现，而流行一般发生在主要赛季期间，也就是北半球的 4 ～ 10 月。

2007 年，美洲分支的 H3N8 病毒在澳大利亚的马群中传播开来，澳大利亚先前从来没有马感染过此病毒，这是马流感病毒具有高传染性特征的一个例子。起初病毒的入侵是从新南威尔士州的一个检疫站开始的，在短短 3 个月内病毒迅速传播到新南威尔士州和昆士兰的约 10 000 个马棚。后来通过限制流动和疫苗接种措施控制住了这种动物流行病，但是这次重大的事件强有力地证实了马流感病毒对未免疫马群的影响。

除了 1989 年在中国曾出现过一次由禽源流感病毒引起的马流感大暴发外，马科动物是马流感病毒已知的唯一来源。1989 年，在中国东北地区的马群中暴发了一次 A 型 H3N8 马流感疫情，发病率为 80% 和死亡率为 20%。随后的第二年又发生了第二次马流感大流行，此次发病率大约为 50%，可能是由于当时的马群已获得了一定的免疫力，而当时的死亡数很少甚至是没有发生死亡。让人们尤为感兴趣的发现是尽管引起这次大流行的病毒与世界上其他地区马群中流行的病毒具有相同的抗原成分，但它的基因却是来源于当时的禽流感病毒。血清学研究结果表明在 1989 年以前在中国的马群中不存在该病毒的感染；因此，此次暴发标志禽流感病毒不经过基因重配就能够直接感染哺乳动物。因此，不管流感病毒新变异毒株的出现是多么罕见，对流感的持续监测对预测该类事件的发生都是必不可少的。

2. **发病机制和病理学**　马流感病毒在上呼吸道和下呼吸道的上皮细胞中复制。感染引起纤毛上皮内层的破坏，这就引起了炎症和随后的分泌物形成及鼻涕的流出。病毒感染后最重要的炎性变化发生在下呼吸道，包括喉炎、气管炎、支气管炎和伴随肺淤血、肺泡水肿的支气管间质性肺炎。继发性感染可能引起结膜炎、咽炎、支气管肺炎和慢性呼吸道疾病。在澳大利亚最近发生的马流感大流行中，支气管间质性肺炎对于小于 2 周龄的马驹表现为致命性的，因为澳大利亚先前没有马流感病毒，此次流行发生在未免疫的马群中，马驹是由于未能从初乳中获得针对马流感病毒特异性的抗体保护而导致其严重的发病，此次大流行并非是马群感染了一种致病性异常的病毒而引起的。

有助于马获得天然抵抗力的要素包括：① 对呼吸道上皮组织起保护的黏液层，和对病毒从呼吸道清除的纤毛的持续拍打；② 可溶性凝集素、肺表面活性物质和存在于黏液及结合病毒粒子渗出液中的唾液酸糖蛋白；③ 肺泡巨噬细胞。当马群再次受到感染的马流感病毒与先前曾感染过的病毒抗原性相似时，机体将能够通过体内抗血凝素的特异性抗体阻止和中和病毒的再次感染。研究发现存在于动物上呼吸道中的分泌型免疫球蛋白 A 是抵抗病毒感染最主要的抗体，同时血清学抗体也能够对感染提供一定的保护。像单向辐射溶血法测量的结果一样，由疫苗免疫诱导的血清学抗体水平与攻毒动物所获得的保护力是正相关的。而以实验动物为模型的研究发现：活化的巨噬细胞、自然杀伤细胞和病毒特异性 T 细胞像 γ – 干扰素和白介素 – 2 一样对下呼吸道病毒的清除起着至关重要的作用。由于缺乏必要的试剂，在马体中开展实验是相当复杂的。

3. **诊断**　马流感的临床感染是非常有特点的。在大多数的实验室条件下，马流感病毒的检测可以通过 RT-PCR 方法完成。通常在感染早期（也就是临床症状出现的 3 ～ 5d 内）采集的马鼻或口咽棉拭子是理想的检测样品，并且应用 RT-PCR 方法检测是不需要活病毒的。马的拭子样品可以进行病毒的分离，为保持病毒的感染性需要将棉拭子放置于病毒运输培养基中。经羊膜或尿囊膜途径接种10日龄的鸡胚、置35～37℃孵育3～4d，H3N8病毒可以在鸡胚中复制，往往为达到标准的血凝试验的检测水平是需要盲传的。病毒的分离也可以在细胞培养系统中进行，犬肾传代细胞（MDCK）是常用的细胞系，因为大多数细胞系不具有能够裂解血凝素蛋白的酶类，因此在培养基中必须添加胰蛋白酶，才可以实现病毒的有效复制。采用抗原捕捉ELISA或RT-PCR的方法对收获的羊水、尿囊液或细胞培养液的血凝活性进行检测而判定是否发生病毒的复制。通常采用针对血凝素和神经氨酸酶基因的特异性RT-PCR扩增对分离毒株进行亚型的鉴定，少数情况下也通过使用一组亚型特异性的参照抗血清进行血凝抑制试验开展亚型鉴定。也可以通过追溯性检测马病毒感染前与感染后的双份血清的抗体，对马流感的感染进行临床诊断。

由流感病毒感染引起的马呼吸道疾病的暴发在非实验室条件下可以通过抗原捕获ELISA试验快速检测。虽然这些试验对于个别马匹的感染检测相对不灵敏，但它们对马流感的快速确诊非常有用。

4. 免疫、预防和控制　对先前没有感染过马流感病毒的国家来说，控制病毒入侵的措施是隔离和疫苗接种，就像在澳大利亚和南非最近暴发马流感疫情时所采取的措施。同样，应该对暴发马流感的马厩和赛马设施进行检疫。在所有感染马匹康复以后，对箱子、马厩、设备和运输车辆进行清洗、消毒杀菌也是必不可少的。

在存在马流感流行的国家，对马流感的防制广泛采用疫苗接种。以前只使用灭活疫苗，现在H3N8亚型马流感病毒的灭活疫苗包含两个不同的谱系，在应用时应当优先选择与流行毒株抗原性相匹配的疫苗进行免疫。尽管加强免疫的最佳时间是可以推测的，但临床上为了达到对个别马匹起到完全保护的效果，同时接种若干种疫苗是很有必要的。自2000年，当OIE专家小组断定没有流行病证据来支持马流感疫苗中应该包含H7N7亚型马流感病毒后，就将该病毒从更新的疫苗中去除了。人们一直关注灭活疫苗不能像自然感染那样诱导细胞免疫反应。人们试图用各种办法包括在疫苗中添加油和聚合物类的免疫刺激佐剂、Quil-A免疫刺激复合物及通过DNA疫苗初免-加强免疫策略、痘病毒载体疫苗、减毒活疫苗和冷适应病毒疫苗的使用来解决这个问题。与先前全病毒疫苗和亚单位疫苗相比，这些方法能够诱导产生更持久的免疫反应。表达马流感病毒血凝素蛋白和免疫刺激复合物的重组金丝雀痘病毒载体疫苗目前已经商品化，该疫苗在免疫后能够诱导产生良好的细胞免疫应答。在南非和澳大利亚，马流感重组金丝雀痘病毒载体疫苗的使用已成功根除了这两个国家的马流感。

灭活疫苗潜在的主要问题是对具有母源抗体的马驹不能提供有效的免疫保护。目前的疫苗免疫程序是建议在马驹最少到达6月龄时才可以接种疫苗。马流感重组金丝雀痘病毒载体疫苗能够填补这一空白，即使在有母源抗体的情况下，也可对幼驹提供强有力的免疫保护作用。

无论是哪种类型的疫苗，监管机构必须建立灵活的条例，采用与人的流感疫苗相似的措施才能将新流行病毒株快速更新到新研发的疫苗当中。

（二）猪流感病毒

在1918年灾难性的人流感大流行时，猪流感在美国的中北部首次被发现，很长一段时间只在这个地区报道有猪流感，而且每年都是在冬季暴发。Richard Shope于1930年分离获得第一株猪流感病毒A/swine/Iowa/15/30（H1N1）。尽管1918年的流感大流行影响到整个欧洲，但直到20世纪40～50年代才在捷克斯洛伐克、英国和西德这些欧洲国家发现猪流感。之后该病毒明显消失，直到1976年在意大利北部再次出现，1979年传播到比利时和法国南部，之后猪流感在欧洲一直频繁暴发。然而在欧洲导致猪流感发生的病毒，其遗传关系上与鸭的病毒相近，属于禽源流感病毒。

目前，在全世界流行的H1N1猪流感病毒分为两个不同的抗原群——一个是1979年以来在欧洲发现的禽源H1N1流感病毒株，另一个是在美国发现的与原始病毒株相似的经典H1N1猪流感病毒。猪也可感染A型流感病毒的其他亚型毒株：包括流行于中国、欧洲和北美的人源H3N2流感病毒，猪-人流感病毒的双重配H1N2病毒，还有猪-人-禽流感病毒三重配病毒。例如，在北美引起猪的重大呼吸系统疾病流行的流感病毒其基因组成为：来自于人流感病毒的HA、NA和PB1基因，来自于禽流感病毒株PB2和PA基因，来自于古典猪流感病毒的NP、M、NS基因（图21-6）。在中国，类人型H3N2病毒、双重配H3N2病毒和三重配H3N2病毒也曾在猪群中流行。其他一些基因组成的流感病毒在猪群中也是存在的，而且新型的重配病毒又在频繁的出现，正如2009年出现的新型流感大流行H1N1病毒一样。除此之外，猪流感病毒流行株还在血凝素蛋白上始终发生着氨基酸的变化。

因为猪同时能够感染禽源和人源的流感病毒，因此其被认为是流感病毒的"混合器"。猪具有禽的（SAα2, 3Gal）和人的（SAα2, 6Gal）两种类型的受体。尽管不是所有人流感大流行毒株来源都与猪流感病毒有关系，但是，在全球猪群中流行的重配流感病毒为猪作为中间宿主的角色提供了理论支持。令人感兴趣的是，尽管猪能感染各种亚型禽流感病毒，而地方性流行的猪流感病毒却只发现有H1或H3血凝素亚型。当前欧

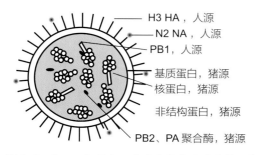

图21-6 自1997年以来，分离自北美猪群中的A型H3N2猪流感病毒Sw/NC/98的基因型示意图。该病毒是一株由人流感病毒与经典型猪流感病毒重组而产生的病毒。HA，血凝素；NA，神经氨酸酶。［引自C. W. Olsen. The emergence of novel swine influenza viruses in North America. Virus Res. 85, 199–210（2002），已授权］

亚-非型H5N1禽流感病毒能感染猪，却很难能在猪体内复制。

1. **临床特征和流行病学** 本病经过24~72h的潜伏期后，突然发病，通常在一个猪群中出现多头猪同时发病。表现为体温超过42℃的高烧，并伴随精神萎靡、食欲减退、嗜卧、不愿走动，出现一些呼吸困难的迹象：阵发性咳嗽、打喷嚏、鼻炎并有鼻涕流出、呼吸困难、听诊有支气管罗音。猪发病3~6d后通常能够很快自行恢复，7d后可以正常饮食。如果对发病猪保持温暖和无应激的状态下，发病通常呈温和型的，并发症少，致死率低于1%，而一旦有些猪发展成严重的支气管肺炎，就有可能导致死亡。有报道怀孕母猪在感染重配H3病毒的后曾出现繁殖能力障碍。尽管大多数发生猪流感的猪群能够完全康复，但由于发病猪导致的体重减轻或者增重缓慢对养殖业的经济损失仍然是相当大的。

猪流感的暴发大多发生在秋末和冬天，或者是在有新的猪只引入到易感猪群后发生。在封闭化设施条件下饲养的猪群常年都有发生，而且通常会在一个区域的几个猪场中同时暴发，出现猪群中所有的猪几乎在都同一时间发病。多年来有关在暴发猪流感流行病期间如何保护动物得以生存一直是人们研究的重点，但至今仍是一个悬而未决的难题。不断有新的易感猪只引入的大型猪群中，猪流感病毒无疑会发展成为地方性流行疾病，但是目前还没有任何可信的证据能够证明在感染猪流感病毒的宿主中谁是真正的病毒携带者的说法。

新型的2009 H1N1流感大流行毒株可以感染猪，但临床引起的发病表现温和。然而由于该病威胁到人类的公共卫生，感染猪群必须进行隔离、检疫一度对养猪业也造成了巨大的经济损失。作为时常发生的人畜共患病，尽管没有可靠的证据表明猪肉对消费者存在安全危害，但在2009年所谓"猪流感"出现之后，猪肉的消费量的确出现了大幅度地下降。

2. **发病机制和病理学** 猪流感病毒的感染

遵循呼吸道病毒感染的典型模式：病毒以气溶胶的形式侵入，并在几个小时内快速地感染鼻腔和呼吸道的上皮细胞。接着发展为以肺尖和心叶区的肺部损伤为特征的支气管间质性肺炎，并伴有肺充血、粘连，在呼吸道出现炎性渗出液。组织病理学检查表现为上皮细胞表面裸露，在感染的气道内有管腔内碎片的沉积。而且还会出现临近管腔的塌陷，间质性肺炎和肺气肿。

3. 诊断　猪流感以突发高度传染性的呼吸道疾病为特征，临床上不易与胸膜肺炎放线杆菌和猪肺炎支原体引起的猪的一些传染病诊断区分。猪感染猪流感病毒之后，肺部的眼观病理变化与猪肺炎支原体感染引起的病变极为相似。对猪流感的常规诊断，鉴于RT-PCR试验的快速性与自动化可操作性，该检测方法已经代替了传统的病毒分离。但如果要对病毒的基因特征进一步的研究，还必须采取病毒分离的方法。病毒分离采用接种鸡胚和MDCK细胞培养两种方式实现。采用针对血凝素和神经氨酸酶的特异性RT-PCR、对扩增片段测序的方法或者是利用特异的单克隆抗体进行病毒的基因型鉴定。通过免疫荧光或免疫组化的方法可以直接检测组织样品中存在的病毒，同时还可通过血凝抑制（HI）和ELISA的血清学试验方法检测血清中的流感抗体，以此来判断未经免疫猪的病毒感染状况。

4. 免疫、预防和控制　通过疫苗免疫和严格的生物安全措施临床可以控制猪流感的发生。当前，越来越多的养猪场家都采用了"全进全出"的生产模式，利用该类型的设施，其生物安全性能够充分保证阻止猪流感病毒的感染，从而对无病原污染后备猪群的生产提供了可靠的保障。在阻止病毒感染不切实际的条件下可以通过疫苗免疫接种的方法控制猪流感的发生。由于流行于猪群中的重配型流感病毒的多样性，目前的猪流感疫苗至少由两种，有的是由三种不同的抗原类型制备而成。正如所有的流感疫苗一样，有时是不能阻止感染、甚至在自然感染发生后依然有病毒排出，而且疫苗会对以诊断或者血清流行

病学的研究为目的而开展的检测结果构成干扰。而对于疫苗生产而言，最简单的目标是能够预防大量的临床发病和减少相应的经济损失。

5. 对人的感染　在接触流感病毒感染猪的屠宰厂工作人员当中，可能会出现人感染猪流感病毒的情况，而且可能导致人的呼吸道疾病。这种感染是相对罕见的，而且人传染给人的可能性也是很受限的。然而，由于害怕再一次出现像1918年那样人流感大流行，人感染猪流感病毒已经成为公共卫生关注的焦点问题。例如1976年，在美国的迪克斯堡，从招募的新兵体内分离出H1N1猪流感病毒，导致美国后来出现大批的人们去进行免疫接种。许多人认为对1976年的事件反应过于强烈，而到了2009年的新型H1N1流感大流行病毒的再度出现显然验证了人们对于人畜共患H1N1流感病毒感染的高度关注是正确的。人也曾有感染重配H3N2病毒的报道，但是这些感染仅仅是在有限的源发地出现，未能在人群中构成广泛的传播。

（三）禽流感病毒

对鸡群导致毁灭性的禽流感以"鸡瘟"著称，它与早在1878年发生在意大利北部的疾病有着本质的区别。后来该病在欧洲和亚洲迅速传播，到了20世纪20年代的中期，北美和南美均有禽流感的报道。1901年就分离到了导致禽流感的病原，但是直到1955年，这个病原才被鉴定为流感病毒。1961年，在南非普通燕鸥中暴发了一次高死亡率的禽流感疫情，这次疫情首次为野鸟直接参与流感病毒的传播提供了证据。从20世纪70年代起，当人们通过对流感病毒的监测发现野生水禽普遍存在无症状的病毒感染情况，以及它们对养禽业已构成安全威胁时，禽流感得到了生态学的关注。在1983—1984年，一次非常大的禽流感流行疫情在宾夕法尼亚的养禽业发生，约有1 700万只鸡和火鸡死亡，损失约6 000万美元才控制住这次疫情。自1955年起，在家禽和野鸟中先后暴发了至少27次禽流感的疫情，每次疫情

均是由不同的高致病性禽流感病毒感染而引起的，疾病本身或者扑杀超过500万只家禽对养禽业造成了巨大的经济损失。每次疫情的暴发都与在野生鸟类中发现的低致病性禽流感病毒经基因突变而成为高致病性禽流感病毒有着直接的联系。

为了国际贸易问题，禽流感病毒被分为高致病性或者低致病性。分类标准［见OIE《陆生动物卫生法典》（2007），2.7.12章］为：

1. 为了国际间的贸易，将禽流感（AI）的申报形式［须申报的禽流感（NAI）］界定为由H5或H7亚型的任何A型流感病毒引起的或像下面描述的静脉致病指数（Intravenous pathogenicity index）大于1.2（或者至少有75%死亡率）的任何AI病毒引起的家禽感染。将NAI病毒分为高致病性须申报的禽流感病毒（HPNAI）和低致病性须申报的禽流感病毒（LPNAI）：

a. 对6周龄鸡的静脉致病指数（IVPI）大于1.2或者静脉感染4～8周龄鸡引起至少75%死亡的禽流感病毒定义为高致病性须申报的禽流感（HPNAI）病毒。那些IVPI小于1.2或者静脉途径感染鸡后死亡率小于75%的H5和H7亚型病毒，应该对其测序确定在血凝素蛋白裂解位点上是否具有多个碱性氨基酸的存在；如果氨基酸序列与其他已知的HPNAI相似，则将其归类为HPNAI病毒；

b. 所有H5和H7亚型的流感病毒而又未被定义为HPNAI的病毒为LPNAI病毒。

由于所有HPAI的暴发都是由H5或H7亚型病毒引起的，同时在商业养禽场出现的任何H5或H7亚型LPAI病毒都有突变为HPAI病毒的潜在可能因而受到高度的关注，因此，建立此标准。

1. 临床特征和流行病学　由HPAI病毒引起鸡和火鸡的疾病历史上称之为"鸡瘟"。现今，除了在过去一些毒株的命名中［比如，A/fowl plague virus/Dutch/27（H7N7）］，"鸡瘟"这一术语不再被使用。高致病性的禽流感病毒能够导致动物没有任何症状的突然死亡。如果发病禽（一般是日龄较大的）能够在发病48h后幸存下来，则会出现产蛋停止、呼吸困难、流泪、腹泻、脑、脸和脖子发生水肿，无羽毛的皮肤处尤其是鸡冠发绀。受感染禽可能表现出神经症状，比如头颈震颤、不能站立、歪脖和其他不正常的姿势。

LPAI病毒的感染通常导致动物出现厌食、精神沉郁、产蛋下降、呼吸疾病和鼻窦炎等临床症状，因此，LPAI病毒也同样对养禽业，尤其是火鸡造成很大程度的经济损失。常常由于禽流感病毒和其他病毒、细菌和支原体等发生的混合感染、弱毒疫苗的使用或者是由于通风不畅和过度拥挤造成的环境压力等多种因素都能够导致鸡和火鸡在发病时的临床症状加剧。

禽流感病毒可以通过野鸟的粪便以高浓度排出，并且在冷水中长时间地存活。病毒主要通过种间传播周期性地感染易感宿主——也就是从野鸟，尤其是野鸭的感染传播到到鸡和火鸡。因此，野鸟栖息地将有助于这一类型的病毒传播模式。人们假设禽流感病毒是在大群的野生鸟类中维持以较低水平的流行状态，甚至是在它们迁移和过冬期间，但目前仍然没搞清楚的是这么多亚型种类的A型流感病毒是如何年复一年地存在于这些野生鸟类的体内。对在加拿大开展的野鸭研究结果发现：在它们大批往南迁徙之前，就有多达20%的幼禽轻微感染上禽流感病毒。尽管雀形目和鹦形目鸟类不是LPAI病毒的自然宿主，并且它们可能只是在暴露于感染家禽，尤其是家养和笼养的鸭子之后才可能被传染上的，但是在许多国家也经常能从进口的笼养鸟中分离到禽流感病毒。

活禽市场对禽流感的流行病学可能有着至关重要的作用。欧亚-非H5N1禽流感的流行明确证实了家禽与野鸟（尤其是鸭子）的混合饲养的相关风险，流感病毒通过在一些种类的禽类体内的适应和进出市场禽类的无规律流动均能够使病毒获得迅速传代的潜能。1996年从中国广东的鹅中分离出的第一株HPAI病毒标志着禽流感病毒中一个具有新流行潜力的流感病毒的出现，随后，1997、2001和2002年分别在中国香港的家禽中传播和暴发H5N1禽流感。另外，该病毒还造成18人感染、6人死亡。在香港，人们试图通过扑杀和接种H5N2疫苗来控制禽流感的暴发，但是到2003年为止，这一H5N1 HPAI病毒已经传播到韩国、日本、印度尼西亚、泰国和越南。野生水禽感染LPAI病毒后通常不表现任何临床症状，并且在实验条件下很难感染1997年以前分离到的HPAI病毒。然而，2002年，中国香港两个公园的水禽在感染这种欧亚-非H5N1病毒后出现了神经系统的疾病。此外，在泰国成年猫在饲喂感染的家禽后发生死亡。这些事实进一步说明了H5N1病毒所具有的与其他病毒不一样的特性。与1997年的病毒相比，2002年流行的HPAI H5N1病毒出现了多个基因的重配和突变。2005年的早期，在中国的青海湖死亡的野鸟中分离出HPAI H5N1病毒，并且当年的年末又在蒙古、西伯利亚、哈萨克斯坦和东欧都检测到了该病毒。虽然1997年从鹅中第一次分离以来，H5N1 HPAI病毒发生了许多的变化，但是2006年在亚洲、欧洲的许多国家以及部分非洲国家又都检测到这一类病毒的流行（图21-7）。它们大多数病毒株都属于2.2进化分支，这一分支中还有从韩国、伊朗、加纳、印度和埃及分离得到的病毒。

尽管已有大量病例证实了欧亚-非H5N1病毒对一些野生鸟类表现为高致病性，但是有关野鸟在此类病毒传播过程中的作用还一直被争论不休。由于在2005年进口到英国的鹦鹉出现H5N1病毒感染引起的死亡，因此还必须对家禽和野鸟的这种合法和非法的贸易往来给予足够的重视。对欧亚-非H5N1病毒严密的监测体系已经在欧洲、北美和其他地方建立起来。在北美，由于亚洲和北美的野鸟迁徙路线重叠，最初监测重点放在了阿拉斯加、加拿大和美国西部海岸，后来又逐渐扩展到密西西比河和大西洋候鸟的迁徙路径。通过这些监测项目的实施，已经预期分离鉴定到了许多株H5亚型的LPAI病毒。

2. 发病机制和病理学　一些禽流感病毒株所表现的致病性差异是由其多个基因产物的特性共同决定的。对H5和H7亚型的禽流感病毒而言，血凝素蛋白裂解位点处的氨基酸序列是一个关键的致病性标记。氨基酸序列的变化能够改变病毒的HA蛋白质被裂解的概率，从而导致病毒

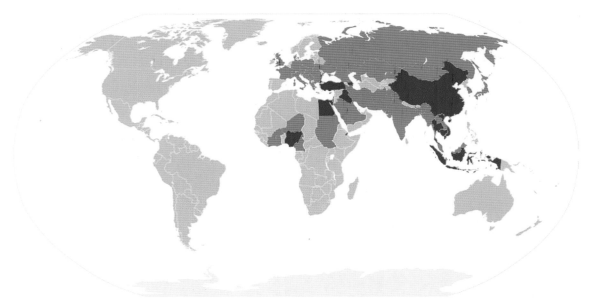

图21-7　H5N1亚型流感病毒的全球蔓延（2009年5月）。深红色区域表示该国家或地区发生了H5N1亚型流感病毒对人、家禽和野鸟的感染与死亡病例，浅红色区域表示该国家仅发生了H5N1亚型流感病毒对家禽或者野鸟的感染与死亡病例。

的致病性大大改变。大多数LPAI病毒在裂解位点仅有一个单独的碱性氨基酸（精氨酸），并带有一个能屏蔽裂解位点的糖基化位点。HA蛋白裂解位点上糖基化位点的丢失、碱性氨基酸的突变、促使裂解位点开放性氨基酸的插入及裂解位点碱性氨基酸的缺失，这些因素都可能导致病毒可裂解性及其致病性的改变。

血凝素蛋白的可裂解性是决定流感病毒致病力的一个主要因素；除此之外，病毒的其他基因产物也能通过各自功能影响着病毒的有效复制及其与宿主细胞的相互结合。不同品种的鸟类对HPAI病毒的抵抗力和易感性存在差异。例如，A/chicken/Scotland/59（H5N1）病毒对鸡的致病性更强，而A/turkey/Ontario/7732/66（H5N9）病毒对火鸡的致病力更强。事实上，鸭子始终对大多数HPAI病毒表现为较强的抵抗性，但是最近却出现鸭子感染欧亚-非H5N1病毒而发病的情况，同时这类病毒也引起了人的感染。然而，尽管有数百万潜在人群暴露于携带这种病毒的感染鸭群中，截至2009年1月，在15个国家只有约400人发生感染并入院治疗，共计254人死亡。尽管H5N1病毒的感染是高度致死性的，庆幸的是它感染人的概率还不是很高。到目前为止，欧亚-非H5N1 HPAI病毒还主要是感染禽的一类病原，而非人流感大流行毒株。

禽流感的发病机制与哺乳动物流感的有所不同，禽流感病毒可以在消化道和呼吸道内同时进行复制。大多数HPAI病毒的感染，还会出现病毒血症、多灶性淋巴细胞和内脏器官的坏死并导致胰腺炎、心肌炎、肌炎、脑炎的发生。在发病若干天后死亡的鸡和火鸡在呼吸系统、消化系统和心脏的有关组织会出现点状皮下出血和严重的渗出液渗出。火鸡也可能出现气囊炎和肺充血。对禽流感病毒感染的所有禽类而言，发病的3～7d内可以检测到中和抗体，第二周达到高峰，并且一直持续到18个月。

3. 诊断　由于禽流感的发病症状差异很大，因此最好在发病期进行临床诊断。实验室诊断方法包括应用RT-PCR检测流感病毒的基质蛋白（M）基因，因为这个基因在所有的禽流感病毒株是高度保守的。用这种方法检测出阳性样品之后，再进行特异的H5和H7检测。如果样品是H5或H7阳性，需要再进行序列分析确定HA蛋白裂解位点的氨基酸特性。如果在病毒HA蛋白裂解位点处存在多个碱性氨基酸，我们就必须采取严格的扑杀措施来消除感染的发生。用病毒分离的方法以获取病毒并用于后续的病毒基因序列和动物的致病性试验，对于非H5或H7亚型病毒的感染，尤其是在采样时没发现有死亡禽的情况下，我们可以采用病毒分离的方法进行诊断。病毒分离最好是采集禽的泄殖腔拭子（野鸟和家禽）和气管拭子（家禽）进行。将样品接种于10～11日龄的鸡胚尿囊腔，或者是接种于MDCK细胞，通过应用鸡或火鸡红细胞检测鸡胚尿囊液或细胞培养液的血凝活性来确定病毒是否存在。通常采用基因特异的RT-PCR方法或通过单特异性抗血清的血凝抑制（HI）试验完成对病毒的亚型鉴别。利用琼脂凝胶免疫扩散、ELISA试验和血凝抑制试验等血清学抗体的检测也可以对群体的感染状况进行评估。最初的筛查是通过广泛的流感病毒血清学检测方法，比如琼脂免疫扩散的方法来进行的，在确定阳性之后，再利用16种不同的血凝素和9种不同的神经氨酸酶阳性血清进行抑制试验进一步对病毒的亚型进行鉴定。

4. 免疫、预防和控制　一旦发生高致病性的禽流感，为防止疫情的扩散与蔓延，必须采取严格的生物安全措施，包括对感染禽的扑杀和加强未感染禽的监测等措施。生物安全措施不但能够防止HPAI病毒感染引起疫病流行造成的巨大经济损失，而且还可以通过将家禽和野鸟分开进而阻止H5和H7 LPAI病毒向HPAI病毒的进化，两方面都是至关重要的。在最近的H5N1禽流感流行期间，在东南亚的一些采取了可靠的生物安全措施的养禽场免遭疫情造成的重大损失，而对那些允许家禽和野鸟混养模式的，或那些与活禽市场有关联的养殖场却遭受了巨大损失。家禽和野鸟的混群能够很明显地加速病毒的变异进化过程。为了防止HPAI病毒传播到其他养殖场和自然环境下的野鸟，一旦发现家禽中有感染HPAI病毒的群体就应该进行扑杀。通过开展病原性的监测可以发现家禽中是否存在H5和H7亚型的LPAI病毒。这些LPAI病毒的流行对养禽业产生一定的经济损失，但是我们所担心的是病毒在家禽中的持续代代可能会变异成为具有更高致病性的病毒。对于感染H5和H7 LPAI病毒的禽群，我们通常采取扑杀措施，以消除对贸易往来的潜在影响以及出现HPAI毒株的风险。

大多数养殖业发达的国家正试图努力通过对从业人员的教育、动物检疫、疫病诊断监测和疫情发生时实施扑杀的综合性生物安全措施来防控禽流感的发生。在大多数发达国家，已经不再通过疫苗免疫来控制HPAI的暴发，因为想要在免疫的群体中鉴别出任何可能受感染的禽类都需要实施一种耗资巨大的监测计划，而这些对他们的国际贸易执行能力会有潜在的负面影响。在一些情况下，采用严格的检疫与疫苗免疫相结合的措施能够防止H5和H7 LPAI病毒感染，在不影响肉、蛋的数量下降的条件下减少疾病对养禽业所导致的严重经济损失。涉及国际贸易的有关国家将永远不会再接受通过这种不受限制的疫苗接种来控制禽流感的措施。

5. 对人的感染 禽流感病毒是所有人类A型流感病毒基因的起源；然而，禽流感病毒直接感染人的事件却很少甚至很罕见的。在禽流感病毒中，欧亚-非H5N1 HPAI病毒在造成人的感染和死亡方面的特性是独一无二的。在H5N1病毒传播到人的病例中，绝大多数是人与感染家禽发生了直接接触，少数是由人到人的传播，但是只有在感染与被感染的个体之间存在亲密接触的情况下才有可能传播。研究发现：尽管高致病性H5N1禽流感病毒在HA蛋白裂解位点处具有必需的碱性氨基酸，但这一特征单独存在时并不能增强病毒在人与人之间的传播能力，同时病毒也不能在猪体内很好地复制。

因此，如果H5N1病毒能够像预期的那样引发下一次的人流感大流行的话，还将必定发生其他一些额外的氨基酸改变。

（四）犬流感病毒

2004年，佛罗里达的一群格雷伊猎犬暴发呼吸道疾病并导致了一些犬的死亡，部分发病犬体内呈现严重的出血性肺炎变化。通过对分离自一只犬的流感病毒进行全基因序列测定与分析发现病毒来自于H3N8马流感病毒谱系。对整个美国格雷伊猎犬群体的血清学监测结果显示，H3N8病毒的血清阳性率非常高，这与比赛用格雷伊猎犬呼吸道疾病持续了很长时间这一情况相一致。2005年从纽约州的一条犬体内分离到H3N8病毒。截至目前，尽管病毒的传播非常慢，随后还是由纽约这次暴发传播到其他几个州。犬流感病毒的感染发生于圈舍饲养的、动物收容所或日间护理中心的犬，但犬流感病毒很容易在密集的家养犬之间传播。

犬感染流感病毒的症状与犬呼吸系统综合征（"犬窝咳"）的症状很相似甚至难以区分。主要的差别是犬舍中如果多达50%～70%的犬发病就是流感病毒的感染，而犬窝咳通常只会引起不到10%的动物发病。所有年龄和品种的犬对流感病毒均易感。除非出现继发感染，犬流感通常很容易恢复；流感病毒感染会破坏呼吸道有纤毛的上皮细胞，这则大大增加了继发细菌感染发生的机会。格雷伊猎犬对流感病毒极其易感，然而有关部分患有犬流感的犬只出现严重出血性肺炎的发病机制到目前还未研究清楚。

犬流感病毒一直在发生着基因的进化，正如在最近的分离毒株中我们发现病毒血凝素蛋白上的氨基酸变化的积累。与当前流行的马流感H3N8病毒相比，最早的犬流感病毒分离株在血凝素蛋白上至少有5个氨基酸发生了变化。

在近期澳大利亚暴发H3N8亚型马流感的情况下，英国出现了猎犬感染马H3N8流感病毒的病例。然而感染只是在一定范围内出现，并且尚没有证据证明这些发病都是由犬流感病毒导致的，似乎只是犬感染了马流感病毒的例子。犬科动物对欧亚–非H5N1病毒也显示了易感性。在H5N1禽流感流行的地区对犬的血清学抗体监测结果发现为H5抗体血清学呈阳性，同时将犬暴露于H5N1病毒存在的实验条件下，犬将被感染，尽管没有表现出明显的临床症状，却能够从呼吸道排毒。在韩国，从具有典型犬流感发病临床症状的犬中分离到了一株禽源H3N2亚型的病毒，并且在实验条件下感染的犬可以排出高滴度的病毒，在上呼吸道和下呼吸道都能发展为严重的坏死性炎症。最新的研究也证实在犬呼吸道内层细胞上存在α2, 3唾液酸受体。综上所述，我们需要持续开展对犬科动物的流感病毒感染的监测和分离病毒株特性的研究，以此防止将来在犬科动物中出现任何高致病性病毒的可能性。

（五）人流感病毒

在前面的部分中，我们已经阐述过动物流感病毒和人类感染的关系，包括来自禽类宿主的A型流感病毒的出现。尽管也有个别例外，但总的说来，流行于人群的流感病毒很少能够在动物群体中持续存在。在2009年出现的大流行H1N1病毒可以感染猪并在猪群中传播，但是猪是否能够成为这类病毒的自然宿主还不确定。同时也发现2009 H1N1病毒能从感染人群传播到家猫、犬和宠物雪貂，并且在感染这些动物后均可以出现明显的临床症状。雪貂能够感染和有效传播人的A型和B型流感病毒；由于雪貂易感染的有关疾病与人类最接近，因此常将雪貂作为流感病毒致病性研究的动物模型。前已阐述流感病毒从感染的猫和雪貂传播到人的情况，在感染的雪貂体内很可能会有大量的病毒排出。非人类的灵长动物（包括长臂猿、狒狒和黑猩猩）都能够在自然条件下感染人的A型流感病毒，并且新大陆的许多种动物和旧大陆的猴在实验条件下对人流感病毒也都表现为易感。

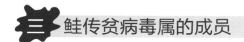

三　鲑传贫病毒属的成员

鲑传染性贫血病毒

鲑传染性贫血病毒是鲑传贫病毒属的唯一成员。该病毒的基因组是分节段的，由8个不同的片段编码至少10种蛋白。其中表面蛋白（HE）负责受体的结合和受体破坏活性，而另一蛋白（F）具有膜融合的功能。HE蛋白是不需要经过蛋白水解处理的，而无活性的F0蛋白必须裂解为F1和F2后病毒才能具有感染性。鉴于该病毒能够导致养殖的鲑鱼发生严重的疾病，欧盟将其已列入鱼类最危险的疾病之一，而且该疾病还是需上报到OIE的仅有的12种鱼类病毒病之一。

自从1984年鉴定出到鲑传染性贫血病毒以来，在北大西洋沿岸许多国家的沿海水域中都检测到了这种病毒。这种疾病对养殖的鲑鱼影响最大，其他鱼类可能易于感染但无明显的发病症状。野生大西洋鲑鱼（大西洋鲑）对该病的发生似乎具有抵抗力，而养殖的大西洋鲑鱼一旦感染则导致100%的死亡。智利最初有关该病的报道描述了在养殖银鲑（大马哈鱼属鲑）中存在一种非典型的鲑传贫病毒，但自从鲑传贫病毒在这个区域出现以来，出现了更多次的疫病暴发。人工养殖的虹鳟鱼和野生鱼（例如海鳟和大西洋鲑鱼）感染病毒后常常不表现出任何临床症状而都是潜在的病毒宿主。

该病的主要特征是严重的贫血，红细胞比容小于10%（正常比容大约是40%）。受感染的鱼类发病严重时的临床症状为眼球突出、鱼鳃苍白、出血性腹水、出血性肝脏坏死、肾脏间质性出血和肾小管坏死。组织学病理损伤包括：鱼鳃处的丝状小动脉充血和层状毛细血管扩张，脾脏的弥散性正弦曲线拥塞和噬红细胞现象，幽门盲肠的多点充血和出血。高度易感的养殖鲑鱼出现血细胞、内皮细胞和巨噬样细胞形成的病毒血症。

由于宿主抵抗力和病毒致病力的不同，由鲑传染性贫血病毒感染导致动物的死亡率差别也很大。根据HE基因的变异，鲑传染性贫血病毒可分为北美谱系和欧洲谱系。基于病毒的致病性不同，进一步又将欧洲谱系的病毒分为若干个基因型。在实验条件下，大西洋鲑鱼感染最强毒力的病毒株，在感染后的10～13d内开始出现死亡，死亡发生持续9～15d，最终导致大于90%的死亡率；中等毒力的病毒感染后死亡率为50%～89%，并且死亡时间推迟；而低毒力的病毒株感染大西洋鲑鱼死亡率小于50%。然而，实验条件下银鲑鱼（一个远亲太平洋物种）的感染试验结果表明它们对所有的鲑传染性贫血病毒均具有较强的抵抗力。正如A型流感病毒一样，似乎不是某个单一的病毒蛋白决定着病毒的致病力。然而，有趣的是HE蛋白的酯酶活性能够解除病毒与鱼红细胞之间发生的凝集反应，而那些分离自大西洋鲑鱼的病毒是个例外，这类鱼在遭受鲑传染性贫血病毒感染后发病最为严重。据推测这种强有力的结合对于感染鱼类最终发展成严重的贫血过程发挥着重要作用。和其他的正黏病毒一样，鲑传染性贫血病毒至少有一种蛋白（7i）能够阻止先天的抗病毒防御系统。鲑传染性贫血病毒是机体干扰素反应产生的一种强的诱导物，但自身对干扰素反应的行为又很不敏感。

鲑传染性贫血病的诊断方法包括：基于特征性的眼观和组织病理学变化，对组织样品的免疫荧光染色检测，应用细胞系进行病毒分离和RT-PCR方法的诊断。由于鲑传染性贫血病毒的出现具有严格的监管制度，因此官方认可的相关检测方法可能存在一些差异，但是RT-PCR试验由于其敏感性强、快速省时已经被列为标准的诊断方法。检测抗鲑传染性贫血病毒的抗体检测方法目前也已经建立，但还没有被普遍采用。试图在一个不受控制的环境下通过处理受感染的鱼来控制鲑传染性贫血病毒的感染是相当复杂的，因为在这种环境下的病毒可能在天然的野生鱼类存在着无感染症状的流行。通过实施在养殖区间限制鱼的流动、强制宰杀、采用全进全出的养殖模式、屠宰场和加工厂的消毒等一些严格的饲养管理制度是可以控制疾病暴发的。灭活全病毒疫苗的免疫能够提供部分的保护，但是由于将疫苗接种到大批量鱼群中的难度以及一些免疫的鱼群又会出现无症状的带毒现象，因此鲑传染性贫血病毒疫苗的使用仍然是受限的。

乔传玲　译

布尼亚病毒科

Chapter 22
第 22 章

章节内容

布尼亚病毒科是最大的病毒科，包括5个属，布尼亚病毒属、汉坦病毒属、内罗病毒属、白蛉病毒属以及番茄斑萎病毒属，其成员超过350种病毒。该科病毒的命名是以源自乌干达地区的分离地而命名的。布尼亚病毒的共同特征既符合病毒粒子的特征，也适合其生物学特征。布尼亚病毒属、内罗病毒属和白蛉病毒属保持着节肢动物–脊椎动物–节肢动物循环（称之为虫媒病毒），这3个属的病毒在节肢动物媒介和脊椎动物储存宿主体内表现出特异性。这种特异性是由每种病毒所具有的地理分布和生态位决定的。近似地，番茄斑萎病毒能够在植物和牧草虫之间传播，并且可以在植物和牧草虫体内进行复制。汉坦病毒属是一个例外，由于它们保持这脊椎动物–脊椎动物循环，并不需要节肢动物媒介参与，然而汉坦病毒在脊椎动物宿主体内却表现出极大的特异性，并且具有明显的地理分布和生态位（表22–1）。

节肢动物媒介的布尼亚病毒是由蚊子、扁虱、蚊蠓或咬蝇传播的，然而汉坦病毒却由啮齿类动物传播。布尼亚病毒在脊椎动物宿主（如哺乳动物和鸟类）呈一过性感染，而在其节肢动物媒介中长期存在。然而，汉坦病毒在啮齿类储存宿主体内呈持续性感染状态。大多数的布尼亚病毒不感染家畜或人，但是这些病毒导致的疾病临床表现差别很大，从先天性的胎儿畸形到系统性出血热性疾病。

一 布尼亚病毒特征

（一）分类

布尼亚病毒科包含的病毒数量多，生物多样性差异明显，并且当前的病毒学分类方法尚未完善，因此布尼亚病毒的分类工作是一项具有挑战性的工作。遗传特征特别是RNA基因组节段的组成，以及每个节段末端保守核苷酸的序列用于属的分类。经典的血清学方法可用于这些病毒的进一步分类。一般而言，核衣壳抗原决定区是相对保守的，常用于这些病毒的大血清群（broad groupings）的分类，然而囊膜糖蛋白上的表位是中和抗体以及血凝抑制试验的靶标，常用于这些病毒小血清群［narrow groupings (serogroups)］的分类。囊膜糖蛋白独特的表位是由中和试验确

表22-1 布尼病毒科：人和动物主要病原

属	病毒	地理分布	节肢动物媒介	宿主或扩大宿主	动物疾病	人类疾病
白蛉病毒属	裂谷热病毒	非洲	蚊	山羊、牛、水牛、人	全身性疾病、肝炎、流产	流感症状样疾病、肝炎、出血热和视网膜炎
内罗病毒属	内罗毕山羊病病毒	东非	扁虱	绵羊、山羊	出血性肠炎	轻微发热性疾病
	克里米亚–刚果出血热病毒	非洲、亚洲、欧洲	扁虱	绵羊、牛、山羊、人	症状轻微或无症状	出血热、肝炎
布尼亚病毒属	赤羽病病毒	澳大利亚、日本、以色列、非洲	蚊子、库蠓	牛、山羊	关节弯曲、积水性无脑	人类不发病
	凯许山谷病毒	美国	蚊子	牛、山羊	关节弯曲、少见积水性无脑	极少的先天感染
	拉克罗斯及加利福尼亚脑炎组病毒	北美	蚊子	小动物、人	无	脑炎
汉坦病毒属	汉坦病毒	中国、俄罗斯、朝鲜	无	森鼠、斑纹田鼠	无文献报道	肾病出血热综合征
	普马拉病毒	斯堪的纳维亚半岛、欧洲、俄罗斯	无	棕被鼠	无文献报道	肾病出血热综合征
	首尔病毒	世界分布	无	褐家鼠（挪威鼠）	无文献报道	肾病出血热综合征
	辛诺柏病毒及其他西半球汉坦病毒	美洲	无		无文献报道	汉坦病毒肺炎综合征

定的，被用于病毒种的分类。除个别病毒外，同一属内的病毒彼此之间抗原具有相关性，但是与其他属内病毒无相关性。由于很多命名的布尼亚病毒缺乏足够的生物学特征，因此影响了它们分类的准确性。

培养的细胞或蚊子共同感染相近的布尼亚病毒会导致遗传重排现象的出现，这种现象对于这些病毒的进化是重要的。在特定的生态位内，每种布尼亚病毒通过遗传漂移和选择进行进化，例如从美国不同地区分离的拉克罗斯病毒差别很大，这是由于累计的点突变、核苷酸缺失以及在核酸复制过程导致的。拉克罗斯病毒的进化涉及基因组片段的重配，并且重配病毒是在野外的蚊子体内分离得到的。

布尼亚病毒分为5个属，4个属属于动物病毒，另外1个属（番茄斑萎病毒）属于植物病毒。尚有大量的布尼亚病毒并未被划分为属或血清群。

正布尼亚病毒属包括大量的病毒，该属病毒具有共同的遗传特征，并且与其他属的布尼亚病毒在血清学上无相关性。该属大多数的病毒是蚊媒的，但是有部分病毒是通过白蛉或库蠓传播的。该属病毒包括大量的人和家畜的病原体，例如赤羽病毒，拉克罗斯病毒以及与它们亲缘关系较近的病毒。

白蛉病毒属包括50多种病毒，所有的这些病毒都是由白蛉或蚊子传播的。该属病毒包括几个重要的病原体，如裂谷热病毒和白蛉热病毒。

内罗病毒属包括大量的病毒，大多数病毒是由蜱传播的，如内罗毕绵羊病毒和克里米亚–刚果出血热病毒。

汉坦病毒属也包括大量的病毒，近年来部分病毒的亲缘关系已被明确。所有的病毒都是由持续性感染的啮齿类储存宿主传播的，经由尿液、排泄物、唾液传播，在实验室内由鼠传播的病毒也呈同样的传播方式。人类感染后，来自亚洲的这些病毒导致具有肾病综合征的出血热，然而感染来自欧洲的病毒具有明显不同的症状或并不严重的神经流行性病综合征（neuropathicaepidemica）。某些来自美洲的汉坦病毒导致严重的急性呼吸窘迫综合征，被称之为汉坦肺炎综合征。

（二）病毒粒子特征

不同属的布尼亚病毒形态特征有所不同，但是布尼亚病毒粒子是球形的，直径为80~120nm，由具有糖蛋白纤突的脂类囊膜构成，内部是3个环形的核糖核蛋白（RNP）复合体，该RNP复合体由单独的基因组RNA节段及病毒核蛋白组成（表22-2；图22-1）。RNP复合体是通过柄状结构而稳定起来的，柄状结构是由在每个RNA基因组节段的3'和5'末端的回文结构以非共价键形式连接的。每种病毒内部的3个RNA节段的末端序列是一致的，末端序列对于病毒聚合酶识别功能是重要的，从而启动病毒基因组复制以及病毒mRNA的转录。

表22-2　布尼亚病毒特征

4个属感染脊椎动物：布尼亚病毒属、白蛉病毒属及内罗病毒属，均由节肢动物传播。
汉坦病毒，非节肢动物传播。
病毒粒子呈球形，有囊膜，直径80~100nm。
病毒粒子具有囊膜纤突，但在囊膜内没有基质蛋白。
具有3个核衣壳片段，均呈现螺旋对称结构。
单股负链分节段的RNA基因组，3个片段——L（large），M（medium）和S（small），总长度为11~19kb。
白蛉病毒属成员的基因组RNA S节段具有双向编码策略。
细胞RNA的帽子化的5'端可以作为mRNA转录的引物。
细胞浆内复制，高尔基体小囊泡出芽。
通常对脊椎动物细胞具有杀伤作用，但是在非脊椎动物动物细胞呈现非杀伤性持续性感染。
遗传重排出现在亲缘关系较近的病毒。

布尼亚病毒的基因组为11~19 kb，由3个节段的单股负链RNA组成，分别为L（large），M（medium）和S（small）节段。本属病毒RNA节段长度不同，L RNA节段长度为6.3~12 kb，M RNA节段长度为3.5~6 kb，S RNA节段长度为1~2.2kb。L RNA编码一个大蛋白（L）——RNA依赖的RNA聚合酶（转录酶）。

M RNA编码一个多聚蛋白，该多聚蛋白被加工形成2个糖蛋白（Gn和Gc），在某些情况下形成一个非结构蛋白（NSm）。S RNA 编码核衣壳蛋白（N蛋白），正布尼亚病毒属和白蛉病毒属的S RNA编码一个非结构蛋白（NSs）

（图22–2）。白蛉病毒属的N蛋白和NSs蛋白分别是被独立的亚基因组mRNA翻译的。N蛋白由S RNA的3'半端编码，并且它的mRNA是应用基因组RNA作为模板转录获得的。然而NSs蛋白

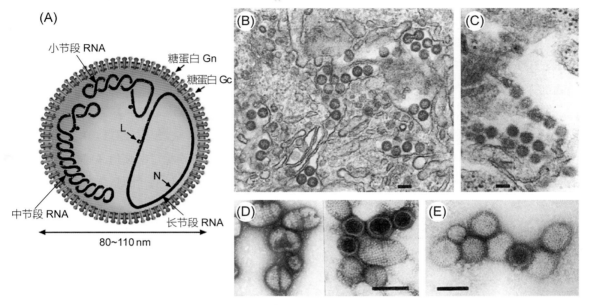

图22–1　布尼亚病毒粒子的横切面图。布尼亚病毒科。（A）Gc、Gn糖蛋白由M RNA编码多聚蛋白加工产生；L，由L RNA编码的转录酶；L，M和S RNA分别代表large，medium和small RNA节段；N蛋白，是S RNA编码的核蛋白；（B）裂谷热病毒感染鼠肝细胞，表明病毒粒子在高尔基小囊泡出芽；（C）加利福尼亚脑炎病毒感染鼠脑的超薄切片图，显示细胞外的病毒粒子；（D）汉坦病毒粒子负染，纤突位于病毒粒子外周，这是所有汉坦病毒的特征；（E）裂谷热病毒粒子负染，纤细的纤突位于病毒粒子边缘；黑色直线代表长度100nm。[A引自病毒学分类方法：国际病毒分类委员会第八次报告(C. M. Fauquet, M. A.Mayo, J. Maniloff, U. Desselberger, L. A. Ball)，第695页]。B～E引自第3版的《兽医病毒学》。]

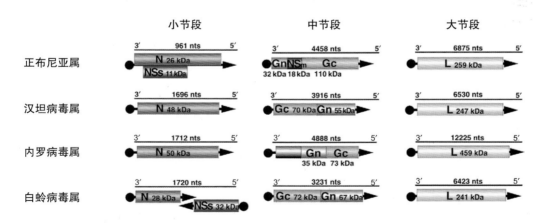

图22–2　布尼亚病毒科成员基因组节段编码策略。基因组RNA利用细线表示（在细线上显示数字的是核苷酸数量），mRNAs用箭头表示（"·"表示的是来自宿主的引物的5'端），基因产物（kDa）利用矩形框表示（Elliott，1996）。BUNV，Bunyamwera virus（布尼亚病毒）；DUGV，Dugbe virus（内罗病毒）；HTNV, Hantaanhantavirus（汉坦病毒）；UUKV, Uukuniemi virus（尤尤库尼米病毒）；Gc，Gn，M RNA编码的多聚蛋白加工产生的糖蛋白；L，由L RNA编码的转录酶；L（large），M（medium）和S（small）节段；N，由S RNA编码的核蛋白；NSm和NSs，分别由M和S RNA编码的非结构蛋白。[引自病毒学分类方法：国际病毒分类委员会第八次报告(C. M. Fauquet, M. A.Mayo, J. Maniloff, U. Desselberger, L. A. Ball)，p.697]

占据着S RNA的5'半端，是由反向互补序列编码的，NSs mRNA是由全长病毒基因组RNA中间体转录获得的，因此S节段RNA展示了双向编码策略。

所有的布尼亚病毒至少含有4种病毒蛋白（图22-1），包括2个外部的糖蛋白（Gn和Gc），L蛋白（转录酶）以及N蛋白（核蛋白）。病毒粒子含有脂类和糖，脂类来于宿主细胞膜（主要是来自高尔基体膜，也有来自细胞膜的成分），糖类是糖蛋白的侧链。Gn糖蛋白（以前称为G2）负责加利福尼亚血清群布尼亚病毒与受体结合。裂谷热病毒的非结构蛋白NSs通过抑制细胞信号分子（蛋白激酶和转录因子，TFIIH）干扰宿主细胞的天然免疫抗病毒反应，从而抑制Ⅰ型干扰素反应。

病毒对热和酸性条件敏感，去污剂、脂溶剂及消毒剂很容易将其灭活。

（三）病毒复制

除汉坦病毒外，大多数布尼亚病毒在多种动物细胞内复制良好，例如Vero（非洲绿猴细胞）细胞，BHK-21（仓鼠肾）细胞，C6/36蚊子（伊蚊）细胞。除汉坦病毒以及某些内罗病毒外，这些病毒在哺乳动物细胞内具有溶细胞能力，但在无脊椎动物细胞内呈现非溶细胞能力。大多数的病毒在乳鼠脑内复制的病毒滴度较高。

病毒进入宿主细胞通过受体介导的内吞作用；病毒进入宿主后病毒成熟的全部过程均在细胞浆内完成。大多数的布尼亚病毒的细胞受体尚未明确，但是αβ整合素，其他受体蛋白如gC1qR/p32有助于汉坦病毒与宿主细胞结合，这些分子在内皮细胞、树突状细胞、淋巴细胞和血小板上表达。由于单股负链RNA病毒不能直接翻译，病毒进入宿主细胞脱壳后的第一个步骤是活化病毒RNA聚合酶（转录酶），病毒mRNA的转录来自病毒的3种RNA。但存在例外，白蛉病毒属的5'半端S RNA不直接转录，非结构蛋白的mRNA在合成全长互补RNA之后进行转录而获

得。RNA聚合酶具有核酸内切酶活性，能够剪切宿主5'甲基化帽子结构并将其加在病毒RNA上以起始其转录（因此被称为抢帽子）。病毒mRNA转录、翻译之后病毒粒子开始复制，第二轮的转录开始并扩增，此时基因编码病毒合成所必须的结构蛋白。

病毒以出芽的方式成熟：在高尔基复合体上的囊泡出芽，之后经由囊泡转运通过细胞浆，经由顶部或侧面的质膜通过胞吐作用释放到细胞外。

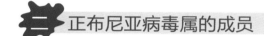

二 正布尼亚病毒属的成员

（一）赤羽病毒

赤羽病毒能够导致反刍动物畸形，呈季节性流行性的繁殖障碍（死胎或流产）和先天性关节弯曲及积水性无脑。在澳大利亚、日本及以色列均有报道。病毒还能引起山羊和绵羊产生相似的繁育能力下降与发育性缺陷。赤羽病毒或与其相关的病毒在非洲大部、亚洲以及澳大利亚均暴发过。

1. 临床症状与流行病学 非妊娠反刍动物感染赤羽病毒症状不明显，但妊娠牛和羊感染会导致死胎、流产以及早产和胎儿先天性畸形。病毒感染导致胎儿的中枢神经系统空泡（积水性无脑）以及肌肉骨骼畸形（关节弯曲），通常导致流产及难产。积水性无脑的胎儿（"空泡大脑"）出生后无法站立，影响较轻的也呈明显的动作失调以及多种其他神经障碍。

尽管赤羽病毒的携带者尚未最终明确，但目前认为在日本该病毒是通过伊蚊和库蚊进行传播的。在澳大利亚，该病毒也是通过蚊子及蠓进行传播。由于赤羽病毒能够通过节肢动物进行感染，因此呈季节性流行。典型的临床症状以及严重的病情反映了怀孕期间胚胎已经感染，并且畜群表现为全年繁殖障碍，可以观测到这些整体的损伤和危害。

2. 致病机制及病理学　被感染的蚊虫叮咬后，病毒感染妊娠的反刍动物（牛，山羊或绵羊）不产生临床症状，但其能通过母体循环感染胎儿。对怀孕3～4个月妊娠母牛，病毒感染的危害最为严重；对绵羊、山羊会更早些，因为该时期为胎儿中枢神经系统发育的阶段。胎儿感染会导致脑脊髓炎、多发性肌炎，病毒在中枢神经系统发育阶段的增殖会破坏脑的发育导致积水性无脑的形成。一般来讲，病毒感染发育的大脑越早，所造成的畸形损害越严重，最严重的情况是完全缺失大脑的两个半球而被囊液所替代。关节弯曲是病毒感染后的另一个严重的症状，其主要特征是肌肉萎缩以及四肢形状异常，通常呈弯曲状。严重感染的胎儿通常死亡或流产，而那些活着出生的往往必须淘汰。

3. 诊断　在流行性地区，赤羽病毒感染的能够通过临床、病理和流行病学观测加以诊断（季节性发生），但最常用的是病理学检测。通过检测流产胎儿、初生牛犊、哺乳前羊羔血清中特异的中和抗体来诊断该病毒的感染。另外，还能够通过检测交配后妊娠母畜血清中抗体滴度的上升以明确病毒的感染。该病毒很难从流产胎儿、初生牛犊、哺乳前羊羔中分离；但可以从剖腹产或屠宰后母畜的胎盘或胎儿的大脑或肌肉中发现，病毒分离是通过细胞培养及乳鼠脑内接种实现的。

4. 免疫、预防及控制　赤羽病毒感染能够诱导持续性免疫，在过去暴发限制区之外的区域可以暴发。进口动物也存在感染风险。利用细胞培养生产的灭活病毒疫苗被证明是安全和有效的。

（二）其他产生畸形的正布尼亚病毒

包括Aino、Tinaroo和Peaton病毒在内的大量与赤羽病病毒有关的病毒可能引起相似的反刍动物先天性畸形。正布尼亚病毒科（Orthobun-yaviridae）的另一血清群的一种病毒——凯许山谷病毒（Cache Valley virus）是在美国散在暴发的绵羊关节弯曲–积水性无脑的病原，该病毒是

通过蚊子传播的。

（三）拉克罗斯病毒和其他加利福尼亚脑炎血清群病毒

正布尼亚病毒属的加利福尼亚血清群包括至少14种不同的病毒，每一种病毒都是由蚊子传播的，并且具有有限的脊椎动物宿主和有限的地理分布。除了人类以外，没有在动物中出现与这些病毒相关的临床性疾病。然而病毒的储存宿主——动物和蚊子的感染是预防人类发病的关键因素。加利福尼亚血清群中最重要的动物传染病的病原是拉克罗斯病毒，该病毒由三列伊蚊（一种在树洞繁殖的森林蚊子）通过经卵巢传播而被保存，再经由松鼠和金花鼠等森林啮齿动物的隐性感染，形成的蚊子–脊椎动物–蚊子的循环而扩大。在美国的东部和中西部都存在这种病毒；北美野兔病毒作为一种与其密切相关的病毒，在加拿大拥有一个相似的生态位。大多数病例都是发生在夏季、多森林的地区中的那些接触了携带病毒蚊子的儿童和青年。人是病毒的最终宿主，人与人之间是不能传播的。与其他病毒引起的脑炎相比，拉克罗斯病毒引起的脑炎是相对良性的，但是这一病毒对个别病人可能是致死性的：约有10%的儿童在疾病的急性期可以发生癫痫，其中一小部分会发展成持续性的轻度癫痫和学习障碍。这一疾病的死亡率不足1%。据现在的估计：在美国每年有超过100 000的人类感染，其中有至少100例的脑炎病例。在该病毒被鉴定之前，该疾病就已经有规律的出现了几十年了。

（四）其他正布尼亚病毒

尽管已经证实了其他正布尼亚病毒属能感染动物，但是感染动物的致病特征尚未明确。梅恩君病毒（Main Drain virus）是在马中散在发生且罕见的脑脊髓炎的病因。同样地，地方性流行区域的马和其他动物可感染与加利福尼亚血清群病毒相关的詹姆斯敦峡谷病毒与诺斯韦病毒相关的布尼安姆韦拉（Bunyamwera）血清群病毒。

白蛉病毒属的成员

裂谷热病毒

1. **临床特征和流行病学** 从20世纪初，在非洲的南部和东部的国家进行规模化饲养，裂谷热就在绵羊、山羊和牛这些动物中开始有规律的出现流行（图22-3）。1977年和1979年，在埃及出现了一种具有异常摧毁性的动物流行病，类似于《圣经》中描述的古埃及的一场瘟疫。除了数以万计的绵羊和牛之外，还有估计200 000人的病例，其中600人死亡。1997年末至1998年，从索马里经过肯尼亚扩散到坦桑尼亚的一种主要的动物流行病导致了成千上万的绵羊、山羊和骆驼的死亡，同时有90 000人的病例，其中有500人死亡。这场东非有史以来规模最大的动物流行病，被归咎于厄尔尼诺天气现象造成的异常的降雨量。2000年，在也门和沙特阿拉伯暴发大规模的动物流行病，这是该病首次在非洲以外的地区被发现。

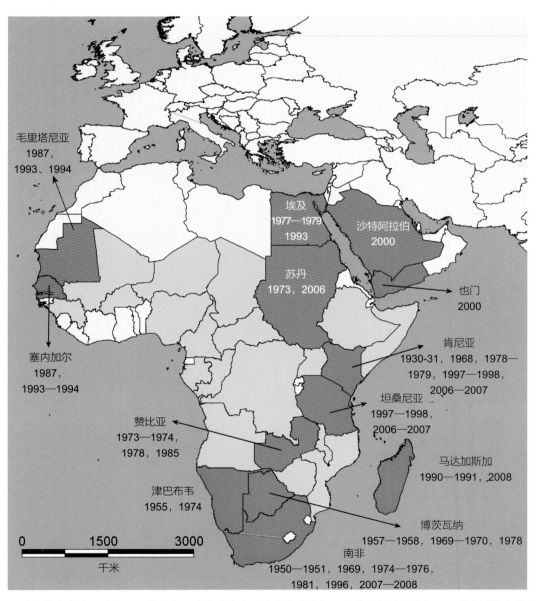

图22-3 裂谷热病毒地理分布。图中红色区域意为发生过该病毒的流行，具体时间见箭头指示。粉色区域意为偶有抗体检出或病毒分离区域。[引自 B. H. Bird, T. G. Ksiazek, S. T. Nichol, N. J. MacLachlan. Rift Valley fever virus. J. Am. Vet. Med. Assoc. 234, 883–893 (2009)，已授权]

裂谷热病毒存在于非洲动物流行病地区隐性感染的循环中，在出现异常的严重的降雨的时候就会暴发，并引起动物疾病的流行（图22-4）。在20世纪80年代末期该病毒在被发现，它通过洪水中的伊蚊（flood–water Aedes spp. mosquitoes）传播；在干旱"中非的小块涝原草地"和长满草的高原，这一病毒都可以在蚊子的卵内存活很长时间。当雨季来临，涝原草地洪水泛滥的时候，虫卵孵化，从而出现被感染的蚊子，随后再感染附近的野生动物和家畜。

在一场动物流行病中，病毒通过多种库蚊和

伊蚊在野生动物和家畜中扩增。在大量的降雨后或使用不正确的灌溉技术时，这些蚊子大量繁殖；它们不加选择地食入有病毒血症的绵羊和牛（还有人）的血液。感染的绵羊和牛的高水平病毒血症通常可以维持3～5d，这就有可能使更多的蚊子被感染。这一扩大同叮咬蚊子的机械传播导致了高比例的动物和人群感染和发病。在它的动物流行病循环中，裂谷热病毒也可以通过污染物、感染动物的血液和组织进行机械性的传播。感染的绵羊有高水平的病毒血症，而且在流产的时候通过受污染的胎盘和胎儿及母体的血液都可

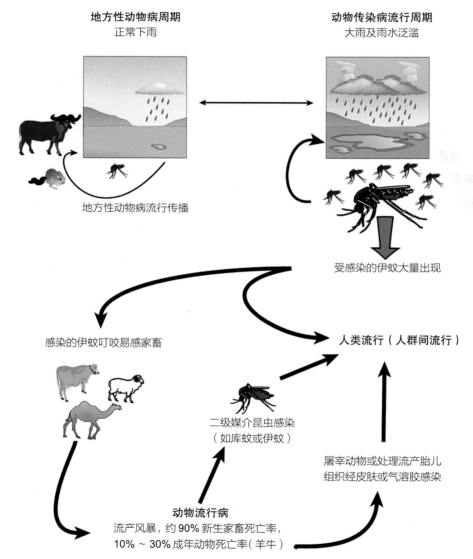

图22-4　裂谷热的地方性及流行性循环图。上图左侧显示的地方性流行当中，野生生物（如非洲水牛）是潜在的储存宿主。其余图例显示的流行性传播循环中，家畜繁殖宿主和其他中间宿主参与到循环当中。[引自 B. H. Bird, T. G. Ksiazek, S. T. Nichol, N. J. MacLachlan. Rift Valley fever virus. J. Am. Vet. Med. Assoc. 234，883–893 (2009),已授权]

以传播，这是一个很严峻的问题。屠宰场的工人和兽医（特别是那些从事尸检的人员）经常会被直接感染。

裂谷热具有不需节肢动物媒介的参与即可传播的能力，这提高了人类关注非流行区输入传播的可能性，包括感染的材料、动物产品、病毒血症的人类及家畜以外的动物等。多种蚊子及其蚊卵是本病毒的有效传播载体，因此某些区域一旦传入将很难将其清除。例如，在实验室进行的蚊子传播研究已证实在美国有超过30种普通蚊子是该病毒的有效载体。

本病潜伏期较短，一般少于3d。感染羊只呈现发热、拒食、流鼻液、血痢。自然感染状态下，90%~100%的怀孕母羊流产（呈现"流产风暴"），羊羔的死亡率为90%，成年羊的死亡率为：20%~60%。山羊发病症状与绵羊类似。牛只发病表现较羊略轻，犊牛及母牛的死亡率为：10%~30%，但怀孕母牛也呈现90%~100%的高流产率，该病毒可感染诸如骆驼、犬、猫等多种动物，但是除幼畜外很少出现严重的临床症状。

裂谷热作为一种动物传染病，在引起牛、羊、骆驼发病的同时可以引起人类发病。在非常短的潜伏期（2~6d）之后，病人常表现出剧烈头痛、发冷、背疼、腹泻、呕吐及出血症状。通常临床症状可持续4~6d，其后长时间的虚弱，最终大部分人可完全康复。发病人群中有一小部分人会有更严重的症状，导致肝脏坏疽、出血性肺炎、肾功能衰竭、脑膜脑炎、视网膜炎症导致视力衰退。裂谷热发病死亡率约为1%~2%。但有出血症状的病人死亡率会上升至10%。兽医及家畜饲养屠宰工人是感染的高危人群，因此人类特别是高危群体可通过疫苗接种来进行预防。

裂谷热的所有研究及诊断均需在指定的、国家级实验室中进行。该病原为生物安全3+病原，需进行严格的生物控制以免人员感染。

2. **病原学及病理学** 裂谷热病毒在靶组织中复制迅速且毒价较高。该病毒常通过蚊子叮咬、皮肤损伤及气溶胶感染口咽等侵入机体，其潜伏期约为30~72h，在此期间病毒侵入肝实质及淋巴网状内皮细胞组织。终末感染期绵羊通常呈现大量肝细胞坏死。脾脏肿大并伴随胃肠道和浆膜下层出血。肝脏感染后有一小部分存活动物会表现出脑炎症状，如神经坏死、血管周围炎性渗出。因此肝坏死、肾衰竭、休克有时伴有的复杂出血是死亡的主要原因。当然经历以上器官病变幸存的动物恢复迅速并长时间维持对该病毒的免疫力。实验条件下，本病毒感染宿主范围广，既有实验室动物，又包含家畜，并且最终常导致染病动物死亡。动物实验表明肝炎和脑炎是其常见的症状。

3. **诊断** 该病毒分布广泛并对养殖业发达的非流行地区具有严重的威胁性，因此实验室诊断裂谷热病毒常被视为紧急事件。该病可通过RT-PCR进行快速诊断，通过小鼠大脑内接种及细胞病毒分离等手段可进行确证，裂谷热可在多种细胞系上生长，如Vero E6和BHK-21，该病毒能快速产生细胞病变以及形成蚀斑，并可通过核酸序列测定及免疫学方法进一步确诊。血清学诊断方法是指通过IgM免疫捕获试验检测急性期血清，或采用酶联免疫试验、中和试验以及应用血凝抑制试验测定幸存动物的配对血清得到结果（图22-5）。兽医及实验室人员需注意在屠宰后检查及处理病料的时候谨慎操作以免感染。

4. **免疫、预防和控制** 该病的控制主要是依赖畜群免疫，但是对于蚊子及其幼虫使用杀虫剂以对病毒媒介进行控制也是该病暴发的有效的控制措施。此外，在流行区域进行环境管理也是有效的控制措施，包括对新建的蚊子幼虫栖息地（水池、湿地等）进行风险评估。

裂谷热减毒活疫苗采用鼠脑和鸡胚进行生产，该疫苗成本低廉可有效应用于绵羊免疫，但须注意的是疫苗可以导致母羊流产。灭活疫苗没有流产的问题但是成本较高。以上两种疫苗在非

（A）感染及宿主反应

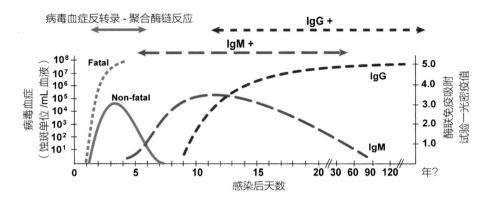

（B）临床症状——家畜

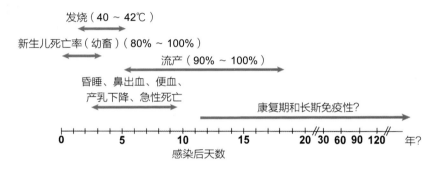

（C）临床症状——人

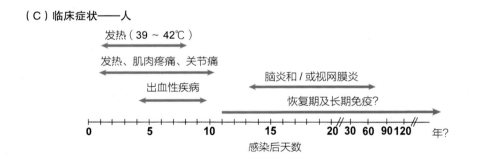

图22-5 （A）家畜感染裂谷热后病毒血症及抗体反应时间表。（B）裂谷热家畜感染的临床特征（C）人类感染的临床特征。A图应用病毒核酸RT-PCR的检测及各种裂谷热特异性抗体的检测，这些检测恰当的指示了病毒血症的时间。［引自B. H. Bird, T. G. Ksiazek, S. T. Nichol, N. J. MacLachlan. Rift Valley fever virus. J. Am. Vet. Med. Assoc. 234, 883-893 (2009), 已授权］

洲大量生产，主要在蚊子流行季节之前或哨兵监测动物发病后马上进行免疫，从而将疫苗的效力发挥至最大。然而该病流行的速度太快以至于很难供应足够的疫苗进行接种。即使供应很迅速，保护力产生的时间也不及病毒感染的时间快速。因此该病控制所需费用昂贵且效果常常差强人意。由于规模免疫需要财政及劳力的保证且疫苗保护效力有限，大部分南非的农工及农场主不愿进行疫苗接种。目前一些针对人畜的新型疫苗正在研制当中，利用重组DNA技术更利于疫苗毒与野毒的区别。

四 内罗毕病毒属的成员

（一）内罗毕绵羊病病毒

内罗毕绵羊病病毒是内罗毕病毒属的一员，该病毒对绵羊及山羊具高致病性，该病是东非的地方流行病，与尼日利亚牛群流行的道格比病毒及印度和斯里兰卡羊群中流行的甘贾姆病毒具有亲缘关系。本病毒不通过哺乳动物间接触传播，棕耳蜱虫（*Rhipicephalus appendiculatus*）在各个生长阶段都可传播本病毒，其中经卵巢进行感染，成虫的病毒携带期长达2年。本病毒的脊柱动物储存宿主仍未探明，并未检测到流行区域的野生反刍动物及其他动物携带病毒。

在肯尼亚，当羊群从北部区域运输到达内罗毕地区时容易感染病毒，短的潜伏期过后常表现为高热、出血性肠炎及虚脱。感染动物常在几天内死亡，孕羊流产。绵羊的死亡率常在30%~90%。也可见亚临床感染，康复动物就具有免疫力。诊断常依据临床症状及大体病理学检查，也可依据病毒分离鉴定、分离物的免疫学试验或利用高免血清对组织提取物进行简单的免疫扩散试验。蜱虫是本病及重要原虫病——东海岸热的媒介，因此控制蜱虫是经济有效的疫病控制措施。另外，弱毒及灭活疫苗的免疫均为有效的控制措施，可在羊群中进行免疫。

虽已从发热病人中分离到本病毒，但并不认为该病毒是重要的人类传染病病原。同时内罗毕病毒作为一种受限制的动物病原，许多国家政府对病原的引入和拥有颁布相应的法律和条令进行限制。

（二）克里米亚-刚果出血热病毒

克里米亚-刚果出血热病毒同为内罗病毒，是一种重要的区域流行病（刚果出血热）病原，中亚及东欧地区早已确认本病的流行。动物感染本病没有明显的临床症状，但是感染该病毒的家畜是本病流行的基础。目前已知该病的流行范围从中国西部开始贯穿中亚到印度、巴基斯坦、阿富汗、伊朗、伊拉克、土耳其、希腊及其他中东国家，到达东欧及整个撒哈拉及周边非洲。近年来，土耳其及波斯湾重复暴发本病，特别是在传统屠宰和现代屠宰交接的地方尤为突出。克里米亚-刚果出血热的流行是近年来一个突出问题，世界上越来越多的地区报道该病的发生，动物群体中血清抗体的检出率也在逐渐升高。例如，调查显示非洲一些地区牛群中本病的抗体阳性率超过8%。

本病毒的循环涉及体表璃眼蜱以及相关蜱虫通过传输传播和卵巢传播方式进行传播。幼年蜱虫吸食动物及地面定居的鸟类血液时感染本病毒，待长至成虫时吸食牛、羊等反刍动物时可导致这些动物高滴度病毒血症，其结果是又可感染其他蜱虫。

人类发病呈现严重的出血热，潜伏期一般为3~7d，发病突然，常表现发热、剧烈头痛、肌肉痛、背腹痛、恶心呕吐及明显的虚弱。本病是重要的人类出血热病原之一，其特征为胃肠、生殖道皮下组织及黏膜表皮出血，同时伴随肝脏坏死、心肌及中枢神经系统的损伤。病例死亡率常在15%~40%。该病主要感染农民、兽医、屠宰工以及接触家畜的人群，森林工人及感染蜱虫的人群。病毒可以通过接触亚临床症状病毒血症的动物而引起接触传播，例如在进行羊群剪尾、剪毛、驱虫浸泡及日常兽医操作活动中病毒可直接感染人类。该病毒也可通过人与人直接传播，此情况医院多发。

该病诊断主要依靠组织抗原检测（常为免疫荧光）或IgM抗体检测（常用抗原捕获ELISA），也可应用近期研制的RT-PCR方法，该病病毒分离困难，病毒不稳定，样品运输过程很少能满足条件，实验室操作必须尽可能保证控制条件符合相应要求才可进行。

灭活疫苗自开发以来应用于小规模试验，其应用效果并不理想。同样通过病原媒介传播也很困难，因为蜱虫赖以为生的丛林范围很广。目前将要强制执行一个重要的预防控制策略，即在亚洲、中东及非洲流行区的农场、牲畜市场、屠宰场以及能与绵羊、山羊牛接触的其他场所执行标准安全措施。处于流行区的人类避免感染的最佳途径为经常检查衣服及使用驱虫剂避免蜱虫的叮咬。

五 汉坦病毒属成员

汉坦病毒属成员有20多个，这部分病毒是唯一不经节肢动物传播的布尼病毒科成员。它们靠啮齿类动物长期带毒的唾液、尿液、粪便进行传播。本病毒属中一些病原虽是动物传染病但可造成严重的人类疫病。尽管不同病原发病症状只有部分重合，但是4种东半球汉坦病毒常造成的系统病变，并集中在肾脏（出血热伴随肾脏症状），而一些西方流行的汉坦病毒造成的多系统疫病主要集中在肺脏（汉坦病毒肺部综合征）。近期新发现的病毒的致病性有新的变化，虽然目前发现一些病毒也感染其他哺乳动物例如马，但这并不常见，不能将其列为病毒生命循环以及具有导致人类疾病的风险。

汉坦病毒重要的一个方面是由于其难以被发现。例如：1950—1952年朝鲜战争期间，成千上万的美国军队感染了一种神秘疫病，该病以发热、头疼、明显出血、急性肾衰竭及休克，其死亡率为5%~10%。尽管进行了大量研究，该病原在之后长达28年时间无法鉴定，直到汉坦病毒的原型，汉坦病毒在条纹野鼠中被分离出来，真相才得以大白于天下，即使这样，后期该病毒的细胞及动物体分离也非常困难，以至于RT-PCR成为从临床样品及啮齿动物组织中获得该病毒序列及诊断资料的重要手段。全球每年有超过200 000个发热并伴随肾脏综合症状的病例被报道，其中超过一半在中国。俄罗斯和韩国每年约有数百例至数千例，另有少数报道来自日本、芬兰、瑞典、希腊、保加利亚、匈牙利以及巴尔干半岛国家。

1993年美国西南部发现一种新的动物传染性的汉坦病毒，该病发病特点明显但与以往出血热肾脏综合征不同，其呈现急性呼吸道综合征，将其称作辛农布雷病毒，从那以后已查出至少8个其他汉坦病毒造成肺部病变综合征，这些病原包括长沼病毒、黑港渠病毒、安第斯山脉病毒以及拉古纳内格拉病毒，汉坦病毒肺部综合征病例在美国多地出现，从加拿大到阿根廷都有该病病例报道。其他西半球国家近期也相继发现汉坦病毒，具体病例损伤目前未见报道。

（一）东部出血热伴发肾脏综合征型汉坦病毒

啮齿类动物感染汉坦病毒的重要特点为持续性感染，常常为终身带毒，不明显的感染中病毒从唾液、尿液及粪便中被排出。人类的感染主要是由于与这些分泌物进行了接触，特别是在冬天这种概率更大。H.W.Lee曾做过一个重要的病理学试验，应用汉坦病毒感染啮齿类宿主，然后应用血清学及免疫荧光方法评价感染动物各组织病毒含量，其表明病毒血症虽较短暂且中和抗体产生之后即消失，但是在一些组织中病毒持续存在，例如肺脏和肾脏。尿道及喉拭子显示在刚接种后的一周病毒含量分别为其后的100倍及1 000倍，此期间同一笼包括邻近笼子的动物易受感染。

在全球范围内该病有4条重要特征：① 这些病毒的特性；② 啮齿类动物常为储存宿主；③ 地方性的人类疾病病例；④ 严重的人类病例。至少4种病毒参与：汉坦病毒（Hantaan），贝尔格莱德病毒（Dobrava–Belgrade），首尔病毒（Seoul），汉塔病毒（Puumala）。汉坦病毒（Hantaan）和贝尔格莱德病毒（Dobrava–Belgrade）会造成严重的疾病，死亡率为5%~15%，首尔病毒严重性略差，汉塔病毒病毒危害性最小（死亡率小于1%），这些病毒有独特的地域特性（乡村型、城市型、实验室感染型）：汉坦病毒作为乡村常发病，广泛流行于中国、俄罗斯亚洲区、韩国。贝尔格莱德病毒则在巴尔干及希腊多发。乡村流行的汉坦病毒还包括北欧特别是斯堪维亚和俄罗斯流行的汉塔病毒。而城市型以首尔病毒为主要成员，常见于日本、韩国、中国、南美及北美。每一种汉坦病毒还有独特的啮齿类宿主：汉坦病毒宿主为条纹野鼠——黑线姬鼠（Apodemus agrarius）；贝尔格莱德病毒的宿主为黄颈田鼠（Apodemus flavicollis）；首尔病毒的宿主是挪威鼠——褐家鼠（Rattus norvegicus）；汉塔病毒的宿主则为田鼠——红背鼠（ *Clethrionomys glareolus* ）。

与人感染病毒表现的症状不同，动物感染病毒之后并不产生临床症状。人类发病症状包括5个相重合的时期：发热期、低血压期、少尿期、利尿期、恢复期，当然并不是每个病例5期都齐全，该病发病突然伴随剧烈头痛、背痛、发热及怕冷。出血多见于发热期表现为脸红、结膜及黏膜出血，有时也可见瘀斑。由于血管渗漏突发急剧性低血压会导致致死性低血容性休克。幸存者进入利尿期肾功能得到缓解但也可能会死于休克或肺部并发症。最终在恢复期病人仍需数周至数月才能彻底康复。个体感染者从第1天起就需医疗监护，这可能与该病造成免疫病理有关。

常用免疫荧光、IgG/IgM捕获ELISA来检测组织抗原。在RT-PCR出现以前，IgM捕获ELISA是该病毒的参考检测方案。病毒分离较困难，常用VeroE6细胞盲传数代，并以免疫学或分子生物学方法检测。发病地区样品运输需谨慎小心，所有的实验室工作都需在严格的生物安全控制下操作。

亚洲开始应用集中灭活汉坦病毒疫苗进行接种。该病毒预防的关键在于控制啮齿类动物，给啮齿类动物提供栖息及饲喂的区域，及早清除死的啮齿动物并将其丢离人类居住区。然而疾病发生地区野生啮齿类难以控制，只能尽可能减少其进入人类聚集区的机会。

已有一些例子显示实验室买回的野生啮齿类动物将病毒带入实验室，甚至是这些鼠群来源的细胞都感染了汉坦病毒，最终导致病毒传播给实验室成员。这方面的预防措施就需要我们对引入鼠只进行严格的监控，对于野鼠要进行规律的血清学检测。

（二）西方肺部综合征汉坦病毒

辛诺柏病毒以及其他新的汉坦病毒千万年来一直在通过啮齿类贮存宿主默默地扩展着其在美国的流行范围，1993年其被发现还是因为西部美国人病例成群出现，且症状独特。当时由于经历

了两个特别湿润的冬天，例如食松草等啮齿类动物食物的充足导致啮齿类动物数量猛增，而这又导致人类发病增多。人类病例在时间上的集中出现使得该病具有了春夏多发的季节性（尽管该病全年都可发生），这也符合啮齿类动物的生活周期性。与上述东半球汉坦病毒一样，每个西半球流行病毒也均具有其特异宿主：辛诺柏病毒——鹿鼠；纽约病毒——白脚鼠；黑西谷病毒——羊毛鼠；长沼病毒——米鼠；安第斯山脉（Andes）病毒——长尾矮米鼠。

本类病毒同样不引起储存宿主发病，但可引起人类严重疫病。啮齿类动物的唾液、尿液、粪便可持续排毒多周甚至终生。鼠与鼠之间紧密接触、撕咬、擦伤都可造成感染，人类感染该病毒主要是吸入病毒气溶胶或感染含有分泌物的灰尘。

汉坦病毒造成人类肺部发病，典型症状为：发热、肌肉疼痛、头痛、恶心、呕吐、干咳、呼吸短浅，该病继续发展会造成肺水肿、胸膜炎以及病情迅速恶化，几小时到数天病人死亡，同样如能恢复，恢复速度也非常迅速。血管内皮细胞完整性丢失导致低血容性休克是主要的病理过程。急性呼吸道综合征伴发肺部充血、水肿及间质性肺炎。除安第斯山脉病毒外其他病毒成员不易在人与人之间传播，处理这些疑似病例需要严格的隔离措施。

导致肺部毛细血管渗漏是该类病毒引发肺脏综合征的核心病理原因。然而尽管汉坦病毒感染会造成大面积的内皮细胞含毒，但并不引起这些细胞溶解，死亡的主要原因是毛细渗漏导致低血容性休克。目前还不知道该病为何发病如此剧烈，细胞因子紊乱可能在其中起着重要作用。

汉坦病毒造成肺脏综合征的临床及血液学检查具有特征性的，但特异性诊断通常需要检测感染病毒及相关病毒的抗体（主要应用IgM捕获ELISA来进行）。病毒分离非常困难，但病毒核酸可以应用RT-PCR检测。由于分离病毒时存在生物安全风险，因此血清学检测常用来评估啮齿

类贮存宿主的感染情况。

目前，已广泛开展公众教育计划，其主要目的是提示我们清除住所附近啮齿类动物栖居地和食物来源从而减少感染的风险，同时清除鼠类污染区域也要小心谨慎，这些区域包括老鼠接触过的食物以及宠物食物容器，要常在居所附近设置鼠类捕获器，减少房屋周围啮齿类的出没。清理疑似老鼠粪尿污染区域要做好保护措施如戴口罩、用清洁剂、消毒剂或次氯酸盐湿润表面等。从事接触野鼠的工作，特别是取组织或血液样品时要多加注意，目前已有很多器械和设备可以达到预防效果，例如，防护服及手套、合适消毒剂及安全的物料运输盒。

李　素　译

沙粒状病毒科

Chapter 23
第 23 章

沙粒病毒与啮齿动物宿主之间的协同进化关系以及作为重要的人兽共患病病原等特性，决定了其在生态学中的重要地位。沙粒病毒对人的感染性不仅与啮齿动物宿主感染状态（通常无临床症状的持续感染，并伴有终身排毒）、种群动态和行为有关，也与人类所从事的职业和具有发病史的啮齿动物排泄等风险因素有关。人类接触沙粒病毒后能导致严重的出血热，如拉沙热、阿根廷（胡宁病毒）、玻利维亚（马丘波病毒）、委内瑞拉（瓜纳里托病毒）和巴西（萨比亚出血热病毒）。必须在生物安全4级实验室中对这些病毒进行操作，做好人员防护，防止操作人员与其接触。

多年来，淋巴细胞脉络丛脑膜炎病毒在比较病毒学领域显示两种完全不同的作用：野生型病毒株是人兽共患病的病原体，在一些国家呈地方性流行，是公共卫生监测的目标，而实验毒株主要用于病毒的免疫学及其致病机制的理论研究。

沙粒病毒特性

（一）分类

本科只有一个病毒属——沙粒病毒属，根据遗传学及血清学特性可分为两个亚群（表23-1），第一亚群即旧世界病毒群，包含淋巴细胞性脉络丛脑膜炎病毒，小家鼠是其储存宿主。由于小家鼠的全球性分布，致使该病毒在全世界范围内呈地方性流行。在非洲，其他旧世界沙粒病毒以白鼻柔鼠属和温柔鼠属为宿主，拉沙病毒属于此亚群。拉沙病毒能引起人类严重的疾病，其他病毒也能感染人类，但引起的疾病尚不清楚。第二亚群为新世界病毒，宿主为多种啮齿动物，主要分布在美洲的北部、中部和南部。该亚群又被进一步分为3个分支，包括重要的人类致病病原，如胡宁病毒、马休波病毒、瓜纳里托病毒、萨比

表23-1　沙粒病毒的天然宿主及致病性

病毒	自然宿主	地理分布	人类疾病
旧世界沙粒病毒			
淋巴细胞性脉络丛脑膜炎病毒	小家鼠	世界各地	流感样疾病，脑膜炎，脑膜脑炎
拉沙病毒	多乳鼠类	非洲西部	出血热（拉沙热）
莫佩亚病毒	多乳鼠类	非洲南部	感染，不致病
莫巴拉病毒	温柔鼠	中非共和国	感染，不致病
爱皮病毒	非洲草鼠	中非共和国	感染，不致病
新世界沙粒病毒			
胡宁病毒	稻鼠，刺稻鼠	阿根廷	出血热（阿根廷出血热）
马休波病毒	美鼠	玻利维亚	出血热（玻利维亚出血热）
瓜纳里托病毒	美鼠	委内瑞拉	出血热（委内瑞拉出血热）
萨比亚病毒	未知	巴西	出血热（巴西出血热）
塔卡里伯病毒	未知，可能是美洲食果蝙蝠	特立尼达岛	仅1例实验室感染致病
白水阿罗约病毒	白喉林鼠	美国	出血热
Pirital病毒	*Sigmodon alstoni*	委内瑞拉	未知
阿罗约病毒	未知	美国	未知
Oliveros virus	*Bolomys obscurus*	阿根廷	未知
阿马帕病毒	稻鼠，鬃鼠属	巴西	无人发病
弗莱克病毒	稻鼠属	巴西	无人发病
拉丁美洲沙粒病毒	硬斑美鼠	玻利维亚	无人发病
帕腊南病毒	稻鼠	巴拉圭	无人发病
皮钦德病毒	白喉稻鼠	哥伦比亚	无人发病
达美爱美病毒	棉鼠	美国的佛罗里达州	无人发病

亚病毒和其他一些能引起人类疾病的病毒。

（二）病毒粒子特性

沙粒病毒粒子具有多形性，直径50～300nm，大多数110～130nm（图23-1）。病毒粒子表面有囊膜及棒状纤突，长8～10nm，由糖蛋白GP1和GP2构成。病毒粒子至少含有两个环状螺旋形的核衣壳节段，每个排列成串珠状。核壳体呈环形，这是因为基因组RNA通过每个组分的3'和5'互补的保守序列以非共价键结合而形成类似于"panhandles"的结构。来源于宿主的核糖体富集于病毒内部，在电镜下显示为致密不一的沙粒样电子致密体，沙粒病毒因此而得名。这一独特和不寻常特性的生物学意义还不清楚。沙粒病毒的基因组由两个为单链RNA节段组成，命名为L和S片段，大小分别为7.5kb和3.5kb。病毒粒子可含两个节段的多个拷贝，S片段的拷贝数通常比L片段的拷贝数多。

沙粒病毒的基因组大部分为为负极性，但S节段的5'端一半以及L节段的5'端末端为正极性，这种基因组的双义RNA组成在布尼亚病毒的成员中也有发现（图23-2）。确切地说，核衣壳蛋白由S节段的3'端一半互补RNA编码，而病毒糖蛋白前体由病毒的S节段5'端一半编码。

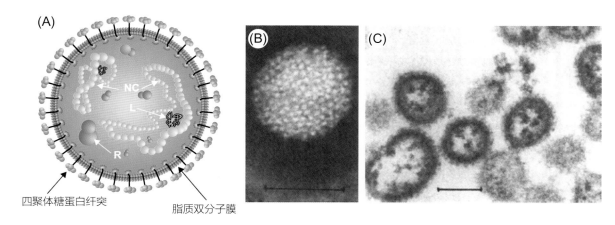

图23-1 （A）沙粒病毒粒子的结构示意图。L，L蛋白（核糖核酸聚合酶）；NC，核衣壳；R，核糖体。（B）塔卡里伯病毒的电镜负染图片。（C）拉沙病毒薄截面电子显微镜图片。致密颗粒物的存在暗示非功能的宿主细胞内的核糖体颗粒的存在，这是所有沙粒病毒的特征。标尺代表100nm。

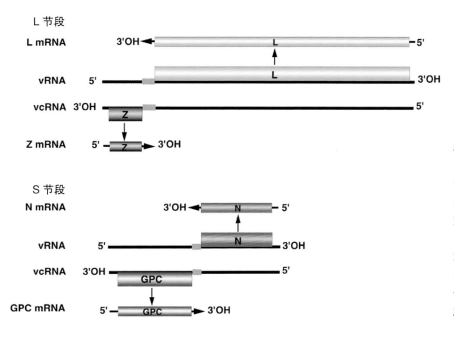

图23-2 沙粒病毒L和S RNA的组成，转录和复制。L，Z，GPC和N蛋白的编码区是沿着箭头方向的，代表了翻译的方向。灰色框代表不连续的开放阅读框（ORF）。RNA的转录过程是由实心箭头表示。GPC，糖蛋白前体；L，核糖核酸聚合酶；N，核蛋白质；vRNA，病毒RNA；vcRNA，病毒互补的RNA；Z，锌结合蛋白。

核糖核酸聚合酶由L节段的互补RNA的3'端末端编码，锌结合蛋白则由病毒L节段的5'端末端编码。病毒基因组基因直接的序列形成发叉样结构，主要用于终止病毒RNA或互补RNA的转录。病毒RNA依赖的RNA聚合酶具有内切酶活性，能将宿主mRNA的5'甲基化的帽子切除。切除的帽子加到病毒的mRNA，促进了病毒基因组的转录。

病毒对热、酸高度易感，去垢剂、脂溶剂及常用消毒剂极易使之灭活。

（三）病毒复制

沙粒病毒能在多种细胞中进行复制，但不引起细胞的溶解，如Vero细胞和BHK-21细胞。如新世界病毒以转铁蛋白为受体与细胞膜上的受体结合，而淋巴细胞脉络丛脑膜炎病毒以细胞表面糖蛋白为受体与胞内体相结合。入胞和胞内吸收可以通过网格蛋白依赖或网格蛋白非依赖途径完成，这与沙粒病毒的特性有关。新世界沙粒病毒（如胡宁病毒）利用网格蛋白介导的内吞作用进入细胞，而旧世界的沙粒病毒如淋巴细胞脉络丛脑膜炎病毒和拉沙病毒并不依赖利用网格蛋白途径完成内吞。由于沙粒病毒的基因组为单股负义链，其不能直接翻译成病毒蛋白，复制的第一步需要病毒核糖核酸聚合酶（转录酶）活化。沙粒病毒基因组双义RNA的编码功能意味着在翻译病毒蛋白之前，只有核蛋白和聚合酶蛋白的mRNA能从基因组RNA直接转录而成（图23-2）。新合成的聚合酶和核衣壳蛋白促进合成全长互补RNA，然后作为模板转录的糖蛋白和锌结合蛋白相关的mRNA，合成更多的全长、反义RNA，病毒通过细胞质膜出芽（表23-3）。沙粒病毒裂解组织的能力有限，通常存在一个带毒状态，产生缺陷干扰颗粒。经过初期有活性病毒基因组的翻译、转录、复制和子代病毒的组装，病毒基因表达下调，细胞进入持续感染期，这个时期病毒粒子的产生可以持续一段时期，但病毒产率大大降低（表23-2）。

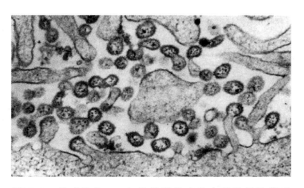

图23-3　从感染的Vero细胞质膜长出的丰富的拉沙病毒的芽孢（放大倍数：×70 000倍）

表23-2　沙粒病毒的特性

只有一个病毒属——沙粒病毒属，被分为两个亚群，旧世界病毒群和新世界病毒群。

病毒粒子具有多形性，大小为50-300（多数110-130）nm。

病毒粒子包含非功能的宿主细胞的核糖体。

病毒颗粒至少包含两个圆形螺旋核衣壳，与RNA依赖的RNA聚合酶（转录）有关。

基因组为单链RNA，含有两个节段，大节段（L，7.2 KB）和小节段（S，3.4 KB），双极性。

病毒蛋白：病毒蛋白核蛋白（N），RNA依赖的RNA聚合酶（L），两种糖蛋白（GP1，GP2），锌结合蛋白（Z），其他小的蛋白质。

复制发生在细胞质中，一般为非杀细胞，可持续性感染。

成熟时从质膜出芽。

遗传关系较近的病毒可发生基因重组。

二 旧世界沙粒病毒

（一）淋巴细胞性脉络丛脑膜炎病毒

淋巴细胞性脉络丛脑膜炎病毒具有两种主要传播途径。首先，在寒冷的季节，被感染的野生小鼠侵入住所和农场建筑物中，病毒可通过污染的排泄物或污染物以气溶胶形式进行传播，引起人类感染，城市居民血清学阳性的比例比较高。因此，淋巴细胞脉络丛脑膜炎病毒已被确定为无菌性脑膜炎患者的主要病原。其次，淋巴细胞性脉络丛脑膜炎病毒可引起实验鼠和仓鼠的感染，导致人畜共患病的传播，也可对使用感染动物及其产品实验研究产生干扰。例如，实验室工作人员感染与感染动物的肿瘤细胞有关。更为常见的是，宠物鼠尤其是仓鼠感染与沙拉病毒的传播有关。众所周知，持续性和隐性感染的小鼠及仓鼠可终生带毒，豚鼠、兔、大鼠、犬、猪和灵长类动物也可能被感染。

1. 临床和流行病学特点 研究表明，淋巴细胞脉络丛脑膜炎病毒与遍及欧洲和亚洲的小家鼠等动物宿主之间存在协同进化关系。野生小鼠，特别是小家鼠，已将该病毒传播到非洲、澳大利亚和其他国家。血清学结果表明，新世界的特定种群和旧世界的野生啮齿物种，包括黑线姬鼠、田鼠和松鼠属均可携带该病毒，但它们能否像小家鼠一样呈现地方性流行还不清楚。该病在小家鼠种群的传播主要取决于持续感染的雌性小鼠能否将病毒垂直传播给子宫内的胎儿，并在病毒感染中一代代传播，导致小鼠呈现病毒特异性免疫耐受。小鼠感染后不能获得完全免疫保护，这种感染可持续终生。如果小鼠对病毒产生了免疫耐受，即可通过粪便、尿液、唾液和其他途径持续排毒，增加了其他暴露小鼠感染该病毒的可能性，也增加了病毒传播的机会。感染小鼠的临床症状不明显，繁殖能力也没有变化，能否流行与鼠的生态特征有关。

目前加大了对该病毒的监测力度，因此在鼠群中发现感染病例。实验鼠通过与野生鼠或与受试验种毒和生物材料污染的鼠（包括移植肿瘤）接触才能感染。与免疫小鼠的接触能导致瞬时的感染，并伴有血清阳转，最终导致病毒的传播。宠物鼠和仓鼠的感染对接触者构成很大威胁。与小鼠不同，自然暴露的所有日龄仓鼠均能导致持续感染，并伴有病毒的增殖，增加人畜共患病传播的风险。仓鼠感染后几乎没有临床症状，但青年仓鼠感染可能导致发育迟缓、生长缓慢、体弱、结膜炎、脱水、偶尔出现震颤和虚脱。

小鼠感染淋巴细胞性脉络丛脑膜炎的临床症状取决于小鼠的年龄、遗传背景、感染途径、免疫状况及感染的时间等因素。大多数实验室品系小鼠在胎儿时期或在出生后48h内感染均能产生持续性感染，呈现出明显的免疫耐受，不表现任何异常，一般持续几周或者一年，后期出现明显

的体重减轻、发育受阻、睑缘炎和繁殖性能受损。肾小球肾炎是常见的典型病例。动物感染初期无临床症状，之后表现为体重下降、被毛粗糙、弓背、睑缘炎、体弱、畏光、震颤和抽搐。淋巴细胞脉络丛脑膜炎病毒给处于濒危的灵长动物金狮绢毛猴带来很大威胁，该物种目前只出现在巴西的一些地区。淋巴细胞脉络丛脑膜炎病毒感染动物园中绢毛猴或狨，引起狨猴肝炎，对人工养殖造成很大的威胁。其他物种，如豚鼠感染淋巴细胞脉络丛脑膜炎病毒后，极易形成间质性肺炎。

人类感染通常无症状或呈现下列症状之一：① 发烧、头痛、肌肉痛和不适等常见的感冒症状；② 较少发生无菌性脑炎；③ 罕见严重的脑脊髓炎。子宫内感染很少导致胎儿和新生儿死亡、婴儿的脑积水和脉络膜视网膜炎。最近，由于免疫耐受患者接受了未确诊捐献者的器官移植，导致感染了淋巴细胞脉络丛脑膜炎。该种情况发生的概率很低，做好必要的防护，控制人类与动物实验设施的接触即可控制。

2. 发病机制及病理学 自然条件下淋巴细胞脉络丛脑膜炎病毒可持续存在于感染的小鼠体内，通过尿液、唾液及粪便向外排毒。病毒也可通过卵巢和子宫垂直传播给子代，胎儿期感染的小鼠，出现非溶细胞性传播感染和明显的免疫耐受。耐受感染也可能通过牛奶、唾液、尿液传播给新生小鼠，并随小鼠的性成熟而传播给下一代。随着小鼠年龄的增长，免疫耐受状态不断恶化，导致发展成为衰弱综合征，也被称为"晚期疾病"或"迟发性疾病。"虽然小鼠缺少病毒特异性T淋巴细胞，但也能逐步产生病毒特异性抗体。由于该抗体可与抗原结合在一起，因此用血清学方法无法检测，这种现象被称为分裂耐受。这可能是由于缺少T细胞的帮助，机体产生低亲和力抗体导致的。疾病后期发展成为肾炎、动脉炎和多个器官的淋巴细胞增殖。淋巴细胞脉络丛脑膜炎病毒虽然不能造成感染细胞裂解，但这种耐受感染可造成特定细胞功能的损失。例如，可

减少神经活动和减少甲状腺激素的增长水平。降低生长激素的合成可能与年轻老鼠的发育不全有关。相关研究结果表明，上述情况在自然感染的过程中并不重要。

非人灵长类和其他实验动物（包括实验老鼠）脑内接种淋巴细胞脉络丛脑膜炎病毒可引起淋巴细胞脉络丛脑膜炎（脉络膜和脑膜）炎症反应，由此得名。在自然感染中这种病理学变化几乎无实际意义，但其已作为试验模型已得到深入研究和广泛讨论（图3-14）。病变发生于宿主的中枢神经系统，主要是由于CD8 T细胞对病毒感染导致非细胞裂解反应而产生的，因此在缺乏T细胞反应的情况下，组织损伤就不能发生。腹腔接种病毒能引起宿主的T细胞反应，导致宿主发生肝炎，在其他器官中也会出现T细胞介导的病理变化。接种成年鼠可导致病毒持续感染并出现免疫耗竭。通过腹腔接种病毒，最初攻击脾脏和淋巴器官的树突状细胞，随后扩展到淋巴组织。由于小鼠T细胞介导的免疫反应可引起淋巴组织出现破坏和大量组织坏死，因此免疫耗竭状态（相对于耐受）有利于持续感染和衰弱综合征。病毒株、剂量、接种途径、鼠龄及基因型等均对试验结果产生明显影响。在自然暴露的情况下，成年鼠感染该病毒一般表现出急性、瞬时感染，并伴有血清阳转和康复。

3. **诊断** 试验鼠感染淋巴细胞脉络丛脑膜炎病毒后的血清学检测方法为酶联免疫吸附试验（ELISA）或间接免疫荧光试验，上述方法对哨兵鼠或暴露于该病毒的成年鼠同样有效，但不适用于检测呈地方性流行地区的感染鼠或者免疫耐受鼠。筛查鼠感染未知病毒最有效的方法是逆转录聚合酶链反应（RT-PCR）。实验室鼠群与污染的肿瘤、细胞株、抗体和血清等生物材料接触是导致感染的主要途径，因此在进行试验前必须对样品进行RT-PCR或血清抗体检测。该病毒能在Vero细胞和BHK-21细胞等多种哺乳动物细胞中增殖，一般不产生明显的细胞病变，因此，细胞培养物必须通过免疫荧光、酶联免疫吸附试验检测病毒的抗原或RT-PCR检测病毒基因组。

4. **免疫、预防和控制** 免疫功能正常的成年动物感染该病毒后能产生有效的免疫力，血清中能检测到抗体，但呈地方流行地区的感染鼠通常是免疫耐受的，检测不到血清抗体存在。因此监测和淘汰感染的鼠群是控制试验鼠和仓鼠感染的有效方法。可通过剖腹产或者胚胎移植获得未感染的实验鼠，也可采用体外受精或胞浆内单精子注射等替代方法，但由于该病毒可垂直传播，实际上也很难获得未感染的实验鼠。因此我们必须建立一个完善的监测计划，对人类和研究人员加以保护。通过灭鼠、减少与感染材料的接触可以有效防止易感动物（包括人类）的感染，这也是一种行之有效的措施。

（二）拉沙病毒

拉沙热于1969年在拉沙、尼日利亚等地教会医院的护士中首次被发现，并从感染者的血液中分离到致病性的病毒。随后，拉沙热被证明是在非洲西部普遍存在的人畜共患疾病，每年有10万至30万拉沙热病例和5 000人死亡。非洲最常见的啮齿动物——白鼻柔鼠是该病毒唯一的宿主。

1. **临床和流行病学特点** 拉沙病毒只感染人类，对动物没有致病性。非人灵长类动物和豚鼠人工接种拉沙病毒可引起严重疾病，该病毒对啮齿类宿主——多乳鼠无致病力。

人类感染拉沙热后期的临床症状不断发生变化，确诊比较困难。病人最初发热，头痛，全身乏力，咽喉痛，背部、胸部关节疼痛、呕吐、腹泻。严重时出现结膜炎、肺炎、心肌炎、肝炎、肝坏死、脑炎、耳聋及出血，死亡率在20%左右，多见心血管虚脱。

由于其他国家与非洲疫源地的国际往来频繁，该病已数次被带到美国和欧洲。

2. **发病机制和病理学** 拉沙病毒感染多乳鼠与淋巴细胞脉络丛脑膜炎病毒感染小鼠的症状相似，主要表现为持续性感染，通过尿液、唾液和粪便慢性排毒。该病能引起患者的肝、脾、肾上腺的局部坏死，但其致病机制还不清楚。病毒能在树突状细胞和巨噬细胞中增殖，并获得高滴度，这些细胞产生的细胞因子可能有助于以血管崩溃和休克综合征为特征的拉沙热暴发特征的形成（"细胞因子风暴"）。Ⅰ型干扰素在控制拉沙病毒感染的过程中发挥非常重要的作用，这很可能因为拉沙病毒抑制了感染患者体内树突状细胞和巨噬细胞发生的免疫反应，抑制病毒的生长。拉沙热可感染非人灵长类动物、豚鼠、仓鼠和狨。人工感染恒河猴可使其患神经性厌食症，表现为渐进性消瘦、血管崩溃和休克，一般于感染后10～15d死亡。该病在人类或者动物模型中的病理生理模型还未被得到很好的诠释。

3. 诊断　目前，该病诊断主要根据IgM捕获ELISA方法证明IgM抗体，也可通过间接免疫荧光或ELISA对死亡病例肝脏中病毒抗原进行检测，或者通过RT-PCR对病毒核酸进行检测。通过Vero细胞培养能从患者的血液或者淋巴组织中分离到病毒。

4. 免疫、预防和控制　能在处于恢复期的患者或试验动物体内检测出拉沙病毒抗体，但该抗体不能中和病毒。细胞介导的免疫反应在恢复期和抗感染保护中发挥重要作用。然而，被动免疫疗法对一些感染患者可能是有益的。有些重组疫苗对保护非人灵长类感染拉沙热有作用，但目前还未得到有效应用。

与啮齿动物接触、混居，直接与拉沙热患者接触或重复使用未经消毒的针头和注射器等均可能引起人类感染拉沙热病毒。该病易于在政治不稳定和生态变化的西非地区流行，尤其是多乳鼠种群活跃的临时村庄容易暴发。村庄灭鼠的计划非常有价值，但很难维持下去。

三　新世界沙粒病毒

引起出血热的沙粒病毒流行区域相对独立，宿主也各不相同，均能引起人类一种人畜共患病。这4种病毒自然发展过程极其相似，均可引起啮齿动物宿主持续、终身感染，并能通过唾液、尿液和粪便排放大量病毒。人类感染的自然史与病毒的致病性、地理分布、栖息地和啮齿动物宿主的习性以及人类与啮齿动物的接触有关。人类感染通常与职业有关，暴露于病毒污染的灰尘和污染物的风险比较高。在南美洲，啮齿动物来源的沙粒病毒已得到鉴定，有些与人类疾病相关。

（一）胡宁病毒（阿根廷出血热）

胡宁病毒可引起人的阿根廷出血热，最早于20世纪50年代在阿根廷的农场地区首次发现。由于从事农业劳动者长期与多肌美鼠和劳查美鼠等啮齿动物宿主接触，因此最容易感染。这些啮齿动物虽然不与人类混居，但人类可通过接触感染病毒的粮食和灰尘而感染。病毒通过皮肤破口、擦伤或通过被收割机械搅碎的啮齿动物尸体混合在空气粉尘中进行传播传播。20世纪50年代以来，该病已蔓延至多个地区，感染的人数也越来越多，呈现出3～5年一个循环的特征。

（二）马休波病毒（玻利维亚出血热）

马休波病毒于1952年从在热带草地和森林中从事农业生产的劳动者体内发现。截至1962年，感染病例超过1 000例，病死率达到22%。卡罗密丝鼠是一种马休波病毒的储存宿主，这种鼠类适应了与人类一起生活，它们侵入村庄，在某些特定的房屋中引起了一系列感染马休波病毒的病例，随后在发病区域捕捉到大量感染的鼠类。通过捕捉疫区房屋中硬斑美鼠，能有效控制该病，但在20世纪90年代末该病在农场中暴发流行，然后蔓延至村庄。

（三）瓜纳里托病毒（委内瑞拉出血热）

委内瑞拉出血热于1989年首次在委内瑞拉的农村地区发现。1990—1991年大约有100例，以后几乎没有病例出现。瓜纳里托病毒从患者体内分离到，啮齿类动物短尾鼠是其宿主。在同一地区从啮齿动物棉鼠体内分离到一种新的病毒，Pirital 病毒，该病毒与人类疾病是否相关还不确定。

（四）萨比亚病毒（巴西出血热）

萨比亚病毒于1990年首次从巴西圣保罗的一个死亡病例中分离获得，到目前为止，记录在案的病例非常少。该病毒与其他新世界沙粒病毒一样，宿主为啮齿动物。

胡宁病毒、马休波病毒、瓜纳里托病毒和萨比亚病毒的临床特点 与其他致病性的沙粒病毒一样，随着宿主年龄、遗传因素、感染途径、剂量及病毒等遗传特性的不同，病毒在南美洲的感染情况也发生很大变化。啮齿动物间可通过受污染的唾液、尿液、粪便水平传播。与淋巴细胞脉络丛脑膜炎病毒和拉沙病毒不同，胡宁和马休波病毒对啮齿动物宿主有致病性。胡宁病毒能够感染多肌美鼠和劳查美鼠，死亡率可高达50%，其他感染动物生长发育迟缓。马休波病毒能够诱导卡罗密丝鼠发生溶血性贫血和胎儿死亡。

胡宁病毒和马休波病毒不仅能引起宿主的疾病，也能导致新生雌性婴儿不孕，从而大大减少慢性散毒者后代的数量，降低了慢性感染者排毒的概率。感染率的周期性波动和宿主密度是影响该病流行的主要因素。关于瓜纳里托病毒和萨比亚病毒发病机制的相关报道较少。

南美洲沙粒病毒能引起人类典型的出血热。其特点是出血、血小板减少、白细胞减少、血液浓缩和蛋白尿；有些病例最终出现严重的肺水肿、低血压和失血性休克。病毒可通过污染的血液或分泌物在人际间传播，对护士进行隔离可以防止该病毒传播给其他病人或护士。人类感染南美沙粒病毒的发病机制很难确定，可能与拉沙病毒相似，机体树突状细胞和巨噬细胞感染后，引发全身感染。

病毒对患者组织器官的损伤主要体现为血液循环系统休克，这可能是由于病毒感染的巨噬细胞和树突状细胞释放出活性细胞因子，引起组织损伤。

主要采取IgM捕获ELISA或间接免疫荧光试验进行南美洲沙粒病毒的IgM抗体检测，也可在死亡病例的肝组织中检测出病毒抗原。病原可以通过特异的RT-PCR进行检测，或通过Vero细胞从患者的血清或组织中分离得到。

胡宁病毒弱毒疫苗的临床试验表明，该疫苗能有效预防阿根廷出血热，但该疫苗不能对其他的南美洲沙粒病毒提供有效的保护。对这些病毒而言，最简单的防控策略就是灭鼠。

石星明　译

冠状病毒科

章节内容

套式病毒目（*Nidovirales*）包含了冠状病毒科（*Coronaviridae*）、动脉炎病毒科（*Arteriviridae*）和尼罗病毒科（*Roniviridae*）三个成员。这3个科的病毒其复制策略不尽相同。冠状病毒科至少包含了2个属，冠状病毒属（*Coronavirus*）和环曲病毒属（*Torovirus*）。冠状病毒属中包含了大量哺乳动物和禽类病原，这些病毒所引起的疾病有很大的差异，包括肺炎、生殖障碍性疾病、肠炎、多发性浆膜炎、涎泪腺炎、肝炎、肾炎、脑脊髓炎以及其他多种疾病。冠状病毒和冠状病毒样病毒的感染在猪、牛、马、猫、犬、兔、禽类、蝙蝠、雪貂、水貂以及多种野生动物中均有报道，但其中有些病毒的感染表现为亚临床或不表现任何临床症状。在感染人类的病原中，冠状病毒仅能引起普通感冒，但最近暴发的严重的呼吸道综合征（severe acute respiratory syndrome，SARS）属于严重的人畜共患传染病。环曲病毒属包含了至少两种动物病毒，一种是从腹泻马中分离得到的皮蝇病毒，另外一种则是分离自新生牛的布雷达病毒。已经有报道称在绵羊、山羊、兔和鼠的血清中检测到了皮蝇病毒的中和抗体。另外，通过电镜形态学方法，在猪、猫、火鸡和人类的粪便中观察到了环曲病毒样粒子。此外，还从鳊中分离到一种与环曲病毒亲缘关系非常近的套式病毒（white bream virus），目前建议将其划分为新病毒属——鱼杆菌样套式病毒属（*Bafinivirus*）的代表种。

 冠状病毒的特性

（一）分类

尽管冠状病毒、环曲病毒、动脉炎病毒以及鱼杆菌样套式病毒的病毒粒子结构和基因组大小差异很大，但是这些病毒的基因组结构及其复制方式非常相似。在感染的宿主细胞内，这些病毒都能利用一种独特的嵌套式（nested set）转录策略。在这种方式中，病毒结构蛋白的翻译是通过

一系列共3'末端的亚基因组mRNAs转录而完成的。这种独特的转录方式自套式病毒目（该词汇源自拉丁语，套式）被确定以来就已被确认。套式病毒目包括冠状病毒科（冠状病毒属和曲环病毒属）、动脉炎病毒科（动脉炎病毒属）和感染无脊椎动物的鱼杆菌样套式病毒属。病毒基因组中编码RNA依赖的RNA多聚酶（转录酶）基因的序列分析表明套式病毒目的所有成员可能从同一个祖先进化而来（图24-1）。

已经有证据表明大量的异种RNA重组导致了基因组重排，这也说明了病毒具有相同的复制和转录方式但其结构特征不同。

基于遗传关系和血清学特征，冠状病毒属至少可以被划分为3个不同的群，其中两个群内又存在不同的亚群（如表24-1；图24-2）。1a群包括猪传染性胃肠炎病毒、猪呼吸型冠状病毒、犬冠状病毒、猫肠炎冠状病毒（猫传染性腹膜炎病毒）、雪貂和水貂冠状病毒以及斑鬣犬冠状病毒。1b群包括一些人类冠状病毒、猪流行性腹泻和蝙蝠冠状病毒。2a群包括小鼠肝炎病毒、牛冠状病毒、大鼠涎泪腺炎病毒、猪血凝性脑脊髓炎病毒、犬呼吸型冠状病毒以及其他一些人类冠状病毒。2b群包括人类SARS冠状病毒和灵猫、狸、菊头蝠冠状病毒。3群包括鸡传染性支气管炎病毒、火鸡冠状病毒以及其他几种从鸭、鹅和鸽子等分离到的潜在但未被定性的新病毒种类。将来可能对这些病毒进行进一步分类。

环曲病毒属成员与冠状病毒属成员密切相关，但其遗传特性却与冠状病毒存在很大差异。当然目前很多环曲病毒的特征还不明确。

（二）病毒特性

冠状病毒是一类有囊膜的病毒。冠状病毒直径为80~120nm，通常呈圆形（冠状病毒），有时表现多形性。环曲病毒直径为120~140nm，通常呈盘状、肾形或棒状。冠状病毒拥有大的（长度为20nm）棒状纤突蛋白（包膜子粒），包裹于其中的是含有螺旋状核衣壳二十面体对称的

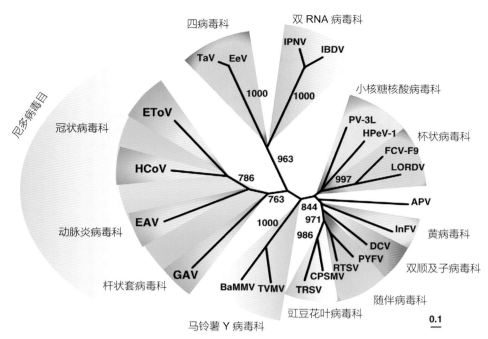

图24-1 套式病毒目各属于类小RNA病毒超家族、四病毒科以及双核糖核酸病毒科成员病毒RNA依赖的RNA多聚酶（RdRps）关系的表征图。禽肺病毒（APV，avian pneumovirus）；大麦温和花叶病毒（BaMMV，barley mild mosaic virus）；豇豆严重花叶病毒（CPSMV，cowpea severe mosaic virus）；果蝇C病毒（DCV，Drosophila C virus）；马动脉炎病毒（EAV，equine arteritis virus）；Euprosternaelaeasa病毒（EeV，*Euprosternaelaeasa virus*）；马环曲病毒（EToV，equine torovirus）；猫萼状病毒–F9（FCV–F9，feline calicivirus–F9）；鳃相关病毒（GAV，gill associated virus）；人类冠状病毒（HCoV，human coronavirus）；人双埃可病毒–1（HPeV–1，human parechovirus 1）；传染性法氏囊病毒（IBDV，infectious bursal disease virus）；传染性蚕软腐病病毒（InFV，infectious flacherie virus）；传染性胰腺坏死病毒（IPNV，infectious pancreatic necrosis virus）；Lordsdale病毒（LORDV，Lordsdale virus）；脊髓灰质炎病毒–3（PV–3L，poliovirus–3）；欧防风黄点病毒（PYFV，parsnip yellow fleck virus）；水稻东格鲁球形病毒（RTSV，rice tungro spherical virus）；*Thosea asigna*病毒（TaV，*Thosea asigna virus*）；烟草环斑病毒（TRSV，tobacco ringspot virus）；烟草叶脉斑点病毒（TVMV，tobacco vein mottling virus）。[引自病毒分类学：国际病毒分类委员会第八次分类报告（C.M. Fauquet，M.A. Mayo，J. Maniloff，U. Desselberger，L.A. Ball，eds.）p.944. Copyright © Elsevier（2005），已授权]

表24-1 冠状病毒和环曲病毒感染的特征

冠状病毒或环曲病毒	疾病/症状	传播/诊断标本	预防/控制
1a 群			
猫肠道冠状病毒（以前被称为猫传染性腹膜炎病毒）	腹膜炎、肺炎、脑膜脑炎、全眼球炎、消耗综合征、厌食慢性发热、乏力、消瘦、腹部膨大、中枢神经系统症状	直接接触，母源粪便、血液、体液散毒的粪口途径	弱毒疫苗（TS）中断传播周期、隔离、高水平的卫生条件
犬冠状病毒	温和的胃肠炎、温和的腹泻	通过粪口途径吸入；排泄物；小肠分泌物	灭活苗
猪传染性胃肠炎病毒	胃肠炎、水样腹泻、呕吐、脱水	粪口途径；粪便、小肠分泌物	怀孕母猪口服弱毒疫苗；良好的卫生设施
猪呼吸型冠状病毒	间质性肺炎；温和的呼吸道疾病或亚临床表现	气溶胶；鼻拭子；气管、肺的分泌物	目前没有疫苗
1b 群			
猪流行性腹泻病毒	胃肠炎、水样腹泻、呕吐、脱水	粪口途径	
		粪便、小肠分泌物	怀孕母猪口服弱毒疫苗（亚洲）

（续）

冠状病毒或环曲病毒	疾病/症状	传播/诊断标本	预防/控制
2a 群			
猪血凝性脑脊髓炎病毒	呕吐、萎缩病、脑炎、厌食、过敏、肌肉颤抖、消瘦	气溶胶、口鼻分泌物、鼻拭子、扁桃体、肺、脑	专业兽医、维持母猪免疫，目前没有疫苗
小鼠肝炎病毒	肠炎、肝炎、肾炎、脱髓鞘性脑脊髓炎	气溶胶和直接接触、靶组织和分泌物	降低数量、隔离
大鼠涎泪腺炎病毒	唾液腺和鼻泪腺坏死红肿、流泪、厌食、体重下降、血泪症	直接接触、污染物以及气溶胶鼻咽管、呼吸组织	减少数量、预防检疫
牛冠状病毒	胃肠炎、冬痢、运船热大量腹泻或血性腹泻、脱水、产奶量降低、呼吸疾病	粪口途径、气溶胶、呼吸道飞沫、粪便、大肠分泌物、鼻拭子、肺分泌物	母源免疫，灭活的活弱毒疫苗；冬痢没有疫苗
2b 群			
SARS冠状病毒（人类）	急性烈性呼吸综合征（10%患者）高烧、肌痛、腹泻、呼吸困难	气溶胶，粪口途径，鼻咽液，大便，血清	隔离；严格隔离病人
SARS冠状病毒（灵猫、蝙蝠）	亚临床症状	粪口途径粪便	检测、减少活畜市场的动物
3 群			
传染性支气管炎病毒	气管支气管炎、肾炎、啰音、产蛋下降	气溶胶，被粪便污染食物的摄入，气管拭子、组织、泄殖腔拭子、盲肠扁桃体、肾脏	多价弱毒和灭活疫苗良好的医疗和检测
火鸡冠状病毒，火鸡冠紫绀病毒	肠炎腹泻、精神沉郁、皮肤发绀	粪口途径、气溶胶、粪、肠道分泌物	灭活疫苗
环曲病毒			
布雷达病毒（牛）	肠炎腹泻和脱水	粪口途径，粪便，大肠分泌物	目前没有疫苗

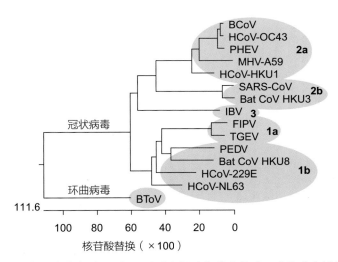

图24-2　冠状病毒（Corona）和环曲病毒（Toro）不同群之间系统进化关系。系统进化树是基于各病毒的全基因组序列比对结果通过ClustalW方法而建立的。牛冠状病毒（BCoV，bovine coronavirus）；牛环曲病毒（BToV，bovine torovirus）；冠状病毒（CoV，coronavirus）；猫肠道冠状病毒（FIPV，feline enteric coronavirus，通常称为猫腹膜炎病毒）；人类冠状病毒（HCoV，human coronavirus）；传染性支气管炎病毒（IBV，infectious bronchitis virus）；小鼠肝炎病毒（MHV，murine hepatitis virus）；猪流行性腹泻病毒（PEDV，porcine epidemic diarrhea virus）；猪凝血性脑脊髓炎病毒（PHEV，porcine hemagglutinating encephalomyelitis virus）；SARS–CoV（severe acute respiratory syndrome coronavirus）；传染性胃肠炎病毒（TGEV，transmissible gastroenteritis virus.）（引自俄亥俄州立大学 L. Saif 和 A. Vlasova，已授权）

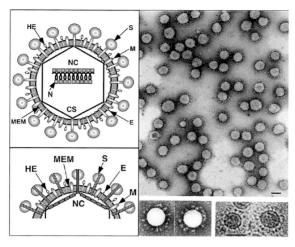

图24-3 冠状病毒粒子的结构。（左上）病毒结构图解；（左下）病毒粒子表面图解。（右上）传染性胃肠炎病毒粒子的乙酸铀酰电镜照片（右上）或磷钨酸（插图左下）表明病毒粒子表面。纤突（膜粒）用磷钨酸钠染色效果更好。（插图右下）玻璃冰上不染色的TGEV冰冻电镜图。病毒粒子衣壳内部包含了一个内部结构以及，膜粒。MEM，磷脂；S，纤突蛋白；M，大膜蛋白；E，小的衣壳蛋白；HE，血凝素-酯酶；N，核蛋白；CS，岩心-外壳；NC，核衣壳。标尺代表100nm。[引自病毒分类学：国际病毒分类委员会第八次分类报告（C.M. Fauquet，M.A. Mayo，J. Maniloff，U. Desselberger，L.A. Ball，eds.），p.947. Copyright© Elsevier（2005），已授权]

内部核心结构（如图24-3）。一些冠状病毒还具有较短（5nm）的流苏状的纤突蛋白（红血球凝结素）。环曲病毒也拥有较大的棒状纤突，但是病毒粒子具有多形性，病毒的核衣壳紧密卷曲呈圆环状。通过超薄切片电子显微镜观察，环曲病毒的核衣壳呈肾形，盘状或棒状。

冠状病毒科成员基因组是线性单链、正义RNA，冠状病毒基因组大小为27.6～31kb，环曲病毒基因组大小为25～30kb，该病毒科成员基因组是目前已知最大的不分节段的RNA病毒基因组，基因组的5'端具有帽子结构，3'端有多聚腺苷酸结构，病毒基因组具有感染性（表24-2）。

冠状病毒属和环曲病毒属成员病毒粒子的主要蛋白包括衣壳蛋白（N，50～60kDa，环曲病毒衣壳蛋白为19kDa）和一些囊膜或纤突蛋白：① 主要纤突糖蛋白（S，180～220kDa）；② 一个跨膜3次的膜蛋白（M，23～35kDa）；③ 次级

表24-2　冠状病毒和环曲病毒的特性

病毒粒子是多晶的或球形的（冠状病毒属）或盘状，肾形，或棒状的（环曲病毒属）；直径为80～220nm（冠状病毒属）或120～140nm（环曲病毒属）。病毒粒子表面有囊膜，囊膜上有棒状纤突（膜粒）。

病毒粒子有一个二十面体的螺旋状核壳体的内部结构（冠状病毒属）或一种紧密螺旋的管状核壳体弯曲成环状（环曲病毒属）。

基因组包含了一个单链、线性、正义RNA，基因组大小为25～31kb的基因组；基因组5'端有帽子结构，3'端有多聚A尾，且病毒基因组具有感染性。

冠状病毒粒子包含了3个或4个结构蛋白：主要纤突蛋白（S），跨膜糖蛋白（M和E），一个核蛋白（N），在一些病毒中还包含了一种凝血性的酯酶（HE）。环曲病毒包含了相似的蛋白，但没有E蛋白。

病毒在细胞质中复制；基因组被转录从而形成一系列共3'端的mRNAs，而仅有一个序列被继续翻译。

病毒粒子通过出芽进入内质网，通过胞外分泌释放。

跨膜蛋白（E，9～12kDa），该蛋白与M蛋白一起是冠状病毒粒子组装所必需的。环曲病毒缺少冠状病毒编码的E蛋白的同源物，这可能是环曲病毒和冠状病毒在结构上存在差异的原因。仅次于上述蛋白的是环曲病毒和一些2群冠状病毒编码的小纤突蛋白，该蛋白是I类跨膜蛋白（65kDa）的二聚体，小纤突蛋白与C型流感病毒的血凝素酯酶（hemagglutinin esterase，HE）融合蛋白N-端序列有30%同源性。冠状病毒、环曲病毒以及正黏病毒的HE基因序列比对结果表明这些病毒的HE基因是通过独立的非同源重组的方式获得的（很可能是来自于宿主细胞）。尽管环曲病毒编码的蛋白与冠状病毒编码的相应蛋白没有序列同源性，但是这两种病毒不仅在结构和功能方面很相似，而且具有系统进化相关性。

病毒在自然感染过程中所产生的中和抗体是直接针对冠状病毒和环曲病毒表面糖蛋白的，其中大部分是位于S蛋白N-末端的构象表位。细胞免疫反应主要针对S蛋白和N蛋白，冠状病毒是套式病毒中比较特殊的病毒，因为冠状病毒基因组（在不同的区域内）编码数量不等的病毒体外复制非必需的附属蛋白（最多编码4～5个；SARS冠状病毒编码8个），而这些蛋白的功能是提高病毒体内适应性。例如，SARS病毒开放阅读框3b和6编码的附属蛋白是天然免疫反应

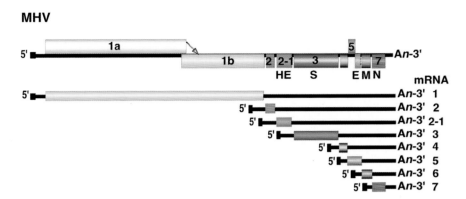

图24-4　冠状病毒基因组RNA和mRNAs之间的结构关系。粗线代表了翻译的序列。细线，非翻译序列。框下面的名字代表了相应基因编码的蛋白。An，多聚A序列；E，次要跨膜衣壳蛋白；HE，纤突蛋白红血球凝聚素酯酶；M，跨膜衣壳蛋白；MHV，小鼠肝炎病毒；N，核衣壳蛋白；S，纤突糖蛋白。［引自病毒分类学：国际病毒分类委员会第八次分类报告（C. M. Fauquet, M. A. Mayo, J. Maniloff, U. Desselberger, L. A. Ball, eds.），p.952. Copyright© Elsevier（2005），已授权］

的对抗剂，尤其干扰Ⅰ型干扰素反应的形成。其他附属蛋白的作用在很大程度上尚不明确。这些附属蛋白在同一个群内的冠状病毒之间具有同源性，但在不同群之间不保守。例如在2群冠状病毒中，HE是一个附属蛋白，小鼠肝炎病毒HE-缺失突变体在体外可以像野生型病毒一样进行复制，但是在小鼠体内则表现出被致弱。

（三）病毒复制

冠状病毒的宿主谱在很大程度上取决于病毒的S蛋白，S蛋白的部分结构介导受体的结合以及发生于易感细胞浆膜或内涵体内部的病毒-细胞融合作用。冠状病毒可以利用各种不同的细胞蛋白作为受体。氨基肽酶N是包括猫肠道冠状病毒（通常被称为猫腹膜炎病毒）、犬冠状病毒、传染性胃肠炎病毒以及人类冠状病毒229E在内的一些1群冠状病毒的受体。SARS病毒和其他一些人类冠状病毒以血管紧张素转化酶2作为受体。小鼠肝炎病毒以癌胚抗原相关的细胞黏附分子1（CEACAM-1, carcinoembryonic antigen-related cell adhesion molecule 1）作为受体，其他一些2群冠状病毒则利用N-乙酰基-9-O-乙酰神经酸作为受体。尽管硫酸乙酰肝素和涎酸残基可以作为3群冠状病毒的非特异性结合因子，但是3群冠状病毒的功能性受体目前还没有定论。

冠状病毒基因组的表达策略相当复杂（图24-4）。首先，病毒RNA作为信使RNA（mRNA，messenger RNA）来合成RNA依赖的RNA多聚酶。两个大的编码多聚酶的开放阅读框（大小共约20kb）被翻译，其中较大的开放阅读框会通过核糖体移码而形成一个多聚蛋白，该多聚蛋白进而被切割形成不同的蛋白，这些蛋白会组装形成有活性的RNA多聚酶。所形成有活性的多聚酶开始转录全长的互补RNA（负链），转录得到的基因组全长RNA以及一系列共3'末端的亚基因组mRNAs被翻译形成病毒的蛋白。相互重叠的套式mRNAs组成成员最多可达到10个（因病毒不同而异），它们拥有共同的3'末端和相同的5'前导序列。这些特征是通过不连续翻译的前导序列激活机制而形成的：多聚酶首先从互补RNA（负链RNA）的3'末端开始转录非编码的前导序列，带有帽子结构的前导RNA继而从模板上解离下来并结合到任意一个基因起始位置的互补序列上继续转录到5'末端。只有与套式系列中下一个较小的mRNA不同的序列才会被翻译。这种复制策略会形成各种不同的病毒蛋白。基因间的序列则作为转录的启动子或衰减子。

环曲病毒的转录和复制与冠状病毒相似，但其mRNAs没有一个相同的5'前导序列。令人不解的是与套式mRNAs互补的负链亚基因组在环曲病毒感染的细胞中也存在。事实上，这些亚基因组RNAs包含了与基因组RNA相同的5'和3'末端序列，这些亚基因组mRNAs可能以复制子的形式发挥作用。

冠状病毒几个衣壳糖蛋白的合成、加工、低聚反应以及转运表现出一些不寻常的特性。例如一些冠状病毒的M蛋白中包含O-联糖苷而非N-联糖苷，囊膜蛋白M专门针对内质网和其他前-高尔基体膜的内胞浆网槽。结果，病毒粒子仅从内质网膜和高尔基体膜内出芽而不能从浆膜出芽。之后病毒粒子再被转运到浆膜，并通过胞外分泌的方式被释放（如图24-5）。病毒粒子释放后，很多成熟的带衣壳的病毒仍然附着在细胞的外面。

除了多聚酶在转录过程中的错误（遗传漂变）造成点突变的积累以外，发生于不同但又相关的冠状病毒基因组之间的遗传重组的频率也很高。这可能是在自然界中病毒遗传多样性产生的一个重要机制，这也为具有新的表型特征（包括对宿主种类的趋向以及毒力）的新病毒的出现提供了潜在资源。

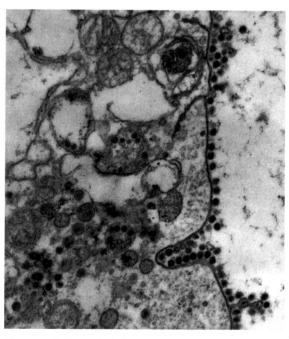

图24-5 感染鼠肝炎病毒1周龄小鼠的十二指肠。病毒粒子从小囊泡的内质网上被转运到质膜，并通过胞外分泌而被释放。病毒粒子释放后，很多病毒粒子仍黏附在细胞外表面。电子显微镜超薄切片。放大倍数：×30 000。

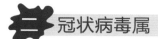

二 冠状病毒属

（一）传染性胃肠炎病毒

传染性胃肠炎是一种在世界范围内对猪具有高度传染性的肠道疾病。猪呼吸型冠状病毒是传染性胃肠炎病毒遗传缺失的产物。目前，呼吸型冠状病毒在很多地区已经取代了其肠道嗜性的亲本病毒。

1. **临床特征及流行病学** 传染性胃肠炎的临床症状通常在小猪中最严重，症状包括呕吐、大量的水样黄痢、体重骤减以及脱水。通常，血清反应阴性的初生幼猪在高毒力传染性胃肠炎病毒感染后几天内死亡，然而2～3周龄猪感染后不会发生死亡。成年猪和育成猪通常会形成一种瞬时的水样黄痢，一般不出现呕吐。成年猪感染后没有症状，但是在一些暴发的疾病中会出现较高的死亡率，而且感染母猪有时会表现厌食、高烧、呕吐、痢疾以及无乳。

传染性胃肠炎病毒对所有日龄的猪都具有高度感染性。虽然犬和猫在实验条件下也能被该病毒感染，但是它们在病毒流行病学中的地位还不明确。传染性胃肠炎病毒在农场之间的传播可能是通过引入分泌该病毒的猪或是污染的交通工具、衣服、器械等机械性媒介（污染物）进行传播的。非免疫猪群中引入传染性胃肠炎病毒会在所有日龄猪中引起流行病的暴发，其中初生仔猪的死亡率会很高。而在日龄较大的猪群中，疾病通常不会太严重。尽管实验感染母猪后会出现慢性或者间歇性地散毒，但如果不存在易感猪及新猪的引入，疾病会在数周内终止。另一个流行模式发生于密集型生产的工厂，在这种模式中母猪的产子系统导致了会有连续不断易感小猪的出现。地方性流行病学的感染以及传染性胃肠炎病毒或相关的呼吸型冠状病毒的免疫背景的存在通常会导致较低的死亡率和相对温和的疾病，这些疾病通常发生在仔猪刚断奶后，此时以免疫球蛋白A为基础的母源抗体已经消退。在欧洲，有毒力的肠道传染性胃肠炎病毒已经显著地被呼吸型冠状病毒所代替。猪呼吸型冠状病毒是传染性胃肠炎在纤突蛋白发生数量不等的缺失而产生的基因突变体，但是猪呼吸型冠状病毒产生的免疫可以抵抗猪传染性胃肠炎病毒的感染。

2. 发病机制和病理学 传染性胃肠炎病毒通过吞食（粪-口途径）进入机体，经过18～72h的孵育后病毒会引起不同日龄感染动物出现临床症状。非常小的仔猪易感可能有以下几个方面的原因：① 小猪胃部分泌物较成年动物的酸性低，而且它们食入的奶平衡胃酸，这些特征在一定程度上为病毒通过胃提供了保护作用；② 起源于小肠腺窝的小肠绒毛肠上皮细胞更新没有成年猪快；③ 仔猪免疫系统没有完全成熟；④ 仔猪对电解质和因消化不良以及因传染性胃肠炎感染而引起的严重的吸收障碍型痢疾而产生的流体的紊乱尤其敏感。病毒通过胃后会继续前进而进入肠道。病毒选择性地感染和破坏成熟的排列在小肠绒毛的肠上皮细胞，并很快引起绒毛变短变钝，随之发生的是黏膜吸收营养区域的减少（图24-6）。肠上皮细胞的损伤会引起消化不良，这是存在于绒毛肠上皮的微绒毛刷边缘的一些重要消化酶（如乳糖酶和双糖酶）的损伤而造

成的，这些酶的主要功能是消化乳汁。肠绒毛上皮的损伤既能引起营养不良又能引起消化不良。而没有被消化的奶的存在使得肠内容物的渗透压增加，导致进一步的失水和电解液进入肠腔，其后果是产生痢疾、电解质失衡导致酸中毒以及严重脱水。但是小肠腺窝上皮细胞并没有被感染，因此如果感染动物能够存活，则小肠完整性和功能将会很快恢复。小肠腺窝祖先上皮细胞的增殖也使得小肠分泌液和电解质增加，这将进一步加剧痢疾和代谢紊乱，这些都是暴发性传染性胃肠炎的特征。

传染性胃肠炎宏观病理特征（除了脱水）仅可见于小肠，表现为胃内因为有未消化乳汁的存在而出现肿大、肠松弛、气肿或液肿。把肠道分泌物浸没到等渗缓冲液中，用显微镜能够观察到肠绒毛的损伤，该损伤导致肠壁变薄（图24-7）。

3. 诊断 患有严重疾病的初生仔猪肠黏膜印象涂片或冰冻切片可以通过免疫荧光或免疫过氧化物酶染色法来检测传染性胃肠炎病毒，这些方法都能快速得到结果。抗原-捕获酶联免疫吸附试验（ELISA，enzyme-linked immunosorbent assay）也可以用来检测感染猪粪便中的传染性胃肠炎病毒。猪的肾脏、甲状腺或睾丸细胞可以

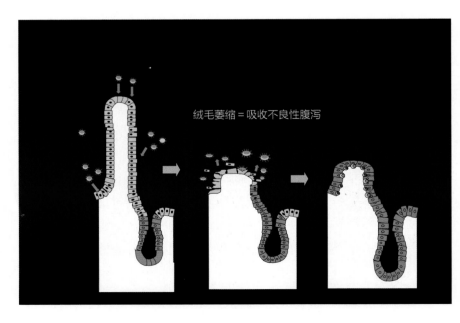

绒毛萎缩＝吸收不良性腹泻

图24-6 传染性胃肠炎的致病机制。图解表明病毒感染和对小肠绒毛肠上皮细胞的损坏，这可能会导致吸收障碍的腹泻。（引自俄亥俄州立大学 L. Saif，已授权）

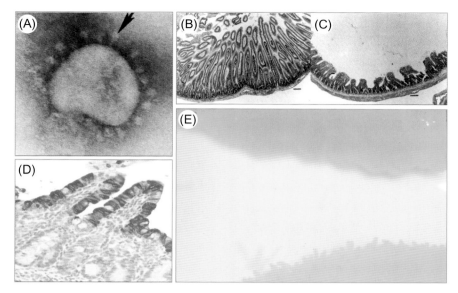

图24-7　传染性胃肠炎致病机制

（A）病毒电镜图，箭头所指的是主要的衣壳纤突蛋白。（B）正常仔猪小肠的组织学形态。（C）患有传染性胃肠炎仔猪的小肠组织学形态。（D）小肠绒毛上皮细胞选择性病毒感染免疫组化染色表明。（E）正常乳猪小肠黏膜表面（底部），患有传染性胃炎并的猪小肠黏膜表面没有绒毛（顶部）。（引自俄亥俄州立大学L. Saif和加利福尼亚大学N.J. Maclachlan，已授权）

用来分离病毒，能够观察到细胞病变，通常用酶联免疫试验通过特异性的抗血清来确定病毒。使用成对血清样品进行血清中和试验或酶联免疫吸附试验的血清学进行回顾性诊断，对流行病学调查很有价值。然而，这些试验都不能明确区分传染性胃肠炎病毒和呼吸型冠状病毒的感染。反转录酶多聚链式反应通过在猪呼吸型冠状病毒S基因存在缺失区域的设计引物可以用来检测并区分这两种病毒。已经感染这两种病毒的血清学诊断可以通过包含针对S蛋白中仅在传染性胃肠炎病毒中存在而在呼吸型冠状病毒中缺失的那部分结构的单抗的阻断（竞争）ELISA来完成。

4. 免疫、预防和控制　针对该病口服疫苗效果不佳，但当怀孕母猪口服强毒后就能通过推进母乳免疫而为仔猪提供更好的保护。通过初乳传递给仔猪的母源IgA抗体提供了针对感染的保护，而其本身免疫系统产生的IgG则不能提供保护。肠道内IgA抗体不会被降解而且还会在肠腔内提供免疫。母乳免疫不能通过肠道外免疫接种而形成，只能通过黏膜感染或免疫来获得。

（二）猪呼吸型冠状病毒

猪呼吸型冠状病毒是猪传染性胃肠炎病毒的突变体，该病毒于1986年被发现，该病的发现源于没有传染性胃肠炎病毒的国家的猪群中出现了血清转化情况。引起这种类型疾病的病原在纤突基因发生缺失突变使其丧失了对肠道的嗜性。相应地，猪呼吸型冠状病毒获得了对呼吸道的嗜性及其相关的传播方式。

1. 临床特性及其流行病学　猪呼吸型冠状病毒可以感染所有日龄的猪，仅引起亚临床症状或温和的呼吸道疾病。临床特征包括伴随不同程度呼吸困难的低烧、呼吸急促以及厌食。

猪呼吸型冠状病毒目前在世界范围内流行，通过长距离的空气呼吸传播或直接接触传播。猪群密度、各农场之间的距离以及季节都可以影响该病的流行。

2. 发病机制和病理学　猪呼吸型冠状病毒S基因5'端的大片缺失（621~681nt）可能是病毒毒力降低以及嗜性改变造成的。猪呼吸型冠状病毒通过呼吸的气溶胶进行传播，感染后，病毒在扁桃体、鼻黏膜上皮、肺气道以及Ⅰ型和Ⅱ型肺泡细胞中均能复制。即使在没有临床症状的猪中，病毒在终端气道和肺泡诱导产生的肿胀和坏死表现为影响整个肺部5%～60%的支气管间质性肺炎。临床症状以及损伤的严重程度存在差异，但在很多感染的猪群中病毒的感染呈亚临床状态。

3. 诊断　猪呼吸型冠状病毒在感染猪的肺脏中滴度很高，也可以在鼻拭子中检测到。猪呼吸型冠状病毒的实验室诊断方法与传染性胃肠炎病毒相同，这两个病毒的感染仅能通过特异性的RT-PCR试验或者高度特异的竞争ELISA来完成。该病毒可以在猪肾脏或者睾丸细胞中分离和增殖。

4. 免疫及防控　目前还没有针对猪呼吸型冠状病毒的疫苗，这可能是由于该病的感染一般较温和，所以研制疫苗的需求不是很迫切。实验室以及野外研究表明，猪反复接触呼吸型冠状病毒会通过主动或者被动免疫的方式获得对传染性胃肠炎的免疫力，因此，后者在猪群大量消失的原因可能是在很多国家的猪群中都存在呼吸型冠状病毒的流行。

（三）猪血凝性脑脊髓炎病毒

血凝性脑脊髓炎病毒（hemagglutinating encephalomyelitis virus，HEV）引起猪的呕吐消耗（vomiting and wasting disease，VWD）型疾病，但在其他动物中则引起神经型疾病，前者最早于1958年在加拿大有报道。血清学调查表明在很多国家都有这种病毒，但由于新生仔猪能够通过初乳获得免疫球蛋白而被保护，之后会形成年龄相关的抵抗性，因此该病的发生并不频繁。

该病毒对成年猪的感染并不明显，呕吐消耗型疾病通常见于未免疫母猪哺乳的3周龄以下的仔猪。疾病的主要特征是呕吐、抑郁、迅速消瘦甚至死亡。与传染性胃肠炎不同，在呕吐消耗型的疾病中腹泻并不常见。该病毒的感染有时表现为与小RNA病毒引起的猪的脑脊髓灰质炎相似的神经症状。尤其是患病仔猪可能会

表现出犬坐姿势、划船运动、角弓反张、瘫痪或抽搐，甚至死亡。

猪血凝性脑脊髓炎病毒通过呼吸的气溶胶进行传播，病毒首先在鼻黏膜、扁桃体、肺脏以及小肠中复制，然后通过外周神经散布到中枢神经系统。病毒血症在病毒侵害的器官和神经系统中不是很严重。病毒对迷走神经感官神经节的感染是其导致感染动物特征性呕吐的原因，而病毒对肠肌层丛的感染则会导致迟发性胃空。

对于该病的临床诊断是通过在原代猪肾细胞培养物或各种猪的细胞系对病毒进行分离而确定的；病毒的增殖可以通过特异性的血凝反应进行鉴定。由于目前还没有针对该病的疫苗，因此良好饲养对该病的防控很重要。

（四）猪流行性腹泻病毒

猪流行性腹泻（porcine epidemic diarrhea，PED）是仔猪的一种腹泻疾病，该病已经在欧洲和亚洲有报道。猪流行性腹泻与猪传染性胃肠炎的临床症状极为相似，但其病原是另一种传染性稍差的冠状病毒，猪流行性腹泻病毒（porcine epidemic diarrhea virus，PEDV）。哺乳仔猪在很多暴发的疾病中都不受感染。病毒致仔猪的主要临床症状是水样腹泻，有时会导致呕吐，死亡率可高达80%。该病毒也可以引起生长育肥猪的腹泻。尽管病毒感染成年猪后有时会导致腹泻，但大部分情况下不表现临床症状。可以通过在猪原代细胞培养物或Vero（非洲绿猴肾）细胞对病毒进行分离，也可以通过免疫荧光或ELISA方法来检测小肠或粪便中的PEDV抗原，通过RT-PCR来检测病毒RNA，或者通过证实康复猪体内病毒特异的抗体进行确定，通过上述方法以达到对该病的诊断。目前，在一些国家已经有针对该病的弱毒苗在使用。

（五）猫肠道冠状病毒和猫传染性腹膜炎病毒

猫传染性腹膜炎最早于20世纪60年代被报

道，该病是一种系统性的通常能使猫致死的疾病。猫传染性腹膜炎的致病机制相当复杂，尽管已经有了一定的研究，针对该病毒仍有待进一步研究。猫肠道冠状病毒的感染是猫传染性腹膜炎的主要致病机制，零星出现的猫传染性腹膜炎是自然感染猫肠道冠状病毒发生突变的结果，这种突变导致了一种对巨噬细胞有嗜性的新病毒的出现。尽管猫肠道冠状病毒被划分为1a群成员，但该病毒已经确定的有两个血清型，这两个血清型的病毒均能引起猫传染性腹膜炎，一种腹腔中有积液（湿型）一种没有积液（干型）。因此，病理表现完全不是毒株特异的特征，因为个别毒株能够引起个别猫两种不同形式的疾病。血清2型猫肠道冠状病毒是一个包含了部分犬冠状病毒基因组的重组体。

1. 临床特征和流行病学 猫传染性腹膜炎是家猫和野生猫科动物的一种现渐进的致死性疾患。该病主要常见于幼猫或老年猫。该病最初的临床表现很模糊，感染猫出现厌食、慢性发热、不适以及体重下降，个别个体感染后可能出现视觉及神经表现。在经典的湿型或积液型猫腹膜炎中，这些症状通常会伴随因腹腔中高黏度液体的积累而产生的渐进腹胀，该病传播迅速，患病动物通常在感染后的数周到数月死亡。不产生或仅产生较少积液的干型或非积液型的疾病传播较慢。湿型和干型猫传染性腹膜炎的表现差异很大，但这两种类型的疾病都以一些器官的弥漫性脓性肉芽肿为特征。

下面是一个致死性猫传染性腹膜炎拟议的设想。一个被血清反应呈阳性的母猫哺乳的小猫通过初乳获得母源抗体，可提供其在出生后数周内针对冠状病毒感染的保护性。随着母源抗体的消逝，小猫会被母猫感染后所散播的猫肠道冠状病毒感染。此时小猫会形成一种主动免疫反应，但这种免疫一般不能起到消灭病毒的作用，只是使小猫建立肠道的一种长期通过粪便散毒的持续感染模式。病毒和抗体在小猫体内共存，但机体会通过一种使巨噬细胞和单核细胞受抑制的高效细

胞免疫反应来调节。此时动物可能保持健康，但易于形成猫传染性腹膜炎，继而可能出现精神沉郁或免疫抑制。在这种环境下会出现病毒突变体，巨噬细胞的突变体会快速选择和增殖，最终形成猫传染性腹膜炎。

2. 发病机制和病理学 肠道冠状病毒基因变异株（突变体）的生产性感染是猫传染性腹膜炎发生的起始病原。试验结果表明，猫肠道冠状病毒毒株毒力与其在培养的腹腔巨噬细胞上的生产性感染能力相关，没有毒力的分离株感染较少的巨噬细胞，所以产生的病毒滴度较有毒力的分离株低。无毒力的毒株在巨噬细胞中复制的能力及其在细胞间传播的能力都较弱。在S蛋白和其他蛋白的突变改变了普遍存在的无毒力猫肠道冠状病毒的嗜性，使得病毒可以引起猫的传染性腹膜炎。被感染猫通常会产生很强的抗体反应，但是该反应并不能消除病毒，细胞免疫反应也不能阻止病毒在巨噬细胞中的复制。

猫传染性腹膜炎的损伤主要集中在小血管，血管损伤和渗漏是湿型疾病的主要致病机制。但是，关于所涉及的致病机制还具有不确定性，曾经有人提出血管损伤是被感染血管壁上的免疫复合物的沉积造成的，但越来越多的证据表明并非如此。病毒感染巨噬细胞的核心角色已经明确，在两种类型的猫传染性腹膜炎中，被病毒感染的巨噬细胞的外周血管簇特征性地存在于猫的组织中。尽管巨噬细胞不能阻止病毒在其中复制，但病毒感染巨噬细胞后会活化细胞，使细胞能够产生包括细胞因子和花生四烯酸衍生物（白细胞三烯和前列腺素）的炎性介质。这些介质很可能是疾病恶化的重要原因，因为它们诱导了血管渗漏的改变，同时为中性粒细胞和单核细胞形成炎性反应提供了化学趋向性刺激。血管内以及新转移到血管内的单核细胞和巨噬细胞可能成为新病毒的目标，病毒进而在其中复制。最终导致的结果是病毒的局部复制、组织被进一步破坏、机体建立了强大但无效的免疫反应。

体液免疫不仅对疾病没有保护性，反而会加

快疾病的进程。对巨噬细胞感染的抗体依赖性增强显然是通过针对S蛋白的中和抗体所介导的，这使得疫苗的研发受滞。通过自然感染或者将纯化的IgG抗体注射到非感染猫体内而造成猫肠道冠状病毒呈血清学阳性反应，当用猫肠道冠状病毒（及猫传染性腹膜炎病毒）强毒攻毒时会形成一种快速的、暴发性的疾病，当被病毒感染后，血清反应呈阳性的猫比血清学反应呈阴性的猫更早出现临床症状及损伤，而且平均存活时间也会缩短。

　　猫传染性腹膜炎总的损伤反应为疾病两种形式中的一种。湿型疾病的特征是出现各种不同数量的又厚又黏的黄色腹膜渗出液，以及在肝脏、脾脏、肠以及肾脏绒毛膜表面和内膜因含有很多连续的灰色小瘤（直径大于1mm小于10mm）而出现的大量纤维素斑（图24-8）。显微镜观察表明，这些小瘤是巨噬细胞和其他一些炎性细胞（肉芽肿或脓性肉芽肿）聚集而形成的，它们聚集在血管中，有时会导致所在血管壁的坏死。这些损伤可以发生于很多组织，但是网膜、腹膜绒毛膜、肝脏、肾脏、肺脏、胸膜、心包膜、脑膜、脑和眼色素层是常在位点。干型猫传染性腹膜炎表现的损伤和致病机制同湿型相似，但是不

会形成湿型腹膜炎所特有的纤维性化脓性肉芽肿和集中于感染器官实质细胞中的小瘤所产生的连续型化脓性肉芽肿。目前还不明确是什么决定了猫传染性腹膜炎在不同猫中形成不同类型疾病，这两种类型疾病之间的关系也不明确，因为一个毒株在不同的宿主中产生的疾病类型不同。

　　3. 诊断　基于间接免疫荧光或酶免疫试验的血清学方法研究表明患有猫传染性腹膜炎的猫具有中等到较高的抗体滴度。一些患病猫仍然呈血清学阴性或只具有较低的抗体滴度，而另一些不表现临床症状的猫则具有较高的抗体滴度。因此，血清学数据经常阐述不清，对感染器官的手术活组织检查不仅是确定诊断的方法，更能揭示疾病的程度和阶段。对感染猫损伤部位中巨噬细胞的免疫组化可以用来对该病做最终诊断。

　　4. 免疫、预防和控制　猫传染性腹膜炎不易控制，对该病的控制要求消除局部环境中（猫舍或是家里）的病毒。这要求高水平的环境卫生状况、严格的检疫法律及免疫措施。由于小猫会从其母亲获得感染，所以人们已经在尝试通过早日龄断奶的方法来中断病毒的传播。

　　目前还没有研发出针对该病高效安全的疫苗，即使是通过基因工程的方法也无法达到预

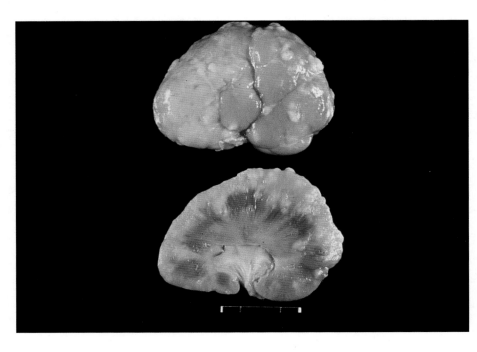

图24-8　猫传染性腹膜炎感染猫肾脏弥散性分布的肉芽瘤（引自加利福尼亚大学N.J. Maclachlan，已授权）

期效果。目前所能获得的商品化的猫传染性腹膜炎疫苗包含了一个温度敏感型的突变体病毒，该疫苗被接种到鼻黏膜来降低病毒的复制并刺激机体产生抗体。在这种条件下，细胞免疫反应更有效，能够起到一定的保护作用，但对因病毒感染而发生血清学呈阳性反应的成年猫的免疫无效。

（六）犬冠状病毒

1971年报道了一种致犬产生温和型胃肠炎的冠状病毒，近年来，具有不同特性的犬冠状病毒相继被确定，其中包括犬呼吸型冠状病毒和泛嗜性毒株。通常来说，犬冠状病毒通过基因组点突变的累积以及遗传插入或缺失而进行的持续进化导致经常会出现生物学特性发生改变的病毒，这其中包括病毒嗜性和毒力的改变。

肠道感染犬冠状病毒的犬在世界范围内普遍存在，也有报道犬冠状病毒肠炎在野生犬中流行。该病毒与在狐狸、貉和猫中分离到的1群冠状病毒相似或相同。犬冠状病毒引起的肠道疾病与其他肠道冠状病毒引起的疾病相似，都能损坏位于小肠绒毛上的成熟长肠上皮细胞，引起消化不良、吸收障碍以及腹泻。由于犬腹泻的病因很多，对犬冠状病毒的临床病例需要通过实验室操作来证实。病毒也可以通过显微镜来观察，并不是所有的病毒都能通过原代犬细胞培养物进行分离。已经建立了高度敏感的特异性RT-PCR方法来检测病毒。对幼犬血清中抗体的检测意义不大，因为幼犬腹泻可能由母源或不相关的因素所引起。目前已经有用来控制犬冠状病毒的灭活苗在使用，但其保护效果仍有争议。

犬冠状病毒泛嗜性毒株已经被公认为是犬的以发热、厌食症、精神沉郁、呕吐、腹泻、白细胞减少症、运动不协调和突然发作的神经症状为特征的严重全身性疾病的病因。该病毒与肠道冠状病毒的遗传特性不同，但与牛冠状病毒相似，该病毒已经在欧洲、南美和亚洲犬的呼吸道中被检测到，有时会引起呼吸型疾病。

（七）鼠肝炎病毒

鼠肝炎病毒包括一系列的鼠冠状病毒，这些病毒并不都能引起小鼠肝炎，且组织嗜性差异很大。宿主谱的一端包括对肠道上皮细胞有选择性嗜性的肠道冠状病毒，另一端则是泛嗜性冠状病毒。历史上，肠道嗜性的小鼠肝炎病毒被称为"幼鼠致死性肠道病毒"（lethal intestinal virus of infant mice，LIVIM）。而泛嗜性冠状病毒，主要是嗜上呼吸道上皮细胞，其次是嗜各种细胞或组织，尤其是血管内皮组织、淋巴结组织、造血组织、肝脏以及中枢神经系统。这些病毒被称作"肝炎病毒"是因为实验室接种病毒的小鼠表现包括感染在内的普遍特性。由于小鼠肝炎病毒具有泛嗜性，这些病毒易于在各种细胞培养物上生长，但不倾向于产生肝炎；而肠道嗜性的病毒则不易在各种细胞培养物上生长，因此人们一直认为LIVIM与小鼠肝炎病毒不同。

很多泛嗜性小鼠肝炎病毒很容易在实验室中进行体外培养，其中包括MHV-JHM、MHV-S、MHV-A59及MHV-3。泛嗜性小鼠肝炎病毒因作为神经疾病和肝炎的模式病毒被广泛研究。肠道嗜性的病毒在鼠群中的分布比泛嗜性病毒广，但是对这些病毒的实验室研究较少。常见的肠道嗜性的小鼠肝炎毒株有MHV-S/CDC、MHV-Y、MHV-RI及MHV-D。尽管小鼠肝炎病毒通常都已经被命名，但是这种命名系统意义不大，因为这些病毒固有的特性在不断地改变并在鼠群中进行重组。尽管对肠道嗜性和范嗜性病毒之间差异的研究对于了解病毒的特性很重要，但是有些特性在不同的毒株之间会有重复，而其中一个病毒可能会作为另外一个的鼻祖。

1. 临床特性和流行病学　肠道嗜性的小鼠肝炎病毒易于在鼠群中形成高度传染性的、毁灭性的流行病，致仔鼠的死亡率高达100%。因为对病毒的易感性是由宿主肠道黏膜增生动力学所决定的，所以临床疾病仅限于仔鼠。肠道嗜性小鼠肝炎病毒的感染遵循其他种肠道冠状病毒感染的特性，表现为病程很快，在未免疫的繁殖种群中，幼鼠在接种病毒后的24～48h因脱水而死亡。较大的小鼠感染后可能会出现侏儒症和不易形成粪便的肠道炎，但一般都能够恢复。成年鼠易于感染，但不会出现临床症状。一旦病毒在一个群体中流行，将不会有明显的临床疾病产生，因为鼠崽在年龄相关的易感期会得到母源抗体的保护。泛嗜性小鼠肝炎病毒具有较弱的传染性，倾向于在未免疫小鼠中通过直接接触进行传播。病毒感染所产生的结果会因宿主年龄、鼠种以及病毒的毒力而存在很大的差异。幼鼠因为没有成熟的免疫系统而对该病易感。临床疾病通常不明显，但是倾向于出现侏儒症和神经症状，刚断奶的小鼠会因母源同类相食情况的出现而出现存活量低的情况。当泛嗜性小鼠肝炎病毒在鼠群中流行时，有免疫活性的小鼠不会表现临床症状。相反，可能在有免疫活性的鼠群中出现消耗型疾病、神经症状甚至死亡，尤其是在T细胞缺陷的小鼠中。在γ-干扰素缺失的小鼠中会出现一种独特的临床表现，即因多发性浆膜炎而形成的腹胀。

宿主对小鼠肝炎病毒的免疫力具有毒株特异性，而且直接针对组成病毒纤突的S蛋白。有免疫活性的小鼠将通过对病毒的感染发起有效的免疫应答来消除病毒并完全康复。除了免疫被扰乱的小鼠感染病毒后病程长短有差异外，其他小鼠感染后病程很短。小鼠肝炎病毒以"潜伏"和"持续"著称，但其实该病毒的感染并不具备这两个特征。病毒的感染没有潜伏期，但感染的症状通常是亚临床的。病毒的感染持续发生于群体中，随着可以感染免疫小鼠的突变体的不断增加使得病毒在群体中能够持续存在。在实验室动物饲养环境中，商业获得没有感染小鼠肝炎病毒的小鼠易于每周被引入到感染的鼠群中，这时便是维持感染和观察疾病的最佳间隔。垂直传播在实践中观察不到，但是病毒可能会通过生物产品（鼠血清、组织、肿瘤等）被引入到未免疫小鼠群中。泛嗜性小鼠肝炎病毒可以持续性的感染包

括ES细胞在内的一系列细胞而不产生细胞病变。

小鼠肝炎病毒在实验室鼠群中的意义不在于其致病性，相反，病毒的致病性成了进行实验室研究的有害因素。基于各种生理学参数（尤其是免疫反应）的一系列效应已经记录在案，这些研究的效应通常只是被感染鼠群中疾病表现出的临床症状。

2. 发病机制和病理学　肠道嗜性的小鼠肝炎病毒倾向于选择性地感染肠上皮细胞，除了肠系膜淋巴结，该病毒很少感染其他组织。初生小鼠肠道不能适应肠道嗜性小鼠肝炎病毒的感染，这将会诱导小肠绒毛上分化的肠上皮发生快速细胞溶解。幼鼠肠道黏膜有狭窄的、复制速度很慢不能应对病毒溶细胞效应的隐窝体。所造成的损伤主要包括部分肠上皮坏死、肠道绒毛变稀以及黏膜受损。肠道嗜性小鼠肝炎病毒感染的诊断特点主要表现为凸起的肠上皮多核体。这些损伤很可能发生在小肠末端、盲肠和结肠远端。随着小鼠年龄的增大，肠道黏膜增生动力学会加速，进而发生损伤黏膜被替代，其主要特征是黏膜增生，这将会通过吸收障碍和体液及电解质中黏膜分泌物的增加而表现一定的临床症状。在成年小鼠中损伤很小，因为尽管成年小鼠中有大量的病毒复制，但是黏膜可以弥补损伤。在这种情况下，损伤仅表现为黏膜表面偶尔出现多核体。免疫缺陷小鼠与先天性免疫缺陷小鼠对疾病的敏感性不同，但是病毒的感染依然依赖于小鼠的年龄及其肠道动力学。例如，成年免疫缺陷的裸鼠可能不表现临床症状，肠道疾病仅限于出现若干个肠上皮多核体。

泛嗜性毒株最初在鼻呼吸道上皮进行复制。病毒的传播依赖于小鼠的年龄、种类、免疫状态以及病毒毒株类型。神经嗜性毒株可能会从嗅上皮扩散到脑嗅束，但不会感染其他器官。大多数情况下，病毒会感染造血性的肺血管系统，继而引发其他器官产生病毒血症，尤其是肝脏、造血组织以及淋巴组织。肠道相关的淋巴组织可能会被感染，但肠道黏膜通常不会被感染。根据小鼠

的遗传背景，可以在体外（固有抗性）或体内从细胞水平上阐明其对泛嗜性小鼠肝炎病毒的易感性。例如，小鼠肝炎病毒MHV–A59和MHV–JHM毒株对小鼠的易感性与癌胚抗原相关细胞黏附分子1（CEACAM1）的等位基因变异相关。SJL小鼠缺乏对该等位基因的敏感性并对这些毒株具有显著抗性。然而，这种说法既不完全适用于小鼠肝炎病毒的所有毒株也不适用于所有基因型的小鼠。

基于这些因素，泛嗜性小鼠肝炎病毒所引起的损伤差异很大。免疫系统健全的成年小鼠感染该病毒后通常表现为亚临床状态。出现的损伤包括急性坏死、实质组织以及淋巴组织内细胞层的血管内的多核体。髓外造血会导致脾脏肿大。中枢神经系统疾病可能会直接通过嗅神经途径（鼻咽脑炎）或造血性感染而产生，伴随出现坏死性脑炎。病毒的感染涉及了神经元、神经胶质以及内皮细胞层，耐过小鼠会表现出后肢麻痹的脱髓鞘病。这种情况常见于免疫缺陷的小鼠慢性感染。正如前面所描述的一样，γ–干扰素缺陷的小鼠会形成以渗透性巨噬细胞多核体为特征的慢性多发性浆膜炎，当然这种感染一般不会涉及其他的组织和器官（包括肠、肝脏等）。这些结果表明小鼠的其他组织器官可以清除病毒的感染但是巨噬细胞则不能。

3. 诊断　鼠群中小鼠肝炎病毒的感染可以通过血清学进行回顾性检测。病毒的不同毒株之间具有很高的交叉反应性，因此抗原可以通过泛嗜性毒株的细胞毒来制备。可以通过尸检来诊断主动感染，病毒可以通过RT-PCR检测或者病毒培养（尤其是泛嗜性毒株）的方法来确定。为了诊断目的对病毒毒株进行定义没有现实意义。

4. 免疫、预防和控制　一般来说小鼠肝炎病毒通过将病毒从无病原体的鼠群中消除，或者从没有该病毒的商业化供应商获得小鼠来达到控制该病的目的。通过周期性地对前哨动物、通过剖腹产或胚胎移植新引入小鼠进行血清学调查，或者隔离和检测来实现对该病的控制。传染性疾

病质量控制和建筑、房和笼子级别的控制是饲养研究用小鼠的重点防护区域。感染的免疫小鼠能通过与成年鼠隔离和不吃母乳以避免被感染，直到出现血清学阳转再开始饲喂，并进行后代测验（因母源抗体的存在而出现瞬时的血清学阳性反应）。因为鼠肝炎病毒突变体的出现，这种方法在室内或是鼠群中并不可行。然而，小鼠可以通过剖腹产、促进护理或胚胎移植到一个没有病原体的母体来净化。对免疫缺陷的小鼠来说这是唯一的选择，同时需要对后代做特殊的护理以确保无病毒的状态。一旦鼠群中重新建立了没有病毒的状态，就需要采取严格的控制措施防止病毒再次被引入。常用的饲养小鼠环境不能保持小鼠不受小鼠肝炎病毒的感染，因为饲养环境无法保证鼠群完全与其他包括野生小鼠（它们通常是被病毒感染的）在内的小鼠隔绝。

（八）大鼠涎泪腺炎病毒

与小鼠肝炎病毒在小鼠中一样，大鼠涎泪腺炎病毒代表了大鼠冠状病毒的许多毒株。所谓的Parker's大鼠冠状病毒其实是另外一种涎泪腺炎病毒分离株。尽管，大鼠涎泪腺炎病毒和小鼠肝炎病毒亲缘关系很近，但这两种病毒不能突破种间屏障进行传播。

大鼠涎泪腺炎病毒在没有免疫过的鼠群中具有高度传染性。病毒首先侵蚀宿主的鼻呼吸道上皮细胞，其次是泪腺、唾液腺和肺脏。病毒可能诱发所有日龄大鼠的疾病，但是疾病表现最严重的是青年大鼠。尚未断奶的大鼠感染病毒后，因为护理失败会导致嗅上皮损坏，也可能发生死亡。该病的临床特征包括鼻和眼睛损伤、颈部肿大、畏光、角膜炎和呼吸困难。眼周的泪腺分泌物被源自后眼窝的哈德氏腺的卟啉着色。损伤包括坏死性鼻炎、唾液腺（除了舌下腺不会被感染）和泪腺坏死、腺体周围水肿和间质肺炎。损伤通常出现特征性的鳞状组织变性，尤其在哈德氏腺。病毒的感染通常是急性的，但能够完全恢复，但是病毒对眼睛造成的永久性损伤可能会间

接地造成泪腺功能失调和虹膜角红肿，以致引起眼前房积血、眼球肿大以及角膜溃疡。病毒的感染可能与麻醉死亡有关，进而会继发引起呼吸道细菌性疾病。免疫缺陷的大鼠一般不常见，但是慢性消耗综合征可能会发生于没有胸腺的裸鼠，进而使其死于渐进性的肺炎。

尽管大鼠对同源毒株的再感染具有免疫性，但仍会被新的毒株所感染。对大鼠涎泪腺炎病毒感染的诊断是通过临床症状和损伤来确定的，而回顾性诊断则是通过使用小鼠肝炎病毒抗原的交叉血清学方法来完成的。也可以通过病毒分离、RT–PCR以及免疫组化来完成诊断目的，但是这些方法使用较少。尽管小鼠肝炎病毒和大鼠涎泪腺炎病毒具有很近的亲缘关系，但是这两个病毒在自然感染时不能突破种间屏障。

（九）豚鼠和兔冠状病毒

在幼穴兔中，肠道冠状病毒引发的疾病以小肠绒毛蠕动能力减弱、吸收不良以及腹泻等为特征。病毒的感染可使兔子倾向于患肠炎（即肠道菌群失调）。已经有分离到兔冠状病毒的报道，但其特性尚未确定。另外一种冠状病毒自然感染兔子时不表现临床症状，但是实验室接种兔子后能够引起膜腔积液、右侧心脏变大、肠系膜的淋巴结病以及多个器官的多病灶坏死。肋膜积水病毒是被作为"苍白密螺旋体"的一个污染物而被发现的，该病毒在实验室通过睾丸内接种兔子进行维持。对于这两种兔冠状病毒的流行和传播情况目前知之甚少，但肠道冠状病毒很可能广泛存在。

由冠状病毒引起的腹泻和肠炎在小豚鼠中已经有报道，但其在豚鼠群中的流行情况及其与其他冠状病毒的关系还不明确。

（十）牛冠状病毒

牛冠状病毒感染时与牛群中的三种不同的临床综合征相关：犊牛腹泻、成年牛冬痢（出血性腹泻）以及不同日龄牛的呼吸道疾病，其中包括育肥舍饲牛的牛呼吸型疾病复合体（shipping fever，船运热）。冠状病毒最早是于1973年在美国被作为一种牛腹泻的病因报道的，此后，这类病毒在世界范围内都有报道，该病毒与三种临床综合征相关。目前，呼吸型疾病和牛腹泻对养牛业造成的经济影响不容忽视。

尽管很多冠状病毒都有其特定的宿主，2群冠状病毒（如牛冠状病毒和SARS冠状病毒，如表24–1所示）可以感染包括野生动物在内的其他动物。牛冠状病毒也与引起感冒的2群人类冠状病毒–OC43相关，牛冠状病毒人工感染犬时不表现临床症状，但感染火鸡时，会导致感染火鸡通过粪便排毒、发生腹泻、出现血清转化以及将病毒传播给与其接触的个体。遗传和/或抗原相关的牛冠状病毒突变体已经从有呼吸道疾病的犬、患腹泻的人以及患有与牛冬痢相似的肠道疾病的家养或野生的反刍动物（包括黑鹿、非洲大羚羊、长颈鹿、白尾鹿）中分离得到。在南美骆驼中，牛冠状病毒也与肠道疾病相关。有趣的是，人类肠道冠状病毒和野生反刍动物冠状病毒在实验室都能感染并引起无菌牛的腹泻，而且病毒接种的牛会获得对牛冠状病毒的免疫力。

尽管牛冠状病毒及其突变体引起不同类型的疾病，并可以在种间进行传播，但目前已经确定牛冠状病毒仅有一个血清型，而且野生反刍动物冠状病毒和牛冠状病毒的序列同源性很高。当然，能够用来解释不同病毒的宿主或组织嗜性的共有序列的差异很少。

1. 临床特征和流行病学 冠状病毒引起的腹泻通常发生于被动免疫获得性抗体下降的3周龄以下的牛，病毒还能感染3月龄的牛。腹泻和脱水的严重程度取决于感染剂量以及牛的免疫状况。该病毒与其他肠道病原（如轮状病毒、环曲病毒、隐孢子虫以及产肠毒素的大肠杆菌）共感染的现象很常见。这些病原的增效或协同效应增加了腹泻的严重程度。牛冠状病毒引起的腹泻具有季节性，因为在寒冷的环境中病毒的稳定性增加，因此该病在冬天更加普遍。

牛冠状病毒也是冬痢的病因之一，这是成年牛一种世界范围内零星出现的急性疾病，正如该病的命名一样，冬痢在冬天更流行。冬痢的特性是具有暴发性，经常会出现血性腹泻，并伴随出现产奶量下降、精神沉郁、厌食以及频繁出现的呼吸症状。该病的发病率从20%～100%不等，但死亡率通常很低（仅为1%～2%）。一种与牛冠状病毒突变体相关的类似冬痢综合征的疾病可发生于家养或野生的反刍动物中。这个结果表明某些与牛共用青草的野生反刍动物（如鹿、麋、北美驯鹿等）可能是将病毒传播给牛的冠状病毒的储存宿主，反之亦然。

牛冠状病毒引起2～6月龄牛较温和的呼吸型疾病（咳嗽，流鼻涕）或肺炎。对从出生到20周龄牛的流行病学研究证实了冠状病毒可以从感染牛的粪便和鼻中排毒，而感染初期最突出的症状是腹泻，之后会通过呼吸道进行间歇性地散毒，但感染动物并不一定都能出现临床症状，这表明上呼吸道的长期黏膜免疫对病毒的清除没有效果。因此，无论个体的免疫状态如何，冠状病毒可能会在不同日龄的牛群中再次循环，并伴有个别感染动物零星地通过鼻或粪便途径进行散毒。另外，当不同来源的牛混养或与野生反刍动物同居时，新的毒株可能会被引入到牛群中。

自1993年以来，牛冠状病毒已经被认为是牛呼吸道疾病综合征（船运热）的重要病因。感染的牛群通过呼吸道和肠道散毒的情况普遍存在，当到达饲育舍后很快达到顶峰。自从牛冠状病毒被发现以来，人们不断地从死于牛呼吸道疾病综合征的牛的肺脏中分离到该病毒。大多数育肥期牛在到达饲育舍后的3周内发生牛冠状病毒血清阳转反应。重要的是，已经有研究表明有针对牛冠状病毒较高血清抗体滴度的育肥牛几乎不会释放病毒或形成船运热。这一结果表明了血清抗体的保护性，也将作为近期感染和主动免疫的一个指示符。

2. 发病机制和病理学　在冠状病毒感染牛后的10d内，病牛会同时持续地通过粪便和鼻分泌物进行排毒。冠状病毒抗原一般能在上呼吸道和肠道上皮细胞中检测到，偶尔也可以在肺脏中检测到。肠道冠状病毒对牛的致病机制除了其能显著地影响大肠功能外，其他与轮状病相似。1～3周龄的牛因其通过初乳获得的母源抗体滴度开始降低，而且暴露于带有病毒的环境概率增大，这个年龄阶段的牛易被病毒感染。肠道冠状病毒感染牛的致病机制及其产生的结果与传染性胃肠炎病毒感染猪的病例相似。位于大肠微绒毛和黏膜表面的成熟吸收细胞的损坏会导致感染动物出现吸收和消化不良、水和电解质的迅速流失。继而出现血糖过低、酸中毒以及血容量过低可能会进一步发展为循环衰竭甚至死亡，这种状况常见于青年动物。

奶牛和肉牛冬痢的致病机制和损伤类似于牛腹泻，但是通常会出现显著的肠道出血和大肠黏膜腺窝内细胞的广泛坏死。鼻和粪便途径的散毒时间很短（最多4～5d）。冬痢在奶牛中表现为厌食和精神抑郁，从而导致短期或长期产奶量下降。有些牛会出现急性、通常伴有血性的腹泻，这些情况还无法解释。

牛被转移到饲育场后不久就会通过鼻和粪便传播牛冠状病毒。牛冠状病毒的感染可能是转移到饲育场的易感牛继发细菌感染的重要因素，这种继发感染通常会引起以船运热肺炎为主要特征的急性、致死性、纤维性支气管肺炎，该病的病原是溶血性曼氏杆菌生物A型血清1型菌。牛冠状病毒抗原也能在一些被感染牛的上（气管、支气管）和下（末端细支气管、肺泡）呼吸道上皮细胞中检测到，但其在牛呼吸型疾病综合征中的确切作用仍有待确定。

3. 诊断　肠道冠状病毒感染的诊断最初是通过电镜观察病毒来确定的，但当人们发现在培养基中加入胰蛋白酶能培养病毒后，在细胞培养物上进行病毒分离也成为一种选择。对大多数牛冠状病毒而言，HRT-18细胞是进行病毒首次分离的最佳选择。病毒的生长可以通过血细胞吸附或致细胞病变效应来判别。目前，已经有大量的试验用来检测细胞培养物或诊断样本（例如粪便或鼻拭子）中的牛（或突变体）冠状病毒，其中包括基于单克隆抗体的抗原捕获ELISA、基于高免血清的免疫电镜以及用牛冠状病毒或pan-冠状病毒特异性引物通过RT-PCR的方法来检测病毒的RNA等。对刚死的动物可以通过尸检或对固定的呼吸道或肠道组织通过高免抗血清或单克隆抗体进行免疫荧光或免疫组化染色进行诊断。

4. 免疫、预防和控制

（1）对肠道牛冠状病毒感染牛的被动免疫　由于冠状病毒腹泻发生于青年牛的保育阶段，所以可以通过母源免疫获得抗体。牛对肠道病毒感染的被动免疫与初乳中较高水平的IgG1抗体相关。对反刍动物而言，初乳中抗体IgG1占主要地位，而且会被选择性地运输到血清中。大多数成年牛体内都有针对牛冠状病毒的抗体。因此，用乳化好的灭活牛冠状病毒疫苗对母牛进行非肠道免疫能够有效的刺激IgG1抗体在血清和母乳中的滴度，进而更好地为小牛提供被动免疫保护。

（2）对呼吸型牛冠状病毒感染的免疫　呼吸型冠状病毒感染与免疫的相关性还不明确。流行病学数据表明，血清中针对牛冠状病毒的抗体滴度可能是呼吸保护的一个标记。对暴露在野外的牛和饲育场入口处暴露的牛群而言，中和血清滴度或免疫试验抗体滴度以及抗体独特型（IgG1、IgG2和IgA）与对呼吸型疾病、肺炎或冠状病毒呼吸散毒的保护具有相关性。目前还不确定血清抗体是否与保护性相关，或者其仅是反映了肠或呼吸型冠状病毒的感染。

由于疫苗不能在病毒对牛群造成的最大危险到来之前对牛提供保护，加之存在母源抗体的干扰，已有的口服弱毒疫苗在防止冠状病毒对牛引起腹泻中的保护效力不佳。用商品化的弱毒苗或灭活苗免疫母牛，可以迅速提高牛乳中的抗体水平。另外一个可选的方法是对小牛饲喂高免母牛产的牛奶。

目前还没有疫苗可以保护冬痢或呼吸型冠状病毒的感染。然而已经有迹象表明对进入饲育场的牛用致弱的肠道冠状病毒疫苗进行鼻内免疫会降低牛患船运热的威胁。

（十一）急性呼吸道综合征冠状病毒

在2002年，一种新的冠状病毒出现在中国，该病毒与一种急性呼吸道综合征（severe acute respiratory syndrome，SARS）相关，该病对人类有较高的致死率。到2003年，该病迅速在全球范围内流行，在29个国家引起8 000多例病例以及800人的死亡。感染了SARS的病人最初出现高烧、浑身不适、发冷，这些症状会进一步发展为腹泻，并伴随粪便排毒。约有30%的病人会从间质性肺炎发展成为急性呼吸型疾病。鼻咽、血清和粪便中的病毒载量会在感染后的第10d左右达到最高值，一些病人呼出的气溶胶中高载量病毒粒子跟病毒的高通量传播相关，这是SARS病毒一种重要的但还不能解释的传播方式。与疾病的临床表现一致，SARS病毒主要在肠道和肺脏中被检测到，病毒感染Ⅰ型肺细胞和巨噬细胞。目前还没有针对该病的疫苗或有效的抗病毒治疗方法，针对该病流行的主要控制措施是有效地隔离和公共卫生的方法。

广泛协调的国际合作加速了病毒在细胞培养物上的分离、遗传序列的确定，最终确定了该病的病原是一种明显的新冠状病毒。流行病学数据和基因数据均表明人类的SARS是一种动物传染病，其病原也是从自然感染一种野生动物储存宿主的冠状病毒进化而来的。那些与中国活动物市场联系紧密的人是SARS的最初病例，SARS—类冠状病毒分离自没有临床症状的喜马拉雅狸猫和活动物市场的一种狸。尽管麝香猫在实验室对人类SARS冠状病毒易感，但还没有在农场饲养的麝香猫或野生的麝香猫中检测到病毒。由此人们推断麝香猫和狸猫可能是作为中间宿主来放大病毒在野生动物中的作用，而非SARS冠状病毒的自然储存宿主。蝙蝠目前已经被确定是SARS冠状病毒的储存宿主，感染中国菊头蝠的一种动物传染病的病原具有显著的SARS-类冠状病毒的遗传谱。

在SARS冠状病毒适应人类的过程中有3个基因发生了改变，其中包括与适应人类细胞受体（ACE2）有关的S基因，以及开放阅读框3a和8编码的附属蛋白，这些蛋白的生物学重要性还不明确。2004年，SARS再次在中国出现，从基因序列数据来看，再次出现的SARS病毒毒株与麝香狸病毒更相似，这表明新的病例是从动物传播到人类的。

SARS的出现是发人深省的，但是这也适时地提醒了全球生化团队，冠状病毒存在突破种间屏障的潜在威胁。已经很明确有些动物冠状病毒在其种特异性方面很杂乱，但是当一种像SARS这样具有毁灭性的疾病出现时我们应该对其重要性给予足够的重视。重要的是，SARS表现出相对广泛的宿主谱，这与2a群牛冠状病毒一致。目前已经有SARS冠状病毒实验室感染恒河猴、雪貂、小鼠、猫以及仓鼠的报道。尽管冠状病毒宿主范围特异性以及种间传播的决定性因素已经显得极其重要，但是与其相关研究很少。

（十二）鸡传染性支气管炎病毒

鸡传染性支气管炎这个专业名词出现于1931年，用来描述禽类的一种重要的传染性呼吸道疾病的临床-病理学特征，该病最早报道于美国的北达科他州。1924—1925年，新西兰和美国中西部地区暴发了一种最初被确定为高致病性禽流感的疾病，后来的回顾性诊断确定了该病的病原是传染性支气管炎病毒。传染性支气管炎目前在世界范围内都有发生，是鸡最重要的病毒性疾病之一。该病毒是冠状病毒科成员，其较大的基因组发生突变的结果使得该病毒有很多的抗原突变体和血清型。

1. 临床特征和流行病学 传染性支气管炎病毒引起的临床表现因感染鸡的日龄、遗传背景以及免疫状态、感染途径、营养因素（尤其是日粮中钙的水平）、病毒的毒力以及例如低温或继发细菌感染等紧张性刺激的存在而异。疾病具有暴发性，病毒的迅速蔓延会引起整个鸡群在若干天内发病。病毒的潜伏期通常是18～48h。在1～4周龄的小鸡中，毒力较强的毒株会引起气喘、咳嗽、气管啰音、喷嚏、鼻腔内有分泌物、湿眼、呼吸困难，有时出现鼻窦水肿的严重呼吸道疾病。病毒对小鸡的致死率为25%～30%，但是在有些暴发的疾病中死亡率可高达75%。毒力较低的毒株仅引起高烧和温和的呼吸道症状，其发病率和死亡率很低。病毒感染青年母鸡后可能会导致卵巢的永久性发育不全，继而造成产蛋下降和产劣质蛋。

如果不存在细菌的继发感染，鸡传染性支气管炎病毒引起的呼吸道症状将会持续5～7d，在感染后的10～14d会从鸡群中消失。继发感染大肠杆菌或致病性支原体能够引起肉鸡较高的死亡率。产蛋鸡通常会存在生殖道损伤，这种损伤表现为产蛋量下降、中止或终止，以及呼吸道疾病。恢复产蛋后，会出现很多畸形蛋，其中包括软壳蛋、薄壳蛋和壳上出现斑点、扭曲、波纹、凹陷或有凸起。鸡蛋应该是有色的通常是灰色或白色，蛋清是水样的。感染严重的禽类，肾脏会发白肿胀，并伴有尿酸盐沉积，慢性阶段会因输尿管内存在大量的沉积物而导致肾小叶萎缩（尿石形成）。

传染性支气管炎病毒通过气溶胶和食入被粪便污染的食物而在禽类之间传播。在环境中，污染物内的病毒能存活数天甚至数周时间，环境温度较低时会更稳定。近年来由于疫苗的广泛使用，鸡传染性支气管炎的发生频率有所下降。然而，当免疫效力消退时或者被发生突变的病毒感染后，该病可能发生于免疫过的鸡场中。为了缩小这种危险发生的概率，大部分生产商从母源抗体呈阳性的饲养者获得1日龄小鸡，然后在孵育期对小鸡用弱毒苗进行喷雾免疫。

2. 发病机制和病理学 病毒首先在呼吸道内（绒毛上皮细胞）进行高滴度地复制，随后出现病毒血症（在感染后的1～2d），通过病毒血症将病毒散布于其他器官。病毒可以引起卵巢、输卵管以及肾脏的广泛损伤。病毒的感染最初发生的位置除了呼吸道就是肠道，但是该病对肠道的损伤通常很小。

一般情况下，病毒在感染后7d以上其感染性会快速下降，而且很难分离到病毒（除了从鸡体）。有不多的几份报道表明病毒能够在盲肠扁桃体中持续存在长达14周，而在病毒感染后20周鸡粪便中发现病毒。肾脏和小肠很可能是病毒持续存在的位点。

鸡传染性支气管炎最常见的显著病变是黏膜增厚，伴随在鼻道、气管、支气管和肺泡中有严重的或卡他性渗出物。在雏鸡中，主要的支气管可能会被干酪样的黄色物质堵塞，有时会发生肺炎和结膜炎。在产蛋鸡中，卵子会被挤压有时甚至会破裂，只有卵黄留在腹腔中。呼吸道上皮细胞的脱落、水肿、上皮增生、单核细胞黏膜下层浸润以及增生常见于各种混合感染的病例中。机体在病毒感染后的6～10d开始自身修复，到感染后14～21d会完全恢复。一些毒株会感染肾脏引起间质性肾炎，而另一些亚洲毒株则引起腺胃肿大，并伴有溃疡和发炎。

3. 诊断　对气管涂片的直接免疫荧光在诊断继发细菌感染之前的早期病例的诊断中很有用。通过接种鸡胚尿囊腔对病毒进行分离。冠状病毒的感染存在标志性的病变，包括绒毛膜尿囊膜上主要血管的充血、鸡胚发育障碍、卷曲或者肾脏出现尿酸盐沉积。通过免疫荧光或免疫组化来确定绒毛膜尿囊膜中的病毒粒子，或通过血清学方法、核酸分析或电镜观察来确定尿囊液中的病毒。分离株通常通过血清学方法和包括限制性片段长度多态性或基因型特异性的RT-PCR在内的核酸分析进行分型或亚型的确定。

4. 免疫、预防和控制　IBV感染诱导IgM、IgG以及IgA抗体的产生。在免疫过的母鸡中，卵在母鸡产蛋的前5d开始从血液中获得IgG抗体（病毒特异性的）。因为卵子在经过输卵管的过程中被蛋白包裹，所以卵子获得的IgM和IgA抗

体在鸡蛋形成一半的时候被转运到羊水中。当胚胎化发生到后1/3时，IgG才从蛋黄进入到循环中，且抗体可以抑制病毒的复制。孵化小鸡体内的IgG抗体与母鸡体内的抗体水平相似。IgG抗体的半衰期接近3d但可以维持3～4周。病毒能够持续存在直到被动免疫下降到病毒能可以进行复制的水平，此时鸡体内会出现主动免疫反应。但是，这种免疫反应与针对传染性法氏囊病毒的主动免疫作用的相关性还不确定。中和抗体可以防止病毒通过呼吸道进行传播，也能阻断病毒对生殖道和肾脏的二次感染。CD8 T淋巴细胞适应性转化后对传染性支气管炎病毒的保护性表明细胞免疫在针对病毒保护中的作用。

弱毒疫苗被广泛地应用于肉鸡养殖中。这些疫苗一般是通过病毒的鸡胚传代适应获得的。疫苗通过饮水、喷雾或者点眼的方法进行免疫。首免一般针对1日龄的雏鸡，首免后10～18d进行加强免疫。雏鸡在最初的7d通过从母源免疫获得的被动免疫来防止呼吸道的感染及相关疾病。对蛋鸡而言，弱毒疫苗被用作最初免疫，之后用油佐剂灭活苗作为加强疫苗，这样会在产蛋周期中提供反复的保护。鸡群中出现免疫中断是因为多种新的抗原突变体的出现以及多种血清型的存在。这种突变体的持续出现和扩散一直困扰着家禽养殖户。传染性支气管炎很难控制，因为在一些鸡群中始终存在持续感染的鸡，而且抗原突变病毒也连续不断地出现。家养鸡是病毒最主要和重要的宿主，但是与冠状病毒紧密相关的病毒感染和相关疾病在雉中也有描述。有报道指出禽传染性支气管炎病毒还可以感染孔雀、水鸭、鹧鸪以及珍珠鸡。3群禽冠状病毒偶尔也在灰鹅、绿头鸭、绿色颊亚马孙鹦鹉以及马恩鬟中鉴定到。

（十三）火鸡冠状病毒

火鸡冠状病毒最早于1951年在美国的火鸡中被确定，该病毒与各种肠道疾病综合征相关，但病毒名称很多，其中包括"鸡蓝冠病""沼地

热""传染性肠炎"和"冠状病毒肠炎"。这种疾病在世界范围内广泛存在，主要是火鸡饲养地区。该病毒可感染所有日龄的火鸡，但最严重的肠道疾病在几周龄的火鸡中更明显。疾病的发生以厌食、水样腹泻、脱水、低温、体重下降以及精神沉郁为特征，幼雏会发生死亡。被感染火鸡出现十二指肠和空肠苍白、松弛，盲肠内有多泡的水样内容物。粪便的颜色从绿色到棕色，呈水样，可能含有黏液和尿酸盐。法氏囊很小（萎缩了）。一些火鸡通过粪便散毒的时间可能会长达7周，病毒通过粪-口途径进行传播。火鸡冠状病毒的感染也可以引起饲养母鸡的产蛋下降、所产蛋没有正常颜色且具有白垩的蛋壳。火鸡冠状病毒和其他病原（大肠杆菌、星状病毒等）之间的作用加剧了疾病的恶化。

目前认为火鸡冠状病毒仅有一个血清型。火鸡冠状病毒与其他禽类冠状病毒被划分为抗原3群。尽管火鸡冠状病毒和传染性支气管炎病毒的3个主要病毒蛋白（多聚酶、M和N）具有很高的同源性（85%~95%），但是它们S蛋白的差异很大。S蛋白的差异是否反映了病毒对肠道嗜性的改变，或者病毒对火鸡的适应，目前还不明确。近期有牛冠状病毒在实验室条件也能感染火鸡的报道，但还没有自然感染的病例。

火鸡冠状病毒可以通过羊膜途径接种火鸡胚和鸡胚进行分离。还没有针对火鸡冠状病毒的疫苗，目前，针对该病的治疗也只是辅助性的而非特异性的。

（十四）其他冠状病毒

冠状病毒感染在很多不同物种中都有报道，其中包括人类、马、蝙蝠、野生食肉动物、兔子、大量的鸟类和野生动物，有时与肠道或呼吸道疾病相关。发生于水貂和雪貂的肠道冠状病毒与肠炎的发生有关。近来有报道称发现一种冠状病毒被认为是欧洲和北美水貂中一种类似于猫传染性腹膜炎的全身性的脓肉芽肿性炎症的病原。

环曲病毒属

环曲病毒已经在马、牛和火鸡中有报道。马和牛环曲病毒具有血清学相关性。一种猪的环曲病毒仅通过分子技术阐明了其与马和牛的病毒具有遗传相关性，但该病毒不能在细胞培养物上增殖。

已经确定布雷达病毒至少有2个血清型（通过血凝抑制试验），而其基因序列的异质性表明该病毒应该有第3个基因型的存在。猪环曲病毒有2个不同的基因型。令人惊讶的是环曲病毒序列之间存在较大的异质性，而种间却存在序列同源性，这可能是重组事件所致。例如，环曲病毒的M蛋白和S2亚基（梗）序列在环曲病毒中高度保守（同源性为85%~90%），而S1亚基（S蛋白与受体结合相关的球状顶部）的异质性较大（最大可达38%），这可能是选择压力的结果。受免疫压力影响的血凝素酯酶蛋白（HE）序列差异最大，在皮蝇病毒中没有这个蛋白。在冠状病毒中最保守的N蛋白在皮蝇病毒和布雷达病毒之间的序列同源性最高，但这两个病毒的N蛋白与猪环曲病毒（基因2型）编码的N蛋白同源性很低（35%~37%）。布雷达病毒基因2型和基因3型病毒的N蛋白很可能是猪环曲病毒基因1型毒株RNA重组的产物。

（一）临床特征和流行病学

对皮蝇病毒引起的马的疾病的了解目前比较少，仅有一例报道的病例——马的腹泻。布雷达病毒在牛群中引起腹泻，在其他兽群中也是一个比较严重的问题。在猪群中，环曲病毒的感染与断奶仔猪腹泻有关。环曲病毒感染火鸡后可以引起腹泻、饲料利用率低、体重下降（生长受阻）、无精打采以及异食癖。

环曲病毒的感染普遍存在。在牛群中，随机抽样的牛有90%~95%抗体呈阳性。抗体阳性的牛在每一个检测过该病毒抗体的国家都有。瑞士大多数的成年马都有针对皮蝇病毒的中和抗体，这种情况在山羊、绵羊、猪、兔以及一些野生的小鼠中都有出现。流行病学研究表明环曲病毒感染与牛的两种肠道疾病相关：2月龄以下牛的腹泻以及荷兰和哥斯达黎加成年牛的冬痢。已经有关于育肥舍牛通过鼻腔传播布雷达病毒的报道，但是该病毒与感染动物的呼吸道疾病无关。

人类环曲病毒可以通过粪便样品进行检测，最常见的是从腹泻儿童粪便中检测，检出率为22%～35%。这些检测主要是对环曲病毒特征性形态的电子显微镜观察进行的，但是近期可以通过皮蝇病毒或布雷达病毒特异性ELISA或RT-PCR来检测病毒抗原或RNA。皮蝇病毒中和抗体也可以在人类血清中检测到。对分离自人类粪便的环曲病毒复制子序列的分析表明其序列的3'非编码区与皮蝇病毒相同，与布雷达病毒在这个区序列的异质性仅为9%。然而，从人类粪便中分离的环曲病毒HE基因的序列很独特，它不同于其他环曲病毒。只有进一步对人类环曲病毒进行研究才能说明病毒的流行特征及其与其他动物环曲病毒的关系。

（二）发病机制和病理学

布雷达病毒-牛环曲病毒对新生无菌和未免疫牛有致病性。感染动物能够形成持续4～5d的水样腹泻，之后的3～4d会持续排毒。病毒所引起的腹泻在有正常肠道菌群的牛中引起的腹泻比在无菌牛中所引起的疾病更严重。组织学损伤除了肠上皮细胞坏死外，还包括中空肠到回肠上皮坏死以及之后出现的绒毛萎缩。位于肠腺窝和绒毛的上皮细胞会被病毒感染，前者感染病毒后可以影响腹泻的严重程度和病程，黏膜再生开始于肠上皮腺窝。派伊尔集合淋巴结生发中心的淋巴细胞变得枯竭。圆顶上皮细胞也有坏死，其中包括M细胞。

（三）诊断

皮蝇病毒最初通过各种不同类型的马源细胞进行分离和增殖，接种细胞后会出现细胞病变。近年来，一种新的牛环曲病毒（Aichi/2004株）通过接种人类的直肠肿瘤细胞（HRT-18）进行分离，该细胞系也用于牛冠状病毒的最初分离。

小肠上皮细胞上的布雷达病毒抗原可以通过免疫荧光进行检测。荧光染料分布于细胞质中，因此损坏程度较低的组织通常着色最重。中-空肠是病毒感染的最初位点，病毒进而会沿着小肠向下发展最终达到大肠。根据病毒的感染过程，发生腹泻后必须尽早分若干个不同的阶段进行组织样品的收集。粪便或小肠内容物中的环曲病毒粒子可以通过电镜直接观察。然而，通过使用免疫电镜观察对环曲病毒-抗体复合体的确定在实验室中较为常用，因为免疫电镜出现的误诊率较低（可能会出现冠状病毒与细胞碎片混淆的情况）。牛环曲病毒或布雷达病毒细胞培养物、从感染牛肠道内容物中纯化得到的布雷达病毒都可以用于血清中和试验、ELISA以及血凝抑制试验（仅针对牛或猪环曲病毒）进行疾病的诊断。针对S基因的特异性RT-PCR方法已经被用于检测鼻或直肠拭子样品或粪便样品，以此来诊断牛是否感染该病。

火鸡环曲病毒可以通过羊膜接种火鸡胚进行分离。

（四）免疫、预防和控制

成年牛和母乳喂养的青年牛（接近1月龄）体内针对布雷达病毒抗体的阳性率很高（可高达90%）。后者可能反映了通过被动免疫获得的母源抗体可以保护机体使其免于布雷达病毒引起的腹泻，但不能保证动物在刚出生的几月内不被感染。母源抗体可能会延迟机体针对布雷达病毒的主动免疫反应，发生较晚或者较低的IgM和IgG血清抗体反应。4～7月龄的牛因通过被动免疫获得抗体水平下降后而出现血清学阴性或者抗体滴度较低的情况。粪便和鼻腔中的病毒检测以及血清学检测结果均表明6～8月龄所有血清学反应阴性（100%）和部分血清学阳性（57%）的育肥舍牛对布雷达病毒易感。有报道称布雷达病毒感染后将不会产生IgA抗体，作者称这是病毒对M细胞的感染受到黏膜抗体反应干扰的结果。

鉴于环曲病毒作为病原体的多样性，目前还没有针对该病毒的抗体。对布雷达病毒而言，症状疗法（电解质）被用于控制严重感染的牛发生脱水。包含针对牛环曲病毒抗体的牛乳可以用于该病的预防。良好的卫生条件、生物安全措施以及好的管理方法（出生后直接用母乳进行饲喂）都可以降低疾病的暴发以及布雷达病毒在牛群中的流行。

刘胜旺　李慧昕　译

Chapter 25
第 25 章

动脉炎病毒科与杆套病毒科

动脉炎病毒科与杆套病毒科均属于套式病毒目（也被音译为尼多病毒目），冠状病毒科也是该病毒目成员。虽然套式病毒目不同科之间病毒的形态相差很大，但它们却有着共同的复制策略，即拥有一套3'共末端的亚基因组mRNA。目前发现，杆套病毒科成员仅感染甲壳类动物。动脉炎病毒科成员是根据其致病动物的种属来命名的，该科有4个成员，即马动脉炎病毒（equine arteritis virus，EAV）、猪繁殖与呼吸综合征病毒（porcine reproductive and respiratory syndrome virus，PRRSV）、鼠乳酸脱氢酶升高症病毒（lactate dehydrogenase–elevating virus，LDV）和猴出血热病毒（simian hemorrhagic fever virus，SHFV）（表25–1）。动脉炎病毒科成员具有十分严格的宿主感染谱，它们在各自的宿主体内可以建立无症状的持续性感染，并且在某些情况下可以引起发病。

表25-1 动脉炎病毒科成员的宿主感染谱及其致病特征

病毒	宿主	致病特征
马动脉炎病毒	马	全身性流感样症状、动脉炎、妊娠母马出现流产、马驹表现为肺炎
猪繁殖与呼吸综合征病毒	猪	母猪流产、产死胎或木乃伊胎；仔猪呼吸道症状；全身多系统出现病变
鼠乳酸脱氢酶升高症病毒	鼠	通常无致病特征，但可以干扰小鼠实验结果的准确性
猴出血热病毒	猕猴	全身性出血性疾病，可引起死亡

一 动脉炎病毒和杆套病毒的特性

（一）分类地位

尽管动脉炎病毒科和杆套病毒科的成员在形态上有很大差异，但它们具有相似的基因组结构和复制策略。动脉炎病毒科仅有一个属，即动脉炎病毒属；杆套病毒科也仅有头甲病毒属。

（二）病毒粒子特性

动脉炎病毒具有囊膜结构，病毒粒子呈球形，直径为45～60nm，大约是冠状病毒粒子直径的1/2（图25–1）。与冠状病毒和杆套病毒的螺旋状核衣壳不同，动脉炎病毒的核衣壳呈二十面体对称，直径为25～35nm。此外，冠状病毒和杆套病毒的囊膜糖蛋白具有明显的棘突，而动脉炎病毒的囊膜糖蛋白不仅小，而且无明显的棘突。

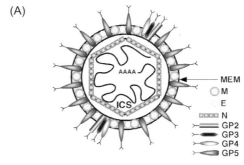

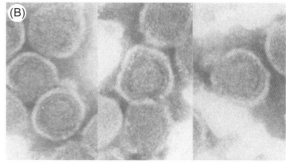

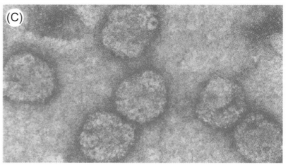

图25–1 动脉炎病毒科动脉炎病毒属

（A）动脉炎病毒的结构示意图。目前已知EAV包括7个结构蛋白：N，核衣壳蛋白；M，膜基质蛋白；GP5，主要囊膜糖蛋白；GP2、GP3、GP4，次要囊膜糖蛋白；E，次要囊膜蛋白。EME，脂质双层膜；ICS，内部的衣壳空间；AAAA，3'多聚腺苷酸。（引自Fauquet等，病毒分类学：第八次国际病毒分类委员会报告，2005，已授权）（B）LDV病毒粒子（负染电镜照片）。（C）EAV病毒粒子（负染电镜照片）。

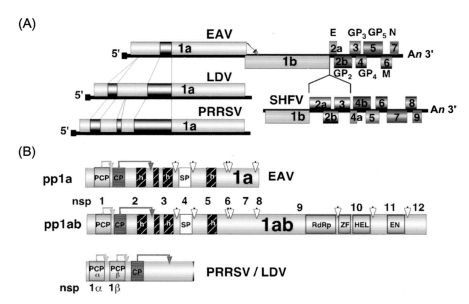

图25-2 动脉炎病毒的基因组及病毒复制酶多聚蛋白的结构示意图。（A）动脉炎病毒基因组的结构示意图。方框表示的是病毒的各个开放阅读框（ORF），编码EAV蛋白的ORF逐一标明。其中5'-末端引导序列用一个黑色方框表示，3'-末端poly（A）尾巴没有显示。ORF1a和ORF1b之间的箭头所指为核糖体移码位点。灰色方框代表PRRSV、LDV和SHFV比EAV多出的蛋白的插入位置。（B）EAV复制酶多聚蛋白（pp1a和pp1ab）的剪切加工、复制酶结构域的组成，以及PRRSV、LDV中比EAV多出的复制酶结构域。多聚蛋白的剪切位点用箭头指示，箭头颜色为参与剪切的蛋白的颜色。PCP，木瓜蛋白酶样半胱氨酸蛋白酶；CP，nsp2半胱氨酸蛋白酶；SP，nsp4糜蛋白酶样丝氨酸蛋白酶；h，疏水结构域；RdRp，RNA依赖性RNA聚合酶；ZF，锌指结构；HEL，NTP酶解旋酶；EN，潜在的核糖核酸内切酶；N，核衣壳；M，膜蛋白；GP5，主要糖蛋白；GP2、GP3、GP4，次要糖蛋白；E，囊膜小蛋白。（引自Fauquet等，病毒分类学：第八次国际病毒分类委员会报告，2005，已授权）。

动脉炎病毒的基因组为单股正链RNA，大小为12.7～15.7kb，包含9～12个开放阅读框（图25-2）。在基因组的5'-末端和3'-末端分别有156～224个核苷酸和59～177个核苷酸的非编码区，在3'-末端还有ploy（A）尾巴。动脉炎病毒粒子包含核衣壳蛋白（N蛋白）以及6个囊膜蛋白（E、GP2、GP3、GP4、GP5和M）。在囊膜蛋白中，GP2、GP3和GP4形成异源三聚体；非糖基化的跨膜3次的M蛋白与主要囊膜糖蛋白GP5形成异源二聚体。病毒的中和表位主要在GP5蛋白上，M蛋白对GP5形成正确的空间构象具有一定的影响。与其他动脉炎病毒相比，对SHFV的研究相对较少，但研究表明SHFV基因组中多出3个编码结构蛋白的开放阅读框。

杆套病毒粒子呈杆状，直径为40～60nm，长150～200nm，两端为平滑的半球形，病毒粒子表面具有明显的囊膜糖蛋白棘突（图25-3）。

核衣壳蛋白排列成螺旋对称结构，直径为20～30nm。其基因组为单股正链RNA，全长约26.2kb，包含5个长的开放阅读框，在基因组的5'-末端和3'-末端有非编码区，在3'-末端具有poly（A）尾巴。病毒粒子至少包含3个结构蛋白，其囊膜糖蛋白是由一个大的多聚蛋白前体经过剪切形成的。

（三）病毒的复制

动脉炎病毒具有非常严格的感染宿主谱。在体内，动脉炎病毒仅在巨噬细胞和极有限的其他几种细胞中复制；在体外，也仅感染巨噬细胞（或巨噬细胞系）以及极少量的其他传代细胞系。一些动脉炎病毒在体内复制时，能够有效地破坏宿主天然免疫系统的保护性免疫应答，破坏的方式包括启动被感染巨噬细胞的凋亡、影响干扰素信号通路。

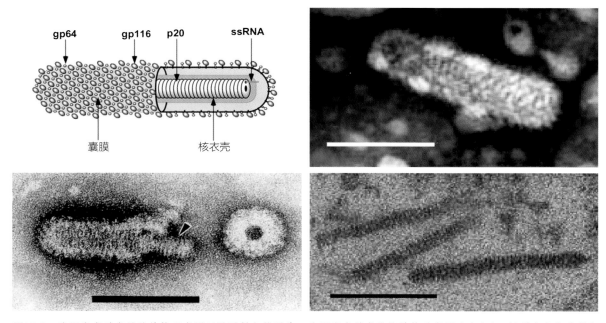

图25-3　头甲病毒科成员的结构示意图以及透射电镜照片。头甲病毒科成员的结构示意图（左上）；鳃联病毒的透射电镜照片（右上）；黄头病毒的透射电镜照片（左下），局部破坏病毒显示出内部核衣壳和环形结构；鳃联病毒感染淋巴器官的透射电镜照片（右下），可见细胞浆中未包裹囊膜的核衣壳蛋白颗粒。标尺长度为100nm。p20，核衣壳；gp 64，小棘突糖蛋白；gp116，大棘突糖蛋白；ssRNA，单链正链RNA；Envelope，囊膜；Nucleocaapsid，核衣壳。（引自 Fauquet 等，病毒分类学：第八次国际病毒分类委员会报告，2005，已授权）

EAV的囊膜蛋白GP2、GP3和GP4形成异源三聚体，该异源三聚体对EAV的细胞嗜性、对EAV与受体的结合起决定性作用。多数动脉炎病毒的细胞受体还没有得到鉴定。目前研究表明，与PRRSV吸附和内吞相关的受体有CD163受体（一种富含半胱氨酸的清道夫受体）、唾液酸黏附素（巨噬细胞特有的一种表面分子）和硫酸乙酰肝素。动脉炎病毒科成员是通过低pH依赖性的内吞作用进入易感细胞的。

动脉炎病毒5'-末端2个大的开放阅读框（ORF1a和ORF1b）编码病毒的2个复制酶多聚蛋白，它们是病毒基因组RNA在核糖体移码机制调控作用下直接转录和翻译的。在翻译同时以及翻译后，这2个复制酶多聚蛋白被蛋白酶降解至少12个非结构蛋白。这些非结构蛋白可以介导病毒的复制。病毒基因组3'-末端为结构蛋白的编码基因，相邻的两个结构蛋白基因之间通常相互重叠，它们在转录时形成一组含有共同3'-末端的亚基因组mRNA。这些亚基因组mRNA都是由5'-末端引导序列、编码一个或多个结构蛋白的开放阅读框、3'-末端poly（A）尾3个部分组成的。其中5'-末端引导序列和3'-末端poly（A）尾巴分别来自病毒基因组RNA的5'-UTR和3'-末端poly（A）尾巴。通过亚基因组mRNA中的开放阅读框可以看出，这些相互重叠的病毒结构蛋白基因集中在病毒基因组的3'-末端。研究证实，亚基因组mRNA是病毒基因组在其内部调控元件的作用下经"不连续转录"合成负链模板，并以负链模板为基础转录成正链亚基因组mRNA，继而翻译成病毒的各个蛋白。

虽然有少数的病毒蛋白（nsp1和N蛋白）可以进入感染细胞的细胞核中，但动脉炎病毒却是在细胞浆中复制的。病毒RNA复制复合体位于内质网双膜小泡上，经复制产生病毒基因组和亚基因组mRNA（图25-4）。病毒核衣壳出芽进入感染细胞的内质网或高尔基复合体的管腔，并从那里包裹到囊泡中，再移动到细胞的表面，以胞吐的方式释放到细胞外（表25-2）。

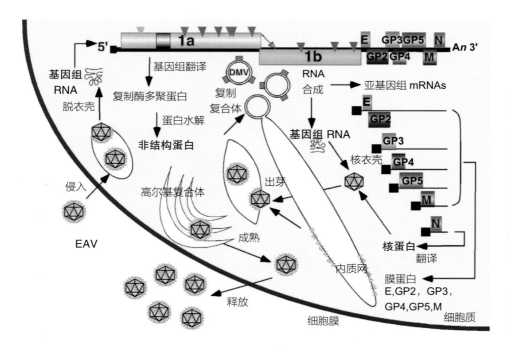

图25-4 EAV的生命周期。EAV的基因组组成、复制酶裂解位点（箭头所指）均在图中予以标注。缩写：DMV，双膜小泡；N，核衣壳蛋白；M，膜蛋白；GP5，主要糖蛋白；GP2、GP3、GP4，次要糖蛋白；E，囊膜小蛋白。（引自Fauquet等，病毒分类学：第八次国际病毒分类委员会报告，2005，已授权）

表25-2　动脉炎病毒的特性

病毒粒子呈球形；直径为50～70nm；核衣壳呈二十面体对称；表面具有光滑的囊膜结构。

病毒基因组为单股、线性、正链的RNA，大小为13～15kb；具有5'-末端帽子结构、3'-末端ploy（A）尾巴。基因组RNA具有感染性。

病毒在细胞质中复制；基因组转录形成完整的负链RNA，并以负链RNA为模板转录成3'共末端的一组套式亚基因组mRNA；每个亚基因组mRNA中只有5'端的ORF被翻译表达。

病毒通过出芽进入内质网，并以胞吐的方式释放到细胞外。

杆套病毒科成员的复制策略与动脉炎病毒的非常相似，其结构蛋白也是通过一套3'共末端的亚基因组mRNA表达的。但是，杆套病毒科成员的亚基因组mRNA仅有2条，每条亚基因组均编码多个结构蛋白，并且这些亚基因组mRNA缺少来自病毒基因组RNA的5'-末端引导序列。

三　动脉炎病毒科动脉炎病毒属的成员

（一）马动脉炎病毒

有关马病毒性动脉炎的报道可追溯到18世纪晚期至19世纪早期，当时该病被俗称为"红眼病""马传染性（或流行性）蜂窝组织炎""流感样丹毒"和"马传染性关节炎"。早期的研究人员也认识到，病毒存在于公马的生殖器中，在交配或用感染马精液进行人工授精时，病毒可传染给易感母马，并导致发病。1953年，美国俄亥俄州Bucyrus地区养殖场的马匹出现了流产和呼吸道症状，并从流产马胎儿肺组织中首次分离得到该病的病原，即EAV。尽管血清学研究表明EAV呈世界性分布，但在不同地区、不同品种的马之间EAV的感染率和发病率有着明显的差别。

1.临床特征和流行病学　绝大多数的马自然感染EAV后不表现临床症状，但毒力较强的野毒株可引起马动脉炎疫情的暴发。该病临床症状基本都是用实验室培养的高度适应马体的病毒株感染马匹所表现出来的。接种EAV后，经过3～14d的潜伏期，马匹开始出现发病症状：发热（高于41℃）、白细胞减少、精神沉郁、食欲减退、流泪、结膜炎和流涕。此外，头、颈及躯干还会出现荨麻疹、水肿，多发的部位是眼眶、腹部、包皮、阴囊、乳腺和后肢（往往造成在步态僵硬）。尽管自然感染的马通常都可以耐过，但少数幼驹会出现急性进行性支气管间质性肺炎而导致死亡。流产是妊娠母马感染特定病毒株后的典型症状，特别是大量的、未免疫的易感妊娠母

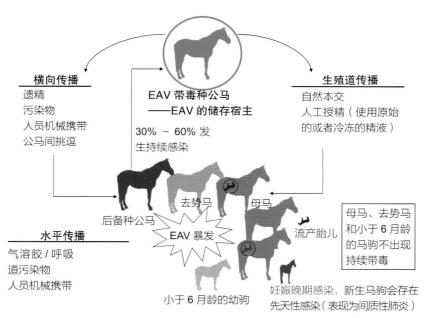

横向传播
遗精
污染物
人员机械携带
公马间挑逗

EAV 带毒种公马
——EAV 的储存宿主

30% ~ 60% 发生持续感染

生殖道传播
自然本交
人工授精（使用原始的或者冷冻的精液）

去势马　母马

后备种公马

水平传播
气溶胶/呼吸道污染物
人员机械携带

EAV 暴发

流产胎儿

母马、去势马和小于 6 月龄的马驹不出现持续带毒

小于 6 月龄的幼驹

妊娠晚期感染，新生马驹会存在先天性感染（表现为间质性肺炎）

图25-5　EAV 的自然传播周期（引自 Sellon & Long，马传染病学，2007，已授权）

马在感染病毒后可能会出现"流产风暴"。流产一般发生在病毒感染后的第10天至第30天，或者妊娠期的第3个月至第10个月。流产的时间基本上是EAV感染后的后期发热或早期康复阶段，偶尔在没有其他明显临床症状时，也发生EAV引起的流产。

EAV可经呼吸道和生殖道传播（图25-5），前者通过急性感染马呼出的气溶胶传播；后者通过持续感染公马的精液传播。在青年育成马和种马中，有30% ~ 70%存在EAV的持续性感染，持续感染的公马是EAV重要的天然病毒库。在持续感染中，携带EAV的马匹在临床上表现是正常的，病毒局限在生殖系统中。在不同的个体中，EAV在生殖系统中感染的持续时间也有差异，从几个星期到终身带毒。EAV可以经带毒马在自然交配时传播，也可以在用带毒马的精液进行人工授精时传播。此外，在持续感染的种马体内，EAV也发生着遗传变异。

2. 发病机制和病理学　经呼吸道感染马匹后，EAV最初在马肺泡巨噬细胞和血管内皮细胞中复制，随后病毒迅速蔓延到引流支气管淋巴结，然后进入血液，扩散至全身。虽然巨噬细胞和血管内皮细胞是EAV的主要复制场所，但病毒也可以感染某些特定的上皮细胞、间皮细胞、动脉管壁和子宫壁的平滑肌细胞。

EAV感染马的临床症状反映出马的血管受到了损伤。然而在血管损伤的发病机制中，直接参与的病毒，或是病毒诱导的由巨噬细胞和血管内皮细胞产生的细胞因子，所发挥的角色与重要程度尚不清楚。EAV不同病毒株之间的毒力有着明显的差异，有的可以引起流产并诱导产生促炎性细胞因子。

在发病严重时，成年马的典型病变是水肿、充血和出血。适应马体的实验室EAV强毒株急性发病的特征病变是胸腔和心包积液，这是由于末梢毛细血管内凝结，导致多器官的坏死和出血引起的。出现支气管间质性肺炎的马驹，通常随着富含蛋白质的液体在肺泡空隙中积累而发展成典型的肺水肿，出现急性呼吸窘迫综合征，继而可以发展成胸腔和心包积液，以及肠出血和坏死。流产胎儿通常在没有征兆的情况下，与胎盘（胎膜）一起被排出来，多数情况下流产胎儿已发生了自溶，很少出现特征性的损伤或组织病变。有的发病马可能在腹腔和胸腔有大量的积液，有的在腹腔和胸腔的黏膜表面有出血点。

对于健康带毒种公马的发病特征知之其少。

EAV集中在带毒种公马的副性腺和输精管中，并未发现阉割马或母马体内长期带毒，这表明EAV的持续感染具有睾丸酮依赖性。而且，持续感染的种公马一旦阉割后，精液中的EAV也会随之消失，在给阉割的种马补充睾丸酮后，精液中可检测出携带的EAV。

3. 诊断　可以通过病毒分离和反转录–聚合酶链式反应（RT-PCR）检测组织样品或体液中的EAV。病毒分离通常在兔肾细胞上进行。组织样品或体液中的EAV含量随着在马体中隐性带毒的时间长短不同也有显著的变化。通常在种公马射出的精液中EAV含量最高，这与精子含量的高低有关。虽然已经研制出了EAV的几种ELISA诊断方法，并且其中有的得到了认可，但是采用病毒中和试验检测EAV的血清抗体仍然是目前最为确凿的诊断方法。

4. 免疫、预防与控制　尽管EAV呈全球性分布，但其只是偶尔引起流产或严重的发病。发病通常在来自不同地区的马集中在一起的时候，如马匹出售、比赛或者养殖场引进新的马匹。传染源可以是近期与带毒种公马配种的易感母马。暴发期间，EAV很容易通过气溶胶发生水平传播，相当大比例的阴性种公马、刚育成小公马在被感染后发生持续感染，成为EAV的健康带毒马。鉴别带毒种公马是控制该病的重中之重。带毒种公马只能与免疫后的母马进行配种，用于人工授精的精液应检测是否含有EAV，EAV阳性的精液只能用于免疫后的母马。此外，母马在用EAV阳性的精液配种后，应隔离饲养，以防止传染给易感马匹。

EAV中和抗体大约出现在感染后1周内，此时血液循环中的EAV也在逐渐减少。目前已知EAV只有一个血清型，而且EAV中和抗体能够防止病毒再次感染。自然感染后，EAV的中和抗体可以持续多年，对马匹可起到长期乃至终身的保护。免疫母马的初乳可以预防和减轻马驹发病。

接种弱毒疫苗或灭活疫苗后，马匹能够产生有效的免疫应答，因此对马匹进行免疫预防是确实可行的。为防止发生持续性感染，用来培育种公马的马驹通常在6～8月龄接种疫苗。这个时间很关键，在幼驹的母源抗体消失之前接种疫苗，以减少发生持续感染的概率。接种后的幼驹即使感染了EAV，也不会成为健康携带者。母马在怀孕前接种疫苗可预防EAV引起的流产。

在暴发期间，可采用以下方法降低病毒的传播：① 限制马匹的流动；② 隔离被感染的马匹，并且只能在检疫合格后方可解除隔离；③ 良好的卫生条件，包括专人分别饲养感染或未感染的马匹；④ 配合进行实验室检测。

（二）猪繁殖与呼吸综合征病毒

该病在20世纪80年代的美国猪场中首次出现，由于病因不明，最早被称为"猪神秘病"，随后欧洲也有该病出现。1991年，从荷兰Lelystad镇发生"猪神秘病"的猪体内分离到本病的病原，并将该病毒命名为"Lelystad病毒"。1992年，该病被正式命名为猪繁殖与呼吸综合征（PRRS）。目前，该病已成为危害养猪业的主要疾病之一。回顾性的血清学研究表明，PRRSV在美国可追溯到1979年，在亚洲和欧洲可分别追溯到1985年和1987年。据推测，PRRSV是由与其同科的LDV（自然宿主是小家鼠科的家鼠）经"物种跳跃"感染猪，但这仅限于推测，不能证明。PRRSV具有明显的遗传变异特征，并有两个基因型，即欧洲型和北美洲型，二者核苷酸序列只有60%的相似性。

1. 临床和流行病学特点　PRRSV仅感染家猪和野猪。该病的临床症状初期是厌食、发热和嗜睡，继而表现为呼吸困难、四肢有短暂的充血或发绀。保育猪的被毛粗乱，增重减缓。感染妊娠早期到中期的母猪可能有轻微的不良后果，而感染妊娠后期的母猪经常导致繁殖障碍，临床表现为流产、早产、产死胎和木乃伊胎。新生已感染PRRSV的仔猪往往体质较弱，出生不久即死亡，通常伴随着呼吸窘迫。感染母猪的死亡率可以反映出病毒株的毒力，但这种毒株的毒力可能很高。较常见的是PRRSV在猪群中的亚临床感染。

该病毒可以通过直接接触传播，包括接触感染猪的肢体、分泌物或排泄物。此外，母猪感染后也可经胎盘途径传播。

2. **发病机制和病理学**　虽然PRRSV可能感染血管内皮细胞、呼吸道上皮细胞和成纤维细胞，但PRRSV主要在猪肺脏和淋巴组织中的巨噬细胞内进行复制。病毒血症在感染24 h内即出现，并可在抗体存在的情况下持续几个星期。急性感染的典型病变主要是淋巴结肿大和间质性肺炎，病理损失的程度可以反映出病毒毒力的强弱。

为促进病毒复制，PRRSV通过一些机制来抑制宿主免疫保护应答，包括：① 抑制感染巨噬细胞的蛋白激酶依赖性细胞凋亡；② 通过阻断RIG–1和IRF3信号通路，抑制Ⅰ型干扰素反应；③ GP5蛋白N–末端的诱骗表位和大量的糖链延缓了中和抗体的产生。

3. **诊断**　根据感染猪的临床症状和病理变化可进行初步诊断。可以利用RT-PCR方法或免疫组化检测组织样品中的PRRSV。病毒分离可选用猪肺泡巨噬细胞；一些病毒株可以在非洲绿猴肾细胞系（MA-104）和棉鼠肺细胞中进行分离，但并非所有的病毒株都如此。在血清学诊断方面，目前有多种商业化的ELISA试剂盒可供选择。

4. **免疫、预防和控制**　猪在感染PRRSV后，会有不同程度的、通常是微弱的免疫反应，而且康复动物通常对再次感染具有免疫力，这表明疫苗免疫是可行的。GP5蛋白N–末端的中和表位可以诱导产生中和抗体，该表位在不同毒株的糖基化程度有明显的差异。该区域的糖基化程度可以影响中和抗体中和PRRSV的能力，也可以导致感染猪延迟产生或产生较为微弱的中和抗体。感染猪也可产生细胞免疫反应。但是尽管存在体液免疫和细胞免疫，PRRSV在体内的清除是迟缓的，导致PRRSV可以在一些猪体内长期感染。有研究人员推测，易感猪的先天免疫应答程度、巨噬细胞活力或数量多少是决定猪原发性感染PRRSV后转归的主要因素。

对于PRRSV阴性猪场来说，可以通过检测–剔除感染猪的方式进行控制。在猪场之间，PRRSV可以通过引入感染了PRRSV的猪或使用感染了PRRSV的精液通过人工授精进行传播，也可以通过其他生物机械性的传播，或者通过远程气溶胶传播。一旦引入到猪场中，PRRSV迅速在猪群中蔓延，此时主要是通过直接接触传播，隔离被感染的圈舍可明显降低传播的速度。一旦在猪群中建立了感染，PRRSV往往在猪群中形成一个循环，即母猪通过胎盘、初乳或乳汁感染仔猪，向感染猪群中引进易感猪，将感染猪和易感猪混合饲养，这导致了PRRSV在猪群中长期存在。控制地方流行性PRRS是困难的，通常通过结合疫苗和管理策略来进行。目前有商品化的弱毒活疫苗和灭活疫苗，但是不能完全依赖于疫苗，原因之一是毒株之间存在显著的遗传变异，原因之二是尚不确定的保护性免疫机制。此外，弱毒活疫苗病毒在潜在传播、循环和毒力返强方面还存在争议。

（三）乳酸脱氢酶升高症病毒

20世纪60年代早期，几个研究小组在移植了肿瘤的小鼠体内发现了LDV。试验小鼠感染LDV后，通常不表现临床症状，但可引起包括乳酸脱氢酶在内的多种细胞质酶的表达升高，因而得名。LDV感染后通常会引起小鼠的免疫应答，继而干扰免疫学试验结果。

1. **临床症状和流行病学特点**　小鼠感染LDV后，通常不表现任何临床症状，即便在发生持续感染的情况下也是如此。LDV在小鼠之间主要通过直接接触传播，尤其是肢体接触，病毒可以通过咬伤的伤口传播。LDV也可以通过消化道、气溶胶传播给易感小鼠。试验小鼠感染LDV的主要原因是接种了污染LDV的生物材料，比如移植肿瘤或细胞系等。

2. **发病机制和病理学**　LDV可感染所有品系的近交系小鼠，并在小鼠组织（包括腹膜、骨髓、胸腺、脾、淋巴结、肝、胰腺、肾和生殖腺等）的巨噬细胞中复制。该病毒在感染组织中的巨噬细胞内迅速复制，产生大量的病毒粒子，很快将细胞资源耗尽，继而发生病毒诱导的巨噬细胞溶解，延迟细胞质酶（如乳酸脱氢酶）的清除，导致这些酶在胞浆中浓度升高。而选择性地感染那些可再生、不断产生的巨噬细胞亚群，可造成持续感染。

虽然感染小鼠可以产生针对LDV的抗体，但是它们不能清除病毒。LDV GP5蛋白N-末端的糖链遮蔽了该部位的中和表位，降低了其免疫原性，阻碍了中和抗体对该中和表位的识别。缺失所有或部分糖链的LDV突变株，对抗体介导的中和作用高度敏感，并且不引起持续感染，但对C58和AKR免疫抑制小鼠具有神经毒力。这是因为C58和AKR免疫抑制小鼠组织中的内源性逆转录病毒可与LDV共感染脊髓前角运动神经元细胞，引起机体的麻痹和瘫痪，临床上被诊断为年龄依赖性脊髓灰质炎。这些事件不会在自然条件下发生，因为它们是特定的近交系小鼠，同时其体内应该携带有相应的内源性逆转录病毒。

3. 诊断　通过RT-PCR方法很容易从组织或生物制品中检测出LDV，或者进行小鼠抗体产生试验通过ELISA或IFA检测到LDV抗体（感染后1～3周可检测到LDV抗体）。另外，在小鼠感染LDV后，血浆中乳酸脱氢酶的浓度大大增加，通常感染后3～4d即可增加到正常水平的8～11倍。

4. 免疫、预防和控制　小鼠在感染LDV后可以产生细胞免疫和体液免疫反应，但两者均不能有效地清除病毒，尤其是针对GP5蛋白N-末端有不同糖基化的异源毒株。在LDV感染早期，病毒血症降低的主要原因是巨噬细胞的破坏和不断减少。在持续感染的过程中，细胞毒性T淋巴细胞应答由于克隆耗竭而逐渐消失，多克隆B细胞被活化并形成免疫复合物。目前，人们对LDV感染实验室小鼠的免疫调节能力的大体认识是这样的，即在小鼠体内LDV感染的巨噬细胞、多克隆细胞活化与免疫复合物的形成、细胞毒性T淋巴细胞应答三者共同发挥作用。

目前没有可用的疫苗。对于实验小鼠而言，预防LDV感染的有效方法是剔除阳性小鼠，同时结合以下措施：① 防止野生小鼠或生物产品进入感染实验室；② 使用特定屏障的、无病原体污染的、科学合理的鼠笼体系；③ 配合实验室监测。此外，可以通过体外培养或通过大鼠裸鼠来消除污染细胞系或肿瘤中的LDV，这些方法可以避免使用LDV复制所必需的易感小鼠巨噬细胞。

（四）猴出血热病毒（SHFV）

1964年，由印度出口到美国和苏联的猕猴发病并几乎全部死亡，在死亡猴体内首次分离到SHFV。此疫之后，鲜有SHFV暴发的记载，其中一次是在1989年的美国，SHFV引起了三种灵长类猴群发病，并造成了600多只食蟹猕猴的死亡。

血清学研究表明，SHFV亚临床感染发生在非洲猕猴，包括帕塔斯猴（赤猴）、非洲绿猴（长尾猴）和狒狒（猎神狒狒和草原狒狒）。同样，血清学研究表明，在中国、菲律宾和东南亚的亚洲猕猴中也存在着亚临床或无症状感染，这可能与弱毒疫苗株的使用有关。但是，当SHFV从持续感染的非洲猴子传播给亚洲猕猴（猕猴和食蟹猕猴）时，可以引起亚洲猕猴急性，通常是致死性的发病。向猕猴群中引进持续感染的、不表现临床症状的其他灵长类动物，是引起SHFV流行的主要因素。SHFV可以通过直接接触、气溶胶和污染物（包括污染的针头）进行传播。在一个群体，SHFV主要通过直接接触和气溶胶迅速传播。

猕猴发病较速，早期发热、面部水肿、神经性厌食症、脱水、皮肤瘀斑、腹泻和出血。病变包括真皮、鼻黏膜、肺、肠和其他内脏器官的出血。死亡多发生在感染后的第5～25d，死亡率接近100%。休克可能是最终导致死亡的根本原因。虽然SHFV有着比较广泛的细胞嗜性，但像其他动脉炎病毒一样，它仅在巨噬细胞中复制。

狒狒、猴和非洲绿猴可以持续感染SHFV并携带这些病毒，来自非洲猕猴的毒株往往是高度传染性和致命的。不同病毒株的免疫原性和毒力不尽相同，同一毒株对于不同种类猴子的毒力也不完全一样。

目前没有疫苗可用。综合管理是当前防控猴出血热的主要方式，包括物种隔离，防止持续感染的非洲猴（如赤猴，猕猴）传播给易感猴群。

三　杆套病毒科头甲病毒属成员

杆套病毒的主要宿主是水生无脊椎动物。在亚洲、大洋洲以及非洲东部的野生对虾和草虾体内至少已经分离出六个基因型的杆套病毒。研究表明，其中的两个基因型（1型和2型，即黄头病毒和腮联病毒）在养殖虾群中可以造成严重的发病，而且死亡率较高；其余基因型的病毒不会引起虾的临床发病。

黄头病毒和腮联病毒

黄头病毒病发生在仔虾期及以后各阶段的斑节对虾，以及广泛的幼年对虾、草虾和磷虾。虾感染后停止进食，聚集在池塘的水面或附近角落。患病虾的肝胰腺由正常时的棕色变成泛黄色，导致虾的头胸部呈苍白外观，因此称为黄头病。发病之后，死亡率可以高达90%。黄头病毒感染的靶器官多数是由外胚层和中胚层发育而来的，例如虾的头甲，这也是该属病毒被命名为头甲病毒的原因。虾感染腮联病毒后，也经历一个突然停止进食、减少靠近水面活动的过程，躯干发红，鳃有时呈粉红色或黄色。

诊断杆套病毒感染最好选用池塘边垂死的虾。直接对垂死虾的鳃、皮下组织进行染色可做初步诊断。在实验室内将组织切片固定、苏木精处理和伊红染色后，显微镜下可见淋巴器官、胃壁和鳃的胞浆中有大量的、直径约为2μm的球形嗜碱性包含体。根据反转录–聚合酶链式反应（RT–PCR）、免疫印迹和原位杂交试验的结果可以进一步确诊。亚临床感染也是经常存在的，此时需要根据病毒感染靶器官的特征性病变进行判断。

目前没有疫苗或化学治疗药物可供使用。主要的控制方法包括：必要的消毒措施、使用经RT–PCR检测过的无病原虾苗，以及使用经检测过的无病毒污染的水。

四　未分类的鱼动脉炎病毒

已有报道，在德国和美国发现了可以感染鲤科鱼类的暂未分类的动脉炎病毒。例如，在美国一个肥头鲅鲤的育苗场，从发病鱼体内分离出一种病毒。该病毒呈杆状，长130～180nm，直径为31～47nm。在实验条件下，该病毒感染肥头鲅鲤的死亡率可高达90%，但对其他几种重要的商品化淡水鱼（包括管状鲶、金鱼、金鳊和虹鳟）不致病。该病毒可以利用鲤科鱼类的细胞进行分离，也可使用特异性的引物进行RT–PCR检测。扩增产物的测序结果不仅可以证实该病毒与其他套式病毒的亲缘关系，也为确诊肥头鲅鲤感染提供了技术手段。

安同庆　译

Chapter 26
第26章
小核糖核酸病毒科

小RNA病毒在人和兽医各自的病毒学历史中发挥了重要作用。1897年，Loeffler和Frosch研究显示，口蹄疫是由能通过阻挡细菌滤器的一种物质引起的，这是首次阐明的由过滤性病毒引起的动物疾病。脊髓灰质炎病毒，即人脊髓灰质炎的病原，也是在此之后十多年被鉴定的。脊髓灰质炎病毒被划分到肠病毒属，以及其他小RNA病毒都参与了病毒学的重要发展，包括病毒在细胞培养物的生长，噬斑定量试验，特定病毒的感染性克隆，病毒粒子原子水平的X线晶体学分析，RNA的复制和病毒蛋白的合成等。20世纪脊髓灰质炎病毒疫苗的发明极大地降低了人类的脊髓灰质炎的发生概率，该病是一个自古以来被公认的、流行的、毁灭性的疾病。的确，高效灭活的脊髓灰质炎病毒疫苗的问世根除了人类的这一疾病，就像一些国家根除了天花一样。

在19世纪下半叶和20世纪上半叶，随着许多国家畜产品产业的日益密集，再次迅速蔓延的口蹄疫造成了巨大的损失。生产商要求他们的政府出台控制政策来处理这些动物的流行病，以便防止疾病的再引入。例如，在1884年，美国国会在农业部门创建畜牧局。其主要任务就是应对口蹄疫病和其他两种病，牛传染性胸膜肺炎和猪霍乱（古典猪瘟）。从一开始，这一机构就提倡培养在疾病控制方面具有特殊技能的兽医。1914年口蹄疫的大流行加快了建立疾病控制方案和更专业的兽医培训的步伐。最终，这演变成了临床和以实验室为基础的复合体，来确保本国的家畜产业不受外来动物疾病的干扰。随着畜牧产业的日益密集，其他国家也进行着类似的努力，并且在马内科和外科方面从根本上推进兽医职业的范围。奇怪的是，尽管畜牧业生产全球化日益提高，并且传染病暴发风险迅速攀升，但近几年对于这种关键性的政策的支持力度却有所下降。

小RNA病毒的性质

（一）分类

小RNA病毒科目前分为8个属：口蹄疫属，肠病毒属，捷申病毒属，心病毒属，马鼻病毒属，正嵴病毒属，嗜肝病毒属和双埃克病毒属，病毒属的数量将很快增加至13个。前鼻病毒属在2006年被废除，鼻病毒的成员被分配到肠病毒属，包括（99个血清型的人鼻病毒，普通流感的病原和两个牛鼻病毒的）随着许多新的、来自非本土物种的小RNA病毒被陆续的鉴定，重新分类的过程中体现了快速测序技术的发展。各病毒属的重要成员详见表26-1；各属的代表成员之间的亲缘关系如图26-1所示。最新的信息可以从国际委员会病毒分类学（International Committee on Taxonomy of Viruses）网站获得（http://www.ictvon line.org/）。

RNA病毒各个病毒属之间的一个重要区别就是在低pH条件下的稳定性，在出现有效的分子技术之前我们就利用这个差异对小RNA病毒进行分类。具体地说，口蹄疫病毒属在pH低于7时是不稳定的，而肠病毒属，嗜肝病毒属，心病毒属和副埃可病毒属在pH等于3时稳定。其他的差异只根据有效的完整的基因组序列数据来区分的。所有的小RNA病毒是单链的，正链RNA病毒，具有5'-非翻译区（5-UTR）。所述RNA是未加帽的，但是拥有一种病毒蛋白（VPG）共价连接到5'末端。还有的小RNA病毒科的各个属之间的5'-UTR区域存在结构性的差异：小RNA病毒5'-UTR的长度变化从500至1 200个核苷酸不等，其中包含4个不同的内部核糖体进入位点（IRES）中的一个位点。

心病毒属，口蹄疫病毒属，马鼻病毒属，正嵴病毒属，捷申病毒属和提出的萨佩洛病毒属与塞尼卡病毒属的区别在于在衣壳蛋白的上游存在

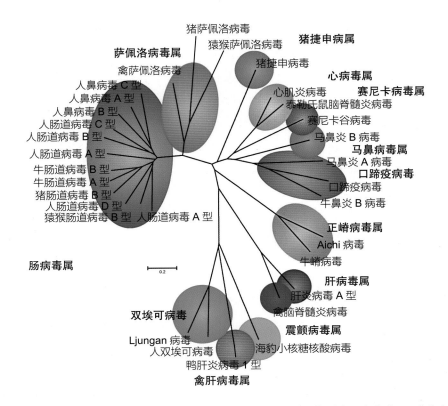

图26-1　基于小RNA病毒P1衣壳蛋白区域比较建立的无根邻接树。假设的病毒属未用粗体表示。[引自 N. J. Knowles, T. Hovi, T. Hyppia, A. M. Q. King, A. M. Lindberg, P. D. Minor, M. A. Pallansch, A. C. Palmenberg, T. Skern, G. Stanway, T. Yamashita, R. Zell. Taxonomy of Picornaviridae: Current Situation and Future Proposals. EUROPIC (2008)]

表26-1　人和动物重要的小RNA病毒

属	病毒	易感动物	疾病
口蹄疫病毒属	口蹄疫病毒	牛，羊，猪，山羊，野生反刍动物	口蹄疫
	马鼻炎A病毒	马，骆驼科动物	全身性感染伴有呼吸道症状
	牛鼻炎B病毒	牛	轻微呼吸道症状
心病毒属	心肌炎病毒	啮齿动物，猪，象，灵长类，接触啮齿动物的哺乳动物	引起猪和大象的脑脊髓炎与心肌炎，其他动物少见
	泰勒氏鼠脑脊髓炎病毒	鼠	鼠脊髓灰质炎
肠病毒	人肠道病毒A，B，C，D	人	无菌性脑膜炎，小儿麻痹症，心肌炎
	人鼻病毒A，B，C	人	呼吸系统疾病
	猪水疱病病毒	猪	水疱病
	牛肠道病毒（包括牛鼻病毒1和3型）	牛	温和的肠道与呼吸道疾病
	猿猴肠道病毒	灵长类	一般为无症状感染
	猪肠道病毒B（猪肠道病毒9和10型）	猪	一般为无症状感染
马鼻病毒属	马鼻炎B病毒	马	轻度鼻炎
正嵴病毒	牛嵴病毒	牛	可能有肠炎
捷申病毒属	猪捷申病毒1型	猪	脑脊髓灰质炎
	猪捷申病毒2-11型 猪肠道病毒2-7、11-13型	猪	通常无症状轻度腹泻、心包炎
震颤病毒属（提出的新属）	禽脑脊髓炎病毒	鸡	脑脊髓炎
禽肝病毒属（提出的新属）	鸭肝炎病毒1型	鸭	肝炎

一个编码的L蛋白（图26-2）。口蹄疫病毒也存在3个类似但不完全相同的VPG蛋白，等摩尔量的存在于病毒颗粒的RNA中。马鼻炎A病毒，口蹄疫病毒属的另一名成员，和口蹄疫病毒存在着许多共同的基因组特性，但其基因组仅编码一个拷贝的VPg基因。

（二）病毒粒子的性质

小RNA病毒的病毒颗粒无包膜，直径大约30nm，并具有二十面体对称（图26-3，表26-2）。在电子显微镜下和在X线晶体学分析重建图像，发现病毒颗粒呈现平滑圆润的轮廓。该基因组由线性分子构成，正链的单链RNA大小为7~8.8 kb。RNA的5' 和3' 末端均含有非翻译调控序列。该基因组RNA多聚腺苷酸化在其3' 末端有个VPg蛋白，共价连接至其5' 末端。基因组RNA是有感染性的。

小RNA病毒属代表病毒的原子结构已得到解决。病毒粒子由60个拷贝构成，每个拷贝有4个衣壳蛋白——VP1（还定义为1D）、VP2（1B）、VP3（1C）（分子量约30 000）和VP4（1A）（分子量7 000~8 000），以及一个单拷贝的基因组链接蛋白，VPg（3B）（Mr可变）。副埃可病毒属和正嵴病毒属的这4个衣壳蛋白的规则是例外的，其中VP0，一个多聚蛋白，包括的VPs 2~4，保持未裂解状态。VP1，VP2和VP3在结构上彼此

表26-2 小RNA病毒特性

病毒粒子外观平滑圆润，无囊膜，直径30 nm，呈二十面体对称。

基因组由单链线性分子构成，正链单链RNA，大小为7~8.8kb。

基因组RNA 3' 末端多聚腺苷酸化，有一个VPg蛋白，共价连接到5' 末端，基因组RNA具有感染性。

病毒RNA扮演着mRNA角色，翻译成多聚蛋白，然后裂解成11~12个独立的蛋白。

胞质内复制。

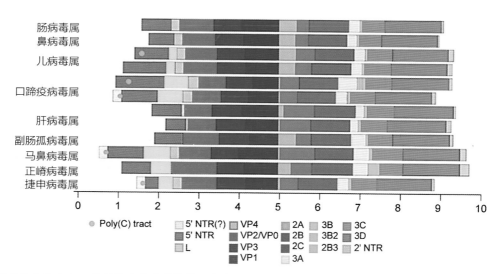

图26-2 基因组结构和小RNA病毒科选定成员的基因组成。一些成员中存在5' -NTR周围的poly（C）簇。许多成员的1A基因产物的甘氨酸氨基末端已被十四烷基化。5' -NTR后紧跟一个编码的多聚蛋白的阅读框，依次为3' -NTR和poly（A）尾。多聚蛋白的最终裂解产物以垂直线和不同的阴影表示。多肽的命名依照L：4：3：4方案对应于L，P1，P2，P3编码区。P1区编码结构蛋白1A，1B，1C和1D，也被分别称为VP4，VP2，VP3和VP1。VP0（1AB）在副埃可病毒和正嵴病毒中是VP4和VP2的过渡前体，它未被切割。在所有的病毒中3C是蛋白酶，在肠道病毒和鼻病毒中2A是蛋白酶，在所有的病毒中3D被认为是RNA复制酶的组分。只有口蹄疫病毒编码3个前后串联的VPg蛋白。2A，2B，2C，2B3，3A，3B，3B2，3C，3D都是非结构蛋白；AEV，禽脑脊髓炎病毒；EMCV，脑心肌炎病毒；ERAV，马鼻炎病毒；FMDV，口蹄疫病毒；HAV，甲型肝炎病毒；L，L蛋白；NTR，非翻译区；TMEV，泰勒鼠脑脊髓炎病毒；VP0-4，病毒结构蛋白。［引自Virus Taxonomy: Eighth Report of the International Committee on Taxonomy of Viruses (C. M. Fauquet, M. A. Mayo, J. Maniloff, U. Desselberger, L. A. Ball, eds.), p. 759. Copyright © Elsevier (2005),已授权］

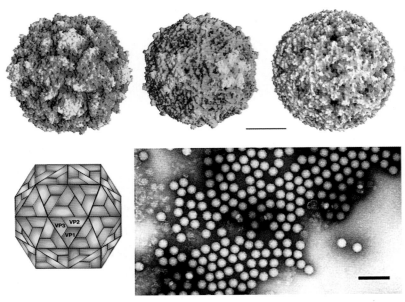

图26-3 （上）小RNA病毒结构图；脊髓灰质炎病毒1型（PV-1）（左），脑心肌炎病毒（中间）和口蹄疫病毒血清O型（FMDV-O）（右）。标尺为10nm。（J.Y. Sgro供图，已授权）。（左下）小RNA病毒颗粒图。表面有蛋白VP1、VP2和VP3，第4个衣壳蛋白VP4，位于二十面体的五聚体顶点的内表面上。（右）阴性对照脊髓灰质炎病毒（PV）的粒子的电子显微照片。标尺为100nm。（Ann C. Palmenberg提供）〔引自Virus Taxonomy: Eighth Report of the International Committee on Taxonomy of Viruses (C. M. Fauquet, M. A. Mayo, J. Maniloff, U. Desselberger, L. A. Ball, eds.), p. 757. Copyright © Elsevier (2005), 已授权〕

相似，每一个都具有楔形8股结构，并在大小和股线的构象和它们的氨基和羧基末端的外延处存在不同。氨基酸置换与表面定向环状区域的抗原变异相关联。对于口蹄疫病毒，至少有5个抗原性位点已经确定。VP1蛋白位于二十面体对称的五倍轴线上，VP2与VP3交替出现在两三倍轴线的周围。这3种蛋白的氨基末端延伸在蛋白外壳的内表面上形成一个复杂的网络。还有一个小的，十四烷基化蛋白VP4，完全定位于衣壳的内表面，可能与RNA接触。

在脊髓灰质炎病毒和鼻病毒的病毒粒子中，VP1、VP2和VP3包裹在一起形成一个"峡谷"结构包绕在病毒粒子的五倍轴处。峡谷中的氨基酸，尤其是那些峡谷底部的，都很保守，但在峡谷"边缘"的氨基酸都是可变的。对于脊髓灰质炎病毒和鼻病毒，在峡谷底部保守的氨基酸形成病毒细胞表面受体的附着点。峡谷边缘的改变影响受体结合的亲和力。在小RNA病毒峡谷底部的下方是一个疏水口袋，通过一个小口与表面接触。这个口袋是化疗药物作用的靶点，可能会阻止衣壳的改变，对于有效的受体结合或RNA释放起着至关重要的作用。口蹄疫病毒有一个比较平滑的表面，没有峡谷结构。宿主细胞受体的附

着位点为位于VP1的G-H环内。这些位点具有血清型和亚型的抗原特异性，在口蹄疫病毒不同毒株之间存在不同（更多的关于衣壳蛋白结构的信息详见第1章图1-5）。

小RNA病毒对环境条件的稳定性对于流行病学研究和消毒的方法的选择方面是非常重要的。例如，在通常的环境温度下，如果受到黏液或粪便保护，避免阳光直射，多数小RNA病毒都是比较热稳定的。一些肠道病毒可以在粪便中存活数天或数周。口蹄疫病毒群的气溶胶不太稳定，但在高湿度条件下，它们仍可以存活数小时。由于它们的pH稳定性的差异，某些消毒剂只适用于针对不同病毒使用，例如碳酸钠对口蹄疫病毒有效，但对猪水疱病病毒就无效。

（三）病毒复制

脊髓灰质炎病毒在自然界中只感染人类和非人类灵长类动物，已用于研究RNA病毒复制的模型。这种模型可作为所有其他小RNA病毒复制模式的分析基础，这个模型的偏差可以为小RNA病毒的重新分类提供支持。

许多小RNA病毒的细胞受体都是已知的，但却千变万化（表2-1）。脊髓灰质炎病毒，柯

萨奇B病毒和有些人的鼻病毒的受体是免疫球蛋白（Ig）超家族的成员。对于其他的小RNA病毒，许多其他细胞表面分子可作为受体和共受体，包括硫酸乙酰肝素，低密度脂蛋白，细胞外基质结合蛋白和整联蛋白。口蹄疫病毒可以使用两种不同的受体，这取决于不同病毒株的传代史，特别是口蹄疫病毒的野生毒株能够结合到整联蛋白上，而细胞传代病毒可以利用肝素硫酸盐作为受体，但这种受体特异性的改变可导致病毒致弱。如果病毒粒子与非中和性的抗体分子形成复合物口蹄疫病毒也可通过Fc受体进入细胞。这个途径被称为抗体依赖性增强的感染途径，未发现其显著性，但可能对于某些反刍动物的长期带毒状态是重要的。

小RNA病毒中各个病毒的黏附其受体以及病毒粒子RNA释放到宿主细胞的细胞质中的途径是不同的。所使用的具体途径可能反映了小RNA病毒不同属的病毒的pH稳定性。对于脊髓灰质炎病毒来说，其与细胞受体的相互作用诱导结构的改变使得VP4从病毒粒子中释放出来，并且VP1的氨基末端从病毒粒子的内部转移到表面。此氨基末端区域是疏水性的，并参与在细胞膜上产生一个"孔"。人们提出病毒粒子的RNA可以通过该膜的孔隙进入宿主细胞质中。脊髓灰质炎病毒不利用内源性的途径进行病毒穿入，是因为缺乏抑制感染性药物来阻挡这一途径。对于口蹄疫病毒来说，病毒穿入的过程是不同的，因为这种病毒与其受体的结合不诱导病毒结构的改变，而是简单地对接机制，一旦结合到受体，病毒将通过内源性途径进入细胞。弱碱性增加了内体的pH能阻断口蹄疫病毒的复制；内体的低pH能诱导衣壳与五聚体分离，并释放病毒RNA。与之相反，脊髓灰质炎病毒在低pH条件下稳定，不能像口蹄疫病毒那样利用内体的低pH环境来穿入和释放病毒粒子RNA。

在吸附、穿入、胞内脱壳后，在细胞酶的作用下VPg从病毒RNA 5'末端被删除（见第2章，图2–7）。小RNA病毒已经进化出帽子依赖性的

翻译机制，通过病毒基因产物使正常的细胞帽子依赖性翻译受到抑制。翻译的启动并不是通过完善的Kozak监测模式。相反，核糖体结合到病毒RNA发生在基因组的5'–UTR的区域，被称为内部核糖体穿入片段（IRES）。病毒基因组RNA的这一部分被折叠成三叶草结构特异性结合到宿主细胞的蛋白上，这一作用在启动病毒蛋白和RNA的合成中起关键作用。该段已被公认为某些病毒的表型和神经毒力的决定因素。在小RNA病毒家族中，至少有4种不同的IRES结构已被鉴定。所有小RNA病毒的基因组都有由病毒编码的3'–UTR和3' poly（A）尾，而不是由宿主细胞多聚腺苷酸酶添加的。poly（A）尾的功能是未知的，但从病毒RNA中将poly（A）尾去除会使得它变得没有感染性。有这样一个提议，也就是说3'–UTR参与调节RNA的合成，但对于感染性来说不是必需的。

小RNA病毒的RNA基因组包括一个被翻译成一个单一的开放阅读框的多聚蛋白（图26–2）。该多聚蛋白被病毒编码的蛋白酶逐步裂解产生11或12个蛋白。除了最终的产物，一些中间裂解产物对病毒复制起着至关重要的作用。基因组的5'末端顺序编码病毒蛋白VP4、VP2（VP0）、VP3和VP1；这些蛋白在口蹄疫病毒分别定义为1A、1B、1C和1D。该家族中有7个属或假定属的成员在5'末端的编码序列存在一个非结构蛋白L。口蹄疫病毒基因组的5'末端有两个起始密码子，这就产生了两种形式的L蛋白。这两种形式L蛋白的功能是未知的，但有两个密码子在所有的毒株中是严格保守的，口蹄疫病毒缺失L编码区会导致病毒致弱。小RNA病毒基因组的中间区编码非结构病毒蛋白（命名为2A、2B和2C），在一些属的病毒中表现出蛋白酶活性。该基因组的3'末端编码额外的非结构蛋白3A、3B、3C和3D。3C蛋白具有蛋白酶活性，3B是病毒粒子蛋白VPg，3D是核心RNA聚合酶。

病毒RNA的合成起始于一个复制复合物，其包含RNA模板，病毒编码的RNA聚合酶和一些其他的病毒和细胞的蛋白紧密结合到新组装

成的平滑的细胞质膜结构。互补链的合成起始于病毒粒子RNA的3'末端，并使用尿甘酸蛋白VPg作为引物。依次完成互补链用于作为合成病毒RNA的模板。大部分的复制中间体在复制复合物中被发现，它们由全长的互补（负链）RNA构成，同时由RNA聚合酶转录出几条新生正义链。

随着小RNA病毒的mRNA5'帽上的缺失，这些病毒已经进化出独特的机制来抑制细胞mRNA的翻译。脊髓灰质炎病毒的2A蛋白酶或口蹄疫病毒的L蛋白酶以裂解翻译起始复合物eIF4G的方式，来允许病毒mRNA被优先翻译。相反，脑心肌炎病毒阻止帽信使翻译所需的蛋白的磷酸化和3CD蛋白向细胞核运送，进而阻止细胞转录。这些形式的细胞代谢干扰能够阻止细胞的抗病毒应答并让翻译系统自由产生主要的病毒基因产物。因此，小RNA病毒的复制是非常有效的，每个细胞在不到3h的时间内就能产生10^6个新的病毒粒子。小RNA病毒不具有特定的细胞退出机制，大都呈晶格排列积聚在感染的细胞中（图26-4）。

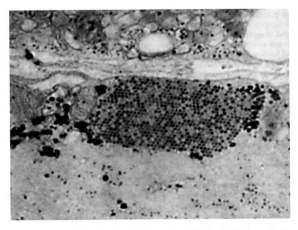

图26-4 柯萨奇病毒B4在鼠肌细胞的细胞质中，显示出一个典型的晶格阵列的病毒粒子和被破坏了的收缩纤维。电镜超薄切片。（放大倍率：×67 000）

二 口蹄疫病毒属的成员

口蹄疫病毒属包含三个病毒：口蹄疫病毒，马鼻炎A病毒和牛鼻炎B病毒（牛鼻病毒2型）。

（一）口蹄疫病毒

1. 临床特征和流行病学 口蹄疫仍然是一个主要的影响全球动物健康的问题，近年来随着越来越多的国家的控制和消除计划的建立，该病的地理分布已经在减少（表26-3）。通过交叉保护和血清学试验目前已确定了七个血清型的口蹄疫病毒，它们定义为O、A、C、SAT 1、SAT 2、STA3和亚洲1型。曾几何时，这些病毒发生在世界上的大部分地区，往往造成国内大量的牛和猪的流行病。绵羊和许多其他的野生动物也容易受到影响。死亡率通常较低，但发病率高，受感染动物的恢复期可能被延长，正是因为这些特性使得口蹄疫如此重要，特别是将病毒引入无该病史的国家。口蹄疫病毒感染在非洲，亚洲和中东大部分地区仍然是地方性的。

表26-3 口蹄疫病的地理分布[a]

地区	病毒血清型
南美	O, A, C
非洲	O, A, C, SAT 1, 2, 3
亚洲，中东部分地区和东欧	O, A, C, 亚洲1型
西欧	没有病毒
美国北部与中部	没有病毒
加勒比海	没有病毒
大洋洲	没有病毒

a 没有口蹄疫的国家，也没有接种疫苗：阿尔巴尼亚，澳大利亚，奥地利，白俄罗斯，比利时，伯利兹，波斯尼亚和黑塞哥维那，文莱，保加利亚，加拿大，智利，哥斯达黎加，克罗地亚，古巴，塞浦路斯，捷克共和国，丹麦，多米尼加共和国，萨尔瓦多，爱沙尼亚，芬兰，法国，德国，希腊，危地马拉，圭亚那，海地，洪都拉斯，匈牙利，冰岛，印度尼西亚，爱尔兰，意大利，日本，韩国，拉脱维亚，立陶宛，卢森堡，马其顿，马达加斯加，马耳他，毛里求斯，墨西哥，黑山，荷兰，新喀里多尼亚，新西兰，尼加拉瓜，挪威，巴拿马，波兰，葡萄牙，罗马尼亚，塞尔维亚，新加坡，斯洛伐克，斯洛文尼亚，西班牙，瑞典，瑞士，乌克兰，英国，美国，瓦努阿图美国。

有口蹄疫病的国家，没有接种疫苗：阿根廷，博茨瓦纳，巴西，哥伦比亚，马来西亚，纳米比亚，秘鲁，菲律宾，南非。

有口蹄疫病的国家，已接种疫苗：阿根廷，玻利维亚，巴西，哥伦比亚，巴拉圭，土耳其。

在19世纪，口蹄疫在欧洲、亚洲、非洲、南北美洲和澳大利亚等国家被广泛报道。从1880年起，欧洲牧业非常关注对牛瘟和口蹄疫的控制。发现其后遗症比急性疾病更为重要。在奶牛群中，发热性疾病导致整个哺乳期牛奶产量下降，并且乳腺炎往往导致奶产量下降超过25%。对于肉牛来说，增长率减少。现在许多国家已通过严格的根除计划或广泛的疫苗接种计划消除了口蹄疫病。

从历史上看，每一种病毒都在交叉保护和血清学试验定量差异的基础上进一步进行了亚型的划分。一种型的抗原变异是一个抗原漂移持续的过程，在亚型之间没有清晰的界线。这种抗原具有的异质性对于疫苗的研发和选择具有重要的经济意义，通过感染或者使用当前特定亚型疫苗免疫使之获得免疫力。给新分离毒株确定一个亚型的标准仍是个问题。从流行病学角度看，对从已知血清型中分离口蹄疫病毒进行分类是根据它们的地模标本（地域性基因型）（图26-5）进行的。对于血清型O来说，至少有7个地模标本，反映了这个血清型从南美跨过非洲到达东南亚这样一个广阔的地理分布情况。

口蹄疫病毒感染各种各样的偶蹄类家畜和野生动物。虽然马对病毒感染有耐受性，但是黄牛、水牛、绵羊、山羊、骆驼和猪都易感，并表现出临床症状，并且超过20个家族70多种野生哺乳动物也都易感。一般来说，牛和猪的临床症状最严重；然而，有猪暴发该病的报道，而1997年中国台湾发生的与猪密切接触的牛却没有表现出临床疾病。绵羊和山羊通常表现出亚临床感染。野生动物表现出广谱的应答，从隐性感染到严重的疾病，甚至死亡。然而，非洲水牛却是个例外，野生物种与特定地理区域口蹄疫病毒的持续感染没有太大的关系。

（1）牛 经过2~8d的潜伏期，出现发热，食欲减退，精神沉郁以及产奶量显著降低。24h之内开始流涎，并且舌头和牙龈出现囊泡。患畜张口闭口发出典型的咂音。在趾间皮肤，脚上的冠状带以及乳头上都出现水疱。水疱很快就破溃，形成大的坑状的溃疡（图26-6）。舌头上病灶的愈合需要一段时间，但脚和鼻腔内病灶往往

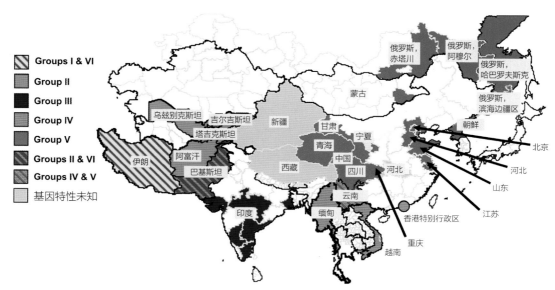

图26-5 2003—2007年，亚洲地区暴发亚洲血清1型的口蹄疫病毒的地区（国家/地区）。六种不同的群体和他们的所在地用不同的颜色表示。AR，自治区；SAR，特别行政区。［引自 J. F. Valarcher, N. J. Knowles, V. Zakharov, A. Scherbakov, Z. Zhang, Y. J. Shang, Z. X. Liu, X. T. Liu, A. Sanyal, D. Hemadri, C. Tosh, T. J. Rasool, B. Pattnaik, K. R. Schumann, T. R. Beckham, W. Linchongsubongkoch, N. P. Ferris, P. L. Roeder, D. J. Paton. Multiple origins of foot–and–mouth disease virus serotype Asia 1 outbreaks, 2003–2007. Emerg. Infect. Dis. 15, 1046–1051 (2009), 已授权 ］

图26-6 口蹄疫病的牛舌头溃疡破裂的囊泡
（由明尼苏达大学 G. O'Sullivan提供）

继发细菌感染，导致长期的跛行和黏液脓性鼻涕。当小牛6月龄时，口蹄疫病毒可通过心肌炎损伤导致死亡。成年牛的死亡率很低，但是，即使病毒不会通过胎盘，牛也可能会流产，这可能是由于发烧引起的，而不是胎儿本身的感染。此外，受感染的动物很长时间都不能生产或是生产性能差。在出现跛行的临床症状后它们往往一个星期都吃得很少；乳腺炎和流产会进一步降低产奶量。在一定的区域内，一部分牛可能具有一定的免疫力，疾病可能是轻度或亚临床型。

（2）猪 对于猪来说，跛行往往是口蹄疫的第一个迹象。足的病变是严重的，而且猪站立会很痛苦。脚趾之间裸露的地方通常会感染细菌；会导致化脓，在某些情况下，损伤了的脚趾会引起长期的跛行。口腔内的囊泡通常没有牛那么明显，虽然水疱很大，很快破溃，通常会发展到鼻子。

（3）其他动物 本病在绵羊，山羊和野生反刍动物中的临床表现通常比牛温和，并且其特征在于足的病变伴有跛行。

口蹄疫病作为一种重要的病毒病被人们所认知，在世界的许多地方都抑制动物的生产性能，致使对其流行病学的研究更为重要。

（4）没有地方性疾病的国家 在一些国家，口蹄疫或者从来不存在或者已被消灭，一个农场引入病毒会导致该病的迅速流行。短期之内，常以天为单位，而不是以周来衡量，并迅速蔓延到很多农场以至于兽医主管部门难以控制其蔓延，就像2001年发生在英国的引入的血清O型泛亚株病毒。之所以能够这样大规模的迅速传播，是因为该病毒的传染性很强，在呼吸道分泌物中产生高滴度的病毒，感染动物的飞沫中存在大量的病毒气溶胶，病毒在这种液滴中很稳定，短期快速复制产生大量的病毒，并且潜伏期很短。

口蹄疫病在一个地区内迅速蔓延是通过搬运受感染动物和通过机械运输，如服装、鞋、汽车用品和兽医器械。在出现临床症状之前，病毒最多已排泄24h，在出现任何可疑疾病之前一个农场可能已经发生了疾病的蔓延。那些表现出轻微感染症状的羊或其他动物都可能有助于病毒的迅速蔓延。

直到1967—1968年该病在英格兰出现一个戏剧性的流行，在该病成功根除之前，大约有634 000头动物被屠杀，可能是由于长距离的空气传播引起的。远距离传播主要依赖于风向和风速，并且低温、高湿度和阴天都是传播的有利条件。远距离传播更可能发生在温带而不是热带气候。随着国内动物及其产品严格受到国际运输的控制，口蹄疫病毒进入非流行性的国家是通过含带肉猪骨的猪饲料传播的，很少通过远距离气溶胶传播。分子技术的应用，可以对新暴发的病毒进行快速分型，使感染源能够被跟踪。

（5）有地方性疾病的国家 在没有病的国家引入新型病毒仍可能导致动物流行病，因为牲畜没有通过自然感染或是通过接种新的血清型疫苗获得免疫力。例如1961年，SAT 1型从非洲通过东部邻近的带有不同血清型的国家传播，这次流行比这种类型病毒在非洲内的任何一次流行记录都更为戏剧性。在亚热带和热带国家，主要是当地品种的黄牛，地方性毒株在本地牛当中只能产生轻微的疾病，但对引进的欧洲品种会造成严重的疾病。非洲和亚洲抗原类型与东欧、中东和南美相比存在较大的变异性，尤其是非洲，一个大的野生动物种群都卷入了该病的流行。非洲岬水牛是血清型SATs 1、2、3型口蹄疫病毒的自然宿主。病毒在非洲水牛之间传播，但临床疾病没有被记录；非洲水牛似乎也没有将病毒传染给本地牛。

口蹄疫比其他疾病更能影响到国际法规的设定，以尽量减少将动物疾病引入一个国家的风险。有些国家已经成功地避免从有病的国家引进所有动物和动物产品来避免引入口蹄疫病。

2. 发病机制和病理学 反刍动物的主要感染途径是通过飞沫的吸入，同时食用感染了的食物，接种受污染的疫苗，人工授精受污染的精液，接触被污染的衣物，兽医器械等都可以感染。在通过呼吸道感染的动物，最初病毒复制发生在咽部，其次是在临床发病前通过病毒血症传播到其他组织器官。在出现临床疾病前24h就开始排毒，并持续数天。受感染的动物产生的气溶胶含有大量的病毒，尤其是猪产生的，而绵羊传播2001年在英国流行的O型口蹄疫的能力较差。大量的病毒也通过乳汁排泄。飞沫和牛奶中高滴度病毒的存在对于疾病控制具有重要意义。

口蹄疫恢复后，病毒可能在咽部仍持续一段时间。牛感染后能长期检测到病毒存在（可能长达2年），羊一般为6个月。病毒在猪中不滞留。野生动物也存在带毒状态，特别是非洲岬水牛，其经常被多种南非型病毒同时感染，即使在口蹄疫病不发生的地区。

病毒在反刍动物中持续性感染的机制尚不知晓。病毒存在于咽部具有易感性；如果咽液接触到易感动物，就会引发口蹄疫。我们试图证明牛可以传播疾病，将它们与易感动物接触，结果是模棱两可的，但病毒可从持续感染的非洲水牛传播给牛已被证实。

3. 诊断 口蹄疫的快速诊断是非常重要的，尤其是在那些没有感染国家，控制制度应该尽快落实。因为还有其他三种病毒可以在家养动物产生临床上类似或难以区别的水疱病变，实验室诊断是必需的，尽管该疾病的历史和涉及的不同物种对于诊断都是有价值的（表26-4）。口蹄疫在大多数国家是一个法定报告的疾病，因此，当家畜出现水疱病时必须立即报告给相应的政府机构。

官方从带有临床症状的动物中采集样品，不同国家的实际操作也不一样。感染的早期，样品应当包括水疱液，最新破裂的囊泡边缘的上皮组织、血液（抗凝的）、牛奶和血清。条件允许的情况下，主张用食管探杯收集反刍动物的食管液/咽液。猪的咽拭子也应收集。一般来说，这些采集的样品立即用等体积的含有蛋白质稳定剂（如10%胎牛血清）的病毒转运液稀释。运输液的一个重要特征是一种缓冲系统，可以维持pH在7.2～7.6。对于动物尸体，其他的组织样品可以从淋巴结、甲状腺、心脏处收集。样品应迅速冷冻，迅速转移到诊断实验室。如果预先知道运输会被延迟，样品应该冻在-70℃。

诊断试验可用于区分水疱性疾病，包括口蹄疫。引起水疱病的病原目前可以使用多重逆转录-聚合酶链反应（RT-PCR）进行快速区分，PCR方法也可用于区分口蹄疫病毒的特定的血清型。多重类型的检测为口蹄疫病毒不是病原体时"相似"病原体的鉴定提供了便利，并为口蹄疫病毒阴性样本确定的真实性增强了信心。酶免疫

表26-4 基于本土的物种自然发生水疱病的诊断[a]

疾病	牛	羊	猪	马
口蹄疫	S	S	S	R
猪水疱病	R	R	S	R
水疱性口炎	S	S	S	S
猪的带状疱疹[b]	R	R	S	R

a R，有抵抗力；S，易感。

b 在猪中已经灭绝，但病毒发生在海洋哺乳动物和野猪中。

测定法（ELISA）也可以在几个小时内进行样品诊断，其前提是水疱性口液或组织中含有足够量的抗原。该检测方法也可以用来确定口蹄疫病毒是七种类型中的哪一种。

敏感的酶免疫测定法也可用于特异性抗体测定。ELISA试验用于检测针对口蹄疫病毒非结构蛋白的抗体，并试图区分接种灭活疫苗的动物与那些自然感染病毒的动物。病毒中和试验也是口蹄疫病毒血清学诊断的中的主要依据，但是测定却因病毒存在多个血清型而变得复杂。

细胞培养被用来从临床样本中进行病毒的分离，以确定鉴定的病原，以此来获得病毒的分离株，并进行基因型和抗原性的分析。牛、猪、绵羊或羊肾脏的原代培养物比建立的细胞系，如BHK–21或IB–RS–2细胞系更为敏感。细胞培养通常用于从组织、血液、牛奶和食管或咽部流体分离出病毒。所分离的病毒通过ELISA，RT–PCR和中和试验等方法鉴定。

4. 免疫、预防和控制　口蹄疫的临床恢复与病毒特异性的抗体应答有关。早期的IgM抗体中和同源型病毒，并且还可能对异源型的病毒有效。与此相反，恢复期过程中产生的IgG具有型特异性，并且在不同程度上存在亚型特异性。对于口蹄疫病恢复期细胞介导的免疫作用的信息我们知之尚少，但在其他小RNA病毒的感染中，它已被认为是次要的。牛在口蹄疫恢复后，对于相同血清型的病毒具有的免疫力至少持续一年或一年以上，但免疫力不是终身的。恢复的动物可以立即感染其他血清型的口蹄疫病毒，并产生临床症状。

自然感染后产生的免疫力激发了人们研制有效疫苗的想法。就像自然感染一样，基于单一血清型的疫苗策略将无法有效控制其他血清型的感染。即使是同一个血清型，抗原变异也可能使疫苗不太有效。对于牛来说在持续性或慢性感染发生时，无菌免疫是可取的，确定的是，接种疫苗的动物不能传播感染，但无菌免疫在口蹄疫病毒中是难以实现的。灭活疫苗在某些区域被常规性的使用，为的是控制感染，而不是实现根除。虽然目前的疫苗是不完美的，接种疫苗与控制并行会更加有效。

对于那些近代历史上没有发生口蹄疫的国家，如澳大利亚、加拿大、英国和美国，每当疾病发生的时候，销毁政策的成本效益分析显得很有道理。在屠杀受感染动物和接触感染动物的基础上，对检疫程序实行刚性执法，并限制动物移出隔离区。这是2001年英国暴发时使用的策略。数以百万的未感染的动物被销毁，部分是由于在隔离地区缺乏食物，使得公众支持的成本过高以至于这样的政策不能执行下去。因此，开发了新的控制程序，在疫区紧急接种，以阻止病毒的继续传播。基于非结构蛋白抗体的血清学试验将用于对疫苗接种和感染的动物之间进行区分。动物流行病结束时，疫苗接种就会停止。

5. 人类感染　人类感染口蹄疫病毒是相当罕见的，往往是隐性的，而其他的症状类似动物感染的症状。临床症状包括发热，厌食和在皮肤或黏膜处形成囊泡。原发性水疱位于病毒暴露位置（如皮肤擦伤），继发性水疱位于损伤的口腔和手脚的部位。多年来的报道称，大多数情况下，感染者一般是与受感染的动物密切接触者和实验室的工作人员。人患病例必须通过实验室诊断来确诊。预防人类感染的基础是动物疾病的控制，并使用生物安全2级的实验室设施。

（二）马鼻炎A病毒

马鼻炎A病毒（原名为马鼻病毒1型），该病毒在马中的感染是普遍的。致病的病毒具有的物理化学性质（如酸不稳定性）和人的那些鼻炎病毒不一样，但是与口蹄疫病毒相类似。马鼻炎A病毒感染马后的3～8d可以产生急性上呼吸道症状，临床表现包括流鼻涕，咽炎，淋巴结发炎和咳嗽。病毒可在鼻分泌物，血液、粪便、尿液中被检测到。尿中的病毒存活时间会被延长。血清流行病学研究表明，在年老的马中，有50%～100%以前就感染过病毒，尽管许多受感染的动物没有显示临床症状。

最近人们发现，马鼻炎A病毒可以感染新大陆和东半球的骆驼，而且这种感染可导致流产。此外，新大陆的骆驼科动物感染后可产生衰竭综合征，这些动物开始出现高血糖，可能是由于病毒导致的胰岛细胞的损伤。类似的胰岛细胞的感染在山羊口蹄疫病毒中进行了描述。

肠道病毒属的成员

2006年，ICTV批准的一个新的分类方案显著的改变了肠病毒属中的成员。鼻病毒属被解散了，该属中的成员都归为肠道病毒属。此外，先前被称为猪肠道病毒（porcine enterouiruses，PEV）的病毒，目前已经分配到三个属中：PEVs 1～7和PEVs 11～13现在属于捷申病毒属；PEVs 9和10仍然留在肠病毒属；PEV 8提议分到一个新的属，萨佩罗病毒属，至少还有一个禽的小RNA病毒和3个猿猴病毒被分到这个属。仍有进一步建议说其他的禽的小RNA病毒被归类到自己的新属里。

肠道病毒和杯状病毒一样，无处不在，而且在所有的脊椎动物物种中都可能发生。但是只有在猪和家禽中引发的疾病具有明显的经济意义。许多肠道病毒在猪中被恢复，但只有两个引发重要性的疾病：一种引起猪的水疱病，它的重大意义在于它的临床症状与口蹄疫相似，另一种造成猪的脑脊髓灰质炎。

（一）猪水疱病病毒

猪水疱病是1966年在意大利被首次发现的，自从1972年以来在欧洲和亚洲的一些国家有零星的报道。意大利仍然是那里出现地方性动物病的唯一国家。猪水疱病病毒在遗传学上与人类的柯萨奇病毒B5十分相似。据估计，人类的柯萨奇病毒B5在1945—1956年首次感染了猪，记载了病毒从人转移到动物中的一个实例，并建立一个新的谱系。

1. 临床特征和流行病学　没有任何证据表明猪水疱病病毒存在于某个国家却无临床疾病的报告。由于其对低pH和环境温度的抵抗力，病毒很容易通过感染了的肉在国家之间传播。未经热处理制作的各种猪肉制品，如香肠，能够携带病毒数月。感染猪水疱病病毒的鲜猪肉对于国家来说是个额外的风险，并且延迟疾病的根除，就像感染的尸体可能在不知不觉中被冷藏放置数月或数年，当被释放时，这种感染的肉类可能会引起新的疾病的暴发。

在中性pH和4℃的温度下，该病毒被报道称可以存活超过160d而不降低滴度。因此，发现许多猪场的条件都有利于严重和持续的环境污染。由于病毒是相当稳定的，因此受感染场所的净化是非常困难的，特别是猪被安置在土壤中。疾病往往是通过猪群中突然出现几个跛足的猪而被发现。受感染的猪出现一过性发热，在脚跟和冠状带之间的交界处出现囊泡，然后蔓延到周围的脚趾。在严重的病例中，猪的跛脚是非常严重的并且恢复期会延长。在10%的病例中，病灶出现在鼻子，嘴唇和舌头上。偶尔一些感染的猪出现脑脊髓炎的症状，如共济失调、转圈、抽搐等。亚临床感染也常会发生。

2. 发病机制和病理学　在自然条件下，猪可以通过粪–口途径感染，病毒复制主要发生在胃肠道中。感染也可能是通过破损的皮肤和前后脚的擦伤处，也可通过受感染的垃圾被摄入。猪被安置于被病毒污染的环境中24h内会出现病毒血症，囊泡是在暴露后第2d形成的。囊泡含有很高的病毒滴度且非常多的病毒由粪便排出，感染后2个月仍可在粪便中检测到病毒。带毒动物很少能被发现。受感染的组织切片免疫组化染色显示上皮细胞的染色力强，可能有树突状细胞的参与。

3. 诊断　因为猪的水疱病不能与临床上猪的其他水疱性疾病相区分，包括口蹄疫，因此快速鉴定各种水疱性疾病的实验室诊断是必不可少的。如果有足够可利用的水疱液或是上皮，

ELISA可用于检测抗原，并在4～24h内建立一个诊断。RT-PCR能够从临床病料中特异性的快速检测猪的水疱病病毒，但是复合测定法也受到青睐，因为这种类型的检测可以确定造成的临床发病的具体病原，而不是简单地排除了一个病原。微阵列试验被用于相同的目的，该方法要比通过多重PCR试验筛选到更多的病原体。

猪水疱病病毒在猪的肾细胞培养物中生长良好，最早在接种病毒后6h就能够产生细胞病变效应。该病毒也可通过新生小鼠脑内接种进行分离，其对小鼠会造成麻痹和死亡。

4. 免疫、预防和控制　猪水疱病不是一个重要的经济型疾病，其在历史上的重要意义与其临床表现相关，这一点与口蹄疫病毒十分相似。随着更快速，更可靠的诊断方法投入使用，对其的关注日益减少。限制受感染的动物及其肉类产品的进出口是控制猪水疱病的唯一可行的手段，因此它是一个法定报告的疾病，并且很多受感染的国家选择屠杀政策来消除病毒。

5. 人类疾病　猪水疱病病毒偶尔会引起人类的"流感样"疾病。事实上，它是一种起源于人类柯萨奇病毒B5的动物传染病。

（二）牛肠病毒属

牛的肠病毒和牛的鼻病毒在牛种群中是无处不在，并且这两种病毒最近被重新归类到肠病毒属。这个属有两个物种，大约有100个血清型的人的鼻病毒，但是在国内的动物中，鼻病毒只被认为存在于牛中。在牛中，已经确定了三种血清型；这些牛的鼻病毒的抗原与人类的鼻病毒无关。牛鼻病毒血清2型与口蹄疫病毒存在很多共同点，因此被归类到口蹄疫病毒属。牛的鼻病毒具有高度的宿主特异性，并且是从和人的普通感冒相类似的牛的轻度呼吸道疾病中分离到的。

牛肠病毒分为两个血清型。这些病毒在健康牛和表现出各种临床症状的牛中都很常见，因而其致病意义仍在推测中。

（三）猿肠病毒属

超过20种小RNA病毒经确定是来自非人的灵长类动物。许多毒株都来自用于研究目的的动物或动物组织。可以预料的是，一些分离株显示出与人源的病毒序列高度的同一性，并且人们意识到了这些病毒存在人畜共患的潜在威胁。灵长类动物中心的一项研究表明，来自有腹泻病动物的粪便样品有66%为猴肠道病毒阳性。然而，与人类肠道病毒一样，大多数猿猴株都来自健康动物和临床疾病不严重的动物。

四　捷申病毒属的成员

猪捷申病毒（也被定义为猪肠道病毒1～7型和11～13型）是一个在大多数商业猪群中普遍存在的病毒。这些病毒被认为是多种临床疾病潜在的病原体，包括腹泻、死胎生殖损失、胎儿木乃伊化、胚胎死亡、不孕不育以及肺炎、心包炎、心肌炎和脑脊髓灰质炎。然而大多数猪患有的疾病中，缺乏决定性的证据证明是由猪捷申病毒引起的，由于很多传染源的共同存在，正常猪的捷申病毒感染率仍很高。

猪捷申病毒1型

猪脑脊髓灰质炎是1930年首次在捷申镇发现的——也就是现在的捷克共和国。该病被描述为高毒力，高致死性的非化脓性脑脊髓炎，整个中枢神经系统都出现损伤。这种疾病产生的严重后果是被公认的，也有不太严重的病例，可追溯到最初在英国发生的传染性猪脑脊髓炎和丹麦地方性流行的后肢麻痹症，这些在全球范围内都是比较常见的。其他猪捷申病毒血清型（2、3、5）也在暴发的不严重的疾病中被检测到。

1. 临床特征和流行病学　猪捷申病毒1型是通过粪-口途径传播的。经过4～28d的潜伏期，初期症状是发烧，厌食和抑郁，其次是震颤和共济失调，通常开始于后肢。最初可能出现四肢僵硬，紧接着是麻痹和衰竭、抽搐、昏迷、甚至死亡。有可能对触摸和声音的反应性提高，面部肌肉瘫痪并丧失声音。严重暴发时死亡率能达到75%。病情温和时，其临床表现仅限于后肢轻瘫，这些猪几天内就能完全恢复。

2. **发病机制和病理学** 猪捷申病毒1型毒株间的致病性差异很大，疾病的严重程度与年龄有关，壮年猪最严重。病毒最初是在消化道和相关的淋巴组织中复制，随后是病毒血症，并侵袭到中枢神经系统。病毒血症表面上看不是病毒产生的，而且不引起中枢神经系统疾病。从组织学上看，病变与其他的脑脊髓炎相类似，出现血管套，神经元变性和神经胶质增生。病变程度与临床疾病严重程度并行，在极端情况下，涉及整个脊髓、脑和脑膜。

3. **诊断** 由捷申病毒引起的猪的脑脊髓炎必须与其他的病毒性脑脊髓炎包括伪狂犬病、血凝性脑脊髓炎和狂犬病相区别。病毒特异性的RT-PCR方法目前已用于临床病料的检测和毒株鉴定。猪捷申病毒很容易从猪的细胞培养物中分离，并用中和试验进行分型。组织切片的免疫荧光或免疫组化也可用于该病的诊断。

4. **免疫、预防和控制** 灭活苗和减毒苗就好比人小儿麻痹症的沙克疫苗和口服脊髓灰质炎活疫苗一样，都是商品化的用来预防猪捷申病毒1型病的疫苗。疫苗常规接种是不可行的，因为密集的猪群对该病的控制往往通过卫生检疫获得了满意的效果。在暴发的情况下，采取环围接种和屠杀受感染猪群的方法来消除感染。不太严重的情况下，育龄前母猪的自然感染已被用来控制壮年猪的损失。

五 心病毒属的成员

（一）脑炎心肌炎病毒

1. **临床特征和流行病学** 脑心肌炎病毒的自然宿主是啮齿类动物。该病毒从啮齿动物传播到许多其他动物，包括人类、猴、马、牛和猪。心肌炎流行严重，伴有死亡，很少在猪和野生动物中被报道，通常是与鼠和大鼠的感染相关。南非克鲁格国家公园中大象感染脑心肌炎病毒造成了严重的经济损失。动物公园中的动物，也许是因为它们与啮齿动物有接触的机会而存在较大的风险，也加强了对这些动物的监察。啮齿动物觅食时留下的粪便经常导致该病毒污染饲料。除了心肌炎，猪群往往因脑心肌炎病毒的感染导致生殖能力丧失。该病毒与犬和猫的非化脓性脑炎有关。偶有零星报道家畜和野生动物感染脑脊髓炎病毒，很可能是与这个病有关。

2. **发病机制和病理** 病毒是通过口服途径感染，病毒在消化道上皮细胞中复制。人工感染的怀孕母猪在感染后第1d就能检测到病毒血症，能够持续8d。病毒在粪便中能存在至少7d。在感染脑心肌炎病毒的仔猪中，在感染后第2d所有组织都能分离到病毒。组织学上，受感染的动物呈现多灶性或弥漫性间质性心肌炎以及心肌细胞和浦肯野纤维的坏死。受感染的动物也出现由单核细胞浸润引起的坏死性扁桃体炎和间质性胰腺炎。通过免疫组化染色，病毒抗原定位于心肌细胞和心脏血管的内皮细胞。在扁桃体和胰腺，抗原定位于上皮细胞、巨噬细胞和成纤维细胞中。

3. **诊断** 动物感染脑心肌炎病毒需要通过实验室检测来确诊。组织中的病毒抗原可以通过免疫荧光或免疫组化检测，病毒可以在许多细胞系中进行分离，包括Vero细胞和鼠源细胞。RT-PCR检测不是很常用，但它可以用来确定临床分离的抗原。病毒感染确实诱导了强烈的血清中和抗体应答，以便在接触或配种时对脑心肌炎病毒予以限制。

4. **免疫、预防和控制** 脑心肌炎病毒的传播是通过啮齿动物粪便污染了的食物、猪群暴发时的粪便、也可能是通过食用被感染的啮齿类动物进行的。从饲料供应点消除鼠类是一个关键控制点，尤其是猪饲料。由于动物公园的损失，已研制出实验疫苗，对大象具有保护力。

（二）泰勒病毒

泰勒病毒中包括泰勒鼠的脑脊髓炎病毒（Theiler's mouse encephalomy elitis virus，TMEV），它是鼠常见的肠道病毒，可以扩散到中枢神经系统，进而导致神经系统综合征。该病毒有两种主要血清型，包括GDVII（GDVII和FA病毒）和TO（TO、DA和BeAn8386病毒）。大鼠可自然感染相关病毒，包括MHG和大鼠心病毒。仓鼠和豚鼠也可感染鼠脑脊髓炎病毒或血清学相关的病毒。临床疾病仅在小鼠中有报道，其中大部分感染是亚临床的，受感染的小鼠很少出现脊髓灰质炎和后肢麻痹。临床疾病多与GDVII血清型病毒相关。神经性疾病也极少发生，依赖于病毒株、小鼠年龄和小鼠品系。神经系统受损被推测是病毒血症的结果，并且可能导致急性脑脊髓炎和脱髓鞘性脊髓炎。脱髓鞘是由于感染神经元和少突胶质细胞直接裂解，以及感染细胞继发性免疫介导的破坏。小鼠脑脊髓炎病毒感染肠道细胞，随粪便间歇性排出。感染通常是持久的，血清阳性的动物被认为是受感染的。

存在于鼠群中的这种病毒是一个重要问题，它的存在能够对科研造成干预。它的诊断方法与小鼠的其他病毒一样通过常规的病毒诊断。诊断包括血清学（血凝抑制，中和，酶免疫测定法），并通过在小鼠细胞培养物中分离而确诊。该病防控涉及高水平的环境卫生，诊断监视，防止野生啮齿类动物的进入。泰勒病毒在啮齿类动物中扩散缓慢，通常在感染群体中血清转换率很低。鼠泰勒病毒与脑心肌炎病毒发生血清学交叉反应，但后者在实验室啮齿动物种群中是罕见的。

六　鼻病毒属的成员

马鼻炎B病毒

马的小RNA病毒由于对酸的不稳定性先前被划分到鼻病毒属，现在分为两个属：马鼻炎病毒（马鼻病毒1型）被列为口蹄疫属的成员，而马鼻炎B病毒（马鼻病毒2型）现在归类于鼻病毒属，有三个已确定的血清型（定义为马鼻炎B病毒1，2，3）根据它们的酸不稳定性/稳定性，基因序列以及特异性血清中和作用进行区分。马鼻炎B病毒在马中可引起轻度上呼吸道病，但它们病原体的重要性还没有得到牢固的确立。该病毒呈世界性分布，并且非隔离群体中血清阳性率很高。

七　正嵴病毒属的成员

正嵴病毒属包括小RNA病毒的两个种，Aichi病毒和牛的正嵴病毒。Aichi病毒与人的腹泻疾病有关，与食用贝类密切联系。牛的正嵴病毒最初被鉴定为细胞培养污染物。随后的测试表明，在日本牛群中的中和抗体阳性率高达60%。对泰国犊牛腹泻粪便样品的RT-PCR检测结果显示有8%阳性率。牛粪便样品电子显微镜观察可见牛的正嵴病毒可能代表一个"小圆形病毒"，该病的病因目前尚未最后确定。

八　未分类的小RNA病毒

（一）禽脑脊髓炎病毒

禽脑脊髓炎病毒最初被划到肠病毒属。然而，该病毒后来被重新分类，在有限的序列数据的基础上，划分到一个新属——嗜肝病毒属，仅包含人的肝炎病毒。关于其5'-UTR结构和功能的最新数据显示，禽脑脊髓炎病毒包含Ⅳ型IRES与虫媒病毒相类似，但与甲型肝炎病毒不同。因此，提出了一个新的属——震颤病毒属，包括禽的脑脊髓炎样病毒。

1. 临床特征和流行病学　禽脑脊髓炎最早是在1930年发生在美国的新英格兰地区，目前是世界公认的。该病的历史与人的脊髓灰质炎和猪的脊髓灰质炎的历史并存。禽脑脊髓炎常见于1~21日龄的鸡，在成年鸡中不致病。该病只存在单一的抗原类型，但毒株间的毒力却不同。随着种鸡的疫苗接种，该病在临床上很少见。禽脑脊髓炎病毒在日本鹌鹑、火鸡、鸽子和野鸡中产生相对温和的脑脊髓炎；其他禽类在实验条件下易感。

当禽脑脊髓炎病毒最初引入一个鸡群时，低日龄的鸡会产生高发病率和死亡率。主要的传播方式是通过粪-口途径，尽管蛋鸡出现短暂的病毒血症也会通过鸡蛋传播。受感染鸡产的蛋孵化率降低，增加了雏鸡孵化的损失。该病毒一旦在鸡群中建立感染，损失会大大降低，因为小鸡孵化后的前21d受母源抗体的保护。

禽脑脊髓炎病毒垂直传播有1～7d的潜伏期，水平传播大约是11d，其特征是浊音，渐进性共济失调，震颤（特别是头部和颈部）、体重减轻、失明、麻痹，严重的情况下，虚脱、昏迷甚至死亡。恢复了的鸟类有中枢神经系统缺陷。受感染的蛋鸡（血清反应阴性的）感染该病毒可能会出现产蛋量下降5%～10%，但没有明显的症状。

2. 发病机制和病理学 在解剖时，感染禽脑脊髓炎病毒的禽类无明显的肉眼可见的病变。组织学观察到典型的病毒性脑炎存在于整个中枢神经系统，不涉及周围的神经系统，但不能诊断为禽脑脊髓炎。病变包括弥散性非化脓性（单核细胞炎症）性脑脊髓炎和背根神经节的神经节炎。延髓神经元中央倪氏小体溶解就是禽脑脊髓炎的强烈暗示。

3. 诊断 临床症状和组织病理学病变均能提示是禽脑脊髓炎，受感染小鸡组织的免疫荧光染色被广泛用于该病的诊断。该病毒的分离有两种方法，一是细胞培养，二是卵黄囊接种5～7d龄无母源抗体的鸡胚；待小鸡孵化后，观察脑脊髓炎症状7d。RT-PCR检测方法将取代病毒分离。鸡群状态的评估可以通过各种血清学试验进行，使用纯化的或重组的抗原进行ELISA检测将成为标准。禽脑脊髓炎必须与新城疫和一系列非病毒性的中枢神经系统疾病相区别。

4. 免疫、预防和控制 禽脑脊髓炎可以通过减少鸡群数量或疫苗接种来控制。在饮用水中投入减毒病毒疫苗也是有效的。鸡达到8周龄就可以使用该疫苗，至少要在产蛋前4周使用，目的是确保有足够水平的特异性抗体从母鸡转给后代雏鸡，并在孵化后21d内对小鸡提供保护。这些疫苗不直接施用于小鸡，因为它们可能没有被充分地减毒；此外，雏鸡出壳后，在严重污染环境中没有足够的时间来提供保护。当免疫的鸡群接近未免疫的鸡群时，灭活疫苗也是首选。疫苗也被用来控制鹌鹑和火鸡的禽脑脊髓炎。

（二）鸭肝炎

临床上的鸭肝炎至少是由三种不同的病毒引起的，即鸭肝炎病毒1，2，3。鸭肝炎病毒2和3现在归类为星状病毒（星状病毒科家族），而鸭肝炎病毒1型（鸭肝炎病毒）被列为小RNA病毒的一个新的属，禽肝病毒属。

1. 临床特征和流行病学 鸭肝炎最早是在1945年在纽约长岛的养鸭场被发现的。从暴发地最初分离到的病原命名为鸭肝炎病毒1。

最初鸭肝炎病毒1只有一个血清型是已知的，鸭肝炎病毒2和3型是在鸭免疫鸭肝炎病毒1型后表现出肝炎的症状时被鉴定出来的。目前鸭肝炎病毒有三种血清型。与鸭肝炎病毒1型相比鸭肝炎病毒3型毒力较弱。21日龄以内的雏鸭易感，潜伏期1～5d。成年鸭不表现任何症状，产蛋量也不受影响。本病在鸭群中迅速传播，3～4d的时间死亡率就能达到100%。感染的鸭子身体僵直，眼睛半睁，向一侧倾倒，划桨样运动，最后死亡。可能伴有一些腹泻。除了鸭、鹅、野鸡、日本鹌鹑、火鸡、珍珠鸡和鹌鹑也都易感，但鸡不易感。

2. 发病机制和病理学 剖检时发现肝脏水肿增大，以及斑驳圈点或瘀斑出血。脾脏和肾脏也肿大。组织学上可见大面积的肝坏死。感染后生存的鸟类出现胆管炎、胆管上皮增生。

3. 诊断 发病历史，临床症状和剖检特征的结果均能提示为鸭肝炎病毒感染；免疫荧光检测能提供一个快速，明确的诊断。病毒可通过细胞培养物分离（鸭肝细胞）或通过10日龄鸭胚（首选）或鸡胚的尿囊膜接种。照胚时，被感染的胚常常表现出绿色尿囊液，大部分在接种后4d死亡。受影响鸭群的血清学检测价值有限。鸭肝炎必须与其他的雏鸭高死亡率的疾病（黄曲霉中毒和沙门氏菌病）相区分。

4. 免疫、预防和控制　恢复后的鸭是具有免疫的。疾病暴发时，高免血清可以成功地用于减少损失。减毒病毒疫苗也是商品化的，使用的原则参照禽脑脊髓炎疫苗。疫苗现在几乎只用于育种，以保证母源抗体传给后代。

（三）其他未分类小RNA病毒

随着野生动物物种的研究日益增多，可以肯定的是新的小RNA病毒将被陆续发现。根据以往的经验，许多毒株的与临床疾病并不是密切相关的。例如，最近从海洋哺乳动物中鉴定出两个小RNA病毒：一个是从20份北欧死亡的海豹肺脏样本中分离的，另一个是从加拿大北部猎杀的环斑海豹的组织样本中分离的；有的没有任何疾病的征兆。这些新的病毒的序列分析表明，它们可能成为小RNA病毒家族中新属的成员。

通过电子显微镜我们从鱼中观察到了小RNA病毒样病原，在某些情况下，可以从鱼的细胞培养物中分离（胡瓜鱼，鲈，比目鱼中未分类的小RNA病毒）。通过电子显微镜从火鸡暴发的肝炎中鉴定出一个类小RNA病毒，称为火鸡病毒性肝炎。然而，这些病原最终的分类还需要分子生物学分析。

赵　妍　译

嵌杯病毒科

Chapter 27
第27章

嵌杯病毒科成员的数目不断增加，这些病毒所感染动物种类的数目也不断增加，通常致病性嵌杯病毒在它们各自的宿主内能引起胃肠炎或全身性疾病。嵌杯病毒科的成员难以通过细胞培养进行分离，现代分子技术出现之后对嵌杯科病毒才有了最新的阐述。嵌杯病毒能够感染很多动物，包括猪、禽类、海洋哺乳动物、兔类、啮齿类、猴、牛、羊、水貂、猫类、犬类、臭鼬、爬行动物、鱼类、两栖类甚至昆虫类，这其中许多病毒的致病性还不明确。

1932年，在美国加利福尼亚州南部首次确诊猪水疱疹病，该病的发现具有重要历史意义，直到1956年才在家猪中彻底消灭了该病。此后，许多生活在北太平洋海域的哺乳动物体内分离出的病毒由于与嵌杯病毒亲缘较近，被认为很可能是使猪感染的根源。猪水疱疹病的最大重要性在于它和猪口蹄疫病非常相似。猫嵌杯病毒是引起猫类呼吸道感染和其他疾病的常见病原，最近也出现了高致命性的全身感染症状。1984年在中国首次暴发的兔出血症是一种新的、对家兔有致命性的疾病；引起该病的病原体兔出血症病毒迅速传播，如今在世界大部分的养兔集中区该病已成为地方性疾病。引起欧洲野兔综合征的病原是一种与兔出血症病毒相关的嵌杯病毒。最近，从实验鼠繁殖系中分离出了鼠类嵌杯病毒（诺如病毒）。除了特定改造的小鼠（如转基因鼠），其他病毒感染的鼠不会表现临床症状。

一　嵌杯病毒科的特性

（一）分类

嵌杯病毒科的成员包括四个属，五大类（图27-1）。每一种属都有能引起动物感染的病毒。水疱疹病毒属包含猫科嵌杯病毒、猪水疱疹病毒和包括众多圣米格尔海狮病毒、鲸目嵌杯病毒、灵长目嵌杯病毒、臭鼬嵌杯病毒、牛嵌杯病毒、爬行动物嵌杯病毒和实验性水貂嵌杯病毒等在

内的其他近缘病毒。兔病毒属包含兔出血症病毒和欧洲野兔综合征病毒。诺如病毒属的典型物种为诺瓦克病毒，该病毒的传染性极强，能引起人类急性胃肠炎的暴发。最近又有诺如病毒感染羊、猪、犬类和小鼠的报道。札幌病毒（又名札如病毒、沙波病毒）属包含有引起人类急性胃肠炎相关的病毒、猪肠道嵌杯病毒及水貂肠道札幌病毒。猪肠道嵌杯病毒中某些病毒具有和人类的某些毒株相似的抗原性。现在还未被分组的有犬嵌杯病毒、禽嵌杯病毒、牛嵌杯病毒的NB株和海象嵌杯病毒。

嵌杯病毒科在遗传学上具有多样性（图27-1）。对衣壳基因的序列分析表明在札幌病毒属和诺如病毒属中至少有五个不同的基因群。不同种属病毒之间的基因重组使病毒分型更加复杂，并可能促进重组病毒的跨种间传播，其中包括从动物传播

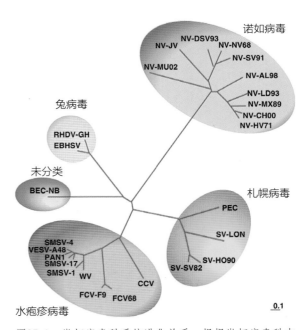

图27-1　嵌杯病毒科系统进化关系。根据嵌杯病毒科内的每个种属代表株的衣壳蛋白的全长氨基酸序列进行系统进化分析。包括诺瓦克病毒（NV）、猪肠道嵌杯病毒（PEC），札幌病毒（SV），海鲸嵌杯病毒（CCV），猫嵌杯病毒（FCV）圣米格尔海狮病毒（SMSV），灵长类嵌杯病毒（PAN），猪水疱疹病毒（VESV），海象嵌杯病毒（WV），牛肠道嵌杯病毒（BEC），兔出血症病毒（RHDV），欧洲野兔综合征病毒（EBHSV）。（引自病毒学分类：第八次病毒学分类国际委员会报告，C M Fauquet，M A Mayo，J Maniloff，U Desselberger，L A Ball等，p.850，Copyright © Elsevier，2005，已授权）

到人。毫无疑问，随着对更多物种尤其是野生物种研究的增加，会有更多的病毒归类为嵌杯病毒。

（二）病毒粒子特性

嵌杯病毒颗粒无囊膜，直径27～40nm，二十面体对称。病毒基因组为单分子线状正链RNA，大小为7.4～8.3kb。基因组的5′端与VPg蛋白共价结合呈帽子结构，3′端由多聚腺嘌呤组成。病毒粒子由180个相同的蛋白分子（58～60kDa）组成，这些蛋白分子以二聚体的形式形成90个拱状结构单位，最后依次排列形成32个杯状表面凹陷，从而形成了病毒粒子独有的外形（图27-2，表27-1）。有些嵌杯病毒尤其是肠道嵌杯病毒缺乏这种特征性的外形结构，外形模糊。

嵌杯病毒的病毒颗粒主要由一个单一的衣壳蛋白（VP1；55～70kDa）组成，其在功能上可分为S（外壳）区域和P（突起）区域。顾名思义，P区域是暴露在最外的部分，又可进一步分为P1和P2亚区域。P1亚区由两个非连续区域构成而P2亚区正好镶嵌在这两个区域之间。P2亚区域包含有一个5′端超变区、一个保守区和一个3′端超变区（图27-3）。猫嵌杯病毒中和表位定位在P2亚区域的超变区，该区域还包括2个B细胞的线性表位，以上说明P2亚区域是嵌杯病毒粒子的免疫决定簇，并且这一区域的改变会引起抗原变异。P2亚区参与同受体的相互作用，这就限制了感染宿主范围和组织专一性。猫嵌杯病毒还含有一个较小病毒蛋白（8.5～23kDa），这种蛋白是组装具有感染性的病毒毒粒所必需的。无脂质囊膜使得嵌杯病毒科的成员对常规的消毒剂有一定的抵抗力。它们能在低pH条件下被灭活但却相对耐热。

表27-1 嵌杯病毒特性

病毒粒子无囊膜，直径27～40nm，二十面体对称。
某些粒子有特征性外形，表面有32个杯状凹陷。
病毒粒子由一个核衣壳蛋白（M_r 60 000）组装而成。
基因组为7.4～8.3kb的单分子线状正链单股RNA。
RNA基因在3′端有多聚腺苷酸，5′与蛋白共价结合；基因组RNA有感染性。
细胞质复制。基因组RNA和部分亚基因组mRNA在病毒复制中生成。成熟蛋白质既可以在多聚蛋白的加工中产生也可以由亚基因组的mRNA翻译产生。

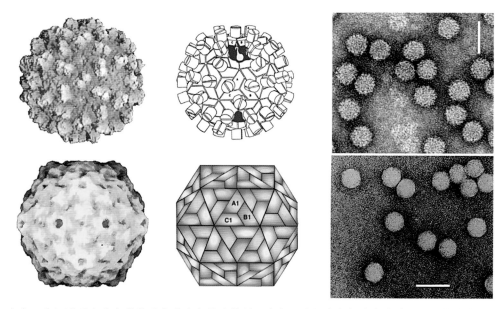

图27-2　左上：重组诺瓦克病毒样粒子的冷冻电镜重构图。中上：灵长类嵌杯病毒冷冻电镜重构模式图，标记显示二十面体对称中的5重和3重的折叠轴向（感谢Prasad，B.V.V提供）。右上：重组诺瓦克病毒样粒子中心截面图。左下：诺如病毒电子透视图。中下：T=3二十面体对称示意图。右下：牛嵌杯病毒粒子负染电镜图（感谢McNulty 提供）。标尺100nm。（引自病毒学分类：第八次病毒分类国际委员会报告，C M Fauquet，M A Mayo，J Maniloff，U Desselberger，L A Ball等，p.850，Copyright © Elsevier，2005，已授权）

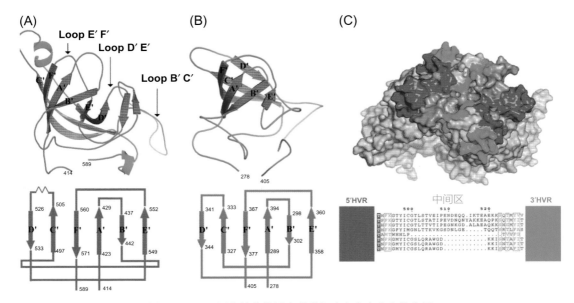

图27–3　P2亚区域的结构图和猫嵌杯病毒中和位点描绘图

图（上）中条带状结构分别代表圣米格尔海狮病毒（A）和重组瓦克病毒（B）的P2亚区域及对应的拓扑学解析图（下）。在图中β–链的方向从A'指向F'。环状区域包含着猫嵌杯病毒和圣米格尔海狮病毒的中和表位。（C）上部：从核衣壳外部（几乎沿着二聚物的双重轴）观看A/B二聚物的外观，图中标示了N端的高变区，中间的保守区和C端的高变区。下部：8株病毒代表性的保守序列的比对（从上到下：圣米格尔海狮病毒4号株、5号株、灵长类嵌杯病毒、圣米格尔海狮病毒1号株）、犬嵌杯病毒、猫科嵌杯病毒（6号株、4号株、9号株），侧面为N端和C端的高变区，表明保守区具有宿主依赖性。（引自R Chen, J D Neill, M K Estes, B V V Prasad. X-ray structure of a native calicivirus: structural insight into antigenic diversity and host specificity. PNAS,103,8048–8053,2006，已授权）

（三）病毒复制

由于嵌杯病毒科的许多成员还不能在细胞培养物中繁殖，其复制周期的细节还不明确。嵌杯病毒通过受体介导的吸附作用和网格蛋白的内吞作用来感染细胞，然后病毒在被感染细胞胞浆中囊泡的膜表面进行复制。猫科动物连接黏附分子（FJAM–A）是猫嵌杯病毒VP1衣壳蛋白P2亚区的功能性受体，而其他许多嵌杯病毒的细胞受体还未确定。

水疱疹病毒属的成员易于在多种培养细胞中增殖并可引起较明显的细胞病变，这可能是诱发了细胞凋亡机制。病毒粒子的复制也可能需要其他因子，例如猪肠道嵌杯病毒（札幌病毒属）在猪肾上皮细胞的复制要有胆汁酸。胆汁酸能提高猪肾上皮细胞中环状AMP的水平，致使胞内信号传导和转录激活因子1（STAT1）的下调。STAT1分子是调节先天免疫和干扰素应答基因的关键因子；在STAT1分子和干扰素基因受体缺乏的细胞中病毒粒子的复制得到增强。显而易见，缺失了STAT1的转基因小鼠感染诺如病毒能产生临床症状，而具有免疫活性的小鼠却不会产生。由于人类诺如病毒感染的重要性，而鼠类诺如病毒是诺如病毒中首个也是至今唯一一个在体外成功培养的病毒，鼠类诺如病毒最近受到极大关注。

嵌杯病毒运用各自不同的机制产生复制所必需的蛋白质（图27–4）。嵌杯病毒的基因组包含两个或三个开放阅读框架，其5'端编码非结构蛋白（解螺旋酶、VPg、蛋白酶、RNA核酸聚合酶），3'端同时编码病毒主要和次要的两种衣壳蛋白。病毒粒子的非结构蛋白由开放阅读框架1编码的多聚蛋白翻译后水解产生。除全长基因组RNA外，在感染细胞中可以检测出亚基因组正链RNA的存在，亚基因组正链RNA具有和基因组RNA共同的3'末端，而所有基因组和亚基因

基因组 RNA（7.4 ～ 8.3kb）

图27-4　嵌杯病毒科的基因组结构

图中列举了各属病毒（括弧内为毒株名称）的基因组结构和开放阅读框架，其代表毒株如下：兔病毒属兔出血症病毒（RHDV），诺如病毒属诺瓦克病毒（NV）；札幌病毒属札幌病毒（SV）；水疱疹病毒属猫嵌杯病毒（FCV）。兔病毒属和札幌病毒属的病毒包含一个大的开放阅读框1，其内包含连续编码非结构多聚蛋白和衣壳蛋白的基因序列。在札幌病毒属的某些毒株还可存在于开放阅读框1有重合的第3种开放阅读框架（未显示）。其他两个属的病毒（诺如病毒属和水疱疹病毒属）由独立的开放阅读框2编码主要结构蛋白。图中显示了RNA解旋酶、蛋白酶和聚合酶的区域。诺如病毒属、札幌病毒属和水疱疹病毒属基因组VPg蛋白基因链接区与兔出血症病毒的VPg蛋白链接区是同源的。水疱疹病毒属开放阅读框2编码的大约125个氨基酸（灰色区域）作为衣壳蛋白前体的起始序列。研究表明，被猫嵌杯病毒和兔出血症病毒感染的细胞中有两种主要的正义RNA分子。一条RNA分子与基因组全长差不多，另一条为亚基因组的RNA分子，拥有与基因组一样的的3'末端。亚基因组RNA是衣壳蛋白的翻译模板，而3'末端的开放阅读框架在猫嵌杯病毒中被证实是次要结构蛋白的翻译模板。CP，衣壳蛋白；Hel，解旋酶；ORF，开放阅读框；Pol，聚合酶；Pro，蛋白酶；sgRNA，亚基因组RNA；VPg，基因组链接蛋白。（引自病毒学分类：第八次病毒学分类国际委员会报告，C M Fauquet，M A Mayo，J Maniloff，U Desselberger，L A Ball等，p.850，Copyright © Elsevier，2005）

组的RNA在5'端都和VPg蛋白共价连接。这种蛋白质能结合病毒RNA翻译的起始因子。亚基因组RNA可以作为控制结构蛋白翻译水平的一种机制。病毒粒子在胞浆中聚集，或者呈次晶阵列分布，或者按细胞骨架的呈典型线性阵列分布。嵌杯病毒没有明确的外排途径，它可能通过细胞裂解释放，也可能在被感染的细胞凋亡后释放。

二　水疱疹病毒属

（一）猪水疱疹病毒

猪水疱疹病是一种"濒危"的疾病，1956年美国在家猪中彻底消除了该病。然而，病毒（圣米格尔海狮病毒）在海洋环境中引起的疾病依然存在。此外，北美太平洋沿岸的一些野猪对致病性病毒粒子呈阳性血清反应。猪水疱疹病真正的重要性在于它的临床症状和对皮肤造成的损害同口蹄疫、猪传染性水疱病、水疱性口炎这三种水疱性疾病难以区分。

在分类学上，水疱疹病毒属除了包括猪体内分离出的病毒外还包括从牛、灵长类动物、爬行动物、臭鼬和水貂体内分离的病毒，以及多种海洋哺乳动物体内分离到的圣米格尔海狮病毒。

1. 临床特征和流行病学　猪水疱疹病通过接触被病毒感染的猪或被污染的饲料（包括病毒

感染的肉类和内脏）而传播。水疱疹病是猪的一种急性、发热性疾病，在鼻部、舌、眼、口腔、足部（爪子和蹄冠之间）形成特征性水疱。因为足部形成水疱，跛行一般是最先出现的临床症状，并伴有发热，有时还有腹泻、难以饮水的症状。怀孕母猪常突发流产。该病发病率高、死亡率低，若病情微弱，1～2周后康复。但某些毒株引起的感染会出现高死亡率。

2. **发病机制和病理学**　水疱疹病的潜伏期最短为18～48h，随之出现发烧、跛行、体重严重下降和其他全身性感染的症状；康复迅速且不会留下后遗症。在口鼻出现感染后，病毒向体外传播并特异性地在被感染的扁平上皮细胞中复制；造成的损害仅局限在不连续的上皮区域，形成水疱，之后成为溃疡，上皮脱落后修复迅速。被感染的猪也有脑炎和心肌炎的症状。

3. **诊断**　在多数国家，猪水疱疹病疑似病例都要上报国家的监管机构。依据发热和典型水疱的出现可作出初步诊断，水疱在24～48h后破裂，形成糜烂和溃疡。通过病毒分离鉴定，血清学试验、电子显微观察病毒粒子或逆转录–聚合酶链式反应（RT-PCR）作出特异性诊断。猪水疱疹病毒具有抗原多样性，核苷酸序列对比分析表明猪水疱疹病毒和圣米格尔海狮病毒都属于水疱疹病毒属的同一个基因群，该种属内还包括从其他物种分离出的近缘病毒（图27-1）。

4. **免疫、预防和控制**　康复期的猪能抵抗同一毒株的再次感染，然而由于存在多种抗原性，不同的血清型毒株和致病毒株之间缺少交叉保护，有发生异源性再感染的可能性。圣米格尔海狮病毒和猪水疱疹病毒在遗传上相似，在猪体接种圣米格尔海狮病毒可分离出水疱疹病毒。用泔水饲喂猪和该病的自然暴发之间有明显的关系，被圣米格尔海狮病毒感染的海生哺乳动物蛋白作为饲料若未经煮沸同样引起该病的暴发。发病期间病毒会在猪群间快速水平传播。尽管对病毒的起源不了解，但是通过对病猪施行严格的隔离措施，完善泔水处理方式

和执行屠宰程序的相关规定，可以达到迅速控制该病的目的。

（二）圣米格尔海狮病毒

1972年，从圣米格尔岛上的加利福尼亚海狮组织中首次分离出海生动物嵌杯病毒。有相当数量的不同血清型的病毒归属于这一水疱疹病毒群中，其中个别病毒几乎能够感染北太平洋内的所有海洋哺乳动物物种。病毒感染可使海洋哺乳动物的口腔和鳍足类动物的鳍上生成水疱（图27-5），在流产或早产的小海狮中也可分离出病毒。受到感染的海洋哺乳动物组织被陆生哺乳动物食用后，可以造成继发感染。圣米格尔海狮病毒通常可在细胞培养物中分离并可用RT-PCR方法进行检测，由于该群病毒存在丰富的遗传多样性可能导致该方法出现假阴性结果。

（三）猫嵌杯病毒

猫嵌杯病毒具有遗传多样性，并且每个病毒的致病机制也具多样性。这些病毒存在于全世界的所有猫中。

1. **临床特征和流行病学**　猫嵌杯病毒主要通过污染物在自然界传播，在猫之间可直接接触传播，偶尔通过气溶胶近距离传播，病毒粒子也可通过人手的触摸间接传播给易感猫只。所有猫科动物对该病毒都具有易感性。已有在犬中分离出病毒的报道，研究表明猫嵌杯病毒还有可能感染海洋哺乳动物。

早期，病毒主要以口腔分泌物的形式从感染的猫体内向外大量排出。有些猫会在一段时间内连续排毒直到病毒被机体最后清除。在养猫数量较多的家庭或养殖场可能会出现变异株，再次感染已经恢复的猫。RNA病毒复制的过程具有错误倾向导致不断出现遗传变异株，致使病毒的表型特征不断出现改变，譬如毒力。虽然动物收容所过度拥挤的环境可能导致病毒的出现和散播，但是导致猫科嵌杯病毒周期性出现强毒株的选择因素还不明确。

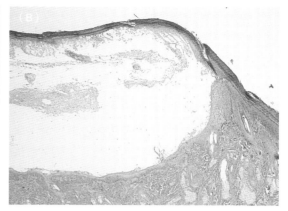

图27–5 圣米格尔海狮病毒感染症状

（A）感染动物鳍上的水疱。（B）水疱组织学切片显示上皮有大量液体聚集。（感谢加利福尼亚大学戴维斯分校的Colegrove提供图片）

猫嵌杯病毒很早就被认为是引起家猫和野猫呼吸道疾病的主要因素，其临床特征为急性结肠炎、鼻炎、气管炎、肺炎和包括舌在内的口腔上皮细胞的水疱和溃疡。其他一般性症状有发热、厌食、精神萎靡、步态僵硬，有时眼鼻还有分泌物。在未免疫的猫中发病率较高，除了小猫感染了能引起肺炎的毒株之外，死亡率一般较低。

尽管猫嵌杯病毒只有一种血清型，在毒株间却有相当大的抗原多样性和遗传变异性。毒株个体之间的毒力也具有差异性。1998年出现了一种能引起成年猫全身性疾病同时伴有高死亡率（30%～60%）的高致病性嵌杯病毒。接种过疫苗的成年猫感染这些高致病性嵌杯毒株后死亡率比同样感染的小猫还要高。除了具有口腔溃疡、鼻炎、眼睛有分泌物的症状外，感染这种高致病性嵌杯病毒的猫还表现出面部皮下和四肢的水肿、黄疸、脱毛以及在鼻、耳廓、足形成溃疡。

2. 发病机制和病理学 感染后的潜伏期为2～6d。感染低致病性毒株所造成的损害常局限在呼吸道、口腔和眼睛而感染高致病性毒株的小猫会出现间质性肺炎。最一致的感染标志是口腔溃疡。水疱破裂后迅速发展为溃疡，在随后的2～3周里逐渐愈合。口腔溃疡也是感染该病毒的典型临床特征，溃疡一般在舌、齿龈和硬腭，也有可能在鼻腔、耳廓和毛皮。对足垫（图27–6）

的损伤程度轻者表现为充血，重者可使整个足垫脱落。在被感染的试验猫中还出现了诸如肺水肿，肝、脾、胰实质性坏死等特征。通过免疫组化染色证实了在皮肤、鼻腔、口腔黏膜的上皮坏死区域及足垫、肺和胰腺中存在猫科嵌杯病毒的抗原。内皮细胞的感染和随后血管的损伤可潜在解释脸部和足部的严重水肿。

3. 诊断 依据临床特征可作出初步诊断，在猫细胞培养物中分离出病毒则可确诊。应用免疫荧光法、免疫组化技术或反转录聚合酶链式反应可检测被感染猫组织中的病毒抗原。温和型猫

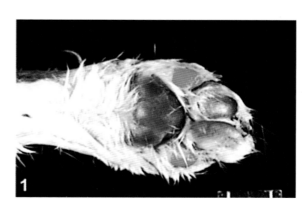

图27–6 感染了高致病性全身性嵌杯病毒的猫爪。P2和P5的足垫部位已经脱落。P4部皮毛结合处外周性溃疡。（引自P. A. Pesavento，N. J. Maclachlan, L.Dillard–Telm, C. K. Grant, K. F. Hurley. Pahtologic, immunohistochemical, and electron microscopic finding in naturally occurring virulent systemic feline calicivirus infection in cats. Vet.Pathol. 41,257–263,2004，已授权）

嵌杯病毒感染在临床症状上可能与猫疱疹病毒1型（见第9章）引起的鼻气管炎难以区分，当然这两种病毒可以被现有的诊断方法快速鉴别。

4. 免疫、预防和控制　防控由猫嵌杯病毒引起的疾病要依靠免疫接种和综合的管理措施。尽管猫嵌杯病毒只有一种血清型，但广泛的病毒抗原变异降低了疫苗免疫的效果。交叉中和试验明显表明猫嵌杯病毒的各个毒株间的中和表型有很大差异，而疫苗通常只含有一种毒株。最近混合株疫苗的研制已经取得进展以致力于预防高致病性猫嵌杯病毒病。经修饰后的弱毒活疫苗比灭活苗更有效，但研究表明致弱毒苗在猫中自然传播，有引起基因变异的潜在危险。通过鼻腔免疫减毒活疫苗被认为可激发更快的免疫反应，这一措施在动物收容所尤为重要。

病毒在猫群内的持续传代能产生新的毒株，先前暴露而未感染的猫感染新毒株后，能导致中和抵抗变异株出现。因此，确定并隔离排毒的病猫非常重要，同样要清理可引起感染的污染源。由于没有脂质囊膜，嵌杯病毒不易被灭活；次氯酸钠溶液是灭活该病毒最经济和最有效的方法。

三　兔病毒属

兔出血症和欧洲野兔综合征病毒

1984年在中国发现了一种染感染欧洲家兔的新的、传染性极强的疾病。该病以出血性损伤为特征并主要发生在肺和肝，被命名为"兔出血症"。在出现的6个月内，大概50万只兔子死于该病，到1985年该病已经传遍了中国。1988年，该病传到欧洲并蔓延到了北非，随后传播到包括美国在内的世界大部分地区。在澳大利亚和新西兰，人们为减少野兔数量，通过引入该病毒加快了该病的传播。野兔和家兔都具有易感性，但除欧洲野兔外的其他哺乳动物似乎都能抵抗感染。在1984年之前，该病在欧洲还不被人所知，但是在20世纪80年代初期有一种与兔出血症非常相似

的被称为"欧洲野兔综合征"的疾病，能感染野兔（Lupus europaeus）随后也能感染Lupus的其他种系。引起兔出血症的嵌杯病毒（兔病毒属）同引起欧洲野兔综合征的病毒亲缘性很近，但抗原性不同，两种病毒在各自宿主引起的疾病症状非常相似。

1. 临床特征和流行病学　兔出血症主要感染2月龄以上的兔子，通常会迅速暴发极严重的疾病，某些毒株导致的死亡率可达80%以上。明显的区别是，2月龄以下的兔子感染后不会产生临床症状。感染主要是通过感染兔和易感兔间的粪口循环传播途径。感染后的24～72h开始出现临床症状，发病严重，在出现精神萎靡和发热后6～24h会出现特征性的突然死亡。兔子感染后会出现水疱、流鼻涕，还会出现共济失调、震颤和角弓反张等神经症状。

2. 发病机制和病理学　剖检表明，被感染兔鼻腔出血、肺充血、水肿、出血，腹腔内脏的浆膜表面出血，某些个例还表现为脾肿大，肝脏出现带状坏死（从外周到中央）并伴随小叶增生（图27-7）。应用免疫组化技术可确定肝细胞中有病毒抗原，用电子显微镜可迅速在被感染细胞中发现病毒粒子。病毒抗原也存在于主要器官的巨噬细胞和全身单核细胞中。该病的病理学主要表现为由广泛性肝坏死引起的弥散性血管内凝血。现在还不明确为什么幼兔能抵抗病毒、无临床症状，它们理论上也是易感的；也许幼年兔与成年兔固有免疫反应的不同能解释两者在易感性上的巨大差异。

3. 诊断　兔出血症病毒还不能在细胞培养物中增殖，但在被感染兔子的组织中病毒浓度却很高，应用特异的抗体通过免疫组化技术或免疫荧光技术可轻易地检测出病毒。应用酶联免疫吸附试验和被感染组织中的抗原或体外表达的衣壳蛋白可检测待检动物体内的抗体。某些兔出血症的毒株能凝集人类的红细胞，可利用这一特性做简易的抗体检测试验。反转录聚合酶链式反应也是检测病毒核酸的一种常规有效的方法。

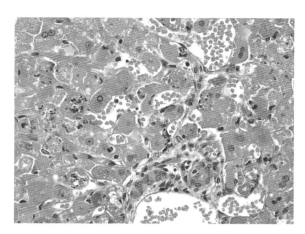

图27-7　兔出血症病毒病理切片。肝脏多处明显坏死。（加利福尼亚大学戴维斯分校Woods提供图片，已授权）

4. 免疫、预防和控制　集约化饲养中控制兔出血症的途径主要为防止病毒通过污染物、带毒兔或昆虫传入。感染兔组织经匀浆、灭活后加入佐剂作为疫苗用来控制该病。通过DNA重组技术在杆状病毒表达系统里表达病毒样颗粒作为疫苗，经注射或口服接种可产生有很好的免疫效果，但由于成本因素还不能广泛应用。

四　诺如病毒属

鼠类诺如病毒

1. 临床特征和流行病学　2003年，从免疫力低下的小鼠中分离出一种具有诺如病毒特性的病毒。在缺少STAT1和重组激活基因2（RAG2）的转基因小鼠零星死亡后而初次发现了该病毒。免疫缺陷小鼠和野生型小鼠都易通过口腔获得感染，但和缺少STAT1基因的小鼠相比，病毒在免疫功能健全的小鼠中的复制受到限制。对从小鼠中分离的诺如病毒进行的系统进化分析证实这些毒株属于同一种群，免疫缺陷小鼠持续感染的时间长短由毒株决定。对众多小鼠的血清学检查表明病毒已引起了广泛的感染，鼠类诺如病毒已经成为实验鼠群中最普遍的外来病毒。

2. 发病机制和病理学　免疫缺陷小鼠感染诺如病毒的症状有脑炎、脑血管炎、脑膜炎、肝炎和肺炎，然而免疫功能健全小鼠感染后却没有临床表现。病毒可在含有初级吞噬细胞和树突状细胞的培养物中复制，也可在巨噬细胞的细胞系中复制。免疫组化分析显示抗原存在于枯否氏细胞和脾的边缘地带。在肠淋巴结和粪便中可快速分离出病毒，但在肠组织中却检测不到组织损伤和病原分布。

3. 免疫、预防和控制　可采用病毒特异性反转录聚合酶链式反应对粪便、肠淋巴结和小肠进行检测；采用酶免疫法筛选实验鼠群，以期消灭这种新出现的病原体。

五　发生在动物身上的其他嵌杯病毒感染

牛和猪诺如病毒以及札幌病毒属的病毒可使血清反应呈阴性的幼小动物产生腹泻和厌食。最近在羊和犬中也发现了诺如病毒，尽管这些病毒可能已在全球传播，但它们作为病原体及其引起的疾病的重要性尚未得到重视。野生动物感染嵌杯病毒案例已经出现，比如一头4岁的幼狮被诺如病毒感染后死于严重的出血性胃肠炎。在矮小黑猩猩感染的嘴唇分离到嵌杯病毒，6个月后又从该动物的喉拭子中再次分离到同样的病毒，表明该病毒同猫嵌杯病毒一样可以持续存在。在其他物种中，推测是由嵌杯病毒引发的感染也有报道，但在某些案例中尚不能肯定是由嵌杯病毒导致发病的。

刘家森　译

Chapter 28
第28章

星状病毒科

章节内容

星状病毒在1975年被首次报道，当时通过电子显微镜观察腹泻儿童粪便发现该病毒。在造成儿童胃肠炎的因素中星状病毒目前是仅次于轮状病毒的重要病原。在儿童中最初鉴定星状病毒不久后，类似的病毒通过电子显微镜在多种家养动物中被发现，包括牛、羊、鹿、猪、犬、猫、老鼠、火鸡、鸡和鸭。然而，这些仍有待详细鉴定和研究，这些病毒也在软体动物贝类和食虫蝙蝠中被发现。星状病毒尽管很少或曾经引起过严重的疾病或死亡，但是该病毒在除鸟类以外的幼年动物中普遍存在。

星状病毒特性

（一）分类

星状病毒科由2个属组成，即哺乳动物星状病毒属（*Mamastrovirus*）和禽星状病毒属（*Avastrovirus*），禽星状病毒属包括3种星状病毒（禽肾炎病毒1型和2型以及鸡星状病毒），鸭星状病毒和火鸡星状病毒1型和2型。哺乳动物星状病毒属包括几种人星状病毒（1~8型）、牛星状病毒1型和2型、猫星状病毒、水貂星状病毒、绵羊星状病毒、猪星状病毒（表28-1）。尽管星状病毒家族广泛存在基因多态性，其中包括同种属但不同毒株也存在基因多态性。现有的基因序列数据表明不同种类的毒株存在宿主特异性。该病毒表面具有5~6个星状的尖突结构，因此而得名。

（二）病毒粒子特性

星状病毒粒子无囊膜，直径为28~33nm，呈二十面体对称。大约10%的病毒粒子经负染显示表面有五角或六角尖突的星状特征（图28-1和表28-1），剩余病毒粒子表面光滑，病毒粒子大小和形状因毒株和繁殖宿主细胞不同而异，病毒衣壳蛋白由单一的前体蛋白裂解而来，前体衣壳蛋白如单独表达能自我组装成病毒样颗粒，推测病毒前体衣壳蛋白N末端区域的作用与包装病毒

RNA密切相关，而且N末端部分为高变区，含有中和决定簇和受体结合域，基因组为正链单股RNA单个线性分子，大小为6.4~7.4kb，包含3个ORF。5'末端是否共价连接于病毒蛋白或有5'帽子结构目前尚未得到充分鉴定。基因组5'和3'端均包含长度不同的非翻译区（因毒株不同而长度不同），3'末端为多聚腺苷酸。病毒对低pH、脂溶剂与离子或非离子性洗涤剂具有一定耐受力。

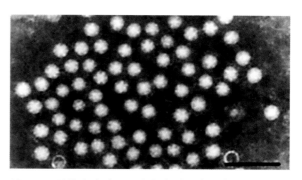

图28-1 星状病毒科，星状病毒属病毒，典型的病毒粒子表面呈现有五角或六角尖突的星状特征，往往在不同动物的腹泻粪便中被发现，经过负染进行电镜观察。标尺代表100 nm。

表28-1 星状病毒特性

病毒粒子无囊膜，呈二十面体对称，直径28~33nm。

大约10%的病毒表面有五角或六角尖突的星状特征。

基因组为单个线性分子，正链单股RNA，大小为6.4~7.4kb，基因组RNA3'末端为多聚腺苷酸化碱基，基因组具有感染性。

病毒复制过程中产生一种亚基因组mRNA；病毒粒子结构蛋白由亚基因组mRNA翻译产生，并且前体多聚蛋白经过处理和裂解。

2个属：禽星状病毒属包括3种鸡星状病毒（禽肾炎病毒1型和2型）、1种鸭星状病毒和2种火鸡星状病毒；哺乳动物星状病毒属包括8种人星状病毒、2种牛星状病毒、1种猫星状病毒、1种水貂星状病毒、1种绵羊星状病毒和1种猪星状病毒，不同宿主来源的病毒在抗原性上没有关联。

（三）病毒复制

牛、猪和人星状病毒均可在细胞上生长，而禽星状病毒则既可在鸡胚中增殖也可在细胞上生长，大多数细胞系不能用于增殖病毒，但人细胞系Caco-2能直接用于人星状病毒的增殖，而不

需要通过宿主细胞的适应性培养。细胞增殖病毒过程中须将胰蛋白酶添加到培养基以确保病毒的成熟过程，但对于鸡星状病毒而言，它无须胰蛋白酶就能够有效地在原代鸡肾细胞复制。病毒衣壳蛋白的C-末端部分据推测可能与细胞黏附有关，因而决定着对细胞的组织嗜性。不同星状病毒的特异性细胞受体尚不明确，但初步的研究表明脊髓灰质炎病毒受体（CD155）是一种人星状病毒的受体。病毒在细胞质中复制，成熟的病毒粒子在细胞质中呈晶体阵列积聚，细胞裂解后释放出成熟病毒粒子。

星状病毒基因组具有感染性。它作为一个信使RNA，其前两个开放阅读框（1a和1b）编码包括病毒非结构蛋白在内的多聚蛋白。这两个开放阅读框的转录通过阅读框漂移机制进行（图28-2）。开放阅读框1a和1b翻译的蛋白的确切功能目前未知，但是一种丝氨酸蛋白酶和一种RNA依赖的RNA聚合酶已被鉴定，同时该阅读框区域还编码一种核定位信号和几个（物种依赖）跨膜域。病毒结构蛋白则由基因组3'端的第二开放阅读框编码，在病毒复制过程中，一个2.4kb大小的亚基组RNA从该开放阅读框转录并翻译成前体衣壳蛋白。VP90蛋白就是人类星状病毒成熟衣壳蛋白的前体蛋白，通过一系列的caspase样蛋

白酶的裂解，VP90蛋白裂解为VP70，该产物作为非成熟病毒粒子的一部分从感染的细胞中释放出来，一旦释放到肠道，衣壳蛋白进一步进行胰蛋白酶样酶类的加工处理，产生完全具有感染性的病毒，此时病毒拥有3种不同的衣壳蛋白，即VP34、VP27和VP25。这种细胞外的激活机制对于产生传染病病毒是至关重要的。

二、火鸡星状病毒

火鸡星状病毒最初于1980在英国被报道，此后美国于1985年被报道。该病毒被确认之后，在具有肠道疾病的80%火鸡群发现携带该病原，该病也被认为是当时火鸡群能够检测到的流行最为严重的病毒。

（一）临床特征和流行病学

星状病毒可造成火鸡发生肠炎和发育迟缓，尤其以1~3周龄的幼禽较为典型。临床症状包括腹泻、精神萎靡、食粪便、易惊以及发育迟缓，但这些症状通常表现轻微或中度，死亡率低。然而，另外已有报道的一种严重的多因子变异疾病，被称为"幼禽肠炎和死亡综合征"其症状还包括脱水、厌食、免疫功能障碍，具有高死亡率

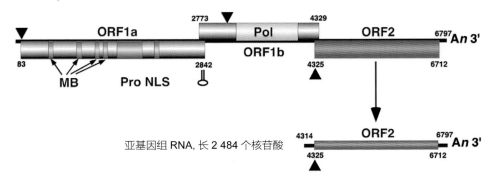

图28-2　人星状病毒1型（HAstV-1）的基因组结构和复制模式。A3'，基因组3'端poly（A）序列；MB，跨膜螺旋结构；NLS，核定位信号；nts，核苷酸；ORF，开放阅读框；Pol，聚合酶；▲，为第一个蛋氨酸，⚖，阅读框漂移结构，数字代表核苷酸的位置。［引自 Virus Taxonomy: Eighth Report of the International Committee on Taxonomy of Viruses (C. M. Fauquet, M. A. Mayo, J. Maniloff, U. Desselberger, L. A. Ball, eds.), p. 860. Copyright © Elsevier (2005), 已授权］

特征。虽然星状病毒可引起火鸡表现这些典型症状，但是在实验室并未能用单一病原复制出这些综合征的所有症状。

实验感染幼火鸡接种后2d可出现临床症状，分泌病毒可能持续几个星期。临床症状是可变的，而且取决于某些病毒株，但感染幼禽通常比较典型的症状为增重减少以及排泄水样黄褐色稀粪，但没有任何出血病症。在出现发病临床症状之前很可能感染火鸡就已经开始分泌病毒，这可能是在临床表现正常的火鸡体内能够发现病毒的原因。

（二）发病机制和病理学

感染病毒后死亡的火鸡经解剖时可见肠道病变，尤其是盲肠段充满液体呈扩张状态，组织病理学观察可见在隐窝肠道细胞出现轻度增生，但与其他肠道病毒如由轮状病毒感染引起的病变不同，不表现肠道绒毛的收缩（萎缩）。然而火鸡星状病毒的复制模式与轮状病毒相似，仅在肠道绒毛细胞中复制，而隐窝肠道细胞无明显的参与病毒复制的过程（图28-3）。感染肠道炎症轻微

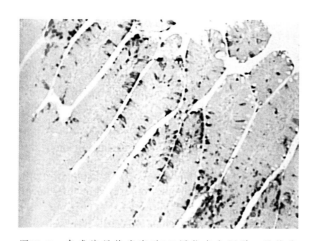

图28-3　禽感染星状病毒后24h原位杂交图谱，星状病毒主要在消化道绒毛的上皮细胞中复制，但很少在肠道隐窝的上皮细胞中复制。[引自 Diseases of Poultry (Y. M. Saif, H. J. Barnes, J. R. Glisson, A. M. Fadly, L. R. McDougald, D. E. Swayne, eds.), 11th ed., p. 323. Copyright © 2003 Iowa State Press, Ames, IA, 2003, 已授权]

或无炎性反应。感染的肠道细胞可能出现高度空泡状，包含病毒粒子聚集而成的团块或晶体阵列结构。火鸡星状病毒诱发腹泻的机制尚不确定，有可能因为病毒感染引起消化不良导致肠道聚集未消化或未被吸收的双糖形成渗透效应，从而致使大量水分积留在肠道管腔内。此外，最近的研究表明星状病毒衣壳蛋白本身可以引起腹泻以及肠上皮屏障的完整性改变。

（三）诊断

星状病毒最初通过电镜检测感染火鸡的粪便或肠道样本，但该病毒体积小且形态学具有pH依赖性，常常导致将其识别为"小的圆形病毒"或"肠道病毒样病毒"。若准确诊断该病则需要用免疫电镜确定病毒团块是否存在。星状病毒往往在混合病毒感染情况下不能被检测到，随着反转录聚合酶链式反应（RT-PCR）方法的推广，禽星状病毒的诊断敏感性和特异性大幅增加。由于火鸡星状病毒的遗传多样性导致检测过程需要利用多对引物来扩增，以避免出现假阴性的结果。目前有两种血清型的火鸡星状病毒，另外还发现感染鸡的禽肾炎病毒也在火鸡中能够检测到。利用抗原捕获酶联免疫吸附试验检测火鸡星状病毒虽然并不比RT-PCR那么敏感，但它相对简单，对于监测火鸡群感染状态是理想的方法。火鸡星状病毒可在火鸡胚中增殖，但即使添加外源性胰酶也不能使病毒在细胞培养系统中生长。

（四）免疫防控

目前有两种血清型火鸡星状病毒，但疫苗、化学治疗药物以及其他潜在的控制措施尚未被证明能有效消除感染。星状病毒对各种洗涤剂、酒精溶剂、酚和脂类溶剂均具有抵抗力，因此该病毒一旦污染环境是很难消除的。近来的控制方法是基于彻底的卫生清洁，其次是火鸡场需要几周休整。同时，采购未受感染的火鸡雏对综合防控也很关键。

三　禽肾炎病毒

禽肾炎病毒最初于1976年分离自日本，从临床表现正常的1周龄鸡直肠内容物中分离获得，分离病毒的归属直到获得其基因组序列才得以确认。目前有两种血清型的禽肾炎病毒，虽然鸡是主要的病毒宿主，但火鸡感染禽肾炎病毒不表现临床症状也已经有相关报道。所有日龄的鸡均易受感染，但小日龄鸡表现的症状更加明显，以矮小综合征或小鸡肾病为典型病例。鸡感染后2d内即可在粪便检测到病毒，4～5d病毒分泌滴度达到最高峰。感染鸡在感染后3周全部死亡。

病毒在感染鸡体内广泛分布，尤其在肾脏和空肠滴度最高，在脾脏、法氏囊和肝脏分布较低。鸡感染后可能出现短暂的腹泻，体重增加缓慢。该病表现的严重程度取决于感染的病毒株，鸡的品系以及其他因素，感染后鸡肾脏肿胀和变色，组织学变化包括近曲小管上皮细胞坏死以及淋巴细胞性间质性肾炎。在光学显微镜下，感染的管状上皮细胞细胞质中呈晶体阵列聚集的病毒颗粒，表现为嗜酸性颗粒。空肠段没有明显的组织学病变，但是病毒抗原可以通过免疫荧光染色方法来检测。

禽肾炎病毒的传播一般通过口腔途经，但有证据表明这种病毒可垂直传播。病毒对一般的消毒剂具有耐受性。目前对禽肾炎病毒的分布研究较少，因为大多数感染鸡群不表现明显的临床症状，并缺乏可靠的诊断方法，RT-PCR方法的开发和应用将提升确诊能力。目前还没有疫苗用来预防禽肾炎病毒的感染。

四　其他星状病毒

星状病毒感染幼小动物的典型结果是产生一种自限性胃肠炎，通常不易诊断出来。大多数星状病毒感染后动物呈亚临床症状，尤其以稍大的动物最为典型。哺乳动物星状病毒似乎具有宿主特异性，所以多个种类的动物近距离接触，往往星状病毒感染只在一种动物中症状明显，表现为腹泻症状。该病潜伏期通常是1～4d，此后出现水性腹泻并持续1～4d甚至更长时间。

1965年曾在英国报道不超过6周的雏鸭发生急性致死性肝炎，死亡率高达50%，感染鸭子在户外放养，因而其原发病原可能来自于野生动物。致病病毒最初认为是鸭肝炎病毒2型，后来鉴定为星状病毒，这种疾病自20世纪80年代中期报道以来很长时间似乎已经在商业鸭群中消失。在美国长岛早前发生一起鸭肝炎综合征，死亡率不到30%，人工感染复制出了轻微肝脏病变，如果通过静脉接种其肝脏病变将更加严重，病原学表明病因是一种星状病毒，而与鸭肝炎病毒2型明显不同，将其命名为鸭肝炎病毒3型，此前该型病毒被错误地归类为小核糖核酸病毒。

基于核酸检测系统的RT-PCR分析方法将大大方便对星状病毒感染的流行病学调查，并有助于更准确地定义它们真正的致病意义。

韩宗玺　译

披膜病毒科

章节内容

披膜病毒科（Togaviridae）病毒具有由一层脂质包膜（或斗篷："toga"）包裹的二十面体衣壳结构。披膜病毒科有两个病毒属，分别为甲病毒属（Alpahvirus）和风疹病毒属（Rubivirus）（表29-1）。风疹病毒是风疹病毒属的唯一成员，该病毒对人类致病。

甲病毒在世界范围内广泛分布，其中有些病毒为对人类和/或对动物致病的重要病原。除鲑鱼甲病毒外，大多数甲病毒都呈地方性流行，在特定地区形成感染循环，其中包括昆虫媒介和动物储存宿主。不同甲病毒存在其特定的地理分布，这主要是受限于病毒传播循环中所涉及的蚊子与脊椎动物宿主。这些特定的宿主决定了病毒的持续存在、地理分布、病毒越冬与扩增。动物和人类为基孔肯雅病毒的终末宿主，在病毒自然的地方性传播循环初期不起重要作用，但感染后可能作为病毒扩增宿主而导致病毒传播地理范围扩大以及疾病暴发。罗斯河病毒也可能存在这种情况。例如，委内瑞拉马脑炎可因病毒在蚊–马–蚊间循环传播而导致该病暴发。

许多甲病毒的宿主范围广泛，在某种程度上取决于昆虫宿主叮咬的对象。对脊椎动物致病的重要甲病毒病原包括东方马脑炎病毒、西方马脑炎病毒、委内瑞拉马脑炎病毒及相关病毒（如甲病毒马脑炎），以及盖塔病毒。尽管其他甲病毒对动物致病的重要性还不明确，特别是对野生动物致病的情况。除列举的病毒之外一些甲病毒还是重要的人兽共患病病原，如辛德毕斯病毒和

一些与塞姆利基森林脑炎病毒相关的病毒，包括基孔肯雅热病毒，欧尼恩病毒，罗斯河病毒，巴马森林病毒和马亚罗病毒。根据对动物致病的情况，甲病毒可以分为三个群：① 对神经系统致病如脑炎；② 发热性疾病或致多发性关节炎；③ 其他无症状性感染。与其他甲病毒相比，鲑鱼甲病毒只感染鱼类，并且不需要节肢动物媒介。

最早记载的甲病毒感染马导致的脑炎是1831年发生在美国马萨诸塞州，但当时并没有分离出可能的病原——东方马脑炎病毒，直到1933年才分离出东方马脑炎病毒。此后在美国密西西比河以东的大部分美国地区以及某些中西部地区，加拿大魁北克省与安大略省都有因东方马脑炎病毒感染导致马发生脑炎的零星发病或流行发病的报道。直到现在，在美国东部尤其是东南部马中仍有东方马脑炎发生。西方马脑炎病毒对马可造成相似的神经系统疾病，这种病毒最早是1931年由K. F. Meyer 与其同事们从美国加利福尼亚州圣华金河谷（San Joaquin Valley of California）病马脑组织分离的，并且很快确定了蚊子在病毒传播中的作用，同时表明病毒对人类也是危险的。此后一直到20世纪中期西方马脑炎在美国西北部地区大规模暴发，在出现疫苗应用后西方马脑炎的发病率迅速下降，近年来则无病例发生。仅有有限的病毒循环存在。1936年委内瑞拉发生一种马脑炎流行病，这种病毒不能被当时美国已知的两种致马脑炎病毒的血清所中和，所以病毒被命名为委内瑞拉马脑炎病毒。这三种马脑炎病毒开始

表29-1 披膜病毒感染导致的人与动物发病情况[a,b]

病毒	节肢动物媒介	宿主	疾病
东方马脑炎病毒	蚊	马（人）	脑炎
西方马脑炎病毒	蚊	马（人）	脑炎
高地J病毒	蚊	马	脑炎
委内瑞拉马脑炎病毒	蚊	马（人）	发热 脑炎
盖塔病毒	蚊	马	发热

　a 列举的所有病毒均为甲病毒属成员；另外一个病毒属的唯一成员为风疹病毒，仅感染人类。

　b 辛德毕斯病毒，塞姆利基森林脑炎病毒，基孔肯雅热病毒，欧尼恩病毒，伊博邑病毒，罗斯河病毒，马亚罗病毒，巴马森林病毒等甲病毒为人兽共患性病原，很少引起脑炎，但常常引起发热、萎靡和关节炎。

称作虫媒病毒，因为都由昆虫传播，后来又称作A群虫媒病毒，最终称作现在的甲病毒。

一　披膜病毒特性

披膜病毒科中所有对动物致病或致人兽共患病的病毒都为甲病毒属病毒（表29-1），因此下面仅对甲病毒特性作介绍。

（一）病毒粒子特性

甲病毒病毒粒子为球形，有囊膜结构，病毒粒子直径为70nm。病毒粒子中有脂质囊膜，囊膜表面有纤突精密排列，囊膜内包裹着直径为40nm的二十面体对称的核衣壳结构（图29-1）。纤突由E1与E2糖蛋白异源二聚体组成，纤突排列成包含80个三聚体的T=4二十面体晶格。

甲病毒基因组为单链正义RNA，大小为11～12 kb（图29-2）。基因组RNA 5'端有帽子结构，3'端的poly（A）尾。基因组5'端约2/3部分编码非结构蛋白，3'端1/3不是从基因组RNA直接翻译，而是从亚基因组mRNA表达的。该亚基因组mRNA从全长的负链中间体转录而来。亚基因组mRNA编码5个蛋白，包括核蛋白（C，大小为30～33 kDa）、两种囊膜糖蛋白（E1与E2，大小为45～58 kDa）。某些甲病毒还有第三种糖蛋白E3（大小为10 kDa），该蛋白从前体蛋白PE2剪切加工而来。甲病毒在环境中相对不稳定，容易被常用消毒剂和高温灭活。

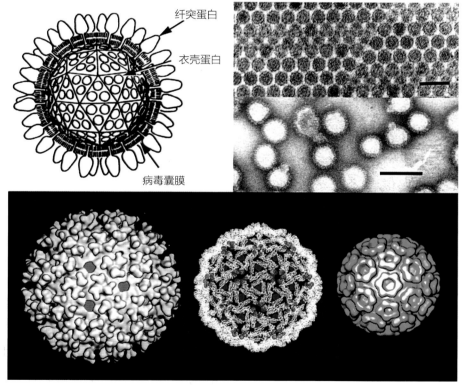

纤突蛋白

衣壳蛋白

病毒囊膜

图29-1　（上左）辛德毕斯病毒粒子示意图，表面的纤突蛋白表示的是E1-E2异二聚体的外侧部分，这种异二聚体形成三聚体。C，衣壳蛋白。（上右）Semliki森林脑炎病毒颗粒薄截面。（上右下）Semliki森林脑炎病毒负染电镜照片。（下列）辛德毕斯病毒（SINV）结构。（左）表面阴影所确定的冷冻电镜和图像重建。（中）辛德毕斯病毒粒子表面E1糖蛋白排列的表面视图。（右）病毒五聚体和六聚体病毒壳粒核脑壳核心示意图（T=4二十面体）。［引自病毒分类：国际病毒分类委员传动第八次报告(C. M. Fauquet, M. A. Mayo, J. Maniloff, U. Desselberger, L. A. Ball, eds.), p. 999. Copyright © Elsevier (2005), 已授权］

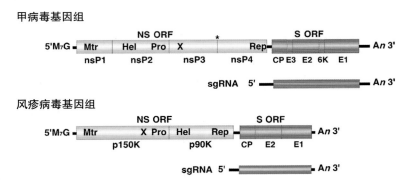

图29-2 披膜病毒基因组编码方式。图比较示意了甲病毒与风疹病毒基因组RNA，非编码区以黑实线表示，开放阅读框以开放框表示，NS–ORF为非结构蛋白开放阅读框；S–ORF为结构蛋白阅读框。在ORF中，编码序列对应的每个蛋白以竖线划开。在甲病毒的NS–ORF中位于nsP3与nsP4蛋白间的星号表示某些甲病毒中存在的终止子，而且必须通过通读该终止子才能翻译产生一个包含nsP4蛋白的前体蛋白。此外在NS–ORFs中还标明了涉及以下功能的基序：（Mtr）甲基转移酶，（Pro）蛋白酶，（Hel）解旋酶，（X）未知功能，（Rep）复制酶。还示出了包含亚基因组RNA（sgRNA）的序列。CP，脑壳蛋白；E1, 2, 3，囊膜蛋白；ns，非结构蛋白；An，poly(A)序列；sgRNA，亚基因组RNA；M7G，7–甲基鸟苷，p，前体蛋白。［引自病毒分类：国际病毒分类委员会第八次报告(C. M. Fauquet, M. A. Mayo, J. Maniloff, U. Desselberger, L. A. Ball, eds.), p. 1001. Copyright © Elsevier (2005)，已授权］

（二）病毒复制

甲病毒在复制中可以产生高滴度病毒并可在许多种脊椎动物细胞致严重的细胞病变，这些细胞包括：Vero细胞（非洲绿猴肾）、BHK–21（幼仓鼠肾）和原代鸡胚和鸭胚细胞。病毒也可以在蚊细胞如C6/36（白纹伊蚊细胞）中增殖，但不致细胞病变。病毒感染哺乳动物或禽类细胞时，严重抑制宿主细胞的蛋白合成与核酸合成。而感染蚊子细胞时则不会抑制宿主细胞的蛋白与核酸合成，细胞会继续分裂，病毒持续感染，同时也持续产生病毒粒子。

病毒黏附至宿主细胞的第一步是病毒E2糖蛋白与宿主细胞表面受体之间作用。甲病毒具有广泛的宿主范围表明E2蛋白包含多个受体结合位点或者病毒受体是一种通用型受体。多种外源凝集素、整合素和层粘连蛋白已被鉴定为不同甲病毒的可能细胞受体。一旦病毒粒子与细胞结合，病毒–受体复合物即通过网格蛋白依赖途径内吞进入细胞形成内吞泡。内吞泡的酸性环境条件促使E1–E2二聚体形成E1三聚体，并且与内吞泡膜发生融合，向胞浆中释放出病毒核衣壳。进入胞浆后，病毒RNA具有两种主要功能（图29–3）。基因组5'端部分作为mRNA，在某些甲病毒中首先翻译产生两个多聚蛋白，其中大蛋白是通过对弱终止的通读翻译而产生的。剪切与未剪切的非结构蛋白指导从病毒基因组RNA合成负链基因组RNA，然后再合成病毒全长基因组RNA，以及产生一个亚基因组RNA（表29–2）。全长正链RNA基因组衣壳化后包装到新的病毒粒子中，同时亚基因组RNA则作为mRNA翻译合成病毒结构蛋白。病毒结构蛋白也

表29-2　披膜病毒特性
两个属：甲病毒属，虫媒病毒；风疹病毒属，风疹病毒（仅对人类致病）。
病毒粒子呈球形，外观均匀，有囊膜，直径为70nm，囊膜表面有糖蛋白纤突，囊膜包裹着直径为40nm的二十面体对称的核衣壳结构。
基因组为线性单链正义RNA，大小为9.7～11.8 kb；5'端有帽子结构，3'端有poly(A)尾。
基因组RNA具有感染性。
5'端2/3部分编码非结构蛋白；3'端1/3部分编码结构蛋白，结构蛋白是从大小为26S的亚基因组RNA翻译而来。
病毒粒子包含两种（或三种）囊膜糖蛋白E1、E2与E3，糖蛋白组成纤突结构，还包含核衣壳蛋白C。
病毒在胞浆内复制，通过质膜表面出芽成熟。

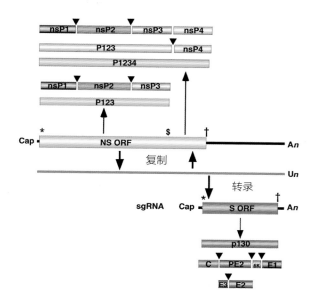

图29-3 辛德毕斯病毒（SINV）。基因组结构、翻译、转录与复制示意图。11.7 kb 的基因组RNA与26S的亚基因组RNA (sgRNA) （黑线）分别编码非结构蛋白与结构蛋白。复制和转录以粗箭头表示。灰线表示复制中间体，同时也是亚基因组的转录模板。E3是某些甲病毒的结构蛋白。起始子以*表示，终止子以（†）与($)表示，并且通过后者的通读产生多聚蛋白P1234，继而剪切产生非结构蛋白nsP4。黑三角形代表nsP2蛋白酶活性。C，核衣壳；ns，非结构蛋白；E，囊膜蛋白；NS ORF，非结构蛋白编码框；p，前体蛋白；PE2，E2蛋白前体；sgRNA，亚基因组RNA；S ORG，结构蛋白编码框。[引自病毒分类：国际病毒分类委员会第八次报告(C. M. Fauquet, M. A. Mayo, J. Maniloff, U. Desselberger, L. A. Ball, eds.), p. 1002. Copyright © Elsevier (2005), 已授权]

是通过先合成多聚蛋白后经剪切加工而成各个结构蛋白。在哺乳动物细胞中，核衣壳是在胞浆中装配而成的，而后运送至细胞质膜，排列在包含糖蛋白纤突的质膜下面。最终核衣壳从排列有糖蛋白纤突的质膜处通过出芽方式形成病毒粒子（表29-2），在昆虫细胞中的出芽过程可能位于细胞内膜系统。

新世界（东方马脑炎病毒和委内瑞拉马脑炎病毒）和旧世界（辛德毕斯病毒，塞姆利基森林脑炎病毒）病毒显然是利用不同的机制来干扰宿主的干扰素反应的，干扰宿主的干扰素反应是病毒在感染动物体内存活的关键。对于辛德毕斯病

毒，其具有多种功能的非结构蛋白nsP2抑制宿主细胞的转录，而东方马脑炎病毒和委内瑞拉马脑炎病毒则是通过核衣壳蛋白C抑制宿主细胞的转录。宿主细胞包括先天免疫反应，高分子合成，是由这两种机制损害，从而提高了感染病毒的产率。

二 甲病毒属成员——马甲病毒

（一）东方马脑炎病毒、西方马脑炎病毒、高地J病毒和委内瑞拉马脑炎病毒

一些密切相关的，由蚊子传播的甲病毒在美洲流行，并对人、马以及其他动物导致严重的疾病。其中最为严重的是东方马脑炎病毒，西方马脑炎病毒和委内瑞拉马脑炎病毒。除了密切相关外，这些病毒有相似的主要传播循环，传播循环中都包括蚊子和/或鸟类或哺乳动物作为病毒贮存宿主。

1. 临床特征与流行病学　马感染东方马脑炎病毒、西方马脑炎病毒和委内瑞拉马脑炎病毒后会产生一定范围的临床表现，这些临床表现可以反映出所感染病毒的毒力。尽管这三种病毒的地理分布范围以及流行病学特征不同，但马感染这三种病毒会产生症状相似的神经系统疾病。这些病毒都为人兽共患性的病毒，也可能感染其他种类动物，或者致病。

马脑炎病毒感染马后也可能只有一过性发热的亚临床症状，也可能表现为稽留热、厌食、心动过速和精神沉郁。只有在病毒到达中枢神经系统后才可能发生渐进性全身性疾病并且导致死亡。在经过4~6d的潜伏期后，感染马出现高热、嗜睡和不协调的迹象。病情迅速发展为深度沉郁，典型的神经系统异常表现为站姿异常、垂首、耳朵下垂、嘴唇松弛、步态不规则、徘徊和脑炎的迹象，包括视力模糊、畏光、吞咽障碍、其他反射障碍、转圈、打哈欠与切齿。另一个典型的表现是病马长时间将头压在角落里或栅栏上。在疾病后期，则表现为

不能站立、麻痹以及偶尔抽搐。北美型（I系）东方马脑炎病毒感染马的病死率较高，通常有50%～90%。而西方马脑炎病毒感染马的病死率则较低只有0～40%。而流行型的委内瑞拉马脑炎病毒感染马的死亡率变化较大，最高可达80%。轻度感染的动物可以数周内慢慢康复，但可能会有一些神经系统后遗症（迟钝、老年痴呆症），马也被称为"木马"。

鸟类是东方以及西方马脑炎病毒地方性流行传播中的重要宿主。甲病毒首先通过蚊叮咬传播到鸟，但是在雉类中东方型马脑炎病毒可通过鸟啄羽和相互啄咬而传播。

尽管马甲病毒脑炎的临床表现相似，但各种疫病的地域分布与流行病学则不同。

（1）东方马脑炎病毒　东方马脑炎病毒在北美东部、加勒比海盆地、中美以及沿美国南部的东海岸与北海岸等地呈地方性流行。东方马脑炎病毒具有遗传变异性，有至少有四个不同的世系（I、IIA、IIB和III）的病毒。发生在美国、加拿大和加勒比地区第I世系密切相关的病毒对人类和马是毒力最强的。相反，遗传上差异更多的在美国南部和中部流行的病毒感染马或人类则很少出现明显的临床发病症状。

这种病毒在北美淡水沼泽地区的留鸟中维持存在，病毒通过嗜鸟血性蚊子黑尾赛蚊（*Culiseta melanura*）叮咬而传播。在春季和夏季这种蚊子是导致病毒扩增的主要因素，蚊子通过叮咬有病毒血症的涉水鸟，雀形目鸣禽和八哥等无症状的感染病毒的病毒储存宿主而传播病毒（图29-4）。在夏季末期和秋季人与马脑炎暴发，这时因为当病毒被其他种类的蚊子包括伊蚊属和家蚊属蚊获得时，作为桥梁媒介将病毒从地方性流行循环中传至人类与马。东方马脑炎病毒显然是在地方流行地区内越冬的，包括温带地区，如

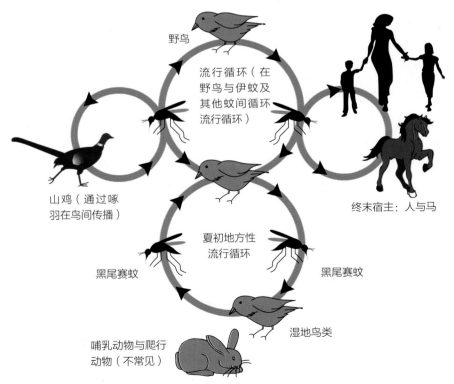

图29-4　东方马脑炎病毒在北美的传播循环。野生鸟类感染病毒无症状，但对马、山鸡和人类通常是严重致病的，在许多情况下导致死亡或存活后具有神经系统后遗症。夏季地方性流行主要发生在淡水沼泽地区，而发生动物流行病往往集中在沼泽等地的周围。尽管从流行病学角度来看人与马是终末宿主，但有时候感染马可以产生高滴度的病毒血症足以可以通过蚊叮咬而将病毒传播至蚊体中。这种病毒的越冬模式还不清楚。

美国东北部；但是这个过程完成的机制不确定。相反地有证据表明在其他地区不断地有不同基因型毒株引入。

实际上在所有被检测的鸟类中都对东方型马脑炎病毒易感，但却有着不同的致病结果。雀形目鸟类感染后具有高滴度的病毒血症，但死亡率很低。临床发病主要发生在山鸡、鹌鹑、火鸡上。在鹌鹑、美洲鹤、北京鸭、企鹅和白鹭中有小规模暴发的报道。实验表明青年鸡能被感染，但只有14日龄以下的雏鸡能呈现临床症状。雉类感染通常可发展为脑炎，致死率为50%～70%，而其他鸟类感（鹌鹑和火鸡）感染后则可导致内脏疾病，坏死的实质器官包括心脏、肾脏、胰腺、肝脏、法氏囊、脾脏和胸腺。鹌鹑感染可产生特别高滴度的病毒血症并且死亡率可达100%。在绵羊、鹿、山羊、牛、骆驼、犬和猪中也有东方马脑炎病毒感染的报道，有时还出现相关神经症状和致命性脑膜脑炎。

（2）西方马脑炎病毒与高地J病毒　西方马脑炎病毒在从加拿大至阿根廷的美洲地区广泛分布。在过去病毒感染尤其多见于北美西部地区，在20世纪30年代那里的马匹和人类中有大量病毒流行。然而近年来在美国西北部地区的马匹和人群中西方型马脑炎的发生率均迅速下降。在发现病毒的不同生态地区西方型马脑炎病毒的媒介与储存宿主都可能不同。在美国西北部，病毒通过雀形目鸟类和跗斑库蚊（Culex tarsalis）保持在为地方流行性的循环中，跗斑库蚊是一种特别适合于灌溉农业区环境的蚊类。跗斑库蚊的叮咬对象在春季与夏初时主要为鸟类，随着蚊子数量达到高峰在夏末季节时叮咬对象则扩大至哺乳动物，这也依赖于气候因素以及灌溉方式。其他二级蚊媒介包括黑色伊蚊（Aedes melanimon）背点伊蚊（A. dorsalis），可以方便地造成二次感染循环，或与跗斑库蚊（Culex tarsalis）一起，将病毒传播给马和人类。与东方马脑炎病毒一样，西方马脑炎病毒越冬的详细机制也不清楚。实验证明鸟类可慢性感染，但其在病毒的自然越冬作用是不确定的。

血清学调查已证实西方马脑炎病毒可感染各种鼠类、野兔、蝙蝠、松鼠、有蹄类动物、龟、蛇等。并且在南美洲部分地区非鸟类生物可能是重要的储存宿主。鹌鹑易受西方马脑炎病毒感染，但与东方马脑炎病毒感染的死亡率相比要低得多。

遗传分析表明西方马脑炎病毒是通过东方马脑炎病毒和辛德毕斯样甲病毒如奥拉病毒之间的重组产生，奥拉病毒（Aura）是一种发现于巴西和阿根廷的非致病性甲病毒。西方马脑炎病毒遗传变异大，流行毒株通常表现出较强的毒力与神经侵袭性。北美毒株通常比南美的地方流行性毒株有更强的毒力，在南美马和人的西方马脑炎病毒只有零星的报道。这表明在大陆地区之间很少发生毒株交换。

在北美还分离到一些密切相关的但不同的病毒，包括在美国东部分离到的高地J病毒。高地J病毒零星地引发马脑炎，尤其是在佛罗里达州地区，这种病毒还对火鸡与鹌鹑致病。摩根堡病毒（Fort Morgan）和相关的巴吉溪病毒（Buggy Creek）是西方马脑炎病毒样病毒，病毒通过燕巢寄生虫在燕子间传播，但对人类和马不致病。

（3）委内瑞拉马脑炎病毒　委内瑞拉马脑炎病毒抗原复合群（Ⅰ～Ⅵ群）的病毒出现在中美洲和南美洲地区，而沼泽地病毒（Everglades virus）（Ⅱ群）出现在佛罗里达州，在当地呈地方性流行，感染啮齿动物和犬。地方流行毒株在中美与北美地区的热带湿地维持平稳循环，病毒宿主主要为黑砂库蚊［Culex（Melanoconion）spp.］和多种小动物［如棉鼠，刺鼠和白足鼠（Peromyscus spp.）］。家畜与人类感染这些病毒很少出现临床发病，但通过血清学调查表明常出现亚临床感染。马感染这些病毒后产生很低的病毒血清，不足以感染叮咬的蚊子。

亚型Ⅰ（IAB和IC）中病毒对马具有较强的毒力，感染马、驴和骡后可以产生高滴度的病毒血症。所有流行发病的委内瑞拉马脑炎病毒的普遍特点是马为暴发流行毒株的扩增宿主。将流行发病的毒株实验性感染马后以产生高滴度的病毒血清，足以通过叮咬而感染白纹伊蚊（*Aedes*）和鳞蚊（*Psorophora*）。流行毒株主要出现在委内瑞拉、哥伦比亚、秘鲁和厄瓜多尔，在这些地区每隔10年左右会发生疾病的流行。这些病毒对所有品种马严重致病，而幸存者往往有严重的神经系统后遗症。

序列分析表明流行毒株（IAB和IC）从大流行之间在地方性循环的毒力较低的ID株进化而来。在地方性流行传播中病毒E2蛋白发生关键性替换导致周期性出现强毒流行毒株（图29–5）。两个不同的改变都可以加强病毒传播：一个是提高蚊虫媒介中病毒量；另一个是感染马体内产生高滴度的病毒血症。还表明使用甲醛灭活疫苗会

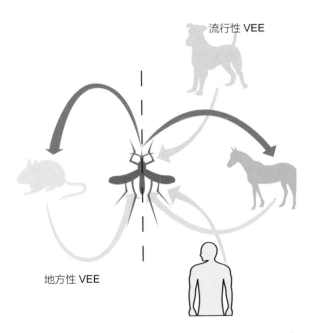

图29–5　委内瑞拉马脑炎病毒（VEE）的生命周期。在地方性流行周期中VEE主要维持在木生态环境中，病毒宿主为啮齿类动物（刺鼠）和蚊虫媒介，蚊媒一般为黑砂库蚊。在产生流行发病的VEE毒株时，多种病毒载体生物传播病毒。感染马可以产生足够高滴度的病毒血症，使病毒得到足够的扩增。还有几种其他的陆生哺乳动物（包括人和犬）对病毒也易感，并且产生明显的病毒血症。［引自 Equine Infectious Diseases, D. C. Sellon, M. Long, p. 194. Copyright © Saunders/Elsevier（2007），已授权］

存在病毒灭活不全，而这也可能是1973年前某些亚型IAB流行发病的原因。

2. 致病机制与病理学　马脑炎病毒通过蚊虫叮咬进入宿主体内，首先在进入部位附近如树突状细胞中开始复制。感染的树突状细胞然后可能将病毒转移至附件的淋巴通道中。这样产生的初级病毒血症使病毒可以侵袭特定的外神经组织，病毒进一步复制增殖造成了高病毒滴度的二级病毒血症。病毒在机体的免疫细胞尤其是树突状细胞中复制，结果导致病毒介导的对机体天然免疫保护反应的抑制。病毒血症的程度与持续时间对于病毒的传播是重要的，因为高滴度的病毒血症可以使叮咬扩增宿主的昆虫媒介感染，并且高滴度的病毒血症对于病毒侵袭中枢神经系统也是必要的。在神经系统中病毒主要感染神经细胞，同时其他细胞也可被感染。

绝大多数甲病毒是嗜神经组织性的，但是不同的病毒株的神经侵袭性则不尽相同。甲病毒容易感染培养的神经细胞，如果将病毒直接注射到中枢神经组织中可以造成神经系统感染与损伤。自然获得性甲病毒感染造成的脑炎是病毒造血性扩散并最终进入中枢神经系统的结果，病毒进入中枢神经系统主要是通过以下几种可能途径中的一个：① 病毒通过毛细血管内皮系统被动扩散进入中枢神经系统；② 病毒在血管内皮细胞中增殖并且向中枢神经系统的实质组织中释放病毒；③ 病毒感染淋巴脉络从管膜并侵袭进入脑脊液中；④ 携带病毒的淋巴细胞与单核细胞迁移进入中枢神经系统实质组织。典型的组织学特征包括广泛的神经细胞坏死，噬神经细胞现象，以及强烈的血管周单核细胞炎性浸润。委内瑞拉马脑炎的病理变化包括骨髓细胞与脾脏细胞耗减，以及淋巴道与胰腺坏死，当病马能存活足够长时间时最终出现脑炎症状。

在家禽中，甲病毒感染后产生与易感宿主相似的症状与病理变化。产蛋火鸡感染会导致产蛋量急剧下降，所产蛋变小，蛋壳色素丢失，蛋壳变薄。在东方马脑炎病毒和高地J病毒的急性感

染期，可以从感染禽的输卵管、卵巢、蛋中分离出病毒。此外，年轻火鸡感染会导致心脏、肾脏、胰腺多灶性坏死，淋巴坏死，并且出现胸腺、脾脏、法氏囊耗竭。鹩鸪、山鸡感染最常见的病变是心肌炎和脑炎，而对于美洲鹤（*Grus Americana*）和鹩鸪（*Dromaius novaehollandiae*）东方马脑炎病毒感染造成以多个内脏器官的实质坏死为特点的暴发型疾病，但中枢神经系统很少受损或受影响较轻。北京鸭感染的病变仅限于脊髓病变，造成后肢麻痹和瘫痪。成年鸡在自然接触或实验性暴露条件下呈无症状感染，因此在公共卫生中可以通过血清学检测将成年鸡当作地区性甲病毒流行发生的哨兵。然而，实验性感染 2 周龄以下的雏鸡时产生了心肌炎，极少数还出现脑炎。

3. 诊断　马脑炎可以通过分离病毒来诊断，也可以通过以下检测方法进行诊断：① 病毒特异性抗体；② 病毒核酸；③ 组织中的病毒抗原。IgM 抗体捕获性酶联免疫反应方法通常用于个体血清与脑脊液样品的检测。而 IgG 抗体检测则不能预示病毒的近期感染，并且不能区分流行区域中免疫马产生的抗体。IgM 抗体一般能在感染后第二周前检出。如有必要，IgM 阳性结果可以通过病毒中和或血凝抑制试验对双份血清检测来确认。逆转录酶聚合酶链反应（RT-PCR）检测方法已成为一个主要的甲病毒感染诊断方法，因为该法快速，且不管中和抗体存在与否都能检测到病毒 RNA。RT-PCR 检测病毒 RNA 方法比分离病毒检测的病毒血清时间要长。病毒抗原可以通过免疫荧光抗体染色方法来检测，而对于福尔马林固定的组织样品更多地是用免疫组化方法进行检测。免疫组化染色法的优点是样品经因长时间送至诊断中心后仍可检测。

乳鼠是病毒的敏感宿主，可以用于对血液、脑组织等样品的病毒分离。但这种方法在很大程度上被细胞培养方法所取代。Vero、BHK–21 和 C6/36（白蚊伊蚊）细胞都能用于病毒分离。在需要比较在特定地区可能流行的病毒时分离病毒是重要的。特别是对于委内瑞拉马脑炎病毒其地方性流行毒株与大流行毒株必须区分，那么病毒分离更为重要。

4. 免疫预防与控制　甲病毒感染后可产生终身免疫。用细胞培养灭活疫苗免疫马是东方型、西方型和委内瑞拉马脑炎的现行的基础免疫接种计划。这些疫苗对免疫马提供了可靠的免疫保护，但还存在缺陷。鹩鸪和其他鸟类，包括濒临灭绝的美洲鹤，也已成功地免疫接种了西方型和东方型马脑炎疫苗。马通常在每年春天接种疫苗，疫苗是双价或三价的，初免 4～6 周后进行二次免疫。在蚊子常年活跃的地方，马驹在第 3、4、6 月龄接种疫苗，并在此后至少每年免疫 1 次。现在已经开发可以潜在用于人类和动物中新一代的重组载体疫苗，包括复制子疫苗。在许多地区已采取蚊子控制计划来保护公众健康。在某些紧急情况下喷洒杀虫剂对于控制蚊虫数量措施是一个补充，如在疾病流行或有流行迹象时。在面临疾病暴发时也可以禁止马匹流动，因为马能将病毒传播给新的蚊子宿主。

5. 人类疾病　马脑炎甲病毒是人兽共患性的，可以对人严重致病。东方马脑炎病毒感染人常出现的症状有发热、嗜睡与颈部僵硬。疾病可能发展到混乱、瘫痪、抽搐、昏迷。临床病例中整体死亡率高达 50%～75%，许多幸存者留下了永久性的神经系统后遗症，如智力低下、癫痫、瘫痪、耳聋和失明。而西方马脑炎病毒通常不太严重，隐性感染比例高，病死率（3%～10%）比东方马脑炎低。委内瑞拉马脑炎病毒（流行型）感染人类会引起全身性发热性疾病，约 1% 的感染者会发展成临床脑炎。怀孕妇女感染时会导致流产与胎儿死亡，有脑炎症状的幼儿病死率高过 20%～30%。

（二）盖塔病毒

盖塔病毒（*Sagiyama virus*）广泛分布于亚洲，可致猪流产与马全身性疾病。病毒由库蚊传播，但无论是病毒的维持循环还是传播机制都了解甚少。马的临床症状包括精神沉郁、厌食、发热、下肢水肿、荨麻疹、肿胀和颌下淋巴结肿大。据报道1978年在日本的首次病毒流行中约有40%的疫区马出现临床症状，但超过50%血清阳性率的马与首次流行暴发的病毒无关。另一次暴发于1990年发生在印度，血清学调查表明有17%的印度马感染了盖塔病毒。日本已经开发出了一种用于马的灭活疫苗。

三 其他人兽共患性甲病毒

除马脑炎甲病毒外，在世界不同地区还有其他人兽共患性甲病毒，大部分存在于热带与亚热带地区。塞姆利（Semliki）森林脑炎病毒是一种由蚊子传播的甲病毒，该病毒在生物医学研究中已被广泛使用。但这种病毒在自然感染的人和动物中很少引起发病。辛德毕斯病毒感染引起的三大临床特征为发烧、皮疹和多发性关节炎。其他类似特征的病毒还有塞姆利森林脑炎相关病毒如基孔肯雅热（chikungunya）病毒、欧尼恩（o'nyong–nyong）病毒、罗斯河（Ross River）病毒、马亚罗（Mayaro）病毒、伊博邑（Igbo Ora）病毒和巴马森林病毒（Barmah Forest viruses）。其中多种病毒的地方性循环传播机制还所知甚少。

（一）基孔肯雅病毒和欧尼恩病毒

基孔肯雅病毒在整个撒哈拉以南的非洲、印度次大陆和东南亚地区越来越广泛的流行。该病毒最近在整个印度洋地区造成了重大疫情，并已蔓延至欧洲南部（意大利）。非洲地方性流行毒株的动物宿主包括非人灵长类动物，而流行株通过埃及伊蚊和白蚊伊蚊在人与人之间传播。欧尼恩病毒是一种与基孔肯雅病毒密切相关的病毒，该病毒存在于东非通过按蚊传播，但其流行感染传播循环还不清楚。这两种病毒都引起重度和强疼痛感的多发性关节炎，非洲人以"chikungunya"和"o'nyong–nyong"描述感染后发病关节的痛苦，也是这两种病毒得名的由来。

（二）罗斯河病毒

罗斯河病毒感染发生在澳大利亚的某些沿海地区，新几内亚和邻近太平洋岛屿地区。该病毒由生活在淡水或咸水沼泽地区的伊蚊或库蚊传播。可能的脊椎动物宿主为大的有袋类动物，如沙袋鼠（wallabies）或袋鼠（kangaroos），尽管在许多种类的动物中发现了病毒抗体，但在大城市地区的储存宿主还不清楚。该病毒在地方流行性地区对人是一种重要的病原，周期性地在人群中流行。有相当比例的感染者会出现严重的临床症状，特别是多发性关节炎，但少有致死性感染。罗斯河病毒作为动物病原的重要性还只是在推测中，也有该病毒对马的致病性类似于对人类的致病情况的推断。

（三）辛德毕斯病毒

辛德毕斯病毒最早在埃及被发现，于1952年在埃及首次分离出病毒。该病毒在世界的大部分地区发生，包括欧洲和斯堪的纳维亚半岛、非洲、中东、印度次大陆、东南亚和澳大利亚。在南美洲还出现一种与此病毒密切相关或由该病毒变异而来的病毒，灵气病毒（Aura virus）。该病毒通过库蚊在不同种类的鸟类包括迁徙鸟和猎鸟间传播，同时鸟类是病毒的扩增宿主。辛德毕斯病毒通常由伊蚊传播给终末宿主如人类，大多数呈无症状感染，但偶发多发性关节炎、皮疹和发热。在世界各地的辛德毕斯病毒毒株遗传变异较大，某些毒株对人类呈现出更强的致病性。

四 鲑鱼甲病毒

第一株鲑鱼甲病毒于1995年分离自爱尔兰与苏格兰地区出现胰腺疾病的大西洋鲑鱼场中。该病毒现在也称作鲑鱼胰腺病病毒或鲑鱼甲病毒1。几年后，另一种病毒被确定为致法国淡水虹鳟鱼（Oncorhynchus mykiss）"沉睡病"的病原。这种病毒也称作沉睡病或鲑鱼甲病毒2。随后在挪威的大西洋鲑鱼（*Salmo salar*）养殖场中确定了另一种鲑鱼甲病毒（鲑鱼甲病毒3）。

（一）临床特征和流行病学

鲑鱼胰腺病发病的临床症状可能为突然发生食欲不振、嗜睡、池内管型粪便增多、死亡率升高。感染鱼发生肌肉损伤，后果为在水中难以维持正常姿态。这种无法保持正常姿势的现象也可能是因鱼在池壁摩擦导致糜烂和溃疡的结果。发生沉睡病的鱼表现出的临床症状为侧躺在池底，看起来像睡觉的样子。还表现出腹部肿胀和眼睛凸出（图29-6）。

已确定检测到鲑鱼甲病毒的地区目前仅限于欧洲和斯堪的纳维亚，欧洲的爱尔兰、英国、法国、德国、挪威、意大利、西班牙尤其多发。鲑鱼在海水栖息地感染病毒，而虹鳟鱼是在淡水中感染。除了进入新的环境和快速生长率外很难确定触发临床发病的条件。由鲑鱼甲病毒1引起的胰腺疾病几乎在爱尔兰所有饲养场都有发生，并且无论间隔多长时间向闲置的饲养池内再次引种时都会再次发病。这表明或者在海水环境中有明显的储存病毒，或者淡水饲养设施中的鲑鱼存在病毒。还没有证明病毒能垂直传播。鲑鱼甲病毒感染的致死率变化很大，可能与鱼种、水温以及生长速度有关。

（二）发病机制和病理学

早期研究表明血浆、血液白细胞、肾提取物可以传播鲑鱼甲病毒病，而致病时间则依赖于温度，疾病在14℃环境中比在9℃环境中进展快。鲑鱼甲病毒1和鲑鱼甲病毒2都可以对鲑鱼和鳟鱼的胰腺、心脏和肌肉造成病变，虽然病变程度取决于鱼的品系。最初记载的鲑鱼胰腺病的组织学病理变化一般是胰腺坏死。而后来的研究还发现了严重的心肌和骨骼肌病（图29-6）。长时间的研究表明在疾病的非常急性期发生胰腺坏死，伴随轻微或无炎症反应的腺泡组织受损，而致心肌出现病变则要慢些。骨骼

肌的病变出现在病毒感染的更晚期，约在胰腺和心脏病变后的3～4周。肌肉受损是导致感染鱼异常行为的原因。

（三）诊断

可以通过检查感染鱼的特征性临床表现与特征性病变来诊断鲑鱼甲病毒感染。这些病毒可以通过用使用奇努克鲑鱼胚细胞（CHSE-214）或虹鳟鱼性腺细胞（RTG-2）在体外分离病毒。但是由于感染后临床表现迟缓而使病毒分离困难，只有在感染后7～14d才出现临床症状。这时

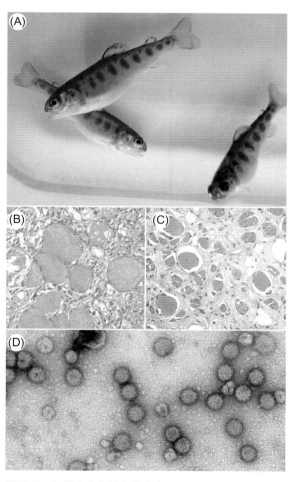

图29-6 虹鳟鱼感染鲑鱼甲病毒2

(A) 幼年虹鳟表现为沉睡病，还包括在水中不能保持正常姿势，腹部肿胀与双侧眼球突出。(B) 急性期的骨骼肌病变。(C) 慢性感染期的骨骼肌病变。(D) 部分纯化的鲑鱼甲病毒病毒粒子负染电镜照片。(A、B和C由J. Castric提供, Agence Française de Sécurité Sanitaire des Aliments。D由M. Bremont提供, Institut National de la RechercheAgronomique.)

因为宿主的免疫保护反应而使病毒滴度降低，所以一般应该从数条鱼中采样。也可以用病毒中和试验血清学技术来检测鱼群中的鲑鱼甲病毒，因为至今所分离的不同鲑鱼甲病毒中存在足够的交叉反应。现在RT-PCR方法也是检测鲑鱼甲病毒的选择之一。这种方法敏感，与病毒分离法不一样，这种方法不受抗体影响，而且至少感染后190d内可以从组织中检测出病毒RNA，检测时限比从组织中分离病毒要长。RT-PCR这种能在急性感染后数月检测病毒核酸序列的能力对于确定鱼群接触了鲑鱼甲病毒是有用的，但是在仅依靠病毒RNA的检测结果来确定病因时应该谨慎。

（四）免疫、预防和控制

首次感染鲑鱼甲病毒康复后鱼至少在未来的9个月具备对病毒的抵抗力。自然接触感染后康复的鱼不会再发病。多数鱼感染后14～16d可以检测到病毒中和抗体，而感染28d后100%的鱼产生病毒中和抗体。鲑鱼甲病毒1与鲑鱼甲病毒2间具有交叉免疫保护。福尔马林灭活疫苗可以对病毒攻击提供100%保护，但这种形式的联苗则是不确定的。一种基因工程修饰的活疫苗免疫鱼后能诱导产生长久的免疫保护，但一种从疫苗突变而来的病毒引起了临床发病。

由于缺少病毒宿主方面的信息以及疾病的流行病学内容，该病的控制计划很难。尽管病毒可以在感染鱼与未感染鱼间直接传播，但潜在的可能的病毒载体如海虱等在病毒传播中的角色还不清楚。一个可能关联的事实是从南海象身上的虱中分离出一种与塞姆利基森林病毒亲缘关系较远的甲病毒。最后，尽管开始的试验表明鲑鱼甲病毒可能存在垂直传播，但还需要进一步的研究来证实这种传播途径。

华荣虹　译

黄病毒科

章节内容

黄病毒科（*Flaviviridae*）包含3个属（黄病毒属、瘟病毒属、肝炎病毒属），各属成员间尽管在基因结构和理化性质上相似，但在遗传学和生物学特性上相差甚远（表30–1）。黄病毒属至少含有70种病毒，其中有些病毒在兽医学上很重要，包括日本脑炎病毒、西尼罗河病毒、羊跳跃病病毒、威塞尔斯布隆病毒。本属病毒中大约有30种是虫媒传播性病毒，感染人可引起急性发热、危及生命的出血热、脑炎和肝坏死。例如4种登革热病毒、西尼罗河病毒、日本脑炎病毒和几种蜱传脑炎病毒都可引起人类发病。瘟病毒属含有兽医学上重要的病原，包括牛病毒性腹泻病毒、羊边界病病毒和猪瘟病毒。肝炎病毒属仅含有感染人的病原，如丙型肝炎病毒和不恰当命名的庚型肝炎病毒。

黄病毒属的代表——黄热病毒，发现于黄热病的流行调查中。1900年在哈瓦那沃尔特·里德，詹姆斯·卡罗尔和他的同事发现该病的病原是一种"滤过性病毒"，可通过伊蚊传播。18～19世纪，黄热病是人类最大的灾难之一，反复流行于美洲、欧洲和西非的沿海城市。该病病原及传播媒介被发现后，西半球的城市很快就通过扑灭蚊子的策略消灭了该病。曾经计划过半球根除计划，但该病在1932年地方性动物病/大流行过程中涉及猴子到蚊子的循环，这阻碍了本病的根除。本属成员的全球重要性和影响力越来越大，尤其是登革热病毒、日本脑炎病毒和西尼罗河病毒。

表30–1 引起家畜及人畜共患疾病的虫媒病毒[a]

病毒	易感宿主（储存宿主）	节肢动物宿主（传播方式）	引起家畜（人）疾病	地理分布
黄病毒属				
日本乙型脑炎病毒	猪、人、马（鸟）	蚊：库蚊（*C. tritaeniorhynchus*）	流产、新生儿疾病（脑炎）	亚洲
墨累河谷脑炎病毒	人（鸟）	蚊：库蚊（*C. annulirostris*）	（脑炎）	澳大利亚、新几内亚
圣路易斯脑炎病毒	人（鸟）	蚊：库蚊（*C. tarsalis, C. pipiens*）	（脑炎）	美国、加拿大和中南美洲
威塞尔斯布隆病毒	绵羊	蚊	全身感染，流产	非洲
登革热病毒1, 2, 3, 4型	人、猴	蚊：伊蚊（*A. aegypti*, 其他）	（发热和皮疹，关节疼痛，肌痛，出血热）	热带地区
西尼罗河病毒	人、马、鸟	蚊：库蚊（少见于扁虱）	发热，全身性疾病和脑炎	非洲、中东、北美、中美、南美
蜱媒脑炎病毒	人（啮齿动物、鸟、反刍动物）	扁虱：硬蜱属，经摄取污染的牛奶	（脑炎）	欧洲、俄罗斯、亚洲
鄂木斯克出血热病毒	人（麝鼠）	扁虱：革蜱属	（出血热、胃肠疾病）	西伯利亚独立国家联盟
萨努尔森林病病毒	人（猴和啮齿动物）	扁虱：血蜱属	（出血热、脑炎）	印度（迈索尔）
玻瓦桑病毒	小型哺乳动物	扁虱：硬蜱属	脑炎	加拿大、美国、俄罗斯
跳跃病病毒	绵羊、马、人	扁虱：硬蜱属	脑炎	欧洲
瘟病毒属				
牛病毒性腹泻病毒	牛	（接触，先天性感染）	不明显的先天性疾病、持续性感染、黏膜病	全世界范围
猪瘟病毒	猪	（接触）	系统性疾病、先天性疾病	全世界范围（部分国家已根除）
边界病病毒	绵羊		先天性疾病	全世界范围

a 丙型肝炎病毒属含有丙型肝炎病毒（一种引起人肝炎的重要病原）。

瘟病毒属成员作为经济上重要的兽医病原在世界范围内出现。猪瘟（也称为猪霍乱），首次于1833年在俄亥俄州确认。推测在那时该病毒已经通过物种间跳跃出现，也就是说，通过其他瘟病毒的宿主范围突变的方式出现。20世纪早期，随着发达国家集约化养猪业的扩大，猪瘟成为养猪业最重要的一种疾病。后来由于根除计划的成功，使今天再次引入这种病毒比地方性动物病的感染更能引起人们的注意。牛病毒性腹泻作为一种牛的新疾病首次于1946年在纽约被发现，该病是由同一种病毒引起的另外一个临床疾病，但是在严重程度和发病模式上明显不同。边界病最初于1959年在威尔士和英格兰之间的边境地区的绵羊中被发现，在全世界高密度养羊地区很常见。怀孕母羊感染本病的特点是能够垂直传播，引起胎儿畸形，俗称"羔羊被毛颤抖病"和"模糊羔羊综合征"。

丙型肝炎病毒发现于1989年，是现代分子生物学技术的杰作。该病毒除了黑猩猩外，在细胞及实验动物上均不能增殖，其全基因组序列已经测定。应用重组DNA技术可以进行常规诊断，目前这已作为检测、鉴定和诊断其他不能培养的病毒的典范。

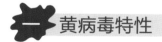

黄病毒特性

（一）分类

黄病毒属包括动物病原如日本脑炎病毒、西尼罗河病毒、威塞尔斯布隆病毒、跳跃病病毒以及许多重要的人类病原，如登革热病毒（表30–1）。本属成员按传播方式细分为四组：① 蜱媒病毒；② 蚊媒病毒；③ 通过未知节肢动物作为媒介传播的病毒；④ 通过未知动物宿主传播的病毒。蚊媒和节肢动物传播的虫媒病毒在节肢动物–脊椎动物–节肢动物的循环中保存本性，而非节肢动物传播的病毒可在蝙蝠或啮齿类动物间进行直接传播。

瘟病毒属含有牛病毒性腹泻病毒、边界病病毒和猪瘟病毒（猪霍乱病毒）。基因组序列分析表明这三种病毒亲缘关系极其相近，纯病毒的分离是很难的。5' 端非编码区的序列分析、型特异性抗血清的血清学分析和宿主种类起源试验表明，该属病毒有交叉的宿主谱，猪瘟病毒可传染给牛，牛病毒性腹泻病毒可感染猪、绵羊、山羊、新世界骆驼和其他各种野生和家养的蹄类动物包括鹿、羚羊和水牛；边界病病毒对牛感染的记录很少。长颈鹿瘟病毒最近在澳大利亚有所描述，特点不详，对猪是高致病性的，基因学上属于新的基因型。

（二）病毒粒子特性

该属病毒的病毒粒子呈球形，直径50nm（黄病毒）或40~60nm（瘟病毒），核衣壳呈二十面体对称，周围是紧密结合的脂质囊膜，囊膜表面有糖蛋白纤突（图30–1，表30–2）。基因组为单股正链RNA，长约11kb（黄病毒），12.3kb（瘟病毒），9.6kb（肝炎病毒）。虫媒病毒5'-末端有帽子结构，而瘟病毒和肝炎病毒则没有。病毒基因组含有一个大的开放阅读框，

表30-2　黄病毒科成员的特性

属：黄病毒属大多是虫媒病毒；瘟病毒属多是非虫媒病毒，包括多种动物病原肝炎病毒及人丙型肝炎病毒。

病毒粒子呈球形，直径40~60 nm，核衣壳由紧密连接的脂质层、纤突构成。

基因组为单股、线性、正链RNA，长约11 kb（虫媒病毒）、12.3 kb（瘟病毒）及9.6 kb（肝炎病毒）；虫媒病毒基因组的5' 端含有帽子结构，瘟病毒及肝炎病毒的5'端不含有帽子结构。

基因组RNA具有感染性。

病毒在细胞质中复制，可翻译成一个大的多聚蛋白，转译的同时或转译后被切割成8~9种非结构蛋白和3~4种结构蛋白。

病毒在胞浆膜上成熟，没有出芽。

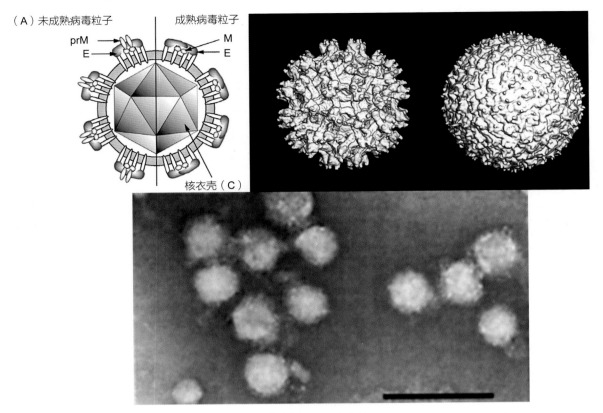

图 30-1 黄病毒科，瘟病毒属。

（A）（左）成熟及不成熟病毒粒子模式图。（中和右）一株登革热病毒的成熟与不成熟病毒粒子的三维冷冻电镜显微重建。C，核衣壳蛋白；E，主要纤突蛋白；M，跨膜蛋白；前导蛋白。（B）中欧蜱传脑炎病毒负染显微电镜观察。标尺代表100 nm。〔A引自 Virus Taxonomy: Eighth Report of the International Committee on Taxonomy of Viruses（C. M. Fauquet, M. A. Mayo, J. Maniloff, U. Desselberger, L. A. Ball, eds.），p. 983. Copyright © Elsevier（2005），已授权〕

编码十种或以上的蛋白，这些蛋白经共翻译和转录后翻译加工切割成一个大的多聚蛋白（图30-2）。病毒基因组的5'端编码3种（黄病毒属）或4种（瘟病毒属）结构蛋白，3'端编码非结构蛋白。黄病毒的结构蛋白包括核衣壳蛋白C蛋白；前体糖蛋白prM，在病毒成熟期间经切割产生跨膜蛋白M；主要的纤突糖蛋白E是产生中和抗体的主要靶蛋白。瘟病毒的结构蛋白有4种，分别是核衣壳蛋白C蛋白、E^{rns}、E1和E2囊膜糖蛋白。含有7～8种非结构蛋白，包括NS5，RNA依赖的RNA聚合酶，NS3，NS2B。其中NS3具有多种功能，如解旋酶和蛋白酶活性，还与形成RNA聚合酶复合物有关。NS2B和NS3在多聚蛋白的切割中起作用，而宿主细胞蛋白酶在切割多聚蛋白后的加工过程中起作用。瘟病毒编码一种特殊的非结构蛋白N^{pro}，该蛋白能自我催化并从多聚蛋白中释放出来，是病毒复制的非必需蛋白，但在感染细胞中能调节干扰素应答反应。

高温和普通消毒剂易灭活该属病毒，脂膜对有机溶剂敏感。然而，猪瘟病毒可在肉制品和碎屑中稳定存在数周甚至数月，这对病毒传播扩散及再度引进无病毒区起重要作用。

（三）病毒复制

黄病毒属成员可在多种细胞系中较好地增殖并产生细胞病变，如Vero（非洲绿猴肾细胞）、BHK-21（幼仓鼠肾细胞）、蚊子细胞（C6/36），雏鸡和鸭胚胎成纤维细胞通常用于病毒的分离和增殖。多数黄病毒可感染新生小鼠，对其是致死性的。在某种情况下，也可感染和致死成年鼠。

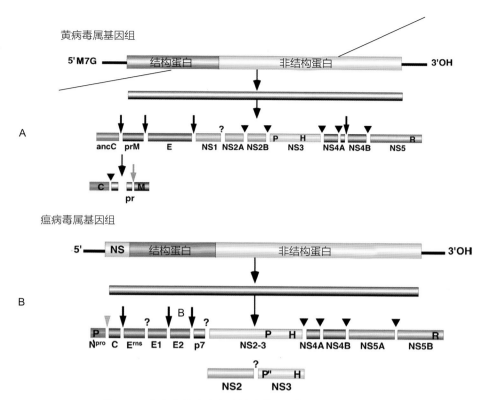

图30-2 黄病毒属及瘟病毒属的基因组构成和多聚蛋白的加工

（A）和（B）是含有结构蛋白和非结构蛋白编码区及5'和3'非编码区（NCR）的病毒基因组。基因组下面为蛋白水解酶切割后的病毒蛋白。病毒蛋白盒之间的箭头及"?"为切割位点。（A）黄病毒属。AncC，核衣壳蛋白前体；C，核衣壳蛋白；prM，膜蛋白前体；M，膜蛋白；E，囊膜多聚蛋白；NS，非结构蛋白；P，NS3蛋白酶；H，NS3解旋酶；R，RNA聚合酶。（B）瘟病毒。Npro，蛋白酶；C，衣壳蛋白；Ernas，具有RNA酶活性的囊膜蛋白；E，囊膜蛋白；p7，非结构蛋白；NS，非结构蛋白；P，NS2-3（NS3）蛋白酶；H，解旋酶；R，RNA蛋白酶。〔引自 Virus Taxonomy:Eighth Report of the International Committeeon Taxonomy of Viruses（C. M. Fauquet,M. A. Mayo, J. Maniloff, U. Desselberger,L. A. Ball, eds.），pp. 984, 990. Copyright © Elsevier（2005），已授权〕

事实上，大部分的黄病毒最初是从新生小鼠中分离的。

瘟病毒属成员通常能在其主要宿主的原代细胞和传代细胞系中较好地增殖，如牛病毒性腹泻病毒在牛胚胎成纤维细胞或牛肾细胞中增殖较好。边界病病毒在绵羊细胞中最易分离到，猪瘟病毒在猪淋巴细胞和肾细胞中最易分离。从自然感染动物中分离到的瘟病毒在细胞培养时大部分不产生细胞病变。

黄病毒科所有成员都是通过E糖蛋白上的配体介导病毒的吸附的，尽管细胞表面受体还未得到明确的证实。病毒通过受体介导的胞吞作用进入细胞，在细胞质中进行复制。黄病毒仅在局部抑制哺乳宿主细胞的蛋白质和RNA的合成。病毒感染通常伴随着核膜的典型增殖。

病毒复制涉及互补负链RNA的合成，该负链RNA是合成正链RNA的模板。只有病毒的mRNA是基因组RNA，能翻译一个多聚蛋白，该蛋白经切割和加工后形成多个结构和非结构蛋白（图30-2）。对于蚊媒黄病毒来说，病毒粒子在蚊子细胞的内质网膜和浆膜处进行组装（图30-3），但成形的衣壳和出芽过程不可见。完整的病毒粒子从内质网处形成囊泡，并通过胞吐或细胞裂解而释放到细胞外。

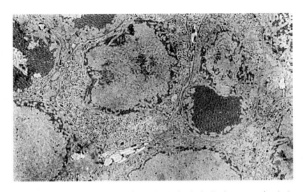

图30-3　库蚊唾液腺感染圣路易斯脑炎病毒26d。在唾液中可以看到大量的病毒，一些呈次晶状排列。当蚊子吸血时，将含有抗凝剂的唾液注入其他的脊椎动物就可引起传播（放大倍数：×21 000倍）。

二　黄病毒属成员：蚊媒黄病毒

黄病毒属所有成员在血清学上相关。基于中和试验，蚊媒黄病毒可再分为至少7个血清组，包含大约40种黄病毒，其中大多数是人类和动物的重要病原。登革热病毒存在于蚊–人–蚊循环中，而其他蚊媒黄病毒在多种动物中增殖，其中野鸟在多种该类病毒的地方性传播循环中起着重要作用。

（一）日本乙型脑炎病毒

日本乙型脑炎病毒是血清组的典型病毒，包括至少3种其他重要的致病性病毒：圣路易脑炎病毒，穆雷谷脑炎病毒和西尼罗河病毒。每种病毒都是重要的人类病原，而且日本乙型脑炎病毒和西尼罗河病毒能引起家畜的严重疾病。多种动物如猪、马、犬、蝙蝠和爬行动物能自然感染日本乙型脑炎病毒。马感染后导致致死性的脑炎，与西尼罗河病毒感染相似。然而猪感染后除了怀孕母猪产死胎和发生流产外，一般无明显特征，在亚洲和东南亚许多地区，日本乙型脑炎病毒是重要的蚊媒人类病原。近来，这类病毒扩大了传播范围，印度亚大陆、太平洋岛屿和澳大利亚北部亦有该病毒感染（图30–4），对人类是毁灭性的。

尽管存在很多不明显的感染，但其病死率在临床病例中占了10%～40%，40%～70%的幸存者持续性神经功能缺损。一级蚊子媒介三带喙库蚊产生在淡水沼泽、灌溉稻田、嗜血鸟类、猪和人类。其他种类的库蚊在局部地区是重要的媒介。在亚洲大部分地区猪的养殖量较多，而且能持续繁殖易感宿主的后代。蚊子–猪，蚊子–鸟这两种传播循环途径是病毒增殖的有效模式。在热带地区，该病暴发流行于湿润季节末期，但散发病例全年均有发生。在温带地区，该病易于夏末秋初暴发，寒冷时节趋于平息。

日本先前控制了日本乙型脑炎，主要是通过间断地排出稻田的水来阻止三带喙库蚊的繁殖，以及将猪的饲养从人类居住地迁出，对猪、马、小孩用源于小鼠脑制备的灭活病毒疫苗进行广泛接种。细胞培养的灭活病毒和减毒活疫苗的应用，大大减少了亚洲如中国大陆、中国台湾和朝鲜地方性疾病在猪和人类的感染。由于现有疫苗的副作用及限制性应用，新型疫苗如重组疫苗正在研制和评估当中。

（二）西尼罗河病毒

西尼罗河病毒曾被认为是引起非洲和中东大部分地区温和型热性疾病的人类病原。西尼罗河

图30–4　日本乙型脑炎的分布（引自疾病控制中心）

病毒包括两个主要的遗传谱系（1系和2系），库宁病毒是西尼罗河病毒1系中的一个变种，在澳大利亚是地方性传染病。20世纪90年代，在中东地区出现了西尼罗河病毒1系的一个强毒株，继而侵入东欧，随后传到美国，引起鸟类的大量死亡及人和马的致死性脑炎。此病毒已传至整个北美和中南美洲地区，现在是引起新大陆人患虫媒病毒性脑炎的主要病原。

1. 临床特征和流行病学　在西尼罗河病毒的整个宿主范围中，主要存在蚊-野鸟-蚊循环中，多种库蚊可作为该病毒的载体（图30-5）。尽管已报道有300多种鸟类可感染西尼罗河病毒，但病毒主要是在野生燕雀和库蚊中存留和增殖。一些鸟类，尤其是鸦科如美洲乌鸦（短嘴鸦）、松鸦、黄嘴鹊（黑嘴鹊）感染后能产生高滴度的病毒血症和一致的死亡率；通过对死鸦的监测是监测该病毒传到新的地区的一种敏感监测技术。在北美地区，诸如斑雀和麻雀感染后呈现可变的死亡率和相当低的病毒血症（与鸦科相比），是西尼罗河病毒的初级携带者，很可能成为西尼罗河病毒扩大的感染宿主，然而总是死于感染的高度易感鸟类如鸦和知更鸟在该病暴发时严重放大病毒显得更为重要。在西尼罗河病毒感染多种猛禽和家鹅的一些病例中已观察到了高死亡率，特别是幼鹅。其他鸟类，包括许多野鸟以及鸡和鸽子感染后一般不会发病，产生的低水平的病毒血症不足以感染蚊子。人和其他哺乳动物包括马是终末宿主，作为储存宿主意义不大。然而，对易感马的血清学监测是一个地区中西尼罗河病毒检测高度敏感的方法。

马是受西尼罗河病毒影响最重要的家畜，但是否发病取决于感染病毒株的致病力（神经毒力）。马感染西尼罗河病毒2系株常见于许多撒哈拉以南的非洲地区，但很少引起严重的疾病，但西尼罗河病毒1型和2型中神经毒力的毒株可引起严重的疾病。最近出现在欧洲和美洲的西尼罗河病毒1型株对马具有高致病性，在北美的地方性流行中大量的马匹受到临床感染。感染马呈现各种神经症状，如精神沉郁、步态异常、头部震颤、肌肉震颤、无力、共济失调及长卧不起。近10%的马匹在感染1型西尼罗河病毒后出现神经症状，但有神经症状的死亡率很高（达到40%）。与人感染病例相似，感染马的病毒血症程度较低，不足以将病毒回传给蚊子。许多物种的野生动物和家畜有感染西尼罗河病毒的记录，但除马以外临床症状均比较少见。也有报道西尼罗河病毒也可感染猫、犬、羊、新世界骆驼、松鼠以及养殖鳄鱼。

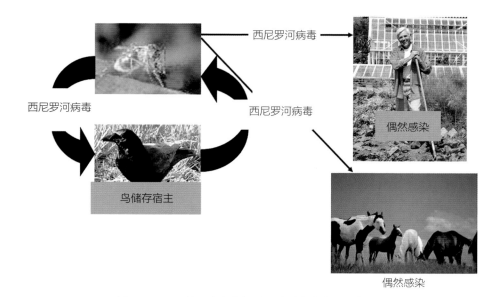

图30-5　西尼罗河病毒传播循环（引自疾病控制中心）

2. 发病机制和病理学　致病性西尼罗河病毒感染高度敏感的鸟类导致非常高滴度的病毒血症和广泛性坏死、出血及多器官炎症，包括心脏、骨骼肌、肺、脾、肝、肾、肾上腺、胰腺、肠、性腺及神经系统。家鹅感染后对大脑和心脏影响最大。短吻鳄感染后也有相似的多器官病变，自然感染犬也偶尔可见。相反，马感染后仅表现短暂的、低水平的病毒血症和中枢神经系统损伤，对其他器官影响很小。感染马的脑和脊髓损伤包括散在的神经元坏死灶以及非化脓性（主要是淋巴细胞）的脑脊髓炎。相似的零星病变在感染的新世界骆驼（美洲驼和羊驼）、羊、猫上也有报道，在松鼠上较多。

3. 诊断　马感染西尼罗河病毒的临床特征典型但非特异，因此需要通过血清学检测急性感染马的病毒特异性免疫球蛋白M（IgM）的抗体来确诊，典型的方法是IgM捕获酶联免疫吸附试验（ELISA法）。基于急性期和恢复期血清的病毒中和试验，也可用于西尼罗河病毒感染的血清学检测。但应用逆转录–聚合酶链反应（RT-PCR）、原位杂交或免疫组化方法可以在包括鸟类在内的所有被感染的动物组织中检测到病毒，尽管感染马神经组织损伤分布广泛，且含有少量病毒抗原。用Vero细胞或蚊子细胞能分离到病毒，通过特异性抗血清进行免疫组织化学染色或RT-PCR可对该病毒进行鉴定。

4. 免疫及防控　对西尼罗河病毒感染且有神经性症状的大部分是可治愈的。感染过西尼罗河病毒的动物可以抵抗再次感染，几种有效的抗西尼罗河病毒的马疫苗已被注册，包括灭活疫苗、DNA疫苗、嵌合疫苗及重组的金丝雀痘病毒载体疫苗。疫苗有效地用于保护易感鸟类，包括鹅，多种潜在的重组人用疫苗也在开发当中。

（三）墨累河谷脑炎病毒

墨累河谷脑炎病毒，是蚊媒病毒的另一位成员，在新几内亚和澳大利亚北部地方性流行，在那里，脑炎病例在人中零星发生，在人上引起脑炎及死亡率与日本脑炎病毒相类似，愈后常见神经症状。墨累河谷脑炎病毒在人群中流行只是偶尔发生在夏季澳大利亚东南部的墨累河（Murray River）流域，多发于强降雨和剧烈的洪水之后。这些条件促使水禽的数量爆炸性增长，这是该病毒在脊椎动物中的主要宿主，蚊媒，特别是三带喙库蚊是主要传播媒介。

（四）圣路易斯脑炎病毒

圣路易脑炎病毒，蚊媒脑炎病毒成员之一，存在于北美洲，中南美洲。在北美，虽然现在此病较少见，但是此前该病毒在人上引起散发流行，表现为脑炎或良性发热性疾病。地方性流行地区马感染较少。虽然在试验条件下能引起马的脑脊髓炎，但目前还不清楚自然感染后是否发生类似的疾病。病毒在美国西部农村地区的自然循环涉及环跗库蚊（媒斑蚊）与雏鸟和幼雀。在北纬和南纬的城市地区，最重要的载体分别是尖音库蚊和致倦库蚊，其他种类的库蚊有可能成为局部地区的传播媒介。

（五）威塞尔斯布隆病毒

在撒哈拉非洲以南的许多地方，威塞尔斯布隆病毒是引起一种羊类疾病的重要病原。该病临床症状及流行病学与裂谷热病毒相似。羊发病后的特点是发热、精神沉郁、黄疸性肝炎和皮下水肿。怀孕母羊常见流产，新生羔羊病死率较高。牛、马、猪感染后呈现亚临床症状。该病毒在夏季和秋季通过伊蚊（豹脚蚊）传播。蚊子在地势低洼潮湿的地方密度最大。对羊的防控包括对羔羊用弱毒疫苗进行免疫，通常与裂谷热疫苗同时进行。威塞尔斯布隆病毒是人畜共患病，人感染后引起发热、头痛、肌肉痛和关节痛。

（六）登革热病毒

登革热已成为当今世界上最重要的节肢动物传播的人类病毒性疾病，有超过20亿人面临该病的威胁，每年有数千万人感染。登革热病毒的原始自然宿主似乎是非洲猴子，并且在东南亚，猴子仍可能是储存宿主。登革热病毒最重要的传播路径依然是蚊子–人–蚊，包括城市蚊子和伊蚊。白纹伊蚊也是小规模的暴发流行中有效的传播媒介。尽管登革热病毒已经发现超过200年，但在20世纪50年代前，登革热病毒的暴发流行较少，主要由于具有病毒血症的人在热带地区的国家之间移动受限，并且消灭伊蚊（豹脚蚊）的行动几乎消除了传播媒介。随着运输业的发展以及热带地区大城市的出现，为埃及伊蚊提供无处不在的繁殖场所，导致该病毒全球性的再现和流行。该病毒已世界范围内传播，最近的流行发生在中美洲和加勒比地区、南美洲、太平洋岛屿、中国以及东南亚和非洲。由于埃及伊蚊的普遍存在和近期白纹伊蚊的大范围传播，以及登革热病毒流行地区人员的出入，该病毒继续威胁着温暖气候的所有地区。

登革热病毒有四种，感染后诱导终身的同源免疫，但病毒之间的交叉保护并不完全。感染多个血清型病毒后会导致登革出血热，这种休克综合征已成为引起东南亚儿童住院和死亡的主要原因，并且在美洲也越来越常见。控制登革热主要集中在蚊子媒介，通过杀死受感染的成虫或除去幼虫栖息地来控制。使用飞机或卡车喷洒杀虫剂在很大程度上是无效的，因为埃及伊蚊生活在处所里面，喷雾液滴不能够接触到。

（七）黄热病毒

纵观历史，黄热病一直是一个巨大的瘟疫，该病通过运输以及蚊子（埃及伊蚊）媒介传播，随着奴隶运输船从西非传播至南、北美洲及其附近岛屿。在18世纪和19世纪，该病摧毁了美洲的热带和亚热带地区众多沿海城市。数千名工人在巴拿马运河的建设中死亡。黄热病的典型症状：感染者开始突然发热、头痛、肌肉痛、恶心。该病呈双相性，短暂的缓解期后又出现腹痛、黄疸、肾功能衰竭和出血。大约50%的人出现这个阶段7~10d后死亡，并伴有进一步的肝、肾功能衰竭，休克，神志昏迷和抽搐。

在丛林栖息地，黄热病病毒存在于蚊–猴–蚊循环中。旧大陆猴仅发生亚临床感染，但新大陆猴感染后常见死亡，反映出最近病毒引进到美洲。不同种类的热带丛林蚊如非洲伊蚊和美洲趋血蚊可作为媒介。这些蚊子也可能将病毒传染至进入森林地区的人类。由于它属于蚊–人–蚊循环，涉及西半球的埃及伊蚊和非洲白纹伊蚊，可引起大规模城市流行。在西半球，每年有几百例丛林黄热病病例，在非洲有几千例，但真实的发病率可能会更高，因为发生在非洲的主要疫情经常无法获得详细资料。近年来，埃及伊蚊种群在美洲大部分地区大量增殖，包括美国南部地区。如今，该病在城市的流行可能随时暴发。已有快速检测病毒或特异性抗体的方法，尽管它们的实用性是有限的。免疫是控制黄热病的关键，传统方法是使用一种弱毒疫苗，17D。新型疫苗仍在继续开发和评估当中。防控涉及对埃及伊蚊的控制，但是尽管该方法早在20世纪就已经在西半球的城市中心证明了其价值，这种方法却又被证明难以持续，基本上已放弃该方法。

（八）其他蚊媒黄病毒

乌苏图病毒是一种蚊媒黄病毒，与西尼罗河病毒关系密切，最近在中欧（奥地利、匈牙利）野生和动物园鸟类中出现。这种病毒的出现与黑鸟大量死亡相关，但与哺乳动物无关。在南美流行的血浆复合物中分离到的其他几种黄病毒，包括从恩他耶病毒血浆复合物分离到的罗西奥病毒和伊尔乌斯病毒，以及从阿罗阿病毒血浆复合物分离到的巴苏跨拉病毒。尽管这些病毒能引起人类和动物感染，但它们的流行性传播循环基本未知。在巴西，罗西奥病毒此前曾引起大范围人脑炎的流行。以色列火鸡脑膜脑炎病毒也是恩他耶黄病毒的成员，可能通过蠓（库蠓）传播，是零星暴发的局部地区火鸡麻痹和死亡的原因。

三　黄病毒属的成员：蜱传播的媒脑炎病毒

蜱媒脑炎病毒含有约十二种黄病毒，其中有几种是重要的动物传染病的病原体，包括：欧亚大陆的蜱媒脑炎病毒（两种亚型，也被称为俄罗斯春夏脑炎病毒和中欧脑炎病毒）和鄂木斯克出血热病毒；在印度及最近在中东出现的贾萨努尔森林病病毒，北美出现的玻瓦桑/鹿蜱病毒（表30-1）。在欧洲和亚洲东部和中部，感染的犬及家畜（如牛、绵羊和山羊）在这些

病毒传播给人中起着非常重要的作用，这些动物可以放大宿主，一些病毒也可通过生牛奶传播给人（图30-6）。实验中马感染玻瓦桑病毒发生脑脊髓炎已有描述，但是没有结果表明在北美洲自然感染马具有类似的疾病。

与蚊媒黄病毒相比，蜱媒黄病毒的流行更为复杂，因为蜱既作为感染源又作为病毒媒介。与蚊子不同，蜱可以活存多年，通常比它们的啮齿动物宿主存活时间还要长。蜱在温带气候区从春到秋一直活跃。蜱先后通过幼虫若虫到成虫，通常每一个阶段都需要血液。蜱媒黄病毒通过从一个发育阶段到另一个发育阶段（跨龄传递），也

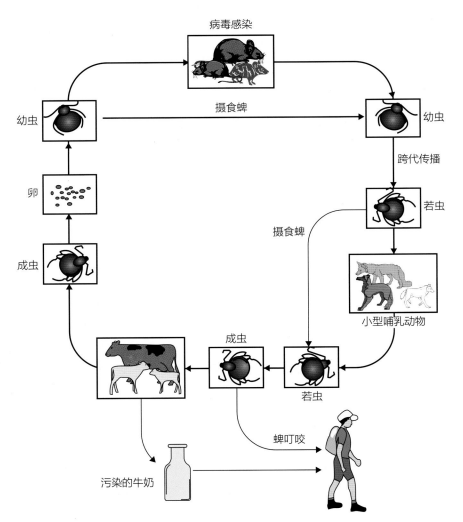

图30-6　蜱传脑炎病毒群传播周期显示幼虫、蛹、成虫宿主。病毒在蜕皮期间传至成蜱，然后经卵巢传至子代，雌雄蜱都参与传播。[引自 T. P. Monath, F. X. Heinz. Flaviviruses. In: Field's Virology（B. N. Fields, D. M. Knipe, P. M. Howley, R. M. Chanock, J. L. Melnick, T. P. Monath,B. Roizman, S. E. Straus, eds.）, 3rd ed., pp. 961–1034. Copyright © 1996 Lippincott–Raven, Philadelphia, PA, 已授权]

可从一代蜱到下一代蜱经卵传输。有些种类蜱终生生活在同一个脊椎动物宿主体内，而另一些在每个血粉后脱落、蜕皮，并寻求不同的宿主。幼虫和若虫一般寄生在鸟类和小型哺乳动物如鼠类身上，而成年蜱喜欢较大的动物。虽然生产成本昂贵，可使用人用灭活病毒疫苗防止欧洲和东亚蜱媒脑炎的发生。

羊跳跃病病毒

羊跳跃病是一种在不列颠群岛和伊比利亚半岛发生在羊身上的一种传染性脑脊髓炎疾病。这是一个典型的蜱媒病毒，生命周期涉及由蜱传递给羊，硬蜱偶尔也涉及马、牛、鹿、鸡。马在地方性流行时零星发生类似于西尼罗河病毒引起的脑脊髓炎。跳跃病发生于春夏两季。感染羊产生持续的病毒血症和双相热，第二个发热高峰伴随神经系统功能障碍，包括共济失调、震颤、过度兴奋以及瘫痪。本病的名字正是从共济失调的羊特殊跳跃式步态得来。一些有神经症状存活下来的大部分都有永久性神经功能缺陷。本病防控包括用灭活疫苗对羔羊进行免疫，允许情况下对易感羊使用杀螨剂及对环境中的蜱进行控制。羊跳跃病病毒是动物传染性病毒，由蜱传播给人类，从事养殖业的人接触感染的羊或其组织也会感染。人感染本病表现为双相性的：第一阶段类似流感，第二阶段以脑膜脑炎为主要特征，通常可以在4~10d治愈，无并发症。

四 瘟病毒属成员

（一）牛病毒性腹泻病毒

像多数遗传异质性RNA病毒一样，牛病毒性腹泻病毒不是单体病毒，而是抗原性、细胞致病性、毒力均有所不同的相关病毒组成的异质体。已经证实两个主要的基因型（基因1型和2型），每个基因型中还有两种不同的生物型：一种是在培养的细胞上引起细胞病变（细胞病变型病毒）的基因型，另一种是引起持续感染但无明显细胞病变（非细胞病变型病毒）的基因型。牛病毒性腹泻病毒的不同基因型或生物型感染易感牛，导致两种临床症状的疾病，分别为牛病毒性腹泻和黏膜病、牛病毒性腹泻对易感动物来说是一种急性的、典型的动物流行病，而黏膜病是散发的暴发性疾病综合征，仅发生于持续性感染的牛，以地方流行性感染牛群为典型。该病毒是世界各地奶牛和肉牛发病、死亡以及造成经济损失的一个重要的原因。

除牛外，BVDV还感染其他多种动物。已报道，此病毒可引起非洲和印度水牛及几种非洲羚羊发病，可引起呼吸道疾病、流产和繁殖障碍，腹泻和持续性免疫耐受感染最近在新世界骆驼（羊驼和骆驼）中有所描述。

BVDV垂直传播给牛胚胎和胎牛是主要的感染方式，可导致胚胎/胎儿死亡、畸形、持续性感染或具有免疫反应的隐性感染

1. 临床特征和流行病学　BVDV感染所引起的发病模式在畜群间明显不同，这取决于畜群密度，免疫状态以及是否存在持续性感染牛。BVDV感染牛的临床和病理表现也随着年龄和怀孕状态的不同而有所不同，有三种情况：非妊娠牛的产后感染，怀孕母牛感染以及在小牛和黏膜病中的持续性感染。

（1）非妊娠牛的产后感染　各种年龄牛均易感，但在地方流行性感染畜群中，以幼龄牛常见，通过初乳获得抗体的幼牛，3~8月龄时抗体消失，感染后，直到初乳抗体消失前不会显示临床症状。易感动物感染后5~7d潜伏期内会出现双向热和白细胞减少，但是其他阶段通常不明显。易感群中有些动物可能会出现腹泻，有些会出现鼻和眼分泌物以及唇、鼻和口腔中出现糜烂和/或溃疡。奶牛感染后，产奶量会显著下降。某些BVDV毒株引起急剧的血小板减少症，从而导致广泛性出血和易感幼仔的高死亡率，这在出现在20世纪80年代的北美BVDV2型上尤为典型。由于病毒感染引起免疫

抑制，幼仔感染后经常导致条件性呼吸道和肠道感染率和死亡率增加。

（2）怀孕牛感染　易感成年母牛怀孕期间感染后，经常发生病毒经胎盘传播至胎儿（图30-7），这可能会导致多种结局，取决于胎儿的日龄（免疫成熟度）以及感染的病毒株。怀孕早期感染通常会导致死胎和胎儿吸收。在100～125d产生免疫能力之前感染通常导致持续的产后感染或破坏性胎儿损害及生长迟缓，从而导致死胎和低出生体重（弱牛综合征）。胎儿有病变通常表明病毒侵入了实质性器官，这是肉眼观察到的先天性缺陷范围。如视网膜发育不良、中枢神经系统（如小脑发育不全，积水性无脑畸形），及其他系统疾病（如脱毛）。在怀孕早期子宫内感染并存活下来的幼仔会持续终生带毒。带毒动物对病毒无有效的免疫反应且持续地免疫抑制。这类牛经所有标准试验检测仍是血清学阴性，但其分泌物和排泄物中可能含有大量的病毒，非常有助于将病毒传播给畜群中的易感牛。有些持续性感染牛不能够正常健康成长，有些随后发展成了黏膜病，还有些牛一直表现健康状态，但持续作为病毒感染源。与上述情况相反，怀孕125d后感染的胎儿通常能够存活下来，不论是否有明显的组织损害，通常会产生中和抗体并清除掉病毒。然而，在怀孕期的任何阶段胎儿感染后均可发生流产。

（3）小牛的持续性感染和黏膜病　在刚刚感染的易感畜群中，即将出生的小牛很大一部分将会是持续性感染者。这样的小牛不能够健康生长，在出生的第一年内死亡率高达50%。仅当两种生物型的BVDV存在时黏膜病才会发生：非致细胞病变的病毒（动物在胎儿阶段就持续性感染的病毒），以及遗传学和抗原结构上相似的致细胞病变毒株。黏膜病的临床特点与BDV相似，但要严重些，甚至与牛疫相当（图30-8）。黏膜病可能会突然发生也可延迟数周至数月，症状明显反复，表现为发热、厌食、水样腹泻、流鼻涕、严重的糜烂或溃疡性口炎、脱水、消瘦、甚至最终死亡。

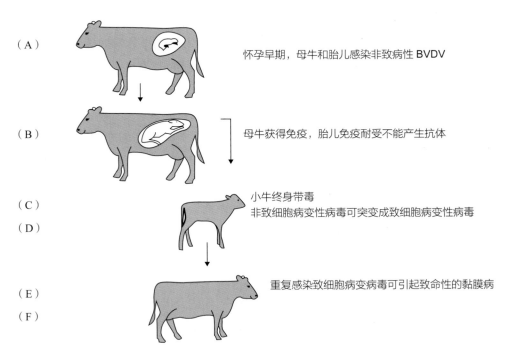

（A）怀孕早期，母牛和胎儿感染非致病性 BVDV

（B）母牛获得免疫，胎儿免疫耐受不能产生抗体

（C）小牛终身带毒
（D）非致细胞病变性病毒可突变成致细胞病变性病毒

（E）重复感染致细胞病变病毒可引起致命性的黏膜病
（F）

图30-7　黏膜病在牛体上的发病机制

（A）子宫内感染。（B）免疫耐受。（C）持续病毒血症。（D）突变。（E）重复感染。（F）黏膜病。［引自J. Brownlie. Pathogenesisof mucosal disease and molecular aspects ofbovine viral diarrhea virus. Vet. Microbiol. 23,371–382（1990），已授权］

2. 发病机制和病理学

（1）产后感染 BDV经呼吸道路径在小牛中传播，病毒首先在鼻黏膜和扁桃体中复制，随后传至局部淋巴结及全身各部。病毒在淋巴组织和肠中的滴度最高，大多数感染都是亚临床的，死于急性。BVDV感染的典型特性是口腔至食道的糜烂溃疡性损伤。肠条带性充血、出血及黏膜表面明显的出血性坏死。组织学变化包括小肠、大肠的肠细胞坏死、肠淋巴组织及细胞的坏死及感染肠部位的黏膜和黏膜下层水肿。泛发性及严重的出血是引起严重的血小板减少症毒株的特点，包括心包膜、心外膜及胃肠道浆膜和黏膜表面。对肺部也有影响，主要由于病毒对肺的直接损伤或继发的细菌感染。

（2）产前和持续性感染 垂直传播的结果依赖于感染毒株的毒力及怀孕的阶段。流产特点主要是自溶及少许特征性病变，有些也可能出现特征性畸形，如小脑发育不全，大脑皮层空泡损伤（积水性无脑畸形或脑穿通畸形），髓鞘形成障碍/伪髓鞘形成，脉络膜视网膜炎或视网膜发育不良，骨骼缺陷包括生长迟缓，头皮畸形。持续性感染牛可能表现正常，有些也有发育障碍。许多持续性感染牛在感染的第一年会死掉，主要由于肺炎、肠炎，可能是BVDV引起的免疫抑制的结果。

（3）黏膜病 分子生物学研究已经证实黏膜病的发病机制。引起最初畜群感染的常见BVDV生物型都是非致细胞病变的，此生物型也从持续性感染的牛中分离出，畜群中免疫耐受的牛，也就是说在牛产生免疫力之前的胚胎期感染病毒。然而，有黏膜病的牛同时感染非致细胞病变和遗传学上同源的致细胞病变毒株。两种病毒生物型之间非常近的亲缘关系说明致细胞病变的生物型是由非致细胞病变型突变来的。事实上，最近的研究证实致细胞病变毒株是由外部细胞病变的毒株在持续性感染中经历不同的突变获得，包括重组、细胞序列的插入、复制、删除和重排。在已经对非致细胞

病变亲本毒具有免疫耐受的小牛上的突变会产生细胞病变病毒和黏膜病。来自多方的致细胞病变病毒的重复感染会导致少见的免疫相关的黏膜病的暴发。

BVDV如何实际介导黏膜病还不是十分清楚，疾病的进程可能会很快（急性黏膜病）或很长（慢性黏膜病）。已经提出出现在持续性感染牛的BVDV的致细胞病变突变体能通过感染动物的肠黏膜和淋巴组织进行传播，引起广泛的细胞凋亡和黏膜病。急性黏膜病的特征是胃肠道和淋巴器官显著坏死，具有明显的特征性的糜烂和口鼻腔黏膜上皮细胞、食道溃疡、贲门和派伊尔淋巴集结重叠的小肠黏膜（图30-8）。慢性黏膜病的牛，胃肠道损伤不典型，而颈部、肩部、四肢及其他部位皮肤疡和角化过度较为明显。

黏膜病的细微损伤包括小肠和结肠的肠细胞隐窝坏死（所谓的隐窝脓肿），在胸腺和派伊尔淋巴集结，淋巴坏死尤为明显以及单核细胞渗入皮肤和肠的感染区。

3. 诊断

根据临床史，检查畜群繁殖记录和临床症状、大体和微细损伤可以做出初步诊断，实验室诊断基于细胞培养物上的病毒分离，

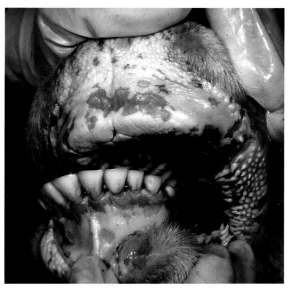

图30-8 牛持续性感染黏膜病，广泛且严重的口腔溃疡
（由加利福尼亚大学戴维斯分校M. Anderson供图）

组织中病毒抗原的检测（如免疫荧光或免疫组化染色，这对确诊持续性感染的牛尤为有用），通过RT-PCR及血清学试验对组织和血液中病毒RNA进行检测。用于病毒分离的样本包括鼻分泌液、血、在感染牛或流产胎儿中收集的组织。急性期或恢复期血清可以通过中和试验进行检测，但是对阴性结果的解释必须评价持续感染牛的免疫耐受状态。

4. 免疫及防控 BVDV容易在牛和畜群之间通过间接的方式（主要通过饲喂和污染的尿液、口鼻分泌液、粪便或羊水）进行传播，病毒通常很少经急性感染的牛传播，但易从持续性感染的动物传播。因此，持续性感染牛的确诊和根除是畜群中BVDV净化的关键，由于这类牛终身排毒，如果畜群饲养方式没有改变的话，有助于病毒在畜群中持续传播数年。同时产下持续性感染的子代进一步保存了感染循环。畜群已经感染一段时间，大部分牛获得免疫，引进易感动物，如典型的小母牛，会导致散在的发病。在没有免疫的无病毒的牛群中，持续性感染牛通常造成大量的损失。由于在山羊、绵羊、猪、骆驼、鹿、野牛及家养和野生的有蹄类动物上也会引起发病，这些类动物也可能成为引起牛发病的最初传染源。病毒可以通过污染的生物制品如疫苗和胚胎移植试剂引入畜群。

牛病毒性腹泻经济意义很大，尤其在饲养场和乳酪农场，但是对其进行控制不尽人意，控制措施的主要目的是根除和预防畜群中持续性感染牛的进一步出现，这需要鉴定和消除这样的动物，通过隔离方式避免进一步引入本病。免疫是另一种主要控制策略，常规免疫可以减少临床发病及避免胎儿感染。源于细胞培养物的灭活病毒疫苗能够减少临床发病，但是不能够避免胚胎感染。同样产自细胞培养物的弱毒疫苗如今广泛用于疫区，相比灭活疫苗，弱毒疫苗对经胎盘的传播可以提供较好的保护。弱毒疫苗株理论上可以在牛体上进行传播及发生遗传变异，但是缺乏这类的证据。区域性或全国性BVD控制或根除在

一些国家已经执行，尤其在欧洲。大多数计划都是基于清除持续性感染牛，不利用疫苗。

（二）边界病病毒

大多数养羊国家都有本病报道，边界病是世界性分布的，也称为羔羊被毛颤抖病。已经从非家养的山羊和绵羊中分离到边界病样病毒，这说明野生动物可能是病毒的储存器。

1. 临床特征和流行病学 边界病是羔羊的一种先天性疾病，该病的特点是出生时体重轻及发育能力差，体质弱，由于中枢神经系统髓鞘形成延迟，出生时被毛粗乱。感染结果依赖于感染时的胎龄和病毒株的特性，小山羊也可能散在感染。

边界病通常主要通过绵羊之间的直接接触及持续性感染的带毒动物传播，易感畜群中引入持续性感染的带毒动物能够引起本病的暴发，然而在地方性感染的畜群中本病少见。

2. 发病机制和病理学 成年羊感染后，临床症状通常不明显，但是怀孕母羊感染后会导致死胎、畸形胎或木乃伊胎，这取决于妊娠和感染的阶段以及病毒的毒力。神经症状表现在中枢神经系统的神经纤维形成缺陷性髓鞘。妊娠早期感染能够导致持续性感染，免疫耐受以及新生羔羊的永久性血清阴性或弱阳性。持续性感染的羊，无论是否有临床症状都可能长期带毒并且通过分泌物（包括精液）和排泄物持续排毒。妊娠后期感染能够产生有效的免疫反应。

3. 诊断 正如BVDV感染一样，基于临床发病史和临床症状可预诊。实验室诊断主要基于细胞培养物上的病毒分离，组织中病毒抗原的检测或者通过RT-PCR进行病毒的检测。血清学检测结果要进行解释，如阴性的动物可能持续性感染和免疫耐受。

4. 免疫及防控 在病毒感染后的最初繁殖季，高达50%的羊可能会感染。因此引入病毒的第一年繁殖季的畜群中，高达50%的羔羊会感染。此后，由于变成地方流行性疾病，临床发病

率明显下降。尤其是临床恢复的羔羊仍然用于繁殖（存活的羔羊在出生3～4个月后神经症状通常会消失）。试图用灭活疫苗或弱毒疫苗对本病进行控制，但是实际中生产中控制措施无经济价值。

（三）猪瘟病毒

猪瘟（旧称猪霍乱）是世界范围内的、经济上重要的猪接触性传染病，只感染野猪和家猪，猪瘟引起严重的直接经济损失，需要投入大量资金来进行免疫和根除计划。猪瘟在非洲、亚洲、南美和中美洲是常规诊断疾病，美国、加拿大、澳大利亚、新西兰、英国和爱尔兰及斯堪的纳维亚半岛各国已经根除了猪瘟。在欧洲，感染仍然有规律地不断再发生。由于对感染区的猪运输和出口的禁止，为了控制本病的侵入，销毁了大量的猪。

1. 临床特征和流行病学　猪瘟是高度接触性的，病毒通常以直接接触或通过污染物以机械的方式在猪与猪之间传播。污染的猪肉和猪肉制品是另外一种潜在的污染源。

典型猪瘟暴发流行主要表现在急性感染，伴随高热、沉郁、厌食和结膜炎。这些症状出现在潜伏期2～4d后，随后出现呕吐、腹泻和/或便秘，条件性细菌性肺炎，神经系统功能障碍症状包括局部麻痹、瘫痪、嗜睡、转圈运动、战栗，偶尔还有惊厥症状。腹部和耳部皮肤出现弥散性充血和紫斑，白细胞急剧减少是主要特征。在易感猪群中，临床症状通常首先在少数猪中被发现，然后感染10d后，几乎猪群中所有猪均发病。小猪可能会无任何临床症状地死去，大一点的猪在一周内或更久由于激发感染条件性细菌感染而死掉，畜群死亡率可达100%。

亚急性和慢性猪瘟很少得到关注，潜伏期较长，病程较长或间歇发病，临床症状包括慢性腹泻、皮炎及紫斑，继发细菌感染，数周或数月后死亡。本病的多种形式与中等毒力的毒株相关。感染低毒力病毒的猪，临床症状轻甚至表现完全健康。急性感染后存活的猪在其分泌物中仍然可检测到排毒，慢性感染的猪会持续性或间歇性排毒，直至死亡。

怀孕母猪感染低毒力毒株后引起胎儿感染和胚胎死亡、流产、木乃伊胎或死产。新生仔猪可能会死亡或存活，但是具有颤抖进行性疾病，出生后数周或数月死掉。活下来的小猪，无论是否健康，都持续感染，免疫耐受及终身排毒。

2. 发病机制和病理学　口鼻是病毒入侵的最普通的途径，病毒最初的复制场所是在扁桃体，然后迅速传播至次级组织器官，尤其是淋巴组织，然后是几个实质性器官。猪瘟病毒对血管内皮细胞，单核吞噬细胞和其他的免疫系统细胞有特殊的嗜性。在极急性病例中，剖检上无明显的变化。在急性病例中，胃肠道的黏膜下层和浆膜下层会有瘀点性出血以及脾脏的淤血和典型性广泛性梗死。在淋巴结和肾脏上瘀点性出血（所谓的雀斑肾）。另外，也有明显的血小板减少症和末梢性弥漫性血管内凝血和小血管血栓形成。血管套脑炎也很常见。在亚急性和慢性病例中，大肠黏膜出现广泛性溃疡（所谓的扣状溃疡）和条件性细菌性肺炎和肠炎，但是像急性病例中典型的出血和梗死很少见。死于慢性猪瘟的最明显的病变可能是淋巴系统的全身性耗竭，表现在胸腺、脾脏和淋巴结生发中心的萎缩。免疫复合物也形成于慢性感染期间，导致免疫复合物引起的肾小球肾炎。

3. 诊断　尽管急性猪瘟的临床症状和病理变化非常典型，但是不通过实验室检测对其确诊是很难的，尤其是亚急性和慢性猪瘟。多数国家规定，当出现疑似猪瘟病例时要通报。在这种情况下，要将组织样本（淋巴结、扁桃体、脾、肾、回肠和血液）送到权威实验室进行检测。免疫荧光或免疫过氧化物酶染色和抗原捕捉ELISA都可以对组织中的病原进行快速的检测，RT-PCR适用于病毒核酸的快速检测。可以用单克隆抗体对猪瘟病毒和其他瘟病毒进行鉴别。病毒分离和中和试验要在猪源细胞上进行，由于猪瘟病毒是非致细胞病变性的，这类试验需要通过免疫试验来检测病毒的有无。血清学方法包括中和试验和酶联免疫试验，在某些情况下，可以通过选择相应试剂对猪瘟病毒和牛病毒性腹泻病毒进行鉴别，这对正在进行猪瘟根除的地区非常重要。

4. **免疫及防控** 猪瘟病毒通过猪与猪之间的直接接触传播或通过含有病毒的排泄物、分泌物和污染物（如鞋、衣物、器具）进行间接传播。病毒通过隐性感染猪在畜群间进行传播也很重要。饲喂饭店残羹剩饭也是病毒在畜群间传播的一种重要的方式，因为许多猪在屠宰时已经有发病的最初症状，猪油渣中含有大量的病毒。目前，在许多国家地区禁止饲喂残羹可避免这种传播风险。猪瘟病毒在冷冻的猪肉及其制品中也可存活数年；因此，该病毒可以长距离传播至没有该病的地区。

在20世纪60年代，源于兔体和细胞的弱毒疫苗，通过监测和扑杀计划广泛用于许多国家的猪瘟根除。尽管感染地区仍存在，如在欧洲，野猪感染后可作为家猪再感染的潜在传染源。最近，已经研制了新型重组疫苗。

（四）其他瘟病毒

遗传学相差较远的瘟病毒（Bungowannah virus）是澳大利亚农场小猪死产、死亡的原因，小猪的病变主要有非化脓性的心肌炎。长颈鹿上也有类似的疾病，病原为不确定的瘟病毒。

孙　元　译

其他病毒：戊型肝炎病毒、嗜肝 DNA 病毒科、δ 病毒、指环病毒和未分类病毒

Chapter **31**
第 31 章

章节内容

有些具有特性的病毒至今仍然无法确定其分类地位，这是不可避免的。其中，一些未分类的病毒已经被证实能引起重要的临床综合征，然而，还有一些未分类的病毒无法确定其和疾病具有相关性。

戊型肝炎病毒属成员

戊型肝炎病毒属（归类于肝炎病毒科）的病毒在病毒粒子的形态学和基因组结构方面和杯状病毒科的病毒类似。戊型肝炎病毒属病毒粒子无囊膜、直径27～34nm的二十面体对称。病毒粒子由一个衣壳蛋白组成。基因组是一条单股正链RNA，大约7.2kb，包括3个开放阅读框（ORF），在5'端和3'端分别含有一个帽子结构和一个polyA尾。

人戊型肝炎病毒的复制过程（图31-1）和披膜病毒科的甲病毒属、风疹病毒属的病毒相似。人源和猪源的HEV的核苷酸序列分析发现，虽然它们属于不同的分支，但是它们都和杯状病毒科、披膜病毒科和小RNA病毒科的成员具有相关性（图31-2）。HEV至少具有4个基因型，不同病毒株之间的致病性差别很大。

（一）戊型肝炎病毒

戊型肝炎病毒（Hepatitis E Virus, HEV）是引起人急性的、致死性肝炎的暴发和散发的病原。在该病暴发期间，病毒能够通过粪便污染的水和食物传播，尤其在卫生条件较差的地区。HEV感染呈现全球分布，一个重要的假说认为，HEV是一种以动物作为天然宿主的人畜共患传染病。在猪体内，经常能鉴定到与人相似或相同的HEV，并且在实验条件下猪能将HEV传染给非人的灵长类动物。目前，仅有一个血清型的HEV能够对在猪和人之间流行的病毒株有很好的交叉反应。啮齿类和哺乳类许多物种的动物体内可检测到HEV抗体，但HEV是否感染过这些动物尚未明确。

（二）禽戊型肝炎病毒

禽HEV和杯状病毒属进化关系较远，但因为它们在血清学上有交叉反应，禽HEV被误划分到杯状病毒属。禽HEV能引起肝炎，即所谓的大肝-脾病或肝-脾综合征。禽HEV在核苷酸水平上和人源、猪源的HEV有50%的同源性，目前有5个基因型。禽HEV只感染鸡。禽HEV通过粪-口途径传播，粪便内病毒载量较高。病毒先在消化道内复制，然后进入肝脏。据报道，HEV能感染莱航鸡、肉鸡和两用鸡，患病鸡表现为高的死亡率，产蛋量下降，腹部有出血或血斑，肝脏、脾脏肿大，肝脏纤维化而非脂肪肝，肝脏呈大理石样病变。禽肝脏组织病理学显示，感染后的肝脏有淋巴性静脉炎和淀粉样静脉炎。然而，在美国有70%的鸡群有抗HEV的抗体，证明HEV感染普遍存在，但没有临床症状。根据临床症状以及总体和微观食物病变可以做出初步诊断。该病确诊需通过电镜负染技术观察病毒粒子大小（30～35nm）或用鸡胚内静脉培养来分离和鉴定。禽HEV在细胞培养过程中不能复制。通过琼脂免疫扩散和酶联免疫吸附试验可以检测到禽HEV特异性的抗体。

图31-1　戊型肝炎病毒（HEV）的基因组结构（人Burma株，M73218）

CP，衣壳蛋白；Hel，螺旋酶；M7G，7甲基鸟苷；Mtr，转甲基酶；ORF，开放阅读框；Pro，蛋白酶；RdRp，RNA依赖的RNA聚合酶；X，调节蛋白；Anu，poly(A)序列；数字是核苷酸的位置。

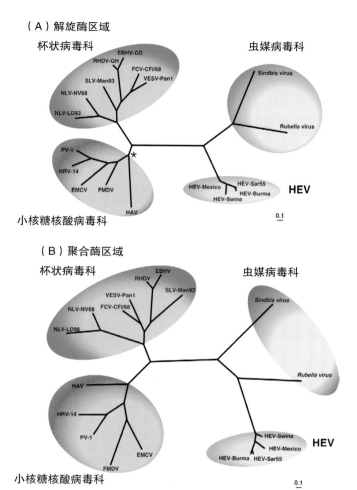

图31-2 戊型肝炎病毒（HEV）与小核糖核酸病毒科、杯状病毒科、披膜病毒科家族成员间的亲缘关系
（A）解旋酶区域；（B）聚合酶区域EBHV，欧洲棕色野兔综合征病毒；EMCV，脑心肌炎病毒；FCV，猫杯状病毒；FMDV，口蹄疫病毒；HAV，A型肝炎病毒；HEV，戊型肝炎病毒；HRV，人鼻炎病毒；PV，脊髓灰质炎病毒；NLV，诺瓦克样病毒；RHDV，兔出血性疾病病毒；SLV，札幌样病毒；VESV，猪小疱疹病毒。

（三）割喉鳟病毒

1988年，在加利福尼亚州的三文鱼体内首次报道割喉鳟病毒。有限的序列数据显示，此种病毒的螺旋蛋白和HEV的螺旋蛋白有40%的同源性。在美国西部的几个州，在成年的三文鱼体内发现割喉鳟病毒的报道越来越多，包括彩虹鳟、割喉鳟、褐鳟、河鳟等。然而，割喉鳟鱼病毒感染与肝炎病毒不同，感染动物不表现出与肝炎相关的临床特征。彩虹鳟、褐鳟和虹鳟在实验室内对割喉鳟鱼病毒易感，然而奇努克鲑鱼（帝王三文鱼）和银鲑则不易感。

在三文鱼的卵巢液和肾脏内，割喉鳟鱼病毒最容易被检测到。尽管细胞病变出现得非常慢，但是割喉鳟鱼病毒能在鱼的细胞系（CHSE-214）内繁殖。因为没有证实割喉鳟鱼病毒的致病性，目前对该病没有实行广泛的控制措施。有趣的是，在实验条件下，幼年的彩虹鳟暴露在这种病毒存在的环境中，可以明显抵抗后续造血组织坏死病毒和弹状病毒感染，这种由割喉鳟鱼病毒介导的短暂异源保护，被认为是由第一次感染时产生的干扰素介导的。

二 嗜肝DNA病毒科成员

乙型肝炎病毒

乙型肝炎病毒（Hepatitis B virus，HBV）

作为肝病毒科的代表病毒，是一种重要的人类病原体，但是嗜肝DNA病毒成员对兽医领域则影响有限。这一家族的病毒被分为两个种属，正肝病毒属和禽肝病毒属。正肝病毒属包括人的HBV和一些和灵长类HBV相关的病毒，其感染大猩猩、绒毛猴，也有几种病毒也感染松鼠家族，包括感染土拨鼠、金花鼠的土拨鼠乙型肝炎病毒和感染地松鼠的地松鼠乙型肝炎病毒。禽肝病毒属包括鸭的乙型肝炎病毒，尽管这种病毒在各种鸭子和鹅体内存在，但是首次是在北京鸭体内被发现。一些相似的病毒也感染一些鸟类，例如鹳、苍鹭和鹤。

正肝病毒属病毒粒子直径42~50nm，核心是由一个约34nm的呈二十面体对称的核衣壳组成，外包有囊膜。核心蛋白是主要的核衣壳蛋白，囊膜包括2或3个蛋白，它由大、中和小三种膜蛋白（L蛋白、M蛋白和S蛋白）组成。基因组包括一个环状分子（由碱基配对形成黏性末端）、部分单链和部分双链DAN分子。完整链是负义链，大小为3.0~3.3 kb；另外一条链大小为17~2.8 kb，包括长度为基因组长度的15%~20%单链缺口区域；禽类病病毒的缺口较小。完整链在独特的位置包括一个缺口，正肝病毒属和禽肝病毒属的缺口位置是不同的。负链在5'端有一个共价结合的蛋白质分子，正链的5'端有一个19个核苷酸的帽子结构。嗜肝DNA病毒科的病毒有3个（禽肝病毒属）或4个（正肝病毒属）开放阅读框。禽肝DNA病毒属和正链肝DNA病毒属间的主要不同在于是否存在编码X蛋白的开放阅读框，这种蛋白是一种与病毒复制有关的调节蛋白，其功能不是十分清楚。

HBV的囊膜是由3个蛋白和一些宿主细胞的脂类组成。这些成分也形成直径为22nm的非传染性球形颗粒或直径为22nm，长度不等的管状颗粒，称为乙肝表面抗原粒子（表达至少5个抗原特异性）。大量这种粒子形成后，长期存在慢性感染的人或土拨鼠血液中循环，通过DNA重组技术制备的乙肝表面抗原粒子是目前乙肝疫苗的基础。

尽管哺乳动物的嗜肝病毒很难用细胞来培养，但是它的结构和复制模式已经十分清楚。嗜肝病毒的复制过程复杂而又独特，包含一个逆转录酶（图31-3）。在肝细胞的细胞核内，病毒粒子携带的DNA聚合酶将病毒基因组转化成一个完全的环状双链DNA，以DNA的负义链为模板转录成RNA的全长的正义链，然后在感染细胞的胞质内被包装在病毒的核心颗粒内。病毒的逆转录酶将正义RNA链逆转录为负义的DNA链，与此同时，正义RNA链被降解。随后，病毒的DNA聚合酶以新合成的负义的DNA链为模板，合成正义的DNA链。但是，在最后一步完成前，新合成的DNA就被包入了病毒粒子，这就是为什么病毒粒子内的DNA是部分双链的原因。嗜肝DNA病毒的DNA可以整合到肝细胞的DNA中，但这并不是它正常的生活周期的一部分。在土拨鼠体内，这种整合通常发生在转座子N-myc2内或附近。病毒的增强子促使N-myc2过量表达，致使肝细胞瘤化，所以土拨鼠是肝癌的高发物种。HBV整合到人类基因组内是随机的，并且癌症的发生和整合的位置没有相关性。

HBV和人类健康有重要关系。病毒感染可以引起急性肝炎，更重要的是慢性肝炎可转化成肝硬化和原发性肝癌。当新生土拨鼠感染土拨鼠乙型肝炎病毒时，表现为急性肝炎，而后转归为长期的病毒携带者，像人类一样，成年的土拨鼠感染后通常表现出自限性。慢性感染的土拨鼠虽然不会发展成肝硬化，但肝癌的发生率可达100%。地松鼠感染地松鼠乙型肝炎病毒时症状温和，但慢性感染时亦会转归为原发性肝癌。北京鸭感染禽肝DNA病毒时，尽管非细胞病变性病毒复制维持在高水平，但是无论急性还是慢性都几乎没有临床症状。与哺乳动物不同，鸭子的禽肝DNA病毒可通过鸭胚垂直传播。

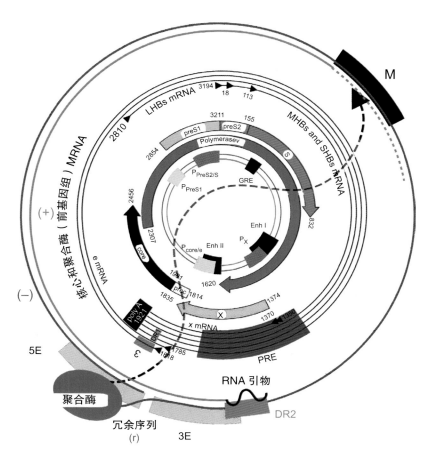

图31–3　嗜肝病毒科病毒的基因组结构和调控元件。最外面的环形代表病毒颗粒内包含的松散的环形DNA，最里面的环形代表病毒的cccDNA（共价闭合环状DNA）的结构和调控元件，cccDNA是在感染细胞核内由病毒的mRNA反转录生成的（红色=正义链，蓝色=负义链）。计数是从ORF（开放阅读框）上的唯一的EcoRI限制性酶切位点开始的，这一位置大约位与preS1和preS2交界的地方，调控元件在它们相应的位置也有标记，灰色框代表启动子（P），黑色框代表增强子(Enh)、糖皮质激素应答元件（GRE）、反向调控元件（NRE）和一个CCAAT元件。肝脏特异性启动子被标为浅灰色，非组织特异性启动子被标为中灰色，ORF在起始和终止的位置有箭头标记。中间的灰色线条是mRNA，黑色的三角形是5'端，3'端通常有一个大约300个核苷酸组成的polyA的尾巴。RNA上的调控元件分别为，红色代表包装信号e，黑色代表聚腺苷酸化信号，粉色代表DR1，蓝色代表转录后调节元件（PRE）。病毒基因组在图上也有描述，较短的末端冗余（r）DNA链是蓝色线，5'端有一个多聚酶（绿色椭圆形）。红色线是较长的链，红色虚线是3'端，5'端黑色波形线是RNA引物。在长链的3'端和多聚酶之间的黑色虚线表示长链DNA的长度增加导致3'端变化和多聚酶结合在短链5'端之间的相互影响。在短链DNA上的调控元件DR2（红色框），M、5E和3E是基因组关键组成部分。由于对这些调控元件的研究还不是很透彻，所以它们的位置和大小只能粗略的估算。

浮 δ 病毒属成员

丁型肝炎病毒

丁型肝炎病毒（Hepatitis D virus, HDV）也被称为δ肝炎病毒，属于卫星病毒。HDV需要HBV的辅助功能才能实现在自然感染时的复制

和组装过程。由于它奇特的生物和分子特性，被定义为浮δ病毒属，使得它在脊椎动物病毒中地位独特。HDV病毒粒子直径36～43 nm，是一个嵌合体，由HDV的一个1.75kb的环状负义、单链的RNA基因组和HDV抗原组成，同时被HBV的表面抗原（或在实验的条件下土拨鼠乙型肝炎病毒表面抗原）所包裹。HDV的基因组结构和复制过程中自动催化活性与植物病毒如类病毒、卫

星病毒很相似。与仅感染HBV相比较，人类同时感染HBV和HDV时，病情更为严重，患肝硬化的可能性和病人的死亡率都会上升，这其中的机制还不清楚。在实验条件下，HDV可感染已感染土拨鼠肝炎病毒的土拨鼠。

四 浮指环病毒属成员

扭矩特诺病毒

扭矩特诺病毒（Torque teno viruses，TTV）是具有多样性的单链DNA病毒，在形态上与圆环病毒（见第13章）相似，但因为其他的一些特性被划分到浮指环病毒属。和圆环病毒相比较，TTV至少在部分基因组上具有高度的遗传变异性。尽管在人、非人的灵长类动物、猫、犬、海洋哺乳动物和家畜体内已经证实有TTV的存在，但这种病毒是否能致病还不清楚。TTV是从日本一个病人体内首次发现的，"TT"这个不寻常的名字是以该病人名字的首字母命名的。

TTV病毒粒子大小不一，最大可达30nm，内含2.0～3.9 kb的负义单股DNA。由于指环病毒属的病毒较难培养，使人们对其特性了解有限，已知它至少有4个mRNA，且在开放阅读框转录后需要复杂的剪切（图31-4）。因此，尽管TT病毒复制过程与鸡贫血病毒（环病毒科、环病毒科）相似，但是它可能是独特的。

携带TTV病人体内有很高的病毒载量，且可以检测到特异性抗体。最近发现TTV与猪圆环病毒引起的疾病具有相关性。

五 未分类的虫媒病毒

在虫媒病毒的调查过程中，分离到的几十种病毒仅有部分特性被鉴定。大部分可以用哺乳动物细胞来培养，一些则需要接种实验动物（老鼠和仓鼠），还有一些只能通过分子生物学的手段来证实。一般说来，人们很少研究这些病毒能否引起动物发病，因为只有对那些引起关注的、可以引发家畜或重要的野生动物发病的病原体进行研究才能获得资金上的支持，才是可行的。

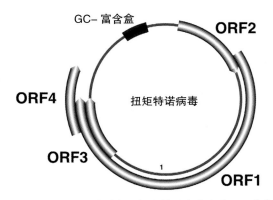

图31-4　浮指环病毒属成员扭矩特诺病毒的基因组结构
GC，鸟嘌呤胞嘧啶；ORF，开放阅读框。

时洪艳　译

朊病毒：传染性海绵状脑病的病原

章节内容

"传染性海绵状脑病"是指一些神经退行性疾病：绵羊和山羊痒病，牛海绵状脑炎，猫传染性脑病，貂传染性脑病，鹿和麋鹿慢性消耗性疾病和四种人类疾病：库鲁病，克-雅氏病[包括变异克-雅氏病（vCJD）]，格斯特曼综合征（Gerstmann–Sträussler–Scheinker syndrome，GSS）和致死性家族性失眠。这些致死性的疾病均由朊病毒引起——亦即"感染性蛋白"或"变形蛋白"。朊病毒是蛋白质感染性颗粒的简称。这类疾病的特征性病变是脑灰质的海绵状变性，同时伴有星型胶质细胞的过度生长和增殖。

15世纪，英国从西班牙进口美利奴绵羊之后，朊病毒病的原型痒病被首次报道。这个名称反映出患病动物特征性的抓挠行为。除澳大利亚和新西兰之外，痒病在所有国家的羊群中都呈地方流行性。1963年，兽医病理学家William Hadlow博士首次提出人的库鲁病与羊痒病类似，并且可能具有传染性。库鲁病是一种仅在新几内亚高地的Fore部族中发生的致死性的神经系统疾病。Fore部族有食用生病亲属的仪式性习俗。受Hadlow博士观点的启发，Carleton Gajdusek博士发现库鲁病可能传染给黑猩猩，从而产生一种与人类感染很难区分的疾病。由于这一发现，Gajdusek博士获得了诺贝尔医学奖。当人们发现更多常见的疾病如人的克-雅氏病、鹿和麋鹿的慢性消耗性疾病等动物疾病也能以同样的方式传播，Gajdusek博士的这个发现就变得更加重要了。

1986年英国首次发现牛海绵状脑炎（"疯牛病"）。流行病学观察数据推测该病起源于20世纪80年代初期，是由于在反刍动物饲料中添加回收的牛肉骨粉使牛群感染该病的。随着越来越多的牛被屠宰并用于制备肉骨粉，该病在很多地方开始大规模暴发。英国出口的肉骨粉将此病引入到多个欧洲国家和加拿大。通过相同途径，该病也被引入到动物园动物、家猫和野猫。1996年，英国政府宣布人类有可能通过接触牛肉制品而感染牛海绵状脑炎朊病毒。2009年末，所谓"变异

的克-雅氏病"（vCJD）的病例在英国增加到167例，其他国家增加到47例，这些病人中多数曾经居住在英国。

流行病学、病原学和分子上的研究加强了牛朊病毒和人类疾病之间相关性。这些相关性的核心是突破了对朊病毒的本质和其致病机制的研究。由于发现了朊病毒异乎寻常的本质和奇特的致病途径，Stanley Prusiner于1997年获得诺贝尔医学奖。将风险较高的牛肉制品从人的食物链中剔除后，变异的克-雅氏病（vCJD）病例在英国显著下降，但是因为输血导致的病例还有报道。由于缺少合适的血液检测方法和一些亚型朊病毒蛋白的潜伏期延长，很难准确判断vCJD暴发的程度和持续时间。

一 朊病毒的特性

（一）分类

朊病毒没有像病毒那样分类，因而也没有科、属或种。病毒通过宿主种类和疾病联系被鉴别出来（表32-1），然后才鉴定了其分子特征和生物学特性。朊病毒主要的氨基酸序列主要反映出它们从哪种宿主分离而来，但同时这些序列也保留着其遗传突变特征，例如人类的家族性克-雅氏病。事实上，几乎所有重要的朊病毒突变体的完整氨基酸序列已经确定，并且如下所述，自然发生的氨基酸替换则与其对绵羊和鹿类（鹿和麋鹿）的相对易感性和潜伏时间有关。

科学家用特定的生物学特性区分不同的朊病毒毒株，尤其是痒病毒株。将含有朊病毒的物质注射到几种纯系小鼠脑内，并且记录以下数据：①潜伏期和死亡方式；②脑中海绵状结节和朊病毒蛋白（PrP）的分布和程度（用标记抗-PrP抗体的免疫组化试验）；③脑内感染指数（某些病例）。这种生物学测试系统中的可重复性结果表明朊病毒属于纯系繁育。例如，应用这种毒株鉴定方法，源自牛、尼亚拉、纰角鹿和家猫的朊

表32-1 动物和人的朊病毒疾病

疾病	宿主	感染源
痒病	绵羊、山羊	不清楚，可能是直接接触被胎盘、血液和胎儿组织污染的草场
牛海绵状脑病	牛	污染牛海绵状脑病朊病毒的牛骨粉
水貂传染性脑病	水貂	污染源未知的朊病毒污染饲料饲喂水貂
慢性消耗病	骡鹿、麋鹿	来源不明，在近距离生活的鹿和驼鹿中高度流行
猫海绵状脑病	猫、动物园中的猫科动物	牛海绵状脑病朊病毒污染的肉类饲喂动物
引进有蹄类动物海绵状脑病	大型纰角鹿、大羚羊、林羚和动物园中其他动物	牛海绵状脑病病毒污染的肉骨粉饲料
非典型性痒病和牛海绵状脑病	绵羊、山羊、牛	最近报道，可能零星发生
库鲁病	人	Fore部落人的同类相食习俗
克-雅氏病	人	医源性：人朊病毒污染的硬脑膜移植、治疗性激素等，都来源于人的尸体
		家族性：*PrP*有N个基因发生种系突变
		不规则：不明原因，或许是体细胞*PrP*基因突变，或许是PrP^{c}自发突变为PrP^{sc}
变异克-雅氏病	人	牛海绵状脑病病原传播人人，可能通过经口途径
格-史氏综合征	人	家族性：*PrP*基因种系突变
致死性家族性失眠	人	家族性：*PrP*基因种系突变

PrP，朊病毒蛋白；PrP^c，朊病毒蛋白的正常细胞同种型；PrP^{sc}，朊病毒蛋白的痒病细胞同种型。

病毒具有相同的表现，说明所有的毒株源自同一个来源，就是牛。此外，用同样的方法接种牛海绵状脑病病牛或变异克-雅氏病病人的病料，小鼠的临床表现是相同的；但是，当接种克-雅氏病偶发病例或在牛海绵状脑病牛场工作的因克-雅氏病死亡的工人的病料后，小鼠的临床表现却与之前不一致。

对来源不同的朊病毒进行生物化学分析，得出了相似的结果。例如，用蛋白酶K处理脑组织样品，将残留的具有抗蛋白酶活性的样品进行免疫印迹试验，显现4种不同的印迹模式。3种模式分别代表着人的遗传型、散发型和医源致死型克-雅氏病；第4种模式代表全部变异克-雅氏病、牛、猫及国外引进的有蹄类动物的海绵状脑病。

源于动物和人类的朊病毒也可以感染其他各种动物（仓鼠、大鼠、雪貂、貂、绵羊、山羊、猪、牛、猴和猩猩），同时试验中发现一种毒株变异。一些"供体-受体"配对方式会导致疾病潜伏期缩短或者延长甚至有些经过长时间观察和盲传也不发病（物种屏障）。

（二）朊病毒特性

朊病毒是正常的细胞蛋白，由于在正常细胞蛋白翻译后加工过程中发生构象变化而变得具有致病性。被称为PrP^{c}的正常蛋白（朊病毒蛋白的正常细胞的同种型），由208～254个氨基酸组成（分子量27 000～30 000）。绝大多数哺乳动物的基因组都编码PrP^{c}蛋白，在多种组织中均可表达，主要在神经元细胞和淋巴网状细胞中表达。已经证实PrP^{c}与铜结合，功能还不清楚，但是敲除该蛋白基因的小鼠表现正常。PrP^{c}的氨基酸序列和该蛋白的异常同种型，即所谓的PrP^{sc}（痒病的朊病毒蛋白的同种型，但常用于所有朊病毒疾病）的氨基酸序列在特定的宿主中是一致的，而仅仅发生构象改变，从PrP^{c}中占主导的α-螺旋变为在PrP^{sc}中占主导的β-折叠。科学家已经开发出一种可以区别正常状态和疾病特异状态的PrP蛋白单克隆抗体。这种单抗可以特异地与牛、鼠、人类的PrP^{sc}发生沉淀反应，却不能与上述来源的PrP^{c}发生反应。这个结果证实，造成不同宿主感染的朊病毒存在一个共同表位，但是不同于正常细胞的同种型。

当某种动物朊病毒经小鼠或仓鼠传代，受体动物的PrP^{sc}的氨基酸序列是受体动物本身的PrP^{c}氨基酸序列，而不是来源于供体动物的PrP^{c}氨基酸序列。在易感的宿主动物中，PrP基因可能有许多不同的变异，每一种变异都会导致PrP^{sc}的构象发生微小变化，从而造成一系列不同的脑炎损伤模式、潜伏期和死亡模式。这种遗传变异是朊病毒毒株分化的部分基础。例如，人类变异克-雅氏病的朊病毒与其他类型的克-雅氏病的朊病毒具有特征性的区别，但却具有与从英国牛海绵状脑病流行区域中发病的牛、鼠、猫和猕猴中分离的朊病毒类似的特征。然而，宿主PrP^{c}的原始氨基酸序列并不总是足以编码朊病毒。仓鼠只有一个保守的氨基酸序列，但是感染貂传染性脑炎后，仓鼠却会产生两种不同的朊病毒毒株。同样，羊散发传染性海绵状脑炎（Nor98）的PrP^{sc}的生化特性显著不同于在遗传上比较接近的羊痒病的PrP^{sc}。

PrP^{sc}对能够杀死任何病毒或微生物的环境损伤、化学物质、物理因素都有非常强烈的抵抗力（表32-2）。PrP^{sc}对内源性蛋白酶也有抵抗性，内源性蛋白酶是PrP^{sc}积聚成聚合物的关键因素，称之为痒病相关原纤维（SAF；该词源于痒病，但通常指所有的朊病毒疾病），SAF可以形成神经元斑，并与海绵状损伤和神经元功能障碍有关。

朊病毒其他显著的特征包括：① 在其宿主脑组织中可以达到非常高的滴度，对仓鼠进行实验室毒株传代，其每克脑组织的滴度能够达到10^{11}ID$_{50}$（ID$_{50}$是一半实验动物感染的剂量）。② 经过超滤测量，朊病毒的大小似乎是30nm左右。③ 软病毒对紫外线和γ-射线具有非常强的抗性，仅表现出非常小的辐射目标尺寸。④ 朊病毒聚合形成直径4～6nm的螺旋形缠绕的丝状棒状体（SAF），通过电镜可以观察到，也是神经元中可见斑块的组成部分。⑤ 朊病毒对宿主不引起炎症或免疫应答。

表32-2 物理和化学因素痒病朊病毒感染能力的影响[a]

处理方法	感染力降低
1M NaOH	$>10^{6-8}$
苯酚萃取	$>10^6$
0.5%次氯酸钠	10^4
组织病理学操作过程	$10^{2.6}$
3%福尔马林	10^2
1% β-丙内酯	10^1
乙醚提取	10^2
高压 132℃，90min	$>10^{7.4}$
高压 132℃，60min	$10^{6.5}$
高压 121℃，90min	$10^{5.6}$
煮沸 100℃，60min	$10^{3.4}$
加热80℃，60min	10^1

a 由于数据由几个研究综合而来，因此没有未处理的对照数据。

一些学者并不认为海绵状脑炎中朊病毒的致病作用已经得到证实。他们引用一些未被证实的假说来解释试验结果：① 朊病毒理论，推测存在一种不编码任何蛋白的核苷酸基因组，这种基因组调节病原体（PrP^{sc}）的宿主编码蛋白成分的合成；② 病毒理论，仍有一些没有观察到、分离到或对其核苷酸分离定性的病毒。有理由相信，虽然通过密集的研究努力，但是发现常规病毒的方法不一定成功。

（三）朊病毒的复制

PrP^{sc}通过水平传播，也可能通过垂直传播催化正常编码的PrP^{c}分子转化为更多的PrP^{sc}分子。PrP^{sc}作为PrP^{c}分子的异常折叠和聚合的模板扮演"种子晶体"的角色，（与正常编码的PrP^{c}分子形成异源二聚体），但有证据表明，当疾病在亲缘关系较远的动物间传播时，朊病毒需要一种叫做"X蛋白"的分子进行复制。在任何情况下，复制过程呈指数级联增长，新合成的PrP^{sc}分子随即作为催化剂加速越来越多的神经元细胞上生产的PrP^{c}分子进行转化（图32-1）。最终大量的PrP^{sc}分子聚合，形成纤维丝团而变为肉眼可见的微斑，通过未知的机制导致神经元退化和神经系统功能障碍。可能的形式是，甚至在混合感染中，不同种型PrPsc分子保持"纯种繁育"。

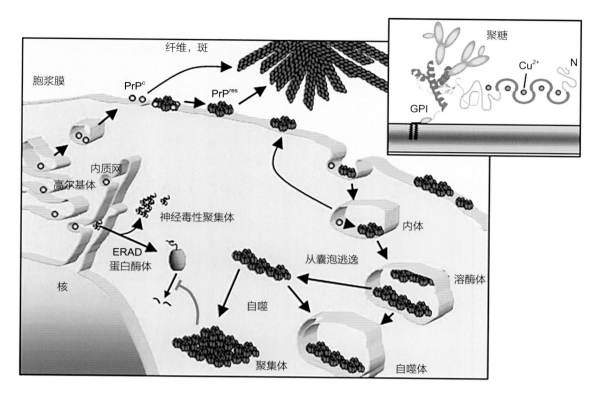

图32-1　痒病病原感染细胞内PrPᵣₑₛ蛋白生物合成和聚集的模型

Prpᶜ是GPI锚定的细胞浆膜糖蛋白（昆虫），Prpᶜ首先在内质网（ER）中合成，在高尔基体内装配之后转运至细胞表面（主要图表）。PrPʳᵉˢ和协同因子一起在细胞表面，和/或者在内体内，诱导GPI锚定的Prpᶜ的转化。由细胞释放的PrPᶜ有可能在细胞外的沉淀物上转化（如淀粉样纤维）。一旦PrPʳᵉˢ表达后能够在细胞表面，细胞内的囊泡内（如溶酶体）和聚集小体内或者细胞外的沉淀物内聚集。通过温和条件抑制蛋白酶体，能够在细胞浆内观察到聚集的细胞毒性的PrP（如聚集小体）。痒病感染本身即能引起蛋白酶体的抑制，显然是因为在细胞浆内存在的PrP多聚体。ERAD，内质网相关蛋白降解；GPI，糖磷脂酰肌醇；N，N端；PrPᶜ，朊蛋白正常细胞内亚型；PrPʳᵉˢ，朊蛋白的蛋白酶K抗性亚型。[引自B. Caughey, G. S. Baron, B. Chesebro, M. Jeffrey.Getting a grip on prions: oligomers, amyloids, and pathological membrane interactions. Annu. Rev. Biochem. 78, 177–204 (2009),已授权]

通过PrPᶜ基因缺失小鼠或者表达异种动物PrPᶜ基因的转基因小鼠等试验研究已经证实了多数有关朊病毒复制的过程。例如，当接种痒病朊病毒后，PrP基因缺失的小鼠并不发病，小鼠的蛋白表达水平降低且潜伏期很长。此外，将正常小鼠脑外植体移植到基因敲除小鼠后，它们仅仅在移植组织上产生损害。更加不寻常的是，携带模拟人家族性海绵状脑炎的突变的PrP基因的转基因鼠，在没有外源朊病毒接种的情况下，就可以表现出典型的神经元退化的症状。最后，带有人类PrPᶜ基因而不是鼠PrPᶜ基因的转基因或基因敲除鼠，接种牛海绵状脑炎朊病毒500d后，开始表现出神经系统疾病和损伤。这一发现被认为是证明人变异克-雅氏病与牛海绵状脑炎有关的关键因素。

 痒病

尽管几百年来许多国家都把痒病看做是绵羊或山羊的一种不寻常的疾病，但是直到1935年在苏格兰发生了一次事故，人们才发现该病具有传染性。当使用由绵羊脑组织制作的福尔马林灭活的跳跃病灭活疫苗后，超过1 500只羊因接种疫苗发生痒病。痒病在欧洲和北美洲广泛分布，在亚洲和非洲的一些国家呈地方流行。通常痒病羊群在某段时间仅有一些羊发病，但是染病羊群常

年持续损失羊只。在英国和美国，多数病例发生在萨福克羊和汉普郡羊中，然而，如果接触有遗传上易感的羊，大多数品种都会被感染。山羊似乎是偶然宿主，在与痒病感染的绵羊混群或暴露到污染的牧场中后才被感染。

（一）临床特征和流行病学

绵羊痒病的潜伏期是2～5年，临床症状的发作也是暗中开始的。感染羊开始兴奋，伴有头颈的轻微颤动，当有突然的噪音或移动发生时这种颤动会突然消失。不久以后，感染动物发展为剧烈瘙痒，伴有掉毛和皮肤摩擦疼痛。经过1～6个月的进行性恶化，以消瘦、虚弱、步态不稳、瞪眼、运动失调和后腿瘫痪为特征，最终均以死亡告终。然而，这些临床特征也不总是一成不变的，临床正常的羊有可能死亡或者仅仅表现出共济失调而没有瘙痒症状。

几十年以来，痒病一直明显表现出遗传易感性。病例之间联系十分令人信服的是早期的研究认为痒病是一种家族性疾病。大量研究证实，虽然典型的痒病是一种传染病，但是朊病毒基因的自然变异株与对疾病的抵抗力和潜伏期差异有关。在美国，在受影响严重的羊群中，例如萨福克羊或汉普郡羊，通过基因检测推导的171位氨基酸是标准方法。在英国和一些欧洲国家，136位氨基酸残基的多态性是绵羊易感性的决定因素。

（二）致病机制和病理学

尽管痒病在羊群中传播，但是其自然感染途径还没有被证实。普遍认为，羊在被胎盘或体液污染的草场中，通过经口或表皮创伤这些途径感染该病。垂直传播仍然存在争议，母羊将此病传染给羊羔最有可能的原因是产后接触胎盘、血液、生殖液以及母羊的乳汁等而感染。在试验条件下，外周途径接种（腹腔、皮下、静脉）引起的疾病的潜伏期比正常情况下要长，然而，脑内接种引起的疾病的潜伏期比正常情况下要短许多。

在试验感染的羊羔上，痒病朊病毒最早出现在肠、扁桃体、脾和淋巴结。器官序列感染滴定发现，摄取朊病毒后，感染最先从肠淋巴组织开始，朊病毒也在这些组织中产生，然后迁移到中枢神经系统。动物死亡时，脑灰质的病变包括神经元空泡化和功能退化、星形胶质细胞过度肥大和增生（图32-2）。但是没有炎性反应或者免疫应答的证据。

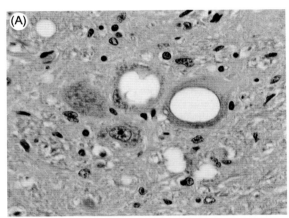

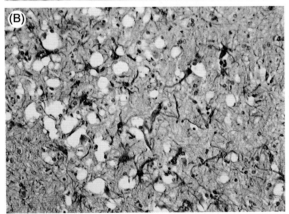

图32-2　痒病感染羊的脑灰质病变
（A）神经元的典型海面状病变。苏木精和伊红染色。（B）海绵状病变，星形肥大和增生。胶质纤维酸性蛋白染色。放大比例：×500。（加利福尼亚大学R. Higgins惠赠）

（三）诊断

诊断基于临床症状、羊群历史和可疑动物脑组织的组织病理学检查。运用抗-PrP抗体可以进行可疑脑组织和淋巴组织标本的免疫组化染色，也可以对可溶性的脑组织提取物进行免疫沉淀试验。任何组织中出现PrP^{sc}都可以确诊。通过瞬膜、腭扁桃体和直肠黏膜活体摘取淋巴组织进行濒死期试验。一般选择14月龄以上的羊进行濒死期试验。

（四）免疫、预防和控制

有地方性流行痒病的国家都打算清除该病。例如，美国自1947年和1952年两次引入该病后，建立了一个清除痒病的框架计划。该项目不断修订以反映最新的科技进步，同时，该项目包括完整的大规模的主动或被动监测规划、动物溯源系统以便能够确定源头病羊的农场、发现并识别对经典型痒病几乎绝对抵抗的朊病毒基因突变株、捕杀痒病疫区遗传易感的羊只，并提供经济补偿及确定无痒病农场。这项计划已经稳定降低痒病疫区的感染率。

考虑到痒病的负面影响和清除计划的昂贵费用，有着大量羊场和无痒病羊群的澳大利亚和新西兰，已经制定了严格的检疫措施来保护两国的养羊业。

三　绵羊和山羊的地方性海绵状脑炎

1998年，挪威的病理学家报道了绵羊的一种新的朊病毒积累性疾病（称为Nor98或非典型性痒病）。病理损伤和PrP^{sc}聚集发生在小脑，而不是像痒病那样在延髓迷走神经的背部运动神经核。此外，淋巴组织明显不表达PrP^{sc}。与该病相关的PrP^{sc}分子，其折叠方式和蛋白酶裂解模式与经典型痒病的朊病毒PrP^{sc}分子明显不同。特定的朊病毒基因突变株在感染羊体内过度表达，但是没有一种基因型具有保护效果。在大规模屠宰场的监测项目中对临床健康的羊进行筛查，大多数病例都是老龄羊。流行病学研究显示：羊群配种并不引起疾病传播，该病呈地方流行并且是一种老龄绵羊和山羊中也不能传播的海绵状脑病。自1987年起，英国的羊也表现出同样的疾病，最近，美国和新西兰的羊也有报道该病发生，而后者是无经典型痒病的国家。

四　牛海绵状脑炎
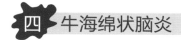

1986年，英国首次正式承认牛海绵状脑炎（疯牛病）。到1989年，由于病例报告惊人的增加，政府禁止饲喂源自反刍动物肉和内脏的肉骨粉，但是这个禁令在多年以后才彻底执行。通过报告和确定的病例数量估计的动物疾病的大流行在1993年达到高峰，平均每周确诊超过300个例病。截至1997年年末，确定超过172 000个病例，涉及超过60%的奶牛场和14%的肉牛群。仅仅凭屠宰工人突然暴发临床症状就可以说明，与已经进入人类食物链的实际感染动物数量相比，这个数字显得相形见绌。

英国最初的研究显示该病多由共同感染源造成流行。不久，很快就意识到该病的流行是由于肉骨粉饲料被传染性海绵状脑炎的病原污染了。在反刍动物的食物体系中去除部分或者全部牛的副产品，导致该病在成牛中从1992年的0.66%，降低到2008年的0.00075%。该病流行的经济社会影响非常显著，尤其在英国，以及程度稍轻些的一些欧洲国家。

（一）临床特征与流行病学

牛海绵状脑病同时在许多地点同时流行，都被单独追踪到由屠宰场和动物尸体制成的肉骨粉饲料被污染所致。由于饲喂越来越多的感染该病动物制成的饲料，疫情越来越严重。牛海绵状脑病是因为其食物链中含有回收的感染羊痒病的尸体的假设仍然没有得到证实。这种疾病可能与其食物中含有偶发牛海绵状脑病或新型痒病感染的动物尸体有关。该病通过肉骨粉饲料和繁殖奶牛出口由英国传播到欧洲其他国家。1986—1990年，超过57 900头母牛和上千吨肉骨粉饲料从英国出口到欧盟其他国家。猫（超过80个病例）和一些特定的动物园外来动物（大纰角鹿、大羚羊、尼牙薮羚、长角羚、非洲大羚羊、美洲狮、印度豹、豹猫、恒河猴）也一样通过回收的牛产品的蛋白添加剂加入动物饲料的方式，也包括商品化猫粮，受到感染。

牛海绵状脑病的最初发作比较隐秘，伴随着震颤、挤奶时对踢触感觉过敏、姿势异常、后肢动作失调、渐进式恐慌、攻击性增强甚至狂暴、牛奶产量减少和体重减轻。该病在一年之内经过2~3周的临床过程后，最终不可避免导致死亡。疾病发作与泌乳阶段和季节因素没有关联。大多数牛在3~5岁感染此病，更老的牛也有感染，而最年轻的病例年仅22个月。

（二）致病机制和病理学

很多证据表明存在一种优势的食源性牛海绵状脑病朊病毒；它是一种罕见的非种属特异的毒种，能够造成猫和其他有蹄类动物发病，容易通过口服或脑内途径传播给绵羊、山羊、貂、狨猴、松鼠猴、食蟹猕猴、小鼠和仓鼠。目前还缺少证据证明该病在活牛之间的水平传播和垂直传播。

特征性病变仅仅在感染牛海绵状脑病的病牛脑部发生；包括神经细胞的空泡、变性和损失，星形胶质细胞的肥大和增生，病变部位没有明显的炎症反应。病变主要集中在中脑的核质区，脑干和脊髓颈部白质；病变最轻的是大脑皮层、小脑、海马和基底核。

（三）诊断

临床诊断根据临床症状，牛群放牧史，可疑动物的大脑组织病理学检查和免疫试验（免疫组化法或酶联免疫吸附试验）检测脑组织而得出的朊病毒证据。最常感染部位，标准冠状区，即中脑、脑干和脊髓颈部被用作常规检查。抗PrP抗体用于可疑脑组织标本的免疫组化染色检测和可溶性脑组织提取物和脑脊液的免疫印迹检测。当淋巴组织没有PrP^{sc}聚集时，目前还没有建立任何切实可行的有效的方法用于检测生前标本，例如绵羊痒病，在明显的临床症状产生之前，也没有任何方法用来检测活体动物。

（四）免疫、预防和控制

英国控制牛海绵状脑病的唯一措施是从全部牛饲料中去除所有肉类、内脏和其他来源牛的物质。通过禁止从英国进口牛肉、活牛和胚胎，肉骨粉饲料和其他来源于牛的动物产品，防止该病传入其他国家（尤其是欧盟国家）。除此之外，大部分针对牛肉和牛源动物产品的国际新规则关注于牛海绵状脑病进入人类食物链。

生物危害：1997年，英国政府宣布牛海绵状脑病病原可以被看做一种人类病原。从事这种感染性物质和制品研究工作的实验室，应当使用和人类克-雅氏病相同的实验室安全预防措施。

五　非典型牛海绵状脑病

通过广泛的牛海绵状脑病监测，在欧洲和北美发现一些有别于经典牛海绵状脑病病例的新的表现形式。由于这些病例仅仅是偶然发生，且通常是临床表现正常的老龄动物（至少8岁），非典型牛海绵状脑病或许代表一种在老龄牛散发的海绵状脑炎（可能类似Nor98或非典型性绵羊痒病）。生前测试的缺乏和低流行率限制了这种疾病的流行病学研究。该毒株对人类的稳定性和致病性仍有待确定。

六　貂传染性脑病

貂传染性脑病于1947年首次被发现于威斯康星的貂场。临床症状包括高度烦躁不安、共济失调、强迫啃咬、嗜睡、昏迷和死亡。感染貂脑组织的病理变化类似绵羊痒病的脑组织病变。该病似乎是经由食物传染的，但还没有证实感染羊痒病。源自感染貂的PrP^{sc}的生化特征与非典型牛海绵状脑病PrP^{sc}的一些相同特征，说明饲喂散发海绵状脑病老龄母牛的尸体可能是貂偶尔暴发该病的原因。貂病原的源头和其流行病学规律还需要进一步明确的研究来阐明。

七 鹿和麋鹿的慢性消耗性疾病

慢性消耗性疾病是一种渐进的，致命的神经系统疾病，通常在圈养和/或自由放养的黑尾鹿（白尾野驴）、骡鹿杂种、黑尾鹿、白尾鹿、洛矶山麋鹿（加拿大鹿）和希拉驼鹿（驼鹿）发生。慢性消耗性疾病最早于1980年在美国科罗拉多州的圈养黑尾鹿中发现；2009年发表的不同数据表明黑尾鹿该病的感染率小于1%～14.3%，麋鹿的感染率小于1%～2.4%，驼鹿的感染率不到1%。该病目前在北美的大部分地区得到确认。近年来也在野生动物中发现该病，这些动物都远离圈养鹿和麋鹿的设施，并且似乎繁衍了许多代。慢性消耗性疾病的特点是行为异常、磨牙、多尿、多饮、体重减轻明显。死亡通常发生在出现临床症状后的几个月内。病理病变包括脑组织广泛海绵状变化，即神经细胞空泡化，以及星形胶质细胞的肥大和增生。该病在鹿和麋鹿中的流行病学情况还不清楚。

八 人类朊病毒

库鲁病、克-雅氏病、格斯特曼（GSS）综合征，致命的家族性失眠等人类朊病毒疾病，主要在中年和老年人中发生。其发病通常是表现感觉障碍、混乱、不恰当的行为、严重的睡眠障碍。疾病发展以6个月到1年之内的肌肉阵挛性抽搐动作为特征，进而发展到痴呆症，最终进入昏迷状态并死亡。这些疾病主要分为三类：散发、家族遗传和医源性。

克-雅氏病存在所有三种形式：① 85%的病例为零星散发，似乎有相当长的潜伏期，且病因不明；② 15%的病例是家族遗传，具有很长的潜伏期，由于PrP基因的常染色体显性遗传突变所致，已经确定了至少18个突变位点；③通过被污染的神经外科立体定向脑电图电极植入工具（例如，硬膜及角膜移植）、激素，尤其是来自人类尸体的生长激素等造成了几百例医源性传播病例。

1996年在英国首次报道变异型克-雅氏病［variant Creutzfelat-Jakob disease（vCJD）］，一些病人表现出与克-雅氏病迥异的特征：① 确诊的年龄范围从19～45岁（与之相比，克-雅氏病散发病例的平均确诊年龄是63岁）；② 病程比普通病例更长一些（平均病程14个月，克-雅氏病散发病例的平均病程为6个月）；③ 病变与克-雅氏病散发病例所看见的不同（花样神经斑块而不是海绵状改变）；④ 最初表现为精神问题（人格改变、抑郁、恐惧、偏执），以及在散发病例中可见疲软和老年痴呆症的迹象；⑤ 在疾病晚期，表现出小脑综合征、共济失调、认知障碍、肌阵挛，除了痴呆和昏迷也见于散发病例。如本章先前所述，很多不同的线索已经证明了vCJD和牛海绵状脑病的相关性，一般认为病例接触过源自感染牛海绵状脑病牛的神经系统组织。

格斯特曼（GSS）综合征和致命的家族性失眠是非常罕见的家族性疾病，它们是由PrP基因的常染色体显性遗传突变引起的。就格斯特曼（GSS）综合征而言，PrP基因102位密码子的点突变导致正常PrP蛋白的一个氨基酸替换。当把小鼠中PrP基因的该密码子进行点突变，老鼠会产生典型的海绵状脑病和病变。

刘益民 译

索引